湖库管理与修复

Restoration and
Management of Lakes and
Reservoirs，3rd Edition

[美] G. Dennis Cooke（库克）
[美] Eugene B. Welch（韦尔奇）
[美] Spencer A. Peterson（彼得森）　　编著
[美] Stanley A. Nichols（尼克尔斯）

彭文启　刘晓波　董飞 等　译

中国水利水电出版社
www.waterpub.com.cn
·北京·

内 容 提 要

本书围绕湖库富营养化问题，简述了湖库管理与修复前的"问题诊断-措施可行性研究"过程，详细阐述了科学可行的湖库管理与修复方法措施。每章均阐述了解决问题的基本理论、管理与修复的方法措施和一些具体的实践案例，同时指出了上述方法措施的潜在负面影响和实施成本。

本书可作为水环境、水生态、水资源、水利工程等相关专业研究人员和技术人员的参考书，也可作为高等院校相关专业师生的教材或参考书使用。

北京市版权局著作权合同登记号为：01-2019-5698

图书在版编目（CIP）数据

湖库管理与修复 / （美）库克（G. Dennis Cooke）
等编著 ；彭文启等译. -- 北京：中国水利水电出版社，
2019.11
书名原文：Restoration and Management of Lakes
and Reservoirs，3rd Edition
ISBN 978-7-5170-8258-3

Ⅰ．①湖… Ⅱ．①库… ②彭… Ⅲ．①湖泊—水质管理—研究②水库管理—研究 Ⅳ．①X32②TV697

中国版本图书馆CIP数据核字(2019)第271445号

书　　　名	**湖库管理与修复** HUKU GUANLI YU XIUFU	
原 书 名	Restoration and Management of Lakes and Reservoirs， 3rd Edition	
作　　　者	［美］G. Dennis Cooke（库克） ［美］Eugene B. Welch（韦尔奇） ［美］Spencer A. Peterson（彼得森） ［美］Stanley A. Nichols（尼克尔斯）	编著
译　　　者	彭文启　刘晓波　董飞　等　译	
出 版 发 行	中国水利水电出版社 （北京市海淀区玉渊潭南路 1 号 D 座　　100038） 网址：www.waterpub.com.cn E-mail：sales@mwr.gov.cn 电话：（010）68545888（营销中心）	
经　　　售	北京科水图书销售有限公司 电话：（010）68545874、63202643 全国各地新华书店和相关出版物销售网点	
排　　　版	中国水利水电出版社微机排版中心	
印　　　刷	天津嘉恒印务有限公司	
规　　　格	184mm×260mm　16 开本　36.75 印张　871 千字	
版　　　次	2019 年 11 月第 1 版　2019 年 11 月第 1 次印刷	
定　　　价	**98.00** 元	

本书翻译组

作者介绍

G. Dennis Cooke，俄亥俄州肯特市肯特州立大学水资源研究所成员兼生物科学专业名誉教授，北美湖泊管理协会的创办者之一，首任主席以及两期董事会成员。Cooke博士在湖沼学及湖泊与水库管理领域撰写了《针对水质与THM前体控制的水库管理》（*Reservoir Management for Water Quality and THM Precursor Control*）等多部著作，发表了多篇论文与报告。

Eugene B. Welch，西雅图市华盛顿大学土木与环境工程专业名誉教授，西雅图市利乐技术公司顾问，曾任北美湖泊管理协会主席（任期为1992—1993），为协会创办者之一，以及第一期董事会成员。Welch博士的其他著作包括《污染物对淡水的影响：应用湖沼学》（*Pollutant Effects in Fresh Water: Applied Limnology*），并在湖沼学及湖泊与水库管理领域发表了多篇论文与报告。

Spencer A. Peterson，俄勒冈州科瓦利斯市国家健康与生态影响研究实验室西部生态部的USEPA环境监测与评价项目高级研究生态学家，兼任西雅图市华盛顿大学土木与环境工程教授。Peterson博士是北美湖泊管理协会的创办者之一，在湖泊管理，受污染沉积物，以及非点源和有害废物评价方面发表过多篇论文。

Stanley A. Nichols，威斯康星大学麦迪逊分校环境科学专业名誉教授。他的职业生涯大部分时期就职于环境资源中心和威斯康星州地质与自然历史调查机构。他于30多年前开始从事湖泊修复与管理工作，当时参与了威斯康星州的内陆湖泊修复与示范计划，并且是温故拉湖国际生物学项目团队成员。他在水生植物生态与管理、湖泊保护、外来物种控制、栖息地修复与湖泊采样领域发表了诸多作品。他曾为北美湖泊管理协会及水生植物管理协会成员，目前正从事水生植物、湖泊管理与栖息地恢复问题的研究与写作等相关工作。

致谢

本书部分内容来自多位同事和学生所提供的大量文章和报告，大多数贡献者的姓名没有被提及，其中很多人在现场和实验室从事了多年的数据收集与湖泊研究工作，与他们进行的启发性讨论也弥足珍贵，谨以此书献给他们。

感谢肯特州立大学生物科学系主任 Brent Bruot 博士在本书筹备期间所提供的支持；感谢 Gertrud Cronberg 博士与已故的 Gunnar Andersson 博士分别授权在第 20 章使用他们未发表的图片与照片；还要感谢 Chris Lind 与通用化学公司授权在第 8 章使用一张图片，以及 Richard Lathrop 博士、William Walker 博士与 Jacob Kann 博士授权在第 3 章使用他们未发表的图片；感谢利乐技术公司（Tetra Tech，Inc.） （华盛顿州西雅图市）的办公室以及为 Eugene Welch 提供的计算机辅助；感谢美国国家环境保护局授权 Spencer Peterson 利用业余时间编写本书，并允许使用他的计算机与平面艺术承包商（计算机科学公司），特别是 Suzanne M. Pierson，为第三版起草新图片。

另外，我们由衷地感谢威斯康星州地质与自然历史调查机构人员，特别是 Susan Hunt 与 Mindy James 的技术援助，为 Stanley Nichols 所编写的章节提供图像、编辑与计算机支持。

与 CRC 出版社的合作非常愉快。尤其感谢 Patricia Roberson 在本书筹备期间所提供的特别帮助，感谢 Jill Jurgensen 与 Sylvia Wood 得力的编辑工作，以及本书主编 Matt Lamoreaux 的持续支持。Suzanne Pierson 与 Spencer Peterson 协助 CRC 的 Shayna Murry 为本书原著封面进行设计与配色。

G. Dennis Cooke
Eugene B. Welch
Spencer A. Peterson
Stanley A. Nichols
2005 年 1 月

译者序

  首次与 *Restoration and Management of Lakes and Reservoirs* 一书结缘是在 2017 年。那时，译者在德国亥姆霍兹环境研究中心（Helmholtz Centre for Environmental Research）做访问学者，与中心科学家 Martin Schultze 讨论水库滞温层缺氧如何解决的问题。Martin Schultze 很自然地带领译者到图书馆，找出了这本书，并指出书中提出的针对湖库水生态环境问题的措施非常有效。

  通读之后，译者觉得这本书在国内可能没有受到应有的重视。这本书首次出版于 1986 年，1993 年出版了第二版，2005 年出版了第三版。正如书中所言，当时美国、加拿大南部、欧洲等地的湖库水环境总体上正在持续恶化，客观上需要湖库管理与修复技术的研发和专著的诞生。美国 EPA 当时也编制了 *Lake and Reservoir Restoration Guidance Manual*（《湖泊和水库修复指导手册》），而湖库管理与修复也正是从 1970 年前后才有的新技术。

  本书包括概述、浮游藻类控制、大型水生植物控制等三大部分。每章均阐述了产生问题的原因及解决问题的基本理论，管理与修复的措施及其具体实施步骤，以及一些具体的成功或失败案例，同时指出了各类方法措施的潜在负面影响和实施成本。本书的作者 G. Dennis Cooke、Eugene B. Welch、Spencer A. Peterson、Stanley A. Nichols 在湖沼学及湖库管理与保护、水生态修复领域具有深入的研究，并取得了大量的研究成果。同时，本书采用了本专业多位研究人员所提供的大量文章、论文和报告，取材专业合理。

  当前，我国生态环境稳中向好，但成效并不稳固。根据《中国水资源公报》，2009—2018 年，富营养状态湖泊比例从 64.8％增加到 73.5％，富营养状态水库比例从 28.2％增加到 30.4％。湖库水生态环境保护与修复还有很多工作要做。我们认为，本书是湖库水生态环境管理与修复技术领域的有力补充，书中提到的管理与修复措施完全可以使用或借鉴。

圉于译者能力，不足之处，恳请读者批评斧正。

译 者

2019 年 8 月

前言

　　环境问题通常来自人口、消耗和资源之间的相互作用。不断增长的人口和消耗以及有限的资源使这些问题日益恶化。最受关注的是清洁的地表淡水，这是人类社会与经济存在的基础。淡水对多种生命至关重要，是人类饮用、农业和大部分工业过程的必需品，而且在我们的娱乐活动中也发挥了重要作用。

　　自本书第二版于1992年完成以来（Cooke等，1993），世界人口增长了数亿，每个人都利用和影响着有限的淡水资源。正如第1章所述，在美国、加拿大南部和欧洲的许多地区，湖泊与水库的整体水质持续恶化。有些地区的淡水资源污染相当严重，甚至损害了经济体系和人类健康。虽然目前存在多个亟待解决的全球环境问题，但科学家，特别是环境学家和政策制定者必须着重关注人口爆炸及其与淡水污染之间的关系。当然，所有国家都应采取重大措施以降低全球气候变化的可能性，并防止水污染和水生环境进一步被破坏。

　　湖泊、水库管理与修复方法是近35年来发展的新技术，有希望在淡水系统的保护和改善方面起到重大作用。我们希望本书能够起到补充作用。人类所利用的每个湖泊或水库都需要管理。有的仅需要监测以确保不恶化，有的需要常规方法进行维持，有的需要利用现有设备或技术增强或保护系统。严格来说，完全恢复受损湖泊和水库是不可能的，是指代将系统恢复至某个与之前受干扰较少的条件相近的状态。我们才刚开始学习管理与修复的艺术与科学。

　　应用湖沼学是一门从基础科学延伸而发展起来的学科。为了保证当代和后代人类的生活，必须对淡水系统提供足够的保护、管理和修复，而这些工作需要对淡水系统有充分的了解。必须加大长期资金投入以支持基础与应用湖沼学研究，行政官员、管理人员等各方必须认识到这一点，并通过政策与资金支持科学研究。我们非常认同北美湖泊管理协会等专业组织和环境组织的工作，他们始终在向科学家、相关立法者和公民传递这一信息。

本书旨在说明富营养化过程，简述在湖库管理和修复前进行诊断—可行性研究的方法，详细阐述科学合理的管理和修复方法。每一章都介绍了问题的科学基础，描述了方法的程序，并展示了一些实践案例。另外也指出了已知的潜在负面影响和成本。这次再版对各章进行了更新，参考引用了更多的文献，并增加了 3 章内容。本书可用作课堂教材、参考手册，也可作为对湖泊感兴趣的读者的指南。

本书当然不是这个话题的终极真理，我们真诚地希望它可以在湖泊与水库管理和修复方面激发更好的新观点与新思路。本书的内容是所有作者研究、投入与合作的结果，也是我们在湖沼学方面多年现场和实验室研究的成果。

在合适可行的前提下，我们以 2002 年美元作为单位计算了成本并修正了通货膨胀的影响。我们根据消费者价格指数（CPI）的历年增长情况，将早年发布的成本数据修正为当前数值。感谢 Thomas S. Lough 博士（加利福尼亚州罗纳特帕克市，索诺玛州立大学）提供了用于通货膨胀修正的 CPI 等级。

本书的作者之一 Spencer A. Peterson 就职于美国国家环境保护局（USE-PA），并经 USEPA 允许在业余时间参与本书的编著工作。但本书的研究与编写工作与美国国家环境保护局的雇用无关，而且没有经过 USEPA 评议与行政审查。因此，本书的结论与主张仅为作者个人观点，不得被解释为 USEPA 的意见。

各章作者分别为：G. Dennis Cooke（参与编写第 5 章、第 9 章、第 10 章、第 13 章、第 15 章和第 17 章）、Eugene B. Welch（参与编写第 3 章、第 4 章、第 6 章、第 7 章、第 18 章和第 19 章）、Spencer A. Peterson（参与编写第 20 章）、Stanley A. Nichols（参与编写第 11 章、第 12 章、第 14 章和第 16 章）、G. Dennis Cooke 与 Spencer A. Peterson（参与编写第 1 章和第 2 章），以及 Eugene B. Welch 与 G. Dennis Cooke（参与编写第 8 章）。

目录

第 6 章　稀释与冲洗 ·· 146

第 7 章　深水层取水 ·· 161

第 8 章　磷失活与沉积物氧化 ·· 172

第三部分　大型水生植物控制

第 13 章　水位降低　···　317

第 14 章　预防性、人工和机械化方法　····························　337

第一部分

概　　述

引　言

"青蛙不会喝光自己池塘里的水"。

Sandra Postel（1995）

Postel 博士这句简短的印加谚语，贴切地描述了人类和其他地球生物群所面临的困境。众所周知，人类和其他陆生动植物以及各种水生物种完全依赖于充足、可持续的淡水供应。然而，从许多人的行为来看，他们似乎觉得清洁的淡水资源取之不尽，水生物种的生命与活动都无关紧要。

本章主要阐述人类对淡水的依赖以及淡水的水质，并且阐明保护、修复和管理淡水资源的重要性。本章旨在强调淡水保护的紧迫性，并理解研究淡水栖息地修复生态学和生物学的历史、重要性以及必要性。

1.1　水文循环和淡水资源量

地球上的淡水资源是有限的。淡水资源与现代人类经济的另一基础——化石能源不同，它没有替代品。淡水对动植物新陈代谢、物种栖息地都至关重要，它是地球循环系统的流体介质。水从地表和水面蒸发，又通过降水返回地面。它补充了含水层，流经地面，进入湖泊、池塘、湿地和溪流，最后携带着海洋食物链所需的营养盐和有机质流入海洋。所有的生命以及人类经济、文化都依赖于水文循环。

大部分淡水储存在冰冠中，99%的液态淡水存在于地下含水层（表 1.1）。其中约 75%已在地下留存远远超过 100 年，因此是不可再生的（Jackson 等，2001）。虽然溪流和湖泊中水量较少，但循环更新迅速。因此，这些水源是大多数地区主要的可持续淡水供应源。对淡水资源的保护、合理使用和必要时的修复，应作为每个国家和地区最重要的水资源政策。

在这有限的资源中，有多少可用于当前和今后水生环境和人类经济的用水供应？表 1.2 是全球淡水资源平衡表，列出了地表径流、可再生地下水、全球用水情况。其中，全球年径流总量约为 40700km³。如果减去远距径流和不可控的洪水量，剩余（可用径流）量是 12500km³/年，亦即总径流的 31%。估计每年人类可用淡水量为 6780km³（54%）。

表 1.1   生 物 圈 中 的 水

水 源	总量/(10^3km³)	占比/%	更新时间
海洋	1370000	97.61	3100 年
极地冰、冰川	29000	2.08	16000 年
地下水（交换活跃）	4067	0.295	300 年
淡水湖	126	0.009	1～100 年
盐湖	104	0.008	10～1000 年
土壤和底土的水分	67	0.005	280 天
河流	1.2	0.00009	12～20 天
大气中的水汽	14	0.0009	9 天

来源：经许可引自 Wetzel, R. G. 2001. *Limnology. Lake and River Ecosystems*, 3rd Edition.

表 1.2   全球淡水供应的径流、回收和人类用水量

指 标	淡水/(km³/年)	指 标	淡水/(km³/年)
全球径流总量	40700	人类总用水量	6780
远距径流总量	7800	全球回收总量	4430
亚马逊流域	5400	农业用水	2880
扎伊尔—刚果盆地	660	工业用水	975
偏远的北部河流	1740	城市用水	300
不可控的洪水量	20400	水库渗漏	275
可获取径流	12500	河道使用量	2350

注：远距径流是指在地理上人类无法使用的河流径流，预计包括亚马逊流域95％的径流，北美北部和欧亚地区95％
的径流，扎伊尔—刚果盆地50％的径流。径流预计还包括可再生地下水。每年大约消耗18％（2285km³/年）
的可利用径流，而使用量（包括回收和河道内使用）约为6780km³/年（54％）。回收但不消耗的水并非总是返
回到它所取自的同一条河流或湖泊，也不一定具有相同的自然生态系统功能。

来源：经许可引自 Jackson, R. B. et al. 2001. *Ecol. Appl.* 11: 1027-1045. 数据引自 Postel, S. L. et al. 1996. *Sci-
ence* 271: 785-788.

其中，每年回收 4430km³（农业回收 2880km³）。而约 65％的农业回收量通过蒸散发消耗
(Postel 等，1996；Postel，2000)。只有不到一半的径流可供未来人类和水生态系统使用。
到 2025 年，人类对可获取径流量的使用将超过 70％（Postel 等，1996）。届时，如不大
幅减少污染、转变对可持续用水的态度，用水需求将难以得到满足。

表 1.2 具有迷惑性，因为从该表来看，淡水资源还是很丰富的。但是，降水并非均匀
地分布在地球表面。一些地区淡水资源丰富（如加拿大），另一些地区则面临着长期干旱
（如美国西南地区和北非国家）。国家或地区的人均水资源供应量更能说明水资源短缺问
题。该供应量涵盖所有活动的供水，包括食品生产、工业、废物处理和其他生物群的用
水。"水资源紧张"的国家和地区人均水资源供应量少于 1700km³/(人·年)，"缺水"的
国家和地区的水资源供应量少于 1000km³/(人·年)（Postel，1996）。许多国家和地区都
在标准之下，还有一些国家和地区也很快会降到阈值以下。

若干相互作用的因素可导致人均供水量下降，对水生生态系统和人类活动的影响将延伸至未来。下文将详细讨论这些因素，它们为淡水保护、合理使用和修复提供了有说服力的理由。

全球人口每年净增 7000 多万人，预计到 2025 年净增约 15 亿人（MacDonald 和 Nierenberg，2003）。从全球来看，一些缺水国家的人口增长尤其迅速（例如，埃及的人口将在 25 年内翻一番）（Postel，1992）。此外，埃及是典型的依赖境外水源的国家，因此任何减少水供应的因素都对其有一定的影响。美国人口增长最快的地区可能仍是供水减少迅速的州（如佛罗里达、加利福尼亚、亚利桑那）。在供水最少而人口增长最多的地区，人均供应量下降得最快。

与经济和人口增长直接相关的污染及水生环境恶化，不断"消耗"水资源，从而减少人均水供应量。Wetzel（2001）将人口和技术的综合影响称为"破坏性增长"。

气候学家警告称，人类活动导致的气候变化正处于逐渐演变过程中。21 世纪，全球平均气温可能增长 1.5～5.8℃，融雪和径流的发生时间会提前，从而导致河流流量变化（例如冬季和春季洪水，夏季干旱），进而导致生物种群变化（可能包括严重的物种灭绝），气候急剧变化，湖泊水位下降，以及因强风暴出现的径流和富营养化增加等（Houghton 等，2001；Jackson 等，2001；Stefan 等，2001；Poff 等，2002；Parmesan 和 Yohe，2003；Thomas 等，2004）。气候变化可能对水生系统产生重大影响，并可能导致人均用水供应量下降。

农业活动使用了湖泊、水库和河流 65% 的水量，其中大部分被蒸发（Postel，1996）。畜牧业需要大量水资源用于生产饲料谷物（每吨谷物约需水 1000 公吨）。过度抽取不可再生的地下水用于耕地灌溉十分常见。奥加拉拉含水层（西部高地平原）水位下降就是一个例子，美国 20% 的灌溉用水都来自于此。加利福尼亚州地下水抽取量超出补给量，约 16 亿 km^3/年，且主要集中在中央山谷，美国一半的水果和蔬菜都生长在这里（Postel，1999）。要满足美国日益增长的粮食需求，则需要寻找新的淡水来源，然而这并不容易。世界范围内对用于粮食生产的水资源需求正在持续上升。许多地区只能通过粮食进口来解决水资源短缺问题，给粮食产区的地表水和地下水资源带来了更大的压力。

城市对供水的影响不断增长。预计到 2025 年，全球 61% 的人口将居住在城市，因而需要占用农业用水（Postel，2000）。琵琶湖和淀川是日本大都市大津、京都和大阪的水源地，图 1.1 显示了它们对琵琶湖和淀川的不同需求。水资源约 56% 用于发电，因而未被消耗。在剩余被消耗的 44% 中，农业用水约占 35%。自来水是增长最快的消耗用水，约占 43%，因而会造成农业用水短缺，必须通过进口谷物和其他食品来弥补。也就是说，其他地区或国家的水源弥补了这部分人口的用水需求。

以上因素与其他因素共同导致淡水限制增加。国家、州、地区和城市之间的冲突加剧。例如，中东地区人口迅速增长，政治冲突激烈，地区严重缺水，各方只有就水资源问题达成一致才能保证地区和平态势（Hillel，1994）。美国针对水资源问题的争议很大，包括当前及今后将水资源从五大湖调至西部和西南部缺水州的行动（Beeton，2002）。克拉马斯湖（俄勒冈州）的灌溉者和克拉马斯印第安部落的渔业生产之间的冲突就是"水资源战争"的一个实例，它使政治经济利益与环境文化需求对立起来（Service，2003）。

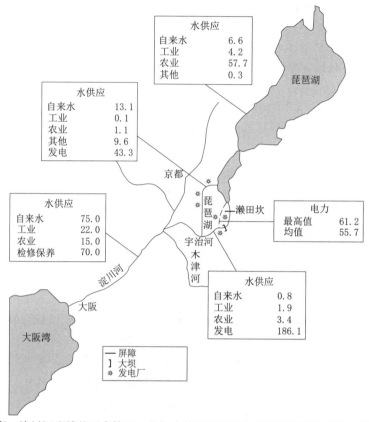

图 1.1　琵琶湖—淀川河流域的用水情况。方框中数字表示日本淀川不同河段的相对用水量（m³/s）。

1972—1992 年，用水量发生了巨大变化，农业用水增长 42％。

（Ohkubo 于 2000 年重绘，经许可发布。）

在以人类为中心的文化中，通常会忽视淡水物种对洁净水、未污染栖息地的需求，以及我们实现可持续经济发展对水生生态系统的依赖。其价值通常难以评估，但仅在美国其每年的价值就超过 100 亿美元（Wilson 和 Carpenter，1999）。尽管如此，淡水生态系统中的物种灭绝率仍高于陆地系统（Postel，2000），这说明目前出现了额外的生态赤字，促使生态系统及其对人类的"服务"产生了不可预测的变化。

淡水系统修复是增加优质可持续供水和稳定或增加人均供水的基本方式之一（Cairns 等，1992；Baron 等，2002）。淡水系统的修复和保护通常针对受污染的场所。我们主要关注水库和天然湖泊，以及将颗粒和溶解的有机、无机物质输送到水库和湖泊的溪流。然而，湖泊和水库的价值远远超出其娱乐属性。它们是未经处理的饮用水和灌溉用水的主要来源，是数以千计物种的栖息地，并以多种方式促进生态系统的可持续性，包括水和养分的保留和储存。由于 75％ 的地下水不可再生（Jackson 等，2001），因此随着社会、经济和政治力量对淡水影响的加剧，以及人均供水量的减少，地表水的重要性以及保护和修复地表水的必要性也将不断增强。因此，人类经济和人身安全可能会更依赖于修复淡水栖息地的能力。"稀缺政治"（Postel，1996）变得越来越重要，水资源战争似乎不可避免。《最后的绿洲：面对水资源安全》（*Last Oasis：Facing Water Security*）（Postel，1992）作为湖沼学家的必读数目，涵盖了对淡水资源所面临威胁的评估、对未来人类需求的预测以及对补救措施的建议。

在本章中，将以湖泊和水库为重点，考察美国水生生态系统的状况，并着重介绍修复过程的特点和湖泊修复的历史。在接下来的章节中，将讨论湖沼学原理在修复中的应用、问题诊断和修复方法的选择，并详细介绍保护和修复受富营养化和外来植物影响的湖泊和水库的方法。

1.2 美国淡水现状

很显然，美国对可持续供应高质量淡水的需求不断增长。美国《清洁水法》[305（b）部分]要求各州每两年评估一次，确定水质满足标准的程度。这份提交给国会和国家的报告分析了当前的水质情况，并反映了我们对水资源的重视。地方、州和联邦官员是环境质量以及环境保护法律制定和执行的公共管理者。

一些分别列出湖泊、湿地和溪流状况的报告，经常描述美国和其他地区的淡水状况。这种方法有自己的关注重点，但各水生栖息地之间，以及水生栖息地与陆地和大气都是相互关联的。因此，河流质量下降会导致湖泊和水库质量下降。湿地破坏及改造意味着蓄水减少，沉积物和养分的运输增加。空气污染会导致湖泊酸化，并使其受到汞等污染物的污染。系统间上述以及其他关联的规模通常都较大，因而只修复或保护单个水体（例如单个湖泊）的做法行不通，除非修复措施本身能与相邻的水生群落及其陆地环境相联系。

溪流和地下水是大多数湖泊和水库的主要水源。1998 年 305（b）针对溪流的报告（USEPA，2000 年）评估了 50 个州和 9 个美洲印第安部落 23% 的溪流和河流（1355463km），比 1996 年报告中的数量增加了 21%。在这些已评估的溪流中，有 35%（468642km）受损，主要是由淤积、病原体和营养物质导致。其他可能"损害"水质的物质，如杀虫剂和多氯联苯，不包括在本分析中。此外，因为只有少数几个州使用统计设计进行抽样，所以"35%"的受损数据不能外推到全国所有的溪流和河流。

溪流和河流是地球上受污染最严重的生态系统（Malmqvist 和 Rundle，2002）。河流和其他水生系统中的汞沉积，以及随之产生的生物放大作用是各地最严重并越来越受关注的问题之一（Peterson 等，2002），也是美国各州和联邦机构发布鱼类消费增长清单的主要原因（http://map1.epa.gov/html/federaladv.html）。美国国家环境保护局建议孕妇和哺乳期妇女将淡水鱼的食用量限制为每周一餐。汞的主要来源是工业、采矿、垃圾焚烧和燃煤发电。

尽管活水对我们的经济需求至关重要，但其现状正不断恶化。濒危物种的数量是其衡量指标之一。北美淡水动物的年灭绝率约为陆地灭绝率的 5 倍，是历史速度的 1000 倍。每 10 年平均灭绝率约为 4%，接近热带雨林的动物灭绝率。每 10 年预计灭绝物种所占比例为：鱼类，2.4%；小龙虾，3.9%；贻贝，6.4%；两栖类，3.0%（Ricciardi 和 Rasmussen，1999）。这些速率标志着美国河流状况的恶化。

在 1998 年 305（b）报告（USEPA，2000）中，31 个州和 10 个部落对 146 个含水层及水文地质环境开展了地下水资源评估，总体质量为"良好"。然而这些数据并不具代表性，而可能倾向于得出优于实际情况的结论。经常有报道称地下水污染物水平升高，由于大多数含水层含有不可再生或"矿物"水，因此水量也是个值得关注的问题。

世界范围内对湿地的显著破坏仍在持续。其中大部分涉及农业使用（Andreas 和 Knoop，1992）。48 个毗邻州的原始湿地约有一半已消失，每年净损失约 4 万 hm^2（Dahl，1990；Dahl 等，1991）。根据 2001 年美国最高法院裁定（SWANNC vs. 美国陆军工程兵团），这一比率将会增加。该裁决认为，基于候鸟在这些水域的出现（候鸟规则，Nadeau 和 Leibowitz，2003），《清洁水法》无法保护不通航的、隔离的州内水域。该裁定大大减少了受联邦监管的湿地面积。

只有 11 个州和部落提供了 1998 年 305（b）报告（USEPA，2000）中的湿地数据，受评估的国家湿地面积仅约 4％（其中 73％位于北卡罗来纳州）。沉降以及随之而来的排水是导致湿地流失和污染最普遍的原因。

湿地的减少直接影响湖泊和水库的水质，因为湿地可保留含有营养物质和颗粒物质的径流。湿地是地下水补给的重要场所和源头，湿地减少直接影响水量。例如，1993 年密苏里河和密西西比河流域的洪水造成了数十亿美元的损失和大量人员伤亡。如果这些流域已丧失的湿地中有一半还完好无损（Hey 和 Phillipi，1995），发生洪水的可能性将会很小。每年有大量淡水随洪水汇入海洋。

48 个州有 10 万个 40hm^2 或以上的湖泊，以及 160 万 hm^2 的其他湖泊、池塘和水库。1998 年 305（b）报告（USEPA，2000）中，42 个州、波多黎各、哥伦比亚特区和两个部落评估了其区域内 42％的湖泊，相对 1989 年报告中的评估数量有了显著增长（当时只有 33 个州和一个特区）。夏威夷州、爱达荷州、明尼苏达州、新泽西州、俄亥俄州、宾夕法尼亚州、怀俄明州和华盛顿州没有向国会提供相关数据。

表 1.3 总结了 1998 年 305（b）报告中美国湖泊和水库的状况。各州每年提供的样本选址、分析变量、分析程序和采样频率的数据均不一致。各州间以及各州每年之间不具可比性。由于这些数据来自非统计选择的取样地点，因此只适用于抽取样本的湖泊，无法据此对整个州或地区的整体湖泊质量进行推断。这项调查主要用作水质的时间点快照。

表 1.3　各州和特区对适合理想鱼类、贝类和其他水生生物保护和繁殖的栖息地的支持情况

州	总报告数/hm^{2}①	评估量/hm^2	完全支持/％②	受到威胁/％	部分支持/％	不支持/％	无法实现/％
阿拉巴马州	198494	187422	67	15	17	2	0
阿拉斯加州	5174980	1909	0	—③	100	—	—
亚利桑那州	142692	31203	18	48	32	1	
阿肯色州	233827	161988	100	—	0	0	
加利福尼亚州	760569	310672	25	8	48	19	
科罗拉多州	66382	24144	88	—	11	1	
康涅狄格州	26294	10970	88	10	1	0	0
特拉华州	1195	1195	70	—	16	14	—

续表

州	总报告数 /hm²①	评估量 /hm²	完全支持 /%②	受到威胁 /%	部分支持 /%	不支持 /%	无法实现 /%
哥伦比亚特区	96	96	57	0	0	43	0
佛罗里达州	843848	259992	46	7	35	12	—
格鲁吉亚州	172152	161596	73	—	25	2	—
夏威夷州	877	—	—	—	—	—	—
爱达荷州	283290	—	—	—	—	—	—
伊利诺伊州	125189	76125	42	10	46	3	—
印第安纳州	57871	5445	50	50	0	0	0
爱荷华州	65304	16897	32	32	35	0	—
堪萨斯州	73387	73387	0	51	47	2	0
肯塔基州	92427	88014	74	24	2	<1	—
路易斯安那州	436279	15180	8	2	68	23	—
缅因州	399955	399955	74	16	10	0	—
马里兰州	31552	8502	37	—	63	0	—
马萨诸塞州	61179	11737	6	2	88	1	2
密歇根州	360002	3299	—	—	—	100	—
明尼苏达州	1331503	—	—	—	—	—	—
密西西比州	202254	11108	66	32	2	0	0
密苏里州	118254	118254	99	—	<1	1	—
蒙大拿州	341189	322622	14	—	86	1	—
内布拉斯加州	113316	49262	68	13	19	<1	—
内华达州	215818	85932	74	—	8	18	—
新罕布什尔州	68802	65344	97	—	2	1	0
新泽西州	9712	—	—	—	—	—	—
新墨西哥	403674	50517	11	—	89	<1	0
纽约州	320029	320029	94	1	4	1	—
新卡罗来纳州	125957	125957	68	30	2	<1	—
新达科他州	267141	259247	24	72	4	0	—
俄亥俄州	76270	—	—	—	—	—	—
俄克拉荷马州	421650	245275	21	35	38	5	—
俄勒冈州	250482	53541	<1	35	0	65	—
宾夕法尼亚州	65336	—	—	—	—	—	—
波多黎各州④	4901	4901	18	0	0	82	0
罗德岛	8620	6436	43	43	11	3	—
南卡罗来纳州	148353	85578	92	—	2	5	—

续表

州	总报告数 /hm²①	评估量 /hm²	完全支持 /%②	受到威胁 /%	部分支持 /%	不支持 /%	无法实现 /%
南达科他州	303525	53484	16	—	26	58	0
田纳西州	217725	217752	90	—	3	7	—
得克萨斯州	1240648	533685	89	0	7	4	0
犹他州	194918	186389	65	0	34	1	0
佛蒙特州	92641	6614	23	35	24	18	—
弗吉尼亚州	60697	56689	94	6	0	0	—
华盛顿州	100882	—					
西弗吉尼亚	9054	8710	11	21	60	8	0
威斯康星州	397478	26107	37	3	55	6	—
怀俄明州	131546	—					
总数	16850216	4382797⑤					

① 1hm² = 2.47 英亩。
② 完全支持，受到威胁等的百分比是受评估湖泊数量的占比，而不是所报告的总数。由于四舍五入和其中某些州未报告所有类别等原因，总数可能不等于 100%。
③ 此州未报告此数据。
④ 美国领土。
⑤ 评估湖泊状况的州仅评估了该类别湖泊总面积约 29.5%。
来源：USEPA, 2000. *National Water Quality Inventory. 1998 Report to Congress.* USEPA 841 - R - 00 - 001.

　　各州报告的湖泊总面积中，只对 27% 的地区实际评估了其支持水生生物的能力。并非所有州都报告了所有条件类别的数据。根据表 1.3 的计算，约 53% 的受评估湖区完全符合支持水生生物的标准（42 个州报告），21% 受到威胁（29 个州报告），12% 为部分支持（42 个州报告），12% 不支持水生生物标准（43 个州报告）。

　　305（b）报告还描述了受评估的湖泊和水库对鱼类消费的作用，以及用于游泳、划船、饮用水供应和农业文化的条件（指定用途；表 1.4）。这些数据很有价值，但在某些情况下只基于观点和看法，非定量描述。

表 1.4　　各州对每种指定用途的湖泊、水库和池塘面积比例的评估

指定用途	总报告数 /hm²	评估量 /hm²	完全支持 /%	受到威胁 /%	部分支持 /%	不支持 /%
水生生物	4955662	58	13	23	6	<1
鱼类消费	3172195	54	5	35	6	<1
游泳	5833293	69	11	15	5	<1
划船	2963548	78	8	10	4	<1
饮用水	3406880	82	4	9	5	0
农业使用	1904246	89	4	3	4	0

来源：USEPA，2000. *National Water Quality Inventory. 1998 Report to Congress.* USEPA 841 - R - 00 - 001.

一些地区的地表饮用水供应受富营养化和有毒物质的威胁，这些有毒物质包括残留的农药和汞。富营养化水库中的水可能口感、气味和颜色较差，且有些含有高浓度的天然有机分子，可能形成致癌和致突变的三卤甲烷，经氯气消毒的饮用水也可能会产生其他副产品（Palmstromet 等，1988；Cooke 和 Carlson，1989；Cooke 和 Kennedy，2001）。此外，人类胃肠道疾病也与水库中蓝藻水华有关（Kotak 等，2000；Carmichael 等，2001）。

2/3 的美国人从地表水中获取饮用水。美国 600 家最大的公共事业公司中（每家服务超过 5 万名客户），有 68% 从湖泊和水库中获得水源（Cooke 和 Carlson，1989）。以上事实，以及地表水普遍恶化的迹象表明，饮用水水质和人类健康方面可能即将面临难题。

美国境外湖泊和水库的状况则鲜为人知。加拿大作为世界上湖泊面积最大的国家，目前尚无针对其湖泊建立一份清单，更不必说对湖泊的营养状况评估了。尽管其南部省份的一些湖泊受到国内和农业径流的影响，但大多数湖泊都是贫营养的。欧洲水质富营养化很普遍，但并非所有国家都能提供类似美国 305（b）报告这样的数据内容。世界各地一些水库存在严重水土流失和大量淤积的情况，加上许多地区缺乏污水处理程序，这些都说明富营养化是一个全球问题，特别是发展中国家（Bronmark 和 Hansson，2002）。鉴于对灌溉用水、饮用水供应和防洪的需求，发展中国家主要水库的大量迅速蓄水尤其令人不安。

这些关于淡水水质的报告令人沮丧。淡水系统有相当大一部分尚未得以评估，而在受评估的系统中，已发现有很大比例受到了损害。美国一些州根本没有报告，而另一些州则做出了不切实际的声明，在可能基于选择性抽样的基础上，声称 99%～100% 的水域完全支持水生生物条件（表 1.3）。针对本节开篇的问题——"淡水如此珍贵，其质量如何？"现在我们可以这样回答："其水质不如预期或我们所需的那么优质。"鉴于对洁净淡水的需求增加，修复和保护湖库变得越来越重要。

1.3　湖泊和水库问题的来源

美国、欧洲和其他地方的许多溪流、湖泊和水库都存在严重的水质问题。这些问题的原因和解决是本书关注的焦点。本章以下小节将阐述这些问题的来源，并介绍后续章节中讨论的主题（图 1.2 和图 1.3）。

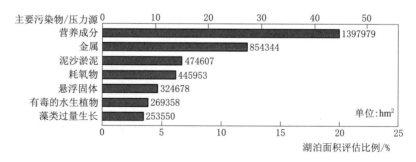

图 1.2　湖泊主要污染物/压力源类型。

（来源：根据 USEPA，2000. *National Water Quality Inventory*. 1998 *Report to Congress* 重绘。）

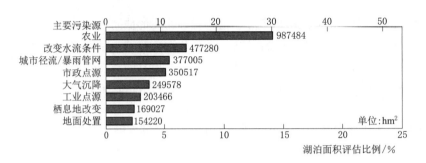

图 1.3　湖泊主要污染源。

（来源：根据 USEPA，2000. *National Water Quality Inventory. 1998 Report to Congress* 重绘。）

控制点源营养物和有毒物质（如废水或工业废物），是 20 世纪七八十年代保护和改善溪流和湖泊的工作重点。当时颁布和实施的相关法律，包括禁止在洗涤剂中加入磷，使美国水生栖息地的点源负荷显著下降。目前，溪流和湖泊的主要污染物和营养源是"非点源"（NPS），例如农业径流、来自城市或森林砍伐地区的侵蚀、露天采矿或大气沉降（表 1.4）。

根据 305（b）报告，受评估的湖泊和水库中，有 45％受到农业营养物质的影响（表 1.4）。农业依赖化肥、粪肥和杀虫剂来满足日益增长的粮食需求，但尚未在防止营养物质流失方面作出持续有效的努力。每年土地约施用氮肥 1100 万 t、磷肥 200 万 t，另外还有 640 万 t 氮和 200 万 t 磷被用作有机肥（美国地质调查局，1999）。这些肥料中很大一部分将流入溪流。此外，家禽、牛肉和猪肉生产需要大量谷物，间接消耗大量的水，且越来越多饲养场集中在河流附近，这可能是主要的非点源营养来源。

管理非点源，修复与之相关联的湖泊和水库，是难以解决的环境问题。外部营养负荷给湖泊带来的后果之一，是营养物质以碎屑状态沉积在湖底，循环利用，维持受损的湖泊环境。这种"内部非点源"的处理通常与径流处理同样重要，许多湖泊需要同时注意这两种来源的处理。"内部非点源"控制是本书的一个主要亮点。

外来物种问题不亚于营养过剩问题（NALMS，2002；Mack 等，2000）。例如，普通鲤鱼（*Cyprinus carpio*）是一种破坏性极大的鱼类，19 世纪末作为食物来源被引入美国，数以百万计的鲤鱼通过铁路车厢被运送到湖泊和溪流（Bright，1998）。五大湖泊也有这类例子。其中至少有 141 种外来物种，物种入侵速度为每年一种新物种（Millset 等，1998；Bright，1998）。最广为人知的可能是斑马贻贝和斑驴贻贝。斑马贻贝从五大湖泊蔓延到俄亥俄州、密西西比州、伊利诺伊州、田纳西州和哈德逊河流域，产生了巨大的经济和生态影响。它有可能导致北美 300 种淡水贻贝中近一半灭绝（Abramovitz，1996），改变鱼类繁殖（Baldwin 等，2002），增加饮用水和冷却水源头的生物污染，并刺激蓝细菌的繁殖（Garton，2002）。外来物种已增加了入侵速度，部分源于研究机构、农业学家和园艺学家"观望"的态度（贝恩，1993），例如普通鲤鱼和草鱼的引入，又如园艺业千屈菜的繁殖。

本书将讨论管理和控制湖泊中外来生物的方法，主要是欧亚狐尾藻等植物。多数情况下，无法实现根除外来物种，在世界日益"无国界"（Bright，1998）的情况下，越来越多的外来物种将得以生存，这比营养过剩更严重（Bronmark 和 Hansson，2002）。维多利亚湖（乌干达、尼日利亚、坦桑尼亚）引入外来尼罗河鲈鱼，使湖内 200 多种本地鱼类灭绝，这样的案例有多少？这种"观望"的态度可能不会再有，但人类的活动还在继续鼓励外来物种向湖泊扩散（Hall 和 Mills，2000）。

湖泊、水库以及其他水生栖息地是不可缺少的资源，由于非点源污染和外来物种入侵，加上过度取水、气候变化和人口增长等因素，它们面临着越来越大的风险。这些因素都可能使美国和世界其他地区的人均水资源供应量大大降低，足以威胁人类福祉、经济发展和生物完整性。这些已为决策者和官员以及工农业用水者所熟知，其中关于水质和水量的很多问题似乎是听之任之，并未考虑未来的发展，尤其是在粮食和水资源丰富的国家。

美国国家研究委员会（Cairns 等，1992）认为淡水是至关重要且不可替代的资源，目前世界各地的水资源都受到威胁并逐渐减少。他们得出结论："为了承受人口增长和对水生生态系统需求增加带来的复合压力，国家应谨慎采取国家水生生态系统修复议程。"虽然经常强调休闲湖泊的修复，但也始终致力于消除湖泊受损的原因，这些原因在所有湖泊和水库中都很常见。

淡水环境的污染和破坏是全球性问题，并且已出现了严重的生态缺陷问题。我们需要尽可能多地了解这些生态系统，研究其基本属性和行为。目前许多地区甚至尚未开展最基本的研究。这种基础科学方法为制定淡水保护、管理和修复计划提供了必要的条件。因此，针对新的湖泊学家、水资源科学家、工程师，包括对淡水管理和修复科学感兴趣的人作基础培训是一项关键任务。

1.4　湖泊和水库的修复与管理

目前最明显、持续和普遍的全球水质问题是富营养化。湖泊和水库的水质由于存在过量植物养分、有机物质和淤泥而恶化，导致一级生产者生物量增加，透明度降低，为有害物种提供了生长条件，降低了湖泊或水库的容量。富营养化的水体面目全非，失去了娱乐吸引力，以及作为工业和生活用水的有效性和安全性。其退化状态在很大程度上反映了点源负荷特别是非点源负荷的影响。富营养化外在表现为饮用水供应受影响、溶解氧消耗和鱼类死亡，由此导致经济价值下降、生水处理费用高昂、疾病、娱乐产业衰退、新水库建造以及管理和修复费用增加等经济损失（Pretty 等，2003）。

改善湖泊或水库水质的第一步也是最明显的一步，即限制、转移或处理过多的外部负荷。河流对治理反应迅速，除非有毒物质或营养物质污染其沉积物，而湖库与河流不同，它们能够保留和回收物质。消除或减少外部负荷昂贵且必要，但由于存在大片浅层区域和内部毒性物质或营养物质的循环利用，可能无法对现状有所改善。这些特征使藻类和大型植物得以持续生长。几位作者（Rich 和 Wetzel，1978；Carpenter，1981；Moss 等，1996；Sondergaard 等，2001）发现了富营养化系统中的反馈回路，这些回路在负荷减少后保持富营养状态，包括大型植物生长—死亡—腐烂周期、沉积物中的养分释放和生物扰动。第二步，修复水体需要操作或改变一个或多个内部化学、生物或物理过程或条件的技术。

　　严格意义上来说，修复（restoration）意味着将某种东西修复到原始状态。在各种治理措施中，只有疏浚行为可能是例外，疏浚会清除营养物质、过量的植被和沉淀物，使其修复到之前的状态。除此之外，其他的湖泊治理措施并不是真正的修复行为。修复（sensu strictu）被定义为（Webster，1972）"通过维修、重建或改变，修复到以前或正常的状态。"Cairns 等（1992）将修复定义为"将生态系统修复到其受扰动前的状态的近似值"。他们意识到实际的修复无法实现。湖泊受扰动前的物种列表以及湖泊及其流域的化学、生物和物理相互作用，都是未知的。

　　作为修复生态学家，试图用更准确的术语表示为"恢复"（rehabilitation）（Cooke，1999）。恢复指重建其重要的缺失/改变过程，重建栖息地、浓度和物种。在医学界，这是一个很容易理解的想法，即对重病或受伤病人的治疗只能让病人恢复到其最重要的功能起作用的状态，不可能要求病人恢复到完全没受伤或生病前的状况。这一概念强调了退化系统修复到扰动前条件的近似状态，并建立起针对未来扰动的保护措施或屏障。虽然人们经常用的是"修复"这个词，但多数情况下指的是"恢复"。

　　有些程序不被视为修复（恢复）工作，因为有些问题没有得到解决，保护措施没有得到执行，包括收获、除草剂/杀藻剂的应用，以及囤积以植物为食的外来鱼类。然而，在某些情况下，这些程序比较恰当。

　　所有湖泊保护和修复活动都涉及管理。日常管理非常必要，如对空气压缩机的维护。自然界不是静态的，人类活动和行为也是动态的，这意味着必须对管理的有效性进行监控，必要时加以更改。例如，沉淀池或鱼类清除项目通常需要进行长期管理，包括项目重新评估和一些额外工作。

　　水库在很多方面与湖泊不同，但也可以修复。其流域通常比湖泊大得多，许多水库位于具有广泛农业活动的集水区。因此，水库通常会因泥土（沙）淤积而体积减小。清淤、土地管理和建造集沙装置是水库修复和保护的可行工作。但实际上，许多水库修复项目与湖泊修复项目类似，主要针对现状开展修复，治标而不治本，因为土地活动的影响实在太大。

　　本书聚焦于富营养湖库的管理和修复，我们研究了最常见的湖内技术，以及减少负荷的程序，包括其科学依据、应用方法、有效性、可行性、缺点以及已知的成本，还确定了进一步的研究开发任务。

1.5　湖泊修复与管理的历史

　　若不介绍湖泊修复的短暂历史，本书的内容将是不完整的。Hasler（1947）是最早认识到修复富营养化湖泊非常困难的人之一。他说："这个问题特别严重，因为目前没有办法逆转富营养化的进程。"20 年之后，书中描述的大多数技术都已提出，有些已经进行尝试，很多也在座谈会上得以讨论。20 世纪 60 年代后期，一些国内（American Association for the Advancement of Science，1970）和国际（U. S. National Academy of Sciences，1969）论文集和文献（如 Hasler，1969）等的出版，开始向读者广泛提供关于湖泊富营养化和湖泊修复的信息。

20 世纪 70 年代，在美国环境保护署清洁湖泊计划（CLP）（《清洁水法》第 314 条）的鼓励和支持下，这些技术的研究和应用得到了加强。美国国家环境保护局研究与发展办公室的 Spencer Peterson 主持了 CLP 项目的湖泊修复评估部分。会议在威斯康星大学举行，由 Lowell Klessig、Jim Peterson、Doug Knauer、George Gibson 等人发起。美国与经合组织的其他成员国共同研究这个问题（USEPA，1977），会议发表了大量评论文章和会议论文，其中包括 Peterson 等（1974），Dunst 等（1974），USEPA（1979；1980a，b；1983），Ryding（1981），Golterman 和 de Oude（1991），Lee 和 Jones（1991），Welch（1992），Moss（1996），Smith 等（1999），以及 Gulati 和 van Donk（2002）的作品。

1980 年，作为上述一些会议以及对富营养化及其补救措施的强烈关注的产物，在缅因州波特兰举行的关于内陆水域和湖泊修复的国际研讨会上，成立了一个新的专业团体——北美湖泊管理学会（NALMS，4513 Vernon Blvd.，Suite 100，Madison，WI 53705-5443，U.S.）。这是由美国环境保护局和经合组织共同发起的会议。NALMS（2000a，b）出版了关于该新团体的组织历史，并介绍了前几任理事长以庆祝其成立 20 周年。20 多年来，NALMS 一直是湖泊科学家、公众、顾问和美国国会对富营养化和湖泊管理问题的信息来源渠道。NALMS 在敦促国会为《清洁水法》第 314 条（CLP）拨款的几年中发挥了重要作用。其成员和领导为技术和政治管理行业提供了诸多信息，如水生系统面临的困境及其保护和修复。没有其他组织能够胜任这个角色。

尽管 CLP 的联邦资金终止了，但湖泊项目的资金仍然可以通过第 319 条（非点源计划）获得。美国环境保护局向各州提供新能源计划基金的指导方针，鼓励将其用于湖泊和水库的修复和保护。此外还鼓励将《清洁水法》国家循环基金用于湖泊修复和保护，包括供应饮用水的水库。此外，美国国家环境保护局鼓励将安全饮用水法资金用于优先湖泊管理项目。通过 NPS 计划的资金可用于湖泊修复项目的所有阶段，包括诊断、实施和治疗后监测。使用 NPS 计划资金需要满足一定资格，包括规定湖泊必须包含在州 NPS 管理计划中，并且只有 20% 的州 NPS 分配资金可用于更新州 NPS 评估计划，包括第一阶段诊断——可行性研究和州际湖泊水质评估。尽管存在这些限制，但根据目前的美国环境保护局的指导方针，可获得的资金远多于 CLP 拨款（美国国家环境保护局 NPS 项目主管 D. Weitman）。自 1988 年以来，已向新方案项目提供 9 亿美元。根据 20% 的指导原则，湖泊项目可以使用高达 1.8 亿美元的资金。

1985 年，NALMS 开始出版一本新的专业著作《湖泊和水库管理》（*Lake and Reservoir Management*），并于 1986 年出版了该书的第一版（Cooke 等，1986），1988 年 NALMS 成员合力撰写了一本专为感兴趣的读者和湖泊管理者编写的书——《湖泊和水库修复指导手册》（*The Lake and Reservoir Restoration Guidance Manual*），由 USEPA CLP 于 1990 年更新出版（Moore 和 Thornton，1988；Olem 和 Flock，1990）。第三版于 2001 年出版（NALMS 和 Terrene Institute，2001）。

在过去 20 年里，欧洲、加拿大和美国对湖泊和水库管理技术进行了快速研发和测试。在 Shapiro 等（1975）提出鱼类活动可能是藻类生物量的重要决定因素后，人们对生物学在湖泊管理中的作用进行了深入探讨。这促成了关于湖泊生产力控制的新假说和发现（Carpenter 和 Kitchell，1993；Benndorf 等，2002）。使用植食性昆虫（Van Driesche 等，

2002）进行大型植物管理在南部水域中非常普遍，且草鱼也被引入大陆（Leslie 等，1987）。基于水库大型数据库的软件开发和应用手册均取得了重大进展，可以指导管理者确定水库条件及其对外部或内部磷负荷变化的响应（Walker，1987）。小型湖泊或水塘所有者并没有被忽视。McComas 的两本书（McComas，1993，2003）描述了规模小、成本低且有效的程序，专门为顾问和小型湖泊所有者编写。

在欧洲，尤其是瑞典、丹麦、德国、英国和荷兰，湖泊管理和修复技术的发展速度最快。欧洲湖沼学家（Moss 等，1996；Hosper，1997；Jeppesen 等，1999；Nienhuis 和 Gulati，2002）在浅水湖泊生态和管理方面的研究处于领先地位。

美国陆军工程兵团时刻关注其管理的数百个水库的水质，并编制了一份关于富营养化和水库管理的报告（Cooke 和 Kennedy，1989），涵盖了其抽样过程、数据管理和建模（Walker，1987；Kennedy，1999 a，b；2001）。

富营养化带来了饮用水供应的特殊问题，特别是消毒副产物以及由藻类、真菌和细菌产生的味道、气味化合物和毒素。美国水务协会研究基金会，NALMS 和欧洲研究人员等一直对这一问题（Cooke 和 Carlson，1989；Heinzman 和 Sarfert，1995；Cooke 和 Kennedy，2001）以及保护供水湖泊和水库的流域管理十分感兴趣（Robbins 等，1991；Pannetter，1991；Smith 等，2002）。

湖泊修复和保护的历史并非完全没有争议。有证据表明，磷和少量氮是限制淡水藻类生物量的基本营养素。因此，湖泊和水库管理的目的，是通过限制废水的负荷和禁止使用含磷洗涤剂来降低这些元素的浓度。20 世纪 70 年代中期，藻类生物量的磷限制遭到了挑战，有人认为碳是限制性营养盐（即所谓的限制性营养盐争议）。当然现在事实很清楚，长期来看磷通常是限制性营养盐（Schindler，1974；Guildford 和 Hecky，2000）。

这些关于藻类生物量磷限制的发现，导致许多湖泊学家和湖泊管理者将其处理富营养化问题的方法建立在控制磷浓度的基础上。虽然这直接大大改善了湖泊和水库的水质，但其往往限制了富营养化的观点及其控制，使其仅仅局限于外部营养负荷和藻类生物量。大多数湖泊和水库面积小、水深小，存在广阔的湿地和沿岸带、大型植物生长，以及底部沉积物与湖泊体积的高比率（Wetzel，1990）。湖泊和水库，以及相关湿地和沿岸带，包含了相互作用的食物网和沉积物中直接影响湖泊状况的动态营养储存。湖泊不仅仅是包含水、营养和藻类的反应容器。沉积物和高产浅区的重要性，以及生物相互作用和反馈过程的作用，已成为湖泊修复的标准。我们始终强调这些观点，并试图更正错误的观念，即富营养化只是过度的外部营养负荷和藻类反应的结果。这些观点受 Robert Wetzel 的湖沼学言论的强烈影响（Wetzel，2001）。

本书分为：概述、浮游藻类控制方法、大型水生植物控制。我们认为，必须尽可能多地了解淡水生态系统，强调生态系统层面的问题。本书同意 Moss(1999) 的观点，即还原研究在理解大型系统（如湖泊）功能和管理修复大型系统方面难以产生有用的进展。本书的重点是应用湖沼学，尽管往往使用"快速修复"方法，但我们还是要强调，这些方法和程序，无论是现在还是将来，都必须基于湖沼学。

许多应用植物学家对水生植物生物学知之甚少，部分原因是许多现代湖泊学教科书和课程基本忽略了大型植物。因此，本书大大扩充了植物生态和植物群落修复的章节。

由于某些除草剂可能产生严重的副作用，在本书（第二版）中没有介绍除草剂的使用（Cooke等，1993），但我们必须承认，在某些情况下，除草剂的处理可能是唯一合理的方法（例如在南部水域，像水葫芦这样的外来物种已经形成）。同样在 1993 年，除草剂的应用范围也比较广泛（Ross 和 Lembi，1985；Westerdahl 和 Getsinger，1988）。目前广泛使用的除草剂对非目标生物的毒性较小，分解速度较快，更易于应用，而且有些是针对特定的植物种类，减少了彻底根除植物或产生副作用的可能。我们在本版中对美国除草剂进行了更多介绍。

关于湖泊和水库的管理和修复还有其他重要议题，例如有毒金属和有机物。但由于其他书籍中已作重点介绍，同时这也超出了本书的讨论范围，因此本书只在第 20 章介绍疏浚时提到。

最后真诚地希望，本书在保留好做法抛弃坏做法，并添加新内容的基础上，能比之前的版本更有帮助。尽管本书代表了近 175 年的综合知识和经验，但也只是刚刚能满足领域需求。希望本书能够激发更多的研究和应用，提高大家对湖泊以及能否发挥作用的工作的理解，成为湖沼学家、学生、咨询师、工程师、湖泊管理者等试图解决湖泊和水库问题的学者的指南。

参 考 文 献

Abramovitz，J. N. 1996. Imperiled Waters，Impoverished Future：The Decline of Fresh Water Ecosystems. WorldWatch Paper 128. WorldWatch Institute. Washington，DC.

American Association for the Advancement of Science. 1970. *Lake Restoration*. Proceedings of a Symposium. Washington，DC（tapes 67 – 70. Sessions 1 and 2，tapes 2 – 3730 – 2 – 3722）.

Andreas，B. K. and J. D. Knoop. 1992. 100 years of changes in Ohio peatlands. *Ohio J. Sci.* 92：130 – 138.

Bain，M. B. 1993. Assessing impacts of introduced species：Grass carp in large systems. *Environ. Manage.* 17：211 – 224.

Baldwin，B. S. ，M. S. Mayer，J. Dayton，N. Pau，J. Mendilla，M. Sullivan，A. Moore，A. Ma and E. L. Mills. 2002. Comparative growth and feeding in zebra and quagga mussels（*Dreissena polymorpha* and *Dreissena bugensis*）：Implications for North American lakes. *Can. J. Fish. Aquatic Sci.* 59：680 – 694.

Baron，J. S. ，N. L. Poff，P. L. Angermeier，C. N. Dahm，P. H. Glieck，N. G. Hairston，Jr. ，R. B. Jackson，C. A. Johnston，B. D. Richter and A. D. Steinman. 2002. Meeting ecological and societal needs for fresh water. *Ecol. Appl.* 12：1247 – 1260.

Beeton，A. M. 2002. Large fresh water lakes：Present state，trends，and future. *Environ. Conserv.* 29：21 – 38.

Benndorf，J. ，W. Boing，J. Koop and I. Neubauer. 2002. Top – down control of phytoplankton：The role of time scale，lake depth and trophic state. *Freshwater Biol.* 47：2282 – 2295.

Bright，C. 1998. *Life Out of Bounds*. *Bioinvasion in a Borderless World*. W. W. Norton & Co. ，New York，NY.

Bronmark，C. and L. – A. Hansson. 2002. Environmental issues in lakes and ponds：Current state and perspectives. *Environ. Conserv.* 29：290 – 306.

Cairns，J. ，et al.（National Research Council）. 1992. *Restoration of Aquatic Ecosystems*. *Science，Technology，and Public Policy*. National Academy Press，Washington，DC.

Carmichael, W. W. , S. M. F. O. Azevedo, J. S. An, R. J. R. Molica, E. M. Jochimsen, S. Lau, K. L. Rinehart, G. R. Shaw and G. K. Eaglesham. 2001. Human fatalities from Cyanobacteria: Chemical and biological evidence for cyanotoxins. *Environ. Health Perspect.* 109: 663 – 668.

Carpenter, S. R. 1981. Submersed vegetation: An internal factor in lake ecosystem succession. *Am. Nat.* 118: 372 – 383.

Carpenter, S. R. and J. F. Kitchell. 1993. *The Trophic Cascade in Lakes*. Cambridge University Press. Cambridge, U. K.

Cooke, G. D. 1999. Ecosystem rehabilitation. *Lake and Reservoir* Manage. 15: 1 – 4.

Cooke, G. D. and R. E. Carlson. 1989. *Reservoir Management for Water Quality and THM Precursor Control*. American Water Works Association Research Foundation. Denver, CO.

Cooke, G. D. and R. H. Kennedy. 1989. Water Quality Management for Reservoirs and Tailwaters. Report I. In - Reservoir Water Quality Management Techniques. Tech. Rept. E – 89 – 1. U. S. Army Corps Engineers. Vicksburg, MS.

Cooke, G. D. and R. H. Kennedy. 2001. Managing drinking water supplies. *Lake and Reservoir Manage.* 17: 157 – 174.

Cooke, G. D. , E. B. Welch, S. A. Peterson and P. R. Newroth. 1986. *Lake and Reservoir Restoration*. Butterworth, Stoneham, MA.

Cooke, G. D. , E. B. Welch, S. A. Peterson and P. R. Newroth. 1993. *Restoration and Management of Lakes and Reservoirs, 2nd Edition*. Lewis Publishers and CRC Press. Boca Raton, FL.

Dahl, T. E. 1990. *Wetland Losses in the United States, 1970s to 1980s*. U. S. Department of the Interior. Fish and Wildlife Service, Washington, DC.

Dahl, T. E. , C. E. Johnson and W. E. Frayer. 1991. *Status and Trends of Wetlands in the Conterminous United States, mid - 1970s to mid -1980s*. U. S. Department of the Interior. Fish and Wildlife Service, Washington, DC.

Dunst, R. D. , S. M. Born, P. D. Uttomark, S. A. Smith, S. A. Nichols, J. O. Peterson, D. R. Knauer, S. L. Serns, D. R. Winter and T. L. Wirth. 1974. Survey of Lake Rehabilitation Techniques and Experiences. Tech. Bull. 75. Wisconsin Dep. Nat. Res. , Madison, WI.

Garton, D. W. 2002. Ecological consequences of zebra mussels in North American lakes. North American Lake Management Society. *LakeLine* 22 (1): 48 – 51.

Golterman, H. L. and N. T. deOude. 1991. Eutrophication of lakes, rivers, and coastal seas. In: O. Hutzinger (Ed.). *The Handbook of Environmental Chemistry*. Vol. 5, Part O. Springer – Verlag, Berlin. pp. 79 – 124.

Guildford, S. J. and R. E. Hecky. 2000. Total nitrogen, total phosphorus, and nutrient limitation in lakes and oceans: Is there a common relationship? *Limnol. Oceanogr.* 45: 1213 – 1223.

Gulati, R. D. and E. van Donk. 2002. Lakes in The Netherlands, their origin, eutrophication and restoration: State - of - the - art review. In: P. H. Nienhuis and R. D. Gulati (Eds.), *Ecological Restoration of Aquatic and Semi - Aquatic Ecosystems in the Netherlands (NW Europe)*. Kluwer Academic Publishers, Boston, MA. Reprinted from *Hydrobiologia*, Volume 478, 2002. pp. 73 – 106.

Hall, S. R. and E. L. Mills. 2000. Exotic species in large lakes of the world. *Aquatic Ecosystem Health Manage.* 3: 105 – 135.

Hasler, A. D. 1947. Eutrophication of lakes by domestic drainage. *Ecology* 28: 383 – 395.

Hasler, A. D. 1969. Cultural eutrophication is reversible. *BioScience* 19: 425 – 431.

Heinzman, B. and F. Sarfert. 1995. An integrated water management concept to ensure a safe drinking water supply and high drinking water quality on an ecologically sound basis. *Water Sci. Technol.* 31:

281 – 291.

Hey, D. L. and N. S. Phillipi. 1995. Flood reduction through wetland restoration: The Upper Mississippi River Basin as a case history. *Restor. Ecol.* 3: 4 – 17.

Hillel, D. 1994. *Rivers of Eden. The Struggle for Water and the Quest for Peace in the Middle East.* Oxford University Press, New York, NY.

Hosper, H. 1997. *Clearing Lakes. An Ecosystem Approach to the Restoration and Management of Shallow Lakes inThe Netherlands.* RIZA, Lelystad, The Netherlands.

Houghton, J. T. , Y. Ding, D. J. Griggs, M. Noguer, P. J. van der Linden and V. Xiaosu. 2001. Intergovernmental Panel on Climate Change: Working Group 1. Cambridge University Press. Cambridge, U. K.

Jackson, R. B. , S. R. Carpenter, C. N. Dahm, D. M. McKnight, R. J. Naiman, S. L. Postel and S. W. Running. 2001. Water in a changing world. *Ecol. Appl.* 11: 1027 – 1045.

Jeppesen, E. , J. P. Jensen, M. Sondergaard and T. Lauridsen. 1999. Trophic dynamics in turbid and clearwater lakes with special emphasis on the role of zooplankton for water clarity. *Hydrobiologia* 408/409: 217 – 231.

Kennedy, R. H. 2001. Considerations for establishing nutrient criteria for reservoirs. *Lake and Reservoir Manage.* 17: 175 – 187.

Kennedy, R. H. 1999a. Basin – wide considerations for water quality management: Importance of phosphorus retention by reservoirs. *Int. Rev. ges. Hydrobiol.* 84: 557 – 566.

Kennedy, R. H. 1999b. Reservoir design and operation: Limnological implications and management opportunities. In: J. G. Tundisi and M. Straskraba (Eds.), *Theoretical Reservoir Ecology and its Applications.* International Institute of Ecology, Brazilian Academy of Sciences and Backhuys Publishers. pp. 1 – 28.

Kotak, B. G. , A. K. Lam, E. E. Prepas and S. E. Hurley. 2000. Role of chemical and physical variables in regulating microcystin – LR concentration in phytoplankton of eutrophic lakes. *Can. J. Fish. Aquatic Sci.* 57: 1584 – 1593.

Lee, G. F. and R. A. Jones. 1991. Effects of eutrophication on fisheries. *Rev. Aquatic Sci.* 5: 287 – 305.

Leslie, A. J. , Jr. , J. M. VanDyke, R. S. Hestand, III and B. Z. Thompson. 1987. Management of aquatic plants in multi – use lakes with grass carp (*Ctenopharyngodon idella*) . *Lake and Reservoir Manage.* 3: 266 – 276.

MacDonald, M. and D. Nierenberg. 2003. Linking population, women, and biodiversity. In: L. Starke (Ed.), *State of the World* 2003. W. W. Norton & Co. , New York, NY. Chapter 3.

Mack, R. N. , D. Simberloff, W. M. Lonsdale, H. Evans, M. Clout and F. A. Bazzaz. 2000. Biotic invasions: Causes, epidemiology, global consequences, and control. *Ecol. Appl.* 10: 689 – 710.

Malmqvist, B. and S. Rundle. 2002. Threats to the running water ecosystems of the world. *Environ. Conserv.* 29: 134 – 153.

McComas, S. 1993. *Lake Smarts. The First Lake Maintenance Handbook.* Terrene Institute, Washington, DC and U. S. Environmental Protection Agency, Office of Water, Washington, DC.

McComas, S. 2003. *Lake and Pond Management Guidebook.* Lewis Publishers and CRC Press, Boca Raton, FL.

Mills, E. L. , S. R. Hall and N. K. Pauliukonis. 1998. Exotic species in the Laurentian Great Lakes. *Great Lakes Res. Rev.* February 1998.

Moore, L. and K. Thornton (Eds.) . 1988. *Lake and Reservoir Restoration Guidance Manual.* USEPA 440/5 – 88 – 002.

Moss, B. 1996. A land awash with nutrients – the problem of eutrophication. *Chem. Ind.* 3: 407 – 411.

Moss, B. 1999. Ecological challenges for lake management. *Hydrobiologia* 395/396: 3 – 11.

Moss, B. , J. Madgwick and G. Phillips. 1996. A *Guide to the Restoration of Nutrient –Enriched Shallow Lakes*. Broads Authority, Norfolk, U. K.

Nadeau, T. – L. and S. G. Leibowitz. 2003. Isolated wetlands: An introduction to the special issue. *Wetlands* 23: 471 – 474.

Nienhuis, P. H. and R. D. Gulati. 2002. *Ecological Restoration of Aquatic and Semi – aquatic Ecosystems in The Netherlands*. Kluwer Academic, Dordrecht, The Netherlands and Norwell, MA.

North American Lake Management Society. 2000a. History. *LakeLine* 20 (2): 17 – 18.

North American Lake Management Society. 2000b. Past presidents of NALMS. *LakeLine* 20 (2): 20 – 35.

North American Lake Management Society and Terrene Institute. 2001. Managing *Lakes and Reservoirs*. NALMS. Madison, WI.

North American Lake Management Society. 2002. Exotic species. *LakeLine* 22 (1): 17 – 57.

Olem, H. and G. Flock (Eds.) . 1990. *Lake and Reservoir Restoration Guidance Manual*, 2nd Edition. USEPA 440/4 – 90 – 006.

Ohkubo, T. 2000. Lake Biwa. In: M. Okada and S. Peterson (Eds.), *Water Pollution Control Policy and Management: The Japanese Experience*. Gyosei Publishers, Tokyo, Japan. Chapter 14. pp. 188 – 217.

Palmstrom, N. S. , R. E. Carlson and G. D. Cooke. 1988. Potential links between eutrophication and the formation of carcinogens in drinking water. *Lake and Reservoir Manage*. 4 (2): 1 – 15.

Pannetter, E. 1991. Watershed protection and compliance with the Safe Drinking Water Act amendments. *Lake and Reservoir Manage*. 7: 120 – 123.

Parmesan, C. and G. Yohe. 2003. A globally coherent fingerprint of climate change. Impacts across natural systems. *Nature* 421: 37 – 42.

Peterson, J. O. , S. M. Born and R. D. Dunst. 1974. Lake rehabilitation techniques and experiences. *Water Resourc. Bull*. 10: 1228 – 1245.

Peterson, S. A. , A. T. Herlihy, R. M. Hughes, K. L. Motter and J. M. Robbins. 2002. Level and extent of mercury contamination in Oregon, lotic fish. *Environ. Toxicol. Chem*. 21: 2157 – 2164.

Poff, N. L. , M. M. Brinson and J. W. Day. 2002. *Aquatic Ecosystems and Global Climate Change*. Pew Center on Global Climate Change. Arlington, VA.

Postel, S. 1992. *Last Oasis: Facing Water Scarcity*. W. W. Norton & Co. New York, NY.

Postel, S. 1995. Where have all the rivers gone? *WorldWatch* 8: 9 – 19.

Postel, S. 1996. Dividing the Waters: Food Security, Ecosystem Health and the New Politics of Scarcity. WorldWatch Paper No. 132. WorldWatch Institute, Washington, DC.

Postel, S. 1999. When the world's wells run dry. *WorldWatch* Sept/Oct: 30 – 38.

Postel, S. 2000. Entering an era of water scarcity: The challenges ahead. *Ecol. Appl*. 10: 941 – 948.

Postel, S. L. , G. C. Dailey and P. R. Ehrlich. 1996. Human appropriation of renewable fresh water. *Science* 271: 785 – 788.

Pretty, J. N. , C. F. Mason, D. B. Nedwell, R. E. Hine, S. Leaf and R. Dils. 2003. Environmental costs of eutrophication in England and Wales. *Environ. Sci. Technol*. 37: 201 – 208.

Rich, P. H. and R. G. Wetzel. 1978. Detritus in the lake ecosystem. *Am. Nat*. 112: 57 – 71.

Ricciardi, A. and J. B. Rasmussen. 1999. Extinction rates of North American fresh water fauna. *Conserv. Biol*. 13: 1220 – 1222.

Robbins, R. W. , D. M. Glicker and B. M. Niss. 1991. *Effective Watershed Management*. American Water

Works Association Research Foundation, Denver, CO.

Ross, M. and C. A. Lembi. 1985. *Applied Weed Science*. Burgess Publishers. Minneapolis, MN.

Ryding, S. O. 1981. Reversibility of man – induced eutrophication – experiences of a lake recovery study in Sweden. *Int. Rev. ges. Hydrobiol.* 66: 449 – 503.

Schindler, D. W. 1974. Eutrophication and recovery in experimental lakes: Implications for lake management. *Science* 184: 897 – 899.

Service, R. F. 2003. "Combat biology" on the Klamath. *Science* 300: 36 – 39.

Shapiro, J., V. LaMarra and M. Lynch. 1975. Biomanipulation: An ecosystem approach to lake restoration. In: P. L. Brezonik and J. L. Fox (Eds.), *Proceedings of a Symposium on Water Quality Management and Biological Control*. University of Florida, Gainesville, FL. pp. 85 – 96.

Smith, V. H., G. D. Tilman and J. C. Nekola. 1999. Eutrophication: Impacts of excess nutrient inputs on fresh water, marine, and terrestrial ecosystems. *Environ. Pollut.* 100: 179 – 196.

Smith, V. H., J. Sieber – Denlinger, F. deNoyelles, Jr., S. Campbell, S. Pan, S. J. Randtke, G. T. Blain and V. A. Strasser. 2002. Managing taste and odor in a eutrophic drinking water reservoir. *Lake and Reservoir Manage.* 18: 319 – 323.

Sondergaard, M., J. P. Jensen and E. Jeppesen. 2001. Retention and internal loading of phosphorus in shallow, eutrophic lakes. *Sci. World* 1: 427 – 442.

Stefan, H. G., X. Fang and J. G. Eaton. 2001. Simulated fish habitat changes in North American lakes in response to projected climate warming. *Trans. Am. Fish.* Soc. 130: 459 477.

Thomas, C. D., A. Cameron, R. E. Green, M. Bakkenes, L. J. Beaumont, Y. C. Collingham, et al., 2004. Extinction risk from climate change. *Nature* 427: 145 – 148.

U. S. Environmental Protection Agency. 1977. *North American Project – A Study of U. S. Water Bodies*. USEPA 600/3 – 77 – 086.

U. S. Environmental Protection Agency. 1979. *Lake Restoration*. USEPA 440/5 – 79 – 001.

U. S. Environmental Protection Agency. 1980a. *Restoration of Lakes and Inland Waters*. USEPA 440/5 – 81 – 010.

U. S. Environmental Protection Agency. 1980b. *Clean Lakes Program Guidance Manual*. USEPA 440/5 – 81 – 003.

U. S. Environmental Protection Agency. 1983. *Lake Restoration, Protection and Management*. USEPA 440. 5 – 83 – 001.

U. S. Environmental Protection Agency. 2000. National Water Quality Inventory. 1998 Report to Congress. USEPA 841 – R – 00 – 001.

U. S. Geological Survey. 1999. *The Quality of Our Nation's Waters: Nutrients and Pesticides*. U. S. Department of Interior. USGS Circular 1225.

U. S. National Academy of Sciences. 1969. *Eutrophication: Causes, Consequences, Correctives*. Proceedings of a Symposium. National Academy of Sciences. Washington, DC.

VanDriesche, R., S. Lyon, B. Blossey, M. Hoddle and R. Reardon (technical coordinators). 2002. *Biological Control of Invasive Plants in the Eastern United States*. U. S. Department of Agriculture. Forest Service. FHTET – 2002 – 04. Morgantown, WV.

Walker, W. E. Jr. 1987. Empirical Methods for Predicting Eutrophication in Impoundments. Report 4. Phase III. Applications Manual. Tech. Rept. E – 81 – 9. U. S. Army Corps Engineers, Vicksburg, MS.

Webster. 1972. *New World Dictionary*. World Publishing Co., New York, NY.

Welch, E. B. 1992. *Ecological Effects of Wastewater. Applied Limnology and Pollutant Effects*. 2nd edition. Chapman and Hall, New York, NY.

Westerdahl, H. E. and K. D. Getsinger (Eds.) . 1988. Aquatic Plant Identification and Herbicide Use Guide. Volume II. Aquatic Plants and Susceptibility to Herbicides. Tech. Rept. A – 88 – 9. U. S. Army Corps Engineers, Vicksburg, MS.

Wetzel, R. G. 1990. Land – water interfaces: Metabolic and limnological regulators. *Verh. Int. Verein. Limnol.* 24: 6 – 24.

Wetzel, R. G. 2001. *Limnology. Lake and River Ecosystems.* 3rd edition. Academic Press, New York, NY.

Wilson, M. A. and S. R. Carpenter. 1999. Economic valuation of freshwater ecosystems services in the United States. *Ecol. Appl.* 9: 772 – 783.

第 2 章

湖 沼 学 基 础

2.1 引言

湖泊管理人员、学生、顾问以及其他对湖泊和水库修复感兴趣的人都应当全面了解湖沼学。接下来将阐述一些对于修复和管理决策具有重要意义的湖沼学基本原则。本章将简要比较湖泊和水库,并阐述区域湖泊状态以及引起湖泊和水库问题的内外部原因。下一章将介绍获取诊断湖泊状况所需数据、选择修复方案以及准备项目报告的程序。

熟悉湖沼学基础知识的读者可以直接进入修复方法部分。虽然接下来的两章尚不能使读者深入理解湖沼生物学,达到做出有竞争力和有效决策的要求,但仍然提供了一些基本原则的评论和指导。读者可以参考 Hutchinson(1957,1967,1975),Cole(1994),Horne 和 Goldman(1994),Lampert 和 Sommer(1997)以及 Scheffer(1998)等对于湖沼生物学的深入讨论。Welch 和 Jacoby(2004),Wetzel(2001)和 Kalff(2002)的文章十分有利于理解他们的整体观点,以及他们对大型植物生物学、溪流和水库生态学的研究。

2.2 湖泊与水库

在湖沼学文献和众多湖沼学家的主流观点中,双季混合天然湖泊(在夏季和冬季发生分层的较深的湖泊)的物理、化学和生物研究占据主导地位。这一偏好反映了一个事实,即北美和欧洲有许多这样的湖泊。这也是湖沼学院主要出现于以深湖为主的北美和欧洲地区的原因。但浅水湖泊比深水湖泊更为常见(Wetzel,1992),因此如今欧洲逐渐涌现出重视浅水湖泊的湖沼学项目。

就休闲娱乐来说,水库与天然湖泊同样重要,此外水库还具有防洪、水力发电和供水等功能。虽然湖泊和水库均受淤泥、有机物和养分负荷的影响,但由于水库通常流域较广,且形态结构特殊,因此更容易出现水质问题。水库是许多国家经济的重要组成部分。美国陆军工程兵团(USACE)管理着大约 783 个水库,总面积为 27000km^2(Kennedy 和

Gaugush，1988）。尽管水库数量庞大且非常重要，但大多数湖沼学文献仅简单提及，或者错误地认为它们在功能上等同于天然湖泊，因而无需加以区分。

虽然天然湖泊和水库均有生物和非生物过程，但它们截然不同。两者都有类似的栖息地（浮游、底栖、深水和沿岸地区）、生物体和进化过程，但想要成功地管理水库，必须理解它们的差异，Thornton 等（1980）、Walker（1981）、Kennedy 等（1982、1985）、Søballe 和 Kimmel（1987）、Thornton 等（1990）和 Kennedy（1999、2001）总结了这些差异，这些基本报告是对湖沼学大部分文献的重要补充。表 2.1 对湖泊和水库进行了简要比较。

表 2.1　　　　　天然湖泊与美国陆军工程兵团水库选定变量的几何平均值
（每次比较的概率＜0.0001）比较

变量	天然湖泊（$N=309$）	水库（$N=107$）
集水面积/km^2	222.00	3228.00
水面面积 /km^2	5.60	34.50
最大水深/m	10.70	19.80
平均水深/m	4.50	6.90
水力停留时间/年	0.74	0.37
区域流/(m/年)	6.50	19.00
出流/表面积	33.00	93.00
磷负荷/[$mg/(m^2/年)$]	0.87	1.70
氮负荷/[$mg/(m^2/年)$]	18.00	28.00

来源：经许可修改自 Thornton，K. W. et al. 1980. *Symposium on Surface Water Impoundments*. Proceedings Am. Soc. Civil Eng. pp. 654-661.

水库的地质历史和环境、流域形态以及水文因素与湖泊不同（Kennedy 等，1985；Kennedy，2001）。对比天然湖泊和美国陆军工程兵团管理的水库，很显然，水库主要位于可能发生洪水灾害或因缺水而需要蓄水的地方。因此，水库在美国的中纬度地区占主导地位（Walker，1981）。水库同样也用于水力发电。用于娱乐和农业作业的小型水库分布在各个纬度。

北美的湖泊也分布在不同地区，它们分别为：①湿润的东北部、加拿大和中西部北边的大陆冰川湖泊；②阿拉斯加和西部山区的大部分高山冰川湖泊；③东南部尤其是佛罗里达州的平原和喀斯特（溶岩）湖；④干旱和半干旱地区散布的小型盐湖、坑洞和沙丘湖区域（JM Omernik，USEPA，个人交流）。关于这些湖泊分布的进一步讨论，可参考 Hutchinson（1957）和 Frey（1966）的文章。

气候和地理的纬度差异对流入湖泊和水库的水的水质、流速以及对它们热分层和混合的程度有重要影响。水库平均集水面积比湖泊平均集水面积大近一个数量级，这是造成水库区域平均入流和污染负荷高得多的因素之一（表 2.1）。一些湖泊也有大的流域，因此像水库一样，入流量也很高。在夏季低流量期间，水库明显变得"像湖一样"。因此，应注意表 2.1 中的值是平均值，并且湖泊和水库特征的范围重叠。

天然湖泊更可能位于相当对称的排水区域的中心，而水库则是细长的、树枝状的，通常位于流域的下游边界。水库最深处通常在坝前，而湖泊中可能有几个深点。

水库的平均营养物和沉积物负荷要高得多，而且这类物质可能经历了比流入天然湖泊更长的流入时间。流入湖泊的水常常穿过湿地或沿岸区域的较小溪流，而流入水库的水一般经过长距离的河流。

天然湖泊的出口一般在地表，偶尔也会从地下排水。但水库通常有多个深度不同的出口，引起水库内的混合过程，并且排放的水可能含氧量较低，且富含可溶性营养物或硫化氢、甲烷和还原性金属。湖泊水位随着降水、蒸发和地表流出而变化，但是一般很少出现大幅度或者迅速的变化。但也存在特殊情况，即风引起的水体波动，使湖泊中的水产生"晃动"，有时幅度为 1m 或更大（表面和内部湖震）。举一个众所周知的例子，伊利湖（美国—加拿大）偶尔会出现湖震。然而，由于管理决策的影响，水库的水位会发生快速而显著的变化，并且这些水位的变化可能会消除或大大减少有根水生植物的沿岸群落。

与湖泊不同，水库用于储水和泄水，这些行为深刻地影响了它们的湖沼特征（Kennedy，2001；Cooke 和 Kennedy，2001）。例如，当深水泄流时，可以储存热量。当表层水泄流时，热量就会消散。这些作用显著改变了热结构，包括水库变温层（热梯度很大的水层）的深度和营养物的滞留或丧失。

湖泊和水库代表了连续的生态条件（Canfield 和 Bachmann，1981）。Kimmel 和 Groeger（1984）以及 Søballe 和 Kimmel（1987）认为，这个连续体是水力滞留时间（水量除以流速）的一阶方程，并表明具有相似滞留时间的水库和天然湖泊具有相似的生态属性。例如，在快速排水的系统中，藻类丰富度不太可能取决于营养物浓度，而是依赖于排水速率（第 6 章）。因此，尽管某些特征可能将湖泊和水库区分为不同的水生栖息地类别，但是当水力滞留时间相似时，两者将趋同。

水库的地理位置决定了入流水量和速度。例如，加利福尼亚州一些地区的水库入流发生在春季到夏季中期，而太平洋西北地区和美国东南部的入流峰值在冬季到早春。因此，基于水力滞留时间的湖泊和水库之间的异同因地而异（Kennedy，1999）。

图 2.1 显示了从河流入口到主库区的预期变化特征。天然湖泊的水源一般是较小的子流域汇成的几个小支流，而水库不同，它们一般都具备一个明显的以流动和混合为主的河流区域，其后是过渡区域，流入速度减慢，开始快速沉降，水透明度增加。当流入的河水温度低于水库的表面水温度时，会出现"下降点"，密度大、温度低的水失去流速，并下沉到与其密度相当的深度，产生明显的中间流或底流（图 2.2）。湖泊通常假定营养负荷与湖水完全混合，水库则不同，水库中的营养物负荷可能根本不与上层水混合，而可能与中间流或底流混合通过水库，这大大改变了标准负荷模型假设（第 3 章）（Kimmel 和 Groeger，1984；Gaugush，1986；Walker，1987）。大坝附近的水域最像湖泊并且具有热分层，这里藻类生长受营养限制的可能性更高。狭窄河谷中的一些天然湖泊，河流入流量大，水力滞留时间短，具备许多水库特征。基于水库长度的这种条件梯度，意味着需要多个采样站来获取水库表征。大型天然湖泊和具有显著深水和浅岸区域的湖泊也是如此。

水库库区设计也会影响水力特征。例如，容纳相同的水量且库容相同的支流水库和干流水库，可能具有不同的响应特征。干流水库过量储存的能力较低，因此水力滞留时间随着入流大小波动，而支流型水库具有更高的蓄水能力，可用于防洪。这些水库的滞温层可能较大，而干流水库的可能更长、更浅，并且深受沉积物和上覆水之间相互作用的影响（Kennedy，1999）。

河流区
· 狭窄流域
· 流速大
· 悬浮物多、带有固体，低透明度
· 富含营养物，平流供给
· 光照限制光合作用
· 藻细胞因沉积作用而减少
· 外源有机物供应
· 偏富营养化

过渡区
· 较深、较宽的流域
· 流速变缓
· 少量悬浮物、固体、透明度较好
· 干流营养物供给减少
· 光合作用强
· 藻细胞因沉积作用和被食用而减少
· 中等

湖泊区
· 宽广、水深、与湖泊相似
· 基本不流动
· 较清澈
· 内部营养物循环，营养物含量低
· 营养物限制光合作用
· 藻细胞因被食用而减少
· 有机物自生供给
· 偏贫营养化

图2.1　控制水库流域初级生产力、浮游植物生物量和营养状态的环境因子的纵向分区，阴影的变化表明浊度下降。
（来源：Kimmel，B.C. and A.W. Groeger，1984. *Lake and Reservoir Management*. USEPA 440/5 - 84 - 001. pp. 277 - 281.）

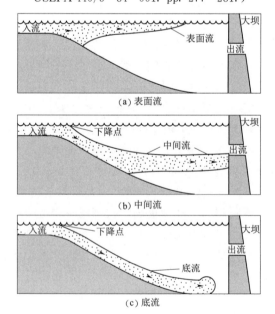

(a) 表面流

(b) 中间流

(c) 底流

图2.2　水库中的密度流。
〔来源：Moore，L. and K. Thornton（Eds.）. 1988. *Lake and Reservoir Restoration Guidance Manual*. USEPA 440/5 - 88 - 002.〕

水库是饮用水、灌溉和工业用水的重要淡水来源。它们的保护和管理要求对采样、生物影响和响应之间的相互关系，以及修复技术的选择等更传统的观点进行修改，并考虑到天然湖泊和水库之间的基本区别。

2.3　湖沼学基础

一些湖泊和水库在夏季会出现热分层，形成一个水温较高、混合良好的上部区域，被称为混合层。在这之下是一个温度随深度迅速下降的区域，即温跃层，其下是深层，较冷，通常是黑暗的底层，即滞温层。这种现象是由风力混合、太阳能输入以及冷水和温水之间水密度的巨大差异引起的，是夏季物理、化学和生物相互作用的主要决定因素。在冰层覆盖期间，湖水温度反向分层，水面较冷。这是因为水的密度最大时的温度为 4℃，而低于这个温度的水（包括冰）更轻，然后漂浮在这个稍微温暖的层上。有两个混合期（春季和秋季）和两个分层期（夏季、冬季）的湖泊是双季对流混合湖，是北温带地区典型的深水湖泊和水库（Wetzel，2001）。导致这种和其他类型热分层的机制的细节可以在所有的湖沼学基础文献中找到。图 2.3 显示了夏季各月双季对流混合湖中的三个分层（图 2.1）

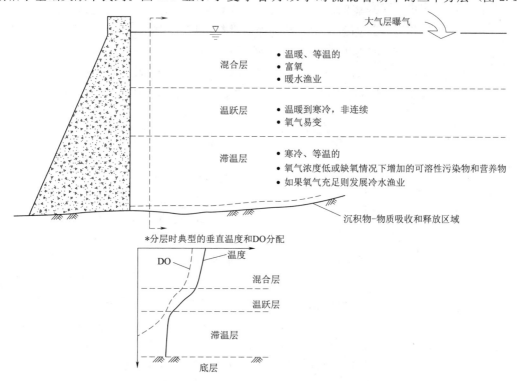

图 2.3　水库温度分层的横截面，显示了典型富营养化水库的混合层、温跃层和滞温层的位置和特征，以及典型的夏季温—溶解氧分布。

（来源：Gunnison，D. and J. M. Brannon. 1981. *Characterization of Anaerobic Chemical Processes in Reservoirs：Problem Description and Conceptual Model Formulation.* Tech. Rept. E‑81‑6. U. S. Army Corps Engineers，Vicksburg，MS.）

特征。图 2.3 还说明了分层的富营养化湖泊或水库中典型的夏季温度和溶解氧沿水深的变化。

常对流湖比双季混合湖更常见。因为常对流湖较浅，所以它们可能会持续地混合，或者在平静、炎热的天气里短暂地分层（数小时、数天），然后再重新完全混合。并且常对流湖在各纬度均可见。

而尤其在水库中，温度状况可能发生重大变化。流入水库的河流水温可能与水库的水温差异很大，出现底流、中间流或表面流现象（图 2.2）。水库的上游，如波浪冲刷的湖泊沿岸区域，除了在炎热、平静、小流量的时期外，很少出现热分层现象。在过渡区（图 2.1），混合和沉积过程占主导地位，水库的滞温层则可能很小。只有在较深的湖泊区才有类似于天然湖泊的温度分层，尽管由于大坝滞温层会因底孔泄水或大坝取水而不太稳定。

水库或湖泊流域的形状会影响其生产力、生物种类、水化学以及针对其管理和修复的方案。大多数天然湖泊面积小而且水深度小（平均深度为 3m）。除非湖泊因淤泥负荷，风混合或水华而导致有根植物受光照限制，有根植物与叶片和沉积物表面相关的藻类等通常具有极高的生长能力、生物量和地域分布。此外，大面积的浅滩、温暖的沉积物、较小的滞温层以及常对流湖和水库，为沉积物的营养物释放（实际是循环或"内部负荷"）并向水体输移的过程提供了理想的环境。这可以极大地刺激藻类的生长。内部负荷过程在自然界中可能是：生物过程，如微生物活动和暂时性缺氧以及甲烷释放或穴居动物导致的沉积物干扰等；化学过程，如来自光合作用的高 pH 值等；物理过程，如来自风的湍流等。基于这些过程，湖泊生产力通常与平均深度（Wetzel，2001）以及平均深度与最大深度之比负相关（Carpenter，1983）。因此，许多浅水体比罕见的陡峭的深湖和水库拥有更多的藻类或有根植物。

浅水湖泊中可能会出现水生植物生长。图 2.4（描述湖面积和深度之间关系）有助于解释这一点，该图比较了两个具有不同浅水区域的假设湖泊的面积—水深关系。如果营养物浓度很高，这两个湖泊都会出现水华，着实令人讨厌。只有浅水区才有可能产生大面积有根植物，因为它具备广泛的、光线充足的沉积物区域。物理因素，特别是波浪、透明度和沿岸带（暴露在光线下的稳定沉积物区域）的坡度是最大水生植物生物量和最大植物定植深度的决定因素（Canfield 等，1985；Duarte 和 Kalff，1986，1988）（第 11 章）。分析面积水深图的发展

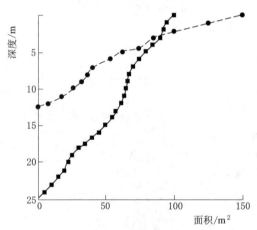

图 2.4　面积深度图。实线表示不太常见的小沿岸带深水湖；虚线表示较为常见的浅水湖，具有广阔的沿岸面积和体积。（来源：Cooke, G. D., E. B. Welch, S. A. Petersen, and P. R. Newroth. 1993. *Restoration and Management of Lakes and Reservoirs*, 2nd Edition. Lewis Publishers and CRC Press, Boca Raton, FL.）

是诊断湖泊和水库问题至关重要的第一步。

2.4　湖沼学的生物学特征

　　湖泊和水库有 3 个不同的相互作用的生物群落（图 2.5）：①湿地—沿岸带及其沉积物；②开放水域的浮游区；③底栖或深水（深层）带和沉积物。在一个区域出现的问题或特征（例如，深水氧消耗、沿岸带水生植物、浮游区水华）将直接或间接影响其他区域，这意味着湖泊的成功修复需要对湖泊和流域过程进行整体观察。例如，引起水华的营养物质可能来自湖泊沉积物和沿岸植物的分解，以及外部负荷。因此需要关注所有来源才能解决问题。

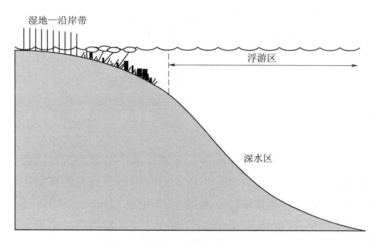

图 2.5　湖泊和水库中的生物群落。

（来源：Cooke, G. D., E. B. Welch, S. A. Petersen, and P. R. Newroth. 1993. *Restoration and Management of Lakes and Reservoirs*, 2nd Edition. Lewis Publishers and CRC Press, Boca Raton, FL.）

　　挺水植物、漂浮植物和沉水植物，统称为大型水生植物，这些水生植物以及它们附着的植物群和动物群，统治着湿地沿岸带。这些植物明显不同于微小的浮动（浮游）细胞、菌落和藻类的细丝，在一些富营养系统中通常被视为表面"浮渣"。大型植物通常是维管植物，存在于浅水中，并且可能有大量的丝状（线状或毛状）藻类像厚垫一样附着其上。水浅且光照良好的沉积区通常有高产的附石植物、附泥藻类和附生植物群（藻类生长在岩石、沉积物和维管植物的表面）。水生植物生物学将在第 11 章详细介绍。

　　沿岸带通常具有较高的物种多样性，通常是鱼类繁殖和发育的地方。它也是一个重要的水禽栖息地。在高产的湖泊中，沿岸带植物生物量每年夏天更新两次或以上，由此向水体和沉积物输出非生物溶解态和颗粒状的有机物质，称为"碎屑"。无论是来自流域排水还是湖中生产力，碎屑都是湖泊食物网的稳定能量和营养来源，尤其是对微生物菌群和浮游生物（Wetzel，1992，1995）。许多湖泊，特别是那些被茂密森林包围的湖泊，实际上是异养的（光合速率低于总呼吸速率），其依赖来自陆地的有机碳来贴补其食物网（Cole，1999）。因此，湖泊不仅通过养分和淤泥负荷，还通过碎屑移动与陆地紧密相连。

　　大型水生植物除了是重要的能源和栖息地之外，还可以通过弱化风和船的波浪作用来稳定沿岸带沉积物，从而减少内部磷负荷和沉积物再悬浮（Bachmann 等，2000；Anthony

和 Downing，2003；Horppila 和 Nurminen，2003）。

水生和微型浮游生物以及以它们为食物来源的鱼类和无脊椎动物在浮游区域占主导地位。浮游生物包括藻类，它们会产生难看的"水华"，导致水体透明度低，以及细菌、真菌、原生动物和滤食性甲壳类动物，如象鼻藻和水蚤。浮游群落从阳光和碎屑中获取能量，这些碎屑来源于溪流和沿岸带输送。大多数富营养的湖泊和水库的浮游生物都以一种或几种高度适应的藻类和细菌为主，特别是有害的蓝藻（蓝细菌）。象鼻藻、水蚤和其他浮游微型甲壳纲动物都是以碎屑、细菌和一些藻类为食的重要食草动物，它们的数量可能受到鱼类和昆虫等捕食者的复杂的相互作用影响（第 9 章）。

深水区底栖生物群落从外来或产生于湖泊或水库并沉积在沉积物上的有机物中接受营养和能量。无机形式的营养物可能以沉淀物的形式加到沉积物中。这种浮游—底栖耦合是湖泊的基本特征（Vadeboncoeur 等，2002）。在生产力较高的湖泊和水库中，由于碎屑沉积物刺激了强烈的微生物呼吸，深水中大面积的沉积物群落在热分层过程中持续缺氧。缺氧条件提供了有利于养分高速释放到水体中的条件（图 2.3）。

2.5　限制因子

藻类或水生植物的有害密度，以及相关的水质问题，是通过调控或改变其生物量，或通过调控其一种或多种影响因素来管理的。水生植物密度虽然与沉积物类型和组成以及营养因子有一定的关系，但与它通常取决于光的可利用性（Duarte 和 Kalff，1986；Canfield 等，1985；Barko 等，1986；Smith 和 Barko，1990）。长期控制藻类生物量需要显著降低水体营养物含量。磷（P）是最常见的目标，因为根据藻类（限制性营养物）的需求，磷通常是供应需求最少的营养物。磷不具有气相，因此与氮或碳不同，大气并不是其重要来源。因此，通过减少来自陆地和湖内的负荷，可以显著降低湖泊磷浓度。

减少外部营养物负荷是降低湖泊磷浓度的必要步骤，但未必足够。在一年中的某些时候，来自好氧和厌氧沉积物、地下水渗流、分解水生植物、沉积物再悬浮和生物活动的内部负荷可能比外部负荷向湖中添加更多的营养物。

湖泊流域的形状（图 2.4）对内部负荷量有重要影响。安大略湖泊中藻类生产力的大部分差异，可通过沉积物接触变温层的面积与变温层体积的比率来解释。陡峭的深湖比率低，对上覆水的影响较小（Fee，1979）。变温层的沉积物是温暖的，导致微生物分解率和营养物释放增加（Jensen 和 Andersen，1992）。广阔的沿岸地区、典型的浅湖可能有高、低浓度不同的溶解氧昼夜循环，而这种循环可刺激夜间磷释放，特别是在茂密的水生植物床下（Frodge 等，1991）。风混合和对流可能会冲刷沉积物，或夹带沿岸区域或浅水湖泊下部水体（特别是那些大型水生植物密度较低的水域）的丰富营养物，运输到浮游区域。

滞温层有可能是混合层的磷源。当发生热分层时，滞温层与大气隔离，并且通常因为太深而不能获得足够的光用于光合作用来产生氧气。深水中的呼吸作用导致溶解氧被消耗或消失，带来还原条件，以及引起相关的来自沉积铁络合物的磷释放。在还原条件下，高硫酸盐浓度可能导致硫化亚铁（FeS）的生成，并使沉积物磷失去铁控制（Caraco 等，

1989；Golterman，1995；Gächter 和 Müller，2003）。在混合阻力低的分层湖泊（表面积相对于深度来说较大）中，夏季风要么简单地破坏湖泊分层（多层），要么迫使垂直夹带富含磷的滞温层水到混合层。任何一种情况都会使表层水磷浓度增加，刺激藻类繁殖。例如，Stauffer 和 Lee（1973）计算出威斯康星州曼多塔湖中所有夏季水华，都归因于将磷从温跃层输送到混合层。

在相对于暴露在风混合的湖面区域较深的湖泊中，这种变温层的内部磷源可能并不显著。这类湖泊对夏季风的作用力具有较大的抵抗能力（Osgood，1988）。磷垂直向变温层传输的最佳预测因子似乎是磷浓度的垂直梯度，而不是湖泊形态（Mataraza 和 Cooke，1997 年）。第 3 章和第 4 章就模型预测对此进行了探讨，第 8 章讨论了使用磷抑制化学物质进行沉积物处理的问题。

肉眼可见的动物在湖泊沉积物的营养物释放中发挥了主要作用。普通鲤鱼消化活动释放 P 的速率与外部负荷相似（La Marra，1975）。鱼类和昆虫的生物扰动（沉积物扰动）和维管植物组织的快速脱落也是变温层营养物的来源。Carlton 和 Wetzel（1988），Marsden（1989），Welch 和 Cooke（1995），Pettersson（1998）和 Søndergaard（2001）等都做过关于营养物内部循环的评论。沿岸带和浮游区域的这些特征意味着在解决内部营养物来源之前，昂贵的营养物稀释项目未必能达到减少藻类生物量的预期（第 4 章和第 8 章）。

影响藻类生物量的其他因素包括冲刷速率、光照、pH 和浮游动物植食等。这些因素可作为管理计划的一部分加以控制，但大幅降低内外部营养物负荷，仍然是长期改善藻类过多问题计划的核心部分。

2.6　富营养化过程

富营养化的湖泊或水库富含营养物和有机物，人类活动引起的富营养被称为人为富营养化。我们扩充了富营养化过程的定义，包含淤泥和有机物以及营养物负荷。因此，我们将富营养化过程定义为无机和有机溶解以及颗粒物质以一定的速率进入湖泊和水库，该速率足以增加高生物产量的可能性，减少流域体积和耗尽溶解氧。这种富营养化的概念更加完整，因为它包括所有产生富营养环境的物质。图 2.6 总结了富营养化过程和相关的主要湖内相互作用。

传统的富营养化仅指营养物负荷、其最终在水体中的高浓度，以及可能发生的藻类高生产力和生物量。有机物的负荷可能导致沉积物富集和体积减小。无论是从外部还是内部进入水体的有机物，都会通过直接矿化或当有机物刺激呼吸作用时从沉积物中释放出来，从而增加养分的可利用性，使溶解氧耗尽。随着湖中溶解有机碳含量的增加，净内部磷负荷可能呈指数增长（Ryding，1985）。外来有机物含有能独立于添加营养物的影响而改变藻类和微生物代谢的分子（例如，Franko 和 Wetzel，1981）。最后，添加到湖泊或水库的有机物质含有能量，这些能量以溶解和颗粒形式结合到植物和动物生物质中，直接导致生物量增加（微生物循环）。从溪流、湿地和水生植物进入湖泊或水库的溶解和颗粒状有机物质对湖泊代谢具有重要意义。这些观点由 Wetzel（1995，2001）和 Cole（1999）提出。

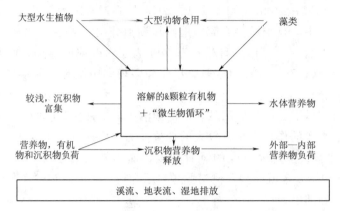

图 2.6　湖泊和水库中的负荷和主要相互作用。

（来源：Cooke, G.D. , E.B. Welch, S.A. Petersen, and P.R. Newroth. 1993.
Restoration and Management of Lakes and Reservoirs, 2nd Edition. Lewis Publishers and
CRC Press, Boca Raton, FL.)

淤泥可能富含有机物和吸附在颗粒物表面的营养物质。这些营养物立即或在之后某一时间就可用于藻类或水生植物。淤泥负荷也直接导致体积损失和浅层沉积物面积的增加。无论体积损失是淤泥沉积造成的，还是来自陆地和水体的难降解有机物质的积累造成的，浅层区域的发展都促进了大型植物及其附带的附生藻类的进一步扩张。最终，这些植物在降解时促进溶解氧的进一步损失和有机分子、营养盐的释放（Carpenter, 1980, 1981, 1983）（图 2.6）。

因此，淤泥和有机物负荷对湖泊的影响不仅只是其含有的营养物问题，并且这些影响在定义富营养化过程中不能忽略。这种观点并不意味着淡化或否定高营养物负荷对刺激湖泊生产力的根本重要性。相反，按照 Odum（1971）的整体观点，它意味着对这个过程更完整的描述。

过量的营养物负荷会形成富营养化条件，但不能保证提高生产力。图 2.6 未考虑湖泊冲刷和稀释率高的"贫营养化"效应，生物体对沉积物中养分释放的影响，以及食草（或不食草）对藻类生物量的影响。

正处于自然富营养化或已经变得富营养化的湖泊和水库，与较少富营养化或贫营养（营养不良）水体有明显不同的特征。富营养化的湖泊中藻类"大量繁殖"，通常是单特异性蓝藻种群。一些湖泊也有水生植物，但外来水生植物的入侵不是富营养化状况的特征，因为大量水生植物种群也可以在贫营养水域中生长。富营养化的湖泊和水库的水也带有颜色（绿色/棕色），最深的区域低溶解氧或零溶解氧（图 2.3）。暖水鱼的产量可能很高（Jones 和 Hoyer, 1982）。低溶解氧和高 pH 可能限制鱼类（Welch 和 Jacoby, 2004），并且湖泊中可能主要为不太理想的鱼类或发育不良的鱼群。

贫营养湖泊或水库的营养和生产力低，因为有机物和营养物含量低，或流域水量大、水力滞留时间短，会稀释或使营养物迅速通过湖泊。此外，高硬度水可促进碳酸钙（例如泥灰岩湖）和必需营养物的共同沉淀，使藻类无法利用它们。贫营养湖泊通常深而陡峭，沉积物营养贫乏，水生植物很少，通常没有有害的蓝藻，深水中含有大量的溶解氧。水质

清澈，浮游植物具有丰富多样性，但总的藻类生物量很低。

低生物生产力并不总是有益的，例如，当需要发展休闲渔业时。有些湖泊如内华达州的米德湖（Axler 等，1988）已经施肥，并试图开发更多的鱼类生物量。因此，"富营养"和"贫营养"这两个词并不代表"坏"和"好"，而只是描述湖泊或水库的状态或状况。所谓的感知质量是基于需求和预期的判断。

2.7 浅水湖泊与深水湖泊的特点

较浅的湖泊和水库（平均深度小于 3m）比较深的湖泊和水库更常见，且许多都是富营养化的或受到淤积和高浊度的严重影响。其问题以及问题的解决方案都反映在其特征上。大多数湖泊和水库修复技术和范例，都是通过对不太常见的深湖进行研究和测试而开发的，可能不完全适合浅水湖泊。本文中，我们尝试强调方法对两类湖泊的适用性。表2.2 是深水湖泊和浅水湖泊特征的比较，主要基于欧洲的研究（例如，Moss 等，1996；Jeppesen，1998；Scheffer，1998；Havens 等，1999；Cooke 等，2001；NALMS，2003）。

表 2.2   浅水湖泊和深水湖泊的特点

特 点	浅水湖泊	深水湖泊
1. 可能进入湖区的汇水面积	大	小
2. 对外部负荷输送的反应	较小	较大
3. 常对流的	常见	罕见
4. 底栖—浮游耦合	高	低
5. 内源负荷对真光层的影响	高	较低
6. 肉食鱼类对营养物、浊度的影响	高	较低
7. 每单位体积的鱼类生物量	较高	较低
8. 捕食浮游动物的鱼类	较高	较低
9. 藻类生物量的营养物控制	较低	较高
10. 对强烈生物调控的反应	较大	较小
11. 植物清除时浑浊状态的可能性	较高	较低
12. 鱼类在冬寒中冻死的可能性	较高	较低
13. 有根植物可用的面积、体积百分比	高	低
14. 鸟、蜗牛对湖泊代谢的影响	较高	较低
15. 无大型水生植物时水体清澈的可能性	低	较高

来源：经许可修改自 Cooke, G.D. et al. 2001. *LakeLine*（*NALMS*），21：42-46.

浅水湖泊对外部养分负荷的显著减少不太敏感，因为底栖—浮游相互作用倾向于维持高营养水平。与分层的深湖相反，从浅水湖泊底部沉积物中释放的养分将影响整个水体。在浅水湖泊中，生物扰动、风扰动、气泡的影响、强光合作用的高 pH 以及沉积物—水界面的溶解氧缺乏可能导致养分释放量高。外部养分负载的转移虽然是必要的，但可能不足以修复一个浅水湖泊，可能需要进行沉积物处理。

浅水湖泊的存在状态更可能倾向于两种状态之一，且通常都是稳定的那种（第9章）。

在高营养浓度的情况下，基本确定是藻类主导的浑浊状态；而清澈的水状态，一般发生在低营养浓度，具有大型水生植物且光照良好、直达沉积物的情况。在这两个极端状态之间，清澈或浑浊的水状态都可能存在，这主要取决于生物相互作用。如果湖泊拥有高密集度，以浮游生物和底栖生物为食的鱼类（例如草鱼、鲤鱼、鲫鱼），或拥有大量食草鸟类，则可能很少有以浮游植物为食的动物（大型浮游动物）、高内源磷负荷以及浑浊水，并且很少有机会广泛种植本土沉水植物。欧亚狐尾藻（穗花狐尾藻）等能形成冠盖的植物可能在这些湖泊中大量生长。相比之下，由食鱼的鱼类和鸟类（例如大嘴鲈鱼、北梭鱼、大蓝鹭）占主导地位的浅水湖泊，即使在营养物浓度与藻类主导的湖泊相同的情况下，也可能拥有丰富的以藻类为食的动物、稳定的沉积物、清澈的水和沉水植物种群（Moss 等，1996）。在大多数情况下，浅水湖泊要么有水生植物群落，要么水质浑浊且有浮游植物。很少存在没有水生植物和藻类的浅水湖泊，如果没有大量资金和能源投入，就指望出现这样的湖泊是不现实的。

浅水湖泊比深水湖泊更易受到强烈生物操纵的影响，例如鱼群数量的增加与减少将导致稳定状态的转换。例如，加入足以消灭水生植物的草鱼量，几乎会将清澈的湖泊转变为浑浊的藻类密集生长的湖泊。冬季捕杀鱼类，鱼类可能会为形成清水产生条件。

湖泊管理需要考虑深水湖泊和浅水湖泊之间的差异。在一种湖泊中使用特定技术的结果，可能完全不同于在另一种湖泊中使用。例如，如果没有显著的垂直磷运输或陡峭的磷梯度，在深湖中使用明矾可能对变温层磷浓度影响不大。而明矾处理对浅湖的影响则可能是巨大的。

2.8　生态区域和可达到的湖泊状态

湖泊的地理位置对其可实现的条件或营养状态具有重要影响，这对湖泊管理者和湖泊协会成员具有重要意义。它为可实现的湖泊状态设定了现实的边界或预期，并限制了为实现理想的湖泊质量而合理实施的处理或管理的类型和数量。

直到出版了《美国周边生态区》（*Ecoregions of the Conterminous United States*）（带有地图附录）（Omernik，1987）和随后的文章（Rohm 等，1995；Omernik，1995；Omernik 和 Bailey，1997；Griffith 等，1997a；Griffith 等，1999；Bryce 等，1999；Omernik 等，2000；Rohm 等，2002）之后，才正式承认区域水质限制。其中最初的 76 个生态区域是根据土地利用等综合因素划定的，并且"基于生态系统及其组成部分显示区域模式的假设，这些区域模式反映于空间变化的混合因素中，包括气候、矿物可用性（土壤和地质）、植物和地理学等"（Omernik，1987）。

描述生态区域是为了帮助资源管理者了解水生生态系统的营养物浓度、生物组合和湖泊营养状态的区域模式，从而做出基于实际情况的管理决策和对可实现条件的合理期望。例如，同一生态区内溪流中的淤泥、有机物和营养物浓度虽然多变，但相比具有不同土壤、植被类型、径流潜力的相邻生态区的溪流来说，这些成分的浓度更相似。因此，如果生态区具有营养丰富、易腐蚀的土壤和较少的植被覆盖，则该区域内的湖泊状况可能与附近具有砂质土壤、平坦地形和茂密树木覆盖的生态区域中的湖泊不同。这一结论已在阿肯色州、堪萨斯州、明尼苏达州、俄亥俄州和俄勒冈州的河流以及密歇根州、明尼苏达州、俄亥俄州和威斯康星州的湖泊中得到了验证（Hawkes 等，1986；Hughes 和 Larsen，1988；Larsen 等，1988；Omernik 等，1988；Wilson 和 Walker，1989；Fulmer 和 Cooke，1990）。

明尼苏达州采用生态区域概念管理湖泊。虽然有 7 个生态区延伸到明尼苏达州（图 2.7），但该州超过 10hm² 的 12000 个湖泊中，有 98% 仅属于其中的 4 个生态区。表 2.3 列出了 4 个生态区的湖泊及其河流和流域的特征（Heiskary 等，1987；Heiskary 和 Wilson，1989；Wilson 和 Walker，1989）。中北部阔叶林（NCHF）和北部湖泊与森林（NLF）生态区，与西部玉米带平原（WCBP）和北部冰川平原（NGP）生态区之间存在显著差异。NCHF 和 NLF 生态区的湖泊使用者预期他们的湖泊清澈，不受水华的困扰。这是这些生态区域可达到的湖泊状态，对问题湖泊的管理旨在达到这种可实现的湖泊状态。在 WCBP 生态区内，向南几百千米的湖泊，通常有水生植物、水华、低透明度一定程度的滞温层缺氧问题。在不进行特殊投资的情况下，该生态区的湖泊管理无法达到 NCHF 或 NLF 生态区中湖泊的平均深度、叶绿素水平或水透明度。因此，对于特定生态区域的湖泊，应根据相对于整个区域或生态区湖泊质量的合理可及性和现实期望进行管理。

图 2.7　明尼苏达州的湖泊生态区和代表性湖泊的空间分布。这些湖泊涵盖了"生态区域数据库"。

[来源：Wilson, C. B. and W. W. Walker, Jr. 1989. *Lake and Reservoir Manage.* 5（2）：11 - 22.]

表 2.3　　　　　　　明尼苏达州 4 个生态区土地用途和水质数据概述

	变量	单位	NCHF	NLF	NGP	WCBP
	湖泊数量	个	30	8	11	
土地用途	耕地	%	34.8	1.8	73.0	60.6
	牧场	%	18.0	3.9	9.2	5.9
	城市用地	%	0.7	0.0	2.0	1.5
	居民区	%	6.4	4.8	0.4	9.9
	森林	%	16.4	66.2	0.0	7.0

续表

	变量	单位	NCHF	NLF	NGP	WCBP
土地用途	湿地	%	2.5	2.1	0.6	1.2
	水面	%	20.9	20.9	14.4	13.6
	流域面积	hm²	4670	2140	2464	756
	湖泊面积	hm²	364	318	218	107
	平均深度	m	6.6	6.3	1.6	2.5
	总磷（P）	mg/L	33	21	156	98
	叶绿素 A	mg/L	14	6	61	67
	透明度	m	2.5	3.5	0.6	0.9
	总磷负荷	kg/年	1004	305	1943	590
	流入的磷	mg/L	183	58	5666	564
	单位面积磷负荷	kg/(km²/年)	276	96	891	551
	流出	km³/年	6.2	5.3	0.9	1.0
	水力滞留时间	年	9.3	5.0	36.2	4.8
	河流总磷	mg/L	148	52	1500	570

注：生态区包括：NCHF，中北部阔叶林；NLF，北部湖泊与森林；NGP，北部冰川平原；WCBP，西部玉米带平原。数据为平均值。

来源：Wilson, C. B. and W. W. Walker, Jr. 1989. *Lake and Reservoir Manage.* 5 (2)：11 - 22.

区域湖泊质量的概念既可能存在误导性，也可能有助于管理决策。例如，明尼苏达州夏嘎瓦湖位于 NLF 生态区，该生态区夏季湖泊总磷浓度为 $20 \sim 25 \mu g$ P/L（中营养）。然而，夏嘎瓦湖的夏季总磷浓度平均为 $50 \sim 60 \mu g$ P/L（富营养化），这是该地区的一个异常现象，归因于明尼苏达州伊利的废水处理负荷（Peterson 等，1995）。之前曾希望通过先进的废水处理，降低污水浓度至 $20 \mu g$ P/L 以下，以期湖泊恢复到该区域的正常总磷水平。然而，当提出升级污水处理厂时，沉积物营养物循环是否会维持湖中夏季的高磷浓度仍未可知。虽然年度总磷浓度水平下降（第 4 章），但内源负荷使夏季总磷浓度保持较高水平，并暴发水华。湖泊管理人员受区域湖泊状态的误导，认为流入的营养物大量减少会使湖泊恢复到中营养或贫营养状态。夏嘎瓦湖夏季维持高总磷时，内部负荷对其的重要性通过一个动态总磷模型得到了证明（Larsen 等，1979）。

另一个例子是明尼苏达州费尔蒙湖区的 WCBP 生态区。湖泊的富营养化表面水体中的总磷浓度范围为 $30 \sim 150 \mu g$ P/L（Stefan 和 Hanson，1981），而 WCBP 生态区域的平均值约为 $130 \mu g$ P/L，两者相差很小。当开始管理湖泊时，湖沼学家并不清楚该区域的平均湖泊营养状态信息，或无法理解这些信息，湖泊管理人员花了近 60 年的时间精心管理，希望通过化学处理（第 10 章）和清淤将费尔蒙湖改造为低藻类生物质湖，但结果徒劳无功。很明显，如今费尔蒙湖的质量对于该地区来说是"正常的"。除非投入巨资进行湖泊改造或者出现土地利用的重大变化，否则该湖的状态将永远与该地区的其他湖泊相似。

生态区不是为区域化某一明确特征而建，而是作为"空间工具"来处理区域"环境资源总量"的质量（Omernik 和 Bailey，1997，p. 939；图 2.8）。对这一概念的误解，可能导致资源管理者对区域数据的误解。例如，志愿者收集的透明度数据作为 Great American Dip‐In（Carlson 等，1977）数据的一部分，可能不适合外推到该地区的其他湖泊，因为这些数据可能无法代表该地区的所有湖泊。Peterson（1997）曾警告称潜在的 Dip‐In 数据用户可能存在偏差，这些偏差是由志愿者提供的数据所产生，这些志愿者仅根据他们的喜恶，在生活周边或愿意采样的湖泊进行采样。例如，根据 Dip‐In 志愿者的数据，美国东北部湖泊的透明度中位数报告为 4.2m（Lee 等，1997）。然而，美国东北部湖泊的随机抽样证

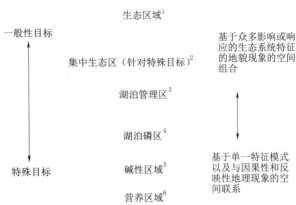

图 2.8　湖泊评估和管理区域框架的连续性。[1]Omernik，1987，1995；[2]USEPA，1998；[3]Griffith 等，1997b；[4]Omernik 等，1998，Rohm 等，1995；[5]Omernik 和 Powers，1983，Omernick 和 Griffith，1986；[6]Omernik，1977。
（来源：Griffith, G. E. et al. 1999. J. *Soil Water Conserv.* 54：666‐677.）

明，透明度中位数仅为 2.4m，志愿者采样的结果几乎是该地区湖泊的 9 倍（图 2.9 和图 2.10；Peterson 等，1999）。这表明基于非代表性湖泊数据的推断可能产生误导。在另一个例子中，美国中西部偏北地区的 Dip‐In 透明度数据被扩展为该地区的连续三维图，试图表现整个区域湖泊质量，但这些数据的获取并非基于统计的抽样程序（Lee 等，1997）。除非生态区域可实现的资源条件是基于代表性的数据而得，否则该资源条件可能会被错误表述和误解，并可能导致错误的结论，甚至可能导致错误的管理决策（Peterson，1997；Peterson 等，1999；Omernik 和 Bailey，1997）。

一些州根据水库和湖泊目前的营养状态（第 3 章）、公共使用和其他相关因素对湖泊和水库进行分级，以确定修复资金投入的优先顺序。通常情况下，富营养化程度最高的湖泊排在最前。由于州内生态区域的河流质量差异情况，建议了另一种排序方法，即根据湖泊的改善潜力对湖泊进行排序，从而将有限的公共资金用于最佳的修复候选者。Fulmer 和 Cooke（1990）在四个相邻生态区域中对 19 个俄亥俄州水库进行了研究，检验了上述方法。选择的溪流总磷浓度代表了俄亥俄州生态区中受影响最小的溪流中的第 25 百分位浓度（所有浓度中最低的四分之一处的平均浓度），在该生态区中发现了每个水库（Larsen 等，1988）。将这些浓度以及水文和形态测量数据已用于 Canfield 和 Bachmann（1981）的负荷模型（第 3 章）。该模型预测了每个水库湖泊深水区可达到的稳态磷浓度。第 25 百分位浓度不是任意选择的。人们认为该浓度是在被影响的河流中，通过在流域范围内采用技术上可行的补救措施可达到的浓度，包括先进的废物处理、饲养场径流的滞留和先进的农业操作等。

Fulmer 和 Cooke(1990) 将预测的水库总磷浓度与测量的数据进行了比较，发现有 5 个水库的湖泊区总磷实际浓度高于该生态区预期或预测的浓度。这 5 个水库不是 19 个水

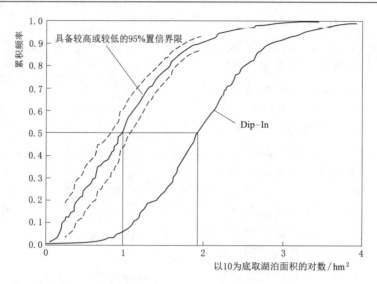

图 2.9　美国东北部的 EMAP 和 Dip‐In 数据集的湖泊大小累积分布函数（累积频率）
（垂直线显示每个数据集的中值湖泊大小）。

（来源：Peterson, S. A. et al. 1999. *Environ. Sci. Technol.* 33：1559‐1565.）

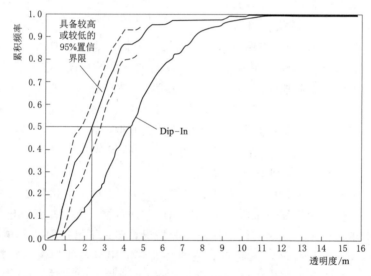

图 2.10　美国东北部的 EMAP 和 Dip‐In 数据集的塞氏透明度（SDT）累积分布函数
（累积频率）。（垂直线表示每个数据集的中的中值 SDT。）

（来源：Peterson, S. A. et al. 1999. *Environ. Sci. Technol.* 33：1559‐1565.）

库中富营养化程度最高的，但却是那些最偏离预期条件的水库，因此，如果溪流总磷负荷减少到受影响最小的溪流的第 25 百分位磷浓度，则这些水库应表现出最大的改善（图 2.11）。湖泊管理或修复的最终方案的选择还应考虑其他因素，诸如预期用途，与用户的距离，该区域中其他湖泊的数量，以及对湖泊营养状态进行深入的动态分析。

生态区域在湖泊管理中的用途仍在持续评估中。明尼苏达州、威斯康星州和密歇根州夏季总磷分布的专用地图已制作完成（Omernik 等，1988，1991）。威斯康星州自然资源部目前正在研究设定湖泊质量标准的方法，该研究某种程度上基于这些湖泊的总磷图。虽然生态区有助于建立湖泊水质的区域预期，且有助于评估湖泊质量与形态和景观特征之间的关系，但湖泊总磷图能更清楚地解释一些区域模式。目前已完成美国东北部（Rohm 等，1995）、佛罗里达（Griffith 等，1997a）以及全美（Rohm 等，2002）的总磷图的制作工作。

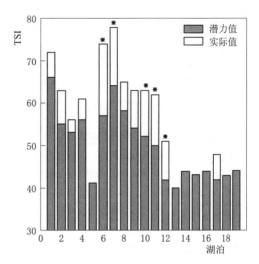

图 2.11　通过比较 1989 年实际湖泊营养状态与预估可实现的营养状态而确定的潜在磷减少量。最有可能改善的湖泊分别为 6、7、10、11 和 12。

（来源：D. G. and G. D. Cooke. 1990. *Lake and Reservoir Manage.* 6：197 - 206.）

通过划分生态区域来辅助湖泊修复和管理的决策的方法有别于其他方法，比如采用国家湖泊水质标准，或使用中值 TP 浓度作为全州甚至全国标准的方法。全州或国家湖泊标准可能无法保护生态区的湖泊，因为其中水质要求非常高，而在这些区域改善湖泊和溪流水质非常困难，并且会耗费大量资金。生态区评估方法的使用，为湖泊管理和修复目标制定带来了区域生态实现尺度。美国国家环境保护局的科学顾问委员会表示（美国国家环境保护局，1991 年）："生态区域方法是一种针对大区域（涵盖一个或多个州）的防御性分类技术，优于大多数环境管理者目前使用的分类方法。"

2.9　总结

本章旨在使读者熟悉湖泊和水库管理中重要的湖沼学基本概念。水库和湖泊存在根本差异，但当水力滞留时间相似时，两者许多最重要的特征也将趋同。湖泊和水库生产力最重要的决定因素是可以支持湿地、沿岸植物的浅水量，以及水体中限制性营养物的浓度。我们期望一些生态区的湖泊和水库变清澈、变深，且具有相对较小的生产力，管理应以此为本。而在其他一些地区，预计会有中等甚至高水平生产力，那么任何超越此水平的条件，均需要更高投入或更复杂的管理方法来实现。

参　考　文　献

Anthony，J. L. and J. A. Downey. 2003. Physical impacts of wind and boat traffic on Clear Lake，Iowa. *Lake and Reservoir Manage.* 19：1 - 14.

Axler，R.，L. Paulson，P. Vaux，P. Sollberger and D. H. Baepler. 1988. Fish Aid - the Lake Mead fertilization project. *Lake and Reservoir Manage.* 4（2）：125 - 135.

Bachmann，R. W.，M. V. Hoyer and D. E. Canfield，Jr. 2000. The potential for wave disturbance in shallow Florida lakes. *Lake and Reservoir Manage.* 16：281 - 291.

Barko, J. W. , M. S. Adams and N. L. Clesceri. 1986. Environmental factors and their consideration in the management of submersed aquatic vegetation: A review. *J. Aquatic Plant Manage.* 24: 1 – 10.

Bryce, S. A. , J. M. Omernik and D. P. Larsen. 1999. Ecoregions: A geographic framework to guide risk characterization and ecosystem management. *Environ. Practice* 1: 141 – 155.

Canfield, D. E. , Jr. and R. W. Bachmann. 1981. Prediction of total phosphorus concentrations, chlorophyll a, and Secchi depths in natural and artificial lakes. *Can. J. Fish. Aquatic Sci.* 38: 414 – 423.

Canfield, D. E. Jr. , K. A. Langeland, S. B. Linda and W. T. Haller. 1985. Relations between water transparency and maximum depth of macrophyte colonization in lakes. *J. Aquatic Plant Manage.* 23: 25 – 28.

Caraco, N. F. , J. J. Cole and G. E. Likens. 1989. Evidence for sulphate – controlled phosphorus release from sediments of aquatic systems. *Nature* 341: 316 – 318.

Carlson, R. E. , J. Lee and D. Waller. 1997. The 1995 and 1996 Great American Secchi Dip – In: A report to the volunteers. *Lakeline* 17 (2): 32a – 32d.

Carlton, R. G. and R. G. Wetzel. 1988. Phosphorus flux from lake sediments: effect of epiphytic algal oxygen production. *Limnol. Oceanogr.* 33: 562 – 570.

Carpenter, S. R. 1980. Enrichment of Lake Wingra, Wisconsin, by submersed macrophyte decay. *Ecology* 61: 1145 – 1155.

Carpenter, S. R. 1981. Submersed vegetation: an internal factor in lake ecosystem succession. *Am. Nat.* 118: 372 – 383.

Carpenter, S. R. 1983. Lake geometry: implications for production and sediment accretion rates. *J. Theor. Biol.* 105: 273 – 286.

Cole, G. A. 1994. *Textbook of Limnology.* 4th edition Waveland Press, Prospect Heights, IL.

Cole, J. J. 1999. Aquatic microbiology for ecosystem scientists: New and recycled paradigms in ecological microbiology. *Ecosystems* 2: 215 – 225.

Cooke, G. D. and R. H. Kennedy. 2001. Managing drinking water supplies. *Lake and Reservoir Manage.* 17: 157 – 174.

Cooke, G. D. , P. Lombardo and C. Brant. 2001. Shallow and deep lakes: Determining successful management options. *LakeLine* (*NALMS*) 21: 42 – 46.

Cooke, G. D. , E. B. Welch, S. A. Petersen, and P. R. Newroth. 1993. *Restoration and Management of Lakes and Reservoirs*, 2nd Edition. Lewis Publishers and CRC Press, Boca Raton, FL.

Duarte, C. M. and J. Kalff. 1986. Littoral slope as a predictor of the maximum biomass of submerged macrophyte communities. *Limnol. Oceanogr.* 31: 1072 – 1080.

Duarte, C. M. and J. Kalff. 1988. Influence of lake morphometry on the response of submerged macrophytes to sediment fertilization. *Can. J. Fish. Aquatic Sci.* 45: 216 – 221.

Fee, E. J. 1979. A relation between lake morphometry and primary productivity and its use in interpreting whole – lake eutrophication experiments. *Limnol. Oceangr.* 24: 401 – 416.

Franko, D. A. and R. G. Wetzel. 1981. Synthesis and release of cyclic adenosine $3'$: $5'$ – monophosphate by aquatic macrophytes. *Physiol. Plant.* 52: 33 – 36.

Frey, D. G. Ed. 1966. *Limnology in North America.* University of Wisconsin Press, Madison.

Frodge, J. D. , G. I. Thomas and G. B. Pauley. 1991. Sediment phosphorus loading beneath dense canopies of aquatic macrophytes. *Lake and Reservoir Manage.* 7: 61 – 71.

Fulmer, D. G. and G. D. Cooke. 1990. Evaluating the restoration potential of 19 Ohio reservoirs. *Lake and Reservoir Manage.* 6: 197 – 206.

Gächter, R. and B. Müller. 2003. Why the phosphorus retention of lakes does not necessarily depend on the oxygen supply to their sediment surface. *Limnol. Oceanogr.* 48: 929 - 933.

Gaugush, R. F. 1986. Statistical methods for reservoir water quality investigations. Instr. Rept. E - 86 - 2. U. S. Army Corps Engineers, Vicksburg, MS.

Golterman, H. L. 1995. The role of the iron - hydroxide - phosphate - sulfide system in the phosphorus exchange between sediments and the overlying water. *Hydrobiologia* 297: 43 - 54.

Griffith, G. E., J. M. Omernik and A. J. Kinney. 1997. Interpreting patterns of lake alkalinity in the upper Midwest region. *Lake and Reservoir Manage.* 10 (6): 329 - 336.

Griffith, G. E., D. E. Canfield Jr., C. A. Horsburgh, and J. M. Omernik. 1997b. Lake regions of Florida. USEPA R97/127.

Griffith, G. E., J. M. Omernik and A. J. Woods. 1999. Ecoregions, watersheds, basins, and HUC's: How state and federal agencies frame water quality. *J. Soil Water Conserv.* 54: 666 - 677.

Gunnison, D. and J. M. Brannon. 1981. Characterization of Anaerobic Chemical Processes in Reservoirs: Problem Description and Conceptual Model Formulation. Tech. Rept. E - 81 - 6. U. S. Army Corps Engineers, Vicksburg, MS.

Havens, K. E., H. J. Carrick, E. F. Lowe and M. F. Coveney. 1999. Contrasting relationships between nutrients, chlorophyll a and secchi transparency in two shallow subtropical lakes: Lakes Okeechobee and Apopka (Florida). *Lake and Reservoir Manage.* 15: 298 - 309.

Hawkes, C. L., D. L. Miller and W. G. Layther. 1986. Fish ecoregions of Kansas: stream fish assemblage patterns and associated environmental correlates. *Environ. Biol. Fish.* 17: 267 - 279.

Heiskary, S. A. and C. B. Wilson. 1989. The regional nature of water quality across Minnesota: An analysis for improving resource management. *J. Minn. Acad. Sci.* 55 (1): 71 - 77.

Heiskary, S. A., C. B. Wilson and D. P. Larsen. 1987. Analysis of regional pattern in lake water quality: Using ecoregions for lake management in Minnesota. *Lake and Reservoir Manage.* 3: 337 - 344.

Horppila, J. and L. Nurminen. 2003. Effects of submerged macrophytes on sediment resuspension and internal phosphorus loading in Lake Hiidenvesi (southern Finland). *Water Res.* 37: 4468 - 4474.

Horne, A. J. and C. R. Goldman. 1994. *Limnology.* 2nd edition. McGraw - Hill, New York, NY.

Hughes, R. M. and D. P. Larsen. 1988. Ecoregions: an approach to surface water protection. J. *Water Pollut. Contr. Fed.* 60: 486 - 493.

Hutchinson, G. E. 1957. *A Treatise on Limnology. Volume I. Geography, Physics, and Chemistry.* John Wiley & Sons, New York.

Hutchinson, G. E. 1967. *A Treatise on Limnology. Volume II. Introduction to Lake Biology and the Limnoplankton.* John Wiley & Sons, New York.

Hutchinson, G. E., 1975. *A Treatise on Limnology. Volume III. Limnological Botany.* John Wiley & Sons, New York.

Jensen, H. S. and F. O. Andersen. 1992. Importance of temperature, nitrate, and pH for phosphate release from aerobic sediments of four shallow, eutrophic lakes. *Limnol. Oceanogr.* 37: 577 - 589.

Jeppesen, E. 1998. *The Ecology of Shallow Lakes. Trophic Interactions in the Pelagial.* National Environmental Research Institute, Silkeborg, Denmark.

Jones, J. R. and M. V. Hoyer. 1982. Sportfish harvest predicted by summer chlorophyll a concentration in Midwestern lakes and reservoirs. *Trans. Am. Fish. Soc.* 111: 176 - 179.

Kalff, J. 2002. *Limnology. Inland Water Ecosystems.* Prentice - Hall, Upper Saddle, NJ.

Kennedy, R. H. 1999. Reservoir design and operation: Limnological implications and management In: J. G. Tundisi and M. Straskraba (Eds.), *Theoretical Reservoir Ecology and Its Applications.* International Institute of Ecology, Brazilian Academy of Sciences. Backhuys Publishers, Leiden, The Netherlands. pp. 1 - 28.

Kennedy, R. H. , 2001. Considerations for establishing nutrient criteria for reservoirs. *Lake and Reservoir Manage.* 17: 175 - 187.

Kennedy, R. H. and R. F. Gaugush, 1988. Assessment of water quality in Corps of Engineers reservoirs. *Lake and Reservoir Manage.* 4 (2): 253 - 260.

Kennedy, R. H. , K. W. Thornton and R. C. Gunkey. 1982. The establishment of water quality gradients in reservoirs. *Can. Water Res.* J. 7: 71 - 87.

Kennedy, R. H. , K. W. Thornton and D. E. Ford. 1985. Characterization of the reservoir ecosystem. In: D. Gunnison. (Ed.), *Microbial Processes in Reservoirs.* Junk Publishers, The Hague, Netherlands. pp. 27 - 38.

Kimmel, B. C. and A. W. Groeger. 1984. Factors controlling primary production in lakes and reservoirs: a perspective. In: *Lake and Reservoir Management.* USEPA 440/5 - 84 - 001. pp. 277 - 281.

LaMarra, V. J. , Jr. 1975. Digestive activities of carp as a major contributor to the nutrient loading of lakes. *Verh. Int. Verein. Limnol.* 19: 2461 - 2468.

Lampert, W. and U. Sommer. 1997. *Limnoecology. The Ecology of Lakes and Streams.* Oxford University Press, New York, NY.

Larsen, D. P. , D. R. Dudley and R. M. Hughes. 1988. A regional approach for assessing attainable surface water quality: an Ohio case study. *J. Soil Water Conserv.* 43: 171 - 176.

Larsen, D. P. , J. VanSickle, K. W. Malueg and P. D. Smith. 1979. The effect of wastewater phosphorus removal on Shagawa Lake, Minnesota: Phosphorus supplies, lake phosphorus, and chlorophyll - a. *Water Res.* 13: 1259 - 1272.

Lee, J. , M. R. Binkley and R. E. Carlson. 1997. The Great American Secchi Dip - In: GIS contributes to national snapshot of lake - water quality. *GIS World* August: 42 - 44.

Marsden, M. W. 1989. Lake restoration by reducing external phosphorus loading: the influence of sediment phosphorus release. *Freshwater Biol.* 21: 139 - 162.

Mataraza, L. K. and G. D. Cooke. 1997. A test of a morphometric index to predict vertical phosphorus transport in lakes. *Lake and Reservoir Manage.* 13: 328 - 337.

Moore, L. and K. Thornton, Eds. 1988. *Lake and Reservoir Restoration Guidance Manual.* USEPA 440/5 - 88 - 002.

Moss, B. , J. Madgwick and G. Phillips. 1996. *A Guide to the Restoration of Nutrient - Enriched Shallow Lakes.* Broads Authority. Norwich, Norfolk, UK.

North American Lake Management Society (NALMS) . 2003 Shallow Lakes. *LakeLine* 23 (1) .

Odum. E. P. 1971. Fundamentals *of Ecology.* 3rd Edition. W. B. Saunders, Philadelphia.

Omernik, J. M. 1977. Nonpoint source stream nutrient level relationships: A nationwide study. USEPA 600/3 - 77/105.

Omernik, J. M. 1987. Ecoregions of the conterminous United States. *Ann. Assoc. Am. Geogr.* 77: 118 - 125.

Omernik, J. M. 1995. Ecoregions: A framework for managing ecosystems. *George Wright Forum* 12: 35 - 51.

Omernik, J. M. and R. G. Bailey. 1997. Distinguishing between watersheds and ecoregions. *J. Am. Water Resour. Assoc.* 33: 935 - 949.

Omernik, J. M. and G. E. Griffith. 1986. Total alkalinity of surface waters: A map of the Upper Midwest region of the United States. *Environ Manage.* 10: 829 - 839.

Omernik, J. M. and C. F. Powers. 1983. total alkilinity of surface waters: A national map. *Ann. Assoc.*

Amer. Geogr. 73: 133 – 136.

Omernik, J. M., D. P. Larsen, C. M. Rohm and S. E. Clarke. 1988. Summer total phosphorus in lakes: a map of Minnesota, Wisconsin, and Michigan. *Environ. Manage.* 12: 815 – 825.

Omernik, J. M., C. M. Rohm, R. N. Lillie and N. Mesner. 1991. Usefulness of natural regions for lake management: analysis of variation among lakes in northwestern Wisconsin. *Environ. Manage.* 15: 281 – 293.

Omernik, J. M. S. S. Chapman, R. A. Lillie and R. T. Dumke. 2000. Ecoregions of Wisconsin. *Trans. Wisc. Acad. Sci.* 88: 77 – 103.

Osgood, R. A. 1988. Lake mixes and internal phosphorus dynamics. *Arch. Hydrobiol.* 113: 629 – 638.

Peterson, S. A. 1997. Liked volunteerism coverage, not cover; cautions against Dip – In generalization. *Lakeline* 17 (3): 4 – 5.

Peterson, S. A., R. M. Hughes, D. P. Larsen, S. G. Paulsen and J. M. Omernik. 1995. Regional lake quality patterns: Their relationship to lake conservation and management decisions. *Lakes Reservoirs: Res. Manage.* 1: 163 – 167.

Peterson, S. A., D. P. Larsen, S. G. Paulsen and N. S. Urquhart. 1998. Regional lake trophic patterns in the northeastern United States: Three approaches. *Environ. Manage.* 22 (5): 789 – 801.

Peterson, S. A., N. S. Urquhart and E. B. Welch. 1999. Sample representativeness: A must for reliable regional lake condition estimates. *Environ. Sci. Technol.* 33: 1559 – 1565.

Pettersson, K. 1998. Mechanisms for internal loading of phosphorus in lakes. *Hydrobiologia* 373/374: 21 – 25.

Rohm, C. M., J. M. Omernik and C. W. Kiilsgaard. 1995. Regional patterns of total phosphorus in lakes of the northeastern United States. *Lake and Reservoir Manage.* 11 (1): 1 – 14 (color map).

Rohm, C. M., J. M. Omernik, A. J. Woods and J. L. Stoddard. 2002. Regional characteristics of nutrient concentrations in streams and their application to nutrient criteria development. *J. Am. Water Resour. Assoc.* 38 (1): 1 – 27.

Ryding, S. O. 1985. Chemical and microbiological processes as regulators of the exchange of substances between sediments and water in shallow eutrophic lakes. *Int. Rev. ges. Hydrobiol.* 70: 657 – 702.

Scheffer, M. 1998. *Ecology of Shallow Lakes.* Kluwer Academic Publishers, Norwell, MA.

Smith, C. S. and J. W. Barko. 1990. Ecology of Eurasian watermilfoil. *J. Aquat. Plant Manage.* 28: 55 – 63.

Søballe, D. M. and B. C. Kimmel. 1987. A large – scale comparison of factors influencing phytoplankton abundance in rivers, lakes, and impoundments. *Ecology* 68: 1943 – 1954.

Søndergaard, M., J. P. Jensen and E. Jeppesen. 2001. Retention and internal loading of phosphorus in shallow, eutrophic lakes. *Sci. World* 1: 427 – 442.

Stauffer, R. E. and G. F. Lee. 1973. The role of thermocline migration in regulating algal blooms. In: E. J. Middlebrooks, D. H. Falkenborg, and T. E. Maloney (Eds.), *Modeling the Eutrophication Process*, Utah State University, Water Resources Center, Logan, UT. pp. 73 – 82.

Stefan, H. G. and M. J. Hanson. 1981. Phosphorus recycling in five shallow lakes. *J. Environ.* Eng. Div. ASCE, 107 (EE4): 713 – 730.

Thornton, K. W., R. H. Kennedy, J. H. Carroll, W. W. Walker, R. C. Gunkey and S. Ashby. 1980. Reservoir sedimentation and water quality – an heuristic model. In: *Symposium on Surface Water Impoundments*. Proceedings Am. Soc. Civil Eng. pp. 654 – 661.

Thornton, K. W., B. L. Kimmel and F. E. Payne (Eds.). 1990. *Reservoir Limnology: Ecological Perspectives.* John Wiley & Sons, New York, pp. ix and 246.

U. S. Environmental Protection Agency (USEPA) Science Advisory Board. 1991. Evaluation of the ecoregion concept. Report of the Ecoregions Subcommittee of the Ecological Processes and Effects Committee. USEPA – SAB – EPEC – 91 – 003. Washington, DC.

U. S. Environmental Protection Agency (USEPA) . 1998. National strategy for the development of regional nutrient criteria. USEPA 822/R98 – 002.

Vadeboncoeur, Y. , M. J. Vander Zanden and D. M. Lodge. 2002. Putting the lake back together: Reintegrating benthic pathways into lake food web models. *BioScience* 52: 44 – 54.

Walker, W. W. , Jr. 1981. Empirical Methods for Predicting Eutrophication in Impoundments. Report I. Phase II: Date Base Development. Tech. Rept. E – 81 – 9. U. S. Army Corps Engineers, Vicksburg, MS.

Walker, W. W. , Jr. 1987. Empirical Methods for Predicting Eutrophication in Impoundments. Report 4. Phase III: Applications Manual. Tech. Rept. E – 81 – 9. U. S. Army Corps Engineers, Vicksburg, MS.

Welch, E. B. and J. M. Jacoby. 2004. *Pollutant Effects in Freshwater: Applied Limnology*. 3rd Edition. Spon Press, New York.

Welch, E. B. and G. D. Cooke. 1995. Internal phosphorus loading in shallow lakes: Importance and control. *Lake and Reservoir Manage*. 11: 273 – 281.

Wetzel, R. G. 1992. Gradient – dominated ecosystems: sources and regulatory functions of dissolved organic matter in fresh water ecosystems. *Hydrobiologia* 229: 181 – 198.

Wetzel, R. G. 1995. Death, detritus, and energy flow in aquatic ecosystems. *Freshwater Biol*. 33: 83 – 89.

Wetzel, R. G. 2001. *Limnology. Lake and River Ecosystems*. 3rd edition. Academic Press, New York.

Wilson, C. B. and W. W. Walker, Jr. 1989. Development of lake assessment methods based upon the aquatic ecoregion concept. *Lake and Reservoir Manage*. 5 (2): 11 – 22.

第 3 章

湖泊和水库的诊断与评估

3.1 引言

修复措施施行之前的诊断和评估的彻底性，是决定能否成功修复和（或）改善湖泊和水库质量的关键。通过适当的预测方法进行彻底诊断，可以预见真实的期望效果。本章将阐述以下内容：①流域、湖泊及其沉积物中应确定的成分和变量；②所需的样本数量及其频率；③表达所收集数据的方式；④指示营养状态的营养物成分水平；⑤如何确定限制性营养物。此外，本章还将涵盖磷建模的各个方面，如何预测对治理的反应以及如何根据预测的反应、过去的成功案例和成本选择治理方案。

湖泊修复和管理过程中曾经出现许多错误。有时是将正确选择的技术用于错误的情况，有时是出于政治原因，但有时是因为诊断和评估不充分（Peterson 等，1995）。在没有进行完整的前期诊断/评估的情况下，已经实施了诸如对营养物输入的外部控制和湖内控制，以及诸如控制水生植物的水位下降。由于未充分考虑某些因素、条件，因此水质没有得到改善，也没有对水生植物进行可接受的控制。这些因素、条件有：①与内部营养源相比，外部营养源相对不重要；②在特定气候条件下通过降低水位控制水生植物的不确定性（例如，华盛顿长湖，第 13 章）；③该地区其他湖泊的"自然"状况，即不合理的期望（Peterson 等，1999）。此外还有一些实例，如在营养物主要来源于外部的情况下启动了湖中养分控制措施，同样也没有改善水质（例如，明尼苏达州长湖的 Riplox，第 8 章）。

湖泊和水库的修复在相对较短的历史中取得了显著的进展，但一些技术缺乏验证"跟踪记录"。因此，在估算某些技术的成本效益方面仍存在不确定性。故彻底的前期诊断、评估是一项必要的要求，不仅可以增加成功的保证，还可以提供有益于未来项目的新知识。

3.2 诊断/可行性研究

3.2.1 流域

湖泊和水库的水质或营养状态，直接取决于其地理位置以及从流域进入其中的营养物和沉积物。因此，必须彻底了解流域的特征（土壤、坡度、植被、支流、湿地、独特的非点源营养源等），以解释湖泊、水库的状况。湖泊在该地区湖泊群中所处的位置也很重要（Peterson 等，1999；Heiskary 和 Wilson，1989；第 2 章）。对于许多地区，可以使用地理信息系统（GIS）来获取某些特征。

必须获得详细的地图，确定影响地表水和地下水（GW）营养物含量和流量的支流和源泉。这些通常可以在美国地质调查矩形地图中找到。这些地图也有等高线，因此可绘制主要流域以及干流域的流域边界。虽然这些地图信息通常都是完整的，但如果湖泊位于发展中的城市地区，则地图一般不包括雨水管道。自地图绘制以来可能发生了水文变化，因此还需要开展地面调研。例如，1971 年确定了 2000hm² 的瑟马米什湖的 45 个流入源，大多数都是不在矩形地图上的雨水管道。根据这些信息，选择 13 条小支流，以及占 70% 水量的主要流入源，用于估算水和养分（Moon，1973；Welch 等，1980）。随着湖泊面积的增加，输入的位置和采样成为一个越来越大的问题。

流域面积、湖泊面积和湖泊体积通常是已知的，但如果并非已知，则必须根据地图确定。如果流域的各部分发展不同，子流域（次盆地）的划分也将非常重要。营养物产量系数 $[mg/(m^2/年)]$ 随着开发密度的变化而变化，因此对于制定开发控制策略十分重要。子流域可以进一步根据土地用途细分，例如森林、农业和城市用地（商业和居住），以便子流域营养物负荷分配与土地，用途相称。

湖泊等深线对于计算湖泊体积和定位水/沉积物采样点十分必要。如果现有的等高线图数据较老，则可能需要重新测量，特别是对于具有来自侵蚀性流域的大量入流的水库。如果存在软（高含水量）沉积物，则应使用电子方法进行探测以提高精度。此外，还应构建深度—面积（或深度—体积）地形曲线，以说明湖泊的几何形态（图 2.4）。

建立准确的水量平衡是诊断湖泊问题的第一步，因为决定水质或营养状态的物质首先是通过流域的水输运的，主要支流可以从流域出流的勘察调查中选择。建议采用连续实测记录，以确定主要支流的流量，因为大流量是水量平衡中最重要的部分，大量入流伴随着高物质浓度，这在城市地区尤其明显。根据主要支流入流和出流连续系列资料记录，建立年度水量平衡，使得测量、估算的入流量等于流出量，并对湖泊蓄水量进行了修正。水量平衡公式为

$$SF_i + GW + DP + WW = SF_o + EVP + EXF + WS \pm \Delta STOR \qquad (3.1)$$

式中　SF_i——入流；

$\quad SF_o$——出流；

$\quad GW$——地下水（包括深层和地下渗流）；

$\quad DP$——湖面上的直接降水；

$\quad WW$——废水（如果有的话）；

$\quad EVP$——蒸发；

$\quad EXF$——渗漏；

$\quad WS$——因供水而产生的水量减少（如果有的话）；

$\Delta STOR$——湖泊体积的变化。

还有可能存在上文所述之外的其他来源、损失。Winter（1981）描述了估算湖泊水量

平衡的方法、不确定性和问题。下文将简要说明确定式（3.1）的值的过程。

通过在已知横断面上进行速度测量来估计流量（SF）。SF 或流量为

$$SF(m^3/s)=速度(m/s)\times 横断面面积(m^2) \tag{3.2}$$

可以在整个流量量程内安装和校准测量仪器，因此可以基于回归方程通过观测水位估算流量。如果流量较大，则每周一次或每月两次进行离散观测是不充分的，有可能错过洪峰。估计年径流量最准确的方法是通过水位计得到的自动连续流量记录计算。与连续水位记录得到的入流值相比，通过离散流量测量估算和通过降水蒸发记录和径流地图计算得到入流 SF_i，误差范围为 12%～36%（Scheider 等，1979；表 3.1）。

表 3.1 通过五种常用方法计算的水力输入对比（安大略省竖琴湖的七条溪流，1977 年 1—12 月）

数　据	流量计算方法	平均绝对误差/%	范围误差/%
根据连续阶段记录计算的流量	连续排放与时间图的积分	0	0
	离散排放与时间图的积分	12	−19～+35
以离散的时间间隔测量流量	离散排放的三点运行方式	35	−15～+130
无测量的流量	长期单位径流（Pentland，1968）	18	−2～+68
	降水—蒸发（Morton，1976）	36	−12～+91

来源：Scheider W. A. et al. 1979. *Lake Restoration*. USEPA 440/5 − 79 − 001. p. 77.

如果项目无法负担连续的水位采集，则可采用以下具有中等精度的替代方案。SF_i 分为基流和暴雨径流，前者通过观测估算，后者则在一年中的几次洪峰中连续（人工）观测。其他暴雨期间的流量通过与降水的关系来估算，但由于前期干旱时段的变化，降水量记录也不一定能满足要求，另外也可以通过附近河流［例如，配备有美国地质勘探局（USGS）站点的河流］的连续流量记录来推算。还可以使用基于现有大区域径流数据制作的等值线图估算径流（Rochelle 等，1989）。

出流 SF_o 通常比入流简单，因为通常只有一个出口，而且湖泊一般会控制流量变化。水库中，均匀溢洪道的溢流可以简化测量程序。很多水库都有连续流出的记录。

直接落在湖面（DP）上的降水可通过收集器计量，收集器最好安装在湖中而不是岸上。建议使用连续运行的收集器，以便同时获得干沉降和降水数据。对于暴雨，因各场暴雨之间通常存在差异，建议分开收集每次的暴雨数据。大型湖泊或水库可能需要多个收集器。随着总流域面积与湖泊面积比的减少，降水在总预算中的相对重要性增加。例如，对于安大略湖泊，流域与湖泊面积之比为 100∶1 时，降水量仅为总磷（TP）负荷的 3%，比例为 30∶1 时为 9%，比例为 10∶1 时为 23%（Rigler，1974）。

废水（WW）的贡献按与入流相同的方式处理，但通常更加稳定，因此离散的观测即可满足要求。这些数据通常作为工厂运营数据的一部分进行收集。城市雨水（和农业）径流可能含有几乎与废水一样高的悬浮固体和营养物浓度。在某些情况下，基于降水的铺砌面积估算即可满足要求（Arnell，1982；Brater 和 Sherrill，1975）。

对于有的湖泊来说，地下水可能是一个重要组成部分，占总入流量的 50% 或更多。而有的湖泊的地下水很少。这样，我们就不能假设地下水含量。地下水是迄今为止最难估

计的入流量（Winter，1978，1980，1981）。估算地下水最常见但通常最不合适的方法，是将其视为式（3.2）中的剩余项。这种方法的准确性取决于等式（3.2）中所有其他项的准确性。La Baugh 和 Winter（1984）发现在对某一科罗拉多水库进行水量计算时，剩余项与其他项的测量误差具有相同的量级。

地下水估算的直接方法是使用以下等式在流线网中计算，即

$$Q = KIA \tag{3.3}$$

式中　Q——地下水流量；

　　　K——渗透系数；

　　　I——水力梯度；

　　　A——水流通过的横截面积。

该程序需要建立压力计网络，以确定地下水位（和物质浓度）的水力梯度，通过泵测试测量渗透系数，并建立流量的水文地质边界。

另一种直接方法是采用渗透仪（Lee，1977；Lee 和 Hynes，1978；Barwell 和 Lee，1981）。它们由半个塑料桶构成，倒置在湖底，使地下水流入到桶后附着的收集袋，收集的水量即为收集时间内每单位桶面积的地下水总净流量。使用这种方法时需要进行足够的采样设计，因为它们只能测量离散站点的流量，而且不同站点之间的流量差别很大。此外，需要使用潜水设备进行安装，这限制了它们在北纬地区无冰期的使用。尽管已证明它们是检测地下水流量方向和流量的方便且有用的工具，但它们在确定地下水的营养物输运方面并不可靠。因为仪表表层的封闭沉积物提升了厌氧条件。因此，按（收集到的）水中的营养成分计算，将会大幅度高估地下水营养物的运输率（Belanger 和 Mikutel，1985）。Mitchell 等（1989）已经证明改进的液压电位计对沿海地区间隙孔隙水进行采样的有效性。此外，为了获得准确的入流估算值，渗漏仪袋应部分预填充，以防止过度初始流入引起异常（Shaw 和 Prepas，1989）。

蒸发（EVP）属于水量损失，可以通过多种方法估算，但均有可能出现较大误差。蒸发皿是最常用的方法，但目前缺乏标准的蒸发皿技术，而且从蒸发皿到湖泊的外推还存在问题。平均蒸发率通常来自最近的国家气象服务站，基于 A 级蒸发皿，该值乘以 0.7 作为湖泊蒸发。但是，该系数是基于年平均值，不适用于月度值（Siegel 和 Winter，1980）。

最后，湖泊水位或储存（体积）由高度记录仪或人工离散观测测量确定。水库的水位一般可从水库记录中获得。湖泊水位测量的误差在很大程度上归因于湖泊面积和体积估计，以及湖泊和水库中的波动。渗漏（EXF）很难确定，通常假定为零。可以通过观察在地下水入流期间的存储变化来获得渗漏的一些信息。

将水量平衡中的每个变量（蒸发除外）乘以代表性浓度即可构建平衡。虽然浓度往往比流量变化小，但仍然需要频繁观察。建议最低频率为每月两次。Scheider 等（1979）使用总磷浓度和连续入流的离散观察作为绝对估计，对比了 8 种计算总磷负荷的方法（表3.2）。对于城市（和农村农业）雨水径流的输入估算，其总磷浓度在暴雨事件开始时通常较高，并且随着暴雨的持续而下降，应在暴雨期间增加观测频率，或者最好是采用流量激活自动采样设备。

地下水、湖面直接降水和污水中营养物的浓度变化较小，通常不需要频繁地观测。对

于贫营养湖泊来说,直接降水通常占据大部分比例,并且会影响湖中氮磷比(Jassby 等,1994)。

表 3.2   九种常用磷输入量计算方法的比较(安大略省哈普湖的七条入流,1977 年 1—12 月)

数 据	磷输入计算方法	平均绝对误差/%	范围误差/%
从连续阶段记录计算出的流量;[P] 以离散的时间间隔测量	1. 综合流量与时间曲线图的乘积,以及在时间间隔中点的 [P] 值	0	
以离散的时间间隔测量排放和 [P]	2. 综合流量与时间曲线图的乘积,以及在时间间隔终点的 [P] 平均值	3	$-4 \sim +5$
	3. 综合流量与时间曲线图的乘积,以及在时间间隔中点的 [P] 平均值	11	$-19 \sim +11$
	4. 综合流量与时间曲线图的乘积,以及在时间间隔终点的 [P] 值	14	$-25 \sim +16$
	5. 通过三点运行平均值和时间间隔中点的 [P] 值计算的排放量	30	$-19 \sim +92$
	6. 流量和 [P] 与时间的乘积图的积分	10	$-19 \sim +8$
	7. 排放量的三点运行平均值和 [P] 值	27	$-14 \sim +57$
	8. 每月总流量(Pentland,1968)和 [P] 值	49	$-4 \sim +85$
无测量的流和每月测量的 [P]	9. 每月总流量(降水—蒸发量)和 [P] 值	71	$-19 \sim +111$

来源:Scheider, W. A. et al. 1979. *Lake Restoration*. USEPA 440/5 – 79 – 001. p. 77.

建议至少每两个月对总磷平衡进行一次计算,以确定来源和渗透在季节间和季节内的变化。以每个湖泊的千克数或每平方米湖泊面积的毫克数为单位,质量平衡方程为

$$DTP_1 = TP_{in} - TP_{out} - TP_{sed} \tag{3.4}$$

式中 DTP_1——全湖容量;

TP_{in}——所有外部输入;

TP_{out}——输出;

TP_{sed}——湖中的总磷沉积。

通过求解式(3.4)中的 TP_{sed},可以估算出缺氧(或有氧)沉积物释放或大型植物分解的磷的内部负荷为

$$TP_{sed} = TP_{in} - TP_{out} - DTP_1 \tag{3.5}$$

其中负 TP_{sed} 表示总磷输出和(或)DTP_1 超过总磷外部输入,因此存在净内部负载。也就是说,沉积物释放的总速率超过沉降的总速率。沉积物释放总速率的估算,可以通过在实验室中的沉积物核心的独立测量,或通过湖中的沉积物捕集器(如果不是太浅)估计总沉降速率来实现。可以通过校准质量平衡模型来估计总释放率,本章稍后讨论。如果 TP_{sed} 为正,则表示总沉降量超过总释放量,所有湖泊大部分时间都是总磷沉降为正。但

是在缺氧、高温或风力作用的短期时间内，或在外部负荷减少后的几年，净内部负荷可能非常重要。净内部负荷的年均估算将低估其重要性，因为夏季内部负荷可能是最大的磷源（Welch 和 Jacoby，2001）。通过控制外部负荷开展的修复尝试往往不成功，或可能出现意外，因为内部负荷要么被低估，要么根本没有估计在内。

桶中沉降速率与威斯康星州欧加尔水库的年均总磷滞留量相符合，但在夏季则超过了该滞留量，表明夏季存在更多的内部磷源（James 和 Barko，1997）。桶中数据有助于估算华盛顿州瑟马米什湖的总磷模型的沉降率（Perkins 等，1997）。

外部营养物负荷也可以使用公布的产出（或输出）系数间接估算，最好根据当地条件校准。该程序最初是为了估算湖泊对其岸边避暑别墅的容纳能力而开发的（Dillon 和 Rigler，1975）。该方法可支持顾问或湖泊管理者估计当前平均湖泊总磷浓度，并将其与预测发展后的总磷浓度、透明度和藻类生物量进行比较。湖泊总磷浓度是通过将土地利用区域（城市、农业和森林）的产出（包括降水量和日常生活来源，如化粪池排水）求和而得。根据径流图和地形图直接测量的湖泊体积和面积估算水流。

使用这种方法出现错误的概率较大。Reckhow 和 Simpson（1980）描述了一个估算程序，可估算单独估计总磷产出的不确定性，以及提供改进的产量系数。此外，已开发一种误差分析方法，可用于需要预测土地利用变化的新稳态总磷浓度的情况（Reckhow，1983）。使用现有的湖泊质量数据，无需预测所有土地利用影响。总磷产出系数的建议取值范围见表 3.3。

表 3.3　流域总磷产出系数

土地用途	产出系数/[mg/(m²/年)]	土地利用	产出系数/[mg/(m²/年)]
森林	2～45	城市用地	50～500
降水	15～60	化粪池排水区域	0.3～1.8kg/cap（每年）
农业用地	10～300		

来源：Reckhow, K. H. and S. C. Chapra. 1983. *Engineering Approaches for Lake Management：Vol. I. Data Analysis and Empirical Modeling.* Butterworths, Boston，MA.

Rast 和 Lee(1978) 根据美国东部 473 个次排水区（USEPA，1974）的数据，为 3 种土地用途类型（假设湿地没有净产出）加上降水量得出了总磷产出系数。其中数据来自 Uttormark 等（1974）和 Sonzogni 和 Lee(1974)。这些系数均为单一值，并且落在表 3.3（表 3.4）中所示范围的下限，这具有一定的合理性，因为这种类型的数据倾向于对数正态分布。Rast 和 Lee(1978) 认为表 3.4 中的系数位于流域真实负荷±100％。根据其输出系数计算的负荷，与根据经验确定的 38 个美国水体的负荷率之间存在良好的一致性。

表 3.4　流域总磷产出系数

土地用途	土地用途产出系数/[mg/(m²/年)]	土地用途	土地用途产出系数[mg/(m²/年)]
森林	10	城市用地	100
降水	20	干沉降	80
农业、农村用地	50		

来源：Rast，W. and G. F. Lee. 1978. *Summary analysis of the North American（U. S. Portion）OECD eutrophication project：nutrient loading−lake response relationships and trophic state.* USEPA 600/3−78−008.

威斯康星湖泊（Clesceri 等，1986；Omernik，1977）、威斯康星州的曼多塔湖（Soranno 等，1996）、佛罗里达州奥基乔比湖（Fluck 等，1992）和加拿大盾湖（Nürnberg 和 LaZerte，2004）存在估计的氮和磷的输出系数。后者曾用于预测开发对内部和外部总磷负荷的影响的建模方法中。

产出系数可用于总磷（和氮）（Rast 和 Lee，1978）进入湖泊的合理估计，并且成本相对较低。但应计算不确定度，现场验证将减少这种不确定性。为了使用这种间接负荷估算方法来预测未来发展的影响，必须提供年度水预算，并且最好直接采用确定值。但是使用系数的估算只适用于年度负荷，对于估算内部负荷来说不如季节性预算分析实用。

对于水体附近的规划开发，在水量和营养物预算直接确定后，产出系数则在估算湖泊水质变化方面具有最大价值。尽管直接测量子流域负荷最为可靠，但它没有提供有关土地用途的负荷分布信息。因此，通过使用表3.3或表3.4中的产出系数，以及每个子流域中用于各土地用途的区域的信息，已知的负荷可以在土地用途之间分配。通过这种方式，可以更加可靠地确定特定湖泊未来土地用途的影响（Shuster 等，1986）。Matson 等（1999）根据当地条件校准产出系数，估算了一组马萨诸塞州湖泊的负荷值。使用产出系数存在一个重要预测问题，即由于入流变化导致的不确定性。因为未来的负载是根据校准的产出系数估算的，所以它们不包括改变入流的效果。当估计的负荷叠加在一系列入流可能性上时，较低的入流总磷浓度归因于大流量和较高浓度，这与城市化流域中的预期相反。通常，城市化流域的径流量增加会产生较高的总磷浓度。因此，需要进行一些调整。

3.2.2 湖中治理

湖泊或水库的数据需求比流域（营养物、固体和水流）的数据更加多样化。湖内数据用于描述湖泊的营养状态（质量），有助于理解存在这种营养状态的原因（Peterson 等，1995，1999），并提供有关其修复潜力的线索。所需数据涉及物理、化学和生物变量。

温度分布确定热（密度）分层和混合的程度，这对于理解化学、生物特征的分布非常重要。温度至少以 1m 的间隔确定（图 3.1）。如果水体体积相对较小，则最深处的一个温度分布就能满足要求，但是如果水体体积较

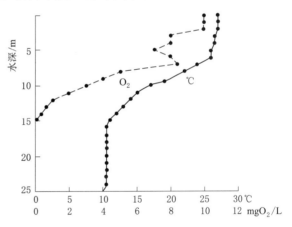

图 3.1　富营养化湖泊夏季热分层过程中的温度分布（实线）和溶解氧曲线（虚线）。

（来源：Cooke, G. D., E. B. Welch, S. A. Petersen, and P. R. Newroth. 1993. *Restoration and Management of Lakes and Reservoirs*, 2nd Edition. Lewis Publishers and CRC Press, Boca Raton, FL.）

大且存在多个流域或河湾，例如在水库中，风和水流会对水柱稳定性产生不同的影响，此时则可能需要更多的温度分布位置。风速和风向可能有助于解释化学、生物学特性的季节性（和昼夜）变化。在浅层常对流湖泊中，水体稳定性的季节性变化尤为重要（Jones 和 Welch，1990）。温度（密度）曲线有助于确定湖中密度对流是否重要，因此可能需要沿

着水库纵向制作几个温度分布曲线。由于密度差异，流入水库的水流通常会插入水库的中间深度，并且可能导致光照区浮游植物无法获取流入的养分。除了完全混合的假设之外，可能还需要一些更复杂的流体动力学建模方法。

用透明度板确定的水透明度是湖泊质量最可靠、最常用和最有意义的指标之一。透明度的深度是比尔定律方程中的路径长度，通过该方程，光随着水中颗粒浓度的函数被散射和吸收。随着浓度的增加，透明度深度呈指数下降。然而，透明度通常与颗粒浓度有关，无论这些颗粒是藻类还是其他悬浮固体。这种测量方法很方便，湖岸居民可以用它来监测湖泊质量。透明度可能比温度更具明显的水平方向变化，特别是如果湖中存在大量漂浮的蓝藻并且由于风的影响分布不均匀。建议在多个地点进行测量，即使是在小型湖泊中也是如此。并且绘制每个采样点的时间透明度。

通过重量分析确定的总固体悬浮物（TSS）可能有所帮助，特别对于流域受到侵蚀的高冲刷水库。通过光散射（比浊法）确定的浊度是固体悬浮物的间接量度，并且可能是有用的信息。如果湖泊、水库入流中存在相当数量的固体携带物，则可预期存在水平方向的浓度梯度，因为水流进入水体后流速变缓，固体物质将发生沉降。不过这些变量对于指示营养状态不如透明度有用。

应确定的化学变量是营养物〔总磷，总氮，可溶性组分 NO_3、NH_4 和可溶性活性磷（SRP）〕、pH、溶解氧（DO）、总溶解固体（电导率）和 ANC（酸中和能力或碱度）。而且生化需氧量（BOD）可能有助于评估溶解氧需求和来源。水深较大时，营养物、pH 和溶解固体应基于多个深度确定，至少在变温层和滞温层各选择 3 个深度。当水柱完全混合时，则不需要采样多个深度。浅水湖泊中的表面样本可能就足够了（Brown 等，1999）。这样做的目的是在计算全湖平均浓度时确保各个水层均有代表。为了检查水平分布的变化，需要在其他地点收集综合（试管）样本。同样，如果湖泊、水库有多个流域、港湾，则需要增加采样点。全湖平均浓度（深度—间隔体积和浓度的乘积之和）或变温层水柱平均值，可用于评估长期变化以及养分预算和模型模拟。夏季几个日期的总磷、可溶性活性磷、溶解氧和温度的剖面图也有助于说明分层和溶解氧耗尽对沉积物磷释放的影响。体积加权的下层滞水层总磷时间曲线可用于计算沉积物释放磷的速率。

溶解氧和温度应以 1m 的间隔确定，尽可能靠近底部采样，以检测沉积物—水界面的溶解氧消耗，特别是在较浅未分层的湖泊中。溶解氧传感器使用方便，可以对不连续深度采样，而不是 0.5m 间隔。溶解氧应通过标准湿化学方法（APHA，2003）对不少于 10% 的采样深度进行校准，包括 DO<1mg/L 的深度，以验证探针测定值。在实验室中可获取满意结果的传感器，在实际水柱深度的应用中也可能出现不可靠值。除微电极传感器外，所有传感器对于 DO<1mg/L 或梯度变化剧烈处（例如沉积物—水界面或代谢边界）都不可靠（Wetzel 和 Likens，1991）。垂直温度—溶解氧数据应绘制在深度—时间图上，将多个采样日期代表值的等值线绘在一起，不可每个日期单独成图，这样可以表现分层的周期和在光照过饱和区域和（或）滞温层的溶解氧损失。

对于温带水域，建议 5—9 月期间的采样频率为每月两次，其他月份每月采样一次。夏季按月采样可能完全错过水华期，导致低估营养状态指数。建议营养物估计也采用每月两次的采样频率。ANC 和生化需氧量不需要经常或在多个站点进行采样。ANC 没有明显变化，

但用其计算的 CO_2，随 pH 值变化，且对光合作用、呼吸作用的昼夜循环和明矾剂量（第 8 章）响应明显。溶解氧通常与 pH 值相关，与 CO_2 相反。这些变量会影响养分循环和蓝藻浮力（第 19 章），并且影响营养状态。除高度富营养化的湖泊外，生化需氧量通常不会显著变化，而且它与下层滞温层溶解氧数据决定的缺氧率（AHOD，第 18 章）更相关。

　　来自最深处的沉积岩芯可用于确定富营养化的年代表、磷的特征、磷在沉积物中的释放速率和明矾的剂量（第 8 章）。稳定或放射性铅浓度的垂直变化可用于确定核心深度的时间，提供有关磷和有机负荷历史的参考。图 3.2 的示例显示稳定铅在约 20cm（大约 1930 年；含铅汽油使用的开始）处增加，并在 1972 年左右再次减少（开始使用无铅汽油）。在这种情况下，可以确定两种沉积速率。通常会出现异常值，例如 15cm 处。在估算沉积速率时，无法解释该值，一般忽略。年表也可能并不清晰。

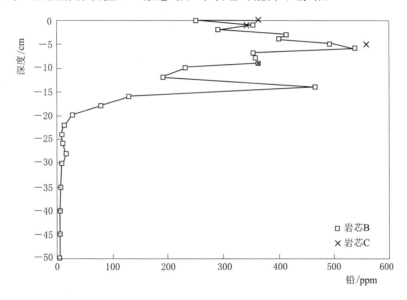

图 3.2　来自华盛顿银湖深水站（15.5m）的两个岩芯的稳定铅含量。
（来源：Cooke，G. D.，E. B. Welch，S. A. Petersen，and P. R. Newroth. 1993.
Restoration and Management of Lakes and Reservoirs，2nd Edition.
Lewis Publishers and CRC Press，Boca Raton，FL.）

　　人们经常会问："湖泊质量是恢复到较早的状态还是质量一直很差，只是在改善?"沉积岩芯数据的历史年表可以回答这个问题，它提供了沉淀速率、生产力、营养物负荷和浮游生物种类随时间的变化作为证据。一些具体的指标包括藻类色素、摇蚊头鞘和磷含量（Wetzel，1983；Welch，1989）。总叶绿素、蓝藻叶黄素（蓝藻细菌）、硅藻推断的总磷和叶绿素 a 显示了佛罗里达州海恩斯湖的富营养化年代表，其中的时间由铅-210 确定（Whitmore 和 Riedinger-Whitmore，2004）。花粉分析也可用于建立历史标记，尽管它不能表示湖泊营养状态。

　　为了测量磷的释放速率，沉积岩芯可以在恒温和有氧或缺氧条件下培养。这些值与湖中发生的情况相当。还可以对沉积岩芯进行切片并确定磷的组分，例如松散结合的磷、铁结合的磷、铝结合的磷和有机磷，这可以深入了解沉积物中磷循环过程和修复前景

（Boström 等，1982；Psenner 等，1988）。可以使用实验室中测定的沉积物释放速率，结合观察到的滞温层磷增加速率，来表征构建磷模拟或校准质量平衡模型的内部负荷。

常规的生物学变量包括浮游植物、浮游动物、水生植物（如果存在），以及某些情况下存在的底栖无脊椎动物和鱼类。用于浮游植物分析的水样应从变温层 2～3 个深度中收集，并用复方碘溶液保存。来自温跃层甚至滞温层的样本可能与变温层有不同的种群，应该检查这种可能性。可以简单地计算浮游植物或确定它们的分类生物量。分类学分离可通过物种或属实现，后者足以将生物体分离成硅藻、绿藻和蓝藻和（或）确定多样性。

叶绿素 a 是估计浮游植物生物量的常规指标，并且比生物体积更常用于指示营养状态。尽管它依赖于（每单位细胞）营养状况、光照和物种组成，但它是一个可靠的指标。对于上述变量，细胞叶绿素含量可根据一两个或多个因素变化。根据采样时间绘制数据、地点、时间图是一种较好的展示方法。通常对显示蓝藻的时间、地点和数量比较有用。

浮游动物可以通过以下几种方式采样：通过网孔大小适中的过滤水瓶（例如，Van Dorn 型过滤水瓶）在不同深度采样，通过水柱的全部或部分（关闭网）垂直网拖拉，或使用 Clarke - Bumpus 采样器在特定深度间隔进行水平拖曳。Schindler - Patalas 桶技术也很实用。分类学分离可能比较粗糙（水藻类、桡足类等），或通过种或属分类，但至少按属分类是可取的。一个有用的分离显示是大型水蚤的丰度（No./m³），因为它相对于较小的种类来说是重要的食草动物。

水生植物的分布可通过以下几种方法确定：卫星图像、深度间隔、分层、生物量的随机设计取样（干重 g/m²）。后者最适合确定全湖和特定物种的生物量，但也是最昂贵和最耗时的。对于植物的面积干重，可通过水肺（SCUBA）使用一个设备来划定一个单位面积来方便地收集。样本大小可以根据各深度区间内植物种类变异性的已知数据来确定。也可以使用水肺从沿岸到深水区的随机横断面收集样品，或者沿着这样的横断面采用较少的定量方法。每年一次样品采集是表征水生植物作物所必需的。每个植物区（挺水、浮叶和沉水植物区）的年平均生物量可通过每个区域中最大生物量的测量来预测，每年通过上述样本采集技术之一确定一次（Canfield 等，1990）。显示与湖泊深度相关的丰度以及能见度深度的地图，是一种有用的展现方法。水生植物群落的植物区系质量与生态区域和湖泊类型的差异有关（Nichols，1999）。卫星图像对于监测长期趋势可能更具成本效益，但通常达不到评估可用于计算营养平衡的特定生物量水平。

本文关于采样、分析技术和数据显示的讨论比较浅显，读者可参考 Wetzel 和 Likens（1991）、标准方法（APHA，2003）、Golterman（1969）、Edmondson 和 Winberg（1971）、Vollenweider（1969a）的文章。

3.2.3　数据评估

湖泊管理评估通常需要一个可充分预测湖泊、水库中磷的模型。磷的质量平衡模型基于化学工程中常用的连续搅拌釜反应器（CSTR）的动力学（Reckhow 和 Chapra，1983）。通过在该反应器中连续混合体积，保持该体积恒定，使用水率等于出水率，以质量/时间为单位，则以下质量平衡方程成立，即

$$\frac{\mathrm{d}CV}{\mathrm{d}t} = C_i Q - CQ + KCV \tag{3.6}$$

式中 C——反应器中物质的浓度；

  C_i——流入浓度；

  Q——流速；

  V——反应器体积；

  K——反应速率系数。

假设 K 代表一阶消耗反应（下降速率取决于浓度），并且两侧除以 V，那么 $Q/V = \rho$（冲刷速率，单位 L/t），则等式变为

$$\frac{dC}{dt} = \rho C_i - \rho C + KC \tag{3.7}$$

稳定状态时，等式变为

$$C = \frac{C_i}{1 + K/\rho} = \frac{C_i}{\rho + K} \tag{3.8}$$

式（3.8）本质上等同于 Vollenweider(1969b) 提出的湖泊总磷质量守恒方程，即

$$\frac{dTP}{dt} = \frac{L}{\bar{z}} - \rho TP - \sigma TP \tag{3.9}$$

式中 L——单位面积总磷负荷，mg/（m² · 年）$[L/\bar{z} = \rho C_i$，C_i 为等式（3.7）、式（3.8）的数值$]$；

  $\bar{z}$——平均深度，m；

  ρ——冲刷速率，1/年。

稳定状态方程为

$$TP = \frac{L}{\bar{z}(\rho + \sigma)} \tag{3.10}$$

式（3.10）等同于式（3.8），因为 $L/\bar{z} = \rho TP_i$。

根据式（3.9），进入湖泊的每个新的总磷浓度，一部分通过出口流出，一部分沉积到湖底，随后立即在整个湖泊中混合产生新的浓度，上述二者都是新产生的变化较小的浓度的函数。根据式（3.10），从长远来看，湖泊将平衡给定的负荷。如果负荷发生改变，则需要一定的时间来平衡新的负荷。假设按一级速率反应，达到 50%（100/50）和 90%（100/10）平衡的时间长度分别为

$$t_{50} = \frac{\ln 2}{\rho + \sigma} \tag{3.11}$$

$$t_{90} = \frac{\ln 10}{\rho + \sigma}$$

这些模型的主要限制是确定沉降速率系数。所有其他变量可以直接确定。因此，对于具有已知负荷、平均年总磷浓度和冲洗速率的湖泊，可以根据式（3.10）估算，即

$$\sigma = \frac{L}{TP\bar{z}} - \rho \tag{3.12}$$

但是，为了开发适用于大量湖泊的模型，可以采用一些估算沉积的一般方法。比如使用无量纲的保留系数 RTP（Vollenweider 和 Dillon，1974；Dillon 和 Rigler，1974a），它

可以根据式（3.10）将分子和分母乘以 ρ 导出（Ahlgrenet 等，1988）

$$TP = \frac{L}{\rho \bar{z}} \cdot \frac{\rho}{\rho + \sigma} \tag{3.13}$$

$L/(\rho \bar{z})$ 是入流浓度，$\rho/(\rho + \sigma)$ 是无量纲简化项，等于 TP 的保留系数（$1 - R_{TP}$）。因此，有

$$R_{TP} = 1 - \frac{\rho}{\rho + \sigma} = \frac{\sigma}{\sigma + \rho} \tag{3.14}$$

估计 σ 仍然存在困难，但 Vollenweider（1976）发现 σ 可以近似为 $10/\bar{z}$，其中 10 的单位为 m/年的量纲，可以视为总磷的表观沉降速度。如果式（3.13）中的分子和分母乘以 $\bar{z}$，且将 $10/\bar{z}$ 代入 σ，则变为

$$R_{TP} = \frac{10}{\rho \bar{z} + 10} \tag{3.15}$$

在许多公式中，表面水力负荷指定为 q_s，单位为 m/年，则滞留系数为

$$R_{TP} = \frac{v}{q_s + v} \tag{3.16}$$

其中 v 是沉降速度。文献中存在几种 v 的估计值，例如，Chapra(1975) 的 16m/年，其他情况见 Nürnberg(1984)。

确定单个湖泊的 R_{TP} 也可以根据

$$R_{TP} = 1 - \frac{TP}{TP_i} \tag{3.17}$$

其中 TP_i 是总磷流入浓度，假设 TP 等于总磷流出浓度，则 TP 是湖泊总磷浓度。从式（3.13）和式（3.14）可以清楚发现（Vollenweider 和 Dillon，1974）

$$TP = \frac{L(1 - R_{TP})}{\bar{z} \rho} \tag{3.18}$$

R_{TP} 与几种经验公式中的水力变量有关，其中之一是 $1/(1+0.5)$（Larsen 和 Mercier，1976；Vollenweider，1976）。根据这个以及其他类似的关系［式（3.16）］，R_{TP} 随着冲刷率的增加而降低。R_{TP} 冲刷速率关系可能随负荷变化而相对恒定（Edmondson 和 Lehman，1981），或随负荷变化而变化（Kennedy，1999）。稳态方程式（3.10）有几种形式是基于 R_{TP} 冲刷速率关系成立的。使用 $TP_i = L/(\bar{z} \rho)$ 进行简化，则 3 个方程依次为

$$TP = TP_i(1 - R_{TP}) = \frac{TP_i}{1 + \dfrac{1}{\rho^{0.5}}} = \frac{L}{\bar{z}(\rho + \rho^{0.5})} \tag{3.19}$$

冲刷率与 R_{TP} 之间的负相关关系是合乎逻辑的。也就是说，随着冲刷速率增加，总磷沉降的时间减少，因此 R_{TP} 相应地减少。看似相反的是，沉降速率系数与冲刷速率正相关（$\sigma = \rho^{0.5}$）。但是，要计算实际沉积量（即沉积物的通量率），R_{TP} 必须乘以 L，而 σ 必须乘以湖泊总磷。因此，显而易见的是，如果 L 保持恒定，则增加冲刷速率将产生越来越小的 TP_i。结果，σ 必须增加，以便使沉积物的通量率不会迅速降低。Ahlgren 等（1988）修正了 Canfield 和 Bachmann（1981）发现的 σ 与冲刷率和 TP_i 之间的关系，即

$$\sigma = 0.129(TP_i \rho)^{0.549} \tag{3.20}$$

式（3.18）所示的稳态质量平衡模型已经在大量湖泊得到了验证（Chapra 和 Reckhow，1979）。这表明沉积项的一般形式是合理的，尽管预测任何给定湖泊中总磷含量的误差可能非常大（约±50μg/L）。

如果内部负荷十分重要，例如在有氧或缺氧湖泊中的情况，那么可能需要修改模型以考虑这两种来源。Nürnberg（1984）建立了以下模型来计算内部负荷（L_{int}），即

$$TP = TP_i(1 - R_{pred}) + \frac{L_{imt}}{z\rho} \tag{3.21}$$

在 54 个有氧湖泊中，式（3.21）中 R_{pred} 的计算公式为

$$R_{pred} = \frac{15}{18 + \overline{z\rho}} \tag{3.22}$$

内部荷载也可以添加到式（3.18）和式（3.19）。然而，在这些模型的建立过程中，没有尝试单独处理有氧和缺氧湖泊。

将观测到的总磷值代入含 L_{int} 的式（3.21），可以对特定分层缺氧湖的 Nürnberg 模型进行校准。然后可以将 L_{int} 与所讨论的湖泊、水库内部负荷的其他估计值进行比较，例如根据实验室中培养的沉积岩芯确定的沉积物磷释放速率，或通过观察得到的滞温层磷浓度的增加速率。这两种估算缺氧湖泊内部负荷的方法具有良好的一致性（Nürnberg，1987）。缺氧沉积岩芯中的沉积物释放速率也与沉积物中岩石围绕的磷（BD-P）直接相关（Nürnberg，1988）。根据缺氧释放速率和缺氧因子可以估计湖泊内部负荷（Nürnberg 和 LaZerte，2004）。这些不同的特定湖泊内部负荷估算值之间的良好一致性，表明该模型在该湖泊得到了验证。如果一致性不佳，则可能存在沉降估算误差，必须采用不同的建模方法。如果湖泊与其外部负荷不平衡，一致性可能会很差。

即使特定稳态模型的验证令人满意，使用稳态模型也会遇到问题。首先，当湖泊平均总磷代表稳定状态时，通常难以确定恰当的时间间隔（最常见的为年度），特别是在冲刷率远大于 1/年的情况下。其次，内部负荷通常发生在夏季，此时内部负荷对生长季节总磷和生物量的贡献远大于外部负荷，特别是在湖泊未分层并且外部负荷主要发生在非生长期（例如，太平洋西北地区的冬季）的情况下。通过校准和验证式（3.9）的瞬态形式（包括 L_{int}）可以避免这些问题，即

$$\frac{dTP}{dt} = \frac{L_{ext}}{z} - \rho TP - \sigma TP + \frac{L_{int}}{z} \tag{3.23}$$

由于沉降是式（3.23）中各时间步长总磷浓度的函数，总磷浓度由 L_{ext} 和 L_{int} 共同产生，因为 L_{int} 为总速率。在这种情况下，式（3.10）中的分子应是 $L_{ext}+L_{int}$。

瞬态模型通常不需要更多数据，因为如上所述，总磷负荷和湖泊浓度数据每月至少收集两次。使用稳态方法，数据通常被简化为年平均值（或与 ρ 一致的某个间隔），而总磷可以采用瞬态模型根据每个时间间隔计算。即使获得的数据不那么频繁，在建模过程中仍优选每周时间步长以获得更实际的平滑曲线。该模型可以通过确定沉降速率系数来校正，该沉降速率系数可使预测和观察到的有氧时期总磷之间的最佳拟合。Larsen 等（1979）多年来一直将相同的 σ 应用于明尼苏达州沙加瓦湖，效果显著。然而，该模型只有在允许

σ 随着冲刷速率函数变化而变化时，才可年年在华盛顿州瑟马米什湖中得到验证，即 $\sigma =$ ρ^x，其中 $0 < x < 1$（Shuster 等，1986；Welch 等，1986）。这类似于式（3.19），其中 x $= 0.5$。如果沉降率较低则可能需要公式如 $\sigma = y\rho^x$。其中 $y < 1$，因为在之前的公式中 x 接近零，无论冲刷速率如何，沉降速率都保持在 1.0 左右。

分层湖泊的瞬态模型即使可以验证全湖总磷，也可能存在问题。叶绿素 a 和透明度通常被定义为决定营养状态和湖泊质量的生物和物理因素，它们是生产区总磷（即变温层）而不是全湖总磷的函数。通常，变温层总磷在分层期间下降，而滞温层总磷增加。因此必须对变温层和滞温层进行分别建模，并考虑两层之间的扩散，以解释总磷的交换，或者必须根据该值与全湖总磷之间的关系来估计平均变温层总磷。后一种方法可能满足要求，因为叶绿素 a、总磷和透明度之间的关系通常基于夏季的方法而得，而夏季的方法最常用于管理目的（Shuster 等，1986）。

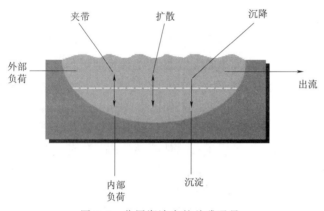

图 3.3　分层湖泊中的总磷通量。
（来源：Perkins, W. W. 1995. *Lake Sammamish Phosphorus Model*. King County Surface Water Manage., Seattle, WA.）

对于分层湖泊，使用双层质量平衡总磷模型比较常见。上文所述的瑟马米什湖早期总磷建模工作不足以将城市径流的影响与内部负荷分开。Auer 等的模型（1997）是为奥内达加湖开发的，后来应用于瑟马米什湖（Perkins 等，1997）。虽然来自缺氧沉积物的内部负荷占绝大部分年度，特别是夏季总负荷，但是通过夹带和扩散进入藻类生产过程中滞温层的磷的可用性远不如外部负荷那么重要。双层模型基于图 3.3 中所示的传输。在判断湖内处理技术的可能成本效益时，定量估算内部负荷可用性的大小已变得非常重要。

可通过有定性的程序表明内部负荷有效性在分层湖泊中的重要性。奥斯古德混合指数（Osgood，1988）是与风影响程度相关的湖泊体积指标。随着比例降低，滞温层与变温层混合的机会增加。根据明尼苏达州中部 96 个湖泊的数据，$OI < 6 \sim 7$ 的湖泊，夏季地表水总磷超过了外部负荷预测的浓度。所有这些湖泊都是连续混合、年内多次混合或弱分层的湖泊。$OI > 8$ 的双季混合湖与夏季地表水总磷浓度的分层度较强，总磷浓度与外部负荷预测的值一致。

该指数适用于某些分层湖泊，但不适用于其他湖泊。在风力混合有效的情况下，低 OI_s 值与滞温层的磷向地表水的大量输送是一致的。夏嘎瓦湖就是一个很好的例子。东部盆地比西部盆地（$OI = 3.6$）更小且更挡风，并且显示更少的垂直输运（第 4 章；Larsen 等，1981；Stauffer 和 Lee，1973；Stauffer 和 Armstrong，1984）。此外，在密歇根州的三姐湖（Lehman 和 Naumoski，1986）中，没有输运与高 OI（36.7）一致。但在其他情况下，OI 是不可靠的。在风力混合不太重要且由于变温层与温跃层之间的总磷浓度梯度较大而导致扩散占主导地位的情况下，尽管 OI 较高（$OI=26$；都拉湖，Mataraza 和 Cooke，1998），磷的输运仍可能十分显著。麦克唐纳湖的情况也同样如此，它是面积小（$7.2hm^2$），相对较深（平均深度 7m），OI 和都拉湖一样，也是 26 的湖，多勒湖也一样，面积是 $2hm^2$，平均深度 3.9m。在麦克唐纳湖和多勒湖的分层期间，滞温层 Z_{max} 的总磷分别达到约 $800\mu g/L$ 和超过 $1000\mu g/L$，尽管水柱热稳定是持续状态，但夏季表面总磷（$0\sim2m$）与滞温层总磷（平均

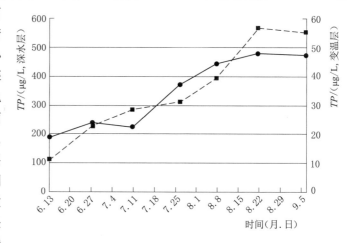

图 3.4　华盛顿州麦克唐纳湖变温层和滞温层的总磷浓度。

深度 9m 和 13m）成比例增加（图 3.4）。表面叶绿素 a 也从 6 月中旬的约 $6\mu g/L$ 增加到 8 月中旬的 $32\mu g/L$，而总磷从 $12\mu g/L$ 增加到 $56\mu g/L$。Nürnberg（1985）计算了梅戈格湖（$OI=4.4$）通过涡流扩散到变温层的磷输运，相当于滞温层总内部负荷的 30%，并引用了另外 3 个例子，范围为 $50\%\sim100\%$。相比之下，瑟马米什湖（$OI=3.9$）和奥内达加湖（$OI=3.15$）的变温层总磷在夏季保持相当稳定，直到秋季更替来临，尽管滞温层总磷一直在增加。这些数据可用于指示内部负荷的可用性及其对湖泊营养状态的影响。鉴于在滞温层，磷可以通过在低 OI 的湖泊中的风混合，或在较高浓度梯度上扩散，从而有效地输运到变温层，因此内部负荷可能影响大多数分层湖泊中的营养状态。第 8 章中用明矾处理的湖泊证明了这一点。

　　通常将内部负载结合到双层总磷模型中是直接的方法，因为在缺氧期间沉积物释放通常相当恒定。也就是说，滞温层总磷的增加通常与时间呈线性关系。在缺氧条件下培养的沉积岩芯的速率与来自滞温层总磷时间曲线的沉积岩芯相当（Nürnberg，1987）。然而，Penn 等（2000）观察了奥内达加湖岩芯释放的季节性变化。虽然分层湖泊中的磷释放速率可能并非总是仅依赖于铁氧化还原反应（Gächter 和 Meyer，1993；Gächter 和 Müller，2003；Golterman，2001；Søndergaard 等，2002），每年之间的释放模式通常是一致的，可以合理地模拟给定的湖泊。铁循环通常控制分层缺氧湖泊中的沉积物磷释放，如缺氧岩芯中沉积物磷释放率与沉积物中 Fe-P（作为 BD-P，表示提取试剂）部分之间的强相关性所示（Nürnberg，1988）。由滞温层总磷增加决定的释放率在瑟马米什湖中逐年变化（图 3.5），尽管缺氧面积（<1mg/L DO）保持相对稳定。然而，大多数年份的后转移率相似，允许使用平均值进行长期模拟（Perkins 等，1997）。然而，在确定湖内控制的有效性特别是低温曝气时，机制则变得很重要（第 18 章）。

　　因为几种机制可能同时作用，模拟浅层常对流湖泊的内部负荷比分层湖泊更难，沉积物磷释放的模式在每年之间可能不同。此外，水生植物衰老和（或）水生植物基床的缺氧条件可为沉积物—水交换过程提供额外的来源（Frodge 等，1990；Stephen 等，1997）。水

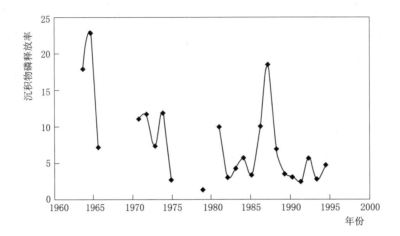

图 3.5　华盛顿瑟马米什湖沉积物磷释放率。

（来源：Perkins, W. W. 1995. *Lake Sammamish Phosphorus Model*.
King County Surface Water Manage., Seattle, WA.）

生植物也可以减少再悬浮，从而减少内部负荷（Welch 等，1994；Christiansen 等，1997）。
然而，在浅湖中藻类不存在磷可用性问题，因为在光照区域很容易获得从沉积物进入水柱
的磷。浅湖中的内部负荷可以通过以下任一或所有过程发生（Boström 等，1982；Welch
和 Cooke，1995；Søndergaard 等，1999）：

（1）光合作用导致的高 pH 溶解铝、铁结合的磷。

（2）在平静、暂时分层的条件下，风促使夹带从缺氧沉积物中释放的可溶性磷。

（3）温度驱动的微生物代谢有机磷矿化。

（4）可溶性磷从细菌细胞释放或通过沉积物中藻类细胞排出的有机磷代谢。

（5）通过高 pH 增强的高颗粒—水浓度梯度，从风引起的重悬浮颗粒中可溶性磷
解吸。

（6）水生植物衰老和生物扰动（例如底栖鱼类活动）。

其中一些过程可能同时发生，其年内和年间变化可能很大。大部分变化是由于风速变
化及其对水柱稳定性和沉积物再悬浮的影响。例如，在华盛顿州摩西湖的磷中，内部净负
荷每年以±100％的速度变化，并且在 12 年内与 RTRM（混合的相对热阻）密切相关
（Jones 和 Welch，1990）。风引起的混合是几个大型浅湖中再悬浮和总磷的良好预报器
（Søndergaard，1988；Kristensen 等，1992；Koncsos 和 Somlyody，1994）。高 pH 可以增
强再悬浮颗粒对磷的解吸（Lijklema，1980；Koski－Vähälä 和 Hartikainen，2001；Duras
和 Hejzlar，2001；Van Hullebusch 等，2003）。光合作用导致的高 pH 显然是造成俄勒冈
州上克拉马斯湖较大（270km²）、较浅（2m 平均深度）的高内部负荷的主要因素（图
3.6）。总磷与计算的颗粒再悬浮无关，而可能是由于 pH 对藻类生物量的依赖性（Welch
等，2004；Kann 和 Smith，1999）。由于内部载荷的时间和幅度逐年变化，用于瑟马米什
湖和其他分层湖泊的与时间无关的恒定内部负荷率，不能用于较浅的上克拉马斯湖非稳态
质量平衡总磷模型。

有几种方法可以解决个别湖泊总磷预测的不确定性。例如，在使用式（3.23）预测由于瑟马米什湖流域开发增加导致的总磷浓度时，通过选择土地利用产出系数的范围以及主要流入河流 5% 和 95% 的流量概率来涵盖不确定性（Shuster 等，1986）。总磷沉降是 ρ 的函数，并且增加、减少的流量分别导致估算的总磷负荷的稀释、浓缩。预测 $31\mu g/L$ 总磷，与发展有 $\pm 10\%$ 的误差，由于土地用途产量和流量误差 $\pm 20\%$。负荷的逐年变化大部分是由地表入流造成的。

另一种方法是基于产出系数的高、低和最可能的负荷估计，使用

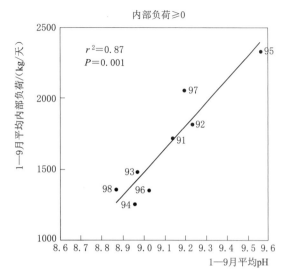

图 3.6 俄勒冈州上克拉马斯湖的净内部磷负荷与 pH。（来源：J. Kann，Aquatic Ecosystem Sci.，Ashland，OR 97520，个人交流。）

一阶误差分析来计算负荷以及总磷预测的不确定性（Reckhow 和 Chapra，1983）。对于式（3.22）类型的模型，Reckhow 和 Chapra（1983）确定误差为 $\pm 30\%$，该误差增加了负荷的不确定性。通过对这些不确定性求和，可以计算总磷单个模型估计的置信区间。为了评估总磷的微小变化，根据负荷相对较小的变化进行预测，可以将不确定性应用于总磷浓度变化，而不是如前所述的开始浓度和结束浓度。

上述质量平衡模型不能预测湖泊总磷对输入减少的长期响应（第 4 章）。如果湖泊还未达到新的减少负荷的平衡，则可能导致低估湖泊总磷（Havens 和 James，1997）。引入沉积物磷质量平衡可以预测长期响应（Chapra 和 Canale，1991；Pollman，个人交流；Walker，个人交流）。但是，这种预测尚未得到证实。

描述湖泊质量和营养状态的标准是存在的。它们包括作为原因的营养物浓度和负荷率，以及作为影响的物理和生物指标，如上文所述。数字指标可以精确定义湖泊的质量或分类。指标可用于准确描述湖泊富营养化的程度，并且判断该湖泊是否适合娱乐或供水使用。

文献中有很多对分类营养状态和湖泊质量的指标。Porcella 等（1980）列出了 30 个不同来源的营养状态标准，另外还有其他来源。此外，湖泊质量的目标可能存在冲突。超低营养湖泊在美学上有令人愉悦的清澈的蓝色湖水，但通常也伴随着低鱼产量（但不一定是体型较小的）。可能需要在更有利于鱼类生产（中、中富营养化，甚至富营养化）的湖泊质量与偏好游泳、划船和美学的湖泊质量之间做出妥协。然而，对于变温层温度超过最适于冷水鱼类生存温度的湖泊，适合渔业和娱乐用途的营养状态标准之间可能没有什么差别。

最常见的用于定义营养状态和湖泊质量的生物变量是叶绿素 a，并且叶绿素 a 和总磷之间存在一些经验关系（Ahlgren 等，1988；Downing 和 McCauley，1992；Jones 等，1998；Seip 等，2000）。可能最常用的是 Dillon 和 Rigler（1974b）以及 Jones 和 Bachmann（1976）的观点，它们分别是

$$\lg chl\ a = 1.449\lg TP - 1.136 \tag{3.24}$$

$$\lg chl\ a = 1.46\lg TP - 1.09 \tag{3.25}$$

Dillon 和 Rigler 数据集包含来自循环的总磷值和夏季平均叶绿素 a，而 Jones 和 Bach-mann 数据集测由两个变量的夏季均值组成。尽管数据平均时间不同，但方程式非常接近。Ahlgren 等（1988）比较了 7 种不同的 $TP - chl\ a$ 关系，得出了广泛的预测。预测的一些可变性是由于光和营养之类的因素引起的细胞叶绿素 a 的变化（干重的 0.5%～2%），但是一些测得的总磷可能不在细胞中。这可以解释叶绿素 a 与总磷的比率以及因此回归线的斜率可以预期在 1.0 和 0.5 之间变化。一些关系的斜率低于 0.5，可能是因为测得的非细胞磷很高。如果大型水蚤丰富，浮游动物食草也会降低叶绿素 a 与总磷比例，从而提高相对于总磷的透明度（例如华盛顿湖，第 4 章）（Lathrop 等，1999）。

因为大多数使用大型数据集的总磷—叶绿素 a 关系通常是 log—log 关系，所以单个湖泊的预测准确性并不高。例如，使用式（3.24），叶绿素 a 浓度为 5.6μg/L（10μg/L 总磷）的预测误差分别为±60%～170% 和 30%～40%，置信度分别为 95% 和 50%。总磷和叶绿素 a 之间的高相关系数倾向于掩盖准确性问题，这可能由于细胞叶绿素 a、浮游动物食草的湖泊间和季节变化（第 9 章）以及其他限制因素，如光和氮（Ahlgren 等，1988；Jones 等，2003）。在数据充足的情况下，建议为感兴趣的单个湖泊建立一种关系，提供更高的预测准确度（Smith 和 Shapiro，1981）。但是，数据可能不足以建立可靠的关系，因此，最好是与单个湖泊数据达成最佳协议的已发布关系。

叶绿素 a 和总磷的夏季均值最常用于定义湖泊营养状态，因此在整个非生长季节进行密集采样来确定营养状态是不合理的。虽然冬季和春季入流量较大时总磷可能较高，但夏季平均值代表沉积后的残留量，因此应与藻类生物量中的磷最密切相关。

Carlson（1977）使用 $TP—chl\ a$ 关系提出了用数值表示的营养状态指数（TSI）。这可能是最常用的指数，包括 3 个变量：TP、$chl\ a$ 和塞氏透明度。Carlson 的 TSI 和 Por-cella（1980）的湖泊评价指标（LEI）（Porcella 等，1980）将湖泊营养状态简化为一个或多个数字，试图消除贫营养、中营养和富营养等术语固有的主观性。相反，他们强调每个分类中的富营养化程度。将湖泊划分为富营养化湖泊包含了广泛的湖泊条件，并且该术语本身没有指定富营养化的程度，尽管在湖泊质量的沟通中使用这些术语仍然十分必要。

Carlson 的营养状态指数（和湖泊评价指标）采用了叶绿素 a、总磷和透明度的绝对值，相对且仅限于使用特定数据集的指数形式，这种方式适用于任何湖泊（具有最小非藻类浊度）。先将这些数据取 2 的对数，然后在 0～100 的范围内将这 3 个指数相互关联，得出两倍总磷与减少一半的透明度相关。表 3.5 显示了根据以下营养状态指数方程计算的总磷、叶绿素 a 和透明度的代表值，即

$$TSI = 10(6 - \log_2 SD) \tag{3.26}$$

$$TSI = 10(6 - \log_2 7.7/chl\ a^{0.68}) \tag{3.27}$$

$$TSI = 10(6 - \log_2 48/TP) \tag{3.28}$$

表 3.5　　　　　　　　　　　营养状态指数（*TSI*）及其相关参数

营养状态指数	透明度板/m	表面磷/(mg/m³)	表面叶绿素/(mg/m³)
0	64	0.75	0.04
10	32	1.5	0.12
20	16	3	0.12
30	8	6	0.94
40	4	12	2.6
50	2	24	7.3
60	1	48	20
70	0.5	96	56
80	0.25	192	154
90	0.12	384	427
100	0.062	768	1183

来源：经许可引自 Carlson，R.E. 1977. *Limnol. Oceanogr.* 22：361-368.

如果式（3.28）中的总磷采用年平均值，那么将使用 64.9 而不是 48 作为分子。注意，透明度的最大变化发生在叶绿素浓度约低于 $30\mu g/L$ 时。如果高于 $30\mu g/L$，随着叶绿素 a 的增加，透明度变化相对较小。因此，必须从高度富营养化的湖泊中消除过多的总磷，从而良好地提升透明度，而中度富营养化或中营养湖泊则不同。例如，40～50 之间的范围通常与中营养有关。在 40～50 之间，总磷浓度增加一倍，透明度减半（营养状态指数为 40 时为 4m，营养状态指数为 50 时为 2m），这对湖泊使用者来说是一个明显的变化，如会出现蓝藻水华和缺氧等。如果营养状态指数为 70 的磷限制湖泊提出的管理策略只会将浓度减半，那么湖泊使用者可能不会注意到透明度的小幅（0.5m）改善（表3.5）。

Carlson 指数已被滥用，特别是在非藻类浊度较高或水生植物种群广泛的湖泊中。将采样船放在不含水生植物的水上并根据总磷、叶绿素 a 和透明度的水柱值测量营养状态是毫无意义的。从这些测量结果来看，湖泊可归类为贫营养型，而任何看到湖泊的人都会认为它具有高度富营养性，并且由于大量植物覆盖而无法使用（Bachmann 等，2001）。另一个问题经常发生在水库中，其中透明度主要由非藻类浊度或颜色决定（Lind，1986）。在这种情况下，非藻类浊度的影响可以通过比较 3 个变量中每一个变量计算得到营养状态指数来确定（Havens，2000）。

使用营养状态指数也可以了解营养限制。如果总磷、叶绿素 a 和透明度的营养状态指数值几乎相同，则证明藻类生物量是磷限制的，且叶绿素 a 是透明度的主要决定因素。但是假设叶绿素 a 营养状态指数比总磷营养状态指数小得多（即贫营养），这表明藻类生物量受到其他因素的限制，例如浮游动物食草或氮限制。

Canfield 等（1983）提出了一个主要由水生植物覆盖的湖泊分类指数。确定沉水植物的总生物量，然后通过组织分析确定其磷含量，再乘以每个物种的总生物量估计值。所有物种的总和给出了与水生植物相关的磷量。然后将水的磷含量（全湖平均值）加入到水生植物的磷含量中，得到总的全湖平均值，然后将其用于 Carlson 指数。Canfield 等研究发现，当水生植物小于全湖总磷的 25% 时，则它们对营养状态影响不大，平均水生植物生物量小于干重 $1g/m^2$。

湖泊评估指数包括透明度、总磷、总氮、叶绿素 a、溶解氧和水生植物（Porcella 等，1980）。如果磷是限制性的，水柱 Carlson 营养状态指数与湖泊评估指数基本相同，但湖泊评估指数的优势在于如果氮是限制性的，和（或）如果溶解氧是重要的，无论在分层还是不分层湖泊，水生植物都是丰富的。Walker（1980，1984）指出，一些湖泊和许多水库可能在几个方面偏离 Carlson 的方程，可能是由于氮限制或非藻类浊度。Walker（1984）建立了一种二维分类系统，该系统可能优于 Carlson 水库指数。顾问、管理者必须为相关的湖泊、水库选择合适的指数。

基于概率描述湖泊营养状态可能更为现实（OECD，1982；Chapra 和 Reckhow，1979）。该方法表明营养状态标准存在高度不确定性。例如，从 OECD 模型来看，年平均总磷值为 $40\mu g/L$ 时，有 38% 的可能性表现出营养不良，56% 的可能性是中度营养，6% 的可能性是贫营养。使用该模型，普遍接受的 $25\mu g/L$ 营养正常的总磷阈值，代表了很大概率成为中营养型的湖泊，但也具有低营养或富营养的同等机会。OECD 模型的中富营养化阈值则代表可能成为富营养或中营养型湖泊，即总磷浓度接近 $50\mu g/L$。尽管现实存在营养状态的重叠和不确定性，但是从娱乐和供水的角度来看，$50\mu g/L$ 的阈值表示过于退化的条件，不能解释为中营养。这表示在普遍接受的富营养化阈值中叶绿素 a 增加一倍以上（Porcella 等，1980；Nürnberg，1996）。Carlson 提出中等营养的营养状态指数为 $40\sim50$；$50\mu g/L$ 总磷的营养状态指数为 60。Rast 和 Holland（1988）显然已认识到这个问题，探明建议使用 OECD 模型，将 $35\mu g/L$ 作为中—富营养阈值。尽管如此，最常用的标准是 $25\mu g/L$ 的中—富营养阈值（Nürnberg，1996）。

总氮很少被用作营养状态指标。除了特别的情况（例如，塔霍湖，Goldman，1981），使用总氮作为指标通常只适用于高度富营养化的湖泊，在这些湖泊中，氮的可用性可以控制生产力。Smith（1982）提出了总磷—总氮—叶绿素 a 预测方程为

$$\lg chl\ a = 0.6531 \lg TP + 0.548 \lg TN - 1.517 \tag{3.29}$$

式（3.29）在高度富营养化系统中可能比单独的总磷—叶绿素 a 关系更有用。例如，它预测华盛顿州摩西湖的浓度为 $(21\pm9)\mu g/L$，而仅基于总磷的式（3.25），预测值为 $(50\pm23)\mu g/L$。在该氮限制湖中观察到的叶绿素 a 值为 $(23\pm11)\mu g/L$。一旦平均总磷浓度降至约 $50\mu g/L$ 以下，式（3.25）就是平均叶绿素 a 的良好预测因子（Welch 等，1989；第 6 章）。考虑到不同总氮与总磷比率的影响，Prairie 等（1989）在总氮与总磷之比为 $5\sim60$ 的范围内建立了单独的叶绿素 a—总磷关系。但是，Prairie 等（1995）认为，该变化可能是由总磷而不是氮施肥效应所引起。此外，184 个密苏里水库的长期数据集显示，氮对总磷—叶绿素 a 关系具有轻微影响，只要避免春季非藻类浊度事件，夏季平均叶绿素 a—总磷比率为 0.33，与全球其他总磷—叶绿素 a 关系一致（Jones 和 Knowlton，出版中）。虽然氮限制可能导致式（3.25）在某些情况下预测叶绿素 a 过高，但降低磷浓度仍然是控制富营养化的最合适方法。叶绿素 a 的几种关系表明，总磷浓度高达 $200\mu g/L$ 时，

叶绿素 a 仍然依赖于总磷，这一结果支持了上述观点 (Seip，1994；Scheffer，1998；Welch 和 Jacoby，2004)。

溶解氧的指数包括以下指标：①以 mg/m^2 每天为单位的滞温层缺氧率 (AHOD)；②净溶解氮；③最小溶解氮；④缺氧因子 (AF)。最小溶解氮和净溶解氮都与总磷负荷或浓度无关，但滞温层缺氧率与总磷保留 (Cornett 和 Rigler，1979) 和缺氧率 (ODR) 与总磷负荷有关 (Welch 和 Perkins，1979)。滞温层缺氧率是最常用于营养状态的溶解氧指数 (Nürnberg，1996；表3.6)，Welch (1989)、Welch 和 Jacoby (2004) 论述了其对鱼类的意义。

表 3.6 营 养 状 态 边 界 值

营养状态指数	o－m	m－e	e－h
$TP/(\mu g/L)$	10	25	100
$chl\ a/(\mu g/L)$	3.5	9	25
SD/m	4	2	1
$AHOD/[mg/(m^2 \cdot 天)]$	250	400	550
$AF/天$	20	40	60
净 $DO/(mg/L)$	4.5	5.0	
最小 $DO/(mg/L)$	7.2	6.2	
$TN/(\mu g/L)$	350.0	650	1200

注：o－m：贫营养—中营养；m－e：中营养—富营养；e－h：富营养—营养过剩；总磷、总氮、叶绿素 a 和透明度是夏季平均值。

来源：经许可引自 Nünberg, G. K. 1996. *Lake and Reservoir Manage.* 12：432－447.

滞温层缺氧率的计算通常为滞温层平均溶解氧与时间的线性图的斜率乘以滞温层平均深度。由于指数对低溶解氧浓度具有敏感性，因此不建议使用溶解氧传感器，或至少应通过适当的湿化学方法值进行验证，以进行滞温层缺氧率计算。在一些高度富营养化的湖泊中，溶解氧可能会过快消失，即使每月进行两次湖泊采样，仍无法准确估算滞温层缺氧率。因此，可能需要在春末和初夏进行每周两次的采样。计算的滞温层缺氧率值可能根据所选择的时间间隔而变化，该时间间隔应保持每年不变，并且包括整个分层时期或直到底部的溶解氧达到 1mg/L。尽管时间间隔和滞温层深度保持不变，但瑟马米什湖和华盛顿湖区的滞温层缺氧率值在 20～30 年间每年都有变化 (King County，2002；个人交流)。

净溶解氧可以解决未分层湖泊的合适溶解氧指数问题，因为滞温层缺氧率 (第18章) 仅适用于分层湖泊。Porcella 等 (1980) 设计了净溶解氧指标，用于分层和非分层湖泊，其值为 0～10。净溶解氧被定义为与平衡条件 (饱和度) 的绝对差值，通过对这些差值在深度区间上加起来计算 (平衡溶解氧—测量溶解氧)，从而结合过饱和的增加趋势以及对富营养化反应的不足。

缺氧因子等于 $(\sum t_i \cdot a_i)/A_o$。其中 t 是可检测的缺氧条件的天数，a 是沉积物面积，A_o 是表面积，均以 m^2 计 (Nürnberg，1995a，b)。缺氧因子是对 ≤1mg/L 溶解氧覆盖的湖底面积的测量，在确定适合磷内部负荷和水底觅食的鱼无法进入的底部区域 (栖息地)

条件范围方面比滞温层缺氧率更有用。缺氧因子的年度变化远小于华盛顿州瑟马米什湖的滞温层缺氧率（Perkins，1995）。

营养状态的边界或阈值可用于表达湖泊质量条件，以及作为一般管理目标。Nürnberg（1996）回顾了这些值，并在大多数情况下，基于将一个变量与另一个变量相关的回归方程式开发了新的指标（除最小和净溶解氧之外）（表 3.6）。透明度的边界值类似于使用式（3.26）～式（3.28）（o−m 和 m−e 为 3.6m 和 1.9m；表 3.6）代入 25μg/L 总磷和 9μg/L 叶绿素 a 预测的值。这些边界值具有娱乐和供水意义。在平均夏季叶绿素 a 大于 10μg/L 时，开始出现最大浓度大于 30μg/L 的滋扰藻类藻华（图 3.7；Walker，1985，个人交流）。这意味着叶绿素 a 水平与夏季总磷为 25μg/L 直接相关。即使超过 10μg/L，也可能出现较小的水华。佛罗里达州奥基乔比湖的两个区域也显示了夏季水华超过 30μg/L 的总磷阈值（Walker 和 Havens，1995）。

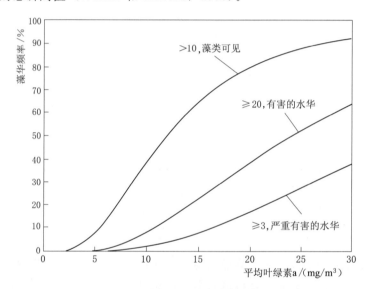

图 3.7　相对夏季叶绿素 a，在叶绿素 a 大于 10μg/L、20μg/L、30μg/L 时水华频率。
根据陆军工程兵团管理的水库校准。

（来源：Walker，W. W.，Jr. 1985. Empirical methodsof predicting eutrophication in impoundments. Applications Manual. EWQOS Program，U. S. Army Corps Eng.，Vicksburg，MS，个人交流。）

虽然湖泊的营养状态本身是由总磷、叶绿素 a 等的原位浓度决定的，但产生该营养状态的负荷率也对营养状态有所影响。如果需要改善湖泊质量，必须减少负荷（外部或内部）。

因此，与湖的当前或日益恶化状态相比，产生代表中营养或富营养状态的磷浓度的"临界"磷负荷（L_c）通常作为目标。特定湖泊和营养状态的临界负荷速率定义为

$$L_c = TP_{e/m;m/o}\overline{z}(\rho + \rho^{0.5}) \tag{3.30}$$

其中富营养—中营养的阈值 $TP_{e/m}$ 为 20mg/m³，或中营养—贫营养的阈值 $TP_{m/o}$ 为 10mg/m³（Vollenweider，1976）。然而，其他总磷水平可以被取代，例如 25μg/L。图 3.8 显示了沉降的影响，其中根据式（3.19），临界流入浓度 TP_i 相当于 τ 或 $1/\rho$ 标绘。

如果在式（3.19）中用 $1/\tau$ 代替 ρ，则有

$$TP_i = TP(1 + \tau^{0.5}) \qquad (3.31)$$

在低 τ 时，湖泊浓度为 10mg/m³ 和 20mg/m³ 的线与横坐标平行，表明在短停留时间（高冲刷率）下沉降变得最小，湖泊浓度等于流入浓度。随着 τ 的增加，沉降在允许更高的 TP_i 而不超过临界湖泊浓度方面变得越来越重要。也就是说，随着 τ 的增加，湖泊更能接受 TP_i 的增加。有关这些负载关系的更详细讨论，请参见 Reckhow 和 Chapra（1983）。

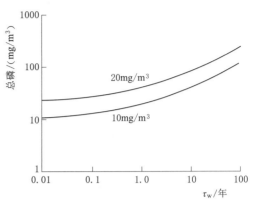

图 3.8 两个湖泊的入流浓度（TP_i）与滞留时间（τ_w）的关系（$TP = 10$mg/m³、20mg/m³）。（来源：Cooke et al. 1993. 个人交流。）

下面是磷负载、湖泊磷浓度、湖泊叶绿素 a 和塞氏透明度的示例计算。

3.2.3.1 示例 1

（1）考虑到平均深度为 15m 的湖泊，冲刷率为 1.5/年（流出率、湖泊体积），平均流入总磷浓度为 $80\mu g/L$，则根据 mg/(m²·年) 计算湖泊的预期外部总磷负荷。

从式（3.18）到式（3.19）的转换，我们知道 $L/(\overline{z}\rho) = TP_i$，所以

$$L = TP_i z\rho = 80\text{mg/m}^3 \times 15\text{m} \times 1.5/\text{年} = 1800\text{mg/(m}^2 \cdot \text{年)}$$

（2）应用式（3.19），计算湖泊总磷为

$$TP = 80/(1 + 1/\rho^{0.5}) = 44\text{mg/m}^3$$

如果该结果与湖中观察到的总磷浓度显著不同，则应校准模型以适合现有的湖泊数据。如果这个模型低估了现有的湖泊总磷浓度并且已经记录了内部载荷，则应该使用类似于式（3.21）的等式。

3.2.3.2 示例 2

根据示例 1 计算湖中预期的平均夏季叶绿素 a 浓度和透明度。

使用式（3.24），得到与式（3.27）和式（3.28）组合几乎相同的结果，已知

$$\lg chl\ a = 1.449\lg 44 - 1.136 = 1.28$$

$$chl\ a = 19.1\mu g/L$$

代入式（3.26）和式（3.27），可得

$$SD = 7.7/19.1^{0.68} = 1.03\text{m}$$

从式（3.26）或式（3.27）、式（3.28）得 $TSI = 60$。

20 世纪 80 年代的趋势是为特定的湖泊类型开发更具体的磷负荷模型。Nürnberg（1984）将缺氧与有氧湖泊分离就是一个例子。Reckhow（1988）建立了一套东南湖泊和水库的模型，其中包括氮、磷和 τ 作为叶绿素 a 的预测因子，以及代表主要藻类的蓝藻或非蓝藻的概率。另一个例子是 Walker（1981，1982，1985，1986，1987，1996）对 US-ACOE 水库的分析，由于其较高的平均冲刷率和 P 负荷（第 2 章），它们通常与其他湖泊不同。它们也倾向于具有更高水平的非藻类浊度（Lind，1986）。

在分析 USACOE 蓄水时，Walker 发现 P 的沉降速率可以适当地定义为湖泊总磷浓

度的二阶衰减速率（降低的速率取决于浓度的平方）为

$$P_s = KP^2 \tag{3.32}$$

式中 P_s——磷沉降速率，$mg/(m^3 \cdot 年)$；

       K——有效的二阶衰减速率，$m^3/(mg \cdot 年)$；

       P——水库池磷浓度，mg/m^3。

根据 Walker 的说法，二阶速率给出了比一阶速率更通用的沉积表示，一阶速率有用于湖泊的 Vollenweider 型模型。

USACOE 水库的平均衰减率为 $0.1 m^3/(mg/年)$。然而，在具有低溢流率（q_s 或水力负荷）和高无机磷：总磷比率的水库中，速率一般较低。溢流速率 q_s 计算为年出流量除以库区面积。这种减少沉降的效果显著降低了 q_s，这是由于更多的藻类同化了流入磷。为了解释 q_s 的差异，Walker（1985）提出了两个经验公式，即

$$K = \frac{0.17 q_s}{q_s + 13.3} \tag{3.33}$$

$$K = \frac{0.056 q_s}{Fot(q_s + 13.3)} \tag{3.34}$$

其中 Fot＝具有高比值的水库的支流无机磷与总磷比

假设蓄水量没有变化且容积加权，库池磷浓度等于流出浓度，水库的磷质量平衡可以表示为

$$QP_i = QP_o + KVP_o^2 \tag{3.35}$$

式中 Q——流量，$m^3/年$；

  P_i 和 P_o——平均流入和流出磷浓度，mg/m^3；

       V——水库容积，m^3。

假设完全混合，求解平均流出浓度的问题，得到

$$P_o = \frac{1 + (1 + 4KP_i)^{0.5}}{2K} \tag{3.36}$$

水库中的 P_o 通常对 P_i 最敏感，对沉积项最不敏感，因为在水库中的停留时间相对较短。当 τ 增加时，P_o 对沉积项变得更敏感，并且当 τ 减小到 0.2 年以下时，P_o 对沉降项的敏感程度变为接近 P_i。从图 3.8 中也可以看出这一点。如果绘制水库数据，通常由相对高的 P_i 和较低 τ 值表示。

如前所述，与湖泊相比，水库往往具有更高的非藻类浊度和更短的停留时间（更大的 ρ）。因此，为了从预测的 P 浓度 [式（3.36）] 中对水库叶绿素 a 浓度进行合理预测，则应包括以下因子（Walker，1987），即

$$chl\ a = \frac{chl\ a_x}{(1 + 0.025 chl\ a_x G)(1 + Ga)} \tag{3.37}$$

其中 $chl\ a_x = (X_{PN})^{1.33}/4.31$

$$X_{PN} = \{P^{-2} + [(N150/12)^{-2}]\}^{-0.5}, \quad G = Z_{mix}(0.14 + 0.009 \rho_s)$$

$$a = 非藻类浊度（1/m）= 1/SD - 0.025 chl\ a$$

式中　　N——总氮，mg/m^3；

$\quad\quad Z_{mix}$——混合层的深度；

$\quad\quad \rho_s$——夏季冲刷速率。

如果假定磷或证明其需要限制，而不是氮，则可以使用以下更简单的模型，即

$$chl\ a + \frac{chl\ a_p}{(1+0.025 chl\ a_p G)(1+Ga)} \tag{3.38}$$

其中

$$chl\ a_p = P^{1.37}/4.88$$

在 ρ_s 低（<25/年）的情况下，可以使用两个进一步简化的模型。如果氮或磷是限制性的且非藻类浊度低，可采用下述公式，即

$$chl\ a = 0.2 X_{PN}^{1.25} \tag{3.39}$$

如果只有磷是限制性的且非藻类浊度低，可采用下述公式，即

$$chl\ a = 0.28 P \tag{3.40}$$

Walker（1987）开发了计算机程序，将这些方程应用于特定的水库数据。包括 3 个程序：FLUX 用于计算负荷，PROFILE 用于简化和显示水库成分，而 BATHTUB 用于计算养分平衡并预测整个水库或各个区段的响应［这些可以从 Environ 实验室获得，地址：USCOE Waterways，3909 Halls Ferry Road，Vicksburg，MS 39180（www. Wes. army. mil/el/models/emiiinfo. html)］。

3.3　湖泊修复备选方案的选择

诊断和可行性研究旨在确定湖泊问题的原因，并评估其当前状态或严重程度。顾问或湖泊管理员将使用这些数据和评估来选择恰当的、最具效益的治理方案，以达到所需的湖泊质量。

湖泊修复技术根据其主要目标分为四类：①控制藻类引起的问题；②控制过量的水生植物生物量；③缓解氧气问题；④去除沉积物。去除沉积物作为一个单独的分类，是因为它可以解决几个上述问题。上述技术将在以下章节中进行更全面的讨论。

3.3.1　藻类问题

由于藻类生物量取决于湖泊光照区的限制性营养物浓度，因此顾问或湖泊管理者必须通过适当的评估和模拟，确定控制最具限制性营养物主要来源的可行性。可以同时使用多种技术，但是为了使大多数湖泊修复技术有成效，应首先控制重要的外部负荷源。

3.3.1.1　营养物转化及高级污水治理

减少外部负荷应该是第一步。虽然可以通过增加食用或光照限制（完全混合）来控制藻类生物质，但存在过量藻类的主要原因是高营养浓度，如果有重要的外部来源，则应首先经济有效地减少外部来源。

3.3.1.2　抑制磷活性

磷的内部释放可能是（或最重要的）延缓湖泊质量恢复、改善的重要原因。沉积物磷的释放可以通过向水柱中加入铝盐来控制，使氢氧化铝絮凝物沉淀到沉积物表面，形成进

一步释放的屏障，即使在缺氧状态，仍然有效。这是一种强大、有效且流行的技术。在某些情况下，添加铁或钙也是有效的，但需要经常重复治理。通过增强的反硝化作用使沉积物氧化并形成铁络合物已成功应用，针对这种方法进行的抑制磷活性论述也已出现。

3.3.1.3　稀释/冲刷

稀释包括添加贫营养水以降低湖泊养分浓度，这在不控制外部或内部来源的情况下有一定效果。冲刷则简单地去除藻类生物，如果营养物浓度高且不是限制因子，则可能需要大量的水。虽然这些方法有效，但由于水的供应，特别是低营养水的供应问题，限制了这些处理方法的应用。

3.3.1.4　保护湖泊免受城市径流影响

土地利用改造可用于控制流域的养分流失，从而改善湖泊质量，但它们通常用于保护正在开发的地区的湖泊质量免遭进一步退化。这些实践在提高、维持湖泊质量方面的有效性尚未在整个湖泊基础上得到充分证明。

3.3.1.5　滞温层的去除

可以通过虹吸、泵送或选择性排放（水坝）优先去除富含营养物的滞温层的水。已证明这种方法在加速磷输出，降低表面磷浓度和改善低温氧含量方面是有效的。

3.3.1.6　人工循环

该技术用于通过上升的气泡柱的混合作用来防止或消除热分层。它将改善溶解氧并减少铁和锰，但最重要的是，它可以在无法控制营养物的情况下利用光限制藻类生长，并且可以中和有利于蓝藻繁殖的因素。

3.3.1.7　操控食物网

通过投放化学药品、物理清除或增加鱼种（养殖食鱼动物）来消除以浮游生物为食的鱼类，从而大型浮游动物（主要是水蚤）食用藻类的作用得以增强。这种技术相对便宜，并且已经取得成功，但通常只能在有限的时间内完成，并且只有在湖中磷已被减少的情况下才能实现。

3.3.1.8　硫酸铜治理

对于遭受藻类生物质、味道和气味问题至少一个世纪的湖泊和供水水库来说，这是一种常用的处理方法。这种方法尽管有明显的害处，仍然经常使用。

3.3.2　水生植物问题

虽然大型植物问题通常与富营养化和沉积物输入增加有关，但其生长和生物量预计不会因湖泊内营养物浓度的降低而得到控制。这是因为它们的营养需求主要通过根系从沉积物中吸收来提供。因此，通常采用直接的方法来处理过量的水生植物生物量。

3.3.2.1　收割

从湖泊中去除水生植物生物质通常是一种有效的方法，但有时只是表面的处理，以控制水生植物。在一些湖泊中去除营养物质，可以对内部负荷做出重大贡献。厚覆盖层，以及有机物质的分解，导致缺氧和沉积物磷释放，这可以通过去除植物来缓解。剪断茎部有时会导致植株的快速生长回生，而通过旋转技术去除根部可以在一定程度上减少生长，但成本较高。收割会产生负面影响，例如植物碎片将分散到未受影响的区域，杀死小鱼并促进沉积物再悬浮和沉积物磷释放。

3.3.2.2 生物控制

投入植食性昆虫和鱼类,特别是三倍体草鱼,是经济、有效的控制水生植物生物量的方法,这种方法效果越来越显著。但该方法也可能会对其他鱼类产生副作用,并增加沉积物养分循环,导致藻类大量繁殖。关于有效放养率和植物选择仍然存在不确定性。

3.3.2.3 降低湖泊水位

这确实是蓄水池的多功能技术。将根系植物暴露于寒冷或炎热条件下,可以消除一些物种,不会影响其他物种,且可刺激第三物种群。如果湖泊水位下降,可以同时使用其他技术,如去除沉积物,放置筛网或鱼类管理。通常还有沉积物的加固和加深等预期的其他作用,但尚未实现。

3.3.2.4 沉积物覆盖

阻止有根植物生长的屏蔽材料价格昂贵且有其他影响,但是非常有效。成本问题使沉积物覆盖技术难以大面积推广,顾问或湖泊管理者只能选择其他方式来处理湖泊周围的水生植物。

3.3.2.5 沉积物疏浚

该技术可能存在多种用途,从而控制藻类和水生植物。沉积物疏浚效果较好,经常被推荐用于加深浅水湖泊以控制水生植物,通过消除富集的沉积层或消除被有毒物质污染的沉积物来减少内部养分负荷。与营养物灭活相比,它具有显著的长期优势,因为与磷失活相比,它去除了来源而不是将其结合。疏浚的局限性在于其相对较高的成本以及对疏浚物料处置场所的要求。然而,创造性处置方法使疏浚更具吸引力,即用疏浚物料形成建筑砌块(USEPA,2003)。

3.3.2.6 滞温层曝气

尽管存在控制缺氧性滞温层内部负荷(特别是添加铁)的可能,但它是否为控制藻类的技术尚未得到充分证实。然而,它可以非常有效地在不去分层的情况下增加滞温层的溶解氧。该技术一般通过完整的气升装置实现。该装置将温度较低的滞温层的水带到表面,在那里交换气体,然后返回深水。部分气升装置在深水处对水进行曝气。液氧也很有效。这个程序改善了水库水质,可以恢复冷水渔业,为浮游食草动物(来自温水渔业)提供白天避难所,并消除饮用水供应中的铁和锰问题。

3.4 湖泊修复备选方案选择指南

美国国家环境保护局资金支持的湖泊项目顾问或湖泊管理员选择治理方案时应遵循清洁湖泊程序(CLP)。尽管自 20 世纪 90 年代中期以来,CLP 尚未获得资金支持,在非点源计划下已获得湖泊基金,主要用于流域控制。但是,许多州的 CLP 具有类似的要求。因此,无论资金来源如何,相同的准则应作为湖泊修复项目中备选方案的基础。读者应参考 USEPA《CLP 指导手册》(*Clean Lakes Program Guidance Manual*)(USEPA,1980),特别是第 8 节和附录 F,以及《湖泊和水库修复指导手册》(*Lake and Reservoir Restoration Guidance Manual*)(USEPA,1988),《管理湖泊和水库》(*Managing Lakes and Reservoirs*)(NALMS/TI,2001)和(或)《湖泊管理者手册》(*Lake Managers'*

Handbook）（Vant，1987）。

可行性研究的诊断部分提供了选择备选修复方案的数据。根据以下数据提出了两个基本问题：如何实现养分分流（足以保护湖泊免受进一步恶化，或足以实现营养状态或湖泊质量的显著变化）？在外部负载控制或进一步改进后，可以采用哪种湖内方案来加速修复？对于评估的每个湖内方案，要需考虑四个问题：它的预期效果是什么？将实现多少修复？成本是多少？备选方案的效果和成本如何？还应讨论"不采取行动"的备选方案。

适用于特定湖泊的适当技术是主要基于判断的决策。虽然成本可能是主要因素，但技术的可靠性和寿命也很重要。为了做出正确的决策，湖泊管理者可能会经历一个决策过程，最终将选择本书中描述的 16 种技术中的一种或多种。对于藻类问题，这种决策过程可以采用图 3.9 的形式。

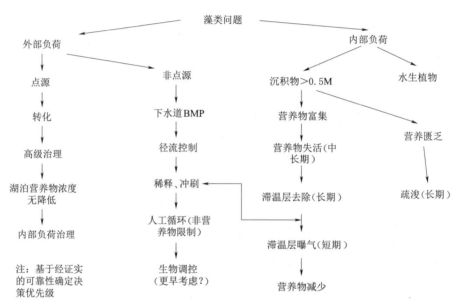

图 3.9　选择最佳修复方案控制藻类问题的决策树。

（来源：Cooke et al. 1993.）

在至少一年的湖泊数据和合理的养分预算的帮助下，首先应考虑哪种养分是限制因子，该养分的主要来源是什么？主要负荷来自外部还是内部循环？如果来自外部，它们是点源还是非点（面）源？如果主要来自点源，在进行深度处理之前可能还需考虑废水或雨水的转移，因为它通常成本较低，运行和维护成本相对较小。如果应用了上述技术之一，但仅能预测或实现缓慢恢复，即湖泊营养物浓度不会充分降低并达到湖泊质量目标，那么稀释、冲刷、人工循环和（或）生物调控则可能是下一个合乎逻辑的备选方案。这些技术可以控制藻类的生物量和滋扰物种，但不能控制限制性营养成分。或者，如在稀释时，可以在不降低总负荷的情况下，控制限制性营养物的浓度。首先考虑稀释、冲刷，因为这可以控制致病性限制营养物浓度。然而低营养水的成本和稀缺性可能使该技术无法成为首选。

第5章讨论了与非点源营养物负荷的定义、估算和控制相关的问题，这些负荷通常来自城市雨水径流。雨水径流是城市湖泊（农业径流则对应农村湖泊）退化的主要原因。减少非点源负荷的技术，包括下水道拦截雨水和（或）化粪池渗滤液、湿滞留池、草洼（"生物过滤器"）、深井注入、保留池中的化学处理和最佳流域管理措施（BMPs），例如肥料控制（无磷）和尽量减少不透水表面。如果使用上述任一技术或组合均不能改善湖泊（营养下降），并且限制营养物仍然主要来源于外部，那么可以考虑前面提到的3种技术之一。

如果湖泊或水库对控制外部养分输入无响应，最常见的原因是由于内部负荷过多或底部沉积物释放养分，特别是磷。在这种情况下，可以采用图3.9右侧的程序。如果沉积物是内部负荷的来源，并且大部分营养物位于沉积岩芯的顶部0.3～0.5m，那么通过疏浚去除该层将是最可靠和永久的解决方案，尽管这种方法成本高。如果沉积物富含低于该深度的营养物质，则疏浚将导致暴露更多具有相同高营养物含量的沉积物，因此不能降低内部负荷。在这种情况下，有6种技术可以考虑。它们按照其可靠性以及预期能够控制营养源的有效时长来排列。

稀释、冲刷、人工循环和生物调控旨在控制藻类生物量或营养物浓度，不能控制负荷源。一方面，Riplox或沉积物氧化包含在营养物灭活方法中，尽管示例有限，但其主要目标是恢复上部沉积层，因此应提供比明矾更长期的解决方案。另一方面，明矾简单地用絮凝层覆盖沉积物，虽然其在中断沉积物磷释放方面具有优良的可靠性，但已观察到该层沉入沉积物中后，可能导致出现新的富含磷沉积的沉积物，并将继续释放磷。虽然记录显示，作为内部负荷控制的降低滞温层影响的方法没有像添加明矾那样效果显著，但已证明它是相当可靠且有可能耗尽沉积物的营养物（第7章）。在控制沉积物磷释放时，滞温层曝气不如明矾或沉积物氧化有效，尽管它提供了直接有效的再生，并且在某些情况下，加入铁对磷控制有效。但明矾添加成本最低，疏浚成本最高。

如果怀疑内部负载的主要来源是水生植物，则必须采取单独的控制措施。虽然封闭和质量平衡分析表明了水生植物衰老对内部负荷的潜在重要性，但目前还没有通过水生植物控制措施实现湖水磷控制的实例。尽管如此，水生植物显然是通过其根部从沉积物中吸收营养，因此，在适当的情况下对它们进行控制可能是减少湖水磷的有效方法。

因为经济、政治和社会的需要，特定湖泊使用的修复技术顺序可能与图3.9中不同。Rast和Holland（1988）提出了类似的有组织的富营养化控制方法，尽管没有考虑具体的修复技术（图3.10）。这种评估很可能先于图3.9中的评估。这些技术中的每一种都有其他好处和不利因素，它们的成功、失败记录比本讨论中所述的更为模棱两可。因此，读者可以参考各个章节，以获得与个别湖泊或水库更相关的见解和判断。

选择湖中治理方案时，应根据以下清单对其进行审查（美国国家环境保护局，1980）：

（1）项目是否会影响人类？

（2）项目是否会影响现有住宅或住宅区？

（3）项目是否可能导致已建立的土地利用模式发生变化或增加发展压力？

（4）项目是否会对主要农业用地或活动产生不利影响？

（5）项目是否会对公园、公共土地或风景土地产生不利影响？

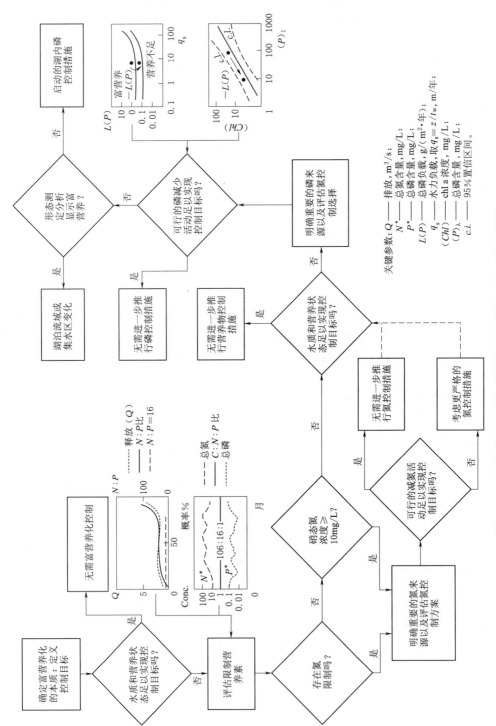

图 3.10　通过诊断分析确定富营养化控制措施的典型活动顺序。

（来源：Rast, W. and M. Holland. 1988. *Ambio* 17：1—12.）

（6）项目是否会对具有历史、考古或文化价值的土地或建筑产生不利影响？

（7）项目是否会导致能源需求大幅增加？

（8）项目是否会对短期环境空气质量产生不利影响？

（9）项目是否会对短期或长期噪声水平产生不利影响？

（10）如果项目涉及对湖岸、河床或其流域进行物理改造，则是否会造成短期或长期的不利影响？

（11）项目是否会对鱼类和野生动物或湿地或其他野生动物栖息地产生重大不利影响？

（12）项目是否会对濒危物种产生不利影响？

（13）在环境影响、资源承诺、公共利益和成本方面是否考虑了项目的所有可行替代方案？

（14）之前未讨论的其他措施是否可以减轻项目产生的不利影响？

3.5　湖泊改善修复计划

顾问或湖泊管理者通常需要技术报告。该报告是诊断和可行性研究程序的重要组成部分，因为湖泊使用者或用户会将其用于选择行动方案，数据将成为未来研究的基准。报告应遵循科学调查的标准格式。它应包括以下内容：

（1）描述富营养化过程的性质和湖泊具体问题。

（2）列出诊断和可行性研究中提出的特定问题。

（3）该地区的描述，包括地图和形态水文数据表，以及所有测量方法和取样地点的准确摘要。

（4）以表格、图形和叙述形式汇编所有结果，并分析或讨论调查结果的含义。

（5）对建议的讨论，包括与湖泊质量目标相关的成本和环境影响。

（6）简要总结。

（7）本研究中引用的文献资料。

由于湖泊用户很少具备技术背景，大多数人不愿意阅读技术报告。因此，还应准备简短和非技术的配套报告（或执行摘要）。第二份报告应包括有关问题性质、提出的问题、一般调查结果、建议和成本。

最后，通常应召集可能需要为项目付款的人和将享受这些福利的人举行公开会议，讨论相关结果。因此，顾问或湖泊管理员应采用幻灯片详细记录现场诊断工作，以便在会议上清晰简要地介绍已开展的工作、相关建议和"不采取行动"的后果。

参　考　文　献

Ahlgren，I.，T. Frisk and L. Kamp－Nielsen. 1988. Empirical and theoretical models of phosphorus loading，retention and concentration vs lake trophic state. *Hydrobiologia* 170：285－303.

American Public Health Association（APHA）. 2003. *Standard Methods for the Examination of Water and Wastewater*，20th ed.，Washington，DC.

Arnell, V. 1982. Estimating runoff volumes from urban areas. *Water Res. Bull.* 18: 383 – 387.

Auer, M. T. , S. M. Doerr, S. W. Effler and E. M. Owens. 1997. A zero degree of freedom total phosphorus model: 1. development for Onondaga Lake, New York. *Lake and Reserv. Manage.* 13: 118 – 130.

Bachmann, R. W. , C. A. Horsburgh, M. V. Hoyer, L. K. Mataraza and D. F. Canfield, Jr. 2002. Relations between trophic state Indicators and plant biomass in Florida lakes. *Hydrobiologia* 470: 219 234.

Barwell, V. K. and D. R. Lee. 1981. Determination of horizontal – to – vertical hydraulic conductivity ratios from seepage measurements on lake beds. *Water Res. Bull.* 17: 565 – 570.

Belanger, T. V. and D. F. Mikutel. 1985. On the use of seepage meters to estimate groundwater nutrient loading to lakes. *Water Res. Bull.* 21: 265 – 272.

Boström, B. , M. Jannson and C. Forsberg. 1985. Phosphorus release from lake sediments. *Arch. Hydrobiol. Beih. Ergebn. Limnol.* 18: 5 – 59.

Brater, E. F. and J. D. Sherrill. 1975. Rainfall – Runoff Relations on Urban and Rural Areas. USEPA – 670/2 – 75 – 046.

Brown, C. D. , D. E. Canfield, Jr. , R. W. Bachmann and M. V. Hoyer. 1999. Evaluation of surface sampling for estimates of chlorophyll, total phosphorus and total nitrogen concentration in Florida lakes. *Lake and Reserv. Manage.* 15: 121 – 132.

Burns, N. M. 1995. Using hypolimnetic dissolved oxygen depletion rates for monitoring lakes. New Zealand. *J. Mar. Fresh Water Res.* 29: 1 – 11.

Canfield, D. E. , Jr. and R. W. Bachmann. 1981. Prediction of total phosphorus concentrations, chlorophyll *a*, and Secchi depths in natural and artificial lakes. *Can. J. Fish. Aquatic Sci.* 38: 414 – 423.

Canfield, D. E. , Jr. , K. A. Langeland, M. J. Maceina, W. T. Haller, J. V. Shireman and J. R. Jones. 1983. Trophic state classification of lakes with aquatic macrophytes. *Can. J. Fish. Aquatic Sci.* 40: 1713 – 1718.

Canfield, D. E. , Jr. , M. V. Hoyer and C. M. Durarte. 1990. An empirical method for characterizing standing crops of aquatic vegetation. *J. Aquatic Plant Manage.* 28: 64 – 69.

Carlson, R. E. 1977. A trophic state index for lakes. *Limnol. Oceanogr.* 22: 361 – 368.

Chapra, S. C. 1975. Comment on an empirical method of estimating retention of phosphorus in lakes. *Water Resour. Res.* 11: 1033 – 1034.

Chapra, S. C. and K. H. Reckhow. 1979. Expressing the phosphorus loading concept in probabilistic terms. *J. Fish. Res. Bd. Can.* 36: 225 – 229.

Chapra, S. C. and R. P. Canale, 1991. Long – term phenomenological model of phosphorus and oxygen for stratified lakes. *Water Res.* 25: 707 – 715.

Christensen, K. K. , F. ø. Andersen and H. S. Jensen. 1997. Comparison of iron, manganese and phosphorus retention in fresh water littoral sediment with growth of littoral uniflora and benthic microalgae. *Biogeochemistry* 38: 149 – 171.

Clesceri, N. L. , S. S. Curran and R. L. Sedlak. 1986. Nutrient loads to Wisconsin lakes: Part I. Nitrogen and phosphorus export coefficients. *Water Res. Bull.* 22: 983 – 990.

Cooke, G. D. , E. B. Welch, S. A. Peterson, and P. P. Newroth. 1993. *Restoration and Management of Lakes and Reservoirs*, 2nd ed. CRC Press, Boca Raton, FL.

Cornett, R. J. and F. H. Rigler. 1979. Hypolimnetic oxygen deficits: Their prediction and interpretation. *Science* 205: 580 – 581.

Dillon, P. J. and F. H. Rigler. 1974a. A test of simple nutrient budget model predicting the phosphorus concentration in lakewater. *J. Fish. Res. Bd. Can.* 31: 1771 – 1778.

Dillon, P. J. and F. H. Rigler. 1974b. The phosphorus – chlorophyll relationship in lakes. *Limnol. Oceanogr.* 19: 767 – 773.

Dillon, P. J. and F. H. Rigler. 1975. A simple method for predicting the capacity of a lake for development based on lake trophic status. *J. Fish. Res. Bd. Can.* 32: 1519 – 1531.

Downing, J. A. and E. McCauley. 1992. The nitrogen: phosphorus relationship in lakes. *Limnol. Oceanogr.* 37: 936 – 945.

Duras, J. and J. Hejzlar. 2001. The effect of outflow depth on phosphorus retention in a small hypereutrophic temperate reservoir with short hydraulic residence time. *Int. Rev. ges. Hydrobiol.* 86: 585 – 601.

Edmondson, W. T. and J. R. Lehman. 1981. The effect of changes in the nutrient income on the condition of Lake Washington. *Limnol. Oceanogr.* 26: 1 – 28.

Edmondson, W. T. and G. G. Winberg. 1971. *A Manual on Methods for the Assessment of Secondary Productivity in Fresh Waters.* IBP Handbook No. 17. Blackwell Scientific Publ. , Oxford, U. K.

Fluck, R. C. , C. Fonyo and E. Flaig. 1992. Land – use based phosphorus balances for Lake Okeechobee, Florida, drainage basins. *ASAE* 8: 6 – 13.

Fogle, A. W. , J. L. Taraba and J. S. Dinger. 2003. Mass load estimation errors utilizing grab sampling strategies in a karst watershed. *J. Am. Water Res. Assoc.* 39: 1361 – 1372.

Frodge, J. D. , G. L. Thomas. and G. B. Pauley. 1990. Effects of canopy formation by floating and submergent aquatic macrophytes on the water quality of two shallow Pacific Northwest lakes. *Aquatic Bot.* 38: 231 – 248.

Gähter, R. and J. S. Meyer. 1993. The role of microorganisms in the mobilization and fixation of phosphorus in sediments. *Hydrobiologia* 253: 103 – 121.

Gähter, R. and B. Müller. 2003. Why the phosphorus retention of lakes does not necessarily depend on the oxygen supply to their sediment surface. *Limnol. Oceanogr.* 48: 929 – 933.

Goldman, C. R. 1981. Lake Tahoe: Two decades of change in a nitrogen deficientoligotrophic *Lake. Verh. Int. Verein. Limnol.* 21: 45 – 70.

Golterman, H. L. 1969. *Methods for Chemical Analysis of Fresh Waters. IBP Handbook No. 8*, Blackwell Scientific, Oxford, U. K.

Golterman, H. L. 2001. Phosphate release from anoxic sediments or 'What did Mortimer really write?' *Hydrobiologia* 450: 99 – 106.

Havens, K. E. 2000. Using trophic state index (TSI) values to draw inferences regarding phytoplankton limiting factors and seston composition from routine water quality data. *Korean J. Limnol.* 33: 187 – 196.

Havens, K. E. and R. T. James. 1997. A critical evaluation of phosphorous management goals for Lake Okeechobee, Florida. *Lake and Reserv. Manage.* 13: 292 – 301.

Heiskary, S. A. and C. B. Wilson. 1989. The regional nature of lake water quality across Minnesota: An analysis for improving resource management. *J. Minn. Acad. Sci.* 55: 71 – 77.

Jacoby, J. M. , D. D. Lynch, E. B. Welch and M. A. Perkins. 1982. Internal phosphorus loading in a shallow eutrophic lake. *Water Res.* 16: 911 – 919.

James, W. F. and J. W. Barko. 1997. Net and gross sedimentation in relation to the phosphorus budget of Eau Galle Reservoir, Wisconsin. *Hydrobiologia* 345: 15 – 20.

Jassby, A. D. , J. E. Reuter, R. A. Akler, C. R. Goldman and S. H. Hackley. 1994. Atmospheric deposition of nitrogen and phosphorus in the annual nutrient load of Lake Tahoe (California – Nevada) . *Water Resour. Res.* 30: 2207 – 2216.

Jones, J. R. and R. W. Bachmann. 1976. Prediction of phosphorus and chlorophyll levels in lakes. *J. Wa-*

ter Pollut. Cont. Fed. 48：2176 - 2182.

Jones, C. A. and E. B. Welch. 1990. Internal phosphorus loading related to mixing and dilution in a dendritic, shallow prairie lake. *J. Water Pollut. Cont. Fed.* 62：847 - 852.

Jones, J. R., M. F. Knowlton and M. S. Kaiser. 1998. Effects of aggregation on chlorophyll - phosphorus relations in Missouri reservoirs. *Lake and Reservoir Manage.* 14：1 - 9.

Jones, J. R. and M. F. Knowlton. Chlorophyll response to nutrients and non - algal seston in Missouri reservoirs and oxbow lakes. *Lake and Reserv. Manage.* In press.

Jones, J. R., M. F. Knowlton and K. G. An. 2003. Trophic state, seasonal patterns and empirical models in South Korean reservoirs. *Lake and Reservoir Manage.* 19：64 - 78.

Kann, J. and V. H. Smith. 1999. Estimating the probability of exceeding elevated pH values critical to fish populations in a hypereutrophic lake. *Can. J. Fish. Aquatic Sci.* 56：1 - 9.

Kennedy, R. H. 1999. Basin - wide considerations for water quality management: importance of phosphorus retention by reservoirs. *Int. Rev. Hydrobiol.* 84：557 - 566.

King County, 2002. Lake Washington existing conditions report. King County Dept. of Nat. Res. and Parks, Seattle, WA.

King County. King County Dept. of Nat. Res. and Parks, Seattle, WA. Personal communication.

Koncsos, L. and L. Somlyódy. 1994. Analysis on parameters of suspended sediment models for a shallow lake. In: *Water Quality International*, '94 IAWQ 17th Biennial International Conference, Budapest, Hungary.

Koski - Vähälä, J. and H. Hartikaine. 2001. Assessment of the risk of phosphorus loading due to resuspended sediment. *J. Environ. Qual.* 30：960 - 966.

Kristensen, P., M. Søndergaard and E. Jeppesen. 1992. Resuspension in a shallow eutrophic lake. *Hydrobiologia* 228：101 - 109.

La Baugh, J. W. and T. C. Winter. 1984. The impact of uncertainties in a hydrologic measurement on phosphorus budgets and empirical models for two Colorado reservoirs. *Limnol. Oceanogr.* 29：322 -339.

Larsen, D. P. and H. T. Mercier. 1976. Phosphorus retention capacity of lakes. *J. Fish. Res. Bd. Can.* 33：1742 - 1750.

Larsen, D. P., J. Van Sickle, K. W. Malueg and P. D. Smith. 1979. The effect of wastewater phosphorus removal on Shagawa Lake, Minnesota: Phosphorus supplies, lake phosphorus, and chlorophyll a. *Water Res.* 13：1259 - 1272.

Larsen, D. P., D. W. Shults and K. W. Malueg. 1981. Summer internal phosphorus supplies in Shagawa Lake. Minesota. *Limnol. Oceanogr.* 26：740 - 753.

Lathrop, R. C., S. R. Carpenter and D. M. Robertson. 1999. Summer water clarity responses to phosphorus, Daphnia grazing, and internal mixing in Lake Mendota. *Limnol. Oceanogr.* 44：137 - 146.

Lee, D. R. 1977. A device for measuring seepage flux in lakes and estuaries. *Limnol. Oceanogr.* 22：140 -147.

Lee, D. R. and H. B. N. Hynes. 1978. Identification of groundwater discharge zones in a reach of Hillman Creek in southern Ontario. *Water Pollut. Res. Can.* 13：121 - 133.

Lehman, J. T. and T. Naumoski. 1986. Net community production and hypolimnetic nutrient regeneration in a Michigan lake. *Limnol. Oceanogr.* 31：788 - 797.

Lind, O. T. 1986. The effect of nonalgal turbidity on the relationship of Secchi depth to chlorophyll a. *Hydrobiologia* 140：27 - 35.

Lijklema, L. 1980. Interaction of orthophosphate with iron III and aluminum hydroxides. *Environ. Sci.*

Technol. 14：537 – 541.

Mataraza, L. K. and G. D. Cooke. 1998. Vertical phosphorus transport in lakes of different morphometry. *Lake and Reservoir Manage.* 13：328 – 337.

Matson, M. D. and R. A. Isaac. 1999. Calibration of phosphorus export coefficients for total maximum daily loads of Massachusetts lakes. *Lake and Reservoir Manage.* 15：209 – 219.

Mitchell, D. F. , K. J. Wagner, W. J. Monagle and G. A. Beluzo. 1989. A littoral interstitial porewater (LIP) sampler and its use in studying groundwater quality entering a lake. *Lake and Reservoir Manage.* 5：121 – 128.

Moon, C. E. 1973. Nutrient budget following waste diversion from a mesotrophic lake. MS Thesis, University of Washington, Seattle.

North American Lake Management Society (NALMS) . 2001. *Management of Lakes and Reservoirs.* USEPA 841 – B – 01 – 006. North American Lake Management Society, Madison, WI.

Nichols, S. A. 1999. Floristic quality assessment of Wisconsin lake plant communities with example applications. *Lake and Reservoir Manage.* 15：133 – 141.

Nürnberg, G. K. 1984. The prediction of internal phosphorus loads in lakes with anoxic hypolimnia. *Limnol. Oceanogr.* 29：111 – 124.

Nürnberg, G. K. 1985. Availability of phosphorus upwelling from iron – rich anoxic hypolimnia. *Arch. Hydrobiol.* 104：459 – 476.

Nürnberg, G. K. 1987. A comparison of internal phosphorus loads in lakes with anoxic hypolimnia：Laboratory incubation versus *in situ* hypolimnetic phosphorus accumulation. *Limnol. Oceanogr.* 22：1160 –1164.

Nürnberg, G. K. 1988. Prediction of phosphorus release rates from total and reductant soluble phosphorus in anoxic sediments. *Can. J. Fish. Aquatic Sci.* 45：453 – 462.

Nürnberg, G. K. 1995a. The anoxic factor, a quantitative measure of anoxia and fish species richness in central Ontario lakes. *Trans. Am. Fish. Soc.* 124：677 – 686.

Nürnberg, G. K. 1995b. Quantifying anoxia in lakes. *Limnol. Oceanogr.* 40：1100 – 1111.

Nürnberg, G. K. 1996. Trophic state of clear and colored, soft – and hardwater lakes with special consideration of nutrients, anoxia, phytoplankton and fish. *Lake and Reservoir Manage.* 12：432 – 447.

Nürnberg, G. K. and B. D. LaZerte. 2004. Modeling the effect of development on internal phosphorus load in nutrient – poor lakes. *Water Resour. Res.* 40：1 – 9.

Organization for Economic Cooperation and Development (OECD) . 1982. *Eutrophication of Waters. Monitoring , Assessment and Control.* OECD, Paris.

Omernik, J. M. 1977. Nonpoint Source – stream Nutrient Level Relationships：A Nationwide Study. USEPA600/3 – 77 – 105.

Osgood, R. A. 1988. Lake mixes and internal phosphorus dynamics. *Arch. Hydrobiol.* 113：629 – 638.

Penn, M. R. , M. T. Auer, S. M. Doerr, C. T. Driscoll, C. M. Brooks and S. W. Effler. 2000. Seasonality in phosphorus release rates from the sediments of a hypereutrophic lake under a matrix of pH and redox conditions. *Can. J. Fish. Aquatic Sci.* 57：1033 – 1041.

Perkins, W. W. 1995. *Lake Sammamish Phosphorus Model.* King County Surface Water Manage. , Seattle, WA.

Perkins, W. W. , E. B. Welch, J. Frodge and T. Hubbard. 1997. A zero degree of freedom total phosphorus model：2. Application to Lake Sammamish, Washington. *Lake and Reservoir Manage.* 13：131 – 141.

Peterson, S. A. , R. M. Hughes, D. P. Paulsen and J. M. Omernik. 1995. Regional lake quality patterns：

Their relationship to lake conservation and management decisions. *Lakes Reserv. Res. Manage.* 1: 163 - 167.

Peterson, S. A., N. S. Urquhart and E. B. Welch. 1999. Sample representativeness: A must for reliable regional lake condition estimates. *Environ. Sci. Technol.* 33: 1559 - 1565.

Pollman, C. D., Tetra Tech., Inc., Gainsville, Florida, personal communication.

Porcella, D. B., S. A. Peterson and D. P. Larsen. 1980. Index to evaluate lake restoration. *J. Environ. Eng. Div.* ASCE 106: 1151 - 1169.

Prairie, Y. T., C. M. Duarte and J. Kalff. 1989. Unifying nutrient - chlorophyll relationships in lakes. *Can. J. Fish. Aquatic Sci.* 46: 1176 - 1182.

Prairie, Y. T., R. H. Peters and D. F. Bird. 1995. Natural variability and the estimation of empirical relationships: A reassessment of regression models. *Can. J. Fish. Aquatic Sci.* 52: 7878 - 7898.

Psenner, R., B. Boström, M. Dinka, K. Pettersson, R. Puckso and M. Sager. 1988. Fractionation of phosphorus in suspended matter and sediment. *Arch. Hydrobiol. Suppl.* 30: 98 - 103.

Rast, W. and M. Holland. 1988. Eutrophication of lakes and reservoirs: A framework for making management decisions. *Ambio* 17: 2 - 12.

Rast, W. and G. F. Lee. 1978. Summary analysis of the North American (U. S. Portion) OECD eutrophication project: Nutrient loading - lake response relationships and trophic state. USEPA 600/3 - 78 - 008.

Reckhow, K. H. 1983. A method for the reduction of lake model prediction error. *Water Res. Bull.* 17: 911 - 916.

Reckhow, K. H. 1988. Empirical models for trophic state in southeastern U. S. lakes and reservoirs. *Water Res. Bull.* 24: 723 - 734.

Reckhow, K. H. and S. C. Chapra. 1983. *Engineering Approaches for Lake Management: Vol. I. Data Analysis and Empirical Modeling*. Butterworths, Boston, MA.

Reckhow, K. H. and J. T. Simpson. 1980. A procedure using modeling and error analysis for the prediction of lake phosphorus concentration from land use information. *Can. J. Fish. Aquatic Sci.* 37: 1439 - 1448.

Rigler, F. H. 1974. Phosphorus cycling in lakes. In F. Ruttner (Ed.), *Fundamentals of Limnology*, 3rd ed. University of Toronto Press, Toronto, ON, p. 263.

Rochelle, B. P., D. L. Stevens, Jr. and M. R. Church. 1989. Uncertainty analysis of runoff estimates from a runoff contour map. *Water Res. Bull.* 25: 491 - 498.

Scheffer, M. 1998. *Ecology of Shallow Lakes*. Chapman & Hall, New York, NY.

Scheider, W. A., J. J. Moss and P. J. Dillon. 1979. Measurement and uses of hydraulic and nutrient budgets. In *Lake Restoration*. USEPA 440/5 - 79 - 001. p. 77 - 83.

Seip, K. L. 1994. Phosphorus and nitrogen limitation of algal biomass across trophic gradients. *Aquatic Sci.* 56: 16 - 28.

Seip, K. L., E. Jeppesen, J. P. Jensen and B. Faafeng. 2000. Is trophic state or regional location the strongest determinant for Chl - a/TP relationships in lakes? *Aquatic Sci.* 62: 195 - 204.

Shaw, R. D. and E. E. Prepas. 1989. Anomalous short - term influx of water into seepage meters. *Limnol. Oceanogr.* 34: 1343 - 1351.

Shuster, J. I., E. B. Welch, R. R. Horner and D. E. Spyridakis. 1986. Response of Lake Sammamish to urban runoff control. *Lake and Reservoir Manage.* 2: 229 - 234.

Siegel, D. I. and T. C. Winter. 1980. Hydrologic Setting of Williams Lake, Hubbard County, Minnesota. U. S. Geol. Survey open - file report 80 - 403.

Smith, V. H. 1982. The nitrogen and phosphorus dependence of algal biomass in lakes: An empirical and theoretical analysis. *Limnol. Oceanogr.* 27: 1101 - 1112.

Smith, V. H. and J. Shapiro. 1981. Chlorophyll – phosphorus relations in individual lakes: Their importance to lake restoration strategies. *Environ. Sci. Technol.* 15: 444 – 451.

Søndergaard, M. 1988. Seasonal variations in the loosely sorbed phosphorus fraction of the sediment of a shallow and hypereutrophic lake. *Environ. Geol. Water Sci.* 11: 115 – 121.

Søndergaard, M. , J. P. Jensen and E. Jeppesen. 1999. Internal phosphorus loading in shallow Danish lakes. *Hydrobiologia* 408/409: 145 – 152.

Søndergaard M. , K. D. Wolter and W. Ripl. 2002. Chemical treatment of water and sediments with special reference to lakes. In M. Perrow and A. J. Davy (Eds.), *Handbook of Ecological Restoration*, *Vol. 1, Principles of Restoration*. Cambridge University Press, Cambridge, U. K. pp. 184 – 205.

Sonzogni, W. C. and G. F. Lee. 1974. Nutrient sources for Lake Mendota – 1972. *Trans. Wisc. Acad. Sci.* 62: 133 – 164.

Soranno, P. A. , S. L. Hubler and S. A. Carpenter. 1996. Phosphorus loads to surface waters: A simple model to account for spatial patterns of land use. *Ecol. Appl.* 6: 865 – 878.

Stauffer, R. E. and D. E. Armstrong. 1984. Lake mixing and its relationship to epilimnetic phosphorus in Shagawa Lake, Minnesota. *Can. J. Fish. Aquatic Sci.* 41: 57 – 69.

Stauffer, R. E. and G. F. Lee. 1973. The role of thermocline migration in regulation of algal blooms. In E. J. Middlebrooks, D. H. Falkenbor and T. E. Maloney (Eds.), *Modeling the Eutrophication Process*. Utah State University, Water Res. Center, Logan, UT. pp. 73 – 82.

Stephen, D. , B. Moss and G. Phillips. 1997. Do rooted macrophytes increase sediment phosphorus release? *Hydrobiologia* 342: 27 – 34.

United States Environmental Protection Agency (USEPA) . 1974. The relationship of nitrogen and phosphorus to the trophic state of Northeast and North – Central lakes and reservoirs. NES Working Paper 23, Corvallis Environmental Research Laboratory, Corvallis, OR.

USEPA. 1980. *Clean Lakes Program Guidance Manual*. USEPA 440/5 – 81 – 003.

USEPA. 1988. *The Lake and Reservoir Restoration Guidance Manual*. USEPA 440/5 – 88 – 002.

USEPA. 2003. USEPA and partners demonstrate new technology that turns dredged material into cement. USEPA Region 2 News Release #03138. Nov. 24. New York, NY.

Uttormark, P. D. , J. D. Chapin and K. M. Green. 1974. *Estimating Nutrient Loadings of Lakes from non – point Sources*. USEPA 600/3 – 74 – 020.

VanHullebusch, R. , F. Auvray, V. Deluchat, P. M. Chazal and M. Baudu. 2003. Phosphorus fractionation and short – term mobility in the surface sediment of a polymictic shallow lake treated with a low dose of alum (Courtille Lake, France) . *Water Air Soil Pollut.* 146: 75 – 91.

Vant, W. N. 1987. *Lake Managers, Handbook—A Guide to Undertaking and Understanding Investigations into Lake Ecosystems, so as to Assess Management Options for Lakes*. Water and Soil Misc. Pub. No. 103, Natl. Water and Soil Conserv. Auth. , Wellington, New Zealand.

Vollenweider, R. A. 1969a. *A Manual on Methods for Measuring Primary Production in Aquatic Environments*. IBP Handbook, No. 12. Blackwell Scientific Publishers, Oxford.

Vollenweider, R. A. 1969b. Possibilities and limits of elementary models concerning the budget of substances in lakes. *Arch. Hydrobiol.* 66: 1 – 36.

Vollenweider, R. A. 1976. Advances in defining critical loading levels for phosphorus in lake eutrophication. *Mem. Ist. Ital. Idrobiol.* 33: 53 – 83.

Vollenweider, R. A. and P. J. Dillon. 1974. The application of the phosphorus – loading concept to eutrophication research. National Research Council, Canada, Tech. Rept. 13690.

Walker, W. W. , Jr. 1980. Variability of trophic state indicators in reservoirs. In: *Restoration of Lakes and*

Reservoirs. USEPA 440/5 – 81 – 010. p. 344.

Walker, W. W. , Jr. 1981. Empirical methods for predicting eutrophication in impoundments. Rep. I, Phase I. Tech. Rept. E – 81 – 9, U. S. Army Corps Engineers. Vicksburg, MS.

Walker, W. W. , Jr. 1982. Empirical methods for predicting eutrophication in impoundments. Model Testing, Rep. 2, Phase II. Tech. Rept. E – 18 – 9, U. S. Army Corps Engineers, Vicksburg, MS.

Walker, W. W. , Jr. 1984. Trophic state indices in reservoirs. In: *Lake and Reservoir Management*. USEPA 440/5 – 84 – 001. p. 435 – 440.

Walker, W. W. , Jr. 1985. Empirical methods of predicting eutrophication in impoundments. Applications Manual. EWQOS Program, U. S. Army Corps Engineers, Vicksburg, MS.

Walker, W. W. , Jr. 1986. Models and software for reservoir eutrophication assessment. *Lake and Reservoir Manage*. 2: 143 – 148.

Walker, W. W. , Jr. 1987. Empirical methods for predicting eutrophication in impoundments. Rep. 4, Phase III: Application Manual. Tech. Rept. E – 81 – 9, U. S. Army Corps Engineers, Vicksburg, MS.

Walker, W. W. 1996. Simplified procedures for eutrophication assessment and prediction: users manual. Instruction Rep. W – 96 – 2, U. S. Army Corps Engineers, Vicksburg, MS.

Walker, W. W. Jr. , personal communication. 1127 Lowell Rd. , Concord, MA.

Walker, W. W. Jr. and K. E. Havens. 1995. Relating algal bloom frequencies to phosphorus concentrations in Lake Okeechobee. *Lake and Reservoir Manage*. 11: 77 – 83.

Welch, E. B. 1989. Alternative criteria for defining lake quality for recreation. In *Proc. Natl. Conf. Enhancing State's Lake Management Programs*, Chicago. p. 7.

Welch, E. B. and G. D. Cooke. 1995. Internal phosphorus loading in shallow lakes: Importance and control. *Lake and Reservoir Manage*. 11: 273 – 281.

Welch, E. B. and J. M. Jacoby. 2001. On determining the principle source of phosphorus causing summer algal blooms in western Washington lakes. *Lake and Reservoir Manage*. 17: 55 – 65.

Welch, E. B. and J. M. Jacoby. 2004. *Pollutants in Fresh Water: Applied Limnology*. Spon Press, London and New York.

Welch, E. B. and M. A. Perkins. 1979. Oxygen deficit – phosphorus loading relation in lakes. *J. Water Pollut. Cont. Fed*. 51: 2823 – 2828.

Welch, E. B. , C. A. Rock, R. C. Howe and M. A. Perkins. 1980. Lake Sammamish response to wastewater diversion and increasing urban runoff. *Water Res*. 14: 821 – 828.

Welch, E. B. , D. E. Spyridakis, J. I. Shuster and R. R. Horner. 1986. Declining lake sediment phosphorus release and oxygen deficit following wastewater diversion. *J. Water Pollut. Cont. Fed*. 58: 92 – 96.

Welch, E. B. , C. A. Jones and R. P. Barbiero. 1989. Moses Lake quality: Results of dilution, sewage diversion and BMPs—1977 through 1988. Dept. Civil Engr. , Water Res. Ser. Tech. Rept. 118.

Welch, E. B. , E. B. Kvam and R. F. Chase. 1994. The independence of macrophyte harvesting and lake phosphorus. *Verh. Int. Verein. Limnol*. 25: 2301 – 2314.

Welch, E. B. , J. Kann, T. K. Burke and M. E. Loftus. 2004. *Relationships Between Lake Elevation and Water Quality in Upper Klamath Lake, Oregon*. R2 Resources, Inc. , Redmond, WA.

Wetzel, R. B. 1983. *Limnology*, 2nd ed. W. B. Saunders, Philadelphia, PA.

Wetzel, R. B. and G. E. Likens. 1991. *Limnological Analysis*. W. B. Saunders, Philadelphia, PA.

Whitmore, T. J. and M. A. Riedinger – Whitmore. 2004. Lake management programs: The importance of sediment assessment studies. *LakeLine* 24: 27 – 30.

Winter, T. C. 1978. Groundwater component of lake water and nutrient budgets. *Verh. Int. Verein. Limnol*. 20: 438 – 444.

Winter, T. C. 1980. Survey of errors for estimating water and chemical balances of lakes and reservoirs. In *Symposium on Surface Water Improvements*, sponsored by American Society of Civil Engineering, Minneapolis, MN. p. 224.

Winter, T. C. 1981. Uncertainties in estimating the water balance of lakes. *Water Res. Bull.* 17: 82 –115.

第二部分

浮 游 藻 类 控 制

第 4 章至第 10 章以及第 14 章所描述的技术旨在控制营养物、浮游藻类，以及其他由富营养化导致的过度生产和物种组成变化相关的影响，如透明度、含氧量、味道/气味变化，浮渣形成，有毒藻类繁殖和三卤甲烷（THM）的产生。在介绍这些技术之前，首先讨论浮游藻类（浮游植物）的一些一般特征。

大多数浮游植物按分类学可分为绿藻、金藻（硅藻、黄绿藻和金黄褐藻）、蓝藻（蓝绿藻或蓝藻）、甲藻（鞭毛藻类）、裸藻（眼虫藻）和隐藻（隐滴虫）。物种可以以单细胞的形式或多细胞组成的群落或细丝的形式出现。它们可按尺寸分类，例如，超微浮游生物、微型浮游生物和网采浮游生物，小于 $10\mu m$ 的为超微浮游生物，大于 $50\mu m$ 的为网采浮游生物。

大部分浮游植物通过风引起的湍流保持在水体中。其形状可能是不规则的，以增加其表面体积比，从而降低其密度，使其能够抵抗下沉。尽管如此，它们仍会在静止状态下从水体中沉淀下来，特别是当它们衰老且密度变大时。具有气孢的蓝绿藻（蓝藻细菌），以及生有鞭毛的运动型物种，可以抵抗下沉。自然与人为因素引起的湍流和混合对浮游植物的生产力和物种组成非常重要，这将在后续章节中加以讨论。

浮游植物存在典型的季节性循环，通常始于温带水域的春季硅藻水华。在贫营养湖泊中，春季水华消耗了冬季和春季径流期间积累的大量可用营养物。随着沉降的发生，透光区的营养物含量减少，浮游植物生长减缓，这通常是营养物限制的结果。在夏季低流量和热分层期间，外部负荷最小，可防止富集的深水层垂直混合，此时湖上层的营养物含量达到低水平，导致藻类生产量和生物量降低。随着秋季循环的到来，可能会出现硅藻水华，但通常比春天的比例小。绿藻、带藻和黄绿藻是贫营养湖中夏季浮游植物的重要组成部分，但蓝绿藻（蓝藻细菌）通常不重要。

随着富营养化的进行，夏季蓝绿藻水华通常会接替春季硅藻水华，且程度更甚。其丰度取决于来自外部或内部的营养物负荷。一般来说，营养物负荷（和浓度）越高，蓝绿藻的生物量和占据主导地位的时间就越长，通常从早春延伸到晚秋。尽管蓝绿藻比其他群体偏好更高的温度，但它们也可能在低温期间占主导地位，有时水华会持续到冬季，生长在两季混合湖的冰层之下，或在单循环湖泊表面形成浮渣。富营养化，尤其是由于污水排放导致的富营养化将使氮磷比降低，这有利于氮—固定蓝绿藻的生长。

季节性模式因光和营养物的可用性存在显著差异。一般而言，湖泊越浅，与混合深度相比，通过热分层对内部营养物循环的控制和通过临界深度对光可用性的控制都越少。例如，OI（奥斯古德指数，第 3 章；Osgood，1988）小于 7，则具有强烈的混合趋势，从而在夏季风事件期间将沉积物/深水层的养分循环到透光区。已证明这些事件可以带来营养物，并引起夏季水华（Stauffer 和 Lee，1973；Larsen 等，1981）。因此，在高度动态湖泊中浮游植物丰度/物种组成的模式随着风事件的变化而变化。为了估算各处理方法的成本效益，必须深入理解特定湖泊的上述现象。然而不幸的是，浮游植物演替和蓝绿藻（蓝藻细菌）占主导的原因仍未明了，各种处理方式的结果只能以一般方式进行预测。

参考文献如下：

Larsen，D. P.，，D. W. Schults and K. W. Malueg. 1981. Summer internal phosphorus supplies in Shagawa
　　Lake，Minnesota. *Limnol*. *Oceanogr*. 26：740 - 753.

Osgood，R. A. 1988. Lake mixis and internal phosphorus dynamics. *Arch. Hydrobiol*. 113：629 – 638.

Stauffer，R. E. and G. F. Lee. 1973. The role of thermocline migration in regulating algae blooms. In：D. H. Falk – enborg and T. E. Maloney（Eds.），*Modeling the Eutrophication Process*. Utah State University，Logan. pp. 73 – 82.

湖泊和水库对污水分流和深度污水处理的响应

4.1 引言

恢复或改善富营养化或超富营养化湖泊和水库质量的第一步，是清除或治理直接入流的雨水和/或污水。这些来水通常含有较高浓度的磷和氮。如果不能减少这些外部输入（负荷），则湖内治理通常无法实现任何长期效益。在某些情况下，减少营养盐的外部输入足以修复水体水质（例如，华盛顿湖，埃德蒙森，1978，1994），但在某些情况下，内部营养负荷至关重要，湖内治理可能仍是实现湖泊质量改善的必要途径（例如，Lake Trummen；Björk，1974；第 20 章）。

污水分流与废水处理（AWT）在去磷方面效果相似。在磷已是最具限制性的营养盐或在氮通常是限制性营养盐的高度富营养化或超富营养化湖泊中，如果磷浓度充分降低，富营养化能够得以限制。若要在富营养化的氮限制湖泊中限制磷浓度，通常需要大幅减少外部负荷。但是，如果来自沉积物的内部负荷足够高，在外部负荷减少后，氮仍然是限制性营养盐，那么污水分流可能比废水处理更理想。因为污水分流同时也将去除氮来源。尽管如此，即使氮减少能够带来积极影响，湖泊仍可能保持高度富营养化。瑞典诺维肯湖就是这种情况，稍后将对此进行讨论（Ahlgren，1978）。通过稀释流入的硝酸盐浓度也已证明具有积极效果（Welch 等，1984；第 6 章）。如果磷的背景值较高，则废水中的磷和氮都需要去除（Rutherford 等，1989）。

通常，重要的不是湖泊或水库在外部养分负荷减少后能否恢复或改善，而是在何时以及在何种程度上恢复或改善。在外部负荷减少后，几乎所有情况下湖泊磷浓度都有所下降。然而，平衡状态的磷浓度可能仍高于限制藻类生物量所需的浓度，并且氮可能仍是限制性营养盐。这种情况尤其发生在夏季沉积物内部负荷很大的湖泊中。

恢复或改善的速度取决于几个因素。在减少磷负荷后，湖泊通常会恢复到接近于先前的营养状态，或者至少会改善质量。因沉积物引起的磷滞留能力问题，恢复速度可能较慢且恢复不完全。如果沉积物不存在磷滞留（磷输出大于磷输入，例如索比加德湖、诺维肯湖），则污水分流后湖泊磷浓度的减少仅归因于稀释作用。沉积物将以恒定的速度（或多或少）持续释放磷至少 10 年，或者更长时间（Søndergaard 等，2001）。

就湖泊对治理的响应来说，深湖和单位平均水深受风影响较小的湖泊通常比浅湖的响应更快、更完整。浅湖更难以恢复或改善，即使它们是"有氧的"，因为风的扰动作用使得从沉积物释放的磷更易用于光照区和藻类吸收。由于若干机制，浅水湖泊的沉积物释放速率等同于或高于分层的缺氧湖泊（Welch 和 Cooke，1995）。在具有低铁磷比、风混合高 pH 的浅湖中，观察到非常高的磷释放速率，每天 $20\sim50\text{mg/m}^2$（Søndergaard，1988；Jensen 等，1992）。由于较高的温度和生物活性，夏季内部磷负荷最高，并且释放速率随着营养状态的增加而增加（Søndergaard 等，2001）。内部负荷最终会减少，但可能会持续数十年。在少数情况下，外部磷负荷减少后，内部负荷将迅速减少。经过污水分流后的湖泊中，磷恢复到平衡状态的速率可通过包括沉积过程的质量平衡磷模型来预测。随着富集的沉积物被埋在新的、贫瘠的沉积物之下，内部负荷将下降。在外部磷减少后，预计夏嘎瓦湖中磷浓度恢复到 90% 平衡浓度的时间为 80 年（Chapra 和 Canale，1991），奥基乔比湖约为 30 年（Pollman，个人交流）。

目前针对内部负荷对外部磷输入减少长期响应的预测，并非采用常规的预测方法，而且这种响应尚未得到验证。因此，必须保守假设，内部负荷释放速率至少 10 年与治理前相同。该假设基于内部负荷缓慢下降，甚至在治理后增加到更高释放速率的案例（Welch 和 Cooke，1995）。在治理不久后磷释放即显著降低的情况实际上很少。

本章将详细介绍几个代表性湖泊的恢复过程，讨论湖泊对污水分流和深度污水处理响应的一般结果。本章还将讨论内部磷负荷在深湖和浅湖中的作用，预测湖泊响应中的问题。

4.2　降低外部营养负荷的技术

分流和深度污水处理是两种常用的减少外部负荷的技术。分流经处理的生活污水或工业废水包括安装拦截线，从而将废水从已降解的水体排入具有更大同化能力的水体（例如，光限制性水体）。废水可能已被收集到下水道系统中并且代表"点"源，此时分流仅需使用连接管。对于独立的家庭化粪池排水场或雨水径流构成非点源情况（第 5 章），收集系统可能是分流项目的必要部分。分流需使用大管道以相对较高的成本远距离运输废水。

污水深度处理采用明矾（硫酸铝）、石灰（氢氧化钙）或铁（氯化铁）除去磷，从而降低持续流入湖中的废水中磷的浓度。对于生活污水，去磷阶段遵循传统的初级和二级处理。污水深度处理后残留的总磷浓度约为 $1000\mu\text{g/L}$，比典型的二级处理后的 $5000\mu\text{g/L}$ 残留减少了 80%，但要达到限制湖中生物量的浓度，可能需要将残留量降到更低（例如 $50\mu\text{g/L}$）。河流入流的治理可将残留浓度降到仅为几微克/升（Bernhardt，1981；第 5 章）。处理成本与处理量成正比，与磷残留浓度成反比。

生活污水和富营养盐的工业废水被分流或处理后，另一个最重要的外部营养盐来源则可能是雨水径流。雨水径流的富营养盐产生于下垫面变化。尽管雨水中的磷含量远低于污水（约为污水的 2%～10%），且雨水中的磷可溶性较低，但这些非点源仍可能是磷污染的重要来源。减少径流中磷含量的流域治理方法包括湿滞留盆地和湿地磷滞留、土壤快速渗透以及预留盆地去磷等（第5章）。

不幸的是，雨水处理或雨水分流使得湖泊恢复的案例鲜有记载。虽然雨水控制通常在流域范围内实施，但一般不包括长期湖泊监测。而且，雨水控制措施一般用于保护湖泊免受发展带来的影响，即在控制措施实施之前湖泊一般没有受污染历史。因此，本章在讨论湖泊对外部养分负荷减少的响应时，将仅考虑废水分流或污水深度处理，并将详细描述具有良好记录的案例。

表 4.1　　　　全球 42 个湖泊污水分流和污水深度处理后的营养盐输入结果

类型	TP_i	TP_1		$chl\ a$	
	变化/%	变化/%	浓度	变化/%	浓度
类型Ⅰ，$n=15$	-74 ± 18	-38 ± 14	28 ± 23	-37 ± 18	5.4 ± 5.4
类型Ⅱ，$n=9$	-76 ± 10	-51 ± 14	118 ± 118	-57 ± 17	26 ± 29
类型Ⅲ，$n=18$	-64 ± 22	-67 ± 14	100 ± 152	$+216\pm394$	44 ± 49

注：请参考类型定义的文本。TP_i 是平衡浓度，TP_1 是平均流入浓度，单位为 $\mu g/L \pm 1SD$。
来源：Cullen, P. and C. Forsberg. 1988. *Hydrobiologia* 170：321-336.

4.3　各国湖泊的修复

关于湖泊/水库对外部营养盐负荷减少的响应已有一些讨论（Uttormark 和 Hutchins，1980；Cullen 和 Forsberg，1988；Marsden，1989；Sas 等，1989；Jeppesen 等，2002），其中涵盖了世界上近 100 个营养盐输入减少的湖泊。这些报告显示，虽然湖泊通常会对外部负荷减少做出响应，但响应可能较慢，改善程度低于预期。

Cullen 和 Forsberg（1988）回顾了 43 个湖泊对外部负荷减少的响应。不同的响应程度有：第一类（共 15 个湖泊）"足以改变营养类别……"；第二类（共 9 个湖泊）"湖泊磷和叶绿素 a 减少，不足以改变营养类别……"；第三类（共 19 个湖泊）"湖泊改善较小或无明显改善，或湖内磷含量没有明显减少，而且叶绿素 a 几乎没有减少……"。外部负荷（流入磷浓度，P_i）减少的幅度平均为处理前负荷的约 2/3~3/4（表 4.1）。前两类湖泊磷（P_1）含量减少，但远低于减载量，叶绿素 a 平均含量也有适当的降低。相比后两类湖泊，只有第一类湖泊中营养状态变化的原因是磷和叶绿素 a 的残留浓度极低，后两类湖泊磷残留浓度平均为 $100\mu g/L$ 或更高。营养状态变化的标准是富营养—中营养边界的总磷浓度 $25\mu g/L$。Uttormark 和 Hutchins 评估了另外 13 个湖泊，发现其中有 9 个响应为营养状态改变（富营养—中营养边界为 $20\mu g/L$）。这 9 个湖中有 7 个在奥地利。

湖泊/水库会对外部养分负荷减少做出反应，即使营养状态可能不会改变，这意味着湖泊磷含量可能不会降低到足以改变营养状态的浓度，但湖泊质量仍会有所改善。大多数湖泊没有像预期中根据冲刷和沉积速率做出反应，特别是浅湖（Ryding 和 Forsberg，1980；Søndergaard 等，2001）。湖泊未能迅速恢复，并且原因正如所预期的，是因为沉积物在释放磷，即内部负荷。在浅湖中内部负荷更加显著，因为整个水体可能在风的影响下，夹带高磷含量的底层水、再悬浮颗粒态磷和高 pH 混合。然而，热量分层倾向于抑制深水层磷的可用性，直到分层状态被破坏。

在外部负荷减少后，即使内部负荷很高，湖泊磷浓度也会有所下降，所以问题不在于湖泊是否会恢复，而是何时恢复，以及恢复到何种程度。预测恢复程度的困难在于如何预测底泥污染严重的湖泊中磷浓度的平衡。这一问题在浅湖中尤为突出，在这里可能会有几种内部负荷机制（第 3 章）。浅层和深层湖泊之间的响应差异，预测平衡磷浓度的困难以及达到平衡的时间，在透彻分析了外部负荷有所减少的 9 个浅湖和 9 个深湖后，得到了很好的说明（Sas 等，1989）。选定的 9 个浅湖，平均深度为：诺维肯湖（瑞典），5.4m；格伦湖（丹麦），1.8m；希尔克湖（丹麦），7.1m；索比加德湖（丹麦），1.0m；费吕沃湖（荷兰），1.3m；施拉赫滕湖（德国），4.6m；科克修德布（英国），1.0m；阿德芬布罗德湖（英国），0.6m；内伊湖（英国），8.9m。浅湖的定义是湖泊的大部分湖上层与底部沉积物直接接触。9 个深湖是：耶逊湖（挪威），23m；瓦恩巴赫水坝湖（德国），18m；博登湖（德国、奥地利、瑞士），100m；莱曼湖（法国、瑞士），172m；苏黎世湖（瑞士），51m；瓦伦湖（瑞士），100m；富施尔湖（奥地利），38m；欧希亚赫湖（奥地利），20m；马焦雷湖（意大利、瑞士），177m。

所有湖泊，无论是浅水湖还是深水湖，年平均总磷浓度均有所降低。然而，湖泊总磷减少的百分比小于负荷减少的百分比。污水分流前总磷与分流后流入总磷的浓度平均比值为 5.4 ± 6.8，而湖中污水分流前总磷与分流后总磷的浓度平均比值为 3.7 ± 5.8（$n=17$）。也就是说，流入总磷平均下降 82%[1−(1/5.4)]，而湖中总磷下降 73%。上述平均值基于处理前最高浓度和处理后最低浓度。

在外部负荷减少后的最初几年，除两个案例外，可在浅湖中观察到总磷的年净释放，但在大约 5 年后，净释放减弱。外部负荷减少后的持续净释放与沉积物总磷含量（上部 15cm）各干物质超过 1mg/g 有关。虽然沉积物总磷含量和总磷释放速率有关，但释放速率与沉积物可移动磷含量的关系更为密切（Nürnberg，1988）。1mg/g 水平表示饱和度，在外部负荷减少之前沉积物磷高于该水平，可以产生缓慢恢复。然而，即使每年的净释放停止，在许多浅湖中的负荷减少之后，磷的季节性（例如夏季）净释放仍继续发生。这种情况可能仍会导致夏季高总磷含量和藻类生物量，即使沉积物磷保持在 1mg/g 的水平（例如，长湖和绿湖；第 8 章）。磷的净年度释放从未发生在深湖中。

随着浅层湖泊沉积物中磷年净释放量的持续增加，可观察到湖泊总磷的下降比深湖缓慢得多，深湖每年湖泊总磷浓度对外部负荷的减少反应相当迅速。此外，尽管随着年净释放量的减少，浅湖中磷的夏季净释放趋于降低，但夏季磷净释放还在持续。因此，虽然浅湖和深湖的年总磷最终都有所下降，但浅湖中湖泊质量的恢复速度较慢，原因是夏季藻类生物量对夏季磷反应明显，只要夏季发生净沉积物释放，夏季磷浓度就会保持高水平（Welch 和 Jacoby，2001）。

欧洲湖泊评估表明，在可溶性磷（SRP）的夏季湖上层浓度低于 $10\mu g/L$ 的平均值之前，藻类不会受到磷限制，即使湖泊总磷下降，藻类生物量也不会改变（除非受到氮减少的影响）。这个概念如图 4.1 所示，生物量只有在磷浓度达到足够低的水平才能开始下降。其他人则认为 $10\mu g/L$ 的水平对于引发藻类问题至关重要。Sawyer（1947）在 50 年前观察到，春季溶解磷浓度超过 $10\mu g/L$ 的威斯康星州湖泊可能会在接下来的夏季面临藻类大量繁殖。临界浓度在溪流中是相似的，在年平均 $SRP \geqslant 10\mu g/L$ 时，30 天累积有害悬浮生物叶绿素 a 预期将达到 $200mg/m^2$（Biggs，2000）。

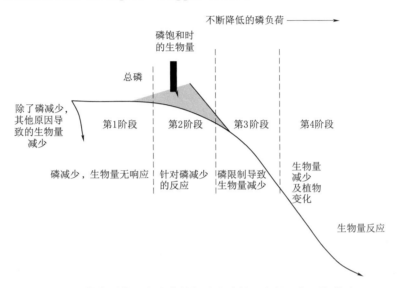

图 4.1 藻类群落对湖内营养物浓度降低反应的一般预期模式。

（来源：Sas，H. et al. 1989. *Lake Restoration by Reduction of Nutrient Loading：Expectations*，*Experiences*，*Extrapolation*. Academia - Verlag，Richarz，St. Augustine，Germany.）

当达到较低的磷浓度时，可以预估物种组成变化。随着总磷：Z_{eu}/Z_{mix}（即磷：光）的比例下降，蓝绿藻（蓝细菌）的百分比也将下降。颤藻让位于浅湖中的其他蓝绿藻（微囊藻、鱼腥藻和束丝藻），随后比率进一步下降导致蓝绿藻减少（图 4.2）。由于颤藻不会在湖面上产生浮渣，因此从美学方面而言，湖泊在水质变好之前实际上是变得更糟。总磷浓度在 $50 \sim 100\mu g/L$ 时，颤藻与其他蓝绿藻比例不断变化。在深湖中，当总磷浓度降至 $10 \sim 20\mu g/L$ 时，颤藻数量下降。

欧洲湖泊对总磷减少的响应符合以下模型（Sas 等，1989）：

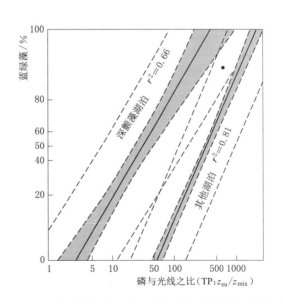

图 4.2 蓝绿藻对恢复响应的不同类型的对数线性回归关系。

（来源：Sas，H. et al. 1989. *Lake Restoration of Nutrient Loading：Expectations*，*Experiences*，*Extrapolation*. Academia - Verlag，Richarz，St. Augustine，Germany.）

$$P_1 \, post = P_1 \, pre \, (P_i \, post / P_i \, pre)^{0.65}$$

其中，"pre"是治理前湖中磷平衡浓度，"post"是治理后湖中平衡浓度，P_1＝湖中磷平均浓度（5—10 月），P_i＝年平均流入浓度。

该模型用于评估 4 个大型瑞典湖泊的响应，在 20 世纪 70 年代中期，所有废水入流中均安装了污水深度处理设备，使总磷输入降低了 50％--60％（Wilander 和 Persson，2001）。大型贫营养湖，韦特恩湖和维纳恩湖，面积分别为 1890km^2 和 5650km^2，平均深度分别为 39m 和 25m，对总磷输入的大幅减少仅有微弱响应。平衡浓度接近 Sas 模型预测的值（表 4.2）。尽管埃科恩部分的总磷甚至低于预期，马勒恩湖的 3 个特有流域（591km^2，平均深度 18m）仍响应了模型预测的输入减少（表 4.2）。由于沉积物磷内部负荷分布广泛，浅水湖哈马伦湖（402km^2，平均深度 6.5m）在输入减少 20 年后，仍没有像预期那样作出响应（表 4.2）。在该湖较小的 Hemfjärden 流域（25km^2，平均深度 1m），总磷在输入减少后的前 10 年内从治理前浓度大于 150μg/L 甚至超过 500μg/L 大幅下降，而较大的流域（Storhjälmaren）因离污水入流处较远而变化较小。

表 4.2　　　　　根据 4 个大型瑞典湖泊和相关流域的总磷输入减少情况，在平衡
20 年后观察的和预测的总磷 5 年平均值　　　　　　　　　　单位：mg/L

湖　泊	流　域	湖内总磷	预测总磷
韦特恩湖		6	4
维纳恩湖		8	6
马勒恩湖	波克法尔登	22	22
	埃科恩	42	63
	高尔顿	48	53
哈马伦湖	斯托哈马伦	52	28
	赫姆法尔登	92	29

注：详见预测方法有关内容。
来源：经许可引自 Wilander, A. and G. Persson. 2001. *Ambio* 30：475-485.

匈牙利巴拉顿湖情况与之类似，但其响应更复杂，其中外部总磷输入减少 45％～50％导致西部小流域（38km^2，平均深度 2.3m）藻类生物量显著减少，但在两个较大的东北流域（600km^2 和 802km^2，平均深度 3.2m 和 3.7m；Istvánovics 等，2002）中观察到持续的高营养甚至营养增加状态。与减少输入前 8 年相比，减少输入后的 11 年内，西北大流域的净内部负荷实际上增加了 5～6 倍。亚热带蓝藻的入侵增强了内部负荷，光合作用引起的高 pH 从再悬浮的沉积物中释放了磷，导致磷浓度增加。

小型两部流域的分析表明，除藻类生物量减少外，总磷降低是由于上游过程引起的磷沉降减少：①上游水库造成总磷相对于钙的负荷减少；②上游湿地夏季流出的总磷中可溶性磷增加（Istvánovics 和 Somlyódy，2001）。藻类生物量的减少与可移动沉积物磷的固定化增加有关。

Jeppesen 等在磷负荷减少后的 11 年中记录了丹麦 18 个湖泊的恢复情况（Jeppesen 等，2002）。其中有 4 个湖泊采取了生物调控。所有湖泊的总磷浓度都有所下降，有些则下降更多，这取决于内部负荷的大小。10 个湖泊中与总磷相关的叶绿素 a 也有所下降，甚至在一些总磷相对较高的（150～400μg/L）湖泊内也是如此。浮游植物的分类组成也

发生了变化，非异形蓝藻显著下降，异形细胞的增加较少。随着总磷减少，浮游动物生物量没有显著变化，但在生物调控的湖泊中变化明显。然而，浮游动物与浮游植物的比例在所有湖泊中都有所增加，总磷减少，而以水蚤为代表的部分在生物调控的湖泊中大大增加。在 4 个未经处理的湖泊中，没有观察到变化。

在磷含量较高或存在有机沉积物的恢复较差的浅水湖中也有例外。三个加拿大连续的浅水湖泊，皮尔斯湖（56hm²，平均深度 2.3m）、六月湖（45hm²，平均深度 2.3m）和拉科斯卡湖（213hm²，平均深度 1.6m）在减少 80％磷负荷后，迅速恢复（Choulik 和 Moore，1992）。三个湖泊中夏季总磷分别减少了 70％、64％和 55％。尽管沉积物磷水平为 4～20mg/g，但内部负荷变化不明显。超高的冲洗率，如在融雪期间高达 0.5/天，可能导致较小的内部负荷效应。

快速恢复存在一个例外，即在水质方面，在污水分流后，重负荷（每年 26.5g/m²）、面积小（2.8hm²）、水浅（0.7m 平均深度）的湖泊的恢复速度相当快（98％磷负荷）。小米尔湖在分流后仅三年就开始滞留磷（Beklioglu 等，1999）。尽管有高度残留湖泊总磷（185μg/L）和高内部负荷（每天 38μg/m²），但在分流后仍然具有大量的浮游动植物和清水，促使湖泊快速恢复。这里的重点是生物过程主导湖泊质量，而不是磷。

关于湖泊恢复预期的另一个重要问题涉及透明度（SD）。水透明度的改善与叶绿素 a 和总磷浓度的降低不是线性相关的（参见 Carlson 的方程式，第 3 章）。对于等量的磷分流，透明度的改善程度将随着接近中营养状态（＜25μg/L）而加大。图 4.3 中的 Carlson 方程的图形显示，在每次叶绿素 a 含量减小时，透明度将持续增加。也就是说，对于中营养或低营养湖泊的处理，给定的总磷和叶绿素 a 降低在水清澈性改善方面，比高富营养化或高营养化的湖泊更明显。

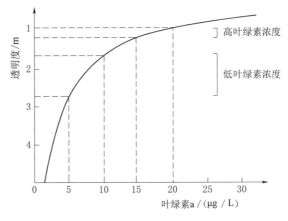

图 4.3　叶绿素 a 与透明度关系曲线，该曲线表明，在低、高 chl a 下增量变化对透明度具有更大的绝对裨益。（经许可引自 Cooke et al. 1993，based on data from Carlson，R. E. 1977. *Limnol. Oceanogr.* 22.）

为了进一步了解外部磷负荷减少后湖泊响应的预期和不确定性，下文将详细讨论几个具体案例，包括：华盛顿州的华盛顿湖和瑟马米什湖，瑞典中部的诺维肯湖和华伦图纳湖，明尼苏达州的夏嘎瓦湖，威斯康星州麦迪逊湖群，瑞士苏黎世湖，以及丹麦索比加德湖。

4.4　华盛顿州华盛顿湖

西雅图市政府从 1964—1967 年在华盛顿湖实施了二级处理的生活污水分流措施，并使湖泊得以快速恢复，因为发生在对富营养化湖泊的快速及完全恢复前景存在相当大疑问的时期，而被众所周知。华盛顿湖在这个为期 3 年的建设项目完工之前开始恢复，该项目分流了该湖外部磷负荷的 88%（Edmondson，1970，1978，1994；Edmondson 和 Lehman，1981）。

湖泊的响应与 Vollenweider 模型 [式 (3.19)] 所预测的情况相同。在分流完成 5 年后，磷平衡浓度从分流前平均每年 $64\mu g/L$ 衰减到分流后约 $21\mu g/L$（1972 年）。然而，在 1969 年，它已经下降到约 $25\mu g/L$。根据一阶下降公式 $[\ln10/(\rho+\rho^{0.5})$，其中 $\rho=0.4/$ 年]，该湖泊应在 2.2 年内达到平衡状态下总降幅的 10%。预测的响应假定分流在 1967 年完成，并且使用了观察到的滞留系数，且与 Vollenweider 模型完全一致，即 0.61（Edmondson 和 Lehman，1981）。分流后 1969—1975 年，7 年平均值为 $19\mu g/L$，1976—1979 年，4 年平均值为 $17\mu g/L$（表 4.3）。总磷在 1980 年后逐渐下降，特别是在 20 世纪 90 年代末，可能是由于气候条件导致冲刷率降低（图 4.4）。

叶绿素 a 浓度从分流前夏季平均值 $36\mu g/L$ 开始下降且与总磷下降呈正比。虽然在分流之前湖泊接近氮限制性状态——主要是因为污水中氮磷比极低（2∶1～3∶1），磷很快被重新确立为分流后的限制性营养盐（Edmondson，1970）。到 1969 年，叶绿素 a 浓度达到 $7\mu g/L$ 的水平，并且到 1975 年保持 7 年平均值为 $6\mu g/L$（表 4.3）。在同一时期，透明度从夏季平均值 1m 增加到 3.1m。这是磷成为藻类控制的主要限制因素的第一个直接证据。

表 4.3　五个湖泊的特征，在分流或废水治理之前和之后的指定年份的平均值（P 去除；AWT）

湖泊	Z	ρ	L_{int}	年份		SD		TP		叶绿素 a	
				前	后	前	后	前	后	前	后
华盛顿湖①	37.0	0.40	否	4	7	1.0	3.1	64	19	36	6
					4		6.9		17		3
瑟马米什湖②	18.0	0.55	是	2	5	3.2	3.4	33	27	5	7
					4		4.9		19		2.7
诺维肯湖③	5.4	1.2	是	2	6	0.7	0.7	NA	236	131	79
					5		1.1		115		45
夏嘎瓦湖④	5.6	1.6	是	2	3			51	30	28	24
					18				35		
索比加德湖⑤	1.2	0.08	是	2	4		0.41	826	587		617

注：Z 表示平均深度（m）；ρ 表示冲刷速率（L/年）；L_{int} 表示内部负荷；SD 表示 Secchi 透明度（m），为夏季平均值；TP 表示总磷浓度（$\mu g/L$），为全年平均值；叶绿素 a（$\mu g/L$）为夏季平均值。

① Edmondson, W. T. and J. R. Lehman. 1981. *Limnol. Oceanogr.* 26：1-29；King County Dept. Nat. Res., Seattle, WA.

② Welch, E. B., et al. 1980. *Water Res.* 14：821-828. Welch, E. B., et al. 1986. In：*Lake Reservoir Management*. USEPA-440/5-84-001. pp. 493-497；King County Dept. Nat. Res., Seattle, WA.

③ Ahlgren, I. 1980. *Arch. Hydrobiol.* 89：17-32；Sas, H. et al. 1989 *Lake Restoration by Reduction of Nutrient Loading：Expectations, Experiences, Extrapolation*. Academia-Verlag, Richarz, St. Augustine, Germany.

④ Larsen, D. P. et al. 1979. *Water Res.* 13：1259-1272；Wilson, B. personal communication.

⑤ Søndergaard, M. et al. 1999. *Hydrobiologia* 408/409：145-152；Søndergaard, M. et al. 2001. *Sci. World 1*：427-442. From Cooke et al. 1993. With permission.

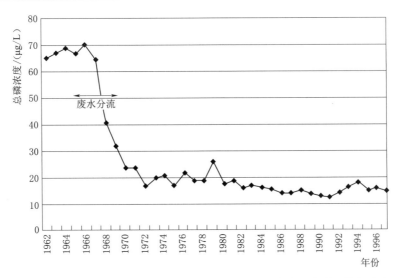

图 4.4 华盛顿湖各年份 1 月 1 日全湖 TP 浓度在二次处理污水分流之前、期间和之后的变化。

(来源：King County，2002，with early data from Edmondson，W. T. and J.

R. Lehman. 1981. *Limnol. Oceanogr.* 26：1 - 29.)

    1975 年后湖泊又有了明显的改善。在接下来的 4 年中，透明度增加了一倍多，达到 6.9m，而叶绿素 a 浓度则下降了一半，达到 3µg/L（表 4.3）。另一个原因是水蚤从 1976 年开始成为主要的浮游动物（Edmondson 和 Litt，1982）。当时水蚤种群数量增加，显然是因为 20 世纪 60 年代中期一种水生动物新糠虾的减少，到 1976 年蓝绿藻（尤其是颤藻）的相对重要性明显下降。颤藻干扰了水蚤的筛选过程，并降低了食物消费效率（Infante 和 Abella，1985）。20 世纪 70 年代后期的湖泊状况约为总磷浓度 17µg/L，叶绿素 a 浓度 3µg/L，SD 近 7m，这是化学和生物恢复的结果。在 20 世纪 90 年代，叶绿素 a 和透明度保持相似水平，夏季分别为 2.7µg/L 和 7.1m（King County，2002）。

    华盛顿湖恢复迅速而彻底，因为该湖相对较深（最大 64m，平均 37m）、更新率较快（0.4/年）、含氧深水层，以及富营养历史相对较短。较大深水层和较短的富营养历史（在 20 世纪 50 年代早期观察到第一个迹象，Edmondson 等，1956）阻止了深水层的缺氧。因此，内部负荷影响较小。

    雪松河对华盛顿湖的稀释效应是该湖快速恢复的另一原因。通过检查总磷输入和来自雪松河及其他来源的预期湖泊浓度，可以明显看出这一点。在 1995—2000 年期间，雪松河每年平均贡献 57% 的入湖流量，但仅占总磷负荷的 25%（Arhonditis 等，2003）。这表示年平均总磷流入浓度为 17µg/L，预期产生的湖泊浓度仅为约 7µg/L$[TP_{\text{inflow}}(1-R)]$，其中 R 为 Edmondson 和 Lehman（1981）提出的平均总磷滞留系数。因此，如果华盛顿湖只接收雪松河水，其总磷浓度将只是当前水平的一半。其余输入流量和预期湖泊浓度平均为 71 和 28µg/L。瑟马米什河的流入总磷浓度为 82µg/L，预期湖泊浓度为 33µg/L，是目前水平的两倍多。如果没有水质较好的雪松河汇入，华盛顿湖的水质会更差，因为流域 63% 的地区已实现城市化（Arhonditis 和 Brett，不公开文献）。

    这个案例证明了在湖泊达到深度富营养状态之前对其进行治理的优势。不幸的是，华盛顿湖的快速、完全恢复不够典型。

4.5　华盛顿州瑟马米什湖

1968 年附近的瑟马米什湖附近对污水和乳品厂污水分流的响应比华盛顿湖慢，但两个湖泊的最终平衡总磷浓度相似（表 4.3）。虽然与华盛顿湖相比，减少的外部负荷较少（分别为 35% 和 88%），但两个湖泊的冲刷率相似，因此总磷下降的速度也应该相似。虽然瑟马米什湖的外部负荷减少较少，但同样的，该湖的富营养程度也相对较低，在分流前的平均年总磷浓度仅为 33μg/L，约为华盛顿湖的一半。

两个湖泊之间的两个主要差异导致其不同的响应：①瑟马米什湖从夏末到 11 月中旬循环时存在缺氧性深水层（其平均深度是华盛顿湖的一半，因此其深水层体积亦然，其初始氧气供应量更小）；②瑟马米什湖通过其主要流入河流接收处理后的污水磷负荷，且污水排入点距离湖泊约 3km，而华盛顿湖是直接接收处理后的污水。这些差异意味着：①瑟马米什湖存在显著的内部磷负荷，相当于分流后总载荷的 1/3（Welch 等，1986）；②华盛顿湖可能接收了更大比例的溶解态磷，而释放到瑟马米什湖的污水磷在排放点和入湖口之间的 3km 河流中有更大的机会转化为颗粒态磷。大部分磷负荷进入瑟马米什湖是在冬季洪水期，2/3～3/4 的磷是颗粒态，它们可能春季之前就已经沉淀，因此无法供应春夏季的藻类吸收。这将使湖泊对内部负载的响应比对外部负载更敏感。

在分流后的前 7 年，瑟马米什湖只显示出适度的恢复迹象（Welch 等，1977，1980）。平均每年全湖总磷降低不到 20%，从 33μg/L 降至 27μg/L，外部负荷减少 35%，而夏季叶绿素 a 或透明度没有变化（表 4.3）。该值低于 18 个欧洲湖泊的平均湖泊总磷下降值，这 18 个湖泊在外部负荷减少了 82% 后，湖中平均总磷下降 73%（Sas 等，1989）。如果包括内部负荷（总量的 1/3），总负荷（内部＋外部）的减少仅为 19%，大约等于观察到的总磷减少（Welch 等，1986）。

然而，湖泊的恢复有一个后续阶段。从 1975 年开始，总磷下降继续，到 20 世纪 70年代后期平均为 19μg/L，并且在 20 世纪 80 年代保持在约 18μg/L。（1980—1984 年平均值；表 4.3）。随后逐渐增加，直到 1997 年（图 4.5），Perkins 认为该增加来源于流域中的土地用途改变，如住宅取代了森林等（Perkins，1995）。为了保护湖泊质量，国王郡设定了 22μg/L 的全湖总磷限值。

整个湖泊的总磷从 20 世纪 70 年代早期的 27μg/L 下降到 20 世纪 80 年代初的 18μg/L，同时表面 5m 的夏季总磷从 20μg/L 降低到 10μg/L。这导致夏季叶绿素 a 减少 50%，夏季透明度增加近 5m（表 4.3）。总磷降低的延缓和湖泊恢复到近贫营养状态，显然主要是由于缺氧沉积物磷释放速率的降低。1964—1966 年（分流前）和 1971—1974 年（分流后）的平均释放率相似，为 (6.1±1.6)mg/m² 和 (5.6±3.2)mg/m²，但在 1975 年，1979 年和 1981—1984 年减少到每天 (2.5±2.1)mg/m²（Welch 等，1986 年）。原位观测得到的分层期间平均深水层磷增加速度的降低速率与 1973—1984 年试管测试值相符。虽然释放率的年度变化相当大，但 1974 年之后的 20 年间，变化率普遍较低，其中有三个例外（图 4.5）。

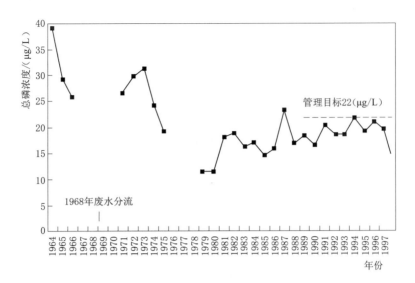

图 4.5　1964—2002 年瑟马米什湖的平均、全年全湖浓度。1979—1980 年的数据仅基于 4 个样本，1981 年的数据没有秋季样本。1964—1966 年的 TSP（总可溶磷）数据根据 TP/TSP 为 1.2 的比率，调整至接近 TP 数据。1964—1966 年的数据来自 Metro；1971—1975 年的数据来自 华盛顿大学；1979—1997 年的数据来自国王郡（华盛顿州西雅图 Dept. Nat. Res.）

据 Welch 分析，深水层的氧气条件与降低的沉积物磷释放速率一致（Welch 等，1986）。然而，进一步的分析表明，到 2001 年，AHOD（每天 $\pm 100 mg/m^2$）的年度波动幅度很大，自分流以来没有明显的趋势（AHOD，第 3 章）。

20 世纪 70 年代末和 80 年代初，较低的湖泊总磷浓度可能部分与较低的河流流量导致的较低外部负荷有关。如果 1982 年、1983 年和 1984 年的外部负荷率与减少的内部负荷相结合，那么 20 世纪 80 年代早期的总负荷（内部＋外部）则代表最终分流后减少了 36％，实际上仍然低于在湖中观察到的总磷减少量（45％）。随后总磷逐渐增加，20 世纪 90 年代后期的减少，显示了逐年流入变化的影响（图 4.5）。尽管如此，总磷仍保持在分流前的一半左右。

湖泊总磷延迟但大量降低的主要原因可能是内部负荷的减少。来自其他湖泊和瑟马米什湖的结果表明，在分流后内部负荷将减少，即使减少可能会略有延迟（本案例中是 7 年）。在分流之前，较长时间的外部负荷增加可能会导致内部负荷对变化的抵抗力更大。

前面讨论的 18 个欧洲湖泊的结果表明，表层沉积物中 1mg/g 干物质的总磷含量可能代表一个近似的阈值，高于此阈值将导致分流后长存内部负荷。瑟马米什湖表层沉积物中每单位干物质的总磷尚未发现可察觉的变化；到 20 世纪 80 年代初，它仍然保持一致，在整个湖上层 0.5m 内为 2mg/g。然而，缺氧后沉积物孔隙水中 SRP 的平衡浓度从 20 世纪 70 年代初开始至 20 世纪 80 年代一直在下降，表明沉积物释放的可能性下降，这可通过减小的释放速率得到证实（Welch 等，1986；图 4.5）。

4.6 瑞典诺维肯湖

Ahlgren（1977，1979，1980，1988）记录了1969年分流来自生活污水和工业废水的87％外部负荷后诺维肯湖的恢复情况，并与华盛顿湖和瑟马米什湖作了对比。虽然诺维肯湖存在热分层，但该湖更浅，并且在分流之前和之后都处于过度富营养状态（表4.3）。此外，内部负荷比瑟马米什湖影响更大，自分流以来，11年中内部负荷略高于外部负荷，尽管在分流之前内部负荷仅占外部负荷的八分之一（Ahlgren等，1989）。

与预测相同，湖泊总磷浓度因简单的稀释作用而下降，从1970年秋季循环时的最大值约450μg/L降至1975年的约175μg/L（图4.6）。显然，内部负荷对这种"稀释恢复"的缓冲作用不大，因为在分流之前，内部负荷只有外部负荷的八分之一。

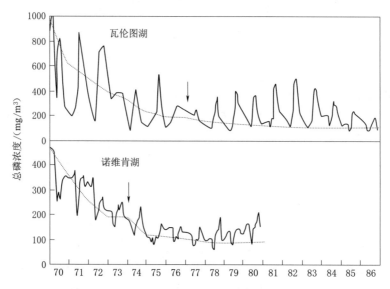

图4.6 1970年瑞典诺维肯湖和瓦伦图湖的总磷浓度对污水分流的响应。
方格线的数据通过简单稀释法计算而得，箭头表示三个滞留时间。

［经许可引自Ahlgren，I.1988.In：G.Blvay（Ed.），*Eutrophication and Lake Restoration - Water Quality and Biological Impacts*.Thoron - les - Bains，France.pp.79 - 97.］

夏季总磷（6—9月）在1970—1975年期间从260μg/L降至98μg/L，并在接下来5年中保持在该水平。在同样的5年中，叶绿素a和塞氏透明度分别提高了43％和57％（表4.3）。透明度高达1.2m，叶绿素a低至36μg/L（1980年，数据的最后一年）。虽然湖泊仍然是富营养化状态，但其质量明显提高，因此认为分流项目获得了成功。此外，在夏季，颤藻不再作为单一主导浮游植物，其他蓝绿藻，例如束丝藻、鱼腥藻、微囊藻和束球藻逐渐变得重要。藻类生物量的变化可能是由氮限制引起的，因为氮和磷一样被分流，而且生物量与氮的相关性大于磷（Ahlgren，1978）。

尽管营养状态可能仍没有改变，但诺维肯湖仍然是成功分流的实例。营养状态指数有助于表述湖泊质量，但正如诺维肯湖的例子所示，指数不应过于死板地解释恢复成功。

Cullen 和 Forsberg（1988）将诺维肯湖归类为 Ⅱ 型，"磷和叶绿素 a 减少，但不足以改变营养状态"，而华盛顿湖是 Ⅰ 型，瑟马米什湖是 Ⅲ 型（表 4.1）。

与瑟马米什湖相同，诺维肯湖的内部负荷在分流后降低（Ahlgren，1977）。沉积物中的总磷下降，沉积物释放速率由深水层（与瑟马米什湖一样）的增加率决定，从每天 $9.2\,mg/m^2$ 降至 $1.6\,mg/m^2$，这从 1976 年总磷浓度的下降幅度图中可以看出（图 4.6）。然而，其后，1980 年释放速率再次增加。从上游湖泊华伦图纳湖的较长数据集（图 4.6）可推测，这一趋势可能会逆转，沉积物将会再次滞留磷。与诺维肯湖相比，该湖区年总磷先下降然后增加，但最终再次下降（Ahlgren，1988）。华伦图纳湖很浅，没有热分层；因此沉积物—水界面通常是有氧的。该湖中沉积物的滞留能力差（持续高内部负荷），可能是由于铁含量相对较低而有机磷含量较高，因此没有足够的铁来复合从沉积物中扩散的可溶性磷（Lofgren Boström，1989）。

4.7　明尼苏达州夏嘎瓦湖

Larsen 彻底研究了夏嘎瓦湖 1971—1976 年的数据，证明了湖泊对仅去除污水中磷的响应。该湖通过碳酸钙沉淀进行深度废水处理。湖泊得以改善但未达到预期（Larsen 等，1979）。

体积加权年平均总磷从 1973 年开始治理前的 $51\mu g/L$ 降至治理后 3 年的 $30\mu g/L$，降低了 40%（表 4.3）。可溶性磷下降 80% 至 $4.5\mu g/L$，表明磷成为限制性营养素。春季平均叶绿素 a 减少了 50%，但在夏季观察到，除了水华持续时间减少外，叶绿素 a 变化很小（表 4.3）。

根据一阶稳态模型（Larsen 等，1979），平均年度总磷应在 1.5 年内降至 $12\mu g/L$。但由于缺氧深水层沉积物的夏季内部负荷，湖泊没有如预期一样响应（Larsen 等，1981）。在整个湖区，磷的夏季净释放量为平均每天 $5.3\mu g/m^2$。深度区域释放速率几乎是该速度的两倍。当变温层产生陡峭的磷梯度时，每天可以通过夏季紊流扩散垂直运输 $6\sim12\,mg/m^2$。夏嘎瓦湖（特别是西部流域）有一个相对较大的区域，深度在 $6\sim8m$ 之间，为缺氧区域。该区域受风混合夹带影响（Stauffer 和 Armstrong，1986）。

平均深度与面积比率低的分层湖泊具有较低的抗混合能力，并且可能通过内部生态活动，在深水层—金属矿物界面的边缘处经历显著的低温水夹带。例如，夏嘎瓦湖西部流域的 OI 仅为 2.28，远低于稳定性开始限制夹带的阈值（Osgood，1988）。因此，夏季光区中可用的内部磷供应是叶绿素 a 保持高浓度的原因。

考虑到它们相似的平均深度（表 4.3）和 OI（诺维肯湖的 3.30），在诺维肯湖的光区可获得的磷内部负荷可能与夏嘎瓦湖相似。当风影响和速度恒定时，随着深度增加，来自缺氧深水层（通过上述边缘效应）的内部磷负荷的可用性应该降低。然而，扩散可能是实质性的，并且 OI 可能并不总是表明可用性，如第 3 章中所述。瑟马米什湖平均深度是夏嘎瓦湖的 3 倍，但湖泊面积更大（$OI=3.98$），其内部磷的可用性也应与诺维肯湖或夏嘎瓦湖相近。然而，瑟马米什周围地势相当陡峭，夏季华盛顿西部通常不会出现强风和风暴。包含扩散和夹带的双层总磷模型显示，湖上层总磷对内部负荷不太敏感（Perkins 等，

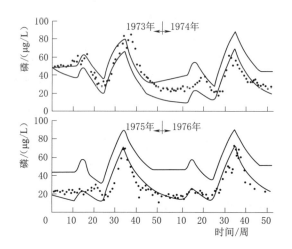

图 4.7　明尼苏达州夏嘎瓦湖总磷浓度的预测值（线）与观察值（点）对比，上条线表示没有进行治理，下条线表示已对污水进行去磷处理。

［经许可（Pergamon Press Ltd., Oxford）引自重印的 Larsen, D. P. et al. 1979. *Water Res.* 13：1259-1272.］

1997）。然而，一旦内部负荷下降，瑟马米什湖的透明度确实有所改善，并且在夏季的湖上层中叶绿素 a 减少。

总磷的非稳态模型（第 3 章）很好地描述了夏嘎瓦湖对负荷减少的早期响应（图 4.7）。Larsen 等（1979）使用恒定的沉降速率（在冬季估计而得），并通过校准确定在分流 3 年后保持恒定的总内部负荷速率。图 4.7 显示了恒定的内部负荷，相似的总磷增加率和夏季最大值，即使总磷在 3 年内整体下降。与其他湖泊一样，夏嘎瓦湖的内部负荷应该会下降。但是，下降的速度难以预测。Chapra 和 Canale（1991）的半经验长期模型包括深水层氧气沉积物磷累积，并根据夏嘎瓦湖数据校准。根据他们的模型，预计内部负荷逐渐下降，需要 80 年才能恢复 90%，达到 12μg/L 的平衡浓度。

夏嘎瓦湖的进一步恢复存在持续的阻力。到 1994 年，年平均总磷含量保持在 30μg/L 以上，这是初始恢复的特征（图 4.8；Wilson，个人交流；表 4.3）。透明度在此期间保持相对不变。1979—1996 年夏季平均值为 2.06m（1.68～2.62）。内部负荷持续存在，流入总磷超过流出总磷，内部负荷约占输入减少 16 年后总负荷的 30%（Wilson 和 Musick，1989）。这些观察结果与 Chapra 和 Canale（1991）对长期恢复的预测一致。该湖近年来已显示出进一步恢复的迹象；1997—2003 年间，透明度平均为 2.95m（2.68～3.35）（Wilson，个人交流）。

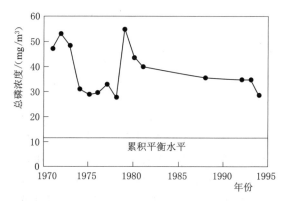

图 4.8　明尼苏达州夏嘎瓦湖平均年总磷浓度。（Wilson, B. personal communication with early data from Larsen, D. P. et al. 1979. *Water Res.* 13：1259-1272.）

4.8　威斯康星州麦迪逊湖群

麦迪逊湖群包括曼多塔湖、莫诺纳湖、沃博萨湖和科宫萨湖。1958 年，来自麦迪逊市的污水从下游的两个湖泊沃博萨湖和科宫萨湖分流。在此之前，污水中的磷将下游湖泊的磷浓度从 4 倍增加到 7 倍，88％的磷排入了沃博萨湖。在分流之后，沃博萨湖的冬季 SRP 含量从约 500μg/L 降至约 100μg/L，这与简单的水力冲刷模型结果相似，即稀释效应（Sonzogni 和 Lee，1976）。科宫萨湖的 SRP 含量也随着简单的冲刷而减少，但速度较慢，主要是由于沃博萨湖冲刷的磷进入了科宫萨湖。尽管持续的高磷浓度对藻类生物量几乎没有影响，但藻类组成从微囊藻占 99％变为更加复杂的组合（Fitzgerald，1964）。在 20 世纪 70 年代早期，湖泊中持续的正常营养状态使湖水透明度和氧含量没有显著变化（Stewart，1976）。

上游社区进入曼多塔湖的污水排放于 1971 年被下水道拦截，而曼多塔湖的磷负荷由此减少了约 20％（Sonzogni 和 Lee，1976）。曼多塔湖的 SRP 有一定的减少，表层 SRP 从 20 世纪 70 年代中期的约 100μg/L 降至 20 世纪 80 年代的 40～80μg/L，尽管年际变化很大（Lathrop，1988a，b；1990）。自 1978 年以来，深水层 SRP 下降了约 20％。自 1975 年以来，下游湖泊（沃博萨湖和科宫萨湖）的春季 SRP 从 50μg/L 和 90μg/L，减少到了 20 世纪 80 年代早期的接近不可检测的水平（Lathrop，1988a，b；1990）。SRP 的进一步下降是自 1977 年以来，曼多塔湖上游的污水分流和春季径流减少综合作用的结果。相应于 SRP 降低，透明度增加，叶绿素 a 减少。然而，当正常径流事件恢复时，SRP 可能再次上升，因此可能需要非点源控制来维持湖泊质量的改善（Lathrop，1990）。

20 世纪 70 年代中期到 80 年代，曼多塔湖试图控制其 604km² 流域的非点源污染，但该尝试基本没有获得成功，主要原因是缺乏资金和相应制度（Lathrop 等，1998）。然而，该湖在 1993 年被指定为"优先流域项目"，预计将增加资金并提供更集中的控制措施。为了确定所需的非点源负荷控制程度，将质量平衡总磷模型与总磷—蓝绿藻类概率模型相结合，可以得出总磷负荷降低的另一响应（Lathrop 等，1998；图 4.9）。这些模型预测结合了 21 年记录的变化，以便估算湖泊条件（可达到状态）的概率。

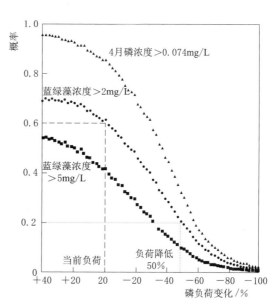

图 4.9　4 月磷浓度＞0.074mg/L（三角形），蓝绿藻浓度＞2mg/L（圆形），蓝绿藻浓度＞5mg/L（正方形）的概率，与曼多塔湖年度表面水磷负荷的百分比变化。图中预设了在当前磷负荷率（无变化）和降低 50％时，蓝绿藻浓度＞2mg/L 的概率。如果没有负荷变化，在某个给定夏日，蓝绿藻浓度＞2mg/L 出现的概率为 0.6，或经过多个夏季的验证，5 天中有 3 天出现这一情况。在负荷降低 50％时，该概率降至 0.2，或经过多个夏季的验证，5 天中有 1 天出现这一情况。

4.9　瑞士苏黎世湖

传统的污水处理厂建设始于 1955 年。大约从 1965 年开始，10 年间，直接排入苏黎世湖的所有处理厂均逐步安装了去磷设备。1955 年之前进入湖泊的大约 54％的磷负荷通过废水深度处理得以去除。流入的总磷浓度从 1976 年的 $80\mu g/L$ 降至 1984 年的 $47\mu g/L$。1974—1986 年 13 年间湖泊总磷从 $93\mu g/L$ 降至 $54\mu g/L$，湖泊响应积极（Sas 等，1989）。

在 1955 年采用常规废水处理后的 10 年中，观察到水质得以最大改善的同时，深水层的缺氧状况也有明显减少（Shantz，1977）。与 1953—1959 年相比，1971—1976 年间的氧气缺乏平均减少了 27％。

1966—1975 年间，年平均透明度相对于 1953—1965 年增加了约 50％（Shantz，1977）。在治理前的几年中，透明度很少超过 6m，但在安装了废水深度处理设备后，透明度通常为 10m。透明度的最大改善发生在冬季和秋季。自废水深度处理推行以来，湖泊的透明度比世纪之交时期大有改善。透明度的增加与 20 世纪 60 年代中期的颤藻水华消失有关，尽管自 20 世纪 70 年代中期以来，藻类生物量没有持续随之减少，透明度也没有持续增加（Sas 等，1989）。

4.10　丹麦索比加德湖

索比加德湖的恢复已得到 20 年的密切关注（Søndergaard 等，1999，2001）。1982 年以前，该湖经历了几十年的高负荷磷（每年约 $30g/m^2$）污染，1982 年开始采用深度废水处理措施去除磷，减少了 80％～90％的磷负荷。在输入减少后，这个浅水（平均深度 1.2m，$50hm^2$）湖中的磷含量非常高（表 4.3），并且在随后的 14 年中没有改善。平均夏季总磷浓度范围为 400～$1000\mu g/L$，平均叶绿素 a 浓度为 130～$840\mu g/L$。

华盛顿湖是快速和完全恢复到富营养状态前的特例，而索比加德湖则代表了完全相反的情况。由于内部负荷净速率高，每天达 $145mg/m^2$，夏季平均每天 30～$50mg/m^2$，夏季总磷和叶绿素 a 浓度保持高水平，因此该湖的恢复未能实现，质量也没有得到改善（Søndergaard 等，1999，2001）。

沉积物磷剖面显示输入减少后的过渡期可能持续超过 30 年，随后沉积物开始滞留磷，并且湖中磷浓度与输入达到平衡。自输入减少以来，沉积物磷含量在 25cm 的深度处下降，尽管水平仍然很高（图 4.10）。剖面浓度和质量平衡变化分析表明，沉积物损失在 13 年期间分别为 $57mg/m^2$ 和 $40mg/m^2$，这表明还需额外的 15～20 年才能达到平衡。

磷含量仅为 2mg/g 的湖泊沉积物可能具有显著的释放速率。回顾 Sas 等（1989）对 18 个湖泊评估的观察结果，恢复的阈值可能在 1mg/g 左右，这个低值可能并非表示在某些情况下内部负荷较低。该湖夏季内部高负荷的主要机制是光合作用导致 10～11 的高 pH（Søndergaard，1988）。高 pH 甚至发生在孔隙水中，并且在夏季可能产生 2mg/g 的高度松散吸附磷（Søndergaard，1988）。

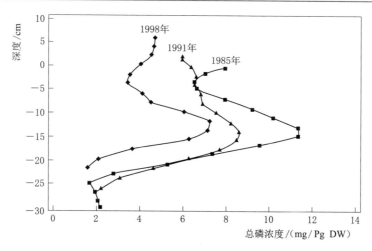

图 4.10　13 年内索比加德湖沉积物中总磷的沉积物剖面图（1985 年，1991 年，1998 年），基于输入磷减少和同一样本中共用的中心位置的沉积岩心。剖面图通过使用 0.6cm/年的沉积率调整至 1985 年的水平。

（来源：经许可引自 Søndergaard，M. et al. 1999. *Hydrobiologia* 408/409：145 - 152.）

4.11　成本

因湖泊到接收水体的距离不同，处理设施不同，各地污水分流的成本也存在较大差异。人均废水深度处理的成本在不同地点之间逐渐接近，因其成本取决于废水量、治理化学品和粪泥处理。除非先前未对废水进行处理并且需要新的工厂和下水道系统，否则不应有额外的运输成本。

废水从华盛顿湖周围的 11 个小型二级处理厂进入该湖，并在 1963—1967 年期间由西雅图市分流（Edmondson 和 Lehman，1981）。分流涉及拦截 11 个工厂的废水，并将其输送到距离湖泊 3km 处的大型一级处理厂，并主要排放到普吉特海湾（一个混合均匀的大型河口）深处。这并非将富营养化问题分流到普吉特海湾，因为频繁的深层混合会导致光而不是营养物质限制普吉特海湾的浮游植物生长。处理厂升级到二级并没有影响普吉特海湾的营养状态。

西雅图市还在 1968 年分流了二级处理后的污水和乳制品废水。该收集系统将废水运送到二级处理厂，将污水排放到杜瓦米什河，再过 20km，进入普吉特海湾。1988 年，这些污水从河流分流并直接通过管道输送到普吉特海湾深处。

分流成本差异很大。华盛顿湖和瑟马米什湖分流之间存在 20 倍的成本差异（表 4.4），这源自废水量的显著差异。考虑到湖泊面积，瑟马米什湖的单位面积资本成本仍然低了 80%（分别为 11500 美元/hm² 和 57400 美元/hm²；2002 年美元）。涉及佛罗里达州 9 个湖泊的引水项目，其平均资本成本约为 95000 美元/hm²（2002 年美元）（Dierberg 和 Williams，1989），远远超过瑟马米什湖或华盛顿湖。到目前为止，在 43 个佛罗里达湖泊调查中使用的六种技术中，分流是最昂贵的，占总支出的 97%。

瑟马米什湖分流的人均成本很高，原因是建设时人口较少。在随后的 35 年里，这一地区人口急剧增长，因此人均成本与华盛顿湖的成本更加趋于一致。尽早实现分流可以最大限度地减少这些项目的非货币成本。虽然华盛顿湖处于富营养状态，但它刚达到该状态，而瑟马米什湖只达到了中等营养状态。持续的富营养状态可能会延长恢复时间（非货币成本），特别是如果华盛顿湖的深水层已变得缺氧。因此，华盛顿湖从富营养化恢复到近贫营养的状态，以及防止瑟马米什湖变得富营养化并且实际上最终恢复到近贫营养状态所带来的效益，其成本甚至是低于比表4.4所示的美元值更低的成本。

表4.4 　　　　　　　　**5个湖泊采用污水分流和高级污水处理措施的预估成本**

湖泊	治理措施	年份	建　　设			运营/年	
			$\times 10^{-6}$美元	$\times 10^{-3}$美元/hm^2	美元/人	$\times 10^{-3}$美元	美元/人
华盛顿湖[1]	分流	1967	94.9（505）	41.6	171（911）	2138	4
瑟马米什湖[1]	分流	1968	4.5（22.9）	8.3	370（1880）	146	12
诺维肯湖[2]	分流	1969	44.5	550	106（486）	6736	16
夏嘎瓦湖[3]	废水深度处理	1973	1.9（7.6）	6.0	380	389	77
苏黎世湖[4]	废水深度处理	1975	36.0	13.2	252（835）	1500	115

注：传统治理包括：PO4去除人均只需2.5~4.10美元；括号内的数值调整至2002年美元（USDL，1987；经济指标，1986—2002；Lough，个人交流）。

[1] Municipality of Metropolitan Seattle, G. Farris（个人交流）。

[2] Käppalaforbundet, Arsredovisning 1980, Lidingö, Sweden：Käppalaverket.

[3] Vanderboom, S. A. et al. 1976. *Tertiary Treatment for Phosphorus Removal at ElyMinnesota AWT Plant*，*April* 1973 *through March* 1974. USEPA-600/2-76-082；R. M. Brice，USEPA（个人交流）。

[4] 经许可引自 Shantz, F. 1977. In：*Lake Pollution Prevention by Eutrophication Control*. Proceedings of a seminar，Killarney，Ireland. pp. 131-139. From Cooke, et al. 1993.

来自家庭和工业（酵母工厂）的废水从诺维肯湖分流到斯德哥尔摩的处理系统，然后污水从该处理系统排放到波罗的海。从诺维肯湖分流的资本成本约为华盛顿湖的一半（表4.4），但在面积基础上（约760000美元/hm^2；2002年美元），它高于任何提及的分流项目成本。如果考虑到受分流影响的链湖中的4个湖泊（Vallentunasjön，Norrviken，Edssjön和Oxundasjön），则面积成本将更接近于上述佛罗里达州的例子。

废水深度处理设施安装在明尼苏达州伊利诺伊市，用于清除进入夏嘎瓦湖的污水中的磷。治理系统的资金来源于美国国家环境保护局，该系统作为测试案例，以确定废水深度处理是否会减轻富营养化的影响。最初采用石灰净化和双介质过滤的两阶段处理过程。流出物总磷含量保持在约50µg/L。该项目的特点是人均治理成本相对较高（Vanderboom等，1976）。相对较高的运营成本促使其必须改变处理过程，从而减轻当地人口的负担。目前，流出总磷限制为每年平均300µg/L，采用明矾去除（Wilson和Musick，1989）。

1956年左右，苏黎世湖周围的社区开始建造17座污水处理厂。1965—1975年间，所有污水处理厂为大约8400人服务，均配备了废水深度处理设备（含活性污泥的氯化铁）。夏嘎瓦湖的污水处理设备为5000人服务，其人均建设成本比苏黎世湖高出约50%（表4.4），而苏黎世湖的人均运营成本高于明尼苏达州的处理厂（明显高于50%）。与3个分流项目相比，两个深度废水处理案例（约8300美元/hm^{2}和18200美元/hm^2；2002年美元）的每湖区面积

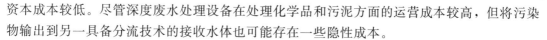

资本成本较低。尽管深度废水处理设备在处理化学品和污泥方面的运营成本较高，但将污染物输出到另一具备分流技术的接收水体也可能存在一些隐性成本。

深度废水处理通常涉及对现有活性污泥池添加化学品，而不是建造另一个（第三级）装置。这使得资本成本大大降低，相当于约 3785m³/天（10mg/天）去磷装置 20% 的资本加上 40 年的运营成本。去磷运营预计成本约为包括去磷功能的二级污水处理厂总运营成本的 25%（WPCF，1983）。

4.12 分流后湖内治理

如果预计磷的内部负荷会延迟分流或深度处理后的恢复，则可能需要采取额外的湖内措施以加速恢复。在外部负荷大幅减少后，大多数湖泊（甚至是浅湖泊）都出现了一些恢复。然而，人们往往没有意识到应在夏季进行后处理，因为夏季通常会出现内部负荷。在某些情况下，在实施外部控制后不久即实施湖内治理，而在其他情况下，在明确恢复不足之后才开始进行额外治理。目前已有包括沉积物动态预测长期恢复的建模技术（Chapra 和 Canale，1991；Pollman，个人交流）。因此，在许多情况下总磷达到平衡所需的时间是可预测的。但是，使用长期响应模型并不常见。这种模型中，关于沉积物磷行为的假设在输入减少后的长期响应未得到验证。因此，鉴于上文讨论的一些湖泊的结果，在应用湖内处理之前，观察湖泊响应 5 年左右可能具有成本效益。特别推荐将湖内治理应用于深度足以分层的湖泊。等待湖泊的自然恢复可能并不可取，起初即告知公众预估的总成本，包括湖内治理成本，则是一个明智的行动方案。

本书其他地方讨论的两个湖泊代表了应用湖内治理的例子，因为其中一个案例恢复缓慢，另一个案例是预期恢复缓慢。1959 年，污水排放从瑞典韦克舍附近的特鲁门浅湖分流。由于其后 10 年内没有观察到质量改善，因此 1970—1971 年在大部分湖泊中疏浚了 1m 处的沉积物。疏浚沉积物富集层（包括顶部 30cm）足以减少内部负荷并实现快速恢复（Bjork，1972，1974）。特鲁门湖代表了世界疏浚的经典案例，详情见第 20 章。

湖泊深水层采用明矾处理大大加速了俄亥俄州西双湖（全湖磷减少）的恢复（Cooke 等，1977，1978）。先通过单独的现场化粪池系统处理的废水被收集，并从东西双湖分流。考虑到缺氧深水层的大量内部负荷可能会减缓恢复，因此在分流完成后不久，将明矾添加到西部上游。经明矾处理过的湖泊中，磷含量迅速下降，并且单次处理的有效期将超过 15 年。湖上层的状态证明了湖泊质量的改善。由于该湖具有较高的混合阻力（$OI=7.9$），所以这种改善可能归功于分流而不是内部负荷控制。与此同时，下游东双湖的磷含量和表观质量得到恢复，这可能来自西双湖的低磷水持续稀释，但更可能来自分流和内部负荷的长期减少。第 8 章介绍了经处理和未经处理的湖泊响应的详细信息。

由于成本或可行性，分流可能不实用，也可能没有合适的接收水体。至于雨水，其扩散性可能要求完全清洗整个湖泊，并且去除营养物负荷可能不足以显著改善湖泊。在这种情况下，首先建立无需外部控制的湖内治理可能更具成本效益。华盛顿州的几个湖泊即是这种情况（Welch 和 Jacoby，2001）。外部与内部控制对夏季水质的相对影响可根据季节性磷模型估算。例如，根据第 3 章所述，如果来自雨水的外部负荷主要在冬季进入湖泊，但内部负荷在夏季和秋季进入，则内部负荷对夏季湖泊磷浓度的影响将明显大于年均磷浓度。此外，如果在模型中分别模拟湖上层和深水层的磷浓度，则可以确定内部负荷对湖上层水质影响的重要性。

4.13　小结

湖泊和水库对污水分流或深度污水处理的响应因湖而异，从通过具有相应营养状态变化的可用弗莱威特模型轻松预测磷浓度的湖泊，到藻类生物量和透明度显示没有营养状态变化的湖泊，其响应都各不相同。污水分流/废水深度处理的目标是降低湖泊磷浓度，过去的案例表明，年平均浓度预计与每年流入浓度的减少几乎成正比。然而，湖泊质量（藻类生物量和透明度）是绝对平衡湖泊磷浓度的函数，而不是浓度的比例变化。如果磷没有达到限制水平，并且有人建议 SRP 必须达到 $10\mu g/L$ 或更低水平以限制藻类生物量，那么就不能指望在分流或深度处理后湖泊质量得以改善。

对温带地区的湖泊质量来说，年平均磷浓度的意义低于夏季平均值。无论是对有氧（热不分层）还是缺氧（分层）湖泊，如果沉积物的内部负荷释放在分流/深度污水处理后持续不变，湖上层夏季平衡磷仍然居高不下，湖泊质量则可能不会实现预期中的改善（如夏嘎瓦湖）。有证据表明，内部负荷最终会下降，质量也会提高（如瑟马米什湖）。然而，也有证据表明，内部负荷在最终降低之前会增加（如诺维肯湖）。不幸的是，目前尚无预测沉积物—水交换长期行为的常规方法。目前对内部负荷和湖泊响应的理解表明，沉积物磷释放将下降，因此在分流/深度污水处理之后，可选择是否等待，观察磷释放和湖泊质量的趋势是否满足湖泊使用者的期望（他们会等待吗？）。如果选择是为了确保湖泊质量改善，并且预计湖泊磷不会达到藻类限制水平，假设释放率保持不变（如夏嘎瓦湖模型），则应在外部控制措施实施后立即启动湖泊内的处理措施来控制沉积物释放。

参 考 文 献

Ahlgren, I. 1977. Role of sediments in the process of recovery of a eutrophicated lake. In: H. L. Golterman (Ed.), *Interactions Between Sediments and Fresh Water*. Dr. W. Junk, The Hague, The Netherlands. pp. 372 – 377.

Ahlgren, I. 1978. Response of Lake Norrviken to reduced nutrient loading. *Verh. Int. Verein. Limnol.* 20: 846 – 850.

Ahlgren, I. 1979. Lake metabolism studies and results at the Institute of Limnology in Uppsala. *Arch. Hydrobiol. Beih.* 13: 10 – 30.

Ahlgren, I. 1980. A dilution model applied to a system of shallow eutrophic lakes after diversion of sewage effluents. *Arch. Hydrobiol.* 89: 17 – 32.

Ahlgren, I. 1988. Nutrient dynamics and trophic state response of two eutrophicated lakes after reduced nutrient loading. In: G. Blvay (Ed.), *Eutrophication and Lake Restoration—Water Quality and Biological Impacts*. Thoron – les – Bains, France. pp. 79 – 97.

Arhonditsis, G. Personal communication. Dept. Civil and Environmental Eng., University of Washington, Seattle.

Beklioglu, M., L. Carvalho and B. Moss. 1999. Rapid recovery of a shallow hypereutrophic lake following sewage effluent diversion: Lack of chemical resistance. *Hydrobiologia* 412: 5 – 15.

Bernhardt, H. 1981. Recent developments in the field of eutrophication prevention. *Z. Wasser Abwasser Forsch.* 17: 14 – 26.

Biggs, J. F. B. 2000. Eutrophication of streams and rivers: Dissolved nutrient – chlorophyll relationships for benthic algae. *J. North Am. Benthol. Soc.* 19: 17 – 31.

Björk, S. 1972. Ecosystem studies in connection with the restoration of lakes. *Verh. Int. Verein. Limnol.* 18: 379 – 387.

Björk, S. 1974. *European Lake Rehabilitation Activities*. Inst. Limnol. Rept. University of Lund, Sweden.

Brett, M. T. Personal communication. Dept. Civil and Environmental Eng., University of Washington, Seattle. Carlson, R. E. 1977. A trophic state index for lakes. *Limnol. Oceanogr.* 22: 361 – 368.

Chapra, S. C. and R. P. Canale. 1991. Long – term phenomenological model of phosphorus and oxygen for stratified lakes. *Water Res.* 25: 707 – 715.

Choulik, O. and T. R. Moore. 1992. Response of a subarctic lake chain to reduced sewage loading. *Can. J. Fish. Aquatic Sci.* 49: 1236 – 1245.

Cooke, G. D., M. R. McComas, D. W. Waller and R. H. Kennedy. 1977. The occurrence of internal phosphorus loading in two small, eutrophic, glacial lakes in northeastern Ohio. *Hydrobiologia* 56: 129 –135.

Cooke, G. D., R. T. Heath, R. H. Kennedy and M. R. McComas. 1978. *The Effect of Sewage Diversion and Aluminum Sulfate Application on Two Eutrophic Lakes*. USEPA – 600/3 – 78 – 033.

Cooke, G. D., E. B. Welch, S. A. Peterson and P. R. Newroth. 1993. *Restoration and Management of lakes and Reservoirs*, 2nd ed. CRC Press, Boca Raton, FL.

Cullen, P. and C. Forsberg. 1988. Experiences with reducing point sources of phosphorus to lakes. *Hydrobiologia* 170: 321 – 336.

Dierberg, F. E. and V. P. Williams. 1989. Lake management techniques in Florida, U. S.: Costs and water quality effects. *Environ. Manage.* 13: 729 – 742.

Edmondson, W. T. 1970. Phosphorus, nitrogen, and algae in Lake Washington after diversion of sewage. *Science* 169: 690 – 691.

Edmondson, W. T. 1978. *Trophic Equilibrium of Lake Washington*. USEPA – 600/3 – 77 – 087.

Edmondson, W. T. 1994. Sixty years of Lake Washington: A curriculum vitae. *Lake and Reservoir Manage.* 10: 75 – 84.

Edmondson, W. T. and J. R. Lehman. 1981. The effect of changes in the nutrient income on the condition of Lake Washington. *Limnol. Oceanogr.* 26: 1 – 29.

Edmondson, W. T. and A. H. Litt. 1982. *Daphnia* in Lake Washington. *Limnol. Oceanogr.* 27: 272 – 293.

Edmondson, W. T., G. C. Anderson and D. R. Peterson. 1956. Artificial eutrophication of Lake Washington. *Limnol. Oceanogr.* 1: 47 – 53.

Fitzgerald, G. P. 1964. In: D. F. Jackson (Ed.), *The Biotic Relationships within Water Blooms, in Algae and Man.* Plenum Press, New York, pp. 300 – 306.

Infante, A. and S. E. B. Abella. 1985. Inhibition of *Daphnia* by *Oscillatoria* in Lake Washington. *Limnol. Oceanogr.* 30: 1046 – 1052.

Istvánovics, V. and L. Somlyódy. 2001. Factors influencing lake recovery from eutrophication – the case of Basin 1 of Lake Balaton. *Water Res.* 35: 729 – 735.

Istvánovics, V., L. Somlyódy and A Clement. 2002. Cyanobacteria – mediated internal eutrophication in shallow Lake Balaton after load reduction. *Water Res.* 36: 3314 – 3322.

Jensen, H. S. , P. Kristensen, E Jeppesen and A. Skytthe. 1992. Iron – phosphorus ratio in surface sediments as an indicator of phosphate release from aerobic sediments in shallow lakes. *Hydrobiologia* 235/236: 731 – 743.

Jeppesen, E. , J. P. Jensen and M. Søndergaard. 2002. Response of phytoplankton, zooplankton and fish to reoligotrophication: An 11 year study of 23 Danish lakes. *Aquatic Ecosys. Health Manage.* 5: 31 – 43.

King County. 2002. Lake Washington Existing Conditions Report. King County Dept. Nat. Res. Div. Seattle, WA.

Larsen, D. P. , J. Van Sickle, K. W. Malueg and P. D. Smith. 1979. The effect of wastewater phosphorus removal on Shagawa Lake, Minnesota: Phosphorus supplies, lake phosphorus and chlorophyll *a*. *Water Res.* 13: 1259 – 1272.

Larsen, D. P. , D. W. Schultz and K. W. Malueg. 1981. Summer internal phosphorus supplies in Shagawa Lake, Minnesota. *Limnol. Oceanogr.* 26: 740 – 753.

Lathrop, R. C. 1988a. Phosphorus Trends in the Yahara Lakes since the mid – 1960s. Research Management Findings No. 11. Wisconsin Dept. Nat. Res. , Madison.

Lathrop, R. C. 1988b. Trends in Summer Phosphorus, Chlorophyll and Water Clarity in theYahara Lakes, 1976 – 1988. Research Management Findings No. 17. Wisconsin Dept. Nat. Res. , Madison.

Lathrop, R. C. 1990. Response of Lake Mendota (Wisconsin) to decreased phosphorus loadings and the effect on downstream lakes. *Ver. Int. Verein. Limnol.* 24: 457 – 463.

Lathrop, R. C. , S. R. Carpenter, C. A. Stow, P. A. Soranno and J. C. Panuska. 1998. Phosphorus loading reductions needed to control blue – green algal blooms in Lake Mendota. *Can. J. Fish. Aquatic Sci.* 55: 1169 – 1178.

Löfgren, S. and B. Boström. 1989. Interstitial water concentrations of phosphorus, iron, and manganese in a shallow, eutrophic Swedish lake—implications for phosphorus cycling. *Water Res.* 23: 1115 – 1125.

Lough, T. Personal communication. Dept. of Sociology, Sonoma State University.

Marsden, M. W. 1989. Lake restoration by reducing external phosphorus loading: The influence of sediment phosphorus release. *Freshwater Biol.* 21: 139 – 162.

Nürnberg, G. K. 1988. Prediction of phosphorus release rates from total and reductant – soluble phosphorus in anoxic lake sediments. *Can. J. Fish. Aquatic Sci.* 45: 453 – 462.

Osgood, R. A. 1988. Lake mixes and internal phosphorus dynamics. *Arch. Hydrobiol.* 113: 629 – 638.

Perkins, W. W. 1995. Lake Sammamish Total Phosphorus Model. King County Surface Water Management, Seattle, WA.

Perkins, W. W. , E. B. Welch, J. Frodge and T. Hubbard. 1997. A zero degree of freedom total phosphorus model: 2. Application to Lake Sammamish, Washington. *Lake and Reservoir Manage.* 13: 131 – 141.

Pollman, C. D. Personal communication. Tetra Tech, Inc. , Gainsville, FL.

Rutherford, J. C. , R. D. Pridmore and E. White. 1989. Management of phosphorus and nitrogen inputs to Lake Rotorua, New Zealand. *J. Water Res. Planning Manage.* 115: 431 – 439.

Ryding, S. O. and C. Forsberg. 1977. Short – term load – response relationships in shallow, polluted lakes. In: J. Barcia and L. R. Mur (Eds.), *Hypereutrophic Ecosystems*. W. Junk, The Hague, The Netherlands. pp. 95 – 103.

Sas, H. , I. Ahlgren, H. Bernhardt, B. Boström, J. Clasen, C. Forsberg, D. Imboden, L. Kamp – Nielson, L. Mur, N. de Oude, C. Reynolds, H. Schreurs, K. Seip, U. Sommer and S. Vermij. 1989. *Lake Restoration by Reduction of Nutrient Loading: Expectations, Experiences, Extrapolation.* Academia - Verlag, Richarz, St. Augustine, Germany.

Sawyer, C. N. 1947. Fertilization of lakes by agricultural and urban drainage. *J. N. Engl. Water Works Assoc.* 61: 109 - 127.

Shantz, F. 1977. Effects of wastewater treatment on Lake Zurich. In: W. K. Downey and G. Ni Vid (Eds.), *Lake Pollution Prevention by Eutrophication Control.* Proceedings of a seminar, Killarney, Ireland. pp. 131 - 139.

Søndergaard, M. 1988. Seasonal variations in the loosely sorbed phosphorus fraction of the sediment of a shallow and hypereutrophic lake. *Environ. Geol. Water Sci.* 11: 115 - 121.

Søndergaard, M., J. P. Jensen and E. Jeppesen. 1999. Internal phosphorus loading in shallow Danish lakes. *Hydrobiologia* 408/409: 145 - 152.

Søndergaard, M., J. P. Jensen and E. Jeppesen. 2001. Retention and internal loading of phosphorus in shallow, eutrophic lakes. *Sci. World* 1: 427 - 442.

Sonzogni, W. C. and G. F. Lee. 1976. Diversion of wastewaters from Madison lakes. *J. Environ. Eng. Div. ASCE* 100: 153 - 170.

Stauffer, R. E. and D. E. Armstrong. 1986. Cycling of iron, manganese, silica, phosphorus, calcium and potassium in two stratified basins of Shagawa Lake, Minnesota. *Geochim. Cosmochim. Acta* 50: 215 - 229.

Stewart, K. M. 1976. Oxygen deficits, clarity and eutrophication in some Madison lakes. *Int. Rev. ges. Hydrobiol.* 61: 563 - 579.

USDL. 1987. Handbook of Basic Economic Statistics. U. S. Dept. of Labor, Bureau of Labor Statistics, 41, 1. pp. 99 - 100.

Uttormark, P. D. and M. L. Hutchins. 1980. Input/output models as decision aids for lake restoration. *Water Res. Bull.* 16: 494 - 500.

Vanderboom, S. A., J. D. Pastika, J. W. Sheehy and F. L. Evans. 1976. Tertiary Treatment for Phosphorus Removal at Ely Minnesota AWT Plant, April 1973 through March 1974. USEPA - 600/2 - 76 -082.

WPCF. 1983. Water Pollution Control Federation. Nutrient Control. Manual of Practice FD - 7. Facilities Design, Washington, DC.

Welch, E. B. 1977. Nutrient Diversion: Resulting Lake Trophic State and Phosphorus Dynamics. Ecol. Res. Ser. USEPA - 600/3 - 88 - 003, 91 pp.

Welch, E. B. and G. D. Cooke. 1995. Internal phosphorus loading in shallow lakes: Importance and control. *Lake and Reservoir Manage.* 11: 273 - 281.

Welch, E. B. and J. M. Jacoby. 2001. On determining the principle source of phosphorus causing summer algal blooms in western Washington lakes. *Lake and Reservoir Manage.* 17: 55 - 65.

Welch, E. B., C. A. Rock, R. C. Howe and M. A. Perkins. 1980. Lake Sammamish response to wastewater diversion and increasing urban runoff. *Water Res.* 14: 821 - 828.

Welch, E. B., K. L. Carlson and M. V. Brenner. 1984. Control of algal biomass by inflow nitrogen. In: *Lake Reservoir Management.* USEPA - 440/5 - 84 - 001. pp. 493 - 497.

Welch, E. B., D. E. Spyridakis, J. I. Shuster and R. R. Horner. 1986. Declining lake sediment phosphorus release and oxygen deficit following wastewater diversion. *J. Water Pollut. Cont. Fed.* 58: 92 - 96.

Wilander, A. and G. Persson. 2001. Recovery from eutrophication: Experiences of reduced phosphorus input to the four largest lakes of Sweden. *Ambio* 30: 475 - 485.

Wilson, B. Personal communication. Minnesota Pollut. Cont. Agency, Minneapolis.

Wilson, B. and T. A. Musick. 1989. Lake assessment program 1988, Shagawa Lake, St. Louis County, Minnesota. Minnesota Poll. Cont. Agency, unpublished manuscript.

第 5 章

湖泊与水库的非点源污染防治

5.1 引言

过去人们认为，北美洲和欧洲的河流、湖泊与水库中营养与有机物质的主要来源为"点"源，例如废水处理厂（WWTP）排污口。经过对这些污染源的大幅度改造（Welch，1992），部分湖泊的水质得到了改善（如华盛顿湖），因为 WWTP 排放是这些湖泊的主要营养物质来源。但在许多湖泊中，内部及外部的非点源或扩散型营养负荷至少与点源负荷的影响相当。此类污染源难以评价和控制（Line 等，1999），而且对点源进行转移或处理后，许多湖泊的水质并没有得到快速改善（第 4 章）。本章旨在说明河流、湖泊与水库中非点源负荷的来源与性质，并探讨相应的处理方法。

城市与农业活动是河流中淤泥与营养的主要非点源，进而成为了湖泊与水库中淤泥与营养的主要非点源。随着城市的扩张，食品生产的增长［尤其是集中型动物饲养经营（CAFO）］，这些活动的负荷也随之增长。未开发地区的土地流失、森林砍伐，以及耕种或开发，释放了其中储存的土壤养分。集水区的土地用途是水库与湖泊生产力的良好预测指标。研究人员正在开发更加量化的指数，例如排水率（排水面积与湖泊体积之比）以及农田面积与牲畜密度之比（Pinel - Alloul 等，2002；Knoll 等，2003），随着数据的增加，这些指数将发挥更多作用。

通过侵蚀富营养土壤以及牲畜活动，农业成为了主要的非点负荷来源，并且也是最大的淡水用户（Novotny，1999）。为了满足农业产量的增长需求，肥料与粪肥的使用导致土壤营养过剩。例如，美国农业土壤中磷的平均净增长率为每年 $26kg/hm^2$（Carpenter 等，1998）。在欧洲，某些地区的平均净增长较高（如荷兰每年磷增长大于 $50kg/hm^2$），普通种植业平均每年 17kg 磷$/hm^2$，奶牛饲养业平均每年 24kg 磷$/hm^2$（Haygarth，1997）。过剩的土壤磷含量是非点径流的主要成分，其中有 3%～20% 会进入地表水源（Caraco，1995）。

水土流失是养分迁移的主要机制，可形成浅层、营养丰富的沿岸土壤以供大型植物生长。举例来说，连续玉米生产的平均土壤损失约为每年 $40t/hm^2$（Brown 和 Wolf，1984）。CAFO 产生的大量未处理粪便可能会直接排入水中，或者作为肥料加入土壤。农

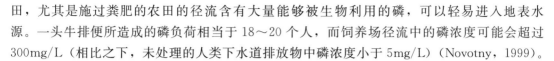

田，尤其是施过粪肥的农田的径流含有大量能够被生物利用的磷，可以轻易进入地表水源。一头牛排便所造成的磷负荷相当于 $18\sim20$ 个人，而饲养场径流中的磷浓度可能会超过 $300mg/L$（相比之下，未处理的人类下水道排放物中磷浓度小于 $5mg/L$）（Novotny，1999）。

虽然与农业径流相比，城市径流的重要性略有下降，但它也是淡水的一大养分来源。城市与农业径流的高峰排放量与流量均高于未扰动地区，尽管土壤类型、未扰动区域占比、气候以及地文学都会影响这些变量。威斯康星州麦迪逊市的城市径流代表了美国城市的典型状况。在居民区，径流磷浓度最高的来源为草坪（几何平均总磷浓度为 $2.67mg/L$）。虽然草坪产生的径流体积较小，但磷浓度较高，从而导致了较高的磷负荷。在居民区，总磷与可溶解活性磷（SRP）负荷主要来自支线街道，而在工业区，最高负荷来自草坪。街道与停车场被认定为关键来源区域，当径流体积增大时，草坪也属于关键区域（Bannerman 等，1993）。城市径流还会增加细菌、淤泥、毒素以及生物耗氧型物质（USEPA，1993）。

对地表水进行非点源负荷防治的主要方法是土地管理程序，通常被称为"最佳管理措施"（BMP）。其中包括保护性耕作梯田耕种与等高耕种、街道清扫、淘汰合流式下水道系统、改变住宅开发模式，甚至推广素食（如 Novotny 和 Olem，1994；Fox，1999；Sharpley 等，2000）。

经过正确的规划与维护，结构与化学 BMP 对湖泊保护很有效。其中包括河流磷沉淀、池塘—湿地处理系统、土壤处理、雨水花园与河岸修复。本章调查了这些措施的规划、有效性以及存在的问题，不过所有 BMP 均存在问题，包括长期成本效益。

正确规划并维护的 BMP 很有成效，但它们并不是万能的，无法代替土地用途的调整。人类的城市化程度越来越高，产生了越来越多不可渗透的区域，以及大量径流与未处理的非点源废物。美国的道路铺设速度为 $168000hm^2/年$（Gardner，1996）。富裕人口在向食物链上层发展，使粮食产量增加，用于喂养饲养场的牲畜；同时淡水消耗与污染似乎也因此而不可避免地逐渐提升（Brown，1995；Brown 和 Kane，1994）。1990 年，美国的肉类消费量居世界首位（每年人均 $12kg$ 胴体重），美国畜牧业的粮食消耗量占总产量的 70%，欧盟则为 57%（通常为中耕作物农业会产生大量淤泥，并造成水营养流失）（Burning 和 Brough，1991）。另一个不断发展的趋势则是清理河流与湖泊的水岸区域，改为农场与草坪，造成大量淤泥与养分进入淡水。这些趋势与尚未消除的点源共同说明，淡水质量的可获得性问题日趋严重。

下文各节将介绍部分用于湖泊与水库非点源污染防治的措施，阐述其问题、方法与结果。其中大多数措施属于"生态工程"，这是一个新兴学科（Gattie 和 Mitsch，2003）。在某种程度上，Eugene 和 Howard Odum 开创了这个概念（Mitsch，2003）。

本文中没有考虑大气物质（如水银）的干、湿沉降所带来的严重非点源污染问题。

5.2 河流除磷

Lund（1955）可能是最早提出从河流或湖水层中除磷可以降低藻类产量的研究者。Lund 称："我很想知道利用硫酸铝处理水库一条或多条入流，或直接处理水库中的水是否可行。"如今利用明矾处理湖泊沉积物已成为普遍手段（第 8 章）。河流处理难度更大，成本更高，因为当河水养分浓度高时，必须进行连续处理。

　　Cooke 与 Carlson（1986）从俄亥俄州阿克伦的一处供水水库上方直接向凯霍加河投放了明矾。他们利用横跨河两岸的多歧管进行连续投放，为了将河水铝浓度维持在 1～2mg/L，对投放流量进行控制。1985 年，除去了 50%～60% 的可溶解活性磷，但水库的总磷负荷并没有显著下降。凝絮在多歧管下方快速累积，管道下方 60m 的底栖生物都因pH 过低而死亡。1986 年，在投放现场连续注入压缩空气。该方法能够防止凝絮累积，pH 没有下降，底栖无脊椎生物的死亡率有所下降（Barbiero 等，1988）。可溶解活性磷得到清除，但磷负荷依然很高，水华继续发生。这种粗糙的拦截系统并未奏效，因为并没有将所产生的凝絮收集在单独的结构中以保护底栖生物，而且投放量过小，不足以充分除磷。

　　用明矾进行雨水入流处理的系统可能最先是由 Harper 等（1983）设计的。（与河水相比）暴雨水流的体积较小，持续时间较短，因此能够处理全部排放量。Harper 的早期系统之后，研究人员开发了更加复杂的系统，配备声波流量计与变速泵，能够根据烧杯检验的剂量结果自动按流量比例注入明矾。凝絮排入湖中，起到沉积磷灭活作用，运行 3 年后没有严重的凝絮累积。此系统降低了磷负荷，湖水总磷从大于 $200\mu g/L$ 降低到约 $25\mu g/L$。藻类生物量减少，透明度、大型植物生物量与溶氧量增加。对黑胖头鱼（*Pimephales promelas*）进行的 USEPA 7 天慢性幼虫存活生长试验证明，只要 pH 保持在 6.0～6.5 范围内，经明矾处理的雨水不存在慢性毒性。在此低碱性系统中，pH 为 7.5 时出现高死亡率。通过将凝絮收集在单独的流域中并进行干燥，解决了凝絮向湖中排放的问题。凝絮属于 1 级废水污泥，可以通过覆土进行处置（Harper，1990）。

　　美国、英国和荷兰成功利用三价铁除去饮用水源入流中的磷、金属和有机物。荷兰阿姆斯特丹市的部分水源来自洛恩德维恩湖，阿姆斯特丹莱茵河与白求恩围垦地向湖中排水前，会经过用于改善原水水质的铁系统。该系统自 1984 年开始运行。水经 $FeCl_3$（7mg Fe/L）处理，并在沉淀池中滞留（平均停留时间为 4h）后排入湖中。当原水中磷含量过高时，使用两套串联的凝聚与沉降系统。定期使用液压挖泥船将沉淀池中储存的凝絮转移到干燥田。对洛斯德莱特湖（Loosdrecht Lakes）采用类似的处理手段。该方法非常有效，饮用水供水厂只需进行少量最终处理（van der Veen 等，1987）。

　　福特斯科特水库（英国）是抽水蓄能水源。其入流营养物质丰富，因此利用 $Fe_2(SO_4)_3$ 进行处理，以控制水华。此前，这座水库每年最多有 6 个月因水华而停止供水。以 10∶1 的铁-磷酸根态磷比例向管道中注入硫酸铁，从而将入流中的磷含量降低至 $10\mu g/L$。由此虽然实现了入流控制，但内部磷负荷在两年后才因铁离子的加入而得到控制。水华大大减少，但随着湖水透明度的提升，开始出现大型植物与成团的丝状绿藻，导致出现新的味道和气味问题。虽然如此，水处理措施依然很见效，因为其提高了水源的可靠性。水库的复矿特性可能有助于使铁凝絮沉积物保持在氧化状态（Young 等，1988）。

　　包括凡德内斯湖在内的 12 座湖泊的水主要来自密西西比河，而明尼苏达州圣保罗市从凡德内斯湖抽取未处理饮用水。蓝藻水华经常发生，供水厂处理后的水有强烈的味道和气味。因此使用经过 $FeCl_3$ 处理的高硅源水（以促进硅藻生长）（Walker 等，1989）。实验室测试证明能够以 $50\mu g/L$ 的铁剂量有效去除磷酸根态的磷。铁离子的添加也使湖中沉积物增加，通过凡德内斯湖的深水层增氧机进一步添加铁（100kg/天）以维持此效果。由于富氧深水层中的铁保持氧化状态，因此内部磷负荷降低了。这些联合处理措施改善了原水水质，降低了处理成本。

石灰被视为一种河流磷沉淀剂。Diaz 等（1994）发现当钙浓度小于 50mg/L 且 pH<8.0 时，除磷效果最差。当剂量达到 100mg/L 且 pH 为 9.0 时，76%的磷发生沉淀。钙盐不太可能在河流处理中起效，因为钙-磷复合体在 pH<8.0 时易溶解，很多河流的夜间 pH 会达到 8.0 以下。pH>9.0 可能有毒性。

目前最有效的磷拦截系统为"除磷厂"（PEP）概念，由 Bernhardt（1980）针对德国波恩供水水源瓦恩巴赫水库提出并建设（图 5.1）。

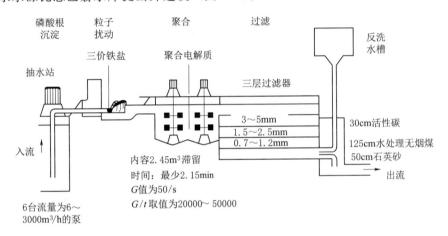

图 5.1 能量输入受控的直接过滤原理，"瓦恩巴赫系统"。

（来源：Bern - hardt，H.，1980. *Restoration of Lakes and Inland Waters.* USEPA 440/5 - 81 - 010. pp. 272 - 277.）

将前置水库（50 万 m³）作为滞留池，用 4～10mg/L 浓度的铁（三价铁）在 pH 为 6.0～7.0 的条件下处理流入 PEP 的河水。随后进行阳离子聚电解质处理，再用活性炭、水处理无烟煤和石英砂进行过滤。瓦恩巴赫 PEP 的最大通流速率为 5m³/s（79000 加仑/分），即平均河水流量的五倍。PEP 向瓦恩巴赫水库排放的平均磷出流浓度为 5μg/L。水华与溶解有机物质（可能为三卤甲烷前驱物质）大幅下降。此水库没有严重的内部磷负荷（Clasen 和 Bernhardt，1987）。

至少还有三处德国湖泊与水源布置了 PEP（Klein，1988；Chorus 和 Wesseler，1988；Heinzmann 和 Chorus，1994；Heinzmann，1998）。与比瓦恩巴赫相比，这些处理厂规模较小，但同样有效。为 10 万柏林居民供水的泰格尔湖 PEP 的最大排放量为 3m³/s。其建造费用约为 3.33 亿美元（2002 美元），每年的运行费用约为建造费用的 10%。泰格尔湖的总磷从 750μg/L 下降至 60μg/L，用户对水处理所交费用较低。该湖的内部磷负荷没有影响（Heinzmann 和 Chorus，1994）。

因此，对供水水库进行有效的化学除磷是可行的。在技术方面，完全可以将该措施应用于休闲湖泊与水库。

5.3　非点营养源控制：引言

对湖泊与水库进行非点源外部负荷防护似乎难以取得成效，尤其是对于排水面积远大于湖泊面积，而且存在很多潜在土壤和养分流失源的情况。虽然如此，仍有一些方法很可能显著降低淤泥和养分的非点源负荷。这些方法都需要在流域内进行，这就意味着湖泊管理者通常必须成为土地管理者和陆地生态学家。

土壤测试磷浓度（STP）（Mehlich，1984）常用于辨别高磷源区域。Mehlich - 3 等多种方法可用于提取并测定土壤中的磷含量。土壤测试磷浓度、溶解磷和未施肥农田径流水中的总磷之间存在强烈的正相关性。在施加肥料或粪肥的农田中，径流磷浓度（主要为溶解磷，被植物吸收）大幅上升，并与土壤测试磷浓度无关（Sharpley 等，2001b）（图 5.2）。

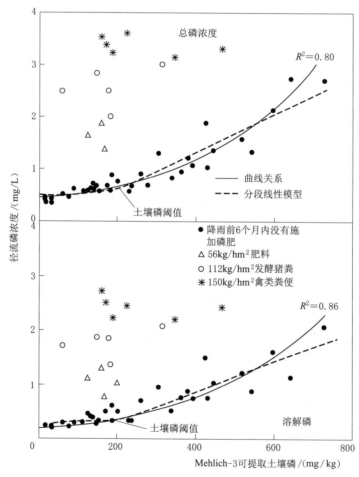

图 5.2　地表径流中的溶解磷和总磷浓度与 Mehlich - 3 可提取土壤磷浓度之间的关系，地点为 6 个月内没有施加磷肥的农田，而且 FD - 36 流域中降雨后 3 周内施加了肥料或粪肥。回归方程与相应系数只适用于 6 个月内没有施加磷肥的图表。

（来源：Sharpley，A. N. et al. 2001b. *J. Environ. Qual.* 30：2026 - 2036.）

　　并非所有农业或城市区域都是湖泊的主要磷来源，即使明显具有较高土地利用率与高土壤测试磷浓度的区域也是如此。Gburek 等（2000），Heathwaite 等（2000）与 Sharpley 等（2001a，2003）提出了经过修正的磷指数（PI），以鉴别有可能通过径流对河流磷浓度造成影响的流域。最初磷指数（Lemunyon 和 Gilbert，1993）作为筛选工具，用于评价农田边缘磷损失，但它并不能完全解决所研究的场地是否与水体之间有水文联系的问题。径流中的磷大部分来源于相对较小的流域（Pionke 等，1997）。修正磷指数（由 Sharpley 等述评，2003）能够识别关键磷源区域（CSA），或具有高土壤测试磷浓度且土壤与溶解磷很有可能在径流事件中被输送出去的区域。执行 BMP 时，最应关注的就是 CSA。

　　溶解磷、总磷和磷指数的关系（图 5.3）说明了在预测施肥料或粪肥可能对河流造成的影响时磷指数的有效性。如图 5.2 所示，和仅观察土壤测试磷浓度相比，磷指数有很大的优越性。只有在降雨前 6 个月内没有施加肥料或粪肥时，才能够预测土壤测试磷浓度（Sharpley 等，2001b）。

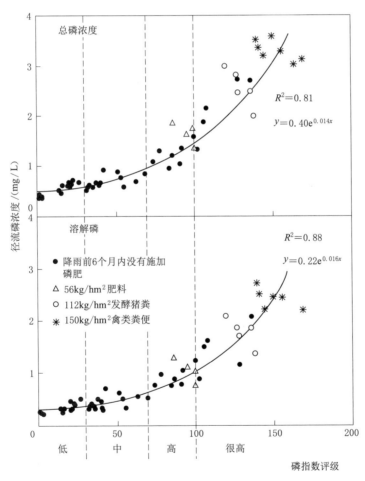

图 5.3　地表径流中的溶解磷和总磷浓度与磷指数评级之间的关系，地点为 6 个月内没有施加磷肥的农田，而且 FD-36 流域中降雨后 3 周内施加了肥料或粪肥。
（来源：Sharpley, A. N. et al. 2001b. *J. Environ. Qual.* 30：2026-2036.）

修正磷指数（Gburek 等，2000）对湖泊管理者很有用。该指标提供了对非点磷源的流域尺度评价标准：首先分离源特征（例如土壤测试磷浓度，肥料施用量）和输送特征（如土壤侵蚀，水源的距离），分别衡量每个特征的重要性，之后将它们整合为一个指数值，以表明该场地向河流增加磷污染的潜力（图 5.3）。例如，某场地的输送特征较低，但磷源特征较高，因此污染潜力为中等。采用这种方法就能将昂贵的 BMP 集中在最脆弱的地方。

宾夕法尼亚修正磷指数（Sharpley 等，2001b；Kogelmann 等，2004）应用于一个较小的流域，其中 50% 的面积种植大豆、玉米或小麦，20% 种植牧草，30% 为林地（McDowell 等，2001）。磷指数分析证明，此流域只有 6%（沿河流廊道）具有高磷输送风险。这些区域的土壤测试磷浓度、粪肥用量和土地侵蚀都较高。另外此流域 17% 的风险达到了需要进行磷管理的水平。其他的磷损失管理方法，例如仅分析土壤测试磷浓度，只针对流域的 80%～90%，而且有可能无法对磷输送进行经济有效的控制。明尼苏达州的湖泊中，磷指数与湖泊总磷浓度相关联（$R^2 = 0.68$）（Birr 和 Mulla，2001）。应该在基于生态区域的评价（第 2 章）中使用磷指数方法，以制定湖泊保护策略，并为湖泊水质可达性提供数据。

水路的主要营养源为集中型动物饲养场地和粪肥施用。基于磷管理和氮的养分管理新政策已建立，有 47 个州选择了磷指数方法。其中很多州政府对磷指数进行了修改，反映了区域生态和政策的差异。Sharpley 等（2003）对比了各州的策略与磷指数修改内容。将此方法应用于湖泊及水库保护前，湖泊管理者应检查本州的磷指数（例如 USDA - NRDC，2001）。

有多种 BMP 能够降低流域的磷指数值，从而保护湖泊与水库（Robbins 等，1991；Langdale 等，1992；Novotny 和 Olem，1994；USEPA，1995；Myers 等，2000）。本文只讨论少数方案，其中包括土壤改善、湿地—池塘滞留系统、缓冲带或缓冲区，以及湖景观。这些技术旨在拦截或预防径流，并不直接解决土地使用问题。非点源径流问题的根本解决方案涉及更加复杂的社会、行为、政治和经济问题，超出本文讨论范围。尽管如此，要想从长远角度解决非点源径流污染问题，就必须解决这些问题。

执行最佳管理措施是减轻非点源污染的最后几个步骤之一。Brezonik 等（1999）在策划与执行一个非点源污染控制项目时列出了八个步骤，强调所有利益相关者参与其中。第一步是识别问题，之后同时进行水质监测、污染源评价和相关地文学特征的确认。前几步完成后就可以建立水质目标，制定具有成本效益的最佳管理措施和优先流域。这种"边走边学"的过程可以实现对前一步骤的修正。

最佳管理措施的成本效益是主要问题。例如，如果项目初始阶段对多个农村清洁水计划（RCWP）进行了经济评估，就可以获得更高的经济效益。在一个实例中，利用结构最佳管理措施控制沉积物污染，后来分析表明，采用作物轮作和土壤保持耕作的成本效益更高。针对后者，沉积负荷每下降 1%，其成本需要 3000～9000 美元，而结构最佳管理措施（例如滞留池和动物粪便处理设施）每降低 1% 负荷的成本超过了 59000 美元（Setia 和 Magleby，1988；Magleby，1992）。许多降低沉积物向湖泊流失的最佳管理措施都因成本较高而不为农民所采用（Prato 和 Dauten，1991）。

作为饮用水源的湖泊和水库属于关键资源。为了保护这些资源，已与农民签署了许多创新合作协议，包括国家、州和市政府给农民提供补贴，用于实施最佳管理措施或直接购买土地与/或牲畜。美国西南部最大的湖泊，佛罗里达州奥基乔比湖有多个非点污染源（Gunsalus 等，1992；Havens 等，1995）。目前已建立一个逐步推行的计划，由各级政府、技术支持专家和所有利益相关人共同参与。该湖流域面积巨大（22533km²，是湖区面积的 13 倍），其中大部分为牲畜牧场。粪便是主要的营养源，另外还有高养分灌溉用水的反输。20 世纪 70 年代开始实行最佳管理措施，包括粪便管理，将牲畜与河流隔离，以及限制反输。同时还收购了农民的部分奶牛。虽然非点源负荷大幅下降，但非点源内部磷负荷减缓了湖泊的改善速度（Havens 等，1995）。

下文内容突出了最佳管理措施对于解决湖泊最严重非点源问题的重要性。

5.4 非点源控制：粪便管理

美国的肉类消耗量居世界首位。牲畜牧场中以饲料和肥料形式输入的磷中，约 30％ 作为作物和肉类输出，剩余部分以粪便形式留下（Sharpley 等，1999）。粪便处理的主要方法是土地填埋，通常在距产出地数公里以内，导致土壤测试磷浓度（STP）过高（Carpenter 等，1998），并提高了向水中输送的可能性（Sharpley 等，1999）。"美式饮食"和水污染直接相关。

谷物饲料中大部分磷以磷酸盐形式存在。单胃动物无法消化这种分子，农民不得不在饲料中添加无机磷，以满足动物的磷需求。因此，禽类和猪的粪便中富含磷（Sharpley 等，2001a）。例如，禽类粪便的氮磷比通常为 3∶1，磷含量平均为 15.5g/kg（Sharpley 等，无日期）。

家禽粪便的潜在影响巨大。例如在阿肯色州，家禽饲养每年产生 100 万 t 垃圾与粪便，磷约 14000t/年（Adams 等，1994；Daniel 等，1994）。这些粪便几乎全部填埋处理，在填埋场，PI 显示可能存在输运的地方一般会存在径流，主要形式（最高达总磷的 80％）为溶解磷（Shreve 等，1995）。

出现富磷径流的可能性随土壤测试磷浓度的升高而增加（Daniel 等，1998）。土地上层 5cm 的部分成为了活跃的溶解磷源，但深耕会大大降低地表土壤测试磷浓度，并降低径流中的磷和氮浓度（Sharpley 等，1996，1999；Poteet 等，2003），这说明翻耕粪肥而不是地表施肥会减少径流，并提高可产出作物的磷吸收量。施粪肥土壤向河流输出 STP 的能力，可根据粪便中水溶性磷的浓度很好地衡量（Kleinman 等，2002a）。

向粪便和家禽废弃物添加铁、铝和钙盐会降低这些物质所产生的径流中的磷浓度，但无法将磷完全消除（Moore 和 Miller，1994）。这些盐会与磷形成化合物，除去溶液中的磷。产物钙铁复合物的溶解度与 pH 值和氧化还原剂有关，但铝—磷盐对氧化还原剂不敏感，在多种化学条件下都不溶解，因此这种物质最有效（第 9 章）。

向猪粪添加高剂量明矾（铝和粪便中磷的分子比例为 1∶1），可使径流中的可溶解活性磷降低 84％（Smith 等，2001）。Shreve 等（1995）针对家禽粪便也取得了相似的结论。和未处理样品相比，在试验田中添加经明矾处理的家禽废弃物，在三年内使径流中的可溶解活性磷降低了 73％（Moore 等，2000）（图 5.4）。即使可溶解活性磷浓度大幅下降，但经处理的径流中的磷浓度依然高达 2.0mg/L，比经深度处理的人用下水道中的磷浓度高数倍，比发生水华的湖泊的磷浓度高 100 倍。

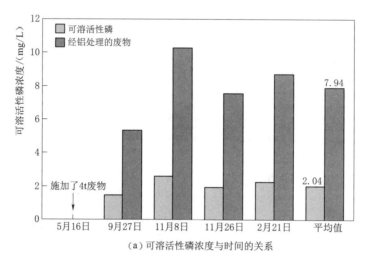

（a）可溶活性磷浓度与时间的关系

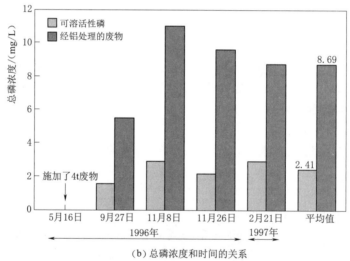

（b）总磷浓度和时间的关系

图 5.4　研究第一年，使用经明矾处理和普通废弃物施肥的农田的径流磷含量。
（来源：Moore P. A., Jr. et al. 2000. J. *Environ. Qual.* 29：37-49.）

　　有人担心用于处理粪便的铝盐会造成土壤污染，这是多虑的。铝是地球上含量第三丰富的元素。与土壤浓度相比，垃圾与粪便中的添加量非常小。只要土壤 pH 保持在 6～8 范围内，铝的溶解度就极低。

　　铝盐常年用于饮用水处理，产生铝含量高的水处理残渣（WTR），主要形式是 Al(OH)$_3$。水处理残渣可用于控制施粪农田中径流的磷含量，从而将固体废物变为环保材料（Galli-more 等，1999；Codlinget 等，2000）。对水处理残渣进行的初步实验表明，富含粪便的土壤经水处理残渣处理后，径流中的磷含量有所降低。有些水处理残渣富含有毒重金属铜，因为供水水库经过了除藻铜处理（Hyde 和 Morris，2000）。这可能会导致土壤铜污染。

铁和铝盐的综合效益比钙盐高，因为它们能降低废弃物的 pH 和 NH_3 挥发量，从而减少家禽患病率，清洁空气，并可使家禽废弃物因氮含量高而增强肥效（Moore 和 Miller，1994）。实验室研究（Dou 等，2003）表明，对于奶牛、猪和家禽粪便的可溶解活性磷排出控制，明矾比燃煤副产物（例如粉煤灰）更有效。另一个降低粪便氮磷含量的方法是改变家禽饮食：降低蛋白质含量，添加植酸酶以辅助磷酸化合物的消化，从而避免磷添加剂（Nahm，2002）。

通过减少或禁止在径流潜力较高的地点施粪肥，就可以降低土壤向水中的磷输送量。但即使停止使用粪肥，剩余的土壤磷也会以地表水流的形式继续长期向河流转移（McDowell 和 Sharpley，2001）。采用与处理人类粪便相同的方法处理牲畜粪便，可能是最好的长期解决方法。例如，在阿肯色—俄克拉荷马某一流域中，1996 年集中型动物饲养（主要为家禽）的磷产量约为 1200t，相当于 370 万人的输出量。虽然这些粪便中只有小部分在填埋后进入河流，但有些还是流入了供水水库（俄克拉荷马保护委员会，1996）。虽然肉类价格可能上涨，但不应该把粪便运到能够承受这种负荷的废物处理厂吗？这样就会把一个非点营养源变成可处理点源，成本由行业和消费者共同承担。

5.5　非点营养源控制：池塘与湿地

5.5.1　引言

湖泊与水库存在泥沙淤积和营养问题。每年来自城市的悬浮固体负荷可超过 600kg/hm^2，而农业来源则高出百倍（Weibel，1969；Piest 等，1975），导致水质浑浊、深度降低、栖息地减少，并且出现植物窒息沿岸地区。现代住宅开发通常需要提前建造部分结构以留存淤泥和营养物质，同时用这些结构"翻新"一些旧建筑。与此同时，还要增加最小场地尺寸，保留更多开放空间和绿化带，并且限制开发商清除植被。

合理设计并维护的人造池塘与湿地能够保护河流和湖泊不受非点源径流的污染，防止河岸受到侵蚀。湿池塘、湿延时滞留池、池塘—湿地系统、缓冲区和湖泊造景都属于降低城市径流影响的有效管理措施。

5.5.2　干湿延时滞留（ED）池塘

普通情况下，在干池塘中将雨水滞留 24h 以上，最高能使微粒负荷降低 90％，但可溶营养物质几乎没有减少。另一好处在于降低峰值流速，从而保护溪岸和河岸区域，并降低淤泥负荷。采用两段式设计可提高营养留存，最高为总磷的 40％～50％（图 5.5）。延时滞留（ED）池的顶部在没有降雨的时候是干的，出口保留一个较小的长期有水的湿池塘。池塘的尺寸应足以容纳平均降雨量产生的径流，首选容量是 2.5cm 降雨量的体积。所有延时滞留池都需要定期维护，因此在修建前应明确责任（Schueler，1987）。雨后排放前可用明矾或硫酸钙加快混浊物质沉降（Przepiora 等，1998）。

如果尺寸合适，维护合理，湿滞留池比干池更有效，同时也能降低峰值排放流量。需要向其定期供水，以保持长期积水。不建议用于面积小于 $8hm^2$（20 英亩）的流域，因为

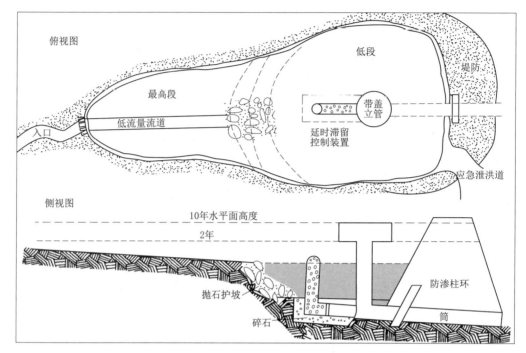

图 5.5　干式延时滞留池示意图。

（来源：Schueler，T. R. 1987. *Controlling Urban Runoff：A Practical Manual for Planning and Designing Urban BMPs*. Metropolitan Washington Council of Governments，Washington，DC. ）

供水不足（Schueler，1987）。

　　淤泥留存（和颗粒吸附营养物质）的原理很直观。在其他所有条件（温度、盐分）相同的情况下，粒子的沉降速度是关于尺寸和重量的函数。理想情况下，沉降速度大于池塘溢流速度的粒子会被留下。实际应用中，留存最大颗粒很容易，但如果水池设计有误，面积和体积不足导致水的滞留时间不足，较细的颗粒就无法沉降。而它们是最富有养分的物质。如果流域的不渗透区域很大，那么在高径流系数（降雨量中径流所占比例）的情况下，设计问题就会难以解决（Wanielista，1978）。

　　Schueler（1987），Walker（1987）和 Panuska 与 Shilling（1993）评价了尺寸标准。最有意义的池塘尺寸指标是池塘体积与平均雨水径流体积之比（VB/VR）。如果 VB/VR 为 2.5，则预计去除 75％的悬浮固体和 55％的总磷（Schueler，1987）。国家城市径流计划（Athayde 等，1983）建议有地表出口的湿池塘平均深度应为 1.0m，表面积应大于等于流域面积的 1％（径流系数 0.2）。Wu 等（1996）证实了此标准，他们发现，面积为径流面积 1％的城市湿滞留池，可达到最高 70％的固体清除率和 45％的总磷清除率。对于除磷，增加池塘深度要优于扩大面积，但过深的池塘会产生热分层，导致磷的再循环。建议采用串联池塘，并在末尾的池中加强生物去除养分的手段（Walker，1987）。

　　图 5.6 介绍了一种湿池塘设计。池塘（与池塘—湿地）的建造可能需要获得《清洁水法案》第 401 款和第 404 款的许可（Schueler，1995）。所有池塘周围都必须具备密集的水生植物和坡岸植被，以防止水岸侵蚀。

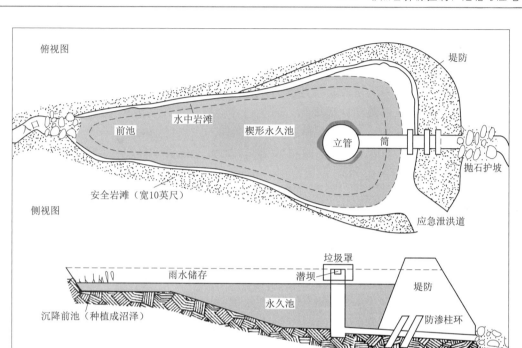

图 5.6　湿地示意图。

（来源：Schueler，T. R. 1987. *Controlling Urban Runoff*：*A Practical Manual for Planning and Designing Urban BMPs*. Metropolitan Washington Council of Governments，Washington，DC.）

此外，还有一个池塘尺寸分析模型可用于计算流域尺寸：根据湖泊的预期负荷，每个子流域的土地使用以及未来的土地使用规划，利用遗传算法（一种搜索工具），在全流域尺度上对池塘尺寸、位置、土地使用和成本做出"最优决策"（Harrell 和 Ranjithan，2003）。需要对这种综合手段进行评估，因为可将其用于房地产湖泊开发规划。

池塘设计会出现"短路"问题，即雨水通过池塘时几乎没有与池水相互置换（Horner，1995）。如果长宽比大于 3∶1 则能避免此问题（Schueler，1987），但可能因地势所限而无法实现，只能在池中设置挡板，将入流分散到池塘的各个区域。

为了防止瑟马米什湖（华盛顿州）受 40hm² 城市子流域的排水影响，设计了两个湿式池（Comings 等，2000）。C 池为马蹄铁形，目的是尽量降低短路效应，滞留时间为一个星期，面积占其流域的 5%。A 池包含三个单元，前两个单元中可能出现短路。滞留时间为一天，面积占其流域的 1%。在生物活动较少而入流频繁的冬-春季对池塘性能进行评价。C 池去除了 81% 的总悬浮固体物（TSS），46% 的总磷，62% 的可溶磷和 54% 的能够被生物利用的磷。A 池去除了 61% 的总悬浮固体物（TSS），19% 的总磷，3% 的可溶磷和 19% 的能够被生物利用的磷，说明设计和尺寸对性能有所影响。

在建造前明确池塘维护责任和资金至关重要，因为需要经常清除沉积物。为了减轻沉淀清除的负担，可以修建留存大颗粒的可及前池，为小型疏浚机修建坡道，并开辟用于沉积物处置的水域。

5.5.3　人工湿地

天然湿地同时包含陆生和水生群落。它们具有保水和储存物质的作用。但有些州境内

（例如密苏里、俄亥俄、伊利诺伊和爱荷华）80％的湿地都已排干或填土（Dahl，1990），失去了这些重要功能。

为了恢复湿地功能，进而保护湖泊河流并降低洪水规模与频率，已提出湿地复原手段（Cairns 等，1992）。另一个手段是修建新的湿地，以减轻损失或用于处理城市和农业径流或废物。应避免利用天然湿地处理废物，因为这样会进一步加剧破坏速度，除非采取措施计算可接受的磷负荷（例如 Keenan 和 Lowe，2001）。

对人工湿地设计和有效性的评价与说明包括 Olson（1992）、Moshiri（1993）、Schueler（1992，1995），Kadlec 和 Knight（1996）、Hammer（1997）以及 Kennedy 和 Mayer（2002）的文章。

地表流人工湿地与天然湿地的区别在于，前者的主要成分不是地下水，边界明确，内部地形复杂性很低，营养丰富的悬浮固体物输入量大，而且需要通过积极管理加以维护（Schueler，1992）。不过内部过程是由与天然湿地相同的生态过程驱动的。地下流人工湿地的说明见 Kadlec 和 Knight（1996）。

多个实例表明，最有效的地表人工湿地是池塘/湿地系统（Schueler，1992）（图 5.7）。前池或池塘可拦截悬浮物并保护湿地（Johnston，1991；Shutes 等，1997）。应该设计通往前池的路线，以清除沉积物。

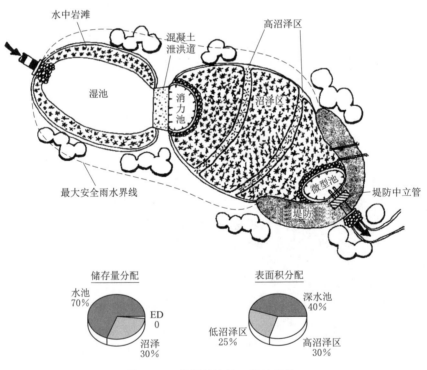

图 5.7　2 号设计池塘—湿地系统。

（来源：Schueler，T. R. 1992. Design of Stormwater Wetland Systems：Guidelines for Creating Diverse and Effective Stormwater Wetlands in the Mid - Atlantic Region. Metropolitan Washington Council of Governments，Washington，DC. ）

尺寸标准随设计而变化，Schueler（1992）描述了4种基本设计，但系统应具有以下特征：①每年至少捕捉并处理径流体积的90％；②湿地的流域面积比至少为0.01；③至少45％的表面积为深水池，25％为低位沼泽，30％为高位沼泽；④70％的体积为深水池，30％为沼泽；⑤长宽比至少为1.0（以减少短路）（Schueler，1992）。必须有连续入流，使水体深度长期保持在0.5～1.0m（Shutes等，1997）。尽量减少地表水向地下水的渗透（利用黏土或其他垫层）。修建后通常会向沼泽添加表层土，以保证湿地植被的生长。湿地周围的植物缓冲区有利于野生动物生存。

湿地能有效清除硝酸。清除率最高的是以香蒲为主要植物的人工湿地，水温最高时效果最好。这种植物为细菌新陈代谢提供了有机碳（Bachand 和 Horne，2000）。

磷滞留与储存是人工湿地最重要的功能（Richardson 和 Craft，1993；Kadlec 和 Knight，1996；Reddy 等，1999）。长期磷储存的主要机制包括沉淀和泥潭积累。短期内改变湿地水中磷含量的主要过程，包括植物及附生植物的摄入以及土壤表层的吸收，但附生植物会将35％～75％的磷重新释放到水中，尤其是在季末时。磷储存的主要过程是磷与铁、铝、钙盐反应，受初始土壤磷含量、pH 和氧化还原电位的影响（Richardson 和 Craft，1993）。图5.8总结了湿地中的磷滞留过程。

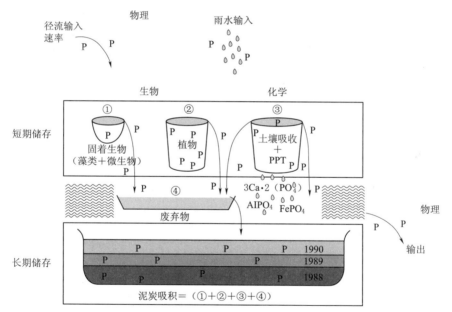

图 5.8 湿地磷滞留概念模型。只显示主要蓄水池，没有特别说明生物和
非生物成分中的完整磷循环。桶和储存池的尺寸成比例。

［来源：Richardson, C. J. and C. B. Craft. 1993. In: G. A. Moshiri (Ed.), *Constructed Wetlands for Water Quality Improvement*. Lewis Publishers, Boca Raton, FL. pp. 271 – 282.］

如果利用人工湿地进行可持续的磷滞留，则磷输入率不得超过永久泥炭或土壤形成的速度。超负荷可能会阻碍湿地的土壤和泥炭生产过程。Richardson 和 Qian（1999）利用北美湿地数据库（NAWDB；Knight 等，1993），根据此概念估算磷的"同化能力"。他们发现，当磷负荷小于 $1g/m^2$ 时，湿地向接收水体排磷的速率保持缓慢且稳定。此速率为北美洲平均水平,代表了比较保守且可持续的加荷速率。它被称为"1g 同化能力法则"(图 5.9)。

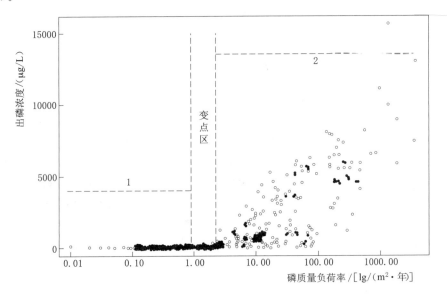

图 5.9　北美湿地数据库中输入总磷对磷输出浓度的负荷效应(地点总数＝126, $n＝317$)。

区域 1 中磷加荷速率小于 1g/(m² · 年),研究发现磷输出浓度稳定,而且输出磷浓度与负荷无关。

区域 2 的加荷速率大于 1g/(m² · 年),输出磷随输入负荷的增加而显著增加。转变点区域为输出

从缓慢稳定转变为快速且不稳定的区间。

(来源:Richardson, C. J. and S. S. Qian. 1999. *Environ. Sci. Technol.* 33:1545 - 1551.)

　　Moustafa(1999)利用 NAWDB,基于地表流湿地水滞留时间和磷加荷速率绘制了"除磷效率图"。在滞留时间较长,地区磷负荷较低时,磷留存效果最佳(Dierberg 等,2002)。此图表也可用于低水负荷—高磷负荷应用(废水)与高水负荷—低磷负荷应用(雨水)。

　　经验法则适用于初期可行性分析,但必须考虑其他因素,包括季节性、水力和气象约束,以及具体的湿地特征。开始设计人工湿地前,建议由应用湖泊学家对湿地生态进行深入研究(如 Mitsch 和 Gosselink,2000)。

　　湿地可能会建在富营养的农用土地上,这部分土壤有时也是缓解过程的一部分。被淹没土壤可能会释放大量磷(Pant 等,2002;Pant 和 Reddy,2003),但可以通过添加钙或铝盐进行控制。

5.6　人工湿地:实例历程

　　利用池塘和湿地以达到留存物质、降低流域排水速度和水量的目的,这种做法由来已久,在中国已有数千年的实行历史。作为中国文化—生态遗产的代表之一,有一个小型(692hm²)农业流域拥有 193 个人工池塘,面积为 0.01~10hm² 不等,平均深度为 1.0m(Yin 和 Shan,2001)。

农田径流直接流入壕沟，随后流经一系列池塘。整个池塘系统的固体留存率为86%，总磷留存率85%，可溶解活性磷留存率51%。富营养的池水被抽回田中，根据需要对池塘进行排水和疏浚，挖出的物质运回土地。由于池塘的作用，许多降水发生后都不会向流域排水。收割池塘中的植物可用于喂养牲畜。Yin和Shan总结了池塘的重要意义："（我们）将一成土地改造成池塘，保护九成土地不受侵害。"

麦卡伦湖的池塘—湿地（Oberts和Osgood，1991）系统被用于保护麦卡伦湖（明尼苏达州，明尼阿波利斯市）不受171hm^{2}城市地区排水的危害。虽然池塘（1hm^2）和5个连续湿地（共1.5hm^2）小于推荐规模，但它们依然去除了70%的总磷和51%的溶解磷。增加向该系统排水的面积时，短路效应就会降低其性能。如果不清除沉积物，明尼阿波利斯市地区的这种池塘/湿地系统寿命将小于5年（Oberts等，1989）。

虽然麦卡伦湖的池塘—湿地很有效，但湖泊水质没有改善。应用湿地前，夏季流入的含有养分与淤泥的雨水比湖上层的水温低（且密度大），因此会沉入湖面以下，降低对藻类生长的影响。而池塘/湿地流出的水比湖上层水温高，一般会浮在湖面，向藻类提供养分。而且湖中沉积物对湖上层提供了超高内部磷负荷（Oberts和Osgood，1991）。

湿地尺寸对于治理成功与否至关重要。Raisin等（1997）描述了一片0.045hm^{2}的湿地，其被用于拦截90hm^{2}牧场的排水。该系统的湿地：流域面积比（WWAR）为0.0005，而最低标准是0.01。由于面积不足，该系每年只能留存11%的氮和17%的磷。相比之下，明尼苏达州克利尔湖湿地的水留存时间为2天，流域面积比为0.06。它能留存90%的总悬浮固体物（TSS）和70%的总磷，但湖中的内部磷负荷延缓了湖水恢复，需要对湖中沉积物进行处理（Barten，1987）。

湿地可用于处理粪便填埋产生的径流（Knight等，2000）。虽然显著降低了氮磷含量，但磷输出浓度通常在10～100mg/L的范围内，因此依然会对河流和湖泊造成很大伤害。需要改变对这些集中污染源的处理手段。

人工湿地能成功处理农田排水（Kovacic等，2000；Woltemade，2000）。目前已利用一个流域面积比高达0.09的池塘/湿地系统，处理土豆种植田的径流。它包含一个沉降池，随后是一座水平散布机，水流下一条6%的坡道进入池塘—湿地，从而避免渠道化效应（图5.10）。该系统处理了10年的降雨事件，建造成本为21600美元（2002年）。已修建用于清除沉积物的入口坡道。夏季干涸期间，可以实现总悬浮固体物（TSS）和100%磷滞留。经过3年的监测，约48%的总磷以池塘土壤的形式留存在沉降池中（Higgins等，1993）。人工湿地对农业径流磷的留存率受磷负荷、季节、土壤含磷量和磷沉降速度影响（Braskerud，2002）。

阿波普卡湖（佛罗里达州）的部分恢复规划是修建一座大型人工湿地（14km^2）。这座大型（125km^2）浅水（平均深度1.6m）湖泊因农业排水而营养过剩。湖水将以每年两倍于总体积的速度进入湿地循环，以去除藻类、悬浮固体物和其他形式的微粒态磷，之后返回湖中。一个小规模（2.1km^2）湿地过滤系统经过29个月的测试，TSS和TP去除率分别达到了85%和30%以上，这说明以全面应用该创新系统将会成为湖泊恢复规划的一部分。预计整个项目的成本为160万元/km^2。

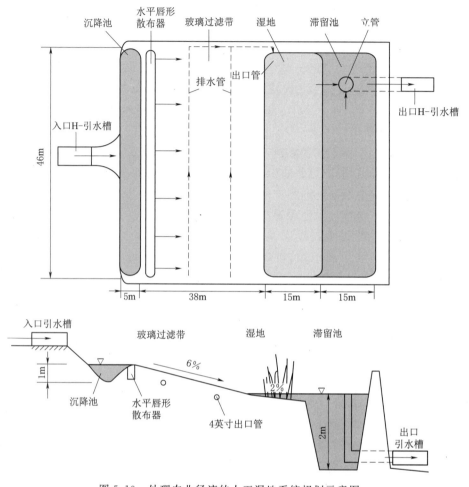

图 5.10　处理农业径流的人工湿地系统规划示意图。

（来源：Higgins，M. J. et al. 1993. In：*Constructed Wetlands for Water Quality Improvement*. Lewis Publishers，Boca Raton，FL.）

人工湿地越来越频繁地用于小型社区（约 20 人）家庭废物处理。最有效的方法包括增氧湿地前处理，最高能实现 95％ 的磷去除和滞留率，并多年保持稳定。它们需要较大的处理面积和富钙或富铁土壤（Luederitz 等，2001）。

总而言之，只要适当维护，用于预防水和磷超负荷的带有前池或湿式池的人工湿地，在保护河流和湖泊不受雨水固体物和养分影响方面有很大潜力。

5.7　前坝

欧洲各国家，尤其是德国普遍采用前坝，旨在防止营养物质和淤泥进入下游水库。前坝在美国比较少见，但尤卡湖是一个实例，前坝能在一定程度上防止上游非点源农业径流污染俄克拉荷马州塔尔萨市的水源斯潘维那沃湖（俄克拉荷马州水资源董事会，2002）。前坝还可以防止意外或蓄意的毒物或放射性物质流出，对水源造成污染。多数前坝的水留存时间是几天，大概足以关闭生水进入和/或处理受污染的水。

前坝通常有地表溢流口和深水闸门，从而先排水后清除沉淀。基本工作原理是微粒沉降，养分去除机制是促进硅藻生长与沉降，同时抑制蓝藻和以藻类为食的水蚤繁殖（以防止再矿化）。有效性取决于滞留时间，时间过短则无法实现微粒态磷大量沉降（淤泥、藻类细胞）。养分滞留前坝的最优设计中，平均深度不应远高于透光层深度，以避免两季混合湖泊中常见的内部磷负荷（Benndorf 和 Putz，1987a，b；Putz 和 Benndorf，1998）。

三个实例的历程说明了前坝的效果和问题。耶塞尼采水库（捷克斯洛文尼亚）有一座滞留时间为 5 天的前坝，将水库向主要水域排水中的正磷酸盐浓度降低至 $10\sim25\mu g\ P/L$，从而减少了藻类生长量（Fiala 和 Vasata，1982）。Salvia - Castellvi 等（2001）发现，一座平均滞留时间为 1.5 天的浅前坝（平均深度 2.5m）的磷留存效果低于 Benndorf 和 Putz（1997a，b）的模拟结果，因为沉降速度较低的绿藻和内部磷负荷是主导因素。一座较深、分层的前坝（平均深度 7.1m，平均滞留时间 44 天）的总磷留存率高达 90%，与模拟结果一致。深前坝较高的去除率源于入流中的细胞沉降与大型植物吸收。塞登巴赫水库（德国）的四条支流上分别设有一座前坝。留存时间 4 天，夏季平均可溶解活性磷清除率达50%，与 Benndorf 和 Putz（1997a，b）的模拟结果相近。总磷百分比低于预测值。淤泥体积的降低是缩短滞留时间的重要因素，说明前坝需要经常清理沉积物（第 20 章）（Paul，2003）。

在主水库的河流区域建立水下潜坝有可能增强入流中的微粒态磷沉降（Paul，1995；Paul 等，1998）。塞登巴赫水库采用了此方法。春秋季寒冷的间层流和底层流会滞留在潜坝后方，滞留时间足以促进沉淀。潜坝还能阻止水流短路，进一步增强沉淀作用。

前坝的主要问题在于，如果在建造主水库的同时没有修建前坝，就可能因为土地面积不足而无法再进行改造。

5.8 滨岸带恢复：简介

滨岸带是河流或湖泊与土地之间的"梯度主导"区域（Wetzel，1992，2001），对水质有重大影响。滨岸带的功能有：①减小地表与地下径流体积；②防止河岸受到侵蚀；③降低径流中的污染物含量（Dosskey，2001）。在未受干扰的温带与亚热带生态系统中，其特征为沉水、挺水、半陆地与陆地植被的梯度很大，生物量与生产力高，物质留存率高，并且周期性地为水生食物网输出大量溶解的微粒态有机物质（Wall 等，2001）。

河流体积与速度增加，不透水面积扩大，河道取直，牲畜放牧，水边耕作，船舶交通，以及房地产开发和草坪导致广泛的滨岸遭到破坏，从而使河流栖息地与下游水库和湖泊中产生沉积。风与船舶诱发的波浪导致水岸侵蚀，物质大量流失，从而造成河水长期浑浊。例如一座位于俄亥俄州的房地产水库的河岸线衰退速度为 0.12m/月（1.4m/年），每年增加土壤 8300t 与磷 332kg（占年度磷负荷的 21%）。船舶尾波与滨岸植被缺失是主要原因（Wilson，1979）。规模远大于此的水库中也出现了相似的衰退速度（如亚美利加瀑布水库；Hoag 等，1993）。

随着滨岸植被和粗木质残体（CWD）的减少或消失，野生鱼类生物量也会下降。这通常会导致水浊度和藻类生物量增加（第 9 章）。例如，明尼苏达州的 44 处湖泊中，野生鱼类生物量减少与挺水及浮水植物生物量和多样性的减少紧密相关，这代表着水岸开发的梯度（Radomski 和 Goerman，2001）。在一项针对 16 处美国北方温带湖泊的调查中，水岸开发（房屋、草坪）与粗木质残体之间存在紧密的负相关性（Christensen 等，1996）。Schindler 等（2000）发现蓝鳃太阳鱼和大嘴鲈鱼的指定大小生长率与湖岸开发量成负相关，原因显然是滨岸栖息地与粗木质残体流失。

滨岸植被损失会导致湖水混浊与/或悬浮沉积物释放养分（Barko 和 James，1998）。20 年间，长湖（美国华盛顿州）的总磷含量与沉水大型植物生物量之间成负相关（Jacoby 等，2001）。再悬浮作用与水深和波浪产生的剪切力有密切关系，但沉水植物能抑制波浪，降低浑浊度与沉积物养分释放，并保护水岸线。

滨岸草坪，以及通过雨水径流和湖泊相连的草坪是主要的营养源（Shuman，2001；King 等，2001）。Linde 和 Watschke（1997）进行了草坪灌溉，12h 后以氮 4.9g/m^2 和磷 0.3g/m^2 的用量对其施肥。8h 后，模拟了一次降雨过程。他们发现地表径流中磷含量为 3.5mg/L，占所添加磷的 17%，而氮含量为 6.8mg/L。向浅层地下水渗滤的部分也具有相似的浓度。与粪肥相比，施化肥后的百慕大草皮所产生的径流中磷浓度增加了五倍（Gaudreau 等，2002）。城市草坪过度浇灌普遍存在，养分渗入地下水，并在降雨时进入地表径流。砂质土中的肯塔基早熟禾田，施尿素肥并过度浇灌后，所产生的径流中氮含量高达 4mg/L，每年损失氮 43kg/hm^2（是过度浇灌、未施肥的控制田的 16 倍）（Morton 等，1998）。另一个实例中，Bannerman 等（1993）发现，威斯康星州麦迪逊市草坪造成的地表径流中平均总磷浓度为 2.67mg/L。与湖泊有水文学联系的施肥草坪，有可能正是大型植物和藻类大量生长的原因。有些湖泊协会禁止使用含磷的草坪化肥。

加拿大的鹅数量过多，也说明湖区滨岸带存在破坏或缺失，以及天然湿地—池塘栖息地的消失。鹅受到草坪，尤其是施磷肥草坪的吸引（Owen，1975），随后向湖中引入了大量养分。冬青湖（美国印第安纳州）的磷输入中有 70% 来自水禽，根据每天 28 次排便的保守估计，其中鹅贡献了 76%（Manny 等，1994）。其他研究中鸟类造成的外部负荷较小（如 Hoyer 和 Canfield，1994；Marion 等，1994）。鸟类还会将微粒态磷转化为可溶磷，或增加滨岸沉积物，而沉积物又会向水体释放磷，从而提高内部磷负荷（Scherer 等，1995）。

滨岸带恢复可以大大降低非点源营养负荷，因此属于湖泊或水库恢复计划的重要部分。

5.9　滨岸带恢复方法

本节只是方法介绍，评价来自 Schueler（1987），Herson - Jones 等（1995），Shields 等（1995），Henderson 等（1999），以及 McComas（2003）。

滨岸带恢复通常涉及私人土地，而有些土地所有者可能无法或不愿承担其费用。上游的土地所有者在保护下游水体的活动中无法受益。其他情况下，总体最大每日负荷（TMDL）评估或类似工作可以提供资金援助或政策激励。因此即使能够成功，过程也可能会很漫长，尤其是考虑到北美洲普遍存在单一作物草坪和草坪化学物质使用，而且房地产或农业活动已经扩展到河流或湖泊岸线。

水岸侵蚀与崩塌会使大量土壤进入河流、湖泊和水库。陡峭的水岸会持续受到侵蚀，除非采取行动重整坡度，用石块等材料保护坡脚，并重新栽种植物。常见方法包括：将坡度重整为 1:1，栽种适于水岸的地被植物、灌木和树木，修建导流板或护岸，以保护水岸（McComas，2003）。

牲畜在滨岸带放牧和游荡会产生很多负面作用，其中包括植被减少或消失，水温上升，鱼类栖息地变化，以及水岸崩塌（Armour 等，1991）。牲畜会将土壤踩实，降低透水性。在干旱的美国西部各州，至少 70% 的土地用于牲畜放牧，而牲畜的存在加剧水分通过径流与蒸发而流失。在美国西部，牲畜对滨岸带产生了很大影响（例如，亚利桑那州失去了 90% 的滨岸栖息地）（Fleischner，1994）。不应允许牲畜自行接近河流滨岸带和河水。

即使在驱逐牲畜后，滨岸带恢复期也可能长达 10 年（Belsky 等，1999）。根据对一条新西兰河流的估算，从河岸、易侵蚀山坡和森林中驱逐牲畜后，河水中的悬浮固体物降低了 85%，总磷负荷降低了 25%（Williamson 等，1996）。山普伦湖（Lake Champlain）的总磷负荷中有 47% 来自农业活动（美国佛蒙特州纽约市；加拿大魁北克市）。对河流驱逐牲畜，减少交叉区域数量，并进行侵蚀控制后，流入该湖的河流中总磷负荷几乎降低了 20%（Meals 和 Hopkins，2002）。

在土地开发与河流之间建立植物缓冲带能够拦截营养物质与沉积物，从而保护河水，并有助于恢复生物多样性（Wall 等，2001；Dosskey，2001；Brinson 等，2002；Fiener 和 Auerswald，2003）。隶属于美国农业部（USDA）的自然资源保护局（NRCS）为建立草地过滤带和森林缓冲带发布了指导方针（USDA，1999）。爱荷华州的贝尔溪可以证明这些措施的有效性，此处被指定为贝尔溪滨岸缓冲带国家研究与示范区（Zaimes 等，2004）。针对来自三处地点的沉积物与养分输运已进行了对比。它们分别为：一处控制点（在河流岸边种植玉米或大豆中耕作物），一条 7m 宽的柳枝稷草过滤带，以及在中耕作物与河流之间的柳枝稷草（7m）过滤带和森林缓冲带（13m 宽）。柳枝稷草和森林缓冲带示意图如图 5.11 所示。经过 18 个月的评估，柳枝稷草过滤带单独作用能够去除平均大于 90% 的沉积物和 80% 的总磷。复合缓冲带（图 5.11）平均将总磷流失量从 $200g/hm^2$（控制点）降至 $19g/hm^2$，沉积物流失量从 $587kg/hm^2$（控制点）降至 $16kg/hm^2$（K. H. Lee 等，2003）。通过森林/柳枝稷草缓冲带流失的土壤与河流长度的关系为每年 $65kg/m$，而放牧土地与中耕土地的流失速度分别为每年 $293kg/m$ 和 $389kg/m$（Zaimes 等，2004）。

缓冲带能够滞留水分，促进颗粒沉降，并提高土壤渗透力，从而减缓养分与沉积物输运（Lee 等，2003）。很明显，在河流与湖岸上建立缓冲带能够大大改善湖泊与水库的保护效果。

当存在地面高度不平，径流集中区域，以及较低的缓冲带和大部分径流接触等情况时，缓冲带的效果将有所下降（Dosskey 等，2002）。在河流沿岸保留 5~7m 宽的无耕作带能促进野草生长与悬浮固体物滞留，但尤其对于存在斜坡耕种的地区，最好能增加宽度（7～15m）。较宽的缓冲带具有较强的渗水能力与养分留存能力（Schmitt 等，1999）。如果营养负荷与水力梯度较高，则会降低缓冲带的有效性（Sabater 等，2003）

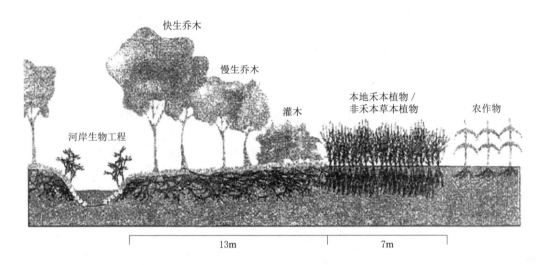

图 5.11　研究地点设立的多物种滨岸缓冲带模型。

（来源：Lee, K. H. et al. 2003. *J. Soil Water Conserv.* 58：1 - 8.）

悬浮固体物留存率通常高于溶解营养物留存率，不过有些养分会被微粒吸收，并被杂草拦截。

虽然缓冲带的宽度很重要，但不可渗透区域面积、人类与牲畜的影响、坡度，以及检查和维护同样会影响最终效果。

Herson - Jones 等（1995）说明了如何获得保护河水不受城市径流破坏的基础宽度（*BW*），其计算公式为

$$BW = 15\text{m} + (4 \times \text{斜率})$$

BW 会受植物生长密度和径流所含固体颗粒类型的影响。Nieswand 等（1990）根据陆上水流行进时间（*T*）和斜率（*S*）计算了供水水库的缓冲带宽度（*W*），即

$$W = 2.5T\,S^{-0.5}$$

将上式应用于新泽西州的水库，得到终端水库和供水取水口缓冲带的最小宽度为90m。对于常流河，最小宽度取公式计算结果和15m 之间的较高值。北美洲的缓冲带宽度通常为15～29m，对于同类水体，美国采用的宽度通常较窄。缓冲带宽度受多种因素影响，很多情况中都是根据特定水体设计具体宽度，而不是根据通用方程求解所得（Lee 等，2004）。

滨岸住房建设与农耕区域可能会成为湖泊与河流的主要淤泥来源，但建立减缓侵蚀或淤泥输运的屏障可以取得成效。传统的稻草覆盖法表面上可以降低径流体积，但在控制建筑工地的沉积物方面远远不如木质纤维、稻草、椰壳和纤维基质编织铺盖。

缓冲带不是万能的，也无法代替土地管理优化。土壤测试磷浓度高的地区径流可能会超出缓冲带的处理能力。通常无法针对缓冲带的污染物控制，以及河流与湖泊的响应获得量化数据（Dosskey，2001）。

5.10 水库岸线恢复

水库岸线侵蚀（堤岸退化与崩塌）是一个要付出巨大代价的重要问题。美国陆军工兵部队的水库中有 1.9 万 km 的岸线受到侵蚀，其中有一半达到了严重等级（Allen 和 Tingle，1993）。小型水库中船舶尾迹等导致的水面波浪，以及地下水渗漏和径流是岸线侵蚀的主要原因（Reid，1993）。

柔性（抛石护坡）或刚性防护（挡土墙）是传统的处理手段（Chu，1993），但成本高昂（800 美元/km 以上）。相比之下，生物材料既有效又经济。南达科他州的夏普湖是应用生物技术手段的实例之一，这座大型水库位于密苏里河上。夏普湖上有一条 3～5km 长的风浪区，产生波浪、冰蚀和高达 1m 以上的凹岸。这些因素都得以重整，在离岸 10m 处建起防波木排，并在木排后方种植芦苇。木排后水流缓慢，使芦苇生长繁茂，阻碍岸线侵蚀（图 5.12）。岸线坡度大于 1∶1 不利于植物生长（Juhle 和 Allen，1993）。

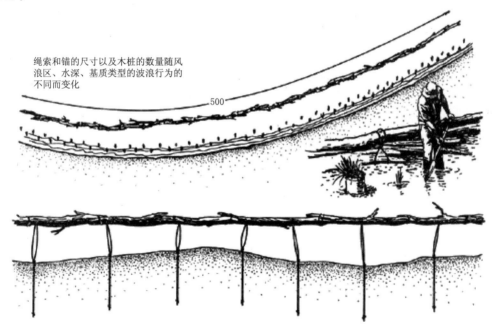

图 5.12　南达科他州 Sharpe 湖防波木排俯视图（顶部）与剖面图（底部）。
注意在防波木排向岸一侧栽种植物。
（来源：Juhle，F. B. and H. H. Allen. 1993. In：Proceedings U. S. Army Corps of Engineers Workshop on Reservoir Shoreline Erosion：A National Problem. Misc. Paper W-93-1. U. S. Army Corps Engineers，Vicksburg，MS. pp. 106-113.）

生物工程技术较常用于解决岸线稳定问题（第 12 章）。有些工程师利用隐蔽柴排稳固土壤，并结合土工织物材料实现水土保持（Wendt 和 Allen，2002）。可商业采购联锁塑料或混凝土砖、纤维砖、纤维基质材料和石笼系统等岸线侵蚀控制材料，用于河流和水库岸线稳定与植物再生长，并在建立植被的过程中控制陡峭水岸的侵蚀。

纤维基质材料可采用喷撒方式添加，可生物降解，这种基质有存水作用，能够缓冲降雨和径流的能量（Spittle，2002）。

另一个修复与保护岸线的方法是护岸（墙）。McComas（2003）基于波浪高度与爬高建立了护岸设计模型。详细说明请参考 McComas 的著作。

5.11　湖岸恢复

滨湖房产业主在湖泊保护与恢复活动有很大影响。施肥草地成为营养源，但会吸引扰民的水禽。由于许多业主清除了水生植物，导致沉积物再悬浮，从而增加水体的养分，破坏鱼类栖息地，促进岸线崩塌。

"岸绿化"是一种草坪设计，能够降低护理和维护成本，减少径流，不需要施用化肥，能减少或阻止野鹅进入草坪，并且能增加岸线的陆生和水生生物量与生物多样性（Henderson 等，1999，资料来自明尼苏达州自然资源局，1 - 888 - 646 - 6367）。湖岸绿化的目标是使岸线的 50%～75% 恢复植被状态，将草坪的单一作物替换为多种灌木与乔木，并在沿岸恢复水生植物生长。执行这些措施的同时不会遮挡房屋对湖景的观赏，也不会占用草坪用地或滨岸娱乐用地。实际上，房屋所有者会建立定制缓冲带，维持一定量的旱地（庭院）、岸线（挺水植物带）和水生植物。图 5.13 和图 5.14 说明了两种设计思路，在保证从房屋到湖泊的视线不受遮挡的同时，恢复乔木、灌木、草本植物与滨岸植物的多样性。

湖岸绿化成本较低。铺设草坪、播种草坪与湖岸绿化的成本（每公顷）分别为：46200 美元、23700 美元和 6200～25900 美元。每年的维护成本（每公顷）分别为：3000美元、3100 美元和 500 美元（Henderson 等，1999）。湖岸绿化的优势还包括重新建立因水生植物清除或 CWD 来源消失而被彻底破坏的鱼类栖息地，以及将野鹅驱逐出草坪。

雨水花园是湖岸绿化的重要部分。这些小园地会收集并留存来自屋顶或街道的径流，使其缓慢深入土壤，而不是排入湖中。距房屋 5～6m 以上的地方开掘一片方形区域，底部挖平，深度约为 8cm，体积能够容纳一定量的径流。在这篇凹地中种植能够耐受干—湿循环的生态区本地物种（Henderson 等，1999），将房顶的排水引入其中。这座花园会吸引鸟类、蝴蝶，甚至两栖动物。雨水留存时间不能太长（<4 天），以避免蚊虫繁殖。请参考《雨水花园：改善社区水质的家用方法》（*Rain Gardens：A Household Way to Improve Water Quality in Your Community*）（Wisconsin - Extension Publications，45 N. Charter St.，Madison，WI 53715.）。

湖岸绿化为改善湖水水质提供了另一种方法。欧亚狐尾藻（穗花狐尾藻）令人烦恼，它与本地的菁草象鼻虫数量相关（Newman 和 Biesboer，2000）（第 17 章）。这些昆虫会在岸线上的土壤—落叶层交界区域冬眠，需要未受干扰的草地或森林栖息地，才能在来年春天再次寄生于菁草属植物（Newman 等，2001）。修剪至水边的草地可能会阻碍象鼻虫

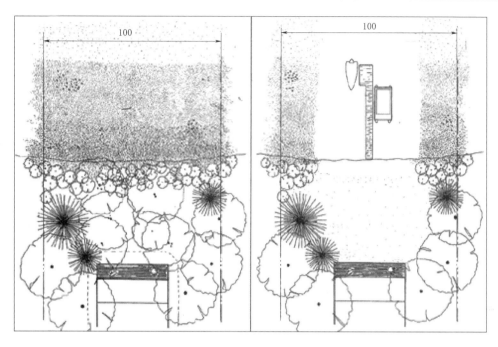

图 5.13　两种湖岸绿化规划。左图显示了一处 33m 宽的湖畔房产，其中保留了陆上和水生植被，只清除了房屋建筑用地的植物。右图同样是一处 33m 宽的湖畔房产，其中 60％的陆上和水生植被清除，能够提供一定的湖岸保护。

（来源：Henderson，C. L. et al. 1999. *Lakescaping for Wildlife and Water Quality*.

Minnesota Department of Natural Resources，St. Paul，MN.）

图 5.14　湖岸绿化没有遮挡从房屋到湖水的视线。

（来源：Henderson，C. L. et al. 1999. *Lakescaping for Wildlife and Water Quality*.

Minnesota Department of Natural Resources，St. Paul，MN.）

生存，通过清除天然生防因子，直接导致这种植物持续生长。

　　与其他滨岸带恢复工程一样，在建议业主采用湖岸绿化方法改善湖泊水质时，虽然获得了理解，但却常常难以推行。与建设或化学方法不同，岸线恢复的周期较长，短期内无法取得显著效果。解决方法之一是鼓励（甚至资助）少数业主尝试，进而在本地培养专家与拥护者（不受野鹅侵害的业主通常会乐意尝试）。

5.12　小结

非点营养源、淤泥、有机物质和毒素源是淡水的主要威胁，随着人口增长，非点污染源的影响也日益严重。该问题的重要性不仅在于水质变化，还在于其控制难度。本章主要介绍了这一问题，并提出了一些控制方法。

非点源污染一般来源于个人选择，因此很难实现有效的长期修正。例如对草坪进行修剪、施肥和过度浇灌已经成为根深蒂固的习惯，会对淡水产生直接影响。个人选择有时也会造成间接影响，例如"美式饮食"导致的问题（如未处理的牲畜排泄物，以及被牲畜破坏的滨岸带）。

本章所讨论的措施并不是万能的，只能用于缓解土地使用对淡水造成的部分影响。水质可达性的问题依然存在。人类渴望在栖息地多样性较低的生态系统中居于食物链顶层，而在这样的条件下会频繁发生土壤侵蚀、非点源径流，以及外来动植物成功入侵等情况，也许人类不得不降低对清洁安全水质的期待了。

参　考　文　献

Adams，R. L.，T. C. Daniel，D. R. Edwards，D. J. Nichols，D. H. Pote and H. D. Scott. 1994. Poultry litter and manure contributions to nitrate leaching through the vadose zone. *Soil Sci. Soc. Am. J.* 58：1206 - 1211.

Allen，H. H. and J. L. Tingle（Eds.）. 1993. *Proceedings，U. S. Army Corps of Engineers Workshop on Reservoir Shoreline Erosion. A National Problem.* Misc. Paper W - 93 - 1. U. S. Army Corps Engineers，Vicksburg，MS.

Ann，Y.，K. R. Reddy and J. J. Delfino. 2000a. Influence of chemical amendments on phosphorus immobilization in soils from a constructed wetland. *Ecol. Eng.* 14：157 - 167.

Ann，Y.，K. R. Reddy and J. J. Delfino. 2000b. Influence of redox potential on phosphorus solubility in chemically amended wetland organic soils. *Ecol. Eng.* 14：169 - 180.

Armour，C. L.，D. A. Duff and W. Elmore. 1991. The effects of livestock grazing on riparian and stream ecosystems. *Fisheries* 16：7 - 11.

Athayde，D. N.，P. E. Shelly，E. D. Driscoll，D. Gaboury and G. Boyd. 1983. *Results of the Nationwide Urban Runoff Program. Volume I.* U. S. Environmental Protection Agency，Washington，DC.

Bachand，P. A. M. and A. J. Horne. 2000. Denitrification in constructed free - water surface wetlands：Ⅱ. Effectsof vegetation and temperature. *Ecol. Eng.* 14：17 - 32.

Bannerman，R. T.，D. W. Owens，R. B. Dodds and N. J. Hornewer. 1993. Sources of pollutants in Wisconsin stormwater. *Water Sci. Technol.* 28：241 - 260.

Barbiero，R.，R. E. Carlson，G. D. Cooke and A. W. Beals. 1988. The effects of a continuous application of aluminum sulfate on lotic benthic invertebrates. *Lake and Reservoir Manage.* 4（2）：63 - 72.

Barko，J. W. and W. F. James. 1998. Effects of submerged aquatic macrophytes on nutrient dynamics, sedimentation，and resuspension. In：E. Jeppesen，M. Søndergaard，M. Søndergaard and Christoffersen

(Eds.), *The Structuring Role of SubmergedMacrophytes in Lakes*. Chapter 10. Springer – Verlag. New York.

Barten, J. M. 1987. Stormwater runoff treatment in a wetland filter: Effects on the water quality of Clear Lake. *Lake and Reservoir Manage*. 3: 297 – 305.

Belsky, A. J., A. Matzke, and S. Uselman. 1999. Survey of livestock influences on stream and riparian ecosystems in the Western United States. *J. Soil Water Conserv*. 54: 419 – 431.

Benik, S. R., B. N. Wilson, D. D. Biesboer, B. Hansen and D. Stenlund. 2003. Evaluation of erosion control products using natural rainfall events. *J. Soil Water Conserv*. 58: 98 – 105.

Benndorf, J. and K. Putz. 1987a. Control of eutrophication of lakes and reservoirs by means of pre – dams. Ⅰ. Mode of operation and calculation of nutrient elimination capacity. *Water Res*. 21: 829 – 838.

Benndorf, J. and K. Putz. 1987b. Control of eutrophication of lakes and reservoirs by means of pre – dams. Ⅱ. Validation of the phosphate removal model and size optimization. *Water Res*. 21: 839 – 842.

Bernhardt, H. 1980. Reservoir protection by in – river nutrient reduction. In: *Restoration of Lakes and Inland Waters*. USEPA 440/5 – 81 – 010. pp. 272 – 277.

Birr, A. S. and D. J. Mulla. 2001. Evaluation of the phosphorus index in watersheds at the regional scale. *J. Environ. Qual*. 30: 2018 – 2025.

Boyd, C. E. 1979. Aluminum sulfate (alum) for precipitating clay turbidity from fish ponds. *Trans. Am. Fish. Soc*. 108: 307 – 313.

Braskerud, B. C. 2002. Factors affecting phosphorus retention in small constructed wetlands treating agricultural non – point source pollution. *Ecol. Eng*. 19: 41 – 61.

Brezonik, P. L., K. W. Easter, L. Hatch, D. Mulla, and J. Perry. 1999. Management of diffuse pollution in agricultural watersheds: Lessons from the Minnesota River Basin. *Water Sci. Technol*. 39: 323 – 330.

Brinson, M. M., L. J. MacDonnell, D. J. Austen, R. L. Beschta, T. A. Dillaha, D. L. Donahue, S. V. Gregory, J. W. Harvey, M. C. Molles, Jr., E. I. Rogers and J. A. Stanford. 2002. *Riparian Areas: Functions and Strategies for Management*. National Academy Press, Washington, DC.

Brown, L. R. 1995. *Who Will Feed China? Wake – up Call for a Small Planet*. W. W. Norton and Co., New York.

Brown, L. R. and H. Kane. 1994. *Full House. Reassessing the Earth's Population Carrying Capacity*. W. W. Norton and Co., New York.

Brown, L. R. and E. C. Wolf. 1984. *Soil Erosion: Quiet Crisis in the World Economy*. WorldWatch Paper 60. WorldWatch Institute, Washington, DC.

Cairns, J., Jr., and Project Committee of the National Research Council. 1992. *Restoration of Aquatic Ecosystems. Science, Technology, and Public Policy*. National Academy Press, Washington, DC.

Caraco, N. F. 1995. Influence of human populations on P transfers to aquatic systems: A regional scale study using large rivers. In: H. Thiessen (Ed.), *Phosphorus in the Global Environment*. John Wiley, New York. pp. 235 – 244.

Carpenter, S. R., N. F. Caraco, D. L. Correll, R. W. Howarth, A. N. Sharpley and V. H. Smith. 1998. Nonpoint pollution of surface waters with phosphorus and nitrogen. *Ecol. Appl*. 8: 559 – 568.

Chorus, I. and E. Wesseler. 1988. Response of the phytoplankton community to therapy measures in a highly eutrophic urban lake (Schlachtensee, Berlin). *Verh. Int. Verein. Limnol*. 23: 719 – 728.

Christensen, D. L, B. R. Herwig, D. E. Schindler and S. R. Carpenter. 1996. Impacts of lakeshore residential development on coarse woody debris in north temperate lakes. *Ecol. Appl*. 6: 1143 – 1149.

Chu, Y. 1993. Shoreline erosion control – engineering considerations. In: Proceedings, U. S. Army Corps of Engineers Workshop on Reservoir Shoreline Erosion: A National Problem. Misc. Paper W – 93 –

1. U. S. Army Corps Engineers, Vicksburg, MS. pp. 33 – 40.

Clasen, J. and H. Bernhardt. 1987. Chemical methods of P – elimination in the tributaries of reservoirs and lakes. *Schweiz. Z. Hydrol.* 49: 249 – 259.

Codling, E. E., R. L. Chaney and C. L. Mulchi. 2000. Use of aluminum – and iron – rich residues to immobilize phosphorus in poultry litter and litter – amended soils. *J. Environ. Qual.* 29: 1924 – 1930.

Comings, K. J., D. B. Booth and R. R. Horner. 2000. Storm water pollutant removal by two wet ponds in Bellevue, Washington. *J. Environ. Eng. Div. ASCE* 126: 321 – 330.

Cooke, G. D. and R. E. Carlson. 1986. Water quality management in a drinking water reservoir. *Lake and Reservoir Manage.* 2: 363 – 371.

Coveney, M. F., D. L. Stites, E. F. Lowe, L. E. Battoe and R. Conrow. 2002. Nutrient removal from eutrophic lake water by wetland filtration. *Ecol. Eng.* 19: 141 – 160.

Dahl, T. E. 1990. *Wetland Losses in the United States 1780s to 1980s.* U. S. Dept. Interior, Fish and Wildlife Service, Washington, DC.

Daniel, T. C., A. N. Sharpley, D. R. Edwards, R. Wedepohl and J. L. Lemunyon. 1994. Minimizing surface water eutrophication from agriculture by phosphorus management. *J. Soil Water Conserv.* 49: 30 – 38.

Daniel, T. C., A. N. Sharpley and J. L. Lemunyon. 1998. Agricultural phosphorus and eutrophication: A symposium overview. *J. Environ. Qual.* 27: 251 – 257.

Dierberg, F. E., T. A. DeBusk, S. D. Jackson, M. J. Chimney and K. Pietro. 2002. Submerged aquatic vegetationbased treatment wetlands for removing phosphorus from agricultural runoff: Response to hydraulic and nutrient loading. *Water Res.* 36: 1409 – 1422.

Diaz, O. A., K. R. Reddy and P. A. Moore, Jr. 1994. Solubility of inorganic phosphorus in stream water as influenced by pH and calcium concentration. *Water Res.* 28: 1755 – 1763.

Dosskey, M. G. 2001. Toward quantifying water pollution abatement in response to installing buffers on crop land. *Environ. Manage.* 28: 577 – 598.

Dosskey, M. G., M. J. Helmers, D. E. Eisenhauer, T. G. Franti and K. D. Hoagland. 2002. Assessment of concentrated flow through riparian buffers. *J. Soil Water Conserv.* 57: 336 – 343.

Dou, Z., G. Y. Zhang, W. L. Stout, J. D. Toth and J. D. Ferguson. 2003. Efficacy of alum and coal combustion by – products in stabilizing manure phosphorus. *J. Environ. Qual.* 32: 1490 – 1497.

Durning, A. B. and H. B. Brough. 1991. Taking Stock: Animal Farming and the Environment. WorldWatch Paper 103. WorldWatch Institute, Washington, DC.

Fiala, L. and P. Vasata. 1982. Phosphorus reduction in a man – made lake by means of a small reservoir on the inflow. *Arch. Hydrobiol.* 94: 24 – 37.

Fiener, P. and K. Auerswald. 2003. Effectiveness of grassed waterways in reducing runoff and sediment delivery from agricultural watersheds. *J. Environ. Qual.* 32: 927 – 936.

Fleischner, T. L. 1994. Ecological costs of livestock grazing in western North America. *Conserv. Biol.* 8: 629 – 644.

Fox, M. A. 1999. The contribution of vegetarianism to ecosystem health. *Ecosyst. Health* 5: 70 – 74.

Gallimore, L. E., N. T. Basta, D. E. Storm, M. E. Payton, R. H. Huhnke and M. D. Smolen. 1999. Water treatment residual to reduce nutrients in surface runoff from agricultural land. *J. Environ. Qual.* 28: 1474 – 1478.

Gardner, G. 1996. Shrinking Fields: Cropland Loss in a World of Eight Billion. WorldWatch Paper 131. WorldWatch Institute, Washington, DC.

Gattie, D. K. and W. J. Mitsch (Eds.). 2003. The Philosophy and Emergence of Ecological Engineering. Special Issue. *Ecol. Eng.* 20 (5): 327 – 454.

Gaudreau, J. E., D. M. Vietor, R. H. White, T. L. Provin and C. L. Munster. 2002. Response of turf and quality of water runoff to manure and fertilizer. *J. Environ. Qual.* 31: 1316 – 1322.

Gburek, W. J., A. N. Sharpley, L. Heathwaite and G. J. Folmar. 2000. Phosphorus management at the watershed scale: A modification of the phosphorus index. *J. Environ. Qual.* 29: 130 – 144.

Gunsalus, B., E. G. Flaig and G. Ritter. 1992. Effectiveness of agricultural best management practices implemented in the Taylor Creek/Nubbin Slough watershed and the Lower Kissimmee River Basin. *National Rural Clean Water Symposium*. USEPA/625/R – 92/006. pp. 161 – 171.

Hammer, D. A. 1997. *Creating Freshwater Wetlands*. 2nd ed. Lewis Publishers, Boca Raton, FL.

Harper, H. H. 1990. Long – Term Performance Evaluation of the Alum Stormwater Treatment System at Lake Ella, Florida. Project WM 339. Florida Department of Environmental Regulation,Tallahassee,FL.

Harper, H. H., M. P. Wanielista and Y. A. Yousef. 1983. Restoration of Lake Eola. In: Lake Restoration, Protection, and Management. USEPA 440/5 – 83 – 001. pp. 13 – 22.

Harrell, L. J. and S. R. Ranjithan. 2003. Detention pond design and land use planning for watershed management. J. *Water Resourc. Planning Manage.* ASCE 129: 98 – 106.

Haustein, G. K., T. C. Daniel, D. M. Miller, P. A. Moore, Jr. and R. W. McNew. 2000. Aluminim – containing residuals influence high phosphorus soils and runoff water quality. *J. Environ. Qual.* 29: 1954 – 1959.

Havens, K. E., V. J. Bierman, Jr., E. G. Flaig, C. Hanlon, R. T. James, B. L. Jones and V. H. Smith. 1995. Historical trends in the Lake Okeechobee ecosystem. VI. Synthesis. *Arch. Hydrobiol./Suppl.* 107: 101 – 111.

Haygarth, P. 1997. Agriculture as a source of phosphorus transfer to water: Sources and pathways. *SCOPE Newslett*. No. 21.

Heathwaite, L., A. Sharpley and W. Gburek. 2000. A conceptual approach for integrating phosphorus and nitrogen management at watershed scales. *J. Environ. Qual.* 29: 158 – 166.

Heinzman, B. 1998. Improvement of the surface water quality in the Berlin region. IAWQ 19th Biennial Int. Conference. Vancouver, B. C., Canada. pp. 187 – 197.

Heinzman, B. and I. Chorus. 1994. Restoration concept for Lake Tegel, a major drinking and bathing water resource in a densely populated area. *Environ. Sci. Technol.* 28: 1410 – 1416.

Henderson, C. L., C. J. Dindorf and F. J. Rozumalski. 1999. Lakescaping for Wildlife and Water Quality. Minnesota Department of Natural Resources, St. Paul, MN.

Herson – Jones, L. M., M. Heraty and B. Jordan. 1995. Riparian Buffer Strategies for Urban Watersheds. Metropolitan Washington Council of Governments, Washington, DC.

Higgins, M. J., C. A. Rock, R. Bouchard and R. J. Wengrzinek. 1993. Controlling agricultural runoff by the use of constructed wetlands. In: C. A. Moshiri (Ed.), *Constructed Wetlands for Water Quality Improvement*. Lewis Publishers, Boca Raton, FL.

Hoag, J. C., H. Short and W. Green. 1993. Planting techniques for vegetating shorelines and riparian areas. In: H. H. Allen and J. L. Tingle (Eds.), Proceedings, U. S. Army Corps of Engineers Workshop on Reservoir Shoreline Erosion: A National Problem. Misc. Paper W – 93 – 1. U. S. Army Corps of Engineers, Vicksburg, MS. pp. 114 – 124.

Horner, R. 1995. Training for construction site erosion control and stormwater facility inspection. In: National Conference on Urban Runoff Management: Enhancing Urban Watershed Management at the Local, County, and State Levels. USEPA. 625/R – 95/003.

Horner, R. R., J. J. Skupien, E. H. Livingston and H. E. Shaver. 1994. Fundamentals of Urban Runoff Management: Technical and Institutional Issues. Terrene Institute, Washington, DC.

Hoyer, M. V. and D. E. Canfield. 1994. Bird abundance and species richness on Florida lakes: Influence of trophic status, lake morphology, and aquatic macrophytes. *Hydrobiologia* 297/280: 107 – 119.

Hyde, J. E. and T. F. Morris. 2000. Phosphorus availability in soils amended with dewatered water treatment residual and metal concentrations in residual with time. *J. Environ.* Qual. 29: 1896 – 1904.

Jacoby, J. M., E. B. Welch and I. Wertz. 2001. Alternate stable states in a shallow lake dominated by *Egeria densa. Verh. Int. Verein. Limnol.* 27: 3805 – 3810.

Johnston, C. A. 1991. Sediment and nutrient retention by fresh water wetlands – effects on surface water quality. *Crit. Rev. Environ. Control* 21: 491 – 565.

Juhle, F. B. and H. H. Allen. 1993. Corps of Engineers' attempts to solve reservoir shoreline erosion problems using innovative approaches. In: Proceedings U. S. Army Corps of Engineers Workshop on Reservoir Shoreline Erosion: A National Problem. Misc. Paper W – 93 – 1. U. S. Army Corps Engineers, Vicksburg, MS. pp. 106 – 113.

Kadlec, R. H. and R. L. Knight. 1996. *Treatment Wetlands*. Lewis Publishers, Boca Raton, FL.

Keenan, L. W. and E. F. Lowe. 2001. Determining ecologically acceptable nutrient loads to natural wetlands for water quality improvement. *Water Sci. Technol.* 44: 289 – 294.

Kennedy, G. and T. Mayer. 2002. Natural and constructed wetlands in Canada: An overview. *Water Qual. Res. J. Canada* 37: 295 – 326.

King, K. W., R. D. Harmel, H. A. Torbert and J. C. Balogh. 2001. Impact of a turfgrass system on nutrient loadings to surface water. *J. Am. Water Resourc. Assoc.* 37: 629 – 640.

Klein, G. 1988. Ecodynamic changes in suburban lakes in Berlin (FRG) during the restoration process after phosphate removal. In: *Ecodynamics. Contributions to Theoretical Ecology*. Springer – Verlag, New York. pp. 138 – 145.

Kleinman, P. J. A., A. N. Sharpley, A. M. Wolf, D. B. Beegle and P. A. Moore, Jr. 2002a. Measuring waterextractable phosphorus in manure as an indicator of phosphorus in runoff. *Soil Sci. Soc. Am. J.* 66: 2009 – 2015.

Knight, R. L., R. W. Ruble, R. H. Kadlec and S. C. Reed. 1993. Database: North American Wetlands for Water Quality Treatment. Phase Ⅱ Report. USEPA 600/C – 94/002.

Knight, R. L., V. W. E. Payne, Jr., R. E. Borer, R. A. Clarke, Jr. and J. H. Pries. 2000. Constructed wetlands for livestock wastewater management. *Ecol. Eng.* 15: 41 – 56.

Knoll, L. B., M. J. Vanni and W. H. Renwick. 2003. Phytoplankton primary production and photosynthetic parameters in reservoirs along a gradient of watershed use. *Limnol. Oceanogr.* 48: 608 – 617.

Kogelmann, W. J., H. S. Lin, R. B. Bryant, D. B. Beegle, A. M. Wolf and G. W. Peterson. 2004. A statewide assessment of the impacts of phosphorus – index implementation in Pennsylvania. *J. Soil Water Conserv.* 59: 9 – 18.

Kovacic, D. A., M. B. David, L. E. Gentry, K. M. Starks and R. A. Cooke. 2000. Effectiveness of constructed wetlands in reducing nitrogen and phosphorus export from agricultural tile dainage. *J. Environ. Qual.* 29: 1262 – 1274.

Langdale, G. W., W. C. Mills and A. W. Thomas. 1992. Use of conservation tillage to retard erosive effects of large storms. *J. Soil Water Conserv.* 47: 257 – 260.

Lee, K. H., T. M. Isenhart and R. C. Schultz. 2003. Sediment and nutrient removal in an established multispecies riparian buffer. *J. Soil Water Conserv.* 58: 1 – 8.

Lee, P., C. Smith and S. Bouten. 2004. Quantitative review of riparian buffer width guidelines from Canada and the United States. *J. Environ. Manage.* 70: 165 – 180.

Lemunyon, J. L. and R. G. Gilbert. 1993. The concept and need for a phosphorus assessment tool. *J. Prod. Agric.* 6: 484 – 496.

Linde, D. T. and T. L. Watschke. 1997. Nutrients and sediments in runoff from creeping bentgrass and perennial ryegrass turfs. *J. Environ. Qual.* 26: 1248 - 1254.

Line, D. E., G. D. Jennings, R. A. McLaughlin, D. L. Osmond, W. A. Harman, L. A. Lombardo, K. L. Tweedy and J. Spooner. 1999. Nonpoint sources. *Water Environ. Res.* 71: 1054 - 1069.

Luederitz, V., E. Eckert, M. Lang - Weber, A. Lange and R. M. Gersberg. 2001. Nutrient removal efficiency and resource economics of vertical flow and horizontal flow constructed wetlands. *Ecol. Eng.* 18: 157 - 172.

Lund, J. W. G. 1955. The ecology of algae and waterworks practice. *Proc. Soc. Water Treatment Exam.* 4: 83 - 109.

Magleby, R. 1992. Economic evaluation of the Rural Clean Water program. In: The National Rural Clean Water Program Symposium. USEPA/625/R - 92/006. pp. 337 - 346.

Manny, B. A., W. C. Johnson and R. G. Wetzel. 1994. Nutrient additions by waterfowl to lakes and reservoirs - predicting their effects on productivity and water quality. *Hydrobiologia* 280: 121 - 132.

Marion, L. P. Clergeau, L. Brient and G. Bertu. 1994. The importance of avian - contributed nitrogen (N) and phosphorus (P) to Lake Grandlieu, France. *Hydrobiologia* 279/280: 133 - 147.

McComas, S. 2003. *Lake and Pond Management Guidebook.* Lewis Publishers, Boca Raton, FL.

McDowell, R. W. and A. N. Sharpley. 2001. Phosphorus losses in subsurface flow before and after manure application to intensively farmed land. *Sci. Rural Environ.* 278: 113 - 125.

McDowell, R. W., A. N. Sharpley, D. B. Beegle and J. L. Weld. 2001. Comparing phosphorus management strategies at a watershed scale. *J. Soil Water Conserv.* 56: 306 - 315.

Meals, D. W. and R. B. Hopkins. 2002. Phosphorus reductions following riparian restoration in two agricultural watersheds in Vermont, *Water Sci. Technol.* 45: 51 - 60.

Mehlich, A. 1984. Mehlich 3 soil test extractant: A modification of Mehlich 2 extractant. Commun. *Soil Sci. Plant Anal.* 15: 1409 - 1416.

Mitsch, W. J. 2003. Ecology, ecological engineering, and the Odum brothers. *Ecol. Eng.* 20: 331 - 338.

Mitsch, W. J. and J. G. Gosselink. 2000. *Wetlands.* 3rd ed. John Wiley and Sons, New York.

Moore, P. A., Jr. and D. M. Miller. 1994. Decreasing phosphorus solubility in poultry litter with aluminum, calcium and iron amendments. *J. Environ. Qual.* 23: 325 - 330.

Moore, P. A., Jr., T. C. Daniel and D. R. Edwards. 2000. Reducing phosphorus runoff and inhibiting ammonia loss from poultry manure with aluminum sulfate. *J. Environ. Qual.* 29: 37 - 49.

Morton, T. G., A. J. Gold and W. M. Sullivan. 1988. Influence of overwatering and fertilization on nitrogen losses from home lawns. *J. Environ. Qual.* 17: 124 - 130.

Moshiri, G. A. (Ed.) . 1993. *Constructed Wetlands for Water Quality Improvement.* Lewis Publishers, Boca Raton, FL.

Moustafa, M. Z. 1999. Analysis of phosphorus retention in free - water surface treatment wetlands. *Hydrobiologia* 392: 41 - 54.

Myers, D. N., K. D. Metzger and S. Davis. 2000. Status and Trends in Suspended - Sediment Discharges, Soil Erosion, and Conservation Tillage in the Maumee River Basin - Ohio, Michigan, and Indiana. Water Resources Investigative Report 00 - 4091. U. S. Department of Interior, U. S. Geological Survey, Denver, CO.

Nahm, K. H. 2002. Efficient feed nutrient utilization to reduce pollutants in poultry and swine manures. *Crit. Rev. Environ. Sci. Technol.* 32: 1 - 16.

Newman, R. M. and D. D. Biesboer. 2000. A decline in Eurasian Watermilfoil in Minnesota associated with the milfoil weevil *Euhrychiopsis lecontei. J. Aquatic Plant Manage.* 38: 105 - 111.

Newman，R. M.，D. W. Ragsdale，A. Milles and C. Oien. 2001. Overwinter habitat and the relationship of overwinter to in - lake densities of the milfoil weevil *Euhrychiopsis lecontei*，a Eurasian watermilfoil biological control. *J. Aquatic Plant Manage.* 39：63 - 67.

Nieswand，G. H.，R. M. Hordon，T. B. Shelton，B. B. Chavooshian and S. Blarr. 1990. Buffer strip to protect water supply reservoirs—a model and recommendations. *Water Res. Bull.* 26：959 - 966.

Novotny，V. 1999. Diffuse pollution from agriculture—a worldwide outlook. *Water Sci. Technol.* 39：1 - 14.

Novotny，V. and H. Olem. 1994. *Water Quality*：*Prevention*，*Identification and Management of Diffuse Pollution*. Van Nostrand Reinhard，New York.

Oberts，G. L. and R. A. Osgood. 1991. Water - quality effectiveness of a detention/wetland treatment system and its effect on an urban lake. *Environ. Manage.* 15：131 - 138.

Oberts，G. L.，P. J. Wotzka and J. A. Hartsoe. 1989. The Water Quality Performance of Select Urban Runoff Treatment Systems. Part One. Metro Council Publication No. 590 - 89 - 062a. St. Paul，MN.

Oklahoma Conservation Commission. 1996. Confined Animal Inventory：Lake Eucha Watershed. Final Report. Water Quality Division，Oklahoma City，OK.

Oklahoma Water Resources Board. 2002. Water Quality Evaluation of the Eucha/Spavinaw Lake System. Oklahoma City，OK.

Olson，R. K.（Ed.）. 1992. Evaluating the role of created and natural wetlands in controlling non - point source pollution. *Ecol. Eng.* 1（1/2）：1 - 170.

Owen，M. 1975. Cutting and fertilizing grassland for winter goose management. *J. Wildlife Manage.* 39：163 - 167.

Pant，H. K.，V. D. Nair，K. R. Reddy，D. A. Graetz and R. R. Villapando. 2002. Influence of flooding on phosphorus mobility in manure - impacted soil. *J. Environ. Qual.* 31：399 - 405.

Pant，H. K. and K. R. Reddy. 2003. Potential internal loading of phosphorus in a wetland constructed in agricultural land. *Water Res.* 37：965 - 972.

Panuska，J. C. and J. G. Schilling. 1993. Consequences of selecting incorrect hydrologic parameters when usingthe Walker pond size and P8 urban catchment models. *Lake and Reservoir Manage.* 8：73 - 76.

Paul，L. 1995. Nutrient elimination in an underwater pre - dam. *Int. Rev. ges. Hydrobiol.* 80：579 - 594.

Paul，L. 2003. Nutrient elimination in pre - dams：Results of long term studies. *Hydrobiologia.* 504：289 - 295.

Paul，L.，K. Schroter and J. Labahn. 1998. Phosphorus elimination by longitudinal subdivision of reservoirs and lakes. *Water Sci. Technol.* 37：235 - 244.

Piest，R. F.，L. A Kramer and H. G. Heinemann. 1975. Sediment movement from loessial watersheds. In：*Present and Prospective Technology for Predicting Sediment Yields and Sources. Proceedings of a Workshop*. U. S. Department of Interior. Agricultural Research Service. ARS - S - 40.

Pinel - Allou，B.，E. Prepas，D. Planas and R. Steedman. 2002. Watershed impacts of logging and wildfire：Case studies in Canada. *Lake and Reservoir Manage.* 18：307 - 318.

Pionke，H. B.，W. J. Gburek，A. N. Sharpley and J. A. Zollweg. 1997. Hydrologic and chemical controls on phosphorus losses from catchments. In：H. Tunney et al.（Eds.），*Phosphorus Loss from Soil to Water*. CAB Int. Press，Cambridge，UK. pp. 225 - 242.

Pote，D. H.，W. L. Kingery，G. E. Aiken，F. X. Han，P. A. Moore，Jr. and K Buddington. 2003. Water - quality effects of incorporating poultry litter into perennial grassland soils. *J. Environ. Qual.* 32：2392 - 2398.

Prato，T. and K. Dauten. 1991. Economic feasibility of agricultural management practices for reducing sedimentation in a water supply lake. *Agric. Water Manage.* 19：361 - 370.

Przepiora，A.，D. Hesterberg，J. E. Parsons，J. W. Gilliam，D. K. Cassel and W. Faircloth. 1998. Field evaluation of calcium sulfate as a chemical flocculent for sedimentation basins. *J. Environ. Qual.* 27：669 - 678.

Putz，K. and J. Benndorf. 1998. The importance of pre‐reservoirs for the control of eutrophication in reservoirs. *Water Sci. Technol.* 37：317 – 324.

Radomski，P. and T. J. Goerman. 2001. Consequences of human lakeshore development on emergent and floating‐leaf vegetation abundance. *North Am. J. Fish. Manage.* 21：46 – 61.

Raisin，G. W. ，D. S. Mitchell and R. L. Croome. 1997. The effectiveness of a small constructed wetland in ameliorating diffuse nutrient loadings from an Australian rural catchment. *Ecol. Eng.* 9：19 – 36.

Reddy，K. R. ，R. H. Kadlec，E. Flaig，and P. M. Gale. 1999. Phosphorus retention in streams and wetlands. A review. *Crit. Rev. Environ. Sci. Technol.* 29：83 – 146.

Reid，J. R. 1993. Mechanisms of shoreline erosion along lakes and reservoirs. In：Proceedings，U. S. Army Corps of Engineers Workshop on Reservoir Shoreline Erosion：A National Problem. Misc. Paper W – 93 – 1. U. S. Army Corps Engineers，Vicksburg，MS. pp. 18 – 32.

Richardson，C. J. and C. B. Craft. 1993. Effective phosphorus retention in wetlands：Fact or fiction? In：G. A. Moshiri（Ed. ），*Constructed Wetlands for Water Quality Improvement.* Lewis Publishers，Boca Raton，FL. pp. 271 – 282.

Richardson，C. J. and S. S. Qian. 1999. Long‐term phosphorus assimilative capacity in fresh water wetlands：A new paradigm for sustaining ecosystem structure and function. *Environ. Sci. Technol.* 33：1545 – 1551.

Robbins，R. W. ，J. L. Glicker，D. M. Bloem and B. M. Niss. 1991. *Effective Watershed Management for Surface Water Supplies.* American Water Works Association Research Foundation. Denver，CO.

Sabater，S. ，A. Butturini，J. C. Clement，T. P. Burt，D. Dowrick，M. Hefting，V. Maître，G. Pinay，C. Postolache，M. Rzepecki，and F. Sabater. 2003. Nitrogen removal by riparian buffers along a European climatic gradient：Patterns and factors of variation. *Ecosystems* 6：20 – 30.

Salvia‐Castellvi，M. ，A. Dohet，P. Vanderborght and L. Hoffman. 2001. Control of the eutrophication of the ReservoirEsch‐Sur‐Sure（Luxembourg）：Evaluation of the phosphorus removal by predams. *Hydrobiologia* 459：61 – 72.

Scherer，N. M. ，H. L. Gibbons，K. B. Stoops and M. Muller. 1995. Phosphorus loading of an urban lake by bird droppings. *Lake and Reservoir Manage.* 11：317 – 327.

Schindler，D. E. ，S. I. Geib and M. R. Williams. 2000. Patterns of fish growth along a residential development gradient in north temperate lakes. *Ecosystems* 3：229 – 237.

Schmitt，T. J. ，M. G. Dosskey and K. D. Hoagland. 1999. Filter strip performance and processes for different vegetation，widths，and contaminants. *J. Environ. Qual.* 28：1479 – 1489.

Schueler，T. R. 1987. Controlling Urban Runoff：A Practical Manual for Planning and Designing Urban BMPs. Metropolitan Washington Council of Governments，Washington，DC.

Schueler，T. R. 1992. Design of Stormwater Wetland Systems：Guidelines for Creating Diverse and Effective Stormwater Wetlands in the Mid‐Atlantic Region. Metropolitan Washington Council of Governments，Washington，DC.

Schueler，T. R. 1995. Stormwater pond and wetland options for stormwater quality control. In：*National Conference on Urban Runoff Management：Enhancing Urban Watershed Management at the Local，County，and State Levels.* pp. 341 – 346.

Setia，P. and R. Magleby. Measuring physical and economic impacts of controlling water pollution in a watershed. *Lake and Reservoir Manage.* 4：63 – 71.

Sharpley，A. N. 1999. Agricultural phosphorus，water quality，and poultry production：Are they compatible? *Poultry Sci.* 78：660 – 673.

Sharpley，A. N. ，B. J. Carter，B. J. Wagner，S. J. Smith，E. L. Cole and G. A. Sample. Undated. Impact of Long - Term Swine and Poultry Manure Applicaton on Soil and Water Resources in Eastern Oklahoma. Technical Bulletin T - 169. Agric. Exper. Station, Stillwater, OK.

Sharpley, A. N. , T. C. Daniel, J. T. Sims and D. H. Pote. 1996. Determining environmentally sound soil phosphorus levels. *J. Soil Water Conserv.* 51: 160 - 166.

Sharpley, A. N. , T. Daniel, T. Sims, J. Lemunyon, R. Stevens and R. Parry. 1999. *Agricultural Phosphorus and Eutrophication.* U. S. Department of Agriculture. ARS - 149.

Sharpley, A. , B. Foy and P. Withers. 2000. Practical and innovative measures for the control of agricultural phosphorus losses to water: An overview. *J. Environ. Qual.* 29: 1 - 9.

Sharpley, A. N. , P. Kleinman and R. McDowell. 2001a. Innovative management of agricultural phosphorus to protect soil and water resources. *Commun. Soil Sci. Plant Anal.* 32: 1071 - 1100.

Sharpley, A. N. , R. W. McDowell, J. L. Weld and P. J. A. Kleinman. 2001b. Assessing site vulnerability to phosphorus loss in an agricultural watershed. *J. Environ. Qual.* 30: 2026 - 2036.

Sharpley, A. N. , J. L. Weld, D. B. Beegle, P. J. A. Kleinman, W. J. Gburek, P. A. Moore, Jr. and G. Mullins. 2003. Development of phosphorus indices for nutrient management planning strategies in the United States. *J. Soil Water Conserv.* 58: 137 - 152.

Shields, F. D. , Jr. , A. J. Bowie and C. M. Cooper. 1995. Control of streambank erosion due to bed degradation with vegetation and structure. *Water Res. Bull.* 31: 475 - 489.

Shreve, B. R. , P. A. Moore, Jr. , T. C. Daniel, D. R. Edwards and D. M. Miller. 1995. Reduction of phosphorus in runoff from field - applied poultry litter using chemical amendments. *J. Environ. Qual.* 24: 106 - 111.

Shuman, L. M. 2001. Phosphate and nitrate movement through simulated golf greens. *Water Air Soil Pollut.* 129: 305 - 318.

Shutes, R. B. E. , D. M. Revitt, A. S. Mungur and L. N. L. Scholes. 1997. The design of wetland systems for the treatment of urban runoff. *Water Sci. Technol.* 35: 19 - 26.

Smith, D. R. , P. A. Moore Jr. , C. L. Griffis, T. C. Daniel, D. R. Edwards and D. L. Boothe. 2001. Effects of alum and aluminum chloride on phosphorus runoff from swine manure. *J. Environ. Qual.* 30: 992 - 998.

Spittle, K. S. 2002. Effectiveness of an hydraulically applied mechanically bonded fiber matrix. *Land and Water* 46 (3): 55 - 60.

U. S. Department of Agriculture (USDA) and U. S. Environmental Protection Agency (USEPA) . 1999. *Unified National Strategy for Animal Feeding Operations.* USDA and USEPA, Washington, DC.

U. S. Department of Agriculture - Natural Resources Conservation Service (USDA - NRCS) . 2001. Iowa Phosphorus Index. USDA - NRCS Technical Note 25. Des Moines, IA.

U. S. Environmental Protection Agency. 1992. The National Rural Clean Water Program. USEPA/625/R - 92/006. , Washington, DC.

U. S. Environmental Protection Agency. 1993. Urban Runoff Pollution Prevention and Control Planning. USEPA/625/R - 93/004. , Washington, DC.

U. S. Environmental Protection Agency. 1995. *National Conference on Urban Runoff Management: Enhancing Urban Watershed Management at the Local, County, and State Levels.* USEPA/625/R - 95/003.

van der Veen, C. , A. Graveland and W. Kats. 1987. Coagulation of two different kinds of surface water before inlet into lakes to improve the self - purification process. *Water Sci. Technol.* 19: 803 - 812.

Walker W. W. , Jr. 1987. Phosphorus removal by urban runoff detention basins. *Lake and Reservoir Manage.* 3: 314 - 326.

Walker, W. W. , Jr. , C. E. Westerberg, D. J. Schuler and J. A. Bode. 1989. Design and evaluation of eutrophication control measures for the St. Paul water supply. *Lake and Reservoir Manage.* 5: 71 - 83.

Wall, D. H., M. A. Palmer and P. V. R. Snelgrove. 2001. Biodiversity in critical transition zones between terrestrial, fresh water, and marine soils and sediments: Processes, linkages and management implications. *Ecosystems* 4: 418 - 420.

Wanielista, M. P. 1978. *Stormwater Management. Quantity and Quality*. Ann Arbor Science Publishers, Ann Arbor, MI.

Weibel, S. R. 1969. Urban drainage as a factor in eutrophication. In: *Eutrophication. Causes, Consequences, and Correctives*. National Academy Press, Washington, DC. pp. 383 - 403.

Welch, E. B. 1992. *Ecological Effects of Wastewater. Applied Limnology and Pollutant Effects*. Chapman and Hall, London, UK.

Wendt, C. J. and H. H. Allen. 2002. Shoreline stabilization using wetland plants and bioengineering. *Land and Water* 46 (3): 16 - 22.

Wetzel, R. G. 1992. Gradient - dominatedecosytems—sources and regulatory functions of dissolved organic matter in fresh water ecosystems. *Hydrobiologia* 229: 181 - 198.

Wetzel, R. G. 2001. *Limnology. Lake and River Ecosystems*. Academic Press. New York.

Wilson, C. B. 1979. A Limnological Investigaton of Aurora Shores Lake: A Study of Eutroph - ication. M. S. Thesis. Kent State University, Kent, OH.

Williamson, R. B., C. M. Smith and A. B. Cooper. 1996. Watershed riparian management and its benefits to a eutrophic lake. *J. Water Resour. Planning Manage.* ASCE 122: 24 - 32.

Woltemade, C. J. 2000. Ability of restored wetlands to reduce nitrogen and phosphorus concentrations in agricultural drainage water. *J. Soil Water Conserv.* 55: 303 - 308.

Wu, J. S., R. E. Holman and J. R. Dorney. 1996. Systematic evaluation of pollutant removal by urban wet detention ponds. *J. Environ. Eng. Div.* ASCE 122: 983 - 988.

Yin, C. and B. Shan. 2001. Multipond systems: A sustainable way to control diffuse phosphorus pollution. *Ambio* 30: 369 - 375.

Young, S. N., W. T. Clough, A. J. Thomas and R. Siddall. 1988. Changes in plant community at Foxcote Reservoir following use of ferric sulphate to control nutrient levels. *J. Instt. Water Environ. Manage.* 2: 5 - 12.

Zaimes, G. N., R. C. Schulz and T. M. Isenhart. 2004. Stream bank erosion adjacent to riparian forest buffers, row - crop fields, and continuously - grazed pastures along Bear Creek in central Iowa. *J. Soil Water Conserv.* 59: 19 - 27.

第 6 章

稀 释 与 冲 洗

6.1 引言

　　稀释与冲洗能够降低限制性营养物质（稀释）的浓度，并提高水交换（冲洗）速度，从而提升富营养湖泊的水质。这两种措施都可以降低限制性营养物质的入流浓度，从而降低高生物量所需的湖水养分浓度，从而降低浮游生物的生物量。通过增加进水流量，冲洗速度会随之提升，进而提高浮游藻类从湖中流失的速度。即使冲洗速度的提升不足以导致藻类大量流失，稀释也能够奏效。冲洗速度的提高可以在不降低限制性营养物质浓度的前提下去除大量藻类。稀释还能实现其他效果，例如增强垂直混合以及降低藻类分泌产物浓度，而后者会影响藻类的种类与丰度（Keating，1977）。

　　通常只有在可获取大量低营养水的情况下才能采用稀释法。稀释水中限制性营养物质浓度低于湖水及湖泊天然入流时，处理效果最佳。如果稀释水入流占主导地位，可更有效地降低湖水营养浓度。在某些情况下，添加中等到高营养浓度的水也会有所改善，但结果不如添加低营养水明确，这很大程度上是因为降低生物量比冲刷更有效。

　　稀释与冲洗法在多处湖泊取得了成功。华盛顿州西雅图市的绿湖自 20 世纪 60 年代起引入自来水，水质显著提升（Oglesby，1969）。华盛顿东部的摩西湖（Moses Lake）自 1977 年起定期接收来自哥伦比亚河的稀释水，水质得到重大改善（Welch 和 Patmont，1980；Welch 和 Weir，1987；Welch 等，1989，1992）。华盛顿州另外三处湖泊也进行了稀释，并且加利福尼亚州的克利尔湖也计划实施稀释措施（Goldman，1968）。南斯拉夫的布莱德湖通过引取拉多夫纳河的水进行冲洗（Sketelj 和 Rejic，1966）。自 1979 年起，每年冬季荷兰的费吕韦湖和唐顿湖都用含磷较低的水加以稀释（Hosper，1985；Hosper 和 Meyer，1986）。威斯康星州蛇湖的稀释方法是排出湖泊容量三倍的水，使低营养地下水重新充满这个小渗水湖（5hm²，平均深度 2.3m）（Born 等，1973）。

　　世界上最早的湖泊冲洗实验之一，是 1921—1922 年将瑞士罗伊斯河的河水引入红湖，以缓解富营养化问题（Stadelman，1980）。在罗伊斯河（Ruess River）与这座 460hm² 的湖泊之间建成运河后，湖泊的冲洗率从 0.33/年提高到了 2.5/年（或从约 0.1%/年提高到 0.7%/天）。由于冲洗率的提高不足以充分冲刷生物量，而且冲洗所用河水的营养浓度较高，因此湖水状况没有得到改善。该湖的营养物质来源于上游卢塞恩市的污水排放。1933 年将直接排入湖中的污水分流后，依然没有好转。但 20 世纪 70 年代对卢塞恩的废水进行养分去除后，水质改善效果显著，罗伊斯河（Ruess River）入流的磷浓度减少为原来的十分之一。

　　下文将对稀释与冲洗的理论基础进行介绍，回顾摩西湖、绿湖与费吕韦湖的应用实例，并讨论该措施的通用应用准则。后者包括水量与水质，应用频率，以及工程与使用成本。

6.2　理论与预测

　　由较高的天然稀释与冲洗率维持较低的浮游植物浓度是一种常见现象（Dickman，1969；Dillon，1975；Welch，1969）。在多种层面上，控制湖中养分与/或藻类生物量的机制与连续培养系统的原理相似。向实验室连续藻类培养基添加低营养稀释水时，限制性营养物质的入流浓度降低，反应容器中可能出现的最大生物量浓度也相应降低，同时由于水交换率的提高，养分与藻类生物量也更快速地被冲出反应容器。在许多湖泊与连续培养系统中，限制性营养物质的浓度是决定藻类生物量的关键变量。湖内营养浓度有时会更高，但通常都低于入流浓度；因为沉降作用大于内部负荷。但理论上可以通过提高稀释/冲洗率降低沉降流失量，利用沃伦怀德方程得到的预测结果也证实了这一观点（图 3.8），分析结果表明，滞留时间较短时，湖水磷浓度等于入流浓度。这种情况最常见于水库中，水库的滞留时间一般小于湖泊，因此藻类行为与连续培养系统更相似（McBride 和 Pridmore，1988）。

　　为了预测湖水对每天或每年添加低营养水的响应，不考虑沉降作用与内部负荷，可以应用如下"仅稀释"的一阶积分方程，即

$$C_1 = C_i + (C_o - C_i)e^{-\rho t} \tag{6.1}$$

式中　C_1——时间 t 时的浓度；

　　　C_i——入流水中的浓度；

　　　C_o——初始湖水浓度；

　　　ρ——水交换率或冲洗率。

　　式（6.1）假设湖水混合均匀，不存在其他营养源，并将限制性营养物质或"湖水百分比"看作守恒量。由于方程不包含沉积项，因此一般仅用于在水交换率较大（每天几个百分点以上）的条件下短期追踪营养物质的行为。但在某些情况下（如诺威肯湖，图 4.6），如果沉积物中没有滞留营养，即沉积对营养的吸收与释放速度相等，则湖水营养浓度的响应符合简化稀释模型。不过多数情况下，可以在水源已知的条件下，使用式（6.1）估算降低平均湖水浓度的潜力与所需时间。根据某个守恒变量，如钠或电导率，将这些预测结果与稀释水分布的观测结果相比较。如果希望预测结果更接近实际情况，就必须考虑沉积物—水之间的营养交换。第 3 章给出了相关方程，针对所添加的稀释水修改冲洗率和外部负荷。

如沃伦怀德稳态质量平衡磷模型所示，冲洗率的提高会对湖水磷含量产生间接影响。增加低营养水的添加量也会提高营养负荷，而因此造成的冲洗率提高，则会通过沉降作用降低营养流失（Uttormark 和 Hutchins，1980）。在某些情况下，以上过程会抵消稀释作用，因为如作者所述，"入流浓度的降低一般会使湖内浓度降低，但磷滞留量的降低一般会使湖内浓度升高"。他们发现，理论上如果原本的冲洗率 ρ 足够低，例如低至 0.1/年，添加低营养水（正常入流营养含量的 40%）从而提高复合冲洗率就会使湖水营养浓度增加。

　　如果初始冲洗率相对较大（≥1.0/年），降低沉降速率的影响就会最小化，最终湖水浓度会降低，但水量必须足够大。当然，使入流浓度降低到某个水平所需要的水量取决于正常入流与稀释水源之间的浓度差。

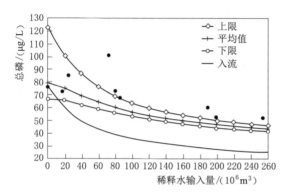

图 6.1　5—9 月柱加权平均总磷浓度与稀释水输入量的关系，图中包含预测值与观测值，其中观测值为连续九年的平均总磷负荷，冲洗率与 RTR 取值范围。

（来源：Jones, C. A. and E. B. Welch. 1990.

J. *Water Pollut. Cont. Fed.* 62：847 - 852.）

　　在一个实例中，沉降作用降低所造成的影响不大，但沉积物释放 P 的速率提升，从而减弱了稀释效果（Jones 和 Welch，1990）。连续 12 年向华盛顿州摩西湖的帕克角（在正常入流的基础上）添加稀释水，4—9 月的平均冲洗率达 8%/天。根据经过修正与验证的稳态质量平衡磷模型，其中用负沉降率系数代表内部磷负荷［式（3.10）］，预测得知稀释水量的增加所造成的湖水磷浓度降低的速度，比仅考虑稀释水入流浓度所得到的结果更缓慢（图 6.1）。稀释水效果的最小化不是沉降作用降低所导致的，因为图 6.1 最下方的入流浓度曲线是湖水无沉降作用时可达到的最高浓度。

6.3　实例研究

　　两座实施了稀释与冲洗法的湖泊可以为该方法在其他湖泊的应用提供指导。摩西湖位于华盛顿州东部，地表面积 2753hm²，平均深度 5.6m。自 1977 年起，每年春季和初夏都向摩西湖的一个湖湾添加稀释水。1982 年起，通过泵水向湖中未稀释的部分进行输送。西雅图市的绿湖面积为 104hm²，平均深度 3.8m。自 1962 年至 20 世纪 70 年代中期，从城市家庭供水以较高的速率向湖中供应稀释水，但随后入流量变化较大，使湖水水质恶化。低营养水能够稀释内部负荷，而内部负荷正是夏季水华的主要原因。之后，通过评估其他更可靠的稀释水源与其他内部负荷控制手段的成本和有效性，1991 年向该湖投入了明矾进行治理（第 8 章）（URS，1983，1987；Jacoby 等，1994）。由于湖水与稀释水的营养浓度比例很大，高达 5∶1～10∶1，因此显然适合采用稀释水源进行湖水治理。要讨论的案例是荷兰的费吕韦湖（Hosper，1985；Hosper 和 Meyer，1986），该湖同时实行了稀释与废水除磷两种措施。

6.3.1 摩西湖

摩西湖的帕克角一直以来都通过美国垦务局的东低运河和洛基深谷废水道从哥伦比亚河获取稀释水（图 6.2）。1982 年起，开始将稀释水从帕克角泵送到之前未稀释的区域，1984 年将污水排放分流。可以针对帕克角分析多年来仅采用稀释水这一措施对湖水水质的改善效果。由于污水排放对南湖（South Lake）造成了一定影响，因此 1984 年后水质的进一步改善在一定程度上也来自于分流工程。而鹈鹕角（Pelican Horn）的主要影响因素则是污水分流。圣海伦火山喷发造成的火山灰沉降在 1980—1981 年降低了湖水的内部磷负荷，而且这段时期稀释水量较低，因此稀释效果不明显。所以对帕克角的评价时期为 1977—1979 年及 1986—1988 年（仅稀释），对南湖的评价时期为 1977—1979 年（仅稀释）及 1986—1988 年（稀释及污水分流）。

稀释水的添加规律呈系统性变化，目的是确定最佳水量与季节分布。1977—1988 年稀释水平均添加量为 $169.4 \times 10^6 \, m^3$/年，表示实际入流为 971 天时，帕克角的冲洗率为 17%/天。4—9 月的平均添加量（包括有添加或无添加的天数）为 $130 \times 10^6 \, m^3$/年或 5.8%/天。在稀释水与正常入流的共同作用下，帕克角的平均冲洗率为 7.8%/天。对于整座湖，这部分入流量代表冲洗率小于 1%/天。因此稀释水输入提高了帕克角的冲洗率，可能冲走了部分藻类细胞，但对湖中的其他区域基本没有作用。

20 世纪 90 年代，稀释水的添加速率稍有提升，直到 2001 年的 13 年间，平均输入量为 $221 \times 10^6 \, m^3$/年——比过去 12 年提高了 30%。1996—1997 年降雨量较大，输入量仅为 $75 \times 10^6 \, m^3$/年和 $32 \times 10^6 \, m^3$/年。因此，虽然每年的稀释水量各不相同，但除其中 1 年以外，过去的 25 年中每年都在实行该措施。尽管如此，稀释水量较低的年份（如 1997 年）依然出现了水华与水质恶化。

哥伦比亚河的河水可以说是理想的稀释用水（表 6.1）。因为克莱博溪（帕克角的天然入流）流域中的灌溉与施肥活动导致其磷和氮浓度很高，因此需要汇入大量哥伦比亚河水以降低混合入流的浓度，从而降低湖水浓度。因此与没有克莱博溪入流的情况相比，最终所需的水交换率更高。不幸的是，在这种情况下，对克莱博溪进行分流不具经济可行性，但对于其他湖泊可以考虑这种措施，以提高稀释水效率。

表 6.1	1977—1978 年 5—9 月流入帕克角的河水营养物浓度			单位：$\mu g/L$
营养物	总磷	总氮	SRP	$NO_3 - N$
无稀释克莱博溪入流	148	1331	90	1096
东低运河稀释水	25	305	8	19

来源：经许可引自 Cooke et al. 1993.

通过跟踪守恒参数"电导率"可以预测，向摩西湖添加稀释水会快速置换湖水。假设 100% 代表克莱博溪的电导率，0% 代表哥伦比亚河水的电导率，则可以计算湖水百分比。例如，对克莱博溪水（CCW）取代表值 $460 \mu mhos/cm$❶，湖水（LW）取 $250 \mu mhos/cm$，

---

❶ mhos/cm 为电导率单位，1mhos/cm=1S/cm。

东低运河稀释水（ECDW）取 120 μmhos/cm，则湖水百分比为

$$100(LW - ECDW)/(CCW - ECDW) = \%LW \tag{6.2}$$

$$100 \times (250 - 120)/(460 - 120) = 38$$

随稀释而降低的湖水百分比而非稀释水百分比，可用于表示湖中营养物质的行为。引入稀释水的帕克角（图 6.2）中剩余的湖水降低至 20% 左右，远低于湖中其他部分（图 6.3）。这个结果符合预期 [图 6.3 中虚线，式（6.1）]，因为此处所述的帕克角 4—6 月平均稀释率为 15%/天，只占湖水体积的一小部分（8%）。随着水流过湖中其他位置，稀释率逐渐降低。6 月减少稀释水输入量时，帕克角的湖水百分比快速升高至 50%~60%（图 6.3）。部分原因是主湖湾和南湖的湖水因风力进入帕克角。

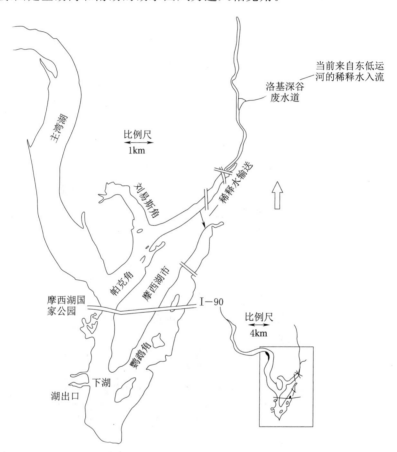

图 6.2　华盛顿州摩西湖，注意稀释水源经洛基深谷废水道来自东低运河，
以及从帕克角向鹦鹉角输送稀释水的泵水点。

（来源：Cooke, et al. 1993.）

摩西湖成树枝形，体积主体部分为主湖湾（63%），没有直接接收稀释水入流的路径。因此与占湖泊体积 29% 的帕克角和南湖相比，稀释水对主湖湾的影响较小。不过即使采用整座湖的体积计算剩余湖水与水交换率 [图 6.3 中实线，式（6.1）]，湖水剩余量也会降低到与下湖相似的水平。5 月底至 6 月初，整座湖与下湖的湖水剩余量持平在 50%~60% 范围内，之后随着稀释水输入量的降低而更平缓地恢复正常（图 6.3）。

与稀释之前的 1969—1970 年相比，前三年（1977—1979 年）总磷、SRP 和叶绿素 a 的去除率接近或超过 50%。帕克角和南湖的水体透明度显著提升（表 6.2）。总氮浓度降低幅度相同，不过稀释前的氮数据不够完整。1986—1988 年，湖水质量进一步提升。帕克角水质继续改善，是因为在 12 年研究期间，克莱博溪入流磷含量有所降低（50%）。大部分湖水水质继续改善，部分原因在于污水分流，该措施主要对南湖起效（表 6.2）。鹦鹉角水质完全由地下水和污水排放决定，1977—1979 年期间几乎未受稀释水影响。该水域水质在 1986—1988 年（表 6.2）显著提升，主要是因为污水分流。

虽然稀释水分散到整座湖，水质提升最明显的区域仍为帕克角，此处稀释水占比最高（图 6.3）。从帕克角向主湖湾输送稀释水的主要驱动力是风力。稀释水最远到达主湾中部，其占比主要取决于帕克角中的占比（Welch 等，1982）。天然地表入流和磷负荷中约有一半经洛基福特溪进入主湖湾。与克莱博溪不同，该水源的磷浓度在 12 年研究期间没有下降。因此水质继续提升的趋势不如主湖湾明显。

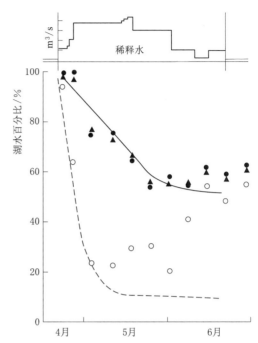

图 6.3　在 1978 年输入稀释水后，帕克角（空心圆）、南湖（实心圆）与整座湖（三角）中剩余湖水百分比的观测值与整座湖（实线）和帕克角（虚线）的预测值（根据 4 月中旬至 6 月中旬的平均入流量）响应对比。帕克角、南湖与整座湖在湖水体积中的占比分别为 8%、21% 和 100%。

（来源：Welch, E. B. and C. R. Patmont. 1980. *Water Res.* 14：1317 - 1325. Pergamon Press Ltd., Oxford.）

表 6.2　　摩西湖各分散部分 4—9 月平均稀释率及稀释（鹦鹉角除外）前（1969—1970）后（1977—1979），以及稀释并进行污水分流后（1986—1988）5—9 月平均总磷、可溶解活性磷、叶绿素 a 及水体透明度

年份	稀释率 /(%/天)	总磷 /(μg/L)	可溶解活性磷 /(μg/L)	叶绿素 a /(μg/L)	透明度 /m
帕 克 角					
1969—1970	1.6	152	28	71	0.6
1977—1979	7.8	68	15	26	1.3
1986—1988	8.0	47	6	21	1.5
南 湖					
1969—1970	1.1	156	48	42	1.0
1977—1979	3.5	86	35	21	1.7
1986—1988	3.6	41	7	12	1.7

续表

年份	稀释率 /(%/天)	总磷 /(μg/L)	可溶解活性磷 /(μg/L)	叶绿素 a /(μg/L)	透明度 /m
鹦鹉角					
1969—1970	0.0	920	634	48[①]	0.40
1977—1979	0.0	624	441	39[①]	0.45
1986—1988	7.7	77	6	12	0.65

注：样本来自 0.5m 深的样带。

① 叶绿素 a：剩余一半湖水中生物体机比例。

来源：Cooke et al. 1993.

　　5—9 月采取的措施掩盖了极端条件，例如大部分湖水 6 月的最高水体透明度为 3m（1982 年达到了 4m）。7 月底至 8 月连续二到四周降低稀释水输入量后，叶绿素 a 峰值浓度接近 50μg/L。除非连续输入稀释水，否则随着湖中稀释水占比的减小，水华将再次发生。在总水量相似的条件下，间断性大量输入所造成的"大起大落"现象无法实现夏季连续小流量输入所获得的最佳效果。也许没必要在短时间内引入大量水（帕克角水交换率约为 20%/天，湖中大部分区域 2%/天~3%/天），因为对于湖中大部分区域，冲洗率的提升并不足以充分冲刷藻类细胞，改善效果主要来源于稀释作用。

　　为了确定稀释水的最佳输入量及其随时间分布的规律，需要确定水质提升的原因，对于此案例则为藻类减少的原因。在圣海伦火山灰沉降前，开始稀释后藻类生物量下降的主要原因为氮浓度的下降。限制藻类生长速度最常见的营养物质不是可溶解活性磷，而是硝酸盐（Welch 等，1972）。硝酸盐本身没有通过稀释得到有效清除，因为它是限制性营养物质，而且夏季稀释前后，其在湖水中的浓度始终较低。虽然湖水中总氮浓度低于 600μg/L 时可以观察到的生物量控制效果（Welch 和 Tomasek，1981），但入流克莱博溪中的流量加权硝酸根浓度与帕克角和南湖的平均叶绿素 a 浓度之间的关系最紧密（$r =$ 0.97；Welch 等，1984）。降低入流中可溶限制性营养物质（这种形式会继续以低浓度存在于湖水中，表面上与生物量无关）的浓度以控制藻类生物量，与连续培养系统的作用机制相似（Welch，1992）。

　　实行此规划前，原本认为总磷是降低藻类生物量所需控制的最重要的营养物质。虽然硝酸根在夏季限制了生长速度，但蓝藻对大气中氮元素的固定也可提供足够的氮以补偿磷供应量。固氮过程缓慢；研究表明细胞的最高氮交换率和生长率为 5% 和 10%/天左右（Horne 和 Goldman，1972；Horne 和 Viner，1971）。分析认为，摩西湖藻类通过固氮作用导致的生长率仅为 (2.4±1.8)%/天（Brenner，1983）。由于速度缓慢，冲洗率提高十倍左右，便可充分阻止通过固氮利用磷元素的过程。入流硝酸根与叶绿素 a 始终紧密相关。根据此关系，即可利用稀释开始前和开始后三年（1977—1979 年）的数据估算稀释水最佳输入量。

　　圣海伦火山的火山灰沉降封住了摩西湖的沉积物，使内部磷负荷暂停了两年（Welch 等，1985；Jones 和 Welch，1990）。在帕克角入流磷浓度持续下降的基础上，这一事件促使磷元素开始受限（Welch 等，1989，1992）。将污水从鹦鹉角分流同样促进了下湖中的控制趋势。1986—1988 年磷元素受限期间，Jones 与 Bachmann（1976）关系适用于根据总磷预测叶绿素 a 水平。针对总磷建立了一个稳态模型，通过该模型，根据冲洗率与相对混合热阻（RTRM）可预测内部负荷（Welch 等，1989；Jones 和 Welch，1990）。利用模型获得帕克角中稀释水输入与湖水总磷的关系，表明了内部磷负荷对稀释水输入有效性的减缓作用（图 6.1）。

Goldman（1968）提出，向加拿大克利尔湖引入伊尔河水以降低湖中氮浓度，可以降低藻类含量（如摩西湖初期的效果）。如果湖水氮浓度降低导致沉积物间隙中的氮与上层水中的氮浓度之间梯度增加，可能会导致沉积物释放氮元素的速度增加，从而产生缓冲效应。事实证明摩西湖确实产生了这种现象，不过根据稳态磷模型，提高相对混合热阻所产生的效果比增加稀释水冲洗率的效果高 2.8 倍（Jones 和 Welch，1990）。通过输入稀释水或对外部入流除磷而降低入流的磷浓度，会导致沉积物与湖水之间的磷浓度梯度升高，从而提高来自沉积物的扩散率（Poon，1977；Sas 等，1989）。通过持续稀释，废水除磷或分流消耗沉积物中的磷，有可能降低内部负荷。各年份内部负荷的差异过大，1988 年之前连续 12 年的数据中没有明显的变化趋势。但 2001 年的磷预算表明 4—9 月内部磷负荷为负（Carroll，个人交流），而 1988 年同期的内部负荷占总负荷的 53%。

通过物理冲刷法清除藻类细胞可能有助于降低帕克角的生物量，帕克角存在短期高交换率（20%/天～25%/天）。例如，将帕克角的水泵入鹦鹉角以提高水交换率，一个月后，上游鹦鹉角的生物量从 80mm³/L 降低至 10mm³/L（Carlson 和 Welch，1983；Welch 等，1984）。虽然之后交换率继续升高（19%/天），但交换率为 9%/天时降低幅度达到峰值。Persson（1981）观察到，在一个重污染半咸水湾的最高生长期（约一个月），冲洗率会严重影响颤藻（*Oscillatoria*）生物量。冲洗率为 8.1%/天～9.4%/天时，平均生物量水平为 4.7%/天时的一半。冲洗率为 20.7%/天时，生物量仅为 4.7%/天时的三分之一。

因此，对于 4—9 月平均冲洗率为 8%/天的帕克角（表 6.2），细胞冲刷可能有助于生物量控制。湖中其他部分的平均冲洗率不到 1%/天，根据对湖中束丝藻（*Aphanizomenon*）的观察，与最高 50%/天的生长率相比，冲刷作用的影响较小。但如果存在氮源固定，即使较低的冲洗率也会通过冲刷作用有效降低生物量。

垂直密度梯度的降低（相对混合热阻）表明了水体的不稳定性，而这有利于破坏或预防摩西湖的蓝藻水华（Welch 和 Tomasek，1981）。混合作用较弱时，蓝藻的浮力使其比绿藻和硅藻占有更大优势，因此稳定性的降低会削弱蓝藻的主导优势（Knoechel 和 Kalff，1975；Paerl 和 Ustach，1982；第 19 章）。日常监测表明，静止条件下蓝藻生物量会增加，而且水面聚集更明显，但风速高于 4.9～7.6m/h 时会增强湖水混合，从而使生物量分散（Bouchard，1989；Welch 等，1992）。摩西湖中风力对水体稳定性的影响大于稀释水输入。

虽然稀释措施使生物量显著减少，但连续 12 年的稀释没有改变藻类成分。夏季蓝藻会成为主要的浮游植物（Welch 等，1992）。蓝藻比例最初有所下降（Welch 和 Patmont，1980），但没有持续。这种情况出人意料，因为多数情况下总磷含量下降都伴有蓝藻优势的降低（Sas 等，1989）。但在稀释水输入量排第五的 2001 年，通过进行自 1988 年以来的第一次密集观测，得到的结果表明帕克角与南湖的平均表层总磷较低（20μg/L），叶绿素 a 含量较低，而且蓝藻几乎绝迹（Carroll，个人交流）。

对摩西湖来说，最佳稀释措施是在 5—8 月期间适度但持续输入稀释水。如果引入过早（2—3 月），大部分水到 6 月都会被克莱博溪的高营养水置换掉，此时会发生水华。如果 6 月或 7 月初停止供应稀释水，克莱博溪水的置换就会造成问题。不幸的是，由于降雨量较高的年份灌溉需求较低，下游蓄水空间不足，无法接收通过摩西湖的稀释水。因此在降雨量较低的年份，湖中通过的稀释水量较高。虽然如此，根据之前 5—8 月平均入流硝酸根浓度与 6—8 月平均叶绿素 a 浓度之间的关系，5—8 月共引进 $100 \times 10^6 m^3$ 稀释水，就能将叶绿素 a 平均浓度控制在 $20\mu g/L$ 左右，可以全程保持 $10m^3/s$ 的流量，也可以分时段：5 月 $25m^3/s$，6—8 月 $5m^3/s$。如果 8 月没有保持输入流量，在高叶绿素 a 浓度下，会发生水华。另外如图 6.1 所示，如果磷元素受限，此稀释水量会使总磷浓度降低至 $55\mu g/L$ 左右，叶绿素 a 浓度降低至 $24\mu g/L$ 左右。同样如图 6.1 所示，稀释水的增加与摩西湖水质进一步改善之间的关系逐渐递减，这肯定与内部磷负荷的控制有关。但如果 2001 年出现的内部磷负荷确实能够代表今年的情况，那么长期稀释的有效性就会超过图 6.1 的预测结果。

虽然夏季的稀释水输入没有实现理想分布，但摩西湖的灌溉与恢复区并没有因此造成损失，因为引入摩西湖的水被用于下游灌溉。该项目的主要成本来自鹦鹉角的泵水设施 55.7 万美元（2002 年美元），以及规划、行政、监测与研究成本。不过为了保证 6—8 月流量维持在 $5m^3/s$，该地区有必要购水。虽然这超出了计划范围，而且还未考虑成本与可靠性问题，但根据估计，成本（2002 年美元）与绿湖稀释项目相近（0.13 美元/m^3）。两个月所需水量约为 $26 \times 10^6 m^3$，成本接近 3.5×10^6 美元。摩西湖稀释水的成本可能会低于绿湖所使用的自来水。但购买稀释水显然只适于作为小型湖泊（例如绿湖）的备选恢复方案，因为所需的稀释水输入流量较低。绿湖并没有天然的大流量高营养入流水，因此降低该湖营养浓度不需要对入流进行稀释。而摩西湖规模较大，而且所处位置附近存在大量零成本低营养水，因此该案例相对来说比较特殊。

6.3.2　绿湖

这个实例同样说明了稀释法的益处。绿湖坐落在西雅图城区；46000 人居住在距湖泊 1.6km 内的区域，每小时有 1162 人使用湖边 4.5km 长的道路。也许规模较小的绿湖（$100hm^2$）所代表的案例比摩西湖（$2700hm^2$）更加实用。

1960 年提出将稀释作为该湖主要的治理方法（Sylvester 和 Anderson，1964），1962 年开始实行。与摩西湖帕克角的高输入流量相比，绿湖经稀释后的冲洗率要低得多，甚至低于摩西湖整体的平均值（2%/天～3%/天）。通过从两条瀑布山溪的水源附近分流，向湖中引入西雅图市的低营养生活用水后，平均复合冲洗率几乎提高了三倍。1965—1978 年，所添加的稀释水使冲洗率达到 0.88～2.4/年（0.24%/天～0.65%/天）。

开始稀释后的头几年，叶绿素 a、总磷和水体透明度都得到显著改善。只有一年的稀释前数据可用于与稀释后 3 年的监测数据进行对比。夏季湖水透明度几乎提高了四倍，平均达 4m（由于平均深度 3.8m，所以大部分区域都清澈见底），叶绿素 a 降低了 90% 以上，从 $45\mu g/L$ 降至 $3\mu g/L$。夏季平均总磷从 $65\mu g/L$ 降至 $20\mu g/L$。观察发现，蓝藻比例大大下降，春季和初夏尤为明显。

1968 年停止定期监测，但为了提出新的恢复规划，再次开始对绿湖进行集中研究（Perkins，1983；URS，1983）。1981 年夏季，平均叶绿素 a 和总磷浓度分别提高至 $38\mu g/L$ 和 $55\mu g/L$；湖水水质在 20 世纪 70 年代出现大幅衰退，主要原因是稀释水输入量的减少。1982 年没有添加稀释水，从而导致了蓝藻水华。随后开始定期适量添加稀释水，以避免水质恶化。由于未来可获取的西雅图市生活用水有限，因此必须建立长期的解决方案。

开始稀释后总磷浓度下降幅度与式（3.10）的结果基本相符。根据外部负荷估值，计算得到稀释前绿湖的总磷浓度约为 $80\mu g/L$，但实际只有 $65\mu g/L$。稀释后，到 1967 年的稳态浓度计算值为 $35\mu g/L$；但实际下降至 $20\mu g/L$（Welch，1979）。稀释前后总磷降低幅度的计算值与实测值相同（$45\mu g/L$）。出现上述偏差的原因很可能是高估了外部负荷水平。

20 世纪 80 年代进行的质量平衡分析首次表明，绿湖的水质问题很大程度上来源于内部磷负荷。虽然整座湖在夏季都无分层而且含氧，但内部负荷依然很高（Perkins，1983；URS，1983）。1981 年，内部负荷占全年总磷负荷的 21%（根据全年磷质量平衡差估算）。而夏季三个月期间，叶绿素 a 浓度平均为 $38\mu g/L$，最高 $60\mu g/L$，内部负荷占总负荷的 88%。对非稳态模型进行调整后［式（3.23）］，计算得知平均区域总增长率为每天 $4.0mg/m^2$（Mesner，1985）。其中一部分归因于来自沉积物的富磷刺孢胶刺藻（*Gloeotrichia echinulata*）迁移（Barbiero 和 Welch，1992）。三次降雨排水占湖中全年外部负荷的 41%，但这部分输入基本上只限于冬季高径流时期。

稀释依然是改善及保持绿湖水质的最佳选择，治理目标为平均总磷浓度降至 $28\mu g/L$。城市供水是最理想的水源，因为供水设施齐全，而且城市用水的磷浓度仅为 $10\mu g/L$。但城市用水的价格约为 0.13 美元/m^3（2002 年美元），而且夏季无法继续定期供水（URS，1983）。其他水源也有所考虑，但需要建设供水系统。本地地下水含磷量过高。华盛顿湖的总磷浓度足够低（$15\mu g/L$），表面上来看，只要建立管道系统就能以此为水源。但华盛顿州拒绝取水，而且管道系统可能对当地造成影响，因此最终选择了明矾法（第 8 章）。

如果利用华盛顿湖水的方案可行，可计算出所需稀释水量的初步估值，以将夏季总磷浓度从 $55\mu g/L$ 降至 $28\mu g/L$。全年平均总磷浓度为 $42\mu g/L$，占夏季平均值的 0.76，假设此系数合理，则要使夏季平均值达到 $28\mu g/L$，就必须将全年平均值降低至 $21\mu g/L$。根据 1981 年外部负荷值——每年 $203mg/m^2$（外部 160＋内部 43）校正总磷稳态模型［式（3.12）］，该模型整合了外部负荷与净内部负荷，获得沉降速率系数为

$$\sigma = \frac{L}{TP\overline{Z}} - \rho$$

$$\sigma = \frac{203mg/(m^2 \cdot 年)}{42mg/m^3 \times 3.8m} - 0.92/年 = 0.35/年$$

为了使全年平均值达到 $21\mu g/L$（mg/m^3），假设华盛顿湖总磷浓度为 $15\mu g/L$，对未知稀释水入流量（X）解稳态方程式（3.10）（$A_o=$面积，$V=$体积）得

$$TP = \frac{L + (15X/A_o)}{\overline{Z}(X/V + \sigma)}$$

$$21\mathrm{mg/m^3} = \frac{203\mathrm{mg/(m \cdot 年)} + \dfrac{(15\mathrm{mg/m^3} \cdot X\mathrm{m^3/年})}{1.04 \times 10^6 \mathrm{m^2}}}{3.8\mathrm{m}\left(\dfrac{X\mathrm{m^3/年}}{3.95 \times 10^6 \mathrm{m^3}} + 0.35/年\right)}$$

重新整理求解 X，得

$$21.8X + 29 = 203 + 14.4X$$
$$X = 23.5 \times 10^6 \mathrm{m^3/年}$$

稀释水量达到该值后，冲洗率会从 0.92/年升至 5.95/年，而且可使沉积速率系数减小，该系数不予考虑。不过采用稳态方程还会产生其他误差，主要问题是基于全年平均值的稳态模型无法区分负荷的季节性变化。对于绿湖，夏季总磷和水华主要源于夏季内部负荷，相比之下，占全年总负荷 41% 的降雨排水对夏季浓度的影响不大。

考虑到负荷季节性变化的影响，可采用非稳态模型［式（3.9）］（URS，1987；Mesner，1985）。此模型还将沉降速率系数调整为冲洗率的函数（$\sigma = \rho^{0.71}$），从而在计算达到夏季平均浓度所需的稀释水量时考虑沉降作用的变化。针对华盛顿湖水，根据 1981 年添加的 $2.8 \times 10^6 \mathrm{m^3/年}$ 城市稀释水，使夏季平均总磷浓度降至 $28\mu\mathrm{g/L}$ 仅需 $15 \times 10^6 \mathrm{m^3/年}$ 稀释水。此结果仅为稳态模型计算结果（$23.5 \times 10^6 \mathrm{m^3/年}$）的 60%。非稳态模型表明没有必要控制雨水输入。华盛顿湖水添加量为 $15 \times 10^6 \mathrm{m^3/年}$ 时，夏季总磷浓度的变化如图 6.4 所示。

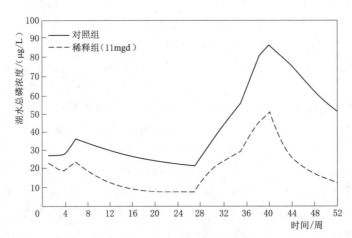

图 6.4　华盛顿州绿湖 1981 年的日历年总磷浓度预测值（经校正），向湖中输入 2mgd 低营养稀释水与 11mgd 稀释水的结果对比。

（来源：Cooke et al. 1993.）

使用华盛顿湖水所需管道系统的建设与运行现值成本，连续 20 年每年 11mgd（$15 \times 10^6 \mathrm{m^3/年}$）预计需要 13.8×10^6 美元。为了降低项目总体成本，计划采用其他措施，如雨水分流和人工循环。针对绿湖，由于成本、环境影响等因素，而且未获得取水许可，因此决定放弃引入华盛顿湖水，选择对沉积物进行明矾处理，同时建设一座 3mgd 的处理厂（9.3×10^6 美元），通过对湖水除磷生产稀释水。而最终确定没有必要建立处理厂，并在 1991 年对湖水进行了明矾处理（第 8 章）。发生水华时，依然会时常添加城市用水。

6.3.3 费吕韦湖

荷兰的费吕韦湖并非单纯的稀释案例，因为该湖在 1979 年开始添加稀释水时，同时对排放的污水进行除磷处理。分析认为，较高的内部磷负荷会降低除磷效果，因此采用稀释手段缓解内部负荷（Hosper，1985；Hosper 和 Meyer，1986）。费吕韦湖面积广而水深小（3240hm^2，平均深度 1.28m），冲洗率为 1.43/年。地下水的总磷浓度（80~100μg/L）低于湖水及其他水源，冬季（11 月至次年 3 月）以 19m^3/s 的流量将地下水泵入湖中，使冲洗率达到 3.6%/天（5.5/年）。稀释的目的是减弱夏季来临前的水华（Oscillatoria），降低磷含量以及 pH（地下水较硬）。夏季内部磷负荷的主要原因是光合作用导致的高 pH（最高 10），以及沉积物—水界面上岩石环绕的磷溶解。

规划显然取得了成效。如果湖水浓度与负荷（即内部负荷）成正比，总磷浓度将从 400~600μg/L 降至 130~200μg/L。总磷实际下降至 100~200μg/L，说明内部负荷大大减轻。校正非稳态模型（第 3 章）后计算出，经过处理后，内部负荷从 1978—1979 年的每天 1.5~5.9mg/m^2 降至 1982—1983 年的每天 0.0~0.8mg/m^2。

处理前后叶绿素 a 和透明度分别从 200~400μg/L 和 0.15~0.25m 变为 50~150μg/L 和 0.25~0.45m。虽然湖水依然混浊，但 20 年来绿藻和硅藻首次成为主导浮游植物，代替了几乎从未绝迹的颤藻水华。但湖水并未恢复到 20 世纪 60 年代时的清澈度，营养负荷就是从那时开始增加的。

6.4 小结：影响、应用与注意事项

稀释常与冲洗同时进行。其实稀释既能降低湖水营养物质浓度，也能冲刷藻类细胞，但冲洗只能实现后者。为了使稀释具有成本效益，入流水的浓度必须大大低于湖水。改善效果随入流和湖水浓度之差的增加而提升。为了使冲刷作用有效控制藻类生物量，冲洗率必须达到藻类生长率的一定比例，最好接近 100%。

本节所述的三个实例中，输水设施都已建成。虽然向摩西湖输入灌溉水增加了成本，但垦务局经过受治理的湖水将灌溉水输送给用户。对于绿湖，使用生活用水的运行成本很低。但在有些年份的夏季末期，摩西湖与绿湖的供水量较低，从而难以维持水质。稀释与冲洗措施受设施或用水成本的限制较小，与低营养水源之间的距离是主要限制因素。

自 1962 年起，将含磷较低的城市用水加入西雅图市绿湖。这一举措使全年平均水交换率从 0.83/年提高至 2.4/年。处理 5 年后，夏季水体透明度提升了 4 倍，叶绿素 a 含量降低了 90% 以上，总磷浓度降低 50% 以上。到 20 世纪 70 年代末期和 80 年代初期，稀释水输入量下降，该湖水质再次恶化。虽然偶尔还会利用城市用水来稀释湖水，但水量越来越有限。引用其他水源（包括经过处理的湖水），以及雨水分流、湖水循环、明矾和生物操作也有所考虑。政策与供水方面的约束限制了稀释法的应用，而明矾处理法优势较大。

自 1977 年起，摩西湖在春季和夏季通过灌溉系统接收来自哥伦比亚河的低营养稀释水。虽然该湖各区域比较分散，但进入其中一个湖湾的稀释水能借助风力分布到大部分湖水中。稀释前，湖水的营养物质与藻类浓度很高，透明度很低；总磷和叶绿素 a 的平均浓度分别为 150μg/L 和 45μg/L。稀释后，大部分湖水的春夏平均水体透明度翻倍，总磷和

叶绿素 a 浓度至少降低了 50％。最初藻类生物量的减少与入流水中硝酸根的减少直接相关，不过在冲洗率较高的区域，细胞冲刷也有一定作用。促进稀释水向未稀释湖湾散布后，结果表明，可以利用较缓和的水交换率控制藻类生物量。除 1984 年以外，稀释水的添加持续了 25 年。

理想方案为通过全年小流量输入低营养水，实现足够的限制性营养物质降低效果。如果已经存在高营养入流，则应尽可能分流，从而提升低稀释流量的效果。此方案主要通过限制营养物质来降低生物量。如果无法进行营养物质分流，就必须提高输入流量以充分降低入流营养浓度。如果只能获得中等至高浓度营养的水源，当细胞流失率充分高于生长率时，冲洗可能会有效。10％/天~15％/天的冲洗率应该会通过冲刷起到一定的控制作用。摩西湖案例的结果表明，直到冲洗率达到 20％/天以上时，浮游植物数量依然没有减少，甚至生长率还有可能增加。

本章所讨论的三座湖中，内部磷负荷都是重要磷源，而稀释有效实现了对此来源的控制。对于绿湖和摩西湖，稀释直接实现了内部负荷控制。对于费吕韦湖，稀释措施降低了冬季蓝藻浓度和初夏 pH，从而间接减轻了夏季内部负荷。

各湖治理的成本差异很大，取决于是否存在疏水设施，以及可用的水量与输水距离。如果湖泊位于城市环境中，可以使用生活用水，那么水质改善所需成本可能会低于 15 万美元，其中包括建造成本、水费和第一年的维护运行成本。针对华盛顿州塔科马港市的沃帕托湖（Wapato Lake），其成本低于室内游泳池的维护与运营成本，而且该湖的游泳者比泳池要多（Entranco，个人交流）。如果湖泊临近无闸坝河流，且在夏季将一部分河水通过湖泊分流可行，那么成本涉及设施、水泵与管道运行，以及副作用（夹带鱼类）的预防措施。

使用稀释水的优势有：①存在可用水源时，成本相对较低；②如果能够减少限制性营养物质，便可立即产生确定的效果；③即使只能使用中等至高营养含量的水，也能通过物理手段控制藻类浓度，从而取得一定的效果。但是这种技术的主要限制因素在于低营养稀释水的可用性。

参 考 文 献

Barbiero，R. P. and E. B. Welch. 1992. Contribution of benthic blue-green algal recruitment to lake populations and phosphorus. *Freshwater Biol*. 27：249-260.

Born，S. M.，T. L. Wirth，J. O. Peterson，J. P. Wall and D. A. Stephenson. 1973. Dilutional Pumping of Snake Lake，Wisconsin. Wis，Tech. Bull. 66，Dept. Nat. Res.，Madison，NJ.

Bouchard，D. 1989. Carbon Dioxide：Its Role in the Succession and Buoyancy of Blue Green Algae at the Onset of a Bloom in Moses Lake. MS Thesis，University of Washington，Seattle.

Brenner，M. V. 1983. The Cause for the Effect of Dilution Water in Moses Lake. MS Thesis，University of Washington，Seattle.

Carlson，K. L. and E. B. Welch. 1983. Evaluation of Moses Lake Dilution：Phase Ⅱ. Water Res. Tech. Rept. 80. Dept. Civil Eng.，Washington Dept. of Ecology，Olympia. Personal communication.

Carroll，J. 2004. Moses Lake Total Maximum Daily Load Phosphorus Study. Pub. No. 04-03-0，WA

Dept. of Ecology, Olympia, WA.

Cooke, G. D. , E. B. Welch, S. A. Peterson and P. R. Newroth. 1993. *Restoration and Management of Lakes and Reservoirs*, 2nd. ed. CRC Press, Boca Raton, FL.

Dickman, M. 1969. Some effects of lake renewal on phytoplankton productivity and species composi - tion. *Limnol. Oceanogr.* 14: 660 - 666.

Dillon, P. J. 1975. The phosphorus budget of Cameron Lake, Ontario: the importance of flushing rate rel - ative to the degree of eutrophy of a lake. *Limnol. Oceanogr.* 29: 28 - 39.

Entranco Engineers, Inc. , Bellevue, WA. personal communication.

Goldman, C. R. 1968. Limnological Aspects of Clear Lake, California with Special Reference to the Pro - posed Diversion of Eel River Water through the Lake. Rept. Fed. Water Pollut. Control Admin.

Horne, A. J. and C. R. Goldman. 1972. Nitrogen fixation in Clear Lake, California. I. Seasonal variation and the role of heterocysts. *Limnol. Oceanogr.* 17: 678 - 692.

Horne, A. J. and A. D. Viner. 1971. Nitrogen fixation and its significance in tropical Lake George, Uganda. *Nature.* 232: 417 - 418.

Hosper, S. H. 1985. Restoration of Lake Veluwe, The Netherlands, by reduction of phosporus loading and flushing. *Water Sci Technol.* 17: 757 - 786.

Hosper, H. and M. L. Meyer. 1986. Control of phosphorus loading and flushing as restoration methods for LakeVeluwe, The Netherlands. *Hydrobiol. Bull.* 20: 183 - 194.

Jacoby, J. M. , H. L. Gibbons, K. B, Stoops and D. D. Bouchard. 1994. Response of a shallow, polymictic lake to buffered alum treatment. *Lake and Reservoir Manage.* 10: 103 - 112.

Keating, K. I. 1977. Blue - green algal inhibition of diatom growth: transition from mesotrophic to eutrophic community structure. *Science.* 199: 971 - 973.

Knoechel, R. and J. Kalff, 1975. Algal sedimentation: The cause of a diatom - blue - green successi - on. *Verh. Int. Verein. Limnol.* 19: 745 - 754.

Jones, C. A. and E. B. Welch. 1990. Internal phosphorus loading related to mixing and dilution in a dendritic, shallow prairie lake. *J. Water Pollut. Cont. Fed.* 62: 847 - 852.

Jones, J. R. and R. W. Bachmann. 1976. Prediction of phosphorus and chlorophyll levels in lakes. *J. Water Pollut. Cont. Fed.* 48: 2176 - 2182.

McBride, G. B. and R. D. Pridmore. 1988. Prediction of [chorophyll a] in impoundments of short hydraulic retention time: Mixing effects. *Verh. Int. Verein. Limnol.* 23: 832 - 836.

Mesner, N. 1985. Use of a Seasonal Phosphorus Model to Compare Restoration Strategies in Green Lake. MSE Thesis, University of Washington, Seattle.

Oglesby, R. T. 1969. Effects of controlled nutrient dilution on the eutrophication of a lake. In: *Eutrophica - tion: Causes, Consequences and Correctives.* National Academy of Science, Washington, DC. pp. 483 - 493.

Paerl H. W. and J. F. Ustach. 1982. Blue - green algal scums: An explanation for their occurrence during freshwater blooms. *Limnol. Oceanogr.* 27: 212 - 217.

Perkins, M. A. 1983. Limnological Characteristics of Green Lake: Phase I Restoration Analysis. Dept. Civil Eng. , University of Washington, Seattle.

Persson,P. E. 1981. Growth of *Oscillatoria agardhii* in a hypertrophic brackish - water bay. *Am. Bot. Finnici.* Vol. 18.

Poon, C. P. C. 1977. Nutrient exchange kinetics in water - sediment interface. *Prog. Water Technol.* 9: 881 - 895.

Sas, H. et al. 1989. *Lake Restoration by Reduction of Nutrient Loading: Expectations, Experiences and Extrapolations.* Academia - Verlag, Richarz, St. Augustin, Germany.

Sketelj, J. and M. Rejic. 1966. Pollutional phases of Lake Bled. In: *Advances in Water Pollution Research*. Proc. 2nd Int. Conf. WaterPollut. Res. Pergamon, London, pp. 345 – 362.

Stadelman, P. 1980. *Der zustand des Rotsees bei Luzern*. Kantonales amt fur Gewasserschutz, Luzern.

Sylvester, R. O. and G. C. Anderson. 1964. A lake's response to its environment. *J. Sanit. Eng. Div. ASCE* 90: 1 – 22.

URS. 1983. Green Lake Restoration Diagnostic Feasibility Study. URS Corp. , Seattle, WA.

URS. 1987. Green Lake Water Quality Improvement Plan. URS Corp. , Seattle, WA.

Uttormark, P. D. and M. L. Hutchins. 1980. Input – output models as decision aids for lake restoration. *Water Res. Bull.* 16: 494 – 500.

Welch, E. B. 1969. Factors Initiating Phytoplankton Blooms and Resulting Effects on Dissolved Oxygen in Duwamish River Estuary. U. S. Geol. Surv. Water Suppl. Paper 1873 – A. Seattle, WA. p. 62.

Welch, E. B. 1979. Lake restoration by dilution. In: *Lake Restoration*. USEPA – 400/5 – 79 – 001. pp. 133 – 139.

Welch, E. B. and C. R. Patmont. 1979. Dilution effects in Moses Lake. In: *Limnological and Socioeconomic Evaluation of Lake Restoration Projects*. USEPA – 600/3 – 79 – 005. pp. 187 – 212.

Welch, E. B. and C. R. Patmont. 1980. Lake restoration by dilution: Moses Lake, Washington. *Water Res.* 14: 1317 – 1325.

Welch, E. B. and M. D. Tomasek. 1981. The continuing dilution of Moses Lake, Washington. In: *Restoration of Lakes and Inland Waters*. USEPA – 440/5 – 81 – 010. pp. 238 – 244.

Welch, E. B. and E. R. Weiher. 1987. Improvement in Moses Lake quality by dilution and diversion. *Lake and Reservoir Manage.* 3: 58 – 65.

Welch, E. B. , J. A. Buckley and R. M. Bush. 1972. Dilution as an algal bloom control. *J. Water Pollut. Control Fed.* 44: 2245 – 2265.

Welch, E. B. , K. L. Carlson, R. E. Nece and M. V. Brenner. 1982. Evaluation of Moses Lake Dilution. Water Res. Tech. Rept. 77. Dept. Civil Eng. , University of Washington, Seattle.

Welch, E. B. , M. V. Brenner, and K. L. Carlson. 1984. Control of algal biomass by inflow nitrogen. In: *Lake and Reservoir Management*. USEPA – 440/5 – 84 – 001. pp. 493 – 497.

Welch, E. B. , M. D. Tomasek and D. E. Spyridakis. 1985. Instability of Mount St. Helens ash layer in Moses Lake. *J. Fresh Water Ecol.* 3: 103 – 112.

Welch, E. B. , C. A. Jones and R. P. Barbiero. 1989. Moses Lake Quality: Results of Dilution, Sewage Diversion and BMPs – 1977 through 1988. Water Res. Tech. Rept. No. 118. Dept. Civil Eng. , University of Washington, Seattle.

Welch, E. B. , R. P. Barbiero, D. Bouchard and C. A. Jones. 1992. Lake trophic state change and constant algal composition following dilution and diversion. *Ecol. Eng.* 1: 173 – 197.

第7章

深 水 层 取 水

7.1 引言

　　深水层取水技术是指改变输出湖水的深度，从表层变为接近湖泊最大深度，从而将富营养湖水排出，保留低营养的表层水。同时缩短了深层滞留时间，降低了产生厌氧条件的几率，减少了通过夹带和扩散进入湖上层的营养物质。此技术的实施方式即从最大深度点至湖泊出口或出口以外，沿湖底安装一条管道。出口管的高度一般低于湖面，从而产生虹吸作用。此装置因其最初使用者（Olszewski，1961）而被命名为"奥尔谢夫斯基管"，但这一技术本身通常被称为深水层取水。该技术适用于分层湖泊与小型水库，这些水体中缺氧的深水层限制鱼类栖息，促进了沉积物中磷、有毒金属、氨和硫化氢的释放。

　　对于成功治理有两个重要的要求：①湖水水位必须相对恒定；②热稳定性不应发生变化。虽然湖上层会受到向下的吸力，从而削弱分层，但由于深水层取水流量相对较慢，因此分层不会受到破坏。应避免分层破坏，因为这会促进深层营养物质与缺氧水向上层输送。多循环湖可能不适于取水。为了减小分层破坏的几率，将入流引至变温层或深水层也或许可行。西雅图附近的博林格湖进行了此项改造（图 7.1）。将入流水引至一定深度后，湖水保持分层，但未引流时没有对水质进行检测，无法对比。一般来说此技术不存在破坏分层问题。在 Nürnberg（1987）调查的 9 个案例中，有 7 个案例的变温层深度保持不变。湖水水位下降与压头损失会降低深水层水和磷输出量，从而阻碍水质恢复（Livingstone

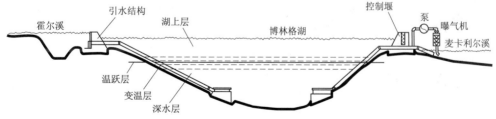

图 7.1　博林格湖深水层取水工程的入口与出口结构。

（来源：KMC，1981.）

和 Schanz，1994；Dunalska 等，2001)。

　　优先去除深水层的水从而缩短深水层滞留时间，就可缩短缺氧时间，并增加缺氧边界深度，从而降低内部磷负荷。大部分情况下都实现了上述效果（Nürnberg，1987)。持续磷输出最终会缩小沉积磷库。对于采取污水分流或污水除磷后因高内部负荷而没有显著成效的分层湖泊，深水层取水是明显且经过证明的、成本较低的可选方案。自本书再版以来几乎没有新案例，因此下文内容基本没有变化。

　　利用水库深水层的水进行水力发电，会在不经意间实施此技术。但该实施程序是否存在改善水质效果尚未得到评估。排水中溶解氧含量偏低成为深层排水蓄水工程的主要问题。为了中和低溶解氧排水，在水库设计中设置了多个浅层出口。减小排水深度能够降低营养排放量。深层和浅层出口相结合能够在溶解氧充足和高营养排放这两个目标之间实现优化，但文献中很少提到相关实例。

7.2　试验案例

7.2.1　总体趋势

　　目前已记录了 21 个湖泊的深水层取水装置，其中 15 个位于欧洲（Björk，1974；Nürnberg，1987)，有 17 个湖泊的试验结果已得到发表（Nürnberg，1987；Nürnberg 等，1987)。21 个湖泊中，美国和加拿大各有两个年代较久远，没有包含在 Nürnberg 的论文中。这些湖泊的形态学与混合特征见表 7.1。Dunalska 等（2001）还引用了另外 3 个建设了取水系统的欧洲湖泊的案例〔德国的 Laacher 和 Lützel，以及波兰的 Rudnickii Wielkie〕。除此之外，芬兰也发表了 10 个案例（Keto 等，2004)。

　　实行取水措施前，所有湖泊在夏季分层期间都出现了来自缺氧沉积物的内部负荷，而且大部分情况下外部负荷都有所降低。建设取水工程前，针对克莱纳蒙蒂格勒湖的治理措施为使用液氧充气，针对雷瑟尔湖采用的措施为加入氯化铁使磷沉淀，之后清淤（Nürnberg，1987)。

　　开始取水的最佳时间是在分层之后、缺氧条件形成之前。为了使磷输运最大化，虹吸管通常位于最深处，距湖底 1~2m（表 7.1 和表 7.2)。但在半对流湖中，管道位于永滞层上方时可以保证磷继续汇集于此，从而发挥最大效能。如果存在两个流域，从较浅的流域取水更有利于减轻向湖上层的夹带作用（例如康涅狄格州的沃纳斯科博迈科湖)。

表 7.1　　　　　　　　　　　进行深水层取水的湖泊的形态学特征

湖　　泊	流域面积 /($10^3 m^2$)	湖泊面积 /($10^3 m^2$)	湖泊体积 /($10^3 m^2$)	水滞留时间/年	平均深度 /m	最大深度 /m	混合特征
博林格湖，华盛顿州[①]	11720	405	1838	0.26	4.5	10	单循环
布莱德湖，南斯拉夫[②]	NA	1438	25690	3.6	17.9	30.2	半对流
布尔加西湖，瑞士[③]	3190	192	2483	1.4	12.9	32	半对流
链湖，英属哥伦比亚省[④]	—	460	2760	0.5~3.0	6	9	多循环
魔鬼湖，威斯康星州[⑤]	6860	1510	1390	7.8	9.2	14.3	两季混合
格尔曼德纳玛珥湖，德国[⑥]	430	75	1330	8	17.7	39	半对流

续表

湖 泊	流域面积 /(10^3m^2)	湖泊面积 /(10^3m^2)	湖泊体积 /(10^3m^2)	水滞留时 间/年	平均深度 /m	最大深度 /m	混合 特征
赫克特湖，奥地利[7]	2221	263	6428	2.8	24.4	56.5	半对流
克莱纳蒙蒂格勒湖，意大利[8]	1252	52	518	NA	9.9	14.8	半对流
克罗派纳湖，奥地利[9]	NA	1106	24975	1.5	22.6	48	NA
科托沃湖，波兰[10]	1020	901	5293	NA	5.9	17.2	两季混合
克雷格湖，奥地利[11]	NA	51	245	2	4.8	10	两季混合
毛恩湖，瑞士[12]	4300	510	1989	0.6	3.9	6.8	两季混合
米尔菲尔德玛珥湖，德国[13]	1270	248	2270	4.5	9.2	18	两季混合
德帕拉朱湖，法国[14]	48000	3900	97000	4	25	35	两季混合
皮伯格湖，奥地利[7][12]	2640	134	1835	1.9	13.7	24.6	半对流
松湖，阿尔伯塔省[14]	157070	4125	24088	9	5.3	13.2	两季混合
雷瑟尔湖，奥地利[12][15]	NA	15	67	0.3	4.5	8.2	两季混合
斯图本堡湖，奥地利[11]	NA	450	NA	NA	NA	8	多循环
瓦格莫格湖，康涅狄格州[16]	37000	2866	24758	0.8	8.6	12.8	两季混合
维勒湖，瑞士[11][17]	257	31	325	1	10	20.5	NA
沃纳斯科博迈科湖，康涅狄格州[18]	5994	1400	15500	4	11.1	32.9	两季混合

① KCM. 1981. Lake Ballinger Restoration Project Interim Monitoring Study Report；KCM. 1986. Restoration of Lake Ballinger：Phase Ⅲ Final Report. Kramer，Chin，and Mayo，Seattle，WA.

② Vrhovsek，D. et al. 1985. *Hydrobiologia* 127；Nürnberg，G. K. and B. D. LaZerte. 2003. *Lake and Reservoir Manage*. 19.

③ Ambühl，H.，personal communication.

④ McDonald，R. H. et al. 2004. *Lake and Reservoir Manage*. 20.

⑤ Lathrop，R. C. personal communication.

⑥ Scharf，B. W. 1983. *Beitrage Landespflege Reinland – Pfalz* 9.

⑦ Pechlaner，R. 1978. *Osterreichische Wasserwirtsch*. 30.

⑧ Thaler，B. and D. Tait. 1981. *Tatigkeitsbericht des Biologischen Landeslabors autonome Provinz Bozen* 2.

⑨ Hamm，A. and V. Kucklentz. 1981. *Materialien der Bayrischen Landesanstalt fur Wasserforschung*，*Munchen*，*FDR*，15.

⑩ Olszewski，P. 1961. *Verh. Int. Verein. Limnol*. 14；1973. *Verh. Int. Verein. Limnol*. 18.

⑪ Gächter，R. 1976. *Schweiz Z. Hydrol*. 38.

⑫ Scharf，B. W. 1984. *Natur und Landschaft* 59.

⑬ Lascombe，C. and J. De Beneditis. 1984. *Verh. Int. Verein. Limnol*. 22.

⑭ Sosiak，A. 2002. Initial Results of the Pine Lake Restoration Program. Alberta Environment，Edmonton，Alberta.

⑮ Pechlaner，R. 1975. *Verh. Int. Verein. Limnol*. 19；1979. *Arch. Hydrobiol. Suppl*. 13.

⑯ Nürnberg，G. K. 1987. *J. Environ. Eng*. 113.

⑰ Eschmann，K. H. 1969. *Gesundheitstechnik Zurich* 3.

⑱ Kortmann，R. W. et al. 1983. In：*Lake Restoration*，*Protection and Management*. USEPA – 440/5 – 83 – 001；Nürnberg，G. K. et al. 1987. *Water Res*. 21.

表 7.2　　　　　　　　　　　　　　取 水 系 统 详 细 参 数

湖　泊	管道深度 /m	取水体积 /(10³m³/年)	速度 /(m³/min)	直径③ /cm	管道输出段④/m	年度总磷输出量/kg	持续时间 /年
博林格湖	9	~480	3	30.5	NA	NA	3
布莱德湖	NA	6307	12	NA	NA	NA	10
布尔加西湖	15	1000	3	33	0.5	147.1	5
链湖	6.2	435	5	45	1	30	9
魔鬼湖	14	629	9	48	2.2	446	1
格尔曼德纳玛珥湖	NA	NA	0.1	NA	NA	NA	NA
赫克特湖	25	843	2	18	2	50.8	10
克莱纳蒙蒂格勒湖①	13	16	NA	NA	−0.5	16	1
克罗派纳湖	30	NA	NA	NA	NA	NA	3
科托沃湖	13	NA	NA	NA	0.5	NA	45
克雷格湖	NA	NA	NA	20	NA	NA	4
毛恩湖	7	1000	4	30	0.5	617	6
米尔菲尔德玛珥湖	16	190	0.6	30	1.2	40	1.5
德帕拉朱湖	31	NA	21	NA	NA	416	5
皮伯格湖	23	284	1	8.9	11	7.8	6
松湖	10	1140	5	53	2	153	2
雷瑟尔湖	8	126	0.24	10	1	NA	NA
斯图本堡湖	NA	NA	NA	NA	NA	NA	NA
瓦拉莫格湖②	9	1330	6	31.8	0	131.9	3
维勒湖	17.5	NA	0.6	11	NA	NA	3
沃纳斯科博迈科湖②	15.1	201	1	NA	0	21	5

① 仅在春季运行。

② 主动泵送。

③ 内径。

④ 湖泊水平面以下——负数则为水平面以上。

来源：Nürnberg, G. K. 1987. *J. Environ. Eng.* 113.

　　深水层取水流量及其所造成的总磷输出量和持续时间见表 7.2。这些数值在每个湖泊中各不相同。表中列出的 20 个湖泊中，取水时间从 1～10 年不等。其中只有 11 个湖泊数据充分，足以估算总磷输出量和持续时间。持续时间最长的是波兰的科托沃湖，该湖于 1956 年安装了第一根取水管。今年的磷预算表明，湖中的磷输出量比 1999 年和 2000 年的输入量高了 3.7～4.7 倍（Dunalaska 等，2001）。

　　有 12 个湖泊掌握了深水层与湖上层数据，但两者同时掌握的只有 10 个。12 个湖泊中，有 11 个湖泊的最大深水层总磷浓度下降，8 个湖泊上层总磷浓度下降。深水层总磷减少是直接效果，但湖上层总磷减少是间接效果，说明从深水层向湖上层夹带的磷减少了。无论是按总重量还是按单位面积描述，取水对湖上层总磷的影响，主要体现在项目寿期内输出总磷而非每年输出总磷（图7.2；Nürnberg，1987）。此分析涉及到的湖泊包括布尔加西湖、赫克特湖、克莱纳蒙蒂格勒湖、毛恩湖、米尔菲尔德玛珥湖、皮伯格湖、瓦拉莫格湖和沃纳斯科博迈科湖。博林格湖的湖上层总磷因外部负荷增加而没有变化，因此未包含在内。

取水持续时间越长，湖上层总磷的变化幅度越大（图7.3；Nürnberg，1987）。此分析可用的数据较多。除图7.2所列出的湖泊以外，还包括克罗派纳湖、克雷格湖和维勒湖，不过后者外部磷负荷较高，因此未对其进行回归分析（图7.3，空心圆；Nürnberg，1987）。4个湖泊中的湖上层总磷平均浓度已大幅下降，但要观察到湖上层总磷显著下降需要5年时间（图7.3）。近期数据显示，连续10年取水后，布莱德湖的湖上层总磷从 $80\mu g/L$ 降低至 $18\mu g/L$（Nürnberg 和 LaZerte，2003）。

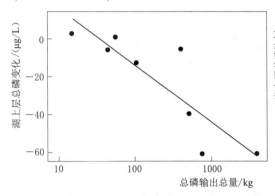

图7.2　深水层取水导致的湖上层总磷浓度变化（取水前—取水后）与总磷输出总量之间的关系（计算公式为年度输出量乘以运行年数）：回归线 $y=46-30\lg x$，$n=8$，$R^2=0.75$。

（来源：Nürnberg，G. K. 1987. *J. Environ. Eng.* 113.）

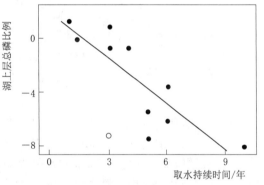

图7.3　比例变化 $-0.116(0.026)x$，$n=10$，$R^2=0.72$。

（来源：Nürnberg，G. K. 1987. *J. Environ. Eng.* 113.）

有充足数据表明，13个案例中有12个出现了深水缺氧层深度减小，但作用效果随体积增加而降低的情况，而且10个案例中有8个的缺氧天数减少。但是，我们无法在缺氧缓解与取水流量或体积之间建立联系。因此缺氧缓解与取水措施之间的关系缺乏有力论据。10个案例中有8个的变温层位置保持不变，有2个下沉了2~3m。

7.2.2　案例

7.2.2.1　瑞士湖泊

毛恩湖是深水层取水最成功的应用实例之一（Gächter，1976）。1968年，一根奥斯谢夫斯基管被安装在此毛恩湖6.5m深处（表7.1）。安装管道前，外部磷负荷从每年 $700mg/m^2$ 下降到了 $300mg/m^2$（Nürnberg，1987）。排水流量 $4m^3/min$，深水层（>4m）水滞留时间为0.2年。安装管道后水质出现大幅提升。深水层溶解氧与水体能见度有所提高，深水层总磷下降了 $1500\mu g/L$，在所有经过检测的湖泊中降幅最大（Nürnberg，1987）。湖上层总磷下降了 $60\mu g/L$。安装管道7年后，夏季颤藻（*Oscillatoria*）生物量

最大值从 $152g/m^2$ 降至 $41g/m^2$。

安装管道前，6—7 月源自湖底沉积物的内部磷负荷是外部负荷的 200 倍以上。安装后，内部负荷逐渐降至外部负荷的四倍。在 6 年的观测过程中，安装管道后沉积物磷含量逐渐下降。在此期间，磷输出总量比外部负荷（360kg/年）高 3700kg，从而降低了表层沉积物中的磷含量。

7.2.2.2　奥地利湖泊

Pechlaner（1978）发表了三个湖泊在安装了奥斯谢夫斯基管后的响应：皮伯格湖、雷瑟尔湖和赫克特湖。这三座湖泊的参数见表 7.1 和表 7.2。其面积相对较小，但都是当地居民和游客的重要娱乐场所，特别是游泳场所。安装奥斯谢夫斯基管的目的，是在污水排放分流后加快水质恢复的进度。

皮伯格湖的管道从 23m 深处取水，接近湖泊最大深度（24.6m）。管道总长 639m，直径 8.9cm。深水层的排放速度为 $0.6m^3/min$，排放点位于湖泊下游，低于湖水水位 13.5m。

虽然湖泊氧含量大幅提升，但并没有出现明显的贫营养化。管道于 1970 年安装，与 1969 年相比，这一年冰封期的溶解氧含量提高了 63%。随后 7 年内，溶解氧含量继续保持在该水平以上。但湖上层总磷仅降低了 $5\mu g/L$，因此湖水的营养状态没有变化（Pechlaner，1979）。

皮伯格湖在形态学方面趋向于半对流型湖泊。虽然通过管道排放，每年可将永滞层的湖水置换三次，但在 9 年的观测期间内，湖水仅完成了两次充分混合。湖底沉积物中湖水对流的增强以及沉积物上方富磷湖水的去除，导致内部负荷增加，从而对安装管道后造成的磷流失起到补偿作用（第 6 章，稀释对内部负荷的影响）。与未安装管道相比，3 年内通过管道流失的磷增加了 79%～129%（Pechlaner，1979）。

与皮伯格湖不同，雷瑟尔湖在安装管道后，水质出现了大幅提升（Pechlaner，1978）。雷瑟尔湖是一座两季混合湖泊，管道于 1972 年安装在湖泊最深处（8.2m）。管径为 10cm，湖泊面积 $1.5hm^2$，深水层排水流量为 $0.24m^3/min$。

深水层总磷年平均浓度从 1974 年的 $38\mu g/L$ 和 1975 年的 $43\mu g/L$ 降至 1977 年的 $21\mu g/L$。管道安装 4 年后，湖水透明度几乎翻倍。由于岩屑的影响，浮游植物生物量的变化存在不确定性。不过安装管道后蓝藻数量有所下降。

1973 年，赫克特湖内安装了一根粗管道（18cm）。不过与上述两个湖泊不同，其安装深度并没有接近湖泊的最大深度。由于半混合作用，永滞层的水会散发出强烈的气味。因此，为了防止湖边的休闲环境受到气味干扰，管道的安装深度为 25m，大大低于 56.6m 的最大深度。湖泊面积为 $26.3hm^2$，管道排水流量为 $1.2～1.8m^3/min$。

由于未从永滞层取水，湖中 25m 至湖底的深度范围内溶解氧依然为零。安装管道后 25m 以上的湖水中溶解氧显著提高，虽然管道位于永滞层以上，但磷输出量也大大增加。安装后的前四年内，磷输出量（203kg）比输入量（93kg）高 110kg，即湖水总磷含量降低了 110kg。1973—1977 年，湖泊 25m 以上的总磷浓度降低了 70%～80%，但不出所料，25m 以下的总磷基本没有变化，甚至有所上升（Pechlaner，1978）。

7.2.2.3 美国湖泊

康涅狄格州的沃纳斯科博迈科湖有两个流域，1980 年在较浅的流域中安装了取水系统。从浅流域的最大深度处（15.1m）以 0.9m³/min 的流量排出深水层湖水（表 7.2），可以在 5.6 个月的时间内置换深水层的全部湖水（Kortmann 等，1983；Nürnberg 等，1987）。

湖水水质显著提升。深水层总磷经过 5 年时间从 400μg/L 左右降至 50～100μg/L，取水开始后湖上层总磷从 24～30μg/L 降至 10～14μg/L。总磷的降低显然来自于内部负荷的缓解。开始取水两年后，较浅流域中沉积物的释放量减少了 79%（Nürnberg 等，1987）。

深水层中的溶解氧也有所提高，缺氧因数（缺氧天数）从取水前的 50～65 降至不到 30。透明度没有变化，维持在较高水平（＞5m），但取水措施消除了变温层冬凌草（*O. rubescens*）的暴发。

1983 年，康涅狄格州的瓦拉莫格湖安装了两套系统。在这座呈 S 形的细长湖泊（最大深度 12.8m）中，有一套系统从距湖泊一端 8.5m 处抽水，并以 6.3m³/min 的流量排出（表 7.2）。另一套系统从湖泊另一端的深水层抽水，经曝气后返回湖内。取水开始的前三年，深水层与湖上层中的总磷均没有明显的变化趋势。但缺氧因数从 76～89 天减少至 75 天。总磷没有出现明显响应的原因是：①总磷去除的量级或持续时间不足；②内部负荷过高（Nürnberg 等，1987）。

另一座采用取水处理的美国湖泊是西雅图北部的博林格湖。该湖泊于 1982 年安装取水装置，用一根长 276m，直径 30.5cm 的管道将湖水的入流引至深水层。另一措施是当入流温度超过 16℃时，将其全部或部分引入湖上层，但这样可能会破坏水体分层。出口设置了控制堰，用于调整深水层与湖上层的排水比例。排水管道长 381m，直径 30.5cm，平均流量为 3.4m³/min，此流量下深水层的置换周期为 3 个月（KMC，1986）。

系统安装后第二年，即 1983 年，缺氧时间仅为两个星期。1984 年的分层期内，深水层的含氧量至少为 3～4mg/L，经分析，产生这一现象的原因是入流中氨含量的下降。1985 年，深水层溶解氧始终保持在 2mg/L 以上。系统安装前，1979—1981 年深水层的最大总磷约为 450～900μg/L，系统安装后 1982—1985 年深水层最大总磷降至 100～150μg/L。1984 年循环期的总磷为 15μg/L，这是有史以来最低的观测值。

近期数据目前无法获取。由于散发气味的排水口临近一家高尔夫球场，因此最近几年系统一直处于间歇运行状态。1993 年通过使用明矾对湖泊进行了治理。

系统安装前后，内部负荷从 1979 年的 227kg 降至 1984 年的 17kg。内部磷负荷总体降低了 70%。不幸的是，20 世纪 70 年代末到 80 年代初，外部负荷大大增加，阻碍了湖上层总磷的下降以及湖水水质的提升（KCM，1986）。

2002 年，威斯康星州的魔鬼湖在其最深（13.5～15.7m）处安装了一根 1677m 长的深水层取水管道（表 7.1、表 7.2）。根据湖水水位，将排水流量控制在 6.8～10.3m³/min。2002 年运行了 48 天，在此期间出口平均磷浓度为 725μg/L，共排出 446kg 的深水层总磷（Lathrop，个人交流；Lathrop 等，2004）。当时尚未获得用于评价水质提升的数据。

之所以启动该项目，是因为虽然过去几十年消除了来自培养源的外部营养输入，但来自深水沉积物的内部磷负荷过高，导致浮游藻类与周从藻类过多。藻类生产力的降低会带来很多间接的积极影响，其中包括减少以周从藻类为食的蜗牛数量，而蜗牛又是寄生虫的宿主，从而能够减轻游泳者的瘙痒症状；缩短深水层缺氧的范围与持续时间，避免硫酸盐还原菌将无机汞转化为甲基汞，从而降低鱼类体内的汞含量。

实地和实验室研究结果证明，多次取水能够有效降低湖泊的内部磷负荷，因此为了将湖水恢复至原始状态，深水层取水成为了唯一的适用技术。其他降低内部磷负荷的技术被否决是因为：①成本高，例如曝气，深水层水处理；②反对向本州使用频率较高的，"优质的水资源"之一添加化学物质，例如明矾；③其他技术，例如曝气和明矾，如果不进行持续或周期性再处理，则不具有长期有效性。虹吸取水系统的重要优势之一，就是没有运行成本。另一好处在于，能够缓解近年来由于湖水水位过高而反复淹没州立公园的问题（Lathrop，个人交流；Lathrop 等，2004）。

7.2.2.4 加拿大湖泊

自 1991 年起，艾伯塔省红鹿市附近的松湖开始实行恢复措施，目的是将水质恢复至欧洲移民定居前的中等营养化状态（Sosiak，2002）。20 世纪 90 年代中期，湖上层总磷浓度中值约为 $100\mu g/L$，叶绿素 a 中值为 $20\sim50\mu g/L$。湖水总磷中大部分（61％）来自内部负荷。1996—1998 年开始控制来自地表营养源的外部负荷（36％），1998 年安装了一根 1400m 长的深水层取水管道，以降低内部负荷（表 7.1）。

取水系统提供了较高的磷流失率（表 7.2），并且与外部控制措施共同降低了湖水总磷，提升了水质（Sosiak，2002）。1996—2000 年，总磷浓度降低了 44％～47％，叶绿素 a 降低了 76％～81％。中值总磷浓度为 $53\sim61\mu g/L$，与预期恢复效果相符，而叶绿素 a（$7.5\sim11.1\mu g/L$）和透明度（2.7～3.4m）的改善效果超出预期。自 2000 年起，总磷和叶绿素浓度保持在较低水平（Sosiak，个人交流）。但是，实行处理措施后，出现了之前所没有的胶刺藻（*Gloeotrichia*）繁殖。

虽然外部控制可能对水质恢复有所帮助，但湖水总磷（29％）的降低主要发生在深水层取水期间，而且也主要受益于后者。不过水质改善的部分原因也有可能来源于地表径流的逐年减少，根据 15 年的观测数据，地表径流与湖水总磷成正相关。虽然如此，在对艾伯塔省内其他湖泊的监测中，尚未发现广泛存在区域气候条件导致湖水总磷下降的现象（Sosiak，2002）。

出口水质没有受到明显的负面影响，不过临近的下游水温和溶解氧有所下降。没有出现气味问题。该项目完整且长期的数据库非比寻常，且持续更新。如此详尽的监测工作，使研究人员能够对水质恢复效果和项目成本效益进行明确的评估。

英国哥伦比亚的链湖是一座小型浅水多循环湖（表 7.1）。1951 年湖水水位升高了 1.3m，导致水质富营养化（McDonald 等，2004）。20 世纪 60 年代，向湖中引入低营养稀释水，并对一小片深 9m 的区域进行了疏浚，以提升稳定性。夏季总磷和叶绿素 a 浓度分别达到 $300\mu g/L$ 和 $100\mu g/L$，并且发生了蓝藻繁殖。取水系统运行了 9 年，始终持续输出湖水和总磷（表 7.2）。在此期间透明度显著提升（约 1m）。采用喷泉式曝气池，在一定程度上缓和了出口水质恶化对下游造成的负面影响。

7.3 成本

美国湖泊所建设的三个系统的安装成本（2002 年）如下：博林格湖（Ballinger）（41hm², 流量 3.4m³/min）——42 万美元；瓦拉莫格湖（287hm², 6.3m³/min）——6.2 万美元（Davis，个人交流；KMC，1981）；魔鬼湖（151hm²，9.1m³/min）——31 万美元（Lathrop，个人交流）；松湖（412hm²，5.3m³/min）——28.2 万美元，不包括安装所用的劳务和设备。相对较低的成本和每年的维护工作都是深水层取水措施的优势。

7.4 不利影响

来自深水层的排水中含有高浓度磷、氨、硫化氢和还原态金属，而且不含氧气，可能对下游的水质造成影响。如果出口所在流域包含重要渔业，用于休闲娱乐或用于供水，就有必要采取特殊的预防措施以尽量减小不利影响。例如，从沃纳斯科博迈科湖和瓦拉莫格湖抽取的水经过曝气与机械净化后排入下游，以及将瓦拉莫格湖湖中的管道取水端抬高，以避免过高的污染物浓度和施肥作用影响下游（Nürnberg 等，1987）。

博林格湖的排水因异味问题不得不间歇性运行（6 个月分层期中的 2 个月），较高的营养含量显然是出口下游浮游生物生长过剩的原因。异味干扰了附近高尔夫球场的用户。海克特湖、克罗派纳湖和克雷格湖的排水含高浓度的有毒物质，因此夏末期间停止排放。将深水层与湖上层水混合排放可使对下游的不利影响最小化。

7.5 小结

深水层取水具有三大优势：①建设成本与运行成本相对较低；②大部分应用实例证明其存在有效性；③可能具有长期、甚至永久有效性。多数情况下深水层溶解氧增加，导致缺氧体积减小，缺氧天数减少。如果没有过高的外部负荷产生抵消作用，内部磷负荷通常会降低，湖上层总磷也会下降。

取水措施的有效性显然取决于来自深水层的总磷输运的量级与持续时间。因此以尽量高的频率置换深水层的水容量非常重要。置换速率偏低可能会约束该技术的有效性。理想的置换速率是在分层期间置换几次，可以通过比较氧气损失率与氧气输送率获得最佳的置换量。例如，向博林格湖深水层中引水的流量是根据氧气添加速度为深水层氧气需求速度的两倍而确定。最终深水层的置换率约为每 3 个月一次。毛恩湖则为每 2.4 个月置换一次。因此为了保证取水措施的有效性，建议置换速度达到 2~3 个月一次。另外，实例结果表明，总磷输出应持续至少 3~5 年才能观察到湖水（湖上层）水质提升。

低溶解氧、高营养和还原性物质可能会对下游水质产生负面影响。如果下游水域包含重要渔业，用于休闲娱乐或供水，就有必要采取特殊措施以保持水质。通过比较湖中当前的溶解氧缺口和溶解氧输入量，可以估算出口湖水的溶解氧含量范围（Pechlaner，

1979)。如果预计出口处溶解氧含量较低，则应安装曝气设备。至于磷含量高是否会导致下游有害藻类和次生生化需氧量问题，则取决于与其他因素相比，营养物质对周边生物的限制程度。

参 考 文 献

Björk，S. 1974. *European Lake Rehabilitation Activities*. Rep. Inst. Limnol. University Lund，Sweden. Davis，E. R. 1983. Personal communication. The Hotchkiss School，Lakeville，CT.

Dunalska，J.，G. Wisniewski and C. Mientki. 2001. Water balance as a factor determining the Lake Kortowskie restoration. *Limnol. Rev.* 1：65 – 72.

Eschmann，K. H. 1969. Die sanierung des wiler Sees durch albeitung des Tiefenwassers. *Gesundheitstechnik Zurich* 3：125 – 129.

Gächter，R. 1976. Die Tiefenwasserableitung，ein Weg zur Sanierung von Seen. *Schweiz Z. Hydrol.* 38：1 – 28.

Hamm，A.，and V. Kucklentz. 1981. Moglichkeiten und Erfolgsaussichten der Seenrestaurierung. *Materialien der Bayrischen Landesanstalt fur Wasserforschung，Munchen，FDR*, 15：1 – 221.

Keto，A.，A. Lehtinen，A. Mäkelä and I. Sammalkorpi. 2004. Lake Restoration. In：P. Eloranta，Ed.，*Inland and Coastal Waters of Finland*，University of Helsinki and Palmina Centre for Continuing Education.

KMC. 1981. Lake Ballinger Restoration Project Interim Monitoring Study Report. Kramer，Chin and Mayo，Seattle，WA.

KMC. 1986. Restoration of Lake Ballinger：Phase Ⅲ Final Report. Kramer，Chin，and Mayo，Seattle，WA.

Kortmann，R. W.，E. R. Davis，C. R. Frink and D. D. Henry. 1983. Hypolimnetic withdrawal：Restoration of Lake Wonoscopomuc，Connecticut. In：Lake Restoration，Protection and Management. USEPA – 440/5 – 83- 001. pp. 46 – 55.

Lascombe，C.，and J. De Beneditis. 1984. Une expérience de soutirage des eaux hypolimniques au Lac de Paladru (lsère – France)：Bilan des cing premières années de fonctionnement. *Verh. Int. Verein. Limnol.* 22：1035.

Lathrop，R. C. Personal communication. Wisconsin Dept. Nat. Res.，Madison.

Lathrop，R. C.，T. J. Astfalk，J. C. Panuska and D. W. Marshall. 2004. Restoring Devil's Lake from the bottom up. *Wisc. Nat. Resour.* 28：4 – 9.

Livingstone，D. M. and F. Shanz. 1994. The effects of deep – water siphoning on small，shallow lake. *Arch. Hydrobiol.* 32：15 – 44.

McDonald，R. H.，G. A. Lawrence and T. P. Murphy. 2004. Operation and evaluation of hýpolimnetic withdrawal in a shallow eutrophic lake. *Lake and Reservoir Manage.* 20：39 – 53.

Nürnberg，G. K. 1987. Hypolimnetic withdrawal as lake restoration technique. *J. Environ. Eng.* 113：1006 – 1016.

Nürnberg，G. K. and B. D. LaZerte. 2003. An artificially induced *Planktothrix rubescens* surface bloom in a small kettle lake in southern Ontario compared to blooms worldwide. *Lake and Reservoir Manage.* 19：307 – 322.

Nürnberg，G. K.，R. Hartley and E. Davis. 1987. Hypolimnetic withdrawal in two North American lakes with anoxic P release from the sediment. *Water Res.* 21：923 – 928.

Olszewski，P. 1961. Versuch einer Ableitung des hypolimnischen Wassers aus einem See. *Verh. Int.*

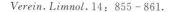

Verein. Limnol. 14: 855 – 861.

Olszewski, P. 1973. Funfzehn Jahre Experiment auf den kortowo – See. *Verh. Int. Verein. Limnol.* 18: 1792 – 1797.

Pechlaner, R. 1975. Eutrophication and restoration of lakes receiving nutrients from diffuse sources only. *Verh. Int. Verein. Limnol.* 19: 1272 – 1278.

Pechlaner, R. 1978. Erfahrungen mit Restaurierungsmassnahmen an eutrophen Badeseen Tirols. *Osterre – ichische Wasserwirtsch.* 30: 112 – 119.

Pechlaner, R. 1979. Response to the eutrophied Piburger See to reduced external loading and removal of monomoliminic water. *Arch. Hydrobiol. Suppl.* 13: 293 – 305.

Scharf, B. W. 1983. Hydrographie und morphometric einiger Eifelmaare. *Beitrage Landespflege Reinland – Pfalz* 9: 54 – 65.

Scharf, B. W. 1984. Errichtung und Sicherung Schutzwürdige Teile von Natur und Landschaft mit gesamt – staatlich Repräsentativer Bedeutung. *Natur und Landschaft* 59: 21 – 27.

Sosiak, A. Personal communication. Alberta Environment, Edmonton.

Sosiak, A. 2002. Initial Results of the Pine Lake Restoration Program. Alberta Environment, Edmonton.

Thaler, B. and D. Tait. 1981. Kleiner Montiggler See. Die auswirkungen von Belüftung und Tiefenwassera – bleitung auf die physikalischen und chemischen Parameter in den Jahren 1979 und 1980. *Tatigkeits – bericht des Biologischen Landeslabors autonome Provinz Bozen* 2: 132 – 193.

Vrhovsek, D. , G. Kosi, M. Karalj, M. Bricelj and M. Zupar. 1985. The effect of lake restoration measures on the physical, chemical, and phytoplankton variables of Lake Bled. *Hydrobiologia* 127: 219 – 228.

第 8 章

磷失活与沉积物氧化

8.1 引言

通过外部污染负荷的减少、稀释，或二者相结合的手段将磷浓度降低至限制生长水平，能够减少甚至消除有害水华现象。当负荷显著降低，湖泊水体交换率较快，沉积物再悬浮，湖中磷含量会下降，营养状态也会迅速大幅改善。关于这种响应，最公认的案例就是华盛顿湖（Edmondson，1970；1994）（第 4 章）。

然而对很多湖泊而言，即使大大降低外部负荷，内源磷的释放依然会维持水体的营养状态，从而使水华持续发生（Cullen 和 Forsberg，1988；Sas 等，1989；Jeppesen 等，1991；Welch 和 Cooke，1995；Scheffer，1998）。大部分湖泊都存在内源磷释放进入水体的现象。变温层与缺氧沉积物之间距离较近（Fee，1979），或滨岸区和湿地面积广阔的湖泊（Wetzel，1990），或由于外部污染负荷长期输入而导致沉积物营养盐富集的浅水湖泊（Jeppesen 等，1991），都会产生大量磷的再循环现象。这些湖泊不仅要减少外部污染负荷，还要对湖泊内源采取治理措施，加快湖泊富营养化的治理过程。例如，明尼苏达州的夏嘎瓦湖对外部负荷大幅减少的响应速度低于预期，据预计需要数十年才能达到平衡（Larsen 等，1981；Chapra 和 Canale，1991；第 4 章）。在某些湖泊中，即使外部负荷没有降低，磷的主要输入来源及夏季藻类暴发的主要原因均为内源释放（Welch 和 Jacoby，2001）。对此类湖泊，针对湖体内部的治理措施是切实有效的。

磷失活是一种湖内治理技术，通过对水体除磷（磷沉淀）及阻滞湖内沉积物的活性磷释放（磷失活），达到降低湖水磷含量的目的。通常可向水体中添加铝盐，如硫酸铝（明矾）、铝酸钠，或二者混合，从而生成磷酸铝和能够与一部分磷结合的胶状氢氧化铝。即使在还原环境下，氢氧化铝絮凝物也可以持续吸附磷并将其留存在分子晶格内并沉淀至沉积物中。明矾作为水处理絮凝剂已有 200 多年的历史，可能是全世界最常用的饮用水处理手段（Ødegaard 等，1990）。另一种水处理絮凝剂是聚合氯化铝，其絮凝物的 pH 范围优于明矾（Ødegaard 等，1990），已经应用于湖泊水处理（Carlson，个人交流）。铁盐和钙盐也用于磷沉淀或吸附。

当内源磷释放得到控制从而使透光层磷浓度显著下降时，夏季湖水富养状态会获得改善。对于多泥质湖泊，整个水体都属于透光层；而对于富营养化的双季混合湖泊和水库，透光层则为变温层，有时也包括温跃层。

某些机构一直将该技术错归类为灭藻剂或除草剂。通过大幅降低必需营养物质的供应而不是毒杀藻类细胞的方法，达到长期抑制藻类生物量的作用。灭藻剂的作用原理是直接毒害作用，而且仅在有毒活性成分（通常为铜）存在于水体中短时间有效（第 10 章）。

采用铝盐的磷失活技术效果可以维持数年，而灭藻剂的效果仅能持续数天。

对于厌氧湖泊沉积物磷的释放，还有一种控制方法，即由 Ripl（1976）提出的沉积物氧化法治理过程中，向湖底沉积物中加入 $Ca(NO_3)_2$ 以模拟反硝化作用，其中硝酸根起氧化作用。这一过程能够氧化有机物质。同时如果氯化铁的天然含量较低，则额外添加以除去 H_2S，并生成能够吸附磷的 $Fe(OH)_3$。

8.2 化学背景

将铝盐、铁盐和钙盐用于饮用水澄清已有几百年历史，如今，这些物质，尤其是铝盐的应用，依然是废水和饮用水处理的必要手段。Lund（1955）似乎首次提出向河流和湖泊添加硫酸铝［明矾，$Al_2(SO_4)_3 \cdot 14H_2O$］能够成功控制水华。此处理方法的首位公开发表者为 Jernelöv（1971），他于 1968 年向瑞典长湖的冰上加入了无水明矾。湖泊中磷循环的主要控制因素是铁和钙，这两种元素和铝一样，一直以来都广泛应用于废水和饮用水处理，但在湖泊中的应用频率低于明矾。关于在湖泊中使用铁盐控制磷的首次报告来自于荷兰的多德雷赫特水库（Peelen，1969），而钙盐的首次报告则来自于加拿大的硬水湖泊（Murphy 等，1988）。

8.2.1 铝

铝的化学反应机制复杂，尚未得到充分理解（Dentel 和 Gossett，1988；Bertsch，1989）。Burrows（1977），Driscoll 和 Letterman（1988），Driscoll 和 Schecher（1990）等对其在水中的反应进行了总结。下文的内容来自上述文献，以及最早的关于铝盐磷失活的详细湖泊研究及实验室研究（Browman 等，1977；Eisenreich 等，1977）。

将硫酸铝或其他铝盐加入水中时，它们会发生离解，产生铝离子。这些离子立即形成水合物

$$Al^{3+} + 6H_2O \Longrightarrow Al(H_2O)_6^{3+} \tag{8.1}$$

随后发生一连串水解（释放氢离子）反应，最终形成氢氧化铝，$Al(OH)_3$，一种胶状的非晶态凝絮，具有较高的凝聚能力和磷吸附性，即

$$Al(H_2O)_6^{3+} + H_2O \Longrightarrow Al(H_2O)_5OH^{2+} + H_3O \tag{8.2}$$

$$Al(H_2O)_5OH^{2+} + H_2O \Longrightarrow Al(H_2O)_4OH_2^+ + H_3O \tag{8.3}$$

省略式（8.3）中的配位水分子，得

$$Al^{3+} + H_2O \Longrightarrow Al(OH)^{2+} + H^+ \tag{8.4}$$

$$Al(OH)^{2+} + H_2O \Longrightarrow Al(OH)_2^+ + H^+ \tag{8.5}$$

$$Al(OH)_2^+ + H_2O \Longrightarrow Al(OH)_3(s) + H^+ \tag{8.6}$$

其中（s）为固体沉淀。

Al(OH)₃是一种可见的沉淀或凝絮，会穿过湖泊水体沉降到沉积物中。水面投药后会生成乳状溶液，之后快速形成大块可见的颗粒。在沉降过程中，凝絮会吸附水中的颗粒，尺寸和重量逐渐增加。湖水透明度会在几小时内大幅度提高。

溶液的 pH 决定着占主导地位的铝水解产物及其溶解度（图 8.1）。在大多数湖水的 pH 条件下（pH 为 6~8），不溶性聚合物 Al(OH)₃占优，从而会发挥磷吸附和失活作用。当 pH 为 4~6 时会出现多种可溶中间物，而 pH<4 时可溶的水合 Al^{3+} 占主导地位。

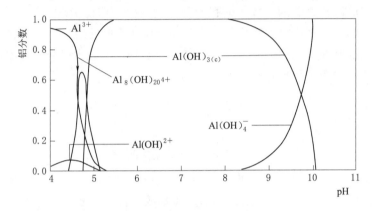

图 8.1　铝水解形态的比例分布与 pH 值的关系（浓度 $5.0×10^{-4}$ M）。

（来源：Courtesy C. Lind，General Chemical Inc.，Parsippany，NJ.）

向缓冲不足的湖水中添加明矾时，湖水的酸中和能力（ANC）下降，pH 减小，而当 ANC 耗尽时，可溶铝水解形态会占优。pH 水平较高时（>8.0），Al(OH)₃ 的两性性质（同时具有酸性和碱性）会导致铝酸盐离子的生成，即

$$Al(OH)_3 + H_2O \longleftrightarrow Al(OH)_4^- + H^+ \qquad (8.7)$$

如果 pH 大于 8 且持续增加，比如光合作用强烈时，溶解度会再次增强，可能会导致铝盐吸附的磷被重新释放出来。

水中铝盐的化学反应机制具有时间依赖性（Burrows，1977）。单体形式的浓度 $[Al^{3+}$、$Al(OH)^{2+}$、$Al(OH)_2^+$ 和 $Al(OH)_4]$ 会在 24h 内达到稳定。但随着 Al(OH)₃聚合物的体积逐渐增大，结晶则需要一年以上的时间。这些持续反应发生在湖泊的沉积物中，但这对控制磷释放会造成哪些影响尚不清楚。对新制备的缓冲铝溶液进行的毒性研究表明，与搁置一段时间的溶液相比，两者所含的有潜在毒性的铝形态种类分布不同，后者的单体形态和中间聚合物浓度较低（Burrows，1977）。这也有可能解释了与湖中沉积物单次处理相比，向流动水中连续加药时，水与铝的早期水解产物连续接触，因此对动植物的毒杀作用更强（Barbiero 等，1988）。在湖水处理过程中，凝絮向湖底移动的速度较快，因此与湖水的接触时间较短。

对于 Al(OH)₃，湖泊管理者最关心的性质是其对湖中动植物的毒性较低甚至为零，能够吸附大量微粒态和可溶态磷，以及凝絮与磷的结合作用。

与铁相比，湖泊沉积物中的溶解氧浓度较低甚至为零，无法溶解凝絮并释放磷，不过当 pH 过高时，可能会发生磷释放。

通过 $Al(OH)_3$ 凝絮的凝聚与滞留作用，能在一定程度上去除水体中的微粒态有机磷（细胞、残渣）。凝絮在水中沉降时会以这种方式将水澄清。因此水处理厂广泛使用明矾。但对于溶解态有机物，$Al(OH)_3$ 的效果会有所下降（Browman 等，1977）。

处理时机取决于当地条件。由于 $Al(OH)_3$ 对无机磷的吸附作用太强，冰融化后或温暖气候下的早春时节似乎是理想的时机，此时春季的藻类细胞暴发尚未出现，还没有开始摄取磷元素。但温度会影响铝盐在水中的反应速度与程度（Driscoll 和 Letterman，1988）。温度较低时，凝聚和沉淀反应速度大大降低，可能会产生大量对生物体有毒的物质，如 $Al(OH)_2^+$。这就说明铝的溶解性同时与温度和 pH 有关。虽然早春的无机磷浓度较高，但并不是理想的投药时间。其原因还包括：①磷失活所针对的主要目标是沉积物磷释放，而不是水体含磷；②早春时期可能风力较大，难以投药；③受风力影响可能会使凝絮聚集在湖中的某个区域，或者在凝絮被固定在沉积物中之前将其冲走；④可溶且可能有毒的铝形态的主要配合物是硅，春季硅藻水华后硅含量可能较低。因此夏季或早秋蓝藻暴发前可能是最合适的投药时期。另一个角度来看，早春时进行水处理虽然具有多重风险，但可以避免藻类聚集的问题。

水中加入铝盐时会释放氢离子，因此氢离子的比例随碱性降低而增加。在碱性较低或适中（$<30\sim50\text{mg }CaCO_3/L$）的湖泊中，以较低或适中的明矾投入量进行水处理会使 pH 大幅下降（H^+ 增加），从而提高有毒可溶铝形态的浓度，其中包括 $Al(OH)_2^+$ 和 Al^{3+}。因此明矾的安全投入量受到限制。该问题的解决方法是投药时向湖中或明矾悬浊液中加入缓冲剂。实例包括 Dominie（1980）为缅因州安纳布萨克湖，Smeltzer（1990）为佛蒙特州莫雷湖，以及 Jacoby 等（1994）为华盛顿州绿湖所做的工作。对缓冲化合物进行了测试，包括氢氧化钠、氢氧化钙和碳酸钠。最终选择的缓冲剂是铝酸钠（$Na_2Al_2O_4 \cdot n\,H_2O$），它具有强碱性，而且含铝量高（Smeltzer，1990）。此化合物的碱性主要来自于生产过程中所用的 NaOH（Lind，个人交流）。铝酸钠和明矾应分别加入湖中，以避免两者混合时过热而破坏管道。碳酸钠也作为缓冲剂成功用于华盛顿州长湖的软水处理（Welch，1996）。软水缓冲还可以采用明矾与石灰的混合物（Babin 等，1992）。

总而言之，湖内明矾处理的主要目标是用 $Al(OH)_3$ 覆盖沉积物。本来会扩散到水体中的活性磷被吸附，因此内部负荷下降。次要目标是通过生成 $Al(OH)_3$ 去除水中的微粒态有机和无机含磷物质。为了生成大量 $Al(OH)_3$ 而几乎没有其他水解产物，就要将水体 pH 值保持在 6～8 的范围内。由于湖泊的碱性和沉积物活性磷含量各不相同，因此投放量也不同。有些情况下必须添加缓冲剂。剂量确定见后续章节。

8.2.2 铁和钙

磷会与铁和钙组成沉淀和配合物，因此可以采用这些元素降低磷浓度，而 pH 变化与有毒物质生成的几率较小。

我们对这些金属与磷有关的化学反应机制的理解可能多于对铝的理解（Stumm 和 Lee，1960；Stumm 和 Morgan，1970）。

湖水和沉积物中含有溶解态的无机铁，形式为氧化态三价铁（Fe^{3+}）或还原态亚铁（Fe^{2+}），取决于溶液 pH 和氧化还原电位。湖泊沉积物中铁的氧化还原状态变化对磷循环有重要影响（Mortimer，1941，1971）。在春季和秋季混合期湖水整体的常见状态，即氧

化碱性条件下，氧化还原电位较高，铁被氧化为三价铁形式，即

$$Fe^2 + 1/4O_2 + 2OH^- + 1/2H_2O \longrightarrow Fe(OH)_3(s) \tag{8.8}$$

$Fe(OH)_3$ 吸附水体中的磷，组成沉积物表面氧化"微域"的一部分，从而实现高沉积物磷滞留率。还会生成 $FePO_4$，但除磷与沉积物中磷滞留的主要途径是的 $Fe(OH)_3$ 吸附作用，其最佳 pH 范围是 5~7（Andersen，1975；Lijklema，1977）。

对于湖泊内铁和磷的循环，普遍接受的过程如下：富营养化湖泊的热分层时期，等温层湖水连续数天、数周（多循环湖）或数月（二次循环湖）处于黑暗的无混合状态。没有混合带来的净光合作用或曝气，覆盖在沉积物上方的水中 pH 与溶解氧浓度下降。当上方水中的溶解氧降至 1.0mg/L 以下时，耗氧过程消失，微生物群落利用铁代替氧作为电子受体。在还原状态下，亚铁离子（Fe^{2+}）是可溶的，而原本与铁相结合的磷（活性磷的一部分）被释放到水体中。这种转变速度非常快，因此对于沉积物需氧量高的浅水富营养化湖泊，虽然其热稳定时期较短，但依然会导致大量磷释放。浅水湖的热稳定性主要受风力控制（第 4 章）。另外，有些富营养化湖泊的滨岸区域可能会出现以天为周期的沉积物磷释放，白天磷被铁复合物吸附，晚上又被释放出来（Carlton 和 Wetzel，1988）。虽然二次循环分层湖持续缺氧，但沉积物磷释放率的量级与浅水无分层湖相同。氧化还原状态对释放率的影响大于深度的影响（Nürnberg，1996）。

这种普遍接受的铁磷氧化还原循环可能并不适用于所有情况。硫酸盐还原和不可溶 FeS 的生成会减少循环中的铁含量，大大降低 Fe∶P 比例，使保持可溶解态并且能够释放到上方水中的磷比例提高（Smolders 和 Roelofs，1993；Søndergaard 等，2002）。不过 Caraco 等（1989）的工作似乎否定了硫的影响。在 23 个湖的样本中，只有硫酸盐浓度居中的（100~300μm）湖泊符合铁氧化还原模型。低硫酸盐（60μm）系统在含氧和缺氧条件下都具有低磷释放率，而高（>3000μm）硫酸盐系统在两种条件下都具有高磷释放率。很多湖泊在缺氧状态下的磷释放率都较低（Caraco 等，1991a，b）。

即使在含氧条件下，pH 值较高的时期，铁—氢氧根复合体中的 OH^- 被 PO_4^{3-} 替换时也可能造成磷释放（Andersen，1975；Jacoby 等，1982；Boers，1991a；Jensen 和 Andersen，1992）。此过程提高了再悬浮事件中的磷释放量，尤其是在悬浮颗粒浓度相对较低时（Koski‑Vähälä 和 Hartikaninen，2001；Van Hullenbusch 等，2003）。也就是说，当颗粒浓度增大时，平衡会从颗粒中的磷解吸附向被颗粒吸附转移。

铁对氧化还原和 pH 值条件的反应说明，将其用于湖水磷失活剂时，必须同时采取措施（曝气或人工循环）防止氧化微域破坏，或因光合作用导致的 pH 上升。如果沉积物中的 Fe∶S 比例过低，即使曝气也有可能无法降低磷释放率（Caraco 等，1991a，b）。不过有证据表明即使在缺氧条件下，湖泊沉积物的铁富集也会抑制磷释放（Quaak 等，1993；Boers 等，1994）。

钙化合物也会影响磷浓度。可以向湖中投放多余的钙化合物，或硬水湖中光合作用吸收 CO_2 所产生的碳酸钙（方解石）和氢氧化钙，过程为

$$Ca(HCO_3)_2 \rightleftharpoons CaCO_3(s) + H_2O + CO_2 \tag{8.9}$$

随着植物吸收 CO_2，pH 上升，$CaCO_3$ 产生沉淀，方解石会吸附磷，尤其是在 pH 超过 9.0 时（Koschel 等，1983），从而从水中除去大量磷（Gardner 和 Eadie，1980）。pH、

Ca^{2+} 和磷水平较高时，会生成羟磷灰石，过程为

$$10CaCO_3 + 6HPO_4^{2-} + 2H_2O \rightleftharpoons Ca_{10}(PO_4)_6(OH)_2(s) + 10HCO_3^- \qquad (8.10)$$

与 $Fe(OH)_3$ 和 $Al(OH)_3$ 不同的是，羟磷灰石在 pH>9.5 时溶解度最低，而磷吸附力在高 pH 下较强（Anderson，1974，1975）。在缺氧较严重的等温层或阴暗的滨岸区域中，随着 CO_2 浓度的增加与 pH 的降低，方解石和羟磷灰石的溶解度大幅提高。因此钙也可以和铁一样起到除磷和磷失活的效果，但为了维持有利于磷吸附的环境，必须采取额外措施保证深水 pH 呈碱性。

磷失活的定义是采取措施将磷与湖泊沉积物永久地、广泛地相结合，从而减少或基本消除作为水体磷源的沉积物。$Al(OH)_3$ 对磷有强烈的吸附作用，而这种复合物不受氧化还原条件的影响，因此能够提供很高的水处理持久性。但是在湖水中添加铝盐会产生 H^+ 离子，使 pH 下降，而下降速度取决于湖水的碱性强度和盐的剂量。这就会导致可溶解且具有潜在毒性的铝形态浓度过高。因此，除非湖水经过充分缓冲，或者添加了缓冲剂，否则不适宜使用铝盐。铁和钙配合物对磷的吸附也能实现显著的除磷效果，并将磷滞留在沉积物中，同时没有毒性问题。但这些化合物的溶解度与磷吸附力对 pH 和氧化还原条件的敏感性过高。生产力较高的湖泊中，即使是浅水沉积物也会出现快速缺氧。如果采用铁或钙作为磷失活剂，就需要持续曝气或充分混合。

8.3 剂量确定与投药技术

8.3.1 铝

利用金属盐控制湖泊磷浓度的手段有两种。磷沉淀的重点在于从水体中除磷，磷失活的重点在于长期控制沉淀物磷释放，而除磷则是次要目标。铝应用早期，两种手段的投放剂量都没有依据（Cooke 和 Kennedy 在 1981 年对最早的 28 个处理案例进行了回顾与总结）。

除磷法或磷沉淀法的过程是在湖面上加入足够的铝，从而在投药时取出水体中的磷。确定剂量的方法是，向湖水样品中逐渐添加 $Al_2(SO_4)_3$ 直至达到所期望的除磷量。之后利用此剂量计算对整座湖除磷所需的总量。但近年来几乎所有明矾处理的目标都是长期控制内部负荷，而低剂量无法实现这一目标。

最早的水处理案例中有些成效短暂，原因就是低剂量和持续的高外部负荷。另外一部分磷去除不充分，尤其是溶解态的有机磷，为藻类的吸收和生长提供了基质。因此通常不建议采用磷沉淀法控制藻类。

沉积物磷失活的剂量确定手段中的一种是 Kennedy（1978）提出的碱性法，获得了广泛应用。Kennedy 认为磷失活应该尽可能提供最大的控制效果。认为处理持续时间与湖泊沉积物中的 $Al(OH)_3$ 浓度有关，因为以铝—磷形式结合的活性磷量与所添加的铝量成正比。因此，最终目标就是在保证环境安全的前提下，向沉积物中投放尽可能多的铝。

如前文所述，铝在水中的形态取决于 pH（图 8.1）。pH 为 6~8 时，大部分为 $Al(OH)_3$ 形式。pH 低于 6.0 时，$Al(OH)_2^+$ 和 Al^{3+} 等其他形态的重要性逐渐增强。这些形态各有不同程度的毒性，尤其是溶解态的 Al^{3+}（Burrows，1977）。Everhart 和 Freeman（1973）发现虹鳟鱼（*Salmo gairdneri*）能够耐受持续暴露在 $52\mu g/L$ 的溶解铝中，行为或生理活

动没有出现明显变化。根据此观察结果，将后处理溶解铝浓度的安全上限确定为 $50\mu g$ Al/L（Kennedy，1978）。最大剂量则定义为加入湖水时确保溶解铝浓度小于 $50\mu g/L$ 的最大铝投入量（Kennedy 和 Cooke，1982）。如图 8.1 所示，只要 pH 在 $6.0\sim8.0$ 范围内，浓度就不应达到 $50\mu g\ Al^{3+}/L$。根据向湖泊入流投放明矾的经验，将 pH 保持在 6.0 以上则可以防止溶解单体铝产生毒性（Pilgrim 和 Brezonik，2004）。

　　还有一个附加安全因素。与持续接触生物测定不同，湖水处理会使生物体暴露在最大剂量之下，随后由于明矾凝絮在水中沉降的速度较快（约 1h），因此浓度快速下降。另外，在 pH 为 $6\sim8$ 的条件最有利于 $Al(OH)_3$ 生成，因此水中的铝沉淀量达到最大，沉积物—水交界面上形成的磷滞留凝絮也最多。华盛顿州的某些湖泊经过处理后，溶解铝浓度维持在 $100\sim200\mu g/L$ 而且没有副作用，因此铝有可能为有机无毒形态（Welch，1996）。实践表明，添加天然有机物能够使铝的毒性降低二分之一（Roy 和 Campbell，1997）。

　　为了添加足够的明矾而在碱性充足（$>35mg/L\ CaCO_3$）的湖泊中实现沉积物磷释放的长期控制，碱性法（Kennedy 和 Cooke，1980，1982）为其提供了毒物学基础。但建立此流程时存在一些固有问题。首先，几乎没有相关铝对湖泊生物群落过程和对非酸化湖泊结构影响的毒物学研究。不过鳟鱼对金属非常敏感，这就能为整个生物群落提供安全因数。其次，低 pH 本身就是有害的。据观察，如果没有添加铝，酸化湖泊在 $pH\leqslant6.0$ 时开始产生不利影响（Schindler，1986）。但这都是长期的慢性影响，而明矾处理只会在短期内降低 pH。再次，有些湖泊的碱性较低，只添加少量明矾就会达到 pH 为 6.0 的限值。如前文所述，最后一个问题已经通过使用缓冲剂得到解决。

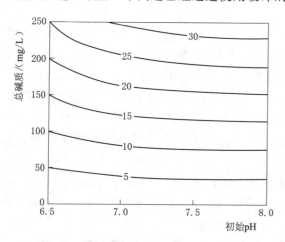

图 8.2　为了使初始碱性和 pH 不同的待处理湖水达到 pH 为 6 所需的硫酸铝剂量（mg/L）估值。
（来源：Kennedy, R. H. and G. D. Cooke. 1982. *Water Res. Bull.* 18：389 - 395.）

　　（1）第一种确定剂量的方法，其步骤流程来自 Kennedy（1978）与 Kennedy 和 Cooke（1982），说明了根据湖水碱性确定投药剂量的方法。

　　1）对湖水取样，涵盖湖水的碱性范围。通常需要从湖面至湖底的多个样本。以 pH 值 4.5 为下限测定碱性。

　　2）根据图 8.2 估计每一层的剂量，以 pH 值 6.0 作为向湖中投入明矾的终止点，而不是 $50\mu g/L$。在所确定的投放剂量之下，只要 pH 为 $6.0\sim8.0$，溶解铝浓度就会低于此限值。Kennedy 和 Cooke（1982）针对溶解铝和过高氢离子浓度，将此 pH 范围作为安全阈值。

　　可以据此在湖水 $CaCO_3$ 含量大于 35mg/L 的条件下加入充足的铝，从而长期控制磷释放。为了更加准确地确定剂量，可以用铝浓度已知的硫酸铝储液［铝含量为 1.25mg/mL 的溶液是通过将 15.4211g 工业级 $Al_2(SO_4)_3\cdot18H_2O$ 溶解于蒸馏水中，再稀释至 1.0L 来制备的］对水样进行滴定。将 1.0mL 的储液加入 500mL 水样，得剂量为 2.5mg/L。随着明矾的加入，用搅拌器混合样品，同时检测 pH 的变化。当 pH 稳定在 6.0 时所加入的量即为该样品的最佳剂量。利用线性回归确定剂量与碱性的关系。利用所获得的方程计算对于此湖泊或水库所测得的碱性范围内任意碱性值所对应的剂量。谨慎起见，可以用稍高一点的 pH（如 6.2～6.3）来确定剂量（Jacoby 等，1994）。由于市售明矾使用英制单位，对于碱性测试所取的每个深度区间，将剂量单位铝含量 mg/L 换算为（无水）明矾含量 $1bs/m^3$ 得到最大剂量。换算所采用的分子量为 666.19$[Al_2(SO_4)_3 \cdot 18H_2O]$ mg/L 到 $1bs/m^3$ 的换算系数为 0.02723。而 $Al_2(SO_4)_3 \cdot 14H_2O$ 的换算系数为 0.02428。

3）如果要使用液态明矾而不是常用的颗粒状明矾，就有必要进一步将计量单位转换为加仑明矾/m^3。60°F 下的明矾含量范围为 8.0%～8.5%，相当于每加仑 5.16～5.57 磅无水明矾（Lind，个人交流）。罐车运输温度为 100°F，因此密度会降低。运输商会提供 60°F 下的 Al_2O_3 百分比。根据图 8.3 将其换算为以波美度为单位的密度。然后获得运输温度，并用 60 波美度值减去修正系数（图 8.4）。随后根据图 8.5，利用修正后的波美值获得单位为磅每加仑的数值。

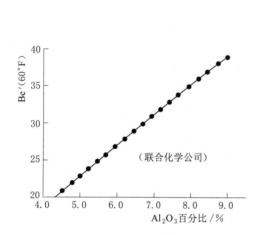

图 8.3　60°F 和 Al_2O_3 百分比的关系。

（来源：Cooke et al. 1978.）

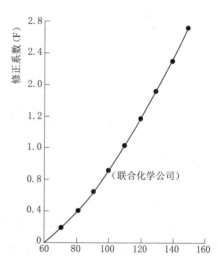

图 8.4　32°～36°F 溶液的温度修正系数。

（来源：Cooke et al. 1978.）

对于碱性测试所取的每个深度区间，之前所计算的最大剂量单位为磅无水明矾/m^3。用磅（无水）/m^3 除以图 8.5 的磅每加仑值，转换为 gal/m^3。湖泊总剂量则为所有深度区间剂量之和。

4）为了提高湖水处理的精确度，将湖泊分区并用浮筒标记，或者利用装有卫星导航系统的驳船。测量每个分区的体积和碱性，随后确定每个区的用量。

这种方法能够防止整个湖泊或水库均匀投药造成的深水区剂量不足，或浅水区剂量过剩。可以通过装有电子回声仪的驳船实现根据湖水体积自动分配明矾。在软水湖中，只添加少量硫酸铝就会使 pH 低于 6.0。Gahler 和 Powers（个人交流）可能首次提出将铝酸钠与硫酸铝共用，以保证 pH 为 6.0～8.0。铝酸钠能够提供碱性，从而提高水溶液的 pH 值。Dominie（1980）显然首次成功大规模应用了这种缓冲剂量法：根据经验向缅因州安

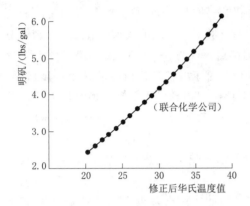

图 8.5　根据修正后的波美值确定明矾的曲线。
（来源：Cooke et al. 1978.）

纳布萨克湖（碱性 $CaCO_3$ 含量 20mg/L）加入比例为 0.63：1 的铝酸钠和明矾混合物。1991年，华盛顿州长湖（碱性 35mg/L）也成功使用碳酸钠进行了水处理，pH 保持在 6.2 以上（Welch，1996）。添加缓冲剂后，湖泊沉积物中明矾添加量的限制因素就只有可用资金了。虽然这种方法基于碱性而不考虑内部负荷量，但应用碱性法处理的高碱性湖泊都实现了高度持久性。

（2）第二种确定剂量的方法基于沉积物的净内部磷加荷速率，而此参数是利用质量平衡方程估算得到的。此方法初次实行时，对威斯康星州加尔水库（Eau Galle Reservoir）的每年净内部负荷进行了计算并乘以 5，目标是在 5 年内控制磷释放，假设铝与磷复合反应的化学计量比会最终达到 1.0（Kennedy 等，1987）。因此铝剂量确定为平均夏季内部磷负荷的 5 倍。考虑到有可能低估内部负荷（每年的释放率不同，图 3.5），将此剂量翻倍，得到最终剂量铝含量 14g/m²。如果应用碱性法，结果则为 45g/m²，铝—磷添加量：铝—磷生成量的比例大大提高。根据一座经明矾处理的湖泊的柱样分析，适当的比例似乎是 5～10（Rydin 等，2000）。根据内部加荷速率计算的剂量单位为质量—面积，比碱性法获得的浓度单位更合适。实际上沉积物获得的剂量却是应该以面积为单位，而与水体深度无关。Eberhardt（1990）应用过一种类似的剂量计算方法，并为提高设备应用效率而进行了修正。

（3）第三种确定剂量的方法基于直接确定沉积物中的活性无机磷含量（Rydin 和 Welch，1999）。建议按如下步骤应用此方法：

1）从磷释放最活跃的区域收集代表性 30cm 沉积物柱样。这些区域包括分层湖泊和水库中季节性缺氧等温层的沉积物。最大深度有可能代表了活跃释放区，但其他等温层深度也适用于代表性估算。如果水体没有分层，整座湖中的沉积物都会发生释放，这种情况下就需要增加柱样数量以界定活跃区域。

2）将每根柱样顶端 4cm 中的铁—磷（或 BD—磷，连二硫酸氢盐）和松散吸附磷（Psenner 等，1984）确定为活性磷。为了获得更多信息，可以对顶端 10cm 以 1cm 为间隔进行分析，但对顶端 4cm 的活性磷进行统一分析成本最低，而且代表了所需的最小信息量。对三个威斯康星州的湖泊进行计量估算时选择了 4cm 深度，但在某些情况下，为了包含大部分活性磷可以对更大的深度进行分析。

3）用沉积物体积密度（g/cm³）乘以干物质百分数，再乘以活性磷浓度（mg/g），将沉积物体积转换为待处理的质量/面积。最好获得多个地点的数值，以界定含活性磷的区域。正如进行疏浚作业时应根据沉积物磷含量确定沉积物清除量，不同区域的明矾投入量也不相同。为了使未分层湖泊的成本效益最大化，这一点尤其重要。

4）用活性磷含量乘以铝添加量：铝—磷预计生成量的比例，确定铝含量以 g/m² 为单位的剂量。根据对三个威斯康星州湖泊的沉积物进行的试管实验，此比例为 100：1

（Rydin 和 Welch，1999）。

　　这种方法的优势包括：①直接测量沉积物中应转化为铝—磷的活性磷含量；②计算铝剂量时对铝添加量：铝—磷生成量取值为 100:1，以代表 0～4cm 深度范围内的活性磷以及有可能从沉积物更大深度处迁移出来的磷；③确定最优明矾用量，以提供成本效益最高的内部负荷长期控制。其劣势在于需要对湖泊沉积物进行大量磷分馏分析。

　　根据对两个瑞典湖泊和三个威斯康星州湖泊的沉积物进行的试管实验，随着明矾剂量的增加，松散吸附（不稳定）的磷占比下降为零，铁—磷占比成比例地转化为铝—磷（Rydin 和 Welch，1998，1999；图 8.6）。对于威斯康星州的三个湖泊，上层 4cm 中添加的铝所生成的铝—磷最终达到平衡，接近沉积物中的初始活性磷含量（图 8.7）。这表示铝添加量：铝—磷生成量为 100:1 的直线代表了大部分活性磷，被采纳作为这三个威斯康星州湖泊的推荐比例（图 8.7）。

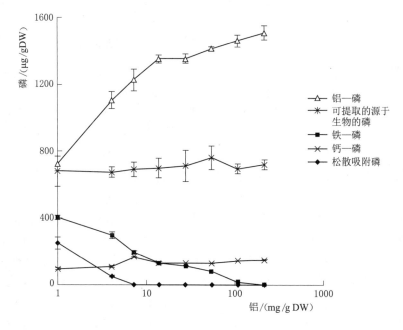

图 8.6　试管中德拉文湖沉积物中的磷占比对明矾添加量的响应。

（来源：Rydin, E. and E. B. Welch. 1999. *Lake and Reservoir Manage.* 15：324-331.）

　　威斯康星州德拉文湖（图 8.6）于 1991 年进行处理后，沉积物中实际观测的铝添加量：铝—磷生成量比例仅为 5。根据沉积物概况（图 8.7）估算了磷添加量（$12gAl/m^2$），随后以此为基础获得了上述比例。比例为 5:1 的原因是从沉积物深处向上迁移的磷使明矾凝絮达到饱和。利用孤立的表层沉积物试管样本所得到的比例 100:1 代表了深层沉积物源的响应。因此，采用 100:1 的比例和 4cm 沉积物深度来计算剂量能够为 4cm 区间内以及从深处向上迁移的磷提供足够的结合能力。

　　威斯康星州斯阔湖经明矾处理后进行的表层沉积物（上层 5cm）实验表明，为了固定活性磷必须采用 95:1 的比例（铝添加量：活性磷）（James 和 Barko，2003）。

　　取 10cm 深的沉积物估算明矾剂量，因为另外两个经过明矾处理的威斯康星州湖泊中

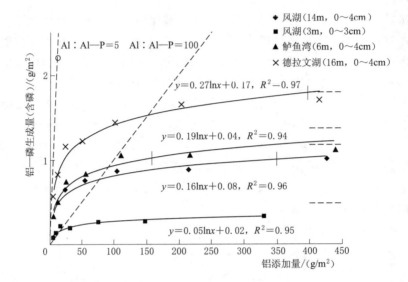

图 8.7 试管中三个威斯康星州湖泊沉积物对明矾投入的响应，图中显示了：①加入铝所生成的铝—磷（—），②初始活性磷含量（---），③将大部分活性磷转化为铝—磷的建议剂量曲线（虚线），④铝添加量：铝—磷生成量以及 1991 年德拉文湖（Lake Delavan）明矾处理的近似剂量（空心圆），⑤基于碱性确定的剂量（竖线）。

（来源：Rydin，E. and E. B. Welch. 1999. *Lake and Reservoir Manage.* 15：324 – 331.）

明矾沉降到了近似的深度。这项工作证实了 Rydin 和 Welch（1999）提出的 100：1 的比例，因此根据该比例和 10cm 深度，建议采用 115g/m² 的剂量。

其他湖泊采用了较低的铝添加量：铝—磷比例。对丹麦森纳比湖进行的短期实验表明 4：1 的比例足以使沉积物磷释放率大幅降低，效果并不低于采用 8：1 的比例（Reitzel 等，2003）。但此案例将可提取有机磷也归纳在活性磷范围内，从而使活性磷估测值上升了约 50%。明尼苏达州苏珊瑚和群岛湖的实践案例表明，明矾处理后的比例为 5.28：1 和 4.68：1（活性磷中不包括有机磷）（Huser，个人交流）。德国甜湖（286hm²，平均深度 4.3m）中观测到的比例甚至更低。连续 16 年，每年进行一次低剂量明矾处理（2mg/L），8 年后发现加入铝层的厚度为 10~30cm，其中铝添加量：铝—磷生成量比例为 2.1：1（Lewandowski 等，2003）。比例较低则说明连续多年对湖泊进行低剂量投药比一次高剂量投药效率更高；这座湖泊 16 年的总剂量为 138g/m²。有证据表明可溶解活性磷依然在从深处向上迁移并形成铝—磷。

德拉文湖的案例有助于对三种剂量确定方法进行评价（表 8.1）。1991 年，这座湖明矾处理的剂量计算值为 2.3~2.8mg/L（Panuska 和 Robertson，1999；Welch 和 Cooke，1999；Robertson 等，2000）。根据 7.6m 的平均深度，得到此浓度范围所对应的铝整体平均面积剂量率为 17.5~21.3g/m²。1991 年的剂量是根据净内部负荷观测值和 15 年的预期有效时间而确定的，最终所得的剂量 10g/m³ 或 76g/m² 是实际投入量的 3.6 倍（Robertson 等，2000）。根据试管实验结果，为了将上层 4cm 内的活性磷以及从深处迁移而来的磷全部固定，剂量应为 150g/m²。

表 8.1　　　　　　威斯康星州德拉文湖基于碱性、内部负荷和活性磷法估
算的剂量值，与 1991 年的实际剂量相对比

剂量方法	含铝量/(g/m^3)	含铝量/(g/m^2)	参考文献
1991 水处理	2.3~2.8	17.5~21.3	Robertson 等（2000）
内部负荷	10	76	Robertson 等（2000）
活性磷（经验，图 8.7）	20	150	Rydin 和 Welch（1999）
活性磷（沉积物浓度）	25	190	Rydin 和 Welch（1999）
碱性（图 8.7）	51	390	Rydin 和 Welch（1999）
碱性（烧杯试验）	33	250	Robertson 等（2000）

采用活性磷含量和 100∶1 比例计算所得的剂量应为含铝量 190g/m^2。由于投入剂量不足，当时认为处理有效性在 4 年内达到了 50%，7 年后完全失效（Robertson 等，2000）。处理措施实际达到的活性磷失活量为 2.2g/m^2，约占上层 10cm 中含量的 30%（Rydin 和 Welch，1999）。

对德拉文湖采用内部负荷法所计算的剂量为采用活性磷法所得结果的 50%（即 75g/m^2 与 150g/m^2）。

根据烧杯试验结果，利用碱性法所得到的两个最大允许剂量含铝量约为含铝 390g/m^2（图 8.7）和 250g/m^2（Robertson 等，2000）。这就说明对于德拉文湖，内部负荷法所计算的剂量低于碱性法和活性磷法的结果（表 8.1）。

德拉文湖与加尔水库（Eau Galle Reservoir）存在相似的剂量不足问题，后者于 1986 年进行水处理，投药剂量根据内部负荷计算（Kennedy 等，1987）。加尔水库处理效果的持续时间也比较短暂（James 等，1991），最终剂量为 14g/m^2，低于德拉文湖的投入量（表 8.1）。

不过剂量不符问题不是每次都会发生，而是取决于碱性、湖水深度和铝添加量∶铝—磷生成量比例。对于德拉文湖（5∶1）和其他经过水处理的湖泊（11∶1，Rydin 等，2000）观测到的铝添加量∶铝—磷生成量比例是因为其他物质（如有机物）会与磷竞争明矾凝絮中的结合位点。因此内部负荷法所采用的 1∶1 比例（修正系数×2）应该有所提高。由德拉文湖的经验可知，应用内部负荷法时采用 4∶1 或 5∶1 的比例（不含误差修正），则会实现 15 年以上的有效控制。

应用活性磷法时，所考虑的沉积深度越大，必须采用的铝添加量∶铝—磷生成量比例就越低。例如，如果以 10cm 深度作为德拉文湖的"活性层"而不是 4cm，计算剂量所需的比例应为 30∶1，剂量则为含铝量 150g/m^2（150/5）。这样则能够提供持续几十年的控制效果（Rydin 和 Welch，1999）。尽管如此，James 和 Barko（2003）应用了一种类似的实验方法，建议采用 100∶1 的比例和 10cm 沉积深度。

碱性法对硬水湖始终很有效，因为可以在达到 pH 下限之前获得足够的投药量。这种湖泊相对较深，因此沉积物的面积平均剂量较大。不过这种方法在浅水湖中的效果可能会有所下降。另外，对软水湖用此方法计算而得的剂量可能会偏低，除非湖中的活性磷含量较低。虽然利用铝酸钠或碳酸钠提供的缓冲能力能够提高可接受的明矾剂量，但理论上缓冲剂的极限终止点是无限的，因此也是未知的。沉积物中活性磷含量的相关数据规定了这一限值，从而提高了成本效益。为了确定软水湖的适用剂量并确保充分的缓冲，需要同时使用活性磷法和碱性法。

相关案例还有华盛顿州绿湖（碱性 35mg/L）的剂量确定法。采用碱性法得到的剂量为含铝量 5g/m³（20g/m²），根据其他湖泊的经验认为该剂量偏低。以 1.25：1 的比例（铝酸钠：明矾）加入铝酸钠，将剂量增加至含铝量 8.7g/m³（34g/m²）。1991 年以该剂量进行投药，预计 pH＞6.75（Jacoby 等，1994）。水处理取得成功，但效果仅持续了 4 年左右。近期沉积物分析表明活性磷浓度沿深度的分布相对均匀（370mg/g），即上层 4cm 含量为 2.7mg/g 或上层 10cm 含量为 6.75mg/m²。为了预防 pH 超出限值，铝添加量：铝—磷生成量比例取 10：1，沉积深度取 10cm，计算所得的最终剂量为含铝量 72g/m²（18.4g/m³），以该剂量于 2004 年 3 月进行了第二次明矾处理。实验室规模的试验表明为了满足水中结合位点的要求，含铝量还要增加 5g/m³，因此含铝量总量为 23.4g/m³。处理过程中湖水的最小 pH 为 6.9。

绿湖首次水处理的投药剂量并不是出于理性分析，而是出于意愿：通过向低碱性湖中添加缓冲剂而避免 pH 过低，同时参考其他案例获得合理的明矾投入量。如果湖水碱性高，有充分的缓冲空间，碱性法所给出的剂量可能会实现持久有效性。如果比例取 100：1，深度取 4cm，绿湖投药剂量为 270g/m²，而对于这种软水就需要更大的缓冲能力。虽然上层 4cm 的活性磷含量高于德拉文湖（含铝量 190g/m²），但绿湖除了一小片深水区外没有缺氧现象，因此净内部释放率仅为德拉文的五分之一左右。

确定软水湖的剂量时有必要考虑以上各方面问题。

8.3.2　铁和钙

废水行业使用铁或钙除磷已有多年历史（Jenkins，1971），但与铝相比，将它们用于湖泊磷失活或磷沉淀则不够普遍，而且几乎没有关于剂量确定的指导方案。以铁作为灭活剂不常见，因为沉积物的氧化还原电位低（富营养化湖泊的普遍现象）导致溶解速度慢，而滨岸区域 pH 高导致氢氧化铁配合物溶解度增加。不过存在一些关于铁剂量的实例。Peelen（1969）向荷兰多德雷赫特水库添加 Fe^{3+} 以达到 2mg/L 的浓度，目的是使水体中的磷沉淀。英格兰福克斯科特水库（Foxcote Reservoir）的入流中加入了 $3 \sim 5.4mg$ Fe^{3+}/L（以硫酸铁溶液的形式），目的是除磷并阻止沉积物磷释放（Hayes 等，1984；Young 等，1988）。1990—1992 年夏季期间，英属哥伦比亚的黑湖水面上投入了 172～286kg 的硫酸铁和氯化铁，以达到铁的整体浓度为 1～2mg/L（Hall 和 Ashley，个人交流）。Boers（1991b；1994）向荷兰鸟鸣湖（荷兰）沉积物中直接以 100mg Fe^{3+}/m² 的剂量投药。这一用量使 20cm 深度内的沉积物中的磷结合量达到了 6.6g/m²（Quaak 等，1993）。

Babin 等（1989；1994），Murphy 等（1990）和 Prepas 等（1990；2001a，b）在艾伯塔省的雨水滞留池，用于饮用和农业供水而挖掘的水滞留池以及湖泊中使用了碳酸钙和 $Ca(OH)_2$，目的是使磷沉淀并失活。湖泊的投药剂量为 13～107mg/L，雨水滞留池的剂量为 5～75mg/L，人工挖掘池的剂量钙含量高达 135mg/L，而用于大型植物控制的池塘中剂量超过 200mg/L。添加石灰会导致 pH 上升，但都控制在受处理水体的自然范围之内（＜10）（Prepas 等，2001a）。

8.3.3　明矾施用技术

瑞典长湖（Jernelov，1971）的磷沉淀处理是首次为了控制富营养化而进行的湖水处理。颗粒状（无水）硫酸铝被直接投入湖水表面。虽然关于本次处理的凝絮特征的信息很少，但后续处理经验表明使用液态明矾更有利于凝絮生成。因此美国的首个应用案例，威斯康星州马蹄湖中，预先在运输驳船上将颗粒状明矾与湖水混合，然后投入湖面（Peterson 等，1973）。自那以后湖水处理几乎全部都是用液态明矾，不过小规模应用可以使用市售的缓冲明矾混合物（McComas，2003）。

热分层湖泊中的投药深度取决于处理目标、成本、投药难度，以及潜在毒性方面的考虑。水面投药难度较小，速度较快，成本较低，能够为整个水体提供磷沉淀，并处理深水区域和滨岸区域的沉积物。人们之前已经认识到仅处理等温层湖水的优势（Cooke 等，1993a），但这些优势现在已经无效了。对于湖面投药，虽然凝絮会在穿过水体下降的过程中损失部分磷吸附位点，从而降低长期有效性，但与沉积物相比，水中的磷含量比较小（即相差倍数一般大于 100）。虽然表层湖水的碱性通常低于等温层湖水，但缓冲处理可以解决这个问题，而且经验表明经过适当缓冲的湖面投药不会产生毒性。不仅如此，水面投药能以较小的水体铝浓度实现与等温层处理相近，甚至更好的面积平均投药量。

避开浅水滨岸区域可能比较合适，因为处理有效性会受到滨岸区域夏季繁茂的大型植物的阻碍（Welch 和 Cooke，1999）。

而且，滨岸区域处理对大型植物控制没有益处，因为沉积物中加入明矾不会影响大型植物的生长（Mesner 和 Narf，1987）。

首次采用碱性法进行等温层处理的案例是俄亥俄州的多勒湖（Kennedy，1978；Cooke 等，1978）。向整座湖的水面投入了少量明矾（总剂量的 10%）。等温层投药的优势之一是将明矾直接输送到主要的内部磷释放源，而且等温层湖水处于静止状态，因此凝絮和沉积物的结合不受风力干扰，降低了沉积物冲刷的几率。对于需要及其谨慎地保护微生物的低碱性流域，例如马萨诸塞州的阿什米特池塘（86hm^2），仅在等温层进行投药，$CaCO_3$ 剂量小于 15mg/L（ENSR，2002）。在 10.6m 深处进行缓冲明矾投放后，密集监测显示水质得到改善，而且 pH 或铝没有产生不利影响。虽然如此，深水投药速度较慢，需要较复杂的设备，成本有可能偏高（如阿什米特池塘），而且无法解决含氧滨岸沉积物的磷释放问题。

出于成本和有效性方面的考虑，明矾通常采用单次投放。对上层几厘米的活性磷灭活时，较小的（铝含量约 2mg/L）年度剂量实现的年度内部负荷缩减幅度可能不如较大的剂量。没有被铝固定并每年进行再循环的磷会重新沉降并聚积在沉积物表层，使自由活性磷浓度保持在较高水平以提供内部负荷。当剂量充足时，就不会出现可供再循环的未固定磷。

Lewandowski 等（2003）提出铝添加量：铝—磷生成量（2.1：1）比例低的部分原因是，连续几年低剂量投药的效率更高。他们验证了连续小剂量可以抵消凝絮在沉积物中下沉所造成的损失。但没有证据表明这种手段实现的内部负荷下降幅度足以改善湖泊水质，即未实现最终目标，因为外部负荷并没有降低。

投放明矾所用的设备通常与多勒湖等温层处理所用的设备类似（Kennedy 和 Cooke，1982；图 8.8）。Serediak 等（2002）回顾了艾伯塔省（加拿大）的湖泊和池塘投放明矾与石灰所用的设备。现代投药人员已经不在湖岸上建设储存库，而是用运输车将明矾直接从储存罐中泵到驳船上。一家大型收割机被有效用于投放明矾和铝酸钠（Connor 和

Smith, 1986)。收割机有较大的运载能力, 机动性很强, 而且装有投药歧管的液压前部输送器能够下降至2m左右的深度（图8.9）。使用带喷嘴的双排歧管以适当比例投放明矾和铝酸盐。船体尾部装有一台回声测深仪, 收割机挂倒挡运行, 从而能够提前得知水底轮廓的变化。

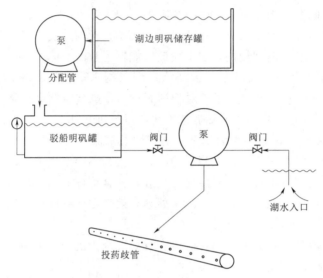

图8.8 湖泊投药系统的基本组成。

（来源：Kennedy, R. H. and G. D. Cooke. 1982. *Water Res. Bull.* 18：389-395.）

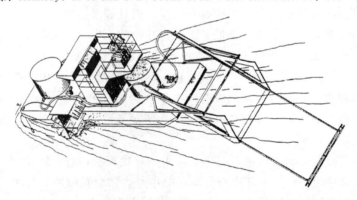

图8.9 装有明矾/铝酸盐分布系统的改装收割机。

（来源：Connor, J. and M. R. Martin. 1989. NH Dept. Environ. Serv. Staff Rep. 161.）

近年所采用的投药设备中, 有一种便携式电脑导航装置, 用于实现区域的精确遍历, 避免遗漏。风力较大时, 驳船的位置可能会发生变化, 而这一装置则不受影响。其他改进包括利用船载计算机根据驳船航速和水深控制化学药品输出量。淡水技术公司（Sweetwater Technology）的T. Eberhardt所使用的就是这样一艘配有计算机的导航驳船（图8.10）。

池塘投药与湖泊类似。惯用的方法是用泵和管道从岸上将明矾输入小型池塘中。Serediak等（2002）介绍了一种用于投放明矾或石灰的岸基系统, 它能够将悬浊液直接从岸上泵入水中, 或输送到1km处的投药船上。May（1974）首次设计了一种方法, 将铁

图 8.10 淡水公司向华盛顿州基沙普县长湖投放明矾。

（鸣谢明尼苏达州艾肯县 T. Eberhardt。）

矾块悬浮在池塘深度中部，使其逐渐溶解，并根据需要进行更换。文献中介绍了一种小型湖泊及池塘投药系统，方法是在塑料垃圾桶中将无水明矾与湖水混合（McComas，1989；2003）。随后用一台手动隔膜泵将明矾输送到一根 2m 长的多孔歧管中，歧管安装在平底船或驳船尾部。

设备成本约为 190~440 美元/hm^2（McComas，2003）。两个人一天可以处理一个 1.6hm^2（4 英亩）的池塘。

8.4 磷失活的有效性与持久性

8.4.1 引言

自瑞典的长湖以来，超过 35 年中，利用铝进行湖水处理的示例非常多（可能有数百例），因此这种方法成为了比较受欢迎的湖泊管理工具之一。虽然只有小部分处理项目的结果被公开报道，几乎所有公开报道的处理项目都在一定程度上成功降低了沉积物磷释放，并且改善了湖水营养状态。所有实例中，处理面积最大 305hm^2［伊朗德阔伊特湾，安大略湖；Spittal 和 Burton，1991］，明矾剂量最高 936 公吨（铝含量 12.2mg/L）［华盛顿州迈迪克湖；Gasperino 等，1980］，磷释放控制时间最长 18 年（Garrison 和 Ihm，1991；Welch 和 Cooke，1999）。有些处理项目的成效有限，原因包括剂量偏低，风力搅混导致 $Al(OH)_3$ 层集中，大型植物干扰，或外部营养负荷降低不足。不过铝处理通常是一种可靠的湖泊管理技术。

沉积物磷失活处理必须满足以下标准才能成功：①至少连续数年降低沉积物磷释放；②减小湖泊透光层中的磷浓度；③无毒。为了解决第一个问题，可以通过试管或实验室柱样确定沉积物磷释放量。对于第二个问题，需要证明湖泊的富磷等温层是透光层的主要磷源（第 3 章）。当然，第二个问题不适用于持续混合湖泊。

根据以上标准，下文以充足的数据说明了铝处理案例的有效性与持久性评价。

8.4.2 分层湖泊案例

20 世纪 90 年代，为了获得处理的有效性与持久性，对 1970—1986 年接受过铝处理的 12 个美国湖泊进行了评估（Welch 和 Cooke，1999）。表 8.2 说明了这些湖泊的形态

表 8.2　目标湖泊的特征与明矾剂量

序号	湖泊名称与位置	处理日期	所用化学物质	剂量铝含量/(mg/m³)	投药深度/m	湖泊面积/km²	最大深度/m	平均深度/m	碱性 CaCO₃含量/(mg/L)	混合特性	参考文献
1	安纳布萨克湖，缅因州，文斯洛普	8/78	AS：SA 1：1.6	25	等温层	5.75	12.0	5.4	20	二次循环	Dominie，1980
2	科什内瓦贡湖，缅因州，文斯洛普	6/86	AS：SA 2：1	18	等温层	1.56	9.0	5.7	13～15	二次循环	Dennis 和 Gordon，1991
3	基泽湖，新罕布什尔州，萨顿	6/84	AS：SA 2：1	30	等温层	0.74	8.2	2.7	3～10	二次循环	Connor 和 Martin，1989
4	莫雷湖，佛蒙特州，费尔利	5—6/86	AS：SA 1.4：1	11.7	等温层	2.20	13.0	8.4	35～54	二次循环	Smeltzer，1990
5	伊朗德阔伊特湾，纽约州，罗切斯特	7—9/86	AS	28.7	等温层	6.79	23.7	6.9	170	二次循环	Spittal 和 Burton，1991
6	多勒湖，俄亥俄州，肯特	7/74	AS	20.9	90%等温层	0.02	7.5	3.9	101～127	二次循环	Cooke 等，1978
7	西双子湖，俄亥俄州，肯特	7/75	AS	26	10%水面等温层	0.34	11.5	4.4	102～149	二次循环	Cooke 等，1978
8	梭鱼湖，威斯康星州，斯蒂文斯波恩特	4/73	AS	7.3	水面	0.20	4.6	3.0	110	多循环	Garrison 和 Knauer，1984
9	镜湖，威斯康星州，沃帕卡	5/78	AS	6.6	等温层	0.05	13.1	7.8	222	二次循环	Garrison 和 Ihm，1991
10	影子湖，威斯康星州，沃帕卡	5/78	AS	5.7	等温层	0.17	12.4	5.3	188	二次循环	Garrison 和 Ihm，1991

续表

序号	湖泊名称与位置	处理日期	所用化学物质	剂量铝含量/(mg/m³)	投药深度/m	湖泊面积/km²	最大深度/m	平均深度/m	碱性 CaCO₃ 含量/(mg/L)	混合特性	参考文献
11	蛇湖，威斯星州，伍德拉夫	5/72	AS：SA 比例未知	12（湖体积的80%）	水面	0.05	5.5	2.0	50	二次循环	Garrison 和 Knauer，1984
12	马蹄湖，威斯康星州，马尼托瓦克	5/70	AS	2.6	水面	0.09	16.7	4.0	218~278	二次循环	Garrison 和 Knauer，1984
13	加尔水库，威斯康星州，斯普林瓦力	5/86	AS	4.5	等温层	0.60	9.0	3.2	144	二次循环	Barko 等，1990
14	长湖，华盛顿州，奥查德港	9/80	AS	5.5	水面	1.40	3.7	2.0	10~40	多循环	Welch，等，1982
15	长湖，华盛顿州，塔姆沃特	9/83	AS	7.7	水面	1.30	6.4	3.6	45	多循环	Entranco，1987b
16	伊利湖，华盛顿州，弗农山	9/85	AS	10.9	水面	0.45	3.7	1.8	80~90	多循环	Entranco，1983；1987a
17	坎贝尔湖，华盛顿州，弗农山	10/85	AS	10.9	水面	1.50	6.0	2.4	80~90	多循环	Entranco，1983；1987a
18	派特森湖，华盛顿州，塔姆沃特	9/83	AS	7.7	水面	1.10	6.7	4.0	45	多循环	Entranco，1987b
19	瓦帕托湖，华盛顿州，帕克兰德	7/84	AS	7.8	水面	0.12	3.5	1.5	NA	多循环	Entranco，1986

注：AS，硫酸铝；SA，铝酸钠。剂量 g/m² ＝ g/m³ × 平均深度。

来源：Welch, E. B. and G. D. Cooke. 1999. *Lake and Reservoir Manage*. 15.

学特征与铝剂量。其中有 7 个湖泊（有足够数据确定等温层磷累积量）的内部加荷速率降低，而且在处理后平均 13 年（4～21 年）内保持在较低水平。

　　加入铝后内部负荷立即得到控制，初始的控制效果来自水处理（图 8.11）。但很难区分铝与湖泊分流措施对营养状态的改善作用，而且铝控制效果的持久性也在一定程度上来自于沉积物恢复（即磷沉降）。有些湖泊［例如镜湖、影子湖、西双子湖、伊朗德阔伊特湾］经过铝处理后，内部负荷出现增长趋势，说明铝有效性逐渐下降。一座经过处理的湖泊［俄亥俄州西双子湖］有实验对照湖（东双子湖），这两座湖泊都进行了废水（腐败性排水区渗滤液）分流。连续 15 年，经过处理的西双子湖的沉积物磷释放率远远低于未处理的东双子湖，之后两座湖的释放率都低于初始值，这显然得益于分流措施导致的沉积物恢复（图 8.11）。1989 年，处理 15 年后，柱样分析所得到的沉积物磷释放率也证实了这一点（Wlch 和 Cooke，1999）。

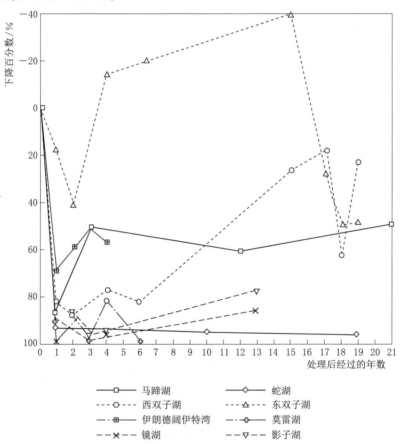

图 8.11　7 个经过处理的分层湖泊与一个未处理的分层湖泊［东双子湖］
中沉积物磷释放（等温层磷累积率）下降百分比。

（来源：Welch，E. B. and G. D. Cooke. 1999. *Lake and Reservoir Manage*. 15. ）

　　经过处理的湖泊中 7 个数据充足的案例表明，其营养状态均有大幅提升（表 8.3）。这些湖泊经过处理后的内部负荷（等温层总磷累积）平均长期下降幅度为 2/3，其中有 6 个湖泊的加荷速率在初始时降低了 80%（图 8.11）。

表 8.3　　　　　　　　　7 个经过处理的和 1 个未经处理的分层湖泊中平均
夏季变温层总磷和叶绿素 a 降低情况

湖　泊	处理前/(μg/L)		初始（年）（降低）/%		最新（年）（降低）/%	
	总磷	chl a	总磷	chl a	总磷	chl a
东双子湖⁻（未处理）	48(4)	57(4)	51(1－5)	75(1－5)	59(15－18)	81(17－18)
西双子湖⁻（已处理）	45(4)	42(4)	52(1－5)	66(1－5)	66(15－18)	49(17－18)
多勒湖⁺	82(1)	41(1)	65(1－7)	61(1－7)	68(16－18)	29(17－18)
安纳布萨克湖⁺	32(2)	13(3)	34(1)	39(1－2)	41(9－13)	0(8－13)
莫雷湖⁺	13(1)	13(6)	30(1－4)	72(1－3)	60(5－8)	93(5－8)
基泽湖⁺	24(4)	17(4)	34(1－3)	65(1－3)	37(4－9)	45(4－8)
科什内瓦贡湖⁻	15(5)	5(5)	28(1－3)	67(1－3)	0(5－6)	47(5－6)
伊朗德阔伊特湾⁺	47(4)	23(4)	13(1－3)	28(1－3)	24(4－5)	30(4－5)
经过处理的 7 个湖平均值			37	57	42	42

注：括号中为观测年数。等温层总磷能够进入变温层的湖泊标注为＋，不能进入的标为－。

来源：Welch, E. B. and Cooke, G. D. 1999. *Lake and Reservoir Manage.* 15.

　　不过初始的变温层总磷和叶绿素 a 降低幅度（平均 39％和 57％）小于等温层总磷降低幅度（表 8.3）。7 个湖泊中有 5 个湖泊的数据显示等温层总磷会进入变温层（表 8.3）。变温层总磷和叶绿素 a 的减少可能部分来源于 2～3 年前废水分流的残余效应。但莫雷湖例外，对这个湖泊只进行了铝处理（Welch 和 Cooke，1999）。

　　西双子湖和莫雷湖代表了等温层总磷是否进入变温层的两种情况。西双子湖内部加荷速率的降低持续了 15 年，莫雷湖则持续了至少 12 年（Smeltzer 等，1999）。两个湖泊的营养状态均有提升，但分析认为西双子湖改善的主要原因是废水分流，因为其改善效果与没有经过铝处理的对照湖泊，即东双子湖成正比。另外，西双子湖中通过娱乐和扩散进入变温层的总磷达到了最低限度（Mataraza 和 Cooke，1997）。莫雷湖没有接受废水分流，这些过程显然非常重要，因为水处理后连续 12 年，变温层总磷和叶绿素 a 水平都较低（Smeltzer 等，1999）。对于其他处理实例的变化过程，见 Welch 和 Cooke（1999）及其参考文献。

　　关于等温层磷向变温层转移，另一个有趣的案例是对内布拉斯加州 89hm² 的采沙场莱巴湖中一片 4.6hm² 的区域进行的水处理。这块独立区域的深度和最大深度分别为 4.2m 和 9m，并且明显分层（奥斯古德指数 OI＝19.8；第 3 章）。1994 年对这片区域投放了 10mg/L 的铝。与处理前相比，等温层可溶解活性磷和变温层总磷在 3 年内保持了 97％和 74％的降低幅度，叶绿素 a 减少了 65％，蓝藻细菌丰度减少了 33％。等温层溶解氧的 3mg/L 等值线比未处理时下降了 52％。因此，明矾降低了内部负荷并改善了变温层营养状态。类似地，在德国 103hm² 的巴勒贝尔湖中，1986 年对这个分层湖泊以 5.7mg/L 铝的剂量进行明矾处理后，至少 7 年没有出现蓝藻水华（Rönicke 等，1995）。总磷从 120μg/L 左右降低至 35～40μg/L，并至少在 7 年内维持在该水平。不过很多湖泊的等温层并不总是变温层的重要营养源，因此应在采取处理措施前确定等温层磷的转移能力（确定方法见第 3 章）。

8.4.2.1　镜湖和影子湖，威斯康星州（WI）

1930 年开始出现的城市雨水排放为镜湖和影子湖分别贡献了 65％和 58％的外部负荷（沃帕卡，WI）。缺氧等温层沉积物的内部磷负荷也是主要磷源。1976 年对雨水排放进行了分流，从而使外部负荷的降低幅度达到了上述比例。1978 年，对这 2 个硬水湖泊进行了等温层明矾处理（表 8.2）。处理后在 1988 年、1989 年和 1990 年对处理结果进行了评价（Garrison 和 Ihm，1991），1991 年再次进行了简要评价（Welch 和 Cooke，1999）。镜湖中安装了一套去分层系统，于春季和秋季运行，以保证充分循环。该系统的使用对数据解读产生了阻碍。

图 8.12 和图 8.13 说明了 2 个湖泊的体积加权平均磷浓度在分流后和明矾投放后的变

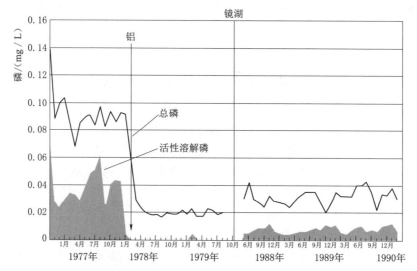

图 8.12　恢复措施完成前、完成时以及完成十年后镜湖的体积加权平均磷浓度。

（来源：Garrison，P. J. and D. M. Ihm. 1991. *First Annual Report of Long－Term Evaluation of Wisconsin's Clean Lake Projects. Part B. Lake Assessment.* Wisconsin Dept. Nat. Res.，Madison.）

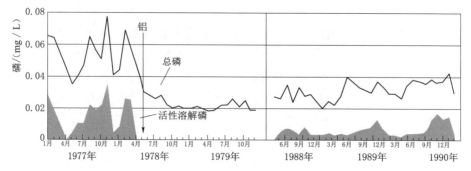

图 8.13　恢复措施完成前、完成时以及完成十年后影子湖的体积加权平均磷浓度。

（来源：Garrison，P. J. and D. M. Ihm. 1991. *First Annual Report of Long－Term Evaluation of Wisconsin's Clean Lake Projects. Part B. Lake Assessment.* Wisconsin Dept. Nat. Res.，Madison.）

化。体积加权总磷和可溶解活性磷在 13 年内始终大大低于分流前浓度，但自 1980 年起开始上升。浓度升高的原因似乎来源于等温层内部磷负荷的恢复。分流后及明矾处理前，镜湖和影子湖的缺氧沉积物磷释放率分别为每天 $1.3mg/m^2$ 和 $1.27mg/m^2$。经过明矾处理后，1978—1981 年此速率降低至每天 $0.075mg/m^2$。到 1990 年，镜湖和影子湖的速率分别上升至每天 $0.20mg/m^2$ 和 $0.3mg/m^2$。1991 年，$Al(OH)_3$ 层位于沉积物表面下方 8～12cm。凝絮上方新的沉积物质造成了内部磷负荷的升高。明矾处理使内部磷负荷的增长延缓了 13 年以上（图 8.11）。

虽然内部磷负荷因某些原因有所增加，但自明矾投放后到 1990 年，变温层总磷水平始终稳定在较低水平。变温层总磷浓度低的部分原因是明矾处理。因为镜湖的平均变温层总磷分流后，从投药前的磷含量 $28\mu g/L$ 降低至投药（1978 年）后的 $15\mu g/L$，而且到 1990 年依然保持在磷含量 $15\mu g/L$。不过分流也有助于变温层总磷降低。尽管铝投放后等温层磷大幅度减少，但对于镜湖这样表面积较小，平均深度较大（$OI=35$）的湖泊，其中的有效磷很少。

镜湖周围还环绕着高山，进一步限制了风力导致的深水与湖面水混合作用。不过其他高 OI 的小型湖泊依然表现出了高有效性（第 3 章）。

分流与明矾处理后，湖水清澈度提高，叶绿素减少，不过有害藻类阿氏颤藻（*Oscillatoria agardhii*）丰度依然很高，因为它属于氮限制藻类。1988—1990 年的透明度和叶绿素含量几乎与 1977—1981 年的水平相等。

这个案例在明矾对缺氧沉积物磷释放的长期效果（13 年）方面具有指导意义，但等温层磷浓度的大幅降低可能只是变温层磷和叶绿素含量下降的原因之一。

8.4.2.2 西双子湖，俄亥俄州

这个案例说明了在一个二次循环湖中对等温层沉积物实现高效持久的磷失活。采用下游临近（200m）的未处理湖泊东双子湖作为对照，因此这个案例尤其重要。这样就可以区分外部负荷分流和等温层明矾处理所造成的影响。这两座湖面积小，深度浅（表 8.2），属于二次循环湖，而且低矮的山崖和沿岸树木遮蔽了夏季盛行风。西双子湖的排水流入东双子湖，但夏季期间流量很小或几乎为零。

1971—1972 年，化粪池排水区向两座湖泊的排水被分流至流域（335hm²）之外，而且分流了滨岸湿地中的很大一部分雨水，后者进一步降低了负荷。这两座湖富营养化程度非常高（分流前 Carlson TP $TSI=62$），蓝藻水华严重，大肠菌群生物量大。1975 年 7月，利用碱性法对西双子湖等温层投放了液态硫酸铝（铝含量 26mg/L）（Kennedy 和 Cooke，1982）。预计铝处理会降低西双子湖的内部磷负荷，并使其营养分流后的恢复速度超过东双子湖。实验详细说明见 Cooke 等（1978；1982；1993b）。

铝处理使内部磷负荷低于东双子湖，而且效果持续了 15 年（图 8.14）。利用 1989 年的完整柱样对两个湖的缺氧磷释放进行了分析，结果表明东双子湖的释放率比西双子湖高 2.6 倍。根据 6 月 1 日和 8 月 31 日的浓度差（表 8.4），两个湖中 10～11m 等高线处的磷含量净变化率同样显著改善。该数值等于上层水的沉积率加上等温层沉积物的释放率，再减去沉积物中或垂直输运导致的流失率。虽然每年的速率不同，如第 3 章所述，但西双子湖的速率大大低于参考对象。1989 年或更早以前，两座湖的释放率相差无几（图 8.14）。

因此磷失活处理满足评价处理成功的第一条准则（降低沉积物磷释放）。

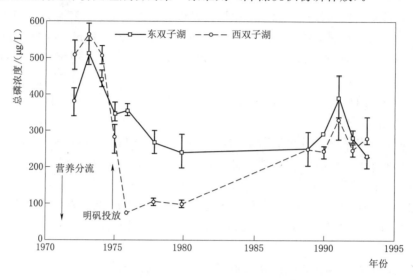

图 8.14　俄亥俄州东双子湖和西双子湖在营养分流和明矾处理后的 6—8 月平均 10m 总磷浓度。
（来源：Welch，E. B. and G. D. Cooke. 1999. *Lake and Reservoir Manage*. 15.）

表 8.4　　　　　　　　西双子湖和东双子湖 6—9 月深层磷含量变化率

年　份	西双子湖每天磷含量/(mg/m²)	东双子湖每天磷含量/(mg/m²)
1972	2.55	3.3
1973	4.24	2.83
1974	1.51	2.8
1975①	2.68	2.76
1976	0.37	1.76
1978	0.67	3.34
1980	0	1.06
1989	2.02	4.05

注： 1. 磷含量的定义是 8 月底 10~11m 等高线样本的磷含量减去 6 月初样本的磷含量，再除以等高线面积和天数。
　　2. 1975 年一列指至 1975 年 7 月 26 日西双子湖明矾处理时的速率。
来源：Cooke et al. 1993a.

　　分流后两个湖泊中的变温层总磷浓度成比例下降，与等温层磷浓度无关（图 8.15）。因此，西双子湖中所观测到的营养状态改善主要是分流的作用。1991 年 8 月，两个湖泊的营养状态为中营养边界（西双子湖的总磷营养指数＝46，东双子湖为 43），1993 年总磷下降后略有改善（图 8.15）。

　　两个湖泊的变温层中总磷和叶绿素 a 在 18 年内保持在较低水平（表 8.3）。水处理后大型植物丰度和分布大大提高，可能是由于湖水清澈度大幅提高。目前采用收割的

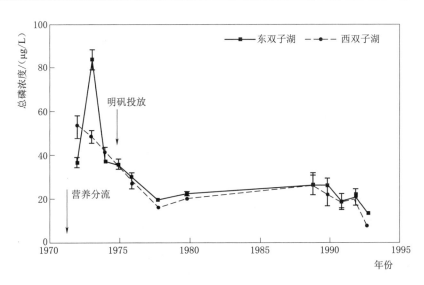

图 8.15 俄亥俄州东双子湖和西双子湖在营养分流和明矾处理后的 6—8 月平均水面总磷浓度。

（来源：Welch，E. B. and G. D. Cooke. 1999. *Lake and Reservoir Manage.*15.）

手段解决这一问题。因此东双子湖的富磷等温层会产生营养补偿作用，从而使湖水保持高营养状态的假设并不成立。在这两个避风的二次循环湖中，垂直磷输运并不是主要的变温层磷来源（Mataraza 和 Cooke，1997）。但西双子湖的明矾处理无疑对变温层磷负荷有一定预防作用。否则湖水滞留时间较长（西双子湖＝1.28 年，东双子湖＝0.58 年）的西双子湖的变温层磷浓度不会持续低于东双子湖。尽管如此，水质改善的主要原因依然是分流。

磷输入—输出数据表明水处理后依然存在高内部磷源，有可能来自未经处理的滨岸湿地区域（Cooke 和 Kennedy，1978）。Foy（1985）的报告中，一个接受等温层明矾处理的湖泊也产生了相似的结果。

8.4.2.3 基泽湖，新罕布什尔州

这是一个相对较浅的分层湖泊，且碱性很低（表 8.2）。1981 年对废水排入进行了分流，消除了 71％ 的外部负荷。分析认为分流后维持蓝藻水华的主要因素是内部磷负荷（Connor 和 Martin，1989a，b）。

湖水碱性较低，需要缓冲，因此通过烧杯试验决定采用比例为 2∶1 的硫酸铝和铝酸钠混合物，以产生高质量凝絮，在维持 pH 的条件下达到最佳的除磷效果。使用一台改造过的杂草收割机进行明矾投放。1983 年夏季进行了小规模投药，投放面积为 $10hm^2$，剂量为 $30g\ Al/m^3$。随后在 1984 年夏季对湖泊等温层进行了全面投药（$48hm^2$），剂量为 $40g/m^3$。铝处理前，向湖面投放了高剂量硫酸铜。

6m 处等温层的总磷含量从 4 年平均值 $36\mu g/L$ 降低至 $16\mu g/L$，但直到 1987 年之前逐年增加，之后在 1988—1991 年期间再次降低至接近处理后的平均水平（Welch 和 Cooke，1999）。分流和铝处理后变温层总磷也都有所下降。和等温层一样，变温层（2m）也出现了铝处理后先下降，后升高，再下降的规律。这就说明内部负荷对藻类的有效性，而且相对较低的 *OI* 也说明了这一点。叶绿素 a 在处理后低至 $5\mu g/L$ 左右，到 1986 年同样

逐渐升高。不过与处理前相比，到 1994 年夏季平均值通常低于 $10\mu g/L$（USEPA，1995）。

　　虽然没有沉积物磷释放的相关数据，但高剂量铝可能控制了等温层磷释放。如果等温层是唯一的重大磷来源，水体磷含量应该维持在低水平。但处理后所观测到的总磷上升说明外部磷负荷高于预期，还有新的来源，而且/或者滨岸区和斜温层沉积物也是重要的磷来源。表 8.3 中营养状态得到了提升，而且效果持续了 8 年以上。但铝可能只是其中的一个影响因素。

　　在所评价的经过处理的湖泊中，基泽湖的水质最软（表 8.2）。pH 下降至 5.5，碱性消除，但几周后又恢复到处理前的水平。同时投药后至少一个月时 2m 深处总溶解铝浓度高达 $400\mu g/L$，直到 1984 年浓度保持在 $35\sim135\mu g/L$ 之间。但后续的这些数值与遥远的新罕布什尔州池塘中的溶解铝水平完全相等，这些池塘的 pH 均大于 6（Connor 和 Martin，1989a）。没有基泽湖经过处理后所造成的死亡率的相关报告，而对天然底栖无脊椎动物进行的实验室生物测定也表明，没有对两种昆虫的幼虫造成不利影响，不过观测到 5 天生化需氧量有所下降（Connor 和 Martin，1989b）。

　　基泽湖代表了一种重要情况。虽然使用缓冲剂时非常谨慎，但消除碱性时使 pH 过度下降，溶解铝浓度上升。碱性很低的湖泊显然需要更强的缓冲。尽管如此，实现了沉积物失活，而且相对较大的剂量和较低的碱性没有造成可观察到的不利影响。这个案例也说明未处理的变温层和斜温层沉积物有可能对内部磷负荷有重要影响，其机制与浅水湖相似（第 3 章）。也许应该采取更多手段以理解这些沉积物在二次循环湖磷预算中的作用。

8.4.2.4　莫雷湖，佛蒙特州

　　莫雷湖是一座面积较大，较深，碱性适中的湖泊（表 8.2），所处环境多山，树林繁茂（92%）。这座湖呈轻微富营养化（春季总磷含量约 $40\mu g/L$），根据 1981—1982 年的磷预算，一部分是由于外部负荷，但主要是由于来自等温层的内部负荷。富养等温层沉积物占湖泊沉积物面积的三分之二，其中的营养物质来自早期的土地清理和较差的废水排放活动。湖泊磷循环的另一个重要因素是等温层 Fe∶P 比例较低（约 0.5），这显然和 FeS 沉淀以及湖水循环时铁的除磷率低有关（Smeltzer，1990）。

　　1986 年向这座湖的等温层投放了 $12g/m^3$（$44g/m^2$），比例为 1.4∶1 的硫酸铝和铝酸钠混合物（表 8.2）。用一台改造过的杂草收割机进行投药。莫雷湖的内部负荷发挥了重要作用，而且等温层沉积物占比相对较大，因此很好地示范了铝的有效性与持久性。但由于湖水较稳定（$OI=5.7$），而且周围的森林阻碍了风力搅混，因此等温层磷可能无法被生物利用。

　　铝处理成功使沉积物磷释放降低了 90% 以上（图 8.11），夏末平均体积加权总磷降低了 83%，从 $38\sim245\mu g/L$ 下降至 $13\sim50\mu g/L$（Smeltzer 等，1999）。沉积物磷控制的有效性一直持续到 1998 年（图 8.16）。营养状态也得到了改善，说明处理之前内部负荷能够被生物利用。变温层总磷和叶绿素 a 大幅度降低，消除了叶绿素 a 高达 $31\mu g/L$ 的蓝藻水华，而且处理后效果持续了 12 年（表 8.3；Smeltzer 等，1999）。Smeltzer 等（1999）所报告的透光层数据也表明总磷和叶绿素 a 分别下降了 68% 和 61%。叶绿素 a 减少的同时，夏季平均透明度从 4.0m 提高至 7.2m，而且等温层 DO 几乎翻倍。

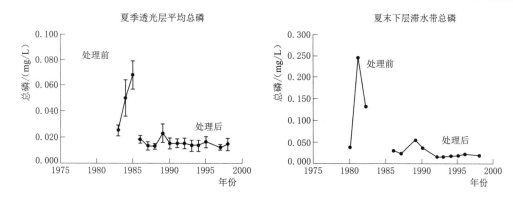

图 8.16 莫雷湖长期水质监测结果。误差线代表年度平均值的 95% 置信区间。

（来源：Smeltzer et al. 1999. *Lake and Reservoir Manage.* 15：173 – 184.）

表 8.5   基于平均夏季全湖总磷浓度与磷释放率观测结果的磷失活有效性与持久性

湖泊		总磷 /(μg/L)	全湖总磷初始降低/%	最近 /%	释放率初始降低/%	最近 /%	持久性 /年
伊利湖[1]		115（2）	77（1）	75（5～8）	79（1）	82（5～6）	>8
坎贝尔湖[1]		49（2）	43（1）	46（5～8）	57（1）	64（5～6）	>8
长湖 （T）	北[1]	42（3）	60（1～2）	56（7～8）	84（1～2）	79（7～8）	>8
	南[1]	31（3）	32（1～2）	50（4～5）	大型植物		5
派特森湖 （T）	北[1]	28（3）	43（1～2）	29（5～7）	81（1～2）	73（5～7）	7
	南	30（3）	−7（1～2）	—	大型植物		<1
长湖 （K）[1]		63（3）	48（1～4） 68（1）[2]	30（7～11）	62（1～4）	40（7～10）	11
瓦帕托湖		46（2）	−24（1～2）	—	大型植物		<1
梭鱼湖		35（1）	−26（1）	—			<1
6 个平均[1]		55	51	48	73	68	5～11

注：1. T＝瑟斯顿；K＝基沙普县。

　　2. 括号中为观测年数。

[1] 6 个成功的处理案例。

[2] 1991 年第二次处理，剂量与 1980 年相同。

来源：Welch，E. B. and Cooke，G. D. 1999. *Lake and Reservoir Manage.* 15：5 – 27.

处理后 Fe∶P 比例增加到 3.3，在混合时有助于磷沉淀。

虽然 pH 值和碱性水平与处理前相比没有变化，但变温层中的溶解铝暂时有所增加。同时黄鲈鱼的肥满度出现下降，而且底栖无脊椎动物的物种丰富度有可能发生了变化（Smeltzer，1990）。后续的监测表明虽然暂时存在不利影响，但从长远角度来看生物群体依然受益（Smeltzer 等，1999）。

8.4.3 浅水未分层湖泊案例

浅水湖的内部磷负荷具有重要作用，因为沉积物中释放的磷能够立即进入透光层，而且会具有理想的磷释放条件。浅水湖中沉积物温度较高，促进微生物活动，因此在水体暂时稳定时有可能导致沉积物缺氧，或者在沉积物表面形成很薄的氧化层。这种条件有利于铁含量降低和磷释放（Jensen 和 Andersen，1992；Löfgren 和 Boström，1989；Søndergaard 等，2003）。之后风力搅混就会带走磷含量较高的底层；这一过程就会在夏季造成多次内部负荷事件。通过矿化作用和细胞分泌，微生物活动本身有重要的磷释放作用（Søndergaard 等，2003）。浮游植物和大型植物光合作用会导致水体 pH 升高，从而通过配体交换释放磷（铁—羟基络合物上 OH^- 代替 PO_4^{-3}）（Koski - Vähälä 和 Hartikainan，2001；Van Hullebusch 等，2003）。风力导致的再悬浮会使与沉积物结合的磷再次暴露出来，并由于高 pH 值或松散结合而溶解（Søndergaard，1988）。有些浅水湖，如一些较深的二次循环湖中，较浅的区域有地下水流入，从而增强了沉积物间隙中磷的输运（Prentki 等，1979）。内部负荷还包括蓝藻群落从沉积物向上层湖水迁移，Barbiero 和 Welch（1992）发现这一过程在较浅的华盛顿绿湖中起重要作用。

第 3 章和其他文献中讨论了这些过程的模拟分析（Boström 等，1982；Gaugush，1984；Carlton 和 Wetzel，1988；和 Boers，1991a，b；Søndergaard 等，2003）。

最初人们认为磷失活在浅水、持续混合的湖泊中无效，因为最早的三次尝试都失败了。但瑞典的长湖（Jernelöv，1971）和丹麦的灵比湖（Norup 等，1975）失败的原因是外部负荷始终很高，而威斯康星州梭鱼湖（Garrison 和 Knauer，1984）失败的原因是，研究人员认为处理后场次暴雨使凝絮聚集到了湖泊中央（表 8.5）。

华盛顿州浅水未分层湖泊的磷失活大部分获得了成功（Welch 等，1988；Welch 和 Cooke，1999）。水处理成功的原因是夏季沉淀量低，入流量小，内部负荷高于外部负荷，因此内部负荷成为了华盛顿州西部夏季藻类暴发的主要原因（Welch 和 Jacoby，2001）。与前文所述的许多经过处理的二次循环湖不同，区分了明矾处理的有效性与废水分流的残余效应，因为除了一个湖之外，其他湖泊都没有进行点源分流。另外，由于湖水碱性较低而且采用了碱性剂量确定法，因此虽然剂量可能过低，但依然产生了效果。

在接受明矾处理的 9 个浅水湖（和流域）中，6 个被认定为处理成功，总磷平均降低50% 并且持续了 5～11 年（表 8.5）。这 6 个湖中有 5 个的内部加荷速率数据充足，根据夏季湖水总磷增加量（入流总磷很小）计算得到内部加荷速率下降了三分之二并且持续了7～11 年。明矾处理后，这 6 个湖泊/流域的营养状态也得到改善，而且有 4 个的改善效果持续了 8～11 年（表 8.6）。

表 8.6　　　　　　　未分层湖泊中磷失效对于降低总磷和叶绿素 a 的有效性

湖　泊		初始降低/%		近年降低/%	
		总磷	叶绿素 a	总磷	叶绿素 a
伊利湖（>8）[1]		77	91	75	83
坎贝尔湖（>8）		43	44	46	28
长湖（T）	北（>8）	60	89	56	39
	南（5）	32	68	50	0
派特森湖	北（7）	43	40	29	—
	南（<1）	−7	6	—	—
长湖（K）（>11）		48	65	30	49
6 个平均[2]		51	66	48	40

① 括号中为持续年数。

② 不包括处理未成功的派特森湖南部。

来源：Welch, E. B. and Cooke, G. D. 1999. *Lake and Reservoir Manage.* 15：5 - 27.

分析认为其中 3 个湖泊失败的原因是沉水植物覆盖率过高。派特森湖南部的湖水完全被本地植物覆盖，水流向长湖南部时，衰老的植物成为了磷源。

长湖南部茂密的薔草类植物也可能释放了磷。这些湖泊的北部流域较深，大型植物较少，因此表现出积极响应。瓦帕托湖经过处理后，其中大型植物金鱼藻的面积覆盖率大幅增加，几年之间 pH 上升至 10.1，总磷浓度上升至原来的两倍。失败原因可能是 pH 升高导致配体交换作用造成磷释放，而且金鱼藻也向水中释放磷。

8.4.3.1　长湖，华盛顿州基沙普县

基沙普县的长湖是一座浅水（表 8.2）、富营养化的软水湖，其中的优势植物是水蕴草（*Egeria densa*）。1977 年夏季，内部磷负荷占总负荷的 55%，而湖水总磷浓度为入流浓度的 2～3 倍（Jacoby 等，1982；Welch 和 Jacoby，2001）。1980 年对这座湖进行了明矾处理。总磷从三年夏季平均值 65μg/L 下降至四年夏季平均值 32μg/L，但在 1985—1986 年期间突然恢复到处理前水平，之后在 1986—1987 年又再次降低，1987—1991 年的平均水平为 41μg/L（图 8.17）。到 1990 年夏季，总磷缓慢恢复到接近处理前的水平。1991 年 10 月再次采用经 Na_2CO_3 缓冲的明矾进行了铝投放，将湖水总磷降低至历史最低水平 20μg/L（Welch 等，1994；Welch，1996）。

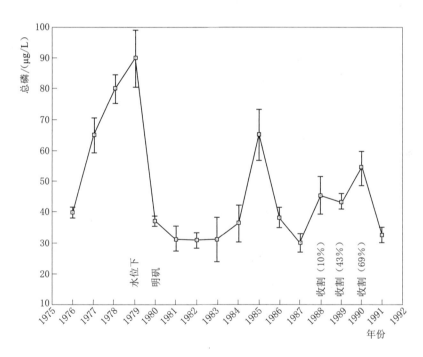

图 8.17　长湖夏季全湖平均总磷浓度与多次湖水处理的关系。

（来源：Welch et al. 1994. *Verh. Int. Verein. Limnol* 25.）

1985 年总磷升高的同时，大型植物丰度也出现了意外的大幅度降低［水蕴草（*E. densa*）的植物生物量从 90% 下降至 10%］（Welch 等，1994），因此风力混合作用使得与沉积物结合或与 $Al(OH)_3$ 结合的磷进入了水体。

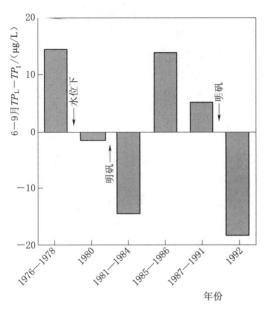

图 8.18 1991 年明矾处理前后，华盛顿州基沙普县长湖 6—9 月体积加权 TP_L（全湖）和 TP_I（入流）的平均差。

（来源：Welch, E. B. and G. D. Cooke, 1999. *Lake and Reservoir Manage.* 15.）

1987 年，水蕴草生物量恢复正常水平，磷浓度再次下降。因此长湖的明矾处理在 4 年内控制内部磷释放，在 11 年内部分有效（表 8.5；图 8.18）。长湖中总磷下降的同时，藻类丰度急剧下降，蓝藻细菌大幅度减少，透明度升高（Welch 等，1982）。虽然大型植物的减少导致内部负荷出现波动，但营养状态的改善维持了 11 年以上（表 8.6）。其他详细信息见 Jacoby 等（1982），Welch 等（1986；1988；1994），以及 Welch 和 Kelly（1990）。

8.4.3.2 坎贝尔湖和伊利湖，华盛顿州

这两个湖位于斯卡吉特县，通过伊利湖的地表水出口相连。它们的流域开发程度相对较小（1%），森林覆盖面积超过 70%。虽然如此，明矾处理前夏季经常发生密集的蓝藻水华（束丝藻属）。在所有经过处理的华盛顿州湖泊中，这两个湖的响应最令人印象深刻。部分原因是处理前密集的水华导致大型植物丰度很低（水面覆盖小于 10%），而且夏季内部负荷在总负荷中占比很大（65% 和 92%；Welch 和 Jacoby，2001）。

处理后 7~8 年，夏季平均总磷浓度已经开始上升，但水质获得显著改善后依然继续保持（表 8.6）。不仅如此，束丝藻及其严重暴发至少连续 8 年没有出现（Welch 和 Cooke，1999）。

不过处理有效性没有持续很久。1997 年的沉积物概况分析表明，投入的 39t 铝在沉积物中形成了 3.5t 铝—磷（Rydin 等，2000）。沉积物概括表明投入的铝中有 47% 滞留在其中。用 3.5t 除以处理前内部加荷速率（0.15t/年）乘以 0.47（投入铝的恢复比例），得到预期持续时间 12 年。虽然 8 年后停止了监测，但水质依然优于处理前的水平，不过正在下降；12 年的持续时间可能比较符合实际。

8.4.3.3 绿湖，华盛顿州

30 年间，研究人员对该湖进行了断断续续的研究，最终在 1991 年秋季进行了用铝酸钠缓冲的明矾处理。虽然这座湖"天然"富营养化，但 1911 年对临近的湿地进行排水导致湖水水位永久降低 2.1m，导致内部磷加荷速率浓缩（1981 年夏季内部负荷占总负荷的 88%），可能使水质进一步恶化。除了湖泊一侧的一个深洞（占湖水体积的 1%），80% 的沉积物高于 4m。因此，这个湖大部分为多循环型，而且大部分内部负荷可以被生物利用。内部负荷中有相当大的一部分（1981 年高达 60%）来自夏季蓝藻（大多数为胶刺藻属）从沉积物中向外迁移，但软水湖（碱性 35mg/L CaCO₃）中的其他机制可能也在起作用（第 3 章）。

为了满足成本约束和附加安全性，缓冲铝剂量为 8.6mg/L，不过烧杯试验表明当剂量为 15.7mg/L，铝酸钠与明矾比例为 1.3 时可以维持 pH 值高于 6.0（Jacoby 等，1994）。处理后，pH 保持在 6.7 以上，碱性为 28mg/L 以上。虽然总磷最初降低了 65%，但处理后的两年内，全湖总磷保持在 1991 年 10 月处理前水平（40μg/L）的 50% 和 35%。上述 1992—1993 年的水平分别比 1981 年夏季平均值（52μg/L）低 62% 和 50%。藻类暴发大幅度减少，1992—1993 年比 1981 年的水平（只有处理前叶绿素 a 数据）降低了 75% 和 55%。不过认为水处理的有效性至少持续了 4 年左右。

此案例不好的一方面是稀释水输入量的变化。自 1962 年起，每年夏季都向湖中添加城市稀释水，但 20 世纪 70 年代末期时输入量开始减少（第 6 章）。稀释水量低或为零导致爆发问题，从而推动了明矾投入的实施，但没有无稀释对照数据用于和明矾投放后 1992—1993 年接近无稀释（约为 20 世纪六七十年代流量的 10%）数据对比——只有 1981 年加入一定量稀释水的数据（约为 20 世纪六七十年代流量的 40%）。由于稀释水量不同，改善水平可能会低估实际有效性。

另一方面的复杂性与大型植物有关。1981 年湖中没有欧亚狐尾藻，但 20 世纪 80 年代晚期其生物量却大幅增加。湖面几乎被完全覆盖，而进行明矾处理时，4m 深的水中植物已经接近水面。在其他华盛顿州浅水湖中发现大型植物对铝有效性有干扰作用（Welch 和 Cooke，1999），因此这些眚草属植物的密集分布及其释放到水中的溶解态与微粒态碳可能在限制明矾有效性方面起到了重要作用。大型植物可能会拦截正在沉降的明矾凝絮，导致沉积物表面分布不均，而且有机碳可能会占据凝絮中的结合位点（Lind，个人交流）。为了避免大型植物干扰的潜在问题，湖水处理于 2004 年 3 月完成，此时春季植物生长还未开始。而且进行了实验室规模的试验，对水体的明矾需求量进行评价，并根据沉积物活性磷确定投放剂量。

1998 年在绿湖中采集的沉积物柱样中没有能明确区分的来自于 1991 年处理的铝层，而华盛顿州其他 5 座经过处理的湖泊则不然（Rydin 等，2000）。无法检测到铝层的原因可能是大型植物的干扰，但是数量密集的鲤鱼有可能搅拌混合了沉积物中的凝絮，因此阻碍了标识的形成。

与明矾处理前 1989—1990 年测定的迁移率相比，1992 年、1993 年和 1994 年明矾凝絮的沉降显然没有对迁移的蓝藻产生抑制作用（Perakis 等，1996；Sonnichsen 等，1997）。胶刺藻的迁移及其所含的磷每年都不同，但这种变化与光照和温度有关，而与明矾处理无关。还有些蓝藻的迁移率甚至在明矾处理后有所增加，说明这些植物孢子对明矾凝絮的敏感性相对较小。虽然有效时间短，而且蓝藻迁移只提供了一部分内部负荷，但明矾凝絮能有效吸附部分活性磷并显著降低内部负荷。

8.4.4　水库

水库的磷失活处理并不常见。原因之一可能是水库的高液压导致营养物质与沉积物负荷在水体磷浓度中占主导地位。因此而导致富养物质沉积率高，易于覆盖明矾凝絮，降低处理持久性。不过很多相对较小的水库中水滞留时间大于一年，其中内部负荷为主要因素。

威斯康星州的加尔水库是一座面积较小（0.6km²）、每周分层的防洪蓄水设施，接收

来自面积为 $166km^2$ 的大部分为农业用地的流域排水。由于流域—湖泊面积比高，因此外部营养负荷高，导致藻类和大型植物生物量过剩（Barko 等，1990）。1986 年 5 月对等温层投放了明矾，理论上投放率足以提供 5 年的沉积物磷释放控制作用（Kennedy 等，1987）。明矾处理在 1986 年夏季有效降低了等温层磷浓度，并控制了沉积物磷释放。但夏季外部磷负荷高，因此变温层磷的控制作用很小。1986 年及后续几年，明矾处理对变温层藻类生物量没有造成影响（Barko 等，1990）。今年的剂量确定法分析说明加尔水库的投放剂量可能不足。

因此，不应根据加尔水库的案例判断明矾在水库中的有效性潜力。除等温层之外，还有多个重大的内部磷负荷来源，包括地下水和滨岸区域（Barko 等，1990），以及投药剂量不足。虽然在流域—湖泊面积比较高而且外部负荷较高的水库中，明矾处理没有效果，但经过仔细分析可能会发现某些水库中沉积物磷释放在变温层总负荷中占比很大，因此适用于明矾处理。

8.4.5　池塘

在很多池塘和小型游泳湖泊中，内部负荷都会导致令人反感的水华。对于这种问题，最常见的处理方法是添加灭藻剂，但其有效时间较短。替代选择还有添加明矾，或放置铁矾 $[Fe_2(SO_4)_3 \cdot 24H_2O]$ 块。以 50g 明矾/m^3 的剂量投放铁矾块就能将总磷浓度降低至 $50\mu g/L$ 以下。在澳大利亚新南威尔士州的小型农场池塘进行的大部分试验中，这种措施都抑制了有毒蓝藻（组囊藻和卷曲鱼腥藻）水华（May，1974；May 和 Baker，1978）。

May 和 Baker（1978）建议在天气即将开始转暖前单次投放铁矾，剂量为明矾 100g/m^3。铁矾块装在布袋中，悬挂在固定浮子上。对于较大的池塘，使用了多个浮子。随着季节变化，铁矾块逐渐溶解，连续 12 个月不需更换（May 和 Baker，1978）。Baraclear 是一款市售固态缓冲明矾产品（McComas，2003）。

McComas（2003）建议通过空气扩散器从配药站持续添加明矾。这一措施能够从水中去除来自外部的磷。从岸边喷洒液态明矾的方法成功处理了华盛顿州克林顿的高尔夫球场池塘。这种方法代替了长久以来普遍使用的灭藻剂。对池塘进行明矾处理也用于消除黏土浑浊度（Boyd，1979）。

与磷控制一样，也有注意事项。外部负荷或池内混合可能会使经过处理的池塘恢复至处理前的状态，另外，持续清澈的池水可能会使大型植物茂盛生长（第 9 章）。

在池塘中使用钙化合物 $[CaCO_3$、$Ca(OH)_2$、$CaSO_4]$ 除磷或使磷失活或消除浑浊度也获得了一定成功。Wu 和 Boyd（1990）发现向小型施肥池塘添加石膏（$CaSO_4 \cdot 2H_2O$）能够去除可溶解活性磷，从而使浮游植物丰度下降。这种处理手段还能去除造成池水浑浊的黏土颗粒。加拿大艾伯塔省的硬水池塘中添加了 250mg/L 的熟石灰 $[Ca(OH)_2]$，成功降低了磷浓度和藻类生物量，而且处理效果持续了两个夏天。这些小型（1000～2000m^2）池塘或人工水池的处理成本为 200～400 美元/个。方解石（$CaCO_3$）处理造成的藻类生物量降低幅度较小，池塘在第二年夏天恢复到了处理前水平（Murphy 等，1990）。

对于有藻类暴发或严重非藻类浑浊度的池塘，熟石灰处理的成本低于明矾。而且使用钙可能造成的毒性问题比铝要少，不过经过充分缓冲的水体中不存在明矾毒性问题。但添加 $Ca(OH)_2$ 有可能会使池水 pH 值过高，而且处理持久性可能低于明矾。还需要对钙盐

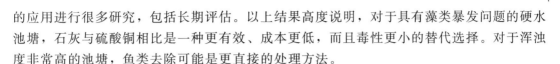

的应用进行很多研究，包括长期评估。以上结果高度说明，对于具有藻类暴发问题的硬水池塘，石灰与硫酸铜相比是一种更有效、成本更低，而且毒性更小的替代选择。对于浑浊度非常高的池塘，鱼类去除可能是更直接的处理方法。

8.4.6 铁盐投放

使用铁盐对湖泊进行磷沉淀和/或磷失活的案例很少，很大程度上是因为沉积物的氧化还原电位较低，从而会使铁—磷络合物向水中释放磷（Cooke 等，1993b）。尽管如此，铁盐对铁—磷比例较低的含氧沉积物可能会产生效果。一项对 15 个丹麦浅水湖泊进行的研究表明如果表层沉积物的总铁与总磷质量比不小于 15，内部负荷就会受铁盐的控制（Jensen 等，1992）。比例小于 15 的湖泊中湖水总磷浓度越来越高。因此铁—磷比例远小于 15 的湖泊可能会受益于铁盐投放，尤其是当湖水含氧时。例如在明尼苏达州的瓦德纳斯湖利用等温层曝气机向等温层注入 0.5mg/L 的氯化铁（Walker 等，1989）。这座湖的铁—磷比小于 0.5，而含氧水中磷沉淀的条件是比例至少大于 3.0(Stauffer，1981)。

外加铁盐也会使铁硫（质量）比例小于 1.2～1.8 的湖泊中的磷留存率上升。德国格利尼科湖（68hm^2，最大深度 11m）的沉积物中铁硫比为 1.35，以 500g/m^2 的剂量进行铁盐处理，并进行等温层曝气后产生了积极响应（Wolter，1994）。夏季总磷从 500μg/L 下降至 12μg/L，叶绿素 a 浓度从爆发条件下的大于 100μg/L 下降至平均 10μg/L。

福克斯科特水库是一座面积较小（19hm^2），水深较浅（平均深度 2.8m）的多循环水库，1981 年 4 月用铁盐进行了磷失活处理，投放药品为硫酸铁，剂量为铁含量 3.5mg/L（Hayes 等，1984）。产生了厚 3～16mm 的凝絮，平均可溶解活性磷从 7μg/L 下降至 3μg/L，总磷平均值从 30μg/L 下降至 16μg/L。但 30 天后凝絮层就消失了，不过 4—6 月的藻类生物量减少。随后，该水库的泵入水流中投放了铁 3～5.4mg/L，使入流可溶解活性磷小于 10μg/L（Young 等，1988）。

投放铁盐维持了含氧条件，浮游植物减少，而大型植物和周丛生物增加。小型（7.4hm^2）深水（平均深度 6.2m，最大深度 10.7m）二次循环湖，北爱尔兰白湖（White Lough）添加了铁盐（Foy，1985）。1980 年冬季在湖面投放了液态硫酸铁铝（25m^3），剂量［(Fe＋Al)3.7mg/L］足以使磷沉淀。1980 年夏季向等温层的磷释放率下降了 92%，但到 1982 年恢复到了处理前的速率。与处理前不同的是，秋季循环时铁和磷沉淀了。但浮游植物生物量几乎没有减少（Foy，1985；Foy 和 Fitzsimons，1987）。铁盐和铝剂量低，缺氧和持续的外部负荷限制了有效性。

浅水湖泊（平均深度 1.8m）鸟鸣湖的沉积物中添加了铁 100g/m^2，投药方法是将 FeCl$_3$ 和上层 15～20cm 的沉积物混合（Boers，1991b，1994；Quaak 等，1993）。使用了 80m^3 的 40% FeCl$_3$ 溶液，之后用湖水将该溶液稀释 100～150 倍。虽然缺氧条件下释放率高于含氧条件，但实验室研究表明铁含量 100g/m^2 可以在缺氧条件下控制磷释放，而铁含量 50g/m^2 不可以。处理效果的持续时间很短（3 个月）。恢复到处理前水体磷浓度的原因是风暴和高外部负荷。虽然 4 年前通过废水处理使外部负荷有所下降，而且实现了至少 8 个月的内部负荷控制，但剩余的外部负荷依然足以产生富营养状态。

除了福克斯科特水库，另一座英格兰供水水库（奥尔顿水库）自 1983 年起开始对富养入流进行铁盐处理（Perkins 和 Underwood，2001，2002）。虽然没有说明硫酸铁剂量，但沉淀的铁和磷大部分都滞留在一道屏障之后，因此高达 $570\mu g/L$ 的入流可溶解活性磷下降了 90%。虽然如此，尽管沉积物铁含量很高，而且持续对水体（最大深度 18m）进行人工空气混合，但夏季仍然存在较低的内部加荷速率。虽然进行了铁盐处理，但 20 世纪 80 年代，这座 $158hm^2$ 的水库主体中的叶绿素 a 含量持续升高，到 20 世纪 90 年代初期达到暴发峰值 $100\mu g/L$。之后叶绿素 a 在 20 世纪 90 年代中期下降至夏季平均小于 $10\mu g/L$。分析认为含量降低的原因是大规模蟑螂捕杀，而蟑螂是一种食浮游生物动物，因此促进了大型植物的生长。

德国的包岑水库（$530hm^2$，平均深度 7.4m）分别在 1996 年和 1997 年 5—8 月添加了总量为 113t 和 90t 的二价铁，从而提升了生物操控效果（Deppe 等，1999；Deppe 和 Benndorf，2002）。利用三台潜水泵注入并分散铁剂，同时持续搅动水体，并从水面向下输送空气。初步湖内实验确定铁含量 5mg/L 就可以去除不小于 90% 的可溶解活性磷。与对照年份 1995 年相比，1996 年和 1997 年的处理过程中，可溶解活性磷分别下降了 72% 和 54%，而总磷均下降了 45%。微囊藻（*Microcysits*）几乎消失了，而且通过水体混合提高 CO_2 浓度后被硅藻代替。由于 pH 高（11），而且在高 pH 下形成的铝化合物可能有毒，因此选择了铁而不是铝。

由于铁的氧化还原敏感性较高，因此采用铁盐进行沉积物磷释放的控制效果不够持久。不过只要存在含氧条件，不论是在入流中添加，还是采用等温层或全循环设备注入，连续添加铁剂都在短期内提升了水质。

8.4.7　硬水湖中的钙投放

方解石沉淀是硬水湖中藻类生产力的重要调节因素，具体原理是吸收磷和不稳定的有机分子（Otsuki 和 Wetzel，1972）。内部负荷也会受方解石沉淀的影响。例如，德国费尔德贝格—豪斯湖中发生自然方解石沉淀时，沉积物磷释放率从每天大于 $30mg/m^2$ 有所下降（Kasprzak 等，2003）。虽然外部负荷下降了 90%，但内部负荷连续数年保持在高水平。

富营养化硬水湖管理中，此手段的应用成为近年来湖泊管理技术的一部分。最早发表的全湖处理案例中，在 1983 年夏季（23 公吨）和 1984 年春季（16 公吨）向英国哥伦比亚的二次循环富营养化弗利斯肯湖（$33.8hm^2$，平均深度 5.5m，最大深度 11m）水面上投放了 $Ca(OH)_2$（熟石灰）（Murphy 等，1988）。变温层的磷沉淀量很大；随后透明度提高，通过结絮作用去除了水华束丝藻（*Aphanizomenon flos - aquae*）。这两年的夏季，所有沉淀区都溶解在等温层中，降低了水处理的长期有效性。不过最终认为这次水处理至少达到了与之前的硫酸铜处理相同的效果，同时没有对生物产生毒害作用，也没有造成金属累积。

石灰处理继续用于艾伯塔省北方平原的硬水富营养湖泊，八字湖（面积 $36.8hm^2$，最大深度 6m，平均深度 3.1m）和半月湖（$41hm^2$，最大深度 8.5m，平均深度 4.7m）分别于 1986 年和 1985 年起进行了多次处理（Prepas 等，1990，2001a，b）。这两个湖泊每周分层一次，深水沉积物上方会产生缺氧，水底总磷浓度很高。处理前，地表水的总磷和叶绿素 a 分别为 $135\sim266\mu g/L$ 和 $94\sim113\mu g/L$。束丝藻水华期间，pH 会接近 10。

1986—1992 年（八字湖接受了五次处理）和 1988—1993 年（半月湖四次处理）期间向湖面投放了石灰悬浊液。7 年内两个湖的水质都有大幅提升。八字湖中总磷和叶绿素 a 分别降低了 91％和 79％，而半月湖中二者均降低了 77％（Prepas 等，2001a，b）。内部磷负荷的降低可能来源于沉积物中羟基磷灰石的生成（Muphy 和 Prepas，1990；Prepas 等，2001b）。然而实验室结果显示，对于沉积物磷释放的降低，明矾或石灰加明矾的效果优于仅使用石灰加氧气（Burley 等，2001；Prepas 等，2001b）。以上结果来自于与参考湖泊的对比。

向湖泊和池塘单次投放石灰对于总磷和叶绿素 a 以及沉积物磷释放的效果多变，而且不持久（Prepas 等，2001a）。虽然这种处理手段的水质提升效果相对较弱，但是至少能在两年内使大型植物生物量减少 80％（Reedyk，2001）。石灰处理对蓝藻的优势没有影响，也不会对大型无脊椎动物产生不利影响（Yee 等，1999；Zhang 等，2001）。但对一座小池塘的一半流域进行石灰处理后［剂量 250mg/L Ca(OH)$_2$］，与未处理的一半相比，大型无脊椎动物的丰度和多样性降低了二分之一左右（Miskimmin 等，1995）。不利影响的原因可能是 pH 上升与大型植物移植失败。3 年后再次对池水取样时，无脊椎动物和大型植物已经完全恢复。

接收雨水的浅水湖也会利用石灰改善水质（Babin 等，1989，1992）。对于快速冲刷系统，即使需要频繁投药，成本依然不高，而且用一种安全、有效、无毒的物质代替了灭藻剂。研究发现 Ca(OH)$_2$（熟石灰）的除磷和磷滞留效果优于 CaCO$_3$，可能是因为前者溶解度更高，而且投药时形成的方解石晶体体积小而表面积大，因此能够为磷提供更多结合位点。

德国北部的硬水湖一直都采用石灰改善营养状态。1996 年和 1997 年夏天，施马勒卢津湖（134hm^2，最大深度 34m）两个相似流域之一的等温层中注入了 Ca(OH)$_2$（Dittrich 和 Doschel，2002）。投药的同时进行曝气，以使悬浮物充分混合。两年夏季期间，全湖的土壤测试磷浓度和总磷分别下降了二分之一和四分之一，等温层含量分别从 90μg/L 和 120μg/L 下降至 20μg/L 和 40μg/L。等温层方解石注射也有效降低了德国达戈湖中的可溶解活性磷和总磷（Dittrich 等，1997）。德国阿伦德湖中，湖底钙质淤泥人工（机械）再悬浮并没有成功降低磷浓度，主要原因是 CaCO$_3$ 表面的磷吸附能力远远低于氧化铁，而后者在淤泥中的浓度很低（Hupfer 等，2000）。

石膏［Ca(SO$_4$)］，尤其是铁石膏在现场实验和实验室实验中都成功降低了缺氧条件下的沉积物磷释放（Salonen 和 Varjo，2000；Varjo 等，2003）。沼气生成过程中会提高沉积物孔隙水的输运量，因此被看做内部磷负荷的主要机制。石膏处理可以将沼气生成量减少 96％。

实验室实验中在沉积物上方投放了三种方解石作为屏障，以减少磷释放（Hart 等，2003a，b）。两种粒径较小（33μm 和 600μm）的市售产品有效降低了磷释放，而另一种无效。将其以 2％和 5％的比例与沙子混合，总的质量投药率为 56.3kg/m^2 和 57.4kg/m^2。这种屏障材料的成本和尺寸大小使其仅适用于面积很小的池塘。

上述近期实验说明，对于硬水湖泊的磷沉淀和磷失活，钙是铝盐的有效替代品，但同时也受到一定限制。石灰的优势包括成本较低，投放简单安全，而且没有毒性（除非 pH

上升至 10 以上）。虽然使用明矾时存在 pH 升高的潜在问题，但可以采用石灰作为缓冲剂（Babin 等，1992）。不过对于剂量、应用技术、最佳处理季节、化学机制和处理持久性等问题还需要更多的实验研究。还有一种选择令人感兴趣，即采用硫酸铝对二次循环硬水湖的深水进行处理，以促进长期磷失活，再根据需要采用 Ca(OH)$_2$ 处理变温层和跃温层的沉积物。

8.5　磷失活有效性的限制因素

如前文所述，为了证明铝、铁或钙盐的磷失活有效性，就需要证明这种处理手段不仅能阻碍磷释放，而且能降低透光层磷浓度。华盛顿州浅水湖泊混合频繁（除了大型植物较密集的湖泊），内部负荷主导着磷循环，观测结果显示明矾投放产生了明显的效果。有效磷控制会直接导致多循环湖的水质改善。

对于分层明确的二次循环湖，则不能用类似的方法推断其有效性，除非有证据表明在处理之前垂直磷输运会向变温层提供大量磷。如第 3 章所述，在确定变温层外部和内部负荷的相对贡献时，可以使用两层动态总磷模型。还可以利用奥斯古德指数（OI；第 3 章）和扩散作用估算（Mataraza 和 Cooke，1997）。OI 较高且避风的小型分层湖泊中，来自等温层的扩散输运量可能依然很大。因此对等温层沉积物进行明矾处理可能会有一定效果。本文所评价的分层湖泊中，有很多（如 OI 为 35 和 13 的镜湖和影子湖）在明矾处理前进行了分流，因此很难区分分流和明矾对营养状态改善的作用，不过明矾能够使内部负荷降低 15～20 年。对于西双子湖（$OI=7.9$）可以区分这两者的作用，因为有东双子湖（$OI=9.7$）作为对照。对照湖（东双子湖）不仅改善速度与明矾处理湖（西双子湖）相等，而且流域形态和湖岸特征表明它们的分层状态可能在夏季保持稳定。OI 较低（3.13，5.6）的佛蒙特州莫雷湖和新罕布什尔州基泽湖的营养状态可能会受到来自深水的磷输运的影响。莫雷湖周围多山，因此夏季风力混合的影响有所减弱。明矾处理造成营养状态提升的时间，以及超过 12 年的持久性说明存在较强的垂直磷输运。威斯康星州德拉文湖是一座 OI 较低（2.8）的二次循环湖，有可能存在等温层垂直磷输运，于 1991 年 5 月接受了明矾处理。不幸的是，这个湖的投药剂量不足，处理效果很短暂（Rydin 和 Welch，1999；Robertson 等，2000）。

因此，可以推测磷失活处理只会在浅水、持续循环和多循环湖中有效，可能对分层较弱的二次循环湖（$OI<6$）有效。此结论是根据 Cooke 等（1993a）以后的新信息总结得到的。不过经过充分校正的两层总磷模型表明更深的湖泊经过磷失活后，夏季中期至秋季的表面水质也有可能得到提升。在这种情况下，预先确定了等温层磷的有效性，水处理可以消除夏季末期垂直磷梯度增加，秋季混合开始时富磷等温层水通过扩散作用向表面的迁移。水处理还能在春季混合期间提升变温层水质。虽然如此，二次循环湖泊的磷失活使用者应该判断湖中夏季藻类暴发是否是由深水沉积物的磷释放导致的，这是磷失活使用者的一贯目标。

如前文所述，含氧浅水沉积物可能会是重要的磷源，但二次循环湖中加入明矾时通常不会处理这部分来源。这样的遗漏至少有部分原因是早期调查者（如 Cooke 等，1978）

担心生物与明矾的接触。但华盛顿州软水浅水湖采用水面投药所实现的效果说明，只要进行合适的缓冲就不会对生物区造成不利影响。在华盛顿州西部的浅水含氧湖泊中，夏季总磷负荷主要来源于内部，与二次循环湖的滨岸区域类似，明矾处理产生了效果（Welch 和 Jacoby，2001）。处理有效性方面还有很多内容有待研究。例如对于存在流动水而且掌握了磷输入—输出数据的富营养湖泊，仅对滨岸区沉积物进行实验性处理会获得很多信息。据此就能评价含氧和缺氧沉积物在内部磷预算中的相对关系。

明矾处理有效性的衰减因素有高密度凝絮下沉、凝絮的生物扰动，以及凝絮被新的沉积物覆盖。最初失活的磷一直保持络合状态。根据受处理湖泊的沉积物柱样分析，显然存在这一过程（Welch 和 Cooke，1999；Rydin 等，2001；Lewandowski 等，2003）。几乎所有经过处理的湖泊样本中，铝峰都会出现在表面以下不同深度处。华盛顿州绿湖是一个例外，生物干扰作用可能阻碍了峰值的出现。西双子湖的结果尤其有趣，因为附近的东双子湖没有接受处理。1975 年对西双子湖的等温层投入明矾后，沉积物中的铝含量大幅度升高（图 8.19）。虽然上层 20cm 中西双子湖的总铝含量始终高于东双子湖，但处理后 15 年时峰值浓度位于 18cm 和 20cm（图 8.19）。这说明前文所述的过程导致的沉降速率约为 1.5cm/年。明矾处理使上层 20cm 的沉积物铝含量平均提高了 30%（约 6mg/g）。两座湖上层 20cm 沉积物浓度的平均差为 6.7mg/g。上层 4cm 中的剂量浓度使沉积物铝含量上升了 165%（Welch 和 Cooke，1999）。

在大型植物茂盛的湖泊中，明矾处理的有效性较低。效果降低的原因可能是水中溶解碳含量高导致凝絮上的结合位点流失，或植物拦截凝絮，使其在沉积物中分布不均。例如华盛顿州的绿湖于 1991 年 10 月进行水处理时，湖中长满了欧亚狐尾藻。1998 年所取的沉积物柱样中没有 1991 年处理的痕迹；它也是在华盛顿州西部取样的 7 个湖泊中唯一没有清晰铝峰的湖泊（Rydin 等，2000）。解决这个问题的方法是在大型植物生长之前的早春投药，不过该方法还未进行测试。

8.6 负面问题

铝属于地球地壳中含量最丰富的元素之一，湖泊沉积物天然含有高浓度铝。因此明矾处理只会使沉积物铝含量略有上升。尽管如此，铝可能会产生毒性，尤其是在酸性条件下。当 pH 为 4.5～5.5 时，只要铝浓度达到 0.1～0.2mg/L 就会对鱼类和大型无脊椎动物产生毒性（Baker，1982；Havens，1993）。

如本章所述，由于多种形态的溶解度不同，因此铝的毒性机制比较复杂。分析认为酸化条件下铝的毒性来源于溶解态的单体铝，包括自由铝离子，以及简单的氢氧化铝、硫酸铝、氯化铝和小分子量的腐殖酸与黄腐酸化合物（Gensemer 和 Playle，1999）。pH 为 4.5～5.5 时单体铝对鱼类的毒性来源于阳离子形态的铝和鳃表面接触导致的呼吸异常和离子调节异常（Witters 等，1996；Paléo，1995）。不过据观察铝只会在 pH 低于 6.5 时对鱼类产生毒害作用，原因是聚合形态的铝在 pH 为 6.0 时生成量最大（Paléo，1995）。关于此问题的总结见 Burrows（1977），USEPA（1988），Rosseland 等（1990）以及 Gensemer 和 Playle（1999）。

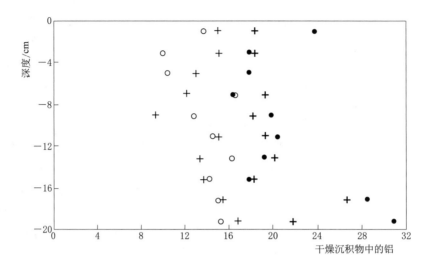

图 8.19　俄亥俄州东双子湖和西双子湖沉积物柱样中的铝分布，取样时间为明矾处理后 15 年。

（来源：Welch，E. B. and G. D. Cooke. 1999. *Lake and Reservoir Manage*. 15.）

+—东双子湖 1；○—东双子湖 2；●—西双子湖 1；+—西双子湖 2

众所周知，在永久酸化湖泊和 pH 持续低于自然中性水平的实验室实验中，铝对水生动物有毒，但明矾处理时现场条件下的安全因素不存在于下文所述的大部分实验室实验中。即使利用具有自动深度感应和定位功能的富有经验的驳船，湖泊处理一般会持续数天。因此在明矾凝絮水解和沉降的过程中，鱼就可以避开水体中的低 pH 热点。研究表明鳟鱼会躲避最低 $27\mu g/L$ 的铝浓度和最低 5.75 的 pH（Exley，2000）。水体中来自沉积物和大气的 pH 和碱性通常会在几天后恢复正常水平。所形成的凝絮会在 1h 内沉到水底，到达沉积物中时已处于稳定状态。另外，湖中通常都有和铝产生络合作用的物质，例如微粒态和溶解态的有机物，尤其是腐殖酸与黄腐酸，以及增加硬度的离子。如前文所述，在大型植物繁茂的湖中，明矾处理失败的原因可能是明矾凝絮吸附大量有机物，从而限制了吸附磷的能力。投药后水体清澈度快速上升，说明沉降凝絮吸附了有机物。因此，实验室实验中在恒定铝和 pH 条件下持续数天或数周的接触时间，这种模拟条件无法获得真实的处理效果。

对于明矾处理前后无脊椎动物和鱼类数量的观测结果很少。经过处理的湖泊都表现出了较大的化学和物理变化，包括透明度大幅提高和藻类生物量降低，但只要经过合理缓冲，没有发生大规模的生物区变化，例如鱼类死亡。

虽然如此，有些案例中对湖泊生物区进行现场或实验室检查后发现无脊椎动物数量和/或多样性有所增加或减少，或者出现了其他影响。

Lamb 和 Bailey（1981）针对明矾对摇蚊类生物长跗摇蚊（*Tanytarsus dissimilis*）的影响进行了急性和慢性实验室生物测定，急性和慢性测试溶液的 pH 分别保持为 7.8 和 6.8 不变。测试用水取自华盛顿州的软水湖泊利伯蒂湖。急性试验表明剂量铝含量为 $6.5\sim77.8mg/L$ 时对二龄或三龄幼虫没有明显影响。在此 pH 下，溶解态铝的浓度始终低于 $0.1\mu g/L$，幼虫在凝絮中搭建管道。慢性试验中，剂量铝含量范围为 $0.8\sim77.8mg/L$，在包括对照条件在内的所有浓度下都出现了死亡。铝总剂量为 77.8mg/L 时，23 天内出现了 50% 的死亡率。除 19mg/L 剂量外，所有剂量下的溶解态铝浓度均低于 $0.1\mu g/L$。77.8mg/L 的剂量形成了大量凝絮，从而干扰了活动与进食。虽然该物种的正常化蛹时间是 23 天，但在 55 天研究过程中，所有浓度下都没有发生幼虫化蛹。Cooke 和 Kennedy（1981）回顾的 28 个明矾处理案例中有 19 个明矾剂量超出范围从而产生了以上现象，而且溶解铝保持在 $0.1\mu g/L$ 以下的实验室测试溶液中也产生了以上现象。不过水处理后现场观察到的长期不利影响要低于以上结果的预期，而且大部分情况下最终都产生了积极作用。

关于底栖无脊椎动物数量对明矾处理的响应，最全面的研究是在佛蒙特州软水湖泊（$CaCO_3$ 35～45mg/L）莫雷湖进行的。1987 年进行处理后，夏季上层等温层沉积物的底栖无脊椎动物密度和物种丰富度都大幅下降（Smeltzer，1990）。另外，水处理后的几年中，9～12m 处的类群丰富度和 12m 处的类群密度都大幅提高（图 8.20）。Smeltzer（1990）和 Smeltzer 等（1999）推测生物恢复可能与等温层溶解氧提升有关。

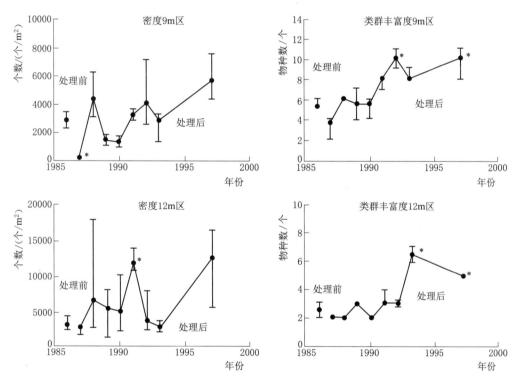

图 8.20　1986—1997 明矾处理前后莫雷湖中 9～12m 深度范围内的底栖无脊椎动物指标，图中包括中值与重复取样的四分位区间。中值与 1986 年数值差别过大的年份以星号标注。
（来源：Smeltzer, E. et al. 1999. *Lake and Reservoir Manage*. 15.）

威斯康星州的两座软水湖和 3 个硬水湖经过明矾处理后也出现了类似的底栖无脊椎动物增加现象（Narf，1990）。与 Lamb 和 Bailey（1981）的实验室研究相反，Narf 发现处理后底栖昆虫数量的多样性或密度会增加或者保持不变。他提出明矾处理后浮游藻类会向绿藻转变，随后浮游动物增加，而浮游动物是幽蚊科生物的主要食物，因此昆虫生物量增加。而且湖泊沉积物的需氧量大幅降低，因此溶解氧浓度增加，从而使无脊椎动物栖息地增加。纽曼湖进行明矾处理后幽蚊数量翻倍，而且对摇蚊类和寡毛类动物没有影响（Doke 等，1995）。

对俄亥俄州西双子湖进行两次水处理后取样（1976 年和 1978 年），并与下游的对照湖东双子湖和两个湖在 1968—1969 年，即明矾处理前的一系列取样进行对比发现，浮游微型甲壳动物的物种多样性大幅下降（Moffet，1979）。多样性的变化可能来源于水中的溶解态铝，不过除了水处理当天，其浓度始终低于 $2\mu g/L$。水处理后约 100 天，秋季循环时碱性和 pH 恢复至正常水平（pH 为 7～9；碱性 $CaCO_3$ 100～150mg/L）（Cooke 等，1978）。多样性降低的原因还有可能是经过处理的沉积物中处于静止期的凝絮使浮游生物从蓝藻转变为甲藻，或者是因为凝絮提高了透明度并且有可能促进鱼类依靠视觉捕食。华盛顿州的纽曼湖经过明矾处理后，浮游动物丰度和多样性也暂时有所下降，但两个月内就恢复了正常（Shumaker 等，1993）。华盛顿州利伯蒂湖的明矾处理没有对浮游动物产生持续的不利影响。

虽然没有测量枝角目、桡足类和轮虫类生物的物种多样性，但其丰度仅在短期内有所下降，没有发现异常的物种损失（Gibbons 等，1984）。浮游动物对明矾处理的响应不同可能有部分原因是这些动物对铝和 pH 的耐受范围不同（Havens 和 Heath，1989；Havens，1990）。

华盛顿州的硬水湖迈迪克湖中添加了 936 公吨明矾（铝含量 12.2mg/L），随后 Buergel 和 Soltero（1983）对虹鳟鱼（*Salmo gairdneri*）的铝生物富集作用进行了研究。水处理后湖中的溶解态铝浓度范围为 90～420$\mu g/L$。没有观察到生物死亡，受到神经系统压力，鳃增生或坏死，或者生长迟缓。鳃组织中的铝含量升高，但附近孵化场和未处理湖泊中的鱼鳃组织铝含量高于迈迪克湖的鳟鱼。除肝脏和肾脏外，迈迪克湖或孵化场的两年以上鳟鱼体内其他组织的铝水平没有较大变化（95% 的水平）。迈迪克湖中复合浮游生物样本的铝含量比鳟鱼组织中的含量高 10 倍，没有与未处理湖泊中的浮游生物进行对比。

Lamb 和 Bailey（1983）对华盛顿州的软水湖利伯蒂湖进行了现场研究，目的是了解低明矾剂量（铝含量 0.5mg/L）的影响。将约 1000 条笼装虹鳟鱼苗（2.5cm）暴露在投药环境中，或在投药后防止在经过处理的沉积物上，或作为对照。1 周后将所有笼子移至未处理场地。投药期间没有发生死亡，但在随后的 5 周观察期内，接触投药的鳟鱼的死亡率超过了对照组。与其他笼子对比时，没有发现鱼鳃增生或任何生长方面的变化。

即使当 pH 在 7～8 时，接触低剂量的 $Al(OH)_3$（固体）也可能产生某些慢性的长期影响。在 pH 为 7.3～7.5 的条件下连续 30 天接触低剂量明矾后，小口鲈鱼（*Micropterus dolomieu*）的活动量大幅度减少（Kane 和 Rabeni，1987）。

在 pH 为 7～9 的条件下连续接触浓度为 52～5200$\mu g/L$ 的溶解态和固态铝后，虹鳟的进食量减少，死亡率增加（Freeman 和 Everhart，1971）。连续 6 周暴露在 5200$\mu g/L$ 的浓度下，不论是 pH 为 9.0 时完全溶解，还是 pH 为 7.0 时几乎不溶，都会造成严重干扰。持续暴露在 52$\mu g/L$ 的浓度下没有产生任何急性或慢性的生理或行为响应。

分析认为 pH 为 5.5～6.5 时鱼类死亡的原因是聚合态铝阻塞了瓣间空间，导致缺氧

（Paléo，1995）。与未酸化主流中的鳟鱼相比，酸化支流的混合区域内的鳟鱼在 pH 为 6.4，总铝浓度为 $75\mu g/L$ 的条件下暴露 48h 后死亡（Witters 等，1996）。其他调查人员也指出胶体尺寸的凝絮会与鱼鳃上皮细胞的黏液相黏连。如前文所述，如果长期接触微粒态铝（聚合态铝），可能发生缺氧（Neville，1985；Paléo，1995）。湖泊处理后，随着凝絮颗粒尺寸的增大和沉降，这个问题通常会消失。但当 pH 为 6.0～6.5 时，聚合态铝可能形成高浓度的分散胶质，对虹鳟产生致死作用（Neville，1985；Ramamoorthy，1988）。Gensemer 和 Playle（1999）引用了藻类实验，实验表明 pH 为 6.0 时达到最高毒性的主要原因是聚合阳离子，以及来自 H^+ 的竞争减弱。

持续暴露试验无法测试明矾处理对鱼类的真实影响，因为在实践中只有在 $Al(OH)_3$ 凝絮穿过水体下沉的过程中才存在暴露，除非凝絮沉降发生在鱼类的发育早期。因此磷失活处理后自由游动的鱼类很少会持续接触铝。虽然如此，佛蒙特州软水湖泊莫雷湖的等温层处理显然对鲈鱼造成了亚致死效应（Smeltzer，1990；Kirn，1987）。为了使湖水 pH 高于 6.5 并低于 8.0，设计了明矾与铝酸钠的混合物。按照计划，等温层 pH 保持在 7.0 左右，溶解铝浓度低于 $20\mu g/L$。但处理装置泄漏或者某种垂直运输过程使铝进入了跃温层—变温层交界面，溶解铝在短时间内达到了 $200\mu g/L$。直到秋季循环之前，检测到了 $50\sim100\mu g/L$ 的浓度。同时 pH 大于 8.0。循环期过后恢复了 $10\sim20\mu g/L$ 的背景浓度。鉴于生物指标的恢复，浓度可能一直保持在较低水平（Smeltzer 等，1999）。没有观察到直接的致死作用，但 10 月调查所获得的黄鲈鱼（*Perca flavescens*）肥满度大幅降低，直到来年春天才完全恢复（Kirn，1987；Smeltzer，1990）。虽然鱼类状态和水处理之间没有表现出直接联系，但这些变化符合鱼类在 pH 大于 6.0 的条件下慢性接触铝的响应。

威斯康星州的软水湖泊长湖中发生了鱼类死亡，但原因是设备故障（D. Knauer，个人交流）。机械故障导致铝酸钠停止输送，因此向湖湾中加入了无缓冲的硫酸铝。低 pH 值，溶解铝升高，或两者的综合作用导致鱼类死亡。华盛顿州长湖中，围笼区域进行水处理时没有采用碳酸钠缓冲，使笼装孵化场中的虹鳟死于低 pH 值。不过笼装野鲈鱼和蓝鳃鱼未受影响，而且缓冲区域中的所有笼装鱼都没有受到不利影响（Welch，1996）。

因此，即使 pH 在 6～8 范围内，尤其是当暴露时间延长时，铝也可能对湖泊生物区造成伤害。虽然明矾处理后观察到了一些短期不利影响，但几乎所有观测案例中都没有关于大规模死亡、长期毒性或生物放大问题的报告。原因可能是水体和沉积物的 pH 在6～8范围内，与大块、密集的预成型凝絮的接触时间短，$Al(OH)_3$（固体）溶解度很低，而且没有 Al^{3+}。对华盛顿州绿湖中来自沉积物的蓝藻补充率进行测量后，结果表明湖面明矾处理后补充率没有下降，从而证明了上述理论（Sonnichsen 等，1997）。另外 Freeman 和 Everhart（1971）的数据表明，除非与铝的接触是慢性的而且/或者浓度很高，否则鱼类会很快恢复。

天然配体的络合性质会大幅降低，甚至消除铝的毒性，尤其是在硬水中（Gensemer 和 Playle，1999）。即使在软水中，如果总有机碳量很高，铝对溪红点鲑的毒性就会通过与有机配体（例如腐殖酸）的络合作用而消除。Driscoll 等（1980）观察到上述现象，因此得出结论：对于经过处理的水体，如果认为铝均匀溶解，就会大大高估其潜在毒性。前文所述的很多试验都不包含天然有机物。例如中等营养化的莫雷湖中总有机碳量低，这可能解释了铝对鲈鱼的不利影响。然而即使碱性很低，富营养化湖泊中的总有机碳量依然很高，因此大部分经过处理的湖泊中会发生大量铝络合反应。华盛顿州长湖进行明矾处理后，溶解铝实际上下降了，而且在一年多的时间内保持在处理前浓度的一半左右（图8.21；Welch，1996）。这种现象的原因可能是湖水比较浑浊，所以明矾凝絮使天然铝与腐殖质产生络合反应，另外还有其他案例表明了这一过程（Bose 和 Reckhow，1998）。

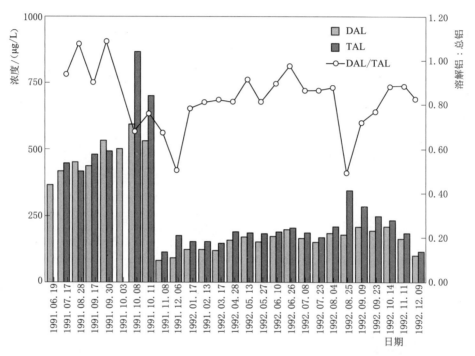

图 8.21　1991 年 10 月投放明矾前、后，华盛顿州长湖中的体积加权平均全湖总铝浓度和溶解铝浓度，以及溶解铝在总铝中的比例。

（来源：Welch，E. B. 1996. Control of phosphorus by harvesting and alum. Water Res. Series Tech. Rept. 152. Univ. of Washington，Dept. of Civil and Environ. Eng.）

Ramamoorthy（1988）证明了在硬水实验系统中，pH 为 7～9 时铝呈非交换形态（与阴离子或阳离子交换树脂），因此不会导致虹鳟死亡。这一结果也支持了上文论点。在该实验中，水中的非生物物质与 $Al(OH)_3$（固体）释放出的铝结合，从而减少了可能被鱼鳃吸附的铝。

研究表明，对于铝毒性的降低，硅的作用至少与自然中性 pH 水平同样重要。Birchall 等（1989）证明当 pH 为 5 时，铝对鱼苗有剧毒，而 Si：Al 为 13 时就会消除对鱼鳃的毒性和有害影响。pH 不小于 4 时，多种铝—羟基形态都会形成羟基铝硅酸。pH 越高，这种固体则越稳定，而当 pH 不小于 7 时，铝形成这种物质的可能性大于和硫酸盐、磷酸盐以及强有机螯合剂发生络合的可能性。据这些调查者的观点，为了缓解毒性，湖中硅酸增加的作用可能与 pH 提高的作用同样重要。目前还没有考虑硅在明矾处理中的作用，还有待研究。在富营养化湖泊中，变温层湖水的硅含量可能会因硅藻的吸收和沉降而下降至非常低的水平。例如密歇根湖的夏季最低 SiO_2 含量小于 $0.2mg/L$（Schelske，1988）。但在沉积物—水交界面上，硅浓度则很高。此交界面上通常有小部分硅以铝—硅—铁络合物的形式被固定，但其余均为溶解态硅（Nriagu，1978），并且可以与等温层水中添加的明矾反应。软水湖的硅含量可能较低，这取决于流域矿物质的性质，也会影响铝产生毒性的可能性。

利用铝盐进行磷失活适用于部分湖泊的处理，但不是全部。处理类别和特征建议如下：

（1）对于外部磷负荷大幅下降，碱性高于 $75mg/L$ $CaCO_3$，且硅、钙和总有机碳含量高的湖泊，磷失活将有效并持久，而且不会对生物区产生显著的急性或慢性影响。如果湖中存在较强的垂直磷夹带和/或扩散，而且属于持续混合或多循环湖泊，则会达到最佳的营养状态的提升效果。

（2）对水质很软（$CaCO_3$ 含量小于 $35mg/L$）的湖泊进行明矾处理时需要非常谨慎。一直以来的常用手段是用铝酸钠（或碳酸钠）对明矾进行缓冲，使 pH 维持在 $6\sim8$ 范围内。近期有证据表明应该提供充分缓冲，使 pH 不低于 6.5。即使进行缓冲，投药期间的事故或泄漏可能会使软水湖的 pH 低于 6，从而导致可溶有毒铝形态的出现。

（3）有些湖泊不适于采用明矾进行磷失活。其中包括所有外部磷负荷高且未降低的湖泊。水质很软，碱性很低而且/或者 pH 呈酸性的湖泊不应接受处理，除非采取特殊的极端预防措施。不仅有可能在投药时出现直接毒性，而且未来酸性降水导致的湖水酸化可能会促进沉积物中的铝溶解，并且超过沉积物已有铝的释放量。

（4）高 pH 湖泊（pH 在 $9\sim10$ 范围）中，投药时可能会导致溶解态的有毒铝离子浓度升高，因此不适于明矾处理。

对于碱性和自然中性环境下的铝毒性，依然有很多需要研究的内容。水处理前后需要仔细检查生物群落，并且进行持续的长期监测。这些数据所提供的记录可以对来自处理操作人员的大多未经证实的报告起到补充作用，以说明合理使用铝盐不会产生任何显著的不利影响。

始终有人担心的一个问题是对沉积物进行明矾处理会对根生大型植物产生不利影响。Moss 等（1996）称"明矾可能对水生植物的根部有毒，因此对具有重要的保护或美化作用的场地不适用"，但他们并没有提供相关证据。在非钙质沉积物中，如果明矾直接与沉积物混合并水解，则有可能出现低 pH。针对水蕴草进行的试管实验表明，将明矾以铝含量为 $1.5mg/g$ 的比例（水中剂量为 $15g/m^2$）与 10cm 深的非钙质沉积物混合时，pH 从 6.0 下降至 4.8，而且地上部和根部生长速度平均降低了 78%（Jacoby，1978）。在湖泊处理中向上覆水投入明矾时没有这样的效果。针对在沙质土壤中扎根的水生植物进行的实验也支持以上观测结果（Maessen 等，1992）。当植物暴露在低沉积物 pH（<5）中时，不利影响持续了几周。加入铝（$2.7mg/L$）或提高铝钙比例没有产生不利影响。因此，如果凝絮到达沉积物前已经在水体中发生了水解反应，就不会继续产生酸化，明矾处理不会对根生水生植物造成不利影响。1980 年和 1991 年在华盛顿州长湖进行水面投药后，没有观察到对 E. densa 生物量产生的不利影响（Welch 等，1994）。通过固定沉积物磷而控制欧亚狐尾藻的尝试进一步为此观点提供了证明。Mesner 和 Narf（1987）在威斯康星州曼多塔湖中将明矾与钙质沉积物混合，没有对植物生长造成影响。对于经过明矾处理的湖泊中

的大型植物，经常观察到的问题与不利影响正相反。也就是说湖水磷含量降低且透明度提高后，大型植物的生物量和覆盖率开始增长（Cooke 等，1978；Young 等，1988），而且阻碍了明矾的有效性。

　　另一个可能的问题是浮游生物生产力的降低对鱼类群落的影响，到目前为止还没有相关记录。这些影响包括湖水清澈度上升导致的捕鱼成功率下降，捕食和食物选择变化等（捕食水蚤增加，或滨岸区域鱼类种群增加）。

8.7　成本

　　自 1970 年的马蹄湖处理，如今磷失活成本大大下降。表 8.7 列出了 11 个湖的处理面积、剂量、工期，以及投药系统（Cooke 和 Kennedy，1981；Connor 和 Martin，1989b；Cooke 等，1993a）。随着投药系统的改进，投放磷失活化学药品所需的劳动力已经出现了数量级的下降（Conner 和 Martin，1989b）。表 8.7 中的前 6 个湖采用了水面或等温层处理，均使用依照图 8.8 定制的驳船系统。引入改造后的杂草收割机后，每公顷所需的劳动力下降了一个量级（Connor 和 Smith，1986；图 8.9）。这些机器在收割机两侧安装了桨轮，从而可以移动，而且易于转向。它们的承重能力也很强，因此不需要频繁停下补充明矾。美国在 20 世纪 90 年代进行的大部分水处理都采用了一种大型高速驳船，能够装载

表 8.7　　　　　　　　　　　　磷失活处理的剂量、处理面积和工期

湖　　泊	年份	面积/hm²	剂量/(g/m³)	工期/[天/(hm²/人)]
马蹄湖，威斯康星州[1]	1970	9	2.1[3]	1.33
韦兰运河，纽约州[1]	1973	74	2.5[3]	1.35
多勒湖，俄亥俄州[1]	1974	1.4	20.9[3]	4.3
西双子湖，俄亥俄州[1]	1975	16	26.1[4]	4.61
迈迪克湖，华盛顿州[1]	1977	227	12.2[4]	2.03
安纳布萨克湖，缅因州[1]	1978	121	25.0[4]	1.12
基泽湖，新罕布什尔州[2]	1984	48	40.0[5]	0.5
莫雷湖，佛蒙特州[2]	1986	133	45.0[5]	0.57
科什内瓦贡湖，缅因州[2]	1986	97	18.0[5]	0.41
水闸池塘，马萨诸塞州[2]	1987	6	20.0[5]	0.67
三里池塘，缅因州[3]	1988	266	20.0[5]	0.06

注： 工期按照 1 个人 1 天工作 8h 计算。大部分处理需要 12～14 天。
[1]　驳船系统（Kennedy 和 Cooke，1982）。
[2]　改造收割机（Connor 和 Smith，1986）。
[3]　电脑化剂量与导航系统（T. Eberhardt，1990）。
[4]　硫酸铝。
[5]　硫酸铝和铝酸钠。

来源：Cooke, G. D. and R. H. Kennedy. 1981. *Precipitation and Inactivation of Phosphorus as a Lake Restoration Technique.* USEPA - 600/3 - 81 - 012；Cooke et al. 1993a；Connor, J. N. and M. R. Martin. 1989. Water Res. Bull. 25：845 - 853.

11250kg液态明矾（淡水技术公司，图8.10）。这种驳船依靠高精度LORAN导航系统航行，每个人每天可以在15m宽的路径上投放约115m³液态明矾。该系统的典型工期为0.06天/（hm²/人）（表8.7）。采用该高速系统处理三里池塘（处理面积226hm²）的成本为838美元/hm²（2002年美元；Connor和Martin，1989b）。相比之下，采用改造收割机处理缅因州科什内瓦贡湖的成本为1165美元/hm²，采用旧驳船系统处理华盛顿州迈迪克湖的成本为1520美元/hm²。多数情况下，包括所有采用原始驳船设计的案例，每公顷成本约为三里池塘和之后的处理案例的两倍。

其他用于去除内部磷负荷且具有充足成本数据的操作手段只有沉积物清淤或撇沫（第20章）磷失活的经济性和有效性更高，不过沉积物清淤确实能够具有长期去除营养源的优势。

8.8　沉积物氧化

Ripl（1976）开发了一种恢复技术，即对无氧湖泊沉积物的上层15～20cm进行氧化，这种技术通过设备开发应用于一些湖泊，最初由阿特拉斯·科普柯公司（Atlas Copco Co.）推广，后来由水技术公司（Aquatec，Inc.）以Riplox为名进行推广。目的是降低内部磷负荷，应用对象是含有无氧沉积物，孔隙磷浓度高，而且铁的氧化还原反应控制着沉积物和上覆水之间磷交换的湖泊。通过增强反硝化作用而将有机物氧化，从而加强孔隙磷和氢氧化铁的络合作用，导致磷释放率下降（Ripl，1976；Ripl和Lindmark，1978）。而且预防硫酸盐还原，从而减少了硫酸铁的生成，使铁能够与磷络合。

Ripl和Lindmark（1978）认为可能导致高内部磷负荷的高孔隙磷浓度主要来源于代谢过程。为了耗尽沉积物中的有机物，从而恢复氧化状态，向沉积物中注入$Ca(NO_3)_2$溶液以模拟反硝化作用。液态溶液状态下的硝酸盐是首选的电子受体，能够轻易渗透到沉积物中，而且比等温层增氧的效率更高。最初加入氯化铁（$FeCl_3$）以清除硫化氢（H_2S）并生成氢氧化铁［$Fe(OH)_3$］，从而与孔隙磷结合。随后加入石灰［$Ca(OH)_2$］，将pH值提高至最佳水平并促进微生物的反硝化作用。由于硝酸盐还原的氧化还原电位高于铁还原，因此后者受到抑制，从而使磷与铁离子化合物保持络合（Foy，1986）。

有些情况下可能没有必要添加氯化铁和石灰。较高的pH可能足以促进反硝化作用，而且沉积物中的铁含量可能足以（30～50mg/g）与磷结合。Willenbring等（1984）发现，为了充分降低缅因州长湖中沉积物的磷释放，只要硝酸钙剂量足够，就没有必要添加氯化铁和石灰。这样大大节约了成本。应对每座湖的沉积物进行实验室实验，从而确定三种成分的需要和最佳剂量。应在添加铁和不添加铁的条件下研究多个硝酸钙添加量。为了评价铁对于磷络合作用的有效性，还应该确定沉积物中的铁和硫黄含量。

8.8.1　设备与施用量

利用"耙"装置将化学溶液直接注入沉积物中，这种装置宽6～10m，并装有能够插入沉积物的软管（图8.22）。通过调节管中压缩空气的注射，来调整耙在湖底的垂直位置。用空气马达驱动的筏子或岸上的绞车以4～5m/min的速度拖着耙沿湖底移动，沉积物的搅动深度约为20cm，同时通过装置尾部的管道向沉积物中注入化学溶液。通过空气输入量控制装置的垂直位置，再加上其他安全措施以防止装置被湖底的残片阻挡。据描述，该装置用于一个瑞典的小型（4.2hm²）浅水（2m）湖，里尔湖（Ripl，1976）。Foy（1986）说明了一种注射系统，用自航驳船拖动以铁条和铁链加重的耙，以搅动沉积物。

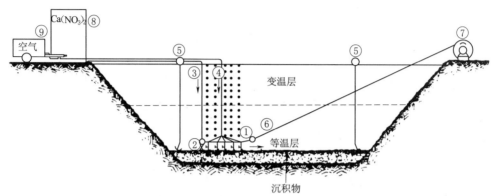

图 8.22　Riplox 处理系统，其中①为沉积物"耙"，②为化学物注入点，③为化学物供应管，④为压缩空气供应管，⑤为浮标，⑥为牵引绳，⑦为缆索轿车，⑧为化学物储罐，⑨为空气压缩机。

（来源：Ripl，W. 1981. In：*Restoration of Lakes and Inland Water*. USEPA 440/5 - 81 - 010.）

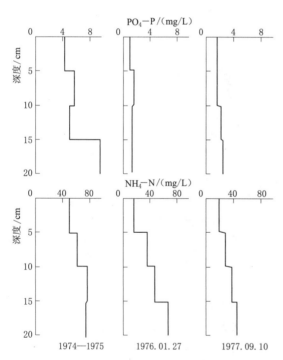

图 8.23　Ca(NO₃)₂ 处理前（1974—1975 年）后（1976 年，1977 年）里尔湖（Lake Lillesjön）沉积物孔隙水中的磷酸盐态磷和铵态氮浓度。

（来源：Ripl，W. and G. Lindmark. 1978.

Vatten 34：135 - 144.）

里尔湖的投药剂量为 13t 氯化铁（铁含量 146g/m²），5t 石灰（钙含量 180g/m²）和 12t 硝酸钙（141g N/m²）。对瑞典的特雷坎腾湖中 3m 等高线以下部分（49hm²）进行处理时，只需 160t 硝酸钙（氮含量 56g/m²），配成 50％ 的溶液。分析认为特雷坎腾湖沉积物中天然铁含量充足。注入沉积物前，用湖水将溶液进一步稀释至 10％。研究发现明尼苏达州长湖沉积物所需的最佳硝酸钙剂量与特雷坎腾湖相同。

处理前，特雷坎腾湖沉积物中的铁含量远小于周围的其他湖泊：9～23mg/g 干重，而典型水平为 30～50mg/g。虽然孔隙浓度高，但特雷坎腾湖中的沉积物磷含量也很低（1.4～3mg/g）。

8.8.2　湖泊响应

1975 年特雷坎腾湖沉积物处理后，上层 20cm 中的孔隙磷含量下降至 1974—1975 年时含量的 70％～85％。降低后的水平至少持续到 1977 年（图 8.23）。虽然沉积物中的 NO₃ 负荷高，然而氮随着 N₂ 气体的演化流失了，铵含量实际上降低了（图 8.23）。一个半月后，所添加的 NO_3 完成了反硝化作用（Ripl，1981）。沉积物的需氧量也降低了 30％左右。磷和氮向经过处理的沉积物的上覆水再循环率降低至恢复前观测值的 10％和 20％（Ripl 和 Lindmark，1978；Ripl，1981）。处理后 10 年内，沉积物需氧量和沉积物磷释放一直保持在低水平（Ripl，1986）。

特雷坎腾湖的沉积物孔隙磷含量从 1980 年 5 月处理前的 2～4mg/L 降低至 7 月的 0.01～0.3mg/L（阿特拉斯·科普柯公司，未标明日期）。虽然沉积物磷释放降低，但湖水磷含量不变。分析认为湖水磷含量未降低的原因是外部来源的磷输入，以及沉积物通过除铁氧化还原之外的其他控制机制释放磷（Ripl，1986；Pettersson 和 Böstrom，1981）。据 Ripl（1986）所述，外部加荷速率是计算结果的两倍，而且藻类的持续繁殖为硫酸盐还原提供了能源，导致铁与硫酸盐络合，再次发生沉积物磷释放。

明尼苏达州长湖获得了相似的结果。硝酸钙处理后，沉积物磷释放降低了 50％～80％，但低于实验室试验的预期（Willenbring 等，1984；Noon，1986）。不过湖水磷含量没有变化。可能与特雷坎腾湖相同（Ripl，1986），持续的高外部负荷导致 Riplox 无法降低湖水磷浓度。虽然缺氧等温层的内部负荷代表了大部分夏季磷负荷，但水质主要取决于春季径流的外部负荷（Noon，1986）。

爱尔兰的分层湖泊白湖经过沉积物硝酸钙处理后，磷浓度下降了。5 月进行处理后，沉积物磷释放延迟（约 1 个月），最大等温层浓度降低了 30％（Foy，1986）。由于湖泊结果与实验室实验的预测一致，因此如果采用最佳剂量氮含量 30～60g/m² 而不是 24g/m²，预计会实现充分的湖水磷控制。铁的释放模式几乎和磷完全相同，但锰和溶解氧没有受影响（Foy，1986）。

为了对华盛顿州的未分层湖泊绿湖进行沉积物磷释放失活，同时考虑了 Riplox 和明矾处理（DeGasperi 等，1993）。绿湖沉积物中的铁、磷和硫含量分别为 38mg/g、2mg/g 和 2.2μg/g（干沉积物）。硫可能对铁基本没有影响，因为硫含量过低。Riplox（氮含量 40g/m²）和明矾（铝含量 15g/m²）的有效性差别不大；两者都在实验室柱样实验中使沉积物磷释放降低了 90％以上（图 8.24）。最终于 1991 年向绿湖投入了明矾。

8.8.3　成本

里尔湖处理的总成本约为 179000 美元（2002 年美元），其中 44％用于设备开发和初步湖泊调查。当然，后续的湖泊项目不一定包含设备部分的成本。这座 1.2hm² 的湖中所投入的化学物只占总成本的 6％，而设备安装占 28％。处理面积对后者的影响不大。其余成本来自设备租赁和劳动力。

除初步调查以外，1980 年特雷坎腾湖处理的成本约为 469000 美元（2002 年美元），单位面积成本仅为里尔湖项目（不含初步调查）的 5％。对特雷坎腾湖的全部区域（87hm²）进行单次处理，之后对深度大于 3m 的区域（49hm²）再次进行处理。对这座面积较大的湖泊，采用了一架较大的装置（10m 宽）。

对于白湖，将理想硝酸钙剂量（氮含量 40g/m²）的成本与之前（1980）进行的铁/明矾处理成本相比较。硝酸钙和铁/明矾的总成本（2002 以美元计算）分别为 33000 美元和 8800 美元。另外每公顷成本分别为 7200 美元和 1900 美元。Riplox 对于里尔湖的成本远高于白湖（5.4 倍），主要原因是里尔湖中使用了压缩空气（Foy，1986）。

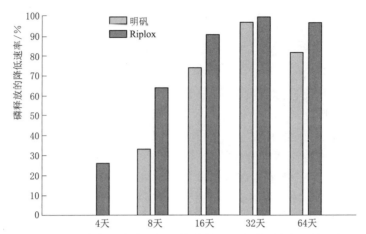

图 8.24　对于无氧条件下实验室沉积物柱样的可溶磷释放率，明矾与 Riplox 的相对效果。沉积物中的剂量：明矾，铝含量 $15g/m^2$；$Ca(NO_3)_2$，氮含量 $140g/m^2$。

（来源：Cooke et al. 1993a.）

8.8.4　说明

虽然成本较高，但该技术是除明矾处理外的另一种有效的沉积物磷失活技术。其最大的优势在于所添加的化学物质天然存在于沉积物中，即使在未污染的沉积物中也有很高的浓度，而且直接引入并大部分被固定在沉积物中。Riplox 可能没有对动物产生毒性的问题。另外，其效果可能比明矾更持久，后者最初只能覆盖沉积物，然后开始沉降并分散到沉积物内部，使原本的和新累积的表层沉积物同时与上覆水接触。Ripl（1986）发现里尔湖接受处理 8 年后，沉积物需氧量依然很低，证明有效去除了有机物。

采用沉积物氧化法时有一个重要问题。如果内部磷负荷受铁氧化还原反应控制，处理后磷负荷会大幅下降。但如果湖泊深度较浅，内部磷负荷很大程度上受沉积物附近湖水的夏季高 pH 和温度控制，那么沉积物氧化可能无法显著降低磷负荷（Petterson 和 Böstrom，1981）。浅水湖中的高 pH 也有可能干扰明矾的应用。稳定水体中，由于微生物分解作用，沉积物—水交界面附近的 pH 通常较低（<7），但光合带的高 pH 会直接与表层沉积物接触，或在湍流状态下与再悬浮的沉积物接触（Ryding，1985；Koski‐Vähälä 和 Hartikainen，2001）。

与其他失活处理手段（例如明矾）相比，选择 Riplox 的主要限制因素是缺乏有记录的整体成功案例。里尔湖是唯一一个采用了实验要求剂量的案例，湖水磷含量大幅下降，而且沉积物的氧化状态持久。特雷坎腾湖和长湖的外部磷负荷过高，因此无法获得显著的湖水恢复效果；虽然白湖中观察到了预期效果，但投药剂量不足。

沉积物氧化是一种可靠的技术，可以替代明矾处理和清淤，并且能够长期控制无氧沉积物释放造成的内部磷负荷。湖水磷含量主要来自于无氧磷释放的湖泊可以成为试验案例。可以在试管中进行沉积物处理实验（Ripl 和 Lindmark，1978；Willenbring 等，1984），在全湖应用前测试该方法的潜力。不过对沉积物—水交界面上，或沉积物再悬浮时的 pH 值和温度条件，以及无氧条件进行模拟时必须非常谨慎。如果不准确重复这些条件，就有可能高估该技术的潜力。然而当出现高 pH 值和再悬浮时，使用明矾也有可能出现类似问题。不论采用 Riplox 还是明矾，如果剂量足够，而且磷外部负荷得到大幅降低（而且外部负荷很低），就不会出现高 pH，因为藻类及其光合作用已经降低。

此原理的另一种应用手段涉及利用先进废水处理厂（AWT）的污水（Ripl 等，1978）。深水注入含高浓度 NO_3 的先进废水处理厂污水能促进有机物分解，增加沉积物磷结合，含氧量将上升（Ripl 等，1978）。不仅如此，当湖中流入富 NO_3 水时，通常喜欢高磷低氮环境的固氮蓝藻会受到抑制。

三座小型水库中观察到了这种变化迹象。第一座接受了四次 NO_3 处理，第二座接受了两次，第三座没有接受过。随着 NO_3 的增加，水体透明度、总磷和 pH（降低）和非蓝藻都逐渐改善（Ripl 等，1978）。利用先进废水处理使湖泊恢复后，对内部负荷阻碍恢复效果的湖泊重新引入废水，则能够提供补偿作用，加快恢复速度。

在丹麦的一个小型（$10hm^2$）分层（最大深度 7.6m）湖泊中测试了这种等温层硝酸盐投放技术（Søndergaard 等，2000）。1995—1996 年，在林恩湖的 5m 深度处进行了 5 次硝酸盐投放，剂量氮含量为每年 $8\sim10g/m^2$。处理后沉积物的磷滞留得到加强，等温层总磷下降了 23%～52%，而且硫的气味得到了改善。处理后等温层可溶解活性磷最大值依然能达到 1mg/L。不过硝酸盐剂量远小于里尔湖。投药方法的成本低于用耙注射，文章作者认为需要对此方法进行进一步研究。

参 考 文 献

Anderson，J. M. 1974. Nitrogen and phosphorus budgets and the role of sediments in six shallow Danish lakes. *Hydrobiologia* 74：428 – 550.

Anderson，J. M. 1975. Influence of pH on release of phosphorus from lake sediments. *Arch. Hydrobiol.* 76：411 – 419.

Atlas Copco Co. Undated. Wayne，NJ andWilrijk，Belgium.

Babin，J.，E. F. Prepas，T. P. Murphy and H. R. Hamilton. 1989. A test of the effects of lime on algal biomass and total phosphorus concentrations in Edmonton stormwater retention lakes. *Lake and Reservoir Manage.* 5：129 – 135.

Babin，J.，E. E. Prepas and Y. Zhang. 1992. Application of lime and alum to stormwater retention lakes to improve water quality. *Water Pollut. Res. J. Canada* 27：365 – 381.

Babin，J.，E. E. Prepas，T. P. Murphy，M. Serediak，P. J. Curtis，Y. Zhang and P. A. Chambers. 1994. Impact of lime on sediment phosphorus release in hardwater lakes：The case of hypereutrophic Halfmoon Lake，Alberta. *Lake and Reservoir Manage.* 8：131 – 142.

Baker，J. P. 1982. Effects on fish of metals associated with acidification. In：R. E. Johnson（Ed.），*Acid Rain/Fisheries*. American Fisheries Society. pp. 165 – 176.

Barbiero，R. P. and E. B. Welch. 1992. Contribution of benthic blue – green algal recruitment to lake populations and phosphorus. *Freshwater Biol.* 27：249 – 260.

Barbiero，R.，R. E. Carlson，G. D. Cooke and A. W. Beals. 1988. The effects of a continuous application of aluminum sulfate on lotic benthic invertebrates. *Lake and Reservoir Manage.* 4（2）：63 – 72.

Barko，J. W.，W. F. James，W. D. Taylor and D. G. McFarland. 1990. Effects of alum treatment on phosphorus and phytoplankton dynamics in Eau Galle Reservoir：A synopsis. *Lake and Reservoir Manage.* 6：1 – 8.

Bertsch，P. M. 1989. Aqueous polynuclear aluminum species. In： G. Sposito (Ed.)，*The Environmental Chemistry of Aluminum*. CRC Press，Boca Raton，FL，ch. 4.

Birchall，J. D.，C. Exley，J. S. Chappell and M. J. Phillips. 1989. Acute toxicity of aluminum to fish eliminated in silicon - rich acid waters. *Nature* 338：146 - 148.

Boers，P. C. M. 1991a. The influence of pH on phosphate release from lake sediments. *Water Res.* 25：309 - 311.

Boers，P. C. M. 1991b. The release of dissolved phosphorus from sediments. Ph. D. Dissertation，Limnological Institute (Nieuwersluis) and Institute for Inland Water Management and Waste Water Treatment，Lelystad，The Netherlands.

Boers，P.，J. Van der Does，M. Quaak and J. Van der Vlugt. 1994. Phosphorus fixation with iron (Ⅲ) chloride：a new method to combat internal phosphorus loading in shallow lakes? *Arch. Hydrobiol.* 129：339 - 351.

Bose，P. and D. A. Reckhow. 1998. Adsorption of natural organic matter on preformed aluminum hydroxide flocs. *J. Environ. Eng.* 124：803 - 811.

Boström，B.，M. Jansson and C. Forsberg. 1982. Phosphorus release from lake sediments. *Arch. Hydrobiol. Beih. Ergebn. Limnol.* 18：5 - 59.

Boyd，C. E. 1979. Aluminum sulfate (alum) for precipitating clay turbidity from fish ponds. *Trans. Am. Fish. Soc.* 108：307 - 313.

Browman，M. G.，R. F. Harris and D. E. Armstrong. 1977. Interaction of Soluble Phosphate with Aluminum Hydroxide in Lakes. Tech. Rept. 77 - 05. Water Resources Center，University of Wisconsin，Madison.

Buergel，P. M. and R. A. Soltero. 1983. The distribution and accumulation of aluminum in rainbow trout following a whole - lake alum treatment. *J. Fresh Water Ecol.* 2：37 - 44.

Burley，K. L.，E. E. Prepas and P. A. Chambers. 2001. Phosphorus release from sediments in hardwater eutrophic lakes：the effects of redox - sensitive and - insensitive chemical treatments. *Freshwater Biol.* 46：1061 - 1074.

Burrows，H. D. 1977. Aquatic aluminum chemistry，toxicology，and environmental prevalence. *Crit. Rev. Environ. Control* 7：167 - 216.

Caraco，N. F.，J. J. Cole and G. E. Likens. 1989. Evidence for sulphate - controlled phosphorus release from sediments of aquatic systems. *Nature* 341：316 - 318.

Caraco，N. F.，J. J. Cole and G. E. Likens. 1991a. Phosphorus release from anoxic sediments：Lakes that break the rule. *Verh. Int. Verein. Limnol.* 24：2985 - 2988.

Caraco，N. F.，J. J. Cole and G. E. Likens. 1991b. A cross - system study of phosphorus release from lake sediments. In：J. Cole，G. Lovett and S. Findley (Eds.)，*Comparative Analyses of Ecosystems*. Springer - Verlag，New York，NY. pp. 241 - 288.

Carlton，R. G. and R. G. Wetzel. 1988. Phosphorus flux from lake sediments：effect of epipelic algal oxygen production. *Limnol. Oceanogr.* 33：562 - 570.

Carlsson，S. - A. Vattenresurs AB，Tjusta，S - 197 93 Sweden.

Chapra，S. C. and R. P. Canale. 1991. Long - term phenomenological model of phosphorus and oxygen for stratified lakes. *Water Res.*，25：707 - 715.

Connor，J. N. and G. N. Smith. 1986. An efficient method of applying aluminum salts for sediment phosphorus inactivation in lakes. *Water Res. Bull.* 22：661 - 664.

Connor，J. and M. R. Martin. 1989a. An Assessment of Wetlands Management and Sediment Phosphorus Inactivation，Kezar Lake，New Hampshire. NH Dept. Environ. Serv. Staff Rep. 161.

Connor，J. N. and M. R. Martin. 1989b. An assessment of sediment phosphorus inactivation，Kezar Lake，

New Hampshire. *Water Res. Bull.* 25: 845 - 853.

Cooke, G. D. and Kennedy, R. H. 1981. *Precipitation and Inactivation of Phosphorus as a Lake Restoration Technique.* USEPA - 600/3 - 81 - 012.

Cooke, G. D., R. T. Heath, R. H. Kennedy and M. R. McComas. 1978. *Effects of Diversion and Alum Application on Two Eutrophic Lakes.* USEPA - 600/3 - 78 - 033.

Cooke, G. D., R. T. Heath, R. H. Kennedy and M. R. McComas. 1982. Change in lake trophic state and internal phosphorus release after aluminum sulfate application. *Water Res. Bull.* 18: 699 - 705.

Cooke, G. D., E. B. Welch, S. A. Peterson and P. R. Newroth. 1986. *Lake and Reservoir Restoration.* 1st ed. Butterworth Publishers. Stoneham, MA.

Cooke, G. D., E. B. Welch, S. A. Peterson and P. R. Newroth 1993a. *Restoration and Management of Lakes and Reservoirs*, 2nd ed. CRC Press, Boca Raton, FL.

Cooke, G. D., E. B. Welch, A. B. Martin, D. G. Fulmer, J. B. Hyde and G. D. Schrieve. 1993b. Effectiveness of Al, Ca and Fe salts for control of internal phosphorus loading in shallow and deep lakes. *Hydrobiologia* 253: 323 - 335.

Cullen, P. and C. Forsberg. 1988. Experiences with reducing point sources of phosphorus to lakes. *Hydrobiologia* 170: 321 - 336.

DeGasperi, C. L., D. E. Spyridakis and E. B. Welch. 1993. Alum and nitrate as controls of short - term anaerobic sediment phosphorus release: An *in vitro* comparison. *Lake and Reservoir Manage.* 8: 49 - 59.

Deppe, T. and J. Benndorf. 2002. Phosphorus reduction in a shallow hypereutrophic reservoir by in - lake dosage of ferrous iron. *Water Res.* 36: 4525 - 4534.

Deppe, T., K. Ockenfeld, A. Meybowm, M. Opitz and J. Benndorf. 1999. Reduction of *Microcystis* blooms in a hypertrophic reservoir by a combined ecotechnological strategy. *Hydrobiologia* 408/409: 31 - 38.

Dentel, S. K. and J. M. Gossett. 1988. Mechanisms of coagulation with aluminum salts. *J. Am. Water Works Assoc.* 80: 187 - 198.

Dittrich, M. and R. Koschel. 2002. Interactions between calcite precipitation (natural and artificial) and phosphorus cycle in the hardwater lake. *Hydrobiologia* 469: 49 - 57.

Dittrich, M., T. Dittrich, I. Sieber and R. Koschel. 1997. A balance analysis of phosphorus elimination by artificial calcite precipitation in a stratified hardwater lake. *Water Res.* 31: 237 - 248.

Doke, J. L., W. H. Funk, S. T. J. Juul and B. C. Moore. 1995. Habitat availability and benthic invertebrate population changes following alum treatment and hypolimnetic oxygenation in Newman Lake, Wash - ington. *J. Fresh Water Ecol.* 10: 87 - 102.

Dominie, D. R., II. 1980. Hypolimnetic aluminum treatment of softwater Annabessacook Lake. In: *Restoration of Lakes and Inland Waters.* USEPA - 440/5 - 81 - 010. pp. 417 - 423.

Driscoll, C. T., Jr. and R. D. Letterman. 1988. Chemistry and fate of Al (III) in treated drinking water. *J. Environ. Eng. Div. ASCE* 114: 21 - 37.

Driscoll, C. T., Jr. and W. D. Schecher. 1990. The chemistry of aluminum in the environment. *Environ. Geochem. Health* 12: 28 - 49.

Driscoll, C. T., Jr., J. P. Baker, J. J. Bisogni and C. L. Schofield. 1980. Effect of aluminum speciation on fish in dilute acidified waters. *Nature* 284: 161 - 164.

Eberhardt, T. 1990. Alum dose calculations for lake sediment phosphorus inactivation based upon phosphorus release rates and a call for related research. Presentation, North American Lake Management Society Annual Meeting, Springfield, MA and unpublished report, Sweetwater Technology, Aiken, MN.

Eberhardt, T. Personal communication. Sweetwater Technology, Aiken, MN.

Edmondson, W. T. 1970. Phosphorus, nitrogen, and algae in Lake Washington after diversion of sewage. *Science* 169：690 – 691.

Edmondson，W. T. 1994. Sixty years of Lake Washington：A curriculum vitae. *Lake and Reservoir Manage.* 10：75 – 84.

Eisenreich，S. J. ，D. E. Armstrong and R. F. Harris. 1977. A Chemical Investigation of Phosphorus Removal in Lakes by Aluminum Hydroxide. Tech. Rept. 77 – 02. Water Resources Center，University of Wisconsin，Madison.

ENSR. 2002. Short – term monitoring report. In：CH2M – Hill，2002. Ashumet Pond phosphorus inactivation report. ENSR，Willington，CT 06279.

Entranco. 1983. Water Quality Analysis and Restoration Plan：Erie and Campbell Lakes. Report，Entranco Engineering，Inc. ，Bellevue，WA.

Entranco. 1986. Wapato Lake Restoration：A Discussion of Design Considerations，Construction Techniques and Performance Evaluation. Final Report，Entranco Engineers，Bellevue，WA.

Entranco. 1987a. Final Phase Ⅱ Report：Erie and Campbell Lakes：Restoration，Implementation and Evaluation. Entranco Engr. Inc. ，Bellevue，WA.

Entranco. 1987b. Pattison and Long Lakes Restoration Project Final Report. Entranco Eng. Inc. ，Bellevue，WA.

Everhart，W. H. and R. A. Freeman. 1973. *Effects of Chemical Variations in Aquatic Environments. Vol. Ⅱ. Toxic Effects of Aqueous Aluminum to Rainbow Trout.* USEPA – R3 – 73 – 011b.

Exley，C. 2000. Avoidance of aluminum by rainbow trout. *Environ. Toxicol. Chem.* 19：933 – 939.

Fee，E. J. 1979. A relation between lake morphometry and primary productivity and its use in interpreting whole lake eutrophication experiments. *Limnol. Oceanogr.* 24：401 – 416.

Foy，R. H. 1985. Phosphorus inactivation in a eutrophic lake by the direct addition of ferric aluminum sulphate：Impact on iron and phosphorus. *Freshwater Biol.* 15：613 – 629.

Foy，R. H. 1986. Suppressions of phosphorus release from lake sediments by the addition of nitrate. *Water Res.* 20：1345 – 1351.

Foy，R. H. and A. G. Fitzsimmons. 1987. Phosphorus inactivation in a eutrophic lake by the direct addition of ferric aluminum sulphate：Changes in phytoplankton populations. *Freshwater Biol.* 17：1 – 13.

Freeman，R. A. and W. H. Everhardt. 1971. Toxicity of aluminum hydroxide complexes in neutral and basic media to rainbow trout. *Trans. Am. Fish. Soc.* 100：644 – 658.

Gahler，A. R. and C. F. Powers. 1970. Personal communication. USEPA，Corvallis，OR.

Gardner，W. S. and B. J. Eadie. 1980. Chemical factors controlling phosphorus cycling in lakes. In：D. Scavia and R. Moll（Eds. ），Nutrient Cycling in the Great Lakes：A Summarization of Factors Regulating the Cycling of Phosphorus. Special Report No. 83，Great Lakes Research Division，The University of Michigan，Ann Arbor. pp. 13 – 34.

Garrison，P. J. and D. R. Knauer. 1984. Long term evaluation of three alum treated lakes. In：*Lake and Reservoir Management.* USEPA 440/5 – 84 – 001. pp. 513 – 517.

Garrison，P. J. and D. M. Ihm. 1991. First Annual Report of Long – Term Evaluation of Wisconsin's Clean Lake Projects. Part B. Lake Assessment. Wisconsin Dept. Nat. Res. ，Madison.

Gasperino，A. F. ，M. A. Beckwith，G. R. Keizur，R. A. Soltero，D. G. Nichols and J. M. Mires. 1980. Medical Lake improvement project：Success story. In：*Restoration of Lakes and Inland Waters.* USEPA 440/5 – 81 – 010. pp 424 – 428.

Gaugush，R. G. 1984. Mixing events in Eau Galla Lake. In：*Lake and Reservoir Management.* USEPA 440/5 – 84 – 001. pp. 286 – 291.

Gensemer，R. W. and R. C. Playle. 1999. The bioavailability and toxicity of aluminum in aquatic environments. *Crit. Rev. Environ. Sci. Technol.* 29: 315 – 450.

Gibbons, M. V., F. D. Woodwick, W. H. Funk and H. L. Gibbons. 1984. Effects of a multiphase restoration, particularly aluminum sulfate application, on the zooplankton community of a eutrophic lake in eastern Washington. *J. Fresh Water Ecol.* 2: 393 – 404.

Hall, K. J. and K. I. Ashley. Personal communication. Ministry of Environment and Dept. of Civil Engineering, Univ. of British Columbia, Vancouver, BC.

Hart, B. T., S. Roberts, R. James, M. O' Donohue, J. Taylor, D. Donnert and R. Furrer. 2003a. Active barriers to reduce phosphorus release from sediments: Effectiveness of three forms of $CaCO_3$. *Aust. J. Chem.* 56: 207 – 217.

Hart, B., S. Roberts, R. James, J. Taylor, D. Donnert and R. Furrer. 2003b. Use of active barriers to reduce eutrophication problems in urban lakes. *Water Sci. Technol.* 47: 157 – 163.

Havens, K. E. 1990. Aluminum binding to ion exchange sites in acid – sensitive versus acid – tolerant cladocerans. *Environ. Pollut.* 64: 133 – 141.

Havens, K. E. 1993. Acid and aluminum effects on the survival of littoral macro – invertebrates during acute bioassays. *Environ. Pollut.* 80: 95 – 100.

Havens, K. E and R. T. Heath. 1989. Acid and aluminum effects on freshwater zooplankton: An *in situ* mesocosm study. *Environ. Pollut.* 62: 195 – 211.

Hayes, C. R., R. G. Clark, R. F. Stent and C. J. Redshaw. 1984. The control of algae by chemical treatment in a eutrophic water supply reservoir. *J. Inst. Water Eng. Sci.* 38: 149 – 162.

Holz, J. C. and K. D. Hoagland. 1999. Effects of phosphorus reduction on water quality: Comparison of alum – treated and untreated portions of a hypereutrophic lake. *Lake and Reservoir Manage.* 15: 70 – 82.

Huser, B. Personal communication. Dept. of Civil and Environmental Engr., Univ. of Minnesota, Minneapolis, MN.

Hupfer, M., R. Pothig, R. Bruggemann and W. Geller. 2000. Mechanical resuspension of autochthonous calcite (seekreide) failed to control internal phosphorus cycle in a eutrophic lake. *Water Res.* 34: 859 – 867.

Jacoby, J. M. 1978. Lake phosphorus cycling as influenced by drawdown and alum addition. MS Thesis, Department of Civil Engineering, University of Washington, Seattle, WA.

Jacoby, J. M., D. D. Lynch, E. B. Welch and M. A. Perkins. 1982. Internal phosphorus loading in a shallow eutrophic lake. *Water Res.* 16: 911 – 919.

Jacoby, J. M., H. L. Gibbons, K. B. Stoops and D. D. Bouchard. 1994. Response of a shallow, polymictic lake to buffered alum treatment. *Lake and Reservoir Manage.* 10: 103 – 112.

Jaeger. D. 1994. Effects of hypolimnetic water aeration and Fe – P precipitation on the trophic level of Lake Krupunder. *Hydrobiologia* 275/276: 433 – 444.

James, W. F. and J. W. Barko. 2003. Alum dosage determinations based on redox – sensitive sediment phosphorus concentrations. Water Quality Tech. Notes Coll. (ERDC WQTN – PD – 13), US Army Eng. Res. Dev. Center, Vicksburg, MS.

James, W. F., J. W. Barko and W. D. Taylor. 1991. Effects of alum treatment on phosphorus dynamics in a north – temperate reservoir. *Hydrobiologia* 215: 231 – 241.

Jensen, H. S. and F. Ø. Andersen. 1992. Importance of temperature, nitrate, and pH for P release from aerobic sediments of four shallow, eutrophic lakes. *Limnol. Oceanogr.* 37: 577 – 589.

Jensen, H. S., P. Kristensen, E. Jeppesen, and A. Skytthe. 1992. Iron – phosphorus ratio in surface sediments as an indicator of phosphate release from aerobic sediments in shallow lakes. *Hydrobiologia* 235/236: 731 – 743.

Jenkins, L. F., F. Q. Ferguson and A. B. Minar. 1971. Chemical processes for phosphate removal. *Water*

Res. 5：369 - 389.

Jeppesen, E., P. Kristensen, J. P. Jensen, M. Søndergaard, E. Mortensen and T. Lauridsen. 1991. Recovery re silience following a reduction in external phosphorus loading of shallow, eutrophic Danish lakes：Duration, regulating factors and methods for overcoming resilience. *Mem. Ist. Ital. Idrobiol.* 48：127 - 148.

Jernelöv, A. (Ed.) 1971. *Phosphate Reduction in Lakes by Precipitation with Aluminum Sulphate.* 5th International Water Pollution Research Conference. Pergamon Press, New York.

Kane, D. A. and C. F. Rabeni. 1987. Effects of aluminum and pH on the early life stages of smallmouth bass (*Micropterusdolomieui*). *Water Res.* 21：633 - 639.

Kasprzak, P., R. Koschel, L. Krienitz, T. Gonsiorczyk, K. Anwand, U. Laude, K. Wysujack, H. Brach and T. Mehner. 2003. Reduction of nutrient loading, planktivore removal and piscivore stocking as tools in water quality management：The Feldberger Haussee biomanipulation project. *Limnologica* 33：190 - 204.

Kennedy, R. H. 1978. Nutrient inactivation with aluminum sulfate as a lake reclamation technique. Ph. D. Dissertation, Kent State University, Kent, OH.

Kennedy, R. H. and G. D. Cooke. 1980. Aluminum sulfate dose determination and application techniques. In：*Restoration of Lakes and Inland Waters.* USEPA - 400/5 - 81 - 010. pp 405 - 411.

Kennedy, R. H. and G. D. Cooke. 1982. Control of lake phosphorus with aluminum sulfate. Dose determination and application techniques. *Water Res. Bull.* 18：389 - 395.

Kennedy, R. H., J. W. Barko, W. F. James, W. D. Taylor and G. L. Godshalk. 1987. Aluminum sulfate treatment of a reservoir：Rationale, application methods, and preliminary results. *Lake and Reservoir Manage.* 3：85 - 90.

Kirn, R. A. 1987. Unpublished report on Lake Morey, VT. Vermont Agency of Environmental Conservation, Project F - 12 - R - 22, Job I - 1, Roxbury, VT.

Knauer, D. Personal communication. Dept. Nat. Res., Madison, Wisconsin.

Koschel, R., J. Benndorf, G. Proft and F. Recknagel. 1983. Calcite precipitation as a natural control mechanism of eutrophication. *Arch. Hydrobiol.* 98：380 - 408.

Koski - Vähälä, J. and H. Hartikainen. 2001. Assessment of the risk of phosphorus loading due to resuspended sediment. *J. Environ. Qual.* 30：960 - 6.

Lamb, D. S. and G. C. Bailey. 1981. Acute and chronic effects of alum to midge larva (Diptera：Chironomidae). *Bull. Environ. Contam. Toxicol.* 27：59 - 67.

Lamb, D. S. and G. C. Bailey. 1983. Effects of aluminum sulfate to midge larvae (Diptera：Chironomidae) and rainbow trout (*Salmo gairdneri*). In：*Lake Restoration, Protection and Management.* USEPA - 440/5 - 83 - 001. pp. 307 - 312.

Larsen, D. P., D. W. Shults and K. W. Malueg. 1981. Summer internal phosphorus supplies in Shagawa Lake, Minesota. *Limnol. Oceanogr.* 26：740 - 753.

Lewandowski, J., I. Schauser and M. Hupfer. 2003. Long term effects of phosphorus precipitations with alum in hypereutrophic Lake Süsser See (Germany). *Water Res.* 37：3194 - 3204.

Lijklema, L. 1977. The role of iron in the exchange of phosphate between water and sediments. In：H. L. Golterman (Ed.), *Interactions between Sediment and Fresh Water.* W. Junk Publishers, The Hague, The Netherlands. pp. 313 - 317.

Lind, C. Personal communication. General Chemical Corp., Parsippany, NJ.

Löfgren, S. and B. Boström. 1989. Interstitial water concentrations of phosphorus, iron, and manganese in a shallow, eutrophic Swedish lake：Implications for phosphorus cycling. *Water Res.* 23：1115 - 1125.

Lund, J. W. G. 1955. The ecology of algae and waterworks practice. *Proc. Soc. Water Treat. Exam.* 4：83 - 109.

Maessen, M., J. G. M. Roelofs, M. J. S. Bellemakers and G. M. Verheggen. 1992. The effects of aluminium, aluminium/calcium ratios and pH on aquatic plants from poorly buffered environments. *Aquatic Bot.* 43: 115 - 127.

Mataraza, L. K. and G. D. Cooke. 1997. Vertical phosphorus transport in lakes of different morphometry. *Lake and Reservoir Manage.* 13: 328 - 337.

May, V. 1974. Suppression of blue - green algal blooms in Braidwood Lagoons with alum. *J. Aust. Inst. Agric. Sci.* 40: 54 - 57.

May, V. and H. Baker. 1978. Reduction of Toxic Algae in Farm Dams by Ferric Alum. Tech. Bull. 19. Dept. Agriculture, New South Wales, Australia.

McComas, S. 1989. Using buffered alum to control algae. *LakeLine* 9: 12 - 13.

McComas, S. 2003. *Lake and Pond Management Guide Book.* CRC Press, Boca Raton, FL.

Mesner, N. and R. Narf. 1987. Alum injection into sediments for phosphorus inactivation and macrophyte control. *Lake and Reservoir Manage.* 3: 256 - 265.

Miskimmin, B. M., W. F. Donahue and D. Watson. 1995. Invertebrate community response to experimental lime ($Ca(OH)_3$) treatment of an eutrophic pond. *Aquatic Sci.* 57: 20 - 30.

Moffett, M. R. 1979. Changes in the microcrustacean communities of East and West Twin Lakes, Ohio, following lake restoration. MS Thesis, Kent State University, Kent, OH.

Mortimer, C. H. 1941. The exchange of dissolved substances between mud and water in lakes (Parts I and II). *J. Ecol.* 29: 280 - 329.

Mortimer, C. H. 1971. Chemical exchanges between sediments and water in the Great Lakes - speculations on probable regulatory mechanisms. *Limnol. Oceanogr.* 16: 387 - 404.

Moss, B., J. Madgwick, and G. Phillips. 1996. *A Guide to the Restoration of Nutrient - Enriched Shallow Lakes.* Broads Authority. Norfolk, U. K.

Murphy, T. P. and E. E. Prepas. 1990. Lime treatment of hardwater lakes to reduce eutrophication. *Verh. Int. Verein. Limnol.* 24: 327 - 334.

Murphy, T. P., K. G. Hall and T. G. Northcote. 1988. Lime treatment of a hardwater lake to reduce eutrophication. *Lake and Reservoir Manage.* 4 (2): 51 - 62.

Murphy, T. P., E. E. Prepas, J. T. Lim, J. M. Crosby and D. T. Walty. 1990. Evaluation of calcium carbonate and calcium hydroxide treatments of prairie water dugouts. *Lake and Reservoir Manage.* 6: 101 - 108.

Narf, R. P. 1990. Interactions of Chironomidae and Chaoboridae (Diptera) and aluminum sulfate treated lake sediments. *Lake and Reservoir Manage.* 6: 33 - 42.

Neville, C. M. 1985. Physiological response of juvenile rainbow trout, *Salmo gairdneri*, to acid and aluminum - prediction of field responses from laboratory data. *Can. J. Fish. Aquatic Sci.* 42: 2004 - 2019.

Noon, T. A. 1986. Water quality in Long Lake, Minnesota, following Riplox sediment treatment. *Lake and Reservoir Manage.* 2: 131.

Norup, B. 1975. *Lyngby Sø Feltundersogelser efter Fosfatfaeldeperiodeni Sommeren* 1974: *Bundfaunaunder - sogelse Fysisk -kemisk and Planteplankton Production.* Lyngby Taarboek Kommune, Copenhagen, Denmark (cited in Welch et al., 1988).

Nriagu, J. O. 1978. Dissolved silica in pore waters of lakes Ontario, Erie, and Superior sediments. *Limnol. Oceanogr.* 23: 53 - 67.

Nürnberg, G. K. 1996. Trophic state of clear and colored, soft - and hardwater lakes with special consideration of nutrients, anoxia, phytoplankton and fish. *Lake and Reservoir Manage.* 12: 432 - 447.

Ødegaard, H., J. Fettig and H. C. Ratnaweera. 1990. Coagulation with prepolymerized metal salts. In: H. H. Hahn and R. Klute (Eds.), *Chemical Water and Wastewater Treatment.* Springer - Verlag, Berlin.

Otsuki，A. and R. G. Wetzel. 1972. Coprecipitation of phosphate with carbonates in a marl lake. *Limnol. Oceanogr*. 17: 763 – 767.

Paléo，A. B. S. 1995. Aluminium polymerization—a mechanism of acute toxicity of aqueous aluminium to fish. *AquaticToxicol*. 31: 347 – 356.

Panuska，J. C. and D. M. Robertson. 1999. Estimating phosphorus concentrations following alum teatment using apparent settling velocity. *Lake and Reservoir Manage*. 15: 28 – 38.

Peelen，R. 1969. Possibilities to prevent blue – green algal growth in the delta region of The Netherlands. *Verh. Int. Verein. Limnol*. 17: 763 – 766.

Perakis，S. S.，E. B. Welch and J. M. Jacoby. 1996. Sediment – to – water blue – green algal recruitment in response to alum and environmental factors. *Hydrobiologia* 318: 165 – 177.

Perkins，R. G. and G. J. C. Underwood. 2001. The potential for phosphorus release across the sediment – water interface in an eutrophic reservoir dosed with ferric sulphate. *Water Res*. 35: 1399 – 1406.

Perkins，R. G. and G. J. C. Underwood. 2002. Partial recovery of a eutrophic reservoir through managed phosphorus limitation and unmanaged macrophyte growth. *Hydrobiologia* 481: 75 – 87.

Peterson，J. O.，J. T. Wall，T. L. Wirth and S. M. Born. 1973. Eutrophication Control: Nutrient Inactivation by Chemical Precipitation at Horseshoe Lake，WI. Tech. Bull. 62. Wisconsin Dept. Nat. Res.，Madison.

Pettersson，K. and B. Boström. 1981. En kritisk granskning av foreslagna metoder for nitratbehandling av sediment. *Vatten* 38: 74.

Pilgrim，K. M. and P. L. Brezonik. 2005. Evaluation of the potential adverse effects of lake inflow treatment with alum. *Lake and Reservoir Manage*. in press.

Prentki，R. T.，M. S. Adams，S. R. Carpenter，A. Gasith，C. S. Smith and P. R. Weiler. 1979. The role of submersed weedbeds in internal loading and interception of allocthonous materials in Lake Wingra，Wisconsin. *Arch. Hydrobiol*. 57: 221 – 250.

Prepas，E. E.，R. P. Murphy，J. M. Crosby，D. T. Walty，J. T. Lim，J. Babin and P. A. Chambers. 1990. Reduction of phosphorus and chlorophyll a concentrations following $CaCO_3$ and $Ca(OH)_2$ additions to hypereutrophic Figure Eight Lake，Alberta. *Environ. Sci. Technol*. 24: 1252 – 1258.

Prepas，E. E.，B. Pinel – Alloul，P. A. Chambers，T. P. Murphy，S. Reedyk，G. J. Sandland and M. Serediak. 2001a. Lime treatment and its effects on the chemistry and biota of hardwater eutrophic lakes. *Freshwater Biol*. 46: 1049 – 1060.

Prepas，E. E.，J. Babin，T. P. Murphy，P. A. Chambers，G. J. Sandland，A. Ghadouani and M. Serediak. 2001b. Long – term effects of successive $Ca(OH)_2$ and $CaCO_3$ treatments on the water quality of two eutrophic hardwater lakes. *Freshwater Biol*. 46: 1089 – 1103.

Psenner，R.，R. Pucsko and M. Sager. 1984. Fractionation of organic and inorganic phosphorus compounds in lake sediments. An attempt to characterize ecologically important fractions. *Arch. Hydrobiol. Suppl*. 70: 111 – 155.

Quaak，M.，J. van derDoes，P. Boers and J. van der Vlugt. 1993. A new technique to reduce internal phosphorus loading by in – lake phosphate fixation in shallow lakes. *Hydrobiologia* 253: 337 – 344.

Ramamoorthy，S. 1988. Effect of pH on speciation and toxicity of aluminum to rainbow trout (*Salmo gairdneri*). *Can. J. Fish. Aquatic Sci*. 45: 634 – 642.

Reedyk，S.，E. E. Prepas and P. A. Chambers. 2001. Effects of single $Ca(OH)_2$ doses on phosphorus concentration and macrophyte biomass of two boreal eutrophic lakes over 2 years. *Freshwater Biol*. 46: 1075 – 1087.

Reitzel, K., J. Hansen, H. S. Jensen, F. Ø. Andersen and K. S. Hansen. 2003. Testing aluminum addition as a tool for lake restoration in shallow, eutrophic Lake Sønerby, Denmark. *Hydrobiologia* 506: 781 – 787.

Ripl, W. 1976. Biochemical oxidation of polluted lake sediment with nitrate—a new restoration method. *Ambio* 5: 132.

Ripl, W. 1980. Lake restoration methods developed and used in Sweden. In: *Restoration of Lakes and Inland Water*. USEPA 440/5 – 81 – 010, 495 – 500.

Ripl, W. 1986. Internal phosphorus recycling mechanisms in shallow lakes. *Lake and Reservoir Manage*. 2: 138.

Ripl, W. and G. Lindmark. 1978. Ecosystem control by nitrogen metabolism in sediment. *Vatten* 34: 135 – 144.

Ripl, W., L. Leonardson, G. Lindmark, G. Anderson and G. Cronberg. 1978. Optimering av reningsverk/recipient – system. *Vatten* 35: 96.

Robertson, D. M., G. L. Goddard, D. R. Helsel and K. L. MacKinnon. 2000. Rehabilitation of Delavan Lake, Wisconsin. *Lake and Reservoir Manage*. 16: 155 – 176.

Rönicke, H., M. Bever and J. T. Doretta. 1995. Eutrophierung eines Magdeburger Kiesbaggersees – möglich – keiten zur steuerung des nährstoffhaushaltes und der blaualgenabundanz durch massnahmen zur seenrestaruierung (with English abstract). *Limnologie aktuell*, Band 7: 139 – 154.

Rosseland, B. O., T. D. Eldhuset and M. Staurnes. 1990. Environmental effects of aluminum. *Environ. Geochem. Health* 12: 17 – 27.

Roy, R. L. and G. C. Campbell. 1997. Decreased toxicity of Al to juvenile Atlantic salmon (*Salmo salar*) in acidic soft water containing natural organic matter: A text of the free – ion model. *Environ. Chem. Toxicol*. 16: 1962 – 1967.

Rydin, E. and E. B. Welch. 1998. Dosage of aluminum to absorb mobile phosphate in lake sediments. *Water Res*. 32: 2969 – 2976.

Rydin, E. and E. B. Welch. 1999. Dosing alum to Wisconsin lake sediments based on possible *in vivo* formation of aluminum bound phosphate. *Lake and Reservoir Manage*. 15: 324 – 331.

Rydin, E., E. B. Welch and B. Huser. 2000. Amount of phosphorus inactivated by alum treatments in Washington lakes. *Limnol. Oceanogr*. 45: 226 – 230.

Ryding, S – O, 1985. Chemical and microbiological processes as regulators of the exchange of substances between sediments and water in shallow eutrophic lakes. *Int. Rev. ges. Hydrobiol*. 70: 657.

Salonen, V – P. and E. Varjo. 2000. Gypsum treatment as a restoration method for sediments of eutrophied lakes – experiments from southern Finland. *Environ. Geol*. 39: 353 – 359.

Sas, H., I. Ahlgren, H. Bernhardt, B. Boström, J. Clasen, C. Forsberg, D. Imboden, L. Kamp – Nielson, L. Mur, N. de Oude, C. Reynolds, H. Schreurs, K. Seip, U. Sommer and S. Vermij. 1989. *Lake Restoration by Reduction of Nutrient Loading: Expectations, Experiences, Extrapolation*. Academia – Verlag, Richarz, St. Augustine, Germany.

Schelske, C. L. 1988. Historical trends in Lake Michigan silica concentrations. *Int. Rev. ges. Hydrobiol*. 73: 559 – 591.

Schindler, D. W. 1986. The significance of in – lake production of alkalinity. *Water Air Soil Pollut*. 18: 259 – 271.

Serediak, M. S., E. E. Prepas, T. P. Murphy and J. Babin. 2002. Development, construction and use of lime and alum application systems in Alberta. *Lake and Reservoir Manage*. 18: 66 – 74.

Scheffer, M. 1998. *Ecology of Shallow Lakes*. Chapman & Hall, New York, NY.

Shumaker, R. J., W. H. Funk and B. C. Moore. 1993. Zooplankton response to aluminum sulfate treatment of Newman Lake, Washington. *J. Fresh Water Ecol*. 8: 375 – 387.

Smeltzer，E. 1990. A successful alum/aluminate treatment of Lake Morey，Vermont. *Lake and Reservoir Manage.* 6：9 – 19.

Smeltzer，E. ，R. A. Kirn and S. Fiske. 1999. Long – term water quality and biological effects of alum treatment of Lake Morey，Vermont. *Lake and Reservoir Manage.* 15：173 – 184.

Smolders，A. and J. G. M. Roelofs. 1993. Sulphate – mediated iron limitation and eutrophication in aquatic ecosystems. *Aquatic Bot.* 46：247 – 253.

Sonnichsen，J. D. ，J. M. Jacoby and E. B. Welch. 1997. Response of cyanobacterial migration to alum treatment in Green Lake. *Arch. Hydrobiol.* 140：373 – 392.

Søndergaard，M. 1988. Seasonal variations in the loosely sorbed phosphorus fraction of the sediment of a shallow and hypereutrophic lake. *Environ. Geol. Water Sci.* 11：115 – 121.

Søndergaard，M. ，E. Jeppesen and J. P. Jensen. 2000. Hypolimnetic nitrate treatment to reduce internal phosphorus loading in a stratified *lake. Lake and Reservoir Manage.* 16：195 – 204.

Søndergaard，M. ，K – D. Wolter and W. Ripl. 2002. Chemical treatment of water and sediments with special reference to lakes. In：M. Perrow and A. J. Davy（Eds. ），*Handbook of Ecological Restoration，Vol. 1. Principles of Restoration.* Cambridge University Press，Cambridge. pp. 184 – 205.

Søndergaard，M. ，J. P. Jensen and E. Jeppesen. 2003. Role of sediment and internal loading of phosphorus in shallow lakes. *Hydrobiologia* 506 – 509：135 – 145.

Spittal，L. and R. Burton. 1991. Irondequoit Bay. Phase Ⅱ Clean Lakes Project Final Report. Unpublished Report，Monroe County Health Dept. ，Rochester，NY.

Stauffer，R. E. 1981. *Sampling Strategies for Estimating the Magnitude and Importance of Internal Phosphorus Supplies in Lakes.* USEPA 6001/3 – 81 – 015.

Stumm，W. and G. F. Lee. 1960. The chemistry of aqueous iron. *Schweiz Z. Hydrol.* 22：295 – 319.

Stumm，W. and J. J. Morgan. 1970. *Aquatic Chemistry. An Introduction Emphasizing Chemical Equilibria in Natural Waters.* John Wiley，New York，pp. xv and 583.

U. S. Environmental Protection Agency（USEPA）. 1988. *Ambient Water Quality Criteria for Aluminum – 1988.* USEPA 440/5 – 88 – 008. USEPA，Washington，DC.

USEPA. 1995. *Phosphorus Inactivation and Wetland Manipulation Improve Kezar Lake，NH.* USEPA 841 – F – 95 – 002.

Van Hullebusch，R. ，F. Auvray，V. Deluchat，P. M. Chazal and M. Baudu. 2003. Phosphorus fractionation and short – term mobility in the surface sediment of a polymictic shallow lake treated with a low dose of alum （Courtille Lake，France）. *Water Air Soil Pollut.* 146：75 – 91.

Varjo，E. ，A. Liikanen，V – P. Salonen and P. J. Martikainen. 2003. A new gypsum – based technique to reduce methane and phosphorus release from sediments of eutrophied lakes（Gypsum treatment to reduce internal loading）. *Water Res.* 37：1 – 10.

Walker，W. W. Jr. ，C. E. Westerberg，D. J. Schuler and J. A. Bode. 1989. Design and evaluation of eutrophication control measures for the St. Paul water supply. *Lake and Reservoir Manage.* 5：71 – 83.

Welch，E. B. 1996. Control of phosphorus by harvesting and alum. Water Res. Series Tech. Rept. 152. Univ. of Washington，Dept. of Civil and Environ. Eng.

Welch，E. B. and G. D. Cooke. 1995. Internal phosphorus loading in shallow lakes：Importance and control. *Lake and Reservoir Manage.* 11：273 – 281.

Welch，E. B. and G. D. Cooke. 1999. Effectiveness and longevity of phosphorus inactivation with alum. *Lake and Reservoir Manage.* 15：5 – 27.

Welch，E. B. and J. M. Jacoby 2001. On determining the principle source of phosphorus causing summer algal blooms in western Washington lakes. *Lake and Reservoir Manage.* 17：55 – 65.

Welch, E. B. and T. S. Kelly. 1990. Internal phosphorus loading and macrophytes: An alternative hypothesis. *Lake and Reservoir Manage.* 6: 43 – 48.

Welch, E. B. , J. P. Michaud and M. A. Perkins. 1982. Alum control of internal loading in a shallow lake. *Water Res. Bull.* 18: 929 – 936.

Welch, E. B. , C. L. DeGasperi and D. E. Spyridakis. 1986. Effectiveness of alum in a weedy, shallow lake. *Water Res. Bull.* 22: 921 – 926.

Welch, E. B. , C. L. DeGasperi, D. E. Spyridakis and T. J. Belnick. 1988. Internal phosphorus loading and alum effectiveness in shallow lakes. *Lake and Reservoir Manage.* 4: 27 – 33.

Welch, E. B. , E. B. Kvam and R. F. Chase. 1994. The independence of macrophyte harvesting and lake phos – phorus. *Verh. Int. Verein. Limnol.* 25: 2301 – 2314.

Wetzel, R. G. 1990. Land – water interfaces: Metabolic and limnological regulators. *Verh. Int. Verein. Limnol.* 24: 6 – 24.

Willenbring, P. R. , M. S. Miller and W. D. Weidenbacher. 1984. Reducing sediment phosphorus release rates in Long Lake through the use of calcium nitrate. In: *Lake and Reservoir Management.* USEPA 440/5 – 84 – 002. pp. 118 – 121.

Witters, H. E. , S. Van Puymbroeck, A. J. H. X. Stouthart and S. E. W. Bonga. 1996. Physicochemical changes of aluminium in mixing zones: Mortality and physiological disturbances in brown trout (*Salmo trutta* L.). *Environ. Toxicol. Chem.* 15: 986 – 996.

Wolter, K – D. 1994. Phosphorus precipitation. In: Restoration of Lake Ecosystems: A Holistic Approach. Publ. 32, Intern. Waterfowl and Wetlands Res. Bureau, Slimbridge, Gloucester, UK.

Wu, R. and C. E. Boyd. 1990. Evaluation of calcium sulfate for use in aquaculture ponds. *Prog. Fish – Cult.* 52: 26 – 31.

Yee, K. A. , E. E. Prepas, P. A. Chambers, J. M. Culp and G. Scrimgeour. 2000. Impact of $Ca(OH)_2$ treatment on macroinvertebrate communities in eutrophic hardwater lakes in the Boreal Plain region of Alberta: *in situ* and laboratory experiments. *Can. J. Fish. Aquatic Sci.* 57: 125 – 136.

Young, S. N. , W. T. Clough, A. J. Thomas and R. Siddall. 1988. Changes in plant community at Foxcote Reservoir following use of ferric sulphate to control nutrient levels. *J. Inst. Water Environ. Manage.* 2: 5 – 12.

Zhang, Y. A. Ghadouani, E. E. Prepas, B. Pinel – Alloul, S. Reedyk, P. A. Chambers, R. D. Robarts, G. Méthot, A. Raik and M. Holst. 2001. Response of plankton communities to whole – lake $Ca(OH)_2$ and $CaCO_3$ additions in eutrophic hardwater lakes. *Freshwater Biol.* 46: 1105 – 1119.

第9章

生 物 调 控

9.1 引言

通过几十年的深入研究，人们对浮游植物的分布、丰度、生产力与物种组成的调控因素已经有了一定的理解，特别是深水湖泊中的浮游植物（Pick 和 Lean，1987；Hecky 和 Kilham，1988；Kilham 和 Hecky，1988；Seip，1994）。长期控制有害藻类的常用方法是降低养分浓度，这是一种由受控实验室、场地围场以及整个湖泊调查研究所支持的方法。已经证明，磷与氮（有时）浓度与藻类生长繁殖存在因果关系，特别是从长期角度看（Schindler，1977；Smith 和 Bennett，1999）。磷浓度与藻类生物量之间的关系通常用总磷与叶绿素的对数值的回归关系进行说明，表明藻类生物量的长期变化可通过磷浓度的变化进行解释（图9.1）。但是，当把这些数据绘制成线性图时（图9.2），特别是在短期基础上，差异比较明显，这表明除了营养盐之外，其他因素对于决定藻类生物量也很重要。例如，Schindler（1978 年）在对南纬 38°～北纬 75° 范围内的 66 个限磷湖泊（浅水湖泊与深水湖泊）的研究发现，浮游生物生产力与湖泊的稳态磷浓度之间存在非常显著的相关性（$r=0.69$）。但是，这种关系只解释了大约一半的方差，说明磷浓度与叶绿素高度相关，但对于某些湖泊，在某些年份或部分年份，这种关系可能表现很微弱或根本不存在。放养、混合与/或异株克生物质可能会影响与/或控制这些湖泊中的藻类生物量。

明尼苏达州的广场湖则是一个典型案例（Osgood，1984），其总磷浓度为 20mg/L（呈中营养），但透明度却比预料的更高。在夏季，透明度超过 7m，这是贫营养湖泊的常见深度，显然是由于水蚤放养造成的。

本章的目的之一是研究除资源（如营养物、光照）之外控制深水湖泊中藻类生物量的其他因素，并讨论湖泊管理者如何利用这些知识解决浮游植物问题。由于大多数湖泊较浅，可能以浮游植物或大型植物为主，因此本章还将研究决定何种生产类型占主导地位的因素，以及如何用这些知识来管理浅水湖泊。

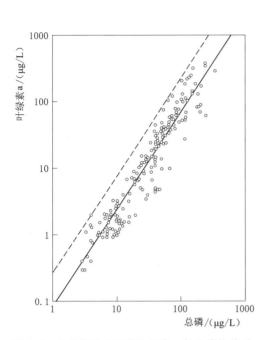

图 9.1 众多湖泊中夏季叶绿素 a 与总磷的关系。（来源：Shapiro，J. 1979. *U. S. Environmental Protection Agency National Conference on Lake Restoration*. USEPA 440/5‑79‑001.）

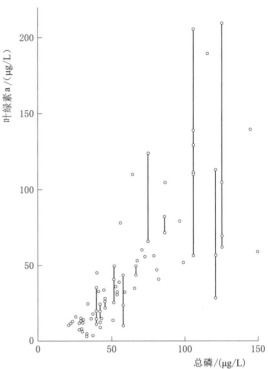

图 9.2 根据图 9.1 中的部分数据重新绘制。（来源：Shapiro，J. 1979. *U. S. Environmental Protection Agency National Conference on Lake Restoration*. USEPA 440/5‑79‑001, pp. 161‑167.）

9.2 营养级联

　　正如明尼苏达州广场湖所示，浮游动物放养是藻类死亡的原因之一，有时会导致水体中藻类生物量低于给定营养水平下的预期生物量。当腐食被腐食生物食用后，就会发生这种情况。但在一些湖泊中，在夏季的某些时期，浮游食草动物量可能较低，这可能是由于鱼类或昆虫等浮游生物的存在，为浮游植物的生长创造了条件。

　　目前已开发了一组假设模型，来解释资源（营养盐、光照）与营养水平之间的相互作用。这些想法的最初形成是针对陆地群落（Hairston 等，1960），后来（Smith，1969）提出将其用于研究湖泊（Hairston 和 Hairston，1993）。Hairston 等（1960）预测，在三种主要营养级系统（生产者、食草动物、初级食肉动物）中，生产者受资源控制；而在四种营养级系统（还包括顶级捕食者）中，生产者受消费者（草食动物）控制，并且第一级食肉动物水平受捕食控制。

　　Hrbacek 等（1961）对池塘的研究支持了上述观点。鱼类浮游生物（无捕食性）减少了浮游动物的草食，导致水华。来自 Brooks 和 Dodson（1965）更为早期的证据发现，新英格兰湖泊中的浮游物，消除了最有效的食草动物（大型水蚤），并且选择了草食率较低且选择较小食物（藻类）颗粒的小型浮游动物（如水蚤）。他们提出了"规模效率"假设来解释较小与较大体型浮游动物对浮游植物的草食影响。

　　Paine（1980）引入了"营养级联"一词，用来描述在潮间带群落的"强联系"或"强相互作用"的物种相互作用。这些物种的消失（或引入）产生了捕食生物量的显著变化。如果捕食生物是具有竞争优势的物种，那么这种影响可能会从捕食生物"级联"到营养级的一两个环节。Pace 等（1999）将"营养级联"定义为："互惠的捕食者捕食效应，改变了食物网多个环节中生物种类、群落或营养水平的丰度、生物量或生产力。"有无显性（"强链接"）顶级食肉动物级的浮游营养级联如图 9.3 所示。

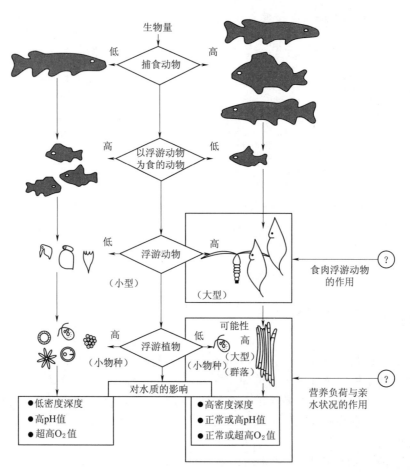

图 9.3　假设方案显示了湖泊中食物链生物调控的相关性；阴影区域代表暂定的相关性。
（来源：Benndorf, J. et al. 1984. *Int. Rev. ges. Hydrobiol.* 69：407 - 428.）

　　Carpenter 等（1985）认为，营养级联可以解释具有相似营养浓度的湖泊之间，藻类生物量或繁殖能力的巨大差异。他们提出营养级决定了湖泊的长期生产力或营养状态，但是营养级的相互作用决定了预期营养状态的年度差异。强肉食性动物抑制了较弱的浮游生物，从而支持浮游动物通过食草减少藻类生物量，这是从食鱼动物延伸到浮游植物的营养级联。

DeMelo 等（1992）提出湖泊中营养级联的证据不足，除了人工调控湖泊，这个结论与一些实验相矛盾，但仍得到其他一些研究人员的支持。Jeppesen 等（2000）描述了丹麦浅水湖泊中的营养级联。Brett 和 Goldman（1996）指出，针对整体湖泊的研究很少，但在 54 个池塘与围场的实验中，有证据表明存在营养级联。在营养丰富的两季混合湖泊中，营养级联持续多年（Carpenter 等，2001）。相比之下，Drenner 和 Hambright（2002）发现，17 个实验中有 10 个没有受其他调控的影响，不支持营养级联假设。但是在大多数以浮游生物（三个营养级）为主的湖泊中，叶绿素 a 的斜率与总磷回归值（图 9.1）的比为四级（以食鱼动物为主导）湖泊的三倍，表明食鱼动物对浮游植物的控制可能导致浮游动物食草增强，并将藻类生物量降至低于给定营养水平的预期。此外，也可能存在"行为级联"。在开放水域中，如果存在食鱼动物，普通鱼类则隐藏在大型植物垫层内，与不存在食鱼动物的水域相比，它更支持水蚤在开放水域摄取食物（Romare 和 Hansson，2003）。

Carpenter 等（1985）的营养级联假说是现代湖泊学中最重要的假设之一。它促进了新的研究，并形成了关于湖泊生产力调控的范例，包括生物相互作用以及资源的作用。建议读者阅读相关书籍以及介绍这一概念的相关文献（Kerfoot 和 Sih，1987；Carpenter，1988；Gulati 等，1990；Elser 和 Goldman，1991；Carpenter 和 Kitchell，1992，1993；Hansson，1992；McQueen，1998）。

9.3　基本营养级联研究

关于营养级联假设的研究（Carpenter 等，1985）加深了对湖泊的理解，也提出了许多湖泊生态学的新问题。营养级联在中营养湖泊中可能比在贫营养型或富营养型湖泊中更常见，因而形成了"中营养状态"假设（Carney，1990；图 9.4）。在中营养湖泊中，可食用的营养藻类支配着浮游生物，且大型浮游动物非常丰富。在富营养湖泊中，特别是高富营养湖泊，浮游植物群落主要为蓝藻，蓝藻可能有毒，且不可食用，且/或会造成浮游动物的滤食口器堵塞（Gliwicz，1990；Lampert，1982）。这些因素可以解释富营养湖泊中大型浮游动物（而不是以浮游生物为食的动物）稀少的原因（deBernardi 和 Giussani，1990；Gliwicz，1990；DeMott 等，2001）。

通过比较超低营养的塔霍湖（加利福尼亚州/内华达州）、加利福尼亚州中营养

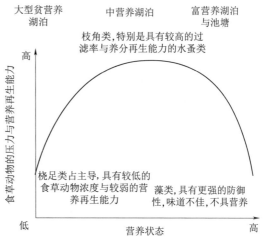

图 9.4　与营养状态有关的食草动物的食草强度与营养物再生能力示意图。

（来源：Carney, H. J. 1990. *Verh. Int. Verein. Limnol.* 24：487 - 492.）

的城堡湖，以及加利福尼亚州富营养的清水湖的食草情况，使用带周围环境或增强的环境浮游动物的围场，以及添加水蚤属（D 蚤属）的围场，对"中间营养状态"假说进行了检验（Elser 和 Goldman，1991）。在富营养湖泊中，浮游动物（甚至为湖内密度的 8 倍）对浮游植物生物量没有影响。添加水蚤属效果不佳。人们认为，鱼腥藻（占浮游植物的42％）不能食用，也不会干扰滤食。在中营养湖泊中，浮游植物的数量大幅下降，但主要初级生产力却有所提高，这表明浮游动物的草食与养分形成循环。在贫营养的塔霍湖围场中，桡足类占主导地位，且不存在草食影响。营养级联在中营养湖泊中表现最强。

McQueen 等（1986，1989，1992）提出了一个"自上而下—自下而上"模型，用于解释基于对富营养的安大略省的圣乔治湖的围场实验与多年研究的营养水平相互作用。总磷、叶绿素与鱼类生物量（食鱼鱼类与浮游生物）之间的回归关系表明，自下而上的力（营养）在最靠近资源的营养级时最强，而自上而下的力在食鱼鱼类水平附近时最强。他们预测在富营养湖泊中，自下而上的控制相对于自上而下的控制会变得越来越重要。因此，在最富营养湖泊中，食鱼动物不太可能对藻类生物量产生连锁效应。

1982 年，圣乔治湖的一次冬季捕杀消灭了 72％的大口黑鲈，为该模型的测试提供了6 年的数据。在 1983—1984 年期间，随着鲈鱼数量的恢复，浮游生物的生物量迅速增加，然后在 1985 年开始减少。正如所预测的，尽管浮游生物的生物量与浮游动物总数或水蚤生物量之间不存在显著的负相关性，但是仍可观察到从食鱼动物到以浮游生物为食的动物，再到浮游动物的强烈自上而下的级联。浮游动物或水蚤生物量与叶绿素和透明度已不存在显著的相关性，但叶绿素与总磷的对数之间存在显著的正相关性。

McQueen 等（1989）认为确定营养级生物量的长期过程取决于资源与能量流（自下而上）。按照 Carpenter 等（1985）与 McQueen 等（1989）得出的结论，短期扰动或级联设定了"实现的生物量"限制。湖泊受逐年变化的降水量、相关水体与养分负荷以及气候（混合事件、鱼类冬季捕杀）的强烈影响，这些随机事件反过来影响顶部与底部的营养级，包括对鱼类生物量、繁殖与死亡率的影响（Carpenter 等，1985）。这些事件可能不是随机变化的瞬时效应，而是在其他时间段产生的滞后或惯性效应。今天的藻类繁殖能力可能取决于昨天的浮游动物，这些浮游动物的生物量又取决于过去一个月的浮游动物，它们又取决于前一年的食鱼动物补充（Carpenter 等，1985）。

对浅水湖泊、深水湖泊以及不同营养级湖泊内的藻类生物量控制仍存在许多争议。取自从北极到温带以及从贫营养到超富营养的浅水与深水湖泊的大型样本（$n=446$）经验数据，都不足以支持 McQueen 等（1989）的假设，即在贫营养湖泊中级联效应可能最大。相反，该调查部分支持"中间状态假设"（Elser 和 Goldman，1991），并表明在高总磷时，最可能的条件（即使去除浮游生物）是高藻类生物量与浊度（Jeppesen 等，2003a）。

营养级联是食浮游生物动物、食草动物与生产者营养级生物量的重要决定因素，并可解释在资源与生物量之间的回归关系中观察到的一些变化。关于组织生态系统的力量以及物种种群对抗这些力量的适应性，仍然存在许多激烈的争论。但是湖泊管理者只关心营养级的调控能否带来更清澈的湖泊，如果可以，这种效果能持续多久？

9.4 生物调控

Caird（1945）首次发表了关于浮游植物对增大食鱼鱼类生物量的响应的观察结果。Caird 猜想，通过食物链效应将大口黑鲈添加到康涅狄格州一个 $15hm^2$ 的湖泊中，浮游植物生产力持续 4 年不断减少，从而终止了施用硫酸铜。

Shapiro 等（1975）提出了"生物调控"术语，他将其定义为"对湖泊生物群及其栖息地的一系列调控，以促进我们作为湖泊使用者所认为有益的某些相互作用与结果——即减少藻类生物量，特别是蓝绿藻类"（Shapiro，1990）。Shapiro 等（1975）介绍了采用食鱼动物自上而下控制浮游动物对藻类生物量的影响，以及通过食虫鱼形成的养分循环对藻类的自下而上的影响。许多湖泊管理者仅将该术语应用于食浮游生物的鱼类自上而下的控制（Drenner 和 Hambright，2002）。最近，该术语几乎涉及管理藻类与水生植物的所有生态调控。

目前已有许多关于生物调控的评论文章与书籍，例如 Shapiro（1979），Gulati 等（1990），DeMelo 等（1992），Carpenter 和 Kitchell（1992），Moss 等（1996a），Hosper（1997），Jeppesen（1998），McQueen（1998），Bergman 等（1999），Drenner 和 Hambright（2002）。Lazzaro（1997）对此项研究进行了极其有益的比较总结。

以下为生物调控案例研究，其中特别关注其有效性与持久性。一些研究人员（Jeppesen 等，1997）指出，浅水湖泊中藻类生物量的资源控制较弱，这表明对其进行生物调控可能更为成功。因此，本文将分别对浅水湖泊与深水湖泊的研究案例进行分析。

9.5 浅水湖泊

深水湖泊与浅水湖泊的特征如第 2 章所述。简而言之，浅水湖泊的平均深度小于 3m，通常是多循环的，且具有影响整个水柱的显著养分循环。与深水湖泊相比，单位体积的鱼类生物量更高、鱼类对浊度与沉积物养分释放的影响更大，且大型植物繁殖的面积可能接近 100%（Cooke 等，2001）。Moss 等（1996a）与 Scheffer（1998）对这些特征及其他特征进行了总结。

浅水湖泊比深水湖泊更为常见。与深水湖泊不同，中等（磷含量 $30\sim100mg/L$）营养水平的浅水湖泊似乎存在着状态更替：要么水质清澈，以根系植物为主；要么水质浑浊，以藻类植物为主（Scheffer，1998）。在低营养浓度下，最有可能呈现清水植被状态，而在较高（磷含量可能大于 $100mg/L$）营养浓度时，更可能形成浑浊状态（Hosper，1997）。在极端值之间的浓度下，则可能出现水质清澈，也可能出现水质浑浊。如果对确定湖泊状态的力量进行调控，则其可能从一种状态切换到另一种状态。Jackson（2003）介绍了在限定地理区域（阿尔伯塔省）内，一个浅水湖泊在清澈与浑浊之间进行切换的实例。

以大型植物为主的清水湖泊，对外来养分负荷增加引起的藻类优势发展具有抵抗性，因为植物减少了风与船行产生的沉积物再悬浮，为以藻类为食的水蚤提供了白天栖息地，其固着生物可能吸收大量营养成分，且一些大型植物会释放对藻类有抑制作用的化合物。食鱼动物可以在以大型植物为主的湖泊中茁壮生长，从而控制以浮游动物、消耗固着生物的腹足类为食的鱼类（Bronmark 和 Weisner，1996）。鱼类的这种最终影响极其重要，因为丰富的固着生物可以减少根系植物的生长。

　　人们通过一些植物管理活动（如捕捞草鱼）；增加鱼类生产〔大多数鱼类（按年度计）为浮游动物〕以及施用致死水蚤与植物的毒杀剂（如硫酸铜、除草剂、杀虫剂等）等行为，减少了以大型植物为主的清澈湖泊变化的阻力。对于大型植物为主导的清澈水体，基于营养素的稳定性阈值为约 50～100mg/L（磷含量）。湖泊随着营养物负荷增加与/或植物去除而持续丧失稳定性，可能会突然转变为混浊的无大型植物状态。Moss 等（1996a）称这些导致混浊状态的变化为"正向替代"。图 9.5 示出了这种替代状态模型以及促使从一种状态切换到另一种状态的力。请注意，澄清或浑浊水体状态可以在不改变总体营养素浓度的情况下形成。

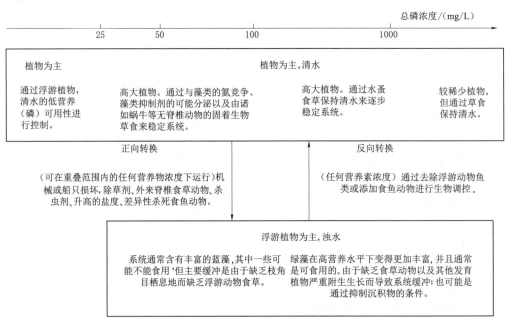

图 9.5　原始磷浓度梯度变化过程中，浅水湖泊以水生植物或浮游植物为主的替代稳定状态模型，包括原始磷浓度值与污染条件下的磷浓度值。

（来源：Moss，B. et al. 1996. *A Guide to the Restoration of Nutrient-Enriched Lakes*. Broads Authority，Norwich，Norfolk，UK.）

　　即使外部负荷显著减少，浑浊湖水也可能不会转换为清澈湖水。这意味着为浅水湖泊业主提供的减少外部负荷以改善水质的常用建议，可能不会获得预期的结果。风、船与鱼类活动引起的沉积物再悬浮会减弱光照，并阻止大型植物的再生长。广泛的内部养分循环可能继续维持浮游植物的生长，并降低透明度，阻碍水质改善与大型植物的再生长。鱼类去除、食鱼动物放养以及防止植物免受鸟类侵害的围场，都是触发转变为清澈水体状态的生物调控办法。通过污水分流（第 4 章）或磷灭活（第 8 章）减少营养浓度，可提高这种转换的可能性。图 9.6 显示了清澈与浑浊浅水湖泊对增加或减少外部养分负荷的抵抗模式。

生物调控，特别是自上而下的程序，在浅水湖泊中更有可能获得成功，反过来，浅水湖泊更容易进行生物调控，因为几乎所有的鱼类都可以清除。以下案例说明了将浑浊湖泊恢复到以大型植物为主导的清澈状态的一些工作成果。大多数案例都位于欧洲，因为欧洲人喜欢浅水湖泊内保持以根系植物为主的清水条件。在北美洲，由于湖泊、池塘与水库高度密集，无论面对何种可能阻止保持这种稳定情况的因素（如高内部营养物再循环、高外部负荷与/或外来食草鱼的放养），湖泊用户似乎都希望湖泊保持无藻类、无浑浊、无大型植

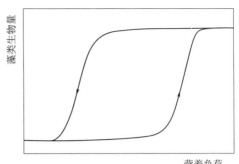

图 9.6　与藻类生物量有关的富营养与低营养水平，显示典型的滞后曲线。

（来源：Hosper, H. 1997. *Clearing Lakes. An Ecosystem Approach to the Restoration and Management of Shallow Lakes in The Netherlands.* RIZA, Lelystad, The Netherlands.）

物。这种理想目标只有不断依靠使用昂贵的机械与/或化学控制等手段才有可能实现。

关于浅水湖泊营养状态的更多现实期望可能对北美湖泊用户有一定的价值。例如，有一种常见的策略是尝试针对植物的中间生物量进行调控，来管理以大型植物为主的湖泊，以满足期望无水生植物湖泊的用户要求。如果外部与内部营养物负荷较高或持续增加，或者大量植物去除（如草鱼的收获与放养），这种情况则不可能形成。这些条件可能会使湖泊处于混浊状态。在某些情况下，管理一些地区适合划船与游泳的浅水湖泊可能更容易实现，同时可对其他附近湖泊的清水条件进行管理（Van Nes 等，1999，2002）。对于具有高回弹性的清水湖泊（由于营养物负荷与食肉鱼类生物量较低，而转换为浑浊状态的可能性较低），在高使用区域一些大型植物可能会消失。管理目标应与现实保持一致（Welch，1992a）。

以下案例选自经策划调控的湖泊情况，而不是来自无计划与存在剧烈生物变化的案例，如冬季鱼类死亡或干旱情况。

9.6　生物调控：浅水湖泊

9.6.1　科克修德布罗德湖（英国）

科克修德布罗德湖（3.3hm^2，平均深度 1.0m）是英格兰东部几个小型河流形成的浅水湖泊之一。最初这些湖泊以大型植物为主，但近来密集的浮游植物取代了大型植物（Moss 等，1996b）。在英国，水生植物被视为可提供高生物多样性，且能恢复一些湖泊（包括科克修德布罗德湖）水质的资产。

与当时的传统观点（20 世纪 80 年代早期）相一致，人们认为去除城市废水设施中的磷就能恢复科克修德布罗德湖。但是，内部磷高度再循环是主要的磷源，因此将科克修德布罗德湖从邻近的富营养河流中分离出来，并且清除了大约 1m 的富磷沉积物。总磷降低了，水生植物也得到了恢复。但是，到 1984—1985 年，水下植物减少、浮游植物占主导

地位的状态再次恢复，因为食浮游生物的鱼类种群恢复后，到1984年，水蚤（*Daphnia pulex*）在分离与疏浚后大量减少（Moss等，1986b）。

1989年与1990年的冬季，通过几乎全部去除鱼类进行生物调控。因为冬季鱼类往往会聚集在一起，所以使用电气捕鱼与围网更容易将其去除。在随后几年的冬季，继续进行去除鱼类的工作。水蚤得到了恢复，叶绿素浓度降低了，水下植物重新生长。在大型植物与浮游植物为主的条件下形成了高营养浓度，表明这些替代状态受到生物相互作用的影响。没有水蚤时，叶绿素浓度与总磷浓度高度相关。而在高水蚤密度—低浮游生物密度的年份，则没有表现出相关性。

对浮游植物的草食控制似乎与作为浮游生物物理栖息地的大型植物有关（Timms和Moss，1984；Moss等，1986b，1994）。与深水湖泊不同，垂直迁移可以为捕食鱼类的浮游动物提供白天栖息地（Gliwicz，1986），浅水湖泊的浮游动物可以在沿岸地区进行一昼夜的水平迁移（DHM），以提供白天栖息地。虽然水蚤似乎受一些大型植物（例如西伯利亚狐尾藻）的化学排斥，但它们可通过其他大型植物来避开鱼类（Lauridsen和Lodge，1996；Burks等，2001）。但是，如果沿海地带以浮游生物（包括按年度计的鱼食动物）为主，则水蚤死亡率可能很高（Perrow等，1999）。这些作者提出，如果大型植物占湖泊体积的30%～40%，那么浮游动物就能够避开鱼类，从而保持清澈的水体。当大型植物丰富、且沿岸相关的食鱼动物对浮游生物进行控制时，水平迁移将表现出较高的清水稳定作用（Burks等，2002）。当放养水蚤时，即使在营养物浓度升高的情况下，也可能保持清澈的水体状态。因此，需要对水平迁移进行进一步研究。

采用传统的取样方法难以评估透明度渐增情况下的浮游动物捕食作用。只有夜间采样才能揭示以大型植物为主的浅水湖泊中浮游动物的实际密度，因为白天在开放水域取样无法捕获栖息地中的浮游动物（Meijer等，1999）。英国水域采用的大型浮游动物人工栖息地，包括矮树丛、聚丙烯绳索与网笼，都无法提高浮游动物的存活率（Moss，1990；Irvine等，1990）。

9.6.2　兹文拉斯特湖（以及荷兰其他湖泊）

由于具有生物调控后的长期数据以及存在维持清澈水体状态的问题，兹文拉斯特湖（1.5hm²，平均深度1.5m）案例具有一定的指导意义。1968年，该湖通过施用广谱除草剂（敌草隆）消除了大型植物。该湖泊快速转变为藻类主导的浑浊状态。在荷兰，要求可游泳湖泊的最小透明度为1.0m，但铜绿微囊藻水华使透明度低于此标准。1987年冬天，兹文拉斯特湖通过封存、电子捕捞和排干，消除了浮游生物与食肉鱼类。然后放养梭子鱼（*Esox lucius*）与鲢鱼（*Scardinius erythrophthalmus*），加入柳树枝条作为梭鱼鱼种的栖息地，种植了黄睡莲（*Nluphar lutea*）与轮藻，并引入了大型水蚤与透明蚤（1kg湿重）（Gulati，1990；van Donk等，1990）。

虽然外部养分负荷仍然很高（磷含量每年2.4g/m²；van Donk等，1993），但水体变得非常清澈。1988—1989年，湖泊中伊乐藻（*Elodea nuttalli*）占主导地位，浮游植物受氮限制。1987年，夏季叶绿素浓度较低，这是治理后的第一个夏季，部分原因来自大量的水蚤放养。到1991年，在食浮游生物的动物恢复、藻类草食减少后，小型水蚤成为主导生物。1990—1991年，金鱼藻（*Ceratophyllum demersum*）占主导地位，但在1992—

1994 年，该藻类几乎不存在。1992—1994 年，夏末水华再次发生。眼子菜藻类出现于 1992—1994 年春季，但被附生植物覆盖并消灭（van Donk 和 Gulati，1995）。另一种浮游生物消失发生在 1999 年，之后湖泊进入清水期，大型植物开始缓慢恢复。

是什么导致湖泊转变回浑浊状况呢？1989 年食草鸟（黑鸭，*Fulica atra*）入侵了该湖泊，在秋末以每天干重 7kg 的速度消灭伊乐藻。鲢鱼也是食草动物，两种食草动物（鱼类与鸟类）将植物优势转变为以金鱼藻和眼子菜属为主导。随后在 1991—1992 年，黑鸭以金鱼藻为食。因为水蚤放养仅在 1987 年有效，所以金鱼藻可能就是从 1988 年至 1991 年（可能通过等位基因病、诱导浮游植物的氮限制，与/或防止沉积物再悬浮）使湖泊保持清澈状态的大型植物。在大型植物被鱼类、鸟类与附生植物消灭后，兹文拉斯特湖内水华再次发生（van Donk 等，1994；van Donk 和 Gulati，1995；图 9.7）。最终高营养物质负荷阻止了永久性清澈水体状态的建立。只有浑浊状态似乎是稳定的（van de Bund 和 van Donk，2002）。

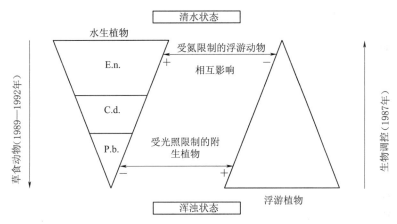

图 9.7　缓冲兹文拉斯特湖稳定性（水平箭头）与诱导清澈水体
状态与浑浊状态转变（垂直箭头）的机制示意图。

（来源：van Donk, E. and R. D. Gulati. 1995. *Water Sci. Technol.* 32：197 - 206.）

导致大型植物丧失的因素之一，是附生植物覆盖限制了光照（Sand - Jensen 和 Søndergaard，1981）。这种情况在兹文拉斯特湖非常显著（van de Bund 和 van Donk，2002）。Bronmark 和 Weisner（1992）提出对沿岸区域食物网进行生物调控，以清除软体动物（通常为棘臀鱼科或太阳鱼），从而维持以附生植物为食的蜗牛生物量，稳定清澈的水体状态。这个假设得到了支持。在富含营养的水族箱内，金鱼藻在高淡水螺（膀胱螺、旋节螺）密度下表现出大量新生物量（金鱼藻直接从水中获得营养）。在低淡水螺密度或无淡水螺的高营养条件下，允许大量附生植物群落生长，并且会对金鱼藻造成明显的光照限制（Lombardo，2001）。在英国浅水湖泊中，大型植物生物量与固着生物量呈负相关，而固着生物量与无脊椎动物生物量呈负相关（$R^2 = 0.714$）。在高鱼类生物量的湖泊中，植物表面的无脊椎动物密度较低（Jones 和 Sayer，2003）。因此，浅水湖泊中涉及鱼类—无脊椎动物—固着生物的营养级联，可能与确定大型植物或浮游植物是否为主要生产者的鱼类—浮游动物—植物—浮游生物级联一样重要。Bronmark - Weisner 的假设应需要更多的研究来验证。

兹文拉斯特湖的案例表明了湖泊的复杂性，也体现了生物调控的最重要问题，即如何稳定新的与可能更理想的状态（Shapiro，1990）。恢复力描述了系统在受到干扰后恢复平衡的速度（如去除食鱼动物或浮游生物）。三级系统（浮游生物、食草动物、生产者）显然极具恢复力，其原因可能在于浮游生物的高繁殖率、食鱼动物加入时生长缓慢（Carpenter 等，1992）以及对高营养浓度的影响（Jeppesen 等，2003a）。四级非平衡系统可能需要大量持续的工作进行维持，特别是在湖泊富含营养的情况下（如兹文拉斯特湖的情况）。

荷兰采用了多种生物调控技术。保持清澈水体状态最成功的方法是大量去除鱼类（至少 75%），并保持较低营养水平（Meijer 等，1999）。通过在植物垫层上用网络隔离来自选定湖区的食草鸟，可成功促进生物调控，进而支持植物生长（Moss，1990）。

浅水湖泊中存在透明或混浊水体的更替状态，在极端营养物浓度情况下，这种更替状态则比较稳定。在极端情况之间保持生物调控状态，需要始终关注持续的生态交替。

9.6.3　维恩湖（及丹麦其他湖泊）

丹麦曾进行过大量的生物调控实验。对数百个湖泊、围场及整个湖泊调控的数据表明，这种方法对于浅水湖泊更为有效。高效率与大型植物覆盖率的大幅增加有关。反过来，大型植物能够稳定沉积物、隔离营养物质、提供浮游动物栖息地，并释放化感物质。此外，还必须清除大量浮游生物与食肉鱼类。否则，在生物调控后不久，湖泊可能就会恢复到混浊状态。将总磷浓度降低至低于 $50 \sim 100 \mu g/L$ 范围也非常重要（Jeppesen 等，1997，2000）。

维恩湖（15hm²，平均深度 1.2m）就是其中一个实例，该湖内部磷高度再循环，并存在食肉鱼与浮游生物鱼，从而在大部分（65%）废水分流后仍阻碍了湖泊恢复。5 年后，该湖清除了 50% 的鱼类。大型的枝角类植物取代了轮虫类，浮游植物的生物量急剧下降，硅藻取代了蓝藻，大型植物重新占据了湖泊。内部磷再循环减少，其原因可能是鱼类被清除、氧化还原条件改善与/或 pH 值较低。在鱼类去除后，掠食性鱼类的捕捞控制与相关高透明度至少在 8 年内保持稳定（Søndergaard 等，1990；Lauridsen 等，1994；Jeppesen，1998）。

9.6.4　克里斯蒂娜湖（美国）

北美中西部的浅水湖泊是迁徙水禽的重要饲养与聚集区，也是狩猎、捕鱼与风景区。当食肉鱼类/浮游生物成为主导鱼类时，作为水禽与猎物栖息地的湖泊的质量急剧下降，进而导致藻类大量繁殖、大型植物死亡且浊度升高。克里斯蒂娜湖项目的目标是恢复其候鸟栖息地属性（Hanson 和 Butler，1994a，b；Hansel-Welch 等，2003）。

克里斯蒂娜湖是明尼苏达州中西部的一个大型浅水湖泊（1600hm²，平均深度 1.5m）。该湖具有超高的叶绿素浓度与浊度，以及丰富的限制光照的沉水植物。1977—1980 年，该湖几乎不存在植物与水禽。1987 年秋季，湖内施用了鱼藤酮（3.0mg/L），灭杀以大头鱼（*Ictalurus nebulosus*）、大口牛胭脂鱼（*Ictiobus cyprinellus*）、黄鲈（*Perca flavescens*）与白斑狗鱼（*Esox lucius*）为主的鱼类群落，随后放养大口黑鲈（*Micropterus salmoides*）与大眼梭鲈（*Stizostedion vitreum*），以抑制再次入侵的大型鱼类。1985—1998

年期间，持续对该湖进行监测，使其成为数据记载最完整的恢复项目之一。

克里斯蒂娜湖的治理非常成功且持久（至少到 1998 年），并将其改造为稳定、清澈、以大型植物为主的栖息地。1988 年，小型枝角类生物象鼻蚤属、盘肠蚤属被大型水蚤（淡水枝角水蚤、盔型潘）取代，通过草食形成了清澈水相，且水下植物得到了恢复。茨藻属、狐尾藻属与蔓藻属等"先锋"植物群落（1988—1992 年）被下层的轮藻与上层的小眼子菜和篦齿眼子菜替代（1992—1998 年）。显然先锋植物使沉积物稳定下来，从而轮藻和眼子菜属得以出现。轮藻的出现可能特别重要，因为轮藻可以通过释放抑制浮游植物的化感物质强烈影响清澈水体（van Donk 和 van de Bund，2002）。大型无脊椎动物，特别是钩虾数量逐渐增多，迁徙性水禽也返回此地（Hanson 和 Butler，1994b；图 9.8）。

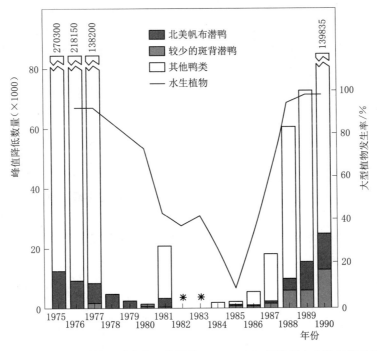

图 9.8　根据航空测量（垂直条）估算的 1975—1990 年峰值水禽数量降低趋势与水下植物出现率（实线）。星号表示仅记录了北美帆布潜鸭的峰值密度。

（来源：Hanson, M. A. and M. G. Butler. 1994. *Can. J. Fish. Aquatic Sci.* 51：1180 - 1188.）

植物生物量随光照的降低而变化，而不是随水禽放养而变化。只有在高鸟类密度下，水禽对水下植物才会造成负面影响（Marklund 等，2002）。在使用鱼藤酮处理植物之前，鱼类生物扰动与浊度无关。相反，在植物重新恢复之前，沉积物的再悬浮可能是保持富营养湖泊（平均 $TP = 76mg/L$）浑浊状态以及浮游植物生物量的主要因素（Hanson 和 Butler，1994a）。清除鱼类后，最初浮游动物食草将增加光照，促进植物生长，但后期浮游动物食草减少。在某些年份，丝状藻类垫层，特别是枝角藻（*Cladophora*），降低了大型植物的光照（Hansel - Welch 等，2003）。尽管磷浓度很高且食草减少，但未能恢复浮游植物的繁殖，这表明化感作用（第 17 章）与沉积物稳定等因素可能发挥了更重要的作用。

替代稳定状态理论得到了支持，且强大的浅水湖泊生物调控持久效应也得到了论证。克里斯蒂娜湖项目表明，在先前混浊、富营养的潜水湖泊中，软质有机沉积物的再悬浮不会阻止大型植物的再生长，并且这些沉积物对根系植物来说不会太"松散"。这个问题仍存在异议（Bachmann 等，1999；Meijer 等，1999；Schelske 和 Kenney，2001）。长期研究 15 个浅水湖泊发现，生物调控后的恢复与养分负荷的减少不受沉积物再悬浮的影响（Jeppesen 等，2003b）。沉积物再悬浮的可能性至少部分取决于湖泊形态（Bachmann 等，2000），以及鱼类干扰对沉积物的影响（Scheffer 等，2003）。克里斯蒂娜湖内几乎不含食肉鱼类，这可能是植物得以再生长的最重要因素。

目前已开发一种评估程序，用于评估成功进行浅水湖泊生物调控的可能性（Hosper 和 Jagtman，1990；Hosper 和 Meijer，1993），这些资源应该在开始项目实施之前进行审查。应满足以下标准：①在 2 年或更短时间内浮游生物与食草动物的去除量应大于 75%；②应放养食鱼动物，特别是在种类繁多（按年计）的地方；③应阻止新鱼种类的迁徙（Hosper 和 Meijer，1993；Perrow 等，1997；Hansson 等，1998）。无论生物调控工作进展如何，暴露在强风中的湖泊可能仍处于浑浊状态，植物也不会生长茂盛。

9.7　生物调控：深水湖泊

浅水湖泊对广泛的生物调控会产生响应，主要是因为大部分鱼类群落可以被清除，并且大型植物可以发育，并有助于保持水体清澈。许多两季混合湖有较小的沿岸带，大型植物对保持清澈水体的作用可能有限。但是，以下案例表明，尽管可能需要持续进行维护，浮游生物群落的生物调控仍可通过营养级联形成更清澈的水体。

9.7.1　曼多塔湖（美国）

曼多塔湖（面积为 40km²，最大深度 25m）至少经历了一个世纪的水华，随着外部养分负荷增加，这种情况在 1945 年后变得更为普遍。1971 年，该湖对废水进行了分流。由于大型（600km²）流域的城市发展，与该富营养湖泊的气候与径流密切相关的非点负荷持续存在甚至有所增加。湖内的磷浓度与外部负荷和蓝绿藻生物量密切相关（Lathrop 等，1998）。1900—1993 年期间，透明度的检测数据显示，夏季水体透明度的变化与水华有关。在高营养低食草的年份，水体透明度最低，而在高食草年份的夏季发现了较高的透明度，这表明该湖对生物调控有一定的响应（Lathrop 等，1996）。

1987—1999 年，该湖放养了 270 万条大眼梭鲈（*Stizostedion vitreum*）与 17 万条白斑狗鱼（*Esox lucius*）。1988 年推行了禁渔措施（增大可捕获的最小尺寸限制，降低捕捞限额），1991 年进一步增加了对大眼梭鲈的禁渔限制，1996 年又增加了对白斑狗鱼的禁渔限制（Lathrop 等，2002）。

1998 年，大眼梭鲈的生物量迅速增加到顶峰，而白斑狗鱼先增后减。食浮游生物的动物生物量与对水蚤的捕食量急剧下降，部分原因在于 1987 年加拿大白鲑（*Coregonus artedi*）的大规模自然死亡。低浮游生物水平一直保持到 1999 年，当时黄鲈（*Perca flavescens*）开始增加，即使食鱼生物的数量较多。在食鱼生物数量较多的年份，大型蚤草蚤占主导地位，并且湖泊在这些年份具有高透明度。1993 年，由于径流造成湖泊磷升高到较高水平，并且在生物调控期间一直保持较高水平。即使磷负荷较高（年平均磷负荷为每年 $0.85g/m^2$），浮游生物减少也会对浮游植物产生影响，使透明度有所提高。由于 1987 年加拿大白鲑的死亡，受控的浮游生物不能完全归因于增加的食鱼生物（Lathrop 等，2002）。来自流域管理的磷负荷减少将持续改善水体的透明度。

9.7.2 包岑水库与格拉芬赫姆实验湖（德国）

包岑水库面积广阔（553hm²），中等深度（平均深度为 7.4m），为多循环与富营养水体，生长着蓝藻（铜绿微囊藻）与潜在有效的食藻动物（盔型溞）。该水库于 1973 年建造，其中白斑狗鱼种群发育迅速。1976 年开始游钓，两年内狗鱼数量大幅减少，因此小型浮游生物河鲈开始大量繁殖。1977 年开始通过放养梭鲈、限制捕捞进行生物调控。在 1980—1982 年与 1984—1988 年，每年放养 2 万～8 万条鲈鱼。研究人员已对生物调控前（1977—1980 年）与生物调控期（1980—1988 年）的湖泊状况变化进行了对比（Benndorf，1987，1988，1989，1990；Benndorf 和 Miersch，1991；Benndorf 等，1984，1988，1989，2002）。

食浮游生物动物（鲈鱼）受到控制，但没有被梭鲈消灭。但低水平的食浮游生物动物阻止了大量无脊椎浮游生物（幽蚊）的繁殖。这种浮游食物网（一种食鱼动物与减少的脊椎动物与无脊椎动物的群体活动）可能提高了水蚤的生物量与浮游动物群落结构的稳定性。1976—1980 年，象鼻溞属与网纹溞属占主导地位。1980 年以后，盔型溞增加，最初浮游无脊椎动物的生物量逐渐升高，随后降至低密度，一直保持到初夏形成清澈的水体，之后不可食用的藻类（微胞藻属、盘星藻、水网藻）占据主导地位（图 9.9）。在进行生物调控的 8 年中，藻类生物量只有 1 年低于生物调控前，但蓝藻为主导可支持透过更多的光照。

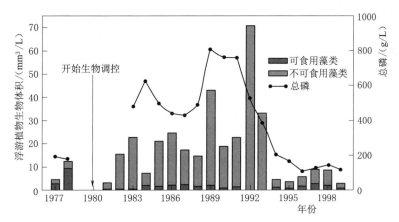

图 9.9 生物调控前后包岑水库（德国）可食用与不可食用浮游植物的生物体积
（夏季平均值，5—10 月）与总磷浓度（年平均值）。实验细节，请参见
Benndorf，1995 年；1990 年以后，外部磷负荷急剧下降（Benndorf，1995）。
（来源：Benndorf, J. et al. 2002. *Freshwater Biol.* 47：2282－2295.）

1996 年与 1997 年，通过施用二氧化铁，对包岑水库进行生物调控，而水柱则连续通过循环系统进行混合。（第 8 章；Deppe 和 Benndorf，2000）。

在富营养湖泊中显然出现了多重反馈，因此营养级联的短期正面影响可以促进长期过程，最终导致总磷浓度降低。例如，生物调控可以减少底部生存鱼类，当水体变得更清澈时，大型植物覆盖得以增加，并且单位总磷将产生更少的藻类繁殖。由于较低的藻类繁殖能力与较低的 pH，上层沉积物中磷释放也会降低（Benndorf，1989）。白天水蚤迁移到深水中以逃避鱼类捕食时，可能会发生总磷从湖上层到深水层的净输出（Wright 和 Shapiro，1984）。这种情况曾发生在挪威豪加腾湖使用鱼藤酮消灭鱼类的年份（Reinertsen 等，1990）。

与食物网调控相关的积极变化也可能被长期的反馈过程抵消，导致总磷浓度升高，水体清澈度降低，包括大型、生长缓慢、且不可食用的蓝绿藻占据优势。水蚤种群经过长期适应减少的湖上层捕食，可能形成一个不会迁移且始终处于湖上层的种群。这可能会减少总磷向深水层输出（Benndorf，1989；Benndorf 和 Miersch，1991）。观察与实验证据表明，食物数量和捕食影响了在湖上层和深水层中发现的大型水蚤和盔型溞基因型的选择（Dumont 等，1985；King 和 Miracle，1995）。这一现象支持了 Benndorf 对食草动物长期选择导致食物网发生其他变化（包括减少或停止垂直迁移）的预测。若要确定生物调控是否会对总磷浓度产生影响，还需进行长期研究。

向格拉芬海姆湖添加食鱼动物几乎彻底消灭了普通鱼类，这表明可能存在"过度生物调控"（Benndorf 等，2000）。在没有浮游鱼类的情况下出现了大型无脊椎浮游生物（幽蚊），导致在以食鱼动物或浮游生物为主导的控制湖泊中，水蚤被幽蚊消灭，且浮游植物失去草食控制。营养级联假说的线性食物链模型并未预测到其他物种（如幽蚊）可能起主要作用，并抵消级联（McQueen 等，2001）。尽管水体处于允许存在高水蚤生物量的水平，可能仍需要中等密度的浮游生物（例如包岑水库）对无脊椎浮游生物进行控制（Wissel 等，2000）。这可能需要进行集约管理。

美国许多南部富营养水库存在由美洲真鰤主导的三级食物网，并且可能不存在不同的营养等级的食鱼动物。美洲真鰤繁殖力很强，为杂食动物，显然不受自上而下或自下而上的力量控制。它们在初春时节产卵，其幼体是强健的动物，夺取了食浮游生物的蓝鳃幼虫的食物。这种情况减少了大口黑鲈的食物基础。此外，早期美洲真鰤产卵孵化的幼虫将生长到按鲈鱼无法达到的大小。这两个因素导致鲈鱼的生长状况逐年下降，冬季的鲈鱼生存率降低，最终导致鲈鱼数量降低。美洲真鰤繁殖能力不受浮游动物的可食用性的控制，因为斑鰤也会食用大型浮游植物。因此，杂食性美洲真鰤是一种影响上级（食鱼动物）与下级（食草动物与浮游植物）营养水平的"关键物种"。在美洲真鰤丰富的地方，食鱼动物减少，水库中不存在某些天然湖泊中产生营养级联的链状食物网（Stein 等，1995）。在瑞典的湖泊中，杂食动物斜齿鳊的生物量可能增加，并抑制食鱼鲈的数量（Persson 等，1988）。虽然尚未证实，但是一些以杂食性欧洲鲤鱼为主的美国天然湖泊，通过采用类似于 Stein 等（1995）提出以美洲真鰤为主的水库机制，可能存在较少的食鱼动物。

曼多塔湖与包岑水库的生物调控经验表明，通过添加大量食鱼动物进行强烈的自上而下调控可能会与浮游植物形成级联。但并非所有添加食鱼动物的尝试都能获得成功，也没有一个水体能因此长期保持稳定。例如，向得克萨斯州供水水库添加大口黑鲈，没有降低藻类生物量，也没有降低营养物浓度（Drenner 等，2002）。很明显，食鱼动物的需求量很大，且需要逐年持续添加，允许捕鱼作业也会使生物调控无法获得成功。

生物调控无法取代大幅降低外部营养负荷，特别是在大型植物较少的深水湖泊中。Benndorf 等（2002）支持 McQueen 等（1989）"自下而上—自上而下"的假设，认为降低磷浓度对于长期成功调控至关重要。Benndorf 和 Miersch（1991）提出了"磷负载的生物调控效率阈值"，估计含磷量为每年 $0.6\sim0.8g/m^2$，超过该阈值，生物调控引起的湖上层磷损失将会被外部负荷克服（如沉积物增加，水蚤垂直迁移）。Elser 和 Goldman（1991）也支持中营养湖泊对自上而下控制更敏感的观点。

关于营养浓度与成功生物调控也存在一些分歧。Carpenter 等（2001）观察了威斯康星州小型深水湖泊在 7 年内的食草动物与浮游植物的变化情况，这些湖泊中浮游生物或食鱼动物占主导地位。湖泊在 5 年内富含氮与磷，但仍然保持对磷的限制。即使营养物浓度相似，以食浮游生物动物为主的湖泊内也存在更多的藻类生物量与初级繁殖能力。在食鱼动物为主的湖泊中，即使具有较高的浮游磷浓度，水蚤繁殖也很旺盛。该实验不支持磷负载阈值假设。通过分析未与其他调控混淆的 17 个案例，Drenner 和 Hambright（2002）得出结论，对于给定的磷浓度，以食鱼动物为主的湖泊内的叶绿素含量低于以食浮游生物动物为主的湖泊。

9.8 成本

针对生物调控成本，尚无明确分析，但毫无疑问，鱼类去除或毒杀（以及鱼类处理）以及后续程序（如食鱼鱼类繁殖或种植植物，如果在某些情况下需要的话）的成本很高（对这些程序的初步成本估算）（Welch，1992b）。与大多数其他湖泊的治理一样，如果外部营养物负荷仍然很高，则很难确保生物调控长期有效，这使得污水分流成本成为生物调控成本的一部分。有一些成本较低的生物调控活动可能会改变湖泊营养状态。例如，浅水水库中的稳定水位，在水质从清澈到浑浊状态的转换中，以及在新出现的湿地植物的衰退中可能至关重要（第 13 章）。如果允许水位波动，低水平的沉积物暴露会增强沉积物压实状况，降低其再悬浮和浑浊度，还可能通过将沉积物暴露于光照下而使水下植物在春季发育（Coops 和 Hosper，2002）。浅水湖泊的其他低成本处理技术包括为浮游动物建造人工庇护所，排除草食性鸟类（Moss，1990，1998），以及通过清除鸟卵、增加湖景观来大幅减少加拿大鹅种群（第 5 章）。McComas（2003）介绍了其他低成本替代处理方案。

9.9 小结

Drenner 和 Hambright（1999，2000）对生物调控实验的方法与成功经验进行了评述。大多数（80%）实验在欧洲的小型（小于 $25hm^2$）浅水（小于 3m 平均深度）湖泊内实施。虽然成功率很高（61%），但成功率最低的方法（29%）是放养食鱼动物。清除浅水湖泊中的部分鱼类最为成功，但营养物转移使这一结论有所混淆，60% 的案例都存在这种情况。食鱼动物放养成功率相对较低，原因之一是食浮游生物的动物与食肉鱼类的体型可能超过食鱼动物的口腔尺寸（Hambright 等，1991）。

还有其他湖泊管理策略可以促进生物调控项目。减少外部负荷是前提条件。如果经生物调控的湖泊仍然富含营养，那么藻类大量繁殖的可能性仍然很高，其中包括不可食用物种的大量繁殖。但内部磷再循环也可能是一个重要来源，特别是在浅水湖泊中，释放的所有磷都在透光区。针对这些湖泊，可以使用明矾治理（第8章）。在浅水湖泊中运用磷灭活措施有一定的效果，并且没有证据表明施用明矾对大型植物有害。明矾处理可以通过改善水质来增强大型植物的生长。在深水湖泊中，人工循环可以增强并稳定自上而下的效果，因为深层混合可以限制浮游植物的生产力，为食草动物提供需氧但黑暗的、可躲避食浮游生物的动物的栖息地，并且可通过在沉积物与水界面上形成有氧条件来限制深水沉积物中磷的释放。（第19章）。

有关生物调控的知识还有很多需要学习，特别是对于深水湖泊。在磷浓度小于 $100\mu g/L$ 的浅水湖泊中，生物调控可获得较高的成效，尽管无论在深水还是浅水湖泊中，要想维持稳定的效果，都需要进行持续的维护。

在湖泊食物网的调控研究中，许多开拓者（Shapiro，Carpenter，Moss，Gulati，Søndergaard，Benndorf，McQueen，Jeppesen，Hosper）提供了丰富的湖沼学知识。无论生物调控是否是主要的湖泊管理方式，这些开拓者以及追随他们继续研究的人，都极大地丰富了我们对湖泊生态学的基本认识。很显然，应用湖沼学使我们对水生环境的生物过程有了新的、基础的理解。

虽然生物调控已经取得了一定的成功，但它并非解决富营养问题的灵丹妙药。最富营养的湖泊显然最不易受生物调控的改变。简单地说，生物调控可以是一种有效的湖泊管理方法，但它不能长期替代控制湖泊富营养化的力量，即溶解颗粒状有机与无机物质的高负荷。

参 考 文 献

Bachmann，R. W.，M. V. Hoyer and D. E. Canfield，Jr. 1999. The restoration of Lake Apopka in relation to alternative stable states. *Hydrobiologia* 394：219 – 232.

Bachmann，R. W.，M. V. Hoyer and D. E. Canfield，Jr. 2000. The potential for wave disturbance in shallow Florida lakes. *Lake and Reservoir Manage.* 16：281 – 291.

Benndorf，J. 1987. Food web manipulation without nutrient control：A useful strategy in lake restoration? *Schweiz. Z. Hydrol.* 49：237 – 248.

Benndorf J. 1988. Objectives and unsolved problems in ecotechnology and biomanipulation：A preface. *Limnologica* 19：5 – 8.

Benndorf，J. 1989. Food – web manipulation as a tool in water – quality management. *JWSRT Aqua* 38：296 – 304.

Benndorf，J. 1990. Conditions for effective biomanipulation – conclusions derived from whole – lake experiments in Europe. *Hydrobiologia* 200：187 – 203.

Benndorf，J. 1995. Possibilities and limits for controlling eutrophication by biomanipulation. *Int. Rev. Hydrobiol.* 80：519 – 534.

Benndorf，J. and U. Miersch. 1991. Phosphorus loading and efficiency of biomanipulation. *Verh. Int. Verein. Limnol.* 24：2482 – 2488.

Benndorf, J., H. Kneschke, K. Kossatz and E. Penz. 1984. Manipulation of the pelagic food web by stocking with predacious fishes. *Int. Rev. ges. Hydrobiol.* 69: 407 – 428.

Benndorf, J., H. Schultz, A. Benndorf, R. Unger, E. Penz, H. Kneschke, K. Kossatz, R. Dumke, U. Horning, R. Kruspe and S. Reichel. 1988. Food – web manipulation by enhancement of piscivorous fish stocks: Long – term effects in the hypertrophic Bautzen Reservoir. *Limnologica* 19: 97 – 110.

Benndorf, J., H. Schultz, A. Benndorf, R. Unger, E. Penz, H. Kneschke, K. Kossatz, R. Dumke, U. Hornig, R. Kruspe, S. Reichel and A. Köhler. 1989. Food web manipulation by enhancement of piscivorous stocks: Long – term effects in the hypertrophic Bautzen Reservoir. *Arch. Hydrobiol. Beih. Ergebn. Limnol.* 33: 567 – 569.

Benndorf, J., B. Wissel, A. F. Sell, U. Hornig, P. Ritter and W. Boing. 2000. Food web manipulation by extreme enhancement of piscivory: An invertebrate predator compensates for the effects of planktivorous fish on a plankton community. *Limnologica* 30: 235 – 245.

Benndorf, J., W. Boing, J. Koop and I. Neubauer. 2002. Top – down control of phytoplankton: The role of time scale, lake depth and trophic state. *Freshwater Biol.* 47: 2282 – 2295.

Bergman, E., L. – A. Hansson and G. Andersson. 1999. Biomanipulation in a theoretical and historical perspective. *Hydrobiologia* 404: 53 – 58.

Brett, M. T. and C. R. Goldman. 1996. A meta – analysis of the fresh water trophic cascade. *Proc. Natl. Acad. Sci USA* 93: 7723 – 7726.

Bronmark, C. and S. E. B. Weisner. 1992. Indirect effects of fish community structure on submerged vegetation in shallow eutrophic lakes – an alternative mechanism. *Hydrobiologia* 243/244: 293 – 301.

Bronmark, C. and S. E. B. Weisner. 1996. Decoupling of cascading trophic interactions in a fresh water, benthic food chain. *Oecologia* 108: 534 – 541.

Brooks, J. L. and S. J. Dodson. 1965. Predation, body size, and composition of plankton. *Science* 150: 28 – 35.

Burks, R. L., E. Jeppesen and D. M. Lodge. 2001. Littoral zone structures as refugia against fish predators. *Limnol. Oceanogr.* 46: 230 – 237.

Burks, R. L., D. M. Lodge, E. Jeppesen and T. L. Lauridson. 2002. Diel horizontal migration of zooplankton: Costs and benefits of inhabiting the littoral. *Freshwater Biol.* 47: 343 – 366.

Caird, J. M. 1945. Algae growth greatly reduced after stocking pond with fish. *Water Works Eng.* 98: 240.

Carney, H. J. 1990. A general hypothesis for the strength of food web interactions in relation to trophic state. *Verh. Int. Verein. Limnol.* 24: 487 – 492.

Carpenter, S. R. (Ed.) 1988. *Complex Interactions in Lake Communities. Springer – Verlag*, New York, NY.

Carpenter, S. R. and J. F. Kitchell. 1992. Trophic cascade and biomanipulation interface of research and management – a reply to the comment by DeMelo et al. *Limnol. Oceanogr.* 37: 208 – 213.

Carpenter, S. R. and J. F. Kitchell. 1993. *The Trophic Cascade in Lakes.* Cambridge University Press, Cambridge, UK.

Carpenter, S. R., J. F. Kitchell and J. R. Hodgson. 1985. Cascading trophic interactions and lake productivity. *BioScience* 35: 634 – 639.

Carpenter, S. R., C. E. Kraft, R. Wright, H. Xi, P. A. Soranno and J. R. Hodgson. 1992. Resilience and resistance of a lake phosphorus cycle before and after food web manipulation. *Am. Nat.* 140: 781 – 798.

Carpenter, S. R., J. J. Cole, J. R. Hodgson, J. F. Kitchell, M. L. Pace, D. Bade, K. L. Cottingham,

T. E. Essington, J. N. House and D. E. Schindler. 2001. Trophic cascades: Nutrients and lake productivity: Whole – lake experiments. *Ecol. Monogr.* 71: 163 – 186.

Cooke, G. D. , P. Lombardo and C. Brant. 2001. Shallow and deep lakes: Determining successful management options. *LakeLine* 21: 42 – 46.

Coops, H. and S. H. Hosper. 2002. Water – level management as a tool for the restoration of shallow lakes in The Netherlands. *Lake and Reservoir Manage.* 18: 293 – 298.

De Bernardi, R. and G. Giussanig. 1990. Are blue – green algae a suitable food for zooplankton – an overview. *Hydrobiologia* 200: 29 – 41.

De Melo, R. , R. France and D. J. McQueen. 1992. Biomanipulation: Hit or myth? *Limnol. Oceanogr.* 37: 192 – 207.

Demott, W. R. , R. D. Gulati and E. Van Donk. 2001. *Daphnia* food limitation in three hypereutrophic Dutch lakes: Evidence for exclusion of large – bodied species by interfering filaments of Cyanobacteria. *Limnol. Oceanogr.* 46: 2054 – 2060.

Deppe, T. and J. Benndorf. 2002. Phosphorus reduction in a shallow hypereutrophic reservoir by in – lake dosage of ferrous iron. *Water Res.* 36: 4525 – 4534.

Drenner, R. W. and K. D. Hambright. 1999. Biomanipulation of fish assemblages as a lake restoration technique. *Arch. Hydrobiol.* 146: 129 – 166.

Drenner, R. W. and K. D. Hambright. 2002. Piscivores, trophic cascades, and lake management. *Sci. World* 2: 284 – 307.

Drenner, R. W. , R. M. Baca, J. S. Gilroy, M. R. Ernst, D. J. Jensen and D. H. Marshall. 2002. Community responses to piscivorous largemouth bass: A biomanipulation experiment. *Lake and Reservoir Manage.* 18: 44 – 51.

Dumont, H. J. , Y. Guisez, I. Carels and H. M. Verheye. 1985. Experimental isolation of positively and negatively phototactic phenotypes from a natural population of *Daphnia magna* Strauss: A contribution to the genetics of vertical migration. *Hydrobiologia* 126: 121 – 127.

Elser, J. J. and C. R. Goldman. 1991. Zooplankton effects on phytoplankton in lakes of contrasting trophic status. *Limnol. Oceanogr.* 36: 64 – 90.

Gliwicz, M. 1986. Predaton and the evolution of vertical migration. *Nature* 320: 746 – 748.

Gliwicz, M. 1990. *Daphnia* growth at different concentrations of blue – green filaments. *Arch. Hydrobiol.* 120: 51 – 65.

Gulati, R. D. 1990. Structural and grazing responses of zooplankton community to biomanipulation of some Dutch water bodies. *Hydrobiologia* 200/201: 99 – 118.

Gulati, R. D. , E. H. R. R. Lammens, M. – L. Meijer and E. Van Donk. 1990. *Biomanipulation: Tool for Water Management.* Kluwer Academic, Dordrecht. The Netherlands.

Hairston, N. G. , Jr. and N. G. Hairston. , Sr. 1993. Cause – effect relationships in energy flow, trophic structure, and interspecific interactions. *Am. Nat.* 142: 379 – 411.

Hairston, H. G. , F. E. Smith and L. R. Slobodkin. 1960. Community structure, population control, and competition. *Am. Nat.* 94: 421 – 425.

Hambright, K. D. , R. W. Drenner, S. R. McComas and N. G. Hairston. 1991. Gape – limited piscivores, planktovore size refuges, and the trophic cascade hypothesis. *Arch. Hydrobiol.* 121: 389 – 404.

Hanson, M. A. and M. G. Butler. 1994a. Responses of plankton, turbidity, and macrophytes to biomanipulation in a shallow prairie lake. *Can. J. Fish. Aquatic Sci.* 51: 1180 – 1188.

Hanson, M. A. and M. G. Butler. 1994b. Responses to food web manipulation in a shallow waterfowl *lake. Hydrobiologia* 280: 457 – 466.

Hansel – Welch, N., M. G. Butler, T. J. Carlson and M. A. Hanson. 2003. Changes in macrophyte community structure in Lake Christina (Minnesota), a large shallow lake, following biomanipulation. *Aquatic Bot.* 75: 323 – 338.

Hansson, L. A. 1992. The role of food chain composition and nutrient availability in shaping algal biomass development. *Ecology* 73: 241 – 247.

Hansson, L. A. H. Annadotter, E. Bergman, S. F. Hamrin, E. Jeppesen, T. Kairosalo, E. Luok-kanen, P. – A., Nilsson, M. Søndergaard and J. Strand. 1998. Biomanipulation as an application of food chain theory: Constraints, synthesis, and recommendations for temperate lakes. *Ecosystems* 1: 558 – 574.

Hecky, R. E. and P. Kilham. 1988. Nutrient limitation of phytoplankton in fresh water and marine envi-ronments: A review of recent evidence on the effects of enrichment. *Limnol. Oceanogr.* 33: 796 – 822.

Hosper, H. 1997. *Clearing Lakes. An Ecosystem Approach to the Restoration and Management of Shal-low Lakes in The Netherlands.* RIZA, Lelystad, The Netherlands.

Hosper, S. H. and E. Jagtman. 1990. Biomanipulation additional to nutrient control for restoration of shallow lakes in The Netherlands. *Hydrobiologia* 200: 523 – 534.

Hosper, S. H. and M. – L. Meijer. 1993. Biomanipulation, will it work for your lake? A simple test for the assessment of chances for clear water, following drastic fish – stock reduction in shallow, eutrophic lakes. *Ecol. Eng.* 2: 63 – 72.

Hrbacek, J., M. Dvorakova, V. Korinek and L. Prochazkova. 1961. Demonstration of the effect of the fish stock on the species composition of zooplankton and the intensity of metabolism of the whole plankton assemblage. *Verh. Int. Verein. Limnol.* 14: 192 – 195.

Irvine, K., B. Moss, and J. Stansfield. 1990. The potential of artificial refugia for maintaining a commu-nity of large – bodied Cladocera against fish predation in a shallow eutrophic lake. *Hydrobiologia* 200: 379 – 389.

Jackson, L. J. 2003. Macrophyte – dominated and turbid states of shallow lakes: Evidence from Alberta lakes. *Ecosystems* 6: 213 – 223.

Jeppesen, E. 1998. *The Ecology of Shallow Lakes.* National Environmental Research Institute. Technical Report 247. Copenhagen, Denmark.

Jeppesen, E., J. P. Jensen, M. Søndergaard, T. Lauridsen, L. J. Pearson and L. Jensen. 1997. Top – down control in fresh water lakes: The role of nutrient state, submerged macrophytes and water depth. *Hydrobiologia* 342/343: 151 – 164.

Jeppesen, E., J. P. Jensen, M. Søndergaard, T. Lauridsen and F. Landkildehus. 2000. Trophic struc-ture, species richness and biodiversity in Danish lakes: Changes along a phosphorus gradient. *Freshwa-ter Biol.* 45: 201 – 218.

Jeppesen, E., J. P. Jensen, C. Jensen, B. Faafeng, D. O. Hessen, M. Søndergaard, T. Lauridsen, P. Brettum and K. Christoffersen. 2003a. The impact of nutrient state and lake depth on top – down con-trol in the pelagic zone of lakes: A study of 466 lakes from the temperate zone to the Arctic. *Ecosystems* 6: 313 – 325.

Jeppesen, E. J. P. Jensen, M. Søndergaard, K. S. Hansen, P. H. Moller, H. V. Rasmussen, V. Norby and S. E. Larsen. 2003b. Does resuspension prevent a shift to a clear water state in shallow lakes during reoligotrohication? *Limnol. Oceanogr.* 48: 1913 – 1919.

Jones, J. I. and C. D. Sayer. 2003. Does the fish – invertebrate – periphyton cascade precipitate plant loss in shallow lakes? *Ecology* 84: 2155 – 2167.

Kerfoot, W. C. and A. Sih. (Eds.). 1987. *Predation. Direct and Indirect Impacts on Aquatic Communities*. University Press of New England. Hanover, NH.

Kilham, P. and R. E. Hecky. 1988. Comparative ecology of marine and freshwater phytoplankton. *Limnol. Oceanogr.* 33 (4 part 2): 776 – 795.

King, C. E. and M. R. Miracle. 1995. Diel vertical migration by *Daphnia longispina* in a Spanish lake: Genetic sources of distributional variation. *Limnol. Oceanogr.* 40: 226 – 231.

Lampert, W. 1982. Further studies on the inhibitory effect of toxic blue – green *Microcystis aeruginosa* on the filtering rate of zooplankton. *Arch. Hydrobiol.* 95: 207 – 220.

Lathrop, R. C., S. R. Carpenter, and L. G. Rudstam. 1996. Water clarity in Lake Mendota since 1900: Responses to differing levels of nutrients and herbivory. *Can. J. Fish. Aquatic Sci.* 53: 2250 – 2261.

Lathrop, R. C., S. R. Carpenter, C. A. Stow, P. A. Soranno and J. C. Panuska. 1998. Phosphorus loading reductions needed to control blue – green algae blooms in Lake Mendota. *Can. J. Fish. Aquatic Sci.* 55: 1169 – 1178.

Lathrop, R. C., B. M. Johnson, T. B. Johnson, M. T. Vogelsang, S. R. Carpenter, T. R. Hrabik, J. F. Kitchell, J. J. Magnuson, L. G. Rudstam and R. S. Stewart. 2002. Stocking piscivores to improve fishing and water clarity: A synthesis of the Lake Mendota biomanipulation project. *Freshwater Biol.* 47: 2410 – 2424.

Lauridsen, T. L. and D. M. Lodge. 1996. Avoidance by *Daphnia magna* of fish and macrophytes: Chemical cues and predator – mediated use of macrophyte habitat. *Limnol. Oceanogr.* 41: 794 – 798.

Lauridsen, T. L., E. Jeppesen and M. Søndergaard. 1994. Colonization and succession of submerged macrophytes in shallow Lake Vaeng during the first five years following fish manipulation. *Hydrobiologia* 275/276: 233 – 242.

Lazzaro, X. 1997. Do the trophic cascade hypothesis and classical biomanipulation approaches apply to tropical lakes and reservoirs? *Verh. Int. Verein. Limnol.* 26: 719 – 730.

Lombardo, P. 2001. Effects of fresh water gastropods onepiphyton, macrophytes, and water transparency under meso – to eutrophic conditions. Ph. D. Dissertation. Kent State University, Kent, OH.

Marklund, O., H. Sandsten, L. – A. Hansson and I. Blindow. 2002. Effects of waterfowl and fish on submerged vegetation and macroinvertebrates. *Freshwater Biol.* 47: 2049 – 2059.

McComas, S. 2003. *Lake and Pond Management Guidebook*. Lewis Publishers, Boca Raton, FL.

McQueen, D. J. 1998. Fresh Water food web biomanipulation: A powerful tool for water quality improvement, but maintenance is required. *Lakes Reservoirs Res. Manage.* 3: 83 – 94.

McQueen, D. J., J. R. Post and E. L. Mills. 1986. Trophic relationships in fresh water pelagic ecosystems. *Can. J Fish. Aquatic Sci.* 43: 1571 – 1581.

McQueen, D. J., M. R. S. Johannes, J. R. Post, T. J. Stewart and D. R. S. Lean. 1989. Bottom – up and top – down impacts on fresh water pelagic community structure. *Ecol. Monogr.* 59: 289 – 309.

McQueen, D. J., R. France and C. Kraft. 1992. Confounded impacts of planktivorous fish on fresh water biomanipulations. *Arch. Hydrobiol.* 125: 1 – 24.

McQueen, D. J., C. W. Ramcharan and N. D. Yan. 2001. Summary and emergent properties. *Arch. Hydrobiol. Spec. Iss. Adv. Limnol.* 56: 257 – 288.

Meijer, M. – L., I. deBoois, M. Scheffer, R. Portielje and H. Hosper. 1999. Biomanipulation in shallow lakes in The Netherlands: An evaluation of 18 case studies. *Hydrobiologia* 409: 13 – 30.

Moss, B. 1990. Engineering and biological approaches to the restoration from eutrophication of shallow lakes in which plant communities are important components. *Hydrobiologia* 200: 367 – 377.

Moss, B. 1998. Shallow lakes biomanipulation and eutrophication. SCOPE Newsletter No. 29. October, 1998.

Moss, B., H. R. Balls, K. Irvine and J. Stansfield. 1986. Restoration of two lowland lakes by isolation from nutrient – rich water sources with and without removal of sediment. *J. Appl. Ecol.* 23: 391 – 414.

Moss, B., S. McGowan and L. Carvalho. 1994. Determination of phytoplankton crops by top – down and bottomup mechanisms in a group of English lakes, the West Midland Meres. *Limnol. Oceanogr.* 39: 1020 – 1029.

Moss, B., J. Madgwick and G. Phillips. 1996a. *A Guide to the Restoration of Nutrient – Enriched Lakes.* Broads Authority, Norwich, Norfolk, UK.

Moss, B., J. Stansfield, K. Irvine, M. Perrows and G. Phillips. 1996b. Progressive restoration of a shallow lake: A 12 – year experiment in isolation, sediment removal and biomanipulation. *J. Appl. Ecol.* 33: 71 – 86.

Osgood, R. A. 1984. Long term grazing control of algal abundance – a case history. In: *Lake and Reservoir Management.* USEPA 440/5 – 84 – 001. pp. 144 – 150.

Pace, M. L., J. J. Cole, S. R. Carpenter and J. F. Kitchell. 1999. Trophic cascades revealed in diverse ecosystems. *Trends Ecol. Evol.* 14: 483 – 490.

Paine, R. T. 1980. Food webs – linkage, interaction strength and community infrastructure – The Third Tansley Lecture. *J. Anim. Ecol.* 49: 667 – 685.

Perrow, M. R., M. – L. Meijer, P. Dawidowicz and H. Coops. 1997. Biomanipulation in shallow lakes: State of the art. *Hydrobiologia* 342/343: 355 – 365.

Perrow, M. R., A. J. D. Jowitt, J. H. Stansfield and G. L. Phillips. 1999. The practical importance of the interactions between fish, zooplankton, and macrophytes in shallow lake restoration. *Hydrobiologia* 396: 199 – 210.

Persson, L., G. Andersson, S. F. Hamrin and L. Johansson. 1988. Predator regulation and primary production along the productivity gradient of temperate lake ecosystems. In: S. R. Carpenter (Ed.), *Complex Interactions in Lakes.* Springer – Verlag, New York, NY. pp. 45 – 65.

Pick, F. R. and D. R. S. Lean. 1987. The role of macronutrients (C, N, P) in controlling cyanobacterial dominance in temperate lakes. *N. Z. J. Mar. Fresh Water Res.* 21: 425 – 434.

Reinertsen, H., A. Jensen, J. I. Koksvik, A. Langeland and Y. Olsen. 1990. Effects of fish removal on the limnetic ecosystem of a eutrophic lake. *Can. J. Fish. Aquatic Sci.* 47: 166 – 173.

Romare, P. and L. – A. Hansson. 2003. A behavioral cascade: Top – predator induced behavioral shifts in planktivorous fish and zooplankton. *Limnol. Oceanogr.* 48: 1956 – 1964.

Sand – Jensen, K. and M. Søndergaard. 1981. Phytoplankton and epiphyte development and their shading effect on submerged macrophytes in lakes of different nutrient status. *Int. Rev. ges. Hydrobiol.* 66: 529 – 552.

Schelske, C. L. and W. F. Kenney. 2001. Model erroneously predicts failure for restoration of Lake Apopka, a hypereutrophic substropical lake. *Hydrobiologia* 448: 1 – 5.

Scheffer, M. 1990. Multiplicity of stable states in fresh water systems. *Hydrobiologia* 200/201: 475 – 486.

Scheffer, M. 1998. *Ecology of Shallow Lakes.* Kluwer Academic Publishers, Dordrecht, The Netherlands.

Scheffer, M., R. Portielje and L. Zambrano. 2003. Fish facilitate wave resuspension of sediment. *Limnol. Oceanogr.* 48: 1920 – 1926.

Schindler，D. W. 1977. Evolution of phosphorus limitation in lakes. *Science* 195：260 – 262.

Schindler，D. W. 1978. Factors regulating phytoplankton production and standing crop in the world's lakes. *Limnol. Oceanogr.* 23：478 – 486.

Seip，K. L. 1994. Phosphorus and nitrogen limitation of algal biomass across trophic gradients. *Aquatic Sci.* 56：16 – 28.

Shapiro，J. 1979. The need for more biology in lake restoration. In：*U. S. Environmental Protection Agency National Conference on Lake Restoration*. USEPA 440/5 – 79 – 001. pp. 161 – 167.

Shapiro，J. 1990. Biomanipulation：The next phase – making it stable. *Hydrobiologia* 200：13 – 27.

Shapiro，J. ，V. LaMarra and M. Lynch. 1975. Biomanipulation：An ecosystem approach to lake restoration. In：P. L. Brezonik and J. L. Fox（Eds.），*Symposium on Water Quality Managemnt and Biological Control*. University of Florida，Gainesville，FL. pp. 85 – 96.

Smith，F. E. 1969. Effects of enrichment in mathematical models. In：*Eutrophication：Causes，Consequences，Correctives*. National Academy of Sciences. Washington，DC.

Smith，V. H. and S. J. Bennett. 1999. Nitrogen：phosphorus supply ratios and phytoplankton community structure in lakes. *Arch. Hydrobiol.* 146：37 – 53.

Søndergaard，M. ，E. Jeppesen，E. Mortensen，E. Dall，P. Kristensen and G. Sortkjaer. 1990. Phytoplankton biomass reduction after planktivorous fish reduction in a shallow，eutrophic lake—a combined effect of reduced internal P – loading and increased zooplankton grazing. *Hydrobiologia* 200：229 – 240.

Stein，R. A. ，D. R. DeVries and J. M. Dettmers. 1995. Food – web regulation by a planktivore：Exploring the generality of the trophic cascade hypothesis. *Can. J. Fish. Aquatic Sci.* 52：2518 – 2526.

Timms，R. M. and B. Moss. 1984. Prevention of growth of potentially dense phytoplankton populations by zooplankton grazing，in the presence of zooplanktivorous fish，in a shallow wetland ecosystem. *Limnol. Oceanogr.* 29：472 – 486.

van de Bund，W. and E. van Donk. 2002. Short – term and long – term effects of zooplanktivorous fish removal in a shallow lake：A synthesis of 15 years of data from Lake Zwemlust. *Freshwater Biol.* 47：2380 – 2387.

van Donk，E. and R. D. Gulati. 1995. Transition of a lake to turbid state six years after biomanipulation：Mechanisms and pathways. *Water Sci. Technol.* 32：197 – 206.

van Donk，E. and W. J. van de Bund. 2002. Impact of submerged macrophytes including charophytes on phyto and zooplankton communities：Allelopathy versus other mechanisms. *Aquatic Bot.* 72：261 – 274.

van Donk，E. ，R. D. Gulati and M. P. Grimm. 1990. Restoration by biomanipulation in a small hypertrophic lake：First year results. *Hydrobiologia* 191：285 – 295.

van Donk，E. ，R. D. Gulati，A. Ledema and J. T. Meulemans. 1993. Macrophyte – related shifts in the nitrogen and phosphorus contents of the different trophic levels in a biomanipulated lake. *Hydrobiologia* 251：19 – 26.

van Donk，E. ，E. DeDeckere，J. G. P. Klein Breteler and J. T. Meulemans. 1994. Herbivory by waterfowl and fish on macrophytes in a biomanipulated lake：Effects on long term recovery. *Verh. Int. Verein. Limnol.* 25：2139 – 2143.

van Nes，E. H. ，M. S. van den Berg，J. S. Clayton，H. Coops，M. Scheffer and E. van Ierland. 1999. A simple model for evaluating the costs and benefits of aquatic macrophytes. *Hydrobiologia* 415：335 – 339.

van Nes，E. H. ，M. Scheffer，M. S. van den Berg and H. Coops. 2002. Aquatic macrophytes：Restore，eradicate or is there a compromise? *Aquatic Bot.* 72：387.

Welch，E. B. 1992a. Reexamining management goals for shallow waters. *WALPA News. December* 1992：

1 - 2.

Welch，E. B. 1992b. *Ecological Effects of Wastewater. Applied Limnology and Pollutant Effects.* Chapman and Hall，New York.

Wissel，B.，K. Freier，B. Muller，J. Koop and J. Benndorf. 2000. Moderate planktivorous fish biomass stabilizes biomanipulation by suppressing large invertebrate predators of *Daphnia. Arch. Hydrobiol.* 149：177 - 192.

Wright，D. J. and J. Shapiro. 1984. Nutrient reduction by biomanipulation：An unexpected phenomenon and its possible cause. *Verh. Int. Verein. Limnol.* 22：518 - 524.

第 10 章

硫 酸 铜

10.1 引言

铜是一种有效的去藻剂，过去曾用于去除饮用水中的藻类。其效果只是暂时的（只能维持数天），但是每年的处理费用可能很高，对非目标生物有重大的负面影响，并且沉积物中可能形成明显的铜污染。美国已有几个州开始限制或逐步淘汰铜的使用，或降低其许可使用剂量。目前尚未找到负面影响较小的替代去藻剂。除草剂中也使用硫酸铜，用于增强对大型植物的控制（第16章）。

本章旨在介绍硫酸铜的剂量与应用方法，并讨论其正面与负面影响。目前已经有一些文献对使用铜控制藻类作了评论（AWWARF，1987；Cooke 和 Carlson，1989；Demayo 等，1982；McKnight 等，1981，1983；Raman 和 Cook，1988）。

10.2 硫酸铜的应用原理

尽管铜的其他形式（如铜—羟基络合物等）也可能具有毒杀作用（Erickson 等，1996），但是铜对藻类有毒杀作用的主要形式仍为铜离子（Cu^{2+}）（McKnight 等，1981）。对藻类的处理包括抑制光合作用、摄取磷与固氮（Havens，1994），但这些作用因不同藻类而异。蓝藻特别敏感，铜浓度低至 $5\sim10mg/L$ 即可抑制其活性（Demayo 等，1982；Horne 和 Goldman，1974）。经常施用小剂量的铜，即可对固氮蓝藻的大量繁殖进行最有效的控制（Elder 和 Horne，1978）。

铜离子的活性受以下因素影响：①无机络合作用；②沉淀 $[Cu(OH)_2CO_3$、CuO 与 $CuS]$；③与腐殖酸和富里酸等化合物的络合作用；④吸附黏土等物质；⑤生物吸收（McKnight，1981；McKnight 等，1981，1983；Fitzgerald，1981）。因此，有效剂量可能因湖泊而异。

pH 对铜的存在形式（Cu^{2+}）有显著影响，碱度与 pH 较高的湖泊中，则需要较大的 $CuSO_4$ 剂量（图 10.1、图 10.2）。铜在硬水中毒杀作用较小，部分原因在于形成了孔雀石沉淀，以及与钙镁竞争藻类细胞膜上的结合位点。

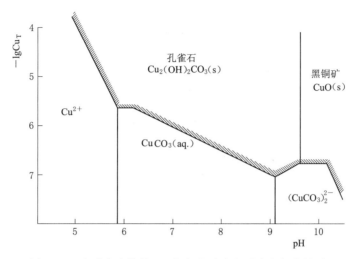

图 10.1　高碱度水体的 pH 与铜的浓度和形式之间的关系。

（来源：McKnight，D. M. et al. 1983. *Environ. Manage*. 7：311 - 320.）

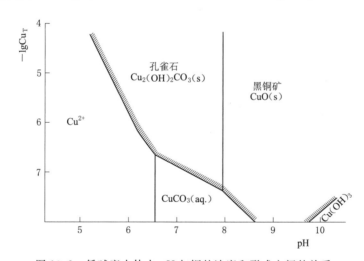

图 10.2　低碱度水体中 pH 与铜的浓度和形式之间的关系。

（来源：McKnight，D. M. et al. 1983. *Environ. Manage*. 7：311 - 320.）

俄亥俄州哥伦布市的胡佛水库（碱度＝ 96mg/L，以 CaCO₃ 含量计，pH＝7.8）为该市提供水源，Button 等（1977）对该水库的实验表明，在该碱度的水体中预计会短期存在高浓度的 Cu^{2+}。施加 $CuSO_4 \cdot 5H_2O$ 含量 1.56g/m² 后，水流中 Cu^{2+} 浓度迅速下降。总 $CuSO_4$ 大约 95％溶解在 1.75m 的水流顶部。在 2h 结束时，通过降水、进水稀释或冲洗，可溶性 Cu^{2+} 可能会降至治理前的水平（图 10.3）。直链藻（*Melosira sp.*）、星杆藻（*Asterionella sp.*）与冠盘藻（*Stephanodiscus sp.*）等会产生异味的藻类繁殖得到了控制。不溶性孔雀石的形成可能是造成 Cu^{2+} 大量损失的主要原因，因为其形成条件非常理想（Button 等，1977）。

由于 Mill Pond 水库中溶解腐殖质的络合作用，马萨诸塞州具有高腐殖质含量的水源显然可以阻止铜向湖底的快速流失，使治理更加有效。尽管绿藻微球藻与胶球藻不受复合铜的影响，且似乎具有耐铜性（McKnight，1981），但引起异味的甲藻与角藻的生物量减少了 90％。在这种情况下，$CuSO_4$ 的剂量使有机络合剂饱和，并仍然提供足够的 Cu^{2+} 对甲藻进行控制。推测控制其他藻类可能需要更高的剂量。

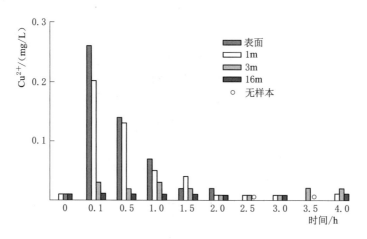

图 10.3　硫酸铜施用于俄亥俄州胡佛水库后可溶性铜的渗透深度。
（来源：Button，K. S. et al. 1977. *Water Res*. 11：539 - 544.）

通过将铜与载体分子络合或通过将其与非金属离子络合，使铜保持在溶液中，可以提高铜的有效性（DuBose 等，1997）。这些制剂施用较低剂量便可进行有效处理。

茂密的丝状藻类可能对池塘与沿海地区造成困扰，对其控制所需的剂量差别很大。使用 Cutrine - Plus（应用生物化学家，Milwaukee，WI 53218，美国）这种乙醇胺—铜络合物毒杀鞘藻与水棉属绿藻类，仅需极低的 EC_{50} 剂量（铜含量 3mg/L）（该剂量可降低 50％的生物量）；但是水网藻、黑孢藻与根枝藻的耐受性要比它们高 15 倍，颤藻的耐受性高 6 倍（Lembi，2000）。实际剂量范围可能比实验室剂量范围更广，这表明需要正确鉴定藻类，并识别形成可能抵抗铜渗透的厚垫或"浮渣"的黑孢藻、颤藻与林氏藻。

10.3　应用指南

Mackenthun（1961）制定了使用 $CuSO_4$ 治理浮游藻类的指南。但是，水库与湖泊各具特征，最可能形成合理控制的剂量依赖于应用方丰富的经验和合理的判断。以下为 Mackenthun 的指导原则：对于甲基橙碱度大于 40mg/L（以 $CaCO_3$ 计）的湖泊，治理浮游藻类需要添加 $CuSO_4 \cdot 5H_2O$ 剂量为 1.0mg/L 的硫酸铜晶体，深度为 0.3m，与实际深度无关。在具有这种碱度的水体中，0.3m 被视为最有效的深度范围，超过该深度，铜会迅速丧失络合作用。如果碱度小于 40mg/L，则 $CuSO_4 \cdot 5H_2O$ 剂量为 0.3mg/L。硫酸铜在水温大于 15℃时更有效。这些浓度的剂量对许多藻类和一些非目标生物都具有毒杀作用（Nor，1987）。控制轮藻与丽藻则需要 1.5mg/L 或更高的剂量，并且必须在这些藻类被泥灰岩覆盖之前的季节尽早施用。

当水流条件能够促进络合与沉淀时，可以增加施用剂量以补偿硫酸铜的失效。在 pH 为 8.0 的水流中，小于 10% 的添加铜为溶解态。光合作用可以将 pH 提高到 9 或更高，并将铜的有效性降至最低。在高碱度水体中可能需要络合形式（Raman 和 Cook，1988）。

一次性施用药剂很难实现对浮游藻类与丝状藻类的控制。对于碱度大于 40mg/L（以 $CaCO_3$ 计）的水体，通常遵循指南中规定的 $CuSO_4 \cdot 5H_2O$ 剂量 1.0mg/L（Mackenthun，1961；Fitzgerald，1967），但事实表明，间隔 3~5 天施用较低的日用剂量（例如，0.15mg/L）可能更有效（DuBose 等，1997）。但是，较低剂量也面临着一系列问题，如藻类耐受性（McKnight 等，1981；Twiss 等，1993），通过络合、沉淀或冲洗至铜浓度过低而造成铜的快速损失，以及与再应用相关的成本。

处治理方法包括传统的用船拖粗麻袋装 $CuSO_4$、机械撒播机、喷雾器与直升机。驳船与化学撒播机已大量用于供水水库（如每天 4500~7000kg）（McGuire 等，1984），以处理引起异味的颤藻属悬垂生物。可以在水库的入流处添加铜（Bean，1957），也可以在附近采用人工循环装置。休闲湖泊的业主可能需要等到发生水华时才能施用，尽管可能会造成严重的溶解氧消耗，但这种方法切实有效。供水管理人员面临着防止水体产生异味或出现有毒藻类物种的问题。一些饮用水供应商在夏季与秋季应频繁而定期监测藻类群落，并对水库进行处理以防止"藻类繁殖"。这可能需要多次处理。这种方法要求对水体进行连续详细的监测。

10.4 硫酸铜的有效性

经治理的水体的化学与水文特征决定了通过沉淀、吸附、冲洗或稀释损失铜的速度。已有人提出，一些藻类物种已对低剂量的铜产生了抗性，因此为了实现有效治理，需要添加螯合或络合形式或更高浓度的铜。上述以及其他因素在几个公布的关于藻类对铜的反应案例中非常重要。

在加利福尼亚州卡西塔斯水库，对高度缓冲的碱性蓝藻的实验处理（碱度为 150mg/L，以 $CaCO_3$ 计），是少数几个关于控制这些产生异味藻类的公开案例之一（AWWARF，1987）。目前，对几种螯合与非螯合铜化合物对灰颤藻与该属的其他物种的影响已做了研究。将螯合（乙醇胺）与非螯合形式的干燥 $CuSO_4$ 晶体以铜含量 0.2~0.3mg/L（螯合）与 0.4~1.7mg/L（非螯合）的剂量，施用在附着生物垫的表面水体中。将液体柠檬酸铜（螯合）与 $CuSO_4$ 溶液分别以铜含量 0.2~2.2mg/L 与 0.2~1.0mg/L 的剂量，通过水下软管直接施加在浮游生物体上。通过潜水员监测结果并对水体进行采样，来测定造成异味的化合物变化情况。

卡西塔斯水库中 $CuSO_4$ 与 $CuSO_4$ 柠檬酸盐溶液的水下施用对附生生物几乎没有影响。根据生长物附近的估计水量，在湖泊表面使用铜含量为 1.7mg/L 的 $CuSO_4$ 产生了一些影响，但造成了较高的底栖无脊椎动物死亡率。在水体表面施用铜含量为 0.2~0.4mg/L 的螯合粒状铜对附近藻类的控制比较有效，但在 4 周内出现明显的再生现象。该配方对底栖无脊椎动物有毒杀作用，且为最昂贵的治理方法（表 10.1）。由于环境问题，卡西塔斯水库停止使用铜进行水治理。

表 10.1	加利福尼亚卡西塔斯水库水体的硫酸铜治理方案费用
治　理	2002 年费用
$CuSO_4$ 溶液	169～499 美元/hm^2（19～202 美元/英亩）
$CuSO_4$ 晶体	152～913 美元/hm^2（72～370 美元/英亩）
$CuSO_4$—柠檬酸溶液	98～1106 美元/hm^2（40～446 美元/英亩）
铜—乙醇胺颗粒	547～2263 美元/hm^2（221～916 美元/英亩）

来源：AWWARF. 1987. Current Methodology for the Control of Algae in Surface Waters. Research Report. AW-WA，Denver，CO.

通常，利用硫酸盐处理有害浮游植物"大量繁殖"在短期内非常有效。目标藻类以外的物种可能成为主要物种，或该目标藻类生物可能"反弹"至与原始繁殖状态相似或更高的水平。只要铜离子浓度仍然很高，硫酸铜无疑便是有效的，但水体是动态的，会导致铜离子的冲洗、稀释与藻类的再生，化学与物理条件也可能会导致铜的损失。在持续富营养化的情况下，可能需要越来越频繁地使用，并且需要更高的剂量（Hanson 和 Stefan，1984）。

硫酸铜已被用于杀死在海滩区域孵化的蠕虫，以限制通过皮肤进入人体导致"游泳者瘙痒"的血吸虫幼虫（尾蚴）（吸虫纲与血吸虫科）的生长。人体不是这种虫类的正常宿体，尾蚴会死在皮肤内，造成严重的瘙痒。明尼苏达州自然资源部（未注明日期的手册）建议以 $1.5kg/100m^2$ 的剂量对海岸边缘区域进行处理。但是，该剂量对大多数无脊椎动物是致命的，并且可能产生沉积物污染。

10.5　硫酸铜的负面影响

硫酸铜应用于休闲湖泊的藻类控制的益处，应当与非目标生物暴露于大于实验室研究的半数致死剂量的重金属浓度进行权衡。硫酸铜会对水生生物群落产生负面影响，并可能导致人类健康问题。目标藻类可能会产生抗性，并且有可能毒杀浮游动物生命所需的藻类。当大量死亡藻类细胞分解时，会发生溶解氧耗尽，从而产生导致铁、磷、锰、硫化氢与氨浓度升高的条件。

铜毒杀性能的实验室测试程序通常会将测试生物暴露 96h，这个时间是可能模糊效果的测试期。即使在高度简化的软水实验条件下，铜也会很快从溶液中消失，这表明 48h 暴露期在确定 LC_{50}（对 50％测试生物致死的浓度）方面可能更为现实（Mastin 和 Rodgers，2000）。

实验室毒杀性能测试已证明对蓝鳃藻具有致死性与亚致死效应。96h 的铜 LC_{50} 范围为 1.0～3.0mg/L（Blaylock 等，1985），在中等碱度的试验水中（46～82mg/L，以 $CaCO_3$ 计），甚至高达 16.0mg/L（Ellgaard 和 Guillot，1988）。但是，运动活性在超低浓度下会大打折扣（如 40mg/L；Ellgaard 和 Guillot，1988）。当铜浓度高于 77mg/L 时，4 日龄幼虫的孵化率与存活率会受到影响（Benoit，1975）。直接毒杀蓝鳃藻的风险显然很低，但是对行为、繁殖以及摄食行为的亚致死效应可能减少其生长，并且使浓度比建议的藻类处理浓度低一个数量级以上（Sandheinrich 和 Atchison，1989）。其他物种（如鳟鱼）可能对铜更为敏感。

那么，湖泊沉积物中的铜积累是否会造成生物体内积累或毒性风险呢？Anderson 等（2001）对加利福尼亚州马修斯湖与铜盆水库内的大口黑鲈与鲤鱼肝脏内的铜浓度进行了比较。马修斯湖是一个供水水库，在 20 年内流入了 2000 多吨颗粒状硫酸铜。该湖保留了 80％的铜，主要与可氧化的、与碳酸盐结合的阶段有关，在某些化学条件下可以释放铜（Haughey 等，2000）。铜盆水库未进行处理。马修斯湖中沉积铜的平均干重为 290mg/kg，而铜盆水库中沉积铜的平均干重为 8mg/kg。在经治理的湖水中，较小鲈鱼（长度小于 41cm）与所有鲤鱼肝脏内均发现了铜的积累，但是根据条件因素估计，铜对这些物种没有明显的影响。治理过的湖泊沉积物中的铜以有机物、碳酸盐与氧化铁的形式存在，少量以生物可利用的形式存在。对片脚类动物（钩虾）与香蒲（宽叶香蒲）的生物毒性测定表明，当这些物种暴露于平均干重浓度为 173mg/kg 的再润湿水池土体时，未发现其生存或生长受到影响（相对于未处理沉积物中 36mg/kg 的干重浓度）（Han 等，2001）。鱼类体内的铜积累可能通过食物网转移，或通过施用期间的直接接触。

铜可能对底栖无脊椎动物具有高毒性（Giudici 等，1988；Harrison 等，1984；Mastin 和 Rodgers，2000；Nor，1987），但其在沉积后，至少在碳酸盐含量高的沉积物中，似乎不会继续与水流相互作用（Sanchez 和 Lee，1978）。沉积物中的铜积累可形成足够高的浓度，以拖延或大大增加沉积物去除项目的费用，但尚未显示沉积物污染会对某些鱼类、无脊椎动物或维管植物造成损害。

如果水系发生酸化，通过酸沉降，在含有低碳酸盐沉积物的低碱度湖泊与水库中，铜的存在可能是个问题。例如，实验室测试发现，在 pH 为 5.6 的水体中，低至 2mg/L 的铜浓度与溶解有机碳为 20mg/L 的条件，可对胖头鱼（$Pimephelas\ promelas$）造成毒杀作用。多元回归模型发现，pH 与溶解有机碳是造成测试系统中 93％的毒性变化的原因（Welsh 等，1993）。如果铜 LC_{50} 的提高（毒性降低）与 pH 值和溶解有机碳的升高成正比，则对于模糊网纹蚤也得出了类似的结果（Kim 等，2001）。长期使用铜来控制藻类可能会导致酸化的湖泊或水库无法使用。在低 pH、低溶解有机碳、缓冲不良的水体中不得使用铜去藻剂。

污染沉积物中潜在的铜毒性可以通过孔隙水浓度或酸挥发性硫化物（AVS）浓度进行预测。等摩尔比的挥发性硫化物与金属结合，可形成不溶性金属络合物。因此，如果沉积物中的挥发性硫化物浓度超过同时提取的金属（SEM）浓度，则全部金属都会以硫化物形式（如 CuS）存在，且不会直接对底栖生物造成毒杀作用（Ankley 等，1996）。但是，正如这些研究人员所述，通过摄入受污染的底栖生物、碎屑或沉积物，对再悬浮的沉积物或食物网造成的污染可能产生无法通过挥发性硫化物/金属分析预测的毒性。在大量施用 $CuSO_4$ 后，如果需考虑湖泊沉积物的铜毒性，这种预测分析工具则非常有用。

经 $CuSO_4$ 处理后，藻类生物量的"反弹"可能从铜毒性转移到以藻类为食的浮游动物体内（McKnight，1981；Cooke 和 Carlson，1989）。$CuSO_4$ 对水蚤类物质具有高毒性，浮游藻类是水蚤的常见食物，也是鱼类的主要食物（第 9 章）。比控制藻类繁殖所需浓度低 100 倍的铜浓度即可致死浮游动物（Blaylock 等，1985；Naqvi 等，1985；Winner 等，1990）。对碱度为 100～119mg/L（以 CaCO₃ 计）的水体中的大型水蚤、淡水枝角水蚤、小水蚤以及模糊网纹水蚤进行测试表明，当铜浓度超过 8mg/L 时，它们的生存和繁殖能力将降低（Winner 和 Farrell，1976）。暴露于络合产物 Clearigate 与 Cutrine – Plus（应用生物化学家有限公司，威斯康星州密尔沃基市）与暴露于颗粒状 CuSO₄ 的大型水蚤的48h 铜 LC₅₀ 分别为 29mg/L、11mg/L、19mg/L。这些测试系统的碱度范围为 55～95mg/L（以 CaCO₃ 计），pH 为 7～8（Mastin 和 Rodgers，2000）。这些浓度值比中等或高碱度湖泊的建议剂量低一个数量级。在许多经铜处理的水体中，通过养殖可以减少或消除藻类的自然死亡率，并取代基于化学计算的简单死亡率，这可能会为湖泊使用者带来"化学依赖性"。

单一物种的实验室研究很难估测湖泊内生物群落对铜的反应，或对其他任何毒杀剂的反应。Taub 等（1990）在生态演替的不同时期，用铜对物种丰富的实验室生态系统进行了处理研究。在演替的早期，铜是一种有效的去藻剂，但随着时间的推移，由于 pH 与溶解的有机碳从生物群落代谢中得以提高，铜的作用逐渐失去效能。该研究表明，在藻类繁殖的初始阶段，细胞改变足以限制铜毒性的水体化学成分且细胞活跃分裂之前，应使用铜进行治理。

铜的作用会损害食物网的功能，当原位生物群落中的浮游群落暴露于 140mg/L 的浓度中 14 天时，不仅水蚤、浮游植物与原生动物（纤毛虫、鞭毛虫）的数量会大大减少，而且通过食物网的碳流量也会受到影响。细菌显著增加，但几乎没有通过微生物循环到更高营养水平的能量转移（Havens，1994）。

连续 58 年使用颗粒状 CuSO₄ 对明尼苏达州的 4 个休闲湖泊与 1 个供水水库进行处理，使其水质显著下降。施用 CuSO₄ 后，在深水中沉积的死亡有机物大到足以刺激微生物代谢并消除溶解氧。低溶解氧或零溶解氧条件显然刺激富集沉积物中的磷释放，这反过来刺激了藻类大量繁殖，进而需要施用另一种去藻剂。由于沉积物中的铜污染，州监管机构终止了在所有这些系统中施用 CuSO₄。此后，浮游植物问题没有出现进一步恶化（Hanson 和 Stefan，1984）。

铜不会对人类产生直接致畸、致突变或致癌的影响。与水生生物不同，人体可耐受中等浓度（小于 1.5mg Cu/L）的铜（Nor，1987）。但是，使用 CuSO₄ 控制饮用水供应湖泊与水库中的蓝藻繁殖，会造成潜在的人类健康风险。蓝藻，尤其是微囊藻与鱼腥藻可能会产生强大的肝毒素与神经毒素。原水的使用（在适当的饮用水处理之前）与牲畜和人类疾病与死亡有关（Carmichael 等，1985，2001）。当使用铜治理水库时，会发生细胞裂解，释放毒素（Kenefick 等，1992）。在澳大利亚昆士兰州北部，148 名患者（主要是儿童）患上了肝肠炎。大多数人接受了住院治疗。一项流行病学研究发现，只有几天前饮用过经铜处理的所罗门坝水源的居民出现了症状。毒素的来源是拟柱孢藻（*Cylindrospermopsis raciborskii*）（Bourke 等，1983；Hawkins 等，1985）。治理富营养水体的大多数现代供水处理厂，使用颗粒活性炭（GAC）以去除溶解的有机化合物。颗粒活性炭也可以去除藻类毒素。但是，一些处理厂未使用颗粒活性炭进一步治理经铜处理过的富营养原水。除非操作人员发现可能存在有毒的蓝藻繁殖并采取适当的措施，否则可能将含有毒素的水送入配水系统。饮用水供应主管应每天沿水库全程，对藻类物种的组成与密度进行监测（Cooke 和 Carlson，1989），以预测藻类的繁殖情况。蓝藻繁殖可能起源于河流区域，或者从沉积物中接种并在水体中发育（Barbiero 和 Kann，1994）。在任何情况下，早期与常规的去藻剂处理可以防止藻类繁殖。但是，即便是这种"预警系统"（Means 和 McGuire，1986），也无法阻止这种"繁殖现象"。

10.6　硫酸铜的成本

$CuSO_4$ 在藻类管理中的使用成本取决于剂量、施用频率、待处理面积、藻类有害类型以及其他特定水体因素。在硬水情况下，可能需要更昂贵的螯合或络合形式，但结果可能更持久且更有效。

连续 58 年使用 $CuSO_4$ 治理明尼苏达州的 4 个休闲湖泊与 1 个供水湖泊，共消耗了 150 万 kg $CuSO_4$，估计费用为 404 万美元（2002 年），包括劳动力与运营费用。在夏季，水处理厂 35% 的化学品花费用于购买 $CuSO_4$。自终止使用 $CuSO_4$ 以来，运行处理厂的化学品费用并没有增加。考虑到效益是暂时的，且存在长期的环境变化，这些治理不具有充分的成本效益（Hanson 和 Stefan，1984 年）。

加利福尼亚州卡西塔斯水库的治理说明了使用铜配方的单一处理费用变化（表 10.1）。粒状硫酸铜的成本约为 2 美元/kg，而液态 Cutrine Plus 的费用约为 10 美元/L（McComas，2003）。应用成本的差异很大。

几十年来，使用硫酸盐是藻类问题的标准处理方法，通常在短时间内有效，并且可能是当前藻类问题的唯一短期解决方案，特别是对于供水水库。但是，大量证据反对继续使用这种化合物，部分原因是非目标生物的安全系数很低或根本不存在。还有其他更长期、更持久的选择，包括控制管理藻类的外部与内部营养负荷。供水经营商应谨慎使用硫酸铜，特别是在藻类大量繁殖期间，并应针对水华的原因，制定可行的诊断与管理计划（Cooke 和 Carlson，1989；第 3 章）。

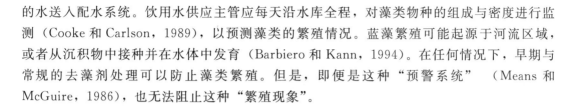

参 考 文 献

American Water Works Association Research Foundation（AWWARF）. 1987. Current Methodology for the Control of Algae in Surface Waters. Research Report. AWWA，Denver，CO.

Anderson，M. A. , M. S. Giusti and W. D. Taylor. 2001. Hepatic copper concentrations and condition factors of largemouth bass（*Micropterus salmoides*）and common carp（*Cyprinus carpio*）from copper sulfatetreated and untreated reservoirs. *Lake and Reservoir Manage*. 17：97 – 104.

Ankley，G. T. , D. M. DiToro，D. J. Hansen and W. J. Berry. 1996. Technical basis and proposal for deriving sediment quality criteria for metals. *Environ. Toxicol. Chem*. 15：2056 – 2066.

Barbiero，R. P. and J. Kann. 1994. The importance of benthic recruitment to the population development of *Aphanizomenon flos – aquae* and internal loading in a shallow lake. *J. Plankton Res*. 16：1581 – 1588.

Bean，E. L. 1957. Taste and odor control at Philadelphia，*J. Am. Water Works Assoc*. 49：205 – 216.

Benoit，R. A. 1975. Chronic effects of copper on survival，growth，and reproduction of the bluegill（*Lep-*

omis macrochirus). *Trans. Am. Fish. Soc.* 104: 353 – 358.

Blaylock, B. G. , M. L. Frank and J. F. McCarthy. 1985. Comparative toxicology of copper and acridine to fish, *Daphnia*, and algae. *Environ. Toxicol. Chem.* 4: 63 – 71.

Bourke, A. T. C. , R. B. Hawes, A. Neilson and N. D. Stallman. 1983. An outbreak of hepato enteritis (the Palm Island mystery disease) possibly caused by algal intoxication. *Toxicon* 3 (suppl.): 45 – 48.

Button, K. S. , H. P. Hostetter and D. M. Mair. 1977. Copper dispersal in a water supply reservoir. *Water Res.* 11: 539 – 544.

Carmichael, W. W. , C. L. A. Jones, N. A. Mahmood and W. C. Theiss. 1985. Algal toxins and water – based diseases. *CRC Rev. Environ. Control* 15: 275 – 313.

Carmichael, W. W. , S. M. F. O. Azevedo, J. S. An, R. J. R. Molica, E. M. Jochimsen, S. Lau, K. L. Rinehart, G. R. Shaw and G. K. Eaglesham. 2001. Human fatalities from Cyanobacteria: Chemical and biological evidence for cyanotoxins. *Environ. Health Perspect.* 109: 663 – 668.

Cooke, G. D. and R. E. Carlson. 1989. *Reservoir Management for Water Quality and THM Precursor Control.* American Water Works Association Research Foundation (AWWARF) . Denver, CO.

Demayo, A. , M. C. Taylor and K. W. Taylor. 1982. Effects of copper on humans, laboratory and farm animals, terrestrial plants, and aquatic life. *CRC Rev. Environ. Control* 12: 183 – 255.

DuBose, C. K. Langeland and E. Philips. 1997. Problem fresh water algae and their control in Florida. *Aquatics* 19: 4 – 11.

Elder, J. F. and A. J. Horne. 1978. Copper cycles and $CuSO_4$ algicidal activity in two California lakes. *Environ. Manage.* 2: 17 – 30.

Ellgaard, E. G. and J. L. Guillot. 1988. Kinetic analysis of the swimming behavior of bluegill sunfish, *Lepomis macrochirus* Rafinesque, exposed to copper: Hypoactivity induced by sublethal concentrations. *J. Fish. Biol.* 33: 601 – 608.

Erickson, R. J. , D. A. Benoit, V. R. Mattson, H. P. Nelson Jr. and E. N. Leonard. 1996. The effects of water chemistry on the toxicity of copper to fathead minnows. *Environ. Toxicol. Chem.* 15: 181 – 193.

Fitzgerald, G. P. 1967. Current methods for algae control. IN: Proceedings Fourth Annual Water Quality Research Symposium. New York State Department of Health, Albany, NY. pp. 72 – 81.

Fitzgerald, G. P. 1981. Selective algicides. In: *Proceedings of Workshop on Algal Management and Control.* Tech. Rept. E – 81 – 7. U. S. Army Corps of Engineers, Vicksburg, MS. pp. 15 – 31.

Giudici, M. D. , L. Migliore, C. Gambardella and A. Marotta. 1988. Effect of chronic exposure to cadmium and copper on *Asellus aquaticus* (L.) (Crustacea, Isoposa) . *Hydrobiologia* 157: 265 – 269.

Han, F. X. , J. A. Hargreaves, W. L. Kingery, D. B. Huggett and D. K. Schlenk. 2001. Accumulation, distribution, and toxicity of copper in sediments of catfish ponds receiving periodic copper sulfate applications. *J. Environ. Qual.* 30: 912 – 919.

Hanson, M. J. and H. G. Stefan. 1984. Side effects of 58 years of copper sulfate treatment of the Fairmont Lakes, Minnesota. *Water Res. Bull.* 20: 889 – 900.

Harrison, F. L. , J. P. Knazovich and D. W. Rice. 1984. The toxicity of copper to the adult and early life stages of the fresh water clam, *Corbicula manilensis. Arch. Environ. Toxicol. Chem.* 13: 85 – 92.

Haughey, M. A. , M. A. Anderson, R. D. Whitney, W. D. Taylor and R. F. Losee. 2000. Forms and fate of Cu in a source drinking water reservoir following $CuSO_4$ treatment. *Water Res.* 34: 3440 – 3452.

Havens, K. E. 1994. Structural and functional responses of a fresh water plankton community to acute copper *stress. Environ. Pollut.* 86: 259 – 266.

Hawkins, P. R. , M. T. C. Runnegar, A. R. B. Jackson and I. R. Falconer. 1985. Severe hepatotoxicity caused by the tropical cyanobacterium (blue – green alga) *Cylindrospermopsis raciborskii* (Woloszynska)

Seenaya and Subba isolated from a domestic water supply reservoir. *Appl. Environ. Microbiol.* 50: 1292 - 1295.

Horne, A. J. and C. R. Goldman. 1974. Suppression of nitrogen fixation by blue - green algae in a eutrophic lake with trace additions of copper. *Science* 83: 409 - 411.

Kenefick, S. L. , S. E. Hrudey, H. G. Peterson and E. E. Prepas. 1992. Toxin release from *Microcystis aeruginosa* after chemical treatment. *Water Sci. Technol.* 27: 433 - 440.

Kim, S. D. , M. B. Gu, H. E. Allen and D. K. Cha. 2001. Physicochemical factors affecting the sensitivity of *Ceriodaphnia dubia* to copper. *Environ. Monitor. Assess.* 70: 105 - 116.

Lembi, C. A. 2000. Relative tolerance of mat - forming algae to copper. *J. Aquatic Plant Manage.* 38: 68 - 70.

Mackenthun, K. M. 1961. The practical use of present algicides and modern trends toward new ones. In: *Algae and Metropolitan Wastes*. Trans. of 1960 Seminar, U. S. Dept. Health, Education, and Welfare, U. S. Public Health Service., PB - 199 - 296. Cincinnati, OH. pp. 148 - 154. (*Note*: this article contains the original dose chart and design specifications for copper sulfate applications.)

Mastin, B. J. and J. H. Rodgers, Jr. 2000. Toxicity and bioavailability of copper herbicides (Clearigate, Cutrine - Plus, and copper sulfate) to fresh water animals. *Arch. Environ. Contam. Toxicol.* 39: 445 - 451.

McComas, S. 2003. *Lake and Pond Management*. Lewis Publishers and CRC Press, Boca Raton, FL.

McGuire, M. J. , R. M. Jones, E. G. Means, G. Izaguirre and A. E. Preston. 1984. Controlling attached blue - green algae with copper sulfate. *J. Am. Water Works Assoc.* 76: 60 - 65.

McKnight, D. 1981. Chemical and biological processes controlling the response of a fresh water ecosystem to copper stress: a field study of the $CuSO_4$ treatment of Mill Pond Reservoir, Burlington, Massachusetts. *Limnol. Oceanogr.* 26: 518 - 531.

McKnight, D. M. , S. W. Chisholm and F. M. M. Morel. 1981. Copper Sulfate Treatment of Lakes and Reservoirs: Chemical and Biological Considerations. Tech. Note No. 24. Dept. Civil Eng. , Massachusetts Institute of Technology, Cambridge, MA.

McKnight, D. M. , S. W. Chisholm and D. R. F. Harleman. 1983. $CuSO_4$ treatment of nuisance algal blooms in drinking water reservoirs. *Environ. Manage.* 7: 311 - 320.

Means, E. G. III and M. J. McGuire 1986. An early warning system for taste and odor control. *J Am. Water Works Assoc.* 78 (3): 77 - 83.

Minnesota Department of Natural Resources. *Control of Swimmers' Itch and Leeches.* Undated informational leaflet #8. Ecological Services Division, Division of Fish and Wildlife, Minneapolis.

Naqvi, S. N. , V. D. Davis and R. M. Hawkins. 1985. Percent mortalities and LC_{50} values for selected microcrustaceans exposed to Treflan, Cutrine - Plus, and MSMA herbicides. *Bull. Environ. Contam. Toxicol.* 35: 127 - 132.

Nor, Y. M. 1987. Ecotoxicity of copper to biota: a review. *Environ. Res.* 43: 274 - 282.

Raman, R. K. and Cook, B. C. 1988. Guidelines for Applying Copper Sulfate as an Algicide: Lake Loami Field Study. ILENR/RD - WR - 88/19. Illinois Dept. Energy Natural Resources, Springfield, 9 pp.

Sanchez, I. and Lee, G. F. 1978. Environmental chemistry of copper in Lake Monona, Wisconsin. *Water Res.* 12: 899 - 903.

Sandheinrich, M. B. and G. J. Atchison. 1989. Sublethal copper effects on bluegill, *Lepomis macrochirus*, foraging behavior. *Can. J. Fish. Aquatic Sci.* 46: 1977 - 1985.

Taub, F. B. , A. C. Kindig, J. P. Meador and G. L. Swartzman. 1990. Effects of "seasonal succession" and grazing on copper toxicity in aquatic microcosms. *Verh. Int. Verein. Limnol.* 24: 2205 - 2214.

Twiss，M. R. ，P. M. Welbourn and E. Schwartzel. 1993. Laboratory selection for copper tolerance in *Scenedesmus acutus* (Chlorophyceae) . *Can. J. Bot.* 71：333 – 338.

Welsh，P. G. ，J. F. Skidmore，D. J. Spry，D. G. Dixon，P. V. Hodson，N. J. Hutchinson and B. E. Hickie. 1993. Effect of pH and dissolved organic carbon on the toxicity of copper to larval fathead minnow (*Pimelphales promelas*) in natural lake waters of low alkalinity. *Can. J. Fish. Aquatic Sci.* 50：1356 – 1362.

Winner，R. W. and M. P. Farrell. 1976. Acute and chronic toxicity of copper to four species of *Daphnia*. *J. Fish. Res. Bd. Canada* 33：1685 – 1691.

Winner，R. W. ，H. A. Owen and M. V. Moore. 1990. Seasonal variability in the sensitivity of fresh water lentic communities to a chronic copper stress. *Aquatic Toxicol.* 17：75 – 92.

第三部分

大型水生植物控制

第11章

水生植物生态和湖泊管理

11.1 引言

"水生植物"是指所有宏观水生植物（与微观植物如浮游植物相比），包括大型藻类，如轮藻类的轮藻和丽藻，水生苔类植物，藓类和蕨类以及开花维管植物。了解水生植物生物学对当前管理水生植物和水生生态系统的问题十分重要。彻底理解水生植物生物学能促进新管理技术的发展，提高现有技术的效用，并使得对环境影响的评估更具效率。特别是在考虑长期的生态系统的背景之下，理解水生植物生物学可以使管理结果更具预测性。

水生植物管理是指控制有害物种，最大限度地发挥植物在水中的有益作用，并重构植物群落。作为沿海地带和整个湖区的天然组成部分，产生稳定的、多样的、包含高占比理想物种的水生植物群落是主要的管理目标。

通过一个章节无法完全综述可能与管理相关的水生植物生物学。潜在的课题涉及与基因工程相关的亚细胞生物学；资源获取、分配和运输的生理学；以及植物与其栖息地及生态系统中其他生物之间的关系等学科。本章与本文的其他章节息息相关，将讨论水生植物生物学，包括水生植物的种类、营养关系、繁殖、生物气候学、生长生理情况以及种群环境关系。它简要讨论了规划水生植物管理的重要性。有关水生植物生物学这一课题更多详细信息请参见 Hutchinson（1975）、Sculthorpe（1985）、Barko 等（1986）、Pieterse 和 Murphy（1990）、Wetzel（1990，2001）、Adams 和 Sand-Jensen（1991）、Hoyer 和 Canfield（1997）、Jeppesen 等（1998）以及这些出版物中的参考文献。"在线"或者采用传统方法获取水生植物信息有两个极佳的资源，即佛罗里达大学水生植物和入侵植物中心的"水生、湿地和入侵植物信息检索系统"（APIRS）（http：//plants.ifas.ufl.edu/），以及位于密西西比州维克斯堡美国陆军工程师兵团的水生植物控制研究计划（www.wes.army.mil/el/aqua/）。

11.2　水生植物管理

11.2.1　计划和监测

如果没有计划，水生植物管理就是盲目且随意的。没有确定的目标，也无法衡量进展。无效的处理在被摒弃的同时也无从得知失败的原因。简而言之，每年都会重复出现同样的失败。成功的水生植物管理计划采用了基本的计划原则：①定义问题；②进行评估，发现问题潜在致因；③构成该计划科学基础的植物生态学和植物群落关系；④考虑和比较功效，成本、健康、安全和环境影响，监管适当性以及所有管理方案的公众接受度；⑤监测结果来评估管理的效力并检测对湖泊生态系统的影响；⑥强有力的教育部分能及时通告团队成员、意见领袖、湖泊用户、政府官员和广大公众等。在比较控制技术时，无法发挥作用或可能导致不可接受的环境危害，以及价格相对更加昂贵的技术将会被摒弃。

水生植物管理计划不一定要非常复杂，并且对于如何制定管理计划有很多很好的建议（Mitchell，1979；Nichols 等，1988；华盛顿州生态部，1994；Hoyer 和 Canfield，1997；Korth 等，1997）。计算机技术对制定和评估更为复杂的水生植物管理计划也有很大帮助（Grodowitz 等，2001a）。

在需要进行水生植物采样时，评价情势并评估和监测管理实践是水生植物管理策略的关键组成部分。采样方案有很多，而采样方法的设计应当能够回答相应的管理问题。现阶段有大量的参考文献来帮助设计用于评价、评估和监测的采样计划（Dennis 和 Isom，1984；NALMS，1993；Clesceri 等，1998）。

11.2.2　案例研究：白河湖水生植物管理计划

威斯康星州自然资源部为湖泊管理计划提供资金支持。小规模的湖泊管理计划可以获得最多 3000 美元的资助，用于获取和传播湖泊基本信息、开展教育项目以及制定管理目标。大型湖泊管理计划每个项目能得到最高 10000 美元的资助用于进行技术研究来发展或完善综合管理计划的内容。除了州政府提供的资金外，受赠人必须提供总成本的 25% 用于现金或非现金服务。这些资助源自于摩托艇的燃油税收。

2000 年，白河湖管理区在顾问的帮助下，利用湖泊计划资助金制定了水生植物管理计划（Aron & Associates，2000）。白河湖位于威斯康星州中部，水域面积 25.9hm²，最大水深 8.8m。大约 20 年前，为了应对日益严重的水质问题，成立白河湖管理区。管理区在约 15 年前购买了一个水生植物收割机，用于控制轮藻。他们还对外来物种欧亚狐尾藻即穗花狐尾藻和卷叶眼子菜即菹草的入侵有担忧。管理区期望实现：①保护本地植物；②保护敏感水域；③控制外来和有害植物；④改善航行；⑤就水生植物的价值以及对植物种群平衡的威胁进行教育宣传。计划目录（表 11.1）展示了这一计划中考虑到的问题，包括目的和目标，背景和问题定义以及植物管理替代方案。根据这些内容以及采样信息，就能够制定包括含有力教育内容的植物管理计划。

水生植物在沿着湖泊几乎等距离间隔的 15 个横切面进行了采样（图 11.1）。沿着每个横切面以 0.5m、1.5m、3m 和 4m 的深度随机选择采样点。在每个采样位置，记录存在的物种，并用 1~5 为标准来估计每个物种的密度，其中 5 表示密度最大。调查表明主

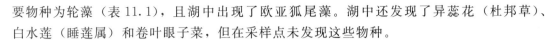

要物种为轮藻（表 11.1），且湖中出现了欧亚狐尾藻。湖中还发现了异蕊花（杜邦草）、白水莲（睡莲属）和卷叶眼子菜，但在采样点未发现这些物种。

表 11.1　　　　　　　　　白河湖水生植物管理计划目录

来源：经许可引自 Aron & Associates，2000. *White River Lake - Aquatic Plant Management Plan*. Unpublished report. Wink Lake，WI.

水生植物管理计划的建议（Aron & Associates，2000）如下：

（1）建议。白河湖持续拥有卓越的水生生物种群，且有一定程度的多样性。欧亚狐尾藻只是在一些隔绝的小片区域内发现。管理应针对资源的保护和维护，着重控制欧亚狐尾藻。应当采用手耙、拖拽或化学处理来去除小片的欧亚狐尾藻。此外，应当在所有进口放置指示标志，描述这一物种并要求船员在使用白河湖水域之前和之后清除船上所有的植物残留。

（2）其他建议。

1）教育和信息。管理区应当采取措施来对业主们的活动及其对白河湖植物群落的可能影响进行教育。应当定期向居民、土地所有者、湖泊使用者以及当地政府官员分发信息资料。植物管理预算中应当包括每两年或每季度一次分发给土地所有者和当地居民的通信简报。简报的话题应包

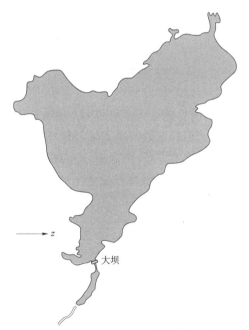

图 11.1　威斯康星州白河湖采样横切面位置图。（来源：Aron & Associates，2000. *White River Lake - Aquatic Plant Management Plan*. Unpublished Report Wink Lake，WI.）

括与湖泊使用影响、水生植物的重要性和价值、土地使用影响等相关的信息。其他需要解

决的问题还包括园艺实践、化肥使用以及侵蚀控制。现有的资料可通过威斯康星州自然资源部（WDNR）和威斯康星大学分校（UWEX）获取。如有需要，还应准备其他相关材料。管理区还应当支持当地学校的参与提供。学校可将白河湖作为其环境教育计划的基地。与居民的定期交流有助于增进他们对湖泊生态系统的理解，有助于湖泊的长期保护。

2）化学处理。如果当地公众接受，管理区应当继续选择性地采用化学处理来控制欧亚狐尾藻。如果进行化学处理，必须获得 WDNR 的批准，并应使用选择性除草剂来保护本地水生植物物种。

3）河边居民控制。应当鼓励河边居民使用强度最小的方法清除有害植物，包括进行最少的手耙和拖拽。如果个人想使用筛网，必须得到 WDNR 的批准。应当鼓励河边居民保留本地植物。这将有助于控制欧亚狐尾藻和卷叶眼子菜。本地植物还有助于稳定沉泥和减小岸线侵蚀。

4）收割。根据需要，管理区可不断进行收割来控制有害植物。收割设备要定期维护。并且应该对负责收割的操作员进行水生植物辨认的培训，以帮助保护非目标的本地植物。植物管理应当避开含有水芹这类特别关注物种的水域。操作员应当确保切割刀杆和桨轮远离沉泥，或者尽可能在植床上方一英尺进行切割作业。操作员在操作设备时应保持恰好可以收割植物的运行速度。速度过快可能导致收割机效率变低，以至于植物倒伏而无法被收割，并且增大被困鱼的数量。

操作员应当最大可能控制"漂浮物"的数量，若确实出现，应立即将其清理。需正确操作设备以保证在收割时植物材料不会从切割机上掉落。

5）计划再评估。管理区应当每 3～5 年评估或组织评估白河湖内的植物种群。欧亚狐尾藻清理工作的效果。如果需要修订的话，管理计划应每 3～5 年评审一次，这对于确保水生植物种群的持续健康尤其重要。

6）可行性结论。收割计划对于维持白河湖的最小化娱乐性进入十分必要，同时也有必要维持湖泊稳定的淡水条件。管理区已经展现出维持并执行有效的收割计划的能力，并已经收割完成约 50%（30hm²）的白河湖水域。白河湖有约 60hm²（94%）的水域可用于水生植物生长。2000 年威斯康星州白河湖的水生植物见表 11.2。

表 11.2　　　　2000 年威斯康星州白河湖的水生植物

物　种	频率/%	相对频率/%	平均密度①
轮藻	92	35.5	3.8
欧亚狐尾藻	7	2.7	1.3
多叶眼子菜	42	16.2	1.9
美洲苦草	10	3.9	2.2
理查森眼子菜	5	1.9	3.3
曲柔茨藻	12	4.6	2.6
篦齿眼子菜	33	12.7	1.6
金鱼藻	17	6.6	2.1
长嘴毛茛	8	3.1	1.2

续表

物 种	频率/%	相对频率/%	平均密度①
异叶狐尾藻	20	7.7	1.3
水蕴藻	2	0.8	1.3
矮眼子菜	7	2.7	2.0
两栖蓼	2	0.8	1.3
普通狸藻	2	0.8	2.0

① 当物种出现时，物种平均密度的采样单位为 1～5 打分。

来源：经许可引自 Aron & Associates, 2000. 白河湖水生植物管理计划，未发表报告，Wink Lake, WI.

在本计划中，定义了问题，评估了问题的潜在原因，考虑了管理选项，并包括强有力的教育部分。建议在未来对植物种群进行定期监测，其中包括进行简单的比如监测水质的透明度读数，来确定湖中的生态条件是否发生变化，或者植物管理计划是否会导致预料不到的状况。

11.3 物种和生命形态考虑

控制策略通常需要具体物种具体分析。在制定管理计划时，了解每个物种、其位置和丰度尤为重要。每一物种都有其独特的生理、栖息环境和生态要求。对感兴趣的物种了解越多，管理就越成功。第一步就是要辨识物种。参考 Cleseri 等（1998），可找到适合该地区的生物分类检索表。也有计算机程序可帮助辨识水生植物（Grodowitz 等，2001a，b），而水生和入侵植物中心的网站也是寻找具体物种信息，生物分类检索表以及"在线"帮助辨识植物的绝佳场所。

根据"水生生物"和"杂草"的定义，大约 700 个水生物种中只有少于 20 个是主要杂草（Spencer 和 Bowes，1990）。由于其大量生长繁殖，通常会影响淡水的利用，严重时甚至可能取代本地植物。控制有害植物的需求推动了大量对水生植物研究，因此现阶段已有大量的有关这些稀有物种的信息。

根据生命形态，水生植物可分为四种不同的类别：沉水植物、漂浮植物、浮叶植物、挺水植物，他们的生长环境、形态结构以及获取资源的方式均有所不同。同一生命形态分类的植物通常对生长环境有相似的适应性。通过根据生命形态对物种进行分类，我们可以用已经熟知的物种做为与其具有相似生命形态的新发现物种的模型。

挺水植物，如芦苇（芦苇属）、莎草（藨草属）、香蒲（香蒲属）以及野荸荠（荸荠属），都根植于水底，其基部没于水下，而顶部悬于空气中。这是植物生长的理想状态，营养物质可从沉泥中获取，水分可从沉泥和上覆水中获取，植物的水上出苗部分则可利用空气中的二氧化碳和阳光。

浮叶植物，如睡莲（睡莲属）、萍蓬草（萍蓬草属）以及莼菜（莼属），都根植于水底，其叶片漂浮于水面。浮叶同时生活在两个不同的环境中，叶片下表面浸没在水中，上表面接触空气。叶片上表面有较厚的蜡质层，可保护叶片免受环境侵害。长出的浮叶用于水上的结构支撑，因此有可能被风和波浪毁坏。浮叶植物通常可在保护水域中发现。

沉水植物包括多个不同种类，例如水韭（水韭属）、苔藓（水藓属）、轮藻和一些维管植物诸如眼子菜（眼子菜属）、水芹（苦草属）以及水蓍草（狐尾藻属）等。沉水植物面临一些比较特殊的问题，例如如何获取光合作用所需的光，以及从含量较空气少很多的水中获取二氧化碳。因为沉水植物是由水支撑的，因此在结构支撑上消耗的能量很少，水约占其重量的 95%。

漂浮植物是漂浮在水面上或刚好在水面之下，它们的根部在水中而非沉泥中。小型漂浮植物包括浮萍（浮萍属）、红浮萍（红萍属）和绿萍（槐叶萍属）。较大的漂浮植物有凤眼莲（凤眼莲属）和马尿花（水鬼花属）。它们依靠水来获取营养，其叶系有浮叶物种的许多特征。它们对风、波浪和水流很敏感，因此通常出现在安静的港湾中。

11.4　水生植物的生长和繁殖

水生植物生长环境减轻了对陆生植物影响较大的极端温度和水分的胁迫。但是，水对溶质扩散有极大的阻力，并选择性地减弱了光线的质量和数量，进而限制了水生植物的生长。具有相似生命形态的物种尽管在生物分类学上各不相同，但都面临着同样的生长环境限制。一些物种具有能让他们更轻易和更具竞争力的利用生存条件，因此更为多产并更可能变成水生危害。

11.4.1　光照

水生系统中光照的数量和质量对沉水物种的生长和发展具有重大影响。光的数量和质量取决于水中的溶质材料和悬浮颗粒物，以及水深。随着水深的增加以及藻类、淤泥和底部沉积物再悬浮引起的浊度变化，光线会变得更少，并且质量也会发生变化。光照条件可能会引起水生植物呈带状分布（Spence，1967），浊度增加会降低植物的最大生长深度（Spence，1967；Nichols，1992）。在水生植物优势度的季节变化和物种间竞争中，光照也扮演着重要角色。

挺水植物、漂浮植物和浮叶植物在大气阳光下生长，属于阳生植物。每片叶片都能利用接收的所有太阳能进行生长（Spencer 和 Bowes，1990）。至少对于挺水植物而言，它们的生产率与陆地阳生植物类似，甚至更高。

沉水物种为阴生植物，一小部分的全日照就可以使叶片光合作用完全饱和。一些物种的光补偿点（即光合作用速率与呼吸作用速率相等时的光照强度）可能低至全日照的 0.5%（Spencer 和 Bowes，1990）。一些最重要的有害植物有着最低的光补偿点，与其他物种相比，这可能会使它们在能源积累方面有少许但具有决定性的优势。

光线通常会限制湖滨带的靠湖一侧，有证据表明浊度增加会降低植物的最大生物量（Robel，1961）。清澈的湖泊通常有更深的湖滨带。Nichols（1992）发现威斯康星州一系列湖泊的最大植物生长深度范围为 1.2～7.8m。该深度范围与 Hutchinson（1975）所报告的深度范围相似，比 Lind（1976）报告的明尼苏达州东南地区的富营养化湖泊 1.0～4.5m 的深度范围更宽，但相比纽约州乔治湖 12m 的最大深度（Sheldon 和 Boylen，1977）以及明尼苏达州长湖 11m 的最大深度较浅。与纽约州银湖复柄狸藻 18m 的最大深度

（Singer 等，1983），威斯康星州水晶湖（Fassett，1930）中苔藓植物 20m 的最大深度
（Fassett，1930），以及加利福尼亚州太浩湖中轮藻和苔藓植物约 150m 的最大深度
（Frantz 和 Cordone，1967）相比，这些深度都要浅得多。即使是浅水湖，高浑浊度也会
使水生植物生长稀疏。（Engel 和 Nichols，1994；Nichols 和 Rogers，1997）。

　　Hutchinson（1975），Dunst（1982），Canfield 等（1985），Chambers 和 Kalff（1985），
Duarte 和 Kalff（1990）以及 Nichols（1992）他们发现了透明度与植物最大生长深度之间
有显著的回归关系（表 11.3）。在很多情况下，这一回归关系式是相似的（Duarte 和
Kalff，1987），在诸如消除植物生长的疏浚深度管理中可用作预测植物生长最大深度的模
型（第 20 章）。

表 11.3　　　　　　　　　Secchi 深度与植物生长最大深度的回归关系式

公　式	地　区	参　考　文　献
$MD = 0.83 + 1.22SD$	威斯康星州	Dunst，1982
$MD^{0.5} = 1.51 + 0.53\ln SD$	大部分地区	Duarte 和 Kalf，1987
$MD = 0.61\log SD + 0.26$	芬兰；佛罗里达州；威斯康星州	Canfield 等，1985
$MD = 2.12 + 0.62SD$	威斯康星州	NIchols，1992
$MD^{0.5} = 1.33\log SD + 1.40$	魁北克州及全世界	Chambers 和 Kalf，1985

注：MD＝植物生长最大深度，m；SD＝Secchi 深度（即透明度），m。

　　光照还会影响沉水植物的许多形态发生过程，包括果实萌发、茎和叶中花青素的产
生、叶绿体的定位、叶片表面积、分叉以及茎伸长（Spence，1975）。最重要的管理目标
可能就是茎伸长。对于像黑藻、水蕴草以及穗花狐尾藻这样影响较大的有害物种，低光照
将刺激茎长显著增长（Spencer 和 Bowes，1990）。这些物种将快速形成表面冠层从而不再
受光照限制，进而遮蔽生长较慢的竞争者，并且因在水面形成大团纠缠的茎叶而严重影响
水域的使用。

11.4.2　养分

　　沉水植物同时利用水和沉泥的养分来源，摄取养分的位置（根或芽）至少在一定程度
上与沉泥或水中的养分可获得性相关。换句话说，沉水植物比较投机取巧，能够选择性的
从最优的资源处获取养分。

　　根生水生植物通常直接从底泥中获取其需要的磷（P）和氮（N）（Barko 等，1986）。
底泥作为沉水植物氮和磷来源这一点在生态上十分重要，因为在植物生长期，这两个元素
的可吸收形态在开放水域中通常含量较低。这是很重要的知识，因为人们普遍误解为过量
的营养物质直接排入水体中会导致水生植物问题。营养物质负荷通常会导致水华暴发，遮
蔽并减少水生植物生物量。开放水域中微量营养物质的利用率一般很低，但在沉泥中却相
对较高。但是，钾（K）、钙（Ca）、镁（Mg）、硫酸盐（SO4）以及氯化物（Cl）则更多
在水中获得（Barko 等，1986）。自由漂浮物种从水体中获取养分，可能与藻类有直接
竞争。

关于与水生植物生长限制有关的营养物质的据实报告很少（Barko 等，1986）。即使是营养物质匮乏的系统中，由底泥提供的养分结合水体中的养分足以满足根生水生植物的养分需求。该结论还有例外，因此目前对于自然条件下养分供给与植物生产率之间的关系尚无明确共识。Duarte 和 Kalff（1988）在门弗雷梅戈格湖（魁北克省与佛蒙特州交界处）证实，施肥（N：P：K＝3：1：1）植物的生物量要比空白对照组平均提高 2.1 倍，其中生物量增加最大的是浅水区（深度 1m）的多年生植物。在密歇根州的劳伦斯湖中加入氮肥和磷肥后，蓖草和光叶眼子菜生物量明显增加（Moeller 等，1998）。对于菰米（菰属）这样每年产量很高的植物，养分限制会降低其生产率（Dore，1969；Carson，2001）。有证据表明，需要在不肥沃的底泥中补充氮来维持一年生植物生长（Rogers 等，1995）。氮可通过非定点提供，例如岸线侵蚀和淤泥堆积，也可来自于草坪施肥。在极低密度和极高密度（通常是指高度有机或高度含沙）的基质上，多种营养物质的缺乏将减缓植物生长（Barko 和 Smart，1986）。Gerloff（1973）的植物组织分析表明，限制水生植物生长的营养物质因湖泊而异，而在威斯康星州的不同湖泊内氮、磷、钙和铜都达到或接近于生长限值。在可以获得时，植物会摄取远高于实际生理需求的养分（例如，奢侈消耗），这就混淆了养分和生长之间直接关系的分析（Gerloff，1973；Moeller 等，1998）是矛盾的。

通过疏通或覆盖富营养底泥或者通过使用矾等化学手段来减少可利用养分，从而限制水生植物生长的尝试一直没有成功（Engel 和 Nichols，1984；Messner 和 Narf，1987）。试图通过控制水体中养分来控制水生植物生长也达不到预期目标。浮游植物仅从水体中获取养分，因此养分限制（主要是 P）首先是改善水的纯净度，进而提高水生植物的生长。

尽管这一信息表明养分并不会限制水生植物的生长，但与富营养的湖泊相比，营养物质较少的湖泊通常总植物生物量较少并包含不同的物种。在营养物质匮乏的湖泊中很多物种都具有季节性地保存生物量和养分的能力。

11.4.3　溶解无机碳（DIC）、pH 和氧气（O_2）

溶解无机碳（DIC）很可能会限制沉水植物的光合作用（Barko 等，1986；Spencer 和 Bowes，1990）。陆生植物的光合作用受到 CO_2 输运的影响，而对于沉水植物这一影响更为显著。二氧化碳在水中扩散要比空气中慢得多。对于光合作用而言，游离 CO_2 是最易被利用的碳形式。一些物种能够利用碳酸氢盐，但这样效率较低且需要消耗更多的能量。在很多淡水系统中，利用碳酸氢盐的能力有着适应性的意义，因为无机碳大部分以碳酸氢盐的形式存在。欧亚狐尾藻（穗花狐尾藻）是一种臭名昭著的有害物种，具有极强的使用碳酸氢盐进行光合作用的能力。CO_2 转换为碳酸氢盐和碳酸盐的比例取决于水的碱度和 pH 值以及植物吸收 CO_2 的能力。

在密集植床上，游离 CO_2 和碳酸氢盐能在数小时内通过光合作用被耗尽。这会使碳平衡移向光合作用无法使用的碳酸盐，进而增加 O_2 浓度和 pH 值。这些水域条件会导致光合作用 O_2 抑制以及光呼吸 CO_2 损失（Spencer 和 Bowes，1990）。以上这三种条件都会减少净光合作用。除了利用碳酸氢盐之外，沉水植物还通过大量的解剖学、形态学和生理学机制来增加碳吸收（Spencer 和 Bowes，1990；Wetzel，1990）。

挺水植物、漂浮植物和浮叶植物可使用大气 CO_2，因此光合作用不会受到水中气体低扩散率的阻碍。此外，水胁迫它们的气孔保持开放，因此在日间光合作用就可以不受阻碍地进行。

氧气浓度决定了氧化还原反应，因此决定底泥中养分的释放。根生植物的地下部分可能生活在无氧环境中。氧气的缺乏会阻碍养分的获取。一些物种（特别是挺水植物）会产生通气组织，能够让氧气从空气环境扩散进入水下组织中（Wetzel，1990）。即使是已死亡的茎也能够把氧气传导至根部（Linde 等，1976）。切断挺水植物的茎（包括已死亡茎），仅留下水中部分，导致茎叶没有长时间吸收氧气，这是控制香蒲以及其他挺水物种的一种有效技术。

单一养分含量的提高很可能只会在一定程度上提高植物生长，这时另一种养分会限制增长。Smart（1990）描述了实验室内的实验，发现了无机碳的供给和底泥中可利用性氮之间的互反关系。两个因素的提高都会刺激植物生长，进而提高对另一因素的需求，直到这个因素限制了增长为止。高水平的水生植物的生产既需要丰富的无机碳，又需要高的底积氮含量。

11.4.4 基质

正如上文所述，基质能够为根生植物提供支撑点，同时也是氮和磷等关键营养物质的来源。一些沉积物（例如岩石或鹅卵石）十分坚硬，植物根系无法穿透；而一些十分柔软、絮状或不稳定，植物无法将根固定。粗纹理底泥中的营养物质含量可能对于水生植物生长而言很少。在这些底泥上，有机物的轻微累积会促进植物生长。

底泥中低浓度氧，高浓度的可溶性还原态铁和锰，或可溶硫化物都可能对植物产生危害。高浓度可溶性铁会干扰硫代谢。含有过量有机质的底泥可能包含高浓度的有机酸、甲烷、乙烯、苯酚和乙醇，会对植物产生毒性（Barko 等，1986）。

上述情况在富营养的湖泊中十分常见。在一定程度上，水生植物通过从根部释放氧气来保护自身免受这些毒素的侵害。这样就消除了能在根部周围的根茎中产生有毒物质的厌氧环境。

同样地，如上所述，底泥密度对植物的养分吸收也有重要的影响。通过降低水位来固化絮状底泥是改善水生植物生态环境的一种方法（第 12 章）。

11.4.5 温度

水为植物生长过程中温度极端变化起到了缓冲作用，但沉水植物还是有可能接触接近 $0 \sim 40\,℃$ 的极端温度（Spencer 和 Bowes，1990）。一些沉水植物可以在低至 $2\,℃$ 的温度下生长（Boylen 和 Sheldon，1976），并且在冰层下发现绿色植物的情况并不罕见。一般在 $20 \sim 35\,℃$ 的温度范围内杂草问题比较严重。

水温与光照相互作用，影响植物的生长、形态、光合作用、呼吸作用、叶绿素合成以及繁殖（Barko 等，1986）。在植物耐热范围内，高温会促进叶绿素浓度和生产力的提高，使芽长度和数量增加。温度和光照的增加会引起芽长增长的相反作用（Barko 等，1986）。不同的代谢过程对温度的敏感性不同，因此生长就表现为这些温度响应的综合。在热分层湖泊中，如果植物生长达到或低于温跃层，深度引起的温度降低会减小生长季的长度（Moeller，1980）。

欧亚狐尾藻和卷叶眼子菜这两种水生有害植物就是低水温策略的例子。尽管两个物种的最佳光合作用温度在 $30 \sim 35\,℃$ 之间，这高于陆生植物的所需温度，说明它们更偏爱温暖气候，但与其他物种相比，它们在低温的光合作用率更高，且与最高速率的百分比相比也更高（Nichols 和 Shaw，1986）。对于西洋蓍草，正如高 Q_{10} 值（2.28）所示，其暗呼吸对温度的响应性很可能导致其最佳生长温度更低。换句话说，由于暗呼吸会随温度而快速上升，与其最佳光合作用温度相比，西洋蓍草生长在较低温度下更为高效。Titus 和 Adams（1979）比较了西洋蓍草和本地野芹，发现低温下西洋蓍草光合作用能力更强。卷叶眼子菜在冷水中生长旺盛，其生命周期的活跃部分发生在冷水条件下，而在温水条件下则是休眠的（Stuckey 等，1978）。与大多数其他水下植物相比，另一种臭名昭著的有害物种黑藻似乎在升温条件下生长得更好（Spencer 和 Bowes，1990）。温度极限下光合作用的能力会影响到共存物种间的竞争关系。

在使用降草剂和降低水位法时，温度的控制十分重要。当目标植物积极生长时除草剂最为有效，因此在低温下应用除草剂通常不那么有效。然而，在处理如卷叶眼子菜和欧亚狐尾藻这样的有害物种时，在冷水中应用除草剂可作为一种选择性手段。当有害植物在空气中暴露在比水生环境的正常条件更极端的冰点温度之下和寒冷干燥环境时，水位降低法最为有效。

11.5　湖泊内的植物分布

浊度、养分浓度、沉泥结构、沉泥有机质、淤积率以及风浪作用决定了植物的分布和丰度。这些参数相互关联并与湖泊形态（湖盆深度，底坡斜率、水表面积和形状）相互作用来决定湖泊的湖滨带。湖盆极易变化，反映了其不同的起源方式。湖泊内的水运动、植物碎屑的积累以及淤泥负荷和河岸侵蚀引起的沉积物输入不断改变湖泊的形态。

沿岸斜坡的陡度与最大沉水植物生物量成反比。Duarte 和 Kalff（1986）在孟菲拉格湖中发现，约有 87% 的最大沉水植物生物量变化可由沿岸斜坡坡度和沉泥有机质来解释。这很可能是由于平缓和陡峭湖滨坡上沉积物稳定性的不同所造成的。平缓斜坡更有利于精细沉泥的沉积，进而促进植物生长。陡峭斜坡为侵蚀和沉泥输运区域，不适合植物的生长。

水表面积和水域形状显著影响着风对波浪大小和水流强度的效应。大型湖泊有较大的风浪区，因此比小型湖泊具有更大的波浪能和水流能。波浪运动和水流会侵蚀湖岸线。风向和风强、湖岸坡度和湖泊形状决定了沉泥的运动。沉积点和浅滩会被风和波浪吹扫干净；湖湾和较深区域会被沉泥填充。因此湖盆大小、形状和深度决定湖中沉泥的分布，进而决定植物的分布。在浅水区域，风、浪和冰直接的自然力量也决定了植物的分布（Duarte 和 Kalff，1988，1990）。

对于管理目标，水生植物出现和繁殖的湖泊很可能有大面积较浅温暖水域、富营养有精细结构且含适量有机物的沉泥、以及适宜清澈度的水域。这意味着生活在有上述特征水域的人们想生活在无杂草湖泊的期望可能是不现实的。在湖泊的特殊区域，操控湖水深度和岸底坡度是一种促进和降低水生植物生长的有力管理手段，尽管这种方法并非总是便捷以及低成本。

11. 6 资源配制和物候学

　　了解资源分配对于了解植物的生命历史至关重要。当存储器官中碳水化合物储备较低时，采取控制策略是优化管理的手段之一。能量储存很低的时间叫作对照点，因为这时植物会由于没有足够的能量最不容易从胁迫中恢复。为了使管理者能够应用，低能量贮存应当与可观测的物候学事件对应起来，例如开始开花。这就为管理者提供了一种安排管理实践日程的快速手段，例如收割或除草操作。

　　Linde 等（1976）发现，当雌花外面的佛焰苞叶脱落时，香蒲（香蒲属）根茎中的总非结构糖（TNC）含量最低。他们表明这是控制香蒲的绝佳时机。之后，产生的糖类超出植物的即时需求，并存储在根茎中，以供植物从严重的伤害（例如砍伐）中恢复。Titus（1977）发现，欧亚狐尾藻中的 TNC 在夏初和秋末下降至干重的约 5％。初夏的降低与春季的增长相对应；秋末的下降可能与糖类被分配给脱落的生殖片段有关。黑藻中 TNC 储存量最低发生在 7 月末，表明这是一个可用于管理的主要生理学弱点（Madsen 和 Owens，1996）。不幸的是，黑藻并没有显示低 TNC 的可视化物候指标。水葫芦的潜在控制点似乎是在开花前不久，即花朵正在活跃地发育；10 月中旬，植物会将糖类主动地转移到根基部。（Luu 和 Getsinger，1988）。

　　在低 TNC 水平期间给植物增加胁迫的能力仍然是个问题。Perkins 和 Sytsma（1987）通过秋季收割打断了欧亚狐尾藻根部的糖类堆积。但是，在收割后其 TNC 储存水平就快速恢复并在冬季持续上升。第二年的增长并未减少。

11. 7 繁殖和生存策略

　　生殖能力通常决定植物是否能成为一种有害植物。大型植物包括专性有性生殖和仅通过无性生殖维持的一年生植物。Madsen（1991）把它们的繁殖策略分为三种类型：①一年生植物，仅仅靠种子来越冬（或在其他恶劣条件下生存，如季节性干旱）；②多年生草本植物，依靠营养繁殖体如具鳞根出条、块茎或冬芽越冬；③多年生常青植物，使用营养性非繁殖生物量来越冬。模拟建模表明在越冬结构的投资方面有最佳的生物量分配（Van Nes 等，2002）。太少的投资会降低第二年重获生物优势的机会，而对休眠结构的过多投入又会降低光合作用。无性生殖通常在大多数物种中占主导地位，因为无性生殖体无需有性繁殖那样的高能量投入就足以越冬。无性生殖体有较大的能量储备，因此与种子相比，它们通常在初始定居和初期快速生长方面更为成功。有性繁殖的两个明显优势是，有性繁殖体对环境胁迫的抵抗力更强，并且能够随着条件的变化重组更适应环境的基因。此外，与无性生殖体相比，种子扩散的范围更广。

　　植物的无性传播分为两类。具鳞根出条、块茎、茎段或其他从亲本植物中分离出来的专用繁殖结构的产生是无性繁殖的一种方式。这些繁殖体可通过风、浪、水流和人类或其他动物的活动而散布至不同的距离。就植物扩散而言，这些繁殖体在功能上类似于种子。另一种方式是根茎伸长或匍匐茎产生，这里新植物会依附在母体植物上一段时间。这种方法能让植物幼苗快速生长，但限制了扩散范围。一些挺水物种通过散布根茎和匍匐茎来占据深水水域。

许多物种是中性的，可以进行有性和无性繁殖。例如，野芹会利用所有的繁殖方式。它会产生冬芽，能从沉泥中脱离出来并扩散；在生长季植物会形成带新莲座叶丛的匍匐茎；另外，它还会生成花、果实和种子。相比之下，尚不确定哪一种繁殖方式更具优势。（Titus 和 Hoover，1991）。

水生植物从种子库重新迁殖的能力是水生植物群落在严重或长期的栖息地变化下恢复的关键所在。Kimber 等（1995）从威斯康星州欧纳拉斯加湖沉泥种子库中萌发了 12 种水生植物物种，他们发现种子库并不能反映湖中植物的构成。如果欧纳拉斯加湖能够从种子库重新迁殖，其植物群落应当与他们所发现的大不相同。繁殖和生存的许多方面都涉及管理。了解种子库以及在不同生态环境下存活最佳的植物繁殖体的类型，对于植物恢复来说至关重要。成为有害水生植物的物种通常是具有高繁殖力的无性繁殖体。收割操作可能会传播许多有害物种，因为它们能够通过植物片段快速繁殖。例如，黑藻能从单个结节（Langeland 和 Sutton，1980）或者在切割成小片后（Sabol，1987）重新生长。在混合植物群落中收割或使用除草剂会把群落结构从缓慢生长、扩散和繁殖的物种变成侵略性物种（Nicholson，1981）。生殖结构形成的时间同样很重要。例如，适当定时的收割能够大幅减少卷叶眼子菜产生的营养芽的数量。对生殖结构的破坏可以提高管理效果。Cooke 等人（1986）报告称在足够深处收割欧亚狐尾藻来去除或干扰其根茎要比单单切割主杆更成功。

11.8　与其他生物体的关系

水生植物是从附生植物群落到水生哺乳动物的各种生物的食物和栖息地，这使得它们成为湖泊生态系统重要且必不可少的一部分（图 11.2）。特别是在硬水体中，附生植物群落被大量微生物侵占。许多无脊椎动物以附生植物群落为食，这些附生植物群落直接生长在水生植物上或在水生植物腐质上。蛀干和筑巢无脊椎动物使用水生植物作为栖息地。大型浮游动物利用水生植物避开鱼类捕食，又需要大型浮游动物来缓解湖泊中的藻类繁殖（第 9 章）。在北美，很少有鱼类直接以水生植物为食，但它们以与水生植物息息相关的无脊椎动物为食。水生植物是重要的鱼类栖息地，而它们与鱼类的关系取决于该鱼类是捕食者还是被捕食者。有时，湖滨栖息地的小片水域对于鱼类产卵十分关键。沉水植物的种子、块茎和叶片是许多野生生物（尤其是水禽）的食物。在水生植床上生存的无脊椎动物对于野生动物生产也十分重要。它们产生的蛋白质对许多水禽和相关水鸟生产幼禽极为关键。举例来说，食物链较高处的鹰、鱼鹰、潜鸟、秋沙鸭、鸬鹚、水貂、水獭、浣熊和苍鹭以生活在水生植床上的鱼类、贝类和无脊椎动物为食。对于麝鼠和诸如红翼黑鸟、黄头黑鸟、沼泽鹪鹩，鹏鹛、麻鸭和加拿大鹅这样的鸟类而言，在挺水植物带筑巢或采集筑巢材料十分重要。基本上，水生植物（以及浮游植物）构成了水生食物网的基础，它们是能量的主要生产者，为整个水生生态系统供能。

对于管理而言，三种关系十分重要：①植食性；②种内和种间竞争；③致病性关系。一些关系已经发展成为管理技术，而其余的有潜力发展为新管理策略。

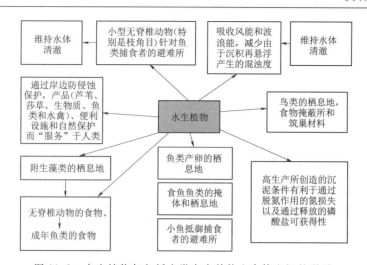

图 11.2 水生植物与包括人类在内其他生命体之间的联系。

（来源：Moss，B. et al. 1996. *A Guide to the Restoration of Nutrient-Enriched Shallow Lakes*. Broads Authority，Norwich，UK.）

水生植物的植食性控制已经得到广泛研究（第 17 章）。不良植物已转变为理想的或至少无害的更高营养级生命体。食草动物（或食植者）包括蜗牛、淡水螯虾、乌龟、水禽、鱼类、昆虫以及其他节肢动物和水生哺乳动物。有些生物是管理区的原生生物，而另一些是为了控制有害水生植物从外界引入的。人们对于本地食草动物对水生植物生物量的影响仍未有正确全面的认识（Lodge 等，1998；Mitchell 和 Perrow，1998；Sondergaard 等，1998）。Pelikan 等（1971）报告称每年香蒲净产量的 9%～14% 被麝鼠消耗或用于筑窝。Smith 和 Kadlec（1985）报告指出，在犹他州大盐湖湿地，水禽和食草性哺乳动物使香蒲的产量减少了 48%，而 Anderson 和 Low（1976）估计水禽消耗了马尼托巴三角洲湿地内成熟期蓖齿眼子菜生物量的 40%。食草动物的非消耗性破坏同样也降低了植物生物量。沉水植物的细芽被沉泥附近的淡水螯虾剪断并漂走（Lodge 和 Lorman，1987）。相比食用，蛀干昆虫毁坏的植物组织更多，一些昆虫钻入种子，虽消耗了极少的植物组织但能使之不育。在重建水生植物群落时，植食性可能会成为一个严重的问题。

某些藻类与水生植物间的拮抗关系早已众所周知（Hasler 和 Jones，1949；Fitzgeralk，1969；Nichols，1973）。一方面由于对养分和光照的竞争，另一方面可用化感物质的产生来解释（Wetzel 和 Hough，1973；Phillips 等，1978；Kufel 和 Kufel，2002；van Donk 和 van de Bund，2002）。在一些富营养化浅水湖中还存在交替稳定状态（Scheffer 等，1993），在不同的时间分别由藻类或水生植物占据主导地位。生物操纵管理技术（第 9 章）是基于对水生植物和藻类之间的竞争（以及其他各种因素包括营养状况、鱼类和浮游动物种群）、交替稳定状态的理解发展起来的，此技术试图把藻类占优势的湖泊转变为水生植物占优势的湖泊（Moss 等，1996）。

在自然条件下对水生植物种间竞争的研究有一定的难度（Elakovich 和 Wooten，1989；McCreary，1991），但我们对该领域有极大的兴趣。通过把一个物种替换成另一个物种或降低物种的生产力或繁殖力，资源竞争或化感作用可以改变植物群落的结构。有实地报告称在灌溉渠中矮慈姑（细叶慈姑）和野荸荠（莎草属）会排挤眼子菜。Sutton 和 Portier（1991）发现野荸荠和中间型荸荠包含一种对黑藻有植物毒性的物质。在疏浚或底部覆盖这样的重大栖息地扰乱后的后续机制中，常常发现眼子菜和其他水生植物会替代轮藻和曲柔茨藻（Engel 和 Nichols，1984；Nichols，1984）。这一信息的发现让人们强烈希望种植（或者鼓励其生长）如野荸荠极具竞争力或具植化相克性的植物，进而减少可消除有害植物的生长，但这一领域还需要进行进一步的研究（第 17 章）。Elakovich 和 Wooten（1989）制作了一个注解图，提供了有关水生植物植化相克的更多信息和资料。

植物病原体包括真菌、细菌和病毒。它们有潜力成为理想生物控制媒介，因为它们①数量众多且多样；②通常有寄主专一性；③容易散播和生存；④能够限制而非消灭某一物种；⑤对动物无致病性。第 17 章讨论了采用植物病原体来进行水生植物管理或进行水生植物管理的潜力。

11.9　水生植物对其环境的影响

栖息地和环境会影响水生植物的分布和生产力。水生植物同样也会影响湖泊生态系统。那么是如何影响？这种影响包括物理的、化学的和生物的。

密集的水生植物丛会形成厚重的遮蔽，在其笼罩之下会严重改变用于光合作用的光线（Adams 等，1974）。遮蔽和水体流动的减少能使在水生植物遮蔽之下的垂直温度梯度达到 10℃/m（Dale 和 Gillespie，1977）。

水体植床的水流的减少会增强可能易被侵蚀的精细沉泥的沉积（James 和 barko，1990，1994）。水生植床就像一个筛子，保留粗颗粒的有机腐质（Prentki 等，1979）。两种机制都会增加沉泥的堆积。

密集的水下植床上会出现高达 8mg/L 的日间溶解氧（DO）变化。当植物进行光合作用时，水体会出现氧气过饱和。暗呼吸能够消耗水体循环较少的密集植床里的溶解氧。漂浮或毯状沉水物种的密集生长会限制大气氧气交换，进而降低氧含量。溶解氧浓度较低或涨落较大的地区不适合鱼类或浮游动物栖息。

沉水水生植物代谢会强烈影响到 DIC 和 pH 值。在密集植床，pH 在 24h 内可能会变化三个 pH 单位（在快速光合作用期间增加然后在呼吸和大气 CO_2 交换时降低）（Barko 和 James，1998）。通过同化作用和泥灰生成，水生植物会去除水体中的无机碳。泥灰生成会增加沉积从而沉淀磷。水生植物会向水体中释放溶解有机化合物，有助于细菌代谢并提高湖滨带的生物氧气需求（Carpenter 等，1979）。

水生植物会影响养分循环。例如，磷可通过植物根系从沉泥中移出并进入植物生物质（图 11.3）。当植物组织死亡并腐粒时，磷就（至少短暂地）循环进入水体。这一循环的程序和时间会严重影响到浮游植物的生长。如果生长季时养分被螯合在水生植物生物质中，则浮游植物能吸收的就很少。在北方的湖泊中，如果养分的释放发生在秋天，水温很低因此就不会发生有害浮游植物爆发。像美洲苦草这样的本地物种就直到秋天都不会死亡和腐烂。然而，欧亚狐尾藻和黑藻会在温暖的季节落叶；卷叶眼子菜通常在初夏死亡而欧亚狐尾藻会在夏天自动脱落，能够在其生长季的高峰使得浮游植物可以获取养分（Barko

和 Smart，1980；Nichols 和 Shaw，1986）。例如，在威斯康星州温故拉湖，Adams 和 Prentki（1982）报告称季节性堆积的生物质约有 2/3 会在产生的年份内降解，有 50％～75％的损失是在降解发生的头 3 个星期，而植物生物质会在整个夏天一直腐败。水生植物腐烂约占据了温故拉湖内部磷载荷一半（Carpenter，1983）。南部水域的养分循环很可能会不同，这时水生植物在一年内都会生长或者冷水季节很短甚至不存在。

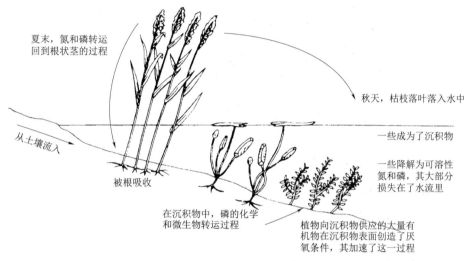

图 11.3　植床与湖泊开放水域之间的营养输运过程。

（来源：Moss，B. et al. 1996. *A Guide to the Restoration of Nutrient - Enriched Shallow Lakes*. Broads Authority，Norwich，UK. ）

由于充裕的水生植物生长引起的水体化学变化也会使养分发生变化。从湖滨带沉泥中释放的磷会在高 pH 下增强。pH 从 8.0 提高到 9.0 至少会让从含氧湖滨沉泥中释放的磷速度翻倍（barko 和 James，1998）。正如前文所述，这种 pH 变化在活动生长的水生植床上很容易发生。夜间呼吸导致的缺氧环境同样也会增强沉泥磷释放。在威斯康星州迪乐湾湖的入口，Barko 和 James（1998）报告称，由于 pH 和溶解氧条件的变化，约有 600kg 的磷被沉泥固化，另外还有 600kg 的磷由于根系摄取而从湖滨沉泥中被固化。加起来的话，从沉泥和水生植物组织中释放的磷是迪乐湾湖流域贡献的外部磷负载的两倍。

水生植物死亡和腐烂也会为沉泥中加入有机物质。溶解氧浓度会受到有机物质加入沉泥的时间和含量的影响。如果大量的死亡有机物质在温暖条件下进入到湖泊中，溶解氧耗竭及其对水生生物体和养分循环的影响就会成为忧虑所在。在北方气候下，如果衰败植物极端丰富的话，冰下的溶解氧耗竭可能对于鱼类的生存至关重要。

短期而言，有机物质加成是水底生命体的食物。长期而言，有机沉泥的增加、沉泥捕集和泥灰质沉积会导致湖滨带的扩张和湖泊淤积。总的而言，水生植床是特定物质的沉积处也是溶解磷和无机碳的来源（Carpenter 和 Lodge，1986）。

管理者有必要理解水生植物对水生环境的众多影响以及水生植物与周围流域之间的关系，水生植物与所管理的环境影响息息相关。如果需要对这些关系更为详尽的描述，推荐参阅 Carpenter 和 Lodge（1986），Engel（1990），Wetzel（1990）以及 Jeppesen 等（1998）。

总而言之，水生植物是水生生态系统的天然和必要组成部分，湖泊和水库中的较浅水体也是植物生长的理想场所。想拥有一个"无杂草"的湖泊的愿望既天真也不切实际。当湖泊和水库由于内部过程和径流中外来物质的增加而失去深度时，或者当外来植物入侵时，水生植物会变得更为丰富，至少会达到极端富营养或高混浊度的程度。对水生植物的彻底了解是制定创新性管理方法的基础所在。持续的研究和发展有助于增进我们对水生植物和整个湖泊和水库质量的理解，也有助于提高我们管理水生植物群落并维持和增强上述质量的能力。

参 考 文 献

Adams，M. S. and R. T. Prentki. 1982. Biology，metabolism and functions of littoral submersed weedbeds of Lake Wingra，Wisconsin，U. S.：A summary and review. *Arch. Hydrobiol. Suppl.* 62 3/4：333 - 409.

Adams，M. S. and K. Sand - Jensen. 1991. Ecology of Submersed Macrophytes. *Aquatic Bot.* 41 (1 - 3)，Special Issue.

Adams，M. S.，J. E. Titus and M. D. McCracken. 1974. Depth distribution of photosythetic activity in a *Myriophyllum spicatum* community in Lake Wingra. *Limnol. Oceanogr.* 19：377 - 389.

Anderson，M. G. and J. B. Low. 1976. Use of sago pondweed by waterfowl on the Delta Marsh，Manitoba. *J. Wildlife Manage.* 40：233 - 242.

Aron & Associates. 2000. White River Lake—Aquatic Plant Management Plan. Unpublished report. Wind Lake，WI.

Barko，J. W.，M. S. Adams and N. L. Clesceri. 1986. Environmental factors and their consideration in the management of submersed aquatic vegetation：A review. *J. Aquatic Plant Manage.* 24：1 - 10.

Barko，J. W. and W. F. James. 1998. Effects of submerged aquatic macrophytes on nutrient dynamics，sedimentation，and resuspension. In：E. Jeppesen，M. Sondergaard，M. Sondergaard and K. Christoffersen (Eds.)，*The Structuring Role of Submerged Macrophytes in Lakes*. Ecol. Studies 131. Springer - Verlag，New York，NY. pp. 197 - 214.

Barko，J. W. and R. M. Smart. 1980. Mobilization of sediment phosphorus by submergent fresh water macrophytes. *Freshwater Biol.* 10：229 - 239.

Barko，J. W. and R. M. Smart. 1986. Sediment related mechanisms of growth limitation in submersed macrophytes. *Ecology* 67：1328 - 1340.

Beule，J. D. 1979. Control and Management of Cattails in Southeastern Wisconsin Wetlands. Tech. Bull. 112. Wisconsin Dept. Nat. Res.，Madison.

Boylen，C. W. and R. B. Sheldon. 1976. Submergent macrophytes：Growth under winter ice cover. *Science* 194：841 - 842.

Canfield，D. E.，K. A. Langeland，S. B. Linda and W. T. Haller. 1985. Relations between water transparency and maximum depth of macrophyte colonization in lakes. *J. Aquatic Plant Manage.* 23：25 - 28.

Carpenter，S. R. 1983. Submersed macrophyte community structure and internal loading：relationship to lake ecosystem productivity and succession. In：J. Taggart and L. Moore (Eds.)，*Lake Restoration，Protection and Management*，Proc. Second Ann. Conf. NALMS，Vancouver，BC. pp. 105 - 111.

Carpenter，S. R.，A. Gurevitch and M. S. Adams. 1979. Factors causing elevated biological oxygen demand in the littoral zone of Lake Wingra，Wisconsin. *Hydrobiologia* 67：3 - 9.

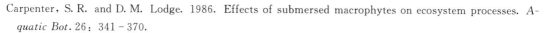

Carpenter, S. R. and D. M. Lodge. 1986. Effects of submersed macrophytes on ecosystem processes. *Aquatic Bot.* 26: 341 – 370.

Carson, T. L. 2001. Assessing wild rice (*Zizania palustris*) productivity and the factors responsible for decreased yields on Rice Lake, Rice Lake National Wildlife Refuge. In: McGregor, M. N. (Ed.), *Abstracts 41st Annual Meeting*, *Aquatic Plant Manage. Soc.*, Minneapolis, MN.

Chambers, P. A. and J. Kalff. 1985. Depth distribution and biomass of submersed aquatic macrophyte communities in relation to Secchi depth. *Can. J. Fish. Aquatic Sci.* 42: 701 – 709.

Clesceri, L. S., A. E. Greenberg and A. D. Eaton. 1998. *Standards Methods for the Examination of Water and Wastewater.* Amer. Publ. Health Assoc., Amer. Water Works Assoc., Water Environ. Fed., Washington, DC.

Cooke, G. D., E. B. Welch, S. A. Peterson and P. R. Newroth. 1986. *Lake and Reservoir Restoration*, 1st Edition. Butterworths, Boston, MA.

Dale, H. M. and T. J. Gillespie. 1977. The influence of submersed aquatic plants on temperature gradients in shallow water bodies. *Can. J. Bot.* 55: 2216 – 2225.

Dennis, W. M. and B. G. Isom. 1984. *Ecological Assessment of Macrophyton.* ASTM, Philadephia, PA.

Dore, W. G. 1969. *Wild – Rice.* Canada Department of Agriculture, Queens Printer, Ottawa.

Duarte, C. M. and J. Kalff. 1986. Littoral slope as a predictor of maximum biomass of submerged macrophyte communities. *Limnol. Oceanogr.* 31: 1072 – 1080.

Duarte, C. M. and J. Kalff. 1987. Latitudinal influences on the depths of maximum colonization and maximum biomass of submerged angiosperms in lakes. *Can. J. Fish. Aquatic Sci.* 44: 1759 – 1764.

Duarte, C. M. and J. Kalff. 1988. Influence of lake morphometry on the response of submerged macrophytes to sediment fertilization. *Can. J. Fish. Aquatic Sci.* 45: 216 – 221.

Duarte, C. M. and J. Kalff. 1990. Patterns in the submerged macrophyte biomass of lakes and the importance of the scale of analysis in the interpretation. *Can. J. Fish. Aquatic Sci.* 47: 357 – 363.

Dunst, R. C. 1982. Sediment problems and lake restoration in Wisconsin. *Environ. Int.* 7: 87 – 92.

Elakovich, S. D. and J. W. Wooten. 1989. Allelopathic Aquatic Plants for Aquatic Plant Management: A Feasibility Study. Tech. Rept. A – 89 – 2. U. S. Army Corps of Engineers, Vicksburg, MS.

Engel, S. 1990. Ecosystem Responses to Growth and Control of Submerged Ma rophytes: A Literature Review. Tech. Bull. 170. Wisconsin Dept. Nat. Res., Madison.

Engel, S. and S. A. Nichols. 1984. Lake sediment alteration for macrophyte control. *J. Aquatic Plant Manage.* 22: 38 – 41.

Engel, S. and S. A. Nichols. 1994. Aquatic macrophyte growth in a turbid windswept lake. *J. Fresh Water Ecol.* 9: 91 – 109.

Fassett, N. C. 1930. Plants of some northeastern Wisconsin lakes. *Trans. Wis. Acad. Sci. Arts Lett.* 25: 157 – 168.

Fitzgerald, G. P. 1969. Some factors in the competition or antagonism among bacteria, algae, and aquatic weeds. *J. Phycol.* 5: 351 – 359.

Frantz, T. C. and A. J. Cordone. 1967. Observations on deepwater plants in Lake Tahoe, California and Nevada. *Ecology* 48: 709 – 714.

Gerloff, G. C. 1973. Plant Analysis for Nutrient Assay of Natural Waters. Rept. USEPA – R1 – 73 – 001. Washington, DC.

Grodowitz, M. J., S. G. Whitaker and L. Jeffers. 2001a. *Aquatic Plant Information System.* U. S. Army Eng., Waterways Exp. Sta., Vicksburg, MS.

Grodowitz, M. J., S. G. Whitaker and L. Jeffers. 2001b. Noxious and Nuisance Plant Management Information System. Eng. Res. Dev. Center, U. S. Army Corps of Engineers, Vicksburg, MS.

Hasler, A. D. and E. Jones. 1949. Demonstration of the antagonistic action of large aquatic plants on algae and rotifers. *Ecology* 30: 359 – 364.

Hoyer, M. V. and D. E. Canfield. 1997. *Aquatic Plant Management in Lakes and Reservoirs.* NALMS, Madison, WI and Lehigh, FL.

Hutchinson, G. E. 1975. A *Treatise on Limnology – Limnological Botany.* John Wiley, New York.

James, W. F. and J. W. Barko. 1990. Macrophyte influences of the zonation of sediment accretion and composition in a north – temperate reservoir. *Verh. Int. Verein. Limnol.* 120: 129 – 142.

James, W. F. and J. W. Barko. 1994. Macrophyte influences on sediment resuspension and export in a shallow impoundment. *Lake and Reservoir Manage.* 10: 95 – 102.

Jeppesen, E. , M. Sondergaard, M. Sondergaard and K. Christoffersen. 1998. *The Structuring Role of Submerged Macrophytes in Lakes.* Ecol. Studies 131. Springer – Verlag, New York.

Kimber, A. , C. E. Korschgen and A. G. van der Valk. 1995. The distribution of *Vallisneria americana* seeds and seedlings light requirements in the Upper Mississippi River. *Can. J. Bot.* 73: 1966 – 1973.

Korth, R. , S. Engel and D. R. Helsel. 1997. *Your Aquatic Plant Harvesting Program.* Wisconsin Lakes Partnership, Madison.

Kufel, L. and I. Kufel. 2002. *Chara* beds acting as nutrient sinks in shallow lakes – a review. *Aquatic Bot.* 72: 249 – 260.

Langeland, K. A. and D. L. Sutton. 1980. Regrowth of hydrilla from axillary buds. *J. Aquatic Plant Manage.* 18: 27 – 29.

Lind, C. T. 1976. The phytosociology of submerged macrophytes in eutrophic lakes of southeastern Minnesota. Ph. D. Thesis, Univ. Wisconsin, Madison.

Linde, A. F. , T. Janisch and D. Smith. 1976. *Cattail*—The Significance of its Growth, Phenology and Carbohydrate Storage to its Control and Management. Tech. Bull. 94. Wisconsin Dept. Nat. Res. , Madison.

Lodge, D. M. , G. Cronin, E. Van Donk and A. J. Froelich. 1998. Impact of herbivory on plant standing crop: comparison among biomes, between vascular and nonvascular plants, and among fresh water herbivore taxa. In: E. Jeppesen, M. Sondergaard, M. Sondergaard and K. Christoffersen (Eds.), *The Structuring Role of Submerged Macrophytes in Lakes.* Ecol. Studies 131. Springer – Verlag, New York, NY. pp. 149 – 174.

Lodge, D. M. and J. G. Lorman. 1987. Reduction of submersed macrophyte biomass and species richness by the crayfish *Orconectes rusticus. Can. J. Fish. Aquatic Sci.* 44: 591 – 597.

Luu, K. T. and K. D. Getsinger. 1988. *Control Points in the Growth Cycle of Waterhyacinth.* Aquatic Plant Cont. Res. Prog. Rept. , Vol. A – 88 – 2. U. S. Army Eng. , Waterways Exp. Sta. , Vicksburg, MS.

Madsen, J. D. 1991. Resource allocation at the individual plant level. *Aquatic Bot.* 41: 67 – 86.

Madsen, J. D. and C. S. Owens. 1996. Phenological Studies to Improve Hydrilla Management. Aquatic Plant Cont. Res. Prog. Rept. , Vol. A – 96 – 2. U. S. Army Eng. , Waterways Exp. Sta. , Vicksburg, MS.

McCreary, N. J. 1991. Competition as a mechanism of submersed macrophyte structure. *Aquatic Bot.* 41: 177 – 193.

Messner, N. and R. Narf. 1987. Alum injection into sediments for phosporus inactivation and macrophyte control. *Lake and Reservoir Manage.* 3: 256 – 265.

Mitchell, D. S. 1979. Formulating aquatic weed management programs. *J. Aquatic Plant Manage.* 17: 22 – 24.

Mitchell, S. F. and M. R. Perrow. 1998. Interactions between grazing birds and macrophytes. In E. Jeppesen, M. Sondergaard, M. Sondergaard and K. Christoffersen (Eds.), *The Structuring Role of Submerged Macrophytes in Lakes*. Ecol. Studies 131. Springer - Verlag, New York, NY. pp. 175 - 196.

Moeller, R. E. 1980. The temperature - determined growing season of a submerged hydrophyte: tissue chemistry and biomass turnover of *Utricullaria purpurea*. *Freshwater Biol*. 10: 391 - 400.

Moeller, R. E., R. G. Wetzel and C. W. Osenberg. 1998. Concordance of phosphorus limitations in Lakes: bacterioplankton, phytoplankton, epiphytes - snail consumers, and rooted macrophytes. In E. Jeppesen, M. Sondergaard, M. Sondergaard and K. Christoffersen (Eds.), *The Structuring Role of Submerged Macrophytes in Lakes*. Ecol. Studies 131, Springer - Verlag, New York, NY. pp. 318 - 325.

Moss, B., J. Madgwick and G. L. Phillips. 1996. *A Guide to the Restoration of Nutrient - Enriched Shallow Lakes*. Broads Authority, Norwich, UK.

NALMS. 1993. Aquatic Vegetation Quantification Symposium. *Lake and Reservoir Manage*. 7: 137 -196.

Nichols, S. A. 1973. The effects of harvesting macrophytes on algae. *Trans. Wis. Acad. Sci. Arts Lett*. 61: 165 - 172.

Nichols, S. A. 1984. Macrophyte community dynamics in a dredged Wisconsin lake. *Water Res. Bull*. 20: 573 - 576.

Nichols, S. A. 1992. Depth, substrate and turbidity relationships of some Wisconsin lake plants. *Trans. Wis. Acad. Sci. Arts Lett*. 80: 97 - 119.

Nichols, S. A., S. Engel and T. McNabb. 1988. Developing a plan to manage lake vegetation. *Aquatics* 10 (3): 10 - 19.

Nichols, S. A. and S. J. Rogers. 1997. Within - bed distribution of *Myriophyllum spicatum* L. in Lake Onalaska, upper Mississippi River. *J. Fresh Water Ecol*. 12: 183 - 191.

Nichols, S. A. and B. H. Shaw. 1986. Ecological life histories of the three aquatic nuisance plants, *Myriophyllum spicatum*, *Potamogeton crispus*, and *Elodea canadensis*. *Hydrobiologia* 131: 3 - 21.

Nicholson, S. A. 1981. Changes in submersed macrophytes in Chautauqua Lake, 1937 - 1975. *Freshwater Biol*. 11: 523 - 530.

Pelikan, J., J. Svoboda and J. Kvet. 1971. Relationship between the population of muskrats (*Ondatra zibethica*) and primary production of cattail (*Typha latifolia*). *Hydrobiologia* 12: 177 - 180.

Perkins, M. A. and M. D. Sytsma. 1987. Harvesting and carbohydrate accumulation in Eurasian watermilfoil. *J. Aquatic Plant Manage*. 25: 57 - 62.

Phillips, G. L., D. Eminson and B. Moss. 1978. A mechanism to account for macrophyte decline in progressively eutrophicated fresh waters. *Aquatic Bot*. 4: 103 - 126.

Pieterse, A. H. and K. J. Murphy. 1990. *Aquatic Weeds, The Ecology and Management of Nuisance Aquatic Vegetation*. Oxford Univ. Press, Oxford, UK.

Prentki, R. T., M. S. Adams, S. R. Carpenter, A. Gasith, C. S. Smith and P. R. Weiler. 1979. The role of submersed weedbeds in internal loading and interception of allochthonous materials to Lake Wingra, Wisconsin. *Arch. Hydrobiol. Suppl*. 57. 2: 221 - 250.

Robel, R. J. 1961. Water depth and turbidity in relation to growth of sago pondweed. *J. Wildlife Manage*. 25: 436 - 438.

Rogers, S. J., D. G. McFarland and J. W. Barko. 1995. Evaluation of the growth of Vallisneria americana Michx. in relation to sediment nutrient availability. *Lake and Reservoir Manage*. 11: 57 - 66.

Sabol, B. M. 1987. Environmental effect of aquatic disposal of chopped hydrilla. *J. Aquatic Plant Manage*. 25: 19 - 23.

Scheffer, M. , S. H. Hosper, M. – L. Meijer, B. Moss and E. Jeppesen. 1993. Alternative equilibria in shallow lakes. *Trends Ecol. Evol.* 8: 275 – 279.

Schmid, W. D. 1965. Distribution of aquatic vegetation as measured by line intercept. *Ecology* 46: 816 – 823.

Sculthorpe, C. D. 1985. *The Biology of Aquatic Vascular Plants*. 2nd ed. Koeltz Scientific Books, Konigstein, Germany.

Sheldon, R. B. and C. W. Boylen. 1977. Maximum depth inhabited by aquatic vascular plants. *Am. Mid. Nat.* 97: 248 – 254.

Singer, R. , D. A. Roberts and C. W. Boylen. 1983. The macrophyte community of an acidic lake in Adirondack (New York, U. S. A.): A new depth record for aquatic angiosperms. *Aquatic Bot.* 16: 49 – 57.

Smart, R. M. 1990. Effects of Water Chemistry on Submersed Aquatic Plants: A Synthesis. Misc. Paper A – 90 – 4, U. S. Army Corps of Engineers, Vicksburg, MS.

Smith, L. and J. Kadlec. 1985. Fire and herbivory in a Great Salt Lake marsh. *Ecology* 66: 259 – 265.

Sondergaard, M. , T. L. Lauridsen, E. Jeppesen and L. Bruun. 1998. Macrophyte – waterfowl interactions: tracking a variable resource and the impact of herbivory on plant growth. In: E. Jeppesen, M. Sondergaard, M. Sondergaard and K. Christoffersen (Eds.), *The Structuring Role of Submerged Macrophytes in Lakes*. Ecol. Studies 131. Springer – Verlag, New York, NY. pp. 298 – 306.

Spence, D. H. L. 1967. Factors controlling the distribution of fresh water macrophytes with particular reference to the lochs of Scotland. *J. Ecol.* 55: 147 – 170.

Spence, D. H. L. 1975. Light and plant response in fresh water. In: G. Evans, O. Rackham and C. Bainbridge (Eds.), *Light as an Ecological Factor: II*. Blackwell Sci. , Oxford, UK. pp. 93 – 133.

Spencer, W. E. and G. Bowes. 1990. Ecophysiology of the world's most troublesome weeds. In: A. Pieterse and K. Murphy (Eds.), *Aquatic Weeds*, *The Ecology and Management of Nuisance Aquatic Vegetation*. Oxford Univ. Press, Oxford, UK. pp. 39 – 73.

Stuckey, R. L. , J. R. Wehrmeister and R. J. Bartolotta. 1978. Submersed aquatic vascular plants in ice – covered ponds of central Ohio. *Rhodora* 80: 575 – 580.

Sutton, D. L. and K. M. Portier. 1991. Influence of spikerush plants on growth and nutrient control of hydrilla. *J. Aquatic Plant Manage.* 29: 6 – 11.

Titus, J. E. 1977. The comparative physiological ecology of three submerged macrophytes. Ph. D. thesis. Univ. Wisconsin, Madison.

Titus, J. E. and M. S. Adams. 1979. Coexistence and the comparative light relations of the submersed macrophytes *Myriophyllum spicatum* and *Vallisneria americana*. *Oecologia* 40: 273 – 286.

Titus, J. E. and D. T. Hoover. 1991. Toward predicting reproductive success in submersed fresh water angiosperms. *Aquatic Bot.* 41: 111 – 136.

van Donk, E. and W. J. van de Bund. 2002. Impact of submerged macrophytes including charophytes on phytoand zooplankton communities: allelopathy versus other mechanisms. *Aquatic Bot.* 72: 261 – 274.

van Nes, E. H. , M. Scheffer, M. S. van den Berg and H. Coops. 2002. Dominance of charophytes in eutrophic shallow lakes – when should we expect it to be an alternative stable state? *Aquatic Bot.* 72: 275 – 296.

Washington Department of Ecology. 1994. A Citizen's Manual for Developing Integrated Aquatic Vegetation Managment Plans. Olympia, WA.

Wetzel, R. G. 1990. Land – water interfaces: Metabolic and limnological regulators. *Verh. Int. Verein. Limnol.* 24: 6 – 24.

Wetzel, R. G. 2001. *Limnology*. 3rd ed. Academic Press, London, UK.

Wetzel, R. G. and R. A. Hough. 1973. Productivity and the role of aquatic macrophytes in lakes—an assessment. *Pol. Arch. Hydrobiol.* 20: 9 – 19.

第 12 章

植 物 种 群 恢 复

12.1 引言

由于植物在水生生态系统中起着至关重要的作用，因此我们对恢复水生植物群落的兴趣与日俱增。水生植物恢复可以：①改善鱼类和野生动物的栖息地环境；②减少湖岸线侵蚀和湖底湍流；③缓冲养分通量；④遮蔽湖岸线；⑤减少有害水生植物和藻类生长；⑥处理雨水和排放的废水；⑦用本地物种替代外来入侵物种；⑧提高美观度；⑨调节环境干扰。尽管人们对于在恢复水生植物工作中所使用的特有术语（增强、恢复、修复、开发、重建等）还有争议（Haslam，1996；Moss 等，1996；Munrow，1999），但其实质是将水生植物送回其最初被发现的水域，开发它们的原始生存水域，或重建现有的植物群落，为健康的水生植物群落提供生态资产。为便于讨论，这里"恢复"的定义比较宽泛。它既可以指在先前植物灭绝的地方重新种植某一物种；也可以指改变栖息地条件使植被能自然恢复；还可以指将单一的外来植物群落多样化；同时也可以指不采取任何措施使其顺其自然。在极少数情况下，它指用最严格的生态学来定义来恢复水生植物群落，但实际上几乎不存在这种情况（Hasmlam，1996；Moss 等，1996；Munrow，1999；第 1 章）。

生态学家已经采用了多种技术来恢复咸水和淡水湿地、沼泽以及湖泊和溪流中的海草和淡水植物（Kadlec 和 Wentz，1974；Johnston 等，1983；Orth 和 Moore，1983；Marshall，1986；Storch 等，1986；Moss 等，1996）。水生植物群落恢复技术正快速发展，但目前看来，这些技术不仅是科学，也是一门艺术。就湿地恢复而言，生物学家对于修复湿地（包括挺水植物）的了解要比对修复沉水植物群落的了解多得多。

评价植物恢复潜力和建议恢复技术的决策项见表 12.1。如果待恢复栖息地的多数项目都在表 12.1 增加成功率一栏的话，那么除了耐心等待几乎不用再做其他的恢复工作。但如果大多数项目都会降低成功率，那么就需要更多的工作量、成本，并且失败的可能性更高。建议的补救措施有很多。但在具体情况中，它们可能会由于成本、自然规律限制、环境影响、监管和政策等而不太适用。例如，对于无管理部门的天然湖泊，降低水位在根本上不太可行，其价格昂贵并且得不到监管机构的批准。还有一些技术还未进行过测试。

对于水生植物，除藻剂处理作为一种选择性植物处理技术是否能提高水体清澈度？大多数待恢复水域都需要一些补救措施，才能出现理想的植物群落。但补救和恢复不应该被认为是一样的工作。例如，在种植水生植物时，在它们被成功定植和扩散前，还需要保护这些植物免受捕食者和波浪的伤害。妥善选取种植材料能够避免一些栖息地限制。与其他物种相比，一些物种对水体浑浊度和水位涨落度承受力更强，或者能够在更深的水域生长。本书的其他章节已经讨论了很多建议的补救措施（例如，养分限制的灭活以增加水体清澈度、水位降低、疏浚），后续章节和案例记录还将进行更为详细的讨论。

表 12.1　　　　　　　　　　　评价植物恢复潜力和建议恢复技术的决策项

评价植物恢复潜力的因素	降低成功率	增加成功率	补救措施[①]
水体清澈度	浑浊水体	多数生长季为清流水体	1、2、3、4、12
沉泥特征			
密度	低密度	中高密度	2、6、7
有机物质含量	高	中低	2、6、7
毒性	有	无	5、6、7
捕食者数量	高	低	3、4、8
环境能量（水流、波浪等）	高	低	4、9
水			
深度	深	浅	2
稳定性	涨落	稳定水位	4、10
植物种群			
剩余植物	少量或没有	多	11
沉泥种子库	少量或没有	多	11
水域内植物种群	少量或没有	多	11
非期望物种	多	少量或没有	11、12、13

① 补救措施类别：1—养分限制；2—水位降低；3—鱼类种群操控；4—物理屏蔽；5—曝气；6—浅疏浚；7—砂滤层；8—捕食者种群操控；9—慢速无尾流或无马达监管；10—稳定水位；11—水生植物种植；12—选择性植物管理；13—"顺其自然"。

为增加恢复成功率所需要做的一些测试十分简单。水体透明度解释了许多有关水体清澈度以及藻华、底栖鱼类、风和波浪或大马力机动船只的使用是否会导致水体浑浊的问题。水试验确定了沉泥种子库、沉水植物的生长适应性以及繁殖活力。根据当地天气预报、湖泊地图以及对植物分布的观测可以估算风和波浪的影响。简单的观测可用于确定动物和人类造成的影响（例如，鲤鱼产卵、机动船只、浅滩捕鱼）。植物采样确定了物种的存在和分布。这些实验可能不是必要的，但它们可以回答关于成功恢复植物群落的一些基础问题。

根据完成该项目所需要的工作量来进行讨论。最小工作量的方法为"顺其自然"，然后为栖息地保护和改造，最后为主动定植。事实上，一个项目可能会需要以上这三种方法。在种植任何植物之前，栖息地都需要进行改造。在改造之后的一个或两个生长期里顺其自然，确定是否重建为天然植被。如果发生天然植被重建，则不需要额外的成本和极为耗时的工作量。如果没有发生，则可能需要增加期望物种，提高多样性或者在困难水域重建植被。即便在最为成功的植物定植后，通常还需要进一步的努力来保护植物群落。例如，草食性生物可能是个问题，也可能需要使用其他水生植物管理技术来控制有害水生植物等。

12.2 "顺其自然"

12.2.1 概述

有研究表明，对于繁殖迅速且生长具侵略性的物种（即杂草），采用收割和除草剂处理技术是有效的（Cottam 和 Nichols，1970；Nicholson，1981；Bowman 和 Mantai，1993；Doyle 和 Smart，1993；Nichols 和 Lathrop，1994）。植物演替会被不断的"阻挠"。那么我们能做些什么呢？"顺其自然"，期望自然演替的趋势会重建一个非杂草本地物种的多样性群落。顺其自然的优势在于生长出的植物都来自当地，它们能够适应当地环境因而最有可能存活。这一技术方法成本较低且植物演替不会被不断阻挠，因此形成的植物群落可能是现有条件下最为稳定的。其劣势在于植物群落的发展或变化会花费很长的时间，特别是在该水域之前并无植被或者该水域没有繁殖体的天然来源时（Smart 和 Dick，1999；Nichols，2001）。人们对水生植物群落的演变动态所知甚少，因此其演替结果是无法预知的，由此可知顺其自然可能在政策上不能被接受。另外还有研究表明，即使未进行人工操控，植物群落也可能从多样化的本地群落变为外来物种主导的群落。例如，纽约州的卡萨达加湖对植物的人工管理很少，它的植物群落从主要由本地眼子菜占主导变化为由卷叶眼子菜和欧亚狐尾藻（穗花狐尾藻）占主导，这是顺其自然策略不起作用的一个典型实例（Bowman 和 Mantai，1993）。在某些地域，通过把某水域指定为关键栖息地，"顺其自然"被写成了法令，这是一种保护水域的监管措施，因此这种情况不需要进行恢复或者期待恢复能够自然发生。

12.2.2 案例研究

温故拉湖是位于威斯康星州麦迪逊的一个 137hm² （1hm² ＝ 10000m²）的浅（平均深度为 2.4m）城市湖泊。它被威斯康星大学植物园和城市公园所包围，因此与许多城市湖泊不同，其湖滨未得到太多开发。在 1900 年前后，木贼属、菰属、宽叶香蒲、水烛以及青水葱是湖周围广大湿地内的常见物种。挺水植物间散布着密集生长的轮藻。野芹也特别丰富。温故拉湖中当时有至少 34 个水生植物物种，湖底完全被植被覆盖（Bauman 等，1974）。在 20 世纪上半叶，疏浚、填筑、水位涨落以及鲤鱼的引入摧毁了大部分的水生植被。从 1920 年到 1955 年，大型水生植物变得十分稀少（Bauman 等，1974）。欧亚狐尾藻（穗花狐尾藻）在 20 世纪 60 年代初入侵了温故拉湖，并且在 1966 年占据生物优势，取代了剩余的本地物种。从 20 世纪 60 年代中叶至 70 年代初，湖泊较浅水域内密集生长了穗花狐尾藻植物群丛。在 1977 年，狐尾藻植物群丛发生了衰退（Carpenter，1980）。20 世纪 50 年代初鲤鱼被围捕至较低水平之后，除了在公共船只和游泳河滩周围有少量植物收割外，温故拉湖几乎没有植物管理。

穗花狐尾藻衰退的原因尚未明确。1969—1996 年，该湖物种数量略有上升，辛普森多样性指数从 0.52 上升到 0.88，外来物种（穗花狐尾藻和菹草）的相对频率从 68.9% 降低至 35.9%，而湍流敏感物种（Nichols 等，2000）的相对频率从 0.1% 增加到了 19.1%。威斯康星州温故拉湖 1969 年和 1996 年物种相对频率化较见表 12.2。植物生长的最大深度从 2.7m 增加到了 3.5m。野芹和光叶眼子菜再次出现，它们上一次在湖中出现还是在 1929 年。与威斯康星州地区其他有类似欧亚狐尾藻入侵历史（Nichols 和 Lathrop，1994），但与人工管理更多的湖相比，温故拉湖的植被恢复更为显著。

表 12.2　　　　威斯康星州温故拉湖 1969 年和 1996 年物种相对频率比较[①]

植物物种	1969 年相对频率/%[②]	1996 年相对频率/%	植物物种	1969 年相对频率/%[②]	1996 年相对频率/%
欧亚狐尾藻	68.4	27.4	菹	0.5	8.4
篦齿眼子菜	8.1	6.6	多叶眼子菜	0.1	5.8
浮叶眼子菜	6.2	1.3	理查森眼子菜	0.2	6.6
萍蓬草	4.8	0.4	带状眼子菜	0.5	9.3
小节眼子菜	3.0	—	野芹	—	5.3
金鱼藻	2.9	8.4	眼子菜属[③]		4.0
睡莲	2.6	3.5	其他物种[④]	2.4	3.7
轮藻	—	7.1	辛普森多样性指数[⑤]	0.52	0.88
曲柔茨藻	0.3	2.2			

① 不包括挺水物种。
② 依据 Nichols, S. A. 和 S. Mori. 1971. Trans. Wis. Acad. Sci. Art Lett. 59：107－119。
③ 很可能是光叶眼子菜。
④ 在一次或两次采样周期内相对频率小于 1.0% 的物种，包括水蕴藻、杜邦草以及长嘴毛茛。
⑤ Simpson, W. 1949 Nature 163：688 的修正。

温故拉湖的植被恢复并没有被计划也没被预测到，那么为什么植被会恢复呢？我们目前无法给出完全确定的原因，这是由于这个结果只是观测性的而非任何实验项目的一部分。历史上温故拉湖有丰富的水生植物物种，即使在欧亚狐尾藻入侵的高峰期，湖中也有多于 15 种植物。威斯康星州的戴恩县有 24 个面积大于 30hm^2 的湖泊，因此在入侵地邻域内有充足的水生植物繁殖体供应，尽管未做过检测，但湖底沉泥中很可能有种子（繁殖体）库。在 20 世纪 50 年代，原本丰富的鲤鱼种群被捕杀至较低水平后，它们就再没有恢复到原来的数量。该湖很浅，有适度有机且中等富营养的精细沉泥。该湖也从未因管理活动而使植床有重大扰动，而且湖中实行"慢速无尾流"行船条例。总而言之，温故拉湖是水生植物生长的理想场所，也使得它们有机会能回归。欧亚狐尾藻在其他湖泊中也发生过衰退，本地物种也正在回归（Smith 和 Barko，1992；Nichols，1994；Helsel 等，1999），因此温故拉湖的经验并不罕见。

12.3　栖息地保护和改造方法

12.3.1　概述

水生植物群落的恶化或大量消失通常由于栖息地的重大变化。植物群落的消失可能是由于水位上升、风和波浪的侵蚀、底栖鱼类或植食生物的行动、人为富营养化、水生植物管理或其他人类活动。通常是这些因素的综合影响才会导致水生植物群落的衰亡（Nichols 和 Lathrop，1994）。最终结果就是混浊的水体和（或）不适合水生植物生长的高能量环境。逆转不适宜的栖息地环境可让植被回归。可使用包括工程或生物操控这样的具有监管性和更积极的措施来改造栖息地。这些方法的劣势在于无法预测其结果且可能在政策上不被接受，特别是其中的一些监管方法。恢复可能要花费很长时间，但经验表明一旦限制性的因素被去除后就会快速出现再植化。其中一个优势在于这种做法发展出的植物群落源自本地，因此它能够适应本地环境。根据技术的不同，这些方法的成本和环境影响差异较大。建立无机动船或慢速无尾流区域等的监管方法是成本最低且最具环境友好性的。圈围出剩余植物的"创始领地"区域可以保护它们免于捕食且成本适中。建造岛屿和防波堤来防范风和波浪，大规模灭鱼计划以及养分减少技术比较昂贵，成本甚至超过数百万美元；而且它们在短期内具有中度至重度的环境影响。

12.3.2　案例研究

12.3.2.1　长湖和大格林湖：威斯康星州东南部重度使用的娱乐性湖泊

1. 长湖

长湖水表面积 169hm²，最大深度为 14.3m。1855 年建造的大坝使得该冰川湖的天然水位上升了 2m，形成了从岸边至深水区的 120m 湖滨带。长湖州立休闲活动区占据了湖泊的东岸，而西岸则开发为永久性和季节性的住宅。一项 1989 年的调查显示长湖每年有 7088 个行船日，也就是说每年每公顷约有 42 个行船日（Asplund 和 Cook，1999）。行船活动的高峰在 7 月，某些周末可能有多达 60 只船只出现在湖面上。该湖南北方向既长又狭窄，这使得它很适合于滑水和轮胎漂流。该湖有至少 22 个漂浮植物和沉水植物物种，其中轮藻最为丰富。

当地居民希望保护水生植物，为鱼类提供良好的栖息地。它们担心由于沉泥暴露引起的水质问题，也担心受影响水域会被穗花狐尾藻占领。航拍照片显示浅湖滨区的大部分水域已经没有植物生长，东岸受影响最严重。

1997 年 5 月，长湖钓鱼俱乐部沿着湖东岸约 1500m 放置了慢速无尾流浮标。浮标放置在离湖岸约 120m 处，因此慢速无尾流区域就从浮标延伸至岸线处。在慢速无尾流区内还设置了两个各 125m 的无机动船只区。尽管这一限制是自愿性的，但还是采取了行动向湖泊使用者们宣传尊重船只使用特别区域的重要性。

1997 年 8 月末，Asplund 和 Cook(1999) 评估了沉水水生植物群落。他们发现 1995 年看到的冲刷（无植被）区已经基本完全被轮藻所覆盖。冲刷区的面积降低到了原来的约 1.5%。1995 年和 1997 年威斯康星州长湖保护水域和无保护水域的无植被区百分比比较见表 12.3。在无尾流区域内仍然能很明显地看到船只尾迹，但频率已经很低。这说明以无尾流速度行驶的船只仍然会把植物连根拔起或切断其枝干。有一种说法是船只驾驶员有时会以较快的速度驶过这一区域或者在底部拖行船锚。在无机动船只区的图像中没有看到船只尾迹。采样发现，管理水域间的总体植物群丛密度和植冠高度并没有显著区别。我们只能推测其原因，可能在未受保护的比较水域中历史上的船只使用就较少，而且由于船只都会主动避免大部分无尾流区的东侧，植物也会因而得到保护。在 1998 年，当地镇委员会沿着湖东岸永久设立了一个无尾流区，但放置的浮标更靠近湖岸，因此 1997 年保护的 1/3～1/2 的水域都被划出了无尾流区。航拍照片说明在新的未保护水域内，船只冲刷和尾迹消除了 1997 年还在生长的大部分轮藻。

表 12.3　1995 年和 1997 年威斯康星州长湖保护水域和无保护水域的无植被区百分比比较[①]　　%

水域	1995 年（保护前）	1997 年（保护中）
无机动船只	2.7	1.5
无尾流	17.4	2.0
无保护	12.0	2.2

① 植被主要由轮藻和当地西洋蓍草组成。
来源：Asplund, T. 和 C. E. Cook. 1999. Lakeline 19（1）：16.

2. 大格林湖

大格林湖面积大（表面积 2974hm²）且深度深（最大深度 72m）。然而，它拥有很浅的湖滩，硬茎蔗草（尖叶蔗草）是挺水植物的重要组成。历史统计识别出湖中有 5 片芦苇植物群丛，面积从 3500～255000m² 不等（Asplund 和 Cook，1999）。1997 年剩余植物群丛的最大面积约为 1840m²，而且还在不断萎缩。

机动船只活动被认为是剩余植物群丛面积萎缩的重要因素。植物群丛周围的沙洲水域是船只抛锚和涉水的热门区域。针对这一担忧，当地镇委员会于 1997 年颁布了一项条例，在植物群丛周围放置无机动船只浮标。植物群丛区域被分为了三个部分，并且使用全球定位系统（global positioning system，GPS）于 1997 年、1998 年和 2002 年进行了测绘。在这些年份还测定了其茎秆密度。1998 年，植物群丛面积和茎秆密度有些增加，至少不再萎缩（Asplund 和 Cook，1999），威斯康星州大格林湖的芦苇密度和植床面积见表 12.4。截至 2002 年，群丛面积和茎秆密度并未增加，甚至还略有减小（表 12.4）。经过 5 年保护后，限制机动船只交通似乎只是减缓了芦苇植床的萎缩。

表 12.4　　　　　　　　威斯康星州大格林湖的芦苇密度和植床面积

植床位置	植床面积/m²			芦苇枝干密度/（枝数/m²）		
	1997 年	1998 年	2002 年	1997 年	1998 年	2002 年
西南	114	94	77	8	45.3	12.5
中央	1223	1268	1157	20.9	26.3	19.3
东北	505	662	432	24.3	25.3	23.2
总计	1842	2024	1666			

来源：Chad Cook, Wis. Dept. Nat. Res. 个人交流，2002.

12.3.2.2　主动栖息地操控：工程和生物操纵案例研究

1. 威斯康星州里普利湖：船只限外区

里普利湖表面积有 169hm²，最大深度为 13.4m，有着深度小于 2m 的扩展湖滨带。湖滨沉泥絮凝性很强，很容易由于高泥灰含量而出现再悬浮现象。湖泊周围全是住房，沿湖有超过 300 艘船停泊，在周末的时候，湖面上的船只同时使用量接近 50 艘（Asplund 和 Cook，1997）。历史上，里普利湖有着多样的植物群落，主要为野芹、眼子菜（主要为光叶眼子菜和篦齿眼子菜）以及睡莲（萍蓬草属和睡莲属）。欧亚狐尾草在1980年占据主导但之后就衰减了。本地物种慢慢重新占据了适宜植物生长的区域。

机动船只对水生植物有极大影响。从航拍图中可以看到，在船只交通繁忙的水域，船只"尾迹"或沿着剩余植床的冲刷线（Asplund和Cook，1997）。目前尚不清楚影响是源自于底沉再悬浮引起的浊度增加、船只尾流和支柱清洗造成的湍流、沉泥的直接冲刷、马达螺旋桨的直接切割还是来自于船壳接触的破裂。威斯康星州里普利湖保护水域和未保护水域的平均植物生长见表12.5。

表 12.5　　　　　　威斯康星州里普利湖保护水域和未保护水域的平均植物生长

位　置	覆盖率/%	最大植物高度/cm	生物量/(g/m²)
无保护水域	58	46	434
保护水域—筛网围栏	84	82	823
保护水域—固体围栏	82	61	1063

来源：Asplund，T. 和 C. E. Cook. 1997. *Lake and Reservoir Manage.* 13：1-12.

Asplund和Cook(1997) 通过在湖中建造两个固体围栏和筛网围栏的围地，阻止船只进入，研究了机动船只对水生植物群落的影响。在一个生长季之后，两片水域的物种组成没有变化，轮藻和大茨藻仍然是优势物种。然而，两片水域内的植物生长却有显著差异。用筛网或固体围栏保护的水域内植物生长并无明显不同。受保护水域植物覆盖面积约为无保护水域的1.5倍，最大植物高度约为无保护水域的1.5～2倍，生物量约为2.5倍（表12.5）。结合另外的水化学试验，可以总结机动船只降低植物生物质的途径是沉泥冲刷和直接切割植物而非浑浊物。

在其他恢复工作中，还需要建设不同面积和不同设计的类似围地，以保护剩余植物免受食草鱼类、涉水或水生哺乳动物以及水鸟的侵害（Moss等，1996；van Donk和Otte，1996）。

2. 威斯康星州大马斯基根湖和德拉文湖：水位降低、底层栖息鱼类去除以及养分减少

大马斯基根湖水表面积达840hm²，水深非常浅（平均深度为0.75m）。19世纪建造的一个大坝淹没了这片曾经的深水沼泽区。该湖为富营养化湖，灌溉了7600hm²的农业流域。在处理之前，沉水植物群落主要为欧亚狐尾藻，鱼类主要为鲤鱼。尽管该湖植被茂密，高达95％的水域被植被覆盖；但絮凝、高有机物的沉泥、鲤鱼、风和波浪运动以及水体浑浊度都限制了本地水生植物的生长。除了增加植物多样性之外，管理者还对提高挺水植物区的范围感兴趣。在处理之前，有9.9％取样点中发现了猫尾香蒲，而其他挺水物种只在少于1％的取样点中被发现。水位降低和鲤鱼去除前后大马斯基根湖的植被情况见表12.6。

1995年10月，大马斯基根湖的水位开始降低，在1995年至1996年7月之间，其水位降低了约0.5m。1996年7月还开挖了一条渠道来进一步降低水位，这导致在1996年7月至1997年1月间水位进一步降低了0.5～0.6m。在1997年冬末和早春，该湖被允许进行重注水。1997年回复到了正常水位。总而言之，约有13％的沉泥面积被暴露了约1年，而约有80％的沉泥面积被暴露了约6个月（James等，2001a，b）。此外，水位降低使得不期望的鱼类更加集中，因此更容易用杀鱼毒素去除。

表 12.6　　　　　　水位降低和鲤鱼去除前后大马斯基根湖的植被情况　　　　　　　%

物　种	处理前相对频率（1995 年）	处理后相对频率（1997 年）	物　种	处理前相对频率（1995 年）	处理后相对频率（1997 年）
金鱼藻	2.9	0.6	大叶眼子菜	2.3	0.1
轮藻	—	15.5	菹草	0.6	1.7
浮萍	—	12.2	光叶眼子菜	—	1.3
千屈菜	6.5	2.8	篦齿眼子菜	1.6	11.9
狐尾藻	3.8	1.0	长嘴毛茛	0.6	3.8
穗花狐尾藻	61.6	8.3	蔍草	0.3	14.2
大茨藻	1.3	4.2	宽叶香蒲	6.8	18.1
杂色萍蓬草	4.2	0.1	其他物种①	3.9	1.4
美洲香睡莲	3.6	2.8			

① 其他物种包括：苔草属，金鱼藻属，水藻属，杜邦草，曲柔茨藻，小节眼子菜，小眼子菜，宽叶慈姑和水生
菰。它们在两个采样周期内的相对频率均小于 1%。

来源：John Madsen, Department of Biology, Minnesota State University. Mankato. Personal communications, 2002.

在降低水位之前，马斯基根湖沉泥流动性很强。表面沉泥有超过 90% 的含水量，沉泥密度很低，而沉泥中有机物含量很高（超过 40%）（James 等，2001a，b）。脱水很有希望能强化沉泥，减少重悬和混浊度。但有一个问题是暴露在空气中的沉泥氧化作用可能会对沉泥有机氮和磷的固化产生影响。暴露沉泥再淹没后的内部养分可能会促进大量的藻类生长，这对大型水生植物生长不利。

湖水水位降低能有效地固化沉泥（例如，增加沉泥密度）并减少有机质含量。孔隙水中可溶反应性磷和 $NH_4 - N$ 的平均含量在再淹没之初有所增加，但一年后就会显著降低（James 等，2001a，b）。新的栖息条件会带来水生植物的生长。平均水生植物生物量从 1995 年的 150g/m² （处理前水平）提高到 1998 年的 1400g/m² （处理后水平）。这一高生物量水平可能在耗竭沉泥磷存量中起到了作用（James 等，2001a，b）。

植物群落同样也发生了显著变化（表 12.6）。物种数量从 18 个类群增加到了 25 个。挺水植物的相对频率从 14.2% 增加到了 35.3%。外来物种的相对频率从 70% 降低到了 17%。辛普森多样性指标从 0.61 增加到了 0.88。

处理前和处理后的植物群落分布范围并没有太大变化。这是因为该湖并没有多少可供植物群落扩张的空间。处理前，只有 1% 左右的水域没被植被覆盖。在处理后，仅有 0.5% 左右的水域没被植被覆盖。从野生动物管理的角度来看，处理也十分成功。水生植物覆盖达到了期望中的增长，作为主要的水鸟食物，篦齿眼子菜也有大量的增长。

在计划恢复行动时应当仔细定义什么是成功，因为结果不可预测且湖滨居民可能不会希望水生植物的增加。威斯康星州东南部的德拉文湖就是一个例子。它水表面积为 725hm² ，最大深度为 16.5m，平均深度为 7.6m。20 世纪 80 年代末和 90 年代初采取了重大的恢复行动，包括减少内部和外部磷含量；消灭底层栖息鱼类，主要为鲤鱼和巨口牛脂鱼；补充掠食性猎捕鱼；以及临时降低湖泊水位。历史上，德拉文湖有丰富的藻华。1948—1975 年间的调查识别出了 25 个水生植物种属（并非都在同一次调查中），但 1950

年后植被开始减少。1955 年，出于对水生植物损失的担忧，Izaak Walton 联盟在湖的西南端种植了大量的期望物种。在 20 世纪 60 年代初，据报道有 7 个物种，而至 1968 年为止，只剩下了 4 个物种。在恢复行动之前的数年里，其水生植物只有眼子菜以及白睡莲。由于再植行动，水生植物大大丰富。1990 年物种数量增加至 6 种，到 1993 年为 20 种，到 1998 年，物种数量又降低至 13 种。而在湖区的某些部分，特别是在湖泊北端和南端小于 3m 深的水域以及湖的入口和出口处，穗花狐尾藻、卷叶眼子菜以及金鱼藻数量达到了有害水平（Robertson 等，2000）。原本预期还将进行额外的植物管理，在原来的恢复计划中还包括水生植物收割和化学处理；但水生植物的生长远超出了预期。在 1997 年、1998 年和 1999 年的生长季，总共收割了 5376m³ 的植物材料。入口处的水生植物泛滥生长有部分原因是由于重新固化的底泥减少了对磷的限制（Robertson 等，2000）。截至 2001 年，共发现了 12 个沉水和自由漂浮物种，外来物种的相对频率为 36.7%。2001 年威斯康星州德拉文湖内水生植物的相对频率见表 12.7。

表 12.7   **2001 年威斯康星州德拉文湖内水生植物的相对频率**   %

物 种	相对频率	物 种	相对频率
金鱼藻	9.3	带状眼子菜	2.2
水蕴藻	2.2	美洲苦草	2.2
穗花狐尾藻	29.0	角果藻	1.6
菹草	7.7	杜邦草	6.0
多叶眼子菜	3.3	其他物种[①]	1.0
篦齿眼子菜	35.5		

①   其他物种为浮萍和轮藻属。

来源：Kevin Makinnon，Distric Administrator，Delavan Lake Sanitary Distric，Delavan，WI. Personal communiations，2002.

3. 各种尺寸的防波板

防波板用于降低风和波浪对水生植物的影响（第 5 章）。它们被用于保护已立植的植物、新植物或为植物入侵或种群扩张创造适宜的栖息地。

最简单的防波板是消波器；由两块半胶合板或其他适当坚固的材料制成的 V 形波浪偏转器（约 1.2m×1.2m）。它们以约 90°的角度绞合，且定桩在剩余植物或新植物向湖一侧的底部（Bartodziej，1999）。

包含沉泥和芦苇根茎的沙袋以及包含沉泥和芦苇根茎且放置在填满沙子的轮胎内的粗麻袋被用于固化威斯康星州波伊根湖的沉泥。这些种植举措最终都失败了（Kahl，1993）。

在密苏里州的一些蓄水库中，椰壳纤维土工织物卷、植物卷、土工织物垫、树枝盒防波板、灌木垫层以及枝条捆束都被用作防波板和侵蚀控制装置（Fischer 等，1999）。椰壳纤维卷直径 0.4m，被旋转在浅沟内。挺水物种则种植在朝岸侧的 0.5m 范围内。植物卷与椰壳纤维卷类似。它是一个封装在粗麻袋中的植物丛和土壤圆柱体，并放置在一个沟渠中。密苏里州使用的植物卷为 3m 长。另一项被使用的技术是椰壳纤维土工织物无纺垫，它被平放且固定在水底，整个垫子上种植了 0.3m 的挺水植物。灌木垫层和枝条捆束由捆成束或长卷的嫩柳枝组成，它们也被桩定在水底。灌木盒与之类似，但柳枝是被编织并缠绕在插在湖底的木杆上的。

密苏里州蓄水项目近期才实施，因此其还没有结论性结果（Fischer 等，1999）。密苏里州的研究者发现耐心是关键所在。除非是小池塘且有充足的时间和经费，否则期望一年内使茂密的水生植物就覆盖整个滨湖带是不可能。看起来波浪运动是植物最初生存和扩散的主要限制因素。保护水域内厚藻垫的生长，特别是寒冷季节内水位的涨落，草食性动物，以及撞坏保护装置的浮木和废品这些都是问题。

人们曾经使用原木浮栅或旧轮胎来阻止波浪运动（第 5 章）。最令人感兴趣的漂浮装置是在人工浮岛（德国）或浮岛（日本），这都是人工建造的浮动湿地（Hoeger，1988；Mueller 等，1996）。它们都建造在支撑湿地植被的漂浮平台上，会随着水位的涨落而上下运动，并主要通过减缓波浪行动降低岸线或湖底侵蚀程度来改善水质。它们还为小型鱼类和甲壳类动物提供育苗区，而在城市地区它们通过增强私密性和消减噪声而被用于美化环境。根据尺寸的不同，它们可根据需要用于湖泊的不同水域。

一个更大的项目是在威斯康星州的巴特迪默茨湖建造的特勒尔岛防波堤。巴特迪默茨湖面积有 3587hm^2，平均水深 1.8m，最大水深 2.7m。最初，巴特迪默茨湖和温尼贝戈湖的其他上游湖泊都是大型的河流沼泽。1850 年修筑的大坝把水位抬高了约 1m。最初，湖中有丰富的水生植被，但从 1930 年至今，由于高水位、大洪水、岸线和湖底沉泥的侵蚀、湖滨开发、植物去除、鲤鱼、养分输入的加速等原因，植被规模一至在缩减［威斯康星州自然资源部（Wisconsin Department of Natural Resources，WDNR），1991］。在 1994—1998 年间，建造了 3245m 的防波堤，将主岛和一系列小岛连接了起来，并圈围了约 243hm^2 的水域（Authur Techlow，WNDR，Oshkosh，Wisconsin，个人交流，2002）。该防波堤使用石灰石建造，设计顶部宽 3.7m，侧面坡度为 3∶1，高度比正常夏季水位高 0.9m。建造时它只留了一条缝隙供船只通过。这条缝隙有闸，能够防止大型鲤鱼的进入（图 12.1），但允许其他鱼类通过产卵。这条缝隙建造时有足够的重叠来减少波浪。还建

图 12.1　特勒尔岛恢复水域内的鲤鱼拒止闸。闸的中心为受载弹簧，
因此当船只进入或离开该水域时会把闸推下。

造了小岛来减少防波堤内风的吹程。该水域植被需要被恢复的主要原因是水禽食物、栖息地以及鱼类产卵区。恢复工程包括可行性研究、工程建造、行政管理在内的总成本约为170万美元（未调整为现值）（Arthur Techlow，WDNR，Oshkosh，Wisconsin，人个交流，2002）。

建造前的1988—1994年以及建造后的1999—2001年，该水域均进行了植被采样（Tim Asplund，Mark Sessing和Clad Cook，WNDR，Madison，Wisconsin，人个交流，2002）。1999年和2000年，比较了防波堤圈围水域和其他公开水域内的水质参数。

1999—2001年，植被采样点的百分比频率从建造前的15%分别增加到了39%、55%和99%（图12.2）。物种数目也同样有增长。植物群落组成也发生了巨大的变化（表12.8）。篦齿眼子菜和美洲苦草是建造前是优势物种，占据了超过60%的相对频率。而在建造后，加拿大伊乐藻成为了优势物种，相对频率为34%～52%不等，而同时篦齿眼子菜和美洲苦草的相对频率之和则降低到11.6%～17%不等。就植被恢复而言，防波堤是成功的。作为非常被期望的水鸟食物，尽管篦齿眼子菜和美洲苦

图12.2 2002年8月特勒尔岛恢复区
防坡堤后面的水生植物生长

草在植物群落中的比例有所下降，但其绝对数量还是上升了。在1999年，防坡堤内的整体水质有所改善，但在7月末和8月初，其水质还是要劣于湖中心水域（Tim Asplund，WDNR，个人交流，2002）。在秋天，浑浊度和重悬固体有所减少，这大大改善了防波堤内的水体清澈度和透光度。在整年中，与湖中其他水域相比，由防波堤创造的沉静环境带来了更大的藻华和更少的无机物沉泥重悬（Tim Asplund，WDNR，个人交流，2002）。2000年，与开放湖域内的站点相比，防波堤内站点的水质数据展现出更高的水体清澈度、更低的肥沃度和更少的藻类。防波堤内水域的悬浮固体主要为藻类，而开放湖域的悬浮固体则主要为无机物（Mark Sessing，WDNR，个人交流，2002）。但是，防波堤内的风浪运动仍然足以侵蚀人工小岛，这是一个亟待解决的问题。

表12.8　　　　　防波堤建造前后特勒尔岛水域内物种相对频率的比较　　　　　　　%

物　种	建造前平均相对频率 （1988—1994年）	建造后相对频率		
		1999年	2000年	2001年
篦齿眼子菜	45	15.4	5.8	1.5
美洲苦草	15.8	1.6	5.8	12.8
金鱼藻	4.0	4.1	0.7	0.2
水蕴藻	0.3	33.7	51.7	35.0
杜邦草	6.9	8.2	10.9	23.4

续表

物　种	建造前平均相对频率 (1988—1994 年)	建造后相对频率		
		1999 年	2000 年	2001 年
茨藻属	12.7	11.0	0	0
轮藻属	4.1	0.9	2.7	1.5
穗花狐尾藻	10.9	14.6	6.5	5.5
小眼子菜	0.5	10.6	2.0	0
菹草	—	—	6.2	17.5
狐尾藻	—	—	1.6	0.8
其他物种[①]	—	—	6.2	0.9

① 其他物种为丽藻，浮叶眼子菜，小节眼子菜和未识别物种。

来源：Tim Asplund, Mark Sessing 和 Chad Cook，WDNR，个人交流，2002.

威斯康星州与明尼苏达州之间的密西西比河上游的湖泊内也建造了人工岛。这些岛屿建造的目的是通过减少细小物质的波浪重悬来改善局部区域的透光度进而改善水体植物的栖息条件。岛屿的下游重新生长了以美洲苦草为主的水生植被丛，但还无法获得详细的结果（Janvrin 和 Langreher，1999）。

12. 4　水族造景

水族造景是一个表述水生和湿地植物种植的术语，它是指在邻近水域内进行景观美化（详细讨论请参见第 5 章）。景观美化的概念可能不适用于湖泊或水库，但自然景观美化这个术语已经在陆生系统上使用了很多年，它被用于诸如大草原、稀树大草原和林地这样广袤地域的规划、恢复和管理。不可否认，水族造景通常被用于像水上花园和沉淀池这样较小的项目，但不管项目大小，良好的规划、培育和管理原则都是必不可少的。

水族造景的优点在于：如果成功的话，你就能在适当的地点获得你想要的效果。在很多地区，例如美国东南部和西部，主动再植可能是唯一的选择。这些地区的水库通常建造在缺乏自然湖泊的地域，且它们可能离可充当繁殖体来源的水生植物种群比较遥远。因此，这些水库可能没有水生植物种子库，只能获得有限的种子输入或其他植物繁殖体。如果它们被种植，种植领域通常的可能性是被更能适应和更能利用紊乱环境的有害物种所占据（Smart 和 Dick，1999）。主动再植的缺点在于它成本昂贵、劳动密集且容易失败。植物恢复是一个良好的志愿项目，因此一些植物材料和人工的成本会变小（图 12.3）。

图 12.3　特勒尔岛防波堤后人造岛屿周围种植挺水植物的志愿者。为了防止鹅和天鹅等大型水禽对新种植作物的捕食，木桩之间系上了绳子。

水族造景能将植物材料与恢复水域内特定位置的栖息地匹配起来。在制定水族造景计划和选择植物材料时，水化学、水深度、基质、浑浊度、波浪作用以及人类或动物使用都是重要的考虑因素。同样重要的是为所期望的功能选择植物。正在进行的恢复工作是为了防止岸线侵蚀、为鱼类或野生动物提供栖息地，截断养分，在美观上令人愉悦，还是出于其他原因，有待探讨。最终计划应包括一张地图，显示栖息地特征、物种位置、植物密度、计划方法以及预防性措施。待询问的具体问题包括：

（1）恢复水域内场址有什么栖息地限制？

（2）何种植物物种有恢复所需要的期望特质？它们在栖息地物理和化学条件下是否会繁荣生长？它们是否能够承受风、波浪、浑浊、人类和动物活动以及水位降低的影响？这些植物是否具有良好的水禽食物，鱼类或水禽栖息地，美观且令人愉悦的功能性质？

（3）能否以合理的价格在当地获取到期望的物种？

（4）在现有条件下，繁殖植物的最佳途径是什么？

（5）选取的物种是否有良好的繁殖潜力？一旦定植后，植物生长和繁殖能否足够良好来维持或增加其数量？

（6）选取的物种是否为该地区本地植物？

（7）选取的物种是否有成为杂草的倾向？在未来是否可能成为有害物种？

（8）不考虑因食草者、病原、低繁殖成功率、风、波浪、浑浊、其他物种竞争以及气候变化而出现的损失，需要多少数量才能确保有可见的植物群落？

（9）每个物种应以何种密度种植在哪里？

（10）需要使用何种栖息地修复技术？

（11）需要用何种培育和预防性措施？

这些问题的答案并不简单。许多物种的引入、再引入和移植都因为未考虑物种的固有特征、物种间相互作用或栖息地性质而失败（Botkin，1975）。

即便一个物种已经在某一水域生长，但栖息地也可能发生了变化，不再适合该物种或不适该类植物。正如前文所述（表 12.1），可能需要进行栖息地修复来让植物生长。然而，仔细选取作物材料可能会克服某些栖息地限制。作为作物选取的辅助，表 12.9 给出了大量物种的平均生长深度、基质偏好和浑浊耐受度。

表 12.9 所选取湖泊植物的栖息地偏好[①]

物 种	平均生长深度[②]	基质偏好[③]	浑浊耐受度[④]	物 种	平均生长深度[②]	基质偏好[③]	浑浊耐受度[④]
鬼针草	3	S	N	小莎草	2	H	Y
莼菜	2	O	Y	沼泽荸荠	2	H	E
金鱼藻	3	S	Y	罗宾狐尾藻	3	S	E
北美金鱼藻	2	S	—	水蕴藻	3	S	Y
伞序千屈草	E	S	E	粉绿狐尾藻	3	H	N
莎草属	1	S	Y	黄莲	3	—	—
小沟繁缕	1	—	—	紫红水韭	3	O	—

续表

物　种	平均生长深度[2]	基质偏好[3]	浑浊耐受度[4]	物　种	平均生长深度[2]	基质偏好[3]	浑浊耐受度[4]
湖泊水韭藻	3	H	—	小眼子菜	3	S	Y
半边莲	3	H	—	理查森眼子菜	3	O	O
小二狐尾藻	3	S	—	罗宾眼子菜	3	O	O
异叶狐尾藻	4	O	—	矮眼子菜	3	H	—
轮叶狐尾藻	3	S	N	带状眼子菜	3	S	N
柔弱狐尾藻	3	H	—	红萼毛茛	3	H	—
狐尾藻	3	O	N	长嘴毛茛	2	O	O
曲柔茨藻	3	H	N	曲枝毛茛	2	O	O
纤细茨藻	3	—	—	禾叶慈姑	2	O	E
杂色萍蓬草	2	S	O	宽叶慈姑	1	O	E
美洲香睡莲	2	O	O	硬慈姑	2	S	E
醋柳	—	O	O	美洲藨草	2	O	N
梭鱼草	2	O	N	水葱	2	O	N
走茎眼子菜	3	S	O	黑三棱	2	S	—
异叶眼子菜	3	S	—	三棱	1	O	O
柔花眼子菜	3	O	O	宽叶香蒲	1	O	N
丝叶眼子菜	3	O	—	复柄狸藻	3	S	—
多叶眼子菜	2	S	Y	丝叶狸藻	3	S	—
禾叶眼子菜	3	H	O	异枝狸藻	3	S	—
光叶眼子菜	3	O	N	普通狸藻	3	S	Y
浮叶眼子菜	2	O	O	美洲苦草	3	H	Y
小节眼子菜	2	O	Y	沼生角果藻	2	H	Y
钝叶眼子菜	3	S	—	水生菰	2	S	O
篦齿眼子菜	3	O	O	杜邦草	3	O	Y
白茎眼子菜	3	S	N				

① 　并未包含许多挺水物种。挺水物种通常在浅水中发现，除非有记一般并没有浑浊耐受度。

② 　1—小于 0.5m；2—0.5～1m；3—1～2m；4—大于 2m；E—挺水物种，通常在浅水中发现；—表示未知或未有报告。

③ 　S—偏爱软基质；H—偏爱硬基质；O—无基质偏好；—表示未知或未有报告。

④ 　Y—浑浊耐受；N—浑浊不耐受；O—无浑浊度偏好，很可能耐受；E—挺水物种，很可能浑浊耐受；—表示未知或未有报告。

来源：Nichols，S. A. 1999. Distribution and Habitat Descriptions of Wisconsin Lake Plants. Bull. 96. Wisconsin Geol. Nat. Hist. Surv.，Madison. Conditions primarily for Wisconsin lake plants.

　　尽管许多水生植物对水化学条件具有较强的耐受性，但实际情况并非总是如此。对于作物材料的信息了解越多，恢复成功的可能性就越大。北美、欧洲以及日本和其他地区都已经有一些地区性研究，给出了水生植物分布与多种化学参数的变化关系（Moyle，

1945；Seddon，1972；Hutchinson，1975；Beal，1977；Pip，1979，1988；Hellquist 和 Crow，1980，1981，1982，1984；Crow 和 Hellquist，1981，1982，1983，1985；Kadono，1982a，b；Nichols，1999）。

根据再栖息活动的目标不同，植物有不同的功能值且应酌情选择。所选湖泊植物的野生动物值和环境值见表 12.10。请记住，在解释这张表的时候，鱼类和飞禽并非分类依据。对于用作遮蔽物的情况，植物结构要比所植物物种更重要。例如，大叶眼子菜的结构可以作为良好的鱼类遮蔽物。不管是光叶眼子菜、白茎眼子菜还是理查森眼子菜，都没有太多区别。类似的，不管是苔草、蘸草属，还是香蒲，多数强根系挺水植物都有基质稳定的作用。由于美观是主观的看法，因此在表中未包含。但例如梭鱼草、慈姑属、黑三棱属、睡莲属、黄连和蓬萍草属这样的挺水和浮叶物种都有艳丽的花朵，通常被用于水上园艺（第 5 章）。菖蒲、苔草、莎草、灯心草、蘸草属、芦苇、蒲菜、莼菜和菰属都拥有让人们觉得美观的生物形态。即便像水蕴草、长嘴毛茛、杜邦草或醋柳这样花朵很小的物种，或是像狸藻属、美洲苦草和莼菜这样拥有丰富自然历史的物种，抑或是像菰属、慈姑属和莲属这样被当地人用作食物的物种，它们都可以增加趣味或教育值。

表 12.10　　　　　　　　　　　　　所选湖泊植物的野生动物值和环境值

物　种	水　鸟			其他鸟类		麝鼠食物[3]	基质稳定[3]	有害潜力[3]	鱼类值[4]
	食物部分[1]	食物值[2]	遮蔽[3]	食物部分[1]	遮蔽[3]				
菖蒲	—	P	X	—	—	—	X	—	—
莼菜	S	G	—	—	—	—	—	X	C
苔草	S	F	X	—	—	—	X	—	S
金鱼藻	S，F	F	X	—	—	—	—	X	F，S
轮藻	F	G	—	—	—	—	—	X	F
莎草	S	F	—	S	—	—	—	X	—
伞序	S	P	—	—	—	—	—	—	—
荸荠	T	G	—	S	X	X	X	—	F，S，C
小莎草	—	F	—	—	—	—	X	X	S
沼泽荸荠	—	F	X	—	—	—	—	—	F
水蕴藻	F	F	—	—	—	—	—	X	F
木贼属	F	P	—	—	—	X	X	X	—
灯心草属	—	—	—	—	—	—	X	X	S
浮萍	F	G	—	—	—	—	—	X	F
品藻	F	G	—	—	—	—	—	—	—

续表

物　种	水　鸟			其他鸟类		麝鼠食物③	基质稳定③	有害潜力③	鱼类值④
	食物部分①	食物值②	遮蔽③	食物部分①	遮蔽③				
狐尾藻	S, F	P	—	S	—	—	—	X	F, C
四蕊狐尾藻	—	F	—	—	—	—	—	X	—
曲柔茨藻	S, F	E	—	S	—	—	—	X	F, C
竹节茨藻	S, F	E	—	—	—	—	—	X	—
黄莲	—	—	—	—	—	—	X	X	F, C
杂色萍蓬草	—	F	—	—	—	—	—	—	F, C
睡莲	S	P	—	S, T, F	—	—	X	X	F, C
芦苇	—	—	X	—	X	—	X	X	F
醋柳	S	E	—	—	—	—	X	X	—
梭鱼草	S	P	X	—	—	X	—	X	C
大叶眼子菜	S	F	—	—	—	—	—	—	F
微齿眼子菜	S	F	—	—	—	—	—	—	—
异叶眼子菜	S	F	—	—	—	—	—	—	—
柔花眼子菜	S, T, F	G	—	—	—	—	—	—	F, C
丝叶眼子菜	S, T, F	G	—	—	—	—	—	—	—
多叶眼子菜	S, F	G	—	—	—	—	—	—	—
禾叶眼子菜	S, T	G	—	—	—	—	—	—	—
光叶眼子菜	S	F	—	—	—	—	—	X	C
浮叶眼子菜	S, T	G	—	—	—	—	X	—	—
小节眼子菜	S	G	—	—	—	—	—	—	F, C
钝叶眼子菜	—	—	—	—	—	—	—	—	F, C
篦齿眼子菜	S, T	E	—	—	—	—	—	X	F, C
白茎眼子菜	S, T, F	F	—	—	—	—	—	—	F, C
小眼子菜	S, T, F	G	—	—	—	—	—	—	—
理查森眼子菜	S, T, F	G	—	—	—	—	—	—	F, C
罗宾眼子菜	—	—	—	—	—	—	—	X	F, C
螺旋眼子菜	S	F	—	—	—	—	—	—	—
矮眼子菜	S	G	—	—	—	—	—	—	—
带状眼子菜	S	F	—	—	—	—	—	—	—
毛茛属	S, F	P	—	—	—	—	—	—	F
川蔓藻	S, T, F	E	—	S	—	—	—	—	—
慈姑属	—	—	X	S	X	X	—	—	—
楔形慈姑	S, T	F	—	—	—	—	—	X	—

续表

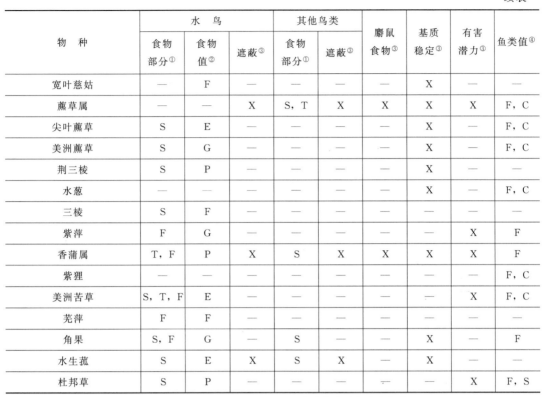

物 种	水 鸟			其他鸟类		麝鼠食物③	基质稳定③	有害潜力③	鱼类值④
	食物部分①	食物值②	遮蔽③	食物部分①	遮蔽③				
宽叶慈姑	—	F	—	—	—	—	X	—	—
蔗草属	—	—	X	S，T	X	X	X	X	F，C
尖叶蔗草	S	E	—	—	—	—	X	—	F，C
美洲蔗草	S	G	—	—	—	—	X	—	F，C
荆三棱	S	P	—	—	—	—	X	—	—
水葱	—	—	—	—	—	—	X	—	F，C
三棱	S	F	—	—	—	—	—	—	—
紫萍	F	G	—	—	—	—	—	X	F
香蒲属	T，F	P	X	S	X	X	X	X	F
紫狸	—	—	—	—	—	—	—	—	F，C
美洲苦草	S，T，F	E	—	—	—	—	—	X	F，C
芜萍	F	F	—	—	—	—	—	—	—
角果	S，F	G	—	S	—	—	—	X	F
水生菰	S	E	X	S	X	—	X	—	—
杜邦草	S	P	—	—	—	—	—	X	F，S

① S—种子或相关结构；T—块茎或根；F—叶子和枝干；—代表信息未知或未报告。
② E—卓越；G—良好；F——般；P—较差；—代表信息未知或未报告。
③ X—植物在特定类别里有功能性；—代表信息未知或未报告。
④ F—直接食物或可支撑鱼类食物；C—遮蔽；S—产卵栖息地；—代表信息未知或未报告。

来源：Nichols，S. A. 和 J. G. Vennie. 1991. Attributes of Wisconsin Lake Plants. Inf. Cir. 73. Wis. Geol. Nat. Hist. Surv.，Madison.
Kadlec，J. A. 和 W. A. Wentz. 1974. State-of-the Art Survey and Evaluation of Marsh Plant Establishment Techniques：Induced and Natural. Contract Rep. D-74-9. Dredged Materials Research Program，U. S. Army Coastal Eng. Res. Ctr.，Fort Belvoir，VI；Trudeau，P. N. 1982. Nuisance Aquatic Plants and Aquatic Plant Management Programs in the United States：Vol. 3；Northeastern and North-Central Region. Rep. MTR-82W47-03，Mitre Corp.，McLean，VI；Carlson，R. A. and J. B. Moyle. 1968. Key to the Common Aquatic Plants of Minnesota. Spec. Publ. 53. Minn. Dept. Cons.，St. Paul，MN；U. S. Army Corps of Engineers. 1978. Wetland Habitat Development with Dredged Material：Engineering and Plant Propagation. Tech. Rept. DS-78-16，Office，Chief of Engineers，Washington，DC；Fassett，N. C. 1969. A Manual of Aquatic Plants. University of Wisconsin Press，Madison.

在可能的情况下，使用本地植物材料进行恢复。这些物种和生态型式很可能是最为成功的在当地条件下，使用本地植物材料能够避免引入外来物种的问题。大多数人对由诸如凤眼莲、黑藻、水蕴草以及穗花狐尾藻这样的非北美外来有害水生植物问题很熟悉。表12.9～表12.11列出了北美的本地物种。请记住，这些物种并非在北美的所有地方都是本地的，如果被转移出本地范围，它们也可能导致严重的有害水生植物问题。非北美的恢复工作也注意类似的警告。Les 和 Mehrhoff（1999）报告称新英格兰地区76%的非本地水生植物的引入是由于养殖时造成的。引入植物列表有水蕴草、黑藻、穗花狐尾藻、卷叶眼子菜以及菱角。

　　野生动物管理者为了水禽的食物和栖息地而扩展湿地和水生物种。在较早的野生动物管理文献中，就有关于采集、分类、培育、种植和管理水生物种的大量信息。Kadlec 和 Wentz（1974）总结了很多这类文献，推荐给正在研究水生植物恢复计划的人士来阅读。通过直接播撒种子或在播种前将种子打包到泥球中，植物就能够从种子变成丛落。一些种子在发芽前需要做特殊的分层或划破处理。整株植物或植物繁殖体可直接放置于湖底沉泥中，或用橡皮筋、钉子以及网袋、砾石等加重后直接从水面播种（Brege，1988）。一些物种可以采用收割机收割来传播；收集或不收集切割部分均可，将其聚成串然后用橡皮筋和钉子加重，这样它们就可沉没进入湖底的沉泥中。挺水物种可通过降低水位然后扩散泥滩上有成熟种子的"沼泽干草"来传播，或者直接从理想水域中已定植的植物丛落中传播。

　　表 12.11 综述了许多常见水生物种传播的方法。方法的选择取决于水域的规模、物种的类型、可用的人力和资金资源、栖息地条件以及能够等待传播的时间。例如，对于某些挺水物种，种子可播撒于暴露的泥滩上，但水下种植还需要用到植株或根茎。对于有严重栖息地限制的水域，或者希望快速见效的水域，建议直接移植成熟植物（Smart 和 Dick，1999）。

表 12.11　　　　　　　　　　　　所选水生植物的传播方法

物　种[①]	生命周期[②]	移植（秧苗或整株）[③]	根[③]、根状茎或根茎	扦插[③]	冬芽[③]	种子[③]
菖蒲	P	X	X	—	—	—
莼菜	P	X	—	—	X	X
苔草	B	X	X	—	—	X
金鱼藻	P	X	—	—	—	—
轮藻	—	X	—	—	—	—
莎草	B	X	X	—	—	X
荸荠	B	X	X	—	—	X
水蕴草	P	X	—	X	—	—
灯心草	P	X	—	—	—	—
浮萍	—	X	—	—	—	—
狐尾藻	P	X	—	X	—	X
茨藻	A	—	—	—	—	X
黄莲	P	X	X	—	—	—
萍蓬草	P	X	X	—	—	X
睡莲	P	X	X	—	—	X
芦苇	P	X	X	—	—	X
蓼属	P	X	X	—	—	X
梭鱼草	P	X	X	—	—	X

续表

物 种[1]	生命周期[2]	移植（秧苗或整株）[3]	根[3]、根状茎或根茎	扦插[3]	冬芽[3]	种子[3]
眼子菜属	—	X	—			X
大叶眼子菜	P	X	X	X	—	X
多叶眼子菜	P	X	—	—	X	X
禾叶眼子菜	P	X	X	X	—	X
浮叶眼子菜	P	X	X	—	—	X
小节眼子菜	P	X	X	X	—	X
篦齿眼子菜	P	X	X	X	—	X
小眼子菜	P	X	—	—	X	X
理查德眼子菜	P	X	X			X
螺旋眼子菜	—	X	—			X
带状眼子菜	P	X	—	—	X	X
毛茛属	P	X	—			X
川蔓藻	P	X	X	X	X	—
宽叶慈姑	P	X	X			X
硬慈姑	P	X	X			X
藨草属	P	X	X			X
黑三棱属	P	X	X			X
紫萍	P	X	—			X
香蒲属	P	X	X			X
美洲苦草	P	X	X			X
芜萍	—	X	—			—
角果藻	A	—	—			X
菰属	A	—	—			X
杜邦草	P	X	—			X

① 当同一种属内所有物种都使用同一种传播方法时，表中记录为种属名称。当某一种属只有一个物种在表中时，相近物种很可能用类似的方法传播。多数物种可被移植，但对一年生物种来说，这一结果尚存疑。
② A——一年生；P—多年生；B—两者都有；— 代表信息未知或未报告。
③ X—可用指定方法进行传播；—代表信息未知或未报告。
来源：Nichols, S. A. 和 J. G. Vennie. 1991. Attributes of Wisconsin Lake Plants. Inf. Cir. 73. Wis. Geol. Nat. Hist. Surv., Madison.
原始数据源自：Kadlec, J. A. 和 W. A. Wentz. 1974. State-of-the Art Survey and Evaluation of Marsh Plant Establishment Techniques: Induced and Natural. Contract Rep. D-74-9. Dredged Materials Research Program, U. S. Army Coastal Eng. Res. Ctr., Fort Belvoir, VI; Lemberger, J. J. Undated. Wildlife Nurseries Catalog. Wildlife Nurseries, Oshkosh, WI; Kester, D. 1989. Kester's Wild Game Food Nurseries Catalog. Omro, WI; U. S. Army Corps of Engineers. 1978. Wetland Habitat Development with Dredged Material: Engineering and Plant Propagation. Tech. Rept. DS-78-16, Office, Chief of Engineers, Washington, DC.

　　种植材料可从水生植物苗圃中获取，优先考虑自有苗圃，也可从野外采集。特别是对于挺水物种，大量采集种子不会伤害到野生种群数目。有些物种采用传统农业设备制成干草或进行脱粒。对于很多物种而言，对作物进行切割产生的伤害很小。在剧烈的暴风雨过后，种子、块茎、根状茎等通常可在冲到岸边的漂浮物中发现。通过这一来源有时可以采集到大量的植物材料。水生植物苗圃的广告会在刊登造景和育苗出版物，户外杂志以及类似《土地与水》这样的贸易出版物上。

使用生长和繁殖得十分成功的植物材料也带了一些问题。一些物种极具侵略性，以至于在将来可能带来有害水生物种的问题。在严重恶化的栖息地，只有杂草物种能够生存；它们的侵略性生长可能正是栖息地恢复所需要的。杂草物种能够改变栖息地，这样其他物种能够进入。然而，已种植的植物可能会挡住入侵者。很少有证据表明新的植物能够替代现有的有害物种（Lathrop 等，1991；Storch 等，1986）。

表 12.10 列出了所选物种的潜在危害性。这只是对植物生长潜力的一般性陈述。水生有害植物的评判十分主观，而可能有害性在同一植物的生长范围内会有变化。例如，美国莲花在其生长范围的北部（例如密歇根）受到保护，在中部则没有干预，而在南部则作为一种水生有害物种被主动管理。

种植密度取决于选择的物种和植物材料。对于种子而言，建议对于灯心草种植密度为 $23kg/hm^2$，而野稻为 $46kg/hm^2$，美国莲花为 $1240kg/hm^2$，而美洲苦草为 $28kg/hm^2$（Lemberger，日期不明）。对于沉水植物、较大的浮叶植物和中小尺寸的挺水植物，建议每公顷各植 $1850\sim2470$ 个块茎、根状茎或根茎（Lemberger，日期不明）。Butts 等（1991）建议小型挺水物种的种植中心间距为 1m，而大型挺水物种和大型浮叶物种（睡莲和美国莲花）的中心间隔为 2m。Moss 等（1996）的建议是："对于沉水物种，需要种植尽可能多的数量"。他们建议：对于挺水植物，每平方米种植 4 个根状茎，每个根茎包含 1 个节点，每个节点包含 10 个 10cm 长的片段。这个建议密度比其他的都要高，但它们考虑到了水禽和水生哺乳动物的植食性。在建立创始领地时，Smart 和 Dick(1999) 建议在围域内每平方米种植 $0.4\sim0.8$ 个成熟植株。

种植密度是基于能存活的繁殖体而定的。检测繁殖体发芽率（例如计算纯活种子的发芽率）是明智之举，通常的结果是需要上调种植物种数量。

12.5　创始领地：一种合理的恢复方法

12.5.1　概述

创始领地是由 Smart 等（1998）与 Smart 和 Dick(1999) 提出的术语，是指在恢复水域内战略位置处建立小型的植物领地然后任其扩散。Moss 等（1996）和 van Donk 与 Otte(1996) 建议了一种类似的方法。创始领地分为了三个阶段（图 12.4）。在阶段 1，测试物种被种植在很小的保护性围地内。最佳的种植场所为保护良好（避免风和波浪）、浅（小于 2m 深）的坡度较缓的小湾或湖滩。这里一般有可以获得的清澈的水。最好能有具有精细纹理的基质，这一般可以说明是良好的低能量环境。使用嫩枝和叶子已经发育良好的成熟移株，它们生命力更强健因此有更高的成功可能性。成熟移株可以有相对较长的移植时间。这对于有诸如春季洪水或冬季水位降低等季节性限制的栖息地十分有利。可以将种植推迟到回归正常的条件再进行。种植沉水物种的建议水深为 $0.5\sim1.0m$，而浮叶植物为 25～74cm，挺水植物为 0～25cm。将沉水物种种植在水深比其植物高度略低的水域内会确保即便在浑浊水体中也至少有部分叶子能接收到足够的阳光以进行光合作用。虽然植食性水生动物的防护很关键（Moss 等，1996；van Donk 和 Otte，1996；Smart 和 Dick，1999）但不应过度强调。可针对单个植株、多片植物或更大的水域（圈围小湾）这样较大的水域建造防护装置。Smart 和 Dick(1999) 文中给出了一些保护性圈围的设计。较大的圈围顶部可能需要遮蔽以防止水禽或其他水鸟进入（Moss 等，1996；van Donk 和 Otte，1996；图 12.3）。

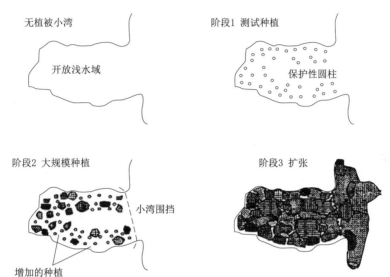

图 12.4 创始领地方法的示意图。阶段 1 在小片保护围地内种植测试植物。在阶段 2，有必要的话，建立较大的圈围水域，额外种植最适合的物种。阶段 3 创始领地布满了整个水库。

（来源：Smart，R. M. et al. 1998. J. Auqatic Plant Manage. 36：44 - 49. 已授权。）

如果阶段 1 取得了成功，通常在第二个生长季进入阶段 2，可加入一些成功物种的有保护移株。根据阶段 1 中的植食性程度，可能需要较大的围挡来让植物在保护性水域内扩张。可以测试额外的物种来增加恢复的生物多样性。在后续的生长季内，创始领地可能出现过营养性和繁殖进入邻近的无植被水域（阶段 3）。它们可作为占领整个天然湖泊的繁殖体来源。

尽管还未经过长期试验，但创始领地的思路是一种合理的途径。它不需要很多的植物材料来进行初始投资。在扩大整个水域项目之前就能对物种的生存和扩张潜力进行试验。它还能对植食性问题进行评估。简而言之，在将大量资源花费在可能的失败上时，它能够测试很多与场所相关的恢复可能性问题。如果创始领地能够成功的话，接着需要做的就是对更大的水域进行重新种植。

12.5.2 案例研究

12.5.2.1 得克萨斯州北湖、刘易斯维尔湖、康若湖以及阿拉巴马州刚特斯维尔水库的创始领地

北湖、刘易斯维尔湖、康若湖以及刚特斯维尔水库都是美国东南部的蓄水库。它们的

水域面积从 330hm² （北湖）至 27490hm² （刚特斯维尔）不等。目前所有报告中的试验都是创始领地过程的阶段 1 和阶段 2 （Doyle 和 Smart，1993；Doyle 等，1997；Smart 等，1998）。几个案例中种植的物种数量都很有限，而在所有地点上植食性都成为了植物成丛或超越阶段 1 的严重问题（表 12.12）。之前未提及的一种严重的植食水生动物为红耳池塘滑龟（巴西红耳龟），它可以爬越圈围的围挡。水生哺乳动物如河狸鼠、美洲海狸以及麝鼠会毁坏一些围挡而让乌龟能够进入。康若湖的项目最为成功，达到了阶段 2 （Smart 等，1998）。草鱼之前被用于消除软水草的侵扰，但同时也阻碍了本地植物的定植。它们阻碍了阶段 1 小规模种植的扩张。在阶段 2 里，6 片小湾被围挡起来用于建立更大的保护水域。在更大的圈围水域内，单个植物保护区内只种植了单个成熟移株。所有的植物都扩散开来，形成了直径达 3m 的领地。圈围小湾内还形成了新的杜邦草领地，这很可能是源自原始植物的茎芽遗留。轮藻和大茨藻也通过各自的途径进入了保护水域。

表 12.12　创始领地试验的结果

湖泊名称	种植物种	阶段①	结　　果
北湖	美洲苦草	1	（1）圈围内 75%～100% 的覆盖。 （2）圈围外寒冷月份有植物生长。 （3）圈围外温暖月份植食性较严重。 （4）随着时间变化植食性可能会增大
刘易斯维尔湖	小节眼子菜 美洲苦草	1	（1）圈围内植物存活并扩散。 （2）圈围外或围栏损坏水域内的无保护植物死亡。 （3）圈围外无径向扩散
刚特斯维尔水库	美洲苦草 小节眼子菜	1	仅当在圈围内使用重点植食性防护时才有植物能够生长
康若水库	美洲苦草 小节眼子菜 杜邦草	2	（1）三种物种均有大于 95% 的存活率。 （2）单种植物形成了直径达 3m 的领地。 （3）轮藻和大茨藻入侵了保护水域。 （4）水鳖在保护水域形成了新领地

① 阶段的定义请参见创始领地一章。

北湖的结果看起来比较乐观。美洲苦草在整个圈围区里扩散开来，而且在植食性较弱的寒冷月份在圈围区外部也有生长。在温暖月份，它又退缩回了圈围边界内，但只要有足够的领地和适当的条件，植物生长有可能超过被植食的速率（Doyle 等，1997）。各种文献说明植物丛的增大会显著增加植丛的存活率。

物种在刘易斯维尔湖和刚特斯维尔水库占据领地和扩散的能力看起来并不乐观（Doyle 和 Smart，1993；Doyle 等，1997）。这两个蓄水库中的植物只有在采取重点的植食性防护后才能生存。

12.5.2.2　库茨天堂沼泽：志愿者在行动

库茨天堂沼泽靠近加拿大安大略省汉密尔顿市，是安大略湖湖滨一个 250hm² 沉没河口的深水沼泽。它曾经拥有丰富的挺水和沉水水生植被。到 1990 年为止，只在沼泽西端剩余一个边缘植物群落（Chow‐Fraser，1999）。随着挺水植物遮盖的丧失，物种多样性也有所降低，本地物种也被千屈菜、芦苇以及蒲草等外来物种所替代。水位的升高、鲤鱼的干扰以及培育的富营养化都是水生植物衰亡的致因。

香蒲、长苞香蒲、宽叶慈姑、风箱树、菖蒲、伞序千屈菜以及水芋的挺水幼苗于1994 年 7 月中至 8 月末被种植。它们被种植在 2.4m² 的圈围水域内，水深从纯泥滩至45cm 深。根据植物大小以及可用的植物材料，每个圈围水域内种植了 100～385 根幼苗不等。1995 年 8 月在 12 个 7.3m² 的泥筛圈围水域内种植了西米草、多叶水仙以及伊尔藻等沉水植物，水深从 45～60cm 不等。

水深对挺水植物的生存能力有着重大的影响。种植在水深超过 10cm 的望江南、菖蒲以及沼泽红菌都没有存活过 1995 年。除非放置在圈围区内，否则蒲菜也无法在更深的水域内生长。有筛圈围能让它们在超过 40cm 的水深中生长。对于慈姑属和酸模属植物也同样如此。不管是是有筛还是无筛围挡，藨草和千屈菜能在超过 30cm 的水深中生长。

沉水植物的生长与圈围水域的结构完整性有关，它们一般无法完整地过完冬天。损坏最小的四个圈围水域内包含数量不等的西米草。由于西米草并未在所有圈围内种植，它的混浊耐受性使它看起来成功占据了所有基本完好的圈围水域（Chow - Fraser，1999）。

志愿的教室水生植物育苗项目增加了幼苗的种植。这个项目的启动是由于 1993 年实验性种植中使用的植物材料在生态型上并不适应库茨天堂沼泽的当地条件，且其高昂成本也不具长期运行的可持续性。在圈围水域建造和水生植物种植上，使用了大量的志愿者协助。

该案例让我们了解到：①塑料材质类型的围挡并不适用于有麝鼠问题的圈围水域；②在北方气候的冬季结冰环境下，圈围很容易被毁坏；③圈围部分使用泥筛有助于提高水体清澈度，被视作沉水植物生存所必需；④规划场所外猫尾香蒲植床的重现是缘于鲤鱼的成功驱离。

12.5.2.3 威斯康星州米尔敦赖斯湖：吸取的教训

"事后看到的错误是增加理解的素材"（Moss 等，1996）这句话总结了赖斯湖的经验教训。赖斯湖是威斯康星州西北部一个 52hm² 的浅湖。其 86% 的面积小于 1.5m 深，最大深度为 1.8m。这是浅湖恢复的一个经典案例。历史上，它有着良好的水体清澈度，丰富的沼生菰、水禽以及理想的鲈鱼、蓝腮鱼等鱼类种群。海狸在入口支流处筑巢以及地下水输入的增加提高了水位。再加上风、侵蚀、浮冰、农田径流和城市污水处理厂的营养物质，把这个原本清澈的湖泊变成了一个以浮游植物为主而水生植物群落相对萎缩的浑浊湖泊（Engel 和 Nichols，1994）。黑大头鱼是一种底栖鱼类，占据了 76% 的电捕鱼量。尽管目前发现了 25 个水生植物物种，但多数都在湖泊周边的沼泽边缘。睡莲、西米草以及慈姑是近岸的优势物种。

赖斯湖计划是通过恢复挺水植物和沉水植物进而稳定底部沉泥、减少风力吹程和隔离植物养分使之无法用于水藻生长，进而来提高水体清澈度。采用的物种以及种植的数量见表 12.13。1988 年和 1989 年秋天播种了沼生菰种子，这是最重要的物种。1988 年种植的种子从邻近湖泊中采集的，并在 5 个 19m×22m 的样地里以每个样地 2.3kg 的播种率进行播种。1989 年种植使用商业购买的种子，并种植在两个样地里：一个靠近湖泊出口，面积为 180m×45m；另一个靠近湖泊入口，面积为 150m×54m。每个样地里播种了27.7kg 种子。每千克大约有 16348 颗沼生菰种子。在湖泊的多个水域内，其他物种被种

植在数个 $50m \times 20m$ 的样地里。挺水植物被种植在从湖滨至约 $0.5m$ 深处；沉水植物则种植在离岸 $0.5 \sim 1.0m$ 深处。挺水植物眼子菜、西米草以及美洲苦草的嫩苗是从商业苗圃中购买的。金鱼藻和伊尔藻的嫩苗则从威斯康星州南部的湖泊中采集的。沼生菰采用人工播种，挺水植物则采用插条播种，沉水植物的根状茎和根茎则用橡皮筋绑在钉子上然后人工播种。嫩苗用橡皮筋绑在一起，用钉子加重后进行人工播种。所有的植物材料都在赖斯湖沉泥中接受了水生试验。

1989 年用块茎、根芽束种植的水生植物生长得都不好。黑藻、醋柳以及眼中菜在水箱中都未能萌发，这说明苗木质量很差。其他植物在水箱中生长良好但在湖中却非如此。在水体清澈度变差之前，伊乐藻和金鱼藻没能长出水面，西米草消失了；萌发的嫩芽与侵入样地里的其他野生植物无法区分。美洲苦草块茎看起来似乎有些希望，在夏末的时候叶子冒出了水面，但在下一年的夏天却没能继续生长。

所有湖泊样地里的两种沼生菰在种植后的 6 月萌发出来，在 7 月形成了挺水叶系，在下一年的 9 月结籽。1989 年 8 月，沼生菰的平均密度为每平方米 47 株，约有 60% 是在采集种子的湖泊区域内发现的。1990 年，枝条平均密度为每平方米 30 株。这两年内，风、波浪以及冰都影响了菰米的生产。1989 年，一座岛屿在冰层融化时塌陷，将种子和沉泥带离了初始样地。1990 年 8 月的一场风暴将湖泊入口附近的植物连根拔起，使沼生菰密度减少到不足出口处密度的一半。麝鼠造成的伤害最大，1990 年 7 月，麝鼠掐掉了 90% 以上的新芽（图 12.5）。1991 年 6 月，一名当地捕鼠者在该湖的进出口地区捕获了 21 只成年麝鼠。海狸还在出口筑坝，造成水位涨落，因此还需要控制海狸。

图 12.5　麝鼠在威斯康星州赖斯湖
"掐掉"了沼生菰株。
（摘自 Sandy Engel，WDNR）

事后看来，可以吸取一些教训。首先要使用良好的植物材料。由于不佳的苗木质量，赖斯湖项目浪费了很多努力和资金。其次植物需要防护。大面积的植丛和对麝鼠的捕捉并不足以保护沼生菰。还有之前一个教训就是"机会窗口"，指的是从 4 月中旬当冰离开湖边到 6 月的赤潮发生的第一周，也就是说在约 50 天内，种子、块茎或根状茎都需要萌发并冒出水面。这段时间还要减去水温过低植物无法生长的天数。采用模拟建模，van Nes 等（2002）指出较短的清水期增加了植物存活的可能性。最理想的清水期出现在 5 月末至 6 月初。赖斯湖项目中，在 6 月初未能生长并形成水表叶冠的植物注定要失败。由于 6 月第一周密集的藻华，对于想要植物成丛，5 月末种植可能太晚了，而 6 月中再种植则肯定太晚了。还有一些其他技术可能会提高植株成功概率，如大头鱼去除、养分失活、水藻的除草剂处理或波浪壁垒这样降低浑浊度的方法，但此次在赖斯湖项目中并未使用。

尽管水生物种种植并未成功，但我们吸取了很多教训，赖斯湖项目最终有了成功的结局。1995 年出现了水质改善的迹象。春季总磷浓度只有 $34\mu g/L$，而透明度为 $1.1m$。这两者都是 1988 年以来的最低纪录（Roesler，2000）。6 月和 7 月回归了较"正常"的值，但在 8 月测量到的透明度记录为 0.5m。

1996 年，水质发生了巨大的变化。夏季平均透明度为 1m；夏季平均总磷含量为 44μg/L，这比 1988—1989 年的平均值降低了 71%；夏季平均叶绿素 a 浓度为 26μg/L，比 1988—1989 年的平均值降低了 72%（Roesler，2000）。

水质持续改善，植物群落也会有所回应。1996—1999 年，每年都可以观察到沉水水生植物覆盖率和密度均有稳定增长。1999 年进行的一项水生植物调查发现 100% 的采样点存在沉水水生植物（Roesler，2000）。与之相比，1987 年只有 31% 的有植被样区，而 1989 年只有 51% 的有植被样区（Engel 和 Nichols，1994）。植被覆盖在 2002 年达到了 99% 的采样点有植被，而植物群落也更为多样（表 12.13）。尽管大湖地区印第安鱼和野生动物委员会继续种植了数年，但沼生菰在湖中仍然很稀疏。麝鼠仍然是其生长的问题所在。

表 12.13　　　　　　　　　　威斯康星州赖斯湖水生植物群落变化　　　　　　　　　　%

物　种	相　对　频　率			
	1987 年 8 月[①]	1989 年 8 月[①]	1999 年 8 月[②]	2002 年 7 月[③]
金鱼藻	35.4	19	—	8.1
轮藻属	—	—	0.2	8.9
加拿大伊乐藻	—	—	37.1	28.2
浮萍属	—	—	—	0.2
曲柔茨藻	—	—	—	9.6
杂色萍蓬草	—	—	—	0.6
美洲香睡莲	—	—	—	2.2
浮叶眼子菜	—	6.9	—	7.7
篦齿眼子菜	64.5	72.4	25.4	5.1
带状眼子菜	—	—	37.1	24.3
长嘴眼子菜	—	1.7	0.2	5.1
美洲苦草	—	—	—	5.5

①　来源：Engel, S. 和 S. A. Nichols. 1994. Restoring Rice Lake at Milltown. Wisconsin. Tech. Bull. 186. Wis. Dept. Nat. Res., Madison.

②　来源：Roesler, C. P. 2000. The Recovery of Rice Lake, a Water Quality Success Story. Unpublished report, Wis. Dept. Nat. Res., Spooner.

③　来源：Brook Waalen and Eric Wojchik, Polk County Land and Water Conservation Depart－ment, Balsam Lake, WI. Personal communications，2002.

这一显著变化的原因还不确定。它有可能是由于湖上游米尔敦村废水处理厂在 1978 年从一次处理升级为了二次处理。如果是这样的话，这也就说明了这类变化要在湖内看到结果所需的时间长度（第 4 章）。直接流域农业实践的改良也可能有助于改善湖泊水质。

在过去 10～15 年间，牛的数量下降了 75％或更多。大面积的侵蚀农田被纳入土地休耕保护计划，传统耕作方式已被保护性耕作方式所取代（Roesler，2000）。1997 年在米尔敦建立了三级污水处理厂，这将有助于未来赖斯湖的长期健康发展。

12.6 结论与思考

水生植物恢复滞后于陆地和湿地植物恢复。由于它的研究内容相对较新颖，从成功和失败中吸取的教训也较为有限。

水生植物恢复的需求大致可分为三类：①低物种多样性；②包括外来物种侵扰在内的不利的非生物或生物条件；③该地区无植物或缺乏繁殖体。在物种多样性较低的情况下，如果在修复区或邻近地区有良好的物种多样性历史记录，而且栖息地条件支持植物生长，则"顺其自然"的方法可能是最适当的。顺其自然的方法也适用于某些有外来物种入侵的地方。在许多案例中，像穗花狐尾藻这样的外来物种数量减少，而本地物种则回归该地区。如收割和除草剂处理这样积极的管理可能反而对侵略性的外来物种有利。在这里，顺其自然可能是一种可行的替代管理策略。然而，并不能保证采用顺其自然的方法本地物种就可以取代外来物种，试图通过种植本地物种来取代外来物种的尝试在很多情况下是不成功的。

通常，改变不利生物条件的措施导致了轮藻的繁茂生长。大多数研究都没有持续足够长的时间来观察轮藻群落是否会演变成更多样化的高等维管植物群落，就像浅疏浚或其他湖底处理那样（Engel 和 Nichols，1984）。在浅富营养湖泊中，轮藻对于稳定清水状态十分有利（Kufel 和 Kufel，2002；van Donk 和 van de Bund，2002）。在一些栖息地修复工作中，当防波堤后面形成了静止水时，藻类生长的增加不利于水生植物的生长，这也是个问题。

植物的缺乏需要积极的种植。除了需要改变不利的非生物条件外，成功的另一大威胁是食草性动物或其他动物的破坏。虽然让植物成丛的目的之一是为了成为鱼类和野生动物的栖息地，但许多动物却没有耐心等待，它们在种植成功之前就会破坏该地区的植物。利用保护良好的成熟植物建立创始领地似乎是一种合理的方法，但时间不允许长期和大面积地证明它的有效性。防护性排外区很难维护。它们可能被许多动物破坏，尤其是中型和大型哺乳动物。在北方的冬天，漂浮的碎片和浮冰都可能摧毁它们。在需要考虑藻类混浊度的情况下，播种时机可能至关重要。

应当妥善使用志愿人力。对于低技术、低预算且劳动密集型的修复活动来说，这是一种目前利用不足的资源，也是提高社区认识、灌输水资源保护和集体责任意识的成功方法。

参 考 文 献

Asplund，T. and C.E. Cook. 1997. Effects of motor boats on submerged aquatic macrophytes. *Lake and Reservoir Manage.* 13：1-12.

Asplund, T. and C. E. Cook. 1999. Can no-wake zones effectively protect littoral zone habitat from boating disturbance. *LakeLine* 19 (1): 16.

Bartodziej, W. 1999. A bid to revegetate an urban lake shoreland. *LakeLine* 19 (1): 10.

Bauman, P. C., J. F. Kitchell, J. J. Magnuson and T. B. Kayes. 1974. Lake Wingra, 1837 – 1973: A case history of human impact. *Trans. Wis. Acad. Sci. Arts Lett.* 62: 57 – 94.

Beal, E. O. 1977. A Manual of Marsh and Aquatic Vascular Plants of North Carolina with Habitat Data. Tech. Bull. 247. North Carolina Agric. Exp. Sta. , Raleigh.

Botkin, D. B. 1975. Strategies for the reintroduction of species to damaged ecosystems. In: J. Cairns, K. Dickson and E. Herricks (Eds.), *Recovery and Restoration of Damaged Ecosystems.* University of Virginia Press, Charlottesville. pp. 241 – 261.

Bowman, J. A. and K. E. Mantai. 1993. Submersed aquatic plant communities in western New York: 50 years of change. *J. Aquatic Plant Manage.* 31: 81 – 84.

Brege, D. 1988. Fresh greens. *Wisconsin Nat. Res. Mag.* 12 (2): 9.

Butts, D., J. Hinton, C. Watson, K. Langeland, D. Hall and M. Kane. 1991. *Aquascaping: Planting and Maintenance.* Circ. 912. Florida Coop. Ext. Service, University Florida, Gainesville.

Carlson, R. A. and J. B. Moyle. 1968. Key to the Common Aquatic Plants of Minnesota. Spec. Publ. 53. Minn. Dept. Cons. , St. Paul.

Carpenter, S. R. 1980. The decline of *Myriophyllum spicatum* in a eutrophic Wisconsin lake. *Can. J. Bot.* 58: 527 – 535.

Chow-Fraser, P. 1999. Volunteer-based experimental planting program to restore Cootes Paradise Marsh, an urban coastal wetland of Lake Ontario. *LakeLine* 19 (1): 12.

Cottam, G. and S. A. Nichols. 1970. *Changes in Water Environment Resulting from Aquatic Plant Control.* Water Res. Ctr. Tech. Rept. OWRR B-019-Wis. University Wisconsin, Madison.

Crow, G. E. and C. B. Hellquist. 1981. Aquatic vascular plants of New England: Part 2. *Typhaceae and Sparganiaceae. Station Bull.* 517. University New Hampshire Agric. Exp. Sta. , Durham.

Crow, G. E. and C. B. Hellquist. 1982. Aquatic vascular plants of New England: Part 4. *Juncaginaceae, Scheuchzeriaceae, Butomaceae, Hydrocharitaceae. Station Bull.* 520. University New Hampshire Agric. Exp. Sta. , Durham.

Crow, G. E. and C. B. Hellquist. 1983. Aquatic vascular plants of New England: Part 6. *Trapaceae, Haloragaceae, Hippuridaceae. Station Bull.* 524. University New Hampshire Agric. Exp. Sta. , Durham.

Crow, G. E. and C. B. Hellquist. 1985. Aquatic vascular plants of New England: Part 8. *Lentibulariaceae. Station Bull.* 528. University New Hampshire Agric. Exp. Sta. , Durham, NH.

Doyle, R. D. and R. M. Smart. 1993. Potential Use of Native Aquatic Plants for Long-Term Control of Problem Aquatic Plants in Guntersville Reservoir, Alabama. Report 1, Establishing Native Plants. Tech. Rept. A-93-6. U. S. Army Corps of Engineers, Vicksburg, MS.

Doyle, R. D. , R. M. Smart, C. Guest and K. Bickel. 1997. Establishment of native aquatic plants for fish habitat: test planting in two north Texas reservoirs. *Lake and Reservoir Manage.* 13: 259 – 269.

Engel, S. and S. A. Nichols. 1984. Lake sediment alteration for macrophyte control. *J. Aquatic Plant Manage.* 22: 38 – 41.

Engel, S. and S. A. Nichols. 1994. Restoring Rice Lake at Milltown. Wisconsin. Tech. Bull. 186. Wis. Dept. Nat. Res. , Madison, WI.

Fassett, N. C. 1969. *A Manual of Aquatic Plants.* University of Wisconsin Press, Madison.

Fischer, S. , P. Cieslewicz and D. Seibl. 1999. Aquatic vegetation reintroduction efforts in Missouri impoundments. *LakeLine* 19 (1)：14.

Haslam，S. R. 1996. Enhancing river vegetation：conservation，development，and restoration. *Hydrobiologia* 340：345 – 348.

Hellquist，C. B. and G. E. Crow. 1980. Aquatic vascular plants of New England：Part I. *Zosteraceae*，*Potamogetonaceae*，*Zannichelliaceae*，*Najadaceae*. Station Bull. 515. University New Hampshire Agric. Exp. Sta. ，Durham，NH.

Hellquist，C. B. and G. E. Crow. 1981. Aquatic vascular plants of New England：Part 3. *Alismataceae*. *Station Bull.* 518. University New Hampshire Agric. Exp. Sta. ，Durham.

Hellquist，C. B. and G. E. Crow. 1982. Aquatic vascular plants of New England：Part 5. *Araceae*，*Lemnaceae*，*Xyridaceae*，*Eriocaulaceae*，and *Pontederiaceae*. *Station Bull.* 523. University New Hampshire Agric. Exp. Sta. ，Durham，NH.

Hellquist，C. B. and G. E. Crow. 1984. Aquatic vascular plants of New England：Part 7. *Cabombaceae*，*Nymphaeaceae*，*Nelumbonaceae*，*Ceratophyllaceae*. *Station Bull.* 527. University New Hampshire Agric. Exp. Sta. ，Durham.

Helsel，D. R. ，S. A. Nichols and R. W. Wakeman. 1999. Impacts of aquatic plant management methodologies on Eurasian watermilfoil populations in Southeastern Wisconsin. *Lake and Reservoir Manage.* 15：159 – 167.

Hoeger，S. 1988. Schwimmkampen，Germany's artificial floating islands. *J. Soil Water Cons.* 43 (4)：304 – 306.

Hutchinson，G. E. 1975. *A Treatise on Limnology – Limnological Botany*. John Wiley，New York.

James，W. F. ，J. W. Barko，H. L. Eakin and D. R. Helsel. 2001a. Changes in sediment characteristics following drawdown of Big Muskego Lake，Wisconsin. *Arch. Hydrobiol.* 151：459 – 474.

James，W. F. ，H. L. Eakin and J. W. Barko. 2001b. Rehabilitation of a Shallow Lake (Big Muskego Lake，Wisconsin) via Drawdown：Sediment Responses. Aquatic Plant Cont. Res. Prog. ，Tech. Note EA – 04. U. S. Army Corps of Engineers，Vicksburg，MS.

Janvrin，J. A. and H. Langrehr. 1999. Aquatic vegetation response to islands constructed in the Mississippi River (abstract) . Presented at：A Symposium of the Upper Mississippi River Conservation Committee，Lacrosse，WI.

Johnston，D. L. ，D. L. Sutton，V. V. Vandiver and K. A. Langeland. 1983. Replacement of *Hydrilla* by other plants in a pond with emphasis on growth of American lotus. *J. Aquatic Plant Manage.* 21：41 – 43.

Kadlec，J. A. and W. A. Wentz. 1974. State – of – the Art Survey and Evaluation of Marsh Plant Establishment Techniques：Induced and Natural. Contract Rep. D – 74 – 9. Dredged Materials Research Program，U. S. Army Coastal Eng. Res. Ctr. ，Fort Belvoir，VA.

Kadono，Y. 1982a. Distribution and habitat of Japanese *Potamogeton*. *Bot. Mag. Tokyo* 95：63 – 76.

Kadono，Y. 1982b. Occurrence of aquatic macrophytes in relation to pH，alkalinity，Ca^{++}，Cl^-，and conductivity. *Jpn. J. Ecol.* 32：39 – 44.

Kahl，R. 1993. Aquatic Macrophyte Ecology in the Upper Winnebago Pool Lakes，Wisconsin. Tech. Bull. 182. Wis. Dept. Nat. Res. ，Madison.

Kester，D. 1989. *Kester's Wild Game Food Nurseries Catalog*. Omro，WI.

Kufel，L. and I. Kufel. 2002. *Chara* beds acting as nutrient sinks in shallow lakes – a review. *Aquatic Bot.* 72：249 – 260.

Lathrop，R. C. ，E. R. Deppe，W. T. Seybold and P. W. Rasmussen. 1991. Attempts at reestablishing a native pondweed (*Potamamogeton amplifolius*) in Lake Mendota，Wisconsin. In：*Abstracts of the 11th*

Annual International Symposium of Lake, *Reservoir*, *and Watershed Management*, NALMS, Madison, WI.

Lemberger, J. J. Undated. *Wildlife Nurseries Catalog*. Wildlife Nurseries, Oshkosh, WI.

Les, D. H. and L. J. Mehrhoff. 1999. Introduction of nonindigenous aquatic vascular plants in southern New England: a historical perspective. *Biol. Invas*. 1: 281 – 300.

Marshall, S. 1986. Transplanting bulrush to enhance fisheries and aquatic habitat. *Aquatics* 8 (4): 16 – 17.

Moss, B. , J. Madgwick and G. L. Phillips. 1996. *A Guide to the Restoration of Nutrient – enriched Shallow Lakes*. Broads Authority, Norwich, U. K.

Moyle, J. B. 1945. Some chemical factors influencing the distribution of aquatic plants in Minnesota. *Am. Mid. Nat*. 34: 402 – 421.

Mueller, G. , J. Sartoris, K. Nakamura and J. Boutwell. 1996. Ukishima, floating islands, or schwimmkampen? *LakeLine* 16 (3): 18.

Munrow, J. 1999. Ecological resotration: Rebuilding nature. *Vol. Monitor* 11 (1): 1 – 6.

Nichols, S. A. 1994. Evaluation of invasion and declines of submersed macrophytes for the Upper Great Lakes region. *Lake and Reservoir Manage*. 10: 29 – 33.

Nichols, S. A. 1999. Distribution and Habitat Descriptions of Wisconsin Lake Plants. Bull. 96. Wis. Geol. Nat. Hist. Surv. , Madison.

Nichols, S. A. 2001. Long – term change in Wisconsin lake plant communities. *J. Fresh Water Ecol*. 16: 1 – 13.

Nichols, S. A. and S. Mori. 1971. The littoral macrophyte vegetation of Lake Wingra. *Trans. Wis. Acad. Sci. Art Lett*. 59: 107 – 119.

Nichols, S. A. and R. C. Lathrop. 1994. Cultural impacts on macrophytes in the Yahara lakes since the late 1800s. *Aquatic Bot*. 47: 225 – 247.

Nichols, S. A. and J. G. Vennie. 1991. Attributes of Wisconsin Lake Plants. Inf. Circ. 73. Wis. Geol. Nat. Hist. Surv. , Madison, WI.

Nichols, S. A. , S. P. Weber and B. H. Shaw. 2000. A proposed aquatic plant community biotic index for Wisconsin lakes. *Environ. Manage*. 26: 491 – 502.

Nicholson, S. A. 1981. Changes in submersed macrophytes in Chautauqua Lake, 1937 – 1975. *Freshwater Biol*. 11: 523 – 530.

Orth, R. J. and K. A. Moore. 1983. The biology and propagation of eelgrass, *Zostera marina* , in Chesapeake Bay – project summary. USEPA – 600/3 – 82 – 090. Annapolis, MD.

Pip, E. 1979. Survey of the ecology of submerged aquatic macrophytes in central Canada. *Aquatic Bot*. 7: 339 – 357.

Pip, E. 1988. Niche congruency of aquatic macrophytes in central North America with respect to 5 water chemistry parameters. *Hydrobiologia* 162: 173 – 182.

Robertson, D. M. , G. L. Goddard, D. R. Helsel and K. L. MacKinnon. 2000. Rehabilitation of Delavan Lake, Wisconsin. *Lake and Reservoir Manage*. 16: 155 – 176.

Roesler, C. P. 2000. The Recovery of Rice Lake, a water quality success story. Unpublished report, Wis. Dept. Nat. Res. , Spooner.

Seddon, B. 1972. Aquatic macrophytes as limnological indicators. *Freshwater Biol*. 2: 107 – 130.

Simpson, W. 1949. Measurement of diversity. *Nature* 163: 688.

Smart, R. M. and G. Dick. 1999. Propagation and Establishment of Aquatic Plants: A Handbook for Ecosystem Restoration Projects. Tech. Rept. A – 99 – 4. U. S. Army Corps of Engineers,

Vicksburg，MS.

Smart，R. M.，G. O. Dick and R. D. Doyle. 1998. Techniques for establishing native aquatic plants. *J. Aquatic Plant Manage.* 36：44 – 49.

Smith，C. S. and J. W. Barko. 1992. Submersed Macrophyte Invasions and Declines. Aquatic Plant Cont. Res. Prog. Rept.，Vol. A – 92 – 1. U. S. Army Corps of Engineers，Vicksburg，MS.

Storch，T. A.，J. D. Winter and C. Neff. 1986. The employment of macrophyte transplanting techniques to establish *Potamogeton amplifolius beds* in Chatauqua Lake，New York. *Lake and Reservoir Manage.* 2：263 – 266.

Trudeau，P. N. 1982. Nuisance Aquatic Plants and Aquatic Plant Management Programs in the United States：Vol. 3：Northeastern and North – Central Region. Rep. MTR – 82W47 – 03，Mitre Corp.，McLean，VI.

U. S. Army Corps of Engineers. 1978. Wetland Habitat Development with Dredged Material：Engineering and Plant Propagation. Tech. Rept. DS – 78 – 16，Office，Chief of Engineers，Washington，DC.

van Donk，E. and A. Otte. 1996. Effects of grazing by fish and waterfowl on the biomass and species composition of submerged macrophytes. *Hydrobiologia* 340：285 – 290.

van Donk，E. and W. J. van de Bund. 2002. Impact of submerged macrophytes including charophytes on phytoand zooplankton communities：allelopathy versus other mechanisms. *Aquatic Bot.* 72：261 – 274.

van Nes，E. H.，M. Scheffer，M. S. van den Berg and H. Coops. 2002. Dominance of charophytes in eutrophic shallow lakes – when should we expect it to be an alternative stable state? *Aquatic Bot.* 72：275 – 296.

Wisconsin Department of Natural Resources. 1991. Upriver Lakes Habitat Restoration Project，Environmental Impact Statement. Wis. Dept. Nat. Res.，Madison.

第13章

水 位 降 低

13.1 引言

水位降低是一种已知的用于控制特定水生植物和鱼类数量的多用途水库和湖泊管理方法，该方法很可能（使水生植物和鱼类）达到另外一种稳定状态（第9章）。由于需要虹吸和抽水，因此它较少用于无出口控制的湖泊（第7章）。它可以用来修复水坝或船坞，去除或巩固絮状沉泥，并进行疏浚或沉泥覆盖。

本章着重介绍数种北美气候下使用水位降低来减少水生植物生物量的案例研究。作为用户指南，给出了74种植物对整年、冬季或夏季水位降低的响应。本章还讨论了这种方法在鱼类管理中的应用，总结了这一过程的积极和消极因素。水位降低还可用于促进挺水物种的再生长（第12章）。综述的文献来源于Cooke(1980)、Culver等（1980）、Ploskey（1983）和Leslie(1988)。

13.2 方法

针对水生植物生物量管理的水位降低主要行为是把植物（特别是根系）暴露在干燥寒冷或者干燥炎热的环境下足够长的时间，以期杀死植物和它们的繁殖结构。冬季水位降低要比夏季更为成功，但是目前报告的夏季水位降低案例数量太少还不足以进行评估。除了对某些目标植物的效用外，冬季水位降低的优势包括：①没有半陆生植物入侵潮湿湖底土壤；②没有水生挺水植物的扩散；③对游憩的干扰较少。此外，春季的径流通常最强，因此应该能发生再灌。采用夏季还是冬季水位降低来控制植物取决于目标物种易感性、水库的使用情况以及其他管理目标等。

水生植物对水位降低的响应并不一致。表13.1给出了74个物种的响应。一些水生植物不受影响或者会增加生物量，而另一些则十分敏感。因此，需要进行精确的植物辨别。

表 13.1　　　　　　　　　74 种水生植物对水位降低的响应

物　　种	增加			降低			无变化		
	A	W	S	A	W	S	A	W	S
水生花	10	9	15						
			31						
鬼针草属		13							
莼菜					1	13			
					11	14			
					22	15			
						26			
水盾草			15		11	17			
					23	26			
苔草			13						
风箱树			15						
金鱼藻	28	20		14	1	13		21	15
					2	17			
					9				
					11				
					16				
					32				
普生轮藻		16	17			15		30	14
								35	
莎草属	10								
凤眼莲		9	15	10	11				
			31		23				
					35				
沼泽荸荠			15			17			
小莎草		13			1				
		17			22				
水蕴草		21			1			2	
					6			30	
					20				
					33				
伊乐藻					9	12			
					16	17			
北方甘草					11				
绿藻		21							
黑藻		3		18				36	
（见佛罗里达部分）		9							
水包禾				10					
虎耳车前草					21				
白花蛇舌草					7				

续表

物　种	增加			降低			无变化		
	A	W	S	A	W	S	A	W	S
蓉草		21	13						
浮萍	28								
浮萍属					1				
水鬼花						26			
乌毛狐尾藻						15			14
狐尾藻					2			30	
白叶狐尾藻						26			15
穗花狐尾藻		4			5			30	
					24				
					25				
					33				
					35				
狐尾藻属					1				
					11				
水生金盏花		1							
曲柔茨藻	28	1	13					27	15
		6							
		21							
		24							
		33							
茨藻				10	9			17	
					14				
					16				
黄莲						15		23	7
萍蓬草属					22				
欧亚萍蓬草						26			
长叶萍蓬草		9							
黄睡莲									12
斑叶睡莲					20				13
					21				
萍蓬草属					1				
美洲香睡莲			26			14			12
						15			
块茎睡莲					19				
黍属	10								
醋柳		21	8		1				
浮叶水蓼								21	
梭鱼草							10		

续表

物　　种	增加			降低			无变化		
	A	W	S	A	W	S	A	W	S
美洲眼子菜	21								
大叶眼子菜	20			1					
				2					
菹草					33		6		
					35				
变叶眼子菜	1						15		
	19								
麻黄眼子菜	19							1	
	21								
多叶眼子菜	19							6	
禾叶眼子菜	19							6	
浮叶眼子菜	1					13			
小节眼子菜								32	
篦齿眼子菜	28			34		6			
	34								
理查森眼子菜	21							1	
罗宾眼子菜					1				
					2				
						20			

注：A 为全年水位降低值；W 为冬季水位降低值；S 为夏季水位降低值。数字对应的是下面给出的数据源。

来源：1. Beard，1973；2. Dunst 和 Nichols，1979；3. Fox 等，1977；4. Geiger，1983；5. Goldsby 等，1978；6. Gorman，1979；7. Hall 等，1946；8. Harris 和 Marshall，1963；9. Hestand 和 Carter，1975；10. Holcomb 和 Wegener，1971；11. Hulsey，1958；12. Jacoby 等，1983；13. Kadlec，1962；14. Lantz 等，1964；15. Lantz，1974；16. Manning 和 Johnson，1975；17. Manning 和 Sanders，1975（夏季—秋季水位降低）；18. Massarelli，1984；19. Nichols，1974；20. Nichols，1975a；21. Nichols，1975b；22. Pierce 等，1963；23. Richardson，1975；24. Siver 等，1986；25. Smith，1971；26. Tarver，1980；27. Tazik 等，1982；28. van der Valk 和 Davis，1978；29. van der Valk 和 Davis，1980；30. Wile 和 Hitchin，1977；31. Williams 等，1982；32. Godshalk 和 Barko，1988；33. Crosson，1990；34. Van Wijck 和 DeGroot，1993；35. Wagner 和 Falter，2002；36. Poovey 和 Kay，1996。

　　表 13.2 总结了 19 种常见植物对水位降低的响应。割草和荨麻能够在潮湿的土壤和浅水中生长良好，因此在某些水位降低条件下会扩散。这在试图改善渔业时可能是合适的。水生花和黑藻是美国南部的有害植物，危害程度深，很少能通过水位降低得到控制。菹草和风信子均可用冬季水位降低进行控制，尤以穗花狐尾藻为甚。然而，正如田纳西河流域管理局（Tennessee Valley Authority，TVA）和在俄勒冈州水库的经验表明，如果能保持潮湿或者暴露的潮土在数周内没有结冰的话，这种植物能够耐受低温。菹草也能适应快速的营养性扩张。它可能重新占领在水位降低之前由本地物种占主导的水域。

表 13.2   19 种水生植物对水位降低的响应总结表

通 常 会 增 加 的 物 种

1. 水生花：全年（Holcomb 和 Wegener，1971）、冬季（Hestand 和 Carter，1975）以及夏季（Lantz，1974）。

2. 黑藻：冬季（Fox 等，1977；Hestand 和 Carter，1975）。

3. 蓉草：冬季（Nichols，1975b），夏季（Kadlec，1962）。

4. 曲柔茨藻（丛生眼子菜 bushy pondweed）：全年（van der Valk 和 Davis，1978），冬季（Beard，1873；Crosson，1990；Gorman，1979；Nichols，1975b），夏季（Kadlec，1962）。

5. 荨麻草：冬季（Nichols，1975b）；夏季（Harris 和 Marshall，1963）。Beard（1963）报告该物种在冬季水位降低后有所减少。

6. 叶状眼子菜：冬季（Nichols，1974，1975b）。Beard（1973）报告称该物种在冬季水位降低后无变化。

7. 水葱：冬季（Nichols，1975b），夏季（van der Valk 和 Davis，1980）

通 常 会 减 少 的 物 种

1. 莼菜：冬季（Beard，1973；Hulsey，1958；Richardson，1975），夏季（Kadlec，1962；Lantz 等，1964；Lantz，1974；Tarver，1980）。

2. 水盾草：冬季（Hulsey，1958；Richardson，1975），夏季（Manning 和 Sander，1975；Tarver，1980）。

3. 金鱼藻：全年（Lantz 等，1964），冬季（Beard，1973；Dunst 和 Nichols，1979；Godshalk 和 Barko，1988；Hestand 和 Carter，1975；Hulsey，1958；Manning 和 Johnson，1975），夏季（Kadlec，1962；Manning 和 Sanders，1975）。Lantz，1974；Nichols，1975a，b；van der Valk 和 Davis，1978 的报告中称该物种有增加或无变化。

4. 水蕴草：冬季（Hestand 和 Carter，1975；Manning 和 Johnson，1975），夏季（Jacoby 等，1983；Manning 和 Sanders，1975）。

5. 西洋蓍草：冬季（Beard，1973；Crosson，1990；Dunst 和 Nichols，1979；Goldsby 等，1978；Hulsey，1958；Smith，1971；Siver 等 1986），夏季（Lantz，1974；Tarver，1980；Van Wijck 和 DeGroot，1993）。有报告称有蓍草偶尔有所增加或无变化；物种和参考文献请参见表 13.1。

6. 茨藻：全年（Holcomb 和 Wegener，1971），冬季（Hestand 和 Carter，1975；Lantz 等，1964；Manning 和 Johnson，1975）。Manning 和 Sanders（1975）报告称在夏季—秋季水位降低后该物种无变化。

7. 黄睡莲：冬季（Beard，1973；Nichols，1975a，b；Pierce 等，1963），夏季（Tarver，1980）。偶尔有报告称黄睡莲有所增或无变化；物种和参考文献请参见表 13.1。

8. 美洲香睡莲：夏季（Lantz 等，1964；Lantz，1974），Jacoby 等（1983）报告称在夏季水位降低后无变化；Tarver（1980）报告称在夏季水位降低后有所增加。

9. 罗宾眼子菜：冬季（Beard，1973；Crosson，1990；Dunst 和 Nichols，1979；Nichols，1975a）

没 有 变 化 或 响 应 不 确 定 的 物 种

1. 凤眼蓝：Hestand 和 Carter（1975），Holcomb 和 Wegener（1971），Hulsey（1958），Lantz（1974），Richardson（1975）。

2. 水蕴藻：Beard（1973），Dunst 和 Nichols（1979），Gorman（1979），Nichols（1975a，b），Wile 和 Hitchin（1977）。

3. 香蒲：Beard（1973），Holcomb 和 Wegener（1971），Nichols（1975b），van der Valk 和 Davis（1980）

在有物种混合的湖泊内，将湖滨群落暴露在干燥炎热或者干燥寒冷的条件下，有可能消除或限制某一植物物种，但同时有利于能耐受物种的生长。一些如蓍草这样的敏感植物十分成熟，以至于少有其他物种能共存。在这些情况下，数年的冬季水位降低，然后再用 1 年或 2 年不降低水位，让其他物种重新成丛，这样可能会防止耐受物种的垄断。之后就可以重复水位降低周期。

通过水位的系统性变化来管理水生植物生物量并增加鱼类并非适用于所有的水体，有些水体的水位也不一定能够调节。水力储存和洪水控制水库就不适用于水位管理。由于水流的强烈影响和主干水库有限的蓄水能力限制了水位控制能达到的管理目的（Ploskey等，1984）。阻碍或限制采用水位降低技术进行管理的其他因素还包括水供给的使用、夏季或冬季娱乐、公园或住宅这样的岸线开发、流域下游灌溉的需要以及需保证有足够排水的水坝设计（Culver等，1980）。此外，对非目标湖滨带或湿地物种的不良影响也可能阻碍该技术的使用。如果湿地变化、破坏以及排水可能会影响到下游使用的话，在排水至暴露滨湖水域之前需要经过批准。

13.3　水位降低的积极影响和消极影响

水位降低技术用于改善或恢复湖泊的众多目标包括对敏感有害植物的控制以及对鱼类的管理。理想情况下，如果该技术用于植物控制，那么在有条件使用水位降低技术的其他湖泊的改善工作中也应当考虑采用该技术。

在特定条件下，使用草鲤鱼和除草剂来管理有害水生植物十分有效（第 16 章和第 17 章）。水位降低能够减少所需要的草鲤鱼数量，或提高其效用（Stock 和 Hagstrom，1986），并为采用颗粒状除草剂提供了可能性（Westerdahl 和 Getsinger，1988）。

蓬松的絮状沉泥在富营养系统中很常见，是水体混沌、引起游泳者不适的重要原因，也是水体中养分的来源之一。水位降低对某些类型的湖泊沉泥具有有效的固结作用。在实验室中研究了干燥对佛罗里达州阿波普卡湖的淤泥状（有机且富营养、含水量高）、絮凝性（沉泥，水界面不清晰）和腐叶型（纤维状、有机、含水量低）沉泥的影响。淤泥状沉泥经日晒雨淋 170 天后固结 40%～50%。在相同条件下，腐叶型的固结率约为 7%（Fox等，1977）。40%～50% 的失水可能就足以使沉淀物牢固，使人能在其上行走；而固结的沉淀物在重淹没后似乎仍然牢固（Kadlec，1962），尽管地下水渗流可能阻止这些变化。在一些湖泊中，夏季水位降低之后，沉泥只有轻微的固结（例如，华盛顿州的长湖；Jacoby 等，1982）。

沉积固化可结合沉泥挖除来加深所选水域。如果沉泥能够支撑重型设备，推土机可替代昂贵的水力挖掘机来清除沉泥（第 20 章）。由于固结沉泥含水量较低，而且在推土机作业过程并不会去除固结沉泥的太多水分，因此从处置点排出的径流很少而且处置点占地可以立即再利用。佛罗里达州托普卡利加湖的水位极端下降之后，在 1987 年、1991 年和 2002 年分别挖除了 16.5 万 m^3、34 万 m^3 和 300 万 m^3 的泥沙。2002 年的疏浚预计可清除 120t 磷和 2500t 氮（Williams，2001）。当沉泥暴露时，可以清除碎片并为垂钓者建起人工礁石。

松散的絮状沉泥可能抑制理想水生植物生长，并阻碍鱼类产卵。虽然也有可能对下流产生影响，但有些沉泥可能在水位下降时通过湖泊出流而被排出。在佛罗里达州的纽南湖，夏季水位降低冲刷了湖底，清除了 270kg 磷和 5.9 万 kg 絮凝性沉泥，并造成了一些沉泥压实作用（Gottgens 和 Crisman，1991）。

水位管理是湖泊或水库"边缘"湿地恢复的重要手段之一（Levine 和 Willard，1989），水位的涨落对于维持水禽群落的植被而言十分必要（Kadlec，1962）。密西根一个水禽水库在夏天采用水位降低来促进鸭子喜爱的植物生长。挺水植物如香蒲和芦苇，喜欢以裸露的泥滩作为苗床，在稳定水位下无法实现这一条件；而水位下降就为它们种子的萌发提供了条件（Kadlec，1962）。在爱荷华州的一个沼泽中，暴露沉泥上部 5cm 范围内发现了多达 20000 颗种子，这个种子库应该足以建立一个挺水一年生物种群落（van der Valk 和 Davis，1978）。

水位降低还可能改善湖泊某些方面的情况。与使用 SCUBA 相比，在干燥固结沉泥上采用沉泥封盖施工更方便且成本更低（第 15 章）。码头的修复和建造、岸堤抛石的放置、堤坝的养护、垃圾的清除等，在开挖后都能有效地进行。最后，除非需要水泵来降低水位，这种方法的成本是所有水生植物管理方法中最低的（Dierberg 和 Williams，1989）。

可采用部分水位降低来重新定植大型根生水生植物，进而稳定沉泥。佛罗里达州的奥基乔比湖就提出了这一方案，其间某些水域的透明度急剧下降，其原因可能是当水位超过 4.6m 时，底部的泥浆会向岸边迁移。将水位降低 1.0m 可以减少底部泥沙输移，澄清水体并促进水生植物成丛（Havens 和 James，1999）。

当干燥和/或冰冻沉泥再灌之后出现了藻华（Husley，1958；Beard，1973）。这说明水位降低可能是将湖泊水生植物占优势的清水条件转变为藻类占优势的混沌条件的关键因素（第 9 章）。导致藻华的原因可能是再灌后的沉泥中磷的释放以及藻食性鱼类的控制。

脱水过程沉泥中会存在向沉泥表面的水流，这可能造成干燥、有机物含量高的沼泽沉泥顶层的总磷浓度上升，而底层的浓度则会下降（DeGroot 和 Van Wijck，1993）。在威斯康星州的马斯基可湖，在干燥/冰冻水位降低后，水孔隙中铵态氮和溶解反应性磷以及基于实验室的磷释放都有所增加（James 等，2001）。与保持潮湿的沉泥相比，富营养水库干燥沉泥中的磷亲和性显著降低，这可能是由于沉泥风干后物种的铁—磷氧化还原循环停止，进而形成了低磷吸附的结晶铁分子（Baldwin，1996）。这些数据表明在重灌时有显著的磷流向水体，特别是源自有机含量高的水壤（Watts，2000）。干燥和/或冰冻湖沉泥释放的磷可能与细菌有关（Sparling 等，1985；Qui 和 McComb，1995）。在重灌时产生磷释放可能需要的只是较短的干燥或冰冻期（Klotz 和 Linn，2001）。

重灌后磷释放的现场观测并不常见，且结果有矛盾。威斯康星州的长湖位于夏季降雨量低的地区，它在 1979 年通过夏季水位降低（6—10 月）来控制 Egeria densa，这一行动取得了成功，并在 1980 年将现存作物量降低了 84%。Nuphar polysephalum 和美州香睡莲未受影响，而 1981 年水生植物生物量就恢复了。水体总磷浓度和 pH 均有所降低，而密集的蓝藻细菌水华在 1980 年夏天也消失了。在 1979 年水位降低后再灌的那个月，水体中磷含量并未增加（Jacoby 等，1982）。与之相反，密歇根州巴克斯湖再灌后磷含量出现了增加（Kadlec，1962）。藻华并非总是水位降低的结果。即便再灌后的养分显著增加，对一个富营养化且得到监管的湖泊（南非，Zeekoevlei），水位降低后带来了大量的水蚤和清澈状态。由于冲刷，鱼类生物量明显降低，这使湖中出现了大型浮游生物和清澈状态（Harding 和 Wright，1999）。但还需要对再灌后的即时水化学变化进行更多的现场观测。

水位降低会暴露邻近湖滨的湿地，并可能会对湿地生物群落产生影响。佛蒙特州波莫森湖的水位下降对湿地产生了重大影响，该湿地中有许多濒危或濒临灭绝的植物物种。水位降低对无脊椎动物的影响也很严重。在暴露的滨湖水域本地植物物种灭绝可能会引来深水中的如穗花狐尾藻这样的有害物种入侵暴露水域（Crosson，1990）。

水位降低后无法再灌也是一个严重问题。这可能是由于没有在适当时间关闭水坝或者干旱。再灌应当在冬末开始，这样湖泊使用者能够在娱乐季进入湖泊，而其他水库的使用也能够开展。

在水位降低期间有可能会出现低溶解氧以及相应的鱼类死亡，特别是如果来水中养分和有机物质丰富或者剩余池塘体积很小时。一旦水位下降，通气的机会变少。由于低溶解氧造成的鱼类死亡可能会成为令人担忧的问题，但报告却是矛盾的。Beard（1973）发现尽管在一个富营养水库采取了 70％的冬季水位降低但没有发现鱼类死亡，而 E.B. Welch（个人交流）发现华盛顿州长湖水中的溶解氧浓度在 2m 的夏季水位降低（$Z_{max}=3.5m$）中从未降至 5mg/L 以下。威斯康星州的蒙迪克斯灌溉地在冬季水位降低时出现了低溶解氧（但没有杀死鱼类）（Nichols，1975a）。与之相反，路易斯安那州奇科特湖在夏季水位下降时发生了鱼类死亡，Gaboury 和 Patalas（1984）在马尼托巴湖冬季水位下降后观察到了鱼类死亡和溶解氧损失。当夏季水位下降引发热分层湖水的翻转，从而使得低氧水突然被引入表面水体时，才会引发低溶解氧问题（Richardson，1975）。在威斯康星州一个富营养化水库的冬季水位降低中，沉泥在水库上游河流水域内出现了重悬。这些沉泥富含有机质，厌氧，且硫化氢和还原铁含量显著。化学和生物的高氧需求将剩余的溶解氧抽离了水体。这种情况顺流而下，将水库下游的溶解氧也抽离。为预防未来的溶解氧问题，建议将水位降低推迟至 1 月中旬，并且限制只降低 25％的水库水位（Shaw，1983）。然而，这可能会导致为控制水生植物而在寒冷环境下的暴露不足。应当评估水位降低导致剩余池水中氧气耗竭的可能性，有可能需要通风或人工循环装置（第 18 章和第 19 章）。

水位降低有可能会对无脊椎动物群落产生严重影响，这反过来又会减少鱼类生产率以及底层栖息生物群落的多样性。大量的排水还可能在下游产生泛滥。此外，富营养和/或厌氧水的排放可能会对河流生物区产生危害。含有较低养分浓度的晚秋排水很可能被氧化（假设水在秋季对流中排放），因此对下游生物区的影响较小。

如果入流（例如冬雨或雪水融化）会导致剩余水体上覆盖的冰层漂浮，那么就有可能影响冬季水位降低的安全。入流可能导致公开水域或近岸出现薄冰层。

13.4　案例研究

为了进行有害植物控制而进行水位降低的操作方法是将植物暴露在寒冷干燥或炎热干燥的环境中，摧毁植物主体、根茎或根系。这种暴露还可能对种子、根茎和块茎造成伤害。在某些地区（例如路易斯安那州），水位涨落已经成为了主要的植物控制方法（Richardson，1975），而在其他一些地区（例如美国太平洋东北岸）由于气候极值通常太窄以至于无法提供必要的条件。下文中美国的案例展示了在数种气候下植物对水位降低的响应。

13.4.1　田纳西州流域管理局（TVA）水库

Hall 等（1946）是描述淹没和脱水对水生植物影响的先驱之一。一些杂草物种需要脱水才能立植，包括黑柳、悬铃木（风箱树属）、绿白蜡树（白蜡树属）、美国紫树（水紫树属）以及落羽松（落羽杉属）。这些物种在立植之前都必须进行脱水。类似的，草本生杂草无法在直到 6 月前仍被淹没的场址内生长。正如下文中将要讨论的，杂草和草本植物的再淹没是一种促进鱼食有机物数量增长的重要技术。

喜旱莲子草是一些 TVA 水库中的有害物种。在美国这个气候温和的中纬度地区，低于冰点的温度对于地面上的部分是致命的，但对于地下根系则几乎没有伤害或伤害很小，而且在春季再淹没之后，越冬的植物又会重新占领该地区。水樱草（白花决明）形成漂浮的植物垫，并由于脱水和冷冻被摧毁。对于水樱草和其他两种有害植物白屈菜和西洋蓍草，如果土壤在冬季水位降低时保持水分充足，植物可以存活（Hall 等，1946）。

TVA 水库曾经有过穗花狐尾藻泛滥。这对于最小和最大水位只有 0.6～1.0m 差异的水库而言尤其令人烦恼（Goldsby 等，1978）。尽管专门使用了除草剂 2，4 - D，但沿湖岸线除草剂会被稀释，水位降低还是最有效的控制方法（第 16 章）。瓦茨巴和奇卡莫加水库施行了 1.8m（6ft）的冬季水位下降，导致排水良好的岸线上所有的蓍草植物死亡。在一些地区，蓍草会发展成陆生形态，但被重淹没之后又恢复到水生形态。

自 1971 年 12 月至 1972 年 2 月中旬，田纳西州梅尔顿山水库穗花狐尾藻通过 2，4 - D 和冬季水位控制进行了管理。1972 年被占领的水域比 1971 年有所减少，特别是在浅水区内效果显著，而深水区内的生物量也未增长。1973—1976 年，采用了 2，4 - D，但成本却一直稳步增长。在水位降低之后，除草剂使得 1973 年的面积覆盖比 1972 年减少了 68%，但除非继续使用除草剂或水位降低，不然藻类泛滥又会卷土重来。由于暴露在寒冷环境之下能摧毁根冠，为期半月的冬季水位降低十分有效，但除非将含水土壤完全脱水，否则即便在寒冬之下也不会减少泛滥。在梅尔顿山水库的穗花狐尾藻控制中，只有结合持续使用 2，4 - D 以及高频率的短期冬季水位降低才是最为有效和经济的手段（Goldsby 等，1978）。

13.4.2　路易斯安那州水库

路易斯安那州是美国南部寒冷天气出现最多且持续时间最长的地区，水位操控是其水库管理的重要手段。化学控制成本高昂，而收割（第 14 章）成本昂贵且会反过来促进植物的扩张。水葫芦的生物量可通过干燥和冷冻来控制。和蓍藻一样，其被遗留在水中的植物残茎就可以繁殖。不幸的是，脱水过程会促进种子萌发，但经过 1～2 年的干燥和冷冻之后，活性的种子数量会有显著的减少（Richardson，1975）。

从夏季中期至 10 月中旬，路易斯安那州阿纳科科水库的水位降低了 1.5m，水库面积从 1052hm² 减少至 526hm²。在 2 月中它会被重灌。由于眼子菜和茨藻，大约有 40% 的水库水域禁止垂钓，但经过一次水位降低和重灌之后，禁钓水域减少至 5%。水位降低消灭了水盾（莼菜），限制了狐尾草和睡莲的扩张，且增加了普生轮藻（Lantz 等，1964；Lantz，1974）。

布西水库（位于北路易斯安那）在 10 月进行水位降低，而且在 5 月进行重灌。在水位降低前的夏天，有 280hm² 的湖域有眼子菜和茨藻泛滥。在重灌后的两个夏天里，只有 16hm²（40acre）的水域被侵扰。这个处理被视作 90% 有效。同样在北路易斯安那的拉福什水库，在冬天采用部分水位降低而在夏天采取进一步排水，来确定对金鱼藻的控制效果，之前该藻侵占了水库 80% 的水域。在重灌后的夏天，约有 60% 的水库水域不再有金鱼藻（Lantz 等，1964；Lantz，1974）。

对许多植物而言，路易斯安那州的水位降低是一种成功的控制方法，但该方法却无法起到根治效果。然而，湖泊管理者可采用交错涨落的方法来防止植物适应水位降低。建议的方法是在 2～3 年的水位降低后接着在 2 年内无水位涨落（Lantz，1974）。Nichols（1975b）还建议对威斯康星州的水库也采用交替水位降低。预先确定的无水位涨落期能让敏感物种相对于水位降低耐受物种重新占据优势。而后续的水位降低又会让水库从敏感的有害植物中解放出来。

13.4.3　佛罗里达州

秋—冬季水位降低（1972 年 9 月至 1973 年 2 月）被用于控制佛罗里达州中部水库奥克拉瓦哈湖（罗德曼水库）的有害植被。水位降低前占优势的物种为金鱼藻、水蕴草、黑藻、凤眼蓝以及大藻。其水位降低了 1.5m，研究区域被抽干或者只有非常浅的水。至重灌后第 2 个生长季为止，金鱼藻覆盖率降低了 47% 而水蕴草覆盖率降低了 56%。重灌之后，黑藻和大藻在全湖内分别增长了 64 倍和 33 倍。这些物种控制的失败原因是由于冬天没有结冰，这让其扩张到了新水域（Hestand 和 Carter，1975）。虽然干燥会促进种子萌发，但北路易斯安那州水库的大藻可通过干燥和冰冻来控制（Lantz，1974）。在佛罗里达中部较温暖的气候下，通过冬季水位降低控制这些物种的条件很少会出现。

使用水位降低来控制黑藻必须基于其生命周期（Massarelli，1984；Leslie，1988；Poovey 和 Kay，1998）。黑藻在初秋会长出耐干燥的地下块茎。这个时期的水位降低会让黑藻与其他竞争对手相比更具优势，进而有可能在重灌后增强物种单一性。巴氏亲鱼可以降低块茎密度（Buckingham 和 Bennett，1994）（第 17 章）。春季水位降低可用于减少定植，而在块茎形成前的再一次水位降低可以杀死新萌发的植物（Haller 等，1976）。下一年春季的第三次水位降低可消灭剩余的植物，这是佛罗里达州福克斯湖管理黑藻较为成功的方法，尽管香蒲入侵脱水土壤使得这一方法的可行性还有争议（Massarelli，1984）。

1964 年，佛罗里达州中部基斯米湖区的托霍普卡利加湖修建了一个水闸和泄洪道，将自然水位的涨落降低了 71%。之后湖滨农业、房地产开发以及废水排放均有所增加。藻类和杂草（特别是水葫芦）的有机物堆积恶化了湖滨栖息地环境，使渔业发展受限。1971 年 4—9 月水位降低了 2.1m，并在 1972 年 3 月进行了重灌，此次水位降低暴露了池底 50% 的面积。沉泥被干燥和固结，且理想沉水植物（对于渔业而言）又重新定植。1979 年、1987 年和 1990 年再次进行了水位降低，结合采用前端装载机和推动机进行有机沉泥挖除，进一步维持了改善后的湖泊条件（Wegener 和 Williams，1974a；Williams 等，1979；Williams，2001）。

13.4.4　威斯康星州

威斯康星州 172hm² 的墨菲流域采用了冬季水位降低的方法，成功地使该流域（水库）向游客开放。1967 年 10 月中旬至 1968 年 11 月中旬，水位下降了 1.5m，一直保持到 3 月后才重灌达到最高水位。1967 年春末至夏末，罗宾眼子菜、灯心草、金鱼藻、水杨梅和黄睡莲导致了 30hm² 捕鱼区的关闭。第一次冬季水位降低重新开放了 30hm² 中的 26hm²，且上述物种在 1969 年均未回归。水芹、曲柔眼子菜和异叶眼子菜在水位下降后均有所增加，而小节眼子菜仍没有变化。即使有这些抗水位降低的物种，在 1969 年，原来关闭的 30hm² 土地中仍有 24hm² 重新可供捕鱼（图 13.1 及图 13.2）。

图例:

⊞ 罗宾眼子菜　　　● 大叶眼子菜　　　▨ 异叶眼子菜
⊞ 萍蓬草属　　　　· 菁草　　　　　　■ 纤细茨藻
▨ 金鱼藻　　　　　N 浮叶眼子菜

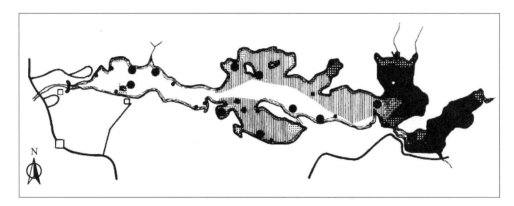

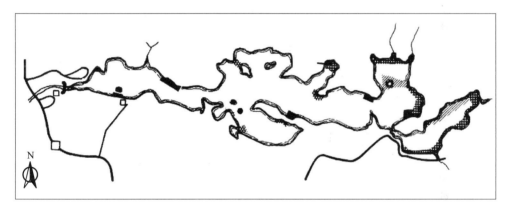

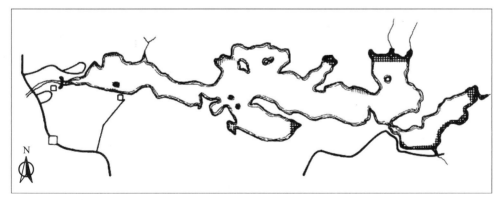

图 13.1　威斯康星州墨菲流域在越冬水位降低前以及 2 年后的水生植物丰度。排名是基于
210 个分区内的百分比,涵盖了整个流域 (1mi＝1609.344m)。

(来源:Beard,T. D. 1973. Overwinter Drawdown. Impact on the Aquatic Vegetation in Murphy
Flowage,Wisconsin. Tech. Bull. No. 61. Wisconsin Department of Natural Resources,Madison.)

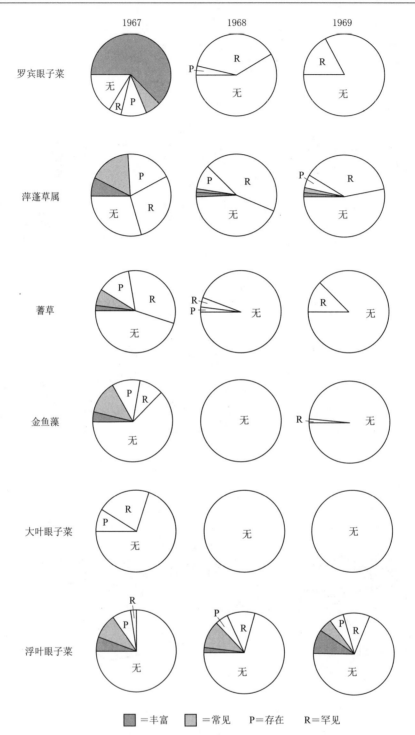

图 13.2　越冬水位降低前后，威斯康星州墨莫流域水生植物主要物种的分布。
这一分布仅包含物种丰富、常见和存在的水域。

（来源：Beard，T. D. 1973. Overwinter Drawdown. Impact on the Aquatic Vegetation in Murphy Flowage，Wisconsin. Tech. Bull. No. 61. Wisconsin Department of Natural Resources，Madison.）

成功的原因是美国这一寒冷气候地区内营养繁殖结构体的冷冻和干燥。萍蓬草数量的减少被认为是由于深度冷冻和沉积物隆起。这三种抗水位降低物种正开始恢复，但1970年的一场洪水破坏了整个流域，阻碍了更长期的评估。1968年夏天，大口黑鲈的捕捞成功率有所提高（Snow，1971；Beard，1973）。

水位降低主要的消极影响是1968年8月出现的浮游植物暴发（Beard，1973）。在对植物进行控制时这一现象并不罕见，这部分有可能是由于重灌土壤的磷释放，以及由于清水的存在对水生植物的稳定效应（第9章）。这个案例中，并不支持采用水位降低方法将湖泊转变为水生植物占优势的状态（Coops和Hosper，2002）。

13.4.5 康涅狄格州

康涅狄格州的烛木湖是一个泵储型水库，在1983年只有穗花狐尾藻这种单一物种，严重限制了娱乐活动。在美国这一寒冷气候地区，其水位从1983年至1984年冬天下降了2m，而在1984年至1985年冬天又下降了2.7m。在沉泥被干燥和冷冻之后，蓍藻最终消失了。夏天在湖底沉泥暴露的潮湿水域内又出现了蓍藻生长。暴露的冰冻水域在夏天出现了小茨藻和大型轮藻的泛滥，但这些低生长性的植物并没有影响大部分的湖泊使用（Siver等，1986）。

在美国东部的湖泊管理计划中，康涅狄格州、宾夕法尼亚州、特拉华州、新泽西州、马里兰州和弗吉尼亚州都成功使用冬季水位降低来控制水生植物（Culver等，1980）。

13.4.6 俄勒冈州

俄勒冈州波特兰市的一个水库尝试通过水位降低来控制穗花狐尾藻的努力并不成功。1981年11月中旬至1982年2月中旬，水位被降低至蓍藻床基处。地下渗流、沉积物的高含水量和高降雨量使根系在整个水位下降过程中保持湿润。根被暴露于1～4℃的气温下长达约32h。地面之上的蓍藻被灭除，但根冠却未受影响并在3月开始重新生长。水库的水位并没有重灌至以前的水平。7月，在暴露水域内常见活体植物，表明蓍藻对这些条件有抵抗力。需要应用2,4-d除草剂来进一步控制（Geiger，1983）。美国太平洋热带雨林气候可能不适合这种操作，因为该地区冬季温和潮湿，可能不会发生脱水和冰冻。

13.5　采用水位降低来进行鱼类管理

水位降低是一种有效、成本低且得到广泛认可的水库鱼类管理方法。鱼类管理的详细讨论并不在本书的范畴之内，但湖泊管理者必须意识到该方法在鱼类栖息地改善方面的应用。通过重建与水库新灌第一年类似的条件，水位降低看起来能够促进鱼类生产。沉水水生植物的物种单一性可以消除；在暴露的含水土壤成丛的陆地，植物被重新淹没并被无脊椎动物占据；通过捕食，食鱼（相对于捕食者）的极端密度也会有所降低。结果垂钓鱼生物量和个体大小急剧增长，以及无用鱼、发育不良的食用鱼以及其他浮游生物数量和丰富程度显著减少，这一结果可能会持续数年。鱼类的这些变化可能意味着更好的垂钓鱼类、更清澈的湖水和更少的藻华（第9章）。鱼类管理中水位降低的综述文章请参见Bennett

（1954）、Pierce 等（1963）、Culver 等（1980）、Ploskey 等（1983）、Ploskey 等（1984）和 Randtke 等（1985）。

13.6 案例历史

重大的水位涨落，即每 3～5 年降低数个月，能够在小范围内创建新的水库条件（Ploskey，1983；Randtke 等，1985）。部分而言，水位降低的效应与其发生的时间有关。在堪萨斯州，仲夏气温通常会超过 35℃，夏季水位降低会让类似稻谷的快速生长植物在暴露的土壤中播种，并促进重灌后无脊椎动物的生长。剩余湖泊更小的体积使得捕食者对较小鱼类的捕食更为频繁，从而使捕食者快速生长（Randtke 等，1985）。密苏里州中部水库的夏季水位降低不仅带来了大口黑鲈鱼的生长，而且由于湖泊和植被搁浅导致了很多小鱼的死亡。该水库在秋季进行了部分重灌来改善水禽栖息地。冬季的水位再次降低和春季水位上升淹没了水生植被和陆地植被，使陆地生物成为鱼类饲料，并为湖滨无脊椎动物生长提供了基础（Heman 等，1969）。被淹没的植被对北梭鱼春季产卵十分必要（Hassler，1970）。

如果水位降低很广泛且水温超过 13℃，建议降低水位来增加捕食者对小型鱼类的猎杀。据推测，当猎物鱼被迫放弃湖滨避难所时，它们更容易受到攻击。2 个月的水位降低期似乎是捕食者对食草鱼产生预期影响的最低时间限度。初秋进行 2 个月或 2 个月以上的水位降低可以使绿草或其他陆生植物有时间生长或播种。此外，假设如果剩余水域中的藻类可以进行光合作用，在该季节出现溶解氧严重耗竭的可能性也较小（Ploskey，1983）。

饲料大小的蓝鳃太阳鱼在秋季部分水位下降期间从 $850/hm^2$ 下降到 $163/hm^2$。斑鰊的生物量也急剧减少。在接下来的一年里，应该会出现更大型的垂钓鱼，从而提高捕鱼成功率，且对大型浮游动物的捕食会有所减少（Hulsey，1958）。后一种效应反过来可能带来浮游动物对藻类更有效的捕食、更清澈的水体以及大型植物的回归（第 9 章）。如果这一场景成真，它将支持一个假设，即湖泊水位下降会将湖泊转变为大型植物占优势的状态（Coops 和 Hosper，2002）。

水位降低可用于管理特定的鱼类数量。例如，常见的鲤鱼会产生浑浊的环境，并为水体增加显著的养分负载。可通过产卵期的水位降低来控制鲤鱼数量。南达科他州的水库对水温、生殖条件以及鱼卵的存在和水深进行了监控。水位的降低会暴露鱼卵并使鱼苗在湖中搁浅（Shields，1958）。鲤鱼还可以在水位降低之后，通过围网捕捞来去除（Hulsey，1958；Lantz，1974）。

水位降低是一种方便的增加鱼类吸引子或结构的方法。斑点叉尾鮰鱼、蓝鳃太阳鱼、大口黑鲈鱼和白刺盖太阳鱼的现存量在灌木掩蔽区比对照区高出 16～20 倍（Pierce 和 Hooper，1979）。

水位降低增加了托哈普卡利加湖（位于佛罗里达州）的鱼类。在挖渠和筑坝之后，基斯米湖链的天然水位涨落急剧减少，导致有机沉泥的堆积和沉水植被的损失。鱼食生物的丰富度和多样性均有所下降，这使得作为地方经济重要组成部分的渔业也因此受到影响。在重灌之后，沉泥暴露期间蓬勃生长的陆生和半水生植物以及无脊椎动物生物量急剧增加。捕鱼的成功率大大提高，仅渔业产量增加的价值就超过 600 万美元。水位下降的有利影响持续了数年，在此期间，藻华和水葫芦的腐烂逐渐导致鱼类栖息地的恶化（Wegener 和 Williams，1974b；Williams 等，1979，1982；Williams，2001；Moyer，1987）。

当水位稳定恢复之后，发生了生态演替。正如已经被扰动至有演替早期阶段特征的多数系统所期望的，这种变化的速率可能很快。只要监管机构和公众同意，可以采用固定时间间隔的水位降低来维护系统的"新鲜度"。

水位降低用于鱼类管理可能有负面效果。湖滨区的暴露会造成底栖无脊椎动物栖息地的损失或者是毁坏，水位降低后它们的密度和多样性会发生巨大的变化。在夏季水位降低的第二年，如果松软絮状沉泥变得坚硬以至于能够行走，昆虫数量会大大减少，软体动物基本消失，硬化的沉泥可能延缓了某些物种的再侵袭（Kadlec，1962）。由于秋季水位下降，伊利诺伊州一个湖泊的捕鱼量急剧下降，通常认为这是由于无脊椎动物数量减少造成的（Bennett，1954）。Paterson 和 Fernando（1969）发现在 150 天的暴露中（加拿大安大略省），沉泥冻结达 20cm 的深度，毁灭了大部分的底栖物种。如果水位降低和暴露都不严重，或者新种植的植被或陆生植被被淹没，无脊椎动物的密度可能会快速增加，鱼类数量也会相应增加（Wegener 等，1974）。寒冷时期的短期水位降低可能会保护穴居无脊椎动物（McAfee，1980），但可能不能够控制有害水生植物或对鱼类物种结构组成带来的变化。

爱达荷州庞多雷湖采取了急剧的冬季水位下降措施，目的是提供水力发电和储存春季积雪径流的能力。在两个冬季，水位从 3.0～3.7m 降至 2.1m，以增加鲑鱼的产卵面积和存活率，并增加暖水鱼类的栖息地（鲈鱼、蓝鳃太阳鱼）。水位的降低导致了水生植物数量的增加，还很可能会改善越冬鱼类的栖息地和鱼类生存率（Wagner 和 Falter，2002）。

马尼托巴省的克罗斯湖夏季水位下降，导致白鲑鱼、大眼梭鲈鱼、白斑狗鱼和加拿大白鲑的栖息地和产量减少。冬季水位降低后，发生了严重的鱼类死亡事件。长时间的冬季水位降低减少了白鲑鱼和加拿大白鲑的孵化成功率，而春季的低水位使大眼梭鲈鱼和白斑狗鱼无法进入产卵区（Gaboury 和 Patalas，1984）。

13.7 小结

水位降低可用于对某些水生植物物种进行短期控制，但具体物种需要具体分析，某些植物可能不受其影响甚至还会有促进作用，特别是当竞争性物种被消灭之时。如果湖滨水域能够在干燥冷冻的条件下暴露数个星期的话，则看起来冬季水位降低在植物控制方面更为有效。此时的水位下降对下游生物群落的影响最小，因为水库的秋季分层将确保充气的、低养分水的释放。在潮湿、温和的气候中和冬季渗流使湖泊沉泥保持湿润的地方，水位下降是无效的。

水位降低是最经济的湖泊管理技术之一。在佛罗里达州，水位降低的费用估计为每年 7.25 美元/hm² （2002 年美元）（Dierberg 和 Williams，1989）。它的使用降低了如沉泥挖除或沉泥覆盖这样其他流程的成本。湖泊、水库、新大坝的建设应当能够允许深水排放。

　　水位降低是一种成熟并且效果明显的鱼类管理技术。它被用来促进捕食者的生长，控制猎物鱼的密度，并帮助管理如普通鲤鱼这样的有害物种。

　　还需要进一步研究物种对水位降低、冻融沉积物的养分释放的反应以及干热暴露与干冷暴露的比较优势。还需要研究它对鱼类和其他动物种群的影响，以及如何将这种技术纳为食物网操控的一部分。对非目标湖滨物种，包括无脊椎动物群落和湿地物种群落，它可能有重大的负面影响。

参 考 文 献

Baldwin，D. S. 1996. Effects of exposure to air and subsequent drying on the phosphate sorption characteristics of sediments from a eutrophic reservoir. *Limnol. Oceanogr.* 41：1725 – 1732.

Beard，T. D. 1973. Overwinter Drawdown. Impact on the Aquatic Vegetation in Murphy Flowage，Wisconsin. Tech. Bull. No. 61. Wisconsin Department of Natural Resources，Madison.

Bennett，G. W. 1954. The effects of a late summer drawdown on the fish population of Ridge Lake，Coles County，Illinois. In：*Trans. 19th North American Wildlife Conf.*，pp. 259 – 270.

Buckingham，G. R. and C. A. Bennett. 1994. Biological and Host Range Studies with *Bagous affinis*，an Indian Weevil that Destroys Hydrilla Tubers. Tech. Rept. A – 94 – 8. U. S. Army Corps Eng.，Vicksburg，MS.

Cooke，G. D. 1980. Lake level drawdown as amacrophyte control technique. *Water Res. Bull.* 16：317 – 322.

Coops，J. and S. H. Hosper. 2002. Water – level management as a tool for the restoration of shallow lakes in the Netherlands. *Lake and Reservoir Manage.* 18：293 – 298.

Crosson，H. 1990. Impact Evaluation of a Lake Level Drawdown on the Aquatic Plants of Lake Bomoseen，Vermont. Vermont Department of Environmental Conservation，Waterbury.

Culver，D. A.，J. R. Triplett，and G. G. Waterfield. 1980. The Evaluation of Reservoir Waterlevel Manipulations as a Fisheries Management Tool in Ohio. Final Report to Ohio Department of Natural Resources，Division of Wildlife，Project F – 57 – R，Study 8，Columbus，p. 67.

DeGroot，C. – J. and C. Van Wijck. 1993. The impact of dessication of a freshwater marsh （Garcines Nord，Camargue，France） on sediment – water – vegetation interactions. Part 1. The sediment chemistry. *Hydrobiologia* 252：83 – 94.

Dierberg，F. E. and V. P. Williams. 1989. Lake management techniques in Florida，USA：Costs and water quality effects. *Environ. Manage.* 13：729 – 742.

Dunst，R. and S. A. Nichols. 1979. Macrophyte control in a lake management program. In：J. E. Breck，R. T. Prentki，and O. L. Loucks. （Eds. ），*Aquatic Plants，Lake Management，and Ecosystem Consequences of Lake Harvesting.* Center for Biotic Systems and Institute for Environmental Studies，University of Wisconsin，Madison. pp. 411 – 418.

Fox，J. L.，P. L. Brezonick and M. A. Keirn. 1977. *Lake Drawdown as a Method of Improving Water Quality.* USEPA – 600/3 – 77 – 005.

Gaboury，M. N. and J. W. Patalas. 1984. Influence of water level drawdown on the fish populations of

Cross Lake, Manitoba. *Can. J. Fish Aquatic Sci.* 41: 118 – 125.

Geagan, D. 1960. A report of a fish kill in Chicot Lake, Louisiana during a water level drawdown. *Proc. La. Acad. Sci.* 23: 39 – 44.

Geiger, N. S. 1983. Winter drawdown for the control of Eurasian watermilfoil in an Oregon oxbow lake (Blue Lake, Multnomah County). In: *Lake Restoration, Protection and Management*. USEPA 440/5 – 83 – 001. pp. 193 – 197.

Godshalk, G. L. and J. W. Barko. 1988. Effects of winter drawdown on submersed aquatic plants in Eau Galle Reservoir, Wisconsin. In: Proc. 22nd Annual Meeting, Aquatic Plant Control Research Program. Misc. Paper A – 88 – 5. U. S. Army Corps Eng., Vicksburg, MS.

Goldsby, T. L., A. L. Bates and R. A. Stanley. 1978. Effect of water level fluctuation and herbicide on Eurasian watermilfoil in Melton Hill Reservoir. *J. Aquatic Plant Manage.* 16: 34 – 38.

Gorman, M. E. 1979. Effects of an overwinter drawdown and incomplete refill onautotroph distribution and water chemistry in a permanent recreational pond. MS Thesis. Kent State University, Kent, OH.

Gottgens, J. F. and T. L. Crisman. 1991. Newnan's Lake, Florida: removal of particulate organic matter and nutrients using a short – term partial drawdown. *Lake and Reservoir Manage.* 7: 53 – 60.

Hall, T. F., W. T. Penfound and A. D. Hess. 1946. Water level relationships of plants in the Tennessee Valley with particular reference to malaria control. *J. Tenn. Acad. Sci.* 21: 18 – 59.

Haller, W. T., J. L. Miller, and L. A. Garrard. 1976. Seasonal production and germination of hydrilla vegetative propagules. *J. Aquatic Plant Manage.* 14: 26 – 29.

Harding, W. R. and S. Wright. 1999. Initial findings regarding changes in phyto – and zooplankton composition and abundance following the temporary drawdown and refilling of a shallow, hypertrophic South African coastal lake. *Lake and Reservoir Manage.* 15: 47 – 53.

Harris, S. W. and W. H. Marshall. 1963. Ecology of water – level manipulations on a northern marsh. *Ecology* 44: 331 – 343

Hassler, T. J. 1970. Environmental influences on early development and year – class strength of northern pike in lakes Oake and Sharpe, North Dakota. *Trans. Am. Fish. Soc.* 99: 369 – 375.

Havens, K. E. and R. T. James. 1999. Localized changes in transparency linked to mud sediment expansion in Lake Okeechobee, Florida: Ecological and management implications. *Lake and Reservoir Manage.* 15: 54 – 69.

Heman, M. L., R. S. Campbell and L. C. Redmond. 1969. Manipulation of fish populations through reservoir drawdown. *Trans. Am. Fish. Soc.* 98: 293 – 304.

Hestand, R. S. and C. C. Carter. 1975. Succession of aquatic vegetation in Lake Ocklawaha two growing seasons following a winter drawdown. *Hyacinth Control J.* 13: 43 – 47.

Holcomb, D. and W. Wegener. 1971. Hydrophytic changes related to lake fluctuation as measured by point transects. *Proc. Southeast Assoc. Game Fish Commun.* 25: 570 – 583.

Hulsey, A. H. 1958. A proposal for the management of reservoirs for fisheries. *Proc. Southeast Assoc. Game Fish Commun.* 12: 132 – 143.

Jacoby, J. M., D. D. Lynch, E. B. Welch and M. A. Perkins. 1982. Internal phosphorus loading in a shallow eutrophic lake. *Water Res.* 16: 911 – 919.

Jacoby, J. M., E. B. Welch and J. T. Michaud. 1983. Control of internal phosphorus loading in a shallow lake by drawdown and alum. In: *Lake Restoration, Protection and Management*. USEPA – 440/5 – 83 – 001. pp. 112 – 118.

James, W. F., J. W. Barko, H. L. Eakin and D. R. Helsel. 2001. Changes in sediment characteristics following drawdown of Big Muskego Lake, Wisconsin. *Arch. Hydrobiol.* 151: 459 – 474.

Kadlec，J. A. 1962. Effects of a drawdown on a waterfowl impoundment. *Ecology* 43：267 – 281.

Klotz，R. L. and S. A. Linn. 2001. Influence of factors associated with water level drawdown on phosphorus release from sediments. *Lake and Reservoir Manage.* 17：48 – 54.

Lantz，K. E. 1974. Natural and Controlled Water Level Fluctuation in a Backwater Lake and Three Louisiana Impoundments. Report to Louisiana Wildlife and Fisheries Comm. ，Baton Rouge.

Lantz，K. E. ，J. T. Davis，J. S. Hughes and H. E. Schafer. 1964. Water level fluctuation – its effects on vegetation control and fish population management. *Proc. Southeast Assoc. Game Fish Comm.* 18：483 – 494.

Leslie，A. J. ，Jr. 1988. Literature review of drawdown for aquatic plant control. *Aquatics* 10：12 – 18.

Levine，D. A. and D. E. Willard. 1989. Regional analysis of fringe wetlands in the Midwest：creation and restoration. In：J. A. Kusler and M. E. Kentula，（Eds. ），*Wetland Creation and Restoration：the Status of the Science. Vol. I. Regional Reviews*. USEPA 600/3 – 89 – 038a. pp. 305 – 332.

Manning，J. H. and R. E. Johnson. 1975. Water level fluctuation and herbicide application：an integrated control method for hydrilla in a Louisiana reservoir. *Hyacinth Control J.* 13：11 – 17.

Manning，J. H. and D. R. Sanders，1975. Effects of water fluctuation on vegetation in Black Lake，Louisiana. *Hyacinth Control J.* 13：17 – 21.

Massarelli，R. J. 1984. Methods and techniques of multiple phase drawdown – Fox Lake，Brevard County，Florida. In：*Lake and Reservoir Management*. USEPA 440/5 – 84 – 001. pp. 498 – 501.

McAfee，M. 1980. Effects of a water drawdown on the fauna in small cold water reservoirs. *Water Res. Bull.* 16：690 – 696.

Moyer，E. J. 1987. *Kissimmee Chain of Lakes Studies. Study I. Lake Tohopekaliga Investigations*. Florida Game and Fresh Water Fish Commission. Kissimmee.

Nichols，S. A. 1974. *Mechanical and Habitat Manipulation for Aquatic Plant Management. A Review of Techniques*. Tech. Bull. No. 77. Wisconsin Department of Natural Resources，Madison，WI.

Nichols，S. A. 1975a. The use of overwinter drawdown for aquatic vegetation management. *Water Res. Bull.* 11：1137 – 1148.

Nichols，S. A. 1975b. The impact of overwinter drawdown on the aquatic vegetation of the Chippewa Flowage，*Wisconsin Trans. Wisc. Acad. Sci.* 63：176 – 186.

Paterson，C. G. and C. H. Fernando. 1969. The effect of winter drainage on reservoir benthic fauna. *Can. J. Zool.* 47：589 – 595.

Pierce，B. E. and G. R. Hooper. 1979. Fish standing crop comparisons of tire and brush fish attracters in Barkley Lake，Kentucky. *Proc. Ann. Conf. Southeast Assoc. Fish Wildlife Agencies* 33：688 – 691.

Pierce，P. C. ，J. E. Frey and H. M. Yawn. 1963. An evaluation of fishery management techniques utilizing winter drawdowns. *Proc. Southeast Assoc. Game Fish Comm.* 17：347 – 363.

Ploskey，G. R. 1983. A Review of the Effects of Water – Level Changes on Reservoir Fisheries and Recommendations for Improved Management. Tech. Rept. E – 83 – 3. U. S. Army Corps Eng. ，Vicksburg，MS.

Ploskey，G. R. ，L. R. Aggus and J. M. Nestler. 1984. Effects of Water Levels and Hydrology on Fisheries in Hydropower Storage，Hydropower Mainstream，and Flood Control Reservoirs. Tech. Rept. E – 84 – 8. U. S. Army Corps Eng. Vicksburg，MS.

Poovey，A. G. and S. H. Kay. 1998. The potential of a summer drawdown to manage monoecious hydrilla. *J. Aquatic Plant Manage.* 36：127 – 130.

Qiu，S. and A. J. McComb. 1994. Effects of oxygen concentration on phosphorus release from reflooded airdried wetland sediments. *Aust. J. Mar. Fresh Water Res.* 45：1319 – 1328.

Randtke，S. J. ，F. de Noyelles，D. P. Young，P. E. Heck and R. R. Tedlock. 1985. A Critical Assessment of the Influence of Management Practices on Water Quality, Water Treatment, and Sport Fishing in Multipurpose Reservoirs in Kansas. Kansas Water Resources Research Institute, Lawrence.

Richardson, L. V. 1975. Water level manipulation: a tool for aquatic weed control. *Hyacinth Control J*. 13: 8 - 11. Shaw, B. H. 1983. *Agricultural Runoff and Reservoir Drawdown Effects on a 2760 - Hectare Reservoir*. USEPA - 600/S3 - 82 - 003.

Shields, J. T. 1958. Experimental control of carp reproduction through water drawdowns in Fort Randall Reservoir, South Dakota. *Trans. Am. Fish. Soc*. 87: 23 - 33.

Siver, P. A., A. M. Coleman, G. A. Benson and J. T. Simpson. 1986. The effects of winter drawdown on macrophytes in Candlewood Lake, Connecticut. *Lake Reservoir Manage*. 2: 69 - 73.

Smith, G. E. 1971. Resumé of studies and control of Eurasian watermilfoil (*Myriophyllum spicatum* L.) in the Tennessee Valley from 1960 - 1969. *Hyacinth Control J*. 9: 23 - 25.

Snow, H. E. 1971. Harvest and Feeding Habits of Largemouth Bass in Murphy Flowage, Wisconsin. Tech. Bull. No. 50. Wisconsin Department of Natural Resources, Madison.

Sparling, G. P. , K. N. Whale and A. J. Ramsay. 1985. Quantifying the contribution from the soil microbial biomass to the extractable P levels of fresh and air - dried soils. *Aust. J. Soil Res*. 23: 613 - 621.

Stocker, R. K. and N. T. Hagstrom. 1986. Control of submerged aquatic plants with triploid grass carp in southern California irrigation canals. *Lake and Reservoir Manage*. 2: 41 - 45.

Tarver, D. P. 1980. Water fluctuation and the aquatic flora of Lake Miccosukee. *J. Aquatic Plant Manage*. 18: 19 - 23.

Tazik, P. P. , W. R. Kodrich and J. R. Moore. 1982. Effects of overwinter drawdown on bushy pondweed. *J. Aquatic Plant Manage*. 20: 19 - 21.

van der Valk, A. G. and C. B. Davis. 1978. The role of seed banks in the vegetation dynamics of prairie glacial marshes. *Ecology* 59: 322 - 335.

van der Valk, A. G. and C. B. Davis. 1980. The impact of a natural drawdown on the growth of four emergent species in a prairie glacial marsh. *Aquatic Bot*. 9: 301 - 322.

VanWijck, C. and C. J. De Groot. 1993. The impact of dessication of a fresh water marsh (Garcines Nord, Camargue, France) on sediment - water - vegetation interactions. 2. The submerged macrophyte vegetation. *Hydrobiologia* 252: 95 - 103.

Wagner, T. and C. M. Falter. 2002. Response of an aquatic macrophyte community to fluctuating water levels in an oligotrophic lake. *Lake and Reservoir Manage*. 18: 52 - 65.

Watts, C. J. 2000. Seasonal phosphorus release from exposed, reinundated littoral sediments in an Australian reservoir. *Hydrobiologia* 431: 27 - 40.

Wegener, W. and V. Williams. 1974a. Extreme Lake Drawdown: A Working Fish Management Technique. Florida Game and Fresh Water Fish Commission, Kissimmee.

Wegener, W. and V. Williams. 1974b. Fish population responses to improved lake habitat utilizing an extreme drawdown. *Proc. Southeast Assoc. Game Fish Comm*. 28: 144 - 161.

Wegener, W. , V. Williams and T. D. McCall. 1974. Aquatic macroinvertebrate responses to extreme drawdown. *Proc. Southeast Assoc. Game Fish Comm*. 28: 126 - 144.

Westerdahl, H. E. and K. D. Getsinger. 1988. Efficacy of Sediment - Applied Herbicides Following Drawdown in Lake Ocklawaha, Florida. Info. Exch. Bull. A - 88 - 1. U. S. Army Corps Eng. , Vicksburg, MS.

Wile, I. and G. Hitchin. 1977. An Evaluation Of Overwinter Drawdown as an Aquatic Plant Control Method for the Kawartha Lakes. Ontario Ministry of the Environment, Toronto.

Williams, V. P. 2001. Effects of point - source removal on lake water quality: A case history of Lake Tohopekaliga, Florida. *Lake and Reservoir Manage*. 17: 315 - 329.

Williams，V. P. ，E. J. Moyer and M. W. Halen. 1979. *Water Level Manipulation Project*. Report F – 29 – 8. Florida Game and Fresh Water Fish Commission，Kissimmee.

Williams，V. P. ，E. J. Moyer and M. W. Halen. 1982. *Water Level Manipulation Project*. *Study IV. Lake Tohapekaliga Drawdown*. Report F – 29 – 11. Florida Game and Fresh Water Fish Commission，Kissimmee.

第 14 章

预防性、人工和机械化方法

14.1 引言

预防性、人工和机械化方法构成了植物管理选择方案的连续系列方法。避免水生有害物种是最优先目标，因此需要有预防性措施。如果发现有害植物发生新的泛滥或者只有很小的水生植物水域需要进行管理的话，人工方法可能较为合适。如果有害植物面积已经较大且无法进行人工处理，机械化的植物移除就是选择方案之一，或者可整合为水生植物管理计划的一部分。

应急计划无论怎么强调都不过分。正如本杰明·富兰克林（Benjamin Franklin）所说：一克的预见能预防一吨的蓍藻。通常在成为问题之前，水生植物入侵一直被忽视。外来入侵的应急计划与其他自然灾害的应急计划类似。风险应加以识别，应当明确且可以快速和轻易地部署包括人员、设备和资金这些用于处理威胁的资源。应提前清除掉阻碍迅速采取行动的障碍，例如需要的许可或立法批准。人工和机械化方法是管理水生植物技术武器库的一部分。

14.2 预防性措施

许多水生植物有很广泛的生长范围，并可经由鸟类、风和水流进行天然扩散（Johnstone 等，1985）。许多外来有害水生植物能进行营养性扩散。整株植物或长茎碎片自然情况下一般不会发生远距离的扩散（Johnstone 等，1985）。例如，2002 年夏天在威斯康星州北部的废水处理池中发现了整株的水葫芦（*Eichornia crassipes*），而在溪流中发现了水浮莲（*Pistia stratiotes*）（Frank Koshere，威斯康星州自然资源部，2002）。不可能是鸟类、风或水流将这些植物从他们常见的美国南部一路带来了这里。已知的或意外的人类运输是其可能的解释。能运输植物的人类活动可分为如下几类：①设备相关的扩散，例如植物碎片附着在船只、拖车、水上飞机或渔网这类渔具上；②植物或动物相关的扩散，外来植物通过水族馆和养鱼场的遗弃包装材料或把外来植物（例如睡莲）装入观赏植物的苗圃内等方式进行扩散；③作为栖息地改善或水园艺的手段（第 5 章和第 12 章中的水族造景一节）、科学移植实验、农业（如水稻种子）或反社会行为而故意扩散（Johnstone 等，1985）。

这些问题的严重程度不应被低估。Schmitz（1990）报告称至少有 22 个外来水生植物和湿地植物物种被引入了佛罗里达州。在 Les 和 Mehrhoff（1999）识别出的非新英格兰南部本地生的 17 个水生植物物种中，13 个是在栽植时逃脱，2 个为天然或意外引入，而另外两个物种的引入方式还不确定。即使像偏远如新西兰这样的地方，也由于外来金鱼藻、水蕴藻、加拿大伊乐藻、黑藻以及软骨草的引入而深受有害水生植物的危害（Johnstone 等，1985）。

14.2.1　入侵的概率

Johnstone 等（1995）发现新西兰外来植物的分布与船只和渔业活动十分相关。某一物种在给定时间间隔内从已泛滥湖泊扩散至还未占据湖泊的概率等于如下概率的乘积：未被该物种占领湖泊的频次、该物种通过湖泊间船舶交通被运输的频次、湖泊间船舶交通穿越给定湖间距离的频次、单位时间内到达所有湖泊的碎片数量（所有物种）。繁殖体在到达湖泊时必须仍然存活，此外，它必须适于在栖息地生长，还必须与其他物种竞争进而成功立植。之后，它必须传播和扩散，从而变得有侵入性。被入侵风险最大的水体是沿着扩散路径上有适宜栖息地的水体。无法扩散、存活或繁殖都会阻碍物种扩张到其生长领域。

Johnstone 等（1985）发现植物经由船舶而进行湖泊间扩散的概率会随着湖泊间距离的变大而急剧变小，在新西兰，当距离超过 125km 之后其概率就极小了。经由船舶的扩散距离会因地区不同而变化，在北美很可能会更长一些［尽管对于威斯康星州，Buchan 和 Padilla（2000）称娱乐船只航行的平均距离为 45km］，但这些距离通常较短而且很可能是无意的。这类扩散与 Les 和 Mehrhoff（1999）所担忧的扩散有显著不同，它们担忧的是植物会被有意地引入到某一地区。由于为确保存活而给予这些植物以照顾，有意引入可以让植物传播很长的距离。

对于无意入侵而言，湖泊可被视作拥有不利水生植物栖息地（例如，陆地）的岛屿。为了成功入侵一个新湖泊，水生植物的活性取决于它穿越陆地壁垒时的脱水存活能力。脱水程度取决于离开水域的时间以及脱水速率。对于金鱼藻、伊乐藻、水蕴草以及大卷蕴藻，当总重有高于 75% 的损失时，其生存率会急剧下降（Johnstone 等，1985）。通过目测，脱水碎片的活性并不明显。在约 50% 的重量损失后，植物碎片上的叶子都会死亡，但该碎片仍然有能力使侧芽生长（Johnstone 等，1985）。金鱼藻是最耐脱水的物种，其次分别为大卷蕴藻、水蕴草、伊乐藻和黑藻。在实验室条件下，在 20℃ 和 50% 相对湿度下时，金鱼藻能存活最多 35h（Johnstone 等，1985）。加拿大不列颠哥伦比亚省的研究表明欧亚狐尾藻在静止空气阴凉下干燥 7～9h 就会失去活性（匿名，1981）。

脱水速率取决于日间时长，天气条件，针对例如风、太阳和车辆速度这些干燥因素的防护程度，以及其物种本身。尽管目前已对实验室研究的生存率有了丰富的信息，但对于在活水井、舱底水、鲦鱼水桶、漏水的船只底部或拖车轴周围潮湿黏块中发现入侵植物的情况，这些研究可能无法提供多少现实依据。

根据美国和加拿大南部超过 300 个湖泊的数据，Madsen（1998）发现欧亚狐尾藻在某一湖泊内占优势的最佳预测指标是总磷含量（TP）和卡尔森营养状态指标（trophic state index，TSI）。总磷值在 $20 \sim 60 \mu g/L$ 或者 TSI 值在 $45 \sim 65$ 之间的湖泊大多存在欧亚狐尾藻占优势的风险。Crowell 等（1994）比较了明尼苏达州总植物生物量和欧亚狐尾藻生物量与水体清澈度和沉泥特征的关系，进

图 14.1　离开船只下水区的船只和拖车，在拖车零件上显示有外来植物（主要为欧亚狐尾藻）在"搭顺风车"。在不同的湖泊下水之前，应当移除所有的植物材料。

而识别出易于产生有害生物的栖息地条件。使用栖息地信息作为一种工具，可以将监测和管理资源优先分配给可能发展出大量有害植物的湖泊或水域。

Buchan 和 Padilla（2000）还开发了模型来预测穗花狐尾藻在湖泊中存在的可能性。他们发现影响到欧亚狐尾藻存在与否的最重要因素是那些会影响到水质（已知会影响到菁草的生长）的因素而非与人类活动和扩散可能性相关的因素。他们的模型没有考虑扩散进入湖泊的可能性，因为他们有结论称："最具被入侵风险的湖泊是那些最可能提供菁草栖息地并且娱乐船舶通行频率最高的湖泊。"他们模型的优势之一是它们使用的数据通常在公开获取的数据库里，因此数据的收集和使用很便宜。

采用生物指标作为快速且经济地确定栖息地适合度的方式，Nichols 和 Buchan（1997）发现伊利诺伊眼子菜、篦齿眼子菜、禾叶眼子菜和曲柔茨藻是常常与穗花狐尾藻同时出现的威斯康星州本地物种。它们的存在通常说明湖泊有良好的菁藻栖息地。伊利诺伊眼子菜和篦齿眼子菜偏好的深度、pH、碱度和电导范围与菁藻十分类似。而线叶黑三棱与菁藻负相关，其偏好的水化学情况与之有极大的不同。因此，它是欧亚狐尾藻不可能蓬勃生长的良好指标。

美国陆军工程师兵团（The U. S. Army Corps of Engineers，USCAOE）正在开发一个仿真模型（CLIMEX），用来分析物种范围确定潜在入侵地点的气候兼容性以及物种的栖息范围或已知分布（Madsen，2000a）。这是预防和监管性排除工作中识别可能问题物种的一种很有前景的工具。它需要能够完全使用有关物种生命历史、生长潜力、分布以及栖息地要求的更多信息（Madsen，2000）。然而，Madsen（2000a）使用初步信息评估了 Cabomba caroliniana、E. densa、H. verticillata（雌雄同株和雌雄异株生物形态）、Hydrocharis morsus‐ranae、Ludwigia uruguayensis、Marsilea quadrifolia、Myriophyllum heterophyllum、Najas marina、N. minor、Nymphoides peltata 和 Trapa natans 对明尼苏达州生态系统产生的实际有害威胁，荇菜、异叶狐尾藻、冠果草以及欧菱显示出具有最高的概率能在明尼苏达州入侵成功。欧菱、异叶狐尾藻、轮叶黑藻以及水盾草如果能够成功入侵的话有可能会产生严重的问题。

栖息地、活性植物繁殖体到达湖泊的时间以及繁殖体内储存的能量决定了入侵占据的成功性。Kimbel（1982）发现穗花狐尾藻在夏末的浅水里有较低的死亡率。而在初秋的深水中，死亡率有所上升。基质类型并不会影响死亡率。较低的总非结构碳水化合物（total nonstructural carbohydrate，TNC）含量会导致死亡率变高。

14.2.2　作为预防性方法的教育、执行和监控

预防性方法能延缓或减少有害物种进入到未受侵害的湖泊。它们主要依赖于监管、教育、监控和机械屏障。它们并非是完全没有遗漏的。未受侵害地区的公众合作和湖滨居民的完全支持极有必要。对于未受侵害水体介入点很少的情况，教育、监管和执行是最具成本效率和可行的方法，因为它们最易于监控。教育通常包括宣传活动，包括分发小册子、使用新闻媒体和在受侵害地点张贴警告（图 14.2）。

图 14.2　船只下水处的警示，警告称这些水体中包含外来物种，而将附着有外来植物的船或拖船放置在通航水域是违法的。

明尼苏达州法律禁止任何人拥有、进口、购买、销售、传播、运输或引进被禁止的外来物种，并禁止在高速公路上运输任何水生植物（MDNR，1998）。美国其他州、加拿大各省以及新西兰、澳大利亚，可能还有其他国家已经或正在制定类似的法律法规（Clayton，1996）。通常环境保护官员签署传讯可能是因为由于违反了规定。通常，传讯是一种非常有效的教育工具。各州的法规是否足以解决外来物种的全国或全球性问题，这一点值得怀疑。USOTA（1993）对包括水生物种在内的非本地物种进行了更广泛的审查，并给出了在全国范围内预防和管理这些问题的建议技术。

特别是在船只下水处，受训志愿者的湖泊监控是另外一种有效的预防工具。志愿者监控计划（Volunteer Monitor）（Smagula 等，2002）报告了新罕布什尔州、威斯康星州、马萨诸塞州和佛蒙特州的一些地点，在这些地方志愿者及时发现了外来水生植物入侵从而能够迅速采取管理行动。

http：//www.invasivespecies.gov 给出了水生植物物种入侵的因素和路径相关的很多信息，还包括很多教育和监测资料。

14.2.3　屏障和避难所

物理屏障可用于减少或消除自由漂浮物种或漂浮植物碎片扩散至下流水域的现象（Deutsch，1974；Cooke 等，1993）。这一屏障必须进行定期维护，且它们并非 100% 有效。对于如水葫芦这样的一些物种，植物拥有抗剪能力，因而能使屏障失效（Deutsch，1974）。

加拿大不列颠哥伦比亚省在选定的湖泊出口设置了焊接网屏障，并定期进行清理，以防止穗花狐尾藻向下游扩散。一般来说，屏障可以有效地减少向下游移动的碎片，但是一些碎片却没有被滞留下来，而菁草则在下游成丛生长（Cooke 等，1993）。

在取水处移除漂浮的植物垫层是新西兰水电站控制植物最具成本效益的方法（Clayton，1996）。屏障和渔网是清除威斯康星州威约韦加湖和布法罗湖（Livermore 和 Koegel，1979）中因风和水流而聚拢的水生植物的有效手段。波多黎各的辛德拉湖曾经使用栅栏来收集漂浮的水葫芦植物层，在这之前这些植物层被打散并推到一个取出点（Smith，1998）。一旦被俘获后，使用铲斗挖土机移除植物层。

清除船舶下水点的有害植物对防止物种从一个湖泊传播到另一个湖泊非常重要。在新西兰，Johnstone 等（1985）发现，如果船舶下水坡道附近的区域无植物，那么即便湖泊中有有害外来植物，在船舶上也没有发现这些植物。

14.3　人工方法和软技术

人工拖取或使用诸如刀、耙、叉、钩等手动工具是世界上水生植物管理最为常见的机械方法（Madsen，2000b）。这也是美国湖滨业主们最广泛使用的方法。

设备廉价、方法有选择性、技术能快速部署、使用限制少、不会将外来物种引入水体、水域随时可用，这些都是人工方法（也就是软技术）的优点所在。然而，这一方法劳动力密集且比较辛苦。在湖泊管理完成之前就会出现疲劳。可处理的水域面积较小且生产力也很有限。除非人力成本很高，这一方法通常不会很昂贵。因此，人工处理就成为了很好的志愿者项目。例如，作为一个服务项目，威斯康星州魔鬼湖（Lake Devils）本地的 SCUBA 俱乐部每年都会去除穗花狐尾藻（Jeff Bode，WDNR，个人交流，2002）。这一技术给环境带来的危害很少；主要是因为处理的水域面积也较小。在密集的植床中涉水或游泳时，以及在能见度有限的水下使用锋利工具时，都存在安全隐患。

人工技术中使用的很多工具都可以在本地的工具店或农具店中获得。一些工具可以在过时农业设备"垃圾"堆中找到（McComas 1989）。为了提高效力和效率，很重要的是使用与任务匹配的工具（表 14.1，McComas，1993）。

表 14.1　　　　　基于根系强度移除水生植物的建议人工方法[1]

方　　法	无根自由漂浮[2]	弱根系	强根系	极强根系
刀具				
直角除草刀		X	X	X
电除草刀		X	X	X
大镰刀，大砍刀，玉米刀，潜水员刀，镰刀[3]			X 仅用于挺水植物	X 仅用于挺水植物

续表

方　　法	无根自由漂浮[2]	弱根系	强根系	极强根系
耙				
花园耙	X			
改良青贮叉	X	X		
园林整地耙	X	X		
手拉	X	X	X	
干草或纸浆钩				X
拖曳		X	X	
园林耕机		X		
漏勺（Skimmers）				
改良渔网或围网	X			

[1]　X：由 McComas（1993）标注为优秀或良好的技术，规定使用者涉水或在岸边、码头或船只上作业。

[2]　无根自由漂浮包括自由漂浮物种、植物碎片以及像金鱼藻和轮藻这样的物种；弱根系物种是指可很容易地从根部拔出的物种，如眼子菜、伊乐藻，以及茨藻；强根系物种是难以用手拔出的物种，在根被拔出之前其枝干就会断裂，穗花狐尾藻就是其中一个例子；强根系植物非常难以用手拔出，它们通常是浮叶物种（如睡莲和黄睡莲）和挺水物种（如香蒲和藨草）。有的时候根系强度取决于湖底沉泥。如果有疑问的话，就做一个"拔出"测试。

[3]　出于安全原因建议仅对挺水植物使用。当结合 SCUBA 一起使用时，潜水员刀和镰刀更为安全。

　　美国纽约州肖陶卡湖采用人工拔除的方法在使用率较高水域减少欧亚狐尾藻的生物量，并改变植物群落结构（Nicholson，1981a）。他们测试了两种处理方法：一种是只移除欧亚狐尾藻，另一种是移除所有的植物。在处理一年之后，处理水域菁藻生物量比未处理水域减少了 25%～29%。植物总生物量减少了 21%～29%（Nicholson，1981a）。即使在完全清除的水域，在处理后的几周内，植被恢复也很明显。

　　在美国威斯康星州门多塔湖的大学湾（University Bay），欧亚狐尾藻是用 SCUBA 以及镰刀或潜水员刀尽可能地从底部切割（Nichols 和 Cottam，1972）。在处理当年，一次收割可减少至少 50% 的再生长，两次则减少 75%，三次就可以近乎灭绝该植物。特别对于深水而言，一年的收割可以减少来年的生物量。在控制来年的生物量时，前一年进行三次收割最为有效。在进行根部割除处理一年之后，纽约州卡尤加湖的菁藻生物量显著减少（Peverly 等，1974）。

14.4　机械方法

14.4.1　材料处理问题

　　水生植物的机械控制既是生物问题也是材料处理问题。一个令人沮丧的事实就是一堆已收割的植物（比如说欧亚狐尾藻）的重量有 90% 为水而体积有超过 75% 为空气（Livermore 和 Koegel，1979，图 14.3）。大量的工作和金钱被花费在水和空气的去除和运输上。机械去除水生植物有很多方法，其每个步骤都涉及材料处理（图 14.4）。理解和改善材料处理可提高收割效用。在收割项目中，招募一个有材料处理经验（工程师，公共工程部门主管）的人员与湖泊顾问或生物学家一起工作是明智之选。

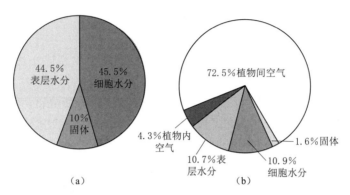

图 14.3　收割的穗花狐尾藻的重量和体积百分比。

[依据 Livermore，D. F. 和 R. G. Koegel. 1979. In：J. Breck，R. Prentki and O. Loucks（Eds.），Aquatic Plants，Lake Management，and Ecosystem Consequences of Lake Harvesting. Inst. Environ. Stud.，University Wis‐consin，Madison. pp. 307‐328.]

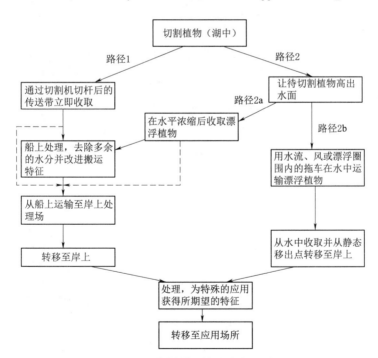

图 14.4　收割项目的可选流程图。

[来源：Livermore，D. F. 和 R. G. Koegel. 1979. In：J. Breck，R. Prentki and O. Loucks（Eds.），Aquatic Plants，Lake Management，and Ecosystem Consequences of Lake Harvesting. Inst. Environ. Stud.，University of Wisconsin，Madison，WI. pp. 307‐328.]

14.4.2　机械和设备

"被设计的用来对水生植物进行切、撕、压、吸或滚的机械足以填满一整个博物馆"（Wade，1990）。水生植物切割机和收割机是从农用设备演变而来的。数年以来，有大量的设计来让这些机械更为有效、成本更低、更安全、更可靠或者可以在特殊场合中使用（Deutsch，1974；Dauffenbach，1998）。两个基本的设计是船首往复式切割机或船首旋转切割机（Livermore 和 Koegel，1979）。这些机械被赋予了更为光鲜的名字，如"锯鲛""水虫""鲦鱼""饼切机""锯船"和"沼泽杀手"等。

船首旋转切割机主要被用于挺水或浮叶植物。它们把植物切成小块然后再扔回水中，"吹"到湖岸，或"吹"进运输设备内。

船首往复切割机是行业标准（图 14.5）。一些机器只能切割植物，另外一些是能把植物拉出水面并装载进行运输的收割机。其大小可以是小型的船载切割机，也可以是有 3m 宽的大型收割机，能够切割 2m 深的水域并运输 30m³ 的收割材料。收割作业中通常使用额外设备，有运输驳船、岸线传送带、在陆上运输切割机的拖车或挂车（图 14.5）。潜水

（a）机械收割机

（b）岸线卸载设备

图 14.5　在威斯康星州莫罗娜湖上作业的机械收割机和岸线卸载设备。

员作业的吸泥机、利用水压将植物从底部"冲洗"出来的机器，以及耕作机和旋耕机也常用于水生植物的管理。

从某种程度上说，收割机操作起来很奇怪，它的切割深度很有限，而且由于传送带较大前进的速度也很有限（图 14.5）。人们试图克服这些限制努力做了大量的创新，其中包括两阶段收割，即第一阶段进行切割而在第二阶段再进行去除（Livermore 和 Koegel，1979）。因此，仅仅基于使用的机械并非都能区分切割机和收割机。收割意味着植物被移除出了水体，但它并非在一次作业中完成。切割和收割之间有连续的关系。

14.4.3　切割

切割比收割更为快速；使用的机械成本通常更低；它对于浅水中的一年生和挺水植物管理可能最适合；与收割相比，它在更深的水体中进行作业；小型切割机能够在收割机无法作业的水域内作业；而将切割和移除植物单独作业可以提高效率。然而，切割可能会造成水生有害植物的扩散；可能还需要第二次作业来移除植物；且漂浮的植物可能会成为健康、安全或环境问题。

14.4.3.1　案例研究：美国纽约州、马里兰州和佛蒙特州的菱角管理

菱角是自 19 世纪就从欧亚大陆引进到美国的浮叶水生植物。它在美国东北部一直向南到弗吉尼亚州北部都有发现。菱角是一年生植物，用种子来越冬进而在来年 5 月末萌发。6 月初，水面上就会形成密集的莲叶冠。开花发生在 7 月初，第一批果实在 8 月成熟，而种子生产会一直持续到秋天直至植株死亡。种子一旦释放出来就会沉水。菱角生长具侵略性，没有作为大多数鱼类和水禽食物或遮蔽物的价值，阻碍船舶航行，带刺的果实给游泳者造成痛苦的伤口。但是，由于它是一年生植物，如果在结籽前就将其消灭，那么其种群数量是可以控制的。因为一些种子可能在沉泥中至少存活 12 年（Elser，1966），因而该植物的泛滥不可能在一年内就消除。

USACOE 在 20 世纪 20 年代开始在波托马克河（Potomac River）上切割菱角，为期 10 年的切割将该植物的泛滥降低到了非常低的水平。潮汐水流会把切割植物带至盐碱水中，进而被杀死。菱角不会被消灭，但可以通过每年对植物进行人工拖取而得到控制（Elser，1966）。

1955 年，在马里兰州伯德河（Bird River）中发现了大片的菱角。在切割了 7 个季节并使用化学药物（2，4，－D，参见第 16 章）后，该物种看起来消失了，因此项目也就中止（Elser，1966）。后来被证明当时下结论还太早，因为 1964 年又发现了数个大片菱角而且在马里兰州萨萨弗拉斯河（Sassafras River）水系中也发现了数片。对这些水域进行了收割，但其泛滥生长很快以至于仅在 1964 年的收割还无法实现有效管理。在 1965 年，收割了 73hm^2 的水域，而剩余植物的叶冠也变灰并掉落（很可能是由于咸水入侵）（Elser，1966）。1965 年后再未见有结果报告，但很明显的是，通过切割或化学药剂来管理菱角需要保持持续的警惕，然而一旦这些植物得到控制，管理工作也就可以减少到很低的水平。

在纽约州的沃特弗利特水库（Watervliet Reservoir）（175hm^2，平均深度 3.5m），采用安装在汽艇前端的锋利的 V 形金属刀片，在水下 10cm 处对菱角进行了切割（Methe 等，1993）。在未切割水域，种子库里有菱角种子；而在切割水域内种子库菱角种子减少

了（Madsen，1993）。切割后并未移除叶冠，而 Methe 等（1993）发现包含芽或花的叶冠碎片在切割时还能够生产成熟的种子。沃特弗利特水库的切割试验明显没有持续足够长的时间，以确定切割是否能够解决莘荠问题。然而，我们从中吸取的教训是需要及早和频繁的切割来消灭莘荠，而且需要持续数年才能使该领域不会由于种子库而再次被侵扰。

在纽约州与佛蒙特州交界的尚普兰湖，莘荠已成为了数十年的水生有害物种问题。它占据了该湖南部约 121hm² 的水域。当传统收割或除草剂不切实际或成本高昂时，机械撕碎是控制大片莘荠的一种可选方法。把植物撕碎再将生物质返回至系统中的一个问题是其对水质的影响。在 1999 年 7 月，在 10000m² 水域进行了撕碎作业来研究其水质变化（James 等，2000）。结果表明撕碎提高了溶解氧条件，增加了浑浊度，并在水体中造成了氮和磷的堆积。

14.4.3.2 案例研究：采用先行切割来管理明尼苏达州的菹菜

明尼苏达州的菹菜是一种冬季一年生植物。大多数植物都是从根出条而萌发。通过在根出条之前就对植物进行控制，使根出条密度以及相应的茎秆密度都会下降。

实验室试验以及现场观测都证实如果在生长达到了 15 个节之后就切割的话卷叶不会重新长出，但根出条直到生长达到 20～22 节后才不会再生长（McComas and Stuckert，2000）。这是在切割年份管理卷叶的"机会窗口"，在生长达到 15～20 节的阶段对其进行切割，可防止额外的根出条加入繁殖体库中。1996 年、1997 年和 1998 年 5 月至 6 月初，志愿者对明尼苏达州的法兰西（French）湖、阿里玛格里特（Alimagnet）湖、戴蒙德（Diamond）湖和威弗（Weaver）湖进行了卷叶切割（McComas 和 Stuckert，2000）。志愿者的目标是最严重的滋生水域以及约 50% 的总体覆盖，但实际上每个湖都有 70%～80% 的有害物种覆盖得到了切割（McComas 和 Stuckert，2000）。

在切割三年之后，法兰西湖中的有害植物覆盖从 36hm² 下降到了 10hm²，阿里玛格里特则从 18hm² 下降到 4hm²，戴蒙德湖从 8hm² 下降到 0hm²，而威弗湖则从 10hm² 下降到 2hm²。在两年切割后的下一年，法兰西湖和阿里玛格里特湖切割水域的茎秆密度下降了 65%～80%。所有的覆盖率和茎秆密度的下降还不确定是否都归功于切割。戴蒙德湖、阿里玛格里特湖的参考水域以及另外一个未切割参考湖泊也出现了卷叶的天然下降（McComas 和 Stuckert，2000）。茎秆密度可能并不能说明所有问题，因为一个根出条可长出大量茎秆。

McComas 和 Stuckert（2000）总结道，有害植物控制的程度与每年根出条形成前的切割密度直接相关。尽管切割可能成为一个每年的活动，但随着茎秆密度的下降，维护性切割应当越来越容易。如果忽略了切割 1～2 年的话，有害植物很可能会再次出现。

14.4.3.3 案例研究：威斯康星州费西湖（Fish Lake）的深切割

费西湖是威斯康星州中南部的一个 101hm² 的渗漏湖，其最大深度为 195m，平均深度为 6.6m。穗花狐尾藻在湖的边缘形成了一个深度从 1.5～4.5m 的连续的环形。菁草构成了 90% 的植物生物量，并占据了约 40% 的湖底（Unmuth 等，1998）。

费西湖深切割的最终目标是通过建立狭窄、开放的沟道，为密集植床内的鱼类栖息地创造持久稳固的边缘（Unmuth 等，1998）。为了实现深切割，常规的收割机上改进安装了一个切割杆（图 14.6），能在 1～6.5m 的水深范围内贴近沉泥表面来切割植物。在切割机上更换切割杆花、增加液压动臂并安装测深仪大约花费了 10000 美元。

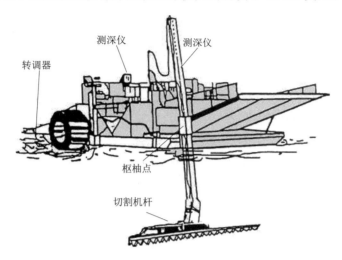

图 14.6 改良过的近切收割机。

（来源：Unmuth，J. M. L. et al. 1998. J. Aquatic Plant Manage. 36：93 - 100. 已授权。）

1994 年 8 月，在垂直于岸线的方向，以径向方式切割出了 262 个 1.8m 宽的沟道，长度为 30～1200m。在靠近岸线的 1.5m 深度至植床外缘的 4.5m 深度，总共切割出了 36200m 的沟道。深切割机需要两人作业。一个驱动机器而另一个监测测深仪并调节切割杆，使得目标切割高度不超过湖底之上 0.6m。该机器每小时约能切出 854m 的沟道。总切割面积约 6.4hm²，占据了 19% 的菁藻面积和 18% 的原始菁藻生物量（Unmuth 等，1998）。在深切割机之后跟着一个常规收割机，用于等待植物材料浮出水面后进行收集。

调查了 16% 的沟道后，Unmuth 等（1998）评估了近切割的即时成功性。在每个采样点，潜水员将剩余残株的高度分为了矮（<0.3m）、中（0.3～0.6m）和高（>0.6m）。之所以选择 0.3m 和 0.6m 的标准，是由于研究发现费西湖中菁藻越冬嫩芽的高度一般在夏末会超过 0.6m，而且它们会在根冠之上 0.3～0.6m 高度处从主干上长出侧枝（Unmuth 等，1998）。在上述高度之下切割植物可能会通过干扰碳水化合物资源分配和根系质量，进而阻碍其重新生长。评估显示，有 83% 面积的切割在距离沉泥表面 0.6m 之内，有 45% 在 0.3m 之内。

通过垂直航拍照片和潜水员对沟道内再生长的测量，分析了近切沟道的耐久度。潜水员将沟道中心的植物再生度与周边植床上的植物高度进行了比较。定义的类别为：无再生、轻度再生（<50% 临近植床高度）以及中度再生（>50% 临近植床高度）。沟道耐久度早期评估（1995）结果显示仅有 50 个沟道（2300m 的沟道长度，仅占原始长度的 7%）可见（Unmuth 等，1998）。此外，在可见沟道内有 72% 的场址有植物再生长超过周边沟道的 50%，而大部分的可见沟道深度小于 3m。

更长期的近切响应则更为明显。1996 年，剩余 170 个总计 7700m 长度的（约总沟道长度的 21%）沟道可以在空中很清晰地看到。调查的所有可见沟道中大约有半数场址内的再生长小于周围植床的 50%。在 3～4.5m 深度范围内切割的约有 50% 的渠道长度可见

（Unmuth 等，1998）。至 1997 年，剩余 123 个沟道总计 3500m 的长度（原始长度的 10%）仍然可见。对于在 3～4.5m 深度范围内切割的沟道，46% 仍然可见。浅水区域内剩余的沟道长度小得多，为原始切割长度的 4%（Unmuth 等，1998）。

1995 年的沟道持久性看起来要小于 1996 年和 1997 年的原因目前还不知道，但一个可能的解释是：由于 1995 年薯草象鼻虫（Euhrychiopsis lecontei）的入侵而在周围植床内形成的尸体使得探测更加困难（Unmuth 等，1998）。在湖泊的不同区域，深水沟道的持久性差异很大，这点还找不到明显的原因。Unmuth 等（1998）也发现原始切割的成功率（例如残株高度）与沟道长期持久度之间并没有显著的关联。

近切割比传统收割还慢，需要更多的人员来作业，并需要对切割植物进行二次收取。然而，对于超过 3m 深的水域，一次切割就可以创造出鱼类栖息地的持久沟道，并可持续至少三年。

14.4.3.4　案例研究：切割挺水植物，猫尾香蒲和芦苇属

在欧洲，切割猫尾香蒲和芦苇是一个常见作业（Wade，1990）。为得到最佳结果，它们在生长季要被切割两次，并且被切割至水位之下。切割后的枝条被水淹没，死亡并腐烂。对于猫尾香蒲或者说其他挺水植物而言，沉水部分氧气快速减少很可能会带来死亡（Sale 和 Wetzel，1983）。秋季切割在控制芦苇方面不太有效；而冬季切割时芦苇已经固化而碳水化合物已经储存在根状茎中，因此不会造成什么损伤。冬季切割能够去除寄生有病原真菌和昆虫幼虫的枯死秆，从而反过来促进芦苇生长。第二年，冬季修剪的芦苇比未修剪的芦苇产量更高（Wade，1990）。同样的，在欧洲气候下，就下一年的重新生长而言，冬季切割和未切割的狭叶香蒲植株并没有什么区别（Wade，1990）。

正如第 11 章中所报告的，Linde 等（1976）发现在开花之前的猫尾香蒲根状茎中的总非结构性碳水化合物含量最低，因此他们建议这是控制猫尾香蒲的良好时机。然而，在秋季对猫尾香蒲进行控制的建议看起来在美国与欧洲有所不同。在秋天把猫尾香蒲的枝干（包括已死亡的枝干）切割至水线以下，能够防止猫尾香蒲在冬季结冰条件下获取呼吸所需的氧气，进而导致植物的死亡（Beule，1979）。

由于水体较浅，大型切割机无法对挺水植株进行作业。在挺水区不移除切割植物对水质的影响可能不像在较深水域那么大。与沉水植物相比，多数挺水植物腐败很慢，而且该区域的水体和底部沉泥已经是富营养和缺氧的。

14.4.4　收割

14.4.4.1　功效、再生长和群落结构的变化

收割会（至少暂时）减少有害水生植物。如果一个物种足够柔软能够被切割，生长在收割机能到达的位置，能漂浮到水面，这个物种可以通过收割来去除。如果有害物种的恢复很缓慢或者说替代群落比原始群落危害更小的话，就可以增强长期的管理。需要弄清的问题在于：①重新生长有多快；②有没有技术能提高收割功效；③收割会不会改变植物群落结构；④如果有的话，何种收割技术能改善群落结构？有关再生长和群落变化的多数信息都是源自于各种植物未分化生物量的研究，或者是源自对欧亚狐尾藻极占优势植物种群的研究。长期研究的数量很少。

收割的有效期取决于初始植物的生物量、再生长速率以及繁殖方法；切割的深度、频

率完成度和季节时令；以及诸如待收割水域生产力这样的生态系统因素。一般的共识
（Nichols，1974；Peverly 等，1974；Wile，1978；Johnson 和 Bagwell，1979；Newroth，
1980；Kimbel 和 Carpenter，1981；Mikol，1984；Cooke 等，1990，1993；Engel，
1990a）是需要进行不止一次收割才能在各种地理水域下控制整个生长季内各种植物的再
生长。在诸如美国东南部这样有较长生长季的地区，很可能还需要更多次的收割。例如，
Johnson 和 Bagwell（1979）报告称路易斯安那州比斯底牛湖（Lake Bistineau）在切割 3
个月之后水蕴草就重新生长冒出了水面。在加拿大不列颠哥伦比来省的米尔湖（Lake
Mill）上进行了控制美洲香睡莲的试验，结果表明收割只有 3～4 周的控制效果（Cooke
等，1993）。美国威斯康星州温故拉湖（Lake Wingra）在收割穗花狐尾藻 6 个星期之后，
收割后水域与未收割水域的生物量就很接近了（Kimbel 和 Carpenter，1981）。在纽约州
的萨拉多加湖（Lake Saratoga），收割 1 个月之后穗花狐尾藻就回复到收割前的水平了
（Mikol，1984）。俄亥俄州拉杜水库（Ladue Reservoir）水生植物的生物量在 23 天内就恢
复到收获前的水平（Cooke 等，1990）。明尼苏达州明尼多卡湖（Lake Minnetonka）已收
割区的生物量花费了 6 周就和未收割区的生物量相同了（Crowell 等，1994）。威斯康星
州的哈尔维森湖（Lake Halverson）的水生植物很快就重新生长至收割前的水平（Engel，
1990a）。波多麦克河（Potomac River）内收割水域的黑藻生物量只花了 23 天就超过了未
受干扰水域（Serafy 等，1994）。

  Engel（1990a）报告称哈尔维森湖（Lake Halverson）在"完全收割"后至少还保留
了 30％水生植物的现存量。一些植物生长的水域对于收割机而言太浅或者太深。桨轮搅
动沉泥会产生浑浊，进而将植物掩盖在水面以下。偶尔遇到的树桩和大圆石会迫使收割机
操作员抬高切割机杆，因而切割植物的位置就远高于底部。

  再生长会因首次收割的时令而变化，而多次收割会比单次收割更为有效。至少对于蓍
藻和一些其他物种而言，随着收割日期越来越晚，单次收割后恢复的速度也越来越慢
（Kimbel 和 Carpenter，1981；Engel，1990a）。加拿大安大略省希蒙湖（Lake Chemung）
收割的效果取决于该年收割时间以及每个季节收割的次数。6 月和 7 月的收割对于降低再
生长率和植物密度来说效用最低。每个季节两次和三次收割在减少根茎数量和密度方面最
为有效（Cooke 等，1986）。在本章前面已经讨论过蒙多塔湖上多次人工切割蓍藻的结果
（Nichols 和 Cottam，1972）。

  再生长也会随着栖息地的不同和切割类型的不同而变化。例如，Howard - William
等（1996）发现新西兰的阿拉提亚提亚湖（Lake Aratiatia）与奥哈库瑞湖（Lake
Ohakuri）的再生长形式有很大不同。两个湖泊都拥有混合物种，但 L. Major 是关心的主
要物种。在阿拉提亚提亚湖的收割水域，剩余的植床成片出现，再生长很明显。在某些水
域则没有植物再生长。他们把成片的再生长归因于水流。在水流速度正常超过 0.15m/s
的水域，没有或很少有 Lagarosiphon 的再生。在奥哈库瑞湖，水流可忽略不讲。再生长
就没有成片出现。植物高度以相对不变的速率增加。

  深水水域内或者切割位置靠近底部的水域内再生长较慢（Nichols 和 Cottam，1972；
Cooke 等，1986，1990）。在足够接近底部的部分对蓍藻进行切割能够伤害其根冠，进而
显著延缓了俄亥俄州拉杜水库和东双子湖（Lake East Twin）内的再生长（Conyers 和

Cooke，1982；Cooke 等，1990）。在 7 周之后，东双子湖收割样区内的生物量只有未收割样区内生物量的 12%。拉杜水库在第 45 天的"修葺"性的收割后获得了近乎整个夏天的控制。未收割水域的生物量平均为至少 $100g/m^2$，与之相比进行根冠收割水域的生物量只有小于 $20g/m^2$。加拿大不列颠哥伦比亚省保罗湖（Lake Paul）使用了沉泥下收割来控制轮藻。在前传送带的底部安装了一个剪切刀片来替换水平切割机。收割机操作员将传送带下放至湖底，缓慢向前移动，将刀片推进柔软的基质中，然后沿着软表面的沉泥来收集轮藻（Cooke 等，1993）。这些项目说明了解目标植物物种分生组织的位置对有效收割管理的重要性。

　　一年或多年的密集收割能够减少后续年份内的植物生物量（Neel 等，1973；Nichols 和 Cottam，1972；Wile 等，1979；Kimbel 和 Carpenter，1981；Painter 和 Waltho，1985；Cooke 等，1986）。然而，尽管在统计结果上是显著的，但与未收割水域相比，维格拉（Wingra）湖前一年收割过的水域内生物量的降低只有 $20g/m^2$（Kimbel 和 Carpenter，1981）。在密集收割之后，希蒙湖内蓍藻生物量的降低更为显著，但还不确定这种降低是由于收割还是和许多湖泊中一样出现的蓍藻不明原因减少（Wile 等，1979；Smith 和 Barko，1992）。在美国明尼苏达州萨丽湖（Lake Sallie），密集收割后的 1 年内，水生植物的密集度只剩下四分之一（Neel 等，1973）。Painter 和 Waltho（1985）在加拿大安大略省的巴克霍恩湖（Lake Buckhorn）实验了欧亚狐尾藻收割的时机和次数。他们下结论称，6 月/8 月或 6 月/9 月的两次收割是最佳的管理时机，在 10 月进行切割的下一年，蓍藻生物量受到显著的影响。看起来，包括一次晚季收割的一季两次或一季三次收割是减少茎秆密度和植物再生长最为有效的方法（Cooke 等，1986）。调查了美国威斯康星州、密歇根州和明尼苏达州 27 个湖泊的收割项目后，Nichols 报告称，17 个湖泊附近居民认为收割在短期内改善了湖泊条件，6 个认为有长期收益，而 4 个认为情况变得更糟。

　　密集收割后生长受限的可能解释是能量储存（通常用 TNC 来衡量）的减少（Kimbel 和 Cearpenter，1981）。当储存器官中的 TNC 水平很低或当 TNC 正被运输至相应器官中以支持来年生长时，进行收割可能会获得最显著的效果（第 11 章）。Kimbel 和 Carpenter（1981）报告称威斯康星州温格拉湖收割水域在收割 11 个月后的每种植物和每单位面积水域的 TNC 水平都变低了。然而，他们也总结道，尽管处理后 1 年的碳水化合物水平较低，但穗花狐尾藻对收割压力极具弹性。在美国华盛顿州，Perkins 和 Systma（1987）成功使用秋季收割干预了蓍藻根部的碳水化合物堆积。然而，收割后 TNC 储存水平快速恢复且在冬天过后有所增加。第 2 年的蓍藻生长并未减少。对于有严寒冬季气候或植物面临更多压力的地区，晚季节收割可能会更为有效。尽管这是一种可能的解释，但在实际收割作业中，还未能结论性地证明能量储存的减少引起了收割后生长的减少。

　　收割的长期影响更加不明确。Nichols 和 Lathrop（1994）比较了美国威斯康星州温格拉湖中有机械收割史的水域与未进行已知收割作业的其他水域。在四分之三的未收割水域，物种多样性和类群丰富性要高于已收割水域，但这些差异看起来更可能是由于 1970 年代中期穗花狐尾藻衰退后的金鱼藻增长。为了评价威斯康星州东南部穗花狐尾藻植物管理方法的长期影响，Helsel 等（1999）发现，不管采用何种水生植物管理方法，对于九分之七的研究湖泊，本地水生植物物种有所增加或维持在同等水平；而对于九分之八的湖泊，欧亚狐尾藻维持在同等水平或者有所减少。管理方法包括机械收割、化学处理、上述两者的综合或者顺其自然。

在短暂的再生长时期之后，一些研究结论称，收割对植物生物量并无太大影响或者反而会使之增加。不管重度收割了多少年，看起来收割对美国威斯康星州长湖的密脉伊乐藻生物量并无长期影响（Welch 等，1994）。在多次重复收割后，加拿大不列颠哥伦比亚省奥卡那甘山谷（Okanagan Valley）湖泊穗花狐尾藻的茎秆生物量或植株生长强度并没有显著减少，甚至在某些情况下生长还有所增加（匿名，1981；Cooke 等，1993）。在美国明尼苏达州明尼托卡湖（Lake Minnetonka），收割水域的植物生长率要高于临近未收割水域（Crowell 等，1994）；而在哈尔维森湖（Lake Halverson），收割后植物变得更密集了（Engel，1990a）。正如上文所述，在收割 23 天之后，波多麦克河（Potomac River）中的黑藻生物量就比未收割水域的生物量要高了（Serafy 等，1994）。

一种可能性是收割可去除遮蔽性的植物叶冠。这会让更深水体中的植物能接收到足够的光照，进而可能增加植物生物量。收割会去除植物的顶端生长，从而为侧向生长提供更多的能量，这就是所谓的"修剪效应"；植物变得更加"浓密"。另一种可能性是收割后的植物碎片最终会长成新的植物，而导致收割水域内严重的再泛滥。

收割机会切割管理水域内的所有物种，因此很难采用收割的方式有选择性地管理植物群落。通过改变切割深度和时间，以及通过设置收割水域和不收割水域，收割作业也可有选择性。后一种方法适用于湖泊中某些水域有水生有害物种而在另外一些水域内有多样性的本地植物群落的情况（Nichols 和 Mori，1971；Unmuth 等，1998）。收割对群落结构的影响与化学控制（参见第 16 章）类似，某种程度而言是不可预测的。也就是说，收割后的群落可能会发生：①由收割前并未出现的物种占优势；②由收割前就占优势的物种占优势；③由收割前就存在但未占优势的物种占优势（Wade，1990）。收割案例也说明了上述变化。

哈尔维森湖（Lake Halverson）对窄叶眼子菜（眼子菜属）的密集叶冠进行了收割，在最后一次收割 7 年后，杜邦草繁荣生长并在生物群落中占据优势（Engel，1990a）。Engel（1987）还报告了数个案例，对西伯利亚狐尾藻的多年收割使得美洲苦草占据优势，而通过收割去除了竞争性沉水植物后野菰的生长范围大大增加。新西兰阿拉提亚提亚湖（Lake Aratiatia）收割大卷蕴藻后使得丽藻属显著增加并占据优势。而奥哈库瑞湖（Lake Ohakuri）在收割之后，金鱼藻以及其后的伊乐藻、水蕴草和菹草变得更占优势（Howard - Williams 等，1996）。

Nichols 和 Cottam（1972）、Johnson 和 Bagwell（1979）以及 Welch 等（1994）报告称收割后的植物群落结构并没有发生变化。收割后的植物群落只是发生了自我更替。在美国纽约州的消托夸湖（Lake Chatauqua），收割看起来在抑制眼子菜的同时促进了穗花狐尾藻的生长（Nicholson，1981b）。在收割后，有性繁殖、不能从碎片重生或者在切割后恢复和生长缓慢的物种其竞争力处于劣势。相反的，对于像穗花狐尾藻这样切割后生长极为快速或者能从碎片再生的物种，它们更可能发生自我更替，变得更占优势，或者更易入侵进行收割后的水域。

14.4.4.2　养分去除的疑问

养分去除是收割常被提及的优势（Carpenter 和 Adams，1978）。计算去除养分的可能性较为直接。知晓了水生植物占据的湖泊面积（m²）、该水域内植物的平均生物量（干重，g/m²）以及植物内的养分浓度［养分（g）/植物干重（g）］，就可以估算出可以去除的总养分数量（Burton 等，1979）。考虑到总收割水域的百分比以及收割的功效（也就是说，即使在收割水域内，也不是所有植物生物量都能被移除），这一数值还会降低。这一数值还常常与湖泊的养分负荷进行比较，进而确定已经或可以通过收割去除的净年度负荷百分比。这一数值变化较大（表 14.2）；但显然，水生植物生物量越高、该生物量养分浓度越大、水生植物覆盖的湖泊水域越广以及被收割的水生植物生物量百分比越高的话，被去除的养分就越多。如果养分去除很高而养分负荷很低的话，收割就会对养分收支有最大的影响。对于富营养湖泊，即便已经控制了养分负荷，收割仍然需要数年才能对养分浓度产生影响（Carpenter 和 Adams，1977；Burton 等，1979）。

表 14.2　　　　　　　　　　　　　　　水生植物收割所去除的磷

项　目	希蒙湖下游[①]	萨丽湖[②]	温格拉湖[③]	东双子湖[④]
收割水生植物覆盖的表面水域	430hm²	34%	34%	11.7hm²
收割水生植物的水域百分比	18.7%	100%	100%	50%
去除的干重/t	3020	30400	130100	18720
平均组织磷浓度（占干重百分比）	0.25%	0.27%	0.39%	0.15%
收割去除的磷/kg	560	100	580	28.1
净年度磷负载/kg	610	10360	1592	8.1～62
收割去除的年度负载百分比	92%	0.96%	36.4%	46%～100%

① 基于 1975 年的数据。源自：Wile, I. et al. 1979. In：J. Breck, R. Prentki and O. Loucks (Eds.), Aquatic Plants, Lake Management, and Ecosystem Consequences of Lake Harvesting. Inst. Environ. Stud., University Wisconsin, Madison. pp. 145 – 159.

② 来源：Neel, J. K. et al. 1973. Weed Harvest and Lake Nutrient Dynamics. Ecol. Res. Series, USEPA – 660/ 3 – 73 – 001. Peterson, S. A. et al. 1974. J. Water Pollut. Cont. Fed. 46：697 – 707.

③ 基于养分池的估算。并未进行完整尺度的收割。来源：Carpenter, S. R. and M. S. Adams. 1978. J. Aquatic Plant Manage. 16：20 – 23.

④ 基于 1972—1976 年采样的磷收支。植物内磷含量、植物密度和覆盖面积是基于 1981 年的数据。1981 年只进行了有限的收割。去除量是基于收割移除 50% 植物这一合理假设估算。源自：Conyers, D. L. and G. D. Cooke. 1982. In：J. Taggart and L. Moore (Eds.), Lake Restoration, Protection and Management, Proc. Second Annu. Conf. North American Lake Management Society. USEPA, Vancouver, BC. pp. 317 – 321.

简单地计划植物收割所能除去的养分可能具误导性。植物组织内的养分含量会随季节、水体和物种而有所变化（Wile，1974；Hutchinson，1975；Zimba 等，1993）。有根水生植物能够从沉泥和水体中同时吸取养分，因此相防止养分进入湖泊和去除生物量中的养分将对湖泊养分收支有不同的影响（Carpenter 和 Admas，1977）。

植物群落可能无法长期维持为实现广泛养分去除所需的高产量。在美国明尼苏达州萨丽湖，1970—1972 年每个夏天都进行了收割。每个操作员每年以相同的方式、使用相同的收割机进行收割。图 14.7 基于每日收割记录绘制同一水域的速度函数（Peterson，1971）。所有条件都相同的话，操作员的熟练度会逐年随着经验而提高，进而提高收割量速度。然而，这一收割量（kg/h）却逐年降低。1973 年 7 月再次开始了收割，但立即暂停了，因为水生植物的收割量极低。这说明连续的收割会逐年降低植物生物量。不幸的是，没有对照湖泊来确定萨丽湖中的植物减少是否是上年收割所造成的还是只是一种普遍的地区性现象。然而，本章中已经讨论过的其他发现支持了这一想法，即重复的收割会逐年减少植物生物量。

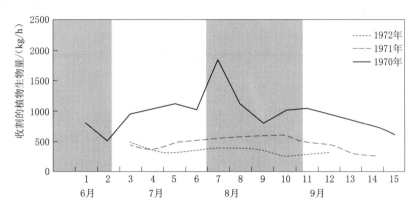

图 14.7　明尼苏达州萨丽湖（Lake Sallie）收割植物的收割量，这说明收割年份的生物量逐年降低。（来源：Peterson，S. A. 1971. Nutrient dynamics，nutrient budgets，and weed harvest as related to the limnology of an artificially enriched lake. Ph. D. Thesis，University North Dakota，Grand Forks。图片由 Spencer Peterson 提供。）

许多湖泊的整茸都因为没有充分认识到内部养分负载的作用而失败〔例如明尼苏达州的沙加瓦湖（Lake Shagawa）；Larsen 等，1979；Wile 等，1979〕。许多富营养湖泊的内部养分负荷要高于外部负荷（参见第 4 章和第 8 章），特别是当外部负载减少的时候。水生植物在内部养分负荷中的作用越来越受重视，而收割可能是减少内部养分循环的一种方式（参见第 11 章，水生植物对其环境的影响）。正如第 11 章所述，Barko 和 James（1998）计算得到威斯康星州德拉文湖（Lake Delevan）入口处茂盛的植物生长贡献了养分收支中大约 1200kg 的磷。茂盛的水生植物生长导致的水化学变化贡献了半数的磷，而水生植物从湖滨沉泥中固化的养分则占据了另外一半。水生植物的腐烂贡献了维格拉湖中内部磷负荷的一半（Carpenter，1983）。通过建模，Asaeda 等（2000）估算出，在生长季末对地上生物量进行收割，能够将篦齿眼子菜腐烂所释放的磷减少至少 75%。通过收割去除水生植物，能够改变水化学条件，去除植物生物量中可能进行循环的养分，减少水生植物生物量的沉积。通过收割能从沉泥中获取含氮和磷的有根植物，可以耗竭沉泥养分（Carpenter 和 Adams，1977）。由于植物从水中获取的养分百分比不可知，沉泥中的养分（至少可获取磷）会以不可溶物的形式不断补充，沉积过程会不断增加沉泥中的养分，因此很难计算沉泥养分耗竭的影响（Carpenter 和 Adams，1978）。

尽管目前对收割在养分收支中所起的作用有大量的测量、模型和推测，但很少有收割能减少水体中养分浓度（至少对磷而言）的例证。多数研究都发现在收割后磷浓度没有变化或者有所增加；或者如藻华这样更高养分水平的次级指标会有所增加或无变化。Welch 等（1994）发现长湖（Lake Long）中收割年份夏季湖中总磷浓度比未收割年份更高。拉杜水库（LaDue Reservoir）进行的根冠收割与总磷、叶绿素、蓝绿藻和浮游物的含量升高有关（Cooke 等，1990）。

　　萨丽湖是收割改变浮游植物生产力的例子之一。在植物收割前 1 年的 1969 年，浮游植物生产力相对较高，且是富营养条件的典型（Smith，1972；图 14.8）。然而，在收割的第一年即 1970 年，浮游植物生产力的增加很明显。它在 1971 年达到了峰值，而 1972 年和 1973 年的生产力也高于 1969 年的收割前水平（Brakke，1974）。图 14.7 和图 14.8 显示出浮游植物生产力的增加很可能与收割引起的生物量减少相关。因此，某个措施的结果却因生态群落另一部分的响应而有所偏离，这很可能是由于养分路径的变化造成的。

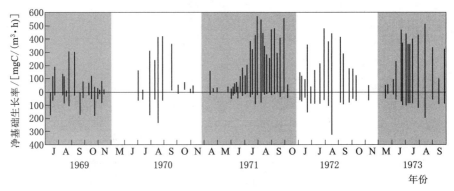

图 14.8　明尼苏达州萨利湖（Lake Sallie）开始收割前 1 年和开始收割后 4 年间的浮游植物生长率。（来源：Smith，W. L. 1972. Plankton，weed growth，primary productivity，and their relationship to weed harvest in an artifically enriched lake. Ph. D. Thesis，University North Dakota，Grand Forks；Brakke，D. F. 1974. Weed harvest effects on algal nutrients and primary productivity in a culturally enriched lake. M. S. Thesis，University North Dakota，Grand Forks. Figure courtesy of Spencer Peterson. ）

　　收割对哈尔维森湖的浮游植物影响很小（Engel，1990a）。在希蒙湖的收割时期，环境养分水平或浮游植物物种组成并无显著变化（Wile 等，1979）。Painter 和 Waltho（1985）发现，在 2 年的收割之后，巴克霍恩湖（Lake Buckhorn）根系深度的沉泥总磷或氮量并没有可观察的变化。他们总结到，沉泥养分比菁藻生长所需要的要多得多。至少养分水平为什么能增加或保持不变的原因有很多种解释，例如：①收割使湖滨带裸露，可能使更大比例溶解性的和颗粒性的外来物进入远岸带；②完好的湖滨带可充当养分池，但收割后则失去此功能；③水生植物养分去除和养分收入之间的关系并不直接或即时，因此采样并不能探测到其变化；④通过收割移除的养分只是养分收入中的很小一部分；⑤养分循环和其他生态过程很复杂，因此养分去除可能以其他方式被补偿；⑥并没有去除掉限制藻类生长的养分；⑦例如水生植物和藻类间异种相克这样的机制可能在收割前会限制浮游植物的生长；⑧收割可能没有持续足够长的时间，或者收割的水域还不足够大到能影响到养分收支。

　　这些是否意味着通过收割来去除养分效果会打折扣？显然不是。这只是意味着收割本身并不可能解决养分过剩的问题，至少在短期内是如此。当用于养分去除的预算很有限时（通常情况也是如此），通过收割来去除养分的成本需要与通过其他手段来去除、隔绝或预防养分输入的成本进行比较。相对于其回报而言，通过收割来去除养分一般很昂贵（Neel等，1973）。收割可用作综合养分管理计划的一部分，它包括减少养分输入、隔绝湖内养分来源以及养分去除。如果使用或者计划使用收割来管理水生有害植物，可将养分去除视作额外的收益。然而，与最大化水生有害植物的季节性减少相比，为了最大化地去除养分或最大化地减少长期生长所进行的收割时间很可能不同。Carpenter 和 Adams（1978）经计算得到，温格拉湖在 8 月末进行穗花狐尾藻收割可以移除最大量的磷。而上文的讨论说明秋中期的收割可能对再生有最大的长期影响。从管理的角度来讲，对于美国北方各州而言，由于这时水上娱乐季节已经结束，这点可能令人不快。管理者不可能在一年中的这个时期花钱在收割上。用户需要没有"杂草"湖泊的时间是 6 月、7 月和 8 月。

14.4.4.3 环境影响

收割的环境影响包括：①即时或延时的物理和化学影响；②对生物群的影响；③对生态系统过程的影响。密集植物叶冠的去除会带来类似公开水域那样的物理和化学水性质。水生植物收割通常仅限于相对较小的水域，因此环境影响可能很小，但在小型浅湖泊或有密集水生植物生长的大型湖泊局部水域内，其影响可能较深远。

1. 物理和化学影响

收割的一些直接物理和化学影响包括：水温变化；机械扰动和沉泥导致的悬浮物质增加；由于更好的空气—水接触或切割植物的降解导致的光合作用减少所引起的溶解氧变化；由于从切割水生植物残株或扰动沉泥的泄漏导致的磷浓度变化。Carpenter 和 Gasith（1978）研究了温格拉湖中湖滨水化学性质和小型机械收割样区代谢受到的影响。他们发现收割水域和未收割水域之间的水温、悬浮物浓度、溶解有机碳或导电性并无显著差异。溶解反应性磷浓度是可变的，通常都在探测限值，但收割水域和未收割水域之间并无显著差异。如果有的话，源自切割茎秆的磷泄漏并不显著。浅水域内茎秆移除很充分，群落光合作用会被抑制；但在深水域内，茎秆移除并不充分，剩余水生植物残株和浮游植物的光合作用大致与未受干扰的湖滨带相当。他们还发现收割机作业导致的悬浮物质会在不到 1h 之内从水体中沉淀。他们的结论是，不限水域内的收割机作业对湖滨环境没有直接的物理和化学不利影响。Madsen 等（1988）发现收割密集的水生植床会减少昼夜 DO 差异但不会增加平均氧浓度。

在更长的时期内，收割可能会影响到水体与湖底沉泥之间的养分循环，抑制光合作用（通过 pH 值的降低）并改变氧水平。很多变化是推测性的，因为很少有对收割的跟踪研究能持续足够长的时间，覆盖足够广的水域，并监测其影响的环境效应。对于通过收割或其他手段移除植物的水域，湖滨带的侵蚀已经得到了证实（Howard-Williams 等，1996；James 和 Barko，1994）。Welch 等（1994）推测称，长湖中总磷水平的增加源自于收割去除水生植物遮盖后增加的被风驱动的沉泥再悬浮。通过移除在湖滨区部分降解的有机物质，机械收割可能降低沉泥堆积和肥沃度。在中等流速的水道内，颗粒物质可能被未收割植物捕获，因而水生植物可能会去除和堆积大量的溶解性和颗粒性的养分。此外，与无植被水域内溶解性和颗粒性物质的短期流动不同，这些参数的变化并未在受收割水域内进行测量。

2. 生物群落影响

湖泊管理者对收割的生物群落影响十分感兴趣，因为这一特征影响了湖泊用户最为关心的特征，如水生植物观度、水体清澈度、浮游植物浓度以及鱼类资源量等。最主要的生物群落影响就是去除了非目标的植物物种。这个影响已经在题为"功效、再生长和种群结构变化"的小节中有所涉及。

植物收割会直接去除鱼类、无脊椎动物和包括多种微生物在内的生活在水生植物内或之上的其他生物。在剪切数量上，收割所去除的生物体令人印象深刻，但该影响的幅度却是可变的。Engel（1990a）估算道，在哈尔维森湖 2 年的收割中，约有 $11\%\sim22\%$ 的大型无脊椎动物和超过 50000 只鱼被去除。Monahan 和 Caffrey（1996）报告称在爱尔兰的运河中，收割把大型无脊椎动物的数量减少了 $60\%\sim85\%$，每收割 1t 毛茛就会有 100 万只的大型无脊椎动物被去除。Mikol（1984）估计纽约州萨拉多加湖每收割 $1hm^2$ 水域就有 $2220\sim7410$ 只鱼类被去除。佛罗里达州的黑藻收割去除了 $85kg/hm^2$ 的鱼类（Haller 等，1980）。在不列颠哥伦比亚省的奥坎那甘湖，每次收割植物都会收集到 $50\sim100$ 只鱼（Cooke 等，1993）。Unmuth 等（1998）估计在费西湖（Lake Fish）中采用传统收割的去除率为 2254 只鱼/hm^2。在 $96hm^2$ 的威斯康星州基萨斯湖（Lake Keesus），据估计约有 700 只乌龟/年以及未知数量的泥螈（*Necturus maculosus*）和成年/未成年牛蛙（*Rana catesbeiana*）被去除（Booms，1999）。杂草切割并不能去除英国运河中的蚌（Aldridge，2000）。

直接去除对鱼类数量的影响仍不确定。在所有情况下，去除的鱼类都很小，通常是移动很慢的煎食鱼种或食料鱼种。从基萨斯湖中去除鱼类的最常见尺寸为 $2\sim4cm$，没有超过 12cm 长的鱼被去除（Booms，1999）。Engel（1990a）是唯一报告称有大量大嘴鲈鱼被去除的人。Mikol（1984）估计萨拉多卡湖中现存鱼类约有 $2.4\%\sim2.6\%$ 被去除。但是，Haller 等（1980）估计佛罗里达的收割导致了 32% 的鱼类数量和 18% 的鱼类生物量被去除。Wile（1978）报告称，在整个收割作业期间，希蒙湖中的鱼类数量（除了黄鲈鱼）仍然保持稳定，她并不相信鲈鱼数量的变化与收割有关。目前对鱼类去除影响有各种不同的观点。Haller 等（1980）估计去除鱼类的价值为 410000 美元，但多数作者认为鱼类去除的影响并不显著。

收割还会去除多种生物的食物来源和遮盖栖息地。通过细胞外分泌和水生植物组织的腐烂，水生植物为微生物提供了侵占基质和碳来源（Carpenter 和 Adams，1977）。收割导致了这些易分解有机物质的损失，进而可能减小湖泊中的矿化速率和微生物产量。

水生植物的主要消费者包括水禽、哺乳动物和诸如小龙虾和昆虫这样的无脊椎动物。相对于水生植物的生产，淡水中的直接捕食损失通常可以忽略（Carpenter 和 Adams，1977），但它们也可能很显著，特别是对于挺水植物以及哺乳动物和水禽的采食（参见第 11 章和第 12 章）。植物死亡之后，多数水生植物组织会以腐质的形式进入食物网（Fisher 和 Carpenter，1976）。许多栖息在水生植物枝条上的消费者会采食水藻和水生植物表面的腐质而非水生植物组织本身。在收割水生植物时，所有这些消费者都会直接由于食物和栖息地的损失而受影响。

水生植物去除还有食物链影响。研究了英国大乌兹河（Great Ouse River）在杂草切割之前、之后以及数周之后其中水生食物覆盖、浮游动物分布与斜齿鳊（*Rutilus rutilus*）的食谱和生长之间的关系。鱼类和浮游动物与水生植物息息相关，水生植物能为其提供很高的食物密度并在高水流期间提供避难场所。除了2m的边缘水生植物区外，去除水生植物都会导致水蚤类动物平均密度的快速下降，这很可能是冲刷、鱼类捕食和饥饿增多的结果（Garner等，1996）。由于鲈鱼被迫以养分更少的附着生物为食，因此还伴随有生长率的快速下降。

收割还可能有益于鱼类生长。在很多水生植物密度高的湖泊，生长迟缓十分常见。通过收割去除发育缓慢的鱼类能够使得更少数量的鱼类获得有限的食物能量，进而改善鱼类种群的尺寸结构。在费西湖深切割实验中，Unmuth和Hanson（1999）发现大口鲈鱼和蓝鳃太阳鱼（*Lepomis macrochirus*）的平均丰度并不会显著变化，但2～4年生大口鲈鱼的生长有所增加，而5年生大口鲈鱼和4～6年生蓝鳃太阳鱼的生长有所下降。两个物种的种群尺寸结构都有所提高。在威斯康星州的湖泊中，尽管深切割沟道仅仅实现了很短期的水生植物控制，但某些年龄层的蓝鳃太阳鱼和大口鲈鱼出现了强烈的正增长响应，这种反应将持续到受影响年龄层的整个生命周期（Olson等，1998）。某些年龄层生长的增加可能与捕食效率的提高有关，而这是由于致密植床上的切割沟道创造了更多的边缘。鱼类的去除还可能导致更大浮游动物的存活，这是生物操控行动所期望的（参见第9章）。

目前已经加以研究的一个问题就是收割对产卵鱼类的影响。至少在美国上中西部地区，蓝鳃太阳鱼和大口鲈鱼通常在收割之间的6月中旬产卵。它们偏爱的产卵栖息地为水生植床的开口处。当收割机在这些水域内"耕耘"时，鱼巢、卵和在守护的亲代鱼会发生什么？这些物种的鱼苗在之后的季节里会利用致密植床来作为掩护。

收割后生物系的恢复是可以改变的，而且目前已有技术能减缓收割的影响。在爱尔兰运河中，大型无脊椎动物花费了8～10个月就恢复到了收割前的水平（Monahan和Caffrey，1996）。有一个建议是为鱼类和无脊椎生物留出一处未收割的避难所。Monahan和Caffrey（1996）、Garner等（1996）和Aldridge（2000）建议在生长季中收割河或运河的一侧或者中央。近切割技术可将传统收割技术2254条鱼/hm^{2}的鱼类去除率降低至36条鱼/hm^2（Unmuth等，1998）。鱼类有机会在切割和移除的间隙期间从杂草质中脱离。最佳鱼类栖息地所需要的水生植物覆盖最佳数量还没有明确定义。这种关系是抛物线形的，因此鱼类的觅食和生长在中等水平的植物密度下最优（Trebitz，1995；Olson等，1998）。在威斯康星州，在湖滨区水生植物覆盖超过90%的湖泊中，深切割去除了约20%的水生植物覆盖。大规模植物去除可能会对亲植物鱼类物种产生负面影响，但对其他物种可能有效（Bettoli等，1993）。将植物密度收割至中等水平很可能对鱼类种群不会产生长期的负面影响，而且很可能是有益的。

由于很多物种能够从植物碎片快速繁殖，因而收割很可能会扩散有害物种。例如，黑藻能够从单个节结（Langeland和Sutton，1980）或切割成小片后（Sabol，1987）重新生长。即使是设计精良的收割机也会丢下7%～15%的切割植物（Engel，1985）。分为两阶段的收割过程将叶子碎片留在水中以待后续收集。问题的严重程度与水域和物种都有关系。在有严重植物泛滥的水域，没有植物生长的额外栖息地。在其他水域，风、水流和船舶交通都可能扩散植物碎片，进而在未受扰水域导致有害水生植物问题。

碎片问题可能并不像最初看起来那么严重。自然产生的穗花狐尾藻碎片会比人工切割的茎秆生长得更好，有更高的 TNC 含量，这说明它们在冬天能够更好地生存（Kimbel，1982）。切割产生的薯藻碎片可能没有自然产生的碎片问题那么严重，而且收割可能会减少能产生自脱落碎片的母体植物存量。

3. 生态系统影响

收割对生态系统过程的影响可能需要很长的时间来发展，其响应也可能会很复杂。因此，预测和衡量收割的生态系统影响十分困难。对于管理者而言，Engel（1990b）给出了一则简明易懂的文献综述，描述了收割可能产生的短期、长期和生态系统影响。

一个对于生态系统影响有些许管理经验的领域就是浅富营养湖泊内稳定状态的变化（参见第 9 章）。任何去除浅富营养湖泊内大面积植物的处理方法都会将由水生植物占优势的稳定湖泊状态转变为由藻类占优势的状态（在第 16 章化学控制中也能够看到类似的说法）（Scheffer 等，1993；Moss 等，1996）。即使有些许经验，但很难计算出采用多大量的管理会导致这种转变（van Nes 等，2002），而且一旦发生转变之后，很难将之恢复至水生植物优势的状态（Scheffer，1998）。Jacoby 等（2001）报告称，长湖中的植物收割导致了年际间变化，即从高总磷含量和藻类生物量、低透光度和低水生植物生物量的状态转变为低总磷含量和藻类生物量、高透光度和高水生植物生物量的状态。

14.4.4.4　作业挑战

有很多组织性任务有助于收割作业的成功进行。作业需要部署安装多个设备零件；不管是付费的还是志愿的；需要寻找、培训和安排船员；需要协调下水和卸载场所；需要确保有处置区域；需要提供薪金和保险；需要获得批准。至少在收割季节，用不了多久收割作业就能够成为一个全职工作。

收割就像"在没有月亮的黑夜里试图耕耘一个满是岩石的院落"（Helsel，1998）。在操作所有与收割相关的机械时，安全是个大问题。需要处理切割杆、护板、马达、桨轮、船舶、驳船以及润滑油等。在很多时候，错误的判断会导致事故的发生。

在水域中工作意味着：当出现强风、大浪或闪电时，出于安全的考虑，应当中止作业。运输驳船装载不当会导致翻船。一些湖泊的娱乐使用很密集，以至于收割机在节假日和周末都不工作。如何处理大量潮湿、气味难闻的水生植物？最坏的情况是，如果处理不当，营养物和需要氧气的有机物会被返回湖中。在岸上，它们会发出难闻的气味并招惹麻烦。然而，妥善的处理可以把水生植物变成堆肥或绿肥。

公共关系是另外一个重要的作业挑战。有些人心目中宁静安详的湖上日出并不包括在码头前来回移动的收割机。另一些人则希望在"昨天"就搞定湖泊中的每一棵杂草。

14.4.5　撕裂和碾碎

撕裂和碾碎能够减少收割材料的体积，进而减少运输和处置成本。撕裂和碾碎机器有两种基本设计，其历史可追溯至 20 世纪初。一种设计采用了前端传送带，带或不带一根能将植物上升至驳船的切割刀杆，进而在驳船上进行碾压和切碎（Wunderlich，1938；Livermore 和 Koegel，1979；Sabol，1982）。这种设计在处理自由漂浮或沉水物种时较为常见。植物残余被送回水道中，或经传送带传送或被吹至运输驳船或岸上。另一种设计使用装有切割弦的旋转切割机来撕裂植物（Dauffenbach，1998）。这种设计主要用于自由漂浮或挺水物种，通常在非常浅的水域中作业。撕裂和碾碎的功效未见报告，但应当与传统收割类似。

　　撕裂和碾碎的主要问题在于把活性植物碎片以及含养分的需氧材料返回至水体中。在本章前面的内容中谈及了撕裂荸荠导致的水化学变化（James，等，2000），这是由于被切割部分黑藻重生长所造成的（Sabol，1987）。在佛罗里达州橙湖（Lake Orange）对黑藻进行了收割和船上切碎，结果显示水中弃置并未对水体中的每日最小氧气含量造成影响。水生植物的去除降低了白天的氧气自然增长，但水中弃置并不能进一步地减少自然增长。叶绿素 a 浓度升高，热分层降低，少量（0.6%）的黑藻片段仍然有活性（Sabol，1982）。大部分茎秆碎片在处理后 2h 内沉入湖底。最长的碎片即最大再生潜力的碎片，能保持漂浮状态达 3 天或更长。Sabol（1982）提出了一种减少碎片扩散的方法，即在收割水域周围保留一个未收割的缓冲区来捕获漂浮碎片。传统的削片机处理一次鳄鱼草的再生率为 5%。当这些植物再用削片机处理第二次后，它就进一步变成了无任何再生可能的泥状（Livermore 和 Wunderlich，1969）。在南部水域，一个现实的担忧是撕裂的"副产品"对大型食肉动物（如短吻鳄）的吸引力，即切碎的鱼和其他生物体这些"密友"（Madsen，2000b）。

　　佛罗里达州的伊斯托波加湖（Lake Istokpoga）使用了撕裂与传统收割相结合的方法来去除漂浮的簇生植物群落。采用旋转切割的"曲奇切割机"来把簇生植物切割成小片。之后切割机会收集这些碎片并把它们运输至岸上的处置场址。在收割水域，体现了很小但在统计上可观测到的水化学变化。收割中，叶绿素 a、总氮和总磷浓度有所下降，而浑浊度和溶解性固体物有所上升（Alam 等，1996）。收割水域和未收割水域的溶解氧差异很小。

14.4.6　潜水员作业的吸入式挖泥机

　　潜水员作业的小型吸入式挖泥机（图 14.9）能将植物根部和茎秆的人工去除变得机

图 14.9　由不列颠哥伦比亚省环境、土地和公园部设计的潜水员作业挖泥机。（来源：Cooke，G. D. et al. 1993. Restoration and Management of Lakes and Reservoirs，2nd ed. Lewis Publishers and CRC Press，Boca Raton，FL. 已授权。）

械化。驳船上的泵机可有过一根软水管提供真空。潜水员携带软管的另一端（直径约10cm）下潜至湖泊底部。在这里，潜水员用锋利的工具把根部从基质中挖出从而去除目标植物。植物材料由软管吸取上去并在网筐的表面被收集。

潜水员疏浚的优点包括：①选择性地去除目标植物；②植物碎片被收集，能降低进一步扩散的风险；③由于基质的干扰很小，只会造成局部的浑浊；④作业可根据场址变化，且可用于不可能采用其他方法的场所。

潜水员疏浚的限制包括：①较低的速度和较高的作业成本；②对潜水员的健康威胁；③对密集植物数量的目标物种进行移除可能会极慢，从而不太实用。在去除有害物种的初始侵扰时，潜水员作业的疏浚可能十分有用。

为了控制穗花狐尾藻的侵占地，不列颠哥伦比亚省密集测试了潜水员作业的疏浚。其目标是：①提供长期的菁藻控制；②去除根系；③当其他方法不适用时还能够进行处理。根据当地的条件，潜水员疏浚能够实现 85%～97% 的根部去除（Cooke 等，1993）。由于其高昂的运行成本以及控制策略的变化，这种方法不再得到密集使用，而是转向了采用湖底屏蔽的方法。

美国波多麦克河（Potomac River）采用了密集的潜水员挖泥将黑藻从一个小码头上运走。基于疏浚前后的测量，生物量去除的效能为 100%，而块茎去除的效能为 91%（Cooke 等，1993）。由于临近未处理水域的再侵扰，测试样区内的黑藻出现了快速再生长。

吸取收割减少了纽约州乔治湖（Lake George）上穗花狐尾藻的生物量和覆盖百分比。在该湖的局部水域，菁藻是收割前最为丰富的物种。在吸取收割后，它减少至第五丰富的物种，从收割前 30% 的覆盖率减少到收割后 5% 的覆盖率（boylen 等，1996）。1 年之后，菁藻平均覆盖率为 7%。本地物种对吸取收割表现出了不同的响应。大叶眼子菜和美洲苦草覆盖率有所降低；罗宾逊眼子菜、杜邦草、加拿大伊乐藻和禾叶眼子菜覆盖率保持不变；而曲柔茨藻覆盖率有了显著上升（Boylen 等，1996）。根据场址的不同，对再生长植物进行收割所需的工作量比初始收割减少了 64%～89%，第 2 年人工去除再生长植物的工作量也只有初始收割的约 20%（Boylen 等，1996）。

Clayton（1996）报告称，对于有不规则湖底地形和障碍物的水域，以及常规收割太深的水域，潜水员作业吸取收割特别有用。然而，他还报告称，在新西兰的瓦卡玛丽诺湖（Lake Whakamarino），吸取收割对于密集的大卷蕴藻植床只有很小和很短期的影响。

14.4.7 水力冲刷

水力冲刷是使用一个水泵和高压喷嘴把植物"冲刷"出湖底的基质。高压冲洗机的名字都很有趣，比如像"水滩清洗者"或"水巫女"，但它们的使用非常有限，一般被看作原型机（Deutsch，1974；Nichols，1974）。McComas（1993）提及了一种手持的"水耙"，可用于码头周边和河滩的清洁。在不列颠哥伦比亚省，水力冲刷获得了一定程度的根部去除，它在软基质或根系被剪切或剥离的后续耕作中十分成功（Cooke 等，1993）。在充当穗花狐尾藻的主要控制手段时，水力冲刷并不太令人满意，因为尽管多次冲刷，但根质并没有被完全毁坏或被完全从沉泥中清出（Cooke 等，1993）。总而言之，水力冲刷只在很小范围内有些作用。

14.4.8　除草机：自动化无人照管的水生植物控制设备

可购买到的除草机由连接在垂直枢轴臂上的一个水平滚轴臂组成。枢轴臂能伸到水面之上，之后它被固定在码头或独立的三脚架上。一个电力机头附着在枢轴臂的顶部，可以驱动滚轴。整个机构就像一个背躺着的巨大"L"形。标准型号有一个 6.4m 长的滚轴臂和 1.4m 长的枢轴臂。滚轴上可另外增加一段 2.1m 的臂长，而枢轴臂也可附加两段 0.6m 的臂长。

滚轴臂及其附加的翼片能以 270°的弧度在湖底来回慢慢滚动。除草机以 5r/min 的速度转动，在 0.5～1h 内覆盖完整的弧度。翼片和持续的滚动运动搅动了湖底，把植物连根拔起。植物被"磨坏"、漂走或被卷进滚筒里。根据制造商的说明，滚轴应连续运转，直到所有水生植物都被清除为止。每 1～2 周作业一次，保持一个无植物区。搅拌会使较轻的沉泥漂走，导致底部砂质增加，从而不利于植物生长。

明尼苏达州自然资源部把这些装置叫作"自动化无人照管的水生植物控制设备"。他们认为，与湖滨居民用来控制水生植物的许多其他设备相比，除草机有潜力清除更大面积的植被，移动更多的沉积物，并在更长的时间内清除植物。与在许多其他州一样，它们要求获得许可，以确保除草机能得到妥善使用。其有效性可能取决于植物类型、植物密度、湖底类型和设备运行时间。然而，还没有研究能证实这种推测。

14.4.9　机械去根

用以去除或杀死植物根冠的去根方法得到了发展，这很有希望获得比传统收割更长期的植物控制。去根主要有两种方法：①采用倾斜除草杆或耙来挖出根部的旋根机拔除（Rototilling）；②使用拖在两栖履带式、轮式或漂浮式车辆后面的农业设备来剪除根冠的耕作式拔除（Cultivating）。McComas（1989，1993）描述了很多可用于小规模拔除的农用工具。去根方法主要用于北美西海岸穗花狐尾藻的控制，特别是在不列颠哥伦比亚省。穗花狐尾藻有浮力的根冠使得它很易被拔除。

机械去根的优点包括：①根据水深、基质类型和操作者技能的不同，大多数水域可以移除很高比例的植物根冠；②拔除设备一般能够使用很长的时间，特别是在无冰的季节，这使得这种管理方法可以在低公共使用的时期进行，并且能够持续雇佣管理人员；③效用可能持续 2～3 年；④在拔除时不会去除鱼类。拔除的缺点包括：①由于湖底的不规则性以及硬结的沙块和黏土，拔除方法并非对于所有的基质类型都有效；②障碍物可能阻碍有效的作业或者损坏机械；③根冠或枝干的碎片化或扩散可能不是所期望的，且漂浮材料的收集比较困难和耗时；④处理水域被破坏至耕作深度；⑤有效处理需要有尽责的操作员；⑥设备的导引很困难，因此需要有很多的重复操作来防止有未到达的水域；⑦由于茎秆会堵塞耕作设备并降低效用，因此不建议在密集的植物丛区进行拔除；⑧在新的泛滥水域，由于不期望植物碎片的扩散，这时不应使用机械去根。

根据使用设备的不同，处理深度也有所不同。耕作拔除设备在浅水体中或在水位降低条件下的岸线上工作最佳。旋根机能在多种深度下工作。旋根机臂能够到达的最大深度限制了其运行深度。与耕作拔除相比，旋根拔除速度相对较慢。拔除处理通常仅限于诸如公共湖滩这样的高优先度娱乐区域，且需要大量使用船用设施。

拔除处理需要穿过处理水域的两条路径（通常互为直角）才能获得可接受的控制。在不列颠哥伦比亚省的大量试验中，拔除处理后植物密度立即就有所下降，耕作式降低了49%～98%，而旋根式降低了80%～87%（Cooke等，1993）。在沙质基质中，旋根机的单次通过带来了85%的茎秆密度降低以及94%的根系生物量减少（Cooke等，1993）。在多次通过后，上述数据分别提高到了98%和100%。在淤泥状基质中，一次通过带来了55%的茎秆密度降低以及70%的根系生物量减少，而在多次通过后，上述数据分别提高到了88%和84%（Cooke等，1993）。与淤泥或黏土基质相比，沙质或碎石基质更易于清除穗花狐尾藻的根系。对于淤泥或黏土的情况，根系与基质黏结在一起，因此在耕作后根冠只能被部分拔除。春季的处理对于薯藻根冠的去除有最佳的效果，而在华盛顿州的庞多雷湖，事先进行的常规收割会增强根部去除效果（Cooke等，1993）。

处理水域的再泛滥早在下一个生长季（假定进行了秋季、冬季或初春季处理）之初就开始了，这可能源自根冠在耕作时被错过或仅仅得到部分拔除，也可能源自从未处理水域漂移过来的茎秆碎片。不列颠哥伦比亚省的经验发现穗花狐尾藻在处理过后的第一个生长季就重新生长了约50%，而在第二个生长季就几乎完全重新泛滥了（Cooke等，1993）。除非有90%～95%的根冠被拔除，否则再生长的速度会非常快。在很多不列颠哥伦比亚省的水域，观察发现穗花狐尾藻耕作拔除减少后的一种模式，即之后本地植物从根茎和种子出现不同速度的生长，再然后穗花狐尾藻又再次泛滥（Cooke等，1993）。

在不同耕作机械的测试中，没有发现27种水质变量有持续的变化（Cooke等，1993）。在拔除之后混浊度立即显著上升，但又快速降低。还需要进行更多的研究来评价连根拔除对底栖无脊椎动物群落的影响；而通过去除有害目标植物，连根拔除可能会促进一些通过种子、根状茎或根出条来繁殖的植物物种的生长。

14.4.10　成本和生产力

影响到生产力并进而影响到收割成本的因素包括：①切割宽度；②收割机的正向速度；③收割机的操控性；④植物物种和密度；⑤天气条件（也就是风和波浪条件）；⑥水深和湖底障碍；⑦操作者的技能和激励；⑧收割机的配套辅助设备（运输驳船、传送带、卡车等）和总体条件；⑨与停工时间相关的收割机的机械设计和条件；⑩花费在非收割作业上的时间比例，例如收割植物的运输或者将设备从某处移动至另一处。由于有大量的变量，因此很难比较不同收割器械和计划之间的成本和生产力。对于更广泛的方法，例如切割、收割、撕裂和碾碎、吸取式收割、水力冲刷、杂草机以及机械去根，其比较可能更加困难。除了上述困难外，大多数成本估算都是过时的，且大多数成本和生产力估算都是基于"一次通过"的。它们并未考虑实现特定顾客满意度水平的成本（例如，为了使其能够用于娱乐，某些水域可能在一个生长季需要收割三次）。讨论成本的可能最佳方式就是给出一张工作表来计算成本，比较其他方法与标准收割的成本，并比较这些方法的生产力。下文还将讨论提高效率的技术。

表14.3中给出了收割作业中应当考虑的成本分类。每个类别都可能适用也可能不适用于具体的案例。例如，如果收割是在单个湖泊中进行，使用收割机把切割材料运送至岸边然后直接卸载到河岸，那么这时就不需要运输驳船、湖岸传送带以及拖车。然而，拾取已收割植物堆的时候可能会需要一些装载设备。利用志愿者很显然降低了人力成本。资金成本通常分摊在10年即估算的设备寿命之内，因此资金成本需要除以10。实际中可能使

用了不同年龄的机械，因此每个机械都应单独分摊。收割机械通常不会磨损，经过多次修理后，它们差不多已经重新建造了。如果还采用了其他形式的机械去除，其资金成本可替代收割机成本。应急费用是为覆盖意外费用而增设的。设备可以出租或租赁融资，也可通过承包商来获利，这样资本成本就可以转为年度经营成本。出租、融资租赁或承包是在投入长期项目之前尝试机械移除的好方法。对威斯康星州戴恩县（Dane County）年度收割费用的研究表明，约 26% 的费用用于经营费用（燃料、石油、工资）；33% 用于设备的维修、大修和改造；26% 用于设备投资；11% 用于监管；4% 用于车间设施（Koegel 等，1977）。Smith（1979）对北美的四种收割作业进行了详细的研究后报告称，平均而言，55.4% 的预算用于劳动力，12.3% 用于燃料和维护，1.4% 用于维修，9.9% 用于处置，21.2% 用于折旧和融资，3% 用于杂项。

表 14.3　预 算 计 算 表

Ⅰ. 设备的资本投资		
收割机	_____	
岸上传送带	_____	
运输驳船	_____	
拖车或滚轮装置	_____	
卡车	_____	
其他	_____	年度资本成本
总资金成本	_____ ＋利息	_____

Ⅱ. 运行和维护成本	
薪水	_____
福利	_____
税费（收入和社会保障）	_____
燃料	_____
润滑剂	_____
保险	_____
维护和维修（零件和劳动力）	_____
处置成本	_____
监管成本	_____
许可	_____
公共关系	_____
监测和报告	_____
其他	_____
总年度运行和维护成本	_____

Ⅲ. 应急成本	
（总年度资本成本＋运行和维护成本）×10%	_____
	_____
总年度成本	_____

由于使用了太少或者太小的设备件，收割的结果通常令人失望。威斯康星州布朗湖（Lake Browns）是在中等规模湖泊（162hm^2，平均深度 2.3m）的收割项目上设备使用的

例子。尽管没有给出收割的面积，但该湖有三分之一的水域超过 3m 深，因此大约有 110hm² 的可收割水域。其植被为混合物种；穗花狐尾藻、轮藻属、曲柔茨藻、大茨藻、丽藻属、美洲香睡莲和其他八个眼子菜物种是其中的主要物种。从 6 月第一个星期至 8 月最后一个星期，每周进行 5 天的收割。每周有 7 天都要拾取堆积在岸线上的植物。这次作业使用了一台 3m 和一台 1.8m 的切割式收割机，一个 1.5m 的切割式撇渣机（skimmer），一艘 3.3m×8.5m 的运输驳船，一个 10.7m 长的岸线传送带，一台自卸卡车，一台皮卡和一架折臂装卸机。

设备适当的尺寸对于作业和成本效率同样很重要。Korth 等（1997）对一个假想的案例进行了计算，这是一个有 20hm² 水生植物的 243hm² 的湖泊，对其进行了为期 3 个月每月一次的收割，这种情况下，尽管所有机器都能完成收割任务，但购买 6.4t 容量的收割机比 4.6t 或 3.6t 容量的收割机更具经济性。这台 6.4t 的收割机能最大限度地减少员工的加班时间，并通过减少等待自卸卡车装满植物的时间来提高效率。6.4t 收割机比 4.6t 收割机节省 7%，比 3.6t 收割机节省 18%，比带运输驳船的小型收割机节省 80%。在上述场景中，使用 6.4t 收割机收割 60hm² 的土地，每年的成本约为 28864 美元，也就是接近 500 美元/hm²。

经常出现的情况是成本会变化较大。Smith（1979）发现，在他调查的四次收割作业中，最便宜和最昂贵的每公顷或每单位装载成本有 10 倍的差异。表 14.4 中粗略估算了植物去除速度和与标准收割成本相对的"一次通过"成本。这个表格颇具价值，显示了每种技术的相对花费。

表 14.4　　　　　　　　多种机械去除方法的速度和相对成本估算

方　　法	速　　度	参　　考	成　　本[①]
切割（3m 切割）	0.45hm²/h	Koegel 和 Livermore，1979	20%
深切割（2.4m 切割）	0.15hm²/h	Unmuth 等，1998	—
收割（2.4m 切割?）	1.25hm²/天	匿名，1978	100%
撕裂（2.4m 切割）	0.3hm²/h	Canellos，1981	40%
吸取式收割	0.35hm²/（天·人）	匿名，1978	425%
水力冲刷	0.8h/天	匿名，1978	30%
除草机	129m²/h	制造商	—
耕作式拔除[②]	0.7～1.6hm²/天	匿名，1978	7%～22%
旋根式拔除	0.2hm²/天	匿名，1978	140%

① 成本为相对于收割而言，收割为 100%。"一次通过"收割成本估计约为 500 美元/hm²。摘自 Korth, R. et al. 1997. Your Aquatic Plant Harvesting Program. Wisconsin Lakes Partnership, Stevens Point, WI.

② 根据耕作和拖拽设备的不同，成本会有变化。

提高收割效率的一种明显方式就是保持机械收割。这在操作上有许多方面。在较长、直接的路径上收割能够消除花费在机械转弯或在码头之间进行调整的时间。靠近且方便的卸载区域能减少花费在把植物运送至岸上的时间。使用在一个湖泊上的机械可减少将机械从某一湖泊运转至另一湖泊的时间。双轮切割能让机器在日间得到更多的使用并减少加班工资支出。单独的运输驳船能让收割机保持切割的同时让驳船将植物运送至岸上。两阶段收割能让切割机移动得更快。拾取机能在切割机保持切割的同时运输植物。在湖上减少植物体积和重量能让机器在卸载之前能够收割更多植物。在极端天气条件下收割的水域应急计划能够减少由于天气造成的时间损失。对于高效收割而言，良好的维护至关重要。

作为上述想法的"真实"例证，通过将预防性维护从 6.9％ 提高至 8.5％，并将机器保持在湖泊之上进而将移动小时数从 23.2％ 减少至 4.1％，戴恩县的收割作业将其收割机的机器运行时间从总机器小时数的 48.9％ 提高至 61.2％（Koegel 等，1977）。在另一台机器上，通过将预防性维护提高了 0.8％ 并将移动时间减少了 6.2％，运行时间提高了总机器小时数的 24％（Koegel 等，1977）。

寻找到便利的卸载场所通常是一个运行挑战。在戴恩县，雅哈拉河（Yahara River）有很多延伸地（Stretches）都进行了收割来维持水流。一些水域离卸载点超过 3.2km，而且河水又浅又多岩石。在这些延伸地中，水生植物被倾倒在临近的湿地中。到第二个生长季为止，原本 2m 高的植物堆变得几乎没有了（图 14.10）。同时，水禽将这些植物堆当作了筑巢地。与这种情况类似，Elser（1966）描述了为切萨皮克湾地区的荸荠设计的"无底洞"。建造了一

图 14.10　威斯康星州雅哈拉河（Yahara River）附近的湿地在收割和储存 1 年后，腐烂的水生植物堆。

个 3.7m 见方的框架，外面覆盖着栅栏，并在底部固定。收割的植物被倾倒进坑里。它们在顶部变干，在底部腐烂，在大约 1 天的时间里，生物量会减少到原来体积的一小部分。这个坑每天都能被填满，几乎有无限的容量。经过大约两周的干燥和腐烂，这些植物变成了很致密的植物垫，这时就可以把其挖出来，然后用一根木桩穿过植物垫的中央，把它固定在底部。一个更好的办法是把植物垫从水体中移出，这样可以避免营养物质循环进入水中。

总的来说，最小化成本和最大化收割生产力的方法包括：①最大化贯穿工作季的设备部署；②最小化人员和设备移动的时间与成本；③预先计划收割策略；④如果需要的话，找到适当的融资；⑤实施积极响应的制度体系；⑥选择适当的设备（Smith，1979）。Smith（1979）提出的另一个有趣的观点是，许多收割机并不会贬值，有些机器实际上会升值，因此成本计算中常用的 10 年线性折旧（表 14.3）可能不真实。避免折旧能大大降低收割成本。

14.5　小结

水生植物管理问题并没有量化的定义。评价一般是由水域使用者来作出的，他们可能是周边的土地所有者，非正式或正式的湖泊组织（或运动员团队、保护协会等），也可能是政府各级部门。要确定是否存在管理问题，可能需要建立一些共识。应该记住，管理自然湖泊系统不同于管理草坪、公园、花园或玉米地。我们的社会越来越习惯于修剪草坪、公园里的外来物种，以及没有杂草的玉米地。湖泊的生产力千差万别，许多湖泊看起来很"凌乱"。许多湖泊从来都不是，将来也不会是广告中看到的原始高山湖泊或加拿大地盾湖泊。学会欣赏湖泊的本来面目，而不是你所认为应有的样子，这样可以节省很多时间、精力和费用。

并非所有的湖泊都有水生植物管理问题。这是理想的情况。然而，这并不意味着不需要考虑水生植物管理。多数水生植物危害都是由侵略性外来物种造成的。基于教育和监控的水生植物管理计划能够为当前无水生植物问题湖泊的长期运行带来收益。

如果能快速探测到侵入性外来物种，它们通常能够通过人工去除、吸取式疏浚、除草剂、碎片屏障、检疫隔离水域、船只下水清洁站以及其他方法来加以灭绝和预防。一次处理或一年的处理不太可能根除这个问题，如果发生过一次泛滥的话很可能会出现再次泛滥。

如果泛滥已经扩散至无法根除的程度，那么就需要进行管理。管理可能是长期的，也可以使用多种可选方案（参见有关生物操控、水位下降、沉泥覆盖、生物控制，水生植物群落再造、化学控制和沉泥去除的章节）。机械方法提供了能够与其他方法整合的多种方案。表 14.5 总结了机械方法的优点和缺点。

表 14.5　　　　　　　　　　机械管理技术的特征[1]

方法	描述	优点	缺点	在何处能有效使用	植物响应
人工切割/拖取	人工拖取或使用手动工具	技术含量低，可承受，有选择性	劳动力密集，成本与劳动力相关	初始泛滥，有志愿者或便宜的劳动力	在局部水域十分有效
切割	用机械设备进行切割，进行或不进行植物二次去除	比收割更快速也更便宜	切割植物可能会成为健康和环境问题，可能使泛滥扩散，不进行二次收集的话可能是非法的	严重泛滥的系统	非选择性，处理的时间长度取决于切割的次数
收割	带植物去除的机械切割	去除植物生物量，对收割水域有即时效果	比切割更慢和更昂贵，可能扩散碎片，可能促进生长，没有去除根系，没有已割植物的处置	在有慢性植物问题的水域内广泛使用	非选择性，处理的时间长度取决于切割的次数

方 法	描 述	优 点	缺 点	在何处能有效使用	植物响应
撕裂	对植物材料进行机械切割和撕裂，可能在船上进行	立即减少有害物种，可用于进行便于简单运输物种的体积缩减，对自由漂浮和挺水植物有效，可在浅水中作业	如果采用湖内弃置的话，会造成腐烂和营养繁殖体的扩散	漂浮或挺水植物严重生长的植物垫。便于沉水物种更轻易运输的体积缩减	非选择性，处理的时间长度取决于切割的次数
潜水员作业吸取式收割	使用真空吸升从沉泥中去除包括根系在内的整株植物	中等选择性，更长期，可去除任意深度的根系，可成功用于有障碍物的水域	缓慢且昂贵，劳动密集型	最适用于有中等有害植物密度的小型水域	穗花狐尾藻出现了最小化的再生长，对块茎生产的植物可能不太有效
水力冲刷	使用水压把植物从沉泥中冲刷出来	把根系冲刷出沉泥并使得碎片漂浮在水中，进而可以收集	使用的机械主要是原型机，水喷流不能把陈旧的根冠和草炭清理出来，需要收集漂浮的碎片	最适用于有中等植物密度的小型水域	对于移除软质沉泥中的繁殖体十分有效
除草机	带翼片的机械，对湖底沉泥进行搅动，进而翻出植物	对靠近码头的小型水域十分好，可移动至不同的地点，高度自动化	让沉泥和植物自由漂走，可能因密集植物生长或障碍物而堵塞或停止，对底栖生物的影响未知，可能危害通航	靠近码头的中等植物泛滥	在初始泛滥被清除之后，每周运行一次或两次来进行水域维护
耕作拔除	通过耕作湖底沉泥来去除有根植物	去除根部和根冠，可以在整个无冰季节作业	作业深度有限制，必须收容漂浮碎片，避开障碍物；需要不止"一次通过"才能进行良好控制，在重度植物生长水域无法良好工作	在水位降低条件和中等植物密度下更有效	在去除有根植物方面有90%的有效性，错失植株会导致快速的再生长
旋根排除	通过耕作湖底沉泥来去除有根植物	去除根部和根冠，可以在整个无冰季节里作业，能够在比其他机械方法更深的水域内作业	如果在夏季作业，必须收集碎片并首先去除冠部，需要不止"一次通过"才能进行良好控制，在重度植物生长水域无法良好工作，在沙质或砾石中比在淤泥或黏土基质中工作得更好	在高使用度的娱乐水域内最为有效	对于摧毁有漂浮根冠的植物十分有效，非选择性，结果有暂时性

① 根据匿名，1978 和 Madsen，200b。

收割方法通常会与化学控制方法相比较。很显然，需要考虑在成本、效用以及环境影响方面的差异。一个不太常被考虑的差异就是在执行每类计划时所需要的组织和承诺水平的差异。除草剂处理能够很快地覆盖较大水域。其主要成本在于材料。除非一个管理者要负责大量的湖泊，那么是否值得拥有化学处理所需要的设备和应急成本项（培训、保险等）还是个问题。设备成本是收割的主要成本项。为了使得收割具有经济性，机械需要能在很多年里的整个收割季里持续使用。这就需要对湖泊管理有长远的考虑和承诺，以及一个强大而稳定的管理组织。在职经验是无价的。

与除草剂处理相比，收割通常被视作环境友好的。任何从系统中去除大面积水生植物的管理手段都有环境影响。一些是有益的而另一些则不是。一些影响是长期的，以至于它们并未被意识到或者在实际管理时间尺度下无法测量。收割在切割水域内是非选择性的，而传统收割会去除小型鱼类和无脊椎动物。传统收割会从水体中去除养分和有机物质。收割应当在总体养分管理计划中加以考虑，但还没有证明单独收割会逆转富营养化。

参 考 文 献

Alam, S. K., L. A. Ager, T. M. Rosegger and T. R. Lange. 1996. The effects of mechanical harvesting of floating plant tussock communities on water quality in Lake Istokpoga, Florida. *Lake and Reservoir Manage.* 12 (4): 455 – 461.

Aldridge, D. C. 2000. The impact of dredging and weed cutting on a population of fresh water mussels (Bivalva: Unionidae). *Biol. Cons.* 95: 247 – 257.

Anonymous. 1978. Aquatic Plant Management Program Vol. Ⅳ. A Review of Mechanical Devices Used in the Control of Eurasian Watermilfoil in British Columbia. Brit. Col. Min. Environ., Victoria.

Anonymous. 1981. A Summary of Biological Research on Eurasian Watermilfoil in British Columbia, Vol. Ⅺ. Brit. Col. Min. Environ., Victoria.

Asaeda, T., V. K. Trung and J. Manatunge. 2000. Modeling the effects of macrophyte growth and decomposition on the nutrient budget in shallow lakes. *Aquatic Bot.* 68: 217 – 237.

Barko, J. W. and W. F. James. 1998. Effects of submerged aquatic macrophytes on nutrient dynamics, sedimentation, and resuspension, In: E. Jeppesen, M. Sondergaard, M. Sondergaard and K. Christoffersen (Eds.), *The Structuring Role of Submerged Macrophytes in Lakes*. Springer – Verlag, New York. pp. 197 – 214.

Bettoli, P. W., M. J. Maceina, R. L. Noble and R. K. Betsill. 1993. Response of a reservoir fish community to aquatic vegetation removal. *North Am. J. Fish. Manage.* 13: 110 – 124.

Beule, J. D. 1979. Control and Management of Cattails in Southeastern Wisconsin Wetlands. Tech. Bull. 112. Wis. Dept. Nat. Res., Madison, WI.

Booms, T. L. 1999. Vertebrates removed by mechanical harvesting in Lake Keesus, Wisconsin. *J. Aquatic Plant Manage.* 37: 34 – 36.

Boylen, C. W., L. W. Eichler and J. W. Sutherland. 1996. Physical control of Eurasian watermilfoil in an oligotrophic lake. *Hydrobiologia* 340: 213 – 218.

Brakke, D. F. 1974. Weed harvest effects on algal nutrients and primary productivity in a culturally enriched lake. M. S. Thesis, Univ. North Dakota, Grand Forks.

Buchan, L. A. and D. K. Padilla. 2000. Predicting the likelihood of Eurasian watermilfoil presence in lakes, a macrophyte monitoring tool. *Ecol. Appl.* 10: 1442 – 1455.

Burton, T. M., D. L. King and J. L. Ervin. 1979. Aquatic plant harvesting as a lake restoration technique. In: Anonymous (Ed.), *Lake Restoration*, *Proceedings of a National Conference*. USEPA 440/5 - 79 - 001. pp. 177 - 185.

Canellos, G. 1981. Aquatic Plants and Mechanical Methods of Their Control. Mitre Corp., McClean, VI.

Carpenter, S. R. 1983. Submersed macrophyte community structure and internal loading: relationship to lake ecosystem productivity and succession, In: J. Taggart and L. Moore (Eds.), *Lake Restoration*, *Protection and Management*, Proc. Second Annu. Conf. NALMS. Vancouver, BC. pp. 105 - 111.

Carpenter, S. R. and M. S. Adams. 1977. Environmental Impacts of Mechanical Harvesting on Submersed Vascular Plants. Rep. 77. Inst. Environ. Stud., Univ. Wisconsin, Madison.

Carpenter, S. R. and M. S. Adams. 1978. Macrophyte control by harvesting and herbicides: Implications for phosphorus cycling in Lake Wingra, Wisconsin. *J. Aquatic Plant Manage*. 16: 20 - 23.

Carpenter, S. R. and A. Gasith. 1978. Mechanical cutting of submerged macrophytes: Immediate effects of littoral water chemistry and metabolism. *Water Res*. 12: 55 - 57.

Clayton, J. S. 1996. Aquatic weeds and their control in New Zealand Lakes. *Lake and Reservoir Manage*. 12 (4): 477 - 486.

Conyers, D. L. and G. D. Cooke. 1982. A comparison of the costs of harvesting and herbicides and their effectiveness in nutrient removal and control of macrophyte biomass. In: J. Taggart and L. Moore (Eds.), *Lake Restoration*, *Protection and Management*, Proc. Second Annu. Conf. NALMS. Vancouver, BC. pp. 317 - 321.

Cook, C. D. K. 1985. Range extensions of aquatic vascular plant species. *J. Aquatic Plant Manage*. 23: 1 - 6.

Cooke, G. D., E. B. Welch, S. A. Peterson and P. R. Newroth. 1986. *Lake and Reservoir Restoration*, 1st ed. Butterworths, Boston, MA.

Cooke, G. D., A. B. Martin and R. E. Carlson. 1990. The effects of harvesting on macrophyte regrowth and water quality in LaDue Reservoir, Ohio. *J. Iowa Acad. Sci*. 97 (4): 27 - 32.

Cooke, G. D., E. B. Welch, S. A. Peterson and P. R. Newroth. 1993. *Restoration and Management of Lakes and Reservoirs*, 2nd ed. Lewis Publishers and CRC Press, Boca Raton, FL.

Crowell, W., N. Troelstrup, L. Queen and J. Perry. 1994. Effects of harvesting on plant communities dominated by Eurasian watermilfoil in Lake Minnetonka, MN. *J. Aquatic Plant Manage*. 32: 56 - 60.

Dauffenbach, G. 1998. Part I: Past, present, and future of mechanical harvesting. *LakeLine* 18 (1): p. 16.

Deutsch, A. 1974. *Some Equipment for Mechanical Control of Aquatic Weeds*. International Plant Protection Center, Oregon State University, Corvallis, OR.

Elser, H. J. 1966. Control of water chestnut by machine in Maryland, 1964 - 1965. *Proc. Northeastern Weed Cont. Conf*. 20: 682 - 687.

Engel, S. 1985. Aquatic Community Interactions of Submerged Macrophytes. Tech. Bull 156. Wisconsin Dept. Nat. Res., Madison, WI.

Engel, S. 1987. The impact of submerged macrophytes on largemouth bass and bluegills. *Lake and Reservoir Manage*. 3: 227 - 234.

Engel, S. 1990a. Ecological impacts of harvesting macrophytes in Halverson Lake, Wisconsin. *J. Aquatic Plant Manage*. 28: 41 - 45.

Engel, S. 1990b. Ecosystem Responses to Growth and Control of SubmergedMacrophytes: A Literature Review. Tech. Bull. 170. Wis. Dept. Nat. Res., Madison.

Fisher, S. G. and S. R. Carpenter. 1976. Ecosystem and macrophyte primary production of Fort River,

Massachusetts. *Hydrobiologia* 47: 175 – 187.

Garner, P. , J. A. B. Bass and G. D. Collett. 1996. The effect of weed cutting upon the biota of a large regulated river. *Aquatic Cons. Mar. Fresh Water Ecosyst.* 6: 21 – 29.

Haller, W. T. , J. V. Shireman and D. F. DuRant. 1980. Fish harvest resulting from mechanical control of hydrilla. *Trans. Am. Fish. Soc.* 109: 517 – 520.

Helsel, D. R. 1998. Part II: Surface water management through aquatic plant harvesting. *Lake Line* 18 (1): 26.

Helsel, D. R. , S. A. Nichols and R. W. Wakeman. 1999. Impacts of aquatic plant management methodologies on Eurasian watermilfoil populations in Southeastern Wisconsin. *Lake and Reservoir Manage.* 15: 159 – 167.

Howard – Williams, C. , A. M. Schwarz and V. Reid. 1996. Patterns of aquatic weed regrowth following mechanical harvesting in New Zealand hydro – lakes. *Hydrobiologia* 340: 229 – 234.

Hutchinson, G. E. 1975. *A Treatise on Limnology – Limnological Botany*. John Wiley, New York.

Jacoby, J. M. , E. B. Welch and I. Wertz. 2001. Alternate stable states in a shallow lake dominated by *Egeria densa*. *Verh. Int. Verein. Limnol.* 27: 3805 – 3810.

James, W. F. and J. W. Barko. 1994. Macrophyte influences on sediment resuspension and export in a shallow impoundment. *Lake and Reservoir Manage.* 10: 95 – 102.

James, W. F. , J. W. Barko and H. L. Eakin. 2000. Macrophyte Management via Mechanical Shredding: Effects on Water Quality in Lake Champlain (Vermont – New York). Aquatic Plant Cont. Res. Prog. , Tech. Notes, ERDC TN – APCRP – MI – 05. U. S. Army Corps of Engineers, Vicksburg, MS.

Johnson, R. E. and M. R. Bagwell. 1979. Effects of mechanical cutting on submersed vegetation in a Louisana lake. *J. Aquatic Plant Manage.* 17: 54 – 57.

Johnstone, I. M. , B. T. Coffey and C. Howard – Williams. 1985. The role of recreational boat traffic in the interlake dispersal of macrophytes: A New Zealand case study. *J. Environ. Manage.* 20: 263 –279.

Kimbel, J. C. 1982. Factors influencing potential intralake colonization by *Myriophyllum spicatum* L. *Aquatic Bot.* 14: 295 – 307.

Kimbel, J. C. and S. R. Carpenter. 1981. Effects of mechanical harvesting on *Myriophyllum spicatum* L. regrowth and carbohydrate allocation to roots and shoots. *Aquatic Bot.* 11 (2): 121 – 127.

Koegel, R. G. and D. F. Livermore. 1979. Reducing capital investment in aquatic plant harvesting systems. pp. 329 – 338. In: J. Breck, R. Prentki and O. Loucks (Eds.), *Aquatic Plants, Lake Management, and Ecosystem Consequences of Lake Harvesting*. Inst. Environ. Stud. , University Wisconsin, Madison. pp. 329 – 338.

Koegel, R. G. , D. F. Livermore and H. D. Bruhn. 1977. Cost and productivity in harvesting of aquatic plants. *J. Aquatic Plant Manage.* 15: 12 – 17.

Korth, R. , S. Engel and D. R. Helsel. 1997. *Your Aquatic Plant Harvesting Program*. Wisconsin Lakes Partnership, Stevens Point.

Langeland, K. A. and D. L. Sutton. 1980. Regrowth of hydrilla from axillary buds. *J. Aquatic Plant Manage.* 18: 27 – 29.

Larsen, D. P. , J. Van Sickle, K. W. Malueg and P. D. Smith. 1979. The effect of wastewater phosphorus removal on Shagawa Lake, Minnesota: phosphorus supplies, lake phosphorus and chlorophyll *a*. *Water Res.* 13: 1259 – 1272.

Les, D. H. and L. J. Mehrhoff. 1999. Introduction of nonindigenous aquatic vascular plants in southern New England: a historical perspective. *Biol. Invas.* 1: 281 – 300.

Linde, A. F., T. Janisch and D. Smith. 1976. Cattail – The Significance of Its Growth, Phenology and Carbohydrate Storage to its Control and Management. Tech. Bull. 94. Wisconsin Dept. Nat. Res., Madison.

Livermore, D. F. and R. G. Koegel. 1979. Mechanical harvesting of aquatic plants: an assessment of the state of the art. In: J. Breck, R. Prentki and O. Loucks (Eds.), Aquatic Plants, Lake Management, and Ecosystem Consequences of Lake Harvesting. Inst. Environ. Stud., University Wisconsin, Madison, WI. pp. 307 – 328.

Livermore, D. F. and W. E. Wunderlich. 1969. Mechanical removal of organic production from waterways. In: Anonymous (Ed.), *Eutrophication: Causes, Consequences, Correctives*. Natl. Acad. Sci., Washington, DC. pp. 494 – 519.

Madsen, J. D. 1993. Waterchestnut seed production and management in Watervliet Reservoir, New York. *J. Aquatic Plant Manage.* 31: 271 – 272.

Madsen, J. D. 1998. Predicting invasion success of Eurasian watermilfoil. *J. Aquatic Plant Manage.* 36: 28 – 32.

Madsen, J. D. 2000a. A Quantitative Approach to Predict Potential Nonindigenous Aquatic Plant Species Problems. Aquatic Res. Brief. U. S. Army Corps of Engineers, Vicksburg, MS.

Madsen, J. D. 2000b. Advantages and Disadvantages of Aquatic Plant Management Techniques. Rep. ERDC/EL MP – 00 – 01. U. S. Army Corps of Engineers, Vicksburg, MS.

Madsen, J. D., M. S. Adams and P. Ruffier. 1988. Harvesting as a control for sago pondweed (*Potamogeton pectinatus* L.) in Badfish Creek, Wisconsin: frequency, efficiency and its impact on the stream community oxygen metabolism. *J. Aquatic Plant Manage.* 26: 20 – 25.

McComas, S. 1989. Small – scale macrophyte control: what we can learn from the farmer. *LakeLine* 9 (2): p. 2.

McComas, S. 1993. *Lake Smarts*. Terrene Institute, Washington, DC.

McComas, S. and J. Stuckert. 2000. Pre – emptive cutting as a control technique for nuisance growth of curlyleaf pondweed, *Potamogeton crispus. Verh. Int. Verein. Limnol.* 27: 2048 – 2051.

MDNR. 1998. Harmful Exotic Species of Aquatic Plants and Wild Animals in Minnesota: Annual Report for 1997. Minn. Dept. Nat. Res., St. Paul.

Methe, B. A., R. J. Soracco, J. D. Madsen and C. W. Boylen. 1993. Seed production and growth of waterchestnut as influenced by cutting. *J. Aquatic Plant Manage.* 31: 154 – 157.

Mikol, G. F. 1984. Effects of mechanical control of aquatic vegetation on biomass, regrowth rates, and juvenile fish populations at Saratoga Lake, New York. In: Anonymous (Ed.), *Lake and Reservoir Management*, Proc. Third Annu. Conf. NALMS. pp. 456 – 462.

Monahan, C. and J. M. Caffrey. 1996. The effect of weed control practices on macroinvertebrate communities in Irish canals. *Hydrobiologia* 304: 205 – 211.

Moss, B., J. Madgwick and G. L. Phillips. 1996. *A Guide to the Restoration of Nutrient – enriched Shallow Lakes*. Broads Authority, Norwich, Norfolk, U. K.

Neel, J. K., S. A. Peterson and W. L. Smith. 1973. *Weed Harvest and Lake Nutrient Dynamics*. Ecol. Res. Series, USEPA – 660/3 – 73 – 001.

Newroth, P. R. 1980. Case study of aquatic plant management for lake restoration and preservation in British Columbia, . In: Anonymous (Ed.), *Proceedings of an International Symposium on Restoration of Lakes and Inland Waters*. USEPA – 440/5 – 81 – 010. pp. 146 – 152.

Nichols, S. A. 1974. Mechanical and Habitat Manipulation for Aquatic Plant Management. Tech. Bull. 77. Wisconsin Dept. Nat. Res., Madison, WI.

Nichols, S. A. and L. Buchan. 1997. Use of native macrophytes as indicators of suitable Eurasian watermilfoil habitat in Wisconsin lakes. *J. Aquatic Plant Manage.* 35: 21 – 24.

Nichols, S. A. and G. Cottam. 1972. Harvesting as a control for aquatic plants. *Water Res. Bull.* 8: 1205 – 1210.

Nichols, S. A. and R. C. Lathrop. 1994. Impact of harvesting on aquatic plant communities in Lake Wingra, Wisconsin. *J. Aquatic Plant Manage.* 32: 33 – 36.

Nichols, S. A. and S. Mori. 1971. The littoral macrophyte vegetation of Lake Wingra. *Trans. Wis. Acad. Sci. Arts Lett.* 59: 107 – 119.

Nicholson, S. A. 1981a. Effects of uprooting on Eurasian watermilfoil. *J. Aquatic Plant Manage.* 19: 57 – 58.

Nicholson, S. A. 1981b. Changes in submersedmacrophytes in Chautauqua Lake, 1937 – 1975. *Freshwater Biol.* 11: 523 – 530.

Olson, M. H., S. R. Carpenter, P. Cunningham, S. Gafny, B. R. Herwig, N. P. Nibbelink, T. Pellet, C. Storlie, A. S. Trebitz and K. A. Wilson. 1998. Managing macrophytes to improve fish growth: A multi – lake experiment. *Fish. Manage.* 23 (2): 6 – 12.

Painter, D. S. and J. I. Waltho. 1985. Short – term impact of harvesting of Eurasian watermilfoil. In: L. W. J. Anderson (Ed.), *Proc. First Int. Symp. on Watermilfoil (Myriophyllum spicatum) and Related Haloragaceae Species*. Aquatic Plant Manage. Soc., Vancouver, BC. pp. 187 – 201.

Perkins, M. A. and M. D. Sytsma. 1987. Harvesting and carbohydrate accumulation in Eurasian watermilfoil. *J. Aquatic Plant Manage.* 25: 57 – 62.

Peterson, S. A. 1971. Nutrient dynamics, nutrient budgets, and weed harvest as related to the limnology of an artificially enriched lake. Ph. D. Thesis, University North Dakota, Grand Forks.

Peterson, S. A., W. L. Smith and K. Maleug. 1974. Full scale harvest of aquatic plants: nutrient removal from a eutrophic lake. *J. Wat. Pollut. Cont. Fed.* 46: 697 – 707.

Peverly, J. H., G. M. Miller, W. H. Brown and R. L. Johnson. 1974. Aquatic Weed Management in the Finger Lakes. Tech. Rept. 90. Water Res. Marine Sci. Cent., Cornell University, Ithaca, NY.

Sabol, B. M. 1982. Improved Aquatic Plant Material Disposal Techniques for Mechanical Control Operations. Aquatic Plant Cont. Res. Prog., Inf. Exchange Bull. A – 82 – 1. U. S. Army Corps of Engineers, Vicksburg, MS. pp. 1 – 4.

Sabol, B. M. 1987. Environmental effect of aquatic disposal of chopped hydrilla. *J. Aquatic Plant Manage.* 25: 19 – 23.

Sale, P. J. M. and R. G. Wetzel. 1983. Growth and metabolism of *Typha* species in relation to cutting treatments. *Aquatic Bot.* 15: 321 – 324.

Scheffer, M. 1998. *Ecology of Shallow Lakes*. Chapman Hall, London.

Scheffer, M., S. H. Hosper, M. – L. Meijer, B. Moss and E. Jeppesen. 1993. Alternative equilibria in shallow lakes. *Trends Ecol. Evol.* 8: 275 – 279.

Schmitz, D. 1990. The invasion of exotic aquatic and wetland plants into Florida. In: *Proceedings, National Conference on Enhancing the States' Lake and Wetland Management Programs*. USEPA and NALMS, Chicago, IL. pp. 87 – 92.

Serafy, J. E., R. M. Harrell and L. M. Hurley. 1994. Mechanical removal of *Hydrilla* in the Potomac River, Maryland: local impacts on vegetation and associated fishes. *J. Fresh Water Ecol.* 9: 135 – 143.

Smagula, A. P., L. Herman, M. Robinson and A. Bove. 2002. Vigilant volunteers fight invasives. *Vol. Monitor* 14 (2): 26.

Smith, W. L. 1972. Plankton, weed growth, primary productivity, and their relationship to weed harvest in an artifically enriched lake. Ph. D. Thesis, University North Dakota, Grand Forks.

Smith, G. N. 1979. Recent case studies of macrophyte harvesting costs: options by which to lower costs. In: J. Breck, R. Prentki and O. Loucks (Eds.), *Aquatic Plants, Lake Management, and Ecosystem Consequences of Lake Harvesting*. Inst. Environ. Stud., University Wisconsin, Madison. pp. 345 – 356.

Smith, G. N. 1998. Water hyacinth harvesting at Lake Cidra, Puerto Rico – A big operation. *LakeLine* 18 (1): p. 20.

Smith, C. S. and J. W. Barko. 1992. Submersed Macrophyte Invasions and Declines. U. S. Army Corps of Engineers, Aquatic Plant Cont. Res. Prog. Rep., Vol. A – 92 – 1. U. S. Army Corps of Engineers, Vicksburg, MS.

Trebitz, A. 1995. *Predicting bluegill and largemouth bass response to harvest of aquatic vegetation*. Ph. D. Thesis, University Wisconsin, Madison.

Unmuth, J. M. L. and M. J. Hanson. 1999. Effects of mechanical harvesting of Eurasian watermilfoil on largemouth bass and bluegill populations in Fish Lake, Wisconsin. *North Am. J. Fish. Manage.* 19: 1089 – 1098.

Unmuth, J. M. L., D. J. Sloey and R. A. Lillie. 1998. An evaluation of close – cut mechanical harvesting of Eurasian watermilfoil. *J. Aquatic Plant Manage.* 36: 93 – 100.

USOTA. 1993. Harmful Non – Indigenous Species in the United States. U. S. Congress, Office Tech. Assess., Washington, DC.

van Nes, E. H., M. Scheffer, M. S. van den Berg and H. Coops. 2002. Aquatic macrophytes: restore, eradicate or is there compromise? *Aquatic Bot.* 72: 387 – 403.

Wade, P. M. 1990. Physical control of aquatic weeds. In: A. Pieterse and K. Murphy (Eds.), *Aquatic Weeds, The Ecology and Management of Nuisance Aquatic Vegetation*. Oxford University Press, Oxford, UK. pp. 93 – 135.

Welch, E. B., E. B. Kvam and R. F. Chase. 1994. The independence of macrophyte harvesting and lake phosphorus. *Verh. Int. Verein. Limnol.* 25: 2301 – 2304.

Wile, I. 1974. Lake restoration through mechanical harvesting of aquatic vegetation. *Verh. Int. Verein. Limnol.* 19: 660 – 671.

Wile, I. 1978. Environmental effects of mechanical harvesting. *J. Aquatic Plant Manage.* 16: 14 – 20.

Wile, I., G. Hitchin and G. Beggs. 1979. Impact of mechanical harvesting on Chemung Lake. In: J. Breck, R. Prentki and O. Loucks (Eds.), *Aquatic Plants, Lake Management, and Ecosystem Consequences of Lake Harvesting*. Inst. Environ. Stud., University Wisconsin, Madison. pp. 145 – 159.

Wunderlich, W. E. 1938. Mechanical hyacinth destruction. *Military Eng.* 30: 5 – 10.

Zimba, P. V., M. S. Hopson and D. E. Colle. 1993. Elemental composition of five submersed aquatic plants collected from Lake Okeechobee, Florida. *J. Aquatic Plant Manage.* 31: 137 – 140.

第 15 章

用于水生植物控制的沉泥覆盖和表面遮蔽

15.1 引言

由于根系仍然能生长出穿透土层覆盖的芽，或者由于许多水生植物碎片能够从其他湖泊水域被携带至处理水域内，又或者由于在处理中幸存的种子、块茎和根状茎能重新立植，使用砂、砾或黏土的有根水生植物控制大多不成功。另外一个可选方案是使用合成薄膜或筛网材料。由于植物嫩芽无法穿透，其效用更高，但它们更加昂贵，应用时劳动力密集，其功效与应用技术和材料类型密切相关，而针对这一用途制造的多数材料并不能广泛获取。甚至有一些材料已经不再制造。

Engel（1982）列出了沉泥覆盖的如下优点：①其使用仅限于特定湖泊水域；②筛网通常在视线之外因此对岸上并无干扰；③它们可安装在收割机或喷嘴无法进入的地区；④不会释放有毒物质；⑤它们通常不需要许可或认证批准；⑥它们在小型水域中很容易安装；⑦它们可以被移除。

其缺点（Engel，1982）为：①它们无法修正问题的根源；②它们很昂贵；③它们很难用于大片水域或有障碍的地方；④它们很难移除或者移位；⑤它们可能在应用时破裂；⑥一些材料可能在阳光下会劣化。

综述文章可参见 Armour 等（1979）、Cooke（1980）、Nichols 和 Shaw（1983）、Perkins（1984）以及 Newroth 和 Truelson（1984）。

15.2 合成材料沉泥覆盖的比较

15.2.1 聚乙烯

沉泥覆盖最早的应用是在威斯康星州马里昂蓄水池（Marion Millpond），采用的材料是 0.1mm（4mL）的隔水黑色聚乙烯薄膜（Born 等，1973；Peterson 等，1974；Nichols，1974；Engel，1982；Engel 和 Nichols，1984）。1969—1970 年，该池被抽干并对池底的树株和废物进行了清理。池底覆盖了薄膜，然后再覆盖 7～15cm 的砂土和碎石。在软泥中的应用较为烦琐，需要灌入足够的水来刚好覆盖处理水域并使其结冰。薄膜和砂石覆盖被置于冰上，然后再进行抽水并打碎冰层。这样覆盖材料就掉至池底。1971 年对该池进行了重灌，在 1971—1972 年实现了水生植物的控制。轮藻和丝状藻于 1973 年覆盖了处理水域（Nichols，1974）。有筛水域在 1978 年被水生植物覆盖，但其生物量只有未处理水域的一半。在 1973 年之后，聚乙烯沉泥覆盖对水生植物生物量的控制就很少，因为如茨藻、狐尾藻和一些眼子菜物种会占据覆盖物上的砂石层（Engel，1982；Engel 和 Nichols，1984）。材料成本为 371 美元/hm²（2002 年价格）（Born 等，1973）。劳动力则由湖泊使用者提供。

不列颠哥伦比亚省的斯卡哈湖（Lake Skaha）有 0.43hm² 的水域得到了处理，但多数聚乙烯薄膜在暴雨中被冲上了岸。一些场所的处理很有效，但植物从气体逸出的穿孔中长出，或者在堆积的沉泥上生长（Armour 等，1979）。

斯卡哈湖的应用费用为 38960 美元/hm²（2002 年价格），该成本包括了人工和材料。

聚乙烯薄膜的负面特征包括：①难以应用于不规则的湖底或很高密度的杂草水域；②即便只有 1.2cm 的小孔，气体也会在薄膜中生成；③薄膜的移动或移位不太可行；④在陡峭的斜坡上它们会滑落；⑤阳光（约一年的直射光照）会使之劣化；⑥浮力会使其难以处理。

与其一些覆盖材料类似，聚乙烯薄膜的最大负面特征是可能会消灭所有的植物，但移除薄膜后目标外来植物也会再生长。例如，在威斯康星州水库放置 4～6 周之后，聚乙烯薄膜消灭了所有物种。第 2 年，已处理水域内本地植物再生了 40%，而菁藻（穗花狐尾藻）则出现了 60%。与之相反，用 2，4-D 处理过的水域在 10～12 周内本地植物恢复了超过 95% 的水域，而菁藻只恢复了约 5%（Helsel 等，1996）。

15.2.2　聚丙烯

聚丙烯是一种黑色的、可编织的、半渗透的薄膜，通常用作土壤稳定剂或"岩土工程"材料。它的比重小于 1，因此需要锚定以防止凸起或漂浮。它具有透气性，不需要留有裂缝或孔洞。它对穗花狐尾藻的控制是有效的，但植物碎片能够在滤网上沉积的沉泥中生长，还会穿透滤网（Armour 等，1979）。使用混凝土块固定的聚丙烯，尽管植物碎片确实会在滤网上方累积的沉泥中生长，但它能在 3 个夏天内阻止穗花狐尾藻的根系渗透，并且出现明显的无植物水体（Lewis 等，1983）。对于之前进行水位降低和冰冻的水域，锚定聚丙烯（水泥砌块）在 1 年内完全有效地阻止了曲柔茨藻、禾叶眼子菜、多叶眼子菜、线叶眼子菜的生长。筛网上可见曲柔茨藻和丝状藻类的少量生长（Cooke 和 Gorman，1980）。聚丙烯可能很难清除和清洁，因此植物可能在沉泥上生长。聚丙烯筛网可能存在气体积聚和"膨胀"（Engel，1984）。物料成本（2002 年价格）的范围在每公顷 14715～65900 美元不等。湖泊和池塘的商业可用性尚不确定。

15.2.3　水筛

水筛（Menardi-Criswell，Augusta，GA 30913）是一个涂覆聚氯乙烯的玻璃纤维筛网。它很灵活和致密（比重=2.54），网格大小为 62 个孔/cm²（400 个/in²）。其标准材料卷的尺寸 7×100ft。

水筛在消灭水生植物方面可能十分有效，至少在应用期间如此。筛网上的沉泥堆积最终能够让新植物生根。这是所有合成材料筛网的典型问题，建议用户能人工清理和清洗这些筛网。水筛以及类似筛网（包括纱窗）的另一个问题就是附着生物群落的发展，这会消除或严重降低其透气性（Pullman，1990）。这会促进气体的堆积，进而使得筛网将沉泥抬起来。

在华盛顿州联盟湾（Union Bay）湖泊的浅水区（0.5～2.0m）和深水区（2～3m），使用一块 9m×24m 的样地试验了水筛覆盖时间与穗花狐尾藻有效控制之间的关系（Perkins 等，1980；Boston 和 Perkins，1982）。以 1 个月、2 个月和 3 个月的间隔移除了嵌板。1 个月的覆盖在浅水和深水样地里分别带来了 25％ 和 35％ 的欧亚狐尾藻减少。在嵌板移除 1 个月后，植物再生长很少。在浅水和深水放置 2 个月嵌板分别带来了 78％ 和 56％ 的减少，而且再生长现象很少。覆盖 3 个月之后，植物生物量和再生长都很少。筛网在与湖泊底部接触良好的地方最为有效。测试水域内的植物死亡足够缓慢，能防止在典型现场条件下的 DO 损失和磷堆积（Boston 和 Perkins，1982）。

在威斯康星州的考克斯霍洛湖（Lake Cox Hollow），研究了水筛的功效及其对底栖大型无脊椎动物的影响。该筛网能够轻易地安放、移除、清洁和储存。不管水筛是在夏天何时安放，都能够阻碍水生植物的生长；在牢固固定的筛网底下基本很难发现植物，而在固定得很松散的筛网下面有大量的植物生长。Eichler 等（1995）还发现诸如欧亚狐尾藻这样的植物会透过筛网生长，或者在其下生长。除非对筛网进行清除、清洁和重定位，应用后第 2 个生长季的控制作用就很弱了。采用水筛能够很容易地实现这点（Engel，1982，1984）。

考克斯霍洛湖中的水筛嵌板消灭了大型无脊椎动物，很显然是由于在 1 年的应用期内不佳的水循环和低 DO 浓度（Engle，1982，1984）。其他筛网材料也同样会减少或消灭在其下生活的大型无脊椎动物（例如，Bartodziej，1992；Ussery 等，1997）。

15.2.4　粗麻布

在俄亥俄州洛克维尔湖水库的两个场址内，采用了粗麻布（340g/m²）。其中一个场址的粗麻布用 Netset（尼科尔森渔网绳线公司，伊利诺伊州东圣路易斯）（一种密封剂和防腐剂）进行了轻度预处理。尽管粗麻布具有孔隙，但由于底栖生物代谢旺盛以及在高流体泥浆中难以固定材料，因此在有机淤泥未固结沉泥的场址发生了"膨胀"。在这两个场址中，植物在生长季节的生长都受到控制，但已处理和未处理的粗麻布在放置的 3 个月期间都发生了腐烂（Jones 和 Cooke，1984）。不列颠哥伦比亚省未经处理的粗麻布应用具有成本效益，植物生长被控制了 2～3 年，之后粗麻布腐烂和沉泥堆积降低了有效性（Newroth 和 Truelson，1984）。在这些研究中，关于腐烂的不同之处可能是俄亥俄湖高度有机和生物活性的温暖沉泥，在那里降解的速度更快。湖底屏障的腐烂可能是个优点。加上安装费用后，粗麻布的成本也低于大多数其他材料（每公顷 7900 美元，2002 年的价格）。

只要能牢牢直接固定在沉泥深度而不会被波浪或船只螺旋桨搅动的话，底部屏障对于水生植物的控制会十分有效。屏障材料的"膨胀"是一个严重的问题（Gunnison 和 Barko，1992）。假定有足够的气体逃脱，在新植物在屏障顶部堆积材料上生根之前，植物控制可持续数年。由于成本原因，大多数的应用只局限于小型水域。

15.3　沉泥覆盖的安放流程

安放技术十分重要。屏障应贴近沉泥安放，安装后不应有"膨胀"或袋囊现象。对于淤泥型未固结沉泥，这个想法无法实现，因为土壤无法固定柱桩，而砖块或水泥块只能锚定在投放的地方。屏障带之间不应有间隙，因为植物可能在此生长，另外应当留意屏障移除和移动的选择方案。

首先要调查湖泊底部障碍物的情况，并测试沉泥保持柱桩的能力。SCUBA 设备是必需的。在流体未固结沉泥中，需要使用长桩，而在安放之前应当测试其保持能力。如果沉泥过于蓬松，可以使用砖块或水泥块，或者在纤维边缘缝上链条。钢桩通常不可用于砾石、硬黏土或岩石湖底，因为潜水员难以把它们打得足够深来支撑筛网。

桩柱可用直径 $6 \sim 7 \text{mm}$ 的钢筋混凝土条来制作。将钢条一端弯曲成 L 形手柄。根据沉泥软度，桩柱长度会有所变化。把钢条长端磨尖，将其穿过双层筛网，直到手柄端与沉泥齐平。

筛网可使用划艇尾部的卷轴有效安放。材料由两个安装器展开，每侧各一个，每隔 $1 \sim 2 \text{m}$ 将其固定在相对的一侧。如果直接在植被上安放筛网，桩柱应间隔 1m 放置，以防止抬升。在使用 SCUBA 的深水中，除了划艇船员外，还需要另一名助手向潜水员递送桩柱，并协助处理潜水紧急情况。潜水员会扰动沉泥，因此能见度会很低。屏障应垂直于岸线安放。

当筛网下方的植物开始腐烂时，可以通过在 $15 \sim 20$ 天内返回到原场所将粗麻布抚平改善安放，但这将增加安放的成本。

理想的安放时间是在植物生长之前。可以是把它们放置在冰面上。在适当重量下，覆盖材料会在冰融化时下沉，尽管"冰筏"可能会取代这些屏障。在水位降低条件下，在冰上安放会更有效（第 13 章）。放置约 2 个月的筛网可以移除然后用于湖中的其他地方（Perkins 等，1980；Engel，1982），这意味着在 5 月和 6 月覆盖的区域可以移除筛网，之后筛网可移到其他地方用于 7 月和 8 月的覆盖。在湖泊水位下降之后再将筛网安放在冰冻的湖底沉泥上，或者通过结合收割的筛网安放，可以改善安放。如果在短时间内完成筛网安放过程，小池塘密集泛滥的完全覆盖可能会导致溶解氧急剧下降。

浅滩水域的沙"毯"为涉水创造了更好的底部表面，从而能抑制一些水生植物的生长。

15.4　用表面覆盖来遮蔽水生植物

通过遮蔽来减少大型水生植物生物量很少得到关注，因为表面覆盖会让处理水域不能使用，而且覆盖物很容易被移位。

黑色聚乙烯薄膜可用作表面覆盖来控制池塘中的植物（Mayhew 和 Runkel，1962）。聚乙烯薄膜漂浮在 186m^2 的样区内（比重为 0.92），转角处被锚定来防止漂移。八块相似样区对不同优势物种进行研究。只要在植物成熟（美国北温带地区的 5 月）前覆盖 15 ～

21 天，所有的眼子菜物种在整个夏天都得到了控制。通过持续覆盖 18～28 天，金鱼藻也得到了控制。在植物生长得到控制的地方，丝状藻类侵入并在样区内重新成丛。这些覆盖物并不能控制普生轮藻、宽叶慈姑及挺水物种。

这个过程需要进一步的评估。例如，游泳区应当在 5 月初就覆盖，且覆盖物需要保持 25～35 天。由于在北温带直到 6 月水温都不能达到令人舒服的区间，这很可能不会影响到该水域用于游泳。如果薄膜能被小心地移除，它就能够在后续季节里重新使用。

由周边植被（特别是树木）造成的遮蔽能够减少湖滨沉水植物的生长。应当劝阻周边业主继续砍伐岸线上的树木。

有人提出用染料抑制植物生长（Eicher，1947）。水遮（Aquashade, Inc.，纽约州俄尔多德）是专为水生封闭系统（如池塘）中遮蔽植物而设计的。活性成分是酸性蓝 9（Acid Blue 9）和酸性黄（Acid Yellow），这些染料能过滤对光合作用至关重要的光波长，进而控制沉水植物（Madsen 等，1999）。水遮可使用浓缩物来加入，风会将其吹散到整个池塘，使池塘变成蓝色。制造商声称，该材料对伊乐藻、眼子菜、茨藻、狐尾藻、黑灌、轮藻和各种丝状藻类均有效，对水生生物无毒，但在水深不足 1m 时效果可能较差。该材料在使用后可立即游泳，但它不能用于饮用水源。水遮并不会将水体透明度降低到违反安全游泳标准的程度（Madsen 等，1999）。目前还没有足够的公开信息来评估商业染料。其作用机制是对光的限制，而不是对植物的直接毒性（Spencer，1984；Manker 和 Martin，1984）。

参 考 文 献

Armour, G. D. , D. W. Brown and K. T. Marsden. 1979. *Studies on Aquatic Macrophytes. Part XV. An Evaluation of Bottom Barriers for Control of Eurasian Watermilfoil in British Columbia.* Water Investigations Branch, Vancouver.

Bartodziej, W. 1992. Effects of a weed barrier on benthic macroinvertebrates. *Aquatics* 14 (1): 14 - 16.

Born, S. M. , T. L. Wirth, E. M. Brick and J. P. Peterson. 1973. *Restoring the Recreational Potential of Small Impoundments. The Marion Millpond Experience.* Tech. Bull. No. 71. Wisconsin Department of Natural Resources, Madison.

Boston, H. L. and M. A. Perkins. 1982. Water column impacts of macrophyte decomposition beneath fiberglass screens. *Aquatic Bot.* 14: 15 - 27.

Cooke, G. D. 1980. Covering bottom sediments as a lake restoration technique. *Water Res. Bull.* 16: 921 - 926.

Cooke, G. D. and M. E. Gorman. 1980. Effectiveness of DuPont Typar sheeting in controlling macrophyte regrowth after overwinter drawdown. *Water Res. Bull.* 16: 353 - 355.

Eicher, G. 1947. Aniline dye in aquatic weed control. *J. Wildlife Manage.* 11: 193 - 197.

Eichler, L. W. , R. T. Bombard, J. W. Sutherland and C. W. Boylen. 1995. Recolonization of the littoral zone by macrophytes following the removal of benthic barrier material. *J. Aquatic Plant Manage.* 33: 51 - 54.

Engel, S. 1982. Evaluating Sediment Blankets and a Screen for Macrophyte Control in Lakes. Office of Inland Lake Renewal, Wisconsin Dept. Nat. Res. , Madison, WI.

Engel, S. 1984. Evaluating stationary blankets and removable screens for macrophyte control in lakes. *J.*

Aquatic Plant Manage. 22: 43 – 48.

Engel, S. and S. A. Nichols. 1984. Lake sediment alteration for macrophyte control. *J. Aquatic Plant Manage.* 22: 38 – 41.

Gunnison, D. and J. W. Barko. 1992. Factors influencing gas evolution beneath a benthic barrier. *J. Aquatic Plant Manage.* 30: 23 – 28.

Helsel, D. R. , D. T. Gerber and S. Engel. 1996. Comparing spring treatments of 2, 4 – D with bottom fabrics to control a new infestation of Eurasian Watermilfoil. *J. Aquatic Plant Manage.* 34: 68 – 71.

Jones, G. B. and G. D. Cooke. 1984. Control of nuisance aquatic plants with burlap screen. *Ohio J. Sci.* 84: 248 – 251.

Lewis, D. H. , I. Wile and D. S. Painter. 1983. Evaluation of Terratrack and Aquascreen for control of macrophytes. *J. Aquatic Plant Manage.* 21: 103 – 104.

Madsen, J. D. , K. D. Getsinger, R. M. Stewart, J. G. Skogerboe, D. R. Honnell and C. S. Owens. 1998. Evaluation of transparency and light attenuation by Aquashade. *Lake and Reservoir Manage.* 15: 142 – 147.

Manker, D. C. and D. F. Martin. 1984. Investigation of two possible modes of action on the inert dye Aquashade on hydrilla. *J. Environ. Sci. Health A* 19 (b): 725 – 753.

Mayhew, J. K. and S. T. Runkel. 1962. The control of nuisance aquatic vegetation with black polyethylene plastic. *Proc. Iowa Acad. Sci.* 69: 302 – 307.

Newroth, P. R. and R. L. Truelson. 1984. Bottom barriers to control rooted macrophytes. *LakeLine* 4 (5): 8 – 10.

Nichols, S. A. 1974. *Mechanical and Habitat Manipulation for Aquatic Plant Management. A Review of Techniques.* Wisconsin Dept. Nat. Res. , Madison.

Nichols, S. A. and B. H. Shaw. 1983. Review of management tactics for integrated aquatic weed management of Eurasian watermilfoil (*Myriophyllum spicatum*) curly – leaf pondweed (*Potamogeton crispus*) and elodea (*Elodea canadensis*). In: *Lake Restoration, Protection and Management.* USEPA – 440/ 5 – 83 – 001. pp. 181 – 192.

Perkins, M. A. 1984. An evaluation of pigmented nylon film for use in aquatic plant management. In: *Lake and Reservoir Management.* USEPA 440/5 – 84 – 001. pp. 467 – 471.

Perkins, M. A. , H. L. Boston and E. F. Curren. 1980. The use of fiberglass screens for control of Eurasian watermilfoil. *J. Aquatic Plant Manage.* 18: 13 – 19.

Petersen, J. O. , S. Born and R. C. Dunst. 1974. Lake rehabilitation techniques and experiences. *Water Res. Bull.* 10: 1228 – 1245.

Pullman, G. D. 1990. Benthic barriers tested. *LakeLine* 10 (4): 4, 8.

Spencer, D. F. 1984. Influence of Aquashade on growth, photosynthesis, and P uptake of microalgae, *J. Aquatic Plant Manage.* 22: 80 – 84.

Ussery, T. A. , H. L. Eakin, B. S. Payne, A. C. Miller and J. W. Barko. 1997. Effects of benthic barriers on aquatic habitat conditions and macroinvertebrate communities. *J. Aquatic Plant Manage.* 35: 69 – 73.

第16章

化 学 控 制

16.1 引言

除草剂是用于植物管理的化学农药。除草剂会杀死植物或严重干扰它们的正常生长过程。除草剂配方包括活性成分、惰性携剂以及诸如佐剂这样让除草剂更加有效的其他化学物质。"如今的现代（除草剂）施用者正努力有选择地处理外来物种，促进本地物种的重新成丛，以及在更多'直接利用'水域处理其他过度生长的植被，让较少利用的本地物种水域作为生态系统中的营养和栖息地缓冲地带。"Kannenberg（1997）的这句话表明除草剂在湖泊和水库管理中的作用有三个方面：①消灭外来物种；②改变植物群落组成；③对直接利用或者重点利用地区的过度植被生长进行处理。

使用除草剂的决策必须基于与其他管理技术同样的标准：功效、成本、健康、安全、环境影响、监管合规性、公共接受度（第11章）。但情况却并总是如此。由于除草剂（或其他农药）处理很快速，相对较便宜，而且在很多情况下非常有效，它们常常在健康、安全和环境影响方面有不恰当的使用。这会影响到农药使用接受度的公众认知。

一个更令人惊讶的过度使用有毒但非常有效的水生植物除草剂的历史案例是对亚砷酸钠的使用。从威斯康星州自然资源部开始保留记录的1950年至不再使用该除草剂的1970年之间，大约有798799kg的亚砷酸钠被投入到167个湖泊之中（Lueschow，1972）。这些处理的环境影响并未被提及。然而，亚砷酸钠的使用导致在对一些重度使用湖泊的进一步管理中出现了长期问题。这些湖泊的沉泥变成了有害废物，因此诸如疏浚这样的湖泊管理选择方案就变得要么极度困难要么不切实际（Dunst，1982）。

除草剂是湖泊管理者"工具箱"中十分有用的技术，使用它们的最大障碍是公众认知问题。通过良好的示范项目、可靠的监控（第11章）、教育、已知环境影响的完整披露以及施行者负责任的使用，能够解决公众认知不足问题。

16.2 有效浓度：剂量、时间因素、活性成分、现场的具体因素以及除草剂配方

水生植物除草剂最初源自于陆上用途，主要应用于农业。在陆地系统中，活性成分的有效浓度直接作用于植物或者土壤。除非有像能冲刷掉植物上除草剂的暴雨这样的气象事件，通常无需考虑暴露时间。类似的，除草剂的有效浓度可直接作用于挺水和浮水物种。对于沉水物种，有效剂量通过水体来传递，因此需要考虑稀释和扩散。处理水体体积、水流、漂移和微观分层（第 11 章）都会影响到稀释和扩散。

处理任何物种的成败与否取决于活性成分接触植物或由植物吸收的有效剂量。这又取决于控制目标植物的浓度/暴露时间（concentration/exposure time，CET）关系（Getsinger，1997）。采用高剂量的除草剂和短暂的接触时间，或采用低剂量的除草剂和较长的接触时间，都能够达到有效浓度（图 16.1）。出于成本、安全、健康和环境的原因，更期望使用低剂量的材料，因此沉水植物更难以达到有效 CET 关系及其功效，因为远离植物的水体运动会影响到 CET 关系。

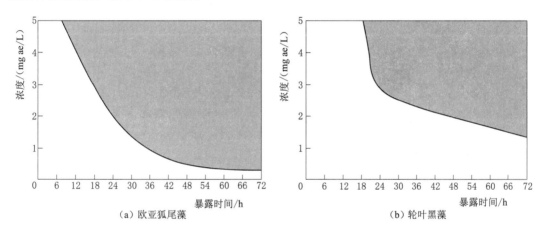

（a）欧亚狐尾藻 （b）轮叶黑藻

图 16.1 使用茵多杀控制欧亚狐尾藻和轮叶黑藻的浓度/暴露时间（CET）关系示例。
阴影区域表示实现 85%～100% 的穗状狐尾藻控制且处理后 4 周内再生长非常有限，
和实现 85%～100% 的轮叶黑藻控制且处理后 6 周内没有再生长或者再生长非常有限。
每个物种-除草剂组合的 CET 关系都有所不同。

（来源：Netherland，M. D. 等，1991. In：J. Aquatic Plant Manage. 29：61 - 67. 已授权。）

这并非意味着挺水植物和浮叶植物总是很容易地达到有效剂量。精确的施用要求设备必须经过良好的校准，具有良好度量，且船只或其他施用交通工具以恒定速度移动。这在重量大的植被地区很难实现，因为植物总是在船只通过时没入水底，进而冲刷掉除草剂。这意味着，对于挺水物种和浮叶物种而言，计算除草剂的有效剂量更加容易。施用率可基于处理面积来计算。对于沉水物种，还需要考虑到水深和流速。

理解活性成分对于恰当的 CET 计算十分关键。有效成分是配方中除草活性化学物质的浓度。对于不同的配方和同一产品不同的制造商，它可能千差万别。对于液态配方，它

可表示为重量体积比（g/L）；而对于固态配方，这可以表示为重量比（g/kg）。它还可表示为百分数。例如，对于液态配方，其活性成分可表示为 300g/L 或 30％。活性成分浓度会在除草剂标签上给出。

现场处理的具体因素会影响到除草剂配方的选择，进而影响到施用设备、技术和时间。例如，在静态的等温水中，适合液体配方的表面施用。这种条件下允许平均分布和表面施用的混合。在拥有温度分层环境的致密植物丛中，或者在水流剧烈的水域，采用颗粒状或颗粒状配方或在水表下注入液体配方，会使除草剂分布更加均匀。

16.3　化学药品类型

在美国注册并普遍用于湖泊和水库管理的只有 6 种除草剂：铜（第 10 章）、2，4-二氯苯氧乙酸、敌草快、茵多杀、氟啶草酮和草甘膦。第 7 种除草剂三氯吡氧乙酸只允许在实验室中使用。因为有长期使用限制或者对鱼和其他水生生物有毒性，除此之外的其他除草剂可能只在其他国家被批准使用，或者在美国被批准的水生用途不包括湖泊和水库管理。

根据其使用、接触模式、选择性以及环境中的耐久性，这些除草剂和其化学物质可用多种方式来分类（表 16.1）。

表 16.1　　　　　　　　　　　水 生 除 草 剂 的 特 征[1]

化合物	配方[2]	接触式与系统性[1]	活性模式[2]	水体中的半衰期（天）[2][3]	消失途径[3][4]
络合铜	各种铜络合剂—液体或颗粒	系统性	植物细胞毒性	3	沉淀，吸收
2，4-二氯苯氧乙酸	丁氧基乙酯—盐二甲胺—液体异辛酯—液体	系统性	选择性植物生长调节剂	7～48	微生物降解，光分解，植物代谢
敌草快	液体	接触式	破坏植物细胞膜完整性	1～7	吸收，光分解，微生物降解
茵多杀	液体和颗粒	接触式	灭活植物蛋白质合成	4～7	植物代谢，微生物降解
氟啶草酮	液体和颗粒	系统性	破坏类胡萝卜素的合成，导致叶绿素漂白	20～90	光分解，微生物降解，吸收
草甘膦	液体	系统性	破坏苯丙氨酸的合成	14；用于水上而非水中	吸收，微生物降解
三氯吡氧乙酸[3]	液体	系统性	选择性植物生长调节剂	—	—

① 美国环保署注册的除草剂。

② 来源：Madsen, J. D. 2000. 水生植物管理的优势和劣势 技术报告 ERDC/EL MP-00-01，美国陆军工程兵团，Vicksburg，MS.

③ 仅限实验室使用。来源：Langeland, K. A. 1997. In: M. V. Hoyer and D. E. Canfield (Eds.)，湖泊和水库的水生植物管理，NALMS, Madison, WI and Lehigh, FL. pp. 46-72.

④ 依据威斯康星州自然资源部，1988. 水生植物侵扰控制（NR 107）项目的环境评价. 威斯康星州自然资源部，Madison, WI.

16.3.1　接触式和系统性

接触式除草剂能快速作用，通常对于它们所接触到的植物细胞是致命的。由于它们的快速作用和其他生理学原因，它们不会在植物体内广泛活动，只会杀死与植物接触的组织。因此，它们通常对一年生植物更有效（关于一年生植物与多年生植物的信息，请参见第 12 章的表 12.10）。多年生植物可以通过接触式除草剂去除叶子，但它们会从未受影响的部分（特别是沉泥下受保护的部分）重新生长。接触式除草剂对年长、生长缓慢或老化的植物比系统性除草剂更有效，因此在生长季节后期，系统除草剂由于缺乏时间或生理学原因而无效时，接触式除草剂是控制水生植物侵扰的首选。

系统性除草剂可从植物的吸收点转移到植物的关键生长点。与接触性除草剂相比，它们的作用较慢，但通常对多年生植物和木本植物更有效。它们比接触除草剂更具选择性。正确的施用方法至关重要。如果施用率过高，系统性除草剂就会像接触式除草剂一样起作用。他们对植物的作用力非常强，以至于不会转移到关键的植物生长水域（Nichols，1991）。

16.3.2　广谱除草剂与选择性除草剂

广谱除草剂能够控制所有或大多数与之接触的植物。选择性除草剂只能控制特定植物，而对其他植物不起作用。选择性是基于不同物种对该除草剂的不同响应。它受植物和除草剂两者的影响。

选择性会受到除草剂 CET 关系的影响。例如，睡莲（萍蓬草属）中的水葫芦（凤眼莲）可采用推荐剂量率的 2，4 - 二氯苯氧乙酸来选择性地控制，但睡莲可以用更高的剂量或颗粒配方制剂来进行控制（Langeland，1997）。

系统性除草剂是最具生理选择性的除草剂。然而，如上文所述，它们必须被转移至能起作用的区域。除草剂可能会被限制在植物外部或者在进入植物体内后立即被限制，因此它们无法移动到起作用区域。由于还不完全清楚的一些其他原因，在某些植物中除草剂会比在其他植物中能更好地转移，这就带来了选择性（Langeland，1997）。一些植物有能力改变或代谢除草剂，进而导致其不再具有活性；一些除草剂会影响到特定的生物化学路径，因此它们只对具有该路径的植物或植物群体起作用（Langeland，1997）。

选择性还会受到多年生物种生长周期内生理特性的影响。在生长早期，植物中储存的养料会向上转移，因此从根部摄取的除草剂最为有效。在生长周期后期，养料会向下转移至根部，因此叶面除草剂最为有效（Langeland，1997）。

16.3.3　持久性和非持久性

持久性除草剂会在水中保持很长时间的活性，通常长达数周或数月。非持久性除草剂只会在直接喷洒至叶面时才会起作用，或者在与土壤、水中的特定物质或者植物细胞接触后就快速失去其生理毒性。非持久性除草剂可能在水中快速衰减。非持久性和持久性没有固定的时间区分。除草剂在水中的半衰期是衡量其持久性的有用指标。

16.3.4　罐混制剂（Tank Mix）

除了单独使用外，除草剂还可进行混合来提高功效。敌草快与乙醇胺酮是非常受欢迎的罐混制剂，能够对水生植物提供广谱控制，而且液体配方制剂使用也很便利。

16.3.5　植物生长调节剂（PGR）

生长调节剂能阻碍植物达到正常高度。通过阻止细胞分裂和伸长，它们使植物保持短小和功能性。有关水生植物的植物生长调节剂（plant growth regulator，PGR）研究已有15 年的历史。不幸的是，它还没有商业化，因此 PGR 不能也没有用于管理目的。

实验室和现场的测试表明，苯基噻二唑基脲和苄嘧磺隆均能使蓍藻（欧亚狐尾藻）、黑藻（轮叶黑藻）和眼子菜属植物的高度保持矮小（Anderson，1986，1987；Anderson 和 Dechoretz，1988；Lembi 和 Netherland，1990；Nelson 和 Van，1991）。苯基噻二唑基脲能阻止黑藻中块茎和根状茎的生长（Klaine，1986）。苄嘧磺隆能阻止小节眼子菜、篦齿眼子菜和黑藻繁殖体的生长（Anderson，1987）。

生长调节剂是非常有趣的技术，它们有潜力在利用水生植物有益方面的同时不会让它们生长至泛滥的程度。在产品多样性、摄取模式、作用模式、不同植物响应、功效、健康、安全和环境影响方面，它还有很多问题有待研究，但在该技术还无商业利益时这些问题很可能都还没有答案。

16.3.6　佐剂

佐剂是潜加进除草剂以提高其功效的化学物质。目前有活化剂、喷雾剂和效用剂（Thayer，1998）。它们还包括使除草剂更容易混合的湿润剂和乳化剂。散布剂（spreader）能使除草剂均匀地分布在已处理表面。黏合剂、增稠剂、反乳化剂和发泡剂可增加除草剂对处理表面的黏附性，有助于控制除草剂的漂移。渗透剂通过降低表面张力或渗透蜡涂层来增强除草剂的吸收。许多除草剂配方制剂中含有少量的佐剂，而上述所有种类的佐剂可能都不适用于水生环境。润湿剂和黏合剂可能是最常用的佐剂（Binning 等，1985）。

16.4　提高除草剂选择性

理想情况下，除草剂可用于选择性地控制不良物种，并将植物群落结构转变为更加期望的类型。植物控制通常不会考虑到选择性，但持续的研究使得除草剂更具选择性。现在已经存在一些选择性地使用除草剂的工具，包括其功效信息以及位置选择性、时间选择性和剂量选择性应用。

利用植物对除草剂的不同敏感性是选择性控制的一种方法。在混合植物群落中，如果不良物种可由除草剂控制而理想物种不会，则有根据除草剂的功效来进行选择性控制的基础。其中一个例子是在混合杂草（眼子菜属）群落中使用 2，4-二氯苯氧乙酸控制欧亚（穗花）狐尾藻或金鱼藻（金鱼藻属）。2，4-二氯苯氧乙酸能有效控制蓍藻和金鱼藻，但不能控制眼子菜。作为规划选择性管理的依据，表 16.2 总结了水生植物对湖泊和水库管理中常用除草剂的响应。在使用任何除草剂之前，应参考标签上关于具体功效信息的说明。

将除草剂小心地施用在目标植物上且尽量避免非目标植物，施用也可以是有选择性的。例如，使用 2，4-二氯苯氧乙酸并小心地将除草剂投放在目标植物上，有经验的手持喷枪给药人员能够选择性地控制芦苇（蔗草属）中的小面积水葫芦（Langeland，1997）。类似的，如果在上述场景中使用敌草快，尽管这是一种广谱接触性除草剂，但它仅可用于杀死水线之上的芦苇茎秆。地下的芦苇根部和根出条不会受影响，而在除草剂的初始影响过后植物会再生长（Langeland，1997）。

表 16.2 水生植物对湖泊和水库管理中常用除草剂的响应[①]

名　　称	草甘膦	2，4-二氯苯氧乙酸	茵多杀	敌草快	氟啶草酮
挺水和浮叶物种					
水菖蒲	N	C	N	N	N
空心莲子草	CC	CC	N	N	CC
莼菜	N	C	CC	CC	CC
荸荠属	N	N	N	N	CC
北方甜茅	N	N	N	C	N
伞状天胡荽	N	CC	N	C	N
美洲爵床	N	C	N	CC	CC
乌拉圭丁香蓼	N	C	CC	CC	CC
短瓣千屈菜	C	N	N	N	N
旱金莲属	N	C	N	N	N
黄莲	CC	C	CC	N	N
萍蓬草属	C	C	CC	N	CC
北美香睡莲	C	C	CC	N	CC
芦苇属	CC	N	N	N	N
蓼属	CC	CC	CC	CC	CC
梭鱼草属	CC	CC	N	N	N
柳属	C	C	N	N	N
慈姑属	C	C	N	N	C
蔗草属	C	C	N	CC	C
黑三棱属	N	N	C	N	N
欧菱	N	CC	N	N	N
香蒲属	C	CC	N	CC	CC
漂浮物种					
卡罗莱那州满江红	N	CC	N	CC	CC
凤眼莲	CC	C	CC	C	N
浮萍属	N	CC	CC	C	C
大藻	CC	CC	CC	C	N
圆叶槐叶萍	N	N	CC	C	CC
紫萍	N	CC	N	C	CC
哥伦比亚芜萍	N	N	N	CC	CC
佛罗里达无根浮萍	N	N	N	CC	CC

续表

名　　称	草甘膦	2，4-二氯苯氧乙酸	茵多杀	敌草快	氟啶草酮
沉　水　物　种					
水盾草	N	CC	C	CC	CC
金鱼藻	N	CC	C	C	CC
轮藻属②	N	N	N	N	N
水蕴草	N	N	C	CC	CC
加拿大伊乐藻	N	N	C	C	CC
轮叶黑藻①	N	N	CC	CC	CC
粉绿狐尾藻	N	C	C	C	N
穗花狐尾藻	N	C	C	C	CC
茨藻属	N	CC	C	C	CC
眼子菜属	N	N	C	CC	CC
理查德森眼子菜	N	N	C	N	C
水毛茛	N	N	CC	C	N
海川蔓藻	N	N	CC	C	N
狸藻属	N	CC	N	CC	CC
美洲苦草	N	N	CC	CC	N
角果藻	N	N	C	N	N
杜邦草	N	C	C	N	N

注：C——除草剂可控制；CC——除草剂可有条件地控制；这可能意味着其功效取决于具体的配方制剂或应用技术，Westerdahl 和 Getsinger（1988）对其评分只是良好控制，或者说它的标签说明只是用于部分控制；N——除草剂无法控制，未注册用于该物种，或配方未知。

① 用作一般指南；详情参见标签说明。

② 可用铜或铜络合物进行控制。

来源：摘自 C. A. 和 M. Netherland. 1988. 第 5 类，水生有害生物的控制，普渡大学植物学系；W. Lafayette，IN；Westerdahl，H. E. 和 K. D. Getsinger. 1988. 水生植物辨识和除草剂使用指南，第 II 卷：水生植物和对除草剂的敏感性. Aquatic Plant Cont. Res. Prog. Tech. Rept. A-88-9. 美国陆军工程兵团，Vicksburg，MS；Binning，L.，B. Ehart，V. Hacker，R. C. Dunst，W. Gojmerac，R. Flashinski 和 K. Schmidt. 1985. 商业给药的有害生物管理原则：水生有害生物控制. 威斯康星大学分校，Madison；Cooke，G. D. 1988. In：湖泊和水库指南手册. USEPA 1440/5-88-02. pp. 6-20-6-34.

　　限制除草剂活动的佐剂是一种选择性地处理一片水域的方法。在处理单一品种的有害物种且要防止除草剂漂移进入有价值的植物群落中时，这种方法尤其适合。限制除草剂运动的另一种方法是结合水位降低一起来处理。在水位降低条件下，佛罗里达州奥克拉瓦哈湖（Lake Ocklawaha）采用氟啶草酮和其他化学物质进行了实验性处理，以测试控制黑藻植物和根茎的功效（Westerdahl 等，1988）。在陆地地区，除草剂可精确投放。

　　水温和光照会影响水生植物的生长、生理状态以及生物气候学。大多数除草剂在植物活动生长时效果最佳。与其他物种相比，一些物种，例如伊乐藻、菹草和欧亚狐尾藻，在低水温条件下生长得更好，因此生长季节会出现得更早。这就为在其他物种活动生长之前使用接触性或短寿命系统性除草剂对这些物种进行处理提供了机会。关于确定管理策略时生物气候学的重要性和资源分类模式，可参考第 11 章。

对 CET 关系的充分了解能够基于同一除草剂的剂量或接触时长的变化来进行选择性管理。上文中给出了水葫芦和睡莲的例子。茵多杀的标签上写道，使用控制菹草和许多挺水和自由漂浮物种时一半的浓度，就可以选择性地处理菹草。Adams 和 Schulz（1987）发现欧亚狐尾藻和伊乐藻对于低浓度的敌草快十分敏感。基于 CET 关系的"精细调节"处理是当前研究十分活跃的领域。由于之前所述的扩散和稀释问题，这一研究十分困难，但这是一个非常有希望的领域，能够使用除草剂选择性地管理植物群落并减少除草剂处理的环境影响。

16.5 环境影响、安全和健康考虑

16.5.1 除草剂的环境归宿

在确定环境影响、安全和健康时，知晓水生除草剂的环境归宿十分重要。除草剂会在环境中持续多久，其分解产物是什么，除草剂以及分解产物在其"消失"后去向如何，这些都是很重要的问题。消失是指除草剂在环境的特定部分中被去除（Langeland，1997）。水生除草剂可通过稀释、湖底沉泥的吸收、挥发、植物和动物的吸收以及耗散而消失。除草剂可通过光分解、微生物降解或植物和动物的代谢而被耗散。消失率（表 16.1 中的半衰期）取决于：①初始除草剂浓度；②水运动；③温度；④植物物质数量；⑤水化学；⑥水体积；⑦降解生物的存在；⑧消失的模式。

表 16.1 总结了除草剂消失的途径。在接触性除草剂中，茵多杀可生物降解为二氧化碳和水。敌草快可快速被植物吸收或者在水体和湖底沉泥中紧密结合为颗粒物。当被黏土矿物质颗粒束缚时，敌草快无法被生物获取。当被有机物束缚时，微生物可以缓慢地降解敌草快。当施用在叶表面时，它们可以在一定程度上进行光分解。目前还未找到与敌草快降解产物的存在和生物效应有关的信息（WDNR，1988）。

微生物作用是 2，4 - 二氯苯氧乙酸降解的主要模式，但在碱性条件下光分解也可能很重要（WDNR，1988）。2，4 - 二氯苯氧乙酸可降解为天然存在的化合物。例如，2，4 - 二氯苯氧乙酸胺可降解为二氧化碳、水、氨和氯（Langeland，1997）。

氟啶草酮在水中的耗散主要是通过光降解。在湖底沉泥中，微生物分解很可能是最重要的分解方式。降解速率是可变的，可能与施用的年份有关。在白昼较短且太阳光线直射较少的时候施用会导致较长的半衰期。氟啶草酮通常在 3～9 个月后会从湖水中消失。但通常会保留在湖底沉泥中长达 4 个月～1 年（Langeland，1997）。

尽管草甘膦并不会直接施用于水中，当它进入水体时，会与特殊物质以及湖底沉泥结合，进而失活。在数个月的时间内，它会降解为二氧化碳、水、氮和磷（Langeland，1997）。

络合是去除水中可溶性铜离子的主要方法。铜离子可与天然水中的碳酸盐和氢氧根离子以及有机腐殖酸进行化学结合。这种结合在高碱度、硬度和 pH 的水中非常迅速。一些湖泊在很长一段时间内接受了大剂量的铜。1950—1970 年，威斯康星州戴恩县的科贡萨（Kegonsa）湖和沃别萨（Waubesa）湖分别使用 586750kg 和 692182kg 的硫酸铜进行了处理（Lueschow，1972）。在超过 58 年的时间里，硫酸铜以 $1647kg/hm^2$ 的累积速率被施用于明尼苏达州南部的五个费尔蒙特湖（Hanson 和 Stefan，1984）。戴恩县湖泊沉泥中铜的浓度高达总沉泥重量的近 1％（WDNR，1988）。在戴恩县的湖泊中，沉泥中铜的最高浓度出现在最大水深处，铜的浓度沿向沉积物顶部的方向下降，这说明铜浓度最高的沉泥正被埋没。在秋季湖泊换季期，湖泊中铜的浓度较高，因此湖泊中似乎存在一个年度铜循环。增加的铜含量主要存在于水中悬浮的有机成分中；可溶性铜的增加量相对较小（WDNR，1988）。有关铜的详细信息，请参见第 10 章。

活性成分并非唯一被加入水体中的化学物质。除此之外还添加了惰性成分、制造污染物和佐剂。其中一些产品的归宿已经被研究过，但通常它们的归宿不如活性成分的归宿那样为人所知。建模正在成为一种越来越重要的工具，可用于描述个体、种群和群落层面上在水生环境中使用杀虫剂的生态风险特征（Bartell 等，2000）。

16.5.2　毒性效应

在美国，美国国家环境保护局对水生除草剂的使用进行注册。如果它不会对人类健康或环境造成"不合理的负面影响"的话，该除草剂就可以注册。注册并不意味着除草剂没有健康或环境风险。除草剂的注册决策是所含风险与收益的平衡。在考虑了成分、制备工艺、物理和化学性质、移动性、挥发性、分解率、在动物和植物中累积的可能性、对动物的毒性以及致癌或致突变性质后，美国国家环境保护局会决策是否会注册某个除草剂。美国国家环境保护局可以批准或否决一个新除草剂的注册，也可能进一步限制或取消某个除草剂的使用注册。

除草剂伤害鱼类、植物或其他水生生物的能力取决于除草剂的毒性、使用剂量、受影响生物的暴露时间以及除草剂在环境中的持久性。毒性效应可能是直接的或间接的。直接效应会影响关心的生物。如果它能杀死生物体则直接影响可能是致死的，否则它就是亚致死的。亚致死即慢性影响包括生物量损失、疾病抵抗力下降、生殖率降低或不育、注意力丧失、捕食者回避率低以及身体部位变形。短期间接效应是指目标植物的死亡和腐烂所引起的生态效应。长期影响是由植物群落的重组或更广泛生态变化所引起的变化，如湖泊的稳定状态从以水生植物占优势的湖泊转变至藻类为主的变化，或者如食物网的变化（第 9 章）。除草剂使用的直接和间接效应如图 16.2 总结所示。

16.5.2.1　直接效应

最明显的直接效应是对非目标水生植物的损伤。这可能表现为对目标处理水域内植物存在的影响，也可能由于喷洒漂移或水流的残余运动而影响到不在目标水域内的植物。知晓了非目标物种和除草剂的 CET 关系以及考虑耗散因子后的除草剂浓度后，就可以计算影响的可能性。

对无脊椎动物、鱼类和高等动物人类的致死或亚致死效应并不容易进行评估。目前已经在水生生物身上进行了多种试验和推断，来确认除草剂的毒性。急性毒性通常报告指标为致死浓度、有效浓度或耐受限值（WDNR，1988）。致死浓度（lethal concentration，LC）

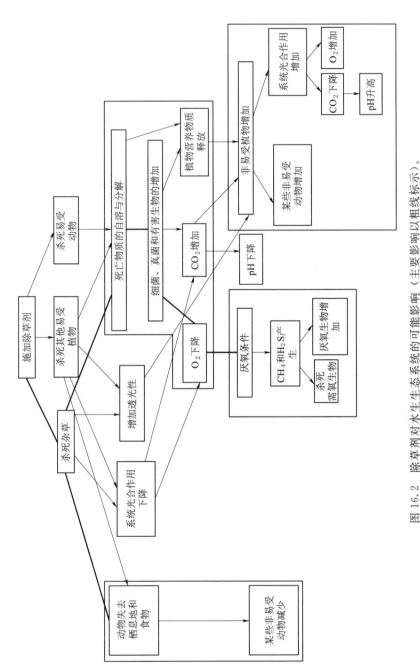

图 16.2 除草剂对水生生态系统的可能影响（主要影响以粗线标示）。

[来源：Murphy, K. J. and. P. R. F. Barrett. 1990. In: A. Pieterse and K. Murphy (Eds.), Aquatic Weeds, The Ecology and Management of Nuisance Aquatic Vegetation. Oxford University Press, Oxford, UK. pp. 136–173.]

是在给定时间内（如 24h、48h 或 96h）杀死 50％的受试生物浓度。它是鱼类和其他水生生物最常被测试或报告的参数。它通常被报告为 LC_{50} 24h、48h 或 96h。有效浓度是使试验生物体无法移动的剂量。它通常用于昆虫和甲壳类动物，这是因为这些动物很难确认死亡。耐受限值是一种外推或通过数学来确定的浓度，可用来估计毒性点。"无可见效应"水平是报告毒性的另一种方法。这是在试验生物体生上无可见影响的最高测试浓度。

多数论文都是在实验室条件下进行的，这时能够仔细控制影响试验结果的多种因素。这种简化的试验在解释除草剂对湖泊等复杂动态系统影响方面存在明显的困难。人们还对被选择用于测试的物种及其生命阶段有担忧（Paul 等，1994）。不可能在所有生命阶段、所有栖息地条件下测试所有可能受影响的生物体。许多试验物种可能不会出现在使用除草剂的地区。

关于除草剂对水生生物的毒性，其大部分已发表数据都有关于对无脊椎动物和鱼类的影响，但除草剂对浮游植物、微生物和高等动物也有影响。许多高等动物不是专性水生生物，因此对它们的关注较少。然而，一些高等动物，如青蛙和蟾蜍，在其生命早期也是专性水生生物。

亚致死或慢性效应很可能比致死更加难以评估。怎么说明蓝腮太阳鱼今天感觉不太舒服？主要的途径是通过其数量、生长和生命周期的研究来评价，但这一研究在湖泊或水库生态系统中极度复杂。

本节的目标不是要综述所有的毒理学数据并对水生除草剂进行风险评估，而是要说明这一任务的复杂度。相关信息浩瀚如烟，只有专业的毒理学家才能完成。如果要了解更多的话，最好的资源就是政府机构对水生除草剂毒理学进行评审并对其风险进行评估后做出的环境评价（Shearer 和 Halter，1980；WDNR，1988）。另一个上佳的资源是网络上的扩展毒理学网络。要找到它的话，在网络搜索功能中输入"Extoxnet"。Extoxnet 给出了农药信息概要，总结了商品名称、监管状态、配方制剂、毒理学效应、生态学效应、环境归宿、物理性质和制造商信息。它还给出了更多信息的参考文献。

最具直接毒性效应潜力的两种除草剂是茵多杀的单胺盐（商品名称为草藻灭 191）以及硫酸铜。由于其毒性，在渔业为重要资源的水体内，不建议使用液体草藻灭 191（WDNR，1988）。低尝试水平的铜能够产生致死和亚致死毒性，影响到数个营养组上水生生命的生长和繁殖。用于控制藻类的铜浓度要高于会对一系列水生生物产生慢性毒性的浓度，也高于对特定敏感生物产生急性毒性的浓度（WDNR，1988）。软水中的鲑鱼类生物对铜特别敏感。

16.5.2.2　间接效应

除草剂使用的间接影响包括水化学的变化，碎屑堆积，包括群落结构、食物网络和稳定状态变化在内的生态系统变化，以及堆积痕量杂质的可能性。针对管理者，Engel（1990）给出了关于除草剂使用可能对生态系统影响的简明文献综述。水化学的变化类似于第 11 章中所述的由于水生植物自然死亡和腐烂所造成的变化。除草剂处理引起的大部分水化学变化发生得很快，植物在几天或几周内就会死亡。如果危害大到足以需要考虑用除草剂控制，水生植物的生物量通常很高。在自然条件下，33％～50％的水生植物生物量可能在死亡后的前三周内降解（Adams 和 Prentki，1982）。特别是在除草剂能破坏植物组织的时候,除草剂处理后降解可能更快。因此,有大量的消耗氧气的植物材料腐烂,释放营养物质,并在很短的时间内增加底部的碎屑。这通常发生在温暖的月份,温暖的水不能像寒冷的水那样能储存那么多的氧气。这时藻类的生长条件最佳,因此释放的营养物质会刺激藻类"泛滥"。

随着植物的死亡,由于光合作用减少造成的氧气损失加剧了降解产生的氧气需求。除草剂处理后影响氧气耗竭的主要因素有水温、水体周转率、水深、水生植物生物量和枝条氮含量以及外部氧气输入速率。除草剂处理后产生脱氧的短期恢复通常源自于浮游植物的大量生长或替代植物的生长(Murphy 和 Barrett,1990)。

呼吸作用产生的二氧化碳随腐烂而增加,可以改变无机碳平衡。在缓冲差的水域,这可能会导致日间变化超过一个 pH 单位(Murphy 和 Barrett,1990)。从腐烂的水生植物释放进入水体的植物养分有利于浮游植物或像浮萍属这样的自由漂浮物种的生长(Murphy 和 Barrett,1990)。如果自由漂浮物种占优势,白天的溶解氧水平可能在很长一段时间内无法恢复到处理前的水平(Murphy 和 Barrett,1990)。最终在湖底成为碎屑而终结的植物生物量在其腐烂过程中会持续消耗氧气。低氧含量会在沉泥中创造还原条件,导致养分进一步释放。冠层叶片的损失会增加阳光穿透和水温。水生植物腐烂产生的颗粒有机物会暂时增加浑浊度。

长期研究说明了养分和碎屑输入的幅度。在佛罗里达州奥基乔比湖(Lake Okeechobee),除草剂处理过的自由漂浮水生植物估计在 24 年的时间里产生了 14281t(m.t.)的碎屑,且使 285t 的氮和 74t 的磷返回到水体中(Grimshaw,2002)。此外,在 15 年的时间里,还产生了 4472t 的碎屑,88t 的氮和 23t 的磷返回到奥基乔比湖的主要支流基西米河(Kissimmee River)的水体之中。除草控制带来的氮和磷养分负荷分别为外源养分负荷的 4%~49% 和 1%~17%。此外,基西米河处理产生的碎屑、氮和磷可能到达奥基乔比湖。在佛罗里达的伊斯托波加湖(Lake Istokpoga),1988—1992 年除草剂处理减少了黑藻(轮叶黑藻),导致总磷和叶绿素 a 的浓度显著增加,且使得 Secchi 深度有所下降(O'Dell 等,1995)。这些结果是预料之中的,因为除草剂的使用会使广大黑藻植物垫中的养分释放。黑藻垫的降解也可能会增加沉泥再悬浮,并将主要生产者从水生植物转变为藻类。

随着水生植物栖息地的丧失,食物链和食物网也会变化。植栖性无脊椎动物和附生植物会由于栖息地的丧失而减少,但是底栖无脊椎动物可以随着碎屑的增加而增加(Hilsenhoff,1966)。失去庇护所会使年幼的鱼类、浮游动物和植栖性无脊椎动物遭到更多的捕食。水生植物覆盖的损失会增加河岸侵蚀和沉泥悬浮。水鸟可以分散到有覆盖和食物的安静水域。当食物网因水生植物和相应附生植物的损失而改变时,就会出现"赢家"物种和"输家"物种。例如,在湖泊鱼类的承载能力范围内,水生植物的高丰度有利于适应水生植物的鱼类,水生植物的低丰度则有利于适应开放水域的鱼类。确定水生植物对鱼类价值的一个主要因素是鱼类为捕食者还是被捕食者。水生植物的存在增加了湖泊生态系统的结构复杂性,为被捕食物种提供了庇护所,并干扰捕食者物种的进食。即使是单一物种也有两面性。除草剂可能杀死一些浮游动物,并使它们暴露在更多的捕食者下,但除草剂处理增加食物供应后,浮游植物会大量繁殖。

有人担心一个问题，即持续使用除草剂会发展出对除草剂有抗药性的生物体。在过去，很少有证据表明在正常使用除草剂时会出现这种情况（WDNR，1988）。然而，最近的证据表明，在佛罗里达州的几个水生系统中，黑藻对氟啶草酮的敏感性存在差异（Netherland 等，2001）。这是意料之外的，也是水生植物管理中一个重大的新发展。问题可能一部分与氟定草酮使用时的低剂量率有关。在敏感性差异小的地方，低剂量即可施加很大的选择压力。

　　另一个问题是抗除草剂植物群落的发展。除草剂是有选择性的，因此易受影响的物种被杀死，而耐受性的物种得以保留。为了杀死剩余的物种，就需要使用不同的除草剂。如果这种情况重复足够多次的话，只有对大多数除草剂有抗药性的物种能得以留存。如果该物种是期望中的，那这种除草剂就是有益的；但如果不是，则这种除草剂就是无效的，而我们也会丧失一种水生植物管理的工具。在短期内，除草剂处理使淡水植物演替退化到早期阶段。抗扰植物会伺机填补新空缺的生态位，随后这一机会主义者会被生长较慢但更具竞争力的植物物种所取代（Murphy 和 Barrett，1990；Newbold，1976）。轮藻属、曲柔茨藻和多叶眼子菜通常是初始的先锋物种，而轮藻和美洲苦草则是除草剂处理后的持久性物种（Brooker 和 Edwards，1973；Crawford，1981；Getsinger 等，1982；Hestand 和 Carter，1977）。从长期来看，单一除草剂处理对水生植物群落结构的影响并不大（Wade，1981；Murphy 和 Barrett 于 1990 年所引用的 Wade，1982）。在处理后的几年里，水生演替过程导致原始植物群落重建，但重复处理可能使植物群落保持在水生演替的早期阶段（Murphy 和 Barrett，1990）。温德福尔湖（Lake Windfall）是威斯康星州东北部的一个 23hm² 的湖，最大深度 9.2m，它就是上述情况的一个例子（Dunst 等，1974）。用各种除草剂进行了 3 年的广泛处理后，在大部分的湖滨带，其混合水生植物群落已退化为密集的单物种轮藻植物丛。轮藻生长在湖泊某些水域能达到高出水面 2m 的高度，一个可被觉察的水生植物问题变成了湖岸居民的真正问题。在"顺其自然"的 3 年内（见第 12 章），大叶眼子菜（*Potamogeton amplifolius*）是在这种状况下更加期望的物种，它在大片的湖泊水域中取代了轮藻。

　　在浅的富营养湖泊中，除草剂处理可能把湖泊的"稳定状态"（Scheffer 等，1993）从水生植物占优改变为藻类占优（Moss 等，1996）。除草剂并非是可以出现这种情况的唯一途径。其他管理技术也同样会导致这种变化。很难计算出多大量的管理会导致这一变化（van Nes 等，2002），而且一旦变化发生，就很难再回归到水生植物占优的状态（Scheffer，1998）。

　　本章下文的案例研究中给出了与具体处理相关的直接和间接环境影响信息。更详细的信息可参见与这些处理相关的参考文献。

16.5.2.3　湖泊管理者和关心的市民应当做些什么？

　　最终，湖泊管理者、河岸业主或政府机构必须决定是否使用或是否允许使用除草剂。有风险吗？（一些问题还没有答案，如微量污染物的可能性）答案是肯定的。与其他任何管理实践一样，基于现有的证据，风险需要与收益平衡。从实际的角度来看，目前注册的水生除草剂已经使用了很长一段时间，对水生生态系统没有已知的可怕后果。大多数数据表明其影响是暂时的。到目前为止，几乎没有证据表明除草剂残留或慢性毒性会在天然水生系统中积累，而鱼类种群似乎也没有受到不利影响（Murphy 和 Barrett，1990）。大多数问题的致因都可追溯为使用不当。目前，如果产品对人类健康、环境或野生动物资源造成重大损害的可能性超过百万分之一，那么该产品就不能注册用于水生用途，此外，它可能没有生物放大作用、生物利用度或在环境中持久存在性的证据（Madsen，2000）。由于稀释、土壤颗粒和生物的吸附、挥发和其他的耗散方式，生物只会暴露在施用浓度的除草剂下很短的时间。假定有逃跑路线，移动生物（主要是鱼类）会对某些除草剂表现出躲避反应（Murphy 和 Barrett，1990）。除草剂能改变水生生态系统功能吗？答案再次是肯定的。有时这是期望的结果，而在其他情况下结果是已知的。针对本书的目的，应当注意的是，有限使用除草剂来改变水生植物群落组成或灭绝外来物种，与延长使用除草剂进而在不针对侵扰致因的情况下管理水生滋扰，这两者之间有很大的区别。前文提到的威斯康星州戴恩县和明尼苏达州费尔蒙特县就是后一种情况的例子。下一节将讨论如何在使用除草剂时将环境风险降到最低。处理越有效，影响可能持续的时间就会越长，或者可能发生的环境变化就会越多。

16.6　减少环境风险的方法

减少环境风险最重要的方法是遵循除草剂的标签说明。除草剂的安全性测试是基于标签条件进行的。不遵守标签规定是违法的。对于人类饮用、游泳，食用鱼类、动物饮用，以及对草坪、草料和粮食作物进行灌溉的水体，使用除草剂处理是有限制的。这些限制可能会有所不同，但在标签上有说明，因此请确保在使用除草剂前了解并能遵守这些限制，并在使用后遵守它们。向湖泊使用者通报除草剂的使用情况可以防止无意地使用受限制的水域，而且很多时候这是法律所要求的（图 16.3）。标签还给出了产品效用的信息。使用不能控制目标物种的除草剂会给环境增加不必要的化学物质，浪费金钱和精力。

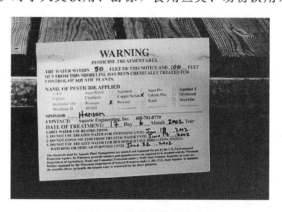

图 16.3　除草剂施用公告

从岸线开始向外喷洒除草剂可为移动生物提供逃生路径。在杂草严重的情况下，一次只处理部分水域，且每次处理之间间隔 2～3 周。这可以最大限度地减少由于植被降解所造成的溶解氧耗竭和养分冲击。它还能够让未处理避难所中各种生物重新回归。

只处理需要管理的区域。这似乎是显而易见的，但我们建议要对整个湖泊进行氟啶草酮处理。可以通过部署临时不透水屏障来隔离处理区域，以减少与湖泊其他部分的水交换（McNabb，2001）。这也能够降低除草剂的成本。

施药器需要跟上技术的发展。船载计算机、测深仪、全球定位系统单元以及数字流量计使施药器能够更精确地测量已处理水域和已处理剂量（图 16.4）（Kannenberg，1997）。氟啶草酮和茵多杀的低剂量施用以及 2，4 - D 和铜络合物的新配方都是能降低环境风险

图 16.4 典型的除草剂施用设备。需要注意的是全球定位系统和车载电脑。

的产品或技术（Kannenberg，1997）。

维护管理是减少环境风险的另一个工具。维护人员管理计划能够在植物成为问题之前就将其控制在较低的水平。在佛罗里达州，该方法被有效地用于水葫芦的控制。通过将水葫芦的覆盖度保持在 5% 以下，除草剂用量减少了 2.6 倍，碎屑沉积减少了 4 倍，而且还减少了植被垫层发生的溶解氧减退（Langeland，1998）。在佛罗里达州的圣约翰河（St. John River），1995—2000 年，美国陆军工程兵团将需要处理的大藻（*Pistia stratiotes*）面积从 881hm² 减少到了 33hm²，而需要处理的水葫芦面积从 649hm² 减少到了 28hm²（Allen，2001）。维护管理工作对水葫芦效果良好，因为水葫芦生长迅速且几乎连续不断，而且它经常暴露在空气中因而很容易成为目标。维护管理可能对其他具有类似特征的漂浮或挺水物种也很有效。湖泊中沉水物种的维护控制要更加困难（Langeland，1998）。一部分原因可能是除草剂的稀释因子；另一部分原因可能是植物需要在生长中才能得到有效的处理。如果植物不在那里，它们也就不能被处理。

另外政府法规可能会影响到除草剂的使用。对于在加利福尼亚州施用水生除草剂来控制水葫芦和水蕴草（*Egeria densa*），联邦法院法令要求需要签发国家污染物排放消除系统许可证（Anderson 和 Thalken，2001）。许可证于 2001 年签发，要求进行广泛的环境监测和毒性测试，并符合《濒危物种法》规定的条款。

16.7 案例研究

有大量的文献描述了使用除草剂来控制水生植物。本章选择的案例强调使用物种选择性除草剂来改变植物群落结构以及在对本地水生植物造成最小伤害的同时根除外来物种。此外，除草剂处理在任何水体中仅进行一次至数次，且处理后至少应有 1 年的后续植物监测数据。

16.7.1 在美国北部使用氟啶草酮进行的植物管理

16.7.1.1 明尼苏达州的经验

1992 年，明尼苏达州自然资源部发起了一项评估，来确定在整个河湾或湖泊中施用氟啶草酮是否能够控制欧亚狐尾藻且对本地植被产生最小的影响。在明尼苏达州公共水域的整个湖泊中施用除草剂是不被允许的，因为它会摧毁比提供湖泊通道需要的数量更多的植被。如果它能选择性地控制欧亚狐尾藻的话，整湖施用也可能被接受。通过使用较低的氟啶草酮浓度以及较长的接触时间可以实现这一点。选择性菁藻控制的定义为在去除菁藻的同时对其他植物造成的影响很小（Welling 等，1997）。本地植物被消除并在后续重新成丛并不被视作选择性控制。选择帕克斯（Parkers）湖、赞不拉（Zumbra）湖和克鲁克（Crooked）湖进行这次评估（表 16.3）。所有的除草剂处理均在春季，帕克斯湖和赞不拉湖的目标整湖氟啶草酮浓度为 $10\mu g/L$，而克鲁克湖为 $15\mu g/L$。

表 16.3　　　　　美国北部经氯啶草酮处理的湖泊特征[①]

湖泊[②]	处理时间	面积/hm^2	深度/m	目标浓度/($\mu g/L$)
帕克斯，MN	1994 年 5 月中旬	39	11.3（最大）	10
赞不拉，MN	1994 年 5 月下旬	66	17.7（最大）	10
克鲁克，MN	1992 年 5 月上旬	47	8（最大）	15
波特斯，WI	1997 年秋	66	7.9（最大）	14
阮登姆，WI	1999 年秋	85	6.4（最大）	12
大克鲁克，MI	1997 年 5 月中旬	65	18.5（最大）	顶部 3.05m 处为 5
坎普，MI	1997 年 5 月中旬	65	16.7（最大）	顶部 3.05m 处为 5
罗伯戴尔，MI	1997 年 5 月中旬	221	24.4（最大）	顶部 3.05m 处为 5
沃弗林，MI	1997 年 5 月中旬	98	24.4（最大）	顶部 3.05m 处为 5
布尔彭德，VT	2000 年 6 月上旬	34.5	4.4（平均）	6
霍托尼亚，VT	2000 年 6 月上旬	195	5.8（平均）	6

① 波特斯湖、阮登姆湖和布尔彭德湖的目标物种是欧亚狐尾藻，其他湖泊处理的目标物种是欧亚狐尾藻和菹草。
② MN：明尼苏达州；WI：威斯康星州；MI：密歇根州；VT：佛蒙特州。

氟啶草酮处理能够减少帕克斯湖和赞不拉湖采样有植站点的频次（表 16.4）。在赞不拉湖，每个采样点的维管植物平均数量在处理 1 年内下降到处理前观察到的数量的 1/4，并在施用后第 2 年保持在这个较低水平（Welling 等，1997）。施用后第 2 年，欧亚狐尾藻没有再出现，而两种本地物种金鱼藻和带状眼子菜也消失了（表 16.5）。虽然香睡莲属和篦齿眼子菜的绝对频次都有所下降，但香睡莲属、篦齿眼子菜和菹草都成为植被中更占优势的物种（表 16.5）。

表 16.4　　　明尼苏达州三个经氟啶草酮处理湖泊的有植被采样站点频次　　　　　%

湖泊	处理前[①]	处理当年	处理后 1 年	处理后 2 年	处理后 3 年
赞不拉	96	63	43	68	—
帕克斯	97	33	77	90	—
克鲁克	—	—	—	87	97

① 处理前调查是在处理当年的 5 月进行。处理后调查是在 8 月。
来源：After Welling, C. et al. 1997. Evaluation of Fluridone for Selective Control of Eurasian Water - milfoil: Final Report. Minnesota Dept. Nat. Res., Minneapolis.

表 16.5 明尼苏达州赞不拉湖常见[①]水生植物在氟啶草酮处理前、后的相对频次 %

物 种	处理前 1 年[②] (1993 年)	处理当年 (1994 年)	处理后 1 年 (1995 年)	处理后 2 年 (1996 年)
金鱼藻	25.8	5.7	0	0
欧亚狐尾藻	28.9	5.7	0	0
香睡莲属	17.5	17.1	31.9	33.7
菹草	8.9	30.7	40.7	45.9
篦齿眼子菜	6.7	0	21.5	18.4
带状眼子菜	12	5.7	3	0

① 只包括频次大于 24% 的物种。

② 除了菹草是在 1994 年、1995 年和 1996 年的 5 月或 6 月采样的之外，其他的比较都是基于 8 月的采样。这可能部分解释了 1993 年和之后年份之间菹草的频次为什么有较大幅度的增长。

来源：After Welling, C. et al. 1997. *Evaluation of Fluridone for Selective Control of Eurasian Watermilfoil：Final Report*. Minnesota Dept. Nat. Res. , Minneapolis.

在帕克斯湖，欧亚狐尾藻在处理后第 1 年末被发现（表 16.6），而在处理后第 2 年，菁藻出现的频次就回归到了处理前的水平（Welling 等，1997）。在处理后的调查中并未见金鱼藻和欧亚狐尾藻（表 16.6），但它们在该湖的其他位置有发现。在氟啶草酮处理后，篦齿眼子菜、杜邦草、多叶眼子菜和轮藻属被发现的频次都变高了（Welling 等，1997），成为了植物群落中较占优势的成员（表 16.6）。不幸的是，菹草也变得更占优势了。

表 16.6 明尼苏达州帕克斯湖常见[①]水生植物在氟啶草酮处理前、后的相对频次 %

物 种	处理前 1 年[②] (1993 年)	处理当年 (1994 年)	处理后 1 年 (1995 年)	处理后 2 年 (1996 年)
金鱼藻	22.8	0	0	0
欧亚狐尾藻	13.4	0	1.3	11.4
西伯利亚狐尾藻	13.4	0	0	0
菹草	0	74.5	43.3	35.4
多叶/小叶眼子菜	1	0	5.8	11.4
篦齿眼子菜	0	0	22.3	15.2
带状眼子菜	33.7	7.4	3.1	2.7
长水毛茛	10.	5.7	3	0
杜邦草	4.7	18.1	21	20.2

① 只包括频次大于 24% 的物种。

② 除了卷叶眼子菜是在 1994 年、1995 年和 1996 年的 5 月或 6 月采样的之外，其他的比较是基于 8 月的采样。这可能部分解释了 1993 年和之后年份之间卷叶眼子菜的频次为什么有较大幅度的增长。

来源：Welling, C. et al. 1997. *Evaluation of Fluridone for Selective Control of Eurasian Watermilfoil：Final Report*. Minnesota Dept. Nat. Res. , Minneapolis.

氟啶草酮在赞不拉湖的施用降低了塞氏透明度，在处理后的第 1 年达到了最小值，为处理前水平的 43% 的。处理后第 2 年，透明度恢复到处理前水平（Welling 等，1997）。

处理后第 1 年的叶绿素 a 水平也比处理前或处理当年的水平要高。在帕克斯湖，塞氏透明度在氟啶草酮施用后并未降低。

克鲁克湖的调查表明处理后的第 3 年和第 4 年，植被覆盖接近 100%，这一数值与处理前相似（表 16.4）。直到处理后的第 4 年，克鲁克湖中都没有发现欧亚狐尾藻。理查德森眼子菜和西伯利亚狐尾藻在处理后并未被发现，而金鱼藻也出现了显著减少。在处理后的第 4 年，茨藻属、杜邦草、多叶眼子菜以及篦齿眼子菜都成为了植物群落中更占优势的成员（表 16.7）。

表 16.7　　明尼苏达州克鲁克湖常见[①]水生植物在氟啶草酮处理前、后的相对频次　　　　　　　%

物　种	处理前 （1992 年 5 月）	处理后第 1 年 （1993 年 7 月）	处理后第 2 年 （1994 年 8 月）	处理后第 3 年 （1995 年 8 月）	处理后第 4 年 （1996 年 8 月）
金鱼藻	21.4	0	1.7	2.4	4.6
西伯利亚狐尾藻	17.9	0	0	0	0
穗花狐尾藻	22.6	0	0	0	3.2
茨藻属	0	0	0	11	17.8
大叶眼子菜	17.9	0	0	7.5	10
菹草	9.5	41.8	21.6	19.7	7.8
多叶眼子菜	4.8	0	14.2	26	18.9
篦齿眼子菜	0	47.3	39.2	18.5	17.8
理查德森眼子菜	6	0	0	0	0
杜邦草	0	11	23.3	15	19.9

①　只包括频次大于 24% 的物种。

来源：Welling, C. et al. 1997. *Evaluation of Fluridone for Selective Control of Eurasian Watermilfoil*：*Final Report*. Minnesota Dept. Nat. Res., Minneapolis.

由于光分解引起的降解、水和土壤的吸收、植物吸收以及稀释，氟啶草酮浓度通常比目标值更低，并且随时间变化而进一步降低。在赞不拉湖和帕克斯湖施用氟啶草酮 30 天后，其浓度仍然等于或高于目标浓度（Welling 等，1997）。这些湖泊的植物暴露可能要高于控制薔藻所需要的程度（Welling 等，1997）。

基于这些结果，明尼苏达州自然资源部总结称对非目标植物不可避免的损伤以及对湖泊生态系统其他方面的潜在影响都足够高，因此一般不会批准整湖的氟啶草酮施用（Welling 等，1997）。批准特别施用时应考虑标准包括：①从湖泊中消除薔藻的高潜在可能性；②损伤本地植物的低潜在可能性；③该湖泊成为薔藻扩散源头的高潜在可能性；④薔藻再次进入该湖泊的低潜在可能性。假定有以下情况明尼苏达州自然资源部可能会核准一次特例以允许进行整湖氟啶酮处理：①没有入口或出口；②很小（小于 40hm²）；③位于没有其他薔藻湖泊的地区（Welling 等，1997）。

16.7.1.2　威斯康星州的经验——波特斯湖和阮登姆湖

威斯康星州东南部的波特斯湖和阮登姆湖（表 16.3）被选取进行秋季氟啶草酮处理。

欧亚狐尾藻在 1975 年就被确认存在于波特斯湖中，而到 1997 年为止，它达到了 99％的频次。本地物种种类并不丰富，丰度也不高。轮藻属、金鱼藻和北美伊乐藻是最常见的本地物种（表 16.8）。波特斯湖在 1997 年 10 月用 14μg/L 的初始氟啶草酮进行了处理。作为审批要求的一部分，采集了处理前和处理后的水生植物、除草剂残留和水质数据（Toshner 等，2001）。

表 16.8　　　威斯康星州波特斯湖中水生植物在氟啶草酮处理前、后的相对频次　　　　　　　%

物　种	处理前	处　理　后			
	1997 年	1998 年	1999 年	2000 年	2001 年
金鱼藻	11.8	35.3	3.0	2.0	0
轮藻属	19.3	39.7	67.3	45.7	52.5
北美伊乐藻	19.3	0	0	0	0
欧亚狐尾藻	30.8	0	0	0	0
曲柔茨藻	6.9	0	0	0	0
北美香睡莲	0	7.8	0.9	1.0	1.1
菹草	5.0	0	7.9	13.1	13.7
篦齿眼子菜	6.5	16.4	20.8	38.2	32.8
角果藻	0.3	0	0	0	0
杜邦草	0.9	0	0	0	0

来源：Scott Toshner and Shelley Garbisch, Wisconsin Dept. Nat. Res. , Personal communications，2002.

氟啶草酮的 FasTest™说明该化学物被平均施用，且平均值在 0.5μg/L 的目标浓度之内。氟啶草酮的降解要比预期中更慢，半衰期约为 195 天。其结果是在处理后 30 天的浓度比预期中高了 4～6μg/L，而到 1998 年 7 月浓度仍然高于 2μg/L（Scott Toshner，威斯康星州自然资源部，个人交流，2002）。基于塞氏深度、总磷浓度、叶绿素 a 浓度、处理后水质与处理前 1 年相比略有上长，但与长期平均条件相似（Scott Toshner，威斯康星州自然资源部，个人交流，2002）。

处理前设置了功效标准。如果至 2000 年 7 月欧亚狐尾藻减少至处理前水平的 20％～30％（也就是 20％～30％的频次），且水生植物频次上升至 50％或更多的话，处理就被认为是成功的。穗花狐尾藻的频次减少到了可忽略不计的程度，在 2000 年的采样中没有任何记录。水生植物的频次在处理前为 62.4％，而到 1998 年为 45.9％，1999 年为 68.2％，2000 达到 90.6％。"无植物"采样点的频次从处理前的 1.2％增加到 1998 年的 54.1％，1999 年的 31.8％和 2000 年的 9.41％。成功的两个标准均已满足（Scott Toshner，威斯康星州自然资源部，个人交流，2002）。除了欧亚狐尾藻外，伊乐藻和曲柔茨藻也都被消除。轮藻属和篦齿眼子菜为 2000 年植物群落中的两个占优势成员。外来的菹草在 2000 年也增加到占优势的地步。

阮登姆湖的处理前植物群落比波特斯湖更具多样性（表 16.9），但主要由欧亚狐尾藻占优势。该湖在 1999 年 10 月以 12mg/L 的初始目标浓度进行了处理。采用了与波特斯湖同样的功效标准和采样要求。

表 16.9　　　威斯康星州阮登姆湖中水生植物在氟啶草酮处理前、后的相对频次　　　　%

物　种	处理前	处　理　后	
	1999 年	2000 年	2001 年
轮藻属	20.6	37.5	28.9
穗花狐尾藻	36.4	0.6	6.0
篦齿眼子菜	20	37.5	32.3
曲柔茨藻	0.6	0	0
菹草	0.6	2.6	12.8
伊利诺伊眼子菜	8.5	11.8	11.4
大茨藻	6.1	0	0
美洲香睡莲	3.0	3.3	0
杂色萍蓬草	3.0	3.3	4
普生狸藻	0.6	0	1.3
浮叶眼子菜	0.6	3.3	3.4

来源：Scott Toshner and Shelley Garbisch，Wisconsin Dept. Nat. Res.，Personal communications，2002.

　　水质数据并没有被给出，但氟啶草酮的采样结果表明初始处理浓度正好为目标浓度，在 2000 年 2 月浓度为 $6\mu g/L$，而到 2000 年 6 月仍然有 $2\mu g/L$ 的浓度（Scott Toshner，威斯康星州自然资源部，个人交流，2002）。

　　很显然，阮登姆湖的植物并不符合标准，穗花狐尾藻的频次从 1999 年的 60% 降到 2000 年的 1%，之后又在 2001 年反弹至了 9%。本地物种篦齿眼子菜在 2001 年的频次为 48%（John Masterson，威斯康星州自然资源部，个人交流，2002）。处理之后并未发现外来的大茨藻，而本地的大叶眼子菜则在处理后被发现。轮藻属以及卷叶眼子菜在处理后成为了更重要的植物群落成员（表 16.9）。由于欧亚狐尾藻的反弹，有人建议使用 2，4 -二氯苯氧乙酸进行局部处理来确保处理的长期成功（John Masterson，威斯康星州自然资源部，个人交流，2002）。

16.7.1.3　密歇根州的经验

　　作为美国陆军工程兵团水生研究计划以及水生生态系统恢复基金会的一部分，密歇根州的 4 个湖泊使用低剂量的氟啶草酮进行了处理。主要研究目标是确定针对欧亚狐尾藻控制而施用整湖低剂量氟啶草酮处理的当年是否会对沉水植物多样性和频次产生影响（Getsinger 等，2001）。次要目标包括：①确定除草剂对菹草的影响；②评价处理 1 年后物种多样性的变化；③衡量热分层对氯啶草酮水体分布的影响；④通过功效验证氟啶草酮 CET 关系实验室结果；⑤将氟立酮水体残留免疫法测定技术与常规高性能液相色谱法相结合（Getsinger 等，2001）。

　　对密歇根州之前整湖处理的观测表明，在很多情况下即使使用整个湖水的体积来计算处理率，在深度超过 3.05m 处的植物生长并不会受到氟啶草酮施用的影响（Getsinger 等，2002a）。混合沉水植物群落的室外中低温研究表明，氟啶草酮的施用量在 5～10mg/L 之间，暴露时间大于 60 天，且残留在 2mg/L 以上，这样能有效地控制蓍藻，同时对本地非目标物种的影响最小；与晚季施用氟啶草酮相比，早季施用氟啶草酮能更好地控制欧亚（穗花）狐尾藻并提高选择性（Getsinger 等，2002a）。

基于上述观测制定了处理策略，即在 5 月中旬进行初始施用，水体顶部 3.05m 处的目标浓度为 $5\mu g/L$。为了重新建立 $5\mu g/L$ 的浓度，在初始施用后 2～3 周，会进行氟啶草酮的强化施用。强化施用能够补偿初始氟啶草酮的低残留量并将湖的整体除草剂暴露时间延长到至少 60 天。另外还研究了 4 个额外湖泊的植物群落，进而确定处理湖泊的结果是归因于氟啶草酮处理还是自然原因（Getsinger 等，2002a）。

3 个湖泊中的欧亚（穗花）狐尾藻得到了很好的控制，其频次在大克鲁克湖减少了 100%，在坎普湖减少了 95%，而在罗伯戴尔湖减少了 93%（Madsen 等，2002）。在 8～12 周内，欧亚（穗花）狐尾藻被从这些湖泊的水体中去除。菁藻叶冠的缓慢萎缩很可能是由于所使用氟啶草酮的低剂量以及处理时植物正处于进一步的生长阶段所造成。氟啶草酮处理没有减少这些湖泊植物的多样性，而总植物覆盖和本地植物覆盖仍然保持不变或有显著增加（Madsen 等，2002）。这些结果也可能与自然事件相关，因为在未处理湖泊中也出现了类似的趋势。在所有案例中，处理后植物覆盖仍然保持在 60% 以上的水平。

在任一湖泊中，欧亚（穗花）狐尾藻都没有得到根除（表 16.10～表 16.13）。它回归到之前的优势地位只是一个时间问题。在大克鲁克湖和罗伯戴尔湖，至少在短期内，卷叶眼子菜也变得更占优势（表 16.10 和表 16.11）。然而，在氟啶草酮处理之后（之前没有），大克鲁克湖中还发现了瓜达鲁帕茨藻和杜邦草；坎普湖里还发现了大叶眼子菜、箆齿眼子菜、毛茛属、美洲苦草和杜邦草；而罗伯戴尔湖中发现了柔曲茨藻、纤细茨藻、箆齿眼子菜和美洲苦草（表 16.10～表 16.12）。

表 16.10　密歇根州大克鲁克湖中常见[①]水生植物在氟啶草酮处理前、后的相对频次　　　　　　%

物　种	处理前	处　理　后		
	1997 年 5 月	1997 年 8 月	1998 年 5 月	1998 年 8 月
金鱼藻	7.5	19.5	5.8	8.9
轮藻属	9.5	18.1	12.1	8.9
穗花狐尾藻	19.5	0	0	2.6
瓜达鲁帕茨藻	0	0	0	12.3
大叶眼子菜	17.5	15.4	20.4	15.2
菹草	12	0.5	22.1	8.9
伊利诺利眼子菜	0	6.8	0	0
白茎眼子菜	20.5	6.8	0	0
罗宾斯眼子菜	1	9.5	5.8	4.1
带状眼子菜	12.5	19.9	21.3	15.2
杜邦草	0	9	0	15.2

①　只包括频次大于 24% 的物种。

来源：After Getsinger, K. D. et al. 2001. Whole-Lake Applications of Sonar for Selective Control of Eurasian Water-milfoil. Rept. ERD/EL TR-01-07. U. S. Army Corps of Engineers, Vicksburg, MS.

表 16.11　密歇根州罗伯戴尔湖中常见[①]水生植物在氟啶草酮处理前、后的相对频次　　　　　　　　%

物　种	处理前	处　理　后		
	1987 年 5 月	1987 年 8 月	1988 年 5 月	1988 年 8 月
金鱼藻	3	2.3	0.4	7.1
轮藻属	34	25.7	24.8	26.1
欧亚狐尾藻	38	1.4	5.6	5.4
柔曲茨藻	0	0	0	8.7
纤细茨藻	0	0	0	4.3
大叶眼子菜	8	9	10.9	3.8
菹草	14	0	21.3	2.2
伊利诺伊眼子菜	1	12.4	9.1	2.7
篦齿眼子菜	0	7.6	6.1	3.3
带状眼子菜	1	10.5	14.8	2.7
大狸藻	1	3.3	4.3	13
美州苦草	0	27.6	2.6	21.2

① 只包括频次大于 24% 的物种。

来源：After Getsinger, K. D. et al. 2001. Whole – Lake Applications of Sonar for Selective Control of Eurasian Water-milfoil. Rep. ERD/EL TR – 01 – 07. U. S. Army Corps of Engineers, Vicksburg, MS.

表 16.12　　密歇根州坎普湖中常见[①]水生植物在氟啶草酮处理前、后的相对频次　　　　　%

物　种	处理前	处　理　后		
	1987 年 5 月	1987 年 8 月	1988 年 5 月	1988 年 8 月
金鱼藻	2	1.5	0	4.4
轮藻属	7	24.4	32.8	33.7
加拿大伊乐藻	16	0.1	5.8	3.3
欧亚狐尾藻	37	1.5	5.0	5.1
大叶眼子菜	0	0	0.8	2.9
菹草	33	12.2	35.7	12.5
篦齿眼子菜	0	5.6	1.7	0.4
白茎眼子菜	5.5	10.4	5.4	7.3
毛茛属	0	0	5.4	0.4
美洲苦草	0	17.4	0	16.1
杜邦草	0	26.3	7.5	13.9

① 只包括频次大于 24% 的物种。

来源：Getsinger, K. D. et al. 2001. Whole – Lake Applications of Sonar for Selective Control of Eurasian Watermil-foil. Rep. ERD/EL TR – 01 – 07. U. S. Army Corps of Engineers, Vicksburg, MS.

与上述 3 个湖泊相反，沃弗林湖的处理没能控制欧亚狐尾藻 (Madsen 等，2002)。著藻频次在处理当年只减少了 27%，而到 1988 年 8 月，其频次为 54%，这比处理前的评估值还要高 8%。然而，由于处理后的植物群落中加入了纤细茨藻、多叶眼子菜、伊利诺伊眼子菜、带状眼子菜、细叶狸藻，普生狸藻和杜邦藻，欧亚狐尾藻在群落中的优势有所降低 (表 16.13)。

表 16.13　密歇根州沃弗林湖中常见[①]水生植物在氟啶草酮处理前、后的相对频次　　%

物　种	处理前	处　理　后		
	1987 年 5 月	1987 年 8 月	1988 年 5 月	1988 年 8 月
金鱼藻	0	4.1	1.2	0.4
轮藻属	37.9	39.3	24.8	31.9
穗花狐尾藻	32.9	17.9	28	21.3
纤细茨藻	0	0	0	9.8
大叶眼子菜	14.3	6.1	11	7.9
菹草	12.1	0	14.2	0.4
多叶眼子菜	0	0	0	7.9
伊利诺伊眼子菜	0	0	1.2	4.7
篦齿眼子菜	2.9	18.9	14.2	0
带状眼子菜	0	3.6	4.7	2.8
细叶狸藻	0	0	0.4	7.1
普生狸藻	0	7.7	0	5.5
杜邦草	0	2.6	0.4	0.4

①　只包括频次大于 24% 的物种。

来源：Getsinger, K. D. et al. 2001. Whole-Lake Applications of Sonar for Selective Control of Eurasian Watermilfoil. Rep. ERD/EL TR-01-07. U. S. Army Corps of Engineers, Vicksburg, MS.

这一研究发现氟啶草酮在温跃层以上区域混合良好，在温跃层以下未发现氟啶草酮。这点具有管理意义：①在对分层湖泊进行整湖处理时，氟啶草酮浓度应基于温跃层以上的水体积；②温跃层深度会随季节变化而变化，因此计算水体积可能会很困难，特别是对于需要超过 60 天以上活性期才能实现期望管理效果的除草剂。如果氟啶草酮的浓度是基于超过温跃层深度的更大水体积的话，会导致氟啶草酮浓度高于预期，从而可能导致非目标物种的破坏。如果氟啶草酮浓度是基于低于温跃层的更浅深度时，会导致氟啶草酮浓度低于预期，从而可能导致对目标物种控制的缺乏。后一种情况很可能就是无法控制沃弗林湖中欧亚（穗花）狐尾藻的原因。其温跃层深度远深于 3.05m 的目标深度。请记住，有些湖泊不分层，或者它们经常混合（多杂质）。要精确计算除草剂用量，必须先了解这信息。以往的研究表明，浓度为 5～10μg/L 时，氟啶草酮的物种选择性存在显著差异 (Getsinger 等，2002a)，因此保持适当的氟啶草酮浓度对选择性管理至关重要。

无法控制菹草这点也很令人失望。Madsen 等 (2002) 推测称由于欧亚狐尾藻的竞争减少，处理后菹草的生长反而会受到促进。它们建议在秋季或早春（3 月下旬至 4 月中旬）施用与欧亚狐尾藻相同剂量率的氟啶草酮可能会更加成功。早季处理有益于在具鳞根出条之前控制菹草。

16.7.1.4　佛蒙特州的经验——霍托尼亚湖和布尔彭德湖

使用低剂量的氟啶草酮处理了霍托尼亚湖和布尔彭德湖（表16.3），进而确定除了控制目标中的欧亚狐尾藻之外，处理当年沉水植物多样性和频次是否会受到影响。两个湖泊都拥有广泛分布和多样性的水生植物群落。处理前，欧亚狐尾藻在布尔彭德湖中的频次为67.5%，而在霍托尼亚湖为58.2%。除了欧亚狐尾藻之外，霍托尼亚湖中还发现了外来的菹草。在两个湖泊中占优势的沉水本地物种为轮藻属、加拿大伊乐藻、大叶眼子菜和美洲苦草（Getsinger等，2002b）。

两个湖泊均在2000年6月4日使用6μg/L标称浓度的氟啶草酮进行了处理（除了霍托尼亚湖的湖盆外，两个湖泊在处理时均为等温状态。详情请参见Getsinger等，2002b）。两个湖泊后来在2000年7月9日均进行了氟啶草酮增量施用，将整湖水中的氟啶草酮浓度重置为6μg/L。处理后1天采样的氟啶草酮剩余量说明在布尔彭德湖中氟啶草酮的整湖浓度为9.9μg/L。这一浓度在处理后29天时降到了4.3μg/L，并在增量处理后恢复到了5.6μg/L。在处理后102天时，这一浓度水平缓慢降低到了2.5μg/L。处理后1天时，霍托尼亚湖的氟啶草酮水中浓度为6.4μg/L。到处理后29天时，这一浓度水平下降到了3.8μg/L，在增量处理后上升到了6.1μg/L，并于处理后116天时缓慢下降到了2.8μg/L（Getsinger等，2002b）。

在布尔彭德湖，处理2个月后，欧亚狐尾藻显著降低至40.8%的频次，而在处理后14个月下降到了9.4%的频次。处理2个月后，菁藻生物量降低了92%，并且直到2001年8月都维持着极低的水平（比处理前的水平下降了90%）。2001年8月发现了18个本地沉水植物物种，而本地物种的相对频次上升到了91.6%（表16.14）。诸如加拿大伊乐藻这样的一些物种的频次和相对频次出现了下降；而像金鱼藻这样的其他物种频次则出现了下降，但其相对频似仍然保持差不多。曲柔茨藻和伊利诺伊眼子菜的相对频次先是出现了下降，然后到2001年8月反而有所上升。轮藻属的相对频次在氟啶草酮处理后有显著增加（Getsinger等，2002b）。

表16.14　　　　佛蒙特州布尔彭德湖在氟啶草酮处理前、后的物种相对频次　　　　　　　　　　%

物　种	处　理　前			处　理　后		
	1999年6月	1999年8月	2000年6月①	2000年8月	2001年6月	2001年8月
金鱼藻	0.9	1.6	2.0	1.8	3.3	0.4
轮藻属	20.7	14.7	18.9	24.6	46.4	32.2
加拿大伊乐藻	9.0	5.0	7.7	6.4	0	0.4
西伯利亚狐尾藻	1.7	2.1	0.6	0	0	0
欧亚狐尾藻	36.1	28.7	37.2	27.8	6.6	8.4
曲柔茨藻	2.5	5.3	0	0	2.0	11.7
杂色萍蓬草	1.1	2.4	3.0	3.2	6.6	5.6
北美香睡莲	4.2	4.5	6.4	7.1	11.9	3.8
大叶眼子菜	5.9	0.5	9.1	1.8	2.7	1.4

续表

物　种	处　理　前			处　理　后		
	1999 年 6 月	1999 年 8 月	2000 年 6 月①	2000 年 8 月	2001 年 6 月	2001 年 8 月
禾叶眼子菜	4.5	8.1	0	3.5	0.6	4.2
伊利诺伊眼子菜	0.5	10.0	2.3	0	0	4.2
罗宾斯眼子菜	0.5	1.0	1.4	4.4	5.3	7.1
带状眼子菜	3.0	3.4	6.4	2.9	3.9	4.2
细叶狸藻	1.1	1.6	1.0	3.5	0.6	3.3
美洲苦草	4.5	8.9	1.7	7.1	2.0	7.5
杜邦草	0.3	0.5	0.3	4.3	2.0	3.3
其他物种②	3.6	1.8	2.0	1.7	6.0	2.2
本地物种						

① 处理发生在 2000 年 6 月。由于氟啶草酮起作用很慢，该日期被视作处理前。

② 在所有采样时间频次均小于 5% 的物种包括浮叶眼子菜、小节眼子菜、篦齿眼子菜、长毛茛、木贼属、水葱、美州黑三棱、普生狸藻和贝氏万寿菊（Megalondonta beckii）。

来源：After Getsinger, K. D. et al. 2002. Use of Whole – Lake Fluridone Treatments to Selectively Control Eurasian Watermifoil in Burr Pond and Lake Hortonia. Vermont. Rept. ERDC/EL TR – 02 – 39. U. S. Army Corps of Engineers，Vicksburg，MS.

在霍托尼亚湖，处理 2 个月后，欧亚狐尾藻的频次降低至 44.8%，而在处理 14 个月后下降到了 8.4% 的频次。在处理两个月后，蓍藻生物量比处理前下降了 80%，而到 2001 年 8 月为止下降了 96%。截至 2001 年 8 月，本地植物的相对频次上升至 91.1%。在布尔彭德湖中发现有显著降低的本地物种在霍托尼尔湖也同样有显著降低（表 16.15）。此外，菹草的数量有所增加，但它还未成为一个广泛散布的有害物种（Getsinger 等，2002b）。

表 16.15　　　佛蒙特州霍尔彭德湖在氟啶草酮处理前、后的物种相对频次　　　　　%

物　种	处　理　前			处　理　后		
	1999 年 6 月	1999 年 8 月	2000 年 6 月①	2000 年 8 月	2001 年 6 月	2001 年 8 月
金鱼藻	1.1	3.7	0.9	2.1	0	0.2
轮藻属	10.3	7.4	10.9	16.6	33.0	24.1
加拿大伊乐藻	7.2	6.3	6.7	0.6	1.0	1.2
穗花狐尾藻	28.4	23.1	30.5	28.8	5.9	5.9
杂色萍蓬草	1.6	0.9	3.1	0.8	2.3	1.9
北美香睡莲	7.5	4.0	6.9	6.7	9.6	9.2
大叶眼子菜	10.9	0.7	13.8	1.9	6.9	0.7
菹草	0	0	3.1	0.2	5.3	3.0
禾叶眼子菜	1.3	4.7	1.3	3.2	1.7	0.7
伊利诺伊眼子菜	5.9	16.5	0.2	9.7	0	8.8

物　种	处　理　前			处　理　后		
	1999 年 6 月	1999 年 8 月	2000 年 6 月①	2000 年 8 月	2001 年 6 月	2001 年 8 月
浮叶眼子菜	2.1	0.9	0.5	0.2	0	0
白茎眼子菜	2.6	1.6	5.1	0.2	0	0.2
罗宾斯眼子菜	7.2	5.0	5.3	7.1	15.2	8.1
带状眼子菜	3.3	1.3	3.5	1.5	5.9	5.0
篦齿眼子菜	0.1	2.4	1.5	0.4	2.3	4.7
细叶狸藻	1.5	4.9	0.2	8.2	0.7	3.0
普生狸藻	1.3	1.0	2.0	2.1	4.9	3.3
美洲苦草	4.9	10.1	2.3	6.7	2.3	8.1
杜邦草	0.3	2.7	0.4	2.6	0.3	6.7
其他物种②	2.4	2.7	1.8	0.4	2.6	5.2
本地物种	71.6	69.5	66.4	71.0	88.8	91.1

① 处理发生在 2000 年 6 月。由于氟啶草酮起作用很慢，该日期被视作处理前。

② 在所有采样时间频次均小于 5% 的物种包括曲柔茨藻、小节眼子菜、长毛茛、西伯利亚狐尾藻、两栖蓼、梭鱼草和贝氏万寿菊 (Megalondonta beckii)。

来源：After Getsinger，K. D. et al. 2002. Use of Whole‐Lake Fluridone Treatments to Selectively Control Eurasian Watermifoil in Burr Pond and Lake Hortonia. Vermont. Rep. ERDC/EL TR‐02‐39. U. S. Army Corps of Engineers，Vicksburg，MS.

Getsinger 等 (2002b) 认为处理成功了。欧亚狐尾藻得到了可接受的控制，同时本地植物的丰度和生物量得以维持。他们把本地植物的减少归结为氟啶草酮的直接效应以及水下光照水平的降低。他们提醒管理者，使用低剂量氟啶草酮来持续、精准和选择性地控制欧亚狐尾藻需要精确的湖泊深度测量法，知晓湖泊的混合特征、处理前的热分层信息，并能进行快速的水中除草剂残留分析以及植物伤害评估。这些信息还需要与完善的氟啶草酮 CET 关系相结合。

16.7.1.5　增加者和减少者

诸如施用氟啶草酮这样的选择性处理的目标是改变群落结构。相对于其他物种而言，一些物种需要增加，而另一些需要减少（因而，在表 16.5～表 16.15 中使用相对频率来描述群落结构）。如果降低得比其他成员少，一个物种也可能成为更占优势的群落成员，即增加者；而如果增加得比其他成员少，一个物种也可能变得更不占优势，即减少者。理想的情况下，期望物种会成为增加者，而不期望或有害物种会成为减少者或被消除。

根据氟啶草酮处理的案例研究（表 16.5～表 16.15），欧亚狐尾藻显然是一名减少者（表 16.16）。这是处理的期望结果。在一些湖泊中，它并未被消除并变得更占优势。这可能是由于有水域处理不当，即由于稀释而造成控制不足（错误地计算了体积或入流面积），或者该物种的重新引入。从近邻物种就可以看出，本地的西伯利亚狐尾藻也减少了。在加拿大伊乐藻、茨藻和理查德森眼子菜存在很少的湖泊中，它们成为了减少者。除草剂处理对于金鱼藻、大叶眼子菜、白茎眼子菜、带状眼子菜、毛茛属和美洲苦草没什么影响，或者根据除草剂的浓度会有所减少。菹草、篦齿眼子菜、罗宾斯眼子菜、纤细茨藻、睡莲属、普生狸藻和杜邦草都显示出无影响，或者会因除草剂处理而有所增加。瓜达鲁帕茨藻、多叶眼子菜和小叶狸藻也有所增加。对角果藻、伊利诺伊眼子菜、浮叶眼子菜、禾叶眼子菜和杂色萍蓬草没什么影响。而轮藻和曲柔茨藻对其的响应没有固定的模式。

表 16.16　　　　　　　　　　　　　氟啶草酮的物种响应①

	大克鲁克湖	坎普湖	罗伯戴尔湖	沃弗林湖	霍托尼亚湖	布尔彭德湖	帕克斯湖	赞不拉湖	阮登姆湖	波特斯湖	克鲁克湖
目标浓度（μg/L）②	5	5	5	5	6	6	1	1	1	1	1
评价长度③	1	1	1	1	1	1	2	2	3	3	4
金鱼藻	0	0	0	0	0	0				—	—
轮藻	0	+	—	—	+	+			+	+	
加拿大伊乐藻		—			—	—				—	
西伯利亚狐尾藻					0	0			—		
穗花（欧亚）狐尾藻	—	—	—	—	—	—	0		—	—	
曲柔茨藻		+		—		+			0	—	+
纤细茨藻			0	+							
瓜达鲁帕茨藻	+										
大茨藻									—		
杂色萍蓬草					0	0			0		
睡莲属					0	0		+	0	0	
大叶眼子菜	0	0	—	—	—	0					—
菹草	+	0	+	0	+		+	+	+	+	0
多叶眼子菜							+				+
禾叶眼子菜					0	0					
伊利诺伊眼子菜	0		0	0		0			0		
浮叶眼子菜									0		
篦齿眼子菜		0	0	0			+	+	+	+	+
白茎眼子菜	—	0			0						
理查德森眼子菜											
罗宾斯眼子菜	0				0	+					
带状眼子菜	0		0	0	0				—		
毛茛属		0									
细叶狸藻					0	0					
小叶狸藻				+							
普生狸藻			+	+	0				0		
美洲苦草		0	—		0	0					
角果藻										0	
杜邦草	+	+		0	+	0	+			0	+

① 综合了表 16.5～表 16.15 的结果。除非怀疑有很强的生长季节性，一般在第一次和最后一次采样之间，＋表示相对频次的增加多于 5%；0 表示相对频次的变化小于 5%；空白表示物种在该湖中没有记录。

② 目标浓度可能与测量浓度不同，其间差异请参考本章文字部分。

③ 处理后的生长季。

表 16.16 是非常初步的结果，因为一些物种只在很少数量的湖泊中有发现。随着可获得的案例研究的数量增加，这一结果也可以进一步优化。然而，许多结果与 Smith 和 Pullman(1997) 的发现类似。他们发现伊乐藻、茨藻属、金鱼藻和本地狐尾藻对氟啶草酮十分敏感。它们的响应与欧亚狐尾藻、带状眼子菜、美洲苦草和中叶与大叶眼子菜物种（例如大叶眼子菜、白茎眼子菜、伊利诺伊眼子菜）对氟啶草酮所显现的即时敏感性类似。这些物种可通过高剂率的氟啶草酮来频繁消除，但通常在低于 $10\mu g/L$ 浓度的处理中存活。他们还报告称窄叶眼子菜也展现出对氟啶草酮的即时敏感性，然而表 16.16 中说明篦齿眼子菜和多叶眼子并未受氟啶草酮处理的影响，甚至变得更占优势。Smith 和 Pullman(1997) 还报告称狸藻属、杜邦草和罗宾斯眼子菜对于氟啶草酮十分耐受。他们还报告称，轮藻对于氟啶草酮极度耐受，经处理后在多数湖滨带中发展出致密的植物垫。睡莲属和莲蓬草属在施用氟啶草酮后变得有些褪绿（chlorotic），但其丰度不会受到浓度小于 $20\mu g/L$ 剂量的影响。总体而言，植物群落的变化和对非目标物种的损害可能取决于湖泊中物种对使用剂量和接触时间的敏感性。

16.7.2 纽约州卡尤加湖和华盛顿州伦恩湖中的 2，4 -二氯苯氧乙酸

16.7.2.1 卡尤加湖

在 1960 年初，欧亚狐尾藻开始入侵卡尤加湖，至 20 世纪 70 年代为止，卡尤加湖的北端已成为连续的薯藻床（Miller 和 Trout，1985）。卡尤加湖水表面积 $172km^2$。北部的 $1600hm^2$ 较浅，深度小于 4m。该水域内约有 90％ 均为致密的薯藻丛。这一藻丛中有 $36hm^2$ 的水域于 1975 年 5 月使用 $100kg/hm^2$ 剂量的 2，4 -二氯苯氧乙酸（丁香酯颗粒，20％ a.i）进行了处理，并于 1977 年 5 月进行了第二次处理。在 1975 年处理之后以及接下来的 5 年内，在处理水域设置了两个监控点对植被进行监控（分别针对北部处理位置和南部处理位置），并设置了两个控制位置（Miller 和 Trout，1985）。

研究中，控制水域并未出现水生植物群落的重大变化（Miller 和 Trout，1985）。北部处理位置中的水生植物优势出现了令人惊讶的变化。在 1975 年处理之后的剩余生长季里，欧亚狐尾藻或其他物种并未出现严重的再生长。在 1976 年，普生轮藻变得占优势，而接下来的年份里仍然如此。它占据了该水域约 83％ 的干重生物量（Miller 和 Trout，1985）。它在 1977 年 6 月有所降低，很可能是由于第二次 2，4 -二氯苯氧乙酸处理，但它至 8 月中旬再次恢复。这一水域内的物种多样性一直很低，且其他物种未见增长趋势。

与之相反，曲柔茨藻、金鱼藻和菹草在南部处理位置出现了增加。穗花狐尾藻同样展现出比北部处理位置更大的恢复。物种多样性也有增加（Miller 和 Trout，1985）。

有意思的是，尽管在整个研究期间未处理水域内保持着相似的水生植物数量，而且环境条件也没有明显的变化，但采样点处的植物群落却有巨大的差异。从这些经验以及综述文献中，Miller 和 Trout(1985) 把除草剂处理导致的植物群落变化分成了三类：①目标物种再生长为致密单物种植丛；②耐受除草剂物种占优势（例如北部处理水域内轮藻占优势）的群落会发生增长；③包含目标物种、耐受物种和其他物种的混合水生植物群落（例如，南部处理水域内多样性的混合植物群落）。很难预测除草剂处理后哪个植物群落会发展。然而，Miller 和 Trout(1985) 认为，当目标植物的根茎得以存活时，第 1 种类型的概率增加。如果存在具有高繁殖和生长潜力的物种，则第 2 种类型的概率就会增加。

他们还认为，周围区域内有性繁殖体和无性繁殖体的可获得性也会影响到群落的组成和演替。化学管理时可考虑让监控处理水域的未处理水域里留下期望物种，作为再占据材料的来源，而且在实际中，除草剂的施用应当对应于"繁殖种群"水域内期望物种繁殖结构的成熟度。

16.7.2.2　伦恩湖

伦恩湖水域面积有 445hm²，最大深度 30.5m，平均深度 14m。欧亚狐尾藻于 1996 年 9 月在湖中被首次发现。在 1997 年夏天，潜水员通过手拔去除和湖底屏障来试图控制其数量。至夏末为止，很明显蓍藻的扩张已经远超了潜水员能够处理的水平，但它还是仅存在于湖泊北半侧 24hm² 内的小片水域（Parsons 等，2001）。该水域的水深小于 3m。该水域在 1998 年 7 月 8 日使用目标浓度 1～2mg/L 的 2，4 -二氯苯氧乙酸（丁香酯颗粒，19％ a.i）处理了 24～48h。在处理前、处理后 6 周和 1 年，评估了处理水域和非处理水域内植物出现的生物量和频次（表 16.17）。

表 16.17　华盛顿州伦恩湖在 2，4 -二氯苯氧乙酸处理前、后的沉水物种相对频次　　　　　　　　%

物　　种	处理前	处理后	
	1998 年 6 月	1998 年 8 月	1999 年 6 月
轮藻属	15.2	11.8	13.7
加拿大伊乐藻	3.6	3.6	4.8
贝氏万寿菊（西伯利亚狐尾藻）①	13.8	11.8	8.2
欧亚狐尾藻	12.3	3.0	2.7
柔曲茨藻	2.2	6.5	2.7
大叶眼子菜	19.6	18.3	18.5
禾叶眼子菜	7.1	7.1	8.2
罗宾斯眼子菜	12.3	17.8	13.7
带状眼子菜	2.2	1.2	4.8
篦齿眼子菜	5.8	4.1	9.6
普生狸藻	3.6	4.7	9.6
美洲苦菜	2.2	10.1	3.4

①　这两个物种在此水域中未分开。

来源：Parsons, J. K. et al. 2001. *J. Aquatic Plant Manage.* 39：117 - 125.

在未处理样区，1998 年 8 月的采样与 1998 年 6 月和 1999 年 6 月的采样相比，除了美洲苦草有显著增加外，其他的生物量未出现显著的变化。这很可能是由于该物种的季节生长模式所造成的（Parsons 等，2001）。欧亚狐尾藻生物量在处理后 6 周内减少了 98％。处理后 1 年内，与处理前的生物量水平相比，蓍藻生物量仍然减少了 87％。贝氏万寿菊生物量在 1998 年 8 月和 1999 年 6 月间有所下降。同样，它很可能也是由于该物种的季节性生长造成的（Parsons 等，2001）。

除了穗花狐尾藻有所下降外，处理前和处理后的植物覆盖并无太多区别。无植物样区的频次为 12%～13%。大多数物种的相对频次（表 16.17）在处理前后变化很小。

到 1999 年 6 月为止，在 1998 年 6 月还未发现的水域内也出现了欧亚狐尾藻，这说明它仍然在伦恩湖里扩张。2，4 -二氯苯氧乙酸也许延缓了菁藻的扩张，但并没有使之停止。

总体而言，在处理当年和处理后 1 年内，2，4 -二氯苯氧乙酸处理能选择性地显著减少伦恩湖中欧亚狐尾藻的生物量和出现频次，且没有对本地物种产生显著影响。然而，处理 1 年之后，欧亚狐尾藻仍然在扩张，因此要控制它的话还需要进行持续的管理。

16.7.3 华盛顿州潘多雷河和明尼苏达州明尼通卡河中的三氯吡氧乙酸

三氯吡氧乙酸的活性谱与 2，4 -二氯苯氧乙酸和其他生长素型生长调节苯氧基除草剂类似。它对多数双子叶植物有毒性；单子叶植物不会因三氯吡氧乙酸的施用而有负面影响。目前，它还不是一种注册除草剂，在美国只在实验室使用许可的情况下使用。

16.7.3.1 潘多雷河

1991 年 8 月，潘多雷河两个有迥异水流特征的区域都使用三氯吡氧乙酸进行了处理。河流样区的深度为 0.3～2.5m。植床内的水流无法被探测，但水交换的半周期为 20h。6hm² 的河流样区进行了 2.5mg/L 剂量的三氯吡氧乙酸处理。河湾样区的深度为 0.75～2.8m。同样的，植床内的水流无法探测，而水交换的半周期大于 50h。4hm² 的河湾样区进行了 1.75mg/L 剂量的三氯吡氧乙酸处理。一段未处理的河流被用于比较（Getsinger 等，1997）。

在处理后第 4 周，河湾样地和河流样地中的欧亚狐尾藻的生物量为处理前水平的 1%。处理后 1 年，河流样地中菁藻生物量为处理前水平的 28%，而河湾样地中为处理前水平的 1%。处理后 2 年，两上述样地内的菁藻生物量水平仍然比之前显著降低（47%～66%）。这个结果与控制样地内的菁藻生物量进行了比对，同一时期内，控制样地内的生物量保持不变或有所增加（Getsinger 等，1997）。

在三氯吡氧乙酸处理后第 4 周，总生物量有显著减少。然而，在处理 1 年后和 2 年后，总群落生物量并没有什么影响。菁藻生物量的减少被本地植物生物量的增加补偿（Getsinger 等，1997）。在处理 2 年之后，两块处理样区内的本地植物生物量仍然显著增高。从长期而言，植物群落生物量并未受影响。

在处理 4 周后的处理样地内，菁藻根冠被严重破坏或完全摧毁。因此，Getsinger 等（1997）总结称大多数的再生长是源自于临近非处理水域内的茎秆碎片被携带进了处理水域。

菁藻的相对频率在处理前为 50%（河流样区）和 42%（河湾样区），在处理后 1 年减少为 16.5% 和 9.7%，而在处理 2 年后达到了 25.1% 和 20.2%（表 16.18），这说明菁藻在植物群落中的重要性有所下降。与之相反，在处理 2 年后，两块处理样区内的金鱼藻和伊乐藻的重要性都接近或超过翻番。在处理后的第 1 年，钝叶眼子菜的重要性显著上升，而处理后第 2 年，在河流样区内的小眼子菜和带状眼子菜的重要性有显著上升（表 16.18）。此外，在一块或两块处理样区内，钝叶眼子菜、白茎眼子菜和小眼子菜在处理前并未被发现，但在处理后均被发现。

表 16.18　　　华盛顿州潘多雷河在三氯吡氧乙酸处理前后的沉水物种相对频次　　　　　　　％

物种	处理前 (1991 年)			处理后 1 年 (1992 年)			处理后 2 年 (1993 年)		
	控制样区	河流样区	河湾样区	控制样区	河流样区	河湾样区	控制样区	河流样区	河湾样区
金鱼藻	1.1	4.8	9.4	3	8.2	22.9	3.6	8.2	20.9
加拿大伊乐藻	1.6	3.7	13.1	5.5	14.7	36	7.3	10.6	27.1
西伯利亚狐尾藻	0	3.7	0	0	0.3	0	0	0	0
穗花狐尾藻	54.1	50	41.8	59.8	16.5	9.7	34.7	25.1	20.2
轮叶狐尾藻	0	0.5	0	0	0.3	0	0.4	1.6	0
菹草	9.2	2.1	3.3	16.6	3.9	5.8	31.8	3.9	10.3
小节眼子菜	4.3	0.5	0	3	0.3	0	1.8	0	0
钝叶眼子菜	0	0	2.8	0	11.5	2.7	0	2.8	0.3
篦齿眼子菜	6.5	2.7	5.2	0	2.6	0.4	2.7	2.3	0.7
穿叶眼子菜	1.1	1.1	0.5	0	1.8	0.4	1.1	1	0.4
白茎眼子菜	0	0	0	0	0	0	0	0.3	0
小眼子菜	0	0	0	0	0	0	0.4	10.3	0.3
维西眼子菜	0	5.3	3.8	0	0	0.4	0	0.3	0
带状眼子菜	8.2	4.9	18.8	6.7	18.8	14.0	5.8	24.8	18.2
长毛茛	2.7	0.4	1.4	4.9	14.7	7.4	7.7	5.1	0.3
杜邦草	1.6	4.3	0	0.6	2.4	0.4	2.9	5.8	1.0

来源：After Getsinger, K. D. et al. 1997. *Reg. Rivers Res. Manage.* 13：357-375.

尽管三氯吡氧乙酸是针对双子叶植物的，但双子叶植物以及单子叶植物多样性（主要是眼子菜属和伊乐藻）的增加大大增加了处理样区内的多样性。多样性的增加很可能源自于致密菁藻叶冠的去除，而且有一个种子/繁殖体库就足以重建本地植物。另外可看到，尽管处理水域相对较小而且与致密的菁藻床相邻，但在最多 3 个生长季中，处理带来的本地植物群落延缓了问题菁藻生物量水平的重建（Getsinger 等，1997）。正如所期望的，三氯吡氧乙酸对非本地单子叶菹草的影响很小。在处理 2 年后，它在河湾样地中的相对频率翻了三番。

这一恢复确认了实验室 CET 值的功效。事实上，还观测到了现场功效有所增强。Getsinger 等（1997）把现场功效的增强归因于实验室条件下所缺乏或者被最小化的环境压力（例如波浪作用、水流、浑浊度、微生物和病原体）水平。菁藻在河流样区下游最多 250m 处都得以部分控制。在每个样区离其每个边界 20m 之外未观察到有植物受损。Getsinger 等（1997）建议称，如果暴露时间可以从 12h 增加至 24h，即使用更低的三氯吡氧乙酸浓度（0.25mg/L）也能够得到同样的结果。在一些受管制河流中，可以通过在短期内改变大坝运行减少流经系统的水流来实现这一点。

16.7.3.2　明尼通卡湖

明尼通卡湖水域面积达 5801hm^2，平均水深 6.9m，最大深度 30.8m。它由 15 个形态各异的盆地组成。1994 年 7 月 23 日，在卡森斯湾（Carsons Bay）和菲尔普斯湾（Phelps Bay）设置了两个测试样区，每个样区约 6.5hm^2，它们使用完整标签剂量的 2.5mg/L 的三氯吡氧乙酸进行了处理。卡曼湾（Carman Bay）的另一块水域被用作未处理控制样区。

菲尔普斯湾的初始穗花狐尾藻生物量为 57g/m^2 而卡尔森湾为 42g/m^2，在处理 6 周后，两个水域内均没有发现著藻生物量（Petty 等，1998）。卡曼湾的著藻生物量（270g/m^2）在此期间没有显著变化。在处理 1 年后，菲尔普斯湾的著藻生物量恢复到了处理前水平的约 25%，而卡森斯湾仍然保持较低的生物量水平。菲尔普斯湾与湖泊开放，与之相比，由于限制了水流的进入，卡森斯湾很少会发现植物碎片。

在处理 6 周后，卡森斯湾的本地植物生物量显著减少。菲尔普斯湾的本地植物平均生物量与处理前的生物量水平没有变化（Petty 等，1998）。卡森斯湾更长的暴露时间很可能导致了本地植物生物量的减少（Petty 等，1998）。卡森斯湾的本地植物生物量未被消除，处理后 1 年就增加到处理前的水平。处理 1 年后，卡曼湾的本地植物生物量也有所增加，这主要是由于金鱼藻的增加。

处理 6 周后，处理水域的著藻频次从处理前的约 70% 下降到 0%。在处理 1 年后，菲尔普斯湾的著藻频次增加到处理前水平的 50%，而卡森斯湾只剩下处理前水平的 15%（Petty 等，1998）。同样，欧亚（穗花）狐尾藻的恢复是由于碎片从湖上的其他地点漂浮到处理区域。

两个样区内的本地植物覆盖率同样下降了 5%～10%。这一明显的矛盾，即本地植物生物量增加而覆盖面积减少，可以解释为金鱼藻生物量显著增加的同时没有伴随覆盖面积的增加（Petty 等，1998）。处理 1 年后，三个样区的本地植物盖度均显著提高，但未处理的对照样区仍以欧亚（穗花）狐尾藻占优。使用完全标签剂量的三氯吡啶可能导致一些本地物种的死亡，特别是在卡森斯湾，缓慢的水交换减缓了三氯吡啶的消散。到处理后 1 年时，处理样区内的本地植物多样性已经恢复到接近处理前的水平，并在卡曼湾内持续增长（Petty 等，1998）。

16.8　成本

很难给出确定的成本。成本会随使用的设备、除草剂剂量、处理面积的大小、处理该水域的难易程度、折旧费用、维护费用、燃料费用、人工费用、管理成本和应急成本而有很大的变化。虽然成本经常被提到，但很难确定这些成本包括什么，因此很难有可比性。此外，年与年之间的成本差异使比较也变得十分困难。对于本章讨论的处理类型，即单次或数次低剂量处理，最好的选择可能就是与商业施药者一起合作。他们有从事这项工作的专业设备和专业知识。优秀的施药者拥有训练有素的人员、具有精准刻度的施药设备、具有经验并且良好的保险覆盖。对于小规模的工作，比如对私人房产前水域进行处理，他们通常根据待处理水域的面积和离岸距离来收取固定的费用。操作一般包括整个季节的控制，因此再处理费用也包含在内。对于大面积水域，就应当寻求有竞争力的投标，并签订一份明确规定处理类型的合同。监测和抽样费用也需要包括在内（第 11 章）。应监测植物群落以确定处理的效果。应监测除草剂浓度和残留量，以确定处理是否充分基于 CET 标准。应监测溶解氧、养分状况、水透明度和一些非目标生物的采样等因素，以确定处理对环境的影响，并防止对处理有任何抱怨。尽管监控是一项额外的成本，但可以让人们了解信息的教育价值，因此值得投入。

16.9 小结

注册用于水生植物管理的除草剂数量有限。表 16.19 总结了每种方法的优缺点。由于市场有限，新型除草剂在近期不太可能出现。使用现有的除草剂很可能会促使化学控制技术的进步。像植物生长调节剂这样有前途的技术目前还没有商业化。

表 16.19 注册除草剂的建议用法

化合物	最大水浓度 /(mg/L)	暴露时间	优点	缺点	适用情形	植物响应情况
结合态铜	1	中等 (18～72h)	便宜，起作用快，批准可用于饮用水	不可生物降解，但在沉积物中无生物活性	湖泊中用作除藻剂，高水交换速率水域中用作除草剂	广谱，可作用 7～10 天到 4～6 周
2，4-D	2	中等 (18～72h)	便宜，系统	公众认知	湖泊或缓流水域的水葫芦、欧亚狐尾藻、千屈菜	选择性作用于双子叶植物，可作用 5～7 天到 2 周
敌草快	2	短 (12～36h)	作用快，漂移范围小	对地下无影响	湖岸线，局部处理，高水交换速率水域	广谱，7 天内有效
草藻灭	5	短 (12～36h)	作用快，漂移范围小	对地下无影响	湖岸线，局部处理，高水交换速率水域	广谱，7～14 天内有效
氟啶草酮	0.15	非常长 (30～60 天)	使用剂量极小，标签限制少，系统	接触时间非常长	小型湖泊，缓流系统	广谱，30～90 天内有效
草甘膦	0.2	不适用	广泛使用，标签限制少	作用非常缓慢，无沉水控制	自然保护区；仅用于浮动叶植物	广谱，可作用 7～10 天到 2 周
绿草啶	2.5	中等(12～60h)	选择性，系统	未标明一般水上用途	湖泊或缓流水域，遏制千屈菜	选择性作用于双子叶植物，可作用 5～7 天到 2 周

来源：After Madsen, J. D. 2000. Advantages and Disadvantages of Aquatic Plant Management. Tech. Rept. ERDC/EL MP-00-01. U.S. Army Corps of Engineers, Vicksburg, MS.

化学植物管理方面的进展可能是：①开发现有化合物的新用途（例如改进配方）；②提高处理精度的施药方法，最大化对目标物种的影响而最小化对非目标生物的影响；③确定除草剂与集成管理中采用的其他水生植物管理方法的相容性（Murphy 和 Barrett，1990）。确定水生除草剂环境安全性的严格评估程序能提高除草剂使用的"舒适水平"。

基于 CET 关系的选择性控制是一个非常活跃的研究领域，是提高处理精度的一种方法。然而，从上面的案例研究来看，在实地条件下，CET 建议很难达到。某些应用所需的剂量非常精确：剂量过大会对非目标物种造成附带损害；过低的剂量又缺乏功效。计算目标除草剂浓度所需的水体积很难确定，特别是在有温跃层或流动的水体中。

系统性除草剂是最具生理选择性的除草剂，已被用于处理大面积水域来改变植物群落。接触性除草剂是一种能进行局部处理的选择性方式，特别是对于挺水植物、自由漂浮植物和浮叶植物。接触性除草剂也可以采用时间选择性的方式来使用，在期望物种不存在时利用物候信息来处理有害物种。还有证据表明，一些物种比其他物种对接触性除草剂更敏感，因此有可能以剂量选择性的方式使用它们。

案例研究主要涉及欧亚狐尾藻。虽然这似乎是一个很有限的方面，但它是测试使用除草剂来改变群落结构能力的理想物种。欧亚狐尾藻是：①北美洲的一种欧亚外来物种；②一种严重的有害物种；③易受低剂量氟啶草酮影响；④双子叶，易受 2,4-二氯苯氧乙酸和三氯吡氧乙酸的影响；⑤入侵许多以前有多样性水生植物群落的湖泊。

从案例研究来看，有害植物通常不会被除草剂消灭。很可能还需要除了除草剂处理之外的额外植物管理。在某些情况下，监管机构认为对非目标物种的附带损害程度达到了不可接受水平。在其他情况下，附带损害是可以接受的，非目标物种在处理后得以恢复。

除草剂处理后产生的植物群落难以预测。如果能回归多样化的本地植物群落，它似乎会减缓目标物种的再入侵或减少其优势。有害物种再入侵处理水域是一个问题，再入侵可能源自于未经处理的湖泊区域、处理不成功的水域或通过重新引入而进入湖泊。期望物种的进入也是可能的，且应该在管理计划中加以考虑。一种维持期望植物避难所并且处理时间在期望物种最可能生产繁殖体时的处理方法，能够提高期望植物进入的可能性。

处理的时机非常重要。如上所述，时间可以用来进行选择性控制，它可以用来增加理想物种进入的可能性。在目标植物生理上最敏感的时候进行处理可以提高功效（见第 11 章，资源配置和物候学）。

参 考 文 献

Adams，M. S. and R. T. Prentki. 1982. Biology，metabolism and functions of littoral submersed weedbeds of Lake Wingra，Wisconsin，U. S. ：A summary and review. *Arch. Hydrobiol. /Suppl.* 62（3/4）：333 – 409.

Adams，M. S. and K. Schulz. 1987. Concentration Effects of Diquat Herbicide on Selected Aquatic Macrophytes of Wisconsin. Res. Rept. , Dept. Botany, University of Wisconsin, Madison.

Allen, N. P. 2001. Aquatic plant management of the St. John River (abstract) . In: 41st Annu. Mtg. A-quatic Plant Manage. Soc. , Minneapolis, MN.

Anderson, L. W. J. 1986. Annual Report – 1986, Aquatic Weed Control Investigation. USDA, Agric. Res. Serv. , Dept. Botany, California, Davis.

Anderson, L. W. J. 1987. Annual Report – 1987, Aquatic Weed Control Investigation. USDA, Agric. Res. Serv. , Dept. Botany, University of California, Davis.

Anderson, L. W. J. and N. Dechoretz. 1988. Bensulfuron methyl: a new aquatic herbicide. In: Proc. 22nd Annu. Meet. , Aquatic Plant Cont. Res. Prog. , Misc. Paper A – 88 – 5. U. S. Army Corps of Engineers, Vicksburg, MS. pp. 224 – 235.

Anderson, L. W. J. and P. Thalken. 2001. California's water hyacinth and *Egeria densa* control program: compliance with the National Pollution Discharge Elimination System (NPDES) permit requirements and the U. S. Fish and Wildlife "Section Seven" (abstract) . In: 41st Annu. Mtg. Aquatic Plant Manage. Soc. , Minneapolis, MN.

Bartell, S. M. , K. Campbell, C. M. Lovelock, S. K. Nair and J. L. Shaw. 2000. Characterizing aquatic ecological risks from pesticides using a diquat dibromide case study Ⅲ. Ecological process models. *Environ. Toxicol. Chem.* 19: 1441 – 1453.

Binning, L. , B. Ehart, V. Hacker, R. C. Dunst, W. Gojmerac, R. Flashinski and K. Schmidt. 1985. *Pest Management Principles for Commercial Applicator: Aquatic Pest Control.* University of Wisconsin – Ext. , Madison.

Brooker, M. P. and R. W. Edwards. 1973. Effects of the herbicide paraquat on the ecology of a reservoir. *Freshwater Biol.* 3: 157 – 176.

Cooke, G. D. 1988. Lake and reservoir restoration and management techniques, In L. Moore and K. Thorton (Eds.), The Lake and Reservoir Restoration Guidance Manual. USEPA 440/5 – 88 – 02. pp. 6 – 20 – 6 – 34.

Crawford, S. A. 1981. Successional events following simazine applications. *Hydrobiologia* 77: 217 – 223.

Dunst, R. C. 1982. Sediment problems and lake restoration in Wisconsin. *Environ. Int.* 7: 87 – 92.

Dunst, R. C. , S. M. Born, P. D. Uttormark, S. A. Smith, S. A. Nichols, J. O. Peterson, D. R. Knauer, S. L. Serns, D. R. Winter and T. L. Wirth. 1974. Survey of Lake Rehabilitation Techniques and Experiences. Tech. Bull. 75. Wisconsin Dept. Nat. Res. , Madison, WI.

Engel, S. 1990. Ecosystem Responses to Growth and Control of Submerged Macrophytes: A Literature Review. Tech. Bull. 170. Wisconsin Dept. Nat. Res. , Madison, WI.

Getsinger, K. D. 1997. Appropriate use of aquatic herbicides. *LakeLine* 17 (1): 20.

Getsinger, K. D. , G. J. Davis and M. M. Brinson. 1982. Changes in a *Myriophyllum spicatum* L. community following a 2, 4 – D treatment. *J. Aquatic Plant Manage.* 20: 4 – 8.

Getsinger, K. D. , E. G. Turner, J. D. Madsen and M. D. Netherland. 1997. Restoring native vegetation in an Eurasian watermilfoil dominated plant community using the herbicide triclopyr. *Reg. Rivers Res. Manage.* 13: 357 – 375.

Getsinger, K. D. , J. D. Madsen, T. J. Koschnick, M. D. Netherland, R. M. Stewart, D. R. Honnell, A. G. Staddon and C. S. Owens. 2001. Whole – Lake Applications of Sonar for Selective Control of Eurasian Watermilfoil. Rep. ERD/EL TR – 01 – 07. U. S. Army Corps of Engineers, Vicksburg, MS.

Getsinger, K. D. , J. D. Madsen, T. J. Koschnick and M. D. Netherland. 2002a. Whole lake fluridone treatments for selective control of Eurasian watermilfoil: Ⅰ. application strategy and herbicide residues. *Lake and Reservoir Manage.* 18: 181 – 190.

Getsinger, K. D. , R. M. Stewart, J. D. Madsen, A. S. Way, C. S. Owens, H. A. Crosson and A. J. Burns. 2002b. Use of Whole – Lake Fluridone Treatments to Selectively Control Eurasian Watermifoil in Burr Pond and Lake Hortonia. Vermont. Rep. ERDC/EL TR – 02 – 39. U. S. Army Corps of Engineers, Vicksburg, MS.

Grimshaw, H. J. 2002. Nutrient release and detritus production by herbicide – treated freely floating aquatic vegetation in a large, shallow subtropical lake and river. *Arch. Hydrobiol.* 154: 469 – 490.

Hanson, M. J. and H. G. Stefan. 1984. Side effects of 58 years of copper sulfate treatment of the Fairmont Lakes, Minnesota. *Water Res. Bull.* 30: 889 – 900.

Hestand, R. S. and C. C. Carter. 1977. Succession of various aquatic plants after treatment with four herbicides. *J. Aquatic Plant Manage.* 15: 60 – 64.

Hilsenhoff, W. L. 1966. Effect of diquat on aquatic insects. *J. Econ. Ent.* 59: 1520 – 1521.

Kannenberg, J. R. 1997. Aquatic pesticide application – past, present, future (An applicator's view) . *LakeLine* 17 (1): 22.

Klaine, S. J. 1986. Influence on thidiazuron on propagule formation in *Hydrilla verticillata*. *J. Aquatic Plant Manage.* 18: 27 – 29.

Langeland, K. A. 1997. Aquatic plant management techniques. In: M. V. Hoyer and D. E. Canfield (Eds.), *Aquatic Plant Management in Lakes and Reservoirs*, NALMS and Aquatic Plant Manage. Soc. , Madison, WI and Lehigh, FL. pp. 46 – 72.

Langeland, K. A. 1998. Environmental and public health considerations. In: K. A. Langeland (Ed.), Training Manual for Aquatic Herbicide Applicators in the Southeastern United States, Florida, Cent. Aquatic Invasive Plants (internet edition), Gainesville, FL.

Lembi, C. A. 1998. *Category 5, Aquatic Pest Control*. Dept. Botany, Purdue, W. LaFayette, IN.

Lembi, C. A. and M. Netherland. 1990. Bioassay of Plant Growth Regulator Activity on Aquatic Plants. Tech. Rept. A – 90 – 7. U. S. Army Eng. , Waterways Exp. Sta. , Vicksburg, MS.

Lueschow, L. A. 1972. Biology and Control of Selected Aquatic Nuisances in Recreational Waters. Tech. Bull. 57. Wisconsin Dept. Nat. Res. , Madison, WI.

Madsen, J. D. 2000. Advantages and Disadvantages of Aquatic Plant Management. Tech. Rept. ERDC/ EL MP – 00 – 01. U. S. Army Corps of Engineers, Vicksburg, MS.

Madsen, J. D. , K. D. Getsinger, R. M. Stewart and C. S. Owens. 2002. Whole lake fluridone treatments for selective control of Eurasian watermilfoil: Ⅱ. Impacts on submersed plant communities. *Lake and Reservoir Manage.* 18: 191 – 200.

McNabb, T. 2001. Using barrier curtains to isolate Eurasian milfoil treatment areas during a sonar herbicide application (abstract) . In: *41st Annu. Mtg. Aquatic Plant Manage. Soc.* , Minneapolis, MN.

Miller, G. L. and M. Trout. 1985. Changes in the aquatic plant community following treatment with the herbicide 2, 4 – D in Cayuga Lake, New York. In L. Anderson (Ed.), *Proc. First Int. Symp. on Watermilfoil (Myriophyllum spicatum) and Related Halogagaceae Species*. Aquatic Plant Manage. Soc. , Vancouver, BC. pp. 126 – 138.

Moss, B. , J. Madgwick and G. L. Phillips. 1996. *A Guide to the Restoration of Nutrient –enriched Shallow Lakes*. Broads Authority, Norwich, Norfolk, UK.

Murphy, K. J. and P. R. F. Barrett. 1990. Chemical control of aquatic weeds, In A. Pieterse and K. Murphy (Eds.), *Aquatic Weeds, The Ecology and Management of Nuisance Aquatic Vegetation*. Oxford University Press, Oxford, UK. pp. 136 – 173.

Nelson, L. S. and T. K. Van. 1991. Growth Regulation of Eurasian Watermilfoil and Hydrilla using Bensulfuron Methyl. Aquatic Plant Cont. Res. Prog. Rep. A – 91 – 1. U. S. Army Corps of Engineers,

Vicksburg, MS.

Netherland, M. D. , W. R. Green and K. D. Getsinger. 1991. Endothall concentration and exposure time re-lationships for the control of Eurasian watermilfoil and hydrilla. *J. Aquatic Plant Manage.* 29: 61 - 67.

Netherland, M. D. , B. Kiefer and C. A. Lembi. 2001. Use of plant assay techniques to screen for tolerance and to improve selection of fluridone use rates (abstract) . In: 41st Annu. Mtg. Aquatic Plant Manage. Soc. , Minneapolis, MN.

Newbold, C. 1976. Environmental effects of aquatic herbicides. *Proc. Symp. Aquatic Herbicides, British Crop Prot. Council Monograph* 16: 78 - 90.

Nichols, S. A. 1991. The interaction between biology and the management of aquatic macrophytes. *Aquatic Bot.* 41: 225 - 252.

O' Dell, K. M. , J. VanArman, B. H. Welch and S. D. Hill. 1995. Changes in water chemistry in a mac-rophyte dominated lake before and after herbicide treatment. *Lake and Reservoir Manage.* 11: 311 -316.

Parsons, J. K. , K. S. Hamel, J. D. Madsen and K. D. Getsinger. 2001. The use of 2, 4 - D for selective control of an early infestation of Eurasian watermilfoil in Loon Lake, Washington. *J. Aquatic Plant Manage.* 39: 117 - 125.

Paul, E. A. , H. A. Simonin, J. Symula and R. W. Bauer. 1994. The toxicity of diquat, endothall, and flu-ridone to the early life stages of fish. *J. Fresh Water Ecol.* 9 (3): 229 - 239.

Petty, D. G. , K. D. Getsinger, J. D. Madsen, J. G. Skogerboe, W. T. Haller, A. M. Fox and B. A. Hout-man. 1998. Aquatic Dissipation of the Herbicide Triclopyr in Lake Minnetonka, Minnesota. Aquatic Plant Cont. Res. Prog. Tech. Rept. A - 98 - 1. U. S. Army Corps of Engineers, Vicksburg, MS.

Scheffer, M. 1998. *Ecology of Shallow Lakes.* Chapman Hall, London.

Scheffer, M. , S. H. Hosper, M. - L. Meijer, B. Moss and E. Jeppesen. 1993. Alternative equilibria in shallow lakes. *Trends Ecol. Evol.* 8: 275 - 279.

Shearer, R. W. and M. T. Halter. 1980. Literature Reviews of Four Selected Herbicides: 2, 4 - D, Di-chlobenil, Diquat, and Endothall. Municipality of Metropolitan Seattle, WA.

Smith, C. S. and G. D. Pullman. 1997. Experiences using Sonar[R] A. S. aquatic herbicide in Michigan. *Lake and Reservoir Manage.* 13: 338 - 346.

Thayer, D. D. 1998. Adjuvants in aquatic plant management. In K. A. Langeland (Ed.), Training Manual for Aquatic Herbicide Applicators in the Southeastern United States. University of Florida, Ctr. Aquatic Invasive Plants (Internet ed.), Gainesville.

Toshner, S. , D. R. Helsel and K. Aron. 2001. Selective control of Eurasian watermilfoil using a fall Son-ar[TM] treatment in Potters Lake, Walworth County, and Random Lake, Sheboygan County, Wisconsin (abstract) . In: *Proc. 21st Int. Symp. North. Amer. Lake Manage. Soc.* , Madison, WI.

van Nes, E. H. , M. Scheffer, M. S. van den Berg and H. Coops. 2002. Aquatic macrophytes: restore, e-radicate or is there compromise? *Aquatic Bot.* 72: 387 - 403.

Wade, P. M. 1981. The long - term effects of aquatic herbicides on themacrophyte flora of fresh water habitatsa review. In: *Proc. Assoc. Applied Biol. Conf.* : *Aquatic Weeds and Their Control.* pp. 223 - 240.

Wade, P. M. 1982. The long - term effects of herbicide treatment on aquatic weed communities. In: *Proc. Eur. Weed Res. Soc.* , *Sixth Symp. on Aquatic Weeds.* pp. 278 - 285.

WDNR. 1988. Environmental Assessment Aquatic Nuisance Control (NR 107) Program. Wisconsin Dept. Nat. Res. , Madison, WI.

Welling, C. , W. Crowell and D. J. Perleberg. 1997. Evaluation of Fluridone for Selective Control of Eura-sian Watermilfoil: Final Report. Minnesota Dept. Nat. Res. , Minneapolis.

Westerdahl，H. E. and K. D. Getsinger. 1988. Aquatic Plant Identification and Herbicide Use Guide，Volume Ⅱ：Aquatic Plants and Susceptibility to Herbicides. Aquatic Plant Cont. Res. Prog. Tech. Rept. A -88 - 9. U. S. Army Corps of Engineers，MS.

Westerdahl，H. E.，K. D. Getsinger and W. R. Green. 1988. Efficacy of Sediment - Applied Herbicides Following Drawdown in Lake Acklawaha，Florida. Infor. Exchange Bull. ，Vol. A - 88 - 1. U. S. Army Corps of Engineers，Vicksburg，MS.

第 17 章

植食性昆虫、鱼类和其他生物防治

17.1 引言

机械和化学方法（第 12、第 13、第 14、第 16 章和第 20 章）是针对有害水生植物的主要管理方法。这些方法通常较成功，但成本高昂，一般能提供相对短期的控制。目前人们对除草剂存在广泛且在某种情况下合乎情理的担忧。机械/物理技术可能缓慢、低效，有可能产生故障或导致污染扩散。这几类方法都不是选择性的，而是能够短暂消除包括目标植物在内的大部分植物，通常会破坏、消除栖息地，而不是将群落恢复至之前或者超出预期的状态。

目前有 8 种外来水生植物已在北美和其他地区的湖泊中扩散，分别是黑藻（轮叶黑藻）、水葫芦（凤眼莲）、水花生（空心莲子草）、欧亚狐尾藻、水蕨（槐叶萍）、水莕荠（大藻）、菹草以及巴西伊乐藻（水蕴草）。它们之所以能够成功扩散，是因为入侵了高度有利、常被干扰的、缺乏或缺失生物控制的栖息地，而非是对富营养化的响应。这个问题在美国南部十分严重，因为这里存在较浅的、温暖的、天然肥沃的水生栖息地，而且有较长的生长季。

这些植物带来了巨大的经济损失和不便，并且由于机械和化学控制方法的效果不理想，催生了生物防制的发展，包括植食性昆虫和鱼类、真菌和病毒这样的植物病原体，以及植化相克效应。生物防控包括食物网络操控（第 9 章）和使用大麦秸秆进行藻类生物量管理，也并非没有任何问题，它响应较慢，无法根除有害植物，无法处理诸如河滩这样的问题地区，可预测性较低，而且如果用于生物防治的有机体出现预期之外的影响，还有可能造成额外的困扰。

本章将描述一些生物防治的方法，主要关注水生植物的管理。它们在近期才得以部署，因此还有很多情况需要摸索。在进行水生植物防制的前几年，我们还有必要依赖于机械和化学控制方法，它们仍将是重要的工具。未来可能会将传统技术与生物学技术相结合，这还需要大量的工作来更好地理解水生生态系统，并对使用这些方法进行处理后的系统进行密切监测。

生物防治与机械控制截然不同，特别是在化学和技术方面。生物防治的宗旨是显著减少而非根除（有可能也会根除用于生物防治的生物）目标植物生物量。其目标是明确一种针对目标植物的生物学制剂，在一定的、可接受的植物生物量水平下建立该生物与植物间的动态平衡，并使得生态系统回归到之前或者超出预期的群落结构。生物防治是一种抑制技术。其目标不在于消灭植物（Grodowitz，1998）。它能缓慢地实现植物生物量控制，这种控制在理想情况下会非常持久和经济，而用于生物防治的生物本身也不会成为一种侵扰。对于引入外来物种进行生物防治的原则，以及与之相关的问题与担忧，仍然存在争议（例如，Hoddle，2004；Louda 和 Stiling，2004）。

目前有两种生物防治方法：第一种是可扩增的，可以辨识和培育一种天然存在的（本地或地方性的）有机生物体，并在特定场所将这一生物个体加入到自然种群中。例如薯藻象甲（鞘翅目），这是一种食草动物，其似乎已经把宿主偏好从本地的西伯利亚狐尾藻转变为外来的穗花狐尾藻。第二种是经典的生物防治，包括从外来植物的原生范围内引入植食性动物或病原体。为了控制外来植物，必须经过一系列的研究阶段，进而最终投放外来生物。应当在其自然生长范围内研究目标植物，以确定符合预期的物种，并确定它们是否会食用或影响密切相关、经济或生态上重要的植物。美国农业部某一设在佛罗里达州盖恩斯维尔的设施正在对特定寄主的昆虫进行检疫。在这里检查了其宿主的特异性和潜在有效性。经美国农业部动植物检验局批准，经证明可安全施用的昆虫可免于检疫。此外，美国内政部可以限制引进用于生物防治的外来物种（Hoddle，2004）。在 Buckingham、Balciunas（1994）和 Buckingham（1998）的文章中可以看到这种冗长流程的实例。在美国，已经有 12 种昆虫免于检疫而直接用于治理有害水生植物（表 17.1）。来自有害植物原产地的植物病原体仍然无法申请引入，但可以带到美国马里兰州德特里克堡（Fort Detrick）的检疫中心进行研究（见后续章节）。

表 17.1 用于水生植物生物防治的昆虫物种

目标植物	昆 虫	目标植物	昆 虫
空心莲子草	空心莲子草蓟马	黑藻	黑藻块根象鼻虫
空心莲子草	空心莲子草茎蛀螟	黑藻	黑藻茎象鼻虫
空心莲子草	莲草直胸跳甲	黑藻	巴尔西尤纳西水湖
水苋菜	水苋菜象鼻虫	水葫芦	梭鱼草蛀螟
水苋菜	水苋菜螟蛾	水葫芦	水葫芦螟蛾
黑藻	巴基斯坦水蝇	水葫芦	水葫芦斑象鼻虫

以下小节将描述如何在美国的湖泊中使用这些昆虫来控制 8 种外来有害水生植物中的 4 种。

17.2 黑藻（轮叶黑藻）

罗伊轮叶黑藻（即黑藻）已经在美国引起了严重的生态和经济危害。雌雄异株生物型

（植物有雄花或雌花）在 1950 年左右由一位水产商人引进佛罗里达州；雌雄同株的生物型（每株植物同时有雄花和雌花）出现在 20 世纪 70 年代末，可能来自韩国。该植物基本上无法根除。在浅水或清澈的深水中，不管是富营养还是贫营养，都会形成较厚的植物垫层（Buckingham 和 Bennett，1994；Balciunas 等，2002）。

　　黑藻是美国东南部最令人头疼的水生植物之一，它已对灌溉作业、水电站发电以及娱乐活动造成了数百万美元的损失。受侵扰的湖泊已经关停了大部分用途。如今，其雌雄同株生物型的向北扩散也引起了担忧。它被发现于欧洲北纬 55°，能够在美国各州生存（Balciunas 等，2002）。在宾夕法尼亚州、康涅狄格州和华盛顿州新出现的雌雄同株生物型泛滥并非源自新的外来物种，这点得到了随机扩增多态 DNA 分析的证实。这种植物分布在美国至少 16 个州和 185 个流域（Madeira 等，2000）。与雌雄异株生物型相比，雌雄同株生物型在较低温度下具有较高的芽产量（植物片段的来源）（Steward 和 Van，1987；McFarland 和 Barko，1999）。全球气候变化可能是促使其向北扩散的因素之一。

　　如果黑藻向北扩散，则湖泊管理者必须立即意识到这点并尝试根除。它很难与其他的水鳖科植物物种区分开。这一属有两个本地物种，即加拿大伊乐藻和美国伊乐藻，还有一个外来物种，即外表像黑藻的水蕴草。黑藻叶子上的缘齿不用透镜也清晰可见，而其他物种则需要放大镜才能看到缘齿（Dressler 等，1991；Borman 等，1997）。

　　黑藻管理通常涉及引入草鲤鱼（草鱼，见后续章节）或施用除草剂。此外，还会使用经典的生物防治制剂。佛罗里达州分别在 1987 年和 1991 年投放了两批象鼻虫（鞘翅目：象甲科），即 *Bagous affinis* 和 *B. hyrillae*，但都没有成功（Buckingham 和 Bennett，1994；Balciunas 等，2002）。1987 年和 1989 年投放了两批水蝇（双翅目：水蝇科），即 *Hydrellia pakistanae* 和 *H. balciunasi*。巴尔西尤纳西水蝇只在少数几个场址内成群，很显然是由于较高的黄蜂寄生，较差的寄主植物食物质量，以及美国黑藻和澳大利亚（这些飞蝇的原生地）黑藻之间可能的遗传差异（Grodowitz 等，1997）。巴基斯坦水蝇导致黑藻数量显著下降，且使本地植物有所恢复。昆虫对黑藻的成功生物防治可能十分缓慢。例如，1992 年投放在乔治亚州的塞米诺尔湖（Lake Seminole）投放了昆虫，但黑藻直到 1997 年才出现下降，1999 年出现大规模下降（Balciunas 等，2002）。将昆虫施用与病原菌（大刀镰刀菌）相结合可能会增强对黑藻的影响（Shabana 等，2003）。这类昆虫的成功可能受到黑藻宿主营养状况的影响。低组织氮或叶片坚硬的植物会导致较高的昆虫死亡率和发育受损（Wheeler 和 Center，1996），这表明昆虫对宿主植物的适应性可能是生物防治不成功的另一个重要因素。

　　目前，黑藻的生物防治还处于发展阶段，而草鲤鱼、收割机和除草剂仍然是可靠且有效的选择。它还需要包括海外调查在内的更多研究，来定位生物防治制剂，并评估能影响到用于生物防治的生物成群和生长的因素。

17.3　水葫芦

　　水葫芦于 19 世纪 80 年代入侵美国，它造成了巨大的经济和环境危害，一些品种被视作"世界上最令人头疼的水生杂草"（Center 等，1999）。这种植物侵扰了地球上所有的热带和亚热带地区，并对人类生命构成了威胁（例如，困住船只，使桥梁倒塌，改善蚊子栖息地）。它是一种浮叶植物，叶子较大，花朵很艳丽，生长率很高，因而会生成致密互联的植物垫层。在有利条件下，它有可能会覆盖池塘或小型湖泊的全部水面，随风飘浮的垫层会困住船只并导致码头水域关闭。水葫芦能够通过种子繁殖，其种子在水体沉积物中能够存活 15～20 年；但其数量最快速的增长还是通过营养性繁殖过程完成的（Center 等，2002）。机械和化学控制的成功性差异较大，部分原因在于处理后的快速再生长。

20 世纪 60、70 年代，在阿根廷研究了生物防治制剂，之后三种昆虫被检疫隔离后引入，并在广泛测试之后投放。之所以选择阿根廷，是因为南美是水葫芦的原生地，而且其气候与北美受侵扰地区较类似（Center，1982）。引入的昆虫有沃伦水葫芦螟蛾［*Niphograptera（Sameodes）albiguttalis Warren*］（鳞翅目：斑翅科）、象鼻虫（*Neochetina eichhorniae Warner*）和水葫芦象鼻虫（*N. bruchi Hustache*）（鞘翅目：象甲科）。此外，还提出了一种原产于北美的螨虫，叶螨（*Orthogalumna terebrantis Wallwork*）（蜱螨科：大翼甲螨科）。研究人员分别于 1972 年和 1974 年在佛罗里达州投放了水葫芦斑象鼻虫和水葫芦象鼻虫，并在 1977 年投放了螟蛾（Center 等，2002）。

甲虫具备寄主特异性，成虫和幼虫都能影响植物。其虫卵嵌在植物组织。微小（2mm）幼虫出现在春季，它们会钻到叶柄，从而造成茎秆凋萎和叶片损失。成熟幼虫（8～9mm）会进入茎部，攻击顶端分生组织。虫蛹会附着在水面以下的根部。成虫攻击最嫩的叶子，吃掉表皮细胞，从而为增加植物损伤的微生物提供场所。叶片死亡发生的速度略快于叶片更新，从而导致叶片净损失。水葫芦需要最低限度的叶片才能漂浮，当叶片损失超过这个限度时，植物就会下沉并死亡（Center 等，1988）。

正如路易斯安那州的结果所示，水葫芦的传统生物防治十分成功，该州在 1974—1978 年的秋季平均每月有约 500000hm^2 水域被侵扰。1974—1976 年在东南部的各州投放了水葫芦斑象鼻虫，它们在 1978 年成群。水葫芦象鼻虫于 1975 年投放，而水葫芦螟蛾则于 1979 年投放。至 1980 年为止，昆虫的影响是明显的，水葫芦覆盖减少到了 122000hm^2。1999 年的覆盖减少至 100000hm^2 以下。包括盐水注入以及天气变化等其他因素并不能导致这种程度的减少（图 17.1）（Center 等，2002）。

为了减少植物的覆盖，需要在 6 个月内保持 1.0 的昆虫/植物阈值密度，然后达到 3.0 或更高的峰值。这一密度受季节、植物活性和植物病原体的影响。植物和昆虫丰度的自然循环应发展为：植物密度增加 2～3 年，然后随着增长较慢的昆虫生物量达到阈值密度而下降。植物生物量之后会在一段时间内保持低水平，进而导致昆虫密度降低、植物恢复等影响。除非规模很小，否则不太可能导致植物或昆虫灭绝。我们对于昆虫生物防治制剂的其他死亡率来源（如鱼类、鸟类）知之甚少，而这也将成为一个重要研究领域（Sanders 和 Theriot，1986）。

成功使用昆虫控制水葫芦说明了生物防治的诸多重要事实。首先，这个过程很缓慢，不会根除问题（例如图 17.1），但会带来长期和低成本的生物量降低。成功的生物防治会使水资源恢复所有用途。其次，生物防治可以弥补传统方式的局限性，2，4 - D（一种有效的水葫芦除草剂）对于许多居住在热带和亚热带的人们来说是无法获取的。再次，水生

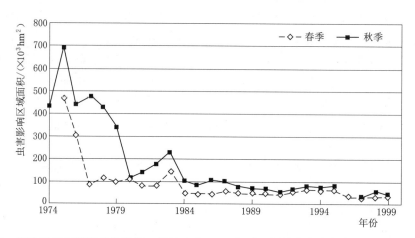

图 17.1 源自路易斯安那州的数据，显示出在 1974 年引入沃纳水葫芦象鼻虫，1975 年引入布奇水葫芦象鼻虫和 1979 年引入水葫芦螟蛾之后，水葫芦的覆盖有所减少，年度生长也有所限制。

[来源：Center T. D. et al. 2002. In：R. Van Driesch et al.（Tech. Coord.），Biological Control of Invasive Plants in The Eastern United States. U. S. Department of Agriculture Forest Service Pub. FHTET‑2002‑04. Bull. Distribution Center，Amherst，MA. Chapter 4.]

植物的昆虫防治与通过收割或除草剂来进行植物移除并不兼容。化学和机械处理会移除无法移动的虫卵、幼虫或虫蛹，因此当植物从种子或碎片重新生长时，几乎不存在昆虫来抑制这一新的生长。第四，使用昆虫的长期控制更可能无需密集管理（Center，1987）。通过采用一种集成的方法，留有数个大型湖泊水域不进行除草剂喷洒或植物收割，可能会使得足够的昆虫存活下来，以重新干扰新的植物生长（Haag，1986；Haag 和 Habeck，1991）。

由于水生植物泛滥后，可能会受到来自公众立即缓解要求的压力，因此重大的研究领域应明确对生物防治昆虫无害的除草剂和佐剂，并制定管理协议，制定出能够对关键湖泊使用水域进行治理同时又能保护可用于长期抑制植物生长的昆虫的管理方法（Center 等，1999）。水葫芦似乎正从美国东南部各州向北蔓延，其中一个重大研究领域是明确耐寒的生物防治制剂（Center 等，2002）。

17.4 空心莲子草（水花生）

针对空心莲子草的传统昆虫防治十分成功。该植物于 19 世纪 80 年代引入美国。它在东南各州内快速扩散，形成了相互纠缠的植物垫层，有时可能厚达 1m，有时能遍布整个池塘、湖泊或运河。空心莲子草是一种有根的多年生植物，在美国可以大量繁殖；如果栖息地干涸，它还有能力变成陆地植物（Buckingham，2002）。

继阿根廷的研究之后，在美国又进行了检疫隔离研究，之后投放了三种昆虫（Maddox 等，1971）：即分别在 1964 年、1967 年和 1971 年投放的一种跳甲（希尔曙和沃格特莲草直胸跳甲）（鞘翅目：象甲科），一种蓟马（空心莲子草蓟马）（缨翅目：管蓟马科），一种飞蛾，*Vogtia malloi Pastrana*（鳞翅目：螟蛾科）。

　　莲草跳甲在控制空心莲子草方面取得了成功，使得除局部水域外这一植物已经不再造成侵扰。其成功归因于五个因素：①高繁殖潜力；②在空心莲子草上或内部生活，使之不易受食虫动物的威胁；③对空心莲子草完全的依赖性或特异性；④高机动性和扩散能力；⑤对包括特定杀虫剂在内的某些化合物具有高耐受性（Spencer 和 Coulson，1976）。其幼虫和成虫以叶子为食，而幼虫会钻入茎秆内成蛹。

　　螟蛾和莲草跳甲被成功地引入田纳西州、阿拉巴马州南部、路易斯安那州、佐治亚州、北卡罗来纳州和南卡罗来纳州、得克萨斯州和阿肯色州。空心莲子草的陆地形态不受这些物种的控制，尽管不能飞的蓟马可以在局部有效，但无法实现广泛的作用。

　　温度和水位涨落会影响莲草跳甲的功效。控制空心莲子草最有效的情况发生在能够达到峰值种群数量的 6 月。能有效作用的北部极限地区大约在 1 月平均气温为 12℃ 的地方。莲草跳甲不存在冬季滞育。在更北的地区或空心莲子草在冬天被冻结至岸线的地方，由于甲虫无法进食，因此莲草跳甲几乎绝迹。南部极限出现在甲虫为躲避酷暑而使夏季休眠期延长、进而秋季种群数量不会达到峰值的地方（Spencer 和 Coulson，1976）。洪水会消灭昆虫，而干旱会促使该植物转变为陆地形态，进而消除了可作为跳甲和螟虫食物来源的空心莲子草（Cofrancesco，1984）。

　　跳甲的功效会因螟蛾和蓟马而有所增强。另外，也存在将昆虫施用与除草剂预处理（Gangstad 等，1975）或植物病原体或机械方法相结合的可能性。毫无疑问，昆虫在空心莲子草控制上十分成功，可消除或大大减少对机械和化学物质的需求，并能使本地植物物种回归。遗憾的是，诸如水葫芦或黑藻这样的其他外来物种可能会替代受控制物种，但用昆虫来控制这些物种（尤其是水葫芦）也是可能的。

17.5　欧亚狐尾藻

　　亚洲、非洲和欧洲原生的欧亚狐尾藻（eurasian watermilfoil，EWM）于 1880—1940年引入北美地区，已经扩散至美国各州以及加拿大南部的三个省份。它替代了本地的原生蓍草属植物和其他沉水物种，部分原因在于它能在湖泊表面形成独特的叶冠并遮蔽其他叶下植被。欧亚狐尾藻可通过植物碎片扩散，侵扰整个湖泊或池塘；或者通过湖泊出流或人类活动而扩散至新的栖息地。延伸出水面的穗状花可结出种子，但其主要的繁殖方法是无性繁殖（Creed，1998；Johnson 和 Blossey，2002）。这种外来植物（可能比北美其他任何水生植物都更严重地）导致生物多样性大幅下降，处理成本高昂，并且造成了湖泊和水库美学和娱乐属性的丧失。

　　传统的蓍草属植物管理方法（收割和除草剂）一直不尽如人意，部分原因是由于植物的快速再生长以及收割机将植物碎片扩散至未受侵扰的湖泊水域。草鲤鱼（见后续章节）并不以此为食。在严重泛滥的湖泊内，欧亚狐尾藻原因不明的锐减说明包括昆虫在内的生物学制剂可能起了作用。虽然在蓍藻原生地域内对生物防治（用于传统生物防治）的搜索并不成功，但我们研究了北美地区原生和天然昆虫在增效控制方面的潜力。然而，增效控制也存在一些问题，包括：①本地昆虫数量不能保持在所需的高密度（很可能由于长期建立的捕食者-被捕食者关系和其他密度控制过程）；②本地昆虫的生命周期可能超出外来植物；③增效可能很昂贵（Greed 和 Sheldon，1995）。

要成为一种有效的增效生物防治制剂，该昆虫相对该外来植物必须是近乎单食性的。否则，昆虫可能会选择或者扩散至随其一起进化的非目标植物。如果外来植物在入侵时无法由本地昆虫控制，那么使用这些昆虫进行增效控制也可能不会成功。

尽管有上述担忧，数个本地和自然化昆虫物种已得到研究。迟缓性叉长角石蛾（*Triaenodes tarda Milner*）（毛翅目：长角石蛾科）和奥利弗食狐尾藻环足摇蚊属（双翅目：摇蚊科）毁坏了不列颠哥伦比亚省湖泊内的薯草属植物，但尚未对被培育和用于增效作用（Kangasniemi，1983；Oliver，1984；MacRae 等，1990）。蜉蝣禾螟（鳞翅目：螟蛾科）是一种来自欧洲的入侵昆虫，在北美东部和中部成群并广泛分布（Johnson 等，1998），当幼虫密度达到每 10 个顶尖有 6~8 个时，就构成了 EWM 死亡的主要来源。本地象鼻虫白腹象鼻虫也与薯藻有关，但似乎用于生物防治的潜力不大（Painter 和 McCabe，1988；Johnson 和 Blossey，2002）。图 17.2 展示了象鼻虫（*Litodactylus*）以及禾螟（*Acentria*）在一组安大略湖泊中对薯草属植物的影响。本地的薯藻象鼻虫（鞘翅目：象甲科）被认为与欧亚狐尾藻的衰减有关（例如，Kangasniemi，1983），而最近的实验室和现场试验都证明这一关系是偶然的。这种昆虫可通过商业购买用于现场增效（例如，Hilovsky，2002）。蜉蝣禾螟和本地象鼻虫都有潜力在北美地区作为欧亚狐尾藻的增效性生物防治制剂，后续章节将对此进行讨论。

禾螟是纽约州卡尤加湖（Lake Cayuga）中突出的欧亚狐尾藻草食动物。其幼虫能采集小叶，以顶端分生组织为食，最终在作茧时将分生组织顶端去除，从而阻止叶冠的形成，消除了它相对于生长形态较矮的原生植物的竞争优势。其幼虫会在金鱼藻茎秆中越冬（Johnson 等，1998；Johnson 和 Blossey，2002）。

昆虫去除欧亚狐尾藻顶端的一个影响在于，这是产生抑藻物质特里马素Ⅱ最强烈的地方（Gross，2000）。减少这种化合物的产生会导致叶子上附生植物的增加，并可能导致遮阳和光合作用的减少，这与鱼类捕食附生食草蜗牛的效果类似（第 9 章）。

增加禾螟种群数量的功效还不得而知，尽管在纽约州已经有一些实验性投放。幼虫在实验室中是泛食者，但在野外却对欧亚狐尾藻具有极强的选择性，且可造成严重的破坏（Johnson 等，1998）。早期的实地观察（Creed 和 Sheldon，1995）表明，禾螟（*Acentria*）与佛蒙特州布朗宁顿湖的薯草属植物减少有关。与眼子菜相比，禾螟（*Acentria*）在薯草属植物上的生长有所减少，这可能是由于薯草属植物叶片具有较高的酚含量（Choi 等，2002）。目前还需要进行更多的研究，主要是利用培育大量禾螟的方法进行田间增效，并观察其功效。

薯藻象鼻虫很显然是随着北美本地薯藻西伯利亚狐尾藻而演化的，但在宿主特异性测试中，象鼻虫更偏爱欧亚狐尾藻（Newman 等，1997；Solarz 和 Newman，2001）。雌虫会在顶端分生组织上产卵。成虫以树叶为食，而幼虫的负面影响最大，会吃掉大约 15cm 的分生组织，最终挖开茎干并破坏维管组织。幼虫从顶端分生组织移动 0.5~1.0m，钻到茎中，然后结蛹。植物的叶-茎-根连接可能会被破坏，进而导致营养不足和储存在根部的碳水化合物减少。幼虫还可为植物的真菌和细菌感染创造最佳条件。正常情况下，每个夏天该昆虫可能会繁殖 4~5 代。成虫在秋天爬到或飞到岸边，在离

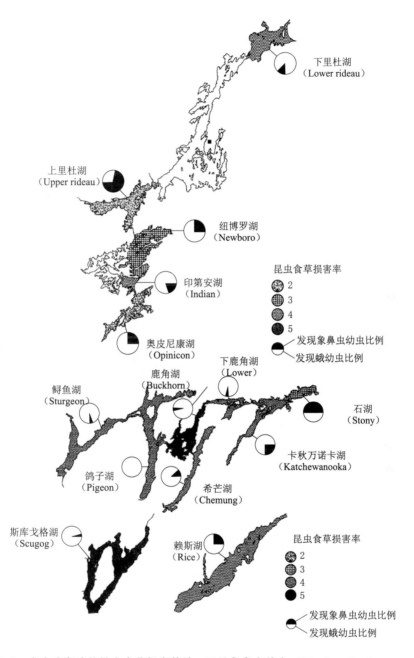

图 17.2 安大略湖泊的昆虫食草损害估计，以及象鼻虫幼虫（*Litodactylus leucogaster*）
和蛾幼虫（*Acentria nivea*）的比例和观察的案例。

（来源：Painter, D. S. and K. J. McCabe. 1988. *J. Aquatic Plant Manage.* 26：3 – 12. With permission. ）

岸边远达 6m 的干燥落叶层中越冬。从化冰期开始，成虫又会回到湖内（Creed，2000；
Mazzei 等，1999；Newman 等，2001；Johnson 和 Blossey，2002；Newman，2004）。试
图用收割、除草剂或草鲤鱼来消灭植物通常会将昆虫密度降低到无效的低水平（Sheldon

和 O'bryan，1996)。

R.P Creed Jr.，S.P. Sheldon 和其合作者（例如，Creed 等，1992；Creed 和 Sheldon，1993，1995）是研究象鼻虫对欧亚狐尾藻影响的先行者。实验室和现场圈围试验证明禾螟特别是菁藻象鼻虫可减缓欧亚狐尾藻生长。实地观测显示，该昆虫与菁草属植物的减少有关，这说明象鼻虫极具破坏性。

明尼苏达州塞奈科湖中欧亚狐尾藻的减少似乎是由于本地象甲的存在而引起的首个证明，因为没有证据表明真菌感染和蜉蝣禾螟以及蠓（食菁藻环足摇蚊）与其他植物有关。禾螟可能阻止了菁草属植物在该湖的复苏（Newman 和 Biesboer，2000)。

昆虫生物防治的一个关键因素是宿主特异性。菁藻象鼻虫随着北美菁藻一同进化，但对外来的欧亚狐尾藻有很高的偏好性。象鼻虫会区分外来和本地的菁草属植物，这可能是因为成年象鼻虫可以探测到静水中距离 10cm 远的欧亚狐尾藻的某种物质，从而导致对欧亚狐尾藻的偏爱。菁藻象鼻虫在欧亚狐尾藻上的产卵率和生长率较高，成虫质量也高于其他物种（Solarz 和 Newman，2001；Newman，2004)。9 种非菁藻类沉水物种的无选择实验表明，象鼻虫并没有破坏这些植物，没有产卵，生存率较低（Sheldon 和 Creed，1995)。因此，菁藻象鼻虫是宿主特异性的，在可以选择时放弃了本地菁藻。菁藻象鼻虫的有效密度范围为 $50 \sim 100$ 个$/m^2$，即每根茎杆上约有 2 个成虫、幼虫、卵或蛹（Creed 和 Sheldon，1995；Newman 和 Biesboer，2000)。

改变象鼻虫密度的因素还不得而知。在明尼苏达州某一湖泊中，黑莓鲈（黑斑刺盖太阳鱼）和鲈鱼（金鲈鲈鱼科）不会捕食处于任何生命阶段的象鼻虫，而蓝鳃鱼（蓝鳃太阳鱼）捕食的是成虫和幼虫，而非蛹。在昆虫密度很低而鱼类密度很高的情况下，蓝鳃太阳鱼是致其死亡的主要原因。蜻蜓幼虫显然是不成功的幼虫捕食者（Sutter 和 Newman，1999)。目前还需对象鼻虫捕食者进行更多的研究。在秋季，当成虫迁移到岸边过冬时，它们可能特别容易受伤害（Newman 等，2001)。无杀虫剂残留的不受干扰的岸线地区显然是成功越冬的必要条件。一直修剪到湖边的草坪不太可能提供合适的越冬场所，尽管目前尚未针对这点进行研究。

禾螟和菁藻象鼻虫很明显会对菁草属植物产生不利影响。它们很少以共显性形式存在，意味着竞争（Johnson 等，1998）及其应用于生物防治取决于哪一物种更易于人工培养。此时，只有象鼻虫被为了生物防治而进行人工培养。还应考虑象鼻虫在距离其生活范围较远的美国南部湖泊和水库中的功效（Creed，2000)。南部湖泊夏季的高温（＞35℃）和北部湖泊的低温（＜18℃)，会将有效性限制为中纬度北美洲的水平（Mazzei 等，1999)。

目前，菁藻象鼻虫被用于增强天然种群，但几乎没有长期评估。在佛蒙特州，菁草属植物的减少并非归因于象鼻虫的广泛增加（Crosson，2000；Madsen 等，2000)，但是，来自威斯康星州 12 个湖泊的初始数据表明，在象鼻虫增加的第一年，该植物有所控制（Jester 等，2000)。

总之，昆虫是有效的。但是，它们见效慢，不能根除目标植物。利用昆虫可减少严重的侵扰，而且当配合使用可保护昆虫"水库"的除草剂时，可以实现更长时间的控制。还有哪些本地昆虫可用于控制水生植物？基础湖泊生态研究必须继续。

17.6 草鱼

17.6.1 历史与局限性

草鱼，或称草鲤（*Cyprinidae*）是中国和西伯利亚大河中的本地物种。在美国，关于这种外来鱼对水生植物控制的争论源自该鱼的引入历史，该鱼种随后向北美洲河流发展，与之相随的是对湖泊和水库的预期影响。最初，草鱼于 1963 年被装船从马来西亚运往阿肯色州的渔业养殖实验基地和奥本大学（Auburn University）。1970—1976 年，阿肯色州的 115 个湖泊和水池中都出现了草鱼，包括水文开放体系中的康威湖（Lake Conway）。1971 年，在阿肯色州之外的地方发现了自由移动的草鱼，这些草鱼都是 1966 年龄级的（Guillory 和 Gasaway，1978）。

与美国水域为了进行植物控制而引入外来昆虫的做法不同，草鱼的引入没有在检疫期内进行严格的初步调研。原本应预计到这种"通吃"的食草动物会引起诸多不利影响。这样即使申请多次，美国农业部也不会同意将草鱼进口至美国。在草鱼广泛分布于北美洲的水域之后，启动了一项了解其有利和有害影响的科学研究工作，这是在引进外来植物和动物过程中常见的一种"观望"态度（Bain，1993）。关于对水栖地的影响，以及它们丰富湖泊水域或干扰供垂钓鱼或其他生物区的潜在影响，还有很多疑问。

有些州禁止或者限制使用不育的三倍体鱼（表 17.2）。尽管加拿大的许多省份都在研究三倍体鱼，但对三倍体鱼的进口和投放，还是有普遍限制的。

表 17.2　　各州关于拥有和使用草鱼的规定

A. 允许二倍体（能够繁殖）和三倍体（不能繁殖）的州			
阿拉巴马州	夏威夷州	堪萨斯州	俄克拉荷马州
阿拉斯加州	爱荷华州	密西西比州	新罕布什尔州
阿肯色州	爱达荷州	密苏里州	田纳西州
B. 只允许 100％三倍体的州			
加利福尼亚州	伊利诺伊州	新泽西州	南达科塔州
科罗拉多州	肯塔基州	新墨西哥州	得克萨斯州
佛罗里达州	路易斯安那州	北卡罗来纳州	弗吉尼亚州
格鲁吉亚州	蒙大拿州	俄亥俄州	华盛顿特区
	内布拉斯加州	南卡罗莱纳州	西弗吉尼亚州
C. 只允许研究 100％三倍体的州			
纽约州	俄勒冈州	怀俄明州	
D. 禁止使用草鱼的州			
亚利桑那州	马里兰州	北达科他州	
康涅狄格州	马萨诸塞州	宾夕法尼亚州	佛蒙特州
印第安纳州	明尼苏达州	威斯康星州	
缅因州	内华达州	犹他州	

草鱼很常见，主要是因为它们可以提供低成本、长期的植物控制，并且对一些湖泊使用者的不利影响在可接受范围内。例如，有的湖泊完全可供划船和游泳，尽管这可能是以

牺牲许多湖泊和岸边物种，提高湖泊的营养状态为代价的。

本节旨在为湖泊管理者提供一些信息，以便其做出关于使用草鱼的明智决策。

17.6.2　草鱼的生物属性

草鱼具有非同寻常的新陈代谢属性。它们的需氧代谢速率约是大部分鱼类的一半，但是，成年鱼每天的平均消耗率（在 21℃ 或更高温度下）大概是其自身体重的 50%～60%，小鱼（<300g）每天的平均消耗率则相当于其自身体重（Osborne 和 Riddle，1999）。这种代谢速率是食肉鱼的 2～3 倍。它们的低新陈代谢速率和高消耗率抵消了它们的低吸收效率，其吸收效率只有食肉鱼的 1/3（Wiley 和 Wike，1986）。草鱼是杂食动物，这或许是它们获得充足蛋白质的一种方式（Chilton 和 Muoneke，1992）。随着鱼长大，它们对食物的吸收率会降低，但随着温度的升高，它们对食物的吸收率也会增加。它们所吸收的食物，高达 74% 的部分会被排泄掉，从而为沉积物提供大量部分消化的有机物质和营养物质。成年三倍体草鱼的能量预算公式为（Wiley 和 Wike，1986）

$$100I = 21M + 67E + 12G$$

式中　I——消化量；

　　　M——新陈代谢量；

　　　E——排泄量；

　　　G——增长量。

进食率随温度而变化。很明显，它们在低于 3℃ 的温度下几乎不进食，从 7～8℃ 开始活跃进食，在 20～26℃ 达到进食高峰（Chilton 和 Muoneke，1992；Opuszynski，1992）。也可能存在地区驯化，例如，在温和气候中生活的鱼，温度较低时就开始进食，在饲养模型中，这是一个非常重要的因素（Leslie 和 Hestand，1992）。三倍体鱼的消耗率大约是二倍体鱼的 90%。幼鱼的增长速度为每年 9～10cm，成鱼下降为每年 2～5cm（Chilton 和 Muoneke，1992）。成鱼的重量通常可超过 9～10kg，在佛罗里达州曾出现过 30～40kg 的鱼（Leslie 和 Hestand，1992）。

草鱼有取食偏好，在美国不同地区会存在一些差异。这一事实对饲养比率具有重要意义（参见后面部分）。表 17.3 根据 Cooke 和 Kennedy（1989）的表格修订而得，是关于佛罗里达州、伊利诺伊州和俄勒冈州—华盛顿州的三倍体草鱼的取食偏好清单。其他州和地区（佛罗里达州、科罗拉多州、加利福尼亚州、美国太平洋西北地区以及新西兰）的偏好清单也可获取（Chapman 和 Coffey，1971；Swanson 和 Bergerson，1988；Pine 和 Anderson，1991；Leslie 和 Hestand，1992）。

表 17.3　　取食偏好清单，根据在佛罗里达州、伊利诺伊州和俄勒冈州—华盛顿州研究的三倍体草鱼的大概偏好顺序

佛罗里达州	伊利诺伊州[①]	俄勒冈州—华盛顿州
偏好的植物		
轮叶黑藻	榉茨藻	菹草（卷叶眼子菜）
光叶眼子菜（伊利诺伊州眼子菜）	小茨藻	龙须眼子菜
眼子菜属	轮藻	扁茎眼子菜

续表

佛罗里达州	伊利诺伊州[①]	俄勒冈州—华盛顿州
偏好的植物		
瓜达鲁帕茨藻	多叶眼子菜	伊乐藻
水蕴草	伊乐藻	苦草
伊乐藻	篦齿眼子菜	水蕴草
轮藻属		
浮萍属		
丽藻属		
金鱼藻		
牛毛毡		
箭叶梭鱼草		
萍属		
无根萍属		
香萍属		
红萍属		
紫萍		
可变偏好—可能会吃		
欧亚狐尾藻	卷叶眼子菜	欧亚狐尾藻
假马齿苋		金鱼藻
蓼属		狸藻
狸藻属		两栖蓼
水盾草属		本地蓍草
异花草属		
睡莲属		
可变偏好—可能会吃		
莼属		
积雪草		
铺地藜		
水剑叶		
不喜欢—不吃		
黄睡莲	金鱼藻	马尾藻
苦草	狐尾藻属	莼菜
狐尾藻	毛茛属	
凤眼莲属	毛茛属	
莲子草属		
苲菜属		

续表

佛罗里达州	伊利诺伊州①	俄勒冈州—华盛顿州
不喜欢—不吃		
大藻属		
芦苇属		
苔属		
海葱属		
水丁香属		
芋头		

① 二倍体鲤鱼。

来源：Hestand, R. S. and C. C. Carter. 1978. *J. Aquatic Plant Manage*. 16；Osborne, J. A. 1978. Final Report to Florida Department of Natural Resources. University of Central Florida, Orlando；Nall, L. E. and J. D. Schardt. 1980；Van Dyke, J. M. et al. 1984. *J. Aquatic Plant Manage*. 22；Miller, A. C. and J. L. Decell. 1984；Sutton, D. L. and V. V. Van Diver. 1986. Grass Carp: A Fish for Biological Management of Hydrilla and Other Aquatic Weeds in Florida. Bull. 867. Florida Agric. Exper. Sta. , University of Florida, Gainesville；Bowers, K. L. et al. 1987. In: G. B. Pauley and G. L. Thomas (Eds.), *An Evaluation of the Impact of Triploid Grass Carp (Ctenopharyngodon idella) on Lakes in the Pacific Northwest*. Washington Cooperative Fisheries Unit, University of Washington, Seattle；Leslie, A. J. , Jr. et al. 1987. Unpublished Report；Pauley, G. B. et al. 1994；Van Dyke, J. M. 1994；Murphy, J. E. et al. 2002. Ecotoxicolgy 11.

欧亚狐尾藻并不是草鱼偏好食用的植物。它含有高蛋白和高能量，但下面的茎部很硬，并且富含纤维，易被鱼类拒食。只有更柔软的新长出的上半部分会被草鱼吃掉（Pine 等，1989），这说明，在决定草鱼的取食偏好方面，易获得性和易咀嚼性比营养状况更重要。对著草属植物的控制，会在饲养鱼体型较大，并且偏好的（通常是本地的）植物已被消除之后才能实现。

取食偏好的地区差异具有管理意义。在佛罗里达州，金鱼藻（*Ceratophyllum demersum*）是草鱼的偏好植物，俄勒冈州—华盛顿州的草鱼会有变化地选择是否食用，而伊利诺伊的草鱼则根本不吃（参见表 17.3）。在北加利福尼亚州的实验期间，三倍体草鱼也拒吃金鱼藻（Pine 和 Anderson，1991）。仍然存在的问题是，草鱼口味是否会因地区而不同，草鱼的取食行为是否有遗传基础，或者进一步的研究是否表明，这些地域差异是因为实验设计而产生的。有一种方法是在饲养之前测试各水体中的有害植物口味（Chapman 和 Coffey，1971；Bonar 等，1987），主要的有害外来物种包括水葫芦和空心莲子草，是草鱼不吃或不喜欢吃的。关于草鱼的取食偏好，还需进一步的研究。

草鱼的取食偏好意味着它们可能会使其拒吃的植物更繁盛，特别是当鱼饲养量不足或当鱼逃跑或死亡时。在鱼密度很低时，它们只消耗适口物种（例如，Fowler 和 Robson，1978；Fowler，1985）。例如，佛罗里达州的鹿点湖（Lake Deer Point）（van Dyke 等，1984；Leslie 等，1987；J. M. van Dyke，佛罗里达州自然资源部，个人交流）是 1975—1978 年蓄起的一个大水库（参见个案史），该湖在本地生植物（光叶眼子菜）被消除，且因为鱼逃跑和死亡导致的草鱼密度下降之后，狐尾藻就带来了问题。在有些湖泊中，植物被根除之后，草鱼就开始吃岩屑和动物（Edwards，1973）。

植物偏好排名（例如，表 17.3）可能过于简化了适口性问题。从太平洋西北部具有不同化学药品含量的湖泊中提取的水蕴草（*Egeria densa*）和伊乐藻（*Elodea canadensis*）的消耗率，与各湖在植物组织组成方面的差异具有很大的相关性。摄食率与钙含量之间存在正相关关系，与纤维素之间存在负相关关系（Bonar 等，1990）。

17.6.3　草鱼的繁殖

草鱼存在一个问题，即它们是否会从饲养的湖中逃走，繁殖和侵入想要保留植被的非目标性栖息地。成功繁殖的标准非常严格（Stanley 等，1978；Chilton 和 Muoneke，1992），进口者认为繁殖不可能发生在本土范围之外。草鱼需要在河中产卵，水位激增和高于 17℃ 的水温将引发草鱼产卵。卵必须保持悬浮，并且需要 0.6m/s 的潮流。然而，Leslie 等（1982）发现，在佛罗里达州的河流中，只需要 0.23m/s 的速度就可以运送卵。因此，在温暖的佛罗里达州河流中，据此或更快的流速，抱蛋和孵化只需要 28km，比之前报告的距离短很多。卵孵化所需的溪流长度会随着温度的下降而增长。幼体需要在静止的区域（U 形部分、泥沼）靠吃浮游动物成长。

尽管假定在本地范围之外不会出现繁殖现象，但是世界上还是有很多草鱼成功孵出的实例——在各种地势和纬度上，有苏联、日本、菲律宾、墨西哥以及中国台湾地区（Stanley 等，1978）。有直接证据表明，草鱼已经在密苏里河、密西西比河、下特立尼蒂河（得克萨斯州）和阿恰法拉亚河（佛罗里达州），以及其支流和邻近的港湾中得以繁殖（Connor 等，1980，Brown 和 Coon，1991；M. A. Webb 等，1994；Raibley 等，1995）。草鱼种群是否能够传播尚未可知，但是，它们确实在比之前记录的更小河流体系和更北部地区大量产卵（Brown 和 Coon，1991）。由于很多逃离的鱼都是二倍体，因此野生草鱼种群的分布会扩大，影响尚不确定。二倍体鱼在北美洲的持续出售和使用应该会有所增加。

为了解决繁殖问题，目前培育了不育的草鱼。最初，尝试使用不育的鱼进行杂交，但是，这样得来的鱼摄食效率较低，而且有可能出现不育的二倍体。有一种解决方案，是利用液压或高温技术进行纯（未杂交的）三倍体（每一个细胞取三组染色体）繁殖，获得接近 100% 的三倍体（Cassani 和 Caton，1986）。

目前尚无可以一致产生 100% 三倍体的已知程序，而且通过肉眼尚不能精确地区分二倍体和三倍体。草鱼产品制造商必须核实出售的鱼是三倍体。有一种技术可以使用带道器的库特氏计数器检查血液样本。三倍体的红细胞高于二倍体的红细胞，需用计数器进行验证。3 名工人每天可检验 2000～3000 条鱼，精确率为 100%。三倍体无法生育，成为繁殖二倍体来源的可能性非常低（Allen 等，1986；Allen 和 Wattendorf，1987）。绝育鱼的繁殖和验证促使一些州开始允许饲养（参见表 17.2）。

17.6.4　饲养比率

饲养密度对于草鱼的成功使用至关重要。摄食行为以及其对植物的影响，受水温、温水季节时间长度、植物种类、饲养鱼的大小、死亡率或逃脱率，以及饲养前的植物控制活动影响。当主导植物种类非常适口时（例如，轮叶黑藻），会出现饲养过量的现象，进而导致植物被根除。如果难吃或非偏好植物占主导（例如，薯草属植物），那么饲养比率必须更高，适口的植物（通常是本地的）会首先被消灭。选择性取食意味着目标植物仍然会存在一段时间，可能引起湖泊用户过度不满意，进而导致进一步的过度饲养。当建议湖泊管理者按照州政府机构推荐的固定饲养比率（整个州都是同一个比率）进行饲养时，更有可能出现与过度饲养或过少饲养有关的问题。目前已建立了饲养模型，为美国各个地区提供合适的饲养比率。目前在使用的模型包括：①草鲤饲养比率模型（Miller 和 Decell，1984；Stewart 和 Boyd，1994）；②伊利诺伊州草食性鱼类饲养模拟（Wiley 和 Gorden，1985）（简称"伊利诺伊州饲养模型"）；③科罗拉多模型（Swanson 和 Bergersen，1988）。水库和湖泊管理者应该采用适当的模型，或者参见 Leslie 等（1987）和 Wiley 等（1987）的研究。

例如，伊利诺伊州饲养模型（Wiley 等，1987）需要下列数据：湖泊面积、深度不足 2.4m（8ft）的面积百分比、生物质高峰期过度增长的面积百分比、主要植物的具体密度（根据取食偏好调整）以及气候区域（根据水温和生长季长度调整）。模型假定身长 25cm（10in）的鱼可以在春季饲养，并考虑采用一次性投放所有的鱼（批次饲养），或者在需要控制时进行一系列的投放饲养（例如，每 5 年增加一次投放）。后一种策略所需的鱼更少一些。

伊利诺伊州饲养模型强调，在饲养鱼之后，继续努力将沿岸的植被覆盖率维持在 40％左右，这是该州饲养大嘴黑鲈鱼的最佳植被比例（Wiley，1984），不过，每个地区的最佳覆盖比率明显不同。例如，佛罗里达州的 56 个湖泊，在面积、深度、营养状态和大型植物丰富性方面存在很大差异，成年大嘴黑鲈鱼的密度与大型植物丰富性无关，但是与营养状态呈正相关性。小鲈鱼的密度与大型植物丰富性存在弱相关性（Hoyer 和 Canfield，1996a，b）。但是，在得克萨斯州的 30 个水库中，当水生植被不足湖泊总面积的 20％时，鲈鱼的现存量和补充量就会下降（Durocher 等，1984）。

图 17.3 举例说明了伊利诺伊州饲养模型在三种植物群落中的应用，其中主要植物分别是难吃的（薹草属植物）、适口的（眼子菜）和非常适口的（轮藻）植物品种。图 17.3 对按照固定饲养比率推荐的饲养建议进行了比较，结果表明，在固定饲养比率下，当沿岸的植被覆盖率很低，且适口植物占主导时，鱼的数量会过多，而当植被覆盖率很高且不适口的植被占主导时，鱼的数量会过少。

伊利诺伊州饲养模型还体现了植被的适口性和纬度在饲养比率方面的重要性。以伊利诺伊州芝加哥附近（纬度约为 42°N）的水池或湖泊为例。如果湖中主要植被以适口的轮藻和茨藻为主，饲养比率为每公顷 40 条 25cm 长的鱼，6 年后二次投放 30 条/hm²。但是，如果是以薹草属植物为主的湖泊，饲养比率应该是 170 条/hm²，7 年后二次投放 69 条/hm²。伊利诺伊州南部（约为 36°N）完全对等的湖中，对于有适口植物的湖泊，初始投放量为 20 条/hm²，5 年后再投放 20 条/hm²，对于没有适口植物的湖泊，初始投放量为 151 条/hm²，7 年后再投放 79 条/hm²（Wiley 等，1987）。

鱼的大小也很重要。投放小鱼会出现高死亡率，很可能会被鲈鱼猎食。在北纬地区，建议鱼身总长度至少达到 25cm（10in），在佛罗里达州，鱼身总长度至少应达到 30cm（12in）（Shireman 等，1978；Canfield 等，1983）。

通过饲养鱼来使植被达到适当密度，尽管很理想，但难以实践。尽管有一些实现了部分植物控制的案例（例如，康威湖，佛罗里达州；Miller 和 King，1984），但是它们也可能是特例（Bauer 和 Willis，1990；Hanlon 等，2000）。为实现最优植物密度而设定的饲养比率很难计算，因为植物的再生长、水温、鱼的生长和鱼的死亡率（或逃跑比率）都是

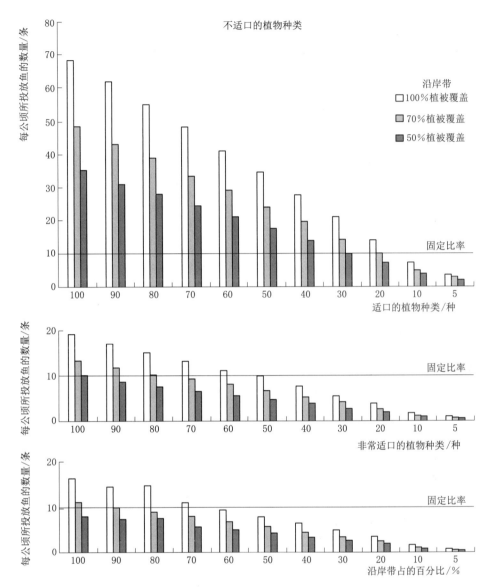

图 17.3　固定比率（每公顷 10 条鱼）建议比对，这些建议是利用伊利诺伊州饲养模型根据三类
植物的适口性做出的。每一项对比都包含在沿岸带植被覆盖率为 50%、70% 和 100% 时伊利诺
伊州北部的饲养比率。10in 鱼的饲养比率，是湖泊沿岸带植被百分比的函数。

（来源：Wiley，M. J. et al. 1987. Controlling Aquatic Vegetation with Triploid

Grass Carp. Circular 57. Illinois Natural History Survey，Champaign.）

变数（Mitchell，1980）。植物被根除，或者根本无法控制，都是尝试获得适当植物生物
量的常见结果（Bonar 等，2001）。

　　有一种综合控制方法，即利用较低的饲养密度，再加上最初的化学或机械控制，可以
避免破坏生态进而导致植物根除的高密度饲养（Shireman 和 Maceina，1981；Shireman
等，1983）。这种策略很难实施，原因有两点。首先，如果植物防治不够快，不够完全，

有些湖泊使用者会不满意。例如，在华盛顿州的一些湖泊中，草鱼需要 2 年或更久才能产生效应（Bonar 等，2001），因此湖泊使用者会投放更多的草鱼，从而导致饲养密度过高。使用综合控制方法要有耐心，但仍然可能导致植物被根除（Shireman 等，1983）。其次，施用过除草剂的植物（例如，敌草快和氟啶草酮）对于草鱼来说，其适口性会降低，因为农药残留会持续（Kracko 和 Noble，1993）。这将导致植物防治速度变慢，尤其是当投放的草鱼密度较低时。

密闭度也是饲养的一个重要部分。大多数州均要求在湖泊的排放口安置防逃脱屏障，在充分安置屏障之前，不得向湖泊或水库中投放草鱼。正如佛罗里达州的鹿点湖所示（Leslie 等，1987；J. M. Van Dyke，佛罗里达州自然资源部，个人交流），密闭度对于保持足够的草鱼量，从而进行植物防治至关重要（参见案例）。在现实中，屏障成本高昂，而且如果被残骸堵塞，会阻碍水的流出。草鱼还会越过屏障。因此，逃脱是很常见的，而鱼也变成了污染物。

一旦饲养了草鱼，湖泊使用者就应坚持下去。目前尚无有效的方法有选择性地移除草鱼，植物防治可能需要持续 15 年或更久。鱼类管理诱饵，一种加了鱼藤酮的药丸（Prentiss Inc，Floral Park，New York，11001），有可能可以消除草鱼（Mallison 等，1995）。Bonar 等（1993）研究了几种方法。初期工作表明，长袋网、沟壑和渔网，以及电击，都是无效的。当水下植物被连根拔除或湖内没有其偏爱的植物时，草鱼会被莴苣（*Latuca sativa*）引诱到陷阱中。其他诱饵（例如面包、卷心菜、菠菜、苜蓿、大豆）效果不明显。将莴苣绑在可承受 9kg 以上测试线的 8 号钩上，基于无风天气（莴苣捆不会被风吹走），在没有水下植物的湖中垂钓，基本都会成功（每人每小时可钓 0～0.14 条鱼）。其他垂钓诱饵（例如面疙瘩、面包、鲶鱼动力诱饵、假鱼饵）都不太成功。有一种有效的方法 [0.17～0.56 条鱼/（人·h）] 是把鱼驱赶到渔网中。垂钓和驱赶方式在又大又深的湖泊中是无效的。最有效的办法是把湖水排干（有较高的防逃脱壁垒）或施用鱼藤酮。这样，所有的鱼都会被消除，可能对湖泊还有其他有利影响（第 9 章）。

不能指望将草鱼投放到湖中的某个区域，它们就能长期待在那里。与收割和除草剂处理方式不同，草鱼会自行选择去哪里以及什么时候觅食，除非使用限制移动的障碍，如乔治亚州的塞米诺湖（Lake Seminole），该湖的草鱼无法离开 365hm² 的港湾。不带电的障碍没有效果，带电的障碍才可以防止鱼从港湾逃离，不过也只能针对所选的区域起作用。障碍的成本是 72000 美元（Maceina 等，1999）。

17.6.5 实例论证

17.6.5.1 佛罗里达州的鹿点湖

鹿点湖是 1961 年建成的面积达 1900hm² 的水库，是巴拿马城的水源，同时也是一个休闲娱乐场所。到 1975 年，光叶眼子菜和苦草属植物覆盖了大部分的湖面，妨碍了对湖面的使用和饮用水的摄取。本文之前的版本（Cooke 等，1993）表明，在 1972—1975 年鹿点湖中使用了杀虫剂。这种表述是不正确的。相反，在 1975 年，草鱼按照 43 条/hm² 的比例被投放到没有围栏、可自由捕食的生长区域。1976 年，鱼被投放到开放区域。1976—1978 年，又向湖中增投了草鱼，使得饲养密度在 1978 年达到了 61 条/hm²（Van Dyke 等，1984；Van Dyke，1994）。

　　光叶眼子菜是草鱼喜欢的植物，1977—1978 年，它们已被有选择性地消除了。菁草属植物不受草鱼喜爱，直到 1979 年还存余很多，然后才开始减少。到了 1981 年，尽管本地鱼类和草鱼偏好的植物仍然非常稀缺，但菁草属植物再次增加（见图 17.4 和图 17.5）。1985 年，再次增投了草鱼（21 条/hm²），将植物防治维持到了 1993 年，这时草鱼不喜欢的本地生植物（虎耳草、苦草）增加了，提供了新的水禽和鱼类栖息地。当草鱼喜欢的本地植物品种（例如茨藻、丽藻）开始增加时，湖泊管理者认为，湖泊可能会受佛罗里达州北部不断增长的轮叶黑藻问题的影响，因此又投放了更多的草鱼来控制本地植被品种，预防轮叶黑藻的泛滥（Van Dyke，1994）。

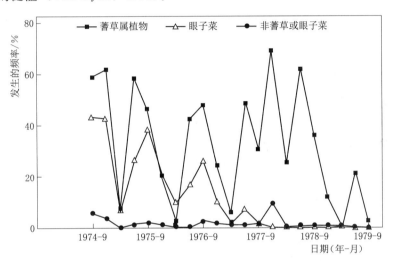

图 17.4　1974—1979 年佛罗里达州鹿点湖植被横断面数据。

（来源：Van Dyke, J. M. 1994. In: *Proceedings*, *Grass Carp Symposium*. U. S. Army Corps Engineers, Vicksburg, MS. pp. 146 - 150.）

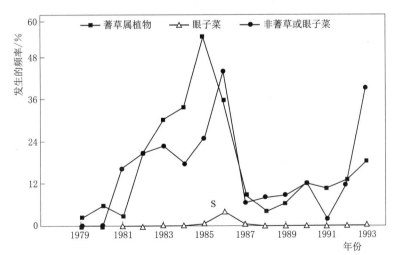

图 17.5　1979—1993 年佛罗里达鹿点湖植被横断面数据。

（来源：Van Dyke, J. M. 1994. In: *Proceedings*, *Grass Carp Symposium*. U. S. Army Corps Engineers, Vicksburg, MS. pp. 146 - 150.）

鹿点湖项目说明，草鱼会选择喜欢吃的植物，从而导致不喜欢吃的目标植物扩张。田纳西州的甘特斯维尔水库也出现了同样的现象（D. H. Webb 等，1994）。只有在喜欢的植物被消除之后，草鱼才会吃目标植物。高饲养密度可以缩短目标植物被控制之前的延迟时间，但很可能导致植物被根除。

对于一些以娱乐活动为主，并且对外来植物除光线、空间和营养物质之外无自然控制的湖泊而言，消除植物可能与湖泊管理的目标一致，这限制了大多数的湖泊使用。将植物消除选为管理目标之前，必须慎重考虑，因为这将意味着很多物种的栖息地长期消失以及湖泊水质的改变。

17.6.5.2 佛罗里达州康威湖

康威湖位于奥兰多附近，由 5 个水塘构成，是一个面积达 730hm² 的城市水库，1977 年该湖被投放了二倍体单性（雌性）草鱼，在不同的水塘内投放了不同比率但数量均较少的草鱼来控制轮叶黑藻。这种较低的饲养比率足以消灭轮叶黑藻，但是，丽藻和光叶眼子菜并没有受到很大影响，苦草反而增加了。为了应对增加的轮叶黑藻，在 1986 年和 1988 年投放了三倍体草鱼，投放比率很低（每公顷分别是 2.4 条和 1.5 条）。上述低饲养比率控制了轮叶黑藻，但没有影响其他品种（Leslie 等，1994）。

17.6.5.3 得克萨斯州康罗湖

康罗湖是一个面积为 8100hm² 的水库，主要用于娱乐、海滨住房和为休斯敦供水。康罗湖投放草鱼的目的是消灭植物。轮叶黑藻于 1975 年第一次出现在湖中。到 1980 年，34% 的水库面积都被植被覆盖，主要是轮叶黑藻（占被覆盖面积的 80%），此外也有篝草属植物和金鱼藻，这减少了水库的娱乐活动并降

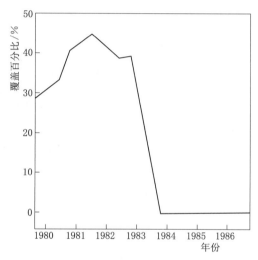

图 17.6　得克萨斯州康罗湖 1979—1987 年水生大型植物覆盖百分比。按 33 条鱼/hm² 的比例投放了二倍体草鱼（74 条/hm² 被植被覆盖的面积）。

（来源：Maceina, M. J. et al. 1992. *J. Fresh Water Ecol.* 7：81 - 95.）

低了沿岸房地产的价值。尽管钓鱼者反对，但湖泊管理者还是按照每公顷被植物侵占面积 75 条二倍体鱼的比例投放了草鱼，这个投放比例是所需比例的两倍。在两年内，水生植物被消灭了，但是金鱼藻一直持续增长至 1982 年，这是由于它不是草鱼喜欢吃的物种（图 17.6）（Noble 等，1986；Martyn 等，1986）。

植物被消灭之后，湖泊发生了重大变化。叶绿素 a 从 12mg/m³ 增长到了 19～22mg/m³（图 17.7），透明度降低了。叶绿素 a 和透明度的 Carlson(1977) 营养状态指数从 55 提高到了 60，蓝绿藻占主导地位，枝角目从 22% 降至 3%。到 1992 年，大嘴鲈鱼（*Micropterus salmoides*）和小翻车鱼（*Pomoxis nigromaculatus*，*P. annularis*）变得非常稀有，而马鲅（*Dorosoma pretense*）、黄白鲈鱼（*Morone chrysops*，*M. mississippiensis*）和斑

点叉尾鮰鱼（*Ictalurus punctatus*）增加了。因为有草鱼一般以丝状藻、陆生叶子、腐屑和水底无脊椎动物为食，所以直到 1994 年，水下植被一直稀缺（Noble 等，1986；Maceina 等，1991，1992；M. A. Webb 等，1994）。消灭植物并非环境友好型湖泊的管理目标，尤其是对于自然湖泊而言。

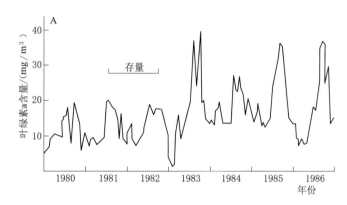

图 17.7 康罗湖中叶绿素 a 的月平均值。草鱼于 1982 年投放。

（来源：Maceina，M. J. et al. 1992. *J. Fresh Water Ecol.* 7：81 - 95.）

17.6.5.4 较小的湖泊和池塘

利用草鱼治理高尔夫球场池塘、农场池塘、不动产内的湖泊和其他较小的水体，相比将成千上万的草鱼投放到大型水文开放体系中对环境更加友好。草鱼更容易从池塘中移除，也可以防止它们逃脱，植物被消灭对水禽和其他湖泊物种也几乎没有影响。草鱼饲养在小湖泊中容易出现"全有或全无"的现象，但是植物消灭不会像在大型多用途湖泊中那样出现广泛的不利影响。

17.6.6 水质变化

对非目标物种和栖息地以及对湖泊水质和营养状态的影响是主要问题（因为它们是其他水生植物的控制技术）。但是，与除草剂或收割处理不同，草鱼处理能够长期有效，直至鱼死亡或逃离，南卡罗莱纳州桑堤河库伯（Santee Cooper）水库草鱼投放有效时长达5～9 年之久（北美洲投放草鱼最多的湖；Kirk 和 Socha，2003），而佛罗里达州的湖泊至少拥有 15 年的长期效果（Colle 和 Shireman，1994）。

佛罗里达州康威湖的调研（Miller 和 Potts，1982；Miller 和 Boyd，1983；Miller 和 King，1984）详细研究了草鱼的影响。与饲养草鱼之前的基础数据相比，BOD 中值、可过滤的和总磷浓度都降低了，氨和叶绿素增加了。藻类总数与饲养草鱼之前相比加倍了。

在得克萨斯州的康罗湖，主要水质和鱼类群落都发生了变化（参见案例历史）（Maceina 等，1992；M. A. Webb 等，1994）。水下大型植物很快被消灭，透明度下降，营养水平提高，平均年度叶绿素翻倍，颤藻占主导地位。

佛罗里达州的鲍尔温湖（Lake Baldwin）（80hm²）和珍珠湖（Lake Pearl）（24hm²）中以轮叶黑藻为主导（80%～95% 的覆盖面积）。每一个湖都施用了除草剂，并饲养了草鱼。所有水下植被都被消灭了，并且一直持续了 15 年。叶绿素和营养物质增加，透明度下降，说明转向了由草鱼保持的另一种营养状态（第 9 章）。珍珠湖中的鱼类现存量下降，有六类鱼明显被消除了（Shireman 等，1985；Colle 和 Shireman，1994）。

据报道，运动性钓鱼发生了重大变化，其对鱼类的影响还尚未可知。在康罗湖，因为植被都被消灭了，像蓝鳃太阳鱼这样的植食性鱼类有所减少，为鲤科鱼所替代。尽管大嘴黑鲈鱼的总体生物量降低，每小时钓到的鲈鱼数量减少，但所剩的基本都是大鱼了（Noble 等，1986；Maceina 等，1992）。从 1980 年左右开始，佛罗里达州的鲍尔温湖和珍珠湖一直没有大型植物（Colle 和 Shireman，1987）。这些湖中鱼类的食物基础从喜欢植物的昆虫和浮游动物转变成了不需要植物的昆虫。非娱乐类品种，如金体美鳊鱼和吸口鱼数量立即减少，而且没有再恢复。蓝鳃太阳鱼和红耳鳞鳃太阳鱼没有受到影响，甚至有所增加，大嘴黑鲈鱼没有变化，因为它们的食物基础没有受到影响。而对佛罗里达州康威湖中的蓝鳃太阳鱼和大嘴黑鲈鱼的不利影响不太明显，可能是由于植物没有被消灭，成功钓到鲈鱼的人数量大幅增加（Miller 和 King，1984）。在南卡罗莱纳州的马里恩湖（Lake Marion）（桑堤河库伯水库），饲养草鱼 8 年之后，鱼类物种的丰富程度并未发生重大变化，这是由于在轮叶黑藻减少了 90% 之后，水下植物得以生存（Killgore 等，1998）。

康威湖中的水禽密度和多样性下降了，不过这种变化也可能与该地区的城市化有关。草食性和以蜗牛为食的乌龟，都受到了草鱼增加的不利影响（Miller 和 King，1984）。

植物被根除之后，饲养草鱼的不利影响就显现出来了。即使是肉眼观察也能发现湖岸线和沿岸带都受到了侵蚀。在饲养草鱼之前，植被可以阻止一部分波浪的作用。在佛罗里达州的一些湖泊中，当水下植物被根除之后，风和机动船产生的波浪对岸线产生了一些侵蚀，导致树木倾倒（J. van Dyke，佛罗里达州自然资源部，个人交流）。

草鱼很难被清除，而且植物根除很容易产生副作用，这意味着想要保留的本地生植物几乎没有机会替代目标植物，通常是由于本地生植物是草鱼非常喜欢的食物。尽管许多湖泊使用者想要根除植物，但这对于多用途湖泊而言，并非最佳选择。钓鱼者是为当地经济做出重大贡献的重要湖泊使用群体，他们非常懂得植被的必要性（Henderson 等，2003）。

表 17.4 给出了饲养草鱼、收割和施用除草剂的成本对比。在这一对比中，有几个因素非常重要。首先，草鱼对于空心莲子草和水葫芦这样的植物是没有效果的，昆虫或除草剂是对付这些植物成本最低、效果最好的办法。收割速度太慢。其次，在北部气候条件下，由于水温低、生长期短，草鱼饲养比率必须更高一些，而且，在以草鱼不喜欢吃的植物（如西洋蓍草属植物）为主导的湖泊中，应投放更多的饲养鱼。根据除草剂或所应用的收割技术，每个季节可能需要使用不止一次化学和机械方法，这导致全年的总体成本更高。最后，初始的草鱼成本会在鱼的整个有效生命周期内摊销，而其他方法必须至少每年使用一次。例如，1977 年在佛罗里达州用化学方法处理 15000hm² 轮叶黑藻的成本大概是910 万美元，而按照 35 条/hm² 的比率饲养草鱼的成本是 171 万美元。最重要的一点是，国家每年本来需要花费 910 万美元，假设没有通货膨胀，这笔钱可用于控制湖内植物好几年（Shireman，1982）。

表 17.4 饲养草鱼、收割和施用除草剂进行水生植物管理的成本对比 单位：美元

项　目	中　西　部	佛罗里达州
收割	508～1423（206～577）	1137～55102[①]（461～22315）[①]； 1137～4500[②]（461～1823）[②]
除草剂	771～1406（289～570）	574～1377（232～592157）
饲养草鱼	264（107）	70～119[③]（37～63）

注：计算假定使用 25cm 的草鱼，每条成本 8 美元，寿命 8 年。佛罗里达州湖泊的投放比率为每公顷轮叶黑藻 59～101 条鱼（24～41 条/英亩），伊利诺伊州的投放比率为每公顷 EMW（穗花狐尾藻）170 条鱼（69 条/英亩）。成本为一次处理的成本，收割和除草剂按照美元/hm² 计算，草鱼按照美元/（hm²·年）计算。修正为 2002 年的美元。括号里的是每英亩的成本。

① 水葫芦密集入侵。

② 轮叶黑藻密集入侵。

③ 成本在 8 年内摊销。因此，草鱼的估计最低年成本是 92 美元/hm²；一次收割的成本是 1137 美元，施用除草剂的成本是 574 美元。

来源：Cooke，G. D. and R. H. Kennedy. 1989. U. S. Army Corps Engineers，Vicksburg，MS；Leslie，A. J.，Jr. et al. 1987. *Lake and Reservoir Manage*. 3；Wiley，M. J. et al. 1987. Controlling Aquatic Vegetation with Triploid Grass Carp. Circular 57. Illinois Natural History Survey. Champaign.

　　总之，饲养草鱼是控制大型植物最有力、最长期、最具成本效益的方式。适当的饲养比率对于在不灭绝植物的情况下实现控制至关重要。这样的饲养比率通常难以实现。许多实例论证报告均出现了植物灭绝现象，这与不利的水质重大变化有关，包括大量藻类生物的出现。植物灭绝会持续多年，从而导致沿岸物种的栖息地消失。尽管还需进行长期观察，但很明显在有一些案例中，游钓增加了，在另一些案例中则减少了。植物灭绝可能会对两栖动物、爬行动物，尤其是水禽产生重大的不利影响。这个因素难以评估，因为缺少大型植物的湖泊通常会引起岸线的变迁，从而促使产生富营养湖泊和不太吸引本地动植物群落的生态系统。草鱼处理具有下列特征（Van Dyke，1994）：①它们就像价格低廉、强有力、持久、可适度选择的"除草剂"，可产生缓慢而非快速的养分释放；②它们非常有效，但有些不可预测；③它们应被用作补充方法而不是植物控制方法，它们需要有效的障碍来预防草鱼脱逃。

17.7　其他植食性鱼类

　　罗非鱼属（*Tilapia*）（丽鱼科）的鱼类是印度、非洲、南美洲和其他温水气候中的本地鱼，被推荐投放于水温不低于 10℃（佛罗里达州以及接收热水排放的湖泊或水库）的湖泊或水库中，用于藻类和大型植物的防控（Schuytema，1977）。例如，北卡罗来纳州的海科水库（1760hm²），接收从一家火力发电站排放的热水和飞灰。吉利罗非鱼（*T. zilli*）是 1984 年被偶然引进的。排放点冬季温度不低于 14℃，硒污染导致大嘴黑鲈鱼灭绝，而且蓝鳃太阳鱼也严重减少，这两种鱼都是罗非鱼的捕食者。于是罗非鱼数量大幅增加。到 1985 年年底，主要的植物水蕴草和其他大型植物都灭绝。直到 1988 年，碱含量和 NO_3 - NO_2 含量都增加了，但其他营养素和透明度没有发生明显变化。在大型植物灭绝之

后，吉利罗非鱼开始转为吃腐质、水底无脊椎动物和浮游动物，从而使其群体得以保存（Crutchfield 等，1992）。

　　与草鱼一样，高密度的吉利罗非鱼有可能会导致大型植物灭绝，但是有许多以此为食的捕食者，在大多数湖泊中，它们灭绝植物的可能性非常有限。只要水温和捕食得到控制，它们转向食用其他食物，就可以确保持续的植物控制。海科水库没有出现藻类植物爆发以及对大型植物灭绝的其他响应，可能与硒污染有关。其他水体对此的响应可能不同。

　　罗非鱼［例如奥利亚罗非鱼（ *T. aurea* ）或伽利略罗非鱼（ *T. galilaea* ）］的滤食性摄食品种对食物大小是有选择性的，抑制了大细胞藻类群体的发展。例如，鞭毛藻类或中等尺寸的微型浮游生物，以及浮游甲壳类动物和轮虫类。浮游动物密度减少可能会导致浮游植物因缺少食用者而数量增加（McDonald，1985；Drenner 等，1987；Vinyard 等，1988）。奥利亚罗非鱼对藻类植物的控制力微乎其微，其在佛罗里达州水域中快速扩张，变得令人讨厌。为了控制佛罗里达州的大型植物，对刚果罗非鱼（ *T. melanopleura* ）进行了调研，结果发现这种鱼是有效的，但因为其存在的负面影响（高繁殖能力，干扰供垂钓的鱼），所以没有投入使用（Ware 等，1975）。对藻类和大型植物控制可能有效的其他罗非鱼包括福寿鱼（ *T. mossambica* ）和尼罗罗非鱼（ *T. nilotica* ）（Schuytema，1977），还有伦氏罗非鱼（ *T. rendalli* ）（Chifamba，1990）。

　　福寿鱼与吉利罗非鱼一样，应用于无需任何植物，纯粹为了美观而不是以供垂钓为主要目的的池塘或小型湖泊中，效果非常理想。在没有鲈鱼的情况下，一个生长季内，140 条/hm² 的初始投放比率会倍增至 26000 多条/hm²。大概 2500 条/hm² 就足以消灭大型植物，保持水质干净。可以在秋天将鱼打捞出来，冬天（20～27℃）只保留一小部分，用于第二年夏天的饲养投放（Childers 和 Bennett，1967）。

　　因为罗非鱼需要温暖的水（除非每年重新投放鱼），也因为其对池塘或湖泊的影响会导致更多问题出现，所以罗非鱼在美国仍然没有被广泛使用。将它们用于不以供钓鱼为目的的池塘中，可能更加有价值。

17.8　大型植物和藻类管理的发展领域

　　目前有几种尚处于初级发展阶段的水生植物和藻类生物的防治方法。湖泊管理研究人员可能会对下文的简单讨论感兴趣。

17.8.1　真菌病原体

　　真菌有实现水生植物防治的可能性。真菌的特征使其成为令人满意的生物控制媒介：①数量大和多样化；②寄主专一化；③容易散播，并且可自我维持；④能够在不灭绝物种的情况下限制群体；⑤不会导致动物生病（Zettler 和 Freeman，1972；Freeman，1977）。研究正在进行，但目前尚无可操作的涉及真菌的水生植物控制办法。通过对 Theriot（1989）、Theriot 等（1996）、Joye（1990）和 Shearer（1994）的文献回顾，总结了使用病原体控制水葫芦、轮叶黑藻和西洋蓍草属植物的状况。位于马里兰 Ft. Detrick 的美国农业部外来病害和杂草研究所，目前已可从本地有害植物中提取植物病原体，从而开发出传统的通过植物病原体进行生物防治的方法（Shearer，1997）。

17.8.2 水葫芦

尾孢属的一种新品种 *Cercospora*，是从佛罗里达州罗德曼水库中不断减少的水葫芦种群中隔离出来的，Conway（1976a，b）对此进行了描述。他对其进行了检疫检查，最终确定是强大的水葫芦病原体，不会对其他植物产生重大的有害影响。有一种近缘品种，皮亚罗比尾孢（*C. piaropi*），可以减少得克萨斯州水库中的水葫芦（Martyn，1985）。

罗德曼尼尾孢菌可被用于水葫芦管理（Theriot，1989），但是仅限于特定的湖泊类型。在高浓度营养物的状态下，水葫芦的增长速度会超过疾病的发展速度，因此罗德曼尼尾孢菌的使用仅限于宿主增长缓慢的情况。当病原体与水葫芦象鼻虫结合在一起使用时，可实现更好的结果（Sanders 和 Theriot，1986；Charudattan，1986）。环带状枝顶孢菌是可用于防治水葫芦的另一种地方性真菌病原体（Martinez–Jimenez 和 Charudattan，1998）。

17.8.3 轮叶黑藻

Joye 和 Cofrancesco（1991）隔离出了 *Ostazeski*，这种地方性真菌不会感染 22 个植物属下其他 46 种植物中的 44 种。在野外测试中，真菌减少了轮叶黑藻的生物量，但没有造成池塘内的疾病感染，可以让轮叶黑藻再次生长。当真菌与低剂量的氟啶草酮结合使用时（第 16 章），就可以进行植物防治，植物对除草剂的敏感性增加了（Shearer，1996；Netherland 和 Shearer，1996；Nelson 等，1998）。利用植物病原体控制轮叶黑藻取得了巨大进展，为减少轮叶黑藻的传播提供了新的可能性，尤其是在可获得传统生物防治媒介的情况下。美国陆军工兵部队（维克斯堡，密西西比州）、美国农业部（皮奥瑞亚，伊利诺伊州）和赛普洛（卡梅尔，印第安纳州，美国）联合开发了一种新型发酵方法，将球囊霉繁殖体浓缩成低成本的"生物除草剂"（Balciunas 等，2002）。

17.8.4 西洋蓍草属植物

目前已从欧亚狐尾藻中隔离出了几种真菌（Andrews 和 Hecht，1981；Andrews 等，1982，1990；Sorsa 等，1988）。其中，普遍认为炭疽菌的遗传转化（Penz.）Sacc. 最有希望，但随后却发现几乎没有什么潜在作用（Smith 等，1989）。在美国，关于蓍草属植物病原体的调研还在进行之中。

真菌病原体的使用也会带来问题，其中一个问题是水生植物繁殖覆盖感染源的能力。真菌可使植物分解成碎片，这有可能增加植物在湖内的分布。大型植物栽种的条件在透光遮罩的高 DO、高温和高 pH 到黑暗、阴冷和靠近沉积物的厌氧条件之间。成功的病原体必须能够在整个范围内茁壮成长。另一个问题是培养液的水平，培养液通常需要足够多。沿岸带中的稀释比率可能很高，限制了真菌培养液与植物的接触时间。高剂量可能会因为提高了水的浑浊度或需氧量而影响其他有机物。还有少量水生植物具有破坏性的疾病，导致病原体的隔离和培养更加困难（Charudattan 等，1989；Joye，1990）。

17.8.5 异株克生的物质

植物或藻类品种产生和释放出来、会妨碍另一物种生长和繁殖的某一物质（异株克生），可能会给水生植物管理带来希望（Szczepanski，1977）。例如有些被子植物和藻类品种会释放异株克生物质（Gross，2003），但是，关于这些化合物的特性以及在沿岸带中如何将其浓度保持在足以控制目标植物的水平方面仍有问题。目前有一个疑问，即是否有可能促进具有异株克生属性的特定本地物种的增长。例如即使在水中有丰富营养物质的情况下，金鱼藻也可减少浮游植物的增长（Mjelde 和 Faafeng，1997），轮藻似乎对某些浮游植物具有负面影响（van Donk 和 van de Bund，2002）。大叶藻（苦草）是进行轮叶黑藻和菁草属植物防治的一种候选植物（Elakovich 和 Wooten，1989），但是，可能需要高浓度的异株克生物质。植物异株相克颇有前景，应该引起湖泊管理研究人员的关注。

17.8.6　植物生长调节剂

还可以对想消除的植物施用赤霉素复合抑制剂，限制其增长，从而植物便无法充斥水体。这样可以保证一些生物产品，同时氧气的产生、沿岸土壤的加固以及根生植物的其他功能，都可以继续（Lembi 等，1990；Nelson，1990；Lembi 和 Chand - Goyal，1994）。关于植物生长抑制剂的研究还需进一步的关注。

17.8.7　大麦秸秆

大麦秸秆（显然不是燕麦或小麦秸秆）在富氧水中分解时，似乎具有抑藻属性。第一份关于这一结论的报告或测试来自英国（Welch 等，1990；Gibson 等，1990）。其效果看起来是具有抑制性的，而非毒性（例如，Newman 和 Barrett，1993），这意味着它不会对目前的藻类问题起作用，但是有可能会抑制未来的（几周或几个月之后）问题。

腐败的大麦秸秆所产生的活性物质尚未可知，尽管它看起来是来自秸秆，而不是分解的植物群（即并非来自真菌的抗生素），而且与木质素氧化和溶解有关（Ridge 和 Pillinger，1996；Barrett 等，1996）。

英国的田间试验获得了显著的效果。在初春季节（4 月），使用 6 个抛锚式吊杆跨过 Linacre 水库表面，从入口向水库中央等距离投放了 3.5t 大麦秸秆。从上游（控制）水库按稳定速率放水。浮游植物在 12 天内开始减少（Everall 和 Lees，1997）。第一次进行饮用水供应处理是在 1993 年，当时使用了直径 0.5m 带有 10～12mm 网眼的高密度聚乙烯网的管道（Aberdeen，Scotland；Barrett 等，1996），这样可以把秸秆留在水库内。每一个管道都包含 20kg 松散打包的秸秆，漂在水面上，以确保需氧环境。秸秆完全分解需要 4～6 个月的时间。硅藻和蓝菌密度下降到不足治理前一半的水平，异味投诉减少，过滤器回流频率降至最低水平（Barrett 等，1999）。大麦秸秆技术在英国、苏格兰和爱尔兰应用非常广泛。

美国的应用报告没有明确证实。在类似水桶的密闭区域内进行了实验（Boylan 和 Morris，2003），但还没有获得成功，可能是因为这些系统没有大麦秸秆分解所需的氧化物和混合物，以及抑藻物质。

McComas（2003）推荐用于净化水中浮游植物的剂量是 22～24g/m²（200～250 磅/英亩），防治丝状藻的剂量是上述剂量的 2～3 倍。秸秆应该在春季末（早一点会更好）添加，用带网眼的袋子松散地打包，漂浮在水面上，以确保氧化条件。在死水环境中可能需要通风。

令人讨厌的藻类是"害虫"，美国国家环境保护局将任何能够防治"害虫"的物质都称为"杀虫剂"。因此，大麦秸秆并非像被广泛应用的剧毒物质硫酸铜一样被登记为灭藻剂（第 10 章）。大麦秸秆不能作为藻类控制和商用涂抹剂出售，湖泊管理者也不能为此目的对其进行合法推荐或使用。私人湖泊所有者可以使用它，但是它不能合法地用于公共水

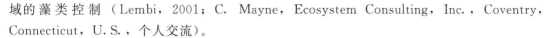

域的藻类控制（Lembi，2001；C. Mayne，Ecosystem Consulting，Inc.，Coventry，Connecticut，U.S.，个人交流）。

17.8.8　抑制藻类生长的细菌

有几种"微生物产品"商用配方被宣称有效且无毒副作用，据说是可以"胜过"藻类的营养素，能够抑制藻类的生长。它们并非作为灭藻剂来宣传，以避开国家政府机构和美国国家环境保护局对非目标有机物的功效和影响数据披露要求。有5种商业细菌配方在实验室和温室环境下得到了测试，结果表明它们并不能防治藻类（Duvall 和 Anderson，2001）。3种商用细菌产品在实验池塘内也未能控制浮游生物或丝状藻，至少有一种产品没有增加细菌的密度。每个案例中，细菌密度都在几天内就返回到了防治前水平（Duvall等，2001）。目前似乎尚无经过同行审阅的学术期刊证据表明这些产品有效，因此建议谨慎使用。

17.8.9　用于蓝-绿藻管理的病毒

Safferman 和 Morris（1963）发现了第一种蓝-绿藻病毒或噬藻体，他们将这种病毒命名为LPP-1，它可以感染林氏藻属、席藻属和织线藻属。以下是噬藻体的属性：①有选择性和明确性；②对其他微生物无毒；③对动物无害；④对水质没有直接影响；⑤在使用过程中会增加而不是减少。它们对自然体系的影响似乎是在藻类生长过程中防止水华发生，而不是消除已经成型的水华（Desjardins，1983）。

对于噬藻体，目前几乎还没有实地调查。尽管将其用于蓝-绿藻防治还不太现实，但是，当将其与其他湖泊管理活动如具有可以提高噬菌体活性的人工循环体系结合时，它们或许有效。

要想对植物和藻类进行成功的生物学管理，还需更多的研究，包括基础湖沼生物学研究。

参 考 文 献

Allen，S. K.，Jr. and R. J. Wattendorf. 1987. Triploid grass carp: status and management implications. *Fisheries* 12: 20 – 24.

Allen，S. K.，Jr.，R. G. Thiery and N. T. Hagstrom. 1986. Cytological evaluation of the likelihood that triploid grass carp will reproduce. *Trans. Am. Fish. Soc.* 115: 841 – 848.

Andrews，J. H. and E. P. Hecht. 1981. Evidence for pathogenicity of *Fusarium sporotrichoides* to EWM, *Myriophyllum spicatum*. *Can. J. Bot.* 59: 1069 – 1077.

Andrews，J. H.，E. P. Hecht and S. Bashirian. 1982. Association between the fungus *Acremonium curvulum* and Eurasian watermilfoil, *Myriophyllum spicatum*. *Can. J. Bot.* 60: 1216 – 1221.

Andrews，J. H.，R. F. Harris，C. S. Smith and T. Chand. 1990. Host Specificity of Microbial Flora from Eurasian Watermilfoil. Tech. Rept. A – 90 – 3. U. S. Army Corps Engineers，Vicksburg，MS.

Bain，M. B. 1993. Assessing impacts of introduced aquatic species – grass carp in large systems. *Environ. Manage*. 17: 211 – 224.

Balciunas，J. K.，M. J. Grodowitz，A. F. Cofrancesco and J. F. Shearer. 2002. Hydrilla. In: R. Van Driesche et al. (Tech. Coord.)，Biological Control of Invasive Plants in the Eastern United States. U. S. Department of Agriculture Forest Service Pub. FHTET – 2002 – 04. Bull. Distrib. Center，Amherst，

MA. Chapter 7.

Barrett, P. R. F., J. C. Curnow and J. W. Littlejohn. 1996. The control of diatom and cyanobacterial blooms in reservoirs using barley straw. *Hydrobiologia* 340: 307 – 312.

Barrett, P. R. F., J. W. Littlejohn and J. Curnow. 1999. Long – term algal control in a reservoir using barley straw. *Hydrobiologia* 415: 309 – 314.

Bauer, D. L. and D. W. Willis. 1990. Effects of triploid grass carp on aquatic vegetation in two South Dakota lakes. *Lake and Reservoir Manage.* 6: 175 – 180.

Bonar, S. A., G. L. Thomas and G. B. Pauley, 1987. The efficacy of triploid grass carp (*Ctenopharyngodon idella*) for plant control. In: G. B. Pauley and G. L. Thomas (Eds.), An Evaluation of the Impact of Triploid Grass Carp (*Ctenopharyngodon idella*) on Lakes in the Pacific Northwest. Cooperative Fisheries Unit, University of Washington, Seattle. pp. 98 – 178.

Bonar, S., H. S. Sehgal, G. B. Pauley and G. L. Thomas. 1990. Relationship between the chemical composition of aquatic macrophytes and their consumption by grass carp, *Ctenopharyngodon idella*. *J. Fish. Biol.* 36: 149 – 157.

Bonar, S. A., G. L. Thomas, S. L. Thiesfeld, G. B. Pauley and T. B. Stables. 1993. Effect of triploid grass carp on the aquatic macrophyte community of Devils's Lake, Oregon. *North Am. J. Fish. Manage.* 13: 757 – 765.

Bonar, S. A., B. Bolding and M. Divens. 2001. Effects of triploid grass carp on aquatic plants, water quality and public satisfaction in Washington state. *North Am. J. Fish. Manage.* 21: 96 – 105.

Borman, S., R. Korth and J. Temte. 1997. *Through the Looking Glass. A Field Guide to Aquatic Plants.* University of Wisconsin, Stevens Point, Wisconsin.

Bowers, K. L., G. B. Pauley and G. L. Thomas 1987. Feeding preference of the triploid grass carp (*Ctenopharyngodon idella*) on Pacific Northwest aquatic macrophytes. In: G. B. Pauley and G. L. Thomas (Eds.), An Evaluation of the Impact of Triploid Grass Carp (*Ctenopharyngodon idella*) on Lakes in the Pacific Northwest. Washington Cooperative Fisheries Unit, University of Washington, Seattle. pp. 70 – 97.

Boylan, J. D. and J. E. Morris. 2003. Limited effects of barley straw on algae and zooplankton in a midwestern pond. *Lake and Reservoir Manage.* 19: 265 – 271.

Brown, D. J. and T. G. Coon. 1991. Grass carp larvae in the lower Missouri River and its tributaries. *North Am. J. Fish. Manage.* 11: 62 – 66.

Buckingham, G. R. 1998. Surveys for Insects that Feed on EurasianWatermilfoil, Myriophyllum spicatum, and hydrilla, *Hydrilla verticillata*, in The People's Republic of China, Japan, and Korea. Tech. Rept. A – 98 – 5. U. S. Army Corps of Engineers, Vicksburg, MS.

Buckingham, G. R. 2002. Alligatorweed. In: R. Van Driesch et al. (Tech. Coord.), Biological Control of Invasive Plants in the Eastern United States. U. S. Department of Agriculture Forest Service Pub. FHTET – 2002 – 04. Bull. Distribution Ctr., Amherst, MA. Chapter 1.

Buckingham, G. R. and J. K. Balciunas. 1994. Biological Studies of *Bagous hydrillae*. Tech. Rept. A – 94 – 6. U. S. Army Corps of Engineers, Vicksburg, MS.

Buckingham, G. R. and C. A. Bennett. 1994. Biological and Host Range Studies with Bagous affinis, an Indian Weevil that Destroys Hydrilla Tubers. Tech. Rept. A – 94 – 8. U. S. Army Corps of Engineers, Vicksburg, MS.

Canfield, D. E., Jr., M. J. Maceina and J. V. Shireman. 1983. Effects of hydrilla and grass carp on water quality in a Florida lake. *Water Res. Bull.* 19: 773 – 778.

Carlson, R. E. 1977. A trophic state index for lakes. *Limnol. Oceanogr.* 22: 361 – 369.

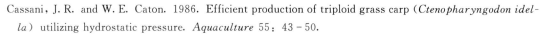

Cassani, J. R. and W. E. Caton. 1986. Efficient production of triploid grass carp (*Ctenopharyngodon idella*) utilizing hydrostatic pressure. *Aquaculture* 55: 43 - 50.

Center, T. D. 1982. The waterhyacinth weevils *Neochetina eichhorniae* and *N. bruchi*. *Aquatics* 4: 8, 16, 18 - 19.

Center, T. D. 1987. Insects, mites, and plant pathogens as agents of waterhyacinth [*Eichhornia crassipes* (Mart.) Solms] leaf and ramet mortality. *Lake and Reservoir Manage.* 3: 285 - 293.

Center, T. D., A. F. Cofrancesco and J. K. Balciunas. 1988. Biological control of aquatic and wetland weeds in the Southeastern U. S. *Proc. VII. International. Symposium. Control of Weeds.* Rome. pp. 239 - 262.

Center, T. D., F. A. Dray, G. P. Jubinsky and M. J. Grodowitz. 1999. Biological control of water hyacinth under conditions of maintenance management: Can herbicides and insects be integrated? *Environ. Manage.* 23: 241 - 256.

Center, T. D., M. P. Hill, H. Cordo and M. H. Julien. 2002. Waterhyacinth. In: R. Van Driesch et al. (Tech. Coord.), Biological Control of Invasive Plants in The Eastern United States. U. S. Department of Agriculture Forest Service Pub. FHTET - 2002 - 04. Bull. Distribution Center, Amherst, MA. Chapter 4.

Chapman, Y. J. and D. J. Coffey. 1971. Experiments with grass carp in controlling exotic macrophytes in New Zealand. *Hydrobiologia* 12: 313 - 323.

Charudattan, R. 1986. Integrated control of waterhyacinth (*Eichhornia crassipes*) with a pathogen, insects, and herbicides. *Weed Sci.* 34 (Suppl): 26 - 30.

Charudattan, R. S. B., J. T. DeValerio and V. J. Prange. 1989. Special problems associated with aquatic weed control. In: R. Baker and E. Dunn (Eds.), *New Directions in Biological Control.* Alan Liss, New York.

Chifamba, P. C. 1990. Preference of *Tilapia rendalli* (Boulenger) for some species of aquatic plants. *J. Fish. Biol.* 36: 701 - 705.

Childers, W. F. and G. W. Bennett. 1967. Experimental vegetation control by largemouth bass - Tilapia combinations. *J. Wildlife Manage.* 31: 401 - 407.

Chilton, E. W. and M. I. Muoneke. 1992. Biology and management of grass carp (*Ctenopharyngodon idella*, Cyrpinidae) - a North American perspective. *Rev. Fish Biol. Fisheries* 2: 283 - 320.

Choi, C. C. Bareiss, O. Walenchiak and E. M. Gross. 2002. Impact of polyphenols on growth of the aquatic herbivore *Acentria ephemerella*. *J. Chem. Ecol.* 28: 2245 - 2256.

Cofrancesco, A. F., Jr. 1984. Alligatorweed and its Biocontrol Agents. Information Exchange Bulletin A - 84 - 3. U. S. Army Corps Engineers, Vicksburg, MS.

Colle, D. and J. V. Shireman. 1987. Bass, grass carp, and hydrilla. *Aquaphyte* 7: 12.

Colle, D. E. and J. V. Shireman. 1994. Use of grass carp in two Florida lakes, 1975 to 1994. *Proceedings, Grass Carp Symposium.* U. S. Army Corps of Engineers, Vicksburg, MS. pp. 111 - 120.

Connor, J. V., R. P. Gallagher and M. F. Chatry. 1980. Larval evidence for natural reproductions of the grass carp (*Ctenopharyngoden idella*) in the Lower Mississippi River, In: *Proceedings 14th Annual Larval Fish Conference.* U. S. Fish Wildlife Service, Biol. Science Program, Natl. Power Plant Team, Ann Arbor, MI. FWS/UBS - 80/43.

Conway, K. E. 1976a. *Cercospora rodmanii*, a new pathogen of water hyacinth with biological control potential. *Can. J. Bot.* 54: 1079 - 1083.

Conway, K. E. 1976b. Evaluation of *Cercospora rodmanii* as a biological control of water - hyacinths. *Phytopathology* 66: 914 - 917.

Cooke, G. D. and R. H. Kennedy. 1989. Water Quality Management for Reservoirs and Tailwaters. Report I. In - reservoir Water Quality Management Techniques. Tech. Rept. A - 89 - 1. U. S. Army Corps Engineers, Vicksburg, MS.

Cooke, G. D. , E. B. Welch, S. A. Peterson and P. R. Newroth. 1993. *Restoration and Management of Lakes and Reservoirs*. 2nd ed. Lewis Publishers, Boca Raton, FL.

Creed, R. P. , Jr. 1998. A biogeographic perspective on Eurasian watermilfoil declines: Additional evidence for the role of herbivorous weevils in promoting declines? *J. Aquatic Plant Manage.* 36: 16 - 22.

Creed, R. P. , Jr. 2000. The weevil - watermilfoil interaction at different spatial scales: What we know and what we need to know. *J. Aquatic Plant Manage.* 38: 78 - 81.

Creed, R. P. , Jr. and S. P. Sheldon. 1992. The effect of herbivore feeding on the buoyancy of Eurasian water - milfoil. *J. Aquatic Plant Manage.* 30: 75 - 76.

Creed, R. P. , Jr. and S. P. Sheldon. 1993. The effect of feeding by a North American weevil, *Euhrychiopsis lecontei*, on Eurasian watermilfoil (*Myriophyllum spicatum*). *Aquatic Bot.* 45: 245 - 256.

Creed, R. P. , Jr. and S. P. Sheldon. 1994. The effect of two herbivorous insect larvae on Eurasian watermilfoil. *J. Aquatic Plant Manage.* 32: 21 - 26.

Creed, R. P. , Jr. and S. P. Sheldon. 1995. Weevils and watermilfoil: Did a North American herbivore cause the decline of an exotic plant? *Ecol. Appl.* 5: 1113 - 1121.

Creed, R. P. , Jr. , S. P. Sheldon and D. M. Cheek. 1992. The effect of herbivore feeding on the buoyancy of Eurasian watermilfoil. *J. Aquatic Plant Manage.* 30: 75 - 76.

Crutchfield, J. U. , Jr. , D. H. Schiller, D. D. Herlong and M. A. Mallen. 1992. Establishment and impact of redbelly tilapia in a vegetated cooling reservoir. *J. Aquatic Plant Manage.* 30: 28 - 35.

Desjardins, P. R. 1983. Cyanophage: History and likelihood as a control. In: *Lake Restoration, Protection and Management*. USEPA 440/5 - 83 - 001. USEPA. pp. 242 - 248.

Drenner, R. W. , K. D. Hambright, G. L. Vinyard, M. Gophen and U. Pollingher. 1987. Experimental study of size - selective phytoplankton grazing by a filter - feeding cichlid and the cichlid's effects on plankton community structure. *Limnol. Oceanogr.* 32: 1138 - 1144.

Dressler, R. L. , D. W. Hall, K. D. Perkins and N. H. Williams 1991. *Identification Manual for Wetland Plant Species of Florida*. University of Florida. Gainesville.

Durocher, P. P. , W. C. Provine and J. E. Kraai. 1984. Relationship between abundance of largemouth bass and submerged vegetation in Texas reservoirs. *North Am. J. Fish. Manage.* 4: 84 - 88.

Duvall, R. J. and W. J. Anderson. 2001. Laboratory and greenhouse studies of microbial products used to biologically control algae. *J. Aquatic Plant Manage.* 39: 95 - 98.

Duvall, R. J. , W. J. Anderson and C. R. Goldman. 2001. Pond enclosure evaluations of microbial products and chemical algicides in lake management. *J. Aquatic Plant Manage.* 39: 99 - 106.

Edwards, D. J. 1973. Aquarium studies on the consumption of small animals by 0 - group grass carp, *Ctenopharyngodon idella* (Val.). *J. Fish Biol.* 5: 599 - 605.

Elakovich, S. D. and J. W. Wooten. 1989. Allelopathic potential of sixteen aquatic and wetland plants. *J. Aquatic Plant Manage.* 27: 78 - 84.

Everall, N. C. and D. R. Lees. 1997. The identification and significance of chemicals released from decomposing barley straw during reservoir algal control. *Water Res.* 31: 614 - 620.

Fowler, M. C. 1985. The results of introducing grass carp, *Ctenopharyngodon idella*, into small lakes. *Aquacult. Fish. Manage.* 16: 189 - 201.

Fowler, M. C. and T. O. Robson. 1978. The effects of food preferences and stocking rates of grass carp (*Ctenopharyngodon idella* Val.) on mixed plant communities. *Aquatic Bot.* 5: 261 - 276.

Freeman, T. E. 1977. Biological control of aquatic weeds with plant pathogens. *Aquatic. Bot.* 3: 175 – 184.

Gangstad, E. O. , N. R. Spencer and J. A. Forest. 1975. Towards integrated control of alligatorweed. *Hyacinth Control J.* 13: 30 – 33.

Gibson, M. T. , I. M. Welch, P. R. F. Barrett and I. Ridge. 1990. Barley straw as an inhibitor of algal growth. Ⅱ: Laboratory studies. *J. Appl. Phycol.* 2: 241 – 248.

Grodowitz, M. J. 1998. An active approach to the use of insect biological control for the management of non – native aquatic plants. *J. Aquatic Plant Manage.* 36: 57 – 61.

Grodowitz, M. J. , A. F. Confrancesco, J. E. Freedman and T. D. Center. 1997. Release and establishment of *Hydrellia balciunasi* (Diptera: Ephydridae) for the biological control of the submersed aquatic plant *Hydrilla verticillata* (Hydrocharitaceae) in the United States. *Biol. Control* 9: 15 – 23.

Gross, E. M. 2000. Seasonal and spatial dynamics of allelochemicals in the submersed macrophyte *Myriophyllum spicatum* L. *Verh. Int. Verein. Limnol.* 27: 2116 – 2119.

Gross, E. M. 2003. Allelopathy of aquatic autotrophs. *Crit. Rev. Plant Sci.* 22: 313 – 339.

Guillory, V. and R. D. Gasaway. 1978. Zoogeography of the grass carp in the U. S. *Trans. Am. Fish. Soc.* 107: 105 – 112.

Haag, K. H. 1986. Effective control of waterhyacinth using *Neochetina* and limited herbicide application. *J. Aquatic Plant Manage.* 24: 70 – 75.

Haag, K. H. and D. H. Habeck. 1991. Enhanced biological control of waterhyacinth following limited herbicide application. *J. Aquatic Plant Manage.* 29: 24 – 28.

Hanlon, S. G. , M. V. Hoyer, C. E. Cichra and D. E. Canfield Jr. 2000. Evaluation of macrophyte control in 38 Florida lakes using triploid grass carp. *J. Aquatic Plant Manage.* 38: 48 – 54.

Henderson, J. E. , J. P. Kirk, S. D. Lambrecht and W. E. Hayes. 2003. Economic impacts of aquatic vegetation to angling in two South Carolina reservoirs. *J. Aquatic Plant Manage.* 41: 53 – 56.

Hestand, R. S. and C. C. Carter. 1978. Comparative effects of grass carp and selected herbicides on macrophyte and phytoplankton communities. *J. Aquatic Plant Manage.* 16: 43 – 50.

Hilovsky, M. 2002. Invasive Eurasian watermilfoil can be controlled naturally. *Land Water* 46 (2): 46 – 50.

Hoddle, M. S. 2004. Restoring balance: Using exotic species to control invasive exotic species. *Cons. Biol.* 18: 38 – 49.

Hoyer, M. V. and D. E. Canfield, Jr. 1996a. Lake size, macrophytes, and largemouth bass abundance in Florida lakes: A reply. *J. Aquatic Plant Manage.* 34: 48 – 50.

Hoyer, M. V. and D. E. Canfield, Jr. 1996b. Largemouth bass abundance and aquatic vegetation in Florida lakes: An empirical analysis. *J. Aquatic Plant Manage.* 34: 23 – 32.

Jester, L. L. , M. A. Bozek, D. R. Helsel and S. P. Sheldon. 2000. *Eurhychiopsis lecontei* distribution, abundance, and experimental augmentation for Eurasian watermilfoil in Wisconsin lakes. *J. Aquatic Plant Manage.* 38: 88 – 97.

Johnson, R. L. and B. Blossey. 2002. Eurasian Watermilfoil. In: R. Van Driesch et al. (Tech. Coord.), Biological Control of Invasive Plants in the Eastern United States U. S. Department of Agriculture Forest Service Pub. FHTET – 2002 – 04. Bull. Distribution Center, Amherst, MA. Chapter 6.

Johnson, R. L. , E. M. Gross and N. G. Hairston. 1998. Decline of the invasive submersed macrophyte *Myriophyllum spicatum* (Halgoraceae) associated with herbivory by larvae of *Acentria ephemerella* (Lepidoptera) . *Aquatic Ecol.* 31: 273 – 282.

Joye, G. F. 1990. Biocontrol of the aquatic plant *Hydrilla verticillata* (L. f.) Royce with an endemic fungal disease. Unpublished Report. U. S. Army Corps Engineers, Vicksburg, MS.

Joye, G. F. and A. F. Cofrancesco, Jr. 1991. Studies on the Use of Fungal Pathogens for Control of *Hydrilla verticillata* (L. f.) Royle. Tech. Rept. A - 91 - 4. U. S. Army Corps Engineers, Vicksburg, MS.

Kangasniemi, B. J. 1983. Observations on herbivorous insects that feed on *Myriophyllum spicatum* in British Columbia. In: *Lake Restoration, Protection and Management*. USEPA - 440/5 - 83 - 001. USEPA. pp. 214 - 219.

Killgore, K. J. , J. P. Kirk and J. W. Folz. 1998. Response of littoral fishes in Upper Lake Marion, South Carolina following hydrilla control by triploid grass carp. *J. Aquatic Plant Manage*. 36: 82 - 87.

Kirk, J. P. and R. C. Socha. 2003. Longevity and persistence of triploid grass carp stocked into the Santee Cooper Reservoirs of South Carolina. *J. Aquatic Plant Manage*. 41: 90 - 92.

Kracko, K. M. and R. L. Noble. 1993. Herbicide inhibition of grass carp feeding on hydrilla. *J. Aquatic Plant Manage*. 31: 273 - 275.

Lembi, C. A. 2001. Barley straw for algae control. *Aquatics* 23: 13 - 18.

Lembi, C. A. and T. Chand - Goyal. 1994. Plant Growth Regulators as Potential Tools in Aquatic Plant Management: Efficacy and Persistence in Small - Scale Tests. Contract Rep. A - 94 - 1. U. S. Army Corps Engineers, Vicksburg, MS.

Lembi, C. A. , T. Chand and W. C. Reed. 1990. Plant growth regulator effects on submersed aquatic plants. In: *Proceedings 24th Annual Meeting Aquatic Plant Control Research Program*. U. S. Army Corps Engineers, Vicksburg, MS.

Leslie, A. J. , Jr. , R. S. Hestand, Ⅲ. 1992. Managing aquatic plants with grass carp: A practical guide for natural resources managers. Large impoundments. Unpublished Report. Florida Department of Natural Resources, Tallahassee, FL and Florida Game and Fresh Water Fish Commission, Eustes.

Leslie, A. J. , Jr. , J. M. Van Dyke and L. E. Nall. 1982. Current velocity for transport of grass carp eggs. *Trans. Am. Fish. Soc*. 111: 99 - 101.

Leslie, A. J. , Jr. , J. M. Van Dyke, R. S. Hestand, Ⅲ and B. Z. Thompson. 1987. Management of aquatic plants in multi - use lakes with grass carp (*Ctenopharyngodon idella*) . *Lake and Reservoir Manage*. 3: 266 - 276.

Leslie, A. J. , L. E. Nall, G. P. Jubinsky and J. D. Schardt. 1994. Effects of grass carp on the aquatic vegetation in Lake Conway, Florida. In: *Grass Carp Symposium*. U. S. Army Corps Engineers, Vicksburg, MS. pp. 121 - 128.

Louda, S. M. and P. Stiling. 2004. The double - edged sword of biological control in conservation and restoration. *Conserv. Biol*. 18: 50 - 53.

Maceina, M. J. , P. W. Bettoli, W. G. Klussmann, R. K. Betsill and R. L. Noble. 1991. Effect of aquatic macrophyte removal on recruitment and growth of black crappies and white crappies in Lake Conroe, Texas. *North Am. J. Fish. Manage*. 11: 556 - 563.

Maceina, M. J. , M. F, Cichra, R. K. Betsill and P. W. Bettoli. 1992. Limnological changes in a large reservoir following vegetation removal by grass carp. *J. Fresh Water Ecol*. 7: 81 - 95.

Maceina, M. J. , J. Slipke and J. M. Grizzle. 1999. Effectiveness of three barrier types for confining grass carp in embayments of Lake Seminole, Georgia. *North Am. J. Fish. Manage*. 19: 968 - 976.

MacRae, I. V. , N. N. Winchester and R. A. Ring. 1990. Feeding activity and host preference of the milfoil midge, *Cricotopus myriophylli* Oliver (Diptera: Chironomidae) . *J. Aquatic Plant Manage*. 28: 89 - 92.

Maddox, D. M. , L. A. Andres, R. D. Hennessey, R. D. Blackburn and N. R. Spencer. 1971. Insects to control alligatorweed, an invader of aquatic ecosystems in the U. S. *BioScience* 21: 985 - 991.

Madeira, P. T. , C. C. Jacono and T. K. Van. 2000. Monitoring hydrilla using two RAPD procedures and the nonindigenous aquatic species database. *J. Aquatic Plant Manage.* 38: 33 – 40.

Madsen, J. D. , H. Crosson, K. S. Hamel, M. A. Hilovsky and C. H. Welling. 2000. Panel Discussion. Management of Eurasian watermilfoil in the United States using native insects: State regulatory and management issues. *J. Aquatic Plant Manage.* 38: 121 – 124.

Mallison, C. T. , R. S. Hestand III and B. Z. Thompson. 1995. Removal of triploid grsss carp with an oral rotenone bait in two central Florida lakes. *Lake and Reservoir Manage.* 11: 337 – 342.

Martinez – Jimenez, M. and R. Charudattan. 1998. Survey and evaluation of Mexican native fungi for potential biocontrol of waterhyacinth. *J. Aquatic Plant Manage.* 36: 145 – 148.

Martyn, R. D. 1985. Waterhyacinth decline in Texas caused by *Cercospora piaropi*. *J. Aquatic Plant Manage.* 23: 20 – 32.

Martyn, R. D. , R. L. Noble, P. W. Bettoli and R. C. Maggio. 1986. Mapping aquatic weeds with aerial color infrared photography and evaluating their control by grass carp. *J. Aquatic Plant Manage.* 24: 46 – 56.

Mazzei, K. C. , R. M. Newman, A. Loos and D. W. Ragsdale. 1999. Developmental rates of the native milfoil weevil, *Euhrychiopsis lecontei*, and damage to Eurasian watermilfoil at constant temperatures. *Biol. Control* 16: 139 – 143.

McComas, S. 2003. *Lake and Pond Management Guidebook*. Lewis Publishers, Boca Raton, FL.

McDonald, M. E. 1985. Growth of a grazing phytoplanktivorous fish and growth enhancement of the grazed alga. *Oecologia* 67: 132 – 136.

McFarland, D. G. and J. W. Barko. 1999. High temperarture effects on growth and propagule formation in hydrilla biotypes. *J. Aquatic Plant Manage.* 37: 17 – 25.

Miller, H. D. and J. Boyd. 1983. Large – Scale Management Test of the Use of the White Amur for Control of Problem Aquatic Plants; Report 4. Third Year Poststocking Results. Vol VI: The Water and Sediment Quality of Lake Conway, Florida. Tech. Rept. A – 78 – 3. U. S. Army Corps Engineers. Jacksonville, Florida.

Miller, A. C. and J. L. Decell. 1984. Use of White Amur for Aquatic Plant Management. Instruct. Rep. A – 84 – 1. U. S. Army Corps Engineers, Vicksburg, MS.

Miller, A. C. and H. R. King. 1984. Large – scale Operations Management Test for Use of the White Amur for Control of Problem Plants. Report 5. Synthesis Report. Tech. Rept. A – 78 – 2. U. S. Army Corps Engineers, Vicksburg, MS.

Miller, H. D. and R. Potts. 1982. Large – Scale Operations Management Test of the Use of the White Amur for Control of Problem Aquatic Plants; Report 3. Second Year Poststocking Results. Vol VI: The Water and Sediment Quality of Lake Conway, Florida. Tech. Rept. A – 78 – 2. U. S. Army Corps Engineers, Vicksburg, MS.

Mitchell, C. P. 1980. Control of water weeds by grass carp in two small lakes. *J. Mar. Fresh Water Res.* 14: 381 – 390.

Mjelde, J. and B. A. Faafeng. 1997. *Ceratophyllum demersum* hampers phytoplankton development in some small Norwegian lakes over a wide range of phosphorus concentrations and geographical latitude. *Freshwater Biol.* 37: 355 – 366.

Murphy, J. E. , K. B. Beckmen, J. K. Johnson, R. B. Cope, T. Lawmaster and V. R. Beasley. 2002. Toxic and feeding deterrent effects of native aquatic macrophytes on exotic grass carp (*Ctenopharyngodon idella*). *Ecotoxicology* 11: 243 – 254.

Nall, L. E. and J. D. Schardt. 1980. Large – scale operations management test using the white amur at

Lake Conway, Florida. Aquatic macrophytes. In: *Proceedings 14th Annual Meeting*, *Aquatic Plant Control*. Res. Plan. Oper. Rev. Misc. Paper A - 80 - 3. U. S. Army Corps Engineers, Vicksburg, MS. pp. 249 - 272.

Nelson, L. S. 1990. Plant growth regulators for aquatic plant management. In: *24th Annual Meeting*, *Aquatic Plant Control*. Res. Program. Misc. Paper A - 90 - 3. U. S. Army Corps Engineers, Vicksburg, MS. pp. 115 - 118.

Nelson, L. S. , J. F. Shearer and M. D. Netherland. 1998. Mesocosm evaluation of integrated fluridone - fungalb pathogen treatment on four submersed plants. *J. Aquatic Plant Manage.* 36: 73 - 77.

Netherland, M. D. and J. F. Shearer. 1996. Integrated use of fluridone and a fungal pathogen for control of hydrilla. *J. Aquatic Plant Manage.* 34: 4 - 8.

Newman, J. R. and P. R. F. Barrett. 1993. Control of *Microcystis aeruginosa* by decomposing barley straw. *J. Aquatic Plant Manage.* 31: 203 - 206.

Newman, R. M. 2004. Invited Review. Biological control of Eurasian watermilfoil by aquatic insects: Basic insights from an applied problem. *Arch. Hydrobiol.* 159: 145 - 184.

Newman, R. M. and D. D. Biesboer. 2000. A decline of Eurasian watermilfoil in Minnesota associated with the milfoil weevil *Euhrychiopsis lecontei*. *J. Aquatic Plant Manage.* 38: 105 - 111.

Newman, R. M. , M. E. Borman and S. W. Castro. 1997. Developmental performance of the weevil *Euhrychiopsis lecontei* on native and exotic watermilfoil host plants. *J. North Am. Benthol. Soc.* 16: 627 - 634.

Newman, R. M. , D. W. Ragsdale, A. Milles and C. Oien. 2001. Overwinter habitat and the relationship of overwinter to in - lake densities of the milfoil weevil *Euhrychiopsis lecontei*, a Eurasian watermilfoil control agent. *J. Aquatic Plant Manage.* 39: 63 - 67.

Noble, R. , P. W. Bettoli and R. K. Betsill. 1986. Considerations for the use of grass carp in large, open systems. *Lake and Reservoir Manage.* 2: 46 - 48.

Oliver, D. R. 1984. Description of a new species of *Cricotopus* van der Wulp (Diptera: Chironomidae) associated with *Myriophyllum spicatum*. *Can. Entomol.* 116: 1287 - 1292.

Opuszynski, K. 1992. Are herbivorous fish herbivorous? *Aquaphyte* 12: 1, 12 - 13.

Osborne, J. A. 1978. Management of Emergent and Submergent Vegetation in Stormwater Retention Ponds using Grass Carp. Final Report to Florida Department of Natural Resources. University of Central Florida, Orlando.

Osborne, J. A. and R. D. Riddle. 1999. Feeding and growth rates for triploid grass carp as influenced by size and water temperature. *J. Fresh Water Ecol.* 14: 41 - 46.

Painter, D. S. and K. J. McCabe. 1988. Investigation into the disappearance of Eurasian watermilfoil from the Kawartha lakes. *J. Aquatic Plant Manage.* 26: 3 - 12.

Pauley, G. B. et al. 1994. An overview of the use and efficacy of triploid grass carp *Ctenopharyngodon idella* as a biological control of aquatic macrophytes in Oregon and Washington state lakes. In: *Proceedings*, *Grass Carp Conference*. U. S. Army Corps Engineers, Vicksburg, MS.

Pine, R. T. and W. J. Anderson. 1991. Plant preferences of triploid grass carp. *J. Aquatic Plant Manage.* 29: 80 - 82.

Pine, R. T. , L. W. J. Anderson and S. S. O. Hung. 1989. Effects of static versus flowing water on aquatic plant preferences of grass carp. *Trans. Am. Fish. Soc.* 118: 336 - 344.

Raibley, P. T. , D. Blodgett and R. E. Sparks. 1995. Evidence of grass carp (*Ctenopharyngodon idella*) reproduction in the Illinois and Upper Mississippi Rivers. *J. Freshwater Ecol.* 10: 65 - 74.

Ridge, I. and J. M. Pillinger. 1996. Towards understanding the nature of algal inhibitors from barley *straw. Hydrobiologia* 340: 301 – 306.

Safferman, R. S. and M. E. Morris. 1963. Algal virus: isolation. *Science* 140: 679 – 680.

Sanders, D. R. and E. A. Theriot. 1986. Large – Scale Operations Management Test (LSOMT) of Insects and Pathogens for Control of Waterhyacinth in Louisiana. Vol. II. Results for 1982 – 1983. Tech. Rept. A – 85 – 1. U. S. Army Corps Engineers, Vicksburg, MS.

Schuytema, G. S. 1977. *Biological Control of Aquatic Nuisances – A Review*. USEPA – 600/3 –77 – 084.

Shabana, Y. M. , J. P. Cuda and R. Charudattan. 2003. Combining plant pathogenic fungi and the leaf – mining fly, *Hydrellia pakistanae*, *increases* damage to hydrilla. *J. Aquatic Plant Manage*. 41: 76 – 81.

Shearer, J. F. 1994. Potential role of plant pathogens in declines of submerged macrophytes. *Lake and Reservoir Manage.* 10: 9 – 12.

Shearer, J. F. 1996. Field and Laboratory Studies of the Fungus *Mycoleptodiscus terrestris* as a Potential Agent for Management of the Submersed Aquatic Macrophyte *Hydrilla verticillata*. Tech. Rept. A – 96 – 3. U. S. Army Corps Engineers, Vicksburg, MS.

Shearer, J. F. 1997. Endemic Pathogen Biocontrol Research on Submersed Macrophytes: Status Report 1996. Tech. Rept. A – 97 – 3. U. S. Army Corps Engineers, Vicksburg, MS.

Sheldon, S. P. and R. P. Creed. 1995. Use of a native insect as a biological control for an introduced weed. *Ecol. Appl.* 5: 1122 – 1132.

Sheldon, S. P. and L. M. O' Bryan. 1996. The effects of harvesting Eurasian watermilfoil on the aquatic weevil *Euhrychiopsis lecontei*. *J. Aquatic Plant Manage.* 34: 76 – 77.

Shireman, J. V. 1982. Cost analysis of aquatic weed control: fish versus chemicals in a Florida lake. *Prog. Fish. Cult.* 44: 199 – 200.

Shireman, J. V. and M. J. Maceina. 1981. The utilization of grass carp, *Ctenopharyngodon idella* Val. , for hydrilla control in Lake Baldwin, Florida. *J. Fish. Biol.* 19: 629 – 636.

Shireman, J. V. , D. E. Colle and R. W. Rottman. 1978. Size limits to predation on grass carp by large-mouth bass. *Trans. Am. Fish. Soc.* 107: 213 – 215.

Shireman, J. V. , W. T. Haller, D. E. Colle, C. E. Watkins, D. F. Durant and D. E. Canfield. 1983. Ecological Impact of Integrated Chemical and Biological Aquatic Weed Control. USEPA – 660/3 – 83 – 098. USEPA.

Shireman, J. V. , M. V. Hoyer, M. J. Maceina and D. E. Canfield. 1985. The water quality and fishing of Lake Baldwin, Florida: 4 years after macrophyte removal by grass carp. *Lake and Reservoir Manage.* 1: 201 – 206.

Smith, D. W. , S. J. Slade, J. H. Andrews and R. F. Harris. 1989. Pathogenicity of the fungus *Colletotrichum gloeosporioides* (Penz.) Sacc. to EWM (*Myriophyllum spicatum* L.) . *Aquatic Bot.* 33: 1 – 12.

Solarz, S. L. and R. M. Newman. 2001. Variation in host plant preference and performance by the milfoil weevil, *Euhrychiopsis lecontei* Dietz, exposed to native and exotic watermilfoils. *Oecologia* 126: 66 – 75.

Sorsa, K. K. , E. V. Nordheim and J. H. Andrews. 1988. Integrated control of Eurasian watermilfoil, *Myriophyllum spicatum*, by a fungal pathogen and a herbicide. *J. Aquatic Plant Manage.* 26: 12 – 17.

Spencer, N. R. and J. R. Coulson. 1976. The biological control of alligator weed *Alternanthera philoxeroides*, in the United States of America. *Aquatic Bot.* 2: 177 – 190.

Stanley, J. G. , W. W. Miley, II and D. L. Sutton. 1978. Reproductive requirements and likelihood for naturalization of escaped grass carp in the U. S. *Trans. Am. Fish. Soc.* 107: 119 – 128.

Steward, K. K. and T. K. Van. 1987. Comparative studies of monoecious and dioecious hydrilla (*Hydrilla verticillata*). *Weed Sci.* 35: 204 – 210.

Stewart, R. M. and W. A. Boyd. 1994. Simulation model evaluation of sources of variability in grass carp stocking requirements. In: *Proceedings, Grass Carp Symposium*. U. S. Army Corps Engineers, Vicksburg, MS. pp. 85 – 92.

Sutter, T. J. and R. M. Newman. 1997. Is predation by sunfish (*Lepomis* spp.) an important source of mortality for the Eurasian watermilfoil biocontrol agent *Euhrychiopsis lecontei*? *J. Fresh Water Ecol.* 12: 225 – 234.

Sutton, D. L. and V. V. VanDiver. 1986. Grass Carp: a Fish for Biological Management of Hydrilla and Other Aquatic Weeds in Florida. Bull. 867. Florida Agric. Exper. Sta., University of Florida, Gainesville.

Swanson, E. D. and E. P. Bergersen. 1988. Grass carp stocking model for coldwater lakes. *North Am. J. Fish. Manage.* 8: 284 – 291.

Szczepanski, A. J. 1977. Allelopathy as a means of biological control of water weeds. *Aquatic Bot.* 3: 193 – 197.

Theriot, E. A. 1989. Biological control of aquatic plants with plant pathogens. In: *Proceedings, Workshop on Management of Aquatic Weeds and Mosquitoes in Impoundments*. Water Resources Research Institute, University of North Carolina, Charlotte.

Theriot, E. A., S. L. Kees and H. B. Gunner. 1996. *Specific Association of Plant Pathogens with Submersed Aquatic Plants*. Tech. Rept. A – 96 – 9. U. S. Army Corps Engineers, Vicksburg, MS.

van Donk, E. and W. J. van de Bund. 2002. Impact of submerged macrophytes including charophytes on phytoand zooplankton communities: Allelopathy versus other mechanisms. *Aquatic Bot.* 72: 261 – 274.

Van Dyke, J. M. 1994. Long – term use of grass carp for aquatic plant control in Deer Point Lake, Bay County, Florida. In: *Proceedings, Grass Carp Symposium*. U. S. Army Corps Engineers, Vicksburg, MS. pp. 146 – 150.

Van Dyke, J. M., A. J. Leslie, Jr. and L. E. Nall. 1984. The effects of the grass carp on the aquatic macrophytes of four Florida lakes. *J. Aquatic Plant Manage.* 22: 87 – 95.

Vinyard, G. L., R. W. Drenner, M. Gophen, U. Pollingher, D. L. Winkelman and K. D. Hambright. 1988. An experimental study of the plankton community impacts of two omnivorous filter – feeding cichlids, *Tilapia golidaea* and *Tilapia aurea*. *Can. J. Fish. Aquatic Sci.* 45: 689 – 690.

Ware, F. D., R. D. Gasaway, R. A. Martz and T. F. Drda. 1975. Investigations of herbivorous fishes in Florida. In: P. L. Brezonik and J. L. Fox (Eds.), *Water Quality Management through Biological Control*. Department of Environmental Engineering Sciences, University of Florida, Gainesville. pp. 79 – 84.

Webb, D. H., L. N. Mangum, A. L. Bates and H. D. Murphy. 1994. Aquatic vegetation in Guntersville Reservoir following grass carp stocking. In: *Proceedings, Grass Carp Symposium*. U. S. Army Corps Engineers, Vicksburg, MS. pp. 199 – 209.

Webb, M. A., H. S. Elder and R. G. Howells. 1994. Grass carp reproduction in the Lower Trinity River, Texas. In: *Proceedings, Grass Carp Symposium*. U. S. Army Corps Engineers, Vicksburg, MS. pp. 29 – 32.

Welch, I. M., P. R. F. Barrett, M. T. Gibson and I. Ridge. 1990. Barley straw as an inhibitor of algal growth. I. Studies in the Chesterfield Canal. *J. Appl. Phycol.* 2: 231 – 239.

Wheeler, G. S. and T. D. Center. 1996. The influence of hydrilla leaf quality on larval growth and development of the biological control agent *Hydrellia pakistanae* (Diptera: Ephydridae). *Biol. Control* 7: 1 – 9.

Wiley, M. J. and R. W. Gorden. 1985. Biological Control of Aquatic Macrophytes by Herbivorous Carp. Part 3. Stocking Recommendations for Herbivorous Carp and Description of the Illinois Herbivorous Fish Stocking Simulation System. Aquatic Biology Tech. Report. 1984 (12). Illinois Natural History Survey, Champaign.

Wiley, M. J. and L. D. Wike. 1986. Energy balances of diploid, triploid, and hybrid grass carp. *Trans. Am. Fish. Soc.* 115: 853 – 863.

Wiley, M. J., S. W. Waite and T. Powless. 1984. The relationship between aquatic macrophytes and sport fish production in Illinois ponds: a simple model. *North Am. J. Fish Manage.*, 4: 111 – 119.

Wiley, M. J., P. P. Tazik and S. T. Sobaski. 1987. Controlling Aquatic Vegetation with Triploid Grass Carp. Circular 57. Illinois Natural History Survey, Champaign.

Zettler, F. W. and T. E. Freeman. 1972. Plant pathogens as biocontrols of aquatic weeds. *Annu. Rev. Phytopathol.* 10: 455 – 470.

第 18 章

滞温层曝气和氧化作用

18.1 引言

分层富营养化湖泊水体中溶解氧消耗是富营养化的最初迹象之一。在秋季去分层化前，如果滞温层和沉积物中存在大量有机物，其呼吸作用将消耗全部或大部分溶解氧，就会出现缺氧现象。缺氧会对湖泊水质产生不良影响，包括营养物质的内部循环加速，供水中应避免的金属溶解，以及鱼类（尤其是冷水物种）分布的限制。第 2 章描述了分层湖泊和水库的温度和溶解氧的预期季节变化。

在瑞士布雷特湖（Mercier 和 Perret，1949）首次使用的下层滞水区曝气是一种湖泊管理技术，旨在抵消滞温层缺氧及其相关问题。下层滞水区曝气的具体目标有三方面：第一，能够在不使水分层或升温的情况下提高其含氧量，通常这是最容易实现的；第二，在第一项的基础上，为冷水鱼物种提供更多的栖息地和食物供应；第三，如果磷的沉积和水交换是由铁氧化还原控制的，则可通过在沉积物—水界面建立有氧条件来减少磷的释放。NH_4^+、Mn 和 Fe 等其他在缺氧条件下达到高浓度的成分，也应通过下层滞水区曝气相应降低。Pastorak 等（1981，1982）描述了该技术及其效果。在那之后，许多设备已经改进并更新。

18.2 装置设计和运行

Fast 和 Lorenzen（1976）对 21 种曝气器设计进行了回顾，并将其分为三类：①机械搅拌，包括去除、处理和回收；②注入纯氧；③通过完全或部分气升设计以及下流式喷射设计注入空气。

机械搅拌指从滞温层抽取水，在岸上或湖面上通过溅水池对其充气，并在最低限度影响温度的情况下将水放回滞温层。由于气体交换效率低（Pastorak 等，1982），为提高效率，使用纯氧对从滞温层抽取的低温水进行通气，在岸上或表面进行有压/无压处理，并将其恢复。纯氧也可被引入水底，用泵强制向下或在某一深度释放，然后通过滞温层上升。后者被称为深层氧气注入系统（deep oxygen injection system，DOIS；图 18.1）。虽然纯氧比曝气更有利于气体交换（气泡含氧量为 85%～100% 而不是 20%），但也存在潜在问题，尤其是当充满氮气的气泡逃逸到湖泊表面，以及滞温层和湖上层进行掺混时（Fast 和 Lorenzen，1976）。如果气泡足够小（半径为 1mm）并且上升羽流足够弱，就会完全溶解在滞温层（Wüest 等，1992）。在足够深的湖泊（≥30m）中，纯氧气泡应在到达湖上层之前完全溶解（Gächter，1987；Prepas 等，1997）。小气泡的完全溶解可能在 8m 深度内（Babin 等，1999）。欧洲使用的 DOIS 系统被称为"长蚴摇蚊"，以一种喜欢有氧条件的蝾命名（Jungo，1993）。在相对较浅的湖泊中，纯氧气泡潜在的分层效应是通过使用双气泡接触系统（double bubble contract system，DBCS）解决的，并使用水泵来进行水循环（Speece，1971；Doke 等，1995；Beutel 和 Horne，1999）。

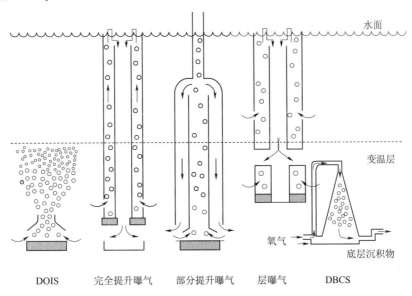

图 18.1　通气和含氧曝气装置比较。
（改编自 NALMS，2001 年。湖泊管理和保护，第 3 版.
USEPA 841－B－01－006. NALMS，麦迪逊，威斯康星州。）

通过气升系统注入空气是下层滞水区曝气最常用的方法，完全提升曝气系统通过将压缩空气压入外圈气缸的底部，将底部的水带到了表面（图 18.1）。上升的气泡将空气—水混合物驱使到地面，将水暴露在大气中，然后在第一次排出气泡后通过内筒将其送回到静水层（图 18.1）。系统也可以由单独的管道组成（图 18.2）。部分提升曝气系统将滞温层充气完成，水和气泡在深处分离，多余的空气在表面排出（图 18.1）。图 18.3 显示了一个商业上可用的滞温层曝气装置。在两个气升系统中，所含的空气力使含氧水水平分布到滞温层（图 18.1）。纯氧代替空气，提高了气体输送效率，但其分布力小于空气。

Fast 等（1976）、Lorenzen 和 Fast（1977）发现，与其他系统相比，完全提升曝气系统在输送氧气方面成本最低，效率更高（Pastorak 等，1982）。然而，部分提升曝气系统由于其商业可用性强，可能是目前最常用的系统（Verner，1984）。柔性 Limno 装置主要

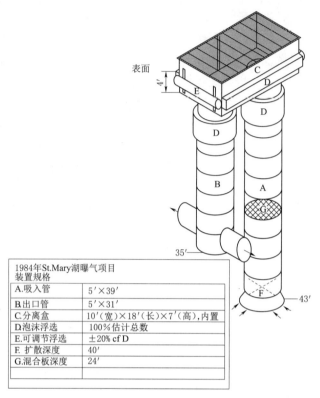

1984年St.Mary湖曝气项目装置规格	
A.吸入管	5′×39′
B出口管	5′×31′
C.分离盒	10′(宽)×18′(长)×7′(高),内置
D泡沫浮选	100%估计总数
E.可调节浮选	±20% cf D
F. 扩散深度	40′
G.混合板深度	24′

图 18.2 一种完全提升曝气系统的低温充气器。(由加拿大温哥华渔业和野生动物部渔业研究和技术服务组的 K. I. Ashley 设计。)

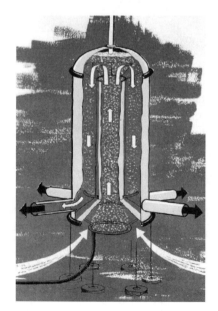

图 18.3 Limno 部分提升曝气系统的滞温层曝气器。(R. Geney, 通用环境系统, 萨默斯菲尔德, 北卡罗来纳。)

由非腐蚀性的 PVC 涂层聚酯织物构成如图 18.3 所示。在图 18.3 中, 箭头指示空气和水流的方向。标准长度为 10m; 放置位置在水底以上 1.2m, 装置类似于水库和 12m 深湖泊中的完整提升曝气系统。此外, 部分提升曝气系统可以避免完全提升曝气系统面临的风、波浪和摆转力矩等的影响, 因此不需要非常坚固和昂贵的结构。

一种完全提升下层滞水区的曝气机 (Tibean) 使用的是淹没式离心泵和电动机, 而非压缩空气 (Jaeger, 1990)。泵出的水通过管道将气泡从表面带出, 其他装置类似, 空气—水混合物被注入垂直管道的底部。1981 年以来, 一种名为 MIXOX 的类似技术已在 70 个芬兰湖泊中得到使用 (Lappalainen, 1994; Keto 等, 2004)。然而, 与 DOIS 不同的是, 湖上层水的高溶解氧含量只是通过简单地泵入, 形成内部循环。尽管较轻的湖上层水最初会上升, 但很快就会与滞温层的水混合，不会使湖水分层。

所有装置都会产生一个圆形场，溶解氧从圆心向外呈梯度递减趋势。可接受的低温溶解氧浓度所需的装置数量取决于满足静水层需求的溶解氧量。在安装任何装置之前，要详细评估满足需求的气流和氧输出。氧气供应不足和较小的混合流量是导致曝气器尺寸不达标的常见原因。

在某些情况下，尽管采用了滞温层曝气，但仍可能会导致近零溶解氧的变温层，同时伴随高磷和硫化氢的存在（Steinberg 和 Arzet，1984；McQueen 和 Lean，1986）。变温层溶解氧最小值不会促进沉降有机物的完全营养矿化（Gächter，1987）。为了将其减少到最小值，扩大含氧环境，并尽量减少养分的扩散，在康涅狄格州的两个水库中开发并测试了一种分层曝气系统（Kortmann 等，1988，1994；Kortmann，1989）。该系统重新分配热量和氧气，同时对缺氧、高磷水维持深度屏障（图 18.1）。其中一个水库中溶解氧增加的结果如图 18.4 所示。分层曝气的建议功率和气流要求低于滞温层曝气。出于同样的目的，Stefan 等（1987）设计了一种变温层曝气器，在冬季保持湖泊冰盖的同时对温度分层区域进行加氧（Ellis 和 Stefan，1990）。

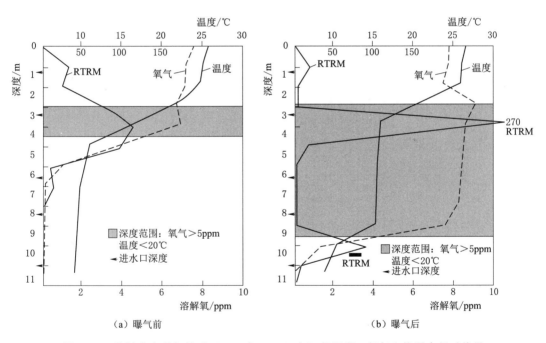

（a）曝气前　　　　　　　　　　　（b）曝气后

图 18.4　桑树水库曝气前后（1983 年、1984 年）的温度、氧气和抗混合相对热量
（relative thermal resistance to mixing，RTRM）。
（来源：科尔特曼，R.W. 等，1988，湖泊和水库管理，4：35 - 50. 已授权。）

如果水体过浅，滞温层曝气可能不能成功运行。虽然可能存在分层，但密度梯度可能不足以抵抗滞温层循环条件下的温度分层侵蚀和完全混合。当水体分层时，这种缓慢循环可能导致整个水体溶解氧含量降低，并在温暖的表层形成蓝藻浮渣（McQueen 和 Lean，1986；Cooke 和 Carlson，1989）。因此，如果湖泊深度小于 12m 或湖上层体

积相对较小 (Cooke 和 Carlson，1989)，不推荐使用下层滞水区曝气。但是可使用 Speece 锥增氧 (图 18.1) 于深度较小的湖泊 (Doke 等，1995)。另外，用部分提升曝气系统输送 80％的氧气进行空气分离不会使浅水湖分层 (最大深度 7.9m；Gibbons，个人交流)。

18.3　装置尺寸

滞温层曝气的有效性取决于气泡和水之间的溶解氧输送效率 (Ashley，1985；Ashley 等，1992)。对曝气系统进行适当尺寸设计甚至适度加大尺寸，是对不可预知的氧消耗变化和滞温层水量的重要补偿，也对机械故障 (修复) 十分重要 (Pastorak 等，1982)。夏末时，如果曝气系统正常运行，但滞温层溶解氧仍减少，通常是因为曝气器尺寸过小 (McQueen 和 Lean，1986)。Lorenzen 和 Fast (1977)、Ashley (1985) 和 Ashley 等 (1987) 详细描述了在不使水体分层的情况下滞温层曝气器的尺寸确定程序。Ashley (1985) 开发并测试了 1 个经验定值方法，步骤如下：

（1）确定最大的低温滞水层体量。

（2）通过计算平均溶解氧与时间的斜率，估算以 kg/日为单位的耗氧率 (第 3 章)。

（3）计算满足溶解氧需求率所需的水量，主要取决于曝气器输入浓度，浓度可变且通常小于饱和度。

（4）根据水流量和预估速度计算曝气器流量和流出管尺寸 (半径)。管道应尽可能长，以优化氧输送效率。流出管半径应超过流入管的半径，使水流不受限制。

（5）确定曝气器入口和出口及管道内的摩擦损失，以估算总压头损失。

（6）假设理论压头产生是由于环境和空气—水混合物之间的密度差异，在此基础上确定空气—水混合物的密度。

（7）考虑管道的长度和直径，计算满足需氧量所需输送的水流量，以确定相应的空气流量。

（8）估算压缩机的压力要求 (压降) 和功率需求。

Ashley (1985) 以附录的形式给出了这些步骤的方程和计算示例，以使读者更全面地理解各个过程。Little (1995) 开发了一种模型来估算满足氧气需求所需的诱导水流速和氧气转移率，以及氧化带的范围。

决定空气流速的主要因素是滞温层氧需求，通常表示为单位面积下层滞水区缺氧率 (AHOD；第 3 章)。AHOD 由平均滞温层溶解氧浓度 (体积加权) 随时间变化的曲线图确定，并以最小二乘回归线的斜率估计速率。利用充分氧化的湖底滞温层对于计算得到最大折算率非常重要 (Ashley 和 Hall，1990)。因此，采样应在春季热分层之前开始。然而，分析数据不应包括浓度小于 1mg/L 的溶解氧，因为溶解氧需求率大大低于该水平 (McQueen 等，1984)。虽然这样不太准确，但在耗尽前，也可根据两种不同的平均溶解氧观测值估计速率

$$AHOD\left[\mathrm{mg/(m^2 \cdot 天)}\right] = \frac{\overline{XDO}_{t_1} - \overline{XDO}_{t_2}}{t_2 - t_1}\overline{Z}_{\mathrm{h}} \tag{18.1}$$

式中 DO_{t1}——分层开始时的溶解氧；

       DO_{t2}——浓度低于 1mg/L 之前的溶解氧；

       $t_2 - t_1$——经过的时间，天；

       $\overline{Z}_h$——湖底静水层平均深度。

水样中湖上层的 BOD 测定无法估计实际需求，因为其不包括沉积物需求，而且溶解的有机物质可能在缺氧的湖上层累积，产生的 BOD 比实际的 AHOD（Sehgal 和 Welch，1991）高出许多倍。

从 AHOD 的值，可以确定所需的空气流量，计算公式为

$$空气流量 = \frac{AHOD \, A_h I \times 10^{-6}}{1.205 \times 0.2} \qquad (18.2)$$

式中 A_h——滞温层面积，m^2；

       I——曝气时溶解氧浓度增加和沉积物表面混合时发生的未测量和诱导的氧气需求因子（McQueen 等，1984；Ashley 等，1987；Moore 等，1996；Beutel，2003）。

如果温度显著升高，每升高 10℃ 可能需要 I 因子的 2～4 倍（Steinberg 和 Arzet，1984）；10^{-6} 的单位是 kg/mg，1.25 的单位是 kg/m^3 在 1 个大气压和 20℃ 下，空气中氧气的比例为 0.2。

诱导氧气需求因子（I）在 1.5 和 4.0 之间（Soltero 等，1994；Moore 等，1996；Prepas 等，1997；Beutel，2003）。曝气导致的氧气需求增加是沉积物表面的溶解氧和水流速度增加所致。增速减少了覆盖在沉积物上的扩散边界，允许更多的氧气接触沉积物有机质（Moore 等，1996；Beutel，2003）。氧气需求随着泥沙需求的增加而增加。根据观察到的沉积物需求对总 AHOD 的重要性（分别为 15% 和 75%；Beutel，2003），低 I 因子（1.5）适用于深层滞温层，高 I 因子（3.3）适用于浅层滞温层。Livingstone 和 Imboden（1995）得出结论，水体体积需求相当稳定，沉积物需求是湖泊间差异和富营养化影响的主要原因。根据沉积物溶解氧浓度和流速的预期值，可以估算单位尺寸所需的诱发泥沙需求，也可以用水文数据进行估算（Moore 等，1996）。因此，可以设计系统来增加诱导的沉积物需求，从而增加氧气渗透和有机质消耗（Beutel，2003）。

由于氧从气体到溶质相的输送效率相当低，Kortmann（1989）在式（18.2）的分子中插入了一个附加因子，允许每米 2.5% 的气体传输（在 Bernhardt，1967 年之后）。根据此空气流量估算，可以确定摩擦损失和压力要求。

影响氧传递的其他重要设计因素是喷气深度、扩压管孔口大小和全气升系统表面分离器的表面积。现场和实验室实验都表明，喷气深度对氧气转移影响虽小但很显著，而小口径（直径 140mm）相比大尺寸（直径不小于 794mm）能够大大增加传输率（Ashley 和 Hall，1990；Ashley 等，1992）。圣玛丽湖（加拿大不列颠哥伦比亚省）改造了一个完整的气升式曝气机，用 $140\mu m$ 直径的扩散器代替 $3175\mu m$ 直径的扩散器，能够将夏末的下层滞水区溶解氧从 0.4mg/L 增加到 3.0～4.0mg/L（Ashley，2000）。

18.4　有利影响及限制因素

表 18.1 列出了滞温层曝气或充氧的湖泊及其相关特征，当然并未列全。这里没有讨论 70 个使用 MIXOX 技术的芬兰湖泊，且许多湖泊的曝气记录也很少公布。

氧气是滞温层曝气/氧化的目标，结果几乎都是积极的。表 18.1 所列的湖泊中除了镜湖以外，其余湖泊都显示出曝气后滞温层溶解氧增加的现象，且通常能达到至少 7mg/L。

表 18.1　　　　　　　　　　　下层滞水区曝气或充氧的湖泊及其相关特征

湖　泊	深　度			体积 /($10^6 m^3$)	面积 /hm^2	空气/气体速率 /(m^3/min)	参考文献
	最大	均值	装置				
布伦什维肯，瑞典	—		13^1	—	100	15.5	Atlas Copco，1976
卡尔多纳佐，意大利	50	—	11^1	—	700	44	Atlas Copco，1980
赫姆洛克湖，密歇根州（美）	18.6		18.6^1		2.4	2.8	Fast，1971a
加拉湖，瑞典	24	9.3	24^1	7.8	84	22.8	Bengtsson 和 Gelin，1975
科尔邦特瓦腾湖，挪威	18.5	10.3	18.5^1		30.3	5.5	Atlas Copco，1980；Holton 和 Holton，1978
拉森湖，威斯康星州	11.9	4.0	11.9^1	0.188	4.8	0.45	Smith 等，1975
镜湖，威斯康星州	13.1	7.6	12.8^1		5.3	0.45	Smith 等，1975
奥托维尔采石场湖，俄亥俄州	18	8.6	18^2	0.063	0.73	0.11	Fast，1973；Overholtz 等，1977
斯普鲁斯鲁恩湖，新泽西州	13.1	—	12.2^2			0.15	Whipple 等，1975
特格尔湖，德国	16	6	$12/16^1$	24.6	400	63	Atlas Copco，1980
瓦卡布克湖，纽约	13	7.5	13^1	4.053	53.6	7.93	Fast 等，1975；Garrell 等，1977
医学湖，华盛顿	18.3	9.8	18^1			4.5	Soltero 等，1994
卡曼奇湖，加利福尼亚州	31	17	约30^2	511	3000	4.6	Beutel 和 Horne，1999
阿米斯克湖，阿尔伯塔（加）	34	10.8	33^2	25.1	233	0.3～0.6	Prepas 等，1997
芬威克湖，华盛顿	7.9	4.0		0.42	10.4		Gibbons，个人交流
巴尔代格湖，瑞士	65	32.7	约60^2	170	520	5.6	Jungo，1993；Gächter 和 Wehrli，1998
森帕赫湖，瑞士	85	21.5	约80^2	670	1440	3.3	Jungo，1993；Gächter 和 Wehrli，1998
豪维尔湖，瑞士	45	28.4	约40^2	290	1020	—	Jungo，1993
史蒂文斯湖，华盛顿	46	20.5	43^1	194	421	44	Gibbons，个人交流
布拉克湖，不列颠哥伦比亚省	9	—	7^1	0.18	—	1.13	Ashley 和 Hall，1990；Hall 等，1994
纽曼湖，华盛顿	9.1	5.8	约9^2	28.4	490	1.15	Beutel 和 Horne，1999
格罗斯-格里尼克湖，德国	11	6.5	约11	4.2	68	—	Wolter，1994

湖 泊	深 度			体积 /$(10^6 m^3)$	面积 /hm^2	空气/气体速率 /(m^3/min)	参 考 文 献
	最大	均值	装置				
瓦德奈斯湖，明尼苏达州	16.5	8.1	约16[1]	12.5	155	—	Walker 等，1989
万巴赫湖，西德	43	19.2	40[1]	41.63	214.5	9	Bernhardt，1967，1974
斯普鲁斯诺伯湖，西德	5.7	2.1	5.2[1]	0.224	10.5	1.3	Hess，1977；LaBaugh，1980
吉利湖，意大利	14.0	8.0	14.0[2]	2.0	24.5		Bianucci 和 Bianucci，1979
托利湖，安大略湖	10.0	4.5	9.0[1]	0.055	1.23	3.54	Taggart 和 McQueen，1981
艾伦德夸伊特湾湖，纽约	23.7	3.5	14~23[2]	23.4	679	0.6	Babin 等，1999

注：修正自 Pastorak，R. A. 等，1981年。曝气/环流作为湖泊恢复技术的评价。USEPA600/3-81-014。

　　滞温层通气/充氧的主要优点是，在保持正常冷水环境的同时，通过有效的通气可以很容易地切换到低氧状态。除了极少数的例外情况，温度增加一般不超过 2℃，或基本没有变化。只在两种情况下，深水层温度增加 4℃ 或更多，其中之一也是因为设计不合理导致（Fast，1971；Fast 等，1973）。德国特格尔湖发生的大的温跃层扰动和冰带干扰，主要是由于湖泊深度过浅（平均深度 6m，最大 16m；Linden-schmidt 和 Chorus，1997）。生物效应好坏与有氧环境的扩大有一定关系。

　　滞温层曝气/氧化的第二个优点是磷、铁、锰、铵和硫化氢的含量可能降低。铁、锰和硫化氢含量的降低可以改善供水质量。通过将沉积物-水界面从还原状态变为氧化状态，释放出的磷、铁和锰的溶解态相应减少。且由于硝化作用的增加，NH_4 的释放也会减少（McQueen 和 Lean，1984）。在所有受监测的湖泊中，铁含量都有所下降（加拉湖，斯普鲁斯鲁恩湖，史蒂文斯湖和万巴赫湖；表18.1），除了巴尔代格湖之外，还有三个湖泊的锰含量下降（Beutel 和 Horne，1999）。表18.1（加拉湖，拉森湖，斯普鲁斯鲁恩湖，瓦卡布克湖，万巴赫湖，托利湖）的 11 个湖泊中有 10 个的氨含量下降。Beutel 和 Horne（1999）指出，阿米斯克湖、巴尔代格湖、森柏赫湖和卡曼奇湖的氨减少了60%~95%，阿米斯克湖和卡曼奇湖的 H_2S 减少 100%。

　　尽管如此，在曝气后，磷容量的改善并不总是如预期一般。虽然通气过程中磷含量有所减少，但其效果不如其他技术如明矾纯化磷或从滞温层抽取水。对于具有相当高残留浓度的滞温层磷，通常能减少 30%~50%。在分层期，加拉湖上层中磷含量降低了约一半，但仍达到 400mg/L。当曝气停止时，又迅速恢复到曝气前的水平（Bengtsson 和 Gelin，1975）。曝气后，瓦卡布克湖上层中的磷含量仅下降了 30%（Garrell 等，1977）。

　　布伦什维湖的结果类似。1972 年开始曝气后，春季的最低磷含量下降，而秋季最高磷含量几乎没有变化，保持在 200~300μg/L。在冬季，科尔邦特瓦腾湖的沉积物—水界面附近的磷含量从 1600μg/L 降至 500μg/L，而夏季的湖上层磷含量仍较高（600μg/L），即使在降低 33% 之后也是如此。湖上层磷含量达到 300μg/L，叶绿素有时超过 100μg/L。在这种情况下，由于湖的外部负荷高，湖上层的磷和叶绿素 a 含量得以维持（Holton 和 Holton，1978；Holton 等，1981）。在 15m 深的曝气水层中，可溶活性磷减少了约 30%（在添加铁之前；McQueen 和 Lean，1984）。另外，Ravera（1990）发现在深 6m、直径 40m 的曝气过的、封闭的下层滞水区中总磷含量或可溶性反应磷（Soluble reactive P，SRP）没有降低。在其他情况下，下降幅度更大；德国威斯灵湖（Steinberg 和 Arzet，1984）的上层磷含量下降了 55％（Steinberg 和 Arzet，1984），托利湖下降了 56％，史蒂文斯湖下降了 75％，医学湖下降了 61％（表 18.1）。

曝气/氧化作用对下层滞水区磷含量产生的边际效应的部分原因可能是由于铁的缺乏，从而无法还原释放所有磷（Lean 等，1986）。与曝气后约 50％的磷含量降低相比，三个在曝气同时加入了铁的湖泊中，磷含量的减少不小于 90％（布拉克湖，瓦德奈斯湖和格罗斯-格林尼克湖；表 18.1）。瑞典的索德拉角湖，多年来从铁矿开采和城市废水中获得放射性流出物，虽然铁含量仍然低于磷含量，磷的减少率也不小于 90％（Björk，1985；Verner，1984）。当铁被添加到 15m 深的充气水层时，SRP 急剧下降了约 2/3（McQueen 和 Lean，1984；Lean 等，1986）。瓦德奈斯湖储层中，湖上层磷的减少从单独曝气时的 30％增加到铁曝气的 93％（Walker 等，1989）。

滞温层曝气的同时添加其他结合剂可以增强对内部磷含量的控制。由于磷浓度仅在氧化过程中增加（Thomas 等，1994）。因此在德国席玛勒卢津湖，氢氧化钙的注入和曝气器的使用增加了方解石的沉淀，促进了磷的沉淀物保留（Koschel 等，2001）。其中一个水域添加结合剂（深度 33m），另一个水域（深度 34m）不予添加，两者的滞温层 pH 从 7.3～7.7 增加到 8.2，添加结合剂的水域有方解石沉淀，磷含量降低了 33％。

Gächter（1987）提出，滞温层增氧在降低磷含量方面的有效性取决于沉积物的磷保留能力。如果总沉积（来自外部负荷）超过保留能力，低浓度增氧可能不会降低湖泊磷浓度。瑞士三个深湖几年来一直开展 DOIS 注气（通过 Tanytarsus 装置），这三个湖磷含量都有所下降（Gachter 和 Wehrli，1998；Jungo，1993；表 18.1）。经过 15 年的观察，这些湖泊的大部分磷含量的降低是由于增氧前和增氧过程中外部输入的减少。尽管 DOIS 有效维持了滞温层的有氧环境，但由于有机质的沉降速率很高，森帕赫湖和巴尔代格湖的沉积物表面仍然缺氧，磷在沉积物中没有得到有效保留（Gächter 和 Wehrli，1998）。此外，沉积物中铁磷比率低，导致铁在缺氧沉积物中被隔离，因此即使表层沉积物有氧，也控制不了高沉积物磷的释放（Gächter 和 Müller，2003）。

设计曝气/加氧系统以增加沉积物的需氧量，可以增加对沉积物的氧气渗透，同时维持较低的含氧量。反过来又会增加沉积物—水界面以下的氧化层厚度，并将还原形式的铁氧化成三价铁，从而增加磷的含量。然而有证据表明，曝气的完全循环，不会增加有机沉积物的含氧量和损失（Engstrom 和 Wright，2002）。采用铅-210 测年法对明尼苏达州 5 个曝气湖泊和 5 个未曝气湖泊的长期沉积物响应进行了评价。在过去 20 年里，无论有无曝气，沉积物累积速率和有机质浓度都没有下降。然而，由于空气流动不足，循环可能实际上增加了一些湖泊的产量，水晶湖的情况显然就是如此。虽然诱导 AHOD 是氧气渗透率增加以及有机物和铁氧化深度增加的可能指标，但在曝气/氧化湖泊中普遍缺乏这种现象的直接证据。据报道芬兰萨克湖的 MIXOX 装置降低了沉积物的有机含量（Sandman 等，1990）。

低渗通气/充氧既改善了营养状态，也恶化了营养状态。在不控制滞温层磷含量的情况下，湖上层预期变化不大（Smith 等，1975）。虽然滞温层磷含量随曝气而下降，但对医学湖中（华盛顿，18m 深）的叶绿素 a 没有影响（Soltero 等，1994）。然而，Beutel 和 Horne（1999）观察到，加利福尼亚州卡曼奇湖水域在 DBCS 运行后，滞温层 SRP 峰值降低了 75%，夏季叶绿素 a 的峰值也降低了。与分层湖泊中对明矾处理的预期一样，对营养状态的影响取决于滞温层磷含量在湖上层的可用性，而这在处理前（第 3 章和第 8 章）是可预测的。

当分层受到干扰，营养状态可能会恶化。1980—1992 年，特格尔湖中运行的 15 台曝气机有时会导致低温水夹带到湖上层，部分原因是 2m 处的空气释放和低温浅层曝气器的循环力，尤其是在有风的条件下（Lindenschmidt 和 Chorus，1997；Lindenschmidt 和 Hamblin，1997）。在没有曝气的一年中，水体稳定无进气，且湖上层总磷含量为 40~100μg/L。相比通气时，6 月的滞温层温度高出 2~3.5℃，沉积的磷在 6 月开始释放（没有通气时开始时间为 7 月），且湖上层磷含量为 100~180μg/L。通气引起的湍流增加有利于隐花孢子虫和微囊藻的生长。巴尔代格湖的 DOIS 显著增加了藻类生物量，相比微囊藻群更有利于游菌群的生长（Buergi 和 Stadelmann，2000）。磷含量有所下降，但仍为 100μg/L。

然而，在草食浮游动物的避难所，有氧环境的大量增加可能会对浮游植物的控制产生显著的间接影响。滞温层暗淡无光，进一步保护了白天捕食的掠食者，同时也减少了种群数量（Fast，1979；Shapiro，1979）。如果湖泊高度富营养化，尽管有滞温层曝气，但仍可能会出现温跃层溶解氧最小的现象，并成为浮游动物昼夜迁移的屏障（Taggart 和 Mc-Queen，1981）。

曝气后浮游动物捕食仅在少数情况下会增加。在滞温层通气后，大型水蚤在赫姆洛克湖大量繁殖（超过 90 倍）（Fast，1971b）。较小的枝角类动物数量也增加了，增加幅度比水蚤小，螵水蚤数量几乎没有变化。曝气前，所有的浮游动物都被厌氧条件排除在水深 11m 至海底（18.5m）之间。康涅狄格州森尼斯比特湖中，大型水蚤数量随着曝气的湖层逐渐增加（Kortmann 等，1994）。McQueen 和 Post（1988）观察到，与缺氧环境相比，有氧环境下滞温层水蚤数量增加了，两者都含有浮游生物鱼类。有氧环境的滞温层具有更高的透明度。大型浮游动物的增加可能导致浮游植物损失率更高，生物量更低（第 9 章）。如果这种效应持续，下层滞水区曝气能够为恢复湖泊提供比目前预期更广泛的效益。

我们在阿米斯克湖的一个水域（表 18.1）进行了 2 年的 DOIS 评价（Field 和 Prepas，1997；Prepas 等，1997），两种水蚤数量在含氧深水层中都有增加。虽然水蚤垂直迁移数量增加，但湖上层数量几乎没有变化。在经过曝气的水域中，湖上层的总磷和叶绿素 a 分别下降了 87% 和 45%，而深水层总磷下降了 57%，降至 42mg/L，表明深水层的磷含量对湖上层产生了作用（Prepas 和 Burke，1997）。蓝藻水华的减弱和推迟，延长了春季硅藻水华（Webb 等，1997）。

在深水层缺氧的富营养化湖泊中，冷水鱼的生长和存活以及一些湖泊产卵物种的繁殖（如白鲑）可能受到严重限制。冷水物种的适宜温度通常低于 18℃（Welch 和 Jacoby，2004）。当湖上层温度超过这一水平时（寒冷天气中也很常见），鱼类生长减少，相应会寻求更冷的水域。如果寒冷的深水层缺乏溶解氧，则该环境不适宜栖息，冷水鱼的产量可能受影响。此外，随着缺氧条件向有氧条件的转变，底栖鱼类饵料生物，特别是摇蚊、潮贝和管鳍鱼的产量可能会增加（Fast，1971a）。

在表 18.1 所列的三个湖泊中（赫姆洛克湖、奥托维尔采石场湖和瓦卡布克湖），虹鳟鱼分布在整个深水层（Fast，1973；Garrell 等，1977；Overholtz 等，1977）。曝气前对鳟鱼胃的分析表明，它们食用了数量因有氧条件而增加的生物（如幽蚊和摇蚊），或像水蚤一样白天迁移到深水层的生物（Fast，1973；Garrell 等，1977）。

纽曼湖在深水层曝气后（图 18.1），扩大了有氧栖息地，随后增加的鳟鱼量减少了潮白鱼数量，高浓度溶解氧增加了摇蚊和寡毛类种群的数量（Doke 等，1994）。与未曝气的水域相比，阿米斯克湖一个水域的摇蚊密度和生物量在曝气后增加了许多倍（Dinsmore 和 Prepas，1997）。此外，加拿大白鲑也扩展了 2～8m 深的活动区域（Prepas 等，1997）。

18.5　不良后果

滞温层氮的过饱和度被认为是可能导致鱼类气泡病的原因。虽然这不是由滞温层曝气引起的，但氮气含量可以达到潜在的破坏性水平；瓦卡布克湖（Fast 等，1975）在曝气80 天后，相对于地表温度和压力的饱和度达到 150%（Bernhardt，1974；McQueen 和 Lean，1983），其他湖泊也表现出相似的水平（Bernhardt，1974；McQueen 和 Lean，1983）。Kortmann 等（1994）提出，由滞温层曝气引起的氮水平升高可能是一个值得关注的问题，但仅限于曝气的湖泊深处。

即使保持分层，滞温层曝气也可以增加营养物质向湖上层的涡流扩散。特格尔湖在滞温层曝气期间磷含量增加了两倍，使多数蓝绿色浮游植物生物量增加了一倍（Steinberg 和 Arzet，1984）。因此，滞温层增加了特格尔湖的生物大量繁殖。在曝气期间保持分层的主要原因之一是防止沉积物释放磷引起再循环。如果不这样做，滞温层曝气在完全循环中会失去一些吸引力，而完全循环可以改善鱼群的生存环境。此外，还观察到温跃层溶解氧的最小值（Bengtsson 和 Gelin，1975；Garrell 等，1977；Walker 等，1989），可能限制鱼类的运动。通过分层曝气（Kortmann 等，1988，1994）或 DBCS 或 DOIS（Beutel 和 Horne，1999），可以将这些真实或潜在的滞温层曝气问题消除或最小化。

18.6　成本

滞温层曝气的成本主要取决于氧气的需求量。将氧气输送到滞温层所需的空气量（即压缩机尺寸）取决于从压缩机到曝气位置的距离和装置深度。管道长度和尺寸引起的摩擦损失以及深度造成的水头损失随压缩机尺寸的优化而变化，同时解决了能源效率和项目成本的巨大差异。

关于曝气/氧化作用的成本很少被报道。水技术（现为通用环境系统；R. Geney）为20 世纪七八十年代安装的 7 个气升系统提供了项目费用。结果显示，平均运行能量效率为 1.4kg O_2/(kW·h)。使用 0.12 美元/(kW·h)（2002 年美元价），意味着平均成本效率为 0.86 美元（±36%）/kg O_2。运营成本加上平均安装成本，假设装置寿命 10 年，每年运行 160 天，每天为 0.39 美元/kg 氧气。以表 18.1 所列的曝气项目（15.3m³/min 或 3.7kg O_2/min）的成本效益和平均空气流量计算，每年 160 天的安装和运行费用约为 34 万美元。根据 15 个湖泊的平均面积计算，相当于每年 3000 美元/hm²。由于其中很多都是小型项目，因此几乎没有规模效应。

在过去 10 年中，两个定制装置每天向史蒂文斯湖的 1700 万 m³ 滞温层运送 15.5 公吨氧气（表 18.1）。该项目 160 天/年的运营和资本成本为每天 0.21 美元/kg 氧气，即每年 1240 美元/hm²。特格尔湖的 15 个 Limno 装置从 1980 年开始每天输送 4.5t 氧气（Verner，1984）。该系统的初始费用为 3770160 美元（2002 年美元价）。运营 10 年（实际运营 12 年），运营成本为每天 0.09 美元/kg 氧气，每年运营 160 天（64800 美元），即每年 44.2 万美元或 1052 美元/hm²。

18.7 小结

如果曝气器尺寸合适且水体足够深（大于 15m），滞温层曝气将大大增加溶解氧，降低铁、锰和铵浓度，且在滞温层适度降低磷浓度。氧化装置（DOIS、DBCS）也取得了成功。此外，扩张的有氧环境应该会促进冷水鱼的生长和分布，增加大型浮游动物的数量。虽然没有具体说明，但后者可以显著提高藻类的损失率。如果曝气器的尺寸不合适，就会导致金属化低溶解氧和磷向湖上层的扩散增加，导致藻类的大量繁殖。在铁含量较低的湖泊中，铁与曝气的加入会进一步降低磷含量。

10 年以上滞温层曝气装置的安装和运行（6 个月）成本预计为每天 0.2~0.4 美元/kg 氧气（2002 年美元价）。曝气/充氧系统的规格主要取决于将氧气输送到滞温层深度时的耗氧量和能量损失。DOIS 的成本小于等于该最小值，是相同时间内每天 0.15 美元/kg 氧气（Babin 等，1999）。

参 考 文 献

Ashley，K. I. 1985. Hypolimnetic aeration：Practical design and application. *Water Res*. 19：735 - 740.

Ashley，K. I. 2000. Recent advances in hypolimnetic aeration design. *Verh*. *Int*. *Verein*. *Limnol*. 27：2256 - 2260.

Ashley，K. I. and K. J. Hall. 1990. Factors influencing oxygen transfer in hypolimnetic aeration Systems. Verh. *Int*.*Verein*. *Limnol*. 24：179 - 183.

Ashley，K. I.，S. Hay and G. H. Schoeten. 1987. Hypolimnetic aeration：Field test of the empirical sizing method.*Water Res*.21：223 - 227.

Ashley，K. I.，D. S. Mavinic and K. J. Hall. 1992. Bench - scale study of oxygen transfer in coarse bubble diffused aeration. *Water Res*. 26：1289 - 1295.

AtlasCopco. 1976. *Aeration of Lake Brunsviken*. Communications Dept.，Wilrijk，Belgium.

AtlasCopco. 1980. Communications Dept.，Wilrijk，Belgium.

Babin，J. M.，J. M. Burke，T. P. Murphy，E. E. Prepas and W. Johnson. 1999. Liquid oxygen injection to increase dissolved oxygen concentration in temperate zone lakes. In：T. Murphy and M. Munawar（Eds.），*Aquatic Restoration in Canada*. Backhuys Publ.，Leiden，The Netherlands. pp. 109 - 125.

Bengtsson, L. and C. Gelin. 1975. Artificial aeration and suction dredging methods for controlling water quality. In: *Proc. Symposium on Effects of Storage on Water Quality*. Water Res. Center, Medmenham, England.

Bernhardt, H. 1967. Aeration of Wahnbach Reservoir without changing the temperature profile. *J. Am. Water Works Assoc.* 9: 943 – 964.

Bernhardt, H. 1974. Ten years experience of reservoir aeration. In: *Seventh Conf. on Water Pollution Research*, Paris.

Beutel, M. W. 2003. Hypolimnetic anoxia and sediment oxygen demand in California drinking water reservoirs. *Lake and Reservoir Manage.* 19: 208 – 221.

Beutel, M. W. and A. J. Horne. 1999. A review of the effects of hypolimnetic oxygenation on lake and reservoir water quality. *Lake and Reservoir Manage.* 15: 285 – 297.

Bianucci, G. and E. R. Bianucci. 1979. Oxygenation of a polluted lake in northern Italy. *Effluent Water Treat. J.* 19: 117 – 128.

Bjork, S. 1985. Scandinavian lake restoration activities. In: *Lake Pollution and Recovery*. Int. Comp. European Water Pollut. Cont. Assoc. pp. 293 – 301.

Buergi, H. R. and P. Stadalmann. 2000. Change in phytoplankton diversity during long – term restoration of Lake Baldegg (Switzerland). *Verh. Int. Verein. Limnol.* 27: 574 – 581.

Cooke, G. D. and R. E. Carlson. 1989. *Reservoir Management for Water Quality and THM Precursor Control*. Am. Water Works Assoc. Res. Found. , Denver, CO.

Dinsmore, W. P. and E. E. Prepas. 1997. Impact of hypolimnetic oxygenation on profundal macroinvertebrates in a eutrophic lake in central Alberta. I. Changes in macroinvertebrate abundance and diversity. *Can. J. Fish. Aquatic Sci.* 54: 2157 – 2169.

Doke, J. L. , W. H. Funk, S. T. J. Juul and B. C. Moore. 1995. Habitat availability and benthic invertebrate population changes following alum treatment and hypolimnetic oxygenation in Newman Lake, Washington. *J. Fresh Water Ecol.* 10: 87 – 102.

Ellis, C. R. and H. G. Stephan. 1990. Hydraulic design of winter lake aeration system. *J. Environ. Eng. Div.* ASCE 116: 376 – 393.

Engstrom, D. R. and D. I. Wright. 2002. Sedimentological effects of aeration – induced lake circulation. *Lake and Reservoir Manage.* 18: 201 – 214.

Fast, A. W. 1971a. *The Effects of Artificial Aeration on Lake Ecology*. Water Pollut. Cont. Res. Ser. 16010 Exe 12/71. USEPA.

Fast, A. W. 1971b. Effects of artificial destratification on zooplankton depth distribution. *Trans. Am. Fish. Soc.* 100: 355 – 358.

Fast, A. W. 1973. Effects of artificial hypolimnion aeration on rainbow trout (*Salmo gairdneri* Richardson) depth distribution. *Trans. Am. Fish. Soc.* 102: 715 – 722.

Fast, A. W. 1977. Artificial aeration and oxidation of lakes as a restoration technique. In: J. Cairns, Jr. , K. L. Dickson and F. E. Herricks (Eds.), *Recovery and Restoration of Damaged Ecosystems*. University Press of Virginia, Charlottesville.

Fast, A. W. 1979. Artificial aeration as a lake restoration technique. In: *Proc. Natl. Conf. Lake Rest.* USEPA 440/5 – 79 – 001. pp. 121 – 132.

Fast, A. W. and M. W. Lorenzen. 1976. Synoptic survey of hypolimnetic aeration. *J. Environ. Eng. Div.* ASCE 102: 1161 – 1173.

Fast, A. W. , B. Moss and R. G. Wetzel. 1973. Effects of artificial aeration on the chemistry and algae of two Michigan lakes. *Water Resour. Res.* 9: 624 – 647.

Fast, A. W. , V. A. Dorr and R. J. Rosen. 1975. A submerged hypolimnion aerator. *Water Resour. Res.* 11: 287 – 293.

Fast, A. W. , M. W. Lorenzen and J. H. Glenn. 1976. Comparative study with costs of hypolimnetic aeration. *J. Environ. Eng. Div.* ASCE 1026: 1175 – 1187.

Field, K. M. and E. E. Prepas. 1997. Increased abundance and depth distribution of pelagic crustacean zooplankton during hypolimnetic oxygenation in a deep, eutrophic Alberta lake. *Can. J. Fish. Aquatic Sci.* 54: 2146 – 2156.

Gachter, R. 1987. Lake restoration. Why oxygenation and artificial mixing cannot substitute for a decrease in the external P loading. *Schweiz. Z. Hydrol.* 49: 170 – 185.

Gachter, R. and B. Muller. 2003. Why the phosphorus retention of lakes does not necessarily depend on the oxygen supply to their sediment surface. *Limnol. Oceanogr.* 48: 929 – 933.

Gachter, R. and B. Wehrli. 1998. Ten years of artificial mixing and oxygenation: No effect on the internal phosphorus loading of two eutrophic lakes. *Environ. Sci. Technol.* 32: 3659 – 3665.

Garrell, M. H. , J. C. Confer, D. Kirchner and A. W. Fast. 1977. Effects of hypolimnetic aeration on nitrogen and P in a eutrophic lake. *Water Resour. Res.* 13: 343 – 347.

Geney, R. S. Personal communication. General Environmental Systems, Oak Ridge, TN.

Gibbons, H. Personal communication. Tetra Tech, Inc. , Seattle, WA.

Hall, K. J. , T. P. D. Murphy, M. Mawhinney and K. I. Ashley. 1994. Iron treatment for eutrophication control in Black Lake, British Columbia. *Lake and Reservoir Manage.* 9: 114 – 117.

Hess, L. 1977. Lake Destratification Investigations. Job 1 – 3: Lake Aeration June 1, 1972 to June 30, 1977, Final Rpt. West Virginia Dept. Nat. Res. , D – J Proj. F – 19 – R.

Holton, H. and G. Holton. 1978. Sammerstilling av undersdøkelsesresulates 1972 – 1977. Report No. 0 – 5/70. Norwegian Institute for Water Research, Oslo.

Holton, H. , P. Brettum, G. Holton and G. Kjellberg. 1981. Kolbotnvatn med tillop: Sammerstilling av undersdøkelsersesultates 1978 – 1979. Report No. 0 – 78007. Norwegian Institute for Water Research, Oslo.

Jaeger, D. 1990. TIBEAN – a new hypolimnetic water aeration plant. *Verh. Int. Verein. Limnol.* 24: 184 – 187.

Jungo, E. 1993. Ten years internal measures in Swiss lakes – experiences and results. In: G. Giussani, and C. Callieri (Eds.), *Proc. 5th Int. Conf. Conserv. and Manage. of Lakes.* Pallanza, Italy.

Keto, A. , A. Lehtinen, A. Makela and I Sammalkorpi. 2004. Lake Restoration. In: P. Eloranta (Ed.). *Inland and Coastal Waters of Finland.* University of Helsinki and Palminia Centre for Cont. Education.

Kortmann, R. W. 1989. Aeration technologies and sizing methods. *LakeLine* 9: 6 – 7, 18 – 19.

Kortmann, R. W. , M. E. Conners, G. W. Knoecklein and C. H. Bonnell. 1988. Utility of layer aeration for reservoir and lake management. *Lake and Reservoir Manage.* 4: 35 – 50.

Kortmann, R. W. , G. W. Knoecklein and C. H. Bonnell. 1994. Aeration of stratified lakes: Theory and practice. *Lake and Reservoir Manage.* 8: 99 – 120.

Koschel, R. H. , M. Dittrich, P. Casper, A. Hoiser and R. Rossberg. 2001. Induced hypolimnetic calcite precipitation – ecotechnology for restoration of stratified eutrophic hardwater lakes. *Verh. Int. Verein. Limnol.* 27: 3644 – 1649.

LaBaugh, J. W. 1980. Water chemistry changes during artificial aeration of Spruce Knob Lake, West Virginia, *Hydrobiologia* 20: 201 – 216.

Lappalainen, K. M. 1994. Positive changes in oxygen and nutrient contents in two Finnish lakes induced by

Mixox hypolimnetic oxygenation method. *Verh. Int. Verein. Limnol.* 25: 2510 – 2513.

Lean, D. R. S. , D. J. McQueen and V. R. Story. 1986. Phosphate transport during hypolimnetic aeration. Arch. *Hydrobiol.* 108: 269 – 280.

Lindenschmidt, K. E. and I. Chorus. 1997. The effect of aeration on stratification and phytoplankton populations in Lake Tegel, Berlin. *Arch. Hydrobiol.* 139: 317 – 346.

Lindenschmidt, K – E. and P. F. Hamblin. 1997. Hypolimnetic aeration in Lake Teget, Berlin. *Water Res.* 31: 1619 – 1628.

Little, J. C. 1995. Hypolimnetic aerators: Predicting oxygen transfer and hydrodynamics. *Water Res.* 29: 2475 – 2482.

Livingstone, D. M. and D. M. Imboden. 1996. The prediction of hypolimnetic oxygen profiles: A plea for a deductive approach. *Can. J. Fish. Aquatic Sci.* 53: 924 – 932.

Lorenzen, M. W. and A. W. Fast. 1977. A Guide to Aeration/Circulation Techniques for Lake Management. Ecol. Res. Ser. USEPA 600/3 – 77 – 004.

McQueen, D. L. and D. R. S. Lean. 1983. Hypolimnetic aeration and dissolved gas concentrations. *Water Res.* 17: 1781 – 1790.

McQueen, D. J. and D. R. S. Lean. 1984. Aeration of anoxic hypolimnetic water: Effects on nitrogen and P concentrations. *Verh. Int. Verein. Limnol.* 22: 267 – 276.

McQueen, D. J. and D. R. S. Lean. 1986. Hypolimnetic aeration: An overview. *Water Pollut. Res. J. Can.* 21: 205 – 217.

McQueen, D. L. and J. R. Post. 1988. Limnocorral studies of cascading trophic interactions. *Verh. Int. Verein. Limnol.* 23: 739 – 747.

McQueen, D. L. , S. S. Rao and D. R. S. Lean. 1984. Hypolimnetic aeration: Change in bacterial population and oxygen demand. *Arch. Hydrobiol.* 99: 498 – 514.

Mercier, P. and J. Perret. 1949. Aeration station of Lake Bret. *Schweiz. Ver. Gas. Wasserfach. Monatsbull.* 29: 25 – 30.

Moore, B. C. , P. – H. Chen, W. H. Funk and D. Yonge. 1996. A model for predicting lake sediment oxygen demand following hypolimnetic aeration. *J. Am. Water Res. Assoc.* 32: 723 – 731.

NALMS. 2001. Managing Lakes and Reservoirs, 3rd ed. USEPA 841 – B – 01 – 006. NALMS, Madison, WI.

Overholtz, W. J. , A. W. Fast, R. A. Tubb and R. Miller. 1977. Hypolimnion oxygenation and its effects on the depth distribution of rainbow trout (*Salmo gairdneri*) and gizzard shad (*Dorosoma cepedianum*) . *Trans. Am. Fish. Soc.* 106: 371 – 375.

Pastorak, R. A. , T. C. Ginn and M. W. Lorenzen. 1981. Evaluation of Aeration/Circulation as a Lake Restoration Technique. USEPA 600/3 – 81 – 014.

Pastorak, R. A. , M. W. Lorenzen and T. C. Ginn. 1982. Environmental Aspects of Artificial Aeration and Oxygenation of Reservoirs: A Review of Theory, Techniques, and Experiences. Tech. Report No. E – 82 – 3, U. S. Army Corps Engineers, Vicksburg, MS.

Prepas, E. E. and J. M. Burke. 1997. Effects of hypolimnetic oxygenation on water quality in Amisk Lake, Alberta, a deep, eutrophic lake with high internal phosphorus loading rates. *Can. J. Fish. Aquatic Sci.* 54: 2111 – 2120.

Prepas, E. E. , K. M. Field, T. P. Murphy, W. L. Johnson, J. M. Burke and W. M. Tonn. 1997. Introduction to the Amisk Lake Project: Oxygenation of a deep, eutrophic lake. *Can. J. Fish. Aquatic Sci.* 54: 2105 – 2110.

Ravera, O. 1990. The effects of hypolimnetic oxygenation in a shallow and eutrophic Lake Comabbio

(Northern Italy) studied by enclosure. *Verh. Int. Verein. Limnol.* 24: 188 – 194.

Sandman, O., K. Eskonen and A. Liehu. 1990. The eutrophication history of Lake Sarkinen, Finland and effects of lake aeration. *Hydrobiologia* 214: 191 – 199.

Sehgal, H. S. and E. B. Welch. 1991. A case of unusually high oxygen demand in a eutrophic lake. *Hydrobiologia* 209: 235 – 243.

Shapiro, J. 1979. The need for more biology in lake restoration. In: *Proc. Natl. Conf. on Lake Restoration.* USEPA 440/5 – 79 – 001. pp. 161 – 168.

Smith, S. A., D. R. Knauer and T. L. Wirth. 1975. Aeration as a Lake Management Technique. Tech. Bull. No. 87. Wisconsin Dept. Nat. Res., Madison.

Soltero, R. A., L. M. Sexton, K. I. Ashlen and K. O. McKee. 1994. Partial and full lift hypolimnetic aeration of Medical Lake, WA to improve water quality. *Water Res.* 28: 2297 – 2308.

Speece, R. E. 1971. Hypolimnion aeration. *J. Am. Water Works Assoc.* 63: 6 – 9.

Stefan, H. G., M. D. Bender, J. Shapiro and D. I. Wright. 1987. Hydrodynamic design of a metalimnetic lake aerator. *ASCE J. Environ. Eng.* 113: 1239 – 1264.

Steinberg, C. and K. Arzet. 1984. Impact of hypolimnetic aeration on abiotic and biotic conditions in a small kettle lake. *Environ. Tech. Lett.* 5: 151 – 162.

Taggart, C. T. and D. J. McQueen. 1981. Hypolimnetic aeration of a small eutrophic kettle lake: Physical and chemical changes. *Arch. Hydrobiol.* 91: 151 – 180.

Thomas, J. A., W. H. Funk, B. C. Moore and W. W. Budd. 1994. Short term changes in Newman Lake following hypolimnetic aeration with the Speece Cone. *Lake and Reservoir Manage.* 9: 111 – 113.

Verner, B. 1984. Longterm effect of hypolimnetic aeration of lakes and reservoirs with special consideration of drinking water quality and preparation cost. In: *Lake and Reservoir Management.* USEPA – 440/5 – 84 – 001. pp. 134 – 138.

Walker, W. E., C. E. Westerberg, D. J. Schuler and J. A. Bode. 1989. Design and evaluation ofeutrophication control measures for the St. Paul water supply. *Lake and Reservoir Management.* 5: 71 – 83.

Webb, D. J., R. D. Roberts and E. E. Prepas. 1997. Influence of extended water column mixing during the first 2 years ofhypolimnetic oxygenation on the phytoplankton community of Amisk Lake, Alberta. *Can. J. Fish. Aquatic Sci.* 54: 2133 – 2145.

Welch, E. B. and J. M. Jacoby. 2004. *Pollutant Effects in Fresh Water: Applied Limnology.* SPON Press, London and New York.

Whipple, W., Jr., J. V. Hunter, F. B. Trama and T. J. Tuffey. 1975. Oxidation of Lake and Impoundment Hypolimnia. Water Resources Res. Inst., Proj. No. B – 050 – NJ, final report.

Wolter, K – D. 1994. Restoration of eutrophic lakes by phosphorus precipitation – Lake Gross, Glienicker, Germany. In: *Restoration of Lake Ecosystems – A Holistic Approach.* IWRB Publ. 32. pp. 109 – 118.

Wuest, A., N. H. Brooks and D. M. Inboden. 1992. Bubble plume modeling for lake restoration. *Water Res.* 28: 3235 – 3250.

第 19 章

人 工 循 环

19.1 引言

人工循环，也称去分层和等温层曝气/氧化（第 18 章）。其是两种常用的湖泊通气技术。通过泵、喷射器和空气扩散实现循环。一般的目标是实现完全的湖泊循环，大多数情况实现了防止分层或者去分层。不同于深水区曝气/氧化，整个湖泊的温度随着完全循环而升高；最大升温幅度出现在原本温度较低的等温层。

完全循环引起的主要改善效果是整个水体中物质的化学氧化（Pastorak 等，1981，1982）。与深水区曝气相似，其主要好处是扩大了好氧动物的适宜栖息地。如果主要的磷释放是由深层缺氧沉积物中的金属还原引起的，那么完全循环可以减少磷的内部负荷（第 18 章）。完全循环还可以通过增加混合深度从而减少可用光照来减少藻类生物量，并使混合藻类细胞经受静水压力的快速变化（Lorenzen 和 Mitchell，1975；Fast，1979；Forsberg 和 Shapiro，1980）。虽然减少内部磷负荷和减少浮游植物量可能是合理的预期，但其他因素，如透光层的养分可用性，可能对磷的可用性更重要，而这些因素实际上通过循环得到了增强。在一些情况下，浮游植物量和磷含量在循环后没有改变或有所增加。

人工循环在 20 世纪 50 年代早期就被用作管理技术（Hooper 等，1953）。最初它用于防止冬季鱼类在浅水、冰覆盖湖泊中的死亡（Halsey，1968）。虽然本书未作讨论，但冬季杀伤预防措施的改进最近被提出（McCord 等，2000；Miller 等，2001；Miller 和 Mackey，2003）。几乎所有有关人工循环技术用于控制富营养化效应和改善水质的报道都出现在 20 世纪 60 年代中期。人工循环已经成为最常用的水质改善技术（灭藻剂和除草剂除外）。

19.2 设备和通气量

通过位于深处的扩散器或穿孔管引入压缩空气实现湖泊和水库的增气循环这一方法，可以使湖水充满上升的气泡（Pastorak 等，1981，1982）。虽然泵和水射流技术已成功用于湖泊循环，但通过压缩空气扩散实现气体上升的方法显然成本最低并且最容易操作

（Lorenzen 和 Fast，1977）。据报道在某些案例中也采用泵送喷射器达到高效的氧化作用（Stefan 和 Gu，1991；Michele 和 Michele，2002）。

如果湖泊已经分层，通常只有空气注入某深度以上部分才能实现混合。如果湖泊没有分层，那么在水面附近注入就可以防止分层（Pastorak 等，1981，1982）。图 19.1 为上升的气泡流夹带水导致的去分层过程。随着气泡流上升，混合密度增加，向上的水流停止，水横向扩散或下沉到中性浮力深度。然而，由于浅水层的静水压力降低，气泡增大，浮力增加，气泡继续上升，不断重复水夹带过程，直至到达水面。假设空气流量足够，则该过程继续进行，直到扩散器上方的密度差为零（Zic 和 Stefan，1994；Sahoo 和 Luketina，2002）。总体效果是水被从等温层带到变温层，穿越斜温层，在气泡流附近产生同质的、完全混合的条件。随着混合和夹带的继续，只要通过气体上升系统施加的能量大于热（密度）稳定性产生阻力的能量，气泡流对斜温层的侵蚀就会继续。

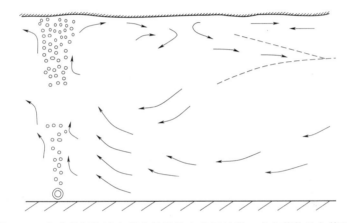

图 19.1　上升的气泡流夹带水导致的去分层过程。来自其他地方等温层较冷的水占据了气泡流附近的体积，最终侵蚀温跃层。
（来源：Davis，J. M. 1980. *Water Serv.* 84：497 - 504.）

在最大深度处注入压缩空气通常能提供最大的混合速率，因为夹带水的流速是释放深度和空气流速的函数。Lorenzen 和 Fast 得出结论，按湖面面积每分钟 9.2m³/km² 的空气流速将提供足够的表面氧化和其他来自循环的有利影响。人工循环治理中的湖泊及其相关特征见表 19.1。在表 19.1 引用的案例中，仅有 42% 的面积平均空气流速接近或超过该临界值。表 19.1 中提供的温度数据证实了该流速的有效性（Pastorak 等，1982）。图 19.2 是去分层程度与单位面积空气流速的关系。除了三个观测值之外，平均空气流速接近或超过 9.2m³/(min·km²) 将产生完全混合。在图 19.2 中右边三座异常湖中的两个，最终达到了符合要求的去分层标准（Pastorak 等，1982）。在气体上升技术引用的 45 个案例中，有 30 个案例中有温度数据，表中所示的空气流速足以实现去分层或防止分层。

在最近安装的商业系统中，Lorenzen 和 Fast 提出的空气流速标准得到了更可靠的实施。1991—2002 年，通用环境系统公司（General Environmental Systems）在大于 23hm² 面积中的 21 座水库和湖泊中安装的系统，其平均空气流速为 7.8m³/(min·km²)（Geney，个人交流）。尽可能将空气输送到水体深处对于获得和维持去分层化也很重要（Geney，1994）。

表 19.1　人工循环治理中的湖泊及其相关特征

湖泊名称	深度 最大	深度 平均	深度 设备	体积 /(10⁶ m³)	面积 /hm²	空气流量 /(m³/min)	空气流量 /(10⁶ m³)	空气流量 /km²	参 考 文 献
克莱因斯德庞湖，俄勒冈州	4.9	2.5	4.9	0.003	0.13	0.028①	10.2	21.6	Malueg 等，1973
帕尔文湖，科罗拉多州	10.0	4.4	10.0	0.849	19.0	2.1①	2.5	11.18	Lackey，1972
第四章湖，密歇根州	19.1	9.8	18.3	0.110	1.1	2.21①	20.0	200.0	Fast，1971a
博尔茨湖，肯塔基州	18.9	9.4	18.9	3.614	39.0	3.17①	0.88	8.17	Symons 等，1967，1970；Robinson 等，1969
大岑湖，北卡罗来纳州	9.1	3.2	9.1	2.591	80.9	0.40①	0.15	0.49	Weiss 和 Breedlove，1973
基泽湖，新罕布什尔州	8.2	2.8	8.2	2.008	73.0	2.83①	1.41	3.88	Anon.，1971；Haynes，1973
印第安布鲁克湖，纽约州	8.4	4.1	2.2	0.302	7.3	4.53①	15.0	62.06	Riddick，1957
普朗普顿湖，宾夕法尼亚州	10.7	3.7	10.7	0.193	112.0	4.53①	1.08	4.04	McCullough，1974
科克斯山谷湖，威斯康星州	8.8	3.8	8.8	1.480	38.8	2.04①~4.08	1.38~2.76	5.26~10.53	Wirthand Dunst，1967；Wirth 等，1970
斯图尔茨湖，俄亥俄州	7.5	3.4	7.0	0.090	2.6	0.25②	2.83	9.80	Barnes 和 Griswold，1975
万巴赫湖，1961—1962	43.0	19.2	43.0	41.618	214.0	2.01②	0.048	0.94	Bernhardt，1967
西德，1964	—	—	—	—	—	5.95②	0.143	2.78	—
斯达罗沃奇湖，波兰	23.0	—	23.0	—	7.0	0.27②	—	3.81	Lossow 等，1975
罗伯茨湖，新墨西哥州	9.1	4.4	9.1	1.233	28.3	3.54① / 2.26①	2.87 / 1.84	12.5 / 8.00	USEPA，1970 / McNally，1971
法尔芥斯湖，肯塔基州	12.8	6.1	12.8	5.674	91.0	3.26	0.58	3.58	Symons 等，1967，1970；Robinson 等，1969
试验二湖，英国	10.7	9.4	10.7	2.405	25.4	2.01①	0.84	7.92	Knoppert 等，1970
试验一湖，英国	10.7	9.4	10.7	2.097	22.7	2.01①	0.96	8.86	Knoppert 等，1970
镜湖，威斯康星州	13.1	7.6	12.8	0.40	5.3	0.45①	1.13	8.55	Smith 等，1975；Brynildson 和 Serns，1977
韦克舍湖，瑞典	6.5	3.5	6.0	3.1	87.0	7.2②	2.32	8.28	Bengtsson 和 Gelin，1975

续表

湖泊名称	深度/最大	深度/平均	深度/设备	体积/(10⁶m³)	面积/hm²	空气流量/(m³/min)	空气流量/(10⁶m³)	空气流量/km²	参 考 文 献
布坎南湖，安大略省	13	4.9	13	0.42	8.9	0.28①	0.67	3.17	Halsey, 1968; Halsey 和 Galbraith, 1971
科比特湖，不列颠哥伦比亚省	19.5	7.0	19.5	1689	24.2	4.5①	2.66	18.52	
毛瑟芬湖，英国	29.9	14.0	19.0 / 29.9	8.018	60.7	2.49①	0.31	4.10	Knoppert 等, 1970
卡西塔斯湖，加利福尼亚州	82.0	26.8	39.0 / 55.0	308.0	1100.0	17.84②	0.06	1.62	Barnett, 1975
海勒姆湖，犹他州	23.0	11.9	15.2	23.1	190.0	2.83②	0.17	1.49	Drury 等, 1975
瓦科湖，得克萨斯州	23.0	10.7	23.0	128.0	2942.0	3.11②	0.02	0.10	Biederman 和 Fulton, 1971
凯瑟琳湖，伊利诺伊州	11.8	5.0	8.5	3.034	59.5	0.76②	0.25	1.27	Kothandaraman 等, 1979
船长岩湖，加利福尼亚州，1965—1966	62.0	9.8 / 9.4	21.3 / 28.3	17.99 / 21.05	183.9 / 222.0	6.09② / 6.09②	0.34 / 0.29	3.31 / 2.74	Fast, 1968
卡尔霍恩湖，明尼苏达州	27.4	10.6	23.0	18.01	170.4	2.83②~3.54	0.16~0.20	1.66~2.08	Shapiro 和 Pfannkuch, 1973
福拉湖，俄克拉荷马州	27.0	16.2	27.0	703.1	414.8×10²	33.98③	0.05	0.06	Leach 等, 1980
普费菲孔湖，瑞士	35.0	18.0	28.8	56.5	325.0	6.0②	0.11	1.85	Thomas, 1966; Ambuhl, 1967
瓦夏娃湖，夏威夷州	26.0	8.0	2.7	1.7	20.0	2.4②	1.4	12.0	Devick, 1972
塔斯科湖，瑞典	4.0	3.0	4	0.365	12.1	①			Karlgren 和 Lingren, 1963
阿尔图纳湖，佐治亚州，1968—1969	46.0	9.4	42.7	453	4800	21.6②~27.7 / 27.7②	0.05~0.86 / 0.06	0.45~0.58 / 0.58	USAE, 1973; Raynes, 1975
拉斐特湖，加利福尼亚州	24.0	9.1	18.0	5.243	53	1.68①	0.32	3.17	Laverty 和 Nielsen, 1970
热孔湖，新泽布什尔州	13.3	5.7	13.3	0.733	12.9	0.59①	0.80	4.57	NHWSPCC, 1979
心湖，安大略省	10.4	2.7	10.0	0.392	14.5	0.23①~0.92	0.58~2.34	1.56~6.33	Nicholls 等, 1980; Nicholls[d]

续表

湖泊名称	深度			体积 /(10⁶ m³)	面积 /hm²	空气流量 /(m³/min)	空气流量 /(10⁶ m³)	空气流量 /km²	参　考　文　献
	最大	平均	设备						
澄湖，加利福尼亚州	15.0	10.2	14.0	115.9	1217	17[1]	6.82	114	Ruskd[4]
克列缅丘格湖，波兰	3.0	2.0	2.6	0.002	0.12	4.38[1]	1750	3500	Ryabov 等，1972；Sirenko 等，1972
塔拉格湖，澳大利亚	23.0	10.5	14.0	27.6	360	3.0[1]~9.0 / 3.0[1]~7.59	0.08~0.24 / 0.08~0.20	0.83~2.50 / 0.83~2.08	Bowles 等，1979
银湖，俄亥俄州	12.0	4.22	10.0	1.68	38.44	3.37[2]	2.01	8.77	Brosnan，1983
东悉尼湖，纽约州	15.7	4.9	15	4.17	0.85	1.8[2]	0.43	2.1	Barbiero 等，1996a
水晶湖，明尼苏达州	10.4	3.0	10	0.93	0.31	1.44[2]	1.55	4.6	Osgood 和 Stiegler，1990
乔治六世湖，英国	16.0	14.0	10.0	20.0		142.0 喷水器[3]			Ridley 等，1966
伊丽莎白二世湖，英国	17.5	15.3	17.5			128.0 喷水器[3]			Ridley 等，1966
哈姆湖，俄克拉荷马州	10.0	2.9	1.2	115.0		40.0 轴流泵[3]			Stichen 等，1979；Toetz，1977a，b
斯图尔特山谷湖，俄亥俄州	7.6	4.6	7.6	0.148		3.2 轴流泵[2]			Garton 等，1978
克拉德威尔湖，俄亥俄州	6.1	3.0	6.1	0.123		4.0 轴流泵[1]			Irwin 等，1966
松湖，俄亥俄州	5.2	2.1	5.2	0.121		5.7 轴流泵[2]			Irwin 等，1966
维苏威湖，俄亥俄州	9.1	3.6	9.1	1.554		42.5 轴流泵[1]			Irwin 等，1966
阿巴尔克尔湖，俄克拉荷马州，1975，1977	24.7	9.5	6.0；2.0	89.3×10²		951.0 轴流泵[1]			Toetz，1977a，b，1979
西迷失湖，密歇根州	12.8	6.2	11.9	0.089		1.4 泵[1]			Hooper 等，1953

① 流速产生去分层。

② 部分混合。

③ 流速不足以产生去分层，个人交流。

④ R. A. Pastorak。

来源：Pastorak, R. A. et al. 1981. Pastorak, R. A. et al. 1982. Tech. Rept. No. E-82-3. U. S. Army Corps of Engineers；with additions.

9.2m³/(min·km²) 的面积空气流速标准是根据空气流速、深度和孔口方向上流动的水流量之间的关系确定的 (Lorenzen 和 Fast，1977；Pastorak 等，1982)。其公式为

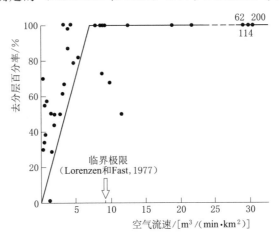

图 19.2 去分层程度与单位面积空气流速的关系。

(来源：Pastorak，R. A. et al. 1982. Environmental Aspects of Artificial Aeration and Oxygenation of Reservoirs：A Review of Theory，Techniques，and Experiences. Tech. RePT. No. E-82-3，U. S. Army Corps of Engineers，Vicksburg，MS；from Cooke et al. 1993. 已授权)

$$
\begin{cases}
Q_w(X) = 35.6C(X+0.8)\dfrac{-V_o \ln 1 \dfrac{X}{h+10.3}}{\mu_b} \\
C = 2V_o + 0.05 \\
\mu_b = 25V_o + 0.7
\end{cases}
\tag{19.1}
$$

式中 $Q_w(X)$——水流量，m³/s；

X——孔口上方高度，m；

V_o——一个大气压下的空气流速，m³/s；

h——孔深度，m。

采用式 (19.1) 研究各种空气流速对假设湖泊和水库形态的影响 (Chen 和 Orlob，1975)。来自 38 个不同面积、库容和深度的湖泊水库空气循环案例表明：空气流速接近或高于 9.2m³/(min·km²) 时均实现了去分层化 (表 19.1)。

扩散器应该是一条带有多个孔的管道，通常位于湖中的最深处，但是最好与水底保持足够的距离 (1~2m)，以最大限度地减少沉积物的夹带。开孔间距应约为空气释放深度的 0.1 倍，因为上升水流的水平扩散速度与上升速度之比为 0.05 (Lorenzen 和 Fast，1977)。

Davis (1980) 详细描述了另一种湖泊和水库去分层气体上升系统的设计方法。此方法需要以下步骤：

(1) 获得表面积和体积关于深度的函数。

(2) 确定或假设温度或密度曲线。

(3) 计算现有的稳定性和增加的热量输入以及克服热量输入所需的理论能量。

（4）计算压缩机的自由空气流量。

（5）计算穿孔（扩散器）管道长度（建议最小 50m）。

（6）选择扩散管、孔直径（建议 0.8mm）以及孔间距（建议 0.3m）。

（7）考虑由于静水压力、管端过压、管道中的摩擦、管道弯曲、阀门等引起的损失，确定压缩机内部管道直径和空气压力。

（8）重新检查扩散器长度，考虑压力损失和通过单个孔的自由空气流量。

（9）计算锚重量。

首先计算稳定性，即未混合的现有密度梯度与混合状态之间的差异，其公式为

$$S = g \sum_{i=1}^{n} \rho_{im} V_i h_i \sum_{i=1}^{n} \rho_{is} V_i H_i \tag{19.2}$$

式中　S——稳定性参数，$kg \cdot m^2/s^2$；

　　　g——重力加速度，m/s^2；

　　　ρ_i——层 i 的密度，kg/m^3；

　　　V_i——层 i 的体积，m^3；

　　　h_i——层 i 质心的高度，m。

另外，m 代表混合，s 代表分层。

去分层化所需的能量计算公式为

$$E = S + R - W \tag{19.3}$$

式中　S——稳定性参数；

　　　R——热输入；

　　　W——风能。

作为保守的方法，风的作用被忽略，即无风也可以混合。R 可以近似为每天 $5J/m^2$。以 L/s 为单位，所需的空气流量（Q）为

$$Q = \frac{0.196E}{T \ln\left(1 + \dfrac{D}{10.4}\right)} \tag{19.4}$$

式中　E——所需的能量输入，采用了理论水平的 20 倍（假设等温条件和气泡压力略微超过静水水头压力）；

　　　T——实现去分层化的时间；

　　　D——扩散器的深度，m。

另外，10.4 为大气压的水深度。

建议使用待去分层的湖泊或水库体积的 2.5 倍作为多孔管道中的气泡夹带水量，计算公式为

$$V_e = 0.486 LT \left(\frac{gQ}{L}\right)^{1/3} \left(1 + \frac{D}{10.4}\right)^{1/3} \ln\left(1 + \frac{D}{10.4}\right) \tag{19.5}$$

根据式（19.4），已知要去分层的体积（m^3）和所需的空气流速（L/s），穿孔管（扩散器）的长度（m），可以有

$$L = 3.73 \left\{ \frac{V^3 \left(1 + \dfrac{D}{10.4}\right)}{T^3 Q \left[\ln\left(1 + \dfrac{D}{10.4}\right)\right]^3} \right\}^{1/2} \tag{19.6}$$

Pastorak 等（1982）使用 Davis（1980）的例子，具体参数为：库容 $20 \times 10^6 \, m^3$，最大深度 20m，面积 $1.2 \times 10^6 \, m^2$，比较了两个程序计算所得的空气流量结果。Davis 程序推荐的流速为 70L/s。通过 Lorenzen 和 Fast（1977）程序的计算，速率为 120L/s，几乎是 Davis 结果的两倍。最终采用的速率位于该范围的下限，因为较深的湖泊通常比浅水湖泊需要更少的空气（Pastorak，个人通信）。

根据式（19.6），去分层化所需的扩散管长度与空气流速成反比。因此，为了在 5 天内完成去分层化，空气流速为 70L/s 时管道长度为 216m，120L/s 时管道长度为 182m。对于案例中的湖泊，Davis（1980）选择了一种直径为 50.8mm 的高密度聚乙烯管，其孔径为 1mm，间距为 0.3m。根据管道上方水深代表的静水压力，管道末端静水压力的平均超压（与管道长度有关），管道中的摩擦损失（与管道直径有关）和管道弯曲处的局部损失，计算得出压缩机的空气压力为 5.3bar（$5.5 kg/cm^2$）。根据管道长度、孔径、孔数以及配套的压缩机压力（5.3bar），重新计算空气流速为 108L/s。超过计算的 70L/s，对于 250m 的标称管道长度是足够的。管道长度大于计算出的最小长度即可以实现更大范围的空气分布，更有利于去分层化。这些估算结果可以从 Davis（1980）的计算图中获得。

扩散器端所需的自由空气流量和该流量对应的最小扩散器长度初步估值可以直接计算，进而确定压缩机所需的压力，并更准确地估算考虑所有压力损失的扩散器长度，这需涉及迭代过程（Meyer，1991）。首先获得扩散器长度的初始估值［见式（19.6）］。然后确定流体静压和内部管道压力，以获得来自单个扩散器孔的自由空气流量估值。根据该空气流量并且知道所需的扩散器孔间距和总空气流量，可以确定新的管道长度。利用该管道长度，可以重新计算压力并重复该过程，直到获得最佳的扩散器长度。为了简化这一过程，Meyer（1991）将 Davis（1980）的方程和图表设计成电子表格。该电子表格可以修改变量和公式并进行迭代计算，以获得最佳的扩散器长度。对一个假设的水库各参数计算结果总结如下：

（1）水面面积：$1011750 m^2$。

（2）扩散器深度：10m。

（3）扩散器之上的体积：$10117500 m^3$。

（4）5 天去分层化时间：432000s。

（5）温度范围：从水面的 30℃ 到 25m 深的 21.8℃。

（6）理论能量需要量（E）＝稳定性（S）＋太阳能输入（R），代入数值计算为

$$1.9 \times 10^8 J + 0.25 \times 10^8 J = 2.15 \times 10^8 J$$

所需空气流速为

$$Q = \frac{0.196 \times 2.15 \times 10^8 \, J}{432 \times 10^3 \, s \ln\left(1 + \frac{10m}{10.4}\right)} = 144.5 \, L/s$$

扩散器长度的初始计算为［从式（19.6）］

$$L = 3.73 \left\{ \frac{(10.1175 \times 10^6)\left(1 + \frac{10m}{10.4}\right)}{(432 \times 10^3)^3 (144.5 \, 1/s)\left[\ln\left(1 + \frac{D}{10.4}\right)\right]} \right\} = 89m$$

选取参数为供应线长 500m，供应线内径 45mm，扩散器内径 35mm。

通过迭代，得到最佳扩散器长度为 339m，压缩机压力为 9.7kg/cm² （135psi）。

采用该迭代方法估算纽约东悉尼湖 （East Sidney Lake） 的气流压力和扩散器长度，湖泊面积 85hm²，最大深度 15.7m，平均深度 4.9m （Meyer 等，1992）。戴维斯诺模图的相应值分别为 1.53m³/min、3.4kg/cm² 和 107m。使用迭代过程的对应值分别是 2.19m³/min、3.9kg/cm² 和 135m。两种程序均采用 5 天的去分层化时间。

对于长而窄的水库，为了保持灵活性和可控性，安装了总长为 244m 的扩散器，8 条独立管路贯穿水库，每条 30m。使用 15hp❶ 的压缩机，压力 3.6kg/cm²，空气流量 1.8m³/min。

该系统在 1989—1990 年期间运行良好，保持了近场的不分层条件 （表面到底部温差不大于 2℃），尽管延长了线路，但远场或整个湖区的温差较大。此外，底部溶解氧水平降到了 3mg/L 以下。采用了比计算值长的扩散器，即使扩散器处于 "欠载" 状态，这可能限制了分层。然而，此处没有讨论水库单位面积的总空气输送量，即 2.1m³/（min·km²） 与 Lorenzen 和 Fast 标准的比较。东悉尼湖的这一比率远低于其中值标准，可能导致水质改善效果低于预期。虽然完全循环的结果取决于扩散管的尺寸和长度，但结果表明，为了获得改善水质的最佳结果以及实现去分层化，建议遵守 Lorenzen 和 Fast 标准。

机械混合装置的使用频率低于压缩空气法。目前已经开发了两种水库去分层化泵：①产生低速射流的大螺旋桨 （直径 6～15ft❷） 轴流式泵 （Punnet，1991）；②产生高速射流的小螺旋桨 （直径 1～2ft❷） 直接驱动混合器 （Stefan 和 Gu，1991；Price，1988，1989）。用于对湖泊或水库进行去分层化的泵送系统设计取决于所需的去分层时间 （或循环速率） 和水力射流穿透深度。而去分层化的时间取决于分层程度或混合阻力。可以通过给定穿透深度和混合时间计算所需的泵数量 （Holland，1984；Gu 和 Stephan，1988；Stefan 和 Gu，1991）。对于表 19.1 中引用的案例，有 4 个完成了去分层化。

目前可以购买市售的太阳能和风能供电的混合装置，但无法获得公开发布的有效性结果。

19.3　循环的理论效应

19.3.1　溶解氧

循环最主要且最可靠的衡量效果是整个湖中的溶解氧 （dissolved oxygen，DO） 含量随着时间的推移而提高。如果湖泊去分层化，那么底层的溶解氧含量会增加，而且湖上层的溶解氧含量会降低，至少在循环开始时会降低。简单稀释即可达到上述效果。表面溶解氧减少的其他原因是由于混合深度的增加，需氧物质向表面转移和透光层光合作用减少 （Haynes，1973；Ridley 等，1966；Thomas，1966）。随着循环的继续，溶解氧将继续增加，主要原因是含氧气不饱和的水与空气发生接触。虽然水的垂直输送是通过在某个深度

---

❶　1hp=11.1854981kW。

❷　1ft=0.3048m。

释放压缩空气夹带水来实现的，但气泡直接扩散几乎不会增加含氧量（King，1970；Smith 等，1975）。

19.3.2 营养

理论上可以通过增强循环来降低磷的内部负荷。这种情况发生的前提是，磷释放的主要机制是缺氧等原因使温层沉积物中与铁离子结合的磷的释放。沉积物—水界面附近磷的溶解度由铁离子控制，通过在该界面曝气，磷将被铁—羟基络合物吸附（Mortimer，1941，1971；Stumm 和 Leckie，1971；第8章，第18章，第20章）。因此，可以防止磷从高浓度的沉积物间隙向上迁移。硬水湖中磷的溶解度主要由钙离子控制，而不是铁离子，也可能因铁/磷含量比太低而不能控制磷释放（Jensen 等，1992），在这种情况下，磷释放速率主要依赖于有机物的有氧分解（Kamp-Nielsen，1975）。此种情形下内部磷负荷实际上可能随着循环过程中沉积物—水界面处的温度升高而增加。此外，一些铁/磷含量比较低的沉积物含有大量的有机物和水，呈现絮状，松散结合的磷所占比例较高（Boström，1984）。在后一种情况下，来自沉积物内部的磷负荷实际上可能会在循环后有所增加。磷交换率取决于沉积物—水界面的循环，而该过程可能会通过混合增强（Lee，1970）。风力对华盛顿州较浅的摩西湖（Moses Lake）夏季内部磷负荷有显著影响（Jones 和 Welch，1990）。

在非分层、浅水、富营养化的湖泊中磷的内部负荷可能很高，其中沉积物—水界面通常是有氧的（Jacoby 等，1982；Kamp-Nielsen，1975；Søndergaard 等，1999）。因此，人工循环可能无法降低内部磷负荷。循环后浅水分层湖泊的内部负荷和全湖总磷含量可能会减少（Ashby 等，1991），但正如所观测到的那样，透光层可用于生长的磷浓度可能会增加（Brosnan 和 Cooke，1987；Osgood 和 Stiegler，1990）。因此，深度是浅湖是否选择完全循环的重要条件，不仅要考虑与可用光有关的浮游植物的生长，还应考虑内部磷负荷。除非有氧条件将显著降低磷内部负荷，否则保持分层条件可能更有利于限制透光层中的磷。

完全循环产生的化学成分还有可能产生其他变化，即铵与硝酸盐的转化以及锰、铁等微量金属的络合和沉淀。铵的减少很大程度上归因于硝化作用的增加，这需要有氧条件（Brezonik 等，1969；Toetz，1979）。在循环前进行等温层除氧的时间越长，程度越深，这种影响就会越大。在曝气之前缺氧越严重的湖泊，锰、铁等微量金属在曝气后的减少量也越大。因为这些金属以还原态且可溶的形式从沉积物中扩散，通气会促进它们的氧化和随后的络合与沉淀。这对于作为饮用水水源的湖泊来说是一个重要的好处。

19.3.3 浮游植物量的物理控制

循环可以通过限制光照减少浮游植物的生物量，这是通过增加浮游生物细胞在水体中的混合深度来实现的，因此在透光层接收的总光照不足以进行净光合作用（光合作用超过呼吸作用）时，细胞无法生长或增加。这被称为"临界深度"，其首先被用于预测海洋中春季硅藻爆发的时间（Sverdrup，1953）。已知表面光照、补偿深度和消光系数，在临界深度之上净产量为正；当临界深度计算值超过混合层深度时，既可能发生藻华。假设呼吸速率恒定，该模型由光照强度和总光合作用之间的关系确定。

该概念同样适用于湖泊（Talling，1971）。低表面光强度和深层混合阻止了冬季在英格兰湖区（English Lake District）相对较深湖泊（＞30m）中的净光合作用，但在较浅湖泊（10m）中则无法阻止。长期数据显示，在春季浮游植物茂盛期，其增长率与光照强度直接相关（Neale 等，1991）。通常如果湖泊足够浅，那么即使在冬季也可以进行一些净光合作用，但随着分层的发展和春季表面光照强度的增加，混合深度逐渐减小，通常会导致净光合作用大幅增加，使较深的湖泊发生春季硅藻暴发。

即使在浅水富营养化湖泊中，光照也可以限制浮游植物的最大生物量（Sheffer，1998）。来自爱沙尼亚沃茨亚尔湖（270km²，平均深度 2.8m）35 年间的数据显示，水位变化造成的平均深度差异为 2.5 倍，导致高水位年份的生物量水平显著降低（Nōges 和 Nōges，1999；Nōges 等，2003）。因此，人工循环可能在浅水、富营养化、含有大量颗粒物质影响光照的湖泊中产生光照限制效应。

物理控制浮游植物生长的概念已经扩展到了影响人工循环在富营养化湖泊中的效果这一程度（Lorenzen 和 Mitchell，1975；Murphy，1962；Oskam，1978）。Forsberg、Shapiro（1980）和 Shapiro 等（1982）将营养的影响与物理因素的影响结合起来。通过增加混合深度，假设有足够的深度和光照衰减，湖泊可能会恢复到受光照限制的冬季条件。在大多数情况下，增加混合深度不足以完全防止净生物量的产生。Kezar 湖藻类生物量峰值的理论值与观测值如图 19.3 所示（Lorenzen 和 Mitchell，1975）。其清楚地展示了这种混合深度的影响。完全循环增加了混合深度，预期能够仅通过光照限制大大减少藻类生物量。然而，由于变温层营养含量较少，因此混合深度的轻微增加即可能会从下方带来营养含量较高的水，生物量可能会增加（图 19.3 中的 A 点到 B 点）。某个时刻光照会受限，生产力和生物量将减少（从 C 点到 D 点）。需要注意的是，图中生物量单位为单位面积的质量（g/m²），预计混合深度增加 2～6m 时生物量仅减少 38%。然而，生物质浓度（g/m³）预计会降低 80%，这也包括水体稀释的影响。该模型仅预测了没有营养限制的潜在生产力，并没有包括沉降、捕食、寄生或冲刷造成的损失。因此，实际值可能会低于图 19.3 中的线，如基泽湖的情况。

在贫营养化湖泊中只要背景浊度较低，生物量就会随着混合深度的增加而增加，直到混合深度达到 15m（Diehl 等，2002）。这样的假设被证实：增加混合深度会降低生长速度，但同时会减少细胞和营养物质的流失。然而，在富营养化条件下，光照衰减影响更大，营养盐的储备影响较小。正如背景浊度增加所证明的那样，超过 6m 的混合深度后生物量开始降低。

Oskam（1973，1978）建立了一个模型来表达混合深度变化对生产力和最大生物量的影响。由于净生产力（P_{net}）是混合层中总生产力和呼吸作用之差，因此有

$$P_{net} = CP_{max}\left(\frac{F(i)\lambda}{\varepsilon_w + C\varepsilon_c} 24rZ_m\right) \tag{19.7}$$

$$r = 呼吸作用量 / P_{max}$$

式中　　C——叶绿素 a 含量，mg/m³；

　　P_{max}——最大光合速率，mgC/(mg·h)；

　　$F(i)$——光照强度的无量纲函数；

　　　λ——白天小时数；

ε_w——水消光系数，m^{-1}；

ε_c——每单位藻类的特定消光系数，m^2/mg；

Z_m——混合深度，m。

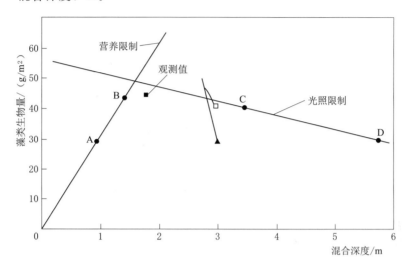

图 19.3　基泽湖藻类生物量峰值的理论值与观测值。实心圆代表理论值；实心正方形代表 1968 年
　　　　分层的值；三角形代表 1969 年去分层化的值；空心正方形代表 1970 年去分层化的值。
　　　　（来源：Lorenzen，M. W. and R. Mitchell. 1975. *J. Am. Water Works Assoc.* 67：373 – 376.
　　　　With permission；Pastorak，R. A. et al. 1981. *Evaluation of Aeration/Circulation as a Lake*
　　　　Restoration Technique. 600/3 – 81 – 014. USEPA；Pastorak，R. A. et al. 1982. Environmental
　　　　Aspects of Artificial Aeration and Oxygenation of Reservoirs：A Review of Theory，Techniques，
　　　　and Experiences. Tech. Rept. No. E – 82 – 3. U. S. Army Corps of Engineers，Vicksburg，MS.）

另外，24 代表每天 24h。

根据式（19.7），假设藻类均匀分布，随着混合深度的增加，净生产率降低。通过人工循环可以增加混合深度。通过设置 $P_{net}=0$ 并求解 Z_m，可以在不知道 P_{max} 的情况下计算临界深度，即

$$Z_m = \frac{F(i)\lambda}{24r(\varepsilon_w + C\varepsilon_c)} \tag{19.8}$$

最大生物量可以从式（19.7）中估算，通过设定 $P_{net}=0$，最大生物量变为混合深度的函数，从而求解 C_{max} 为

$$C_{max} = \frac{1}{\varepsilon_c}\left[\frac{F(i)\lambda}{24rZ_m} - \varepsilon_w\right] \tag{19.9}$$

不同水平光衰减的最大叶绿素浓度与混合深度的关系如图 19.4 所示。假设 $\varepsilon_c=0.02$，$F(i)=2.7$，$\lambda=12$，$r=0.05$。同时假设营养不受限制，除呼吸作用外没有重大损失。因此，在混合深度为 5m 的湖中可达到的最大生物质浓度为 $220mg/m^3$ 叶绿素 a。如果养分限制、捕食、沉降或冲刷很严重，那么最大值将相应减少。这些关系显示了潜在的最大生物量对浅湖泊混合深度的敏感性，并且提供了在特定非营养限制湖泊采用循环减少藻类的可行性估计。

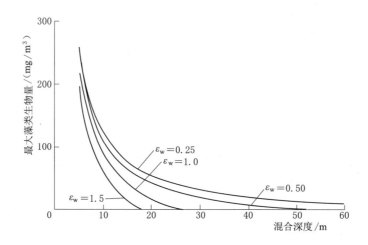

图 19.4　不同水平光衰减的最大叶绿素浓度与混合深度的关系。
（来源：Oskam，G. 1978. Verh. Int. Verein. Limnol. 20：1612 – 1618. 授权引用。）

Forsberg 和 Shapiro（1980）以及 Shapiro 等（1982）开发了包括营养盐限制和损失的扩展模型。他们在混合层中的最大生物量公式为

$$C = \frac{\ln(I_{o}/I_{z})P_{\max}^{\text{sat}} - D\theta Z_{m}\varepsilon_{w}}{\varepsilon_{c}D\theta Z_{m} + [\ln(I_{o}/I_{z})P_{\max}^{\text{sat}}K_{q}]/TP} \tag{19.10}$$

式中　C——叶绿素 a 浓度，mg/m^3；

I_{o}——入射辐射量；

I_{z}——光合作用饱和光强度（Talling，1971）一半处的辐射；

$P_{\max}^{\text{sat}}$——饱和营养浓度下的最大光合作用速率，mgC/mg；

D——沉降、放牧、寄生、冲刷等造成的损失率，$1/d$；

θ——C 和叶绿素 a 的比率；

Z_{m}——混合深度，m；

ε_{w}——水的消光系数，$1/m$；

ε_{c}——叶绿素 a 的消光系数，m^2/mg；

K_{q}——总磷物质配额，mg/mg；

TP——总磷浓度，mg/m^3。

式（19.10）中营养盐效应的本质是细胞营养盐配额的表达，其近似值为总磷与叶绿素 a 的比率，其计算公式为

$$P_{\max} = P_{\max}^{\text{sat}}\left(1 - \frac{Kq'}{TP/chl\ a}\right) \tag{19.11}$$

式中　$P_{\max}$——饱和营养水平下光合作用的最大特定每日速率；

Kq'——光合作用所需的 $TP/chl\ a$ 的最小值（Forsberg 和 Shapiro，1980）；

$chl\ a$——叶绿素 a 含量。

基于该模型，混合层中单位体积和单位面积的最大生物量与混合深度之间的关系如图 19.5 所示。显然，限制性营养的浓度决定了任何混合深度的最大生物量，这一点非常重

要，应在循环改善效果的预测中加以考虑，因为在去分层化后藻类可用养分很可能增加。当然，如果营养已经相对较多并且混合时不会增加，那么生物质浓度应该降低，最大的降低幅度发生在混合深度小于10m时［图19.5（a）］。

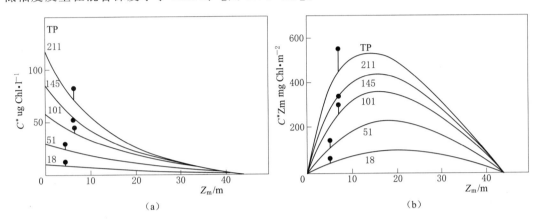

图 19.5　混合层中单位体积和单位面积的最大生物量与混合深度之间的关系。混合深度和总磷的变化对以下因素的影响：（a）叶绿素 a 的最大浓度和（b）由模型预测的明尼苏达州双子湖混合层中叶绿素 a 的最大空中现存量（实心圆表示观察结果，连接线表示预测结果与观察结果之间的偏差）。（来源：Shapiro，J. 等，1982 年。生物操纵中的实验和经验—减少藻类丰度和消除蓝绿的生物学方法研究．USEPA-600/3-82-096。）

正如 Pastorak 等（1982）指出的，该模型的应用存在一些问题。最严重的是很难估计损失率，随着混合深度的增加，损失率会降低（Diehl 等，2002），另外是难以估计物种组成变化和营养盐对藻类生长速度的反应。无论如何，已观察到预测模型和实验结果之间相当好的符合性（图 19.5；Forsberg 和 Shapiro，1980）。该模型的低复杂性使其成为引导循环技术应用的工具。但是还是需要单独预测总磷含量。

19.3.4　循环对浮游植物组成的影响

有几种假说解释了蓝绿藻（蓝藻）在富营养化湖泊中的主导地位（Welch 和 Jacoby，2004）。有三种假说解释了完全循环实现从蓝藻主导转变为更理想的硅藻或绿藻主导。其中涉及：①CO_2 和 pH 的变化；②漂浮细胞的分布；③浮游动物的捕食。这些变化都可能是由于循环增加所致。

由于 pH 降低和游离二氧化碳浓度增加，由蓝藻主导的培养基转向由绿藻占优势（King，1970，1972；Shapiro，1973，1984，1990；Shapiro 和 Pfannkuch，1973；Shapiro 等，1975）。与绿藻相比，蓝藻吸收低浓度二氧化碳的能力较强，这使得蓝藻在较高的 pH 下具有优势。在较低的 pH 下，绿藻在营养方面的竞争力可能优于蓝藻。然而，在 pH 降低后观察到的蓝藻快速消亡现象可能是由偏好低 pH 的病毒裂解蓝藻引起的（Shapiro 等，1982）。King 根据污水池中存在的藻类种群和化学条件的比较，引入了二氧化碳假设，并且建议在任何给定的磷负荷下，如果湖泊碱度（缓冲能力）降低，促进蓝藻占优势的可能性将增加。Shapiro（1984，1990）在原位袋实验中添加氯化氢或二氧化碳，成功将由蓝藻主导变为由绿藻主导，如果同时添加营养，则转变会更加彻底。

通过底部水的垂直输送，增加的循环会导致二氧化碳含量增加和透光层中 pH 降低，其中二氧化碳含量增加的原因是没有光合作用只有呼吸作用，而且增强了与大气的接触。为了使循环促进蓝藻占优势的转变，表面水不应该存在营养限制，因为底层水中也存在高含量的氮和磷，通过垂直夹带，可能增加已经存在的蓝藻生物量。

1993 年夏季在威斯康星州斯阔湖（Lake Squaw）进行的一项大规模试验对二氧化碳/pH 假说的作用提出了疑问（Shapiro，1997）。湖泊自然分为两个流域：南部（9.1hm²，平均深度 2.55m）和北部（16.8hm²，平均深度 2.92m）。南部流域进行人工循环并富含二氧化碳。北部流域的 pH 超过 10，但在循环过程中富含二氧化碳的南部流域其 pH 稳定在 7 左右。尽管二氧化碳/pH 条件形成鲜明对比，但两个流域的束丝藻和鱼腥藻种群超过了 $300\mu g/L$ 叶绿素 a 的水平。

因为蓝藻带有产生浮力的气泡，所以由热分层和平稳天气情况带来的稳定性增加将使蓝藻形成水面"浮渣"并且减少非浮力藻类的光照环境。因此，循环的增强有利于浮力小的藻类生长，否则在稳定条件下它们会迅速下沉（特别是硅藻）。尽管蓝藻的特定生长速率与硅藻的特定生长速率没有差异，但是鱼腥藻在夏季的热分层生长中超过了平板藻（Knoechel 和 Kalff，1975）。这种变化被解释为基于下沉速率差异的物理效应，而不是基于与营养变化相关的生长速率差异。如果人工循环阻止了分层，硅藻可能会持续存在。7 月下旬泰晤士河水库的人工去分层化促进了硅藻的第二次暴发，其原本应在春季暴发后衰退（Taylor，1966）。硅藻的衰退归因于营养限制和下沉损失的共同作用（Lehman 和 Sandgren，1978）。泰晤士河水库第二次硅藻暴发的可能解释是硅含量高的底部湖水转移到光照区域，但同时降低了下沉速率，因此对于硅藻来说条件更加有利。秋季蓝藻非常丰富时，去分层化不会导致第三次硅藻暴发。在这种情况下，去分层化似乎不会影响蓝藻。在其他地方观察到引入循环后星杆藻增加（Bernhardt，1967；Fast 等，1973）。

蓝藻通过浮力调节在稳定水体中具有的优势被循环作用增强所抵消。如果水体稳定，蓝藻利用气泡调节浮力的作用可能由光、pH、二氧化碳、氮和磷共同控制，使它们能够在光照较强的表层和更富营养的中等深度之间移动（Reynolds，1975；Walsby 和 Reynolds，1975；Klemer 等，1982；Reynolds 等，1987）。然而，增强循环可以阻止这种模式。位于温跃层的颤灌群落在循环后被打散（Bernhardt，1967）。同样，弗吉尼亚州的 T·霍华德·达科特水库（T. Howard Duckett）的循环也消除了夏季蓝藻暴发情况（Robertson 等，1988）。夏季澳大利亚水库（最大深度 13.4m）以超过 Lorenzen 和 Fast 标准的空气流速循环（8h/d）之后，蓝藻（Ctkubdrisoerniosus 和 Anabaena）被硅藻取代（Hawkins 和 Griffiths，1993）。

在两座湖泊进行人工循环试验，测试了二氧化碳/pH 和浮力调节假说（Forsberg 和 Shapiro，1980；Shapiro 等，1982）。这些实验的结果在很大程度上证实了上述关于 pH、二氧化碳、营养和物种组成变化的假设。在最慢的混合速率下，总磷和叶绿素 a 增加，蓝藻主导浮游生物。在中等和高速混合时，硅藻和绿藻倾向于主导浮游生物，生物质和总磷在中等混合速率下增加，但在高速率下降低。除非 pH 低且营养成分高，否则绿藻不会占主导地位。总的来说，藻类的丰富程度与营养成分的相关性高于与可用光照的相关性，其中光照的可用性通过深达 7m 的混合来控制（图 19.5）。

考虑到仅靠二氧化碳/pH 不能改变斯阔湖实验中的蓝藻优势，混合速率和浮力调节可能在 Forsberg 和 Shapiro 实验中比二氧化碳/pH 更重要。荷兰新湖（Nieuwe Meer）（面积 1.32km²，平均深度 18m，最大深度 30m）的全湖混合调查结果支持了这一观点（van der Veer 等，1995；Visser 等，1996b）。在两个完全循环的夏季（1993—1994），由微囊藻主导转变为鞭毛虫和硅藻混合群落主导。微囊藻的生物量占比从 90% 降至不到 5%。通过水体夹带而导致的浮力损失随着与扩散器羽流的距离增大而增加。也就是说，沉没细胞的百分比较高（在显微镜下确定）意味着由于光接收增加而储存更多的碳水化合物，因为光合作用会储存碳水化合物。沉没细胞的百分比较低意味着较少的碳水化合物储存和较强的浮力中和。如果混合不连续，微囊藻能够通过在光照区域停留更长时间来实现更高的生物量。

混合速率（约 1m/h）系统是控制蓝藻的关键，因为该速率超过了微囊藻的平均上浮速度（0.11m/h），接近其最大值 2.6m/h。该速度（约 1m/h）的总体空气流速为 9.9m³/（min·km²），与 Lorenzen 和 Fast 标准相似。混合前和混合过程中营养成分含量较高（总磷 420~450μg/L，SRP 350~380μg/L），表明即使不考虑营养水平，循环也可以限制上浮蓝藻的丰度，并使群落转变为危害较小的，在混合条件下更易生存的类群。

虽然新湖相对较深，但在较浅的湖泊中如果混合率足够大，则混合可有效减少蓝藻细菌。即使在浅水池塘（1.8m）中，轻微的梯度变化也足以引起鱼腥藻的强烈上浮/下沉行为，正如空泡化细胞的比例所表明的（Spencer 和 King，1987）。

人工循环对浮游植物的潜在有益影响如图 19.6 所示。通气可以减少微量元素和磷内部负荷，从而减少藻类生物量。藻类生物量也可能由于混合深度增加而减少，并且循环搅动淤泥致其上浮可能导致光照限制光合作用。这种情况最有可能发生在营养丰富的湖泊中，因为光线比养分更容易受到限制。循环可能会增加混合速度，足以抵消蓝藻的浮力/

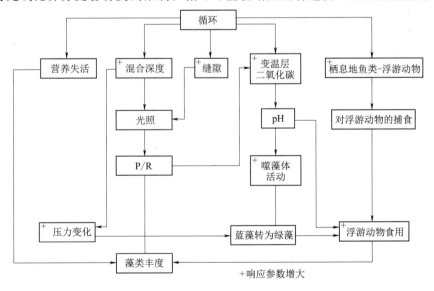

图 19.6　人工循环对浮游植物的潜在有益影响。

（来源：Pastorak，R. A. et al. 1981. *Evaluation of Aeration/Circulation as a Lake Restoration Technique*. USEPA - 600/3 - 81 - 014；Shapiro，J. 1979. In：*Lake Restoration*. USEPA - 440/5 - 79 - 001.）

下沉优势。由于混合且富含二氧化碳的底部水，上层二氧化碳可能会增加并且 pH 会下降。降低的 pH 可以刺激噬藻体活动，裂解蓝绿藻，而增加的游离二氧化碳浓度可以为绿藻提供生长优势。因此，可食用大小的浮游植物（小型绿藻和硅藻）增加，氧气增加，昏暗的环境成为大型浮游动物避开鱼类捕食者的避难所，这些因素都可能导致浮游植物通过摄食产生更大的损失率。

19.4　循环对营养指标的影响

人工循环后得到改善的四个指标是：溶解氧、铵、表层水 pH、微量金属铁和锰。在大部分研究案例中，溶解氧增加而微量金属降低，对铵和 pH 产生有利影响的案例则较少。四个指标明显改变是混合水体与大气接触增加的结果。

增加循环通常会导致铁和锰的络合和沉淀。然而，经过仔细研究，Chiswell 和 Zaw（1991）发现锰的控制比铁更难，尽管两个澳大利亚水库继续循环，但两种金属随着时间的推移而增加。如果不溶性锰吸附了二价锰离子，那么锰的颗粒氧化物的缺乏就被认为是不符合需要的，二价锰离子会在用明矾处理时解除吸附。

有氧条件也可以有效降低磷含量，这是因为磷可以被吸附到氧化铁络合物上。然而，磷的结果比铁和锰的结果要差得多。湖泊对人工循环的响应总结（仅限扩散空气系统）见表 19.2。磷在循环后增加或未改变的情况比减少的情况更多。对于许多经过检测的案例来说，可能还有其他内部负荷来源比从深水区沉积物释放影响更大。其中可能包括沿岸沉积物的有氧释放、植物分解、光合作用沿岸释放引起的高 pH 等，尽管中间 pH 通常随着循环而降低。此外，外部负荷可能代表了水体的大部分输入。然而，如果磷不受铁的控制，那么通过微生物分解的有氧释放或松散吸附的磷交换可能成为磷内部负荷的主要机制，这通常发生在未分层的湖泊中（Kamp-Nielsen，1974，1975；Boström，1984）。在那种情况下，去分层化、沉积物—水界面处的水交换增加和温度升高可能导致磷的释放量比循环之前更大。

分层湖中的表层水通常会在去分层化过程中略微冷却，底部水升温至 $15\sim20^\circ\text{C}$，接近表层水温度（Pastorak 等，1982）。如果空气流速远低于 Lorenzen 和 Fast 标准，对于表 19.1 中列出的约 58% 的情况来说确是如此，那么表面可能会发生微观层化（Fast，1973）。这将提供浮游植物生长非常需要的光照，因为有效混合深度与临界深度的比值将相当小。另外，如果空气流速过高，沉积物可能悬浮在水体中。

前文已经详细描述了由于空气流量不足导致的最坏情况。明尼苏达州浅水晶湖（$\overline{Z}=3\text{m}$，$Z_{\text{max}}=10.4\text{m}$）在曝气机关闭 2 年后又恢复为分层状态（Osgood 和 Stiegler，1990）。在恢复循环后内部磷负荷显著增加，证据是夏季上层水总磷、总氮和叶绿素 a 增加 $2\sim3$ 倍，以及透明度成比例减少。循环显然增加了内部磷负荷的速率和可用性（到光照区域）。虽然该湖泊可能代表了铁不能控制磷的例子，但循环仍然不足以在沉积物—水界面提供连续的有氧条件。所使用的空气量仅为每分钟 $4.7\text{m}^3/\text{km}^2$，约为 Lorenzen 和 Fast 标准的一半。结论是 Laing（1992）提出循环加重了湖泊质量的恶化，Osgood 和 Stiegler（1992）对此进行了讨论。

| 表 19.2 | | | 湖泊对人工循环的响应总结（仅限扩散空气系统） | | | | |

参　数		N	湖　泊　响　应				
			＋	－	0	?	χ^2
温差	No.	45	15	30			5.0②
	%		33	67			
透明度	No.	19	4	10	2	3	6.50②
	%		21	53	11	16	
溶解氧	No.	41	33	1	2	5	55.2④
	%		80	1	5	12	
磷酸盐	No.	17	3	5	7	2	1.60
	%		18	29	41	12	
总磷	No.	20	5	6	8	1	0.74
	%		25	30	40	5	
硝酸盐	No.	20	7	8	3	2	2.33
	%		35	40	15	10	
铵	No.	20	3	13	3	1	10.5③
	%		15	65	15	5	
铁/锰	No.	22		20	2		33.1④
	%			91	9		
表层水 pH	No.	21	1	9	8	3	6.33②
	%		5	43	38	14	
薄密度	No.	33	6	14	8	5	3.71
	%		18	42	24	15	
生物量/叶绿素	No.	23	5	6	6	6	0.12
	%		22	26	26	26	
绿藻	No.	18	7	4	7		1
	%		39	22	39		
蓝藻	No.	25	5	13	5	2	5.57
	%		20	52	20	8	
绿藻与蓝藻之比	No.	21	11	3	6	1	4.90
	%		52	14	29	5	

注：来源于 Pastorak，R. A. et al. 1982. Environmental Aspects of Artificial Aeration and Oxygenation of Reservoirs：A Review of Theory，Techniques，and Experiences. Tech. Rept. No. E‐82‐3. U. S. Army Corps of Engineers，Vicksburg，MS.

① 人工混合过程中表面和底部水之间的温差，＋表示 $\Delta t > 3℃$；－表示 $\Delta t < 3℃$。

② $p < 0.05$。仅对＋、－、0 响应的均匀频率分布的拟合优度检验。

③ $p < 0.01$。

④ $p < 0.001$。

　　类似的经验发生在纽约东悉尼湖（East Sydney Lake），根据 $\Delta t < 3℃$ 制定的标准基本上无法实现底部溶解氧增加，仍然间歇性地发生弱分层（Barbiero 等，1996a，b）。这种反复出现的条件导致较低的底部溶解氧含量（但仍然是有氧的），持续的内部磷负荷和磷夹带进入透光层，在混合或不混合的情况下高达 60mg/L。因此，循环不会减少藻类生物量或增加透明度，并且在夏季继续发生蓝藻水华。尽管曝气系统经过精心设计（Meyer 等，1992），但总体空气流速仅为 $2.1m^3/(min \cdot km^2)$，不到 Lorenzen 和 Fast 标准的 1/4。俄亥俄州银湖（Silver Lake）发生了类似的不良循环，并有不利影响（Brosnan 和 Cooke，1987）。

在通常不分层的时期，安大略省南部的威尔科克斯湖（Lake Wilcox）发生了另一个由于完全循环导致湖泊质量恶化的案例（Nürnberg 等，2003）。这一情况促使以前没有产生大暴发的蓝藻植物浮萍（*Planktothrix rubescens*）的繁殖。循环在整个水体中持续夹带磷和藻类并提高光照强度，从而增加了藻类的繁殖。

循环后监测表明，透明度变差的概率通常比改善的概率更高（53％对 21％）。但如果出现以下情况，处理后透明度可能会降低：①透光层最初受营养限制，使得浮游植物含量随着夹带营养物质的循环而增加；②循环过弱，导致微观层化有利于漂浮的蓝绿藻类，导致了更有利于繁殖的光照条件；③循环强烈，以至于颗粒物质重新悬浮。这些复杂的影响可能是大多数情况下透明度降低的常见原因。此外，人工循环供水水库中经常出现透明度下降现象（AWWA，1971）。

二氧化碳/pH 机制在控制蓝藻转移方面很重要，如果混合速度足够快，可以从大气中大量输送二氧化碳，从而大大降低 pH 值（Shapiro，1984，1990）。然而，威斯康星州斯阔湖的全湖试验失败使人们对二氧化碳/pH 在蓝藻优势中的作用产生了一些疑问（Shapiro，1997）。循环会影响爆发的蓝藻细菌的上浮/下沉特征，从而在限制它们的优势方面提供更多的助力。保持在 Lorenzen 和 Fast 标准附近的空气流速，中和了微囊藻的上浮/下沉优势（Visser 等，1996a）。迄今为止，虽然已经认识到混合的影响，但循环系统的设计者还没有把浮力的混合率标准考虑进去。

这种浮力效应在封闭实验中得到证实，其中间歇混合降低了包括蓝藻在内的总生物量，原因是干扰了快速生长物种的生长和缓慢生长物种的种群积累（Reynolds 等，1984）。还可以证明的是，间歇性去分层化能有效减少夏季蓝藻的繁殖（Steinberg 和 Zimmerman，1988）。然而，虽然蓝藻特别是湖丝藻（*Limnothrix redakei*，像颤藻这样的细长长丝类型）被控制在巴伐利亚的锅状湖中，在消除 3 年后，该物种在第 4 年秋季以超出处理水平 6 倍的能力再次出现（Steinberg 和 Tille-Backhous，1990）。藻类生物量一般在第 4 年较高，作者认为由此产生的低二氧化碳可能有利于蓝藻。磷含量显然不是藻类产量增加的原因。在前面提到的水晶湖的例子中，浮游植物（主要是微囊藻）在去分层化后翻了一番，但蓝藻控制能力可能因低于推荐的空气流速而受到影响。

循环可以增加有氧环境，但这反过来又可以极大地影响浮游动物的深度分布。如果能够分布到更深且光线更暗的地方，浮游动物应该能够避开捕食鱼类（Zaret 和 Suffern，1976），水蚤在卡尔霍恩湖的数量增加了 5~8 倍，并且在卡尔霍因湖不完全去分层化中分布到更深的地方（Shapiro 等，1975）。McQueen 和 Post(1988) 在这方面表现出类似的积极影响。Fast(1971b) 发现循环导致大部分浮游动物在循环后的分布深度低于 10m，而大多数浮游动物在循环前分布的深度大于 10m。在所测试的 13 个案例中有 8 个显示，循环增加了部分或全部浮游动物的深度分布（Pastorak 等，1981，1982）。在其他情况下，浮游动物在循环前分布较深。15 个案例中有 10 个案例增加了丰度。丰度的增加可能是由于浮游鱼类捕食的减少（Shapiro 等，1975；Andersson 等，1978；Kitchell 和 Kitchell，1980；McQueen 和 Post，1988）。泰晤士河谷（Thames Valley）水库的高养分含量（即较少的藻类去除）是由于深度混合促进了光照限制以及高丰度大型水蚤的进食（Duncan，1990）。在富营养化湖泊中的混合实验显示，浮游动物的高食草率导致浮游植物量较少，而低食草性动物具有较高的生物量（Weithoff 等，2000）。

对循环后大型无脊椎动物和鱼类的研究非常少（Pastorak 等，1981，1982）。在大多数情况下（8 个案例中的 6 个），有氧栖息地的扩大导致大型无脊椎动物的丰度增加，而在 8 个案例中有 7 个增加了多样性。在所有情况下，鱼类在循环后分布深度有所增加，但增长率却很少增加，可能是因为研究持续时间不足以检测到变化。较高的营养水平对操纵的响应通常较慢。在某些案例中避免了鱼类死亡，并且在温度仍然令人满意的情况下（应避免温度大于 20°C），鲑鱼在富营养化的湖泊中得以存活。

19.5 不利影响

人工循环有几种潜在的不利影响，有些不利影响相较于其他更容易发生；图 19.7 展示出了不利影响。如果营养盐限制了表面生产力，那么循环可以增加颗粒态磷，其可以矿化成可用的形式，或者高度溶解的磷本身可以输运到透光层。由于淤泥和藻类生物量的增加，水透明度可能会比循环前更差。藻类丰度和光合作用的增加会减少过度的二氧化碳，提高 pH，并阻止蓝藻（蓝绿色）向绿藻的演替。由于生产力的提高和化学变化导致倾向于占主导地位的可食用蓝藻较少，因此浮游动物对食用导致的藻类损失率影响较小。现有的蓝藻可能会增加。

图 19.7 表明减少藻类沉降可能会导致藻类丰度增加，但正如上文对优势的描述，这种增加可能是硅藻的增加。在这种情况下，它将被认为是占有优势，因为硅藻比蓝藻更易被接受。图 19.7 还假设空气流速足以实现完全混合。如果空气流量不足，那么在夏季期

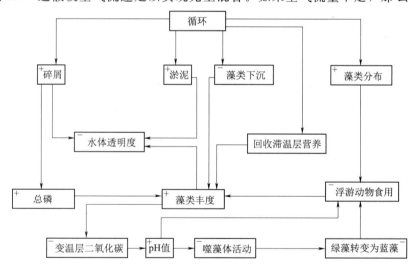

+ 响应参数增大
− 响应参数减小

图 19.7　人工循环的潜在不利影响，包括促进蓝绿藻的繁殖。

（来源：Pastorak，R. A. et al. 1981. *Evaluation of Aeration/Circulation as a Lake Restoration Technique*. 600/3 - 81 - 014. USEPA；Shapiro，J. 1979. In：*Lake Restoration*. USEPA - 440/5 - 79 - 001. pp. 161 - 167；with modification. ）

间可能会发生部分分层，因为营养物质增加、放牧减少、沉降减少、可用光量增加或这些因素的任何组合，藻类丰度（特别是蓝藻）将会增加（Brosnan 和 Brosnan，1987）。

图 19.7 也忽略了温度升高。由于完全循环，低温水域从 15℃增加到 20℃可能是最不利的影响。考虑冷水鱼类的情况下尤其如此。

19.6 成本

已发表的文章通常不包括基于项目的人工循环成本信息。Lorenzen 和 Fast（1977）使用了两台空气压缩机，每年花费 202000 美元（2002 年），在标准条件下产生 34.3m³/min（1200ft³/min）的空气流量。成本包括管道和空气扩散器费用。建议速度为 9.2m³/（min·km²），这代表第一年的运营价格为 540 美元/hm²，相对于其他修复技术而言成本适中。该成本在佛罗里达州 13 个项目中排名靠后；启动成本 400~4700 美元/hm²，年度成本 120~2265 美元/hm²（Dierberg 和 Williams，1989）。初始和年度费用的中位数值分别为 991 美元和 442 美元/hm²（2002 年）。

在案例中，对于 6m³/min 的系统包括安装的压缩机、管道和 1 年运行费用成本总计约为 56600 美元（2002 年），或约 470 美元/hm²（Davis，1980）。已实施的另一个类似案例约为 77300 美元（2002 年）或约 640 美元/hm²。

循环项目通常有规模效应。1991—2002 年通用环境系统公司（General Environmental Systems）安装的 33 个项目的平均成本分别为：大于 53hm² 水体，588 美元/hm²（$n=17$）；23~35hm² 水体，1295 美元/hm²（$n=4$）；小于 10hm² 水体，5960 美元/hm²（$n=12$）（Geney，个人交流）。

19.7 总结与建议

人工循环被推荐为经济的管理技术（Pastorak 等，1981）。该技术最适用于非营养限制的，氧气消耗对温水鱼类和供水质量（金属含量）产生威胁的湖泊。已经观测到 DO、铁和锰含量、铵和 pH 的最佳改善效果。增加混合深度从而减少浮游生物藻类的原理也可能适用于营养盐通常不受限制而且足够深的湖泊。此外，增强混合可能会阻碍蓝藻生长，同时促进硅藻和绿藻繁殖。如果湖泊受到营养限制并且混合充分，则可能会产生更多的藻类，甚至更多的蓝藻（特别是 pH 升高）。这可能解释了仅一半的案例中藻类丰度和蓝藻在循环后减少，而在其他案例中则有所增加。

释放压缩空气的深度对于防止底部水缺氧至关重要。同样，无论是使用压缩空气还是泵，系统的流速大小对于实现完全混合，防止表层水微分层以及达到抑制蓝藻的混合速率至关重要。为了避免水质问题，建议在湖底放置空气扩散器，并在非常深的湖泊中将压缩空气和表面泵结合使用（Pastorak 等，1981，1982）。为获得最佳效果，系统的设计空气流速应为 9.2m³/（min·km²）左右，并且保持在 6.1~12.3m³/（min·km²）的范围内。如果在分层之前开始循环或在分层后逐步进行，则会使向表面透光层的营养物输送最小化，并使沉降最大化。

作为一种管理技术，循环最好单独使用，最好不要同其他减少磷含量的方法共同使用。这是因为在非营养限制的情况下可以实现最佳的藻类控制效果，并且循环的增强可以促进磷的内部负荷并且抵消其他除磷手段的效果。对于内部负荷持续较高时采用分流的情况可能是个例外（Gächter，1987）。

参 考 文 献

Ambuhl，H. 1967. Discussion of impoundment destratification by mechanical pumping. By W. H. Irwin，J. M. Symons and G. G. Robeck. *J. San. Eng. Div. ASCE* 93：141 - 143.

American Water Works Association（AWWA）. 1971. Artificial Destratification in Reservoirs. *Committee Rept.* 63：597 - 604.

Andersson，G.，H. Berggren，G. Cronbert and C. Gelin. 1978. Effects of planktivorous and benthivorous fish on organisms and water chemistry in eutrophic lakes. *Hydrobiologia* 59：9 - 15.

Anonymous. 1971. *Algae Control by Mixing.* New Hampshire Water Supply and Pollut. Cont. Commun.，Concord.

Ashby，S. L.，R. H. Kennedy，R. E. Price and F. B. Juhle. 1991. Water Quality Management Initiatives in East Sidney Lake. New York. Tech. Rept. E - 91 - 3，U. S. Army Corps Engineers，Vicksburg，MS.

Barbiero，R. P.，B. J. Speziale and S. L. Ashby. 1996a. Phytoplankton community succession in a lake subjected to artificial circulation. *Hydrobiologia* 331：109 - 120.

Barbiero，R. P.，S. L. Ashby and R. H. Kennedy. 1996b. The effects of artificial circulation on a small northeastern impoundment. *Water Res. Bull.* 32：575 - 584.

Barnes，M. D. and B. L. Griswold. 1975. Effect of artificial nutrient circulation on lake productivity and fish growth. In：*Proc. Conf. on Lake Reaeration Research.* Amer. Soc. Civil Eng.，Gatlinburg，TN.

Barnett，R. H. 1975. Case study of reaeration of Casitas Reservoir. In：*Proc. Conf. on Lake Reaeration Research.* Amer. Soc. Civil Eng.，Gatlinburg，TN.

Bengtsson，L. and C. Gelin. 1975. Artificial aeration and suction dredging methods for controlling water quality. In：*Proc. Symposium on Effects of Storage on Water Quality.* Water Resource Center，Medmenham，England.

Bernhardt，H. 1967. Aeration of Wahnbach Reservoir without changing the temperature profile. *J. Am. Water Works Assoc.* 59：943 - 964.

Biederman，W. J. and E. E. Fulton. 1971. Destratification using air. *J. Am. Water Works Assoc.* 63：462 - 466.

Boström，B. 1984. Potential mobility of phosphorus in different types of lake sediments. *Int. Rev. ges. Hydrobiol.* 69：454 - 474.

Bowles，B. A.，I. V. Powling and F. L. Burns. 1979. Effects on Water Quality of Artificial Aeration and Destrat - ification of Tarago Reservoir. Tech. Paper No. 46. Australian Water Resources Council，Australian Govt. Publ. Serv.，Canberra.

Brezonik，P. L.，J. Delfino and G. F. Lee. 1969. Chemistry of N and Mn in Cox Hollow Lake，Wisconsin，following destratification. *J. San Eng. Div. ASCE* 95：929 - 940.

Brosnan，T. M. 1983. Physical，chemical and biological effects of artificial circulation on Silver Lake，Summit Co.，Ohio. M. S. Thesis，Kent State University，Kent，OH.

Brosnan，T. M. and G. D. Cooke. 1987. Response of Silver Lake trophic state to artificial circulation. *Lake and Reservoir Manage.* 3：66 - 75.

Brown，D. J.，T. G. Brydges，W. Ellerington，J. J. Evans，M. F. P. Michalski，G. G. Hitchin，M. D.

Palmer and D. D. Veal. 1971. Progress Report on the Destratification of Buchanan Lake. Ontario Water Research Commission, Aid for Lakes Program.

Brynildson, O. M. and S. I. Sterns. 1977. Effects of Destratification and Aeration of a Lake on the Distribution of Planktonic Crustacea, Yellow Perch and Trout. Tech. Bull. No. 99. Wisconsin Dept. Nat. Res. , Madison.

Chen, C. W. and G. T. Orlob. 1975. Ecological simulation for aquatic environments. In: *Systems Analysis and Simulation in Ecology*, Vol. III. Academic Press, New York. pp. 475 – 588.

Chriswell, B. and M. Zaw. 1991. Lake destratification and speciation of iron and manganese. *Environ. Monit. Assess.* 19: 433 – 447.

Cooke, G. D. , E. B. Welch, S. A. Peterson and P. R. Newroth. 1993. *Restoration and Management of Lakes and Reservoirs*, 2nd ed. Lewis Publishers and CRC Press, Boca Raton, FL.

Davis, J. M. 1980. Destratification of reservoirs – a design approach for perforated – pipe compressed – air systems. *Water Serv.* 84: 497 – 504.

Devick, W. S. 1972. Limnological Effects of Artificial Aeration in the Wahiawa Reservoir. Job Completion Rept. Proj. F – 9 – 2. Job 2. Study IV. Honolulu, HI.

Diehl, S. , S. Berger, R. Ptacnik and A. Wild. 2002. Phytoplankton, light, and nutrients in a gradient of mixing depths: field experiments. *Ecology* 2002: 399 – 411.

Dierberg, F. E. and V. P. Williams. 1989. Lake management techniques in Florida, USA: Costs and water quality effects. *Environ. Manage.* 13: 729 – 742.

Drury, D. D. , D. B. Porcella and R. A. Gearheart. 1975. The Effects of Artificial Destratification on the Water Quality and Microbial Populations of Hyrum Reservoir. Utah Water Res. Lab. Proj. EW 011 – 1.

Duncan, A. 1990. A review: limnological management and biomanipulation in the London reservoirs. *Hydrobiologia* 200/201: 541 – 548.

Fast, A. W. 1968. Artificial Destratification of El Capitan Reservoir by Aeration. Part I: Effects on Chemical and Physical Parameters. Fish. Bull. No. 141. Calif. State Dept. Fish and Game.

Fast, A. W. 1971a. The Effects of Artificial Aeration on Lake Ecology. Water Pollut. Contr. Res. Ser. 16010 EXE. 12/71/USEPA.

Fast, A. W. 1971b. Effects of artificial destratification on zooplankton depth distribution. *Trans . Am. Fish. Soc.* 100: 355 – 358.

Fast, A. W. 1973. Effects of artificial destratification on primary production and zoobenthos of El Capitan Reservoir, California. *Water Resour. Res.* 9: 607 – 623.

Fast, A. W. 1979. Artificial aeration as a lake restoration technique. In: *Lake Restoration*. USEPA 440/5 – 79 – 001. pp. 121 – 132.

Fast, A. W. , B. Moss, R. G. Wetzel. 1973. Effects of artificial aeration on the chemistry and algae of two Michigan lakes. *Water Resour. Res.* 9: 624 – 647.

Forsberg, B. R. and J. Shapiro. 1980. Predicting the algal response to destratification. In: *Restoration of Lakes and Inland Waters*. USEPA 440/5 – 81 – 010. pp. 134 – 139.

Gächter, R. 1987. Lake restoration. Why oxygenation and artificial mixing can not substitute for a decrease in the external phosphorus loading. *Schweiz. Z. Hydrol.* 49: 170 – 185.

Garton, J. E. , R. G. Strecker and R. C. Summerfelt. 1978. Performance of an axial – flow pump for lake de-strati – fication. In: W. A. Rogers (Ed.), *Proc. 13th Annu. Conf . S. E. Assoc. Fish. and Wildlife Agencies.* pp. 336 – 346.

Geney, R. S. 1994. Successful diffused aeration of lakes/reservoirs using the Lorenzen – Fast 1977 sizing criteria. Presented at the North Amer. Lake Manage. Soc. Conf. Orlando, FL.

Geney, R. S. Personal communication. General Environmental Systems Inc. , Oak Ridge, TN.

Gu, R. and H. G. Stephan. 1988. Mixing of temperature – stratified lakes and reservoirs by buoyant jets. *J. Environ. Eng.* 114: 898 – 914.

Halsey, T. G. 1968. Autumnal and overwinter limnology of three small eutrophic lakes with particular reference to experimental circulation and trout mortality. *J. Fish. Res. Board Can.* 25: 81 – 99.

Halsey, T. G. and D. M. Galbraith. 1971. Evaluation of Two Artificial Circulation Systems Used to Prevent Trout Winter – Kill in Small Lakes. B. C. Fish and Wildl. Br. , Fish Manage. Publ. No. 16.

Hawkins, P. R. and D. J. Griffiths. 1993. Artificial destratification of a small tropical reservoir: effects upon the phytoplankton. *Hydrobiologia* 254: 169 – 181.

Haynes, R. C. 1973. Some ecological effects of artificial circulation on a small eutrophic lake with particular emphasis on phytoplankton. I. Kezar Lake experiment. *Hydrobiologia* 43: 463 – 504.

Holland, J. P. 1984. Parametric Investigation of Localized Mixing in Reservoirs. Tech. Rept. E – 84 – 7. U. S. Army Corps Engineers, Vicksburg, MS.

Hooper, F. F. , R. C. Ball and H. A. Tanner. 1953. An experiment in the artificial circulation of a small Michigan lake. *Trans. Am. Fish. Soc.* 82: 222 – 241.

Irwin, W. H. , J. M. Symons and G. G. Robeck. 1966. Impoundment destratification by mechanical pumping. *J. San. Eng. Div. ASCE* 92: 21 – 40.

Jacoby, J. M. , D. D. Lynch, E. B. Welch and M. A. Perkins. 1982. Internal phosphorus loading in a shallow eutrophic lake. *Water Res.* 16: 911 – 919.

Jensen, H. S. , P. Kristensen, E. Jeppsen and A. Skytte. 1992. Iron: phosphorus ratio in surface sediment as an indicator of phosphate release from aerobic sediments in shallow lakes. *Hydrobiologia* 235/236: 731 – 743.

Jones, C. A. and E. B. Welch. 1990. Internal phosphorus loading related to mixing and dilution in a dendritic, shallow prairie lake. *J. Water Pollut. Control Fed.* 62: 847 – 852.

Kamp – Nielsen, L. 1974. Mud – water exchange of phosphate and other ions in undisturbed sediment cores and factors affecting the exchange rates. *Arch. Hydrobiol.* 73: 218 – 237.

Kamp – Nielsen, L. 1975. Seasonal variation in sediment – water exchange of nutrient ions in Lake Esrom. *Verh. Int. Verein. Limnol.* 19: 1057 – 1065.

Karlgren, L. and O. Lindren. 1963. Luftningastudier; Traksjön. *Sartryck ur Vattenygien* 3: 67 – 69.

Klemer, A. R. , J. Feuillade and M. Feuillade. 1982. Cyano – bacterial blooms: Carbon and nitrogen limitation have opposite effects on the buoyancy of *Oscillatoria*. *Science* 215: 1629 – 1631.

King, D. L. 1970. The role of carbon in eutrophication. *J. Water Pollut. Control Fed.* 42: 2035 – 2051.

King, D. L. 1972. Carbon limitation in sewage lagoons. In: *Nutrients and Eutrophication. Special Symposium*, Vol. 1. Am. Soc. Limnol. and Oceanogr. , Michigan State University, W. K. Kellogg Biol. Sta. , East Lansing. pp. 98 – 110.

Kitchell, J. A. and J. F. Kitchell. 1980. Size – selective predation, light transmission, and oxygen stratification. Evidence from the recent sediments of manipulated lakes. *Limnol. Oceanogr.* 25: 389 – 402.

Knoechel, R. and J. Kalff. 1975. Algal sedimentation: The cause of a diatom – blue – green succession. *Verh. Int. Verein. Limnol.* 19: 745 – 754.

Knoppert, P. L. , J. J. Rook, T. Hofker and G. Oskan. 1970. Destratification experiments at Rotterdam. *J. Am. Water Works Assoc.* 62: 448 – 454.

Kothandaraman, V. , D. Roseboom and R. L. Evans. 1979. Pilot Lake Restoration Investigations: Aeration and Destratification in Lake Catherine, IL. Illinois State Water Survey, Springfield.

Lackey, R. T. 1972. Response of physical and chemical parameters to eliminating thermal stratification in a reservoir. *Water Res. Bull.* 8: 589 – 599.

Laing, L. L. 1990. The effects of artificial circulation on a hypereutrophic lake: Discussion. *Water Res. Bull.* 28: 409 – 412.

Laverty, G. L. and H. L. Nielsen. 1970. Quality improvements by reservoir aeration. *J. Am. Water Works Assoc.* 62: 711 – 714.

Leach, L. E. , W. R. Duffer and C. C. Harlin, Jr. 1980. Induced Hypolimnion Aerations for Water Quality Improvement of Power Releases. Water Pollut. Cont. Res. Ser. 16080. USEPA.

Lee, G. F. 1970. *Factors Affecting the Transfer of Materials between Water and Sediments.* Water Res. Center, University of Wisconsin, Madison.

Lehman, J. T. and C. D. Sandgren. 1978. Documenting a seasonal change from phosphorus to nitrogen limitation in a small temperate lake, and its impact on the population dynamics of *Asterionella*. *Verh. Int. Verein. Limnol.* 20: 375 – 380.

Lorenzen, M. W. and A. W. Fast. 1977. *A Guide to Aeration/Circulation Techniques for Lake Management.* Ecol. Res. Ser. USEPA – 600/3 – 77 – 004.

Lorenzen, M. W. and R. Mitchell. 1975. An evaluation of artificial destratification for control of algal blooms. *J. Am. Water Works Assoc.* 67: 373 – 376.

Lossow, K. , A. Sikorowa, H. Drozd, A. Wuckowa, H. Nejranowska, M. Sobierajska, J. Widuto and I. Zmys –lowska. 1975. Results of research on the influence of aeration on the physico – chemical systems and biological complexes in the Starodworski Lake obtained hitherto. *Pol. Arch. Hydrobiol.* 22: 195 – 216.

Malueg, K. W. , J. R. Tilstra, D. W. Schultz and C. F. Powers. 1973. Effect of induced aeration upon stratification and eutrophication processes in an Oregon farm pond. *Geophys. Monogr. Ser.* 17: 578 – 587.

McCord, S. A. , S. G. Schladow and T. G. Miller. 2000. Modeling artificial aeration kinetics in ice – covered lakes. *J. Environ. Eng.* 126: 1 – 11.

McCullough, J. R. 1974. Aeration revitalized reservoir. *Water Sewage Works* 121: 84 – 85.

McNally, W. J. 1971. *Destratification of Lakes.* Federal Aid to Fisheries, Proj. Comp. Rept. , State of New Mexico, F – 22 – R – 11, J of C – 8.

McQueen,D. J. and J. R. Post. 1988. Limnocorral studies of cascading trophic interactions. *Verh. Int. Verein. Limnol.* 23: 739 – 747.

Meyer, E. B. 1991. Pneumatic Destratification System Design using a Spreadsheet Program. Water Operations Tech. Support E – 91 – 1. U. S. Army Corps Engineers, Vicksburg, MS.

Meyer, E. B. , R. E. Price, S. C. Wilhelms. 1992. Destratification System Design for East Sidney Lake, New York. Misc. Paper. W – 92 – 2. US Army Corps of Engineers, Vicksburg, MS.

Michele, J. and V. Michele. 2002. The free jet as a means to improve water quality: Destratification and oxygen enrichment. *Limnologica* 32: 329 – 337.

Miller, T. G. and W. C. Mackay. 2003. Optimizing artificial aeration for lake winterkill prevention. *Lake and Reservoir Manage.* 19: 355 – 363.

Miller, T. G. , W. C. Mackay and D. T. Walty. 2001. Under ice water movements induced by mechanical surface aeration and air injection. *Lake and Reservoir Manage.* 17: 263 – 287.

Mortimer, C. H. 1941. The exchange of dissolved substances between mud and water in lakes. Parts 1 and 2. *J. Ecol.* 29: 280 – 329.

Mortimer, C. H. 1971. Chemical exchanges between sediments and water in the Great Lakes – speculations on probable regulatory mechanisms. *Limnol. Oceanogr.* 16: 387 – 404.

Murphy, G. I. 1962. Effects of mixing depth and turbidity on the productivity of fresh water impoundments. *Trans. Am. Fish. Soc.* 91: 69 – 76.

NHWSPCC. 1979. Effects of Destratification upon Temperature and Other Habitat Requirements of Salmonid Fishes 1970 – 1976. Staff Rept. No. 100, New Hampshire Water Supply and Pollution Control Comm. , Concord.

Neale, P. J. , S. I. Heaney and G. H. M. Jaworski. 1991. Long time series from the English Lake District: Irradiance – dependent phytoplankton dynamics during the spring maximum. *Limnol. Oceanogr.* 36: 751 – 760.

Nicholls, K. H. , W. Kennedy and C. Hammett. 1980. A fish – kill in Heart Lake, Ontario, associated with the collapse of a massive population of *Ceratium hirundinella* (Dinophyceae) . *Freshwater Biol.* 10: 553 – 561.

Nõges, T. and P. Nõges. 1999. The effect of extreme water level decrease on hydrochemistry and phyto-plankton in a shallow eutrophic lake. *Hydrobiologia* 408/409: 277 – 283.

Nõges, T. , P. Nõges and R. Laugaste. 2003. Water level as the mediator between climate change and phy-toplankton composition in a large shallow temperate lake. *Hydrobiologia* 506 – 509: 257 – 263.

Nürnberg, G. K. and B. D. LaZerte. 2003. An artificially induced *Planktothrix rubescens* surface bloom in a small kettle lake in southern Ontario compared to blooms worldwide. *Lake and Reservoir Manage.* 19: 307 – 322.

Osgood, R. A. and J. E. Stiegler. 1990. The effects of artificial circulation on a hypereutrophic lake. *Water Res. Bull.* 26: 209 – 217.

Osgood, R. A. and J. E. Stiegler. 1992. The effects of artificial circulation on a hypereutrophic lake: Reply to discussion by R. L. Laing. *Water Res. Bull.* 28: 413 – 415.

Oskam, G. 1973. A kinetic model of phytoplankton growth and its use in algal control by reservoir mixing. *Geophys. Monogr. Ser.* 17: 629 – 631.

Oskam, G. 1978. Light and zooplankton as algae regulating factors in eutrophic Biesbosch reservoirs. *Verh. Int. Verein. Limnol.* 20: 1612 – 1618.

Pastorak, R. A. , T. C. Ginn and M. W. Lorenzen. 1981. Evaluation of Aeration/Circulation as a Lake Res-toration Technique. USEPA – 600/3 – 81 – 014.

Pastorak, R. A. , M. W. Lorenzen and T. C. Ginn. 1982. Environmental Aspects of Artificial Aeration and Oxygenation of Reservoirs: A Review of Theory, Techniques, and Experiences. Technical Rept. No. E – 82 – 3. U. S. Army Corps of Engineers.

Pastorak, R. A. Personal communication. Tetra Tech. Inc.

Price, R. E. 1988. Applications of Mechanical Pumps and Mixers to Improve Water Quality. Water Opera-tions Tech. Support E – 88 – 2, U. S. Army Corps Engineers, Vicksburg, MS.

Price, R. E. 1989. Evaluating Commercially Available Destratification Devices. Water Operations Tech. Support E – 89 – 2, U. S. Army Engineers Waterways Exp. Sta. , Vicksburg, MS.

Punnett, R. E. 1991. Design and Operation of Axial Flow Pumps for Reservoir Destratification. Instruct. Rept. W – 91 – 1. U. S. Army Corps of Engineers. Vicksburg, MS.

Raynes, J. J. 1975. Case study – Altoona Reservoir. In: *Symp. on Reaeration Research*, Am. Soc. Civil Eng. , Gatlinburg, TN.

Reynolds, C. S. 1975. Interrelations of photosynthetic behavior and buoyancy regulation in a natural popula-tion of a blue – green alga. *Freshwater Biol.* 5: 323 – 338.

Reynolds, C. S. , S. W. Wiseman and M. J. O. Clarke. 1984. Growth and loss rate responses of phytoplankton to intermittent artificial mixing and their potential application to the control of planktonic algal biomass. *J. Appl. Ecol.* 21: 11 – 39.

Reynolds, C. S. , R. L. Oliver and A. E. Walsby. 1987. Cyanobacterial dominance: The role of buoyancy regulation in dynamic lake environments. *N. Z. J. Mar. Fresh Water Res.* 21：379 - 390.

Riddick，T. M. 1957. Forced circulation of reservoir waters yields multiple benefits at Ossining，New York. *Water Sewage Works* 104：231 - 237.

Ridley，J. E. 1970. The biology and management of eutrophic reservoirs. *Water Treat. Exam.* 19：374 - 399.

Ridley，J. E. ，P. Cooley and J. A. P. Steel. 1966. Control of thermal stratification in Thames Valley reservoirs. *Proc. Soc. Water Treat. Exam.* 15：225 - 244.

Robertson，P. G. et al. 1988. Effect of Artificial Destratification on the Water Quality of an Impoundment. Maryland Dept. Environment，Baltimore，MD and Washington Suburban Sanitary Comm. ，Laurel，MD.

Robinson，E. L. ，W. H. Irwin and J. M. Symonds. 1969. Influence of artificial destratification on plankton populations in impoundments. *Trans. Ky. Acad. Sci.* 30：1 - 18.

Ryabov，A. K. ，B. I. Nabivanets，Zh. M. Argamova，Ye. M. Palamarchuk and I. S. Kozlova. 1972. Effect of artificial aeration on water quality. *J. Hydrobiol.* 8：49 - 52.

Sahoo，G. B. and D. Luketina. 2003. Bubbler design for reservoir destratification. *Mar. Fresh Water Res.* 54：271 - 285.

Shapiro，J. 1973. Blue - green algae：why they become abundant. *Science* 197：382 - 384.

Shapiro，J. 1979. The need for more biology in lake restoration. In：Lake Restoration. USEPA - 440/5 - 79 - 001. pp. 161 - 167.

Shapiro，J. 1984. Blue green dominance in lakes：The role and management significance of pH and CO_2. *Int. Rev. ges. Hydrobiol.* 69：765 - 780.

Shapiro，J. 1990. Current beliefs regarding dominance by blue greens：The cases for the importance of CO_2 and pH. *Verh. Int. Verein. Limnol.* 24：38 - 54.

Shapiro，J. 1997. The role of carbon dioxide in the initiation and maintenance of blue - green dominance in lakes. *Freshwater Biol.* 37：307 - 323.

Shapiro，J. and H. O. Pfannkuch. 1973. The Minneapolis Chain of Lakes：A Study of Urban Drainage and Its Effects. Int. Rept. No. 9 Limnol. Res. Center，University of Minnesota，Minneapolis.

Shapiro，J. ，V. Lamarra and M. Lynch. 1975. Biomanipulation：An ecosystem approach to lake restoration. In：P. L. Brezonik and J. L. Fox (Eds) . *Proc. Symp. Water Quality Management through Biological Control.* University of Florida，Gainesville and USEPA. pp. 85 - 95.

Shapiro，J. ，B. Forsberg，V. Lamarra，G. Lindmark，M. Lynch，E. Smeltzer and G. Zoto. 1982. *Experiments and Experiences in Biomanipulation - Studies of Biological Ways to Reduce Algal Abundance and Eliminate Blue Greens.* USEPA - 600/3 - 82 - 096.

Sheffer，M. 1998. *Ecology of Shallow Lakes.* Chapman and Hall，London.

Sirenko，L. A. ，N. V. Avil' tseva and V. M. Chernousova. 1972. Effect of artificial aeration on pond water on the algal flora. *J. Hydrobiol.* 8：52 - 58.

Smith，S. A. ，D. R. Knauer and T. L. Wirth. 1975. Aeration as a Lake Management Technique. Tech. Bull. No. 87. Wisconsin Dept. Nat. Res. ，Madison.

Søndergaard，M. J. P. Jensen and E. Jeppesen. 1999. Internal phosphorus loading in shallow Danish lakes. *Hydrobiologia* 408/409：145 - 152.

Spencer，C. N. and D. L. King. 1987. Regulation of blue - green algal buoyancy and bloom formation by light，inorganic nitrogen，CO_2，and trophic interactions. *Hydrobiologia* 144：183 - 192.

Stefan，H. G. and R. Gu. 1991. Conceptual design procedure for hydraulic destratification systems in small ponds，lakes，or reservoirs for water quality improvement. *Water Res. Bull.* 27：967 - 978.

Stichen, J. M., J. E. Garton and C. E. Rice. 1974. The effect of lake destratification on water quality. *J. Am. Water Works Assoc.* 71: 219 – 225.

Steinberg, C. and R. Tille – Backhaus. 1990. Re – occurrence of filamentous planktonic cyanobacteria during permanent artificial destratification. *J. Plankton Res.* 12: 661 – 664.

Steinberg, C. and G. M. Zimmerman. 1988. Intermittent destratification: a therapy measure against cyanobacteria in lakes. *Environ. Technol. Lett.* 9: 337 – 350.

Stumm, W. and J. O. Leckie. 1971. Phosphate exchange with sediments: its role in the productivity of surface waters. In: *Proc. 5th Int. Conf. Water Pollut. Res.*, London. III – 26/1 – 16.

Sverdrup, H. U. 1953. On conditions for the vernal blooming of phytoplankton. *J. Cons. Int. Explor. Mer.* 18: 287 – 295.

Symons, J. M., W. H. Irwin, E. L. Robinson and G. G. Robeck. 1967. Impoundment destratification for raw water quality control using either mechanical – or diffused – air pumping. *J. Am. Water Works Assoc.* 59: 1268 – 1291.

Symons, J. M., J. K. Carswell and G. G. Robeck. 1970. Mixing of water supply reservoirs for quality control. *J. Am. Water Works Assoc.* 62: 322 – 334.

Talling, J. F. 1971. The underwater light climate as a controlling factor in the production ecology of fresh water phytoplankton. *Mitt. Int. Verein. Limnol.* 19: 214 – 243.

Taylor, E. W. 1966. Forty – Second Report on the Results of the Bacteriological Examinations of the London Waters for the Years 1965 – 66. Metropolitan Water Board, New River Head, London.

Thomas, E. A. 1966. Der Pfaffikersee vor, wahrand, und nach kunstlicher durchmisching. *Verh. Int. Verein. Limnol.* 16: 144 – 152.

Toetz, D. W. 1977a. Biological and Water Quality Effects of Whole Lake Mixing, Tech. Rept. A – 068 – OKLA. Water Resour. Res. Inst.

Toetz, D. W. 1977b. Effects of lake mixing with an axial flow pump on water chemistry and phytoplankton. *Hydrobiologia* 55: 129 – 138.

Toetz, D. W. 1979. Biological and water quality effects of artificial mixing of Arbuckle Lake, Oklahoma, during 1977. *Hydrobiologia* 55: 129 – 138.

U. S. Army Corps of Engineers. 1973. Alatoona Lake, Destratification Equipment Test Rept. U. S. Army Corps Engineers, Savannah, Georgia.

U. S. Environmental Protection Agency (USEPA). 1970. *Induced Aeration of Small Mountain Lakes.* Water Pollut. Cont. Res. Ser., 16080 – 11/70.

Vandermeulen, H. 1992. Design and testing of a propeller aerator for reservoirs. *Water Res.* 26: 857 – 861.

Van der Veer, B., J. Koedood and P. M. Visser. 1995. Artificial mixing: a therapy measure combating cyano – bacteria in Lake Nieuwe Meer. *Water Sci. Technol.* 31: 245 – 248.

Visser, P. M., H. A. M. Ketelaare, L. W. C. A. van Breemen and L. R. Mur. 1996a. Diurnal buoyancy changes of *Microcystis* in an artificially mixed storage reservoir. *Hydrobiologia* 331: 131 – 141.

Visser, P. M., B. W. Ibelings, B. van der Veer, J. Koedood and L. R. Mur. 1996b. Artificial mixing prevents nuisance blooms of the cyanobacterium *Microcystis* in Lake Nieuwe Meer, the Netherlands. *Fresh – water Biol.* 36: 435 – 450.

Walsby, A. E. and C. S. Reynolds. 1975. Water blooms. *Biol. Rev.* 50: 437 – 481.

Weiss, C. M. and B. W. Breedlove. 1973. Water Quality Changes in an Impoundment as a Consequence of Artificial Destratification. Rept. No. 80. North Carolina Water Resour. Res. Inst., Chapel Hill.

Weithoff, G., A. Lorke and N. Walz. 2000. Effects of water – column mixing on bacteria, phytoplankton, and rotifers under different levels of herbivory in a shallow eutrophic lake. *Oecologia* 125: 91 – 100.

Welch，E. B. and J. M. Jacoby. 2004. *Pollutants Effects in Fresh Water: Applied Limnology*，3rd ed. Spon Press，London/New York.

Wirth，T. L. and R. C. Dunst. 1967. Limnological Changes Resulting from Artificial Destratification and Aeration of an Impoundment. Fish. Res. Rept. No. 22. Wisconsin Conserv. Dept.，Madison，WI.

Wirth，T. L.，R. C. Dunst，P. D. Uttormark and W. Hilsenhoff. 1970. Manipulation of Reservoir Waters for Improved Quality and Fish Population Response. Fish. Res. Rep. No. 22. Wisconsin Conserv. Dept.，Madison.

Zaret，T. M. and J. S. Suffern. 1976. Vertical migration in zooplankton as a predator avoidance mechanism. *Limnol. Oceanogr.* 21：804 - 813.

Zic，K. and H. G. Stefan. 1994. Destratification Induced by Bubble Plumes. Tech. Rept. W - 94 - 3. U. S. Army Corps of Engineers，Vicksburg，MS.

第 20 章

底 泥 清 除

20.1 引言

因过去一些不当实践，疏浚饱受诟病。但若处理得当，底泥清除不失为一种昂贵但有效的湖泊管理技术。本章新增了污染底泥清除相关的大量案例，并陈述了先前常用于特殊目的的挖泥船，如今在湖泊修复过程中发挥着愈加重要的作用，至少在欧洲是这样的情况。本章主要描述疏浚目标、环境问题、疏浚深度、清除技术、湖泊条件、挖泥船的选择、倾置场的设计、案例分析及底泥清除成本（按照 2002 年 6 月的通胀水平进行了调整）等事宜。底泥清除虽然很常见，但在关乎项目成败的文件资料中却鲜有提及。因此，本章所引材料并不详尽，但介绍的各种湖泊底泥清除程序极具代表性。

20.2 疏浚目标

20.2.1 加深

当娱乐活动因浅滩而受影响时，唯一可行的修复方法是通过底泥清除来加深湖泊。根据美国农业部（United States Department of Agriculture，USDA，1971）文件，湖泊必须具有充足的水量以承受渗漏和蒸发造成的水量损失，且其深度必须达标，以防止完全冻结。就后一种要求而言，深度达标意味着水深须为 1.5～4.5m，取决于湖泊所在国家及其具体区域。在美国气候较冷区域，湖泊水深通常需达 4.5m 以上方能避免冻死鱼类（Toubier 和 Westmacott，1976）。在设计和实施任何湖泊加深工程时，必须考虑上述因素以及湖泊预期用途、合适的疏浚材料倾置场以及充足可用的资金等相关因素。湖泊加深的原因以及衡量该湖泊加深工程成功与否的方法是底泥清除目标的最直接相关。现代挖泥设备可有效清除大量底泥。因此，几乎所有疏浚工程在完成时都被认为是成功的（Pierce，1970）。然而，来自威斯康星州的最新信息表明，湖泊加深可以在 10 年或更短的时间内通过沉积作用出现逆转（威斯康星州自然资源部，1990）。具体的例子包括 Bugle 湖和亨利湖的用水池。因此，建议在挖泥前，必须先确定沉降率。

　　湖泊加深是否成功并非决定疏浚工程成功与否的唯一标准。即便加深已经完成，也可能因疏浚技术不佳等因素致使湖泊整体状况更加恶化（Gibbons 和 Funk，1983）。因此，疏浚过程是疏浚工程的一个重要方面。

20.2.2　养分控制

　　许多浅水富营养化湖泊没有温度分层（常对流湖或永冻湖），易受底泥持续或周期性营养盐输入的影响。对于较深的分层湖泊，夏季过后，冷锋迫使温跃层将富含养分的水推入湖上层的透光区时，可能引起去分层（Stauffer 和 Lee，1973）。对浅湖而言，动力船尾迹和底栖鱼也是问题。因此，令人讨厌的藻华最常发生在夏季娱乐活动的高峰期。

　　底泥再释放磷约占美国康涅狄格州林斯利池中磷负荷的 45%（Livingston 和 Boykin，1962）。Welch 等（1979）估计华盛顿长湖中的磷输入量（来源于底泥释放）为 200～400kg/年，约为外部负荷的 25%～50%。明尼苏达州夏嘎瓦湖在 6—8 月经历了约 2000～3000kg 的夏季底泥磷释放。相比之下，在废水深度处理前，明尼苏达州伊利市每年的磷负荷为 5000～5500kg，而废水深度处理后为 1000～1500kg（Larsen 等，1981）。在废水处理前，夏嘎瓦湖底泥中的磷负荷约占总负荷的 28%～35%。废水处理后，底泥磷负荷占总磷负荷的比例增至 66%，但总负荷明显下降（Peterson，1981）。夏嘎瓦湖底泥释放磷足以在夏季产生大量藻华，从而减缓夏嘎瓦湖的修复速度（Larsen 等，1981；第 4章）。

　　若可证明底泥含有大量养分，底泥清除将有望减缓养分内部循环的速度，从而改善整个湖泊及其水质条件。虽然疏浚底泥会减少内部养分循环，但若不切断外部养分来源，这种影响可能只是暂时的。Kleeberg 和 Kohl（1999）证实，若不切断磷的表面输入，德国米格式湖的营养状态将更多地受光照区及其相关沉积而非底泥中养分释放的控制。此外，Sondergaard 等（1996）发现丹麦湖泊表层底泥中的磷负荷与外部磷负荷高度相关，但与其他底泥参数的相关性则较弱。这有力地支持了减少磷输入是湖泊管理和修复的第一道防线的观点。

　　对浅湖而言，养分失活是优于其本身深化的另一种选择，因为其施工简单且成本低，且在养分调控方面可能更成功（Welch 和 Cooke，1995）。

20.2.3　有毒物质清除

　　有毒物质是工业化国家共同关注的问题。大规模调查和改进后的分析技术均表明，在淡水底泥中，有毒物质比之前料想的更为常见（Bremer，1979；Horn 和 Hetling，1978；松原，1979）。许多有毒物质从底泥中循环至上层水体，聚积于水生生物中。就此类污染（海水）而言，最臭名昭著的例证或许就是 1956 年首次发现的日本水俣海湾汞污染事件（Fujiki 和 Tajima，1973）。发生在美国的该类事件包括美国弗吉尼亚州詹姆士河（James River）开蓬（杀虫剂）污染事件（Mackenthun 等，1979）以及密歇根湖沃基根港的多氯联苯污染事件（Bremer，1979）。在过去，鲜有诸如加利福尼亚州直布罗陀湖汞污染等类似事件的报道（Spencer Engineering，1981）。但最近，随着多氯联苯和重金属（特别是汞）等，被视为更普遍的鱼组织生物积累问题，这种情况已然变化（Gullbring 等，1998；Peterson 等，2002）。

对污染底泥而言，最直接的解决方案无疑是清除，但污染底泥的清除常因上覆水体受泥沙搅动污染而变得复杂化。大多数传统挖泥船都能造成大量细泥沙再悬浮现象（Suda，1979；Barnard，1978）。在疏浚有毒物质时，必须尽量减少泥沙的再悬浮，以防次生环境破坏。在清除有毒底泥时，适当选择和设计疏浚设备变得更为重要。

20.2.4 有根大型植物控制

一些有根大型水生植物对湖泊环境颇有助益，因为它们可为幼鱼提供栖息地，同时减少海滩侵蚀。然而，过多的植物可能会对钓鱼、划船和游泳等活动构成干扰，且可能在审美上令人不快。在黑暗环境下，沿岸带大型植物群的呼吸作用可能会在数小时内显著降低溶解氧的浓度。此外，着眼于大型植物对内部养分循环影响的文献也日益增多。而大型植物的这一影响，或许是试图通过选择性地将其从湖中移走来进行控制的一个重要原因。Wetzel（1983）指出，在小湖泊中发现的大部分有机物可能来自于其沿岸带。

淡水水生植物主要从底泥中提取养分（Schults 和 Malueg，1971；Twilley 等，1977；Carignan 和 Kalff，1980），但在生长活跃阶段，它们并不会向周围水体大量排放养分（Barko 和 Smart，1980）。然而，它们确实倾向于将从底泥中获取的养分集中在其组织中。这些养分在植物结果期及其衰老、死亡和腐烂阶段，会再循环至湖中（Barko 和 Smart，1979；Lie，1979；Welch 等，1979）（参见第 11 章）。Barko 和 Smart（1979）估计，在威斯康星州的温故拉湖，多肉藻在湖内促生的磷或占每年外部磷负荷的 62%。Welch 等（1979）指出，华盛顿长湖的大部分"底泥"磷负荷可能是由植物快速死亡和腐烂造成的。当前资料表明，任何与湖内养分调控相关的长期湖泊修复项目都需同时关注大型植物和底泥（Barko 和 Smart，1980；Carignan 和 Kalff，1980）。

20.3 环境问题

20.3.1 湖内问题

疏浚过程中的泥沙再悬浮是首要湖内问题（Herbich 和 Brahme，1983）。最常见的问题之一是养分释放。磷在富营养化湖泊底泥间隙水中浓度较高，因而受到特别关注。在疏浚扰动和风的作用下，富含养分的底泥进入湖泊光照区，使藻华成为可能。Churchill 等的（1975）报告称，南达科他州赫尔曼湖的磷浓度增加，与刀头水力疏浚相关，但未发现藻类产量增加，究其原因，可能是由于该湖较高的浊度水平。另外，Dunst（1980）发现，当水力疏浚开始时，威斯康星州莉莉湖的藻类产量亦随之增加，但这种藻类的寿命很短，不会造成麻烦。虽然疏浚造成的养分富集也可能成为一个问题，但多数情况下，其影响是短暂的，与长期效益相比微不足道。

另一个与底泥再悬浮有关的问题（可能更严重）是有毒物质的释放。小湖的毒底泥清除项目相对少见，但也已经开展一些（Bremer，1979；Matsubara，1979；Sakakibara 和 Hayashi，1979；Spencer Engineering，1981）。细颗粒是主要问题。Murakami 和 Takeishi（1977）指出，与海洋底泥相关的多氯联苯，99.7% 均附着于直径小于 $74\mu m$ 的颗粒上。这可能为淡水疏浚工程造成特殊隐患，因为这些淡水工程的颗粒沉降时间明显长于海水工程。因此，在清除污染底泥时，需采取额外的预防措施。这些预防措施可能包括特殊的挖泥船以及特殊的处置和处理技术（Barnard 和 Hand，1978；Matsubara，1979）。

就疏浚而言，渔业管理者普遍关注的一个问题是对底栖鱼饲料生物的破坏。若湖盆彻底疏浚，重建底栖动物群落可能需要 2~3 年（Carline 和 Brynildson，1977）。然而，若盆底部分不予疏浚，重建可能立即完成（Andersson 等，1975；Collett 等，1981），也可能需要 1~2 年（Crumpton 和 Wilbur，1974）。Lewis 等（2001）得出结论：小规模疏浚对浅水湾底栖生物的不利影响可为其对其他生物群的有益影响所"抵消"，因为其可清除底泥，同时增加湖泊深度和循环次数。无论如何，疏浚对底栖生物群落的影响似乎是短暂的，相对于所带来的长期利益而言，一般是可以接受的，但必须对部分疏浚对渔业带来的益处与执行不力的部分疏浚项目可能增加的养分释放予以权衡（Gibbons 和 Funk，1993）。

这些问题主要与疏浚作为一种底泥清除技术有关。另一种底泥清除技术需要降低湖的水位以暴露沿岸底泥，或在某些情况下暴露整个湖盆（Born 等，1973），然后用推土设备在底泥充分干燥后予以清除。相比疏浚，降低水位结合推土机作业这一技术对底栖生物群落的破坏更大。此外，它还可能带来噪音、灰尘和卡车交通等棘手问题。

20.3.2　倾置场问题

底泥清除对非湖泊的主要影响与疏浚弃土的倾置场有关。在美国，随着 92~500 号公法（《清洁水法》）第 404 节的颁布，在城市地区规划垃圾处理场的问题变得日益尖锐；该法禁止在没有联邦许可的情况下挖掘或填埋超过 4hm² 的湿地。然而，最高法院在 2000 年的一项裁决推翻了该法第 404 节，该裁决称，实际上只有那些毗邻通航水域的湿地才受填埋许可的保护。这使得许多小型湿地易受排水、填埋和肆意破坏的影响。应避免放置疏浚弃土的林区出现泛洪现象。泛洪可破坏林木，而这无疑是疏浚弃土不当处置的不雅佐证。在法律层面，疏浚弃土倾置场可能成为颇具吸引力且极其危险的场所。它们表面往往会形成薄而干燥的硬壳，像薄冰一般，很容易在人或车辆的重量下发生破碎。即使是实施脱水处理且明显干燥的倾置场也可能仅是一种错觉。如果过早进行挖掘，那些表面结壳较厚、裂缝较深、植被较多的地区可能会吞没挖土设备。应对覆盖深度超过 1m 的倾置场开展彻底测试，以确定在对该倾置场尝试进行任何工作之前，其能够承载重型设备。为安全起见，建议设置围栏和后倾置场。

近年来经常使用的一种处置方法是在丘陵地区筑堤。该类区域的一个普遍问题是堤坝受损，进而使临近地区泛洪成灾（Calhoun，1978）。丘陵倾置场附近的地下水污染已成为一个潜在问题。然而，即使在监测范围较广的地区，也无涉及湖泊底泥污染处理案例的记录（Dunst 等，1984）。在关闭和脱水处理后，该丘陵倾置场通常具有多种用途。

另一个湖泊疏浚问题是倾置场容量设计不足。不幸的是，此等缺陷通常只有在项目完全运行之后才会显现出来。这一问题可能是由淡水中悬浮泥沙的沉降速度较慢（Wechler 和 Cogley，1977）或积水深度随工程的进展逐步降低造成的，而这可能会导致无法满足悬浮固体废物排放许可的规定。如果发生这种情况，有以下两种选择：①关闭倾置场直至渗透和蒸发至允许额外填埋的程度；②对外排废水进行处理。每种选择都会增加项目的额外成本。然而，对疏浚弃土回流水域日益严格的要求使采用创新型沉降技术成为必然。在加州太浩湖的一个疏浚工程中，要求疏浚回湖的水不得超过 5 个浊度单位（NTU），这是任何已知技术都无法达到的标准（Macpherson 等，2003）。最终各方达成妥协，容许不超过 20NTU 的污水排放至邻近的干沼泽。然而，现状甚至连这个标准也无法达到。此外，由于潜在的环境问题，不鼓励使用聚丙烯酰胺、多水雷、铝和铁基混凝剂等。为此，特别针对一种低毒、无污染、可生物降解的混凝剂（壳聚糖）进行了试验研究，并予以使用。这一产品由贝类贝壳提炼而成，并以凝胶絮凝剂的名义销售。将凝胶絮凝剂置于 2000gpm 的再循环流中，可持续地将疏浚水的浑浊度从 1000NTU 降低到平均 17NTU。处理过的湖水的电导率、pH 和温度等均未受到影响。

倾置场的设计必须考虑项目结束时的效率，而不是整个使用期内的平均排放要求。Palermo 等（1978）以及本章后续章节均总结了有助于正确设计、施工和维护疏浚弃土倾置场的重要技术信息。Barnard 和 Hand（1978）描述了在无法达标时于何时以及如何处理倾置场排放问题等相关细节。Brannon（1978）、Chen 等（1978）、Gambrell 等（1978）和 Lunz 等（1978）均为减缓倾置场环境问题提供了颇具价值的信息。

20.4　疏浚深度

当修复湖泊用于航海、动力划船和其他相关活动时，对其予以加深即可，这自然相对简单。但当扩展至控制内部养分循环和大型植物生长等层面时，标准就不那么明确了。

瑞典楚门湖修复工程可能是迄今记录最为完整的底泥清除案例，其目标是控制内部养分循环和大型植物入侵。楚门湖的底泥清除深度是通过绘制底泥中各养分的水平和垂直分布来确定的。如 Bjork（1972）所述，Digerfeldt（1972）确定在 1940—1965 年，楚门湖积累了约 40cm 厚的表层底泥。底泥表层 $PO_4 - P$ 和 $NH_4^+ - N$ 的好氧和厌氧释放速率均明显大于底层。基于这些差异，当时特别制定了方案来去除上层 40cm 的底泥。

Stefan 和 Hanson（1979）以及 Stefan 和 Ford（1975）提出了确定底泥清除深度的另一种方法。这种方法与 Stauffer 和 Lee（1973）开发的方法相似，后者描述了北温带湖泊温跃层受风侵蚀的案例。Stefan 和 Hanson（1979）用其模型预估了明尼苏达州霍尔湖必须在夏季予以疏浚的深度，以控制底泥养分间的不利交换。换言之，需确定建立永久性夏季热分层（二次循环湖情形）所需的深度。Stefan 和 Hanson（1979）的模型假设，为防止富含养分的下层滞水带水体混入湖上层，夏季分层的稳定十分必要。基于这一假设，他们计算出对霍尔湖（明尼苏达州费尔蒙特市的一个湖泊）而言，需疏浚 8m 的深度，才能将其从一个常对流湖变成一个双季对流混合湖。考虑到霍尔湖 $2.25km^2$ 的表面积、2.10m 的平均深度和 8.00m 的深度，疏浚量将是巨大的。

霍尔湖的浅层底泥和深层底泥之间没有明显的化学或物理区别。底泥表面至 8.5m 处磷浓度较为均匀（37 个样品中，磷浓度为 737～1412mg/kg，平均为 1097mg/kg）。然而，深层底泥中磷的释放速率有可能低于表层底泥（无实际测量结果）。深层底泥的养分释放速率较慢，可显著减少养分对上层水体的不利影响，即使分层可能并非是永久性的（Bengtsson 等，1975）。若如此，表层底泥清除可能产生与深层疏浚几乎相同的结果，且可节省大量费用。因此，在采用湖泊温度模拟法确定疏浚深度进行养分控制前，宜先开展养分增量释放速率试验。

疏浚将清除沿岸带的有根大型植物，但鲜有细致研究来确定防止有害植物再生所需的深度。影响有根植物生长区域的因素包括温度、底泥结构、养分含量、坡度和光照水平等（见第 11 章）。

利用 Belonger（1969）和 Modlin（1970）获取的现场数据，威斯康星州自然资源部编制了一份指南，以规定控制大型植物再生所需的疏浚深度。该指南是通过对威斯康星州数个湖泊内植物的最大生长深度与该等湖泊在夏季的平均塞氏盘透明度予以回归分析得出的。两者关系可以表示为

$$Y = 0.83 + 1.22X \tag{20.1}$$

式中　Y——植物最大生长深度，m；

　　　X——夏季湖水平均透明度，m。

威斯康星州上述各湖中，平均塞氏盘透明度为 1.5m 的，仅有少量大型植物生长在 2.7m 以下。据 Dunst（1980）所言，威斯康星州将这种关系作为制定大型植物控制用疏浚计划的粗略指南。但 Dunst 指出，尽管如此，疏浚深度并不总是需要超过预测的 Y 值来实现对大型植物的控制，因为轻微的加深经常会将植物物种形态改变为不那么令人讨厌的形态。

Collett 等（1981）试图确定新南威尔士州常年浑浊的图加拉湖中防止植物再生所必需的疏浚深度。他们在与湖岸平行、距湖岸约 300m 的矩形区域（30m×180m）内，疏浚三个 $30m^2$ 的试验区，深度分别为 1.0m、1.4m 和 1.8m，以此估算光补偿深度。同时留有三个未被疏浚、面积同样为 $30m^2$ 的对照区。结果表明，疏浚深度达 1.0m 的试验区，在短短 4 个月内再度被植物占据，而 1 年后，其大型植物生物量约为疏浚前的 60%。在同一年内，疏浚深度达 1.4m 和 1.8m 的试验区无大型植物恢复迹象。所有试验区内底泥的养分水平都同样高，因此养分不足并非植物生长受限的可能性原因。研究人员推测，在 1.4m 和 1.8m 的深度，光穿透能力的降低限制了植物的再生，但他们也指出，较深的试验区往往充满植物残体和湖泊腐质，改变了基底的质地。不幸的是，迄今尚无关于光照程度或底泥颗粒大小的定量测量报告来证实他们的推测。

在图加拉湖，大型植物通常生长至 2m 深（Higginson，1970），这似乎意味着光本身不应对 1.4m 和 1.8m 深度处植物的生长造成妨碍。Collett 等（1981）指出更深处的絮凝性底泥可能产生意料之外的影响。他们的研究没有最终回答光对植物再生的影响这个问题。这甚至可能造成对利用光强来确定疏浚深度的原理产生质疑。然而，鉴于我们对大型植物生长特性和光照要求的了解，这似乎是一种合理的方法。自养植物生长的最大深度依赖于水的透明度（Hutchinson，1975；Maristo，1941）。

Canfield 等（1985）重新评估了大型植物最大生长深度与塞氏盘透明度之间的关系。Duarte 和 Kalff（1987）利用来自加拿大和美国湖泊数据集的几个变量证实了 Canfield 等的工作。第 2 章简要介绍了湖泊中大型植物的生长特性，第 11 章对这一主题进行了更详细的介绍。此外，Duarte 和 Kalff（1990）对这一主题的深入报道也是极好的参考资料。

20.5　底泥清除技术

淡水湖和水库底泥清除主要有两种技术。

第一种是先降低湖泊水位，然后用推土机和铲运机进行挖掘，但应用范围有限，以在小型水库中的应用最为成功（Born 等，1973）。这种技术最主要的限制因素是必须从湖盆中排水或抽水。其次是在挖土设备运行之前，必须确保湖盆充分脱水。尽管存在这些问题以及用卡车装运底泥本身也可能产生的其他问题，但这种方法已成功应用于纽约州斯坦梅茨湖（Snow 等，1980）。

第二种是最常见的底泥清除技术，是疏浚。Huston（1970）回顾了在役的各种挖泥船。本章只讨论在湖泊中常用的以及那些可使疏浚的不利影响最小化、拥有特殊功能的挖泥船。挖泥船主要分为机械挖泥船和液压挖泥船。还有一类为特别用途挖泥船，主要用于在低浊度挖掘系统中挖掘细粒状及有毒底泥。此两类底泥在淡水湖及水库中较为常见。

20.5.1 机械挖泥船

抓斗式机械挖泥船常见于湖泊修复中（图 20.1）。图 20.1（a）为作业中的抓斗式挖泥船。图 20.1（b）显示了典型的绍尔曼抓斗配置。所有抓斗式挖泥船共同面临的一个制约因素是，它们必须将挖掘出的底泥外卸至清除区附近，或卸至驳船或卡车上，以便运输到倾置场。它们的正常移动距离不超过 30～40m。另一个制约因素是底部轮廓粗糙不平。此外，其运行速率相对较慢，因为抓斗摆动、下降、闭合、恢复、起升和倾倒等整个作业周期耗时较长。抓斗式挖泥船作业时通常会使湖水变浑浊，因为抓斗将底泥挖离泥层时，会在湖底穿过水体拖曳一段距离，其间可能使抓斗受外力挣开，致使其离开水面时发生泄漏。此外，接收底泥的驳船亦可能偶尔外溢，增加湖水的泥土含量。还一个不足是，许多湖泊底泥具有很高的絮凝性，降低了抓斗的拾取效率。

抓斗式挖泥船与其他挖泥船相比至少有两个优点：它们可轻易地从一个地方转移到另一个地方，还可以在相对狭窄的地区作业。因此，它们在湖泊修复和管理方面的主要用途是海岸线改造，特别是在码头和游船码头附近区域。它们可以轻松地在该类区域常见的树桩和垃圾周围作业。抓斗在含有软泥或硬泥的近岸地区工作效率最高。深度增加不会对作业造成阻力，但由于运行周期较长，作业效率会随深度增加而迅速下降。

隔泥幕可减少上述一些与浊度有关的问题。隔泥幕是一种连续的聚乙烯板（裙板），表面易悬浮，底部加重，因此可垂直于水面悬挂。它可用于围护露天挖泥作业或隔离一段海岸线（图 20.1）。隔泥幕的目的是隔离直接疏浚区内的浊水，保护下游清洁地表水区域。隔泥幕可有效控制水面浑浊度，同时底部开敞，允许浊水从底泥—水界面附近逸出。

还有一种降低抓斗挖泥浑浊度的方法是使用有盖的防水装置（图 20.2）。防水挖斗的尺寸从 2～20m³ 不等。制造商声称与同等尺寸的挖斗相比，该防水挖斗可将浊度降低30%～70%。防水斗挖泥效果比传统斗更加清洁，但与液压式挖泥船相比，运行效率相对较低。

20.5.2 水力挖泥船

水力挖泥船有多种形式，包括吸入式挖掘船、斗式挖泥船、吸盘式挖泥船和绞吸式挖泥船等。活底挖泥船不适用于对内陆小湖泊的疏浚。吸扬式挖泥船尚未广泛应用。1978年，人们在威斯康星州的莉莉湖就曾尝试过使用吸扬式挖泥船，但后来发现底泥中部分分解的植物体阻止了这种挖泥船"流动"至吸入端（Dunst，1982），随后采用了绞吸式挖泥船。

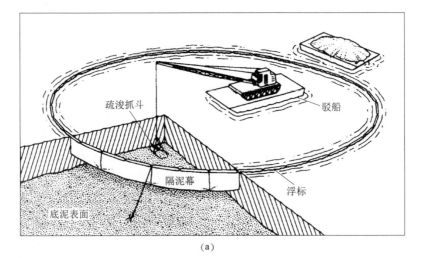

(a)

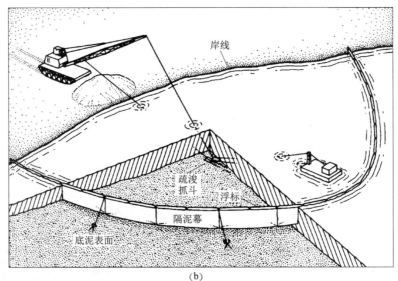

(b)

图 20.1　（a）敞水抓斗疏浚作业用隔泥幕围护结构；（b）在抓斗疏浚作业中使用隔泥幕隔离岸线。

（来源：Cooke et al. 1993.）

　　吸盘式挖泥船在湖泊修复中也不常用，尽管人们曾于 1961—1962 年在华盛顿绿湖使用了一种类似吸盘的挖泥船来清除絮凝性底泥（Pierce，1970）。该设备包含一个 15.25m 的开槽式吸入歧管。进水口尺寸设计确保可实现至少 300cm/s 的进气速度。由于底泥浓度随深度的增加而增加，一些进水口被封闭以增加开孔的流速。该吸盘式吸水头安装于驳船上，设计成 180°弧形摆动，可将底泥排卸至直径 50.8cm 的管道中，相应排距约为 792m。当时这艘挖泥船成功清除了 917500m³ 的底泥。Bjork（1974）指出瑞典楚门湖使用的疏浚头有一个特殊设计的喷嘴。上述绿湖和楚门湖的相关经验表明，在疏浚高絮凝性淡水湖底泥时，还应考虑吸盘式水力吸头和常规水力吸头的其他变种。

　　内陆湖底泥清除最常用的方法是采用绞吸式挖泥船。小型、便携的绞吸式挖泥船是内

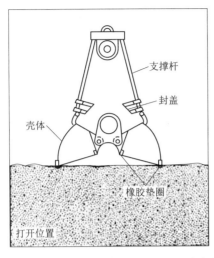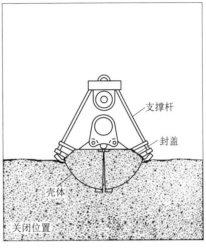

图 20.2 防水抓斗开/关位置。

（来源：Barnard，W. D. 1978. Prediction and Control of Dredged Material Dispersion Around Dredging and Open‐water Pipeline Disposal Operations. Tech. Rept. DS‐78‐13. U. S. Army Corps Engineers，Vicksburg，MS. ）

陆湖泊疏浚的主要设备。绞吸式疏浚系统的主要部件包括船体、刀头、梯子、泵、动力装置和输送疏浚材料的管道等（图 20.3）。

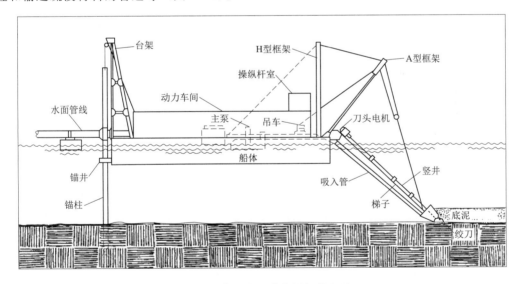

图 20.3 典型绞吸式挖泥船的配置。

（来源：Barnard，W. D. 1978. Prediction and Control of Dredged Material Dispersion Around Dredging and Open‐water Pipeline Disposal Operations. Tech. Rept. DS‐78‐13. U. S. Army Corps Engineers，Vicksburg，MS. ）

　　船体由钢材制成，能够承受由刀头产生的持续振动，是一种包含主动力装置、泵和操纵杆室的工作平台，同时配有绞车、电线和 A 型框架等挖泥船部件。

　　船首设有一个钢臂或梯子，在其远端装有绞刀。梯长决定了实际挖泥深度的极限。梯子还支撑吸入管、绞刀驱动电机和轴。在某些情况下，梯子或可配备一台潜水辅助吸泵。梯子通过接至外端绞车（安装在船体上）上的悬索实现升降。

绞刀或刀头通常由 3～6 个光滑或带齿的锥形叶片组成，这些叶片以 10～30r/min 的转速旋转，以松开压实的底泥（Bray，1979）。刀头可以是开式、闭式、直叶片式、螺带式或螺旋钻式。多数绞刀都设计为专门松动沙子、淤泥、黏土甚至岩石材料。传统的水力刀头设计大多不支持去除松软或絮凝性湖泊底泥，因此当用于湖泊疏浚作业时，其效率往往比较低。

锚柱是一种垂直安装的管道，直径从 25.4cm 到 127cm 不等，具体取决于挖泥船的大小，通常位于船体两侧尾部（图 20.4）。可通过将其交替提升或降低至底泥中来推动挖泥船前行。

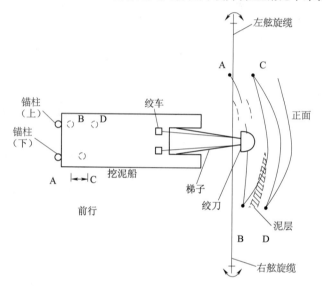

图 20.4　前移用锚柱刺入方法及其形成的切削型式。
（来源：Barnard，W. D. 1978. Prediction and Control of Dredged Material Dispersion Around Dredging and Open – water Pipeline Disposal Operations. Tech. Rept. DS – 78 – 13. U. S. Army Corps Engineers，Vicksburg，MS.）

从操作上讲，由绞刀松动的底泥利用疏浚泵（通常是离心泵）的吸力移至打捞头。然后通过管道将底泥浆排卸至较为偏远的倾置场。绞吸式挖泥船通常用排水管的直径予以衡量。内陆湖作业用液压挖泥船的尺寸通常为 15～35cm，尽管华盛顿温哥华湖所用挖泥船的尺寸为 66cm（Raymond 和 Cooper，1984）。图 20.4 显示了刀头是如何从一边移动至另一边以及如何通过左右舷旋缆的交替拉动来形成底泥切削路径的。相比斗式挖泥船，水力绞吸式挖泥船的一个主要优点是在作业中不受电缆长度的限制；另一个优点是其连续性的循环运行。

这种循环运行可使水力挖泥船产生大量的疏浚弃土。然而，这种优势也并非没有缺点。多数液压疏浚泥浆只含有 10%～20% 的固体和 80%～90% 的水。这意味着需要相对较大的倾置场和足够长的停滞时间来沉淀泥浆中的固体。它也意味着除非倾置场溢出的水回流到湖中，否则水力挖泥船的巨大抽水能力可能会使湖泊水位下降超出预期。

运至吸入端的底泥量通过绞刀转速、切削厚度和摆动速度予以控制（Barnard，

1978)。

这些因素的任何不当组合都可能导致浊度过高。因此，除了疏浚设备的配置，操作人员的技能对降低浊度也很重要。专用型挖泥船配备的新计算机技术大大减弱了这一问题。

20.5.3 专用型挖泥船

轻便型绞吸式挖泥船是大型沿海航道挖泥船的微型化。沿海挖泥船的刀头专为切削泥沙、黏土和淤泥而设计，不用于精细、絮凝性或有机性湖泊底泥（通常含有 40%～60% 的有机物）。因此，较软类湖泊底泥对疏浚行业提出了挑战，而疏浚行业也就此做出了一些创新方案，包括用于泥猫（mud cat）挖泥船的刀头。这些挖泥船利用卧式螺旋型绞刀将底泥移至 2.4m 宽的防护型挖泥船头部中心，而后用泵将之吸出，通过 20.3cm 的排卸管向外输送。之所以提到泥猫挖泥船，是为了强调其螺旋型刀头以及小型挖泥船的机动性（图 20.5）。还有一些其他类似的轻便型设备（Clark，1983）。

图 20.5　泥猫挖泥船具有独特的螺旋型刀头。较小的体积使其操作非常轻便。

（照片由马里兰州巴尔的摩市巴尔的摩市疏浚公司的 Ellicott 提供。）

图 20.5 中的挡泥板可在螺旋型刀头上方升降，最大限度地减少底泥的再悬浮。据 Nawrocki（1974）报告所述，用泥猫挖泥船进行疏浚作业时，所产生的浑浊水团需限制在疏浚机周围 6m 以内的区域内，尽管作业条件并无此类明确规定。浊度增加区域的悬浮物浓度为 39～1260mg/L。底部附近区域平均浓度约为 100mg/L。挖泥船的前进运动比后退运动产生更大的浑浊度。这似乎是由于前进时挡泥板较高，而后退时泥浆挡泥板较低所造成的。Mallory 和 Nawrocki（1974）指出，泥猫挖泥船应能产生含有 30%～40% 固体的泥浆。这几乎是传统绞吸式挖泥船所产固体量的两倍。

泥猫挖泥船非常适合在小型水体上工作。挖泥船靠一根固定在两条岸线上的缆绳工作。允许底部均匀疏浚，几乎不会产生任何疏漏。泥猫挖泥船已成功用于柯林斯公园和纽约州的其他几个小湖中。由于这些疏浚设备的轻便性以及能降低浑浊度和增加固体含量等性能，使其非常适合小型湖泊修复项目。泥猫挖泥船新式改进型操作系统对欧洲湖泊的成功疏浚起到了重要作用。

Clark（1983）发布了一项针对可在美国使用的轻便型水力挖泥船的调查。该调查确定了 46 种型号的轻便型设备，来自几个不同的制造商。该调查并未批判性地分析一种挖泥船相对于另一种挖泥船的特点，但以表格的形式详述了一般挖泥船的规格、泵的特性、吸入和排出直径、绞刀类型和工作能力等性能。这些资料对工程师选择挖泥船应该是有用的，因为它涉及 3~18m 的挖泥深度、15~1375m³/h 的挖泥量以及各种类型的刀头等信息。

利用离心力除去液压疏浚弃土中水分的设备现已存在，但目前尚无任何针对该设备的公开性评估结果。虽然这项技术可以减少底泥在沉淀池中的沉淀时间，但仍需要管理疏浚弃土中大量的水（通常为 80%~85%）。

20.5.4　气动式挖泥船

相比传统疏浚系统，气动（气体驱动）式疏浚系统在清除细颗粒状湖泊底泥方面具有优势（Cooke 等，1993）。所有气动系统（Oozer®、Cleanup® 和 Pneuma® 等）都源自日本。据我们所知，这些系统中唯一使用过的是 Oozer 疏浚系统（图 20.6），该泵于 1981 年用于加州直布罗陀湖（Spencer Engineering，1981）修复工程，用以清除汞污染底泥。

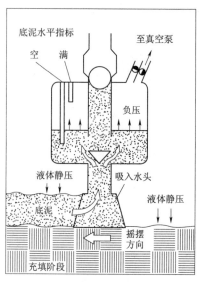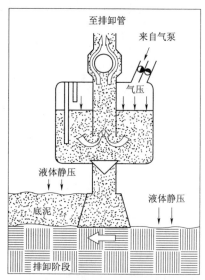

图 20.6　Oozer 疏浚系统示意图。

（来源：Cooke et al.，1993.）

在对泵体的阀芯材料进行较大改造后，气动系统运行性能会有较大改善（Spencer Engineering，1981）。Goldman 等（1981）证实了这一发现，并指出，在疏浚过程中任何地点或任何深度的水柱中都未出现汞含量升高的迹象。疏浚工程全程保持清洁，使得该湖（面积达 110.8hm²）泳滩区在任何阶段均未被迫关闭。尽管有这些积极的发现，但气动疏浚系统并没有在美国得到广泛的应用，因此，本文将不再赘述。

20.6　适宜的湖泊条件

Peterson（1981，1982a）描述了在评估疏浚可行性时需要考虑的一些底泥问题。除总成本外，湖泊规模并不是疏浚的制约因素。Peterson（1979）对 64 个湖泊疏浚工程的研究表明，该类湖泊的规模从小于 2hm² 到超过 1050hm² 不等，清除的底泥量为几百立方米。

可能限制大型内陆湖疏浚的一大制约因素是需要大型的倾置场。最常寻求湖泊修复的是湖泊使用率较高的地区。该类地区的底泥处理空间有限，但相应的用户利益却也最大（JACA，1980）。因此，针对这些情况探索合适的处理办法很有必要。

疏浚弃土的各种生产用途已得到验证（Lunz 等，1978；Spaine 等，1978；Walsh 和 Malkasian 等，1978）。在马萨诸塞州的纳汀湖，153×10³m³ 的底泥被作为土壤改良剂以 1.40 美元/m³ 的价格出售。这使得总疏浚成本降低 215000 美元，使单位疏浚成本降至约 1 美元/m³（Worth，1981）。然而，最终的纳汀湖报告驳斥了这一说法，称未从疏浚弃土的销售中获得实质性收益（马萨诸塞州环境顾问，1987）。原因是处理池内的弃土干燥速度较慢，造成挖掘困难。但是，隔离区后来以 45 万美元的价格出售，几乎收回了工程的投资成本。在日本，底泥倾置场通常以工业开发用途出售或改造成公园（Matsubara，1979）。

考虑成本效益，底泥清除工程必须能保证合理的使用寿命。对沉积速率的估计有助于确定充填速率，从而确定底泥清除效果的持续时间。尽管每单位疏浚弃土相应的成本很高，但如果将成本分摊到项目的预期寿命中，看起来则可能会合理得多。在所有其他条件相同的情况下，流域与表面面积比相对较小（名义上为 10∶1）的湖泊，其沉积速率将低于那些流域面积较大的湖泊。因此，流域面积较小的大湖应能从疏浚中获益更多，而非相反。

深度、大小、处置面积、流域面积、沉积速率等均为物理特征。底泥化学成分对湖泊生物群落的影响具体如何？当前信息表明，浅层疏浚更适用于表层底泥养分远高于基层底泥的湖泊（Andersson 等，1975；Bengtsson 等，1975）。瑞典楚门湖在去除 40cm 厚的表层底泥后，湖水化学和生物群落发生了显著的变化（Bjork，1978）。同样的变化也发生在纽约州的斯坦梅茨湖，当 25cm 的有机底泥被清除后，取而代之的是等量的净砂（Snow 等，1980）。在这两种情况下，疏浚前开展的大量底泥调查显示，相对于较深层的底泥，表层底泥中磷和氮的含量都高得不成比例。在湖泊中，开阔水域的底泥在底泥调查中通常比沿岸带底泥更为重要，因为该类底泥通常被输送至湖泊深层水域。地表流入区也需要加以考虑。沿海地区往往受波浪冲刷侵蚀，而在温带则受春季冰水冲刷。水库由于流域广阔，底泥在流入时可迅速堆积。底泥调查至少应确定要清除的底泥面积和深度。水平底泥特征通常比垂直底泥更为均匀。底泥的深度可能会有很大的变化，这取决于湖泊形成或泥沙通过河流入口进入湖泊时的湖盆结构。在调查时尤其要注意垂直变化。可利用利文斯顿活塞取芯器得到底泥剖面。若要有意控制养分，需特别注意底泥颜色和质地随深度的差异以及表层底泥（0～10cm）相对于较深层底泥的化学特征（如磷、氮浓度等），这一点非常重要（Peterson，1981）。除此之外，了解底泥颗粒大小、沉降速度和体积等，对选择正确的挖泥船和规划合适的倾置场也十分有益。

可通过几个变量来决定湖泊是否适合疏浚，但一般来说，最适合疏浚的湖泊通常深度较浅、沉积速率较低、有机养分丰富、流域面积和表面面积比相对较小（10∶1）、水力停留时间较长且疏浚结束后使用潜力较大。

20.7　挖泥船的选择及倾置场设计

本节大量引用了 Pierce（1970）的研究工作。实施湖泊疏浚需要做几个决定。其中最重要的是使用何种疏浚设备以及在设计倾置场时应考虑哪些因素。设备的选择取决于几个变量，包括可用性、工程时间限制、泥浆输送距离、排放水头以及疏浚弃土的物理和化学特性等。

影响倾置场设计的首要因素是疏浚弃土量。第二个因素是必须符合排放悬浮固体废物许可证的规定。因此，在设计倾置场时，必须考虑底泥粒径、比重、塑性和疏浚弃土的沉降特性等。

为证实上述考量，我们提供了一个示例。即对所谓的"死湖"（位于美国中西部冰川区农村地区）开展的可行性研究，该研究揭示了以下特征：①湖泊面积＝120hm²；②最大深度＝5.5m；③平均深度＝2.0m；④正常水位＝245.00m；⑤底泥水含量＝30%～60%。

由于工程总成本通常是根据实际疏浚弃土量来计算的，因此有必要估计湖盆中所含底泥量和类型。常规程序是收集可用于编制湖底图（用以描述原始湖盆配置）的水文数据。该图的精度取决于采样间隔和湖盆的原始地形。即使是相对较浅的冰湖，也可能存在很深的洞，这就加强了底泥深度测绘的必要性。

确定底泥体积所需的取样频率随湖盆结构和所需的测量精度而变化。初步取样站点的间隔应足够宽，以便粗略估计湖底固化地形。这有助于定义和限制最终绘制所需的站点数量。Pierce（1970）建议，中小型（＜40.5hm²）底泥清除工程应按 15.25m 的网格图形来布置采样点，并予以定期绘制。格网状布置可以通过测量或使用 GPS 单元来完成。他还建议，对于表面积大于 40.5hm² 的湖泊，可将网格大小增加至 30.5m，同时确保精度不会明显降低。他进一步指出，在湖泊底泥质量方面，水平方向的差异将远小于垂直方向的差异。单个湖泊的特征最终决定所需的采样频率。

获取必要数据的一种常用手段是在选定网格规定的站点上开展底泥深度/湖泊硬底测量，并将测量结果与岸上已知的高程基准点（地形图以及美国地质调查局基准点等）相结合。然后可将测量值转换成海拔高度，以编制水道图和计算底泥量。

获取所需数据的一种简便方法是，在每个监测站测量底泥—水界面的水深，以及探针在接触硬底之前可压入湖泊底泥的距离（深度）。这两种测量方法可使用刻度探测（"回波测深"）杆同时进行。湖泊底泥探测器通常是直径 0.95～1.6cm 的钢杆。该钢杆若受外力影响，可能会弯曲，进而降低精度。研究人员需对决定湖底硬底阻力程度培养一种"触感"。通过计算"硬底"杆段读数与底泥—水界面读数之间的差值，确定底泥的深度。在含有强絮凝性有机底泥的湖泊中，可能难以区分底泥—水界面。在这种情况下，建议在探测杆的顶端使用一个轻便的圆盘或底座来确定底泥表面的水深。除此之外，还可以使用刻度线、塞齐盘或者电子测深仪，其中一些测深仪非常精确。

在开阔水域平静时期最容易确定水深，浮筒船是这项工作的绝佳平台。在寒冷气候条件下，通过在冰上钻孔进行测量可以更容易地完成这项工作。冬季开展湖泊测绘工作，可更容易准确定位自身方位，特别是在利用 GPS 的情况下。Pierce（1970）指出，装备良好、工作效率高的船员应能够以这种方式每天在 $4\sim8hm^2$ 的湖面上收集水和底泥数据。在初冬（冰面厚度超过 15cm 之前）可提高工作效率。底泥深度测量至关重要。底泥量计算失误可导致工程造价估算和疏浚设备选择等出现误差，因此应重视测量精度。

死湖底泥测绘图显示出高有机泥沙物质（淤泥）的沉积。表层底泥的平均含水量约为 60%，而中、深层底泥的平均含水量为 30%～40%。测绘数据显示，在靠近入口的南端，底泥厚度接近 3.6m，而在北端，底泥厚度下降至 1.8m 左右。这些底泥条件非常适合使用绞吸式挖泥船。湖泊周围有三个底泥倾置场。为使抽运距离最小化，将该湖的表面积划分为三部分，分别与其最近的倾置场对接。图 20.7 为如何对湖泊进行划分，以便更好地利用现有丘陵倾置场。

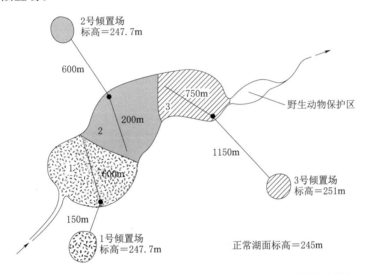

图 20.7　死湖（假设），显示计划疏浚区、通往倾置场的管道距离
以及不作疏浚处理的野生动物区（不按比例计算）。

（来源：Cooke et al. 1993.）

可行性研究表明，在过去 15 年里，由于该湖流域从行作物向小颗粒和干草作物的转变，湖泊的沉积速率显著下降。堆积的底泥未受污染，近年来的沉积主要是由有机质自身分解引起的。因此，在保持鱼类产卵和野生动物保护区完好无损的同时，应至少将湖泊加深 15%，加深至 6m 左右，这对恢复渔业和其他有益的用途将产生积极影响。该研究进一步指出，离海岸 60m 的水深应至少为 2.5m，然后湖底坡度应为 5%，坡深为 3.5m。以这种方式重新配置湖泊将能保证足够的水量和深度，以保持足量的溶解氧水平，从而避免鱼类冻死（Toubier 和 Westmacott，1976）。

基于这些建议进行的最大深度计算表明，需要清除约 153 万 m^3 的底泥。为最大限度地缩短湖泊使用中断期，尽快完成该项目，因此工程期限定为 2 年（4 月中旬至 11 月中旬，连续两季月份均为无冰月）。

20.7.1　挖泥船选择

为选择和使用合适的水力疏浚设备，可施行可行性建议。本节介绍了选择绞吸式挖泥船时的一系列注意事项（Pierce，1970）。

20.7.1.1　可用倾置场优化方案

由于能源需求随抽运距离的增加而增加，因此应尽量缩短抽运至倾置场的距离。

从 1 号湖区抽水时，1 号倾置场是最近的，泵送距离为 750m（图 20.7）。当从相应湖区抽水时，2 号倾置场和 3 号倾置场的泵送距离分别为 800m 和 1900m。经计算，1 号、2 号及 3 号倾置场分别可容纳 57.4 万 m^3、41.3 万 m^3 及 91.8 万 m^3 的疏浚弃土。因此，1 号区和 2 号区将分别接收 57.4 万 m^3 和 41.3 万 m^3 的疏浚弃土，3 号区接收余下的疏浚弃土（54.3 万 m^3），以通过最小化管道长度来优化处置效率。

20.7.1.2　可用疏浚设备产能分析

有必要分析各尺寸挖泥船的产能情况，以确定哪些设备可以按计划在 2 年内完成上述工作。设备调查显示，有尺寸为 20cm、25cm 和 30cm 的挖泥船可用，因此产能分析仅限于这些尺寸。

由于疏浚条件不同，疏浚泵生产率通常以范围形式列出，因此相差很大。可用挖泥船（尺寸为 20cm、25cm 和 30cm）的产能范围如图 20.8 所示，用以说明该方法。类似疏浚能力图表可从各疏浚泵制造商处获取。特定设备相关图表应随时可用。图 20.7 死湖的可行性研究表明，最大的泥沙量位于湖中心附近，从该区域到倾置场所需管道输送距离超过 600m。在此基础上，分别在最小、中等和最大管道长度情形下，对疏浚泵产能范围作出以下分析：

300m 长排出管：

20cm 泵，50～110m^3/h，平均 80m^3/h。

25cm 泵，80～190m^3/h，平均 135m^3/h。

30cm 泵，310～420m^3/h，平均 365m^3/h。

600m 长排出管：

20cm 泵，超过有效排出长度；需要升压泵。

25cm 泵，60～120m^3/h，平均 90m^3/h。

30cm 泵，220～290m^3/h，平均 255m^3/h。

800m 长排出管：

20cm 泵，超过有效排出长度；需要升压泵。

25cm 泵，50～80m^3/h，平均 65m^3/h。

30cm 泵，190～250m^3/h，平均 220m^3/h。

分析表明，基于疏浚泵的特性及其动力，在 600～800m 的距离内使用 25cm 系统，效率略高。随着管道长度的增加，管道摩擦增加，固体输运效率随之降低。为正常输送固体，管道的排出速度必须保持为 3～4m/s。因此，必须对排出管的长度予以限定，以确保其排出速度保持在 3～4m/s。较长的管道与增压泵配套使用。分析表明，即使使用尺寸最大的系统（30cm）将 3 号湖区产生的疏浚弃土运至 3 号倾置场，也需要一个增压泵。

20.7.1.3　工程完工所需疏浚天数计算

本案例需要从死湖清除约 153 万 m^3 的底泥。为提高效率，水力挖泥船通常需每天连续工作 24h，除非有噪声问题。对城市湖泊或小型湖泊而言，噪声可能是个问题。

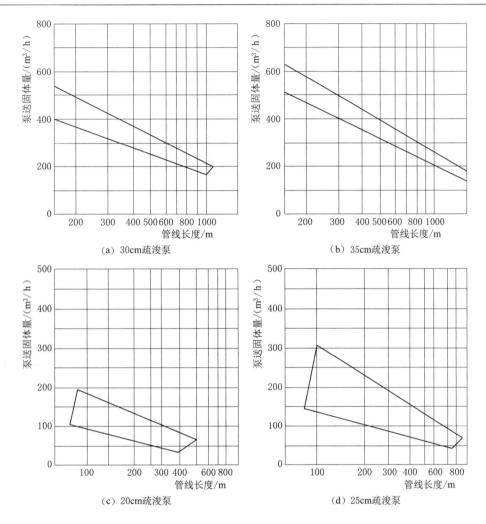

图 20.8 各尺寸挖泥船系统的典型生产特性。

(来源：Pierce，N. D. 1970. Inland Lake Dredging Evaluation. Tech. Bull. 46.

Wisconsin Dept. Nat. Res.，Madison.)

鉴于总需留出一些停机时间用于管道维护和迁移，因此在本例中，假设 24h/天的作业计划，正常的生产疏浚时间大约为 20h/天，6 天/周。

在此之前，从上述生产分析中可以看出，20cm 挖泥船在泵送距离超过 600m 的情况下，若无增压泵，将无法高效作业。由于多数泵需要 600m 及以上的泵送距离，因此不应考虑 20cm 泵。使用泵送距离分别为 600m 和 800m 的 25cm 和 30cm 排水系统（详见图 20.8）的平均疏浚速率（四舍五入，以便说明），可以计算死湖疏浚工程完工所需的天数。

25cm 泵系统有：

$$\frac{90+65}{2}=77.5\approx 75(\text{m}^3/\text{h})$$

$$\frac{1530000}{75\times 20}=1020(\text{天})$$

30cm 泵系统有：

$$\frac{255+220}{2}=237.5(\text{m}^3/\text{h})\approx230(\text{m}^3/\text{h})$$

$$\frac{1530000}{230\times20}=333(\text{天})$$

死湖位于美国北部，从 11 月中旬到次年 4 月中旬一直处于冰冻状态。这将每年的开放水域工作日减少到 185 天左右。如果使用 25cm 泵系统，完工时间将超过 5 年（1020/185＝5.5 年）。若工程需在 2 年目标内完成（两个开放水季），则须使用 30cm 挖泥船（333/185＝1.8 年）。3 号区域的处理需使用适当放置的增压泵，因为该区域的管道长度超过了 30cm 泵系统的有效泵送距离（约 1000m）。

20.7.1.4　主泵在特定湖泥比重下（约 1.20）泵送疏浚弃土时所需水头特性的确定

泵所需的水头特性取决于排出管的长度，即管道越长，总水头要求越高。必须分析在最小和最大排距情形下泵水头的排量特性。对于死湖，由于从 1 号湖区向 1 号倾置场泵送时，很少对岸线进行疏浚，因此最小排距（1 号湖区向 1 号倾置场）约为 300m（150m 湖岸到 1号倾置场距离＋150m 湖内离岸距离），最大排距（3 号湖区向 3 号倾置场）约为 1900m。

总吸入水头和总排出水头之和是泵工作时所依靠的总动力水头（Pierce，1970）。水头通常由基本的水力公式计算得出，并根据泵送物料的比重进行校正。吸入水头包括吸入高程水头、吸入速度水头和吸入管吸入摩擦水头。总排出水头通过对泵速水头、排放高程水头和管路摩擦水头的计算得出。较小的水头损失通常不予考虑。

1. 吸入水头

由于疏浚弃土的重量（湖泊底泥比重约为 1.20）大于水，对高度等于死湖深度的水体，其表面高程一定总是大于与其等重且等尺寸（直径）的疏浚弃土柱的表面高程。由此产生的高差即为吸入高程水头。吸入高程水头始终处于主泵水平中心线，可计算为

$$h_{ss}=S_1A-S_2B \tag{20.2}$$

式中　h_{ss}——吸入高程水头，淡水表读数，m；

S_1——湖水比重，取 1.0；

S_2——泵送弃土比重，取 1.2；

A——从切口底部到水面的距离，m；

B——从泵中心到切口底部的距离。

假设疏浚泵安装于湖平面船体上，最大疏浚深度为 8.5m，静吸入水头为

$$h_{ss}=1.00(8.5)-1.20(8.5)$$

$$h_{ss}=-1.7\text{m}$$

负号表示有吸入水头存在。此数值必须加上正的其他吸入系统中其他水头相应的值。

吸入速度水头是使疏浚弃土进入吸水管所需的能量。可计算为

$$h_{sv}=S_2\frac{V_s^2}{2g} \tag{20.3}$$

式中　h_{sv}——速度水头，淡水表读数，m；

S_2——泵送弃土比重；

V_s——吸入管吸入混合物的速度，m/s；

g——重力加速度，m/s²。

重力加速度为 9.82m/s²。吸入管正常吸入速度应保持在 3.0～4.0m/s，以确保固体进入泵内。假设中上档吸入速度为 3.6m/s，则吸入管内速度水头为

$$h_{sv} = 1.20 \times \frac{(3.6)^2}{2 \times 9.82}$$

$$h_{sv} = 0.8m$$

管道中水流特性引起的摩擦水头损失是疏浚泵必须克服的主要水头。管道摩擦损失受多个变量的影响，包括管道类型和直径、管道内流速、管道长度和结构以及泵送混合物中固体的百分比和类型等。由于摩擦损失随着吸入管直径的减小而增大，许多小型挖泥船所用吸入管的尺寸（通常为 5cm 增量）比排出管大。例如，一个排出管长 30cm 的挖泥船可能需要一个 35cm 长的吸入管。排出管内的流速将大于吸入管，因为大直径吸入管内的物料体积必须经受小直径排出管的挤压。排出管内的速度随大管径平方与小管径平方的比值而变化（$35^2 \div 30^2 = 1.36$）。因此，在吸入时 3.6m/s 的速度在排出时增至约 4.9m/s。必须考虑影响管道摩擦损失（吸入摩擦水头）的所有因素，并将其应用于可接受的摩擦损失公式中。吸入摩擦水头指克服泵吸入管摩擦损失所需的能量（Pierce，1970）。吸入摩擦水头可用达西-韦斯巴赫（Darcy-Weisbach）公式予以计算，即

$$h_{sf} = f\left[\frac{1 + (P - 10)}{100}\right]\frac{LV_s^2}{2gD} \tag{20.4}$$

式中 h_{sf}——摩擦水头，淡水读数，m；

f——摩擦系数；

P——疏浚泥浆中的固体含量，体积百分比；

L——吸入管等效长度，m；

V_s——吸入管吸入混合物的速度，m/s；

g——重力加速度，m/s²；

D——吸入管内径，m。

摩擦系数（f）是无量纲数，是不同类型管道雷诺数和相对粗糙度的函数（管道相对粗糙度＝管道绝对粗糙度/直径，以 m 为单位）。这些函数由实验得到，并由穆迪（1944）用图表予以表示（图 20.9）。使用 f 来计算管道弃土输送量，最多只能得到近似值，这是由于泥浆中的固体含量会影响最终数值。虽然有这一突出问题，但目前这一方法通常用以估算各种液压管道的疏浚数据。雷诺数可从以下公式计算得出为

$$R = \frac{VD}{\nu} \tag{20.5}$$

式中 V——管内流速，m/s；

D——管道内径，m；

ν——温度校正的水运动黏度，10^{-6} m²/s，见表 20.1。

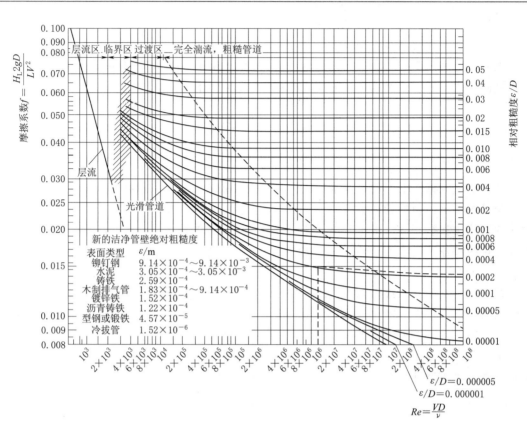

图 20.9　显示管道流动摩擦系数的穆迪图。

（来源：Moody，L.F.1944. *Trans. ASME* 66：51 – 61. With permission. ）

表 20.1　　　　　　　　　水在不同温度下的物理性质（选定部分）

温度 T/℃	密度 ρ /(g/cm³)	黏度 /[$\times 10^2$ g/(cm·s)]	运动黏度 ν/($\times 10^2$ cm²/s)①
0	0.9999	1.787	1.787
5	1.0000	1.514	1.514
10	0.9997	1.304	1.304
15	0.9991	1.137	1.138
20	0.9982	1.002	1.004
25	0.9971	0.891	0.894
30	0.9957	0.798	0.802
35	0.9941	0.720	0.725
40	0.9923	0.654	0.659
50	0.9881	0.548	0.554
60	0.9832	0.467	0.475
70	0.9778	0.405	0.414

续表

温度 T/℃	密度 ρ /(g/cm³)	黏度 /[×10²g/(cm·s)]	运动黏度 ν/(×10²cm²/s)[①]
80	0.9718	0.355	0.366
90	0.9653	0.316	0.327
100	0.9584	0.283	0.295

注：来源于Montgomery，R. L. 1978. Methodology for Design of Fine - Grained Dredged Material Containment Areas for Solids Retention. Tech. Rept. D - 78 - 56. U. S. Army Corps Engineers，Vicksburg，MS.

① cm²/s×10⁴ = m²/s。

如上所述，为保持固体（紊流）悬浮，吸入管内泥浆流速应为 $3.0 \sim 4.0$ m/s 或更高。如果依然假设泥浆流速为 3.6 m/s，20℃下水的运动黏度为 1.0×10^6 m²/s，将这些数据应用到 35cm（0.35m）的吸入管，即可通过式（20.5）计算所需雷诺数，即

$$R = \frac{3.6(0.35)}{1.0 \times 10^{-6}}$$

$$R = 1.3 \times 10^6$$

假设管道粗糙度为 8.7×10^5 m，则相对粗糙度为

$$rr = \frac{e}{D} \tag{20.6}$$

式中 rr——相对粗糙度；

   e——绝对粗糙度，m；

   D——管道内径，m。

则可得出

$$rr = \frac{8.7 \times 10^5}{0.35}$$

$$rr = 2.5 \times 10^4 \tag{20.7}$$

将相对粗糙度和雷诺数应用于穆迪图（图 20.9），摩擦系数为 0.015。注意，这两个变量的交点位于粗糙管道层流与完全湍流的过渡区。

吸入管的摩擦水头损失随结构、阀、悬浮物浓度和刀头类型的不同而不同。刀头损失量具有高可变性，目前对于细粒疏浚弃土相关的损失尚无明确界定。（注意上面关于使用 f 值的说明。）

这些变量的修正系数不易以表格形式列出。因此，工程中经常结合实际经验和试验对实际吸水管长度进行合理判断，计算出吸入管等效长度。

实际上，等效长度是对吸入管水头损失的修正。吸入管"修正系数"一般为 $1.3 \sim 1.7$（Hayes，1980）。疏浚至水深 8.5m（疏浚后的最大湖深），疏浚梯（吸入管长度）约需 15m 长。假定吸入管等效长度修正系数为 1.7，则等效长度为 25.5m（$15 \times 1.7 = 25.5$）。将所需数值（假设固体含量为 20%）代入式（20.4），确定吸入摩擦水头为

$$h_{sf} = 0.015\left(1 + \frac{20 - 10}{100}\right)\frac{25.5 \times (3.6)^2}{2 \times 9.82 \times 0.35}$$

$$h_{sf} = 0.8\text{m}$$

疏浚泵总吸入水头（H_s）为吸入高程水头（-1.7，负值补正）、速度水头（0.8）和摩擦水头（0.8）之和。

$$H_s = h_{ss} + h_{sv} + h_{sf} = 1.7 + 0.8 + 0.8$$

$$H_s = 3.3\text{m}$$

2. 排出水头

排出高程水头由泵中心线与排出管末端高程差（垂直距离）表示，并根据疏浚泥浆的比重进行校正。如前所述，本例中疏浚泥浆的比重为 1.20。考虑进行这项工程的疏浚泵中心线位于挖泥船船体吃水线处（由图 20.7 可知，正常水位为 245m）。1 号、2 号倾置场的堤顶高程为 247.7m。利用该信息，可计算出排出高程水头为

$$h_{de} = S_2(E_D - E_p) \tag{20.8}$$

式中　h_{de}——排出高程水头，淡水读数，m；

　　　S_2——泵送混合物的比重；

　　　E_D——排出管中心线在排出点的高程，m；

　　　E_p——疏浚泵中心线处的高程，m。

因此，当泵送至 1 号、2 号倾置场时，排放高程水头为

$$h_{de} = 1.20 \times (247.7 - 245.0)$$

$$h_{de} = 3.2\text{m}$$

排出摩擦水头指克服排出管内摩擦损失所需的能量，可通过［式（20.4）］计算得出。疏浚泵从 2 号湖区将弃土泵送至 2 号倾置场（无增压泵情形下的最大排距）时，所需克服的摩擦水头损失最大。本例管道长度为浮管 200m 左右，岸管 600m 左右。这两种管道在连接结构上差异很大，因为浮动管道必须足够灵活，以适应波浪影响并便于挖泥船重新定位。因此，这两种管道等效长度计算所用系数不同。Pierce（1970）指出，浮管系数一般为 1.35～1.5（弯度大于岸管），岸管系数通常为 1.1～1.25。如果浮管（200m）系数取最大值为 1.5，岸管（600m）系数取最小值为 1.1，则会使管道等效长度趋于正态化。因此有：

浮管长度＝200×(1.5)＝300m

岸管长度＝600×(1.1)＝660m

总等效长度＝960m

将总等效长度代入式（20.4），计算出排出管流速（4.9m/s），相应地排出管摩擦水头损失为

$$h_{df} = 0.015 \times \left(1 + \frac{20 - 10}{100}\right) \times \frac{960 \times 4.9^2}{2 \times 9.82 \times 0.30}$$

在图 20.10 中，考虑 4.9m/s 的速度，垂直读数至 0.3m 管道交叉口，或在摩擦水头损失标尺上向左读数至 2.05，可得到相同的值。摩擦水头损失标尺以每 30.5m 管长对应的距离（m）来表示，因此标尺读数必须乘以等效管长除以 30.5m 所得的段数（960÷30.5＝31.47；2.05×31.47≈65m）。

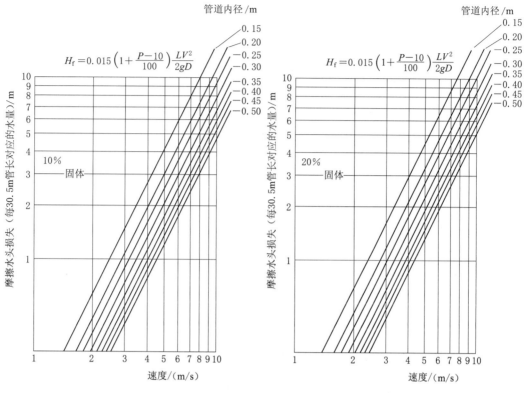

图 20.10　不同直径管道中 10% 和 20% 固体颗粒相应摩擦水头损失随泥浆速度变化的规律。

（来源：Pierce，N. D. 1970. Inland Lake Dredging Evaluation.

Tech. Bull. 46. Wisconsin Dept. Nat. Res. ，Madison. ）

泵速水头指将泵吸入管流速增至排出管流速所需的能量。其计算公式为

$$h_{dv} = S_2 \frac{V_d^2 - V_s^2}{2g} \tag{20.9}$$

式中　h_{dv}——泵速水头，淡水表读数，m；

　　　S_2——疏浚弃土比重；

　　　V_d——排出管中疏浚弃土流速，m/s；

　　　V_s——吸入管中疏浚弃土流速，m/s；

　　　g——重力加速度，m/s^2。

假定吸入速度为 3.6m/s，排出速度为 4.9m/s，则泵速度水头为

$$h_{dv} = 1.20 \times \frac{4.9^2 \times 3.6^2}{2 \times 9.82}$$

$$h_{dv} = 0.7m$$

主泵总排出水头为各排出水头之和，可以表示为

$$H_d = H_{dc} + h_{df} + h_{dv} = 3.2 + 65.0 + 0.7 = 68.9m \tag{20.10}$$

主泵总动力水头为总吸入水头和总排出水头之和，可以表示为

$$H_{\text{TDH}} = H_s + H_d = 3.3 + 68.9 = 72.2\text{m} \tag{20.11}$$

一旦得到总动力水头值，就可计算出泵在系统阻力下运行所需的动力。但是，首先需要知道泵的理论排量，其公式为

$$Q = \frac{\pi}{4}3600D^2V_d \tag{20.12}$$

式中 Q——疏浚泵排量，m^3/h；

  D——排出管内径，m；

  V_d——排出管内泥浆流速，m/s。

当管道流速为 4.9m/s 时，30cm 疏浚泵排量为

$$Q = \frac{3.14}{4} \times 3600 \times 0.30^2 \times 4.9 = 1246\text{m}^3/\text{h}$$

因此，在总动力水头为 72.2m 时，应选择最接近所需水头流量（1246m^3/h）的疏浚泵。图 20.11 的疏浚泵性能曲线在 C 点满足这些要求。

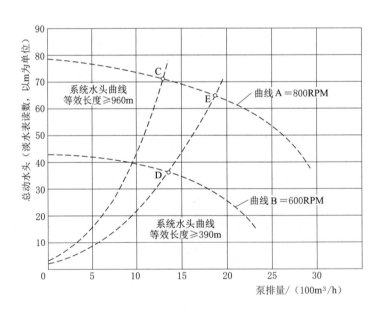

图 20.11 30cm 疏浚泵系统水头曲线。

（来源：Pierce，N. D. 1970. Inland Lake Dredging Evaluation. Tech. Bull. 46.

Wisconsin Dept. Nat. Res.，Madison.）

此外，疏浚动力装置必须足够强大，以确保泵可将弃土排出管道。所需动力通常由工程师根据制动马力指定，计算公式为

$$BHP = \frac{QH_{TDH}S_2}{2.737E} \tag{20.13}$$

式中　BHP——泵的连续制动马力；

　　　　Q——疏浚排量，m^3/h；

　　　　H_{TDH}——泵运行时的总动力水头，淡水表读数，m；

　　　　S_2——疏浚泥弃土的比重；

　　　　E——疏浚泵的效率，％。

小型挖泥船所用泵的效率为 $50\%\sim65\%$，并随磨损而降低（Pierce，1970）。因此，建议在效率方面采用保守数值。Pierce（1970）建议将效率定为 55%。因此有

$$BHP = \frac{1248 \times 72.2 \times 1.20}{2.737 \times 55.0}$$

$$BHP = 718\text{hp}$$

疏浚泵在任何转速下的额定连续工作能力应至少降低 10%（Pierce，1970），以确保动力装置尺寸合适，可使泵以所需转速（本例中为 800r/min）旋转，同时确保发动机无故障运转，以尽力延长其使用寿命。本例中，若想确保泵的转速达到 800r/min，需要 $718 \times 1.1 \approx 790\text{hp}$。发动机选型应根据发动机和泵之间的 $1\sim1.5$ 减速齿轮来确定。因此，应使用至少 790hp、1200r/min 的发动机 $790\text{hp} \times 0.7457 = 589\text{kW}$。

对疏浚泵系统进行分析可得出以下结论：

（1）该项工作中，挖泥船尺寸最小为 30cm，梯子应足够长，以确保挖泥船可达到 8.5m 的深度。

（2）30cm 挖泥船（泵送距离 600m）的平均产量约为 $230\text{m}^3/\text{h}$。

（3）这项工作可使用 30cm 挖泥船在两个夏季完成。

（4）应先填充最近的倾置场。

（5）当疏浚泵从 2 号湖区泵送弃土至 2 号倾置场时，疏浚泵的最高水头为 72.2m。

（6）在 1200r/min 转速下，疏浚泵动力装置应能连续提供至少 790hp 或 589kW 的额定动力。

上述分析均基于泵达到最高水头条件的情形。

20.7.1.5　泵送至最近倾置场时最低水头情形的确定

泵的总水头随着泵送距离的缩减而减小。这意味着泵的排量增加，管道中疏浚弃土的流速就会增加。如前所述，在 1 号湖区进行疏浚及处理工程时，相应泵送距离至少约为 300m（岸管 150m 及浮管 150m）。通过与 800m 管道相同的一系列计算，可以得到 300m 管道的计算结果，具体如下：

（1）30cm 挖泥船（排出管长 300m）的平均产量约为 $360\text{m}^3/\text{h}$。

（2）300m 管道系统水头曲线如图 20.11 所示，等效长度约为 390m。图 20.11 中的 E 点显示，在转速达到 800r/min 时，泵排量大于 $1800\text{m}^3/\text{h}$。这使得排出管道的流速超过 6.5m/s，致使泵和管道过度磨损，可能产生泵气蚀和发动机极端负荷等问题，所有这些都将导致运行效率较低。

（3）有两种可能性解决方案：安装尺寸更小的泵叶轮或降低发动机转速。图 20.11 显

示，如果 30cm 泵在 600r/min 下运行，同时管道长度为 390m（如 D 点所示），泵在 36m 水头下的泵送速度约为 1340m³/h。据 Pierce（1970）所言，在这一产能下，泵的排出速度能降低至可接受的 5.1m/s。

（4）36m 水头和 600r/min 运行条件下所需的连续动力降至 385hp。使用 1~1.5 的降速系数将需要发动机在 900r/min 的转速下运转，以 600r/min 的转速转动泵。

很明显，当泵速超出建议的速度范围时，其水头流量曲线对于选择疏浚系统和确定不同排量下的最优泵速以最大限度地提高产量，是很有帮助的。应该注意的是，泵系统的性能随着系统组件的磨损而变化，定期根据制造商的额定曲线检查性能对此颇有助益。当系统初次启动时，在清水上运行测试，这是最容易实现的，待泵投入运转后，定期重复测试。这些测试允许疏浚作业人员根据需要修改作业程序，以保持最佳产量。

20.7.1.6 泵送距离超过主泵容量时增压泵需求分析

从 3 号湖区到 3 号倾置场（标高 251m）的管道输送距离（1900m），摩擦水头较大，泵排量减少，超过了 30cm 挖泥船的有效能力区间（见图 20.8）。所选择的增压泵必须能够提高总排量，以将最小管道排速保持在 4.9m/s。

图 20.12 所示为单独运行的主泵以及串联运行的主泵与同一增压泵的水头流量曲线。通过计算 1900m 排出管道的系统水头曲线，可以确定双泵曲线上的运行点。该系统排出管线的等效长度为

浮管长度＝760×1.5＝1140m
岸管长度＝1160×1.1＝1276m
总等效长度＝2416m

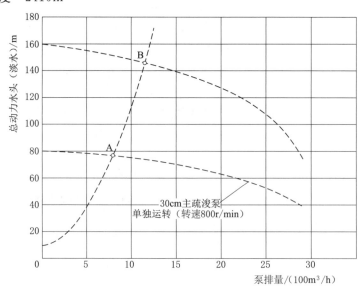

图 20.12 30cm 疏浚泵和 30cm 增压泵水头流量关系。

（来源：Pierce，N. D. 1970. Inland Lake Dredging Evaluation. Tech. Bull. 46. Wisconsin Dept. Nat. Res.，Madison.）

图 20.12 中 1900m 长排出管道的系统水头曲线参数可计算为

$$h_{ss} = 1.0 \times 8.5 - 1.20 \times 8.5 = 1.7\text{m}$$

$$h_{sv} = 1.2 \times \frac{3.6^2}{2 \times 9.82} = 0.8\text{m}$$

$$h_{sf} = 0.015 \times \left(1 + \frac{20 - 10}{100}\right) \times \frac{25.5 \times 3.6^2}{2 \times 9.82 \times 0.35} = 0.8\text{m}$$

$$H_s = 1.7 + 0.8 + 0.8 = 3.3\text{m}$$

$$h_{de} = 1.2 \times (51 - 245) = 7.2$$

$$h_{dv} = 1.20 \times \frac{4.9^2 - 3.6^2}{2 \times 9.82} = 0.7\text{m}$$

$$h_{df} = 0.015 \times \left(1 + \frac{20 - 10}{100}\right) \times \frac{2416 \times 4.9^2}{2 \times 9.82 \times 0.30} = 162\text{m}$$

$$H_d = 7.2 + 0.7 + 162 = 169.9\text{m}$$

$$H_{TDH} = H_s + H_d = 3.3 + 169.9 = 173.2\text{m}$$

$$Q = 2826 \times 0.30^2 \times 4.9 \approx 1246\text{m}^3/\text{h}$$

通过计算出的水头流量关系，确定了泵系统水头曲线上的一个点（图 20.12）。然后计算曲线上的其他点，以绘制出系统曲线。图 20.12 中的 A 点显示疏浚泵单独运转，在 75m 的水头下的排量约为 815m³/h。式（20.12）可重新整理为

$$V_d = \frac{Q}{\frac{\pi}{4} 3600 D^2}$$

可确定，在这些条件下，排出管流速降低至略大于 3m/s，处于有效运行范围的下限（3.0～4.0m/s）。图 20.12 中的 B 点显示，如果疏浚泵与另一个相同的增压泵串联工作，则在 145m 水头下，其排量将增至 1180m³/h 左右。在这些条件下，排出管流速可增至 4.6m/s，更易于接受。

使用 30cm 泵是可行的。但若 30cm 泵不可用时如何处理？假设唯一可用的泵是一个 35cm 的高水头增压泵。该增压泵的水头流量曲线与 30cm 疏浚泵的水头流量曲线如图 20.13 所示。

图 20.13 还显示了针对 1900m 排出管道的 30cm、35cm 串联泵排量曲线和系统水头曲线。图 20.13 上的 A 点表示两个串联泵通过直径 30cm、长度 1900m 的排出管道时的能力。A 点流量约为 1281m³/h，水头 172m。在此排速下，排出管流速约为 4.9m/s。

通过图 20.13，还可确定总水头各部分与各泵的对应关系。从 A 点向下划一条垂直线即可。主泵的总水头是 72m（C 点），增压泵总水头是 100m（B 点）。两者之和为 172m（见 A 点）。两台泵运转所需的连续马力分别是：

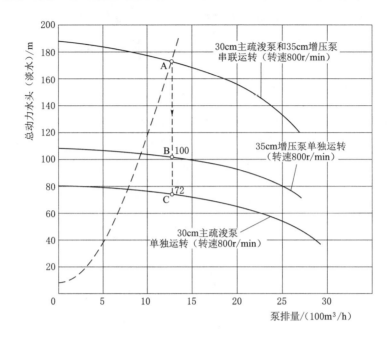

图 20.13　30cm 疏浚泵和 35cm 增压泵水头流量关系。

（来源：Pierce，N. D. 1970. Inland Lake Dredging Evaluation. Tech. Bull. 46.

Wisconsin Dept. Nat. Res. ，Madison. ）

疏浚泵为

$$BHP = \frac{1281 \times 72 \times 1.2}{2.737 \times 55}$$

$$BHP = 735 \times 1.1 \approx 809hp$$

增压泵为

$$BHP = \frac{1281 \times 100 \times 1.2}{2.737 \times 55}$$

$$BHP = 1021 \times 1.1 \approx 1123hp$$

疏浚泵的马力要求略高于之前计算的 790hp，但如果考虑到动力装置初始选择时所用的 10％的系数，这一差异不足以对运行造成任何问题。增压泵动力装置应与减速齿轮联用，使增压泵以 800r/min 的速度运行。

工作能量图（图 20.14）显示了贯穿整个管道长度的水头，对于确定疏浚泵和增压泵之间最大和最小允许距离颇有助益。由于疏浚过程中存在多个变量，假定增压泵正吸入水头（H_s）为 10.6m。此外，由于主疏浚泵的正吸入水头（H_s）约为 3.3m，因此必须从疏浚泵的总动力水头（H_{TDH}）中减去这个数值，才能得到疏浚泵的吸入水头（H_d）：72.0－3.3＝68.7。基于这一数值以及每 30.5m 管长相应的排出摩擦水头损失值，对排速为 4.9m/s 的 30cm 排出管计算其等效长度内的最大泵间距，其公式为

$$\frac{(68.7-10.6)\times30.5}{2.05}\approx864(\text{m})$$

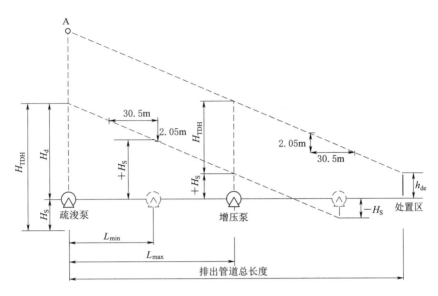

图 20.14　30cm 疏浚泵与 35cm 增压泵串联工作能量图。

（来源：Pierce，N. D. 1970. Inland Lake Dredging Evaluation. Tech. Bull. 46.

Wisconsin Dept. Nat. Res. ，Madison. ）

管道等效长度除以浮管等效长度修正系数（1.5）可得出实际管道长度（576m）。由于浮管长度约 760m，这意味着增压泵必须安装在湖上的驳船上，距挖泥船最大不超过576m。图 20.14 中 H_S 所用加号和减号分别表示吸入水头和负压水头。由此可以看出，与疏浚泵距离大于 $L_{\max}$ 的增压泵将在吸入水头下工作，这种情况应尽量避免。

若知道排水管的工作压力，则可计算出疏浚泵与增压泵之间的最小间距。假设工作压力为 $1.40\times10^5\,\text{kg/m}^2$，则相当于 140m 的水压。

两台紧挨放置的泵，相应排出水头为 168.7m（疏浚泵水头 H_d－数据泵吸入水头H_s＋增压泵总动力水头 H_{TDH}），如图 20.14 中 A 点所示。按比例计算，168.7m 水头下排出管的压力为 $1.68\times10^5\,\text{kg/m}^2$，超过所需工作压力（$1.40\times10^5\,\text{kg/m}^2$）。因此，有必要将增压泵与疏浚器保持最小距离放置，这样管道摩擦就可使管道压力降低至低于工作压力。算出该距离后，疏浚泵和增压泵的排出压力之和减去两泵之间的管道摩擦水头损失，应小于管道工作压力。图中能量梯度的斜率在整个排放管长度中几乎是恒定的。泵间最小距离产生的摩擦水头损失可表示为

$$H_1=H_{TDH}+H_d-W_p \tag{20.14}$$

式中　H_1——疏浚泵与增压泵之间排出管的水头损失；

　　H_{TDH}——增压泵总动力水头，m；

　　H_d——疏浚泵总水头减去正吸入水头，m；

　　W_p——排出管工作压力。

因此有

$$H_1 = 100 + 68.7 - 140 = 28.7\text{m}$$

产生这种摩擦水头损失所需的管道长度可以依据上述信息计算出来。从图 20.10 中可以看出，在排速为 4.9m/s 时，30cm 排出管水头损失为每 30.5m 管道长度 2.05m。

因此有

$$\frac{30.5 \times 8.7}{2.05} \approx 427\text{m（等效长度）}$$

实际管道长度等于等效管道长度除以等效管道长度修正系数（1.5），即

$$\frac{427}{1.5} \approx 284\text{m}$$

为确保在排放管规定压力范围内运行，Pierce（1970）设计了两个公式来计算疏浚泵和增压泵之间所需的最大和最小距离。这些公式非常适用于湖泊修复中常用小型挖泥船的距离计算。Pierce 指出，若需要一个以上的增压泵，这个方法可用来确定两泵的间距。这两个公式为

$$L_{\max} = \frac{30.5(H_d - H_S)}{1.5 h_{df}} \tag{20.15}$$

$$L_{\min} = \frac{30.5(H_d + H_{TDH} - W_p)}{1.5 h_{df}} \tag{20.16}$$

式中　$L_{\max}$——主疏浚泵和增压泵的最大间距，排出管长度，m；

　　　$L_{\min}$——主疏浚泵和增压泵的最小间距，排出管长度，m；

　　　h_d——疏浚泵排出压力，淡水表读数，等于疏浚泵排出压力计读数；

　　　H_S——增压泵吸入水头，m；

　　　h_{df}——排出管摩擦损失，每 30.5m 管长相应的损失量，m；

　　　H_{TDH}——增压泵总动力水头，水表读数，等于疏浚泵流量压力表读数；

　　　W_p——排水管工作压力，水表读数。

分析得出 3 号湖区向 3 号倾置场泵送弃土的相关结论，具体如下：

（1）倾置场超出疏浚泵的有效泵送能力，需要增压泵。

（2）通过使用与疏浚泵等尺寸的 30cm 增压泵或可用的 35cm 增压泵，可将排出管的流速提高至可接受的水平。

（3）由于增压泵所需的水头特性高度依赖于疏浚泵的水头特性，因此在选择增压泵时，需要绘制水头特性图。

（4）必须避免将增压泵安装于距疏浚泵过近或过远处。如果过近，会造成管道压力过大。如果过远，可能会使增压泵在吸入水头的作用下工作，使泵产生气蚀、排量降低或过度磨损等问题。

这些关于液压挖泥船选型的信息应有助于挖泥船方案设计人员选择合适的设备。挖泥

工程实际如何进行，应视所选用的设备类别及现场具体情况而定，而这些均须在制订挖泥工程作业计划时一并考虑。上述例证可作为一个通用指南，但是当选择挖泥船时，无任何其他参考资料可取代挖泥船疏浚泵实际流量关系曲线（Pierce，1970）。泵的吸入水头可参考该关系或制造商规范。

20.7.2 倾置场设计

选定疏浚设备后，下一个需要解决的关键问题便是倾置场域。丘陵倾置场较为常见。其主要挑战是设计和建造空间和滞留时间均比较合理的围护和倾置场，以容纳疏浚弃土，同时降低悬浮固体浓度，以满足排水需求。现有针对丘陵受限倾置场的设计、操作和管理等事宜的全面指南（USACOE，1987）可供参考。该指南包括根据淡水底泥的沉降特性设计悬浮固体滞留用倾置场域的相关程序（Montgomery，1978，1979，1982）。这些程序直接适用于湖泊疏浚工程，下文对其分别予以介绍，但设计细节还应参考上述资料。

必须对疏浚现场进行调查，以获其相关设计信息。需对现场底泥量进行估算。这是基础工作。还需在实验室开展两项测试。第一项测试用于表征底泥性质，包括自然含水量、阿特伯格极限、有机质含量和细粒底泥比重等。对粗粒底泥开展粒度分析即可。第二项测试旨在确定沉积速率。Montgomery（1978）研究表明，多数淡水疏浚泥浆均可通过絮凝沉降试验来表征，絮凝沉降过程中颗粒逐步凝聚，具有不同的物理性质和沉降速率。该试验方法曾被用作对水力疏浚湖泊底泥进行表征。

Montgomery（1978）在絮凝剂沉降试验中做了提醒。他指出，试验第一天沉降柱顶部附近形成的界面表明沉降受层沉降控制，应进行层沉降试验。此外，他还指出在高固相浓度或底泥受到高浓度有机物污染（湖泊底泥通常含有 $30\%\sim40\%$ 的有机物）的情况下，絮凝悬浮体形成晶格结构并作为整体沉降层可能会在沉降方面占优势。层沉降过程过渡到压缩沉降过程，其间通过压缩晶格结构实现沉降。压缩沉降行为决定了受限倾置场中疏浚底泥所占的初始库容。

20.7.2.1 絮凝沉降程序

（1）细粒底泥沉降试验装置原理图如图 20.15 所示。试验桶的深度应接近建议围护区域的有效沉降深度。实际测试深度为 2m。桶的直径至少为 20cm，取样口间隔 0.3m。试验桶应支持从底部吹气，使浆液在桶内充填期间保持混合状态。

（2）在试验桶中将底泥浆混合至所需的悬浮物浓度，试验桶体积要足够大，以便能填充试验柱。

（3）将泥浆泵入或倒入沉降柱内，在充填期间利用空气保持浓度均匀。

（4）当柱内完全混合后，在每个试样口抽取样品，以确定悬浮物浓度，取平均值，并将结果作为初始浓度。取样后停止吹气，开始测试。

（5）当泥浆沉降时，每隔一定时间从每个取样口抽取样品，并测定悬浮物浓度。采样间隔取决于固体的沉降速度，通常前 3h 间隔为 30min，然后间隔 4h，直至试验结束。试验到柱底附近可以看到固体界面，界面上方流体中悬浮固体浓度小于 1g/L。絮凝沉降浓度随深度的变化见表 20.2。

（6）若在之前任何测试中未在第一天内形成界面，则启动另一个测试，确保悬浮固体浓度足够高，以诱导区域沉降行为。

该试验应按下列程序进行。区域沉降行为发生时的确切浓度取决于用以估算疏浚弃土储存底泥的所需容量。

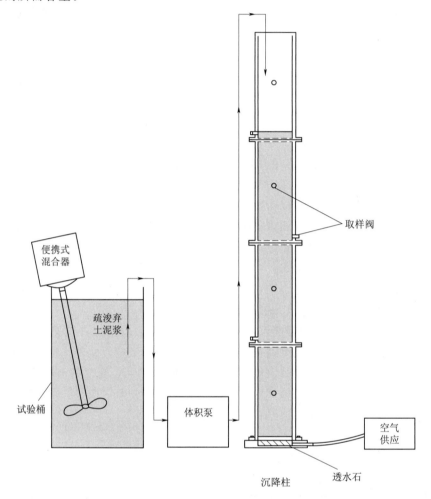

图 20.15　细粒底泥沉降试验装置原理图。

（来源：Montgomery，R. L. 1978. Methodology for Design of Fine‑Grained Dredged
Material Containment Areas for Solids Retention. Tech. Rept. D‑78‑56.
U. S. Army Corps Engineers，Vicksburg，MS. ）

20. 7. 2. 2　层/压缩沉降试验程序

该试验包括将泥浆置于类似于图 20.15 所示的桶中，并记录液固界面随时间的下降情况。然后将界面深度绘制为时间函数。曲线稳定沉降区斜率代表沉降区速度，是初始试浆浓度的函数。利用 Montgomery（1978）程序，可获取在层沉降特性占优势时设计围护区域所需的信息。程序如下：

（1）使用图 20.15 中的沉降柱。柱的直径要足以减小柱壁的影响，且试验所用泥浆的深度要与现场预计的倾置场泥浆深度相同（或几乎相同）。

（2）将泥浆混合至所需浓度，泵入或倒入沉降柱中，同时与空气混合，确保悬浮浓度为 $60\sim200\mathrm{g/L}$。

（3）根据时间记录固液（底泥—水）界面的深度。必须定期观测获取数据，以便绘制界面深度随时间变化的曲线。观察需细致、充分，以确保在每次试验时均可清楚界定前述曲线（见 Palermo 等，1978：pp. A3）。

表 20.2 　　　　　　　　　观察所得絮凝沉降浓度随深度的变化 　　　　　　　单位：g/L

时间	距沉降柱顶部深度					
	0.3m	0.6m	0.9m	1.2m	1.5m	1.8m
0min	132.00	132.00	132.00	132.00	132.00	132.00
30min	46.00	99.00	115.00	125.00	128.00	135.00
60min	25.00	49.00	72.00	96.00	115.00	128.00
120min	14.00	20.00	22.00	55.00	78.00	122.00
180min	11.00	14.00	16.00	29.00	75.00	119.00
240min	6.80	10.20	12.00	18.00	64.00	117.00
360min	3.60	5.80	7.50	10.00	37.00	115.00
600min	2.80	2.90	3.90	4.40	14.00	114.00
720min	1.01	1.60	1.90	3.10	4.50	110.00
1020min	0.90	1.40	1.70	2.40	3.20	106.00
1260min	0.83	1.14	1.20	1.40	1.70	105.00
1500min	0.74	0.96	0.99	1.10	1.20	92.00
1740min	0.63	0.73	0.81	0.85	0.94	90.00

来源：actual test on fresh water sediments (initial concentration = 132g/L). Modified from Montgomery, R. L. et al. 1983. *J. Environ. Eng. Div. ASCE* 109：466 – 484. With permission.

（4）持续读数，直至有足够数据可用（测试应重复至少 8 次），以界定每次测试时，至界面深度的最大曲率点随时间的变化情况。这些数据可用来建立区域沉降速度与浓度的关系曲线。

20.7.2.3　设计程序

Montgomery（1978）根据现场和实验室的观察，描述了疏浚弃土倾置场的完整设计程序。他描述了基于絮凝沉降特性和层/压缩沉降特性的咸水底泥和淡水底泥相应的方法。由于本章着眼于絮凝性淡水湖底泥，因此下文仅描述 Montgomery 设计程序的这一部分。

1. 原位底泥体积估算

任何拟定疏浚工程的第一步，都是估算需清除的底泥量。本章前面描述了底泥量的计算方法。可为计算处置量和成本提供准确估计的任何程序均可接受。

2. 底泥物理特性测定

所需信息与上述"倾置场设计"一节所述相同。Montgomery（1978）建议使用 Palermo 等（1978）描述的方法开展该类测定。然而，Palermo 所述方法并不适用于所有相关分析。他参考了 OCEDA（1970）：实验室土壤测试手册。就以下计算而言，该手册所提供的信息与其他标准土壤测试手册大致相同。用 Petersen 挖泥船获得的细粒底泥样品足以测定底泥的原位含水量。这一测定对倾置场设计至关重要，这是因为可利用代表性样品的含水量通过确定原位孔隙率（e_i），其公式为

$$e_i = \frac{(w/100)G_s}{S_d/100} \tag{20.17}$$

式中　w——底泥含水量，%；

　　　G_s——底泥固体物比重；

　　　S_d——饱和度，就底泥而言为 100%（见 OCEDA，1970）。

3. 拟定疏浚、处置数据及室内沉降试验分析

一旦初步选定挖泥船，相关信息将用于倾置场的设计。例如，设计人员必须估算围护区进水率、进水悬浮物浓度、出水率（用于堰的分级）、允许的出水悬浮物浓度以及完成处置活动所需的时间等。若前述信息不可用，则假设工程可使用尺寸最大的挖泥船，以避免倾置场尺寸不足。Montgomery（1980a）建议，若实际浓度未知，可在设计中使用 145g/L 的悬浮固体浓度（按重量计算为 13%）。然而，该数值是根据淡水水道的维修疏浚经验得出的，并非来自对湖泊底泥的疏浚实践，因此在处理絮凝性湖泊底泥时应谨慎。强烈建议按照上述方法开展淡水絮凝和/或区域/压缩沉降试验。

4. 淡水底泥设计方法

Montgomery（1980b）研究显示，下文介绍的设计方法应足以清除淡水倾置场排放的悬浮固体，使其浓度低至不足 1g/L。如果该浓度不足以满足排出要求，则必须在排出前使用絮凝剂予以处理。

絮凝剂通常用于疏浚弃土倾置场的细颗粒沉降。絮凝体可形成复杂的基质，在水中缓慢沉降。缓慢沉降增加了与悬浮颗粒的接触时间，进而提高底泥清除效率。因此，倾置场内积水深度越大，底泥与絮体颗粒接触的可能性越大，从而提高沉降效率。

沉降率试验所得数据见表 20.2（Montgomery，1978）。

（1）将表 20.2 中的数据整理成表 20.3 的形式（作为初始浓度百分比，初始浓度为 132g/L）。测定如下：试验开始时柱浓度为 132g/L；试验 30min 时，0.3m 处的浓度为 46g/L（表 20.2）；初始浓度为 46÷132≈0.35＝35%；计算制作表 20.3 所需的时间和深度。

表 20.3　　　　　　　　初始浓度比随时间变化[①]　　　　　　　　单位：g/L

时间	距沉降柱顶端深度		
	0.3m	0.6m	0.9m
0min	100.0	100.0	100.0
30min	35.0	75.0	87.0
60min	19.0	37.0	55.0
120min	11.0	15.0	17.0
180min	8.0	11.0	12.0
240min	5.0	8.0	9.0
360min	3.0	4.0	6.0
600min	2.0	2.2	3.0
720min	2.0	1.2	1.4

注：来源于 Montgomery, R. L. et al. 1983. *J. Environ. Eng. Div.* ASCE 109：466－484. With permission.

① 初始悬浮固体浓度＝132g/L。

（2）用表 20.3 的数据绘图，如图 20.16 所示。曲线表示沉降过程中不同时刻的浓度深度剖面。水平深度线（0m 和 0.3m）上字母表示区域边界。在图 20.16 中标记其他浓度/深度相交点（0.6m 和 0.9m）将有助于计算其他区域边界。

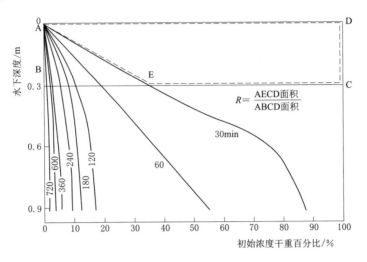

$$R = \frac{AECD面积}{ABCD面积}$$

图 20.16　初始浓度比随深度变剖面图。

（来源：Montgomery，R. L. et al. 1983. *J. Environ. Eng. Div. ASCE* 109：466－484. With permission. ）

设计浓度是处置活动结束时围护区内疏浚弃土的平均浓度。按以下步骤计算设计浓度：

（1）计算 15 天沉降试验的浓度和时间，并以表格形式整理数据。为简化计算，假设水中固体界面以上为部分无固体。

（2）在复对数坐标纸上以表格形式绘制浓度与时间的关系（图 20.17）。

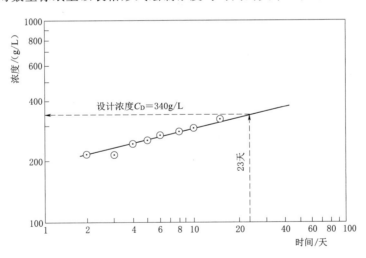

图 20.17　管柱试验所测浓度与时间的关系。

（来源：Montgomery，R. L. et al. 1983. *J. Environ. Eng. Div. ASCE* 109：466－484. With permission. ）

（3）直线连接表示整合区域的数据点。

（4）用挖泥船产量除以待挖底泥量，以估算疏浚时间。

（5）用步骤（2）和步骤（3）绘制的图来估算 $t_{1/2}$ 时刻［处置活动所需时间过半时，在步骤（4）确定］的浓度。该时间为围护区内疏浚弃土平均滞留时间的近似值。由于浓度是时间的函数，一半疏浚时间表示一半疏浚弃土在该区域滞留的时间。所得值为设计固体浓度值。

试验表明，15％的待疏浚底泥为粗粒（＞200 筛）；因此，死湖疏浚产生的粗粒弃土体积 V_{sd} 为

$$V_{sd} = 1530000 \times 0.15 = 229500 \text{m}^3$$

粗粒弃土体积 V_i 为

$$V_i = 1530000 - 229500 = 1300500 \text{m}^3$$

5. 沉降所需滞留时间计算

使用图 20.16 计算不同时间各深度（0.3m、0.6m 和 0.9m）相应的清除率。30min 时深度 0.3m 相应的清除率可计算为

$$R = \frac{\text{面积（AECD）}}{\text{面积（ABCD）}} \times 100 \tag{20.18}$$

式中　R——清除率。

需针对每个深度重复计算时间函数。

（1）绘制固体清除率与时间的关系图，如图 20.18 所示。

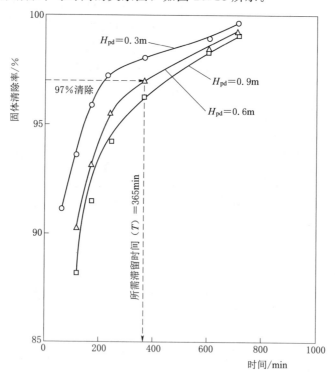

图 20.18　固体清除随时间的变化情况。

（来源：Montgomery, R. L. et al. 1983. *J. Environ. Eng. Div. ASCE* 109：466 – 484. With permission.）

（2）可从图 20.18 中选择不同固体清除率相应的理论滞留时间（T）。平均积水深度（H_{pd}）为 0.6m。初始含沙量为 132g/L。出水悬浮物所需量为 4g/L。因此，出水悬浮物的需求量为（$C_i - C_e$）$\div C_i$，或（132 - 4）$\div 132 = 0.97$ 或 97%。然后再观察图 20.18 中 97% 处的 x 轴数值，读取时间 $T = 365$min。

（3）将修正系数 2.25 应用于理论滞留时间 T，对流经处置池时相应的短路和分散现象进行修正（Montgomery，1978），其公式为

$$T_d = 2.25T \qquad (20.19)$$

式中 T_d——设计滞留时间；

     T——理论滞留时间。

$$T_d = 2.25 \times 365 = 822\text{min}$$

疏浚弃土沉淀至可接受的 4g/L 浓度水平所需滞留时间为 822min。上述程序的目的是为沉淀池提供足够的面积和滞留时间，以容纳持续的水力疏浚处理活动，同时满足出水悬浮物的要求。因此，沉淀池的设计也必须满足作业容量要求。沉淀池的总体积要求包括疏浚弃土的储存体积、沉淀物体积（积水深度）和干舷体积（水面以上的体积）。粗粒弃土的存储体积（>200 筛）必须单独确定，因为这种弃土的行为不同于细粒弃土（<200 筛）。

6. 沉淀池弃土体积估算

（1）在疏浚作业完成时，计算沉淀池中细粒疏浚弃土的平均空隙率，并以之前开采的设计浓度作为固体干密度。确定空隙率为

$$e_o = \frac{G_s \gamma_w}{\gamma_s} \qquad (20.20)$$

式中 e_o——疏浚作业完成时沉淀池内疏浚弃土的平均空隙率；

     G_s——底泥固体含量比重；

     γ_w——水密度，g/L；

     γ_s——达到设计浓度时固体的干密度，g/L。

（2）计算沉淀池中细粒底泥处置后体积的变化，其公式为

$$\Delta = V_i \frac{e_o - e_i}{1 + e_i} \qquad (20.21)$$

式中 V——沉淀池中细粒底泥处置后体积的变化量，m^3；

     e_i——原位空隙率，其等于底泥固体物比重÷饱和度（等于 100% 底泥）；

     V_i——细粒底泥的体积，m^3。

（3）计算沉淀池中疏浚弃土所需体积，其公式为

$$V = V_i + \Delta V + V_{sd} \qquad (20.22)$$

式中 V——疏浚作业结束时沉淀池内疏浚弃土的体积；

     V_{sd}——泥沙体积（用 1:1 的比例计算），m^3。

7. 沉淀池深度估算

上述程序提供了细粒疏浚弃土沉降所需的设计滞留时间（T_d）。式（20.20）～式（20.22）估算了容器内固体储存体积和相应的深度要求。地形、地表、地质条件对围护结构的平均埋深有重要影响。以下程序旨在估算处置结束时疏浚弃土的厚度（淡水底泥）

（Montgomery，1978）。

（1）沉淀所需体积为

$$V_B = Q_i T_d$$
$$Q_i = A_p V_d \tag{20.23}$$

式中　V_B——满足出水悬浮物要求的沉淀池体积，m³；

　　　　Q_i——流入率，m³/h；

　　　　A_p——疏浚出水管横断面积，m²；

　　　　V_d——挖泥船排出速度，m/s，假设在无数据情形下 $V_d=4.6$m/s，将 Q_i 从 m³/s 转换为 m³/h；

　　　　T_d——所需设计滞留时间见式（20.19）。

（2）与土壤设计工程师协商确定最大围坝高度（D）的余量。

（3）计算所需设计面积（固体储存所需的最小表面积）。设计沉淀池表面积为

$$A_d = \frac{V}{H_{dm(max)}}$$
$$H_{dm(max)} = D - H_{pd} - H_{fb} \tag{20.24}$$

式中　A_d——设计沉淀池表面积，m²；

　　　　V——疏浚作业结束时沉淀池内疏浚弃土的体积，m³；

　　　　D——坝高，m；

　　　H_{pd}——该区平均积水深度，m；

　　　H_{fb}——沉淀池水面以上出水高度，旨在避免波浪漫过围土堤及其对围堤的后续破坏，m；

　$H_{dm(max)}$——沉淀池内疏浚弃土的厚度，与已知弃土体积相对应，m。

厚度随表面积的增加而减小。建议 H_{pd} 和 H_{fb} 的最小值为 0.6m，以计算吹程和风力。

（4）评估处置作业接近尾声时可用的沉淀体积，其公式为

$$V^* = H_{pd} A_d \tag{20.25}$$

式中　V^*——处置作业接近尾声时可用的沉淀体积，m³；

　　　H_{pd}——该区平均积水深度，m；

　　　　A_d——设计沉淀池表面积，m²。

（5）计算 V^* 和 V_B。如果沉淀池所需体积大于 V^*，则沉淀池在整个处置过程中不会达到悬浮固体的排放要求。若确如此，可采取下列措施，以确保污水悬浮固体浓度符合规定：

1）提高设计面积 A_d。

2）当计算出的 V^* 值小于 V^* 时，间歇操作挖泥船，或者使用尺寸更小的挖泥船。

3）处理处置池外排污水以去除固体（见 Barnard 和 Hand，1978）。

具有层沉降特性的底泥需采用不同的倾置场设计方法。若遇到层沉降，请参考 US-ACOE（1987）。对于 1987 版 USACOE 工程手册 Palermo（2003）正实施修订，但要到 2004 年底才会发行。修订时是否会考虑先前对该手册的批评意见，以充分处理在湖泊中发现的絮凝性有机底泥，仍有待观察。Dunst 等（1984）指出，威斯康星州莉莉湖底泥的

比重只有 1.02。因此，是否完全依赖于上述倾置场的设计程序，应持谨慎态度。条件允许时，将倾置场的面积扩大 5%～10%，以减轻与其运作有关的大部分问题，不失为明智之举。

20.8 案例分析

Dunst 等（1974）确定了 33 项已完成或正在进行的湖泊疏浚工程。7 年后，Peterson（1981）列出了两倍的相关项目。1974 年和 1981 年的清单可能都不完整，因为许多小型湖泊疏浚工程已经完成，但从未在文献中报道。2002 年，一项快速调查也发现了类似情况。即使可查找未公开记录，但除了疏浚工程的完成日期外，也几乎没有收集到什么数据，因此也很少有记录良好的长期效果评估。下列案例研究代表了记录相对完善的项目，说明了去除底泥的各种方法（或目的）。Peterson（1981）描述了更多的案例研究。

并非所有控制内部养分循环的疏浚案例研究都是成功的。在一些失败或侥幸成功的案例中，通常可追查出疏浚前评估不准确、底泥清除量不足（Brashier 等，1973；Churchill 等，1975；George 等，1981；Ryding，1982）、疏浚技术较差（Gibbons 和 Funk，1983）和/或缺乏适当的流域侵蚀控制措施（Garrison 和 Ihm，1991）等问题。对此问题进行准确评估的必要性无需多言。例如，Garrison 和 Ihm（1991）发现，威斯康星州 Henry 湖的填充率为 11000m³/年，而非此前预测的 4600m³/年，这造成了疏浚后复填速率被严重低估的后果。

20.8.1 瑞典楚门湖

瑞典楚门湖拥有记录最完整并受到长期评估的湖泊疏浚工程。楚门湖位于瑞典中南部韦克舍市附近，自 1895 年以来一直接收圣西格弗里德医院的厨房垃圾（Sjön Trummen i Växjö，1977）。1936 年，湖岸附近安装了现代化厕所，由化粪池提供服务。1943 年，一家亚麻厂开始向 100hm² 的湖泊排放垃圾。从那时起，冬季鱼类的死亡变得很普遍，湖泊质量迅速下降。1959 年，亚麻厂关闭，周边地区的废水与市政处理系统相连接，此后，停止向湖泊排放垃圾。尽管污水改道了，但这个湖泊并没有恢复的迹象。事实上，20 世纪 60 年代初，情况变得很糟糕，以至于韦克舍的居民考虑过填埋这个流域（Björk，1974）。人们在 1m 高的底泥中发现了养分内循环，这一过程后来被认为在浅水湖泊中相当普遍（Björk，1974）。

1970 年，人们从主要湖泊盆地挖走了 0.5m 的底泥，1971 年又挖走了 0.5m 的底泥（Björk，1974）。这种疏浚工作使湖泊的平均深度从 1.1m 增加到 1.75m，最大深度从 2.1m 增加到 2.5m。除沙量约为 $30 \times 10^5 m^3$。无论以何种标准来衡量，这座湖泊仍然非常浅，并且可能仍然富营养化，除撇沙处理使底泥表层总磷含量由约 0.78mg/kg 降至 0.03mg/kg 外，其余均无显著差异（图 20.19；Sjön Trummen i Växjö，1977）。

部分被疏浚的底泥被置于较浅的、挖开的海湾中。其余底泥进入旱地基塘，回水处理采用硫酸铝，使总磷浓度由约 1mg/L 降至 30g/L。底泥材料烘干后作为表土敷料被出售，售价约为 5.73 美元/m³（2002 年）。

疏浚后，底泥对养分循环的作用大大减弱。疏浚后的楚门湖地表水总磷浓度降低了约

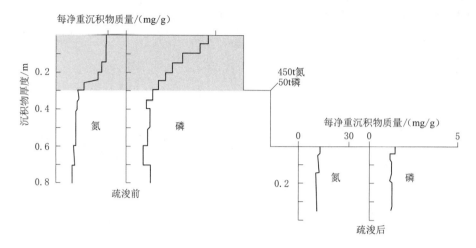

图 20.19　疏浚前和疏浚后的楚门湖湖底泥营养浓度。

（来源：Sjön Trummen i Växjö，1977. *Förstörd*，*Restaurerad*，

Pånytt född. Länsstyrelsen I Kronobergs Län. *Växjö Kommun*.）

90%（从 600g/L 降至 70～100g/L）。在夏季，磷的减少尤其明显。总氮浓度也降低了约 80%，从 6.3mg/L 降至 1.3mg/L（Andersson，1984）。1975 年，磷浓度有短暂的增加，这与以浮游生物为食的鲤鱼的大量涌入有关（Andersson 等，1978）。这种鱼类种群通常不受欢迎，并引起了水质下降。1976 年，大约 2t（30kg/hm²）的鱼被从湖中捕捞。这种做法一直持续到 1979 年，磷浓度维持较低水平。1979 年捕鱼停止后，磷水平再次回声，Andersson（1988）认为，为维持楚门湖的低营养水平，延长捕鱼期或重复捕鱼可能有必要。Shapiro 等（1975）提出浅水湖泊的富营养化症状可能由鱼类种群控制，他们是对的（参见第 9 章）。

　　湖泊营养急剧下降，相应地生物状态也发生了巨大变化。浮游植物的香农多样性指数从 1968 年的 1.6 上升到 1973 年的 3.0（Cronberg 等，1975）。在同一时期，SD 透明度从 23cm 上升到 75cm。蓝绿藻生物量显著减少，令人生厌的阿氏颤藻则完全消失。浮游植物生产力由 1968—1969 年的 370g/m³ 下降到 1972—1973 年的 225g/m³ 左右。后者可见于 Cronberg（2004）的浮游植物生物量图（图 20.20）。图 20.20 还显示了 1976—1979 年鲤科鱼类收获期间，浮游植物生物量有所减少。从 1980 年到 1987 年，浮游植物的生物量再次增加，当时未进行捕鱼，但从未达到 1970 年疏浚前的水平。

　　疏浚对楚门湖湖底栖生物群落的影响可以忽略不计。疏浚一年后，颤蚓寡毛纲和摇蚊纲生物的数目较疏浚前增加，但底栖生物的总数变化不大（Andersson 等，1975）。快速再繁衍归因于摇蚊纲生物的移动和不断聚集。

　　1970 年楚门湖疏浚期间的一张照片显示，这里被水生杂草堵塞，出现严重的藻华，并遭受了冬季鱼类死亡的破坏（图 20.21）。1972 年，就在修复后，一张照片表明（图 20.22），楚门湖成为游泳、风帆冲浪和钓鱼运动的地点，成为城市环境的一项资产（Björk，1985）。后来，Andersson（1988）对楚门湖的经验描述表明，湖泊水质没有在恢复水平后显著恶化。2001 年，Andersson 拍摄的一张楚门湖的照片证明了湖泊水质的高

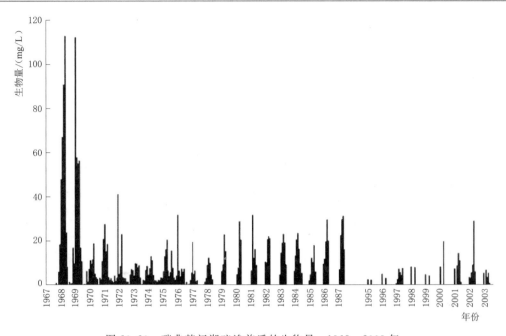

图 20.20 瑞典楚门湖疏浚前后的生物量：1968—2003 年。

（来源：Courtesy of Gertrud Cronberg，Department of Limnology，University of Lund，Sweden.）

图 20.21 1970 年瑞典楚门湖疏浚时的情
况。注意远岸尖塔的位置。

（来源：Courtesy of Gertrud Cronberg，
Department of Limnology，
University of Lund，Sweden.）

图 20.22 1971 年瑞典楚门湖疏浚后的情况。
注意远岸尖塔的位置。

（来源：Courtesy of Gertrud Cronberg，
Department of Limnology，
University of Lund，Sweden.）

质量（图 20.23）。图 20.21～图 20.23 所示的建筑物尖顶位于远处海岸边的位置，是地标建筑物。在 2001 年威斯康星大学主办的一场 NALMS 专题研讨会上，其中一名研究者（Peterson）被问及："你为什么一直谈论 Trummen 湖？这个案例太过时了！"在这种情况下，他如此回答："的确，这个案例非常陈旧，但是非常成功。这就是我们为什么持续讨论的原因。"图 20.21～图 20.23 的照片、Gunnar Andersson（2001）的个人交流以及

图 20.23　疏浚完成 30 年后的瑞典楚门
湖（2001 年），注意远岸尖塔的位置。

（来源：Courtesy of Gertrud Cronberg，Department
of Limnology，University of Lund，Sweden.）

Cronberg 的生物量图（图 20.20）有力地说明了楚门湖疏浚的效果已经持续了 35 年。图 20.20 可能是与湖泊修复工程相关的湖泊水质最长连续记录。而该图中缺少 1988—1994 年的数据，但是从 1995—2003 年的记录可以明显看出，楚门湖的水质保持在 1970 年疏浚后的水平。Cronberg（2004）并没有对 1995—1999 年生物群落的显著减少作出解释，但是提及了她担心水质在 2002 年和 2003 年开始下降。因此，湿地过滤系统正在安装以便处理城市径流增加的问题。如果疏浚（以及相关鱼类的清除）在像楚门湖这样的浅湖上奏效，那么几乎没有理由认为，在其他养分和底泥流入受到控制、底泥磷含量较低的湖泊上，这种方法不会奏效。

　　然而，在楚门湖的成功案例中，有两个关键因素不容忽视。其一是在 1976—1978 年疏浚（清除拟鲤和鲷等低值杂鱼）后继续进行的鱼类管理。其二是与特殊喷嘴吸泥机相关联的，这种疏浚机可以在连续两次 0.5m 增量的情况下精确地清除软底泥。精密疏浚技术在楚门湖的长期成功案例中可能发挥的作用比之前人们所认为的要大得多（参见贾恩湖的案例）。更多深入的历史案例清楚表明，一座湖泊如何被疏浚（所用设备）对项目成功非常重要，其重要性甚至不亚于疏浚工程本身（疏浚的底泥）。与传统设备相比，精密疏浚设备具有很大优势，而传统设备实际上会使情况变得更糟糕（Gibbons 和 Funk，1983）。

　　Vander Does 等（1992）比较了疏浚前后湖泊富营养化和磷减少量的恢复情况。他们的结论是，无论疏浚或不疏浚富营养的表层底泥都可以减少湖中的磷含量，如通过改道（第 4 章）等方式。然而他们并没有呈现明显的差异，他们的结论是，疏浚和不疏浚的选择取决于深度、滞留时间和底泥特征。

20.8.2　威斯康星州莉莉湖

20.8.2.1　初步分析和结论

　　莉莉湖是威斯康星州东南部一座占地 37hm² 的封闭盆地湖。农业流域面积仅 155hm²。这座湖被水生植物填满长达数年。截至 1977 年，浅水作用使湖的最大深度下降至 1.8m，平均深度仅为 1.4m。湖盆中含有超过 10m 部分已腐烂的植物。威斯康星州自然资源部报告称，由于严重的冬寒枯萎问题，太阳鱼和白斑狗鱼的化学防除和种群恢复工作都失败了。植物充填达到 0.5cm/年（Dunst，1981）。

　　世界自然基金会在 1969 年建议恢复莉莉湖的鱼类管理。该计划要求将盆地的深度扩大至少 10%，即挖深 6m。这需要清除 665×10³ m³ 的底泥。人们提出了水力吸力疏浚，底泥会流向疏浚喷头，形成一个锥状低压区。然而，轻质底泥（比重为 1.02）的黏结力比疏浚前评估显示的要高得多，因此必须使用钻头。

　　疏浚工作始于 1978 年 7 月，一直持续到 10 月底接近结冰期。疏浚于 1979 年 5 月重新开工，并于 8 月底完工。大部分被疏浚的物料被泵送至约 3km 外的一个废弃采砾场。虽然地下水水位因这种处理而暂时上升，但在 1978 年和 1979 年处理停止后不久又恢复正常水平，监测井未发现由于化学物质造成的不利影响（Dunst 等，1984）。在 1977 年疏浚前，总无机氮的浓度接近检测极限（图 20.24）。虽然在疏浚前的 7—9 月，总磷浓度上升至 40g/L 以上（图 20.25），但并没有产生过量的浮游植物浓度（图 20.26）。总磷浓度的增加可能是由于大型植物部分和丝状藻的分解，而底泥再悬浮的遮阴可能控制了浮游植物的种群。在疏浚过程中，总磷浓度的增加主要是由于底泥再悬浮。尽管之前有报道称冬季会有鱼类死亡，但是除 1979 年 2 月和 3 月外，在整个研究过程中，水溶解氧的浓度始终保持在 6mg/L 以上（图 20.27）。在水溶解氧下降之前，总无机氮和总磷浓度在 1978 年深秋大幅增加。水溶解氧的消耗可能是由于深秋疏浚作业造成的有机物暂停对氧气的需求。第二年，当疏浚工作于 8 月停止时，没有出现类似的氧气浓度下降现象。疏浚前，莉莉湖水质本身并不差，但由于大型植物和部分分解的大型植物的填充作用，湖水极少（平均水深为 1.4m）。

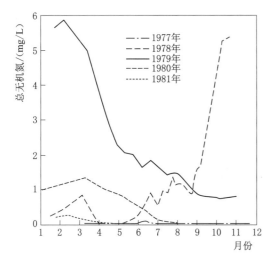

图 20.24　威斯康星州莉莉湖的总无机氮量。
（来源：Russell Dunst，Wisconsin Department of Natural Resources，Madison.）

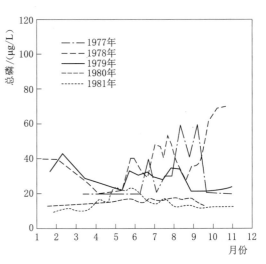

图 20.25　威斯康星州莉莉湖的磷总量。
（来源：Russell Dunst，Wisconsin Department of Natural Resources，Madison.）

在疏浚工程进行期间，出现了短期的不利变化，但并不严重。1978 年 7 月开始疏浚时，总无机氮浓度迅速增加（图 20.24），主要原因是底泥中氨态氮的释放（Dunst，1981）。在 1978—1979 年的大部分冰期，浓度仍然超过 3.5mg/L，尽管疏浚工程于 1978 年 11 月结束，并于 1979 年 5 月重新开始，但整个春季和夏季的浓度都在稳步下降。

除 1978 年夏季总磷浓度出现小高峰（低于 1977 年疏浚前）外，其余时间总磷浓度与总无机氮浓度基本一致。在 1978—1979 年的秋冬季节，总磷浓度仍然相对较高，这可能是由于疏浚工程增加了水体中悬浮固体含量。这在一定程度上是由同一时期浊度和生化需氧量水平升高所致（Dunst 等，1984）。

疏浚工程开始时，浮游植物对增加的营养浓度作出了可预测的反应。7—9 月的平均总初级生产力从 1976 年的 185mg/(m³·天) 和 1977 年的 140mg/(m³·天) 增加到 1978年的 1000mg/(m³·天) 以上 (Dunst，1981)。

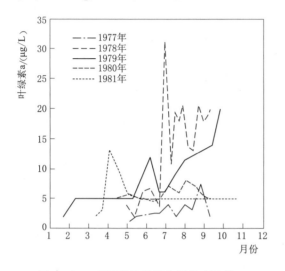

图 20.26　威斯康星州莉莉湖的叶绿素 a。
（来源：Russell Dunst，WDNR，Madison.）

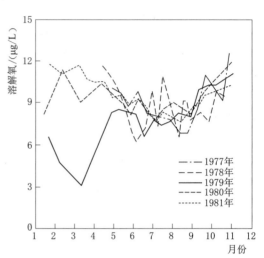

图 20.27　威斯康星州莉莉湖的溶解氧。
（来源：Russell Dunst，WDNR，Madison.）

随着疏浚工程于 1979 年 9 月完成，上述各项指标均恢复至接近或低于疏浚工程前的水平。1980 年和 1981 年的总磷浓度明显低于疏浚前或疏浚期间的浓度。1980 年和 1981年的叶绿素 a 浓度略高于 1977 年疏浚前的浓度，但增幅相对较小（3～4g/L）。更重要的是，该湖的蓄水量（流域容积）增加了 128％(Dunst，1981)，实现了改善莉莉湖观光休闲功能的总体目标。不过，两个夏季的疏浚带来了不便，湖泊使用者希望以此获得长期利益。

20.8.2.2　长期影响

1989 年 4—9 月，莉莉湖叶绿素 a 的变化范围为 0.9～5.3g/L（均值为 2.6g/L）（Garrison，1989）。尽管该湖从未出现过藻类问题（主要是大型植物），但这些持续较低的叶绿素值，加上多样的大型植物群落，证明了该项目的长期成功。透明度测定板数值范围是春季的 5.9m 到 7 月的 3.2m，进一步证实了湖水的整体水质较高。1989 年 5 月和 8 月的总磷浓度分别为 9g/L 和 12g/L，而疏浚前该湖的总磷浓度为 30～60g/L。同期总无机氮报告数值为小于 20g/L(表 20.4)。

疏浚并没有形成完全没有杂草的湖泊。1981 年的高水位透明度 (SD＝2.2m) 允许植物生长至约为 3.7m 的深度，接近式 (20.1) 预测的生长深度 (3.5m) (Dunst 等，1984)。1981 年，湖泊盆地 75％ 以上的植物以轮藻和狐尾藻属为主，尤其具有攻击性，在许多地区都长到水面上。1982 年，植物生长覆盖了相同的面积，但除了近岸地区外，植物生长仍然保持在水面以下 1.2m 和 1.8m。浅一些的湖泊可能发生类似的情况，与每年的收获、除草剂等费用相比，单次疏浚的费用可能更容易被接受，如长期进行湖泊恶化治理则需要少许费用。

表 20.4　　　　　　　　威斯康星州莉莉湖疏浚后和 10 年后参数数值

(1981 年 6—9 月均值；1989 年均值)

参　数	年　份	
	1981	1989
总磷/(mg/L)	14	9
总氮/(mg/L)	1.1	0.8
总无机氮/(mg/L)	0.02	0.02
叶绿素 a/(mg/L)[①]	<5	3.3
SD/m	2.2	4.0

① 夏季均值。

来源：Garrison，P. J. and D. M. Ihm. 1991. Final Annual Report of Long Term Evaluation of Wisconsin Clean Lake Projects：Part B：Lake Assessment. WDNR，Madison.

虽然 1980 年和 1981 年的大型植物生物量（约 $100g/m^2$）比疏浚前（1976 年和 1977 年分别为 $685g/m^2$ 和 $335g/m^2$）要少得多，Cooke 等（1986）对疏浚的长期成效提出了关注，因为一旦疏浚停止，有害的大型植物就会迅速重新入侵，从而控制这些植物。Dunst 等（1984）表示在疏浚 2 年后，一种有根的大型植物混合物取代了原来在疏浚 1 年后侵入湖中的轮藻。

最近一份报告（WDNR，1990）表明，莉莉湖大型植物控制项目已经取得了长期的成功。疏浚工程进行 11 年后，并没有发现可测量的底泥堆积（图 20.28）。大型植物群落具有高度的多样性。更重要的是，大型植物不像疏浚前那样堵塞湖面。事实上，研究结果表明，1991 年以前很少有植物浮出水面。Garrison 和 Ihm（1991）总结了莉莉湖 1976—1990 年大型植物生物量的变化（表 20.5）。

表 20.5　　　　　　　　疏浚前后莉莉湖的大型植物生物量　　　　　　　　单位：g/m^2（干重）

年份	类型	深　度/m				
		0~0.5	0.5~1.5	1.5~2.5	2.5~3.5	3.5~4.5
1976	淤泥	790	898	659	—	—
	沙地	38	71	—	—	—
1977	淤泥	345	432	335	—	—
	沙地	76	125	—	—	—
1980	淤泥	—	283	—	9	—
	沙地	194	485	—	—	—
1981	淤泥	—	309	292	94	—
	沙地	49	237	224	—	—
1990	淤泥	—	—	770	834	730
	沙地	118	315	—	—	—

来源：Garrison，P. J. and D. M. Ihm. 1991. Final Annual Report of Long Term Evaluation of Wisconsin Clean Lake Projects：Part B：Lake Assessment. WDNR，Madison.

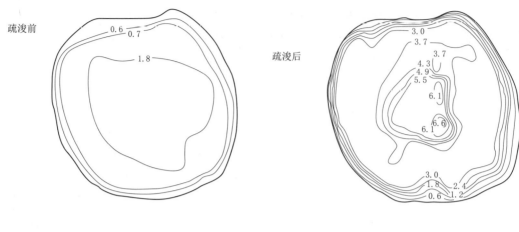

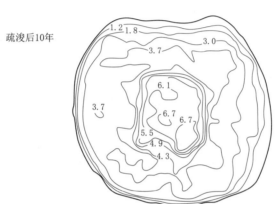

图 20.28　疏浚前、疏浚后及疏浚后 10 年的莉莉湖形态特征图。

（来源：Garrison，P. J. and D. M. Ihm. 1991. Final Annual Report of Long Term Evaluation of
Wisconsin Clean Lake Projects：Part B：Lake Assessment. WDNR，Madison.）

疏浚后 10 年，深水区大型植物生物量几乎与疏浚前整个浅水湖的生物量相当（表 20.5）。然而，正如前文所提及的，这些植物几乎没有造成什么麻烦，因为它们很少露出水面。这个系统中的植物演替很有趣。在疏浚前，在淤泥和沙地上的种群主要由罗宾眼子菜控制。在疏浚后的第 1 年（1980），主要的植物是轮藻。1981 年，在淤泥基质上，优势由狐尾藻属掌控，但是轮藻仍活跃在沙地上。到 1990 年，主导地位又重归罗宾眼子菜，即疏浚前的情况，它们活跃在淤泥和沙地基底上。

疏浚前，莉莉湖在冬季遭受严重的水溶解氧枯竭和鱼类死亡。自从疏浚后，这个问题就完全消失了。冬季冰下的含氧量一般为 8mg/L，而深水的含氧量则不低于 4mg/L。最后一个证明项目成功的证据是，该湖泊现在对休闲观光的有力支持与疏浚完成后的一样多（Garrison 和 Ihm，1991；Garrison，2002）。

在莉莉湖治理之前，疏浚对藻类产量的控制作用似乎比对大型植物的更为成功。然而，莉莉湖改变了这种观点。莉莉湖以实例说明了设计大型植物管理疏浚工程时，应利用透明度与植物生长最大深度[式(20.1)]之间的关系（或表 11.3）。莉莉湖的经验表明了应采取大型植物控制而非扑灭的措施。大量植物仍留在湖中，但由于水深增加、物种转移、开阔水域的扩增，以及湖泊的更广泛使用，它们的干扰因素明显减少。

20.8.2.3 威斯康星州自然资源部其他疏浚经验

尽管莉莉湖的成功案例可圈可点，但是威斯康星州自然资源部的疏浚工程并非全部成功。威斯康星州的喇叭湖、亨利湖和上柳树流湖（都是小而浅的蓄水池，表20.6）都接受了类似的处理。这些措施包括通过抛石加固河岸、溪岸重整和重新播种、选择性围栏和建造牲畜过境点等。所有的蓄水池都进行了疏浚（Garrison 和 Ihm，1991）。

表20.6　　　　　　　　　威斯康星州三座蓄水池的选定要素

参　数	喇叭湖	亨利湖	上柳树流湖
湖区	14hm²	17hm²	81hm²
集水面积	29000hm²	47000hm²	45000hm²
土地利用			
农业	70%	65%	80%
森林	—	35%	—
其他	30%	—	20%
预计每年湖泊的土壤流失	90000m³	18000m³	?
疏浚目的	加大湖泊深度	加大湖泊深度	在入流处设置沉积区

来源：Garrison, P. J. 和 D. M. Ihm. 1991. 威斯康星州洁净湖泊项目长期评估最终年度报告：B部分：湖泊评估，麦迪逊市威斯康星州自然资源部。

1971年，在Bugle湖上游的麋鹿溪全长29km中的19km实施了河岸加固工程。在3km的河滩上进行抛石，并在1.1km的河滩上进行了河岸重整和重新播种。1980年，又有4.4km的抛石工程完成，同样完成的还有136m的河岸重整和重新播种。沿着这条小溪，人们建造了三个牲畜过渡口，一个牲畜坡道和2488m的围栏。1980年和1981年，清淤达109800m³，湖泊体积从74760m³增加到209600m³。到1989年，大部分增加至3～4m的疏浚深度由于填积作用而减少到2m。1990年春天的冰流冲垮了大坝并排干了喇叭湖的水，整个工程沦为徒劳。也许这相当于水体恢复。

亨利湖有2.6km的河岸，在1977年和1978年进行了抛石、河岸重整和重新播种。此外，人们还安装了12km的围栏，建造了11个渡口。1979年，清淤达176000m³，湖泊体积从88000m³增加到264000m³。到1991年，湖泊体积减小了105000m³（Garrison 和 Ihm，1991）。这意味着充填率几乎是预测的两倍。1984—1991年的年平均充填率为76000m³，使水库的预期寿命达到约21年。

在威斯康星州上柳树流湖的165个易受侵蚀河段中，有25个进行了重整、播种和抛石处理。通过重整、播种，共设置抛石地4200m²，加固受侵蚀岸坡3500m²。1982年，疏浚工程从湖中清除了153000m³的底泥，其中包括入流处附近一个23000m³的拦沙区。到1990年，只有一小部分疏浚区被再次淤积，然而，拦沙区已经填满。Garrison 和 Ihm（1991）对上柳树流湖的描述表明，沉积区对湖泊总体上起到了保护作用，但沉积区需要每隔8年进行一次清理。这个项目似乎比其他两个项目更成功，但它表明，在大多数情况下，仍然需要大量维护。这些小流量项目也表明充填速度可能比预测的要快得多。许多预测都是基于对充填率的误判，从而为可能已经非常昂贵的疏浚工程带来了隐性成本。

20.8.3 伊利诺伊州斯普林菲尔德湖

本案例记录可提供有关可行性研究和许可证规定的详细资料。斯普林菲尔德湖位于伊利诺伊州中部，面积 1635hm²，也是供水的水库。它为两座燃煤发电厂提供冷却水，为斯普林菲尔德市提供饮用水。自 1935 年蓄水以来，它在 689km² 的流域累积了近 5.9t 底泥（Hinsman 和 Skelly，1987）。水库库容减少了 9500000m³（原库容的 13.26%），促使上游水生有害植物的生长，妨害了游憩功能。农业径流（88% 的流域）减少了鱼类栖息地，并使几种鱼类受到有毒物质的污染，以至于伊利诺伊州环境保护局（IEPA）对人类消费进行了重新评估。

Buckler 等（1988）报道了斯普林菲尔德湖的历史和三阶段（疏浚、岸线稳定和流域土壤保持）整治。湖泊中约 50% 的底泥是在相对较小的区域内沉积的。横跨湖泊上游地区的公路和铁路桥梁限制了流入，无意中截留了底泥。底泥对湖泊的负荷威胁着城市的长期供水，造成了以下费用：①1200 万美元购置替换供水设备；②46000 美元/年用以去除增加的浑浊度；③由于每年累积约 289909m³ 的底泥，每年的推迟维修费用约为 1117500 美元。这些因素促使斯普林菲尔德市开始重视底泥问题。

斯普林菲尔德湖可用性研究始于 1985 年 4 月（预算 60000 美元），旨在：①评估拟议的疏浚地点，并确定优先次序；②调查和估计疏浚量；③确定疏浚底泥所需的成本预算；④确认潜在的趁底泥处理场地；⑤为许可证申请和环境评估提供一般工程援助。

20.8.3.1 底泥清理指南

这项研究制定了底泥清理一般准则。主要目标是以一种与原始湖床结构密切一致的方式去除底泥，因为挖除湖床材料非常困难、造价昂贵，因此缺乏合理性。不建议在任何原有的流入河道处进行疏浚工程，因为这不会带来任何额外的游憩价值。同时，疏浚指南建议，湖泊流域的排水模式应与湖滨带的完整性保持一致。

20.8.3.2 底泥清理技术及处置区的选择

该研究考察了几种底泥清理方案，包括拉铲挖土机和干式机械除沙（压降和推土机）。推荐的措施是吸扬式疏浚，因为效率高、效果好。

19 块农地被评估为可能的弃置区。倾置场选择的主要准则是选择与拟议疏浚地点较近的地点，以便将管道运输成本降至最低。次要选址准则包括：①是否有合适的土壤用作堤坝材料；②地势平坦或平缓起伏；③可使用至少一个拦河坝的可能性，以便使用溢流法而非插入式系统；④倾置场与湖的高水位之间的高差应较小，以最小化总动力压头（抽水到高处造价高昂）的使用；⑤合理隔离，最大限度减少对安全、气味、美观的关注，并确保正确使用管道。

有关倾置场的最后考量是，无论在形象上还是在事实上，都要保持低调。因此，平均堤坝高度为 2.4m，最终汇集的底泥深度为 0.9m（清水 0.6m，干舷 0.3m）。根据这些标准和建议，底泥清除量为 206 万 m³，该市于 1985 年购买了 199hm² 的农田用于处理底泥，费用为 1890201 美元（2002 年的价格）。

建议的清除量之大，促使当局调查底泥再利用的可能性。在伊利诺伊州中部被侵蚀的农田中添加湖泊底泥可以提高玉米产量（Lembke 等，1983），在实验室条件下添加苏丹草可以提高玉米产量（Olson 和 Jones，1987）。因此，在项目完成后，可将倾置场填作农田。Dunst 等（1984）发现，当威斯康星州莉莉湖在试验田中添加底泥时，由于氮的有效性增加，玉米、谷物和苏丹草中也有类似的结果。他们的结论是，氮的应用可有效达到甚至可能超过 $89.6t/hm^2$。

20.8.3.3　许可证

留意有关许可证的规定，以便及时取得许可证使工程如期进行。在筹备疏浚工程时，与可行性分析、许可证规定和必须出席的公众会议相比，疏浚工程似乎容易进行。获得许可证绝非易事，必须获得各种联邦、州和地方许可证。斯普林菲尔德湖项目是许可证工作量的一个很好的例子。

在联邦和州一级，美国陆军工程师兵团（USACOE）根据《清洁水法》第 404 条（涵盖了美国所有通航水域）审查拟议的项目。然而，由于 1899 年《美国河流与港口法》第 10 条规定斯普林菲尔德湖不能通航，且疏浚后的底泥需弃置在高地而非湿地，按照第 33 号 CRF 330.5（a）（16）款的规定，从处理场址的回流需要一张全国级别的许可证，以代替 404 款许可证。本许可证由 USACOE 在收到第 401 条水质认证和 IDOT 的施工和操作许可证后签发。修建倾置场的护道需要获得伊利诺伊州运输部水资源司大坝安全科的施工许可，因为这些护道属于三级低危坝。除了这些正式的许可，城市还需要对倾置场进行考古调查，以确定没有任何重要的文化特征可能会受到影响（Wells，1986）。考古调查结果是否定的，于是施工开始了。

事实证明，地址分区是整个项目中最具争议的部分。该市以及桑加蒙县都要求将倾置场的土地从"A-1 农业用地"重新划分为"有条件允许使用的土地"。县政府对城市进行重新规划是可以的，只要它距离市民较远。居住在 2 英里外的居民反对建立倾置场，因为底泥中含有氯丹和狄氏剂。人们担心的问题包括房地产价格下跌、健康风险，以及以后可能把倾置场改造成一般垃圾填埋场的可能性。气味和讨厌的昆虫也困扰着周围的居民。此外，公民指出，由于底泥中含有根据该法令列为急性危险物质的狄氏剂，因此必须按照《资源养护和恢复法》（*Resource Conservation and Recovery Act*，RCRA）进行处置。如果是这样，按照 RCRA 标准处理 $2060000m^3$ 的底泥将导致过高的费用。因此，在获得公众支持许可之前，必须解决这些公众关注的每一个问题。

为回应这些担忧，该市发表声明称，他们进行的脱氧度试验结果显示，预计不会有令人不快的气味。然而，为证明他们的声明得到了支持，该市宣布为该场所制定了一项恶臭控制计划，作为应急措施。当局建议控制污水池的水位，以尽量减少害虫滋扰。

底泥中的狄氏剂和氯丹是较为严重的问题。该市对底泥进行了检测，发现这两种化学物质通常都低于检测限值。这些结果在 1977 年底泥调查的基础上得到了 IEPA 的证实。1984 年 IEPA 对底泥样品的进一步分析表明，氯丹和狄氏剂的平均浓度分别为 18.5g/kg 和 12g/kg。

通过检测底泥浓度、潜在暴露途径和过度暴露的可能性，人们考虑了与底泥污染物相关的健康问题。IEPA 估计，一个人需要摄入超过 400kg 的湖泊沉淀物中的狄氏剂才会致命。此外，还确定在处理区内的农田本身含有平均 82g 狄氏剂和 313g/kg 氯丹。

IEPA 和美国环境保护署（U. S. Environmental Protection Agency，USEPA）通知该

市，被疏浚的材料不符合 RCRA 的规定，因为不符合法律规定的易燃、腐蚀性、反应性或有毒性危险废物标准。此外，固体废物的定义还特别排除了淤泥、溶解或悬浮固体以及水资源中的其他重要污染物。

20.8.3.4　倾置场

IEPA 对倾置场的操作许可证要求滞留时间满足 15mg/L 总悬浮固体的要求。监测要求包括总悬浮固体含量、氨态氮含量、油脂含量、氯丹含量、狄氏剂含量、pH 值、温度、硝酸盐氮含量、总磷含量和水溶解氧含量。

人们进行了大规模底泥试验，以确定沉积池的滞留时间，以满足从倾置场排放 15mg/L 悬浮固体的要求。估计的滞留时间是根据泥浆每小时的泵送速度、泥浆中 10%～20% 的固体浓度和 16～20h/天的作业计划来计算的。试验需要和一系列大规模脱氧度试验同时进行，根据 USACOE（1978；现在升级到 USACOE1987），确定需要 7 天的滞留时间。因此，人们建造了具有大约 20% 的超大安全系数的滞留池。这一安全裕度是非常可取的，因为许多倾置场的最终规模过小。鉴于疏浚设备一旦动员就不能关闭，需要等待污水池的渗漏和蒸发，从而重新确定足够的滞留时间。因此，规模过小的倾置场对项目来说可能非常昂贵。实际建造的斯普林菲尔德湖处置池的滞留时间为 8.7 天。这三个排水口的每一个可调节堰位都可以控制流量，使 IDOT 的脱水和洪水标准得以满足（30 天内达到总库容的 50%），并分别通过 25 年一遇的洪水事件的考验。

根据工程费用（110000 美元）、建筑费用（732900 美元）和土地购置费用（1426700 美元）概算，该倾置场的单价为 185 美元/m³。倾置场的落成时间少于 75 天。该倾置场于 1987 年 6 月开始运营。

20.8.3.5　底泥清除

通过巨大的努力并获得必要的许可后，该项目的实际疏浚工作却是简单顺利。7 个通过审核的疏浚承办商提交的报价由 2.50～6.65 美元/m³ 不等。平均报价为 4.07 美元/m³。这些费用包括所有附加成本，如调动、债券、保险和现金授权津贴。疏浚物料的单位直接成本为 2.10～5.72 美元/m³ 不等，平均为 3.20 美元/m³（按 2002 年的美元计算，相当于 2.69～7.32 美元/m³，平均 4.10 美元/m³）。根据合约，工程项目的总单位工程费用（发展倾置地和疏浚工程）为 4.53 美元/m³。疏浚工程进行了 12 周，未发生任何事故。截至 1987 年 10 月，疏浚机清除了大约 363000m³（一期工程的一半）的底泥。这对湖泊水质没有明显的负面影响，滞留池也符合相关的污染物排放限值。根据项目规划，二期疏浚工程需要在 1989 年完成。

本案例研究指出了任何大型环境工程的一个重要方面。就是需要告知公众建设的意图，听取其意见，并尽可能减轻其担忧的事宜。

20.8.4　瑞典贾恩湖

Cooke 等没有涉及污染底泥的案例研究（1993），原因是当时没有记录确凿的案例可供研究。迄今为止，关于清除污染底泥的最彻底的成功案例是位于埃曼河（瑞典东南部）的贾恩湖（Bremie 和 Larsson，1998；Blom 等，1998；Elander 和 Hammar，1998；Gullbring 等，1998）。贾恩湖的污染物主要是镍/镉电池厂的镉、铜和铅，被直接从沿河的矿渣堆排放到河里。镍/镉工厂在 20 世纪 70 年代中期关闭。几年后，人们采取措施减少矿渣的浸出。这两项措施都减少了流入湖中的重金属，但在治理之后，湖水仍然含有高浓度的重金属。

另一个可能更令人困惑的问题是，100 多年来，湖中积累了纸浆加工过程中排放的汞和多氯联二苯。1972 年，汞被瑞典纸浆工业所禁用。此外，1972 年前，含有多氯联二苯的复印纸被回收到纸浆生产过程中。因此，大量的多氯联二苯和含汞纸纤维沉积在贾恩湖底。早在 20 世纪 80 年代初，人们就在湖水表面的泡沫中首次检测到了高浓度的多氯联二苯。大约在同一时间，鱼类的脂肪组织中发现了高浓度的多氯联二苯（140mg/kg）（Gullbring 等，1998）。一项详细的底泥分析表明，0.4～1.6m 高的湖泊底泥中存在约 400kg 的多氯联二苯（Bremie 和 Larsson，1998）。研究还发现，贾恩湖下游的多氯联二苯浓度高于上游，说明该湖不仅是多氯联二苯的沉积区，而且是下游污染的来源。

由于该湖也是水库，修复技术造成的下游多氯联二苯含量增加也是潜在问题。如前文所述，传统的钻头疏浚可以将大量的浑浊物和相关污染物释放到上层水体中。因此，在修复过程中，必须避免产生过多的浑浊度。从贾恩湖去除受污染底泥需要使用专用疏浚机。由 Ellicott 设计的"泥猫式"MILMAN® 疏浚机能够实现高精度的深度和切割控制，浑浊度最低，排水量较低（参阅泥猫疏浚机部分）。泥猫疏浚机配有独特的屏蔽螺旋钻头，水平安装到疏浚机船体，以便切割时疏浚机可通过其电缆式导向系统前进或后退。MILMAN 疏浚机采用泥猫式螺旋钻（图 20.29），但它是垂直于疏浚机船体安装的，因此，当疏浚机通过锚固在陆地上的缆绳前进时，疏浚机螺旋钻就会左右摆动，从而以更传统的方式完成切割。这种疏浚机与轻型泥猫疏浚机在体积、疏浚能力和作业方式上有很大的不同。疏浚机的规格见表 20.7。

图 20.29 MILMAN II 泥猫，瑞典贾恩湖所用疏浚机，用于清除受污染的沉淀物。
（来源：巴尔的摩市巴尔的摩疏浚局有限责任公司，Ellicott。）

MILMAN 泥猫疏浚机和传统的泥猫疏浚机以及日本的 Clean‑Up® 疏浚机一样，都使用了螺旋钻和盾构。虽然在 Ellicott 的文献中未曾提及，但根据操作的摆动模式，MILMAN II 泥猫螺旋钻头盾构用于两个摆动方向上，而非小型泥猫机械那样仅前后运动

表 20.7 　　　　　　　　　瑞典贾恩湖所用的疏浚机 MILMAN Ⅱ 泥猫参数

特征	规　　格	特征	规　　格
总长度	33.0m	螺旋钻头直径	0.5m
梁长	4.3m	作业深度	1～14m
通风机	0.8m	摆动宽度	0～200m
排水量	40t	摆动速度	0～12m/min
引擎	Scania 282kW@1,800r/min	切割深度	0.1～0.5m
水泵	Gould 25.4/20.24cm　600m³@60m 泵压头	清除速率	100～200m³/h（干物质）
螺旋钻头宽度	3.5m	泵压量程	200m@10m 泵压头；增压泵＞2000m

来源：Elander, P. and T. Hammar. 1998. *Ambio* 27（5）.

（图 20.31）。这极大提高了整体效率，无论切割方向如何均减少了浑浊度过量的问题。除了螺旋钻和盾构，MILMAN Ⅱ泥猫疏浚机还采用了其他精密的技术。这包括定位和测深设备，可精确显示钻头相对湖底的位置－2.5～2.5cm。船上的计算机存储有关湖底外观、流量、干物质含量和对疏浚人员有用的其他数据。这样的系统在去除松散底泥方面做得很好，而且底泥扰动和浑浊度最低。部分原因是螺旋钻/盾构结构在接近原位密度时松开并移走底泥，而引水补基保持在最低水平。根据 Ellicott（McKegg，2001）的研究，这导致被疏浚底泥中产生了近 30％的悬浮物，大约是传统钻头疏浚产生的悬浮物平均浓度的两倍。但是，这只是日本清理疏浚系统（气动泵送系统）所有者所声称数值的一半（Sato，1978）。

MILMAN Ⅱ泥猫疏浚机的定位是在一台利用红外光和无线电信号的 140T 光电测距仪的帮助下完成的。在钻头的前方和后方，可使用扫描回声测深仪对疏浚过程进行连续监测。船上监测包括沉积物清除和环境影响。利用计算机系统对疏浚机螺旋钻相对于湖底的位置进行连续监测，实现精确定位，垂直精度约为 10cm，水平精度约为 5cm。人们进行了连续回声测深，以确保沉积物清除工作顺利进行，不留下任何脊状区域或土丘。这非常重要，因为低效疏浚造成的泥沙坡垄和沟谷增加了暴露在覆水上的湖底面积，有可能使情况变得更糟（Gibbons 和 Funk，1983）。

贾恩湖所用的疏浚系统是专为软质沉积物设计的，在砂砾中无法良好作业。因此在这些地区使用了一种由隔泥幕环绕的斗式疏浚机。湖的东部被 0.4～1.6m 的沉积物严重污染。该地区在 1993 年 5—11 月进行了疏浚工作。高度污染的沉积物被连续清除了 0.4m，其方式与瑞典楚门湖用于养分去除的方式相似。在对水生生物高度敏感的时期，（12 月至次年 4 月）疏浚工作暂停。因此，湖西部的疏浚工作在 1994 年夏季进行。在混合砂/软质沉积物条件下，疏浚造成了问题，需要将更多水吸入疏浚泥浆（较低的固体悬浮物）（Elander 和 Hammar，1998）。这对末端处理造成了更大的脱水问题。但是，这并不重要。完工时，疏浚清除了约 150000m³ 的沉积物。一项后续研究显示，394kg 的多氯联二苯被清除，约占湖泊沉积物中多氯联二苯含量的 97％。

瑞典环境保护署在疏浚过程中对上游、封闭疏浚区（地工织物网）和下游的浊度、固体悬浮物和多氯联二苯进行了监测。封闭区域内悬浮物含量为 2～6mg/L，上游悬浮物含量为 2～5mg/L，下游悬浮物含量为 1～4mg/L。这意味着疏浚效率在最大程度上降低了沉积物的再悬浮（Elander 和 Hammar，1998）。然而，尽管封闭区域内的固体悬浮物浓度较低，但疏浚过程中多氯联二苯浓度相对较高（平均 60ng/L）。这与疏浚作业上游每升 1～4g 多氯联二苯和下游 10～15ng 多氯联二苯形成对比。图 20.30 总结了 1993—1994 年多氯联二苯浓度、水温和湖水流量。

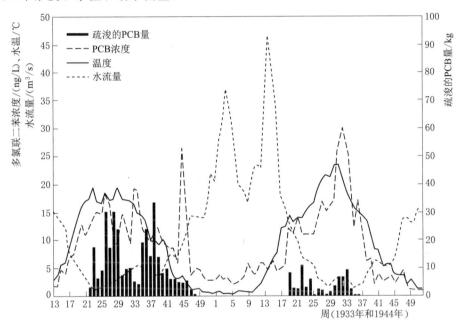

图 20.30　瑞士贾恩湖多氯联二苯浓度、水温、水流量和疏浚的多氯联二苯含量。

［来源：经许可引自 Elander, P. and T. Hammar, 1998 *Ambio* 27(5).］

疏浚物料倾置区是经过精心选择的（离湖 250m），旨在避免对区内其他湖泊造成不利影响。随着疏浚作业的进行，首先从该地区移除沙子和砾石，以最小化随着沉积物堆积引起的地下水上拱。最终的处理面积约为 32000m²，最高高度 6.5m，体积约 90000m³。在堆填区，严重污染的沉积物与较不受污染的沉积物被地工织物网隔开，这样一来，在将来某个时候，当去污技术可以分解多氯联二苯时，就可以很容易地发现污染最严重的物质。堆填区的总体设计如图 20.31 所示。

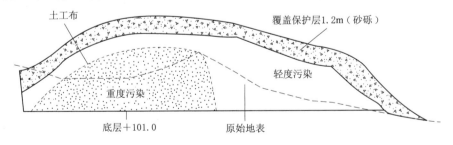

图 20.31　瑞典贾恩湖多氯联二苯污染沉积物倾置地总体设计。

［来源：经许可引自 Elander, P. and T. Hammar, 1998 *Ambio* 27(5).1998.］

Blom 等（1998）提供了贾恩湖疏浚对虹鳟鱼致死效应的完整细节。Forlin 和 Norrgren（1998）描述了疏浚沉积物对鲈鱼的生理和形态学影响。所有结果表明，该项目取得了圆满成功。本案例说明了如何以一种环保的方式进行精确的高科技疏浚工作，从而在对目标水体及其周围造成最小干扰的情况下，达到预期效果。

Peterson（1982a）描述了更多的案例研究。但多数完整性都不及上述案例。由于疏浚造价和错误代价高昂，任何疏浚工程的目标都需要明确界定。计划应该是明确的，并且需要以最好的方式执行。

20.9　成本

除另有说明外，本章所有成本均为 1991 年成本，或按 1991 年成本的 1.28 倍通货膨胀率折算为 2002 年成本。由于影响疏浚成本的变量众多，因此很难对工程与工程之间的疏浚成本进行比较。变量包括使用的设备类型、项目规模（需移除的物料体积）、倾置场的可用性、被移除物料的密度、到倾置场的距离以及被移除物料的最终利用。美国共计 64 次沉积物疏浚工程的数据表明，成本为 0.36～21.00 美元/m³（按 2002 年美元计算，0.46～26.88 美元）（Peterson，1981）。考虑到这种较大的可变性，平均成本数字对估计单个项目成本没有帮助。然而，水力疏浚的合理成本一般为 2.25～5.65 美元/m³（按 2002 年美元计算，2.88～7.23 美元）。1996 年，佛罗里达州梅西湖的沉积物水力清除工程投标报价为 4.00 美元/yd³（5.23m³），用于清除多达 20000yd³（15292m³）的淤泥。淤泥清除量超过 20000yd³，报价为 3.50 美元/yd³（4.58 美元/m³）。额外成本包括 57000 美元的投标，用于移走 19 英亩（7.69hm²）的水生植物和 60000 美元用于调动和安装临时管道（麦克杜格尔建筑公司，1996 年）。调动对疏浚成本而言并非微不足道，反而可能十分重要。如果遇到被有毒物质污染的沉积物，则需要特殊疏浚机或处理方法，疏浚成本可能超过 52.00 美元/m³（Barnard 和 Hand，1978；Koba 等，1975；Matsubara，1979）。一般情况下，单位体积沉积物去除成本与去除总量成反比。任何时候，疏浚的材料都可用作盆栽土或表土敷料，正如瑞典楚门湖（Sjon Trummeni Vajo，1977）、威斯康星州莉莉湖（Dunst 等，1984）和伊利诺伊州天堂湖（Lembke 等，1983），整个项目的成本可能会大大降低。

由于很难比较疏浚工程之间的成本（Peterson，1981），似乎不可能在疏浚和其他湖泊处理技术之间进行实际的成本比较。Peterson（1982b）试图比较疏浚和磷去活的成本，并假设两种处理都旨在控制湖中的磷循环，并且两种处理都被认为是实现减少磷循环所必需的标准。因此，处理成本应反映去除的磷量（疏浚）或结合到湖泊系统（磷去活），以防止内部循环过度。

两种处理方法的成本无法直接比较，因为磷去活成本通常是基于处理 1hm² 湖面（面积）所需的材料和劳动力，而疏浚成本则是根据每立方米沉积物（体积）的清除费用计算的。Peterson（1982b）利用每立方米疏浚成本、湖泊面积、流域疏浚面积百分比和疏浚容积计算每公顷疏浚成本。如果只去除足够的沉积物来控制内部磷循环的假设是正确的（湖的深化工程本身不包括在计算中），那么预计的疏浚成本和磷去活成本可以进行比较。采用 Cooke 和 Kennedy（1981）、Cooke 等（1982）的磷去活成本和 Peterson（1981）的疏浚成本进行计算（见表 20.8）。

表 20.8 对 20 座处理过的湖泊进行疏浚和明矾处理以控制湖内磷动态的成本比较

湖　泊	处理类型	物理和化学数据	化学物质与剂量/(g/m³)	清除的底泥/m³	处理成本/(美元/hm²)
威斯康星州马掌湖	明矾溶液	$A_0 = 8.9 hm^2$ 容积为 $3.6 \times 10^5 m^3$ $Z = 4.0m$ 碱含量为 $218 \sim 278mg/L$ pH 值为 $6.8 \sim 8.9$ 二次循环湖	2.6	—	150
加利福尼亚州圣马科斯湖	明矾溶液	$A_0 = 18.2 hm^2$ $V = 4.3 \times 10^5 m^3$ $Z_{max} = 2.3m$ $Z = 2.3m$ $Alk = 190 \sim 268mg/L$ pH 为 $7.3 \sim 9.1$	6.0	—	189
安大略州威兰运河	明矾溶液，表面处理	$A_0 = 74 hm^2$ 容积为 $6.2 \times 10^6 m^3$ $Z_{max} = 9.0m$ $Z = 9.0m$ 碱含量为 $109mg/L$ 二次循环湖	2.5	—	306
威斯康星州镜湖	明矾溶液，通风	$A_0 = 5.1 hm^2$ 容积为 $4 \times 10^5 m^3$ $Z_{max} = 13.1m$ $Z = 7.8m$ 碱含量为 $222mg/L$ pH 为 7.6 单循环湖	6.6	—	600[①]
威斯康星州影子	明矾溶液	$A_0 = 17.1 hm^2$ 容积为 $9.1 \times 10^5 m^3$ $Z_{max} = 12.4m$ $Z = 5.3m$ 碱含量为 $188mg/L$ pH 为 7.4 二次循环湖	5.7	—	600[①]
俄勒冈州克莱因庞德湖	钠溶液，铝酸盐和盐酸	$A_0 = 0.4 hm^2$ 容积为 $9600m^3$ $Z_{max} = 4.9m$ $Z = 2.4m$ 碱含量为 $30 \sim 50mg/L$ pH 为 $7.0 \sim 7.7$ 单循环湖	10.0	—	630

续表

湖　泊	处理类型	物理和化学数据	化学物质与剂量/(g/m³)	清除的底泥/m³	处理成本/(美元/hm²)
俄亥俄州西双子湖	明矾溶液	$A_0 = 34\,\text{hm}^2$ 容积为 $14.2 \times 10^4\,\text{m}^3$ $Z_{max} = 11.5\,\text{m}$ $Z = 4.4\,\text{m}$ 碱含量为 $102 \sim 149\,\text{mg/L}$ 二次循环湖	26.0	—	638
俄亥俄州多拉尔湖	明矾溶液	$A_0 = 2.2\,\text{hm}^2$ 容积为 $0.86 \times 10^5\,\text{m}^3$ $Z = 3.9\,\text{m}$ 碱含量为 $101 \sim 127\,\text{mg/L}$ pH 为 $6.7 \sim 8.6$ 二次循环湖	20.9	756	
华盛顿州医学湖	明矾溶液	$A_0 = 64\,\text{hm}^2$ 容积为 $6.4 \times 10^6\,\text{m}^3$ $Z_{max} = 18\,\text{m}$ $Z = 10\,\text{m}$ 碱含量为 $750\,\text{mg/L}$ pH 为 $8.5 \sim 9.5$ 二次循环湖	12.2	2610[②]	
威斯康星州半月湖	疏浚 (30%水域)	$A_0 = 53.4\,\text{hm}^2$ 容积为 $8.9 \times 10^5\,\text{m}^3$ $Z_{max} = 2.7\,\text{m}$ $Z = 1.7\,\text{m}$	—	25×10^3	3205
威斯康星州莉莉湖	疏浚 (100%水域)	$A_0 = 35.6\,\text{hm}^2$ 容积为 $5.3 \times 10^8\,\text{m}^3$ $Z_{max} = 1.8\,\text{m}$ $Z = 1.4\,\text{m}$	—	680×10^3	6876
俄勒冈州联邦湖	疏浚 (100%水域)	$A_0 = 2.6\,\text{hm}^2$ $Z = 0.9\,\text{m}$	—	19×10^3	8653
纽约州斯坦梅茨湖	排水和推土 (75%水域)	$A_0 = 1.2\,\text{hm}^2$ 容积为 $8.1 \times 10^5\,\text{m}^3$ $Z_{max} = 2.1\,\text{m}$ $Z = 1.5\,\text{m}$	—	2×10^3	10849
新泽西州卡内基湖	疏浚 (75%水域)	$A_0 = 110\,\text{hm}^2$ 容积为 $7.65 \times 10^5\,\text{m}^3$ $Z_{max} = 3\,\text{m}$			18081

续表

湖　泊	处理类型	物理和化学数据	化学物质与剂量/(g/m³)	清除的底泥/m³	处理成本/(美元/hm²)
爱荷华州 雷诺克湖	疏浚 (100%水域)	$A_0 = 13.4 \text{hm}^2$ $Z_{max} = 3.4\text{m}$ $Z = 0.9\text{m}$	—	76×10^3	19992
马萨诸塞州 纳汀湖	疏浚 (56%水域)	$A_0 = 31.6 \text{hm}^2$ $Z_{max} = 2.1\text{m}$ $Z = 1.3\text{m}$	—	275×10^3	28288
威斯康星州 阳光泉湖	疏浚 (100%水域)	$A_0 = 0.4 \text{hm}^2$ 容积为 $1.7 \times 10^3 \text{m}^3$ $Z_{max} = 1.2\text{m}$ $Z = 0.5\text{m}$	—	5.1×10^3	40248
威斯康星州 克劳斯泉湖	疏浚 (100%水域)	$A_0 = 0.3 \text{hm}^2$ 容积为 $0.98 \times 10^3 \text{m}^3$ $Z_{max} = 1.0\text{m}$ $Z = 0.34\text{m}$	—	4.9×10^3	47631
纽约州柯林 斯公园湖	疏浚 (15%水域)	$A_0 = 24.4 \text{hm}^2$ 容积为 $6.5 \times 10^5 \text{m}^3$ $Z_{max} = 9.75\text{m}$ $Z = 2.7\text{m}$	—	52×10^3	58767
纽约州59号 大街湖	排水和推土 (100%水域)	$A_0 = 1.8 \text{hm}^2$ $Z = 0.2\text{m}$	—	13×10^3	150907[3]

注：成本根据 Peterson（1981）和 Cooke 和 Kennedy（1981）的选定数据计算，并使用通货膨胀因素调整到 1991 年
　　6 月的成本（1.28×表中成本＝2002 年美元成本）。

　　1. 每公顷成本，以镜湖和影子湖为单位（5.1hm²＋17.1hm²＝22.2hm²）。

　　2. 来自 Gasperino 等（1981）。

　　3. 所有来自 59 号大街湖的沉积物都必须用卡车运出纽约市，从而增加了成本。

来源：Peterson, S. A. 1981. Sediment Removal as a Lake Restoration Technique. USEPA－600/3－81－013. Cooke,
　　　G. D. and R. H. Kennedy, 1981. Precipitation and Inactivation of Phosphorus as a Lake Restoration Tech-
　　　nique. USEPA－600/3－81－012. Gasperino, A. F. et al. 1981. USEPA－440/5－81－010.

　　表 20.8 中的磷去活成本不包括设备成本，因为设备成本相对于其他成本通常较低
（约占华盛顿州医学湖总成本的 9%）。向医学湖项目增加设备成本将使总成本增加 384 美
元/hm²，使最昂贵的（每公顷）磷去活项目成本接近最便宜的疏浚项目成本。根据表
20.8 中磷去活的人工成本，假设工作时间为 8h，并保守计算为 5 美元/h（1982 年成本）
的人工费用。然而，即使人工成本翻倍，仅考虑成本因素，疏浚作业的人工成本也无法与
磷去活相比。但是，磷去活的持续时间没有超过 15 年（第 8 章）。

　　从表 20.8 可以看出，医学湖项目的成本高得异常，但这代表了实际成本。但由于湖

泊有陡峭的湖岸，因此相对较深（平均深度为 10m；最大深度为 18m），容积较大（$6.2 \times 10^6 \, m^3$），总碱度异常高（$CaCO_3$ 约为 750mg/L）。由于体积大、碱度高，采用大量硫酸铝可使可溶性反应性磷浓度降低 87%。这些因素使得医学湖相对于其他明矾处理的湖泊显得异常。此外，由于表 20.8 所列的原因，第 59 号大街池塘疏浚工程的费用异常高昂。如果剔除这两个异常值，并计算余下工程每公顷的中位数成本，那么相对于疏浚工程（每公顷 17894 美元），磷去活的成本（每公顷 564 美元）就相当有吸引力了。

也许有人会说，疏浚和磷去活的成本不应该进行比较，因为疏浚处理的是一类湖泊问题，而磷去活处理的是另一类。然而，Peterson（1982b）发现，适合疏浚的湖泊条件与适合磷去活的湖泊条件有相当大的重叠。这种相似度的例外条件是植物生长的深度和根系。人们对浅湖磷去活效果存在一些疑问，而浅湖一般是理想的疏浚对象。但是，Welch 等（1982）在华盛顿长湖发现，磷去活在浅湖中非常有效。如今，毫无疑问的是，浅湖中的磷去活可能比深湖中的更有效（Welch 和 Cooke，1995；第 8 章）。

表 20.8 中的费用计算为末端处理费用，即完成处理的实际成本，这是误导。更有意义的成本计算是按项目的有效预期寿命摊销的成本。根据第八章内容以及 Welch 和 Cooke（1999），磷去活的效果一般可持续 10～15 年。这表明，从成本和长期效果来看，磷去活比疏浚具有优势。疏浚的优势在于它不会给湖泊增加外来物质。然而，大多数磷去活工程（明矾）中添加的外来物质通常用于处理人类生活用水。

如果摊销适用于楚门湖的疏浚成本（表 20.8 中未显示），则比项目结束成本合理得多。1971 年整个项目的费用为 572222 美元（×3.36＝1991 年成本）（使用 1971 年汇率为每美元价值 4.5 瑞典克朗）。成本约为 5722 美元/hm^2。然而，当成本在处理后的数年内摊销时，该湖已显示出效益（现已 35 年），成本减少到每年约 163 美元/hm^2。只要湖泊保持目前的水质，这个数字就会继续下降。每年的成本/公顷是比较不同修复技术的成本效益的合理方法。

将楚门湖的疏浚摊销成本（约 163 美元/hm^2）与俄亥俄州西双子湖（Cooke 等，1981）的磷去活处理成本进行比较，就会发现，磷去活处理仍然非常具有吸引力。1991 年西双子湖的磷水平仍然接近 1975 年刚进行处理时的水平（Welch 和 Cooke，1999），当时处理成本为 425 美元/hm^2 或每年 26.56 美元/hm^2（16 年的效果）。1991 年以后，几乎没有关于双子湖水质的记录。但是，假设可以以 425 美元/hm^2 的价格购买为期 16 年的湖泊水质改善，等于 26.56 美元/hm^2 的价格，这将是非常有吸引力的，即使对于楚门湖最低的摊销疏浚成本（163 美元/hm^2）而言。

从这个简单的分析来看，磷去活比疏浚要划算得多，但是疏浚并没有将外来物质引入湖中，而是将其去除。疏浚仍然是加深浅滩湖的唯一实用方法（除了挖深/除泥或筑坝），或者像瑞典的楚门湖和威斯康星州的莉莉湖那样，将沿岸的大型植物移除，否则有毒污染沉积物仍旧是个问题。

20.10　小结

清除湖泊沉积物的主要目标有 4 个：①加深湖泊；②限制养分循环；③（通过加深湖

泊和光线限制）降低大型植物滋扰；④移除有毒沉积物。与湖泊沉积物去除相关环境问题的担心比预期减少了很多。案例研究表明，湖泊内的不良影响并不严重，而且是短期的。疏浚物料的处理可能是个问题。然而，如果处理区规划和管理得当，甚至可以对整个项目有益。疏浚深度取决于工程的目的和湖泊沉积物特征。为控制湖泊沉积物养分循环，可采用两种不同的方法确定疏浚深度。而第三种方法对控制大型植物有利。任何疏浚工程的重要工作之一都是对营养物质平衡进行彻底的预处理评估，包括沉积物行为和通过沉积物岩心分析得出的湖泊历史（第 2 章），这有助于确定疏浚的可行性和预期持久度。

几乎所有旨在加深湖泊的工程都取得了成功。那些旨在控制内部营养循环的措施呈现好坏参半的结果，但大多数失败可归因于预评估不完整、去除的沉积物太少或疏浚作业不力。大型植物防治工程一直受到限制，但从莉莉湖的经验来看，威斯康星州通过限制光线渗透进行湖泊加深作业看似很有前景。有毒沉积物清除项目已经成功完成，但通常需要使用特别的疏浚机和处理方法，这大大增加了成本。

由于涉及的变量众多，疏浚工程之间的成本比较非常困难。鉴于估算成本的变量较多，单位也不统一——采用每公顷磷去活处理花费的美元成本和采用每立方米疏浚工程的成本，因此疏浚与其他处理技术通常不作成本比较。几种基本假设允许将不同的成本计算单位转换成通用术语。如果只考虑成本，那么疏浚的成本似乎要比磷去活高好几倍才能达到同样的短期效果（将内部营养物质循环最小化）。实际成本的确定基于在处理效果期间的摊销成本，可以基于 10～30 年的案例记录。项目结束时，磷去活的代价明显更低。然而，在禁止向湖中添加化学物质的地方，疏浚可能是一种合理（但代价高昂）的选择。

如果对湖泊环境进行了全面的实施前评估，选择了合适的设备，设计了处理场以提高末端处理效果，而且疏浚工作是由认真和称职的操作人员进行，那么毫无疑问，疏浚是一种成功的湖泊修复技术。成功案例包括表层沉积物清除和深层（6～8m）疏浚。全面的执行前评估、项目结束后的评估和定期的长期监测可以确保对未来项目作出更好的决定。

参 考 文 献

Andersson，G. 1984. Personal communication. Limnological Research Institute，University of Lund，Lund，Sweden.

Andersson，G. 1988. Restoration of Lake Trummen，Sweden：effects of sediment removal and fish manipulation. In：G. Balvay（Ed.），*Eutrophication and Lake Restoration.Water Quality and Biological Impacts*. Thonon-les-Bains. pp. 205-214.

Andersson，G. 2001. Personal communication. Limnological Research Institute，University of Lund，Lund，Sweden.

Andersson，G.，H. Berggren and S. Hambrin. 1975. Lake Trummen restoration project Ⅲ. Zooplankton macrobenthos and fish. *Verh.Int.Verein.Limnol.* 19：1097.

Andersson，G.，H. Berggren，G. Cronberg and C. Gelin. 1978. Effects of planktivorous and benthivorus fish on organisms and water chemistry in eutrophic lakes. *Hydrobiologia* 59：8-15.

Barko，J. W. and R. M. Smart. 1979. The role of *Myriophyllum spicatum* in the mobilization of sediment phosphorus. In：J. E. Breck. R. J. Prentki and O. L. Loucks（Eds.），*Aquatic Plants，Lake Managem-ent，and Ecosystem Consequences of Lake Harvesting*. Institute for Environmental Studies，Center for

Biotic Systems, University of Wisconsin, Madison. pp. 177 – 190.

Barko, J. W. and R. M. Smart. 1980. Mobilization of sediment phosphorus by submerged fresh water macrophytes. *Freshwater Biol.* 10: 229 – 238.

Barnard, W. D. 1978. Prediction and Control of Dredged Material Dispersion Around Dredging and Open – water Pipeline Disposal Operations. Tech. Rept. DS – 78 – 13. U. S. Army Corps Engineers, Vicksburg, MS.

Barnard, W. D. and T. D. Hand. 1978. Treatment of Contaminated Dredged Material. Tech. Rept. DS – 78 – 14. U. S. Army Corps of Engineers, Vicksburg, MS.

Baystate Environmental Consultants, Inc. 1987. Evaluation of the Nutting Lake Dredging Program. Baystate Environmental Consultants, Inc. , East Longmeadow, MA.

Belonger, B. 1969. Aquatic Plant Survey of Major Lakes in the Fox – Illinois Watershed. Res. Rep. No. 39. Wisconsin Dept. Nat. , Madison.

Bengtsson, L. , S. Fleischer, G. Lindmark and W. Ripl. 1975. Lake Trummen restoration project. I. Water and sediment chemistry. *Verh. Int. Verein. Limnol.* 19: 1080.

Björk, S. 1972. Ecosystem studies in connection with the restoration of lakes. *Verh. Int. Verein. Limnol.* 18: 379 – 387.

Björk, S. 1974. *European lake rehabilitation activities.* Plenary Lecture of the Conference on Lake Protection and Management, Madison, WI.

Björk, S. 1978. *Restoration of degraded lake ecosystems.* Lecture at MAB Project 5 Regional Workshop, Land Use Impacts on Lake and Reservoir Ecosystems, Warsaw, Poland, May 26 – June 2, 1978. CODEN LUNBDS/(NBLI – 3008)/1 – 24 (1978)/ISSEN 0348 – 0798. Lund, Sweden.

Björk, S. 1985. Scandinavian lake restoration activities. In: *Lakes Pollution and Recovery.* Proc. European Water Pollut. Control Assoc. Int. Congr. , Rome, April 15 – 18. pp. 293 – 301.

Blom, S. , L. Norrgren and L. Forlin. 1998. Sublethal effects in caged rainbow trout during remedial activities in Lake Jarnsjon. *Ambio* 27(5): 411 – 418.

Born, S. M. , T. L. Wirth, E. M. Brick and J. O. Peterson. 1973. Restoring the Recreational Potential of Small Impoundments. Tech. Bull. No. 70. Wisconsin Dept. Nat. Res. , Madison.

Brannon, J. M. 1978. Evaluation of Dredged Material Pollution Potential. Tech. Rept. DS – 78 – 6. U. S. Army Corps Engineers, Vicksburg, MS.

Brashier, C. K. , L. Churchill and G. Leidahl. 1973. *Effect of Silt Removal in a Prairie Lake.* USEPA Ecol. Res. Series R3 – 73 – 037. Corvallis, OR.

Bray, R. N. 1979. *Dredging: A Handbook for Engineers.* Arnold Press, London.

Bremer, K. E. 1979. PCB contamination of the Sheboygan River, Indiana Harbor, and Saginaw River and Bay. In: S. A. Peterson and K. K. Randolph (Eds.), *Management of Bottom Sediments Containing Toxic Substances.* Proc. 4th U. S. /Japan Experts Meeting. USEPA – 600/3 – 79 – 102. Corvallis, OR.

Bremie, G. and P. Larsson. 1998. PCB in Eman River ecosystem. *Ambio* 27 (5): 384 – 392.

Buckler, J. H. , T. M. Skelly, M. J. Luepke and G. A. Wilken. 1988. Case study: The Lake Springfield sediment removal project. *Lake and Reservoir Manage.* 4 (1): 143 – 152.

Calhoun, C. C. , 1978. Personal communication. U. S. Army Corps of Engineers, Waterways Exp. Sta. , Vicksburg, MS.

Canfield, D. E. , Jr. , K. A. Langeland, S. B. Linda and W. T. Haller. 1985. Relations between water transparency and maximum depth of macrophyte colonization in lakes. *J. Aquatic Plant Manage.* 23: 25 – 28.

Carline, R. F. and O. M. Brynildson. 1977. Effects of Hydraulic Dredging on the Ecology of Native Trout Populations in Wisconsin Spring Ponds. Tech. Bull. No. 98. Wisconsin Dept. Nat. Res. , Madison.

Carignan, R. and J. Kalff. 1980. Phosphorus sources for aquatic weeds: water or sediment? *Science* 207: 987 – 989.

Chen, K. Y., B. Eichenberger, J. L. Mang and R. E. Hoeppel. 1978. Confined Disposal Area Effluent and Leachate Control (Laboratory and Field Investigations). Tech. Rept. DS – 78 – 7. U. S. Army Corps Engineers, Vicksburg, MS.

Churchill, C. L., C. K. Brashier and D. Limmer. 1975. Evaluation of a Recreational Lake Rehabilitation Project. OWRR Comp. Rep. No. B – 028 – SDAK. Water Resources Inst., South Dakota State University, Brookings.

Clark, G. R. 1983. Survey of Portable Hydraulic Dredges. Tech. Rept. HL – 83 – 4. U. S. Army Corps Engineers, Vicksburg, MS.

Collett, L. C., A. J. Collins, P. J. Gibbs and R. J. West. 1981. Shallow dredging as a strategy for the control of sublittoral macrophytes: a case study in Tuggerah Lakes, New South Wales. *Aust. J. Mar. Fresh Water Res.* 32: 563 – 571.

Cooke, G. D. and R. H. Kennedy, 1981. *Precipitation and Inactivation of Phosphorus as a Lake Restoration Technique*. USEPA – 600/3 – 81 – 012. Washington, DC.

Cooke, G. D., R. T. Heath, R. H. Kennedy and M. R. McComas. 1982. Change in lake trophic state and internal phosphorus release after aluminum sulfate application. *Water Res. Bull.* 18: 699 – 705.

Cooke, G. D., E. B. Welch, S. A. Peterson and P. R. Newroth. 1986. *Lake and Reservoir Restoration*, 1st ed. Butterworth, Stoneham, MA.

Cooke, G. D., E. B. Welch, S. A. Peterson and P. R. Newroth. 1993. *Restoration and Management of Lakes and Reservoirs*, 2nd ed. Lewis Publishers, Boca Raton, FL.

Cronberg, G. 2004. Figure 20. 20. Unpublished biomass figure authorized for book publication. Personal communication. University of Lund, Lund, Sweden.

Cronberg, G., Gelin, C. and Larsson, K. 1975. Lake Trummen restoration project Ⅱ. Bacteria, phytoplankton, and phytoplankton productivity. *Verh. Int. Verein. Limnol.* 19: 1088.

Crumpton, J. E. and R. L. Wilbur. 1974. Habitat Manipulation. Dingell – Johnson Job Completion Report, Proj. No. F – 26 – 5. Florida Game and Fresh Water Fish Comm., Tallahassee.

Digerfeldt, G. 1972. The post – glacial development of Lake Trummen, regional vegetation history, water level changes, and paleolimnology. *Folia Limnol. Scand.* 16: 1.

Duarte, C. M. and J. Kalff. 1987. Latitudinal influences on the depths of maximum colonization and maximum biomass of submerged angiosperms in lakes. *Can. J. Fish. Aquatic Sci.* 44: 1759 – 1764.

Duarte, C. M. and J. Kalff. 1990. Patterns in the submerged macrophyte biomass of lakes and the importance of the scale of analysis in interpretation. *Can. J. Fish. Aquatic Sci.* 47: 357 – 363.

Dunst, R. 1980. Sediment problems and lake restoration in Wisconsin. In: S. A. Peterson and K. K. Randolph (Eds.), *Management of Bottom Sediments Containing Toxic Substances*, Proc. 5th U. S. /Japan Experts Meeting. Ecol. Res. Ser. Rep. USEPA – 600/9 – 8 – 044.

Dunst, R. C. 1981. Dredging activities in Wisconsin's lake renewal program. In: *Restoration of Lake and Inland Waters: International Symposium on Inland Waters and Lake Restoration*. USEPA – 440/5 –81 – 010.

Dunst, R. 1982. Sediment problems and lake restoration in Wisconsin. *Environ. Int.* 7: 87 – 92.

Dunst, R. C., S. M. Born, P. O. Uttormark, S. A. Smith, S. A. Nichols, J. O. Peterson, D. R. Knauer, S. R. Serns, D. R. Winters and T. L. Wirth. 1974. Survey of Lake Rehabilitation Techniques and Experiences. Tech. Bull. 75. Wisconsin Dept. Nat. Res., Madison.

Dunst, R. C., J. G. Vennie, R. B. Corey and A. E. Peterson. 1984. *Effect of Dredging Lilly Lake, Wisconsin*. USEPA – 600/3 – 84 – 097.

Elander，P. and T. Hammar. 1998. The remediation of Lake Jarnsjon：Project implementation. *Ambio* 27
　　(5)：393 – 398.

Forlin，L. and L. Norrgren. 1998. Physiological and morphological studies of feral perch before and after re-
　　mediation of a PCB contaminated Lake：Jarnsjon. *Ambio* 27 (5)：418 – 424.

Fujiki，M. and S. Tajima. 1973. The pollution of Minamata Bay and the neighbouring sea by factory
　　wastewater containing mercury. In：F. Coulston，F. Korte and M. Goto (Eds.)，*New Methods in Envi-*
　　ronmental Chemistry and Toxicology，Papers presented at the Int. Symp. On Ecol. Chem. ,
　　International Academic Printing Co. , Susono，Totsuka，Tokyo.

Gambrell，R. P. , R. A. Kincaid and W. H. Patrick，Jr. 1978. Disposal alternatives for Contaminated
　　Dredged Material as a Management Tool to Minimize Adverse Environmental Effects. Tech. Rept. DS –
　　78 –8. U. S. Army Corps Engineers，Vicksburg，MS.

Garrison，P. 1989. Personal communication. Wisconsin Dept. Nat. Res. , Madison.

Garrison，P. 2002. Personal communication. Wisconsin Dept. Nat. Res. , Madison.

Garrison，P. J. and D. M. Ihm. 1991. Final Annual Report of Long Term Evaluation of Wisconsin Clean
　　Lake Projects：Part B：Lake Assessment. Wisconsin Dept. Nat. Res. , Madison.

Gasperino，A. F. , M. A. Beckwith，G. R. Keizur，R. A. Saltero，D. G. Nichols and J. M. Mires. 1981.
　　Medical Lake improvement project：success story. In：*Restoration of Lakes and Inland Waters*.
　　USEPA – 440/5– 81 – 010.

George，C. , P. Tobiessen，P. Snow and T. Jewell. 1981. The Monitoring of the Restorational Dredging of
　　Collins Lake，Scotia，New York. Final Project Report. Grant No. R804572. USEPA/CERL，
　　Corvallis，OR.

Gibbons，H. L. , Jr. and W. H. Funk. 1983. A Few Pacific Northwest Examples of Short – Term Lake Res-
　　toration Successes and Potential Problems with Some Techniques. In：*Lake Restoration and*
　　Management，Second Annual Conference NALMS. USEPA – 440/5 – 83 – 001.

Goldman，C. R. , R. M. Gersberg and R. P. Axler. 1981. Gibraltar Lake Restoration Project，City of Santa
　　Barbara. Final Report on Limnological Monitoring During Dredging. Ecological Research Associates，Da-
　　vis，CA.

Gullbring，P. , T. Hammar，A. Helgee，B. Troedsson，K. Hansson and F. Hansson. 1998. Remediation
　　of PCB – contaminated sediments in Lake Jarnsjon：investigations，considerations and remedial ac-
　　tions. *Ambio* 27 (5)：374 – 384.

Hayes，D. 1980. Personal communication. U. S. Army Corps of Engineers，Vicksburg，MS.

Herbich，J. B. and S. B. Brahme. 1983. Literature Review and Technical Evaluation of Sediment
　　Resuspension During Dredging. Rep. No. COE – 266. Ocean and Hydraulic Engineering Group，Texas A
　　& M University，College Station.

Higginson，F. R. 1970. Ecological effects of pollution in Tuggereh Lakes. *Proc. Ecol. Soc. Aust.* 5：143 –
　　152.

Hinsman，W. J. and T. M. Skelly. 1987. Clean Lakes Program Phase I Diagnostic/Feasibility Study for the
　　Lake Springfield Restoration Plan. Springfield City Water，Light，and Power，Springfield，IL.

Horn，E. and L. Hetling. 1978. Hudson River PCB study description and detailed work plan. In：
　　S. A. Peterson and K. K. Randolph (Eds.)，*Management of Bottom Sediments Containing Toxic Sub-*
　　stances. Proc. 3rd U. S. /Japan Experts Meeting. USEPA – 600/3 – 78 – 084.

Huston，J. 1970. *Hydraulic Dredging：Theoretical and Applied*. Cornell Maritime Press，Cambridge，MD.

Hutchinson，G. E. 1975. *A Treatise on Limnology – Vol. Ⅲ – Limnological Botany*. Wiley，New York.

JACA Corp. 1980. *Economic Benefits Assessment of the Section 314 Clean Lakes Program*. USEPA Office of Water, Washington, DC.

Kleeberg, A. and J. G. Kohl. 1999. Assessment of the long – term effectiveness of sediment dredging to reduce benthic phosphorus release in shallow Lake Muggelsee (Germany) *Hydrobiologia* 394: 153 – 161.

Koba, H., K. Shinohara and E. Sato. 1975. Management techniques of bottom sediments containing toxic substances. Paper presented at 1st U. S. /Japan Experts Meeting on the Management of Bottom Sediments Containing Toxic Substances. Nov. 17 – 21, 1975. USEPA, Corvallis, OR.

Larsen, D. P., D. W. Schults and K. W. Malueg. 1981. Summer internal phosphorus supplies in Shagawa Lake, Minnesota, *Limnol. Oceanogr.* 26: 740 – 753.

Lembke, W. D., J. K. Mitchell, J. B. Fehrenbacher, M. J. Barcelona, E. E. Garske and S. R. Heffelfinger. 1983.

Dredged Sediment for Agriculture: Lake Paradise. Res. Rept. No. 175. Water Resources Center, University of Illinois, Champaign – Urbana.

Lewis, M. A., D. E. Weber, R. S. Stanley and J. C. Moore. 2001. Dredging impact on an urbanized Florida bayou: effects on benthos and algal – periphyton. *Environ. Pollut.* 115: 161 – 171.

Lie, G. B. 1979. The influence of aquatic macrophytes on the chemical cycles of the littoral. In: J. E. Breck, R. T. Prentki and O. L. Loucks (Eds.), *Aquatic Plants, Lake Management, and Ecosystem Consequences of Lake Harvesting*. Center for Biotic Systems, University of Wisconsin, Madison.

Livingston, D. A. and J. C. Boykin. 1962. Distribution of phosphorus in Linsley Pond mud. *Limnol. Oceanogr.* 7: 57 – 62.

Luntz, J. D., R. J. Diaz and R. A. Cole. 1978. Upland and Wetland Habitat Development with Dredged Material: Ecological Considerations. Tech. Rept. DS – 78 – 15. U. S. Army Corps Engineers, Vicksburg, MS.

Mackenthun, K. M., M. W. Brossman, J. A. Kohler and C. R. Terrell. 1979. Approaches for mitigating the kepone contamination in the Hopewell/James River area of Virginia. In: S. A. Peterson and K. K. Randolph (Eds.), *Management of Bottom Sediments Containing Toxic Substances*. Proc. 4th U. S. /Japan Experts Meeting. USEPA – 600/3 – 79 – 102.

Macpherson, J., M. LeMaster, A. (Sandy) Jack, A. Kilander and R. Carreau. 2003. Dredging and Water Quality: Tahoe Keys Marina Project. *Land and Water* May/June: 10 – 12.

Mallory, C. W. and M. A. Nawrocki. 1974. Containment Area Facility Concepts for Dredged Material Separation, Drying, and Rehandling. DMRP Contract Rep. D – 74 – 6. U. S. Army Corps Engineers, Vicksburg, MS.

Maristo, L. 1941. Die Seetypen Finnlands auf floristicher und vegetations – physiognomischer Grundlage, *Ann. Bot. Soc. Zool. Bot. Vanamo* 15: 314 – 310.

Matsubara, M. 1979. The improvement of water quality at Lake Kasumigaura by the dredging of polluted sediments. In: S. A. Peterson and K. K. Randolph (Eds.), *Management of Bottom Sediments Containing Toxic Substances*. Proc. 4th U. S. /Japan Experts Meeting. USEPA – 600/3 – 79 – 102.

McDougal Construction. 1996. Bid letter to City of Lake Helen. McDougal Construction, 8800 NW 112th Street, Suite 300, Kansas City, MO 64153.

McKegg, D. 2001. Personal communication. Ellicott, Division of Baltimore Dredges, LLC, Baltimore, MD.

Modlin, R. 1970. Aquatic Plant Survey of Major Lakes in the Milwaukee River Watershed. Research Report No. 52. Wisconsin Dept. Nat. Res., Madison.

Montgomery, R. L. 1978. Methodology for Design of Fine – Grained Dredged Material Containment Areas for Solids Retention. Tech. Rept. D – 78 – 56. U. S. Army Corps Engineers, Vicksburg, MS.

Montgomery, R. L. 1979. Development of a methodology for designing fine – grained dredged material sedi –

mentation basins. Ph. D. Thesis，Vanderbilt University，Nashville，TN.

Montgomery，R. L. 1980a. Containment area sizing for sedimentation of fine－grained dredged material. In：S. A. Peterson and K. K. Randolph（Eds. ），*Management of Bottom Sediments Containing Toxic Sub－stances*. Proc. 5th U. S. /Japan Experts Meeting. USEPA－600/9－80－044.

Montgomery，R. L. 1980b. Personal communication. U. S. Army Corps Engineers，Vicksburg，MS.

Montgomery，R. L. 1982. Containment area sizing for disposal of dredged material. *Environ. Int.* 7：151－161.

Montgomery，R. L. ，E. Thackston　and　F. L. Parker. 1983. Dredged　material　sedimentation　basin design. *J. Environ. Eng. Div.* ASCE 109：466－484.

Moody，L. F. 1944. Friction factors for pipe flow. *Trans. ASME* 66：51－61.

Murakami，K. and K. Takeishi. 1977. Behavior of heavy metals and PCBs in dredging and treating of bottom deposits. In：S. A. Peterson and K. K. Randolph（Eds. ），*Management of Bottom Sediments Containing Toxic Substances*. Proc. 2nd U. S. /Japan Experts Meeting. USEPA－600/3－77－083.

Nawrocki，M. A. 1974. *Demonstration of the Separation and Disposal of Concentrated Sediments*. USEPA－660/2－74－072.

OCEDA，Office，Chief of Engineers，Department of the Army. 1970. Laboratory Soils Testing. Engineer Manual EM 1110－2－1906，Nov. 1970. Washington，DC.

Olson，K. R. and R. L. Jones. 1987. Agronomic use of scrubber sludge and soil as amendments to Lake Springfield sediment dredgings. *J. Soil Water Conserv.* 421：57－60.

Palermo，M. R. 1980. Personal communication. U. S. Army Corps Engineers，Vicksburg，MS.

Palermo，M. R. 2003. Personal communication. U. S. Army Corps Engineers，Vicksburg，MS.

Palermo，M. R. ，R. L. Montgomery and E. Poindexter. 1978. Guidelines for Designing，Operating，and Managing Dredged Material Containment Areas. Tech. Rept. DS－78－10. U. S. Army Corps Engineers，Vicksburg，MS.

Peterson，S. A. 1979. Dredging and lake restoration. In：*Lake Restoration：Proceedings of a National Conference*. USEPA－400/5－79－001.

Peterson，S. A. 1981. *Sediment Removal as a Lake Restoration Technique*. USEPA－600/3－81－013.

Peterson，S. A. 1982a. Lake restoration by sediment removal. *Water Res. Bull.* 18：423－435.

Peterson，S. A. 1982b. Dredging and nutrient inactivation as lake restoration techniques：a comparison. In：*Management of Bottom Sediments Containing Toxic Substances*. Proc. 6th U. S. /Japan Experts Meeting. Feb. 1981，Tokyo，Japan. U. S. Army Corps Engineers，Dredging Operations Technical Support Program，Vicksburg，MS.

Peterson，S. A. ，A. T. Herlihy，R. M. Hughes，K. L. Motter and J. M. Robbins. 2002. Level and extent of mercury contamination in Oregon，USA lotic fish. *Environ. Toxicol. Chem.* 21：2157－2164.

Pierce，N. D. 1970. Inland Lake Dredging Evaluation. Tech. Bull. 46. Wisconsin Dept. Nat. Res. ，Madison.

Randall，R. E. 1977. *Notes from the Fifth Dredging Engineering Short Course*. Texas A & M University，College Station.

Raymond，R. B. and F. C. Cooper. 1984. Vancouver lake：dredged material disposal and return flow management in a large lake dredging project. In：*Lake Restoration and Management*. USEPA 440/5－83－001. pp. 284－292.

Reimold，R. J. 1972. The movement of phosphorus through the salt marsh cord grass，*Spartina alterniflora* Loisel. *Limnol. Oceanogr.* 17：606－611.

Ryding，S. O. 1982. Lake Trehörningen restoration project. Changes in water quality after sediment dredging. *Hydrobiologia* 92：549－558.

Sakakibara，A. and O. Hayashi. 1979. Lake Suwa water pollution control projects. In：S. A. Peterson and

K. K. Randolph（Eds. ）, *Management of Bottom Sediments Containing Toxic Substances*. Proc. 4th U. S. /Japan Experts Meeting. USEPA – 600/3 – 79 – 102.

Sato, H. 1978. Personal communication. Japan Bottom Sediments Association, Tokyo.

Schults, D. W. and K. W. Malueg. 1971. Uptake of radiophosphorus by rooted aquatic plants. In: *Proceedings of the 3rd National Symposium on Radioecology*, Oak Ridge, TN, May 10 – 12, 1971. pp. 417 – 424.

Shapiro, J. , V. LaMarra and M. Lynch. 1975. Biomanipulation: an ecosystem approach to lake restoration. In: P. L. Brezonik and J. L. Fox（Eds. ）, *Proceedings of a Symposium on Water Quality Management Through Biological Control*. University of Florida, Gainesville.

Sjön Trummen i Växjö. 1977. Förstörd, Restaurerad, Pånyttfödd. Länsstyrelsen i Kronobergs Län. Växjö Kommun.（Lake Trummen in Växjö. 1977. Destroyed, Restored, Regenerated. County Commission in Kronoberg County. Växjö Municipality）.

Snow, P. D. , W. Cook and T. McCauley. 1980. The Restoration of Steinmetz Pond, Schenectady, New York. USEPA Final Project Report, Grant No. NY – 57700108. USEPA, Washington, DC.

Sondergaard, M. , J. Windolf and E. Jeppesen. 1996. Phosphorus fractions and profiles in the sediment of shallow Danish lakes as related to phosphorus load, sediment composition and lake chemistry. *Water Res.* 30: 992 – 1002.

Spaine, P. , L. Llopis and E. R. Perrier. 1978. Guidance for Land Improvement Using Dredged Material. Tech. Rept. DS – 78 – 21. U. S. Army Corps Engineers, Vicksburg, MS.

Spencer Engineering. 1981. Gibraltar Lake Restoration Project Final Report. Spencer Engineering, Santa Barbara, CA.

Stauffer, R. E. and G. F. Lee. 1973. The role of thermocline migration in regulation algal blooms. In: E. J. Middlebrooks, D. H. Falkenborg and T. E. Maloney（Eds. ）, *Modeling the Eutrophication Process*. Utah State University, Logan.

Stefan, H. and D. E. Ford. 1975. Temperature dynamics in dimictic lakes. *J. Hydraul. Div. ASCE* 101 (HY1), Proc. Paper 11058: 97 – 114.

Stefan, H. and M. J. Hanson. 1979. Fairmont Lakes Study: Relationships between Stratification, Phosphorus Recycling, and Dredging. Proj. Rep. No. 183. St. Anthony Fall's Hydraulic Laboratory, University of Minnesota, St. Paul.

Suda, H. 1979. Results of the investigation of turbidity generated by dredges at Yokkaichi Port. In: S. A. Peterson and K. K. Randolph（Eds. ）, *Management of Bottom Sediments Containing Toxic Substances*. Proc. 4th U. S. /Japan Experts Meeting. USEPA – 600 – 3 – 79 – 102.

Toubier, J. and Westmacott. 1976. Lakes and Ponds. Tech. Bull. No. 72. Urban Land Institute, Washington, DC

Twilley, R. R. , M. Brinson and G. J. Davis. 1977. Phosphorus absorption, translocation, and secretion in *Nuphar luteum. Limnol. Oceanogr.* 22: 1022 – 1032.

U. S. Army Corps of Engineers, Headquarters（USACOE）. 1987. Confined Disposal of Dredged Material. Engineers Manual 1110 – 2 – 5027. Washington, DC.

U. S. Department of Agriculture. 1971. Ponds for Water Supply and Recreation. Handbook No. 387. U. S. Government Printing Office, Washington, DC.

Van der Does, J. , P. Verstraelen, P. Boers, J. Van Roestel, R. Roijackers and G. Moser. 1992. Lake restoration with and without dredging of phosphorus – enriched upper sediment layers. *Hydrobiologia* 233: 197 – 210.

Walsh, M. R. and M. D. Malkasian. 1978. Productive Land Use of Dredged Material Containment Areas: Planning and Implementation Consideration. Tech. Rept. DS – 78 – 020. U. S. Army Corps of Engineers,

Vicksburg，MS.

Wechler，B. A. and D. R. Cogley. 1977. Laboratory Study Related to Predicting the Turbidity – Generation Potential of Sediments to be Dredged. Tech. Rept. D – 77 – 14. U. S. Army Corps Engineers, Vicksburg，MS.

Welch，E. B. and G. D. Cooke. 1995. Internal phosphorus loading in shallow lakes: Importance and control. *Lake and Reservoir Manage.* 11 (3): 273 – 281.

Welch，E. B. and G. D. Cooke. 1999. Effectiveness and longevity of phosphorus inactivation with alum. *Lake and Reservoir Manage.* 15 (1): 5 – 27.

Welch，E. B.，P. D. Lynch and D. Hufschmidt. 1979. Internal phosphorus related to rooted macrophytes in a shallow lake. In: J. E. Breck，R. T. Prentki and O. L. Loucks（Eds.），*Aquatic Plants，Lake Management，and Ecosystem Consequences of Lake Harvesting.* Center for Biotic Systems，University of Wisconsin Madison.

Welch，E. B.，J. T. Michaud and M. A. Perkins. 1982. Alum control of internal phosphorus loading in a shallow lake. *Water Res. Bull.* 18: 929 – 936.

Wells，C. L. 1986. An Archaeological Reconnaissance of a Sediment Retention Area，Lake Springfield，Sangamon County，Illinois. Prepared for the City of Springfield. Southern Illinois University at Edwardsville.

Wetzel，R. G. 1983. *Limnology，* 2nd ed. Saunders，Philadelphia.

Wisconsin Department of Natural Resources（WDNR）. 1969. Lilly Lake，Kenosha County，Wisconsin. Lake Use Rep. No. FX – 34. Wisconsin Dept. Nat. Res. ，Madison.

Wisconsin Department of Natural Resources（WDNR）. 1990. Abstracts and Publications for Current Projects. Bureau of Research，Water Resources Research，Madison，WI（Contact Paul Garrison）.

Worth，D. M. ，Jr. 1981. Nutting Lake Restoration Project: a case study. In: *Restoration of Lakes and Inland Waters and Lake Restoration.* USEPA – 440/5 – 81 – 010.